Taschenbuch der Anatomie Band 2

Taschenbuch der Anatomie

Herausgegeben von

Walther Graumann, Tübingen
Diedrich Graf v. Keyserlingk, Aachen
Dieter Sasse, Basel

Band 1
H. Hahn von Dorsche, Stralsund, und D. Sasse, Basel
Histologie · Bewegungsapparat

Band 2
W. Graumann, Tübingen, A. F. Holstein, Hamburg, D. Sasse, Basel, und U. Welsch, München
Innere Organe · Kreislaufsystem · Abwehrsystem

Band 3
D. Graf v. Keyserlingk, Aachen
Nervensystem · Sinnesorgane · Hormonsystem

SEMPER BONIS ARTIBUS

Gustav Fischer Verlag
Stuttgart · Jena · New York · 1994

Taschenbuch der Anatomie
Band 2

Innere Organe
Kreislaufsystem
Abwehrsystem

Bearbeitet von
W. Graumann, Tübingen
A. F. Holstein, Hamburg
D. Sasse, Basel
U. Welsch, München

278 meist zweifarbige Abbildungen

Schlüssel zum Gegenstandskatalog

SEMPER BONIS ARTIBUS

Gustav Fischer Verlag
Stuttgart · Jena · New York · 1994

Anschriften der Verfasser:

Prof. Dr. med. WALTHER GRAUMANN
Anatomisches Institut der Eberhard-Karls-Universität
Österbergstraße 3, D-72074 Tübingen

Prof. Dr. med. ADOLF-FRIEDRICH HOLSTEIN
Anatomisches Institut der Universität Hamburg
Martinistraße 52, D-20246 Hamburg

Prof. Dr. med. DIETER SASSE
Anatomisches Institut der Universität Basel
Pestalozzistraße 20, CH-4056 Basel

Prof. Dr. med., Dr. rer. nat. ULRICH WELSCH
Anatomische Anstalt der Ludwig-Maximilians-Universität
Pettenkoferstraße 11, D-80336 München

Die Deutsche Bibliothek – CIP-Einheitsaufnahme

Taschenbuch der Anatomie / hrsg. von Walther Graumann ... –
Stuttgart ; Jena ; New York : G. Fischer.
NE: Graumann, Walther [Hrsg.]

Bd. 2. Innere Organe, Kreislaufsystem, Abwehrsystem :
Schlüssel zum Gegenstandskatalog / bearb. von W. Graumann
... – 1994
ISBN 3-437-00732-7

Satz, Druck und Einband: Graph. Großbetrieb Friedrich Pustet, Regensburg
Gesetzt in der 9/10 p Baskerville
Printed in Germany

0 1 2 3 4 5

Vorwort der Herausgeber zur 1. Auflage des dreibändigen Taschenbuchs der Anatomie

Das als Kompaktlehrbuch konzipierte Werk stellt das Gesamtgebiet der makroskopischen und mikroskopischen Anatomie in einer Weise dar, die sich in erster Linie an den Ansprüchen der vorklinischen Studierenden der Medizin und Zahnmedizin orientiert, jedoch gleichzeitig auch den Bedürfnissen anderer Gruppen, etwa Biologen und medizinischer Assistenzberufe, entgegenkommt. Dabei konnte teilweise auf das in 17 Auflagen bewährte Vorgängerwerk zurückgegriffen werden.

Die vom Fach Anatomie abgedeckte Stofffülle ist nach didaktischen Gesichtspunkten aufbereitet – alles Wesentliche wird dem Lernenden in gebührender Ausführlichkeit nahegebracht; Gebiete, die im Mittelpunkt moderner Trends stehen, finden besondere Beachtung; bei einigen Gebieten geht die Darstellung über den Lehrstoff im engeren Sinne hinaus, insbesondere um eine Nachschlagemöglichkeit im Rahmen der Arbeit in den mikroskopischen und makroskopischen Kursen zu gewährleisten.

Bei der Behandlung der einzelnen Themenkreise werden funktionelle Gesichtspunkte in den Mittelpunkt gerückt, unter angemessener Berücksichtigung physiologischer, biochemischer, zellbiologischer und ärztlich-klinischer Zusammenhänge. Diese Konzeption wird durch die reiche Ausstattung mit didaktisch sorgfältig gestalteten Abbildungen unterstrichen und ergänzt.

Durch die typographische Gestaltung und ein besonders ausführliches Sachregister wird dem Lernenden die Übersicht und Orientierung erleichtert und werden ihm Querverbindungen erschlossen. Ein Schlüssel zum Gegenstandskatalog hilft dem Studierenden bei der Selbstkontrolle über die Aneignung des Prüfungsstoffs.

Im Februar 1994

W. Graumann
D. Graf v. Keyserlingk
D. Sasse

Vorwort zur 1. Auflage von Band 2

Der vorliegende „Eingeweideband" des dreibändigen Taschenbuchs befaßt sich mit für die ärztliche Praxis besonders wichtigen Gebieten der Anatomie: Innere Organe, Kreislaufsystem, Abwehrsystem.

In den einzelnen Kapiteln werden jeweils sowohl die Makroskopische Anatomie mit ihren systematischen und topographischen Aspekten als auch die Mikroskopische Anatomie behandelt. Dabei läßt sich die Darstellung stets von einer funktionellen Betrachtungsweise leiten. Dies gilt insbesondere auch für die Konzeption der Abbildungen.

Im Sinne eines modernen Kompaktlehrbuchs werden, wo immer dies hilfreich erscheint, physiologische, biochemische und zellbiologische Gesichtspunkte berücksichtigt. Um dem vorklinischen Studierenden den Praxisbezug des Faches Anatomie nahezubringen, wird überall dort, wo es sinnvoll ist, auf ärztlich-klinische Zusammenhänge hingewiesen.

Das didaktische Anliegen ist zunächst, den prüfungsrelevanten Basisstoff vollständig und auf modernem Niveau darzustellen. Gebiete, die im Mittelpunkt praxisrelevanter moderner Trends stehen, wie etwa die Bindegewebsmatrix oder das Immunsystem, werden darüber hinaus in betonter Ausführlichkeit dargestellt. Einige Gebiete der systematischen Anatomie sind im Interesse der Arbeit bei den Präparierübungen über den Lern- und Prüfungskanon hinausgehend enthalten; dies betrifft die peripheren Blutgefäße und die regionären Lymphknotengruppen. Alle Organkapitel sind mit einer zusammenfassenden Übersicht der Leitungsbahnversorgung versehen.

Bei der Vorbereitung des vorliegenden Bandes hat der federführende Herausgeber auf vielerlei dankenswerte Anregungen zurückgreifen können. Besonderer Dank gilt jedoch meinen Kollegen Prof. Dr. A. F. Holstein (Anatomisches Institut der Universität Hamburg), Prof. Dr. D. Sasse (Anatomisches Institut der Universität Basel) und Prof. Dr. U. Welsch (Anatomische Anstalt der Universität München), die durch die von ihnen verfaßten Kapitel (H.: Kap. 5; S.: Kap. 2.8 und 2.9; W.: Kap. 6.5) und die von ihren Grafikern gestalteten zugehörigen Abbildungen diesen Band sehr bereichert haben. Herzlich zu danken habe ich auch meinem früheren Tübinger Kollegen Prof. Dr. K. Mörike (Stuttgart) für vielfältigen kritischen Rat.

Für die Ausführung eines Teils der Abbildungen nach meinen Entwürfen danke ich Herrn Dr. L. Stammler, Basel. Die Mehrzahl der Abbildungsentwürfe wurde von Herrn M. Nicolescu, Wissenschaftlicher Zeichner am Anatomischen Institut Tübingen, in verständnisvoller und perfekter Weise umgesetzt.

Dankbare Anerkennung gebührt der Verlagsleitung des Gustav Fischer Verlags, Stuttgart, für das bereitwillige Eingehen auf vielfältige Wünsche, insbesondere auch für die Ermöglichung so zahlreicher Abbildungen. Die verständnisvolle Betreuung durch die beteiligten Mitarbeiter des Verlags hat das Werk wesentlich gefördert.

Tübingen, im Februar 1994 W. Graumann

Inhaltsverzeichnis

Zeichen und Abkürzungen

.... ↗	Verweisung auf das betr. Stichwort im Register
(↗Bd. 1, 3)	s. Band 1 bzw. 3 dieses Taschenbuchs
[.....]	alternativer Ausdruck der Nomina Anatomica
„.....“	Kennzeichnung nicht in der internationalen anatomischen Nomenklatur (Nomina Anatomica) enthaltener, aber gebräuchlicher Bezeichnungen
←	Kennzeichnung der Herkunft aus ...
→	Kennzeichnung der Fortsetzung durch ...
→←	Kennzeichnung der Anastomose zwischen ...
⇹	Kennzeichnung des Abflusses nach beiden Richtungen
⇒	gemeinsam mit ...

A.	Arteria
a.	arteriae (gen. sing.)
Aa.	Arteriae (plur.)
ant.	anterior, -ius
Bsp.	Beispiel
comm.	communis, -ne
dext.	dexter, -tra, -trum
Duct.	Ductus
Ductt.	Ductus (plur.)
ext.	externus, -na, -num
Flex.	Flexura
For.	Foramen
Ggl.	Ganglion
Ggll.	Ganglia (plur.)
Gl.	Glandula
Gll.	Glandulae (plur.)
ICR	Intercostalraum
Ig	Immunglobulin
inf.	inferior, -ius
int.	internus, -na, -num
Lam.	Lamina
lat.	lateralis, -le
M.	Musculus
m.	musculi (gen. sing.)
Mm.	Musculi (plur.)
med.	medialis, -le
mod.	modifiziert
mot.	motorisch
N.	Nervus
n.	nervi (gen. sing.)

Nn.	Nervi (plur.)
Nl.	Nodus lymphaticus
Nll.	Nodi lymphatici (plur.)
Pap.	Papilla
para.	parasympathisch
Plex.	Plexus
Plexx.	Plexus (plur.)
post.	posterior, -ius
Proc.	Processus
prof.	profundus, -da, -dum
R.	Ramus
Rec.	Recessus
Rr.	Rami (plur.)
S.	Seite
Segm.	Segmentum
sens.	sensibel
sin.	sinister, -tra, -trum
s. o.	siehe oben
sog.	sogenannte, -er, -es
Spat.	Spatium
Strat.	Stratum
s. u.	siehe unten
sup.	superior, -ius
symp.	sympathisch
Tr.	Truncus
V.	Vena
v.	venae (gen. sing.)
Vv.	Venae (plur.)

1 Allgemeine Anatomie der Eingeweide

Der Begriff **Eingeweide** (*Viscera*[1]) im engeren Sinn umfaßt nur die im Brust-, Bauch- und Beckenraum gelegenen sog. **Inneren Organe**.

In einer didaktisch orientierten **Eingeweidelehre** (*Splanchnologie*[2]) werden auch die zwar nicht in den genannten Eingeweideräumen, sondern im Kopf-Halsbereich gelegenen Anfangsabschnitte der Verdauungs- und Atmungsorgane (Mundhöhle, Nasenraum, Rachen, Speiseröhre, Kehlkopf, Luftröhre) den Eingeweiden zugerechnet. Dementsprechend können *Kopf-*, *Hals-*, *Brust-*, *Bauch-* und *Beckenorgane* unterschieden werden.

Statt einer solchen *regionalen Gliederung* wird der Darstellung in den folgenden Kapiteln jedoch eine *funktionelle Betrachtungsweise* zugrunde gelegt. Die Organe werden dabei nicht primär nach ihrer Lage, sondern entsprechend ihrer Stellung in funktionell zusammengehörigen **Organsystemen** beschrieben: *Verdauungssystem, Atmungssystem, Harnsystem, Männliches Genitalsystem, Weibliches Genitalsystem, Kreislaufsystem, Abwehrsystem*[3]. Dabei werden im Interesse des Systemzusammenhangs auch solche Komponenten der Systeme mit berücksichtigt, die nicht den „Eingeweiden" zugerechnet werden können, wie Äußere Geschlechtsorgane, Mamma und Beckenboden (bei den Genitalsystemen), Blutgefäße, Blut und Knochenmark (beim Kreislaufsystem) sowie Lymphgefäße und Lymphknoten (beim Abwehrsystem).

Um auch bei einer im wesentlichen *systembezogenen* Darstellung den wichtigen **regionalen Aspekten** Rechnung zu tragen, werden die *Situsverhältnisse* (Brust-, Bauch-, Becken- und Retrositus) gesondert beschrieben und darüber hinaus auch die für die praktische Anatomie wesentlichen *topographischen Beziehungen* berücksichtigt.

---

[1] *(viscus)*, nur plur. *viscera* (lat.) = Innerstes, Eingeweide. Abgeleitet z. B. *Facies visceralis, Peritoneum viscerale*.

[2] *splanchna* (gr.) = Eingeweide, abgeleitet z. B. *N. splanchnicus*.

[3] Die Organe des Endokrinen Systems werden wegen der engen Beziehung zum Nervensystem mit diesem in Bd. 3 behandelt.

Für das Verständnis von Bau und Funktion der Organe der *Gastropulmonal*[1]- und *Urogenital*[2]-*Systeme* kommt dem *Schleimhaut-* und dem *Serosabegriff* sowie der *Extrazellulären Matrix* besondere Bedeutung zu. Um Wiederholungen zu vermeiden, werden diese Begriffe in den nachfolgenden Abschnitten vorab behandelt.

1.1 Schleimhautbegriff

Die *Kanalsysteme* der Verdauungs-, der Atmungs-, der Harn- und der männlichen und weiblichen Genitalorgane (oft jeweils auch als *Trakt*[3] bezeichnet, z. B. Verdauungstrakt) stehen mit der Körperoberfläche in Verbindung: im Bereich der Mund- und Nasenöffnung, des Afters, der Harnröhrenmündung und der Öffnung der Scheide geht die äußere Körperoberfläche in die **innere Oberfläche** des jeweiligen Kanalsystems über (in Abb. **1**–1 am Beispiel des Verdauungstrakts erläutert). Durch die Kommunikationsöffnungen sind die inneren Oberflächen der ärztlichen Untersuchung (*Endoskopie*) zugänglich. Die *Lumina*[4] der Kanalsysteme sind somit gewissermaßen in die Tiefe des Organismus versenkte Bereiche der Außenwelt, die ohne Verletzung einer Oberfläche (nicht-invasiv) instrumentell zugänglich sind.

Die Lumina der Kanalsysteme werden durch die *innere Oberfläche* vom Körperinneren im unmittelbaren Sinn abgegrenzt (Abb. **1**–1). Geweblich werden diese inneren Oberflächen, wie grundsätzlich sämtliche Oberflächen, von **Epithelverbänden** (↗Bd. 1) gebildet. Im Zusammenhang mit den funktionellen Erfordernissen sind diese epithelialen Oberflächenschichten unterschiedlich gebaut (beispielsweise *mehrschichtiges verhorntes Plattenepithel* in der Speiseröhre, *einschichtiges prismatisches Epithel* im Darm, *mehrreihiges prismatisches Epithel* in der Luftröhre, *Übergangsepithel* in der Harnblase). Der Vergrö-

---

[1] *gastēr* (gr.) = Magen, Bauch; *pulmo* (lat.) = Lunge. Aus entwicklungsgeschichtlichen Gründen kann das *Verdauungssystem* mit dem *Atmungssystem* zum *Gastropulmonalsystem* zusammengefaßt werden.

[2] *oýron* (gr.) = Harn; *genitalis* (lat.) = zur Zeugung gehörend. Aus entwicklungsgeschichtlichen Gründen kann das *Harnsystem* mit dem *Genitalsystem* zum *Urogenitalsystem* zusammengefaßt werden.

[3] *tractus* (lat.) = Zug, Strang, Ausdehnung (im Sinne von zusammenhängenden Hohlorganen).

[4] *lumen* (lat.), plur. *lumina* = Licht, lichte Weite.

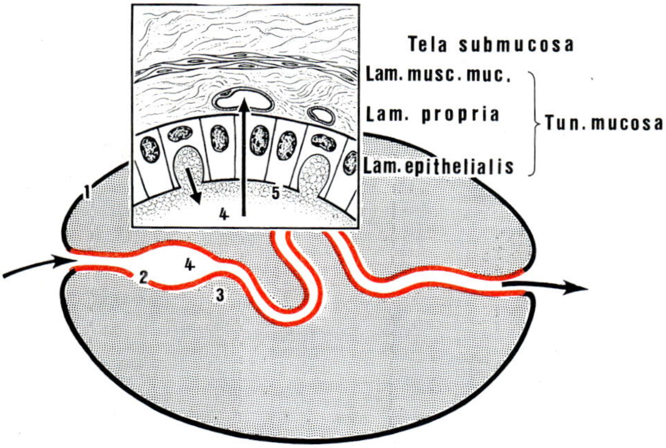

Abb. **1**–1: **Schema eines Organismus mit Verdauungstrakt.**
Die äußere Oberfläche (1) geht an Mund- und Afteröffnung (Pfeile) in die innere Oberfläche (2) über. Das mit der Außenwelt kommunizierende Lumen (4) wird durch die Schleimhaut (rot) vom eigentlichen Körperinneren (3) getrennt.
Die *Ausschnittsvergrößerung* zeigt die Organisation der Schleimhaut. Becherzellen liefern den Schleimfilm (5) auf der inneren Oberfläche. Der *große Pfeil* entspricht dem Resorptionsweg vom Lumen (4) in die in der Propria gelegenen Capillaren.

ßerung der epithelialen Oberfläche dient die Ausbildung von *Falten* und *Zotten* (vgl. Abb. **2**–41). An spezielle Leistungen sind **Oberflächendifferenzierungen** des Epithels angepaßt: *Mikrovilli* ↗, *Kinocilien* ↗, *Stereocilien* ↗.

Die epitheliale Auskleidung (*Lamina*[1] *epithelialis*) und ihr bindegewebiger Träger (*Lamina propria*[2] = „Propria") werden begrifflich als **Schleimhaut** (*Tunica mucosa*[3] = „Mucosa") zusammengefaßt. Deshalb erhalten die genannten Schichten in der Nomenklatur den Zusatz „mucosae": *Lamina epithelialis mucosae* = **Epithelium mucosae** (Schleimhautepithel), *Lamina propria mucosae* (Schleimhautbindegewebe). Der Schleimhautbegriff ist somit nicht mit dem Epithel der inneren Oberflächen identisch, sondern umfaßt auch das diesem Epithel zugeordnete Bindegewebe.

---

[1] *lamina* (lat.) = Blatt, Platte, Schicht.
[2] *proprius* (lat.) = eigentlich, allein zugehörig.
[3] *tunica* (lat.) = Hülle, Haut; *mucosus* (lat.) = schleimig, von *mucus* = Schleim.

Die Hohlräume des Kreislaufsystems sind nicht von Schleimhaut ausgekleidet und bleiben deshalb hier außer Betracht.

Das **Schleimhautbindegewebe** (*Lamina propria mucosae*) ist *Lockeres faseriges Bindegewebe* (↗Bd. 1), stellenweise auch *Reticuläres Bindegewebe* (↗Bd. 1). An der Epithel-Bindegewebsgrenze ist stets eine *Basalmembran*↗ ausgebildet. Da das Schleimhautepithel (auch wenn es mehrschichtig ist) nicht vaskularisiert ist, muß der Stoffan- und -abtransport durch **Gefäße der Propria** erfolgen. Tatsächlich finden sich in Epithelnähe dichte Netze von *Blutcapillaren*↗, die an aus den tiefen Schichten der Propria bzw. aus der Submucosa (s. S. 6) kommende Arteriolen↗ und Venulen↗ angeschlossen sind. Für den Abtransport bestimmter Stoffe stehen in der Propria regelmäßig auch zahlreiche *Lymphcapillaren*↗ zur Verfügung. Das Schleimhautbindegewebe ist in bedeutendem Ausmaß an der **Spezifischen Abwehr**↗ beteiligt. Die entsprechenden Einrichtungen werden als *Mucosa-assoziiertes Lymphatisches System*↗ zusammengefaßt.

Der **Begriff Schleimhaut** orientiert sich daran, daß ihre epitheliale Oberfläche *schlüpfrig* (= *schleimig*) ist. In den meisten Fällen wird dies dadurch erreicht, daß ein **mucöses** Drüsensekret auf die Oberfläche abgesondert wird und dort einen *Schleimfilm* bildet. Die entsprechenden Drüsen können entweder Einzelzellen innerhalb des Schleimhautepithels (*endoepitheliale Drüsen*) sein, sog. *Becherzellen* (Abb. **1**–2 a); oder aber größere mucöse Drüsenkomplexe befinden sich als *extraepitheliale Drüsen* im subepithelialen Bindegewebe (Abb. **1**–2 b) oder außerhalb der Schleimhaut (Abb. **1**–2 c) und leiten dann ihr Sekret mittels *Ausführungsgängen* (↗Mundspeicheldrüsen) auf die Oberfläche.

Für den **Sekrettransport** im oft langen *Ausführungsgangsystem* exokriner Drüsen (beispielsweise Ductus parotideus↗) sind verschiedene Kräfte wirksam:

- *Sekretionsdruck:* Sekretnachschub von den sezernierenden Zellen her.
- *Myoepithelien*↗: kontraktile basal gelegene Zellelemente, welche Drüsenschläuche und Endstücke korbartig umfassen (Korbzellen, Abb. **1**–5).
- *Myocyten* im Drüsenstroma: kommt in akzessorischen Drüsen des männlichen Genitaltrakts vor, bei denen besonders schnelle und zeitgenaue Entleerung funktionell erforderlich ist.
- *Massierende Wirkung* benachbarter *Skeletmuskulatur*: Wichtig bei den Speicheldrüsen während des Kauakts↗.

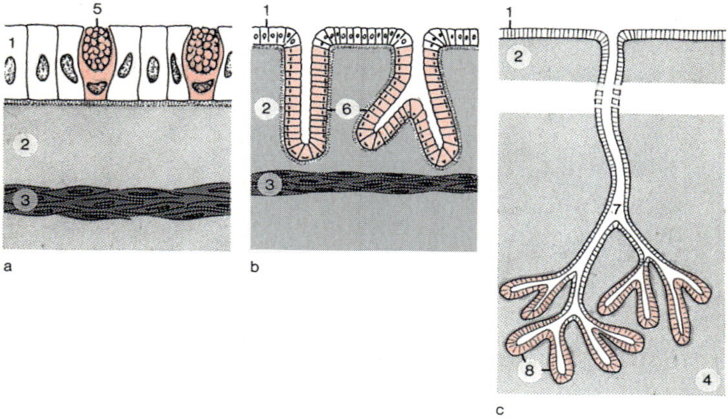

Abb. **1–2**: **Lagebeziehung schleimbildender Drüsen zur Schleimhautoberfläche** (unterschiedlicher Abbildungsmaßstab).
Rot: Drüsen

a: Endoepitheliale schleimbildende Drüsenzellen
b: Exoepitheliale schleimbildende Drüsenzellen im Mucosabindegewebe
c: Exoepitheliale Drüsen außerhalb der Schleimhaut

1 Epithelium mucosae
2 Lamina propria mucosae
3 Lamina muscularis mucosae
4 u. U. weit entferntes Bindegewebslager
5 Becherzelle (endoepithelial)
6 Tubulöse Drüse in der Propria (unverzweigt und verzweigt)
7 Ausführungsgang
8 Schleimtubulus

Der **Schleim** (*Mucus, Mucin*) hat auf den verschiedenen Schleimhautoberflächen ganz unterschiedliche Bedeutung, u. a. als *Gleitmittel* (Dickdarm), als *Schutzschicht gegen chemische Einwirkungen* (Magen), als klebriger *Partikelfänger* (Atemwege). Hieraus folgt, daß die Schleime verschiedener Schleimhäute *unterschiedliche physiko-chemische Eigenschaften* (z. B. hinsichtlich der Viscosität) aufweisen und dementsprechend in ihrer biochemischen Zusammensetzung in bemerkenswertem Ausmaß differieren. Hauptbestandteile sind jedoch stets *Glykoproteine*[1], deren Oligosaccharid-Seitenketten die Heterogenität bedingen.

Im Bereich des Verdauungskanals ist, in Anpassung an die besonderen Motilitätsbedingungen (s. auch 1.2 – Eingeweidemotorik), in

[1] Proteine mit Oligosaccharid-Seitenketten.

das subepitheliale Bindegewebe der Schleimhaut eine *schleimhauteigene Schicht glatter Muskulatur* (**Lamina muscularis mucosae** = „Muscularis mucosae") eingebaut (Abb. **1**–1). In diesem speziellen Fall besteht die Tunica mucosa dann statt aus zwei aus drei Schichten: *Lamina epithelialis, Lamina propria, Lamina muscularis.* Die Eigenbeweglichkeit der Schleimhaut durch das Auftreten einer *Muscularis mucosae* erfordert die Ausbildung einer speziellen Verschiebeschicht in Gestalt der **Tela**[1] **submucosa** = „Submucosa" (Abb. **1**–1). Eine (nicht mehr der Schleimhaut zugehörige) „Submucosa" ist vom Bindegewebe der Lamina propria mucosae nur dann abgrenzbar, wenn eine Lamina muscularis mucosae ausgebildet ist (ausschließlich im Magendarmkanal), oder wenn sich eine tiefe Schicht strukturell abgrenzen läßt, wie etwa in der Harnblase. Die Submucosa oder – wo eine Lamina muscularis mucosae nicht ausgebildet ist – die tiefen Schichten der Propria sind *Träger der größeren Gefäße und vegetativen Nervenplexus*[2].

Die Schleimhäute stehen im Dienste der Auseinandersetzung mit der Umwelt (in Gestalt des Inhalts der betreffenden Hohlräume, Abb. **1**–1). Schleimhäuten können folgende **Partialfunktionen** zugeordnet werden:
- Schutz vor *mechanischen* Einwirkungen (durch Schleim und Epithel u. a. in Mundhöhle und Speiseröhre);
- Schutz vor *chemischen, osmotischen* und *thermischen* Einwirkungen (durch Schleim und Epithel u. a. in Mundhöhle, Magen und Harnwegen);
- Schutz vor *Schwebstoffen* in der Atemluft (mittels des durch Kinocilien nach außen transportierten Schleimfilms der Atemwege);
- Schutz vor *Viren, Bakterien* und *Parasiten* (durch Lysozyme im Schleim der Verdauungs-, Atem- und Genitalwege);
- *Immunologische Abwehr* (durch lymphatisches Gewebe in der Lamina propria mucosae; s. auch *Mucosa-assoziiertes Lymphatisches System* ↗);
- *Gerichteter Schleimtransport* (durch Kinocilien des Schleimhautepithels – außer zur Beseitigung von Partikeln, s. o. – zur *rheotaktischen Orientierung* der Spermien in Uterus und Tube);

---

[1] *tela* (lat.) = Gewebe, Gewebeschicht. Die nahezu gleichsinnigen Ausdrücke *tunica, lamina* und *tela* werden in folgender Weise verwendet: *tunica* für zusammengesetzte Hauptschichten, *lamina* für deren Komponenten, *tela* für verbindende Ausgleichsschichten.

[2] *plexus* (lat.) = Geflecht.

– *Resorption* von Wasser und kleinmolekularen Stoffen aus dem Lumen (vorwiegend durch *Mikrovilli* ↗ der apicalen Epitheloberfläche, z. B. in Dünndarm und Gallenblase);
– *Sekretion* in das Lumen (u. a. Schleim und Verdauungsenzyme aus endo- und subepithelialen Drüsen: z. B. Becherzellen, Gll. gastricae, Gll. intestinales; aber auch extramucosal gelegene Drüsen benutzen die Schleimhautoberfläche zur Ausmündung der Ausführungsgänge);
– Gewährleistung geeigneter Milieubedingungen für die *physiologische Bakterienflora* (Vagina).

1.2 Eingeweidemotorik

Im Bereich der Eingeweide werden vielfältige **Transportleistungen** erbracht, u. a.
– im *Verdauungssystem*: Schluckakt, Darmpassage, Galletransport;
– im *Atmungssystem*: gerichteter Schleimtransport;
– im *Harnsystem*: Harntransport, Harnentleerung;
– im *Männlichen Genitalsystem*: Samentransport, Ejakulation;
– im *Weiblichen Genitalsystem*: Eipassage durch den Eileiter, Geburtsvorgang;
– im *Kreislaufsystem*: Pumpleistung des Herzens, Windkesselfunktion.

Motorische Leistungen werden außer bei Transportvorgängen auch in der Wand von behälterartigen Hohlorganen zur **Anpassung an wechselnde Füllungszustände** wirksam, u. a. in: Magen, Mastdarm, Gallenblase, Harnblase, Gebärmutter.

Schließlich sind motorische Leistungen von großer Bedeutung für **Verschlußmechanismen**, u. a.: Magenpförtner, Verschluß der Afteröffnung, Verschluß des Gallengangs, Harnblasenverschluß.

Alle diese Leistungen sind in erster Linie an die Kontraktionsfähigkeit des **Muskelgewebes** (Abb. **1**–3; ↗Bd. 1) gebunden. Dabei steht im Bereich der Eingeweide das **Glatte Muskelgewebe** („Eingeweidemuskulatur") im Vordergrund.

Die Glatte Muskulatur bildet um die *Tunica mucosa* (im Verdauungskanal um die *Tela submucosa*) des betreffenden Hohlorgans eine – je nach mechanischem Erfordernis unterschiedlich dicke – **Tunica**

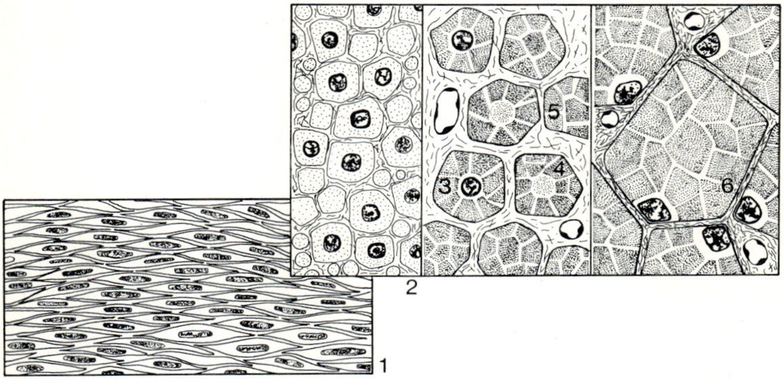

Abb. **1**–3: **Muskelgewebe.**

1 Glattes Muskelgewebe längs (Reticulinfasern nicht dargestellt)
2 Glattes Muskelgewebe quer (wegen der Spindelform der Glatten Muskelzelle unterschiedlich große Querschnitte)
3 Herzmuskelfaser quer (mit zentralem Kern und COHNHEIMscher Felderung[1]
4 Herzmuskelfaser quer (Sarkoplasmafeld getroffen)
5 Herzmuskelfaser quer (weder Kern noch Sarkoplasmafeld getroffen)
6 Skeletmuskelfaser quer (mit randständigem Kern und COHNHEIMscher Felderung)

Zwischen den Parenchym-Elementen der verschiedenen Muskelgewebstypen jeweils interstitielles Bindegewebe mit Blutcapillaren.

muscularis (= „Muscularis"; Abb. **1**–4). Die Myocytenverbände der Muscularis sind in den einzelnen Organen unterschiedlich angeordnet: zirkulär, longitudinal, spiralig. Im Verdauungskanal (Speiseröhre, Darm) beispielsweise liegt eine streng zweischichtige Tunica muscularis mit *Stratum circulare* und *Stratum longitudinale* vor (Abb. **1**–4; vgl. auch die Tab. S. 14). Die Tunica muscularis ist durch eine bindegewebige **Tunica adventitia** in die Umgebung des betreffenden Organs eingebaut. Im Falle des Angrenzens an eine seröse Höhle (s. u.) wird die Tunica muscularis durch eine *Tela subserosa* mit der *Tunica serosa* ↗ verbunden (Abb. **1**–6; Tab. S. 14).

Wie die Glatte Muskulatur der Tunica muscularis auch immer angeordnet ist, der unbewußte Ablauf des Kontraktionsgeschehens wird vom *vegetativen Nervensystem* beherrscht, mit fördernden und

1 JULIUS COHNHEIM (1839–1884), Prof. der Pathologie in Kiel, Breslau und Leipzig.

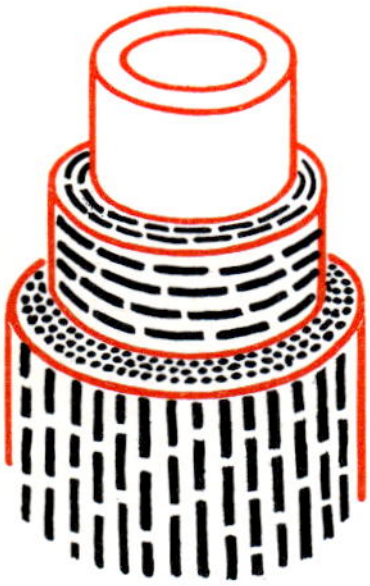

Abb. **1**–4: **Tunica muscularis des Magendarmkanals.** Um die inneren und mittleren Wandschichten (Tunica mucosa, Tela submucosa, nicht ausgeführt, vgl. Abb. **1**–1) bildet die Muscularis eine innen gelegene Ringschicht *(Stratum circulare)* und eine außen gelegene Längsschicht *(Stratum longitudinale)*. Auf den in der Abbildung berücksichtigten Querschnittsflächen sind die Muskelzellen (schwarz) des Strat. circulare längs, die des Strat. longitudinale quer getroffen (Punkte).

hemmenden Impulsen. Als Beispiel für ein nerval gesteuertes Kontraktionsgeschehen sei die *Peristaltik* ↗ genannt, bei der rhythmische Kontraktionswellen den Darminhalt gerichtet weiterbefördern.

Neben der vorherrschenden Glatten Muskulatur ist an der Eingeweidemotorik jedoch auch **Skeletmuskelgewebe** (↗Bd. 1) beteiligt, u. a.: Zungenmuskulatur, Rachen und proximale Speiseröhre, Afterverschluß, Rhabdosphincter ↗ der Harnröhre, Beckenbodenmuskulatur um die Harn-Samenröhre.

Im Herzen als Kreislaufpumpe kommt in Anpassung an die spezielle Leistungsanforderung **Herzmuskelgewebe** (Abb. **1**–3; s. auch Bd. 1) als dritter Typ des Muskelgewebes zum Einsatz. Im Zusammenwirken mit der Herzmuskulatur hat die elastische Rückstellkraft des sog. Windkessels ↗ eine bedeutende Transportfunktion im Rahmen des Kreislaufs.

Neben den bisher geschilderten *geschlossenen Muskelmänteln* kommen in einigen Fällen im Dienst spezieller Transportleistungen dreidimensionale lockere **Myocytennetze** (glatte Muskelzellen) vor, z. B. im Stroma der Dünndarmzotten als „Zottenpumpe" ↗ sowie im Stroma der Prostata ↗.

Außer den drei Typen des *Muskelgewebes* (Glatte Muskulatur, Skeletmuskulatur, Herzmuskelgewebe) haben auch **Zellen anderer Gewebe** Aufgaben im Rahmen der Eingeweidemotorik übernommen:

- Fibroblasten werden durch Differenzierung kontraktiler Strukturen zu **Myofibroblasten** ↗ (u. a. im Dienst der Motorik der Capillarwände, Abb. **8**–4);
- Epithelzellen werden durch Differenzierung kontraktiler Strukturen zu **Myoepithelzellen** ↗ (im Dienst des Drüsensekrettransports).

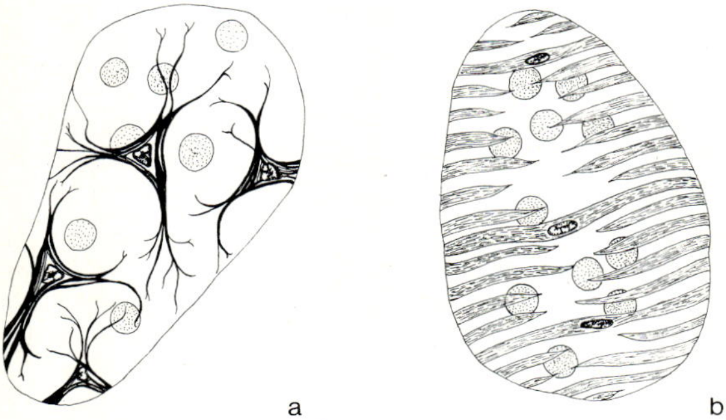

Abb. **1**–5: **Myoepithel.**
a: „Korbzellen" auf einem Drüsenendstück (nach ZIMMERMANN, Hb. d. Mikr. Anatomie V/1, 1927)
b: „Stabzellen" auf einem Duftdrüsenschlauch (nach BARGMANN, Histologie u. Mikr. Anatomie, 7. A. 1977)

Myoepithel kommt in Form von *Korbzellen* (Abb. **1**–5a), ein Zellnetz bildend, um die Drüsenendstücke der Speicheldrüse und der Mamma, in Form von *Stabzellen* (Abb. **1**–5b) in der Wand von Drüsenausführgängen vor. Die Myoepithelzellen liegen epithelartig innen von der Basalmembran↗ und bilden somit eine lückenhafte basale Zellschicht des betreffenden Epithelverbandes.

– Epithelzellen durch Differenzierung von **Kinocilien**↗ (im Dienst des Schleimtransports, Abb. **3**–8).

1.3 Seröse Höhlen

Im **Bauch-** und **Beckenraum** (*Cavitas abdominalis*) sowie im **Brustraum** *(Cavitas thoracis)* existieren allseits abgeschlossene *Spaltensysteme*, welche die Verschiebung von Organen gegeneinander und gegen die Höhlenwand ermöglichen. Im Brustraum handelt es sich dabei um die beiden **Pleurahöhlen** (*Cavitas pleuralis,* Abb. **3**–27) und die **Herzbeutelhöhle** (*Cavitas pericardialis*, Abb. **8**–33), im Bauch- und Beckenraum um die **Bauchhöhle** (*Cavitas peritonealis*, Abb. **1**–6).

Diese *capillären Spalträume* sind von einem *Film seröser*[1] *Flüssigkeit* benetzt und werden daher als **Seröse Höhlen** bezeichnet. Deren Wandung ist die spiegelnd glatte **Tunica serosa** (= „Serosa"). Die Tunica serosa liegt wie eine dünne Tapete einer bindegewebigen Verschiebeschicht **(Tela subserosa)** auf. Aus den in letzterer verlaufenden Gefäßen wird das *Capillarnetz* des Serosabindegewebes gespeist. Die *Tunica serosa* (Abb. **1**–6) selbst ist zweischichtig; sie besteht aus dem Serosaepithel (*Mesothelium*) und einer bindegewebigen *Lamina propria serosae.*

Beim *Serosaepithel* handelt es sich morphologisch um ein sehr flaches einschichtiges Plattenepithel *mesodermaler*[2] *Herkunft*, das deshalb als **Mesothelium** (= Mesothel) bezeichnet wird. Die mesodermale Herkunft der Mesothelzellen äußert sich auch in ihrer Fähigkeit zur Umwandlung in *Makrophagen*↗, die in das subseröse Bindegewebe einwandern, aber auch in den Serosaspalt eintreten können.

Die polygonalen *Mesothelzellen* bilden einen kontinuierlichen Verband (Abb. **1**–6), der jedoch in gewissem Umfang formveränderlich und verschieblich ist. Die Mesothelzellen sind an ihrer apicalen Oberfläche stellenweise mit den *Mikrovilli* eines Bürstenbesatzes ausgestattet. Durch den Besitz des Bürstenbesatzes erweist sich das Serosaepithel als ein besonders zur **Resorption** befähigtes System. Das Serosaepithel ist im Zusammenwirken mit den Blutcapillaren der Lamina propria serosae gleichzeitig auch Produzent der normalerweise nur in geringer Menge vorhandenen serösen Flüssigkeit. Diese Flüssigkeitsabsonderung erfolgt durch *Transsudation*↗. Von ihrer basalen Oberfläche reichen nicht selten Zellfortsätze des Mesothels durch die lückenhafte Basalmembran in das Propriabindegewebe.

Bei *entzündlichen Vorgängen* mit starker Vermehrung der serösen Flüssigkeit können wegen der *großen inneren Oberfläche der serösen Höhlen* in kurzer Zeit große Mengen von *Bakterientoxinen* durch das Serosaepithel resorbiert werden. Hierin liegt die mit einer Bauchfell- bzw. Rippenfellentzündung verbundene Gefahr begründet.

Die **funktionelle Bedeutung** des von einem Flüssigkeitsfilm erfüllten Serosaspalts liegt zunächst darin, daß sich die durch ihn verbundenen Gebilde (Organ – Wand oder Organ – Organ) gegeneinander gleitend verschieben können: *Gleitspaltensystem.* Die durch den Flüssigkeitsfilm bewirkte *Capillaradhäsion* verhindert jedoch, daß sich die

---

[1] *serum* (lat.) = Blutwasser (Blutserum↗); *serosus* = blutwasserartig.

[2] *Mesoderm* = embryonales mittleres Keimblatt.

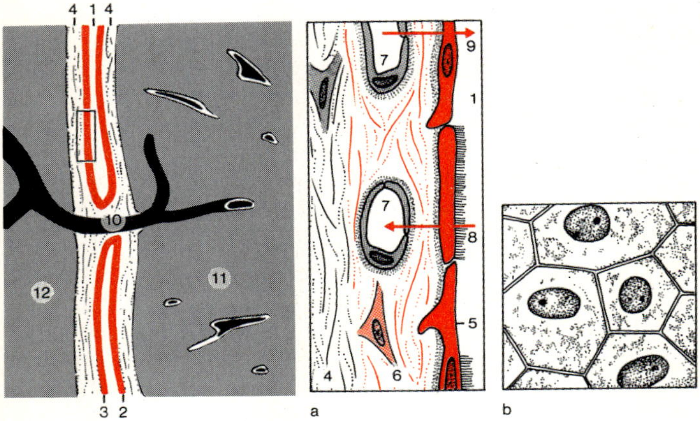

Abb. **1**–6: **Anatomie und mikroskopische Anatomie der Serosa.**
Rot: Tunica serosa
Teilbild a: Tunica serosa
Teilbild b: Mesothel in Aufsicht

1 Serosaspalt
2 Serosa visceralis
3 Serosa parietalis
4 Tela subserosa
5–6 Tunica serosa
5 Mesothelium mit Bürstensaum und basalen Fortsätzen
6 Lamina propria serosae
7 Blutcapillare
8 Resorptionsweg
9 Transsudationsweg
10 Verbindung durch das Meso (Querschnitt, vgl. Abb. **1**–6)
11 Organ
12 Wand der Serösen Höhle

begrenzenden Flächen voneinander abheben. Dies hat zur Folge, daß das Eigengewicht der Organe großenteils durch Capillarkräfte kompensiert wird; so werden etwa Leber, Magen und Milz unter dem Zwerchfell weitgehend hierdurch „getragen". Die Capillaradhäsion hat schließlich auch zur Folge, daß im Fall der Verkleinerung benachbarter Organe (etwa Harnblase und Mastdarm durch Entleerung) in den Spalt zwischen ihnen andere bewegliche Gebilde (in diesem Fall Dünndarmschlingen) „eingesaugt" werden: es können niemals „freie Räume" entstehen, es bleibt *stets Capillarität gewahrt.*

Die *Tunica serosa* bildet eine beim Lebenden rötlich-graue spiegelglatte Oberfläche. Sie wird in der Pleurahöhle als **Pleura** (= Rippenfell bzw. Lungenfell), in der Herzbeutelhöhle als **Pericardium serosum** (= Herzbeutel), in der Bauchhöhle als **Peritoneum** (= Bauchfell) bezeichnet.

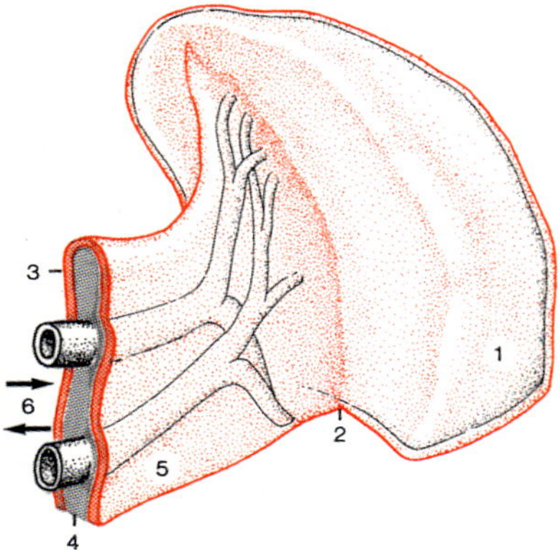

Abb. **1**–7: **Meso (Schema).**
1 Organ mit Serosa visceralis
2 Ansatz des Meso
3 Schnittfläche des Meso an dessen Radix
4 Bindegewebsplatte des Meso
5 Serosaüberzug des Meso
6 Zu- und abführende Leitungsbahnen

Der **Serosaspalt** kann sich (1) *zwischen Organen* (z. B. zwischen Magen und Leber) oder (2) *zwischen Organteilen* (z. B. zwischen Dünndarmschlingen) befinden; er kann jedoch auch (3) *zwischen verschiedenen Teilen der Wand* der serösen Höhle (z. B. Rec. costodiaphragmaticus – Abb. **3**–27) oder (4) *zwischen einem Organ und der Körperwand* (Abb. **1**–6) gelegen sein. In letzterem Fall werden die in Kontakt miteinander befindlichen Blätter der Tunica serosa als **parietale**[1] **Serosa** (*Serosa parietalis*, wandständiges Blatt) bzw. **viscerale Serosa** (*Serosa visceralis*, organständiges Blatt) nomenklaturmäßig unterschieden (Abb. **1**–6).

Ein von visceraler Serosa umkleidetes Organ bedarf jedoch der bleibenden Verbindung mit der von parietaler Serosa bedeckten Wand, damit versorgende *Leitungsbahnen* zu- und abgeführt werden können. Das betreffende Organ kann deshalb nicht vollständig von Serosa visceralis umkleidet werden; ein schmaler Streifen bleibt serosafrei, und von diesem aus erstreckt sich eine *Bindegewebsplatte als Träger der Versorgungsstraßen* zur (dort ebenfalls linienförmig serosafreien) Wand der Höhle (Abb. **1**–6, 7). Diese Platte ist auf beiden Seiten von Serosa bekleidet, welche kontinuierlich einerseits in die Serosa parietalis, andererseits in die Serosa visceralis übergeht; sie kann daher als *Serosaduplikatur* bezeichnet werden. Die Serosaduplikaturen bestimmter Organe werden als **Meso-** mit einem das betreffende Organ kennzeichnenden Zusatz benannt, z. B. *Mesocolon, Mes-*

[1] *paries*, gen. *parietis* (lat.) = Wand.

Tab. **1-1**: Schichten der Wandungen in Dünndarm und Harnleiter.

Schichtenfolge der Wandung des Dünndarms		**Schichtenfolge der Wandung des Harnleiters**	
Tunica mucosa	Epithelium mucosae Lamina propria mucosae Lamina muscularis mucosae	Epithelium mucosae Lamina propria mucosae	**Tunica mucosa**
Tela submucosa			
Tunica muscularis	Stratum circulare Stratum longitudinale	Stratum longitudinale internum Stratum circulare Stratum longitudinale externum	**Tunica muscularis**
Tela subserosa			
Tunica serosa	Lamina propria serosae Mesothelium		**Tunica adventitia**

enterium, Mesosalpinx. Die Befestigung an den betreffenden Organen wird als *Ansatz des Meso,* die linienförmige Befestigung an der Wand der serösen Höhle als *Wurzel (Radix) des Meso* bezeichnet (z. B. *Radix mesenterii* – Abb. **2**–77).

Da die *Mesogebilde* außer ihrer Aufgabe als Leitungsbahnträger auch eine gewisse *mechanische Funktion* im Hinblick auf die Lagekonstanz der Organe ausüben, werden sie teilweise auch als **Ligamente** (in Analogie zu den Ligamenten der Gelenke) bezeichnet. Mesogebilde mit dieser Funktion verbinden nicht nur Organe mit der Höhlenwand (z. B. *Lig. latum* ↗), sondern auch gewisse Organe untereinander (z. B. *Lig. gastrocolicum* ↗, *Lig. hepatoduodenale* ↗).

In der Tabelle **1**–1 sind die *Schichten der Wandungen* von Hohlorganen zusammengestellt und zwar am Beispiel des *von Serosa bedeckten* Dünndarms und des *serosafreien* Harnleiters.

1.4 Eingeweide – Bindegewebe

Bindegewebe hat für die Eingeweide weitreichende funktionelle Bedeutung. Dabei ist allerdings zu beachten, daß das Bindegewebe der Eingeweide Teil eines umfassenden bindegewebigen Systems ist, das etwa auch im Bereich des Bewegungsapparats und der Haut stark entfaltet ist.

Von einem *bindegewebigen System* kann deshalb gesprochen werden, weil dieses nahezu ubiquitäre Gewebe (Ausnahme: Zentralnervensystem) – trotz bemerkenswerter lokaler Unterschiede in Bau und Funktion – im Prinzip einheitlich reagiert. Wegen solcher systemischer Reaktionsmuster wird das Bindegewebe insgesamt auch als **Bindegewebsorgan** aufgefaßt. Dessen Bedeutung ergibt sich bereits aus seiner Masse: es gehört zu den größten Organen des Körpers. Auch bei krankhaften Veränderungen erweist sich das Bindegewebe als ein systemisch reagierendes „Organ" (z. B. Begriffe wie „Bindegewebsschwäche", „Bindegewebskrankheit", „Bindegewebsrheumatismus").

Im Bereich der Eingeweide lassen sich folgende *Vorkommen* des Bindegewebes unterscheiden:

– **Organlager**
Hierbei handelt es sich um die nähere und weitere bindegewebige Umhüllung der Organe, die sich entweder an eine ebenfalls bindegewebige Tunica adventitia (S. 13) oder eine Organkapsel (s. u.) anschließt. Beispiele: *Mediastinum* ↗ (für den Oesophagus), *Nierenlager* ↗ (für Niere und Nebenniere), *Parametrium* ↗ (für den Uterus).

In manchen Fällen müssen die Organlager an Organverschiebungen und wechselnde Organfüllungen angepaßt sein. Beispiele: *Spatium retropubicum* und *Paracystium* ↗ (für die Harnblase), *Paraproctium* ↗ (für das Rectum).

– **Leitungsbahnstraßen**
Die großen Arterien, Venen, Lymphbahnen (mit Lymphknoten) und Nerven verlaufen im Eingeweidebereich zunächst in umfangreichen bindegewebigen Leitplatten. Beispiele: *Mediastinum* ↗, *Spatium retroperitoneale* ↗, *Mesogebilde* ↗. Aus den Leitplatten heraus begleitet das Bindegewebe die Leitungsbahnen durch die Organpforten in das Innere der Organe. Beispiele: *Lungenhilum* ↗, *Leberpforte* ↗, *Milzhilum* ↗.

– **Organkapseln**
Diese begrenzen das betreffende Organ gegenüber dem Organlager (s. o.) oder einer Serösen Höhle ↗. Beispiele: *Tunica fibrosa* der Leber, *Tunica fibrosa* der Milz, *Capsula fibrosa* der Niere.

– **Organstroma**
In den Organen wird das für die betreffende Organfunktion spezifische Grundgewebe (überwiegend Epithel) als *Parenchym*[1] bezeichnet (z. B. Leberparenchym, Nierenparenchym, Begriff „Parenchymatöse Organe").

Jedes Organ besteht jedoch neben dem *spezifischen Parenchym* auch aus einem bedeutenden bindegewebigen Anteil, der als *Stroma*[2] bezeichnet wird. Vielfach wird hierfür auch der Begriff *Interstitielles Bindegewebe* = *Interstitium*[3] verwendet. Das Organstroma bildet die *unspezifische* Komponente, weil Bindegewebe am Aufbau eines jeden Organs beteiligt ist.

Das Organstroma umhüllt die Parenchymanteile (z. B. Epithelstränge, epitheliale Kanäle, Epithelzellhaufen) in unterschiedlich

---

[1] *para* (gr.) = inmitten (neben anderen Bedeutungen); *egchéo* (gr.) = einfüllen.
[2] *stroma*, plur. *stromata* (gr.) = das Ausgebreitete.
[3] *interstitium* (lat.) = Zwischenraum.

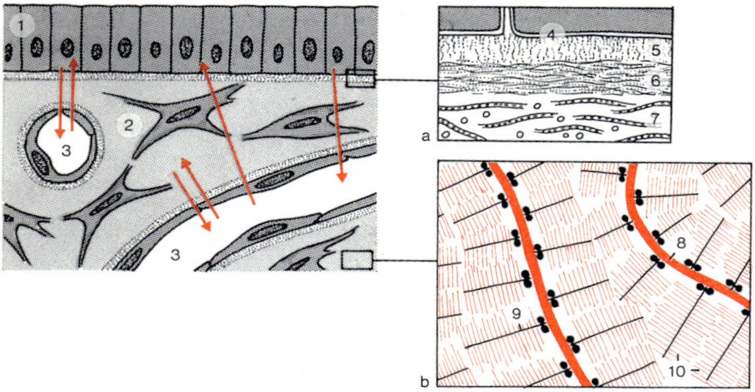

Abb. **1**–8: **Eingeweide-Bindegewebe** (Hämato-parenchymale Schranke).

1 Parenchym mit Basalmembran
2 Stroma mit Fixen Zellen (Freie Zellen nicht dargestellt) und Extrazellulärer Matrix (Fasern nicht dargestellt)
3 Blutcapillare mit Basalmembran

rote Pfeile: Transportwege

Teilbild a: Basalmembran (elektronenmikroskopisch)

4 Cytomembran
5–7 Membrana basalis
5 Lamina lucida
6 Lamina densa
7 Lamina fibroreticularis

Teilbild b: Molekulare Struktur der Grundsubstanz (dargestellt sind 2 Proteoglykan-Aggregate). – Nach L. Rosenberg in Burleigh and Poole, Dynamics of Connective Tissue Macromolecules, 1975.

schwarz: Proteinkomponente
rot: Glykankomponente

8 Hyaluronat-Filament
9 Proteinachse mit Bindungsproteinen (schwarze Punkte)
10 Glykosaminoglykane (rote Striche)

dicken, z. T. extrem dünnen Schichten. Im Bereich der Schleimhäute (vgl. S. 4) bildet das Stromabindegewebe geschlossene Schichten: Lamina propria mucosae↗, Tela submucosa↗. Das Organstroma (Abb. **1**–8) ist der Träger der terminalen Strombahn (Capillaren↗) und terminaler Nervenverästelungen. An den Organpforten hängt deshalb das Stromabindegewebe mit dem Bindegewebe der Leitungsbahnstraßen zusammen (s. o.).

Die *funktionelle Bedeutung* des Organbindegewebes ist vielfältig und geht weit über dessen Rolle als Umhüllung und Stützmaterial oder als

Träger von Leitungsbahnen hinaus. Diese Vielfalt der Bedeutung äußert sich bereits darin, daß je nach den lokalen Erfordernissen unterschiedliche Bindegewebsformen (↗Bd. 1) angetroffen werden: z. B. *Reticuläres Bindegewebe* in der Darmschleimhaut, *Lockeres fibrilläres Bindegewebe* in den Organlagern, *Straffes Bindegewebe* in den Organkapseln.

Für die verschiedenen Organbindegewebe sind zunächst deren **Fixe Zellen** (Fibroblasten, Reticulumzellen; ↗Bd. 1) charakteristisch (Abb. **1**–8). Diese Zellen sind mit der *Fibrillogenese* (↗Bd. 1) und damit mit der Bildung eines Gewebsskelets befaßt; sie verfügen daher als Merkmal der Proteinsynthese über ein reich entfaltetes Rauhes endoplasmatisches Reticulum. Weitere *typische zytologische Merkmale* sind ein stark ausgebildeter Golgiapparat, das Vorhandensein von Vimentinfilamenten sowie das Fehlen einer Basalmembran. Die Fibroblasten (und Reticulumzellen) stehen durch ihre Zellfortsätze mittels Gap junctions und Intermediate junctions (Bd. 1) in Verbindung.

Neuerdings festigt sich die Vorstellung, daß die Bedeutung für die Fibrillogenese die Rolle der Fixen Zellen nur unzulänglich beschreibt. Die auf eine bestimmte Funktion bezogene Bezeichnung als Fibrocyten sollte deshalb besser durch den Namen **Interstitielle Zellen** ersetzt werden. Tatsächlich handelt es sich um eine Zellfamilie, der zwar die oben erwähnten Grundmerkmale eigen sind, deren Mitglieder sich jedoch auf der Grundlage eines ihnen inhärenten Potentials weiter differenzieren. Durch die Abhängigkeit einer solchen funktionellen Weiterdifferenzierung von der geweblichen Mikroumgebung wird die Entwicklung *organspezifischer Bindegewebstypen* verständlich.

Die Bandbreite des *funktionellen Spektrums* der Interstitiellen Zellen umfaßt folgende Leistungen: Fibrillogenese, Bildung eines Gewebsskelets, interzelluläre Kommunikation, Kontraktilität (s. u.), endokrine Aktivität (z. B. im Bindegewebe des Nierenmarks, s. S. 254), Vitamin A-Speicherung.

Besonders hervorzuheben sind die in vielen Geweben vorkommenden **Myofibroblasten**. Diese weisen als zusätzliches spezifisches Merkmal kontraktile Mikrofilamente (*Actinfilamente*) auf. Außerdem bilden sie um sich herum unvollständige Basalmembranen. Bei der Differenzierung zu Myofibroblasten handelt es sich offenbar um eine *reversible phänotypische Modulation*. Die Myofibroblasten mit ihren zwischenzelligen Verknüpfungen bilden an die lokalen Erfordernisse angepaßte kontraktile Systeme, welche als „sanfte Systeme" die Wirkung der Myocyten ergänzen (z. B. in den Darmzotten↗).

Neben den Fixen Zellen (Interstitielle Zellen) kommt den mobilen **Freien Zellen** (↗Bd. 1) große Bedeutung zu: Makrophagen, Mastzellen, Granulocyten, Lymphocyten und Plasmazellen kommen im Stroma der Organe in unterschiedlichen Verteilungsmustern vor und prägen örtlich und zeitlich die jeweilige funktionelle Situation.

Die Fixen Zellen sind eingebettet und die Freien Zellen bewegen sich in der sog. **Interzellularsubstanz** *(Substantia intercellularis)*. Diese wird neuerdings zunehmend als **Extrazelluläre Matrix**[1] (in der Physiologie auch als Extrazellularraum) bezeichnet. Die Matrix besteht histologisch aus zwei Komponenten, einerseits aus den *Bindegewebsfasern* (Reticulinfasern, Kollagenfasern, Elastische Fasern; ↗Bd. 1), andererseits aus der mikroskopisch amorphen *Grundsubstanz* (*Substantia fundamentalis*).

Im Bindegewebe der einzelnen Organe sind *Faserdichte und Fasermischung* sehr unterschiedlich, in Anpassung an die jeweiligen lokalen, insbesondere mechanischen Erfordernisse wie Dehnbarkeit, Komprimierbarkeit, Verschieblichkeit.

Besonders große physiologische und pathologische Bedeutung kommt der **Grundsubstanz** zu. Denn diese ist in beiderlei Richtung der *Transportweg* zwischen der Terminalen Strombahn↗ einerseits und den zu versorgenden Zellen andererseits (Abb. **1**–8). Dieser Transportweg ist ein Diffusionsraum für kleine Moleküle und Ionen, aber auch für die sich aktiv fortbewegenden Freien Zellen.

Die Länge der Diffusionswege (*Transitstrecke*) wird vom Abstand der Capillarwände von den Parenchymzellen (Abb. **1**–8) und damit auch von der Anzahl der Capillaren bestimmt. Wegen der molekularen Struktur der Grundsubstanz (Abb. **1**–8b) sind die Diffusionswege nicht gradlinig, sondern labyrinthartig. Durch physiko-chemische Veränderungen der Grundsubstanz (u. a. durch hormonelle Einwirkungen, Alterungsvorgänge) kann der Stofftransport durch die Grundsubstanz erleichtert oder erschwert werden. Die Grundsubstanz bildet somit eine wesentliche Komponente der jeweils *organtypischen Hämato-parenchymalen Schranke* zwischen dem Blut und den Parenchymzellen. Im Kontakt mit Epithelzellen, glatten Muskelzellen, Myofibroblasten, quergestreiften Muskelfasern und terminalen

[1] *matrix* (lat.) = Mutterboden.

Axonen geht die Grundsubstanz in eine *Basalmembran* (s. u.) über, in allen anderen Fällen hängt die Grundsubstanz mit der *Glykokalyx* ↗ der betreffenden Zellen zusammen.

Die Grundsubstanz des Bindegewebes ist ein halbflüssiges viscöses Gel. Sie ist wegen ihres hohen Wassergehaltes im histologischen Präparat nicht anfärbbar (ganz anders als beispielsweise im Knorpelgewebe!) und erscheint unstrukturiert (homogen). Die wesentlichen makromolekularen Bausteine sind *Proteoglykane*[1] (Hyaluronat, Heparansulfat, Dermatansulfat, Keratansulfat, Chondroitinsulfat). Diese werden mittels spezieller *Ankopplungsproteine* im regelmäßigen Abstand von etwa 25 nm mit *Hyaluronat*[2]*-Filamenten* (Länge etwa 2,5 µm) zu riesigen *Proteoglykan-Aggregaten* (Mol. Gew. bis zu 2×10^8) verknüpft (Abb. **1**–8 b). Diese Aggregate sind mit benachbarten Aggregaten zu einem engmaschigen dreidimensionalen Maschenwerk verschränkt und bilden so die strukturelle Grundlage für die Viscosität der Grundsubstanz.

Die Maschenlücken der makromolekularen Struktur enthalten gebundenes Wasser. Dieses ist der Diffusionsraum für Ionen und kleine Moleküle (Elektrolyte, Blutgase, Metabolite). Gegenüber großen Molekülen und Partikeln (Mikroorganismen) wirkt diese Struktur wie ein *Molekularsieb*. Es kann unwirksam werden, wenn etwa Bakterien durch Absonderung von *Hyaluronidase*[3] die molekulare Struktur auflösen. Die Transportbedingungen in der Wasserphase der Grundsubstanz werden durch das ionenbindende *negative Ladungsmuster der Proteoglykanstruktur* stark beeinflußt. Die Proteoglykan-Aggregate wirken durch Carboxyl- und Sulfatgruppen als große *polyvalente Anionen*.

Die Grundsubstanzbausteine (ebenso wie die Bausteine der Faserproteine) werden von Fibroblasten (↗ Bd. 1), z. T. auch von Myocyten, synthetisiert und in die Extrazelluläre Matrix eingeschleust, in der sie zu der oben erwähnten makromolekularen Struktur verknüpft werden.

Eine besondere Bedeutung kommt den **Basalmembranen** als Grenzzonen der Extrazellulären Matrix, einerseits gegen das Parenchymepithel, andererseits gegen das Capillarendothel, zu. Während Epithelzellen nur mit der Zellbasis an eine Basalmembran angrenzen, sind Myocyten und Adipocyten (auch SCHWANNsche Zellen, ↗ Bd. 3) ringsum von einer Basalmembran umgeben. Myofibroblasten weisen

[1] *Glykane* = Polysaccharide (abgeleitet von *glykys* (gr.) = süß). *Proteoglykane* (Kohlenhydratanteil 95%) = unverzweigte Glykosaminoglykan-Ketten, an eine Proteinachse gebunden (früher als Mucopolysaccharide bezeichnet).

[2] *hyalos* (gr.) = Glas (z. B. Fossa hyaloidea des Glaskörpers des Auges). *Hyaluronsäure* = aus N-Acetylglucosamin und Glucuronsäure aufgebautes häufigstes Glykosaminoglykan des Bindegewebes. Der Name bezieht sich auf sein bevorzugtes Vorkommen im Glaskörper des Auges.

[3] Enzym, welches Hyaluronat depolymerisiert.

lediglich eine diskontinuierliche Membran auf. Die Basalmembranen erscheinen lichtmikroskopisch als mit bestimmten Methoden (u. a. PAS-Reaktion, Silberimprägnation; ↗Bd. 1) darstellbare feine Linien.

Die Basalmembran (*Membrana basalis*) ist elektronenmikroskopisch in drei Schichten aufzulösen: *Lamina lucida*[1], *Lamina densa*[2], *Lamina fibroreticularis*[3] (Abb. **1**–8 a).

Die etwa 30 nm starke **Lamina lucida** (Abb. **1**–8 a) entspricht der *Glykokalyx*[4] der angrenzenden Zellmembran. Dies bedeutet, daß diese Schicht mit verzweigten Oligosaccharidketten von Glykoproteinen erfüllt ist, deren Proteinanteil in der Zellmembran verankert ist. Hervorzuheben sind die für die Zell-Matrix-Interaktion (u. a. zwischen Rezeptorfeldern der Zelloberfläche und Typ IV-Kollagen der Lamina densa) und auch für die Morphogenese wichtigen Adhäsionsglykoproteine *Laminin* und *Fibronectin*, die immuncytochemisch nachgewiesen und lokalisiert werden können. Außerdem kommt das stark anionische *Heparansulfat-Proteoglykan*[5] vor, welches der Basalmembran ihre ausgesprochen ionenselektive Eigenschaft verleiht. Elektronenmikroskopisch weist diese wenig elektronendichte (und deshalb hell erscheinende) Schicht eine feine (senkrecht zur Plasmamembran orientierte) fibrilläre und granuläre Struktur auf.

Das in hoher Konzentration in allen Basalmembranen enthaltene Glykoprotein *Laminin* ist insbesondere zur Interaktion mit sich selbst, mit Typ IV-Kollagen, Nidogen (Entactin[6]) und Heparansulfat-Proteoglykan befähigt. Das Glykoprotein *Fibronectin* ist kein spezifischer Membranbaustein, eher ein basalmembranassoziiertes Molekül.

---

[1] *lucidus* (lat.) = hell.

[2] *densus* (lat.) = dicht.

[3] In der Internationalen Histologischen Nomenklatur (2. Aufl., Mexico City 1980) ist für *Lamina densa* zusätzlich auch *Lamina basalis* zugelassen, weil diese Schicht elektronenmikroskopisch die einzige markant dargestellte Komponente der *Basal*membran ist. Leider verwenden manche Autoren, ohne daß dies durch die offizielle Nomenklatur gedeckt wäre, den Begriff „Basallamina" für den Komplex Lamina lucida + Lamina densa (basalis), gelegentlich sogar für die gesamte Basalmembran.

[4] *glykys* (gr.) = süß; *kalyx* (gr.) = Kapsel, Hülle, Becher (lat. *calix*, z. B. Calix renalis).

[5] *Heparin* = aus N-Sulfonylglucosamin-6-sulfat, Glucuronsäure und Glucuronsäure-2-sulfat aufgebautes Glykosaminoglykan. Der Name leitet sich von Hepar = Leber, dem primären Fundort ab.

[6] Ein Protein, welches innerhalb der Basalmembran eine Art Brückenfunktion ausübt.

Die 20–50 nm starke **Lamina densa** (Abb. **1**–8 a) ist relativ elektronendicht und erscheint daher im elektronenmikroskopischen Bild als dunkles Band, das sich deutlich von den nahezu leer erscheinenden beiden anderen Laminae abhebt.

Die Lamina densa wird von einem Netzwerk von *Typ IV-Kollagen* (einem Glykoprotein) gebildet. Typ IV-Kollagen ist als immuncytochemisch nachweisbares Markerprotein in allen Basalmembranen, wenn auch in unterschiedlicher Konzentration (25–45% des Trokkengewichts) enthalten und bildet dort das wichtigste Strukturprotein, auf dem die mechanische Stabilität beruht. Die Lamina densa enthält auch Heparansulfat.

Die **Lamina fibroreticularis** (Abb. **1**–8 a)ist eine verdichtete Grenzschicht der Extrazellulären Matrix mit einem Netzwerk aus Kollagenfasern (nicht Typ IV, s. o.), Reticulinfasern und elastischen Fibrillen. Sie dient der Verbindung der Basalmembran mit dem angrenzenden Stroma.

Das **Vorkommen von Basalmembranen** kann folgendermaßen zusammengefaßt werden: Basalmembranen kommen generell dort vor, wo die Extrazelluläre Matrix an Epitheliocyten, Endotheliocyten, Myocyten und Adipocyten (auch SCHWANNsche Zellen, ↗Bd. 3) angrenzt. Diese Zellen produzieren die beiden ihnen nahen Schichten (Lamina lucida und Lamina densa). Die Lamina fibroreticularis wird dagegen von Fibroblasten gebildet.

Das **morphologische Erscheinungsbild der Basalmembranen** ist durchaus variabel, nicht nur lokal, sondern auch in Abhängigkeit von funktionellen Gegebenheiten, besonders aber bezüglich der supramolekularen Struktur. Bei pathologischen Veränderungen (z. B. Tumorbildungen) können etwa aus Verdünnung oder Lückenhaftigkeit der Basalmembran diagnostische und prognostische Schlußfolgerungen gezogen werden.

Die **funktionelle Bedeutung der Basalmembran** liegt darin, daß sie die mechanische und vor allem interaktionäre *Zell-Matrixverbindung* herstellt. Dabei spielen die *Ladungsmuster* der Makromoleküle eine wesentliche Rolle (z. B. im Glomerulären Filter ↗). Es ist aber auch zu beachten, daß den Glykoproteinen der Lamina lucida zum Teil *Rezeptoreigenschaften* zukommen. Somit haben die Basalmembranen insgesamt eine wichtige Bedeutung für das Verhalten und den Metabolismus der angeschlossenen Zellen, auch im Rahmen von Entwicklung, Rückbildung und Regeneration.

2 Verdauungssystem

Das System der Verdauungsorgane bildet den vom Mund *(Os)* bis zum After *(Anus)* reichenden **Verdauungstrakt** (Abb. 2–1): Mundhöhle, Rachen, Speiseröhre, Magen, Darm (mit Leber und Bauchspeicheldrüse). Während Mundhöhle und Rachen zusätzlich im Dienst der Atmung stehen, dient der vom Oesophagus bis zum Ende des Darmes reichende Abschnitt ausschließlich der Verarbeitung der Nahrung (sog. *Magen-Darm-Kanal*).

Aufgabe des Verdauungssystems ist die Nutzbarmachung der Nahrung mit dem Ziel der Gewinnung von *Baumaterial* (Wachstum, Gewebeersatz) und *Energie*.

Partialfunktionen: Aufnahme der Nahrung *(Mund)*, mechanische Zerkleinerung *(Kauapparat)*, chemischer Abbau *(Verdauungsdrüsen)*, hormonale Steuerung *(Magen, Darm, Bauchspeicheldrüse)*, Gleitfähigmachung *(Schleimdrüsen)*, Durchmischung mit Verdauungssäften und Weitertransport *(Muskulatur des Verdauungstrakts)*, Abwehrfunktion an einer wichtigen Körperpforte (*Lymphatischer Schlundring, Mucosa-assoziiertes Lymphatisches System*), Resorption *(Darmoberfläche)*, Restausscheidung *(Mastdarm)*.

2.1 Mundhöhle, *Cavitas oris*[1]

Funktionelle Bedeutung: Nahrungsaufnahme (*Mund, Lippen*), Abbeißen und Zerkleinerung der Nahrung (*Gebiß* im Zusammenwirken mit der *Kaumuskulatur*), mechanische und chemische Prüfung *(Zunge)*, Einleitung des chemischen Nahrungsabbaues (Sekret der *Mundspeicheldrüsen*), Einleitung des Schluckakts (*Isthmus faucium*), immunbiologische Überwachung der Rachenpforte (*Lymphatischer Schlundring*).

---

[1] Genitiv von *os* (lat.) = Mund. *Os* bedeutet auch Knochen; dessen Genitiv ist aber *ossis*.

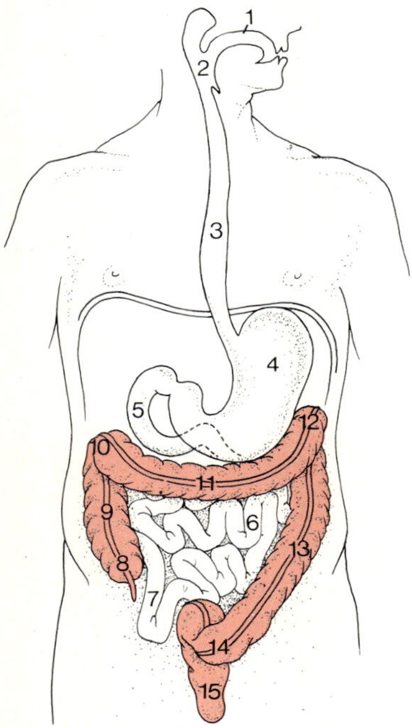

Abb. **2–1**: **Übersicht über den Verdauungstrakt.**
(Leber und Bauchspeicheldrüse sind nicht berücksichtigt).
1 Cavitas oris (Mundhöhle)
2 Pharynx (Rachen)
3 Oesophagus (Speiseröhre)
4 Ventriculus (Magen)
5–7 Intestinum tenue (Dünndarm)
5 Duodenum (Zwölffingerdarm)
6 Jejunum
7 Ileum
8–15 (rot) Intestinum crassum (Dickdarm)
8 Caecum (Blinddarm) mit Proc. vermiformis (Wurmfortsatz)
9 Colon ascendens
10 Flexura coli dextra
11 Colon transversum (Quercolon)
12 Flexura coli sinistra
13 Colon descendens
14 Colon sigmoideum
15 Rectum (Mastdarm) mit Anus (After)

2.1.1 Mundspalte, *Rima oris* (Abb. **2**–2)

Bei geschlossenem Mund (*Os, oris*) begrenzen **Oberlippe** (*Labium superius* mit der medianen Rinne des *Philtrum*), **Unterlippe** (*Labium inferius*) und die Mundwinkel (*Anguli oris*) die **Mundspalte** (*Rima oris*). Am Mundwinkel gehen Oberlippe und Unterlippe (besonders bei geöffnetem Mund deutlich) in der *Commissura labiorum* ineinander über.

Die Unterlippe ist in der Regel gegen die *Regio mentalis*[1] (Kinngegend) durch den *Sulcus mentolabialis* abgegrenzt. Letzterer entspricht etwa der Lage des Fornix vestibuli↗. Der Oberlippenbereich wird seitlich von dem gegen den Nasenflügel ziehenden mehr oder weniger stark ausgeprägten *Sulcus nasolabialis* begrenzt.

---

[1] *mentum* (lat.) = Kinn; damit im Zusammenhang *prominere* = hervorstehen.

Im Bereich der Mundöffnung ist die **Mimische Muskulatur** (↗Bd. 1) in Anpassung an die Vielgestaltigkeit der Nahrungsaufnahme zu einem hochdifferenzierten motorischen Apparat ausgestaltet. Dessen Hauptkomponente ist der in den Lippen gelegene *M. orbicularis oris* (Abb. **2**–22). Die Bedeutung dieses Muskelapparats wird deutlich, wenn man bedenkt, daß die Ernährung des Säuglings nur gesichert ist, wenn es diesem gelingt, seinen Mund luftdicht der mütterlichen Brustwarze und dem Warzenhof (bzw. dem Sauganstaz der Milchflasche) anzulegen. Nur so kann durch Bewegung der Zunge der für das Saugen erforderliche Unterdruck in der Mundhöhle erzeugt werden. Der in der Wange (*Bucca*) gelegene *M. buccinator* (vgl. S. 28; Abb. **2**–3) hängt am Mundwinkel mit dem M. orbicularis oris zusammen und ist dessen Derivat.

Eine Lähmung des die gesamte mimische Muskulatur versorgenden *N. facialis* (zentral durch Schlaganfall, peripher durch Schnittverletzung im Gesicht; ↗Bd. 3) macht sich besonders durch Asymmetrie im Bereich des Mundes bemerkbar.

MIKROSKOPISCHE ANATOMIE DER LIPPEN

Im Bereich der Lippen geht das mehrschichtige verhornte Plattenepithel der *Epidermis* in das mehrschichtige unverhornte Plattenepithel der *Mundschleimhaut* über. Die Übergangszone des *Lippenrots* ist dadurch gekennzeichnet, daß 1. die Epidermis hier nur noch eine rasch dünner werdende Hornschicht aufweist (Durchscheinen der gefäßreichen Papillarschicht: diagnostische Bedeutung des Lippen-

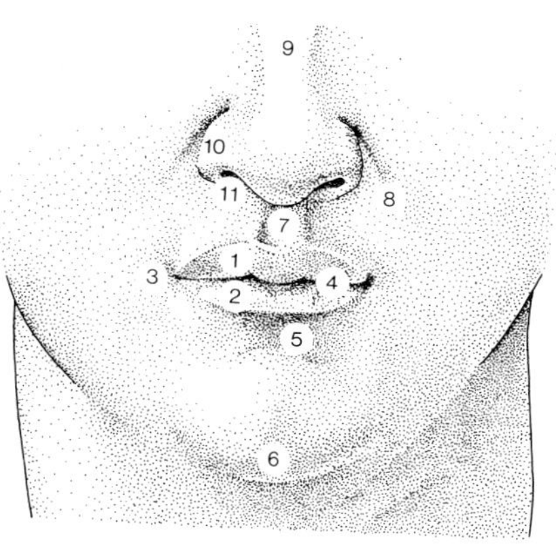

Abb. **2**–2: **Untere Gesichtshälfte mit Mund- und Nasenöffnung.**

1 Labium superius
2 Labium inferius
3 Angulus oris
4 Rima oris
5 Sulcus mentolabialis
6 Mentum
7 Philtrum
8 Sulcus nasolabialis
9 Dorsum nasi
10 Ala nasi
11 Naris

rots bei Kreislauferkrankungen), 2. die Pigmentierung sehr gering ist bzw. ganz fehlt und 3. keine Haare, wohl aber Talgdrüsen vorkommen. In der Schleimhaut liegen vergleichsweise mächtige Pakete gemischter Drüsen (*Gll. labiales*). Beim *M. orbicularis oris* handelt es sich wie bei der übrigen Mimischen Muskulatur histologisch um Skeletmuskulatur.

Leitungsbahnen der Lippen[1]

Arterien
Aa. labiales sup. et inf. ← *A. facialis* (Abb. **8**–42).

Venen
Vv. labiales sup. et inf. → *V. facialis* (Abb. **8**–75) → V. jugularis int.

Wichtig ist die Verbindung der V. facialis über die *V. angularis* (Abb. **8**–75) zum orbitalen und intracraniellen Bereich (Gefährlichkeit insbesondere von Oberlippen- und Naseninfektionen!).

Regionäre Lymphknoten
Nll. submentales und *Nll. submandibulares* (Abb. **9**–15) → Nll. cervicales prof.

Nerven
mot. (M. orbicularis oris): *N. facialis*;
sens. (Haut und Schleimhaut):
- Oberlippe: Rr. labiales sup. → N. infraorbitalis → *N. maxillaris*;
- Unterlippe: Rr. labiales inf. → N. mentalis → N. alveolaris inf. → *N. mandibularis*.

2.1.2 Vorhof der Mundhöhle, *Vestibulum oris*

Die Mundhöhle wird durch die Zahnreihen in das *Vestibulum oris* und die *Cavitas oris propria* gegliedert.

Bei geschlossenem Mund ist das **Vestibulum oris** (Abb. **2**–3) ein *Spaltraum*, der auf der einen Seite von den Lippen bzw. der Wange, auf der anderen Seite von den Zähnen bzw. den von Zahnfleisch bedeckten Alveolarfortsätzen (Proc. alveolaris des Oberkiefers, Pars alveolaris des Unterkiefers; Bd. 1) begrenzt wird. Oben und unten gehen diese Wandungen im besonders verschieblichen *Fornix vestibuli* (Abb. **2**–22) ineinander über. Der Fornixbereich liegt etwa in halber Höhe der Zahnwurzeln und bietet einen operativen Zugang zu diesen

[1] Die jeweils wichtigsten Leitungsbahnen sind durch *Kursivdruck* hervorgehoben.

sowie zur Kieferhöhle. Der Spaltraum des Vestibulum wird median durch die konstante Schleimhautfalte des *Frenulum labii superioris* bzw. *inferioris* (Abb. **2**–3) geteilt. Dies ist zur Vermeidung von Verletzungen beim Auswischen des Vestibulum bei Schwerkranken zu beachten.

Bei geschlossenem Mund (Kieferklemme!) ist auch bei vollständigem Gebiß hinter den 3. Molaren (*retrodentaler Raum*) vom Vestibulum aus der Hauptraum der Mundhöhle erreichbar. Diese Möglichkeit kann für eine Sondenernährung ausgenutzt werden. Beim Austasten des Vestibulum oris wird hinten die Vorderkante des *Ramus mandibulae* erreicht, dem außen der *M. masseter* und innen der *M. pterygoideus medialis* anliegen, die bei Erzeugung eines Kaudruckes gut palpabel sind.

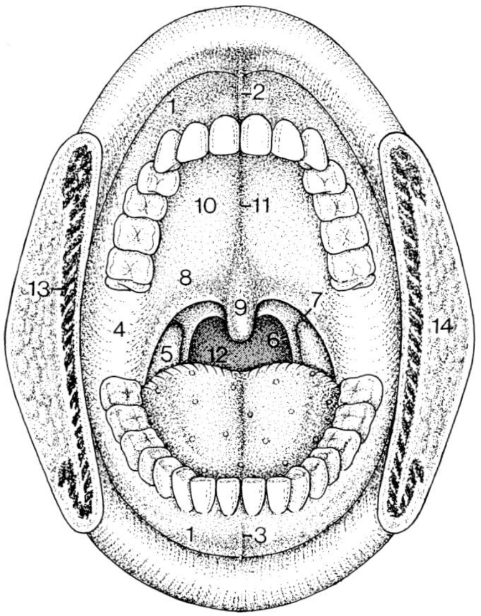

Abb. **2**–3: **Mundhöhle mit Isthmus faucium.** Die Wangen sind durchtrennt; (vgl. auch Abb. **2**–13).

1 Vestibulum oris
2 Frenulum labii superioris
3 Frenulum labii inferioris
4 Retrodentaler Raum
5 Tonsilla palatina mit der über ihr gelegenen Fossa supratonsillaris
6 Arcus palatopharyngeus
7 Arcus palatoglossus
8 Palatum molle
9 Uvula palatina
10 Palatum durum
11 Raphe palati
12 Isthmus faucium
13 M. buccinator
14 Bucca

Das Vestibulum oris wird seitlich von der **Wange** (*Bucca*) begrenzt (Abb. **2**–3). Diese erstreckt sich zwischen Mundwinkel und Ohr einerseits und Jochbogen und Unterrand der Mandibula andererseits. Die Wange ist passiv und aktiv beweglich durch den Einbau des zur Mimischen Muskulatur gehörigen *M. buccinator*. Durch Erhöhung des Luftdrucks in der Mundhöhle kann die Wange stark gedehnt werden („Posaunenengel"). Aus dieser Stellung kann durch Kontraktion des M. buccinator ein gut dosierbarer Luftstrom erzeugt werden („Trompetermuskel").

Es ist ein charakteristisches Kennzeichen einer einseitigen Lähmung des die gesamte Mimische Muskulatur und somit auch den M. buccinator versorgenden *N. facialis* (↗Bd. 3), daß ein gerade gerichteter Luftstrom nicht mehr erzeugt werden kann.

Der **M. buccinator** wirkt beim *Kauakt* dadurch mit, daß er im Zusammenspiel mit der Zunge die Nahrung stets wieder zwischen die Zahnreihen schiebt. Der Tonus des Muskels verhindert ein Einklemmen der Wangenschleimhaut und somit Bißverletzungen beim Kauen. Der M. buccinator entspringt von der vom Hamulus pterygoideus zur Mandibula verlaufenden *Raphe pterygomandibularis* (↗Bd. 1) und den angrenzenden Teilen von Maxilla und Mandibula. Er strahlt im Bereich des Mundwinkels in den M. orbicularis oris ein.

Während die Fasern des M. buccinator von der Raphe pterygomandibularis aus nach vorne ziehen, verlaufen die Fasern eines Teiles des *M. constrictor pharyngis superior* von derselben Ursprungslinie aus nach hinten (vgl. S. 81; Abb. **2**–29).

Der Außenfläche des M. buccinator liegt das sich bei Kaubewegungen verschiebende und zum Raumausgleich erforderliche, aus Baufett bestehende *Corpus adiposum buccae* (Bichatscher Fettpfropf)[1] auf.

Im Bereich des Vestibulum oris befindet sich die Mündung des Ausführungsgangs der Ohrspeicheldrüse (*Papilla parotidea*): in der Wangenschleimhaut gegenüber dem oberen 2. Molaren (Abb. **2**–12; vgl. auch S. 53).

Leitungsbahnen der Wange

Arterien

A. facialis ← A. carotis ext. (Abb. **8**–42);
A. buccalis ← A. maxillaris;
A. transversa facialis ← A. temporalis superf.

[1] M. F. X. Bichat (1771–1802), Physiologe, Anatom und Pathologe in Paris.

Venen
V. facialis → V. jugularis int. (Abb. **8**–75).

Regionäre Lymphknoten
Nll. submandibulares und *Nll. submentales* → Nll. cervicales prof. (Abb. **9**–15).

Nerven
mot. (M. buccinator und Mimische Muskulatur): *N. facialis;*
sens.:
- Haut oberhalb der Mundspalte: *N. infraorbitalis* → *N. maxillaris*;
- Haut unterhalb der Mundspalte und Schleimhaut: *N. buccalis* → *N. mandibularis*.

2.1.3 Kauapparat

2.1.3.1 Grundtypus des Zahnes

An jedem Zahn (Abb. **2**–4) sind die vom Schmelz↗ überzogene **Zahnkrone** (*Corona dentis*) und die von Zement↗ umhüllte **Zahnwurzel** (*Radix dentis*) zu unterscheiden. Die Grenzzone zwischen Krone und Wurzel bildet den **Zahnhals** (*Cervix dentis*). Die Zahnwurzel verjüngt sich zur **Wurzelspitze** (*Apex radicis dentis*).

Der quantitativ überwiegende Anteil des Zahnes besteht aus dem mit dem Knochengewebe verwandten **Zahnbein** (*Dentinum*; Abb. **2**–5). Dieses umgibt die **Zahnhöhle** (*Cavitas dentis*) sowohl im Bereich der Krone (*Cavitas coronae*) als auch im Bereich der Wurzel (*Canalis radicis dentis*). Der **Wurzelkanal** öffnet sich an der Wurzel-

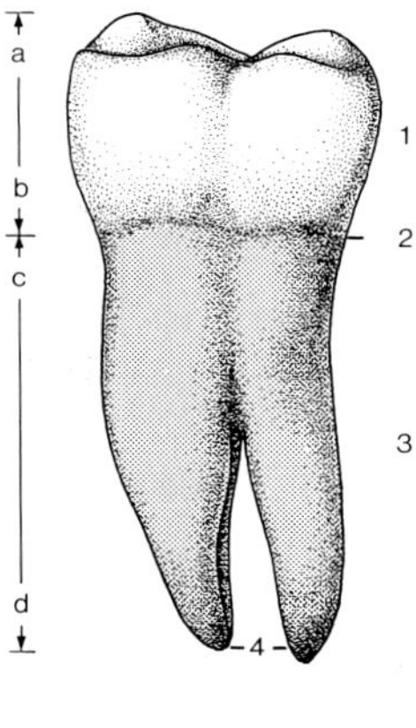

Abb. **2**–4: **Grundform des Zahnes am Beispiel eines Prämolaren.**
1 Zahnkrone (Corona dentis)
2 Zahnhals (Cervix dentis)
3 Zahnwurzel (Radix dentis)
4 Wurzelspitze (Apex radicis dentis)

Richtungsangaben:
a occlusal (incisal)
b cervical
c coronal
d apical

spitze mit dem *Foramen apicis dentis*. Die Zahnhöhle wird wegen ihres Inhalts, der **Zahnpulpa** (*Pulpa dentis*), meistens als **Pulpahöhle** (Abb. **2**–5) bezeichnet. Die Pulpa ist im Bereich der Krone als *Pulpa coronalis* am stärksten entfaltet; in die Wurzel setzt sie sich als dünne

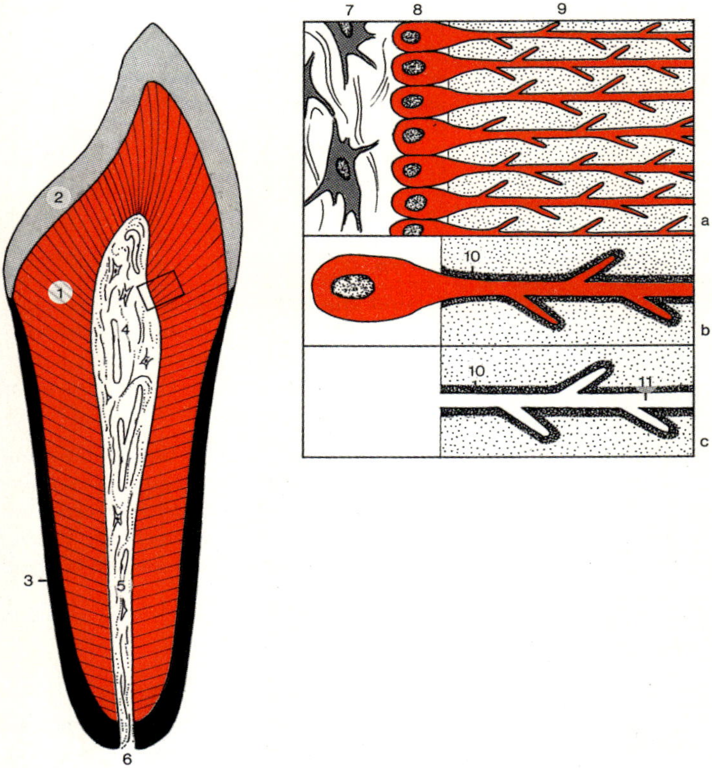

Abb. **2**–5: **Längsschnitt durch einen einwurzeligen Zahn.**
Teilbilder: mikroskopische Anatomie der Dentin-Pulpagrenze.

1 Dentin
2 Schmelz
3 Zement
4 Pulpahöhle mit Zahnpulpa
5 Wurzelkanal
6 Mündung des Wurzelkanals an der Wurzelspitze
7 Zahnpulpa
8 Odontoblasten
9 Dentin mit Tomesschen Fasern
10 Neumannsche Scheide
11 Dentinkanälchen

Pulpa radicularis fort. An der Wurzelspitze steht die Pulpa mit der Wurzelhaut (↗S. 35) in Verbindung.

Im Bereich der Zahnwurzel wird das Dentin (unter Aussparung des Foramen apicis) von einer weiteren Hartsubstanz des Zahnes, dem **Zement** (*Cementum*; Abb. **2**–5) in dünner Schicht überzogen. Das Zement ist histologisch mit dem Knochengewebe nahezu identisch.

Der Dentinkern wird im Bereich der Zahnkrone von der dritten Hartsubstanz, die am Aufbau des Zahnes beteiligt ist, dem **Schmelz** (*Enamelum*[1]; Abb. **2**–5) überzogen. Beim Schmelz handelt es sich um eine zellfreie Hartsubstanz besonders großer Härte, die sich in Herkunft und Zusammensetzung wesentlich von Dentin und Zement und somit auch vom Knochengewebe unterscheidet.

Schmelz und Zement treten im Bereich des Zahnhalses in variable Beziehung zueinander. Dieser vom Zahnfleisch bedeckte Bereich (vgl. Abb. **2**–7) ist eine zahnpathologisch besonders gefährdete Stelle.

In der Mehrzahl der Fälle reicht das Zement etwas über den unteren Schmelzrand nach oben (supraalveolärer *Zementkragen*, Abb. **2**–7). Es gibt jedoch auch andere Modifikationen der Beziehung zwischen diesen beiden Hartsubstanzen; insbesondere kommt es in immerhin 15% der Fälle überhaupt nicht zum Kontakt zwischen Schmelz und Zement, so daß das Dentin frei liegt, nur vom physiologischerweise dicht anliegenden Zahnfleisch geschützt.

MIKROSKOPISCHE ANATOMIE

Die verschiedenen Hartsubstanzen des Zahnes entstehen unter Beteiligung bzw. unter dem Einfluß des **Schmelzorgans** (Abb. **2**–6). Dieses entstammt dem Mundhöhlenepithel. Epithelinseln der ursprünglichen geweblichen Verbindung können als sog. SERRES*sche Körperchen*[2] (Abb. **2**–6) erhalten bleiben.

Das Schmelzorgan umfaßt glockenartig (Stadium der *Zahnglocke*) die bindegewebige *Zahnpapille* (Anlage der Zahnpulpa). Am Schmelzorgan sind zu unterscheiden: *Äußeres Schmelzepithel, Schmelzpulpa, Inneres Schmelzepithel.* Vom Anlagegebiet des Zahnhalses an fehlt dem Schmelzorgan die Schmelzpulpa: inneres und äußeres Schmelzepithel wachsen vom unteren Rand der Zahnglocke als Doppellamelle (Abb. **2**–6) im Bereich der späteren Wurzel apicalwärts (HERTWIG*sche Wurzelscheide*[3]).

[1] *enamel* (engl.) = Schmelz, Emaille.
[2] ANTOINE SERRES (1786–1868), Prof. der Anatomie in Paris.
[3] OSKAR HERTWIG (1849–1919), Anatom in Berlin.

Funktionelle Bedeutung des Schmelzorgans:
1. *Bestimmung der Form* von Krone und Wurzel,
2. *Schmelzbildung,*
3. *Induktion der Dentinbildung.*

Schmelzorgan und Zahnpapille werden durch das beide umschließende bindegewebige *Zahnsäckchen* zur vollständigen Zahnanlage ergänzt.

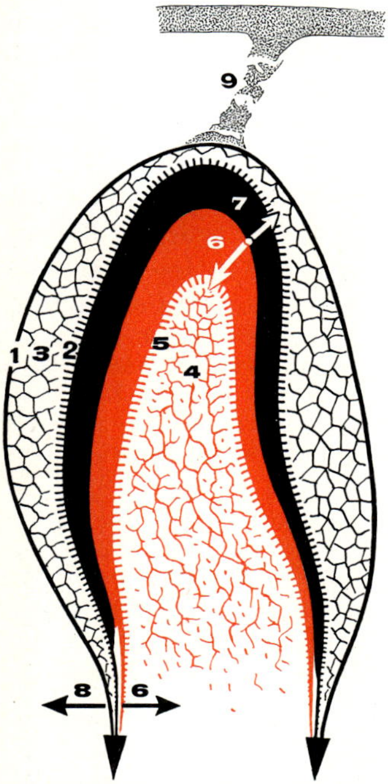

Abb. **2**–6: **Schmelzorgan** (im Längsschnitt).
1 Äußeres Schmelzepithel
2 Inneres Schmelzepithel mit Adamantoblasten
3 Schmelzpulpa
4 Zahnpapille
5 Schicht der Odontoblasten
Weißes Pfeilpaar: Richtung des Dickenwachstums von Dentin (6) und Schmelz (7) im Bereich der Krone
Schwarzes Pfeilpaar: Richtung des Dickenwachstums von Dentin (6) und Zement (8) im Bereich der Zahnwurzel.
Dicke Pfeile: Richtung des Längenwachstums der Wurzel (Doppellamelle des Schmelzorgans, HERTWIGsche Wurzelscheide).
9 Reste der Zahnleiste (SERRESsche Körperchen).

Die **Pulpa**[1] des fertigen Zahnes entwickelt sich aus der bindegewebigen Zahnpapille. Sie ist der Träger der Gefäße und Nerven des Zahnes und besteht aus einem besonders flüssigkeitsreichen, faserarmen Bindegewebe vom Typus des *Gallertgewebes* (↗Bd. 1). Die Fibrocyten der Pulpa fügen sich an der Oberfläche der Pulpahöhle zu der geschlossenen epithelähnlich erscheinenden Schicht der *Odontoblasten* zusammen (Abb. **2**–5).

Topographisch wird die Zahnpulpa in eine *Innen-* und *Außenzone* unterteilt. Die Außenzone kann in drei Schichten gegliedert werden (von außen nach innen):

- Odontoblastenschicht;
- faserreiche und zellarme Subodontoblastenschicht (WEILsche[2] Zone);
- zellreiche Schicht.

Das **Dentin** wird von den *Odontoblasten* gebildet. Diese Hartsubstanz ist somit wie das Knochengewebe ein Produkt von Bindegewebszellen. Die Odontoblasten scheiden zunächst das *Praedentin* aus, die noch nicht mineralisierte Matrix des Zahnbeins (Grundsubstanz mit Kollagenfasertextur). Das *Praedentin*, welches dem Osteoid des Knochengewebes entspricht, wird in einer zweiten Phase *mineralisiert*. Dabei werden Kristallite (überwiegend Hydroxylapatit) in die interfibrilläre Grundsubstanz eingelagert.

Im Gegensatz zum Verhalten von Osteoblasten (↗Bd. 1) scheiden die Odontoblasten das Praedentin lediglich in Richtung auf die Schmelzgrenze aus (Abb. **2**–6). Die Odontoblasten sind dementsprechend ausgesprochen *polarisiert*: ihr Zelleib bleibt stets außerhalb der Hartsubstanz (Abb. **2**–5). Das Dentin wächst schichtenweise von der Schmelzgrenze gegen die Pulpahöhle hin. Dabei bleibt der einzelne Odontoblast mit einem immer länger werdenden verzweigten Zellfortsatz (TOMES*sche*[3] *Faser*; Abb. **2**–5) an der Schmelzgrenze verankert. Die in den *Dentinkanälchen* (Abb. **2**–5) gelegenen TOMESschen Fasern verleihen dem Dentin eine charakteristische *Radiärstreifung*. In die Dentinkanälchen dringen aus dem Nervenplexus der Pulpa vereinzelt feine marklose Nervenfasern ein (Schmerzleitung, Registrierung des Kaudruckes). Die Wand der Dentinkanälchen unterscheidet sich im Mineralisationsgrad und im färberischen Verhalten

---

[1] *pulpa* (lat.) = weiches Mark; auch als Milzpulpa.
[2] L. A. WEIL (1848–1895), Hofzahnarzt in München.
[3] SIR JOHN TOMES (1815–1895), Zahnarzt in London.

vom übrigen Dentin und wird als NEUMANN*sche*[1] *Scheide* (Abb. **2**–5) bezeichnet.

Als *Interglobulardentin* werden mehr oder weniger regelmäßig vorkommende sphärisch begrenzte Bereiche unvollständiger Mineralisation bezeichnet, also gewissermaßen Verkalkungsdefekte, denen für die Ausbreitung der *Karies* Bedeutung zukommt.

Die Dentinbildung wird nach Abschluß der Zahnentwicklung außerordentlich verlangsamt. Die Odontoblasten bleiben jedoch erhalten und bewahren während des ganzen Lebens die Fähigkeit zur reaktiven Dentinbildung: *Sekundärdentin* (Reizdentin).

Das **Zement** ist (ebenso wie die Wurzelhaut und das Periost des Alveolarknochens) ein Derivat des bindegewebigen Zahnsäckchens. Das Zementgewebe ist histologisch identisch mit dem Knochengewebe, kann jedoch in sehr dünnen Schichten zellfrei sein.

Der **Schmelz** ist nicht wie Dentin und Zement bindegewebiger Herkunft sondern ein Derivat des epithelialen Schmelzorgans. Er wird in Form der *Schmelzprismen* von den zu *Enameloblasten*[2] (Ameloblasten) differenzierten Zellen des Inneren Schmelzepithels (Abb. **2**–6) abgeschieden. Auch im Fall des Schmelzes entsteht zunächst eine organische Matrix, die jedoch weit vollständiger mineralisiert wird (Schmelz: 96% anorganische Substanz, Dentin: 75%). Auch die interprismatische Kittsubstanz verkalkt vollständig. Die Kristallite des Schmelzes bestehen überwiegend aus *Hydroxylapatit* oder *Fluorapatit*.

Die Enameloblasten scheiden zuletzt die besonders widerstandsfähige *Schmelzcuticula* auf die Oberfläche der Zahnprismen ab, die nach dem Zahndurchbruch allmählich durchgekaut wird. Nach der Abscheidung der Schmelzcuticula gehen die Enameloblasten zugrunde. Hieraus folgt, daß die Schmelzsubstanz nach ihrer einmaligen Bildung nicht vermehrt oder regeneriert werden kann.

In Präparaten von Längsschliffen zeigen sich in der Schmelzsubstanz charakteristische Streifungen: die radiäre HUNTER-SCHREGERsche[3] Streifung ist

---

[1] ERNST NEUMANN (1834–1918), Prof. der Pathologie in Königsberg.

[2] *blástein* (gr.) = bilden; *Enameloblasten = Schmelzbildner; Ameloblasten* abgeleitet von En-ameloblasten.

[3] JOHN HUNTER (1728–1783), Prof. der Anatomie und Chirurgie in London. CHRISTIAN H. T. SCHREGER (1768–1833), Prof. der Chemie in Wittenberg, der Medizin in Halle.

der optische Ausdruck des komplizierten schraubigen Verlaufs der Schmelzprismen. Die steiler verlaufenden RETZIUSschen[1] Streifen beruhen auf Interferenzerscheinungen an Zuwachsschichten.

2.1.3.2 Halteapparat

Jede *Zahnwurzel* ist – auch bei mehrwurzeligen Zähnen – in ein eigenes **Zahnfach** *(Alveolus[2] dentalis)* des Alveolarfortsatzes des Oberkiefers bzw. der Pars alveolaris des Unterkiefers (↗Bd. 1) eingelassen. Benachbarte Alveolen werden durch *Septa interalveolaria* getrennt. Die Knochenwände zwischen den Alveolenteilen für die Wurzeln mehrwurzeliger Zähne werden als *Septa interradicularia* (Abb. 2–7) bezeichnet.

Die einzelne Zahnwurzel ist nicht bündig in die zugehörige Alveole eingepaßt; letztere ist weiter als es dem Durchmesser der Wurzel entspricht. Der verbleibende Spaltraum zwischen Alveolarknochen einerseits und Zement andererseits (Abb. **2**–7) hat eine Breite von etwa 0,09–0,13 mm (persönliche Mitteilung Prof. Dr. K. MÖRIKE). Dieser **Peridontalspalt** wird vom *Lig. dento-alveolare* (**Desmodont, Wurzelhaut**) ausgefüllt (Abb. **2**–7). Das Lig. dentoalveolare hängt mit dem in das Zahnfleisch einstrahlenden *Lig. gingivale* zusammen und bildet mit diesem das *Lig. periodontale*. Da die Kollagenfasern des Lig. periodontale als SHARPEY*sche*[3] *Fasern* (↗Bd. 1) in den Alveolarknochen und in das Zement der Zahnwurzel einstrahlen, wird unter dem Begriff **Periodontium** oft der gesamte Komplex Zement + Desmodont + Periost + angrenzende Schicht des Alveolarknochens zusammengefaßt. Die Wurzelhaut steht an den Wurzelspitzen mit der ebenfalls bindegewebigen Zahnpulpa in Verbindung (Möglichkeit des Übergreifens von Erkrankungen der Pulpa auf das Desmodont).

Die **Wurzelhaut** muß bestimmten *mechanischen Beanspruchungen* genügen. Einerseits muß der Zahn sicher im Zahnfach befestigt sein, andererseits dürfen auch bei großen Kaudrucken keine *Druckkräfte* auf Zement und Alveolarknochen einwirken: unter Druckbelastung bildet sich Knochengewebe rasch zurück, was im vorliegenden Fall zu einer fortschreitenden Erweiterung des Alveolarraumes führen

[1] GUSTAV MAGNUS RETZIUS (1842–1919), Prof. der Anatomie und Neurologie in Stockholm.

[2] *alveolus* (lat.) = kleine Aushöhlung; auch als Lungenalveole.

[3] WILLIAM SHARPEY (1802–1880), Prof. der Anatomie in Edinburgh und London.

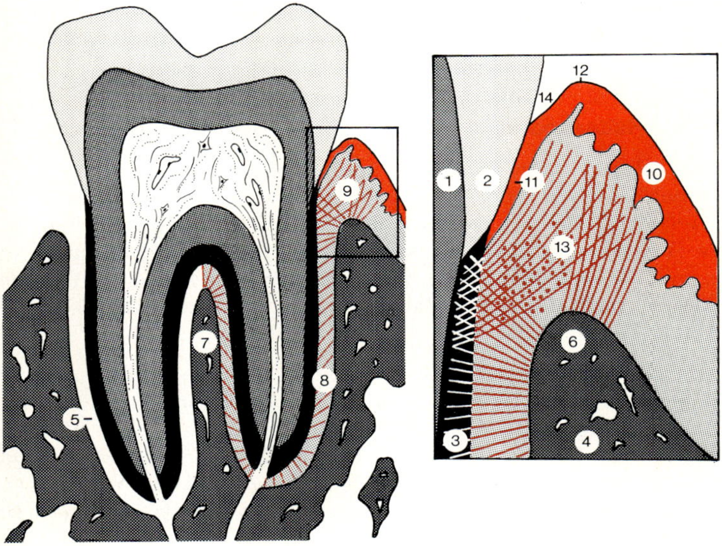

Abb. **2**–7: **Halteapparat des Zahnes.**
Links: Übersicht
Rechts: Detail im Bereich des Zahnhalses

1 Dentin
2 Schmelz
3 Zement (mit Sharpeyschen Fasern)
4 Alveolarknochen (mit Periost und Sharpeyschen Fasern)
5 Periodontalspalt
6 Septum interalveolare
7 Septum interradiculare
8 Periodontium mit Lig. dento-alveolare
9 Gingiva mit Lig. gingivale
10 Äußeres Saumepithel
11 Inneres Saumepithel
12 Zahnfleischsaum (Margo gingivalis)
13 Lig. gingivale mit Fibrae gingivodentales, Fibrae gingivo-alveolares, Fibrae gingivocirculares (punktiert)
14 Zahnfleischfurche (Sulcus gingivalis)

würde. Der **Zahnhalteapparat** ist so konstruiert, daß der Kaudruck in *Zugkräfte* transformiert wird, die eine für die beteiligten Hartsubstanzen biologisch günstige Belastungsform darstellen. Erreicht wird diese Transformation dadurch, daß der Zahn in eine *von außen coronal nach innen-apical* verlaufende zugfeste Textur aus Kollagenfasern eingehängt ist (Abb. **2**–7). Diese Kollagenfasern sind als sogenannte Sharpeysche Fasern in den Alveolarknochen und das Zement eingebaut und auf diese Weise in den beiden Hartsubstanzen fest verankert. Die an das Desmodont angrenzenden Teile von Zement und Alveolarknochen bilden mit der Wurzelhaut und der Gingiva eine funktionelle Einheit. Wegen der besonderen Reaktionsbereitschaft der alveolennahen Hartsubstanzschichten (Kieferorthopädie!) ist das *Periodontium* ein wichtiger klinischer Begriff der *Periodontologie*.

Der aus zugfesten Fasern bestehende Aufhängeapparat verhindert, daß der Zahn beim Kauen in den Grund der Alveole gepreßt wird. Er verhindert auch die *Rotation* des Zahnes. Durch gewaltsame Rotation bei der Zahnextraktion werden die Fasern des Halteapparates gesprengt.

Der Halteapparat bildet eine *Syndesmose*[4] (↗Bd. 1), die in diesem speziellen Fall als *Gomphosis*[5] (Articulatio dento-alveolaris) bezeichnet wird. Das Fasersystem des Zahnhalteapparates erlaubt minimale *Kippbewegungen* des Zahnes und auch eine minimale *Intrusion* (Axialbewegung). Diese Bewegungen sind ein wichtiger Faktor für die optimale *Durchblutung* und damit für die Gesunderhaltung des Halteapparates und letztlich auch des Zahnes selbst.

Im Bereich des Alveolarrandes finden sich Fasern mit entgegengesetzter Verlaufsrichtung (Abb. **2**–7), die ein Heraustreten des Zahnes aus der Alveole verhindern. Diese Fasern verlaufen vom Alveolarrand – gegen den Zahnhals ansteigend – zum cervicalen Rand des Zements („supra-alveolärer Zementkragen"). In dieser Zone geht das Bindegewebe der Wurzelhaut in das Bindegewebe des **Zahnfleisches** (*Gingivae*) über und wird durch das Gingivaepithel gegen die Mundhöhle abgedichtet.

Das Epithel des Zahnfleisches legt sich im Bereich der physiologischerweise flachen **Zahnfleischfurche** (*Sulcus gingivalis*, Abb. **2**–7) der Krone an. Dieses innen vom **Zahnfleischsaum** *(Margo gingivalis)* befindliche und deshalb von außen nicht sichtbare sogenannte *Innere Saumepithel* (Abb. **2**–7) des Zahnfleisches erreicht in der Regel das Zement. Wegen dieser engen Verbindung des Zahnfleisches mit dem Zahn ist es üblich – in Abweichung von der anatomischen Abgrenzung von Zahnkrone und Zahnwurzel (Abb. **2**–4) – die Begriffe *Corona clinica* und *Radix clinica* für den sichtbaren bzw. nicht sichtbaren Teil des Zahnes zu verwenden. Die Radix clinica ist somit länger

---

[4] *syndesmosis* (gr.) = Bandhaft, fibröse Verbindung zweier Knochen.
[5] *gomphos* (gr.) = Keil; *gomphosis* = Knochenverbindung durch Einkeilung.

als die anatomische Wurzel und die Corona clinica kürzer als die anatomische Zahnkrone.

Bei geschädigter Vitalität des Zahnfleischs vertiefen sich die Zahnfleischfurchen unter Ablösung des Inneren Saumepithels zu mehr oder weniger tiefen **Zahnfleischtaschen**, die stets Zeichen einer krankhaften Störung sind. Durch Ablösung des Inneren Saumepithels wird insbesondere der Zahnhals als Zone des *biologisch kritischen Kontakts zwischen Schmelz und Zement* und werden gegebenenfalls freiliegende Dentinbereiche (vgl. S. 31) gefährdet.

Der dichte Anschluß des Zahnfleisches an den Zahn wird durch ein kompliziertes System von Bindegewebsfasern gesichert (Abb. **2**–7): *Fibrae gingivodentales* (vom Zement radiär in das Zahnfleisch einstrahlend), *Fibrae gingivo-alveolares* (zur Anheftung an den Alveolarknochen), *Fibrae gingivodentales* (zur Anheftung am Zement).

Am **Zahnfleisch** werden je nach Lokalisation unterschieden: *Alveoläre Gingiva* (unverschieblich mit dem Periost des Alveolarknochens verbunden), *Marginale Gingiva* (bildet den 1–2 mm breiten Zahnfleischsaum), *Interdentale Gingiva* (Papilla gingivalis im Interdentalraum). Außerdem werden die Begriffe *Vestibuläre Gingiva* (an das Vestibulum oris grenzend) und *Linguale Gingiva* (an die Zunge angrenzend) verwendet.

MIKROSKOPISCHE ANATOMIE DES ZAHNFLEISCHES

Das die gesamte Mundhöhle auskleidende *unverhornte mehrschichtige Plattenepithel* findet sich am **Zahnfleisch** lediglich im Bereich des Inneren Saumepithels. Das Äußere Saumepithel und die gesamte übrige Gingiva weisen dagegen regelmäßig *eine gewisse Verhornung* auf.

Der Gingiva kommt eine wichtige biologische Abschlußfunktion gegenüber dem Desmodont und damit auch gegenüber der Zahnpulpa zu. Mit dieser funktionellen Stellung des Zahnfleisches steht der im gingivalen Bindegewebe regelmäßig zu erhebende Befund von *Lymphocyteninfiltraten* und *Plasmazellen* in Übereinstimmung.

2.1.3.3 Gebiß

Im „diphyodonten“ (d.h. in zwei Zahngenerationen auftretenden) menschlichen Gebiß folgt auf ein **Milchgebiß mit 20 Dentes decidui** das **Dauergebiß mit 32 Dentes permanentes** (Wechselgebiß).

Für Zwecke der zahnärztlichen Praxis werden im **Zahnschema** die permanenten Zähne einer jeden Kieferhälfte von 1–8 unter Voran-

Tab. **2**-1: Zahnschema und Zahnformel.
a: Zahnschema des Dauergebisses,
b: Zahnschema des Milchgebisses,
c: Zahnformel des Dauergebisses.

a	18	17	16	15	14	13	12	11	21	22	23	24	25	26	27	28
	48	47	46	45	44	43	42	41	31	32	33	34	35	36	37	38
b				55	54	53	52	51	61	62	63	64	65			
				85	84	83	82	81	71	72	73	74	75			
c					3	2	1	2	2	1	2	3				
					3	2	1	2	2	1	2	3				

stellung der Quadrantenbezeichnung (**1** = Oberkiefer rechts, **2** = Oberkiefer links, **3** = Unterkiefer links, **4** = Unterkiefer rechts im Uhrzeigersinn) durchnumeriert (a in Tabelle **2**–1).

Das Zahnschema ist dem Einblick in den Mund des Patienten entsprechend zu lesen. Man bezeichnet den Einzelzahn etwa als „Vierer rechts oben" und kennzeichnet diesen, im Sinne des modernen Zahnschemas, durch die Ziffer **14** (zu lesen eins–vier).

Bei Berücksichtigung der im menschlichen Gebiß vorkommenden formkonstanten **Zahntypen** (s. u.) sind in jeder Kieferhälfte von mesial nach distal (vgl. S. 43) zu unterscheiden (Abb. **2**–8): zwei **Incisivi** (*Schneidezähne*), ein **Caninus** (*Eckzahn*), zwei **Praemolares** (*Backenzähne*), drei **Molares** (*Mahlzähne*). Diese Anordnung kann durch die für das menschliche Gebiß charakteristische Zahnformel (c in Tabelle **2**–1) zum Ausdruck gebracht werden.

Da die spezielle Ausgestaltung des Gebisses an die Ernährungsbedingungen angepaßt ist, gibt es zwischen den verschiedenen Säugerformen *charakteristische Gebißunterschiede*, die durch die jeweilige Zahnformel eindeutig charakterisiert werden (z. B. Raubtier- bzw. Nagergebiß). Aus der Gestaltung des *menschlichen Gebisses* ist eine Anpassung an *omnivore Ernährungsweise* abzulesen.

Für das menschliche *Milchgebiß* gilt die Zahnformel 2 1 2: zwei Incisivi, ein Caninus, zwei sog. *Milchmolaren*, die zwar systematisch anstelle der Praemolaren des bleibenden Gebisses stehen, jedoch eine eigenständige Zahnform repräsentieren. Im Zahnschema (vgl. oben) werden die Milchzähne 1–5 durch Voranstellung der Quadrantennummern 5–8 gekennzeichnet (b in Tabelle **2**–1). Der „Einer rechts oben" ist demnach als **51** (fünf–eins) zu bezeichnen.

Zahntypen des permanenten Gebisses (Abb. **2**–8, 9)

Schneidezähne (*Incisivi*): Sie besitzen eine scharfkantige meißelförmige Krone. Die Wurzel ist einfach und geradegestreckt. Die oberen Incisivi sind stets wesentlich größer als die unteren, die die kleinsten Zähne des Gebisses sind.

Eckzahn (*Caninus*): Die Krone hat eine Kauspitze mit zwei schrägen Schneidekanten. Die oberen Eckzähne sind die längsten Zähne des menschlichen Gebisses. Sie entsprechen den Fangzähnen des Raubtiergebisses.

Backenzähne (*Praemolares*): Ihre Krone weist eine zweihöckerige Kaufläche auf. Die Wurzeln der unteren Praemolaren sind stets einfach, die der oberen gelegentlich auch gespalten.

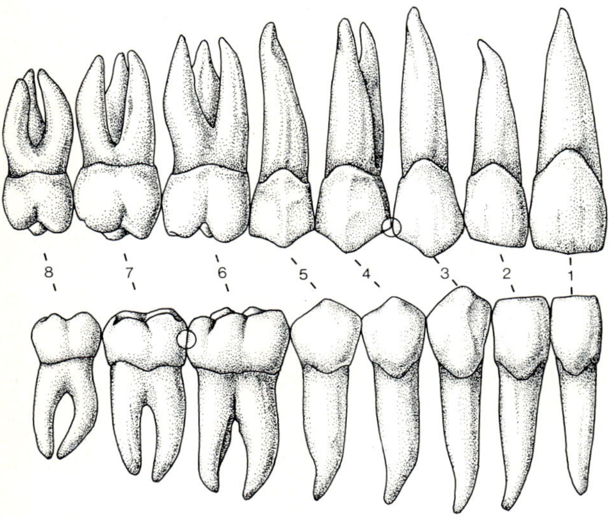

Abb. **2**–8: **Die Zähne des bleibenden Gebisses (rechte Gebißhälfte).** Ansicht von vestibular. ○ Kontaktpunkt/Kontaktfläche.

Frontzähne:

1 1. Schneidezahn (I_1)
2 2. Schneidezahn (I_2)
3 Eckzahn (C)

Seitenzähne:

4 1. Backenzahn (P_1)
5 2. Backenzahn (P_2)
6 1. Mahlzahn (M_1)
7 2. Mahlzahn (M_2)
8 3. Mahlzahn (M_3)

Mahlzähne (*Molares*): Sie haben eine vier- bis fünf-höckerige Kaufläche (Occlusionsfläche). Die oberen Molaren haben drei, die unteren jeweils zwei Wurzeln. Die Mehrwurzeligkeit steht in funktionellem Zusammenhang mit dem im Bereich der Mahlzähne besonders hohen Kaudruck. Der letzte Molar (*Dens serotinus*) kommt häufig unvollständig oder gar nicht zum Durchbruch und wird wegen seines späten Erscheinens als *Weisheitszahn* bezeichnet.

In jedem Quadranten des Gebisses werden die Schneidezähne und der Eckzahn als **Frontzähne** den **Seitenzähnen** gegenübergestellt (Abb. **2**–9).

Die Zähne des Ober- bzw. Unterkiefers bilden jeweils einen geschlossenen **Zahnbogen** (Abb. **2**–9). Im Regelfall stehen benachbarte Zähne im *Kronenkontakt* zueinander (Abb. **2**–8). Eine Lücke (sog. *Diastema*) kann jedoch vorkommen. Gegen den Zahnhals hin wird der *interdentale Spalt* jeweils durch die interdentale *Zahnfleischpapille* geschlossen. Bei vollständigem Gebiß besteht somit bei **Occlusion**[1] (Schluß der Zahnreihen) ein weitgehend dichter Abschluß zwischen dem Vestibulum oris und der Cavitas oris propria.

Die **Zahnbögen** sind nicht kongruent: Der Zahnbogen des Oberkiefers ist etwas weiter gestellt als der des Unterkiefers (Abb. **2**–9). Bei der Occlusion übergreifen daher die *Frontzähne* (Incisivi und Canini) des Oberkiefers die des Unterkiefers im Sinne eines geringen *Überbisses* (Scherenbiß). Andererseits **articuliert**[2] bei der Occlusion jeder Zahn (mit Ausnahme des dritten Molaren und des ersten Schneidezahns) mit zwei Gegenzähnen (Abb. **2**–10): *Hauptantagonist* (der gleichnamige Zahn) und *Nebenantagonist* (der nichtgleichnamige Zahn).

Die Kauflächen *(Occlusionsflächen)* der Zahnreihen des Menschen liegen in einer Ebene, die sich in Seitenansicht als *Occlusionslinie* (Abb. **2**–10) präsentiert. Diese senkt sich von den Schneidezähnen bis zum 1. Molaren, um dann bis zum Weisheitszahn wieder aufzusteigen.

Trotz der Inkongruenz der beiden Zahnbögen werden die bei der Occlusion miteinander articulierenden Zähne im wesentlichen axial belastet. Eine optimale Articulation der Zähne und die hieraus resul-

---

[1] *occlusio* (lat.) = Verschluß.
Occlusion = Lagebeziehung der Zähne des Ober- und Unterkiefers beim Zahnreihenschluß.

[2] *articulus, articulatio* (lat.) = Gelenk.
Articulation = die gleitenden Bewegungen der beiden Zahnreihen aufeinander beim Kauakt.

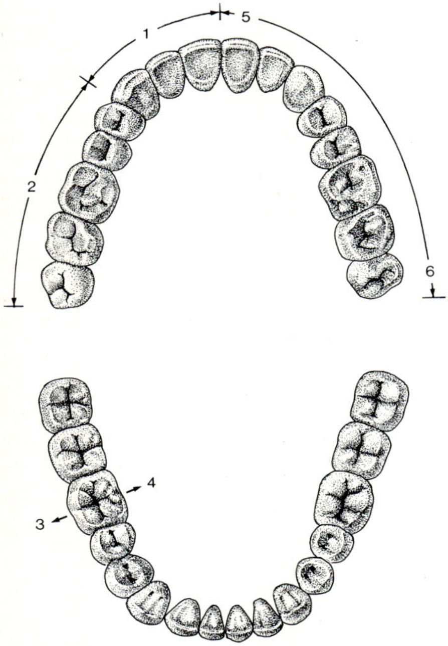

Abb. **2**–9: **Zahnbögen des Ober- und Unterkiefers.**
1 Frontzahnbereich
2 Seitenzahnbereich

Richtungsbezeichnungen:
3 vestibular
4 lingual
5 mesial
6 distal

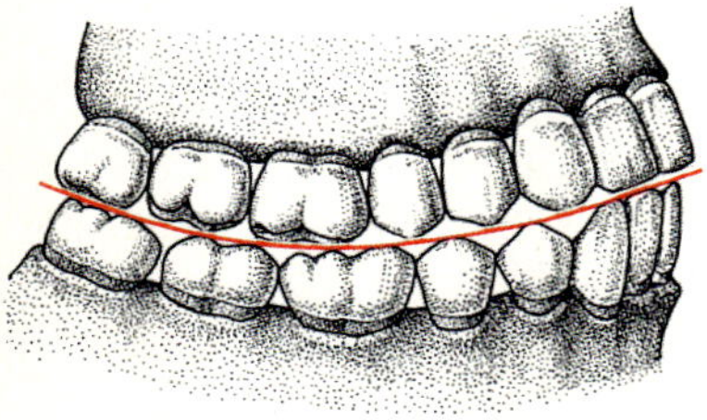

Abb. **2**–10: **Rechte Gebißhälfte (von vestibular) mit Occlusionskurve.**
(Nach Schumacher et al., Anatomie u. Biochemie d. Zähne, 4. Aufl., 1990).

tierende physiologische Belastung eines jeden Zahnes beim Kauen ist von großer Bedeutung für die Gesunderhaltung des Gebisses (Wichtigkeit regulierender kieferorthopädischer und prothetischer Maßnahmen!).

Wegen der Krümmung der Zahnreihen sind die sonst in der Anatomie üblichen **Richtungsbezeichnungen** (z. B. medial-lateral, anterior-posterior) für die Bezeichnung von Zahnflächen (etwa zur Lokalisierung eines kariösen Defekts) nicht verwendbar. Folgende Bezeichnungen sind üblich:

Kontaktflächen (Abb. **2**–9):
mesial (innerhalb des Zahnbogens zur Mittellinie hin),
distal (innerhalb des Zahnbogens von der Mittellinie weg).

Außenfläche:
vestibular (dem Vestibulum oris zugewendet)

Innenfläche (Abb. **2**–9):
lingual (der Zunge zugewendet).

Kronenbereich (Abb. **2**–4):
occlusal bzw. *cervical* (auf die Kaufläche bzw. auf den Zahnhals zu gerichtet).
approximal (im Bereich der Kronenkontaktpunkte).

Bereich der Zahnwurzel (Abb. **2**–4):
apical bzw. *coronal* (auf die Wurzelspitze bzw. auf die Zahnkrone zu gerichtet).

2.1.3.4 Dentition

Aus der Entstehungsgeschichte der Zähne ergibt sich, daß diese in einem vom Mundhöhlenepithel aus in die Tiefe des Bindegewebes versenkten Material entstehen. Hieraus folgt, daß jeder Zahnkeim nach seiner Ausbildung von der Tiefe her den epithelbedeckten Wall des Zahnfleisches durchbrechen muß. Diese *Occlusalbewegung* ist keine einfache Axialverschiebung, sondern ist mit einer Kipp- und Torsionsbewegung kombiniert.

Der **Zahndurchbruch** (*Dentition, Zahnung*) erfolgt in konstanter Reihenfolge (Abb. **2**–11). Der am frühesten erscheinende Milchzahn ist der erste untere Incisivus: er bricht etwa in der Mitte des ersten Lebensjahres durch. Zum Zeitpunkt des Zahndurchbruchs ist die Wurzel noch nicht vollständig ausgebildet; die Pulpahöhle ist noch weit offen. Der Durchbruch des Milchgebisses ist bis zum Ende des zweiten Lebensjahres abgeschlossen.

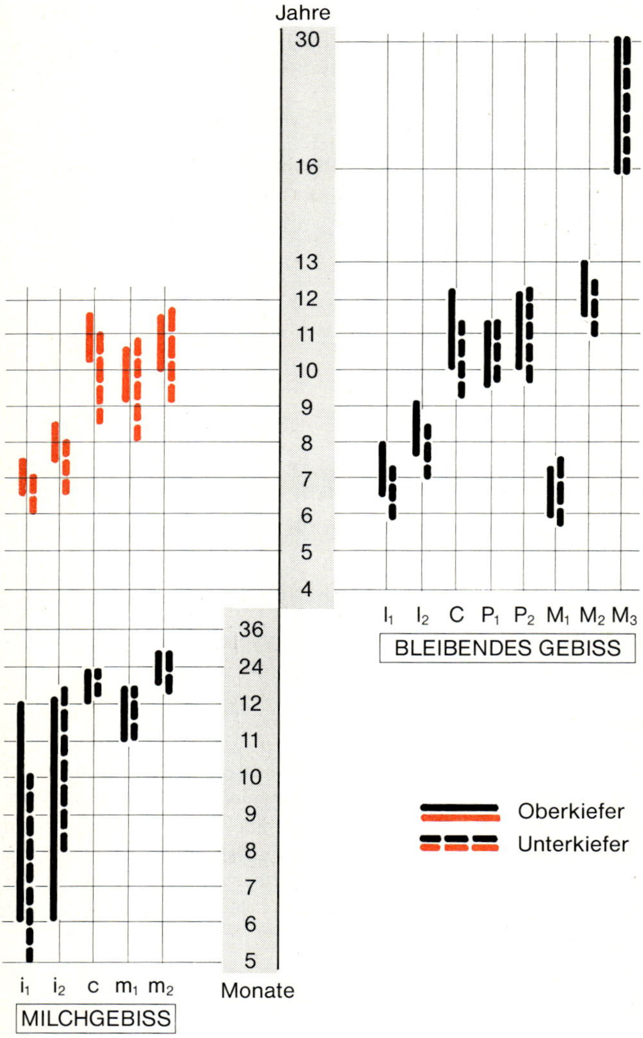

Abb. **2**–11: **Durchbruchstermine für die Milchzähne und die bleibenden Zähne** (schwarz) **sowie Termine des Milchzahnverlusts** (rot).

Der **Zahnwechsel** erfolgt zwischen dem 6. und 13. Jahr (Abb. **2**–11). Für jeden Zahn ist dabei ein gewisses *zahnloses Intervall* kennzeichnend. Dessen Überschreitung kann einen wichtigen Hinweis auf eine Störung des Zahnwechsels geben. Der erste durchbrechende Zahn des bleibenden Gebisses ist in der Regel der untere erste Molar. Der (oft unvollständige) Durchbruch des 3. Molaren, also des Weisheitszahns, der auch später als die übrigen Zähne angelegt wird, erfolgt in sehr variabler Weise zwischen dem 17. und etwa 35. Jahr. Beim Zahnwechsel werden die Milchzähne durch Ersatzzähne der bleibenden Zahngeneration ersetzt. Deren Anlagen liegen lingual bzw. palatinal von den Milchzähnen. Die sich entwickelnden Ersatzzähne üben einen zunehmenden *Druck auf die Milchzahnwurzeln* aus, was zu deren Resorption und damit zur Lockerung und schließlich zum Ausfall der betreffenden Milchzähne führt. *Der Zahnersatz beginnt mit den Schneidezähnen.*

Der **Zahndurchbruch** ist ein komplexer Vorgang, bei dem zahlreiche *Faktoren* mitwirken, u. a.:
- Längenwachstum der Zahnwurzel,
- Hebung des Bodens der Zahnalveole,
- Druck des Pulpawulstes,
- Auflösung des zwischen Zahnkrone und Mundhöhlenepithel gelegenen Bindegewebes (ohne Entstehung einer Wunde).

Der *Durchbruch der bleibenden Zähne* erfolgt in gleicher Weise wie der der Milchzähne. Beim **Zahnwechsel** werden jedoch zusätzliche *Resorptionsvorgänge* wirksam:
- Resorption der alveolären Knochenlamelle, welchen den Keim des bleibenden Zahnes von der Wurzel des zu ersetzenden Milchzahnes trennt,
- Resorption der Wurzel des Milchzahnes.

Leitungsbahnen der Zähne und des Desmodonts

Arterien
- Oberkiefer: Rr. dentales und Rr. peridentales ← *Aa. alveolares sup. post et ant.* ← *A. maxillaris* (Abb. **8**–44);
- Unterkiefer: Rr. dentales und Rr. peridentales ← *A. alveolaris inf.* ← *A. maxillaris* (Abb. **8**–44).

Venen
entsprechend dem Verlauf der Arterien → *Plex. venosus pterygoideus* (Abb. **8**–75), teilweise auch → V. facialis.

Regionäre Lymphknoten
- Ober- *und* Unterkiefer: *Nll. submandibulares* (Abb. **9**–15) → Nll. cervicales prof. (z. T. auch direkt).

Nerven
- Oberkiefer: *Plex. dentalis sup.* → Nn. alveolares sup. → N. infraorbitalis → *N. maxillaris*;
- Unterkiefer: *Plex. dentalis inf.* → N. alveolaris inf. → *N. mandibularis*.

Leitungsbahnen des Zahnfleisches

Arterien
- Oberkiefer (*vestibulare Gingiva*): wie Zähne, s. o., ergänzt durch *A. buccalis; (palatinale Gingiva): A. palatina major* ← A. palatina descendens ← A. maxillaris;
- Unterkiefer (*vestibulare* und *linguale Gingiva*): wie Zähne, s. o. (vestibular ergänzt durch A. buccalis).

Venen
wie Zähne, s. o.

Regionäre Lymphknoten
wie Zähne, s. o.

Nerven
- Oberkiefer (*vestibulare Gingiva*): wie Zähne, s. o.;
(*palatinale Gingiva*): wie Zähne, jedoch zusätzlich *N. palatinus major* (durch For. palatinum majus) → N. maxillaris, und für den Bereich der Frontzähne *N. nasopalatinus* (durch For. incisivum) → N. maxillaris;
- Unterkiefer (*vestibulare Gingiva*): wie Zähne, s. o., mit Ausnahme des Bereichs vom 2. Prämolaren bis zum 2. Molaren: *N. buccalis* → N. mandibularis;
- Unterkiefer (*linguale Gingiva*): wie Zähne, s. o., jedoch zusätzlich N. sublingualis → *N. lingualis* → N. mandibularis.

2.1.3.5 Kiefergelenk und Kaumuskulatur (s. auch Bd. 1)

Das Gebiß wird zum Ergreifen und zum Zerkleinern der Nahrung dadurch betätigt, daß die Mandibula mit ihrer Zahnreihe gegen die Zahnreihe des Oberkiefers durch die Kaumuskulatur in beiden Kiefergelenken gleichzeitig bewegt wird. Der **Bau des Kiefergelenks** und die durch die nervale Organisation bestimmte Arbeitsweise der Kaumuskulatur weisen (ebenso wie die Form des Gebisses) eindeutig auf eine natürlicherweise *omnivore* Ernährungsweise des Menschen hin: die Bewegungen im Kiefergelenk (*Art. temporomandibularis*) sind weder reine *Scharnierbewegungen* (sog. *Raubtiertyp*), noch reine *Schlittenbewegungen* (sog. *Nagertyp*); andererseits ist die *Mahlbewegung* (sog. *Wiederkäuertyp*) zwar möglich, jedoch nicht extrem ausgeprägt. Die Bewegungen im menschlichen Kiefergelenk sind dementsprechend vielseitig und kompliziert. Sie werden *gelenkmechanisch* dadurch ermöglicht, daß das Gelenk durch Einbau des mit der Gelenkkapsel verwachsenen **Discus articularis** in zwei Gelenkspalten unterschiedlicher funktioneller Bedeutung zerlegt wird: *discotemporales Schiebegelenk* (zwischen dem Discus einerseits und der Fossa mandibularis bzw. dem Tuberculum articulare andererseits) und ein *discomandibulares Scharniergelenk* (zwischen dem Discus einerseits und dem Unterkieferkopf andererseits).

Die Mundöffnung (**Abductionsbewegung**) wird bei festgestelltem Zungenbein durch die *suprahyale Muskulatur* (↗Bd. 1) bewirkt. Durch eine entsprechende nervale Schaltung ist beim Menschen jedoch eine Kontraktion der oberen Zungenbeinmuskulatur im Rahmen der Mundöffnung stets und zwangsweise gekoppelt mit einer *gleichzeitigen Kontraktion der Mm. pterygoidei laterales* (↗Bd. 1). Dies hat zur Folge, daß der Kieferkopf bei der Mundöffnung beidseitig aus der *Fossa mandibularis* auf das *Tuberculum articulare* nach vorn und gleichzeitig unten gezogen wird (*Protrusion*). Auch die oberflächliche Portion des *M. masseter* ist an der Protrusionsbewegung beteiligt. Die Kieferköpfe bewegen sich somit um eine *transportable Achse*. Der Unterkiefer insgesamt bewegt sich dagegen wie ein *zweiarmiger Hebel* um eine feststehende Achse durch die beiden Foramina mandibulae, was wegen der hier eintretenden Leitungsbahnen besonders zweckmäßig erscheint.

Beim Mundschluß (**Adductionsbewegung**) wird der Kieferkopf vom *Tuberculum articulare* in die *Fossa mandibularis* zurückgezogen (sog. Rückschub, *Retrusion*) und zwar durch die hintere horizontal verlaufende Portion des *M. temporalis*. Dieser Teil des M. temporalis ist somit der Antagonist des *M. pterygoideus lat.* und bildet mit diesem ein *kinematisches Muskelpaar*, welches bei isolierter Betätigung das Vor- und Rückschieben des Unterkiefers (*Schlittenbewegung*, Pro- und Retrusion) bewirkt.

Bei nur *einseitiger* Betätigung des *M. pterygoideus lateralis* (ergänzt durch die oberflächliche Portion des M. masseter) wird nur der homolaterale Kieferkopf („schwingender Condylus") auf das Tuberculum articulare geführt, während der heterolaterale („ruhender Condylus") eine Rotationsbewegung (mit Kippung) in der Fossa mandibularis ausführt. Bei alternierender Betätigung je eines M. pterygoideus lateralis resultiert so die sog. **Mahlbewegung**, bei der sich *Laterotrusion* und *Mediotrusion* abwechseln.

Während der *M. pterygoideus lateralis* wegen seiner horizontalen Faserrichtung den Kieferkopf nach vorn und gleichzeitig nach unten auf das Tuberculum articulare führt *(Protrusion)*, hierdurch die Zahnreihen trennt und somit *einleitend an der Mundöffnung beteiligt* ist (die dann von der suprahyalen Muskulatur weitergeführt wird), bildet der *M. pterygoideus medialis* gemeinsam mit dem *M. masseter* und dem *M. temporalis* (↗Bd. 1) die **Gruppe der Mundschließer** (Adductoren). Diese sind auf Grund ihres inneren Aufbaus in der Lage, insgesamt eine Kraft von mehreren 100 kp zu entwickeln. Der **Kaudruck** (kp/cm^2) wird umso größer, je kleiner die Fläche ist, auf die die Kraft wirkt (kleiner harter Fremdkörper zwischen den Zahnreihen!).

2.1.4 Mundboden

Die *Mm. temporalis, masseter* und *pterygoidei* bilden die Gruppe der *Kaumuskeln im engeren Sinn*, da sie einseitig für diese Aufgabe spezialisiert sind. Zu den sog. **Akzessorischen Kaumuskeln** wird einmal die für die Mundöffnung wichtige suprahyale Muskulatur (Mylohyoideus und vorderer Digastricus sowie Geniohyoideus; ↗Bd. 1) gerechnet, zum andern muß jedoch daran erinnert werden, daß auch die Lippen-, Wangen- und Zungenmuskulatur für den Kauakt Bedeutung hat (vgl. S. 25, 28, 61).

Die eigentliche Mundhöhle (*Cavitas oris propria*) wird nach unten hin eindeutig dadurch abgegrenzt, daß sich in dem hufeisenförmigen *Rahmen des Corpus mandibulae* die Muskelplatte des **Diaphragma oris** ausspannt. Dieses wird von den beiden sich in einer medianen Raphe vereinigenden *Mm. mylohyoidei* (Abb. **2**–12; ↗Bd. 1) gebildet. Das Diaphragma oris wird einerseits durch die innen (oben) aufliegenden *Mm. geniohyoidei*, andererseits durch die außen (unten) anliegenden *vorderen Digastricusbäuche* (Abb. **2**–12) zum **Mundboden** verstärkt.

Der muskuläre Mundboden steht einerseits im Dienst der *Zungenbewegung*: Verspannung des Mundbodens ist Voraussetzung dafür, daß die Zunge einen Druck gegen den Gaumen ausüben kann; andererseits wirken seine Muskeln bei festgestelltem Zungenbein an der *Mundöffnung* (vgl. S. 47), bei geschlossenem Mund durch Hebung des Zungenbeins (und damit auch des Kehlkopfs) am *Schluckakt*↗

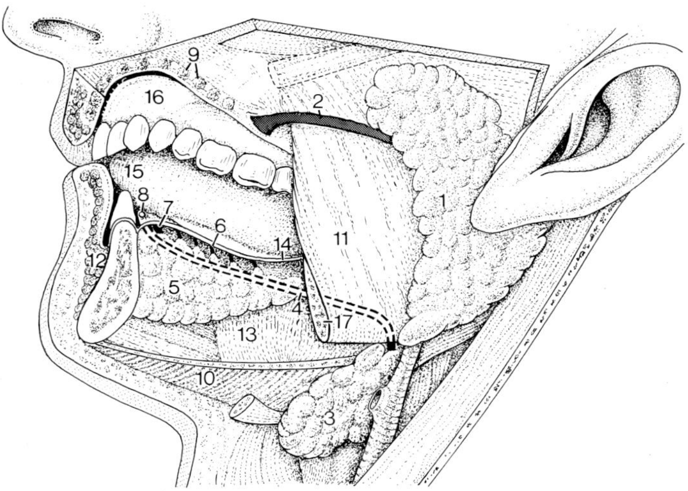

Abb. **2**–12: **Speicheldrüsen** (Mandibula teilweise reseziert).

1 Glandula parotidea
2 Duct. parotideus
3 Gl. submandibularis
4 Duct. submandibularis
5 Gl. sublingualis
6 Duct. sublingualis minor
7 Duct. sublingualis major
8 Caruncula sublingualis
9 Gll. buccales (nach vorn in Gll. labiales übergehend)
10 Mundboden (Diaphragma oris, M. mylohyoideus)
11 M. masseter
12 M. orbicularis oris
13 M. hyoglossus
14 Schnittlinie der Mundschleimhaut
15 Zungenspitze
16 Maxilla (Proc. alveolaris, von Gingiva bedeckt)
17 Corpus mandibulae (Schnittfläche)

mit. Hierbei sind auch der hintere Bauch des *M. digastricus* sowie der *M. stylohyoideus* beteiligt.

Der Mundboden ist median im Bereich der zwischen den vorderen Digastricusbäuchen gelegenen *Regio submentalis* und seitlich im Bereich des *Trigonum submandibulare* (s. u.) zugänglich.

Das Diaphragma oris trennt die über ihm liegende **Regio sublingualis** (mit der Glandula sublingualis, Abb. **2**–12, 13) von der unter ihm liegenden **Regio submandibularis** (Trigonum submandibulare mit der Glandula submandibularis). Beide Regionen stehen nur um den Hinterrand des M. mylohyoideus (entsprechend dem Verlauf des Ductus submandibularis) bindegewebig miteinander in *Verbindung* (Abb. **2**–12).

Das **Trigonum submandibulare** (Abb. **9**–15) wird von den beiden Bäuchen des M. digastricus und dem Unterkieferrand begrenzt. Über diese Grenzgebilde hinweg spannt sich die *Oberflächliche Halsfascie* (↗Bd. 1). Diese schließt einen *Bindegewebsraum* nach außen ab, dessen Boden größtenteils vom *M. mylohyoideus*, hinter dessen freiem Rand jedoch auch vom *M. hyoglossus* gebildet wird. Dieser Bindegewebsraum hat eine beträchtliche Tiefenausdehnung, da der M. mylohyoideus nicht am Unterkieferrand, sondern wesentlich weiter oben an der *Linea mylohyoidea* entspringt (↗Bd. 1).

Die Bindegewebsloge des Trigonum submandibulare enthält 1: *Glandula submandibularis* (vgl. S. 52), 2: *Leitungsbahnen für die Zunge* – N. hypoglossus und N. lingualis (mit Ganglion submandibulare als Umschaltstation der aus der Chorda tympani stammenden drüsensekretorischen Fasern), beide dem M. hyoglossus lateral aufliegend, während die A. lingualis (aus Carotis ext.) innen von diesem Muskel verläuft (Abb. **8**–43), 3: *Leitungsbahnen für das Gesicht* – A. facialis (aus Carotis ext.), von der Glandula submandibularis bedeckt, in manchmal weit nach medial ausholendem Bogen (Abb. **8**–43) – Nähe der Gaumenmandel! – zur Puls- und Kompressionsstelle am Vorderrand des M. masseter ziehend, während die V. facialis oberflächlich auf der Drüse verläuft. 4: Von besonderer praktischer Bedeutung ist das Trigonum submandibulare wegen der in seinem Bindegewebsraum gelegenen *regionären Lymphknotengruppe* (*Nll. submandibulares*↗, Abb. **9**–15); diese erhalten ihren Lymphzufluß (teilweise über die Nll. submentales) aus dem Bereich der Zähne des Ober- und Unterkiefers, aus Zunge, übriger Mundhöhle, Tonsilla palatina, Mundboden mit diesem anliegenden Speicheldrüsen, Lippen und Gesichtsweichteilen einschließlich der äußeren Nase und der nasalen Hälfte der Augenlider. Wegen der Häufigkeit von Zahnerkrankungen als Ursache von Lymphknotenschwellungen in dieser Gegend wird der kennzeichnende Begriff der „Dentalen Lymphknoten" verwendet. Der Abfluß aus den submandibulären Lymphknoten erfolgt zu der cranialen Etage der Nll. cervicales prof. entlang der V. jugularis int. (vgl. S. 641).

2.1.5 Mundspeicheldrüsen

Der **Speichel** (*Saliva*) als Gemisch der Sekretionsprodukte der verschiedenen Speicheldrüsen (*Gll. salivariae*) bewirkt durch die in ihm enthaltenen *Enzymproteine* (Produkt der serösen Drüsenanteile) die Einleitung des *chemischen Nahrungsabbaus*. Er fördert andererseits die

Schluckbarkeit der Nahrung durch *Vermischung und Umhüllung mit Schleimstoffen* (Produkt der mucösen Drüsenanteile).

Das Parenchym der Mundspeicheldrüsen liefert durchschnittlich *1 Liter Speichel pro Tag,* wobei die *Quantität* dem Einfluß des Parasympathicus und der *Gehalt an organischen Stoffen* dem des Sympathicus (↗Bd.3) unterliegt.

Kleine Drüschen (*Gll. salivariae minores*), die mit kurzen Ausführungsgängen in unmittelbarer Nachbarschaft münden, sind in der gesamten Mundschleimhaut weit verbreitet. Sie werden ja nach ihrem Vorkommen als *Glandulae labiales, Gll. buccales* (Abb. **2**–12) und *molares, Gll. palatinae* und *Gll. linguales* bezeichnet.

Die größte Massenentfaltung hat das sekretorische Parenchym in den sog. **Großen Mundspeicheldrüsen** (*Gll. salivariae majores*) erfahren, die sich dementsprechend außerhalb des eigentlichen Schleimhautbereichs, teilweise sogar in beträchtlicher Entfernung von die-

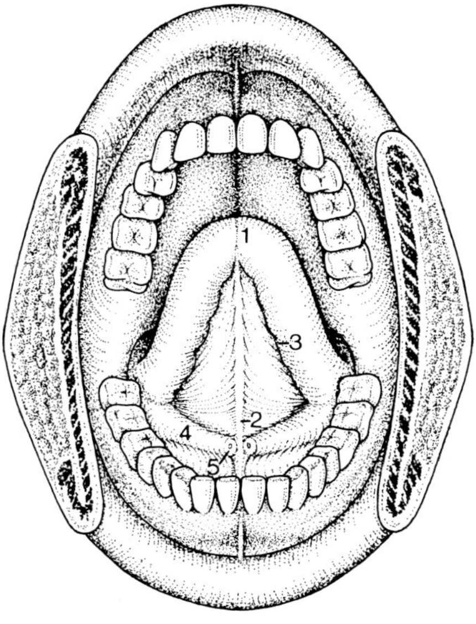

Abb. **2**–13: **Mundhöhle mit Regio sublingualis** (vgl. auch Abb. **2**–3).

1 Apex linguae bei angehobener Zunge
2 Frenulum linguae
3 Plica fimbriata auf der Facies inf. linguae
4 Plica sublingualis
5 Caruncula sublingualis

sem entfalten mußten. Die Verbindung zum Mutterboden der Mundschleimhaut, aus dem diese Drüsen entstanden sind, bleibt durch den *Ausführungsgang* erhalten.

Die **Gl. sublingualis** (**Unterzungendrüse**) liegt in der *Regio sublingualis* und damit *oberhalb* der Muskelplatte des Mundbodens (Abb. **2**–12, 13). Sie liegt dem Unterkieferkörper an und erzeugt, da sie sich unmittelbar unter der Schleimhaut befindet, durch ihre gestreckte Form die bei aufgehobener Zungenspitze gut übersehbare *Plica sublingualis* (Abb. **2**–13). Das Sekret der mittleren und hinteren Drüsenanteile gelangt durch etwa 1 Dutzend *Ductus sublinguales minores* (Abb. **2**–12) auf die Schleimhautoberfläche der Plica sublingualis. Von der vorderen Drüsenportion zieht ein *Ductus sublingualis major* medianwärts zu der unmittelbar neben dem *Frenulum linguae* gelegenen *Caruncula sublingualis* (Abb. **2**–12, 13), einem paarigen Schleimhauthöcker, auf dem neben dem Ductus sublingualis major auch der Ductus submandibularis (s. u.) mündet.

Die im Gegensatz zu den beiden anderen großen Speicheldrüsen (mit je nur einem, vergleichsweise langen, Ausführungsgang) auffallende Aufspaltung des Kanalsystems der Glandula sublingualis in zahlreiche kurze Abflußwege ist eine notwendige Anpassung an die besonders hohe Viscosität des Sekrets dieser Drüse (überwiegend mucös; vgl. S. 57).

Die **Gl. submandibularis** (**Unterkieferdrüse**) ist im Bindegewebsraum des *Trigonum submandibulare* (vgl. S. 50) und somit *unterhalb* der Muskelplatte des Diaphragma oris gelegen (Abb. **2**–12). Sie liegt hier, ebenso wie die Sublingualis, der Innenseite des Corpus mandibulae an. Ihr Ausführungsgang, der *Ductus submandibularis,* wendet sich hakenförmig um den freien hinteren *Rand des M. mylohyoideus* (Abb. **2**–12), um oberhalb des Diaphragma oris, also in der Regio sublingualis, nach vorne zu verlaufen: er mündet unmittelbar neben der Öffnung des Ductus sublingualis major auf der *Caruncula sublingualis.* Die Submandibularis liefert den weitaus größten Teil des Mundspeichels, so daß ihr Ausfall folgenreicher ist als der der weit größeren Parotis.

Der Ausführungsgang wird in seinem Anfangsteil häufig von vereinzelten *Drüseninseln* oder von einem hakenförmig um den Mylohyoideusrand gebogenen Fortsatz des Drüsenkörpers begleitet, der in diesem Fall oft die Gl. sublingualis erreicht. Der etwa 6 cm lange Ductus submandibularis liegt oberhalb der Mundbodenplatte zunächst der *Medialfläche* der Gl. sublingualis auf (Abb. **2**–12), um nach vorne hin allmählich unter die Schleimhaut der *Plica sublingualis* zu treten. Er wird von dem in Höhe des 2. unteren Molaren unmittelbar unter der Schleimhaut liegenden *N. lingualis* in latero-medialem Verlauf unterkreuzt.

Die vor und unter dem äußeren Ohr gelegene **Gl. parotidea**[1] (**„Parotis", Ohrspeicheldrüse**) ist mit etwa 30 g die größte der Mundspeicheldrüsen. Sie liegt mit ihrer oberflächlichen Portion *(Pars superficialis)* dem hinteren Teil des M. masseter und dem Ramus mandibulae auf und erreicht nach hinten hin den äußeren Gehörgang (Abb. **2**–12). Die Drüse ist jedoch weit umfangreicher, als es ihre Außenfläche vermuten läßt. Die Pars superficialis wird durch die im Drüsenparenchym gelegene Aufzweigung des *N. facialis* (↗Bd. 3) von einem in die Tiefe der *Fossa retromandibularis* (s. u.) reichenden Drüsenlappen, der *Pars profunda*, getrennt. Der größte Teil der Parotis liegt somit versteckt in der Fossa retromandibularis. Insbesondere dieser Drüsenteil wird bei der Kaubewegung alternierend Druck und Druckentlastung ausgesetzt, wodurch der Sekretabfluß wesentlich gefördert wird. Die mechanische Einwirkung bei Betätigung der Kaumuskulatur ist, wenn auch in geringerem Ausmaß, ebenso für die anderen großen Mundspeicheldrüsen einer der Faktoren für den Sekrettransport (vgl. S. 56).

Als Fortsetzung der *Oberflächlichen Halsfascie* (Lam. superficialis fasciae cervicalis ↗Bd. 1) wird die Außenseite der Gl. parotidea von der verhältnismäßig derben *Fascia parotidea* bedeckt. Die Straffheit der letzteren bewirkt den rasch ansteigenden Gewebsdruck bei einer entzündlichen Schwellung, wie sie bei der häufigen akuten Parotitis (Mumps) zustandekommt. An der Medialseite wird die Drüse durch eine wesentlich zartere Fascie gegenüber dem *Spatium lateropharyngeum* (vgl. S. 86) abgegrenzt. Der von der Parotis eingenommene Raum wird auch als „Parotisloge" bezeichnet.

Der Ausführungsgang, **Ductus parotideus**, wird am Vorderrand des Drüsenkörpers oberflächlich. Er überquert in horizontalem Verlauf, oft mehr oder weniger weit von Drüsengewebe begleitet, den *M. masseter*, um dicht vor dessen Vorderrand den *M. buccinator* zu durchbohren (Abb. **2**–12). Der Ductus parotideus liegt in dieser Verlaufsstrecke sehr oberflächlich unter der Haut und ist daher bei Schnittverletzungen gefährdet (Speichelfisteln!). Nach Durchbohrung des M. buccinator mündet der Ausführungsgang im *Vestibulum oris* gegenüber dem 2. oberen Molaren auf der flachen *Papilla parotidea* (vgl. S. 28). Die Gl. parotidea ist daher als eine in die Periphere verlagerte *Gl. buccalis* aufzufassen.

Als **„Fossa retromandibularis"** wird der – unterhalb des äußeren Gehörgangs – zwischen dem Hinterrand des Ramus mandibulae und

---

[1] *parotis* (gr.), ursprünglich die Entzündung am Ohr (Mumps).
para- (gr.) = neben.
oticos (gr.) = zum Ohr gehörend.

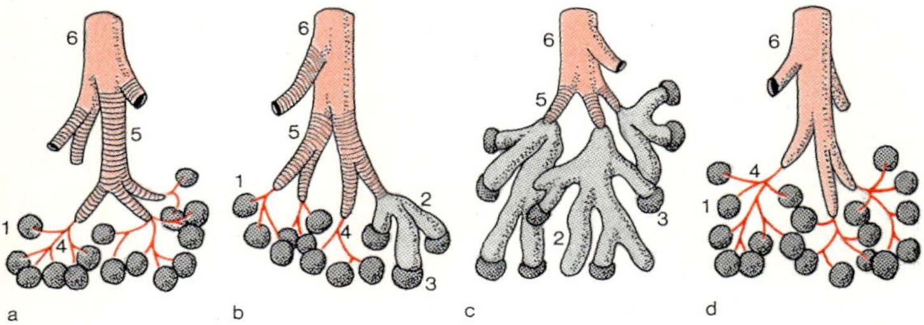

Abb. **2**–14: **Bau der Mundspeicheldrüsen und der Bauchspeicheldrüse im Vergleich.**

a: Glandula parotidea
b: Glandula submandibularis
c: Glandula sublingualis
d: Pancreas (exokrin)

1 Seröses Endstück
2 Schleimtubulus (mucöses Endstück)
3 Seröser Halbmond
4 Schaltstück
5 Streifenstück
6 Ausführungsgang

dem Vorderrand des M. sternocleidomastoideus gelegene Bindegewebsraum bezeichnet. Caudalwärts bildet der M. stylohyoideus mit dem hinteren Digastricusbauch die Grenze gegenüber dem Trigonum caroticum (Abb. **2**–12).

Hauptinhalt des *Bindegewebsraums der „Fossa retromandibularis"* ist die *Gl. parotidea.* Mehr oder weniger in deren Drüsengewebe eingeschlossen verläuft die *A. carotis ext.* schläfenwärts, um sich in *A. temporalis superfic.* und *A. maxillaris* aufzuteilen (Abb. **8**–42, 43), sowie die caudalwärts ziehende *V. retromandibularis* (aus V. temporalis superfic. und V. maxillaris; Abb. **8**–73). Diese Gefäße werden zwischen Pars superficialis und Pars profunda der Parotis von dem aus dem Foramen stylomastoideum kommenden Stamm des *N. facialis* überkreuzt, der sich alsbald in den *Plexus parotideus* aufspaltet. Im obersten Teil der Fossa retromandibularis verläuft der *N. auriculotemporalis* (aus V/3) mit der A. temporalis superfic. schläfenwärts. Dieser überwiegend sensible Trigeminusast enthält die aus dem *Ganglion oticum* stammenden (postganglionären) parasympathischen Fasern für die Parotis. Über einen Verbindungsast werden diese drüsensekretorischen Fasern dem N. facialis zugeleitet und über diesen im Drüsenparenchym verteilt (↗Bd. 3).

Nach Hochschieben des Unterrandes der Parotis wird oberhalb des Grenzmuskels (M. stylohyoideus) die *A. carotis ext.* in topographisch sehr einfacher und übersichtlicher Weise zur Unterbindung zugänglich. Hier ist insbesondere das für die lokale Blutstillung schwer zugängliche *Stromgebiet der A. maxillaris* (Abb. **8**–42, 44) auszuschalten. Diese Unterbindungsstelle ist weit weniger kompliziert als die im Trig. caroticum. Mögliche Anwendung: schwere Blutungen im Bereich der Kiefer, von Nase, tiefen Gesichtsweichteilen und Dura (A. meningea media!), nicht jedoch bei Blutungen aus dem Bereich der Gaumenmandel (vgl. S. 71).

MIKROSKOPISCHE ANATOMIE

Der *Speichel* enthält als Hauptkomponenten *Enzymeiweiß* (Amylase) und *Schleimstoffe*. Das Mischungsverhältnis ist je nach der funktionellen Situation verschieden: *Spül-* bzw. *Verdauungsspeichel* einerseits, *Gleitspeichel* andererseits.

Das Enzymeiweiß (seröse Speichelkomponente) ist das Produkt der *serösen Endstücke* (vgl. Bd. 1). Die schleimige (mucöse) Komponente ist das Produkt der *mucösen Endstücke* (vgl. Bd. 1). Die meisten kleinen und großen Mundspeicheldrüsen sind *sero-mucöse Drüsen*, d. h. sie enthalten sowohl seröse als auch mucöse Anteile, allerdings in variablem Verhältnis. Eine Ausnahme machen lediglich die *rein serösen* Spüldrüsen der Zunge und die ebenfalls rein seröse Parotis.

Das Drüsenparenchym ist durch Bindegewebssepten in Drüsenläppchen gegliedert. Der bereits makroskopisch erkennbare *Läppchenbau* ist ein charakteristisches Merkmal der meisten Drüsen, insbesondere auch der großen Speicheldrüsen.

Das in den Endstücken gebildete Sekret durchläuft folgende **Abschnitte des Kanalsystems** (Abb. **2**–14, 15):

Schaltstück: intralobulär gelegen, sehr enges Lumen, flachkubisches Epithel, außer der Basalmembran keine Bindegewebshülle.

Streifenstück (sog. Sekretrohr): intralobulär gelegen, wesentlich weiteres Lumen, einschichtiges prismatisches Epithel mit basaler Streifung (durch reihenweise Anordnung der Mitochondrien bewirkt), deutliche Hülle von intralobulärem Stromabindegewebe.

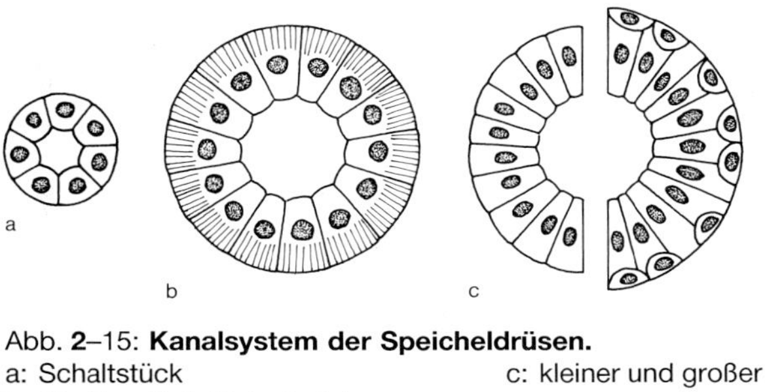

Abb. **2**–15: **Kanalsystem der Speicheldrüsen.**
a: Schaltstück
b: Streifenstück (Sekretrohr)
c: kleiner und großer Ausführungsgang

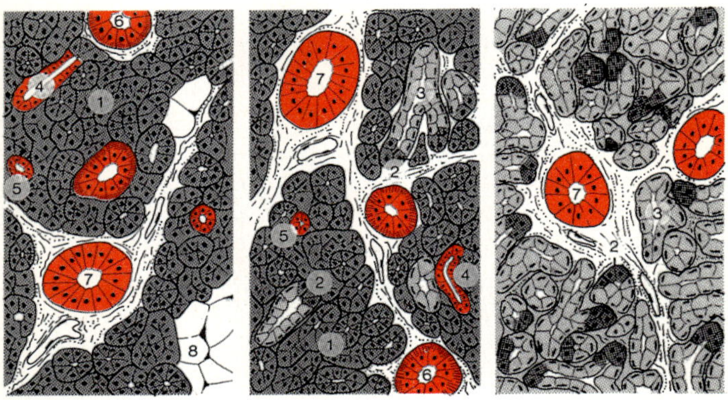

Abb. **2**–16: **Mikroskopische Anatomie der Mundspeicheldrüsen.**
Rot: Gangsystem
a: Glandula parotidea
b: Glandula submandibularis
c: Glandula sublingualis

1 Seröses Endstück
2 Seröser Halbmond
3 Mucöses Endstück
4 Schaltstück längs
5 Schaltstück quer
6 Sekretrohr
7 Ausführungsgang
8 Fettzellen

Ausführungsgang: interlobulär gelegen, weites Lumen, einschichtiges bis mehrreihiges prismatisches Epithel.

Für den **Sekrettransport** im oft langen *Ausführungsgangsystem* exokriner Drüsen (bsp. Ductus parotideus) sind verschiedene Kräfte wirksam:

- *Sekretionsdruck:* Sekretnachschub von den sezernierenden Zellen her.
- *Myoepithelien* ↗: kontraktile basal gelegene Zellelemente, welche Drüsenschläuche und Endstücke korbartig umfassen (Korbzellen, Abb. **1**–5).
- *Massierende Wirkung* benachbarter *Skeletmuskulatur*: wichtig für den Speichelfluß während des Kauakts.

Das *Kanalsystem* des Speichel-Abflußweges verhält sich *nicht rein passiv*: Die Schaltstücke haben die Fähigkeit zu sekretorischer Leistung (s. S. 51), die Streifenstücke sind wahrscheinlich resorptiv, möglicherweise auch sekretorisch tätig. Durch das Epithel des Kanalsystems kann somit der Speichel in gewissem Umfang in seiner Zusammensetzung *modifiziert* werden.

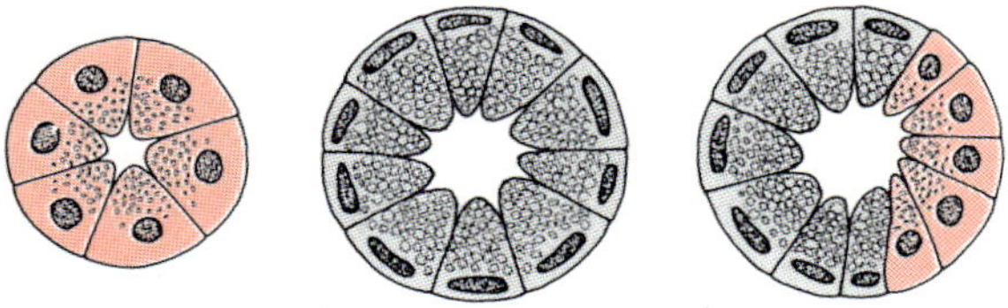

Abb. 2–17: **Sekretorische Endformationen der Mundspeicheldrüsen.**
a: Seröses Endstück (Acinus)
b: Mucöses Endstück (Schleimtubulus, quer)
c: Schleimtubulus mit serösem Halbmond

Im Rahmen der erwähnten allgemeinen Gesichtspunkte (vgl. hierzu auch S. 55 f.) ist für die **Parotis** (Abb. **2**–16) charakteristisch: ausschließlich seröse Endstücke (Abb. **2**–17; rein seröse Drüse), voll ausgebildetes Kanalsystem mit Schaltstücken, Streifenstücken und Ausführungsgängen, häufig kleine Grüppchen von Fettzellen im Stroma.

Die **Submandibularis** (Abb. **2**–16) enthält überwiegend seröse, jedoch auch mucöse Anteile (überwiegend seröse gemischte Drüse, *Gl. seromucosa*); mucöse Anteile in Gestalt von *Schleimtubuli* (entstanden durch Verschleimung der Schaltstückzellen, worin sich deren sekretorische Potenz erweist; Abb. **2**–17), seröse Anteile in Gestalt von *serösen Endkappen* (EBNERsche Halbmonde[1], Abb. **2**–17) an den Schleimtubuli und in Form von serösen Endstücken an unveränderten Schaltstücken; Kanalsystem voll ausgebildet, jedoch sind Schaltstücke nur in den serösen Anteilen zu erwarten, da sie in den mucösen Anteilen durch Differenzierung zu Schleimtubuli nicht ausgebildet werden.

Die **Sublingualis** (Abb. **2**–16) ist ebenfalls eine sero-mucöse Drüse, jedoch mit Überwiegen des mucösen Anteils (überwiegend mucöse gemischte Drüse, *Gl. seromucosa*); mucöse Anteile in Gestalt von *Schleimtubuli* (verschleimte Schaltstücke; Abb. **2**–17), seröse Anteile lediglich in Gestalt *seröser Halbmonde* (Abb. **2**–17) an den Schleimtubuli. Schaltstücke fehlen, da vollständig in Schleimtubuli umgewandelt, Streifenstücke in ihrer Länge stark reduziert. Die serösen Halb-

[1] VIKTOR VON EBNER (1842–1925), Prof. der Histologie in Innsbruck und Wien.

monde der Gl. sublingualis haben *Spülfunktion*. Sie können stellenweise fehlen: es liegen dann lediglich Schleimtubuli ohne acinöse Endformation vor. Das *sog. mucöse Endstück* ist somit in Wirklichkeit das Querschnittsbild eines Schleimtubulus und nicht etwa das Äquivalent des serösen Endstücks als eines echten Acinus.

Leitungsbahnen der Großen Speicheldrüsen

– **Gl. parotidea**

Arterien
R. parotideus ← *A. temporalis superf.* (Abb. **8**–42)

Venen
Vv. parotidae → *Plexus pterygoideus* (Abb. **8**–75);
Rr. parotidei → *V. facialis* (Abb. **8**–75);

Regionäre Lymphknoten
Nll. parotidei prof. → Nll. cervicales prof. (Abb. **9**–15);
Nll. cervicales superf. (vom unteren Parotispol) → Nll. cervicales prof. (Abb. **9**–15).

Nerven
para.: N. facialis ← R. communicans n. facialis ← *N. auriculotemporalis* ← *Ggl. oticum* ← N. petrosus minor ← N. tympanicus ← *N. glossopharyngeus* (↗ Bd. 3);
symp.: Plexus caroticus ext. ← *Ggl. cervicale sup.*

– **Gl. sublingualis**

Arterien
A. sublingualis ← A. lingualis ← A. carotis ext. (Abb. **8**–43).

Venen
V. sublingualis → V. lingualis → V. jugularis int. (Abb. **8**–75).

Regionäre Lymphknoten
Nll. submandibulares → Nll. cervicales prof. (Abb. **9**–15).

Nerven
para.: *Ggl. submandibulare* ← Rr. ganglionares ← N. lingualis ← *Chorda tympani* ← *N. intermedius* (*N. facialis*; ↗Bd. 3);
symp.: Plexus caroticus ext. ← *Ggl. cervicale sup.*

– **Gl. submandibularis**

Arterien
Rr. glandulares ← *A. facialis* (Abb. **8**–42).

Venen
V. submentalis → *V. facialis* → V. jugularis int. (Abb. **8**–75).

Regionäre Lymphknoten
Nll. submandibulares → Nll. cervicales prof. (Abb. **9**–15).

Nerven
wie Gl. sublingualis (s. o.).

2.1.6 Zunge, *Lingua*[1]

Funktionelle Bedeutung: chemische und taktile Kontrolle der Nahrung, taktile Kontrolle der Mundhöhle, mechanische Mitwirkung beim Saugen, Kauen, Schlucken, Sprechen.

Bei geöffnetem Mund sind nur die oralen ⅔ der Zungenoberfläche im Bereich der *Zungenspitze* (*Apex linguae*) und im Bereich des *Zungenrückens* (*Dorsum linguae*) zu überblicken (Abb. **2**–3). Das pharyngeale ⅓ der Oberfläche, der *Zungengrund* (*Radix linguae*) weist rachenwärts (Abb. **2**–20, 39) und ist nur mit Hilfe der Spiegelung sichtbar zu machen. Die Grenze zwischen dem oralen und dem pharyngealen Abschnitt der Zungenoberfläche wird von einer V-förmigen Furche (*Sulcus terminalis*) gebildet. Im Winkel des Sulcus terminalis befindet sich in etwa der Hälfte der Fälle das *Foramen caecum*, eine mehr oder weniger tiefe Einsenkung, welche die Stelle markiert, an der die *Entwicklung der Schilddrüsenanlage* ihren Ausgang genommen hat. Der Zungengrund reicht bis zur Epiglottis hinab und steht mit dieser durch die Ausgleichsfalten der *Plica glosso-epiglottica mediana* und der beiden *Plicae glosso-epiglotticae laterales* bzw. die beiden *Valleculae epiglotticae* in verschieblicher Verbindung (Abb. **3**–14). Der gesamte muskuläre Zungenkörper liegt dem sich zwischen Unterkiefer und Zungenbein erstreckenden *Diaphragma oris* (Abb. **2**–20; vgl. S. 48 f.) auf und ist in seiner Lage und Wirkungsweise (z. B. Druck gegen den Gaumen) von der veränderlichen Spannung der Mundbodenmuskulatur abhängig.

Auffallendes funktionelles Merkmal der Zunge ist deren außerordentlich vielseitige und fein abstufbare *Beweglichkeit*, mit deren Hilfe praktisch jede Stelle der Mundhöhle durch die Zungenspitze abgetastet werden kann. Dieser Fähigkeit entsprechend verfügt die Zunge über ein *differenziertes* **Muskelsystem** (Abb. **2**–18), dessen Baumate-

[1] In abgeleiteten Namen auch *glossa* (gr.), z. B. N. hypoglossus.

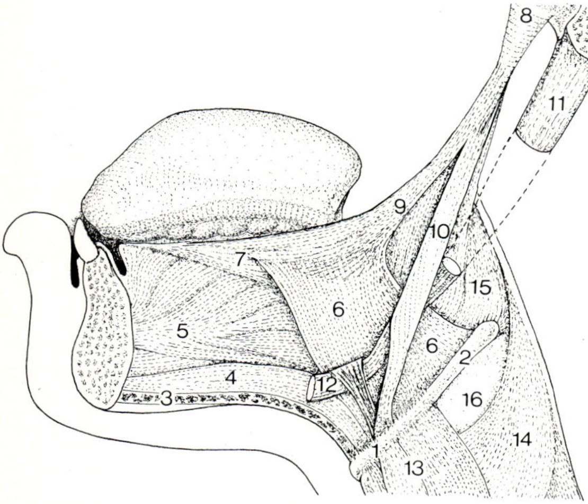

Abb. **2**–18: **Zungen- und Rachenmuskulatur** (von lateral).

1 Corpus ossis hyoidei
2 Cornu majus ossis hyoidei
3 M. mylohyoideus (durchschnitten)
4 M. geniohyoideus
5 M. genioglossus
6 M. hyoglossus
7 M. longitudinalis inf.
8 Proc. styloideus
9 M. styloglossus
10 M. stylohyoideus
11 M. digastricus (Venter post., unterbrochen)
12 M. digastricus (Venter ant., abgeschnitten)
13 M. thyrohyoideus
14 M. constrictor pharyngis inf.
15 M. constrictor pharyngis medius
16 Membrana thyrohyoidea

rial ausschließlich Skeletmuskelfasern sind. Als Insertionsfläche dienen die unter der Schleimhaut gelegene verdichtete Bindegewebsschicht der *Aponeurosis linguae* (Abb. **2**–19) und das mediane *Septum linguae*.

Diejenigen Muskelfaserzüge, die auf die Zunge beschränkt bleiben und keine Befestigung an Skeletelementen gewinnen, werden als **Binnenmuskulatur** zusammengefaßt. Diese bildet ein *dreidimensionales* Fasersystem, an dem folgende Komponenten beteiligt sind: *M. longitudinalis superior, M. longitudinalis inferior* (Abb. **2**–18), *M. transversus linguae, M. verticalis linguae*. Die Binnenmuskeln dienen der *Formveränderung* (Abflachung, Verkürzung, Streckung usw.).

Für die *Lageveränderung* der Zunge bedarf es dagegen der Mitwirkung der an Skeletelementen befestigten **Außenmuskulatur**:

M. genioglossus (Abb. **2**–18): strahlt von der Innenseite des Kinnes (*Spina mentalis*) mit divergenter Faserrichtung in den Zungenkörper aus. Zugrichtung: nach vorn und unten.

M. hyoglossus (Abb. **2**–18; **8**–43): vom Zungenbein als im wesentlichen vertikal gestellte dünne Muskelplatte mit divergenter Faserrichtung nach oben und vorn in den Zungenkörper ziehend. Zugrichtung: nach unten und hinten.

M. styloglossus (Abb. **2**–18): vom *Processus styloideus* als schmales Muskelband in die Seitenfläche der Zunge und bis zur Zungenspitze ziehend. Zugrichtung: nach hinten und oben.

Die Zunge als muskuläres Organ wirkt mechanisch bei der *Einspeichelung der Nahrung* in der Mundhöhle mit, führt beim *Kauen* (gemeinsam mit der Wangen- und Lippenmuskulatur) die Nahrung immer erneut zwischen die Kauflächen und schiebt schließlich die zerkleinerte Nahrung zur *Einleitung des Schluckvorgangs* gegen den Isthmus faucium (vgl. S. 82). Weiterhin kommt der Formveränderlichkeit und Beweglichkeit der Zunge für die *Sprache* entscheidende Bedeutung zu.

Die *Unterseite der Zunge* (Abb. **2**–13) zeigt eine im wesentlichen glatte Schleimhautoberfläche. Die beiden flachen *Plicae fimbriatae*, die gegen die Zungenspitze hin konvergieren, sind von phylogenetischem Interesse (Unterzunge), jedoch ohne mechanische Bedeutung. In der Medianen erhebt sich die Schleimhautfalte des *Zungenbändchens* (*Frenulum linguae*), welches am Mundboden zwischen den beiden Carunculae sublinguales verankert ist und je nach seiner Länge, Höhe und speziellen geweblichen Beschaffenheit als mechanisch begrenzender Faktor bei extremen Zugenbewegungen wirksam werden kann.

MIKROSKOPISCHE ANATOMIE DER ZUNGENSCHLEIMHAUT

Im Gegensatz zur glatten Unterseite der Zunge hat die **Zungenschleimhaut** im Bereich des Zungenrückens und des Margo linguae eine ausgesprochen *rauhe Oberfläche* (Abb. **2**–3, 19), in Anpassung an die *mechanischen Aufgaben* bei der Verschiebung von Nahrungsteilen innerhalb der Mundhöhle (Kauakt, Einleitung des Schluckvorganges). Diese mechanisch wirksame Schleimhaut ist unverschieblich mit der *Aponeurosis linguae* verbunden. Die mechanisch erforderliche Rauhigkeit der Zugenoberfläche wird durch die Ausbildung warzen- und dornförmiger **Zungenpapillen** (Abb. **2**–19) erreicht. Diese besetzen die Zungenoberfläche bis zu dem den Zungengrund abgrenzenden *Sulcus terminalis* (Abb. **2**–20). Besonders zahlreich sind die die Zungenoberfläche wie ein Rasen überziehenden **Papillae filiformes** (Fadenpapillen). Diese faden- bis dornförmigen Gebilde sind an der Oberfläche vielfach aufgespalten und hier auch verhornt, wodurch

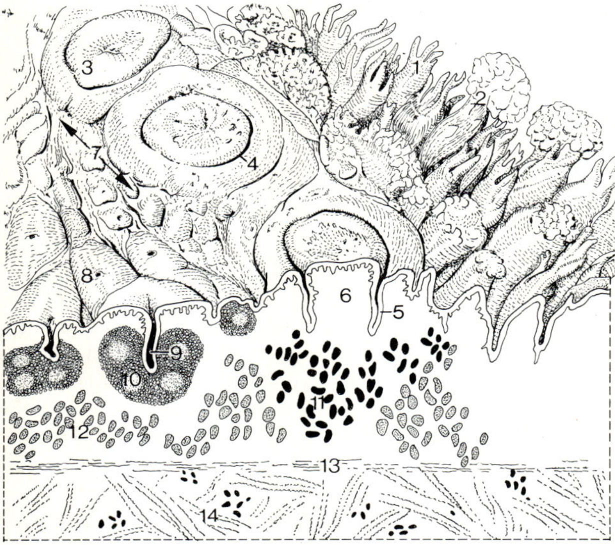

Abb. **2**–19: **Zunge, Sagittalschnitt und Aufsicht an der Grenze zwischen Zungenrücken und Zungengrund** (mod. nach Benninghoff-Goerttler, Lehrb. d. Anatomie, Bd. II, 7. A. 1964).

1 Papilla filiformis
2 Pap. fungiformis
3 Pap. vallata (Aufsicht)
4 Wallgraben der Pap. vallata (Aufsicht)
5 Wallgraben (Längsschnitt)
6 Pap. vallata (Längsschnitt)
7 Richtung des Sulcus terminalis
8 Tonsilla lingualis (Papilla tonsillaris mit Kryptenöffnung)
9 Krypte (Längsschnitt)
10 Mantel lymphatischen Gewebes um die Krypte
11 seröse Gl. gustatoria (Ebnersche Spüldrüse)
12 mucöse Gl. lingualis post.
13 Aponeurosis linguae
14 Zungenmuskulatur

die oft graue Oberflächentönung der Zunge bewirkt wird. Die stumpf zapfenförmigen **Papillae fungiformes** (Pilzpapillen) sind wesentlich größer, deshalb mit unbewaffnetem Auge gut zu erkennen, aber weit weniger zahlreich und besonders im Bereich der Zungenspitze und des Zungenrandes zu finden.

Die Zungenschleimhaut weist weitere, ebenfalls als Papillen (**Papillae vallatae**, Wallpapillen; Abb. **2**–19) bezeichnete Oberflächendifferenzierungen auf, die sich jedoch nicht über die allgemeine Zungenoberfläche erheben, sondern niveaugleich bleiben und durch eine Schleimhauteinsenkung (Wallgraben) abgegrenzt werden. Sie können somit nicht mechanisch wirksam sein, dienen vielmehr durch die in ihrem Bereich in das Epithel eingefügten *Geschmacksknospen* (s. u.) der Geschmackswahrnehmung und somit der *chemischen Kontrolle* der in die Mundhöhle aufgenommenen Nahrung. Die etwa 10 *Papillae vallatae* befinden sich in einfacher ∧-förmiger Reihe (Abb. **2**–20) unmittelbar vor dem Sulcus terminalis (gelegentlich auch in der Vorderwand des Foramen caecum). Die Wallpapillen sind zylindrisch und von einem ringförmigen, durch Schleimhauteinsenkung entstehenden Spalt umgeben, dessen gegenüberliegende Wand zu einem Wall aufgeworfen ist (Abb. **2**–19). Die je etwa 200 Geschmacksknospen liegen in dem den Spaltraum innen und außen begrenzenden Plattenepithel.

In den Grund des Wallgrabens münden die Ausführgänge einer *rein serösen* Fraktion der Zungendrüsen (*Gl. gustatoria*). Diese **„Spüldrüsen"** (Abb. **2**–19) haben die Aufgabe, den capillären Spaltraum des Wallgrabens von der bereits „abgeschmeckten" Speichelportion freizuspülen und somit in kurzen zeitlichen Abständen eine Prüfung der Geschmacksstoffe zu ermöglichen. An das Feld der serösen Spüldrüsen im Bereich der Papillae vallatae schließt sich im Bereich des Zungengrundes eine Zone *rein mucöser Zungendrüsen* (Abb. **2**–10) an, die Beziehung zur Zungentonsille (vgl. S. 74) haben. Ein selbständiges Paket *gemischter Zungendrüsen* befindet sich im Bereich der Zungenspitze unter der Schleimhaut der Unterseite: *Gl. lingualis anterior* (NUHNsche Drüse[1]).

Neben den Wallpapillen sind insbesondere die **Papillae foliatae** (Blattpapillen) Träger zahlreicher *Geschmacksknospen*. Hier handelt es sich um ein System parallel stehender Schleimhautleisten, die jeweils von einem engen Spaltraum (in den ebenfalls Spüldrüsen münden) getrennt werden, in dessen epitheliale Wand die Geschmacksknospen eingebaut sind. Das Feld der Papillae foliatae befindet sich auf jeder Seite im hinteren Teil des *Margo linguae* (Abb. **2**–20).

Neben den genannten Prädilektionsorten kommen **Geschmacksknospen** (*Caliculi gustatorii*)[2] vereinzelt auch im Bereich der Papillae fungiformes, am weichen Gaumen, an der Hinterwand des Mesopharynx↗ sowie an der Epiglottis↗ vor. Insgesamt besteht das **Geschmacksorgan,** (*Organum gustus*, ↗Bd. 3) aus mehreren tausend Geschmacksknospen. Die Gesamtheit der Geschmacksknospen bildet als Geschmacksorgan den am Zugang zum Verdauungstrakt lokalisierten Rezeptorteil eines über das Zentralnervensystem geführten

[1] ANTON NUHN (1814–1889), Prof. der Anatomie in Heidelberg.
[2] *caliculus* (lat.) = Diminutivum von *calix* (Becher); *gustus* (lat.) = Geschmack.

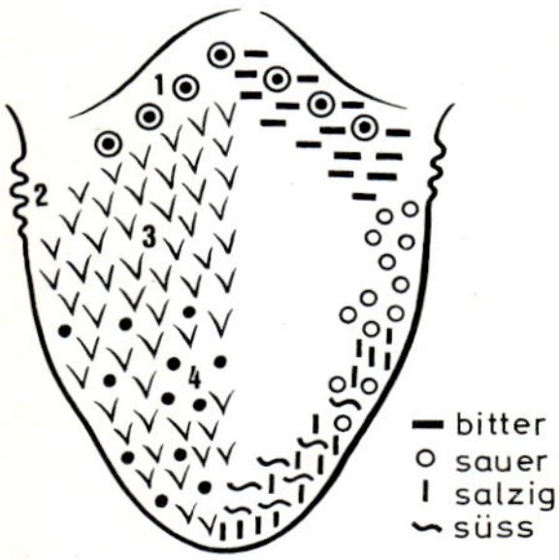

Abb. **2**–20: **Organisation der Zungenoberfläche.**
Auf der rechten Zungenseite ist die Verteilung der Papillen, auf der linken Zungenseite das Verteilungsmuster der Geschmacksqualitäten dargestellt.
1 Papillae vallatae (dahinter Sulcus terminalis)
2 Papillae foliatae
3 Papillae filiformes
4 Papillae fungiformes

Kontrollsystems, welches in der Lage ist, die im Mund befindliche Nahrung auf ihre Verträglichkeit zu prüfen. Zahl und Verbreitungsgebiet der Knospen nehmen vom Säuglingsalter an allmählich ab; beim Erwachsenen sind sie in der Regel auf die Zunge beschränkt.

Die morphologisch gleichartigen Geschmacksknospen vermitteln, je nach ihrer Lage auf der Zunge unterschiedliche *Geschmacksqualitäten*: vom Sulcus terminalis ↗ zur Zungenspitze folgen die Maxima der Geschmackswahrnehmung in der Reihenfolge *bitter – sauer – salzig – süß* aufeinander (Abb. **2**–20), wobei sich jedoch die einzelnen Felder weitgehend überlappen.

Die **Geschmacksknospen** sind faßförmige Körperchen (Länge 70 µm, ∅ 40 µm), die senkrecht zur Epithelfläche orientiert sind und die gesamte Epitheldicke zwischen lumenseitiger Oberfläche und Basalmembran einnehmen; bei axialer Schnittführung erscheinen sie im histologischen Präparat elliptisch (Abb. **2**–21). Über jeder Geschmacksknospe weist die Oberfläche eine rundliche Lücke auf, den **Geschmacksporus** (*Porus gustatorius*; Abb. **2**–21). Unter dem Geschmacksporus bilden die Oberflächen der Knospenzellen eine Mulde, die von einer *glykoproteinhaltigen Matrix* ausgefüllt wird.

Die Geschmacksknospe selbst ist aus 20–40 *modifizierten Epitheliocyten* (sekundäre Sinneszellen; ↗Bd. 3) aufgebaut. Es lassen sich mehrere Zelltypen unterscheiden (Abb. **2**–21):

– **Rezeptorzellen.** Diese sind dadurch charakterisiert, daß afferente Nervenfasern mit ihnen in synaptischem Kontakt stehen. Aufgrund cytologischer Unterschiede lassen sich zwei Typen (II und III) unterscheiden, die jedoch als unterschiedliche Differenzierungsstufen der Sinneszellen aufzufassen sind. Die voll ausdifferenzierte Form wird als Typ III bezeichnet. Die Rezeptorzellen sind apical mit wenigen und relativ kurzen *Mikrovilli* ausgestattet, die in den Matrixraum unter dem Geschmacksporus hineinragen. Die Rezeptorzellen haben eine Lebensdauer von maximal 10 Tagen und müssen daher laufend ersetzt werden.
– **Basalzellen** (Typ IV). Aus diesen an der Basis der Geschmacksknospe gelegenen rundlichen Blastemzellen gehen durch mitotische Teilung die Rezeptorzellen hervor.
– **Stützzellen** (Typ I und V) isolieren die Rezeptorzellen voneinander (I) und grenzen die Geschmacksknospen kapselartig nach außen ab (V). Ein bestimmter Typ von Stützzellen (I) besitzt *sekretorische Granula* und bildet apical *Bündel von Mikrovilli* aus, die den „Geschmacksstiftchen“ der Lichtmikroskopie entsprechen.

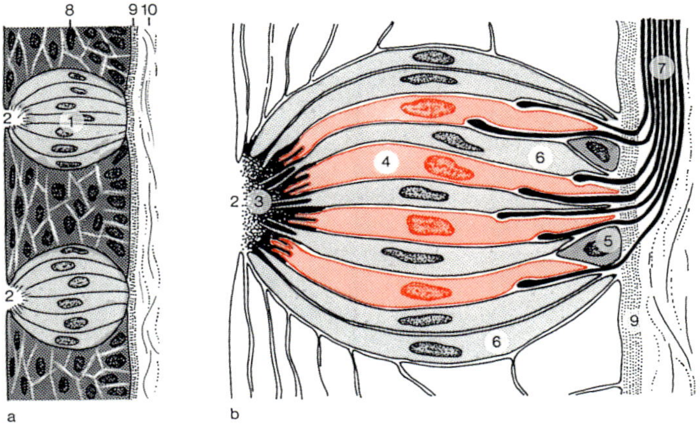

Abb. **2**–21: **Geschmacksknospe.**
a: Zungenschleimhaut
b: Cytologie der Geschmacksknospe

1 Geschmacksknospe
2 Geschmacksporus
3 Matrix
4 Rezeptorzelle
5 Basalzelle
6 Stützzelle
7 Afferente vegetative Nervenfaser
8 Epithel der Zungenschleimhaut
9 Basalmembran
10 Lamina propria mucosae

Diese Zellen werden als Produzenten der unter dem Geschmacksporus befindlichen Matrix angesehen.

Jede Geschmacksknospe ist zur Perzeption mehrerer (jedoch niemals aller) Geschmacksqualitäten (vgl. S. 64) befähigt. Die Geschmacksstoffe gelangen durch den Porus gustatorius (Abb. **2**–21) und die unter diesem befindliche Matrix in Kontakt mit den apicalen *Chemorezeptoren* der Rezeptorzellen. Durch Bildung reversibler *Rezeptor-Geschmacksstoff-Komplexe* wird ein elektrophysiologischer *Primärprozeß* in der Rezeptorzelle ausgelöst. Die Übertragung der Erregung auf afferente Nervenfasern erfolgt in deren Synapsen auf der Oberfläche der Rezeptorzellen (Abb. **2**–21). Die Rezeptor-Geschmacksstoff-Komplexe sind leicht wieder aufzulösen; diesem Zweck dienen u. a. die EBNERschen Spüldrüsen ↗.

Für die zentripetale Leitung der in den Geschmacksknospen entstehenden Erregungen dienen als *Geschmacksnerven* im Bereich der Papillae vallatae und foliatae der *N. glossopharyngeus*, im Bereich der Papillae fungiformes die *Chorda tympani* (↗ Bd. 3), deren intralinguale Fasern jedoch die Ausbreitungsbahn des *N. lingualis* benutzen (s. u.).

Zur mechanischen Kontrolle der Nahrung ist die Zunge zu einem hochentwickelten *Tastorgan* („Lupenwirkung" mit Vergrößerungsfaktor 1,6) ausgestaltet. Der mosaikartigen Entstehung der Zungenschleimhaut aus dem embryonalen Material des 1.–4. Visceralbogens entsprechend, erfolgt die Versorgung der Zungenschleimhaut mit *sensiblen Nerven* aus verschiedenen Quellen (s. u.).

Der die Radix linguae bildende, hinter dem *Sulcus terminalis* (mit dem *Foramen caecum* als Ausgangspunkt der Schilddrüsenentwicklung) gelegene hintere Teil der Zungenoberfläche ist zur **Tonsilla lingualis** (Abb. **2**–19, 25) differenziert. In deren Bereich ist die Schleimhaut durch die *Folliculi linguales* (Zungenbälge) zu flachen Vorwölbungen (*Papillae tonsillares*) von bis zu 5 mm Durchmesser aufgeworfen, auf denen jeweils eine Krypte mündet. Die Zungentonsille ist ein Teil des Lymphatischen Rachenrings (vgl. S. 70).

Leitungsbahnen der Zunge

Arterien

A. lingualis ← A. carotis ext. (Abb. **8**–42, 43).

Venen

V. lingualis (mit A. lingualis) → V. facialis → V. jugularis int. (Abb. **8**–75);

V. sublingualis (stärkster Abfluß) → *V. comitans n. hypoglossi* (von der A. lingualis durch den M. hyoglossus getrennt; Abb. **8**–43) → V. facialis oder V. jugularis int.

Regionäre Lymphknoten (Abb. **9**–15)
- Hintere Abflußbahn (Radix linguae): → obere *Nll. cervicales prof.*, insbesondere *Nl. jugulo-omohyoideus*;
- Mittlere Abflußbahn: → obere *Nll. cervicales prof.*, insbesondere *Nl. jugulodigastricus*;
- Vordere Abflußbahn (Zungenspitze): *Nll. submentales* und *Nll. submandibulares* → *Nll. cervicales prof.*

Nerven
mot.: *N. hypoglossus* (XII.)
sens. (Schleimhaut):
- vordere ⅔ (vor dem Sulcus terminalis) → *N. lingualis* → N. mandibularis;
- hinteres ⅓ (hinter dem Sulcus terminalis) → *N. glossopharyngeus*;
- Übergangsfeld zur Epiglottis → N. laryngeus sup. → *N. vagus*.

sensor. (Geschmacksleitung):
- aus Papillae fungiformes → *N. lingualis* → *Chorda tympani* → N. facialis *(N. intermedius)*;
- aus Papillae vallatae et foliatae → *N. glossopharyngeus*;
- aus Übergangsfeld zur Epiglottis → *N. vagus*.

para. (Zungendrüsen):
- Gll. linguales ← intramurale Ganglien ← *N. glossopharyngeus*;
- Gl. lingualis anterior ← N. lingualis ← *Ggl. submandibulare* ← N. lingualis ← Chorda tympani ← *N. intermedius* (N. facialis).

symp. (Zungendrüsen):
- Plexus caroticus ext. ← *Ggl. cervicale sup.*

2.1.7 Gaumen, *Palatum*

Das Dach der Cavitas oris propria↗ wird vom **Harten Gaumen** *(Palatum durum)* gebildet (Abb. **2**–3,22). Diese Scheidewand zwischen Mund- und Nasenraum enthält eine Knochenplatte *(Palatum osseum)*, an deren Aufbau sich beiderseits die *Maxilla* und das *Os palatinum* beteiligen (↗Bd. 1). Die Schleimhaut enthält die zu den Mundspeicheldrüsen gehörenden nahezu rein mucösen *Glandulae palatinae*. Sie ist mit der knöchernen Unterlage unverschieblich verbunden. Von der medianen *Raphe palati* (Abb. **2**–3) gehen im vorderen Gaumenbereich nach beiden Seiten etwa vier *Plicae palatinae transversae* ab. Hierdurch entsteht ein mechanisch wirksames *Druck- und Reibefeld* für die Zerquetschung der Nahrung durch die Zunge.

Die *Leitungsbahnen* (s. u.) werden dem Gaumen aus der *Fossa pterygopalatina* (↗ Bd. 1) zugeführt. Der größte Teil des Harten Gaumens einschließlich des palatinalen Zahnfleisches wird aus dem *Foramen palatinum majus* (neben 3. Molar) versorgt. Lediglich ein im Bereich der Schneidezähne gelegenes Schleim-

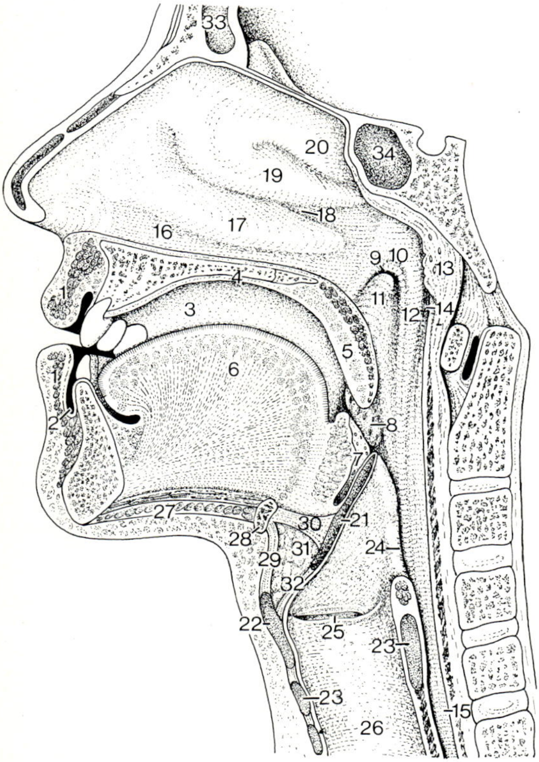

hautfeld wird aus dem median im Harten Gaumen (in der Verbindungslinie der Eckzähne) gelegenen *For. incisivum* versorgt. Der *Weiche Gaumen* (s. unten) und die seitliche Rachenwand werden durch aus denselben Quellen stammende Bahnen versorgt, die in den dicht hinter dem For. palatinum majus gelegenen *Forr. palatina minora* austreten.

Der Harte Gaumen geht nach hinten-unten in den nunmehr knochenfreien **Weichen Gaumen** (*Palatum molle*) über. Der Weiche Gaumen (Abb. **2**–3, 22) kann dank eines speziellen Bewegungsapparats gehoben und gleichsam ausgespannt werden: er wird deshalb auch sehr treffend als **Gaumensegel** (*Velum palatinum*) bezeichnet. Je nach seiner Stellung trennt das Gaumensegel den Nasenrachen (vgl. S. 77) partiell oder vollständig vom übrigen Pharynx (Abb. **2**–22).

◁ Abb. 2–22: **Medianschnitt durch Nasen- und Mundhöhle, Rachen und Kehlkopf.**

1 M. orbicularis oris
2 Vestibulum oris
3 Cavitas oris propria
4 Palatum durum
5 Palatum molle (Velum palatinum)
6 Lingua
7 Tonsilla lingualis
8 Tonsilla palatina
9 Ostium pharyngeum tubae auditivae
10 Torus tubarius
11 Torus levatorius
12 Plica salpingopharyngea („Seitenstrang")
13 Tonsilla pharyngealis
14 Recessus pharyngeus
15 Oesophagus
16 Meatus nasi inferior
17 Concha nasalis inferior
18 Meatus nasi medius
19 Concha nasalis media
20 Concha nasalis superior
21 Epiglottis
22 Cartilago thyroidea
23 Cartilago cricoidea
24 Plica aryepiglottica
25 Ventriculus laryngis
26 Trachea
27 M. mylohyoideus (darüber M. geniohyoideus)
28 Corpus ossis hyoidei (Querschnitt)
29 Lig. thyrohyoideum medianum
30 Lig. hyoepiglotticum
31 Fettkörper, der sich bei der Hebung des Kehlkopfes (S. 84) verformt
32 Lig. thyroepiglotticum
33 Sinus frontalis
34 Sinus sphenoidalis

Dementsprechend weist die Hinter- bzw. Oberseite des Gaumensegels, im Gegensatz zu der mit Mundschleimhaut (mehrschichtiges unverhorntes Plattenepithel) bedeckten oralen Seite, Respiratorisches Epithel↗ auf. An Stelle und in Fortsetzung der Knochenplatte des Harten Gaumens enthält das Gaumensegel die Bindegewebsplatte der *Gaumenaponeurose* (*Aponeurosis palatina*), in welche die Muskeln des Velum palatinum (vgl. S. 71/72) einstrahlen.

Beim Einblick in den geöffneten Mund (Abb. **2**–3) bildet der freie Rand des Gaumensegels einen von dem medianen *„Zäpfchen"* (*Uvula palatina*) ausgehenden Doppelspitzbogen, dessen Basis vom Profil des Zungengrundes gebildet wird. Seitlich von der Uvula ragt der freie Rand des Velum palatinum in Gestalt des in die seitliche Rachenwand einstrahlenden und in dieser verstreichenden *Arcus palatopharyngeus* in Ruhestellung kulissenartig relativ weit nach medial vor: Der Durchblick zum Rachen ist so zum **Isthmus faucium**[1] (*Schlundenge*) eingeengt. Vom selben Ausgangspunkt am Zäpfchen zieht eine zweite sich an der Begrenzung des Isthmus faucium beteiligende

[1] *fauces* (lat. plur.) = Schlund.

Schleimhautfalte (*Arcus palatoglossus*) zur seitlichen Fläche des Zungengrundes.

Die beiden **Gaumenbögen** (Arcus palatopharyngeus, Arcus palatoglossus) enthalten je einen Muskelstrang (*M. palatopharyngeus, M. palatoglossus*). Die Muskulatur der Gaumenbögen wird einerseits im Bereich des Gaumens durch die *Gaumenaponeurose*, andererseits im Bereich der Zunge durch den *M. transversus linguae* so miteinander verbunden, daß ein für den Schluckakt (vgl. S. 82 f.) wichtiger kontraktiler *Muskelring* zustande kommt (Abb. **2**–23). Bei geöffnetem Mund läßt sich durch A-sagen und die hierdurch bedingte Anspannung der Gaumensegelmuskulatur eine Erweiterung des Isthmus faucium erzielen, wodurch ein besserer Durchblick auf die hintere Rachenwand ermöglicht wird.

Vorderer (*Arcus palatoglossus*) und hinterer Gaumenbogen (*Arcus palatopharyngeus*) sowie die (beide verbindende) *Plica semilunaris* begrenzen eine Schleimhautbucht (Fossa tonsillaris), in deren Bereich sich die **Tonsilla palatina** (*Gaumenmandel*) vorwölbt (Abb. **2**–3, 25). Die Gaumenmandel füllt, wenn sie nicht entzündlich vergrößert ist, die Fossa tonsillaris nicht vollständig aus; so verbleibt insbesondere am oberen Pol der Tonsille unter der Plica semilunaris eine *Fossa supratonsillaris* (Abb. **2**–3). In gesundem Zustand überragt die Tonsille den vorderen Gaumenbogen kaum: um sie beim Einblick in den geöffneten Mund voll übersehen zu können, muß daher der vordere Gaumenbogen mit dem Spatel zurückgedrängt werden. Die Oberfläche der Gaumenmandel erscheint mehr oder weniger zerklüftet: erkennbar sind die trichterartigen Mündungen (*Fossulae tonsillares*) der tief eingesenkten und verzweigten *Krypten* (Abb. **2**–25). Die beiden *Tonsillae palatinae* bilden mit der *Tonsilla lingualis*, der *Tonsilla pharyngealis* ↗ und eingestreuten kleineren Inseln von Tonsillengewebe (u. a. am Tubenostium als sog. **Tubentonsille,** *Tonsilla tubaria*, und auf der Plica salpingopharyngea – vgl. S. 78 – als sog. **„Seitenstrang“**) im Bereich des Übergangs des Mund- bzw. Nasenraums in den Rachen einen mehr oder weniger geschlossenen, der Infektionsabwehr dienenden Ring von Tonsillengewebe (vgl. S. 73 f.), der unter der Bezeichnung **Lymphatischer Rachenring** (WALDEYERscher Rachenring[1]) funktionell zusammengefaßt wird.

Die **Gaumentonsille** liegt mit ihrer Außenfläche der muskulären *Pharynxwand* (M. constrictor pharyngis superior) an. Deren Fascie bildet eine bindege-

---

1 HEINRICH WILHELM VON WALDEYER-HARTZ (1836–1921), Prof. der Pathologie in Breslau, der Anatomie in Straßburg und Berlin.

webige Kapsel, die bei der Tonsillektomie als Leitstruktur dient. Bei infektiösen Erkrankungen des Tonsillenlagers (Peritonsillarabszess) besteht die Gefahr der Fortleitung durch die dünne Pharynxmuskulatur hindurch nach dorsolateral in den Bindegewebsraum des *Spatium lateropharyngeum* (vgl. S. 86).

Die *arterielle Versorgung* (s. u.) der Gaumenmandel ist wegen der häufig erforderlichen tief reichenden Spaltungen von Peritonsillarabszessen auch für den Praktiker von Interesse. Sie erfolgt in erster Linie über den von lateral her an den unteren Tonsillenpol tretenden R. tonsillaris der *A. palatina ascendens*, ergänzt durch Äste der *A. palatina descendens*. Selten kann die *A. facialis* selbst, wenn sie im Bereich des Trig. submandibulare (vgl. S. 50) besonders weit nach medial und hinten ausbiegt, in die Nähe des Tonsillenlagers gelangen. Eine gelegentlich gefürchtete Nähe der A. carotis interna ist tatsächlich nicht gegeben (vgl. S. 86).

Anhebung und gleichzeitig Spannung des Gaumensegels erfolgen reflektorisch beim Schluckakt (vgl. S. 82 f.). Eine Insuffizienz dieser Leistung (Gaumensegellähmung) führt zu schwerer Störung des Schluckvorgangs. Die **Bewegung des Gaumensegels** erfolgt durch einen speziellen *Muskelapparat*:

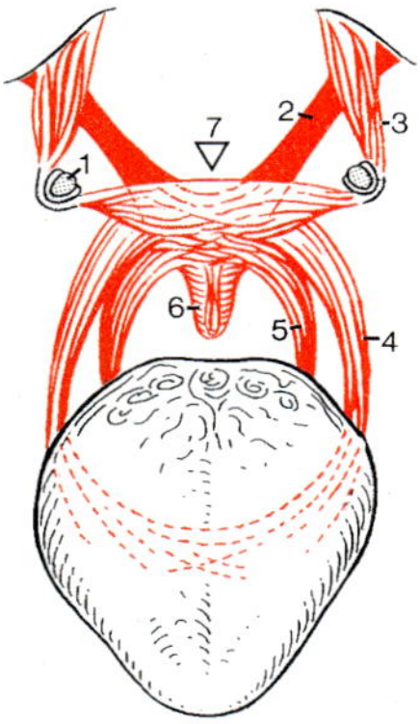

Abb. **2–23**: **System der Gaumenmuskulatur** (nach Benninghoff-Goertler, Anatomie des Menschen, Bd. 2, 1967).

1 Hamulus pterygoideus (als Hypomochlion)
2 M. levator veli palatini
3 M. tensor veli palatini
4 M. palatoglossus (in den M. transversus linguae übergehend)
5 M. palatopharyngeus
6 M. uvulae
7 Gaumensegelaponeurose

M. tensor veli palatini, *Gaumensegelspanner* (Abb. **2**–23)
Ursprung: a) Unterseite des Keilbeins,
b) laterale membranöse Wand der Tuba auditiva.
Ansatz: Aponeurose des Gaumensegels.
Innervation: N. mandibularis.

Die Muskelplatte verläuft zunächst mehr oder weniger vertikal durch die *Fossa pterygoidea* (dabei dem dort entspringenden M. pterygoideus medialis (↗Bd. 1) medial aufliegend). Die Muskelplatte wird am *Hamulus pterygoideus*, der als Hypomochlion (↗Bd. 1) wirkt, in eine horizontale Richtung umgelenkt, um sich in der *Gaumensegelaponeurose (Aponeurosis palatina)* mit dem Partner der Gegenseite zu einer Muskelschlinge zu vereinigen.

Kontraktion dieser Muskelschlinge *hebt* das herabhängende Gaumensegel (als *Synergist* des M. levator veli palatini, s. u.) bis in die Höhe der Hamuli und *verspannt* es in dieser Ebene. Das maximal gehobene Gaumensegel (Wirkung des M. levator veli palatini) kann der Tensor bis in die Ebene der Hamuli *senken* (*Antagonist* des Levator.) Der Muskel hat Bedeutung für die *Ventilation des Mittelohres* (↗Bd. 3), da er durch Zug an der *membranösen Tubenwand*, von der er entspringt, das in Ruhestellung spaltförmige Tubenlumen zu erweitern vermag.

M. levator veli palatini, *Gaumensegelheber* (Abb. **2**–23)
Ursprung: a) Unterfläche der Felsenbeinpyramide,
b) Tubenknorpel.
Ansatz: Fleischige Vereinigung mit dem Partner der Gegenseite im Bindegewebe des Gaumensegels, nasenrachenwärts von der vom Tensor gebildeten Gaumensegelaponeurose.
Innervation: Plexus pharyngeus (N. vagus, N. glossopharyngeus).

Die beiden Muskeln bilden eine *durchlaufende Muskelschlinge*. Da diese *nicht* das Hypomochlion der Hamuli umläuft, kann sie das Gaumensegel in ein höheres Niveau *heben*, als es die Tensorschlinge vermag. Erst hierdurch wird beim Schluckakt die *Anpressung des Gaumensegels* gegen den PASSAVANTschen[1] Wulst möglich (↗S. 84). Die Senkung des Gaumensegels aus dieser Stellung wird durch die *Mm. tensor veli palatini* (s. o.), *palatoglossus* und *palatopharyngeus* bewirkt.

Der Muskel beteiligt sich an der *Ventilation des Mittelohrs* (↗Bd. 3), indem er bei seiner Kontraktion im Bereich des Tubenostium den *Knorpel des Torus tubarius*↗ aufbiegt und somit in Ergänzung der Tensorwirkung das Tubenlumen erweitert. Unterhalb des Tuben-

[1] PHILIPP GUSTAV PASSAVANT (1815–1893), Chirurg in Frankfurt a. M.

ostium wölbt der sich kontrahierende Muskel die Rachenschleimhaut zum *Levatorwulst* (Torus levatorius↗) vor.

M. uvulae
Kontraktion fördert Entleerung der auf der pharyngealen Seite gelegenen Drüschen.

MIKROSKOPISCHE ANATOMIE DER TONSILLEN
Für die *gewebliche Organisation* der **Tonsillen** ist eine besonders enge topographische und funktionelle Beziehung zwischen *Lymphatischem Gewebe*↗ und *Epithelgewebe* (sog. Lymphoepitheliales Gewebe) charakteristisch (Abb. **2**–24). Unter dem Schleimhautepithel (Gaumentonsille und Zungentonsille: mehrschichtiges unverhorntes Plattenepithel, Rachentonsille: respiratorisches Epithel) ist das lymphatische Gewebe in Gestalt von vielfach miteinander konfluierenden *Lymphfollikeln* (Noduli lymphatici = Folliculi lymphatici) organisiert, die regelmäßig zu *Sekundärknötchen* (Lymphfollikel mit *Reaktionszentren*) differenziert sind (↗S. 616). Hierbei ist charakteristisch, daß der aus B-Lymphocyten bestehende *Lymphocytenwall* das Reaktionszentrum nicht konzentrisch einhüllt, sondern diesem ausgesprochen polarisiert auf der dem Schleimhautepithel zugewandten Seite kappenartig aufsitzt.

Entscheidend für die *Arbeitsweise der Tonsillen* ist jedoch keineswegs das Nebeneinander von lymphatischem Gewebe und Epithelgewebe, sondern eine viel weitergehende gewebliche Verbindung in Form des sog. *lymphoepithelialen Gewebeverbandes*. Dieser ist dadurch charakterisiert, daß das Schleimhautepithel an umschriebenen Stellen sowohl der freien Oberfläche als auch der Krypten **Reticulierungszonen** (Auflockerung des mauerartigen Epithelverbandes zu einem Zellnetz) aufweist, deren Maschenlücken durch eine große Zahl von *Lymphocyten* und eine geringere Zahl von *Makrophagen* erfüllt sind.

Der **funktionelle Zusammenhang** (Abb. **2**–24) ist folgender: Im Bereich der Reticulierungszone nehmen *Makrophagen* Kontakt mit (Bakterien-)Antigenen auf. Die *Antigeninformation* wird von den Makrophagen *B-Lymphocyten* angeboten, die von der Lymphocytenkappe eines Sekundärknötchens in die benachbarte Reticulierungszone eingewandert sind. Die so *immunologisch informierten Lymphocyten* gelangen in die Reaktionszentren zurück und entdifferenzieren sich dort zu teilungsfähigen Zellen, aus denen neue *Lymphocyten als Träger des immunologischen Gedächtnisses* und *Plasmazellen als Immunocyten* entstehen. Diese immunbiologischen Vorgänge verlaufen vielfach ohne Krankheitserscheinungen, vielmehr unbemerkt als sog. *stille Feiung*.

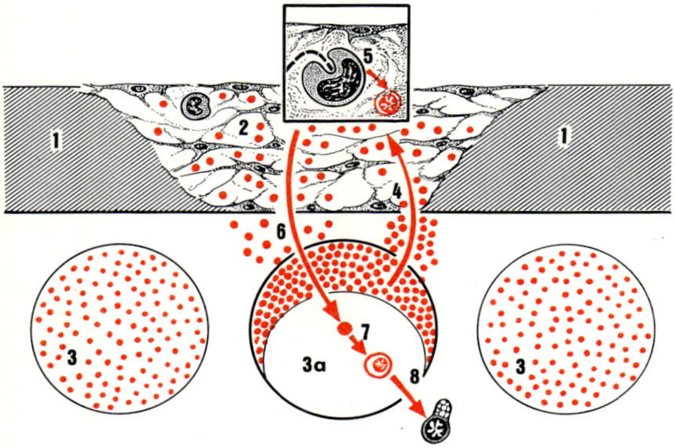

Abb. **2**–24: **Tonsillenfunktion** (Schema).
Das Epithel (1) ist in Reticulierungszonen (2) zu einem Zellschwamm aufgelokkert. Aus der Lymphocytenkappe der Lymphfollikel (3) dringen Lymphocyten in die Reticulierungszone ein (4). Dort erfolgt der Antigenkontakt unter Mitwirkung von Makrophagen (5, Ausschnittsvergrößerung: Bakterien-Makrophag-Lymphocyt). Die Antigeninformation wird von den Lymphocyten in Lymphfollikel zurückgebracht (6). Im Keimzentrum (3a) erfolgt eine Entdifferenzierung der Lymphocyten zu lymphoblastenartigen Stammzellen (7). Aus diesen entstehen durch Zellteilung neue Lymphocyten als Träger des immunologischen Gedächtnisses sowie Plasmazellen (8).

Die Tonsillen sind somit *Organe der Immunabwehr* (vgl. Spezifische Abwehr ↗).

Die Krypten der Tonsillen (*Cryptae tonsillares*) enthalten (bei krankhafter Reaktionssteigerung vermehrt) abgestoßene und sodann abgestorbene Epithelzellen, durchsetzt mit weißen Blutkörperchen und Bakterien. Diese Zerfallsmasse wird als *Detritus*[1] bezeichnet und kann bei entzündeten Tonsillen durch Spateldruck aus den Fossulae tonsillares ausgepreßt werden.

Die **Tonsilla lingualis** (Abb. **2**–25 a) ist dadurch charakterisiert, daß die weit auseinanderstehenden *Einzelkrypten*, die von unverhorntem mehrschichtigem *Plattenepithel* ausgekleidet sind, von einem gegen die Umgebung gut *abgrenzbaren Mantel lymphatischen Gewebes* umgeben werden. In den Grund der Krypte mündet jeweils eine mucöse *Glandula lingualis*. Kennzeichnend ist somit insbesondere der Aufbau der Zungentonsille aus von einander isolierten

[1] *détritus* (lat.) = abgerieben; breiige oder krümelige Überreste zerfallener Gewebs- und Zellteile.

Zungenbälgen (*Folliculi linguales*). Diese Bezeichnung wird für die *Baueinheit* Tonsillenkrypte mit Mantel lymphatischen Gewebes verwendet.

Die **Tonsilla palatina** (Abb. **2**–25b) enthält um ein System verhältnismäßig *dichtstehender verzweigter Krypten* eine *einheitliche Hülle lymphatischen Gewebes*. Im Unterschied zur Tonsilla lingualis ist hier somit der einzelnen Krypte ein abgrenzbarer Mantel lymphatischen Gewebes nicht zuzuordnen. Die Tonsilla palatina ist im Gegensatz zur Zungentonsille durch eine verhältnismäßig gut ausgebildete *bindegewebige Kapsel* abgegrenzt. Beim Schleimhautepithel handelt es sich ebenfalls um mehrschichtiges unverhorntes *Plattenepithel*. Drüsen fehlen in der Umgebung der Tonsilla palatina.

Die im Bereich des respiratorischen Epithels des Epipharynx↗ gelegene **Tonsilla pharyngealis** (Abb. **2**–25c) weist anstelle der Krypten lediglich verhältnismäßig flache zwischen Schleimhautfalten gelegene *Buchten* auf. In diese Buchten münden die Ausführungsgänge *gemischter Drüsen*. Gelegentlich kommen im *respiratorischen Epithel* der Rachentonsille Inseln von mehrschichtigem Plattenepithel vor.

Leitungsbahnen des Gaumens und der Gaumentonsille

Arterien

- Harter Gaumen: *A. palatina major* (Austritt: For. palatinum majus) ← A. palatina descendens (Abb. **8**–44) ← A. maxillaris;
- Weicher Gaumen: *Aa. palatinae minores* ← A. palatina descendens (Abb. **8**–44) ← A. maxillaris; für den Bereich der Gaumenbögen ⇒ *A. palatina ascendens* ← A. carotis ext.
- Gaumentonsille: R. tonsillaris ← *A. palatina ascendens* ← *A. facialis* (oder direkt ← *A. facialis*), ⇒ Ästchen der *Aa. palatinae minores* (s. o.), der *Rr. dorsales linguae* ← A. lingualis sowie Rr. pharyngeales ← *A. pharyngea ascendens*.

Venen

- Gaumen: (a) *V. palatina* → V. facialis; (b) *Plex. pterygoideus* → V. retromandibularis → V. jugularis int. (Abb. **8**–75);
- Gaumenmandel: → *Plexus pharyngeus* → V. jugularis int.

Regionäre Lymphknoten

Nll. cervicales prof., aus der Gaumenmandel insbesondere *Nl. jugulodigastricus* (Abb. **9**–15).

Nerven

mot. (Gaumensegel und Gaumenbögen):

- *M. tensor veli palatini:* N. musculi tensoris veli palatini ← *N. mandibularis*;
- *M. levator veli palatini:* Plex. pharyngeus ← *N. vagus* und *N. glossopharyngeus*;
- *M. uvulae: Plex. pharyngeus* (s. o.);
- *Mm. palatoglossus et palatopharyngeus: Plex. pharyngeus* (s. o.).

sens. (Schleimhaut):

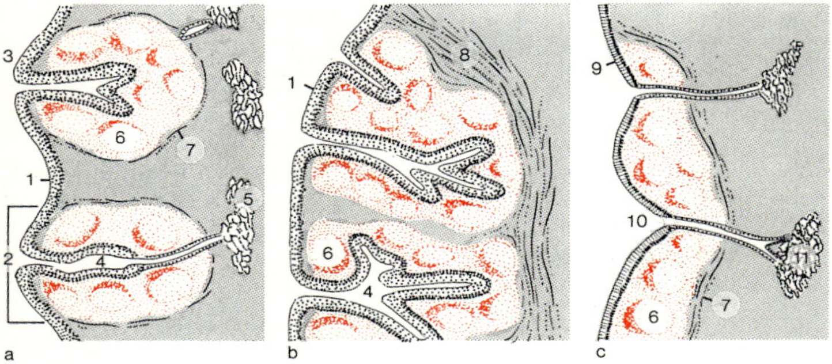

Abb. **2**–25: **Struktur der verschiedenen Tonsillen.**
Rot: Lymphatisches Gewebe
a: Tonsilla lingualis
b: Tonsilla palatina
c: Tonsilla pharyngealis

1 Mehrschichtiges Plattenepithel
2 Folliculus lingualis
3 Papilla tonsillaris
4 Krypte
5 Glandula lingualis
6 Primärknötchen mit Lymphocytenkappe
7 Kapsel (schwach ausgebildet)
8 Kapsel (deutlich ausgebildet)
9 Respiratorisches Epithel
10 Krypte (flache Epithelbucht)
11 Glandula pharyngea

– Harter Gaumen: *N. palatinus major* (durch For. palat. maj.) → N. maxillaris; kleiner Bereich hinter den Frontzähnen: *N. nasopalatinus* → N. maxillaris;
– Gaumensegel: *Nn. palatini minores* (durch Forr. palat. min.) → N. maxillaris;
– Gaumenbögen: *N. glossopharyngeus;*
– Gaumenmandel: *N. glossopharyngeus* → Nn. palatini minores → N. maxillaris (V/2).

para. (Gll. palatinae): Nn. palatini maj. et min. ← *Ggl. pterygopalatinum* ← N. petrosus major ← N. intermedius (N. facialis);
symp. (Gll. palatinae): Plexus caroticus ext. ← *Ggl. cervicale sup.*

2.2 Rachen, *Pharynx*

Der **Rachen** (Schlund) ist die zwischen Nasen- sowie Mundraum einerseits und Kehlkopf-Luftröhre sowie Speiseröhre andererseits eingeschaltete gemeinsame Strecke des *Luft- und Speisewegs* (Abb. **2**–26). Es handelt sich um einen vor der Halswirbelsäule gelegenen, sich von der Schädelbasis bis zum Ringknorpel erstreckenden

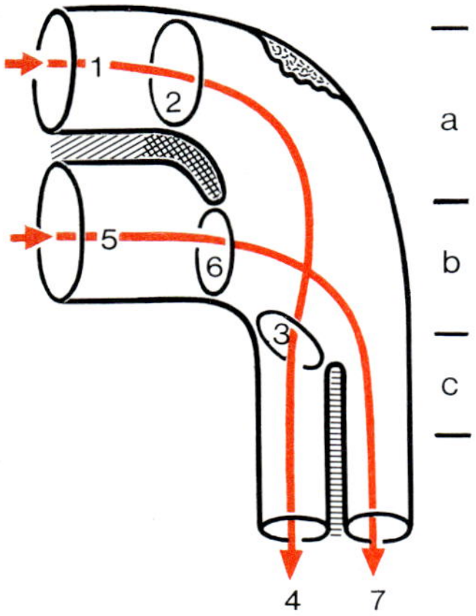

Abb. **2**–26: **Pharynx mit Luft- und Nahrungsweg** (Schema).
a Epipharynx (mit Tonsilla pharyngealis)
b Mesopharynx
c Hypopharynx
Der *Luftweg* (1–4) verläuft vom Nasenraum (1) durch die Choane (2) und den Kehlkopfeingang (3 Aditus laryngis) in die Trachea (4).
Der *Nahrungsweg* (5–7) verläuft von der Mundhöhle (5) durch den Isthmus faucium (6) in den Oesophagus (7). Luft- und Nahrungsweg überkreuzen sich im Rachen.

etwa *12 cm langen Raum*. Dessen Wand wird von dem quergestreiften *Schlauchmuskel des Constrictor*systems (↗S. 81) gebildet. Im Hinblick auf die in seiner Vorderwand gelegenen Verbindungen des Pharynx zum Nasenraum, zur Mundhöhle und zum Kehlkopf ergibt sich die *etagenmäßige Gliederung* des Rachenraums (**Cavitas pharyngis**) in *Pars nasalis* („Epipharynx"), *Pars oralis* („Mesopharynx") und *Pars laryngea* („Hypopharynx").

2.2.1 Rachenraum, *Cavitas pharyngis*

„Epipharynx" (*Pars nasalis pharyngis,* Abb. **2**–22, 28). Der „Nasen-Rachenraum" grenzt im Bereich des sog. *Rachendachs* (*Fornix pharyngis*) an die Schädelbasis (Os sphenoidale, Os occipitale, Felsenbeinpyramide). Nach unten reicht die Pars nasalis bis in das Niveau des freien Randes des Gaumensegels. Durch dessen Aufstellung und Anpressung an die hintere Rachenwand kann der Nasen-

Rachenraum vollständig vom übrigen Rachen abgetrennt werden (↗S. 84).

In Respirationsstellung bildet das herabhängende *Gaumensegel* einen Teil der Vorderwand des Epipharynx. Oberhalb des Gaumens steht der Nasenrachen durch die von der Hinterkante der Nasenscheidewand getrennten *Choanen* (hintere Nasenöffnungen) mit dem Nasenraum in Verbindung (Abb. **2**–28). Etwa einen halben Zentimeter hinter dem hinteren Ende der unteren Muschel befindet sich in der Seitenwand des Epipharynx (Abb. **2**–28, Ausschnitt) das *Tubenostium* (*Ostium pharyngeum tubae auditivae*), über welches die Paukenhöhle ventiliert wird (↗S. 72). Der freie Rand des Tubenknorpels bildet am oberen Umfang des Tubenostium den Schleimhautwulst des *Torus tubarius*, der sich nach unten als *Plica salpingopharyngea* (mit dem den M. palatopharyngeus ergänzenden *M. salpingopharyngeus:* Schlundhebung, ↗S. 82) fortsetzt. Vom vorderen Umfang des Tubenostium zieht die flachere *Plica salpingopalatina* zum weichen Gaumen, während der *Levatorwulst* (*Torus levatorius,* ↗S. 72) vom unteren Umfang des Tubenostium seinen Ausgang nimmt. Hinter dem Torus tubarius erstreckt sich die Schleimhautbucht des *Recessus pharyngeus* (Rosenmülleri)[1] nach lateral. Am Übergang des Fornix in die Hinterwand des Nasenrachens befindet sich in der Mittellinie die unpaare **Rachenmandel** (*Tonsilla pharyngealis,* Abb. **2**–22, 28; ↗S. 70, 75). Deren Gewebe neigt im Kindesalter zur Wucherung, was zur Einengung des Luftweges führt und zur Mundatmung zwingt. Außer im Bereich der Rachentonsille findet sich Tonsillengewebe im Bereich des Tubenostium (Tubentonsille, *Tonsilla tubaria*) und im Bereich der Plica salpingopharyngea (sog. *Seitenstrang* – Abb. **2**–22, 28) – Seitenstrangangina!, ↗S. 70).

Der Nasenrachen, insbesondere das Tubenostium, ist durch den unteren Nasengang *sondierbar*. Für die Inspektion ist der Epipharynx nur mittels Spiegelung durch die Mundhöhle (*Rhinoscopia posterior*) zugänglich.

„Mesopharynx" (*Pars oralis pharyngis,* Abb. **2**–22, 28). Die *Pars oralis* nimmt die Etage zwischen dem freien Rand des Gaumensegels einerseits und dem freien Rand des Kehldeckels andererseits ein. Der *Isthmus faucium* ↗ bildet die breite Verbindung zur Mundhöhle. Unterhalb des Isthmus faucium liegen in der Vorderwand der Pars oralis der *Zungengrund* (mit der Zungentonsille) sowie der Bereich der *Valleculae epiglotticae* ↗. In der Seitenwand befindet sich die

[1] Johann Christian Rosenmüller (1771–1820), Prof. der Anatomie und Chirurgie in Leipzig.

Gaumentonsille↗ mit den beiden *Gaumenbögen* (Abb. **2**–3). Der Arcus palatoglossus↗ ist die anatomische Grenze gegenüber der Mundhöhle. Die Rückwand des Mesopharynx verfügt in ihrem cranialen Teil über die Fähigkeit zur Bildung eines Kontraktionswulstes (PASSAVANT*scher* Wulst), der das für den dichten Abschluß gegenüber dem Nasenrachen beim Schluckvorgang (↗S. 80f.) erforderliche Widerlager bildet, gegen welches das sich aufstellende Gaumensegel angepreßt wird.

„Hypopharynx" (*Pars laryngea pharyngis,* Abb. **2**–22, 28). Die *Pars laryngea* reicht vom freien Kehldeckelrand bis in das Niveau des Unterrandes der Ringknorpelplatte, wo der Pharynx in den Oesophagus übergeht. Die Vorderwand wird durch den weit in den Rachenraum vorspringenden Kehlkopf bestimmt. In dessen Bereich liegt der frontal eingestellte *Aditus laryngis*↗, wo der Luftweg den Pharynxraum verläßt. Somit ist der größte Teil des Hypopharynx reiner Speiseweg. Durch den nach hinten in den Rachenraum vorspringenden Kehlkopf entsteht seitlich von diesem jederseits die charakteristische Schleimhautbucht des *Recessus piriformis,* durch den der Speiseweg – den Kehlkopfeingang umlaufend – in erster Linie führt. In der lateralen Wand des Recessus piriformis liegt die Schildknorpelplatte und cranialwärts anschließend die *Membrana thyrohyoidea.* Der Speiseweg verläuft hier somit kanalartig zwischen vom Kehlkopf gebildeten Wandungen.

Unmittelbar unter der Schleimhaut des Recessus piriformis verläuft der durch die Membrana thyrohyoidea hindurchgetretene *Ramus internus n. laryngei sup.* (← N. vagus) mit den gleichnamigen Gefäßen und bildet hier die Schleimhautfalte der *Plica nervi laryngei.* Diese sowie der Reccessus piriformis werden bei der Kehlkopfspiegelung durch die Mundhöhle (*Laryngoskopie*) sichtbar.

MIKROSKOPISCHE ANATOMIE DER RACHENSCHLEIMHAUT

Die Pars nasalis ist als reine „Regio respiratoria" von *mehrreihigem Flimmerepithel* mit Becherzellen (sog. Respiratorisches Epithel↗) ausgekleidet. Die übrigen Etagen des Rachens weisen *mehrschichtiges unverhorntes Plattenepithel* auf.

Leitungsbahnen des Rachens

Arterien

- Hauptversorgung: Rr. pharyngeales ← *A. pharyngea ascendens* ← A. carotis ext.;
- Tubenostium (und Tonsilla palatina): *A. palatina ascendens* ← A. facialis;
- Hypopharynx: Rr. pharyngeales ← *A. thyroidea inf.* ← Truncus thyrocervicalis (Abb. **8**–46).

Venen

Plexus pharyngeus → (a) Vv. pharyngeae → V. jugularis int.; (b) Plexus pterygoideus (Abb. **8**–75), → V. jugularis int.

Regionäre Lymphknoten

Nll. retropharyngeales und *Nll. cervicales prof.* (Abb. **9**–15).

Nerven

mot., sens., para., symp.:

Plexus pharyngeus (auf der Pharynxwand gebildet durch N. vagus, N. glossopharyngeus, Truncus sympathicus).

2.2.2 Pharynxmuskulatur und Schluckmechanismus

Der Pharynx ist ein Teil der oberen Atemwege. Die Atemluft gelangt von den Choanen durch alle drei Etagen des Rachenraums zum Kehlkopfeingang (Abb. **2**–26). Da die Motoren der Atembewegung in der Atemmuskulatur (Intercostalmuskeln, Zwerchfell) zu suchen sind, spielt der *Pharynx als Luftweg* eine rein passive Rolle. Als *Teil des Speisewegs* wirkt der Pharynx dagegen im Rahmen des *Schluckvorgangs* durch einen speziellen Muskelapparat aktiv mit. Das hierbei zu bewältigende **funktionelle Problem** ist nicht nur das der Fortbewegung zerkauter Nahrung oder von Flüssigkeit vom Isthmus faucium durch Meso- und Hypopharynx zur Speiseröhre, sondern es muß dabei gleichzeitig sichergestellt werden, daß die verschluckte Nahrung nicht nach oben über den Epipharynx und durch die Choanen in die Nase und auch nicht nach unten in den Kehlkopf gelangt, dessen Eingang sich ja im Bereich des Hypopharynx befindet. Die Mechanik der Vermeidung einer *Kollision des Speise- mit dem Luftweg*, die sich im Bereich des Mesopharynx kreuzen (Abb. **2**–26), hängt von der Intaktheit eines *reflektorisch gesteuerten Muskelapparats* ab.

Eine typische Störung dieses Systems ist die bei der Diphtherie auftretende *Gaumensegellähmung*, bei der beim Schlucken Speise aus der Nase austritt.

Die Fortbewegung der Nahrung im Rachenraum ist an die Fähigkeit der Rachenwand zur Ausübung eines *konzentrischen Druckes* gebunden. Die Pharynxwand ist daher als *Muskelrinne* ausgebildet, deren Vorderwand durch die breiten Kommunikationsöffnungen zu Nase (*Choanen*), Mund (*Isthmus faucium*) und Kehlkopf (*Aditus laryngis*) ergänzt wird (Abb. **2**–28). Die von Schleimhaut ausgekleidete Muskelrinne der *Tunica muscularis pharyngis* wird hauptsächlich vom System der drei **Schlundschnürer** (Abb. **2**–27) gebildet. Es handelt

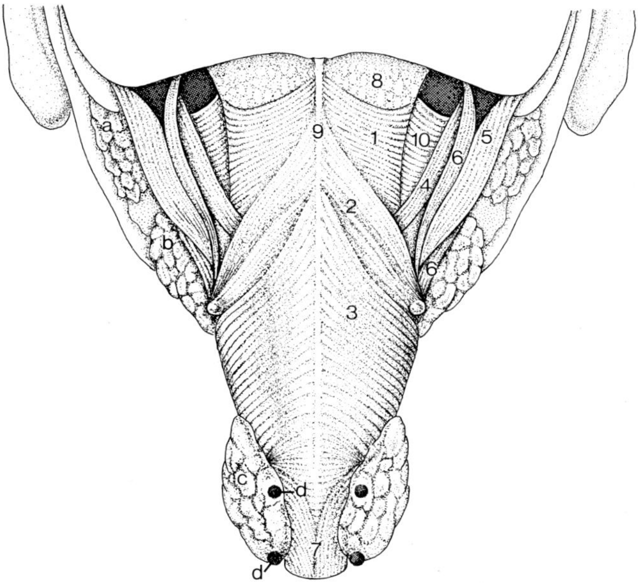

Abb. **2**–27: **Pharynxmuskulatur** (von dorsal).

1 M. constrictor pharyngis superior
2 M. constrictor pharyngis medius
3 M. constrictor pharyngis inferior
4 M. stylopharyngeus
5 M. digastricus (Venter post.)
6 M. stylohyoideus
7 Oesophagus (Tunica muscularis)
8 Fascia pharyngobasilaris
9 Raphe pharyngis
10 M. pterygoideus medialis
a Gl. parotidea
b Gl. submandibularis
c Gl. thyroidea
d Gl. parathyroidea sup. bzw. inf.

sich um Skeletmuskulatur, deren Fasern ventral an verschiedenen *Skeletelementen* (s. u.) entspringen und sich dorsal in der *Raphe pharyngis* vereinigen. Die drei Schlundschnürer überlappen sich mit ihren Rändern dachziegelartig.

M. constrictor pharyngis superior (Abb. **2**–27)

Ursprung: mediale Lamelle des Processus pterygoideus, Innenseite des Unterkieferkörpers, beide verbindende *Raphe pterygomandibularis* (diese auch Ursprungslinie des M. buccinator), Bindegewebe des Zungengrunds.

Ansatz: *Raphe pharyngis,* die sich ihrerseits bis zur Schädelbasis fortsetzt. Das Feld zwischen dem Oberrand des Muskels, Raphe pharyngis und Schädelbasis ist muskelfrei und wird von der *Fascia pharyngobasilaris* ausgefüllt. Diese bedeckt von außen den Recessus pharyngeus↗ des Epipharynx.

M. constrictor pharyngis medius (Abb. **2**–27)
Ursprung: großes und kleines *Zungenbein*horn.
Ansatz: *Raphe pharyngis.*

M. constrictor pharyngis inferior (Abb. **2**–18, 27)
Ursprung: *Kehlkopfskelet* (Schildknorpel, Ringknorpel).
Ansatz: *Raphe pharyngis.*

Neben diesen Schlundschnürern haben die sog. **Schlundheber** Bedeutung für die Pharynxbewegung:

M. stylopharyngeus (Abb. **2**–27)
Ursprung: *Proc. styloideus* (Griffelfortsatz) des Schläfenbeins (vgl. auch S. 86).
Ansatz: dringt, cranio-caudal verlaufend, als schmales Muskelbündel zwischen oberem und mittlerem Constrictor ein, um in der seitlichen und hinteren Pharynxwand (innen von der Schlundschnürerschicht) gemeinsam mit dem M. palatopharyngeus eine Muskelplatte zu bilden, deren vertikal verlaufende Fasern am *Kehlkopfskelet* Anschluß finden.

M. palatopharyngeus (↗S. 72)
Ursprung: Aponeurose des *Gaumensegels.*
Ansatz: gemeinsam mit M. stylopharyngeus in seitlicher und hinterer Rachenwand, mit Insertion am *Kehlkopfskelet.*

M. salpingopharyngeus (↗S. 78)
Ursprung: freies Ende des *Tubenknorpels.*
Ansatz: seitliche *Rachenwand.*

Funktionelle Komponenten des Schluckvorgangs

1. Die **Zunge** führt eine Nahrungsportion am Gaumen entlang nach hinten. Hierzu ist erforderlich:

a) Die Zunge wird durch Kontraktion der *Mundbodenmuskulatur*↗ gegen den Gaumen gepreßt.
b) Unter Führung der *Mm. hyoglossi* und *Mm. styloglossi* (↗S. 61) erfolgt eine *Massenverlagerung* des Zungenkörpers nach hinten.

Die Zungenbewegung (unter Führung des *N. hypoglossus,* ↗Bd. 3) ist mit der eines *Pumpenstempels* zu vergleichen: bei geschlossenem Isthmus faucium führt sie zu einer *Druckerhöhung* in der Mundhöhle. Diese Phase allein kann willentlich *intendiert* werden.

Durch Kontakt des Schluckgutes mit der Schleimhaut der Gaumenbögen und des Zungengrunds *(N. glossopharyngeus)* wird der *reflektorische* Teil des Schluckakts, der willentlich nicht mehr beeinflußbar ist, ausgelöst (*Schluckzentrum* der Medulla oblongata, ↗Bd. 3).

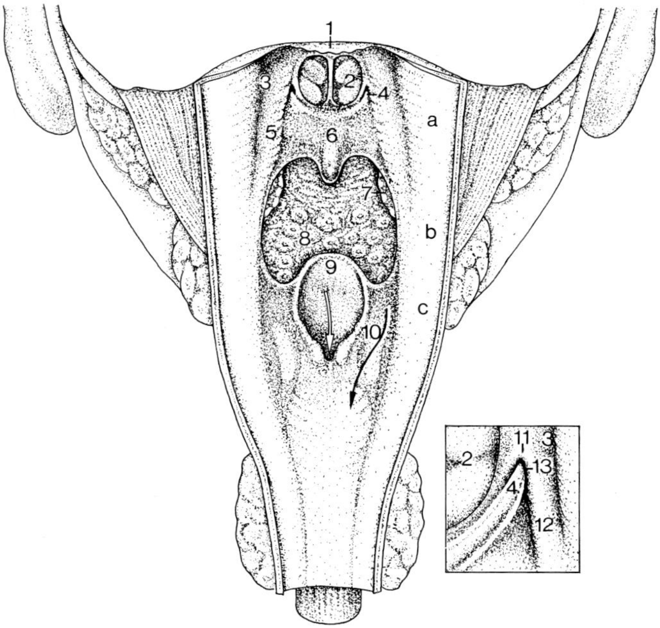

Abb. **2**–28: **Pharynx** (von dorsal durch Längsschnitt eröffnet, vgl. Abb. **2**–27). *Ausschnitt:* Umgebung des Tubenostium.

a Pars nasalis
b Pars oralis
c Pars laryngea

1 Tonsilla pharyngealis
2 Choana (mit Durchblick auf die Conchae nasales)
3 Rec. pharyngeus
4 Torus levatorius
5 Plica salpingopharyngea („Seitenstrang")
6 Velum palatinum mit Uvula palatina
7 Tonsilla palatina
8 Isthmus faucium (mit Durchblick auf Radix linguae mit Tonsilla linguae)
9 Aditus laryngis (*heller Pfeil:* Luftweg)
10 Rec. piriformis (*dunkler Pfeil:* Speiseweg)
11 Torus tubarius
12 Plica salpingopharyngea („Seitenstrang")
13 Ostium pharyngeum tubae auditivae

2. Dadurch, daß sich der zur Erzeugung eines Überdruckes in der Mundhöhle zunächst geschlossene **Isthmus faucium** kurzfristig öffnet, wird eine Nahrungsportion sehr schnell in den Pharynx befördert.

3. Unmittelbar nach Passage des Isthmus faucium muß der Speiseweg durch folgende **Stellmechanismen** determiniert sein:

a) *Verschluß des Rückweges in die Mundhöhle* durch Kontraktion des Sphinctersystems im Bereich des Isthmus faucium (M. transversus linguae – Mm. palatoglossi – Gaumensegelaponeurose, Abb. **2**–23),
b) *Verlegung des Weges zum Nasenrachenraum* durch Aufstellen des Gaumensegels, welches sich dem durch Kontraktion des M. constrictor pharyngis superior gebildeten PASSAVANTschen Wulst anlegt (Mm. levator et tensor veli palatini sowie M. palatopharyngeus),
c) *Verschluß des Atemwegs.* Durch Kontraktion der suprahyalen Muskulatur und des M. thyrohyoideus werden Zungenbein und Kehlkopf nach oben und vorn unter den Zungengrund gezogen, wodurch der Kehldeckel passiv über den Aditus laryngis gebogen wird. Die Glottis↗ wird dabei reflektorisch verschlossen und die Atemmuskulatur gehemmt.

4. Durch **Kontraktion des Systems der Schlundschnürer** (unter Führung des *N. glossopharyngeus* und des *N. vagus* über den *Plexus pharyngeus*; ↗S. 80), wird die geschluckte Speiseportion weiter beschleunigt und in die Speiseröhre befördert. Hierbei wirkt eine *Hebung und Verkürzung* des Pharynx (M. stylopharyngeus, M. palatopharyngeus) mit, wodurch dieser gewissermaßen über den Bissen hinweg nach oben gezogen wird.

2.2.3 Peripharyngealer Bindegewebsraum, *Spatium peripharyngeum*

Die im Rahmen des Schluckvorgangs erfolgenden charakteristischen *Bewegungen des Pharynxschlauchs* erfordern dessen Einbau in eine bindegewebige *Verschiebeschicht* (Abb. **2**–29): der Pharynx grenzt lateral *(Spatium lateropharyngeum)* und dorsal *(Spatium retropharyngeum)* an einen zusammenhängenden Bindegewebsraum (*Spatium peripharyngeum*), dem erhebliche ärztliche Bedeutung zukommt.

Das **Spatium retropharyngeum** (↗Bd. 1) liegt zwischen der *dorsalen Pharynxwand* und der *Lamina praevertebralis fasciae cervicalis*

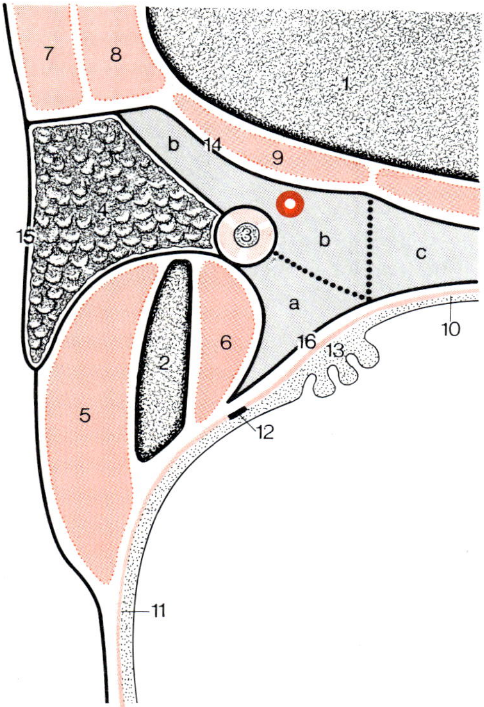

Abb. **2–29**: **Peripharyngealer Bindegewebsraum** (Schematischer Transversalschnitt in Höhe der Gaumentonsille; in Anlehnung an eine Abb. in ROHEN, Topograph. Anatomie, 2. A. 1969).

1 Wirbelsäule
2 Ramus mandibulae
3 Proc. styloideus mit von diesem entspringender „Stylomuskulatur"
4 Gl. parotidea
5 M. masseter
6 M. pterygoideus medialis
7 M. sternocleidomastoideus
8 M. digastricus (Venter post.)
9 Prävertebrale Muskulatur (Longusgruppe, ↗ Bd. 1)
10 M. constrictor pharyngis sup.
11 M. buccinator
12 Raphe pterygomandibularis
13 Tonsilla palatina mit paratonsillärem Bindegewebe
14 Lamina praevertebralis fasciae cervicalis (↗ Bd. 1)
15 Fascia parotidea
16 Fascie der Schlundschnürer
a prädiaphragmaler Teil des Spat. lateropharyngeum
b retrodiaphragmaler Teil des Spat. lateropharyngeum mit A. carotis int.
c Spat. retropharyngeum

Punktiert: „Septum sagittale" bzw. „Aponeurosis stylopharyngea"

(↗Bd. 1). Der spaltförmige Bindegewebsraum erstreckt sich von der *Schädelbasis* (Pars basilaris des Hinterhauptsbeins, hier keine Verbindung zum Schädelinneren) bis in das *Hintere Mediastinum*↗, in das er ohne Grenze übergeht. Im Spat. retropharyngeum können sich Eiterungen absteigend gegen das *Mediastinum* hin ausbreiten, die insbesondere von den in ihm in Höhe des Atlas gelegenen paarigen *Nll. retropharyngei*↗ (Einzugsgebiet: Rachen, Tube, Paukenhöhle, Tonsille, Nase) ihren Ausgang nehmen. Das Spat. retropharyngeum wird meistens durch eine sagittal orientierte Bindegewebsverdichtung („Septum sagittale") mehr oder weniger vom Spat. lateropharyngeum getrennt.

Tiefe Halsfascie (Lam. praevertebralis fasciae cervicalis, ↗Bd. 1): bedeckt die der Hals- und oberen Brustwirbelsäule aufliegende Longusgruppe und setzt sich seitlich auf die Mm. scaleni fort. Die Longusmuskulatur liegt somit in einer osteofibrösen Loge zwischen dem Periost der Wirbelsäule und der tiefen Halsfascie, im sog. *Spat. praevertebrale,* einem Ausbreitungsweg für von Wirbelkörpern ausgehende Krankheitsprozesse.

Das **Spatium lateropharyngeum** (= „parapharyngeum"; Abb. **2**–29), wird medial durch die *seitliche Pharynxwand* mit ihrer Fascie, die soeben erwähnte sagittal gestellte Bindegewebsverdichtung und die tiefe Halsfascie, lateral durch den M. pterygoideus medialis, die in der „Parotisloge" gelegene *Parotis* und den hinteren Digastricusbauch begrenzt. Der Hauptteil des Raumes liegt somit medial von der durch die Parotis ausgefüllten *Fossa retromandibularis* (↗S. 53). Das Spat. lateropharyngeum erstreckt sich von der *Schädelbasis* (Bereich der Fossa infratemporalis mit For. ovale und For. spinosum: Gefahr der intracraniellen Ausbreitung einer Entzündung) bis in das *Hintere Mediastinum* (Gefahr des Mediastinalabszesses).

In das Spatium lateropharyngeum ragt von cranial her der *Proc. styloideus* (Abb. **2**–29) mit den an diesem entspringenden *„Stylomuskeln"* (M. stylopharyngeus, M. styloglossus, M. stylohyoideus; Abb. **2**–18) hinein. Zwischen dem Griffelfortsatz und dem schräg caudalwärts zur lateralen Pharynxwand ziehenden M. stylopharyngeus spannt sich die sog. *„Aponeurosis stylopharyngea"* als frontal stehende Bindegewebsplatte aus. Dieses *„Stylodiaphragma"* trennt einen *vorderen* und einen *hinteren Teil des Spat. lateropharyngeum* voneinander (Abb. **2**–29).

An den *vorderen* Teil grenzt die *Tonsilla palatina* (Gefahr der Ausbreitung eines Peritonsillarabszesses in das Spatium lateropharyngeum). Lediglich der *hinter* dem Stylodiaphragma gelegene Bereich des Spatium lateropharyngeum enthält große *Leitungsbahnen* (A. carotis interna, V. jugularis interna, N. vagus, N. glossopharyngeus, N. hypoglossus). Die Lagebeziehung zu diesen im Spat. lateropharyngeum verlaufenden Gefäßen (Entfernung von der Tonsille 1,5 cm) muß bei der Spaltung von Peritonsillarabszessen beachtet werden.

2.3 Speiseröhre, *Oesophagus*[1]

Im Gegensatz zu Mundhöhle und Rachen, die beide auch im Dienst der Atmungsfunktion stehen, hat die Speiseröhre ausschließlich Bedeutung im Rahmen der Ernährungsfunktion: sie ist der Anfangsabschnitt des *Magen-Darm-Kanals* (*Canalis alimentarius*; vgl. Abb. **2**–1). Im Rahmen des Magendarmkanals kommt dem Oesophagus ausschließlich eine **Transportfunktion** zu: er befördert aktiv durch Muskelarbeit die geschluckte Nahrung vom Pharynx in den Magen. Verdauungssäfte werden in der Speiseröhre nicht gebildet; es findet auch keine Resorption↗ statt.

Die das Schluckgut führende *peristaltische*↗ *Konstriktions-Dilatationswelle* wird vom N. vagus gesteuert (Schluckzentrum, ↗Bd. 3) und durch Reizpunkte in der Pharynxschleimhaut ausgelöst. Dauer des Verlaufs der peristaltischen Welle über die ganze Länge der Speiseröhre: etwa 5 sec.

Die Speiseröhre ist ca. 25–30 cm lang. Sie beginnt als *Oesophagusmund* in Höhe des Ringknorpels (6.–7. Halswirbelkörper) und endet am Magenmund, *Cardia*. Der Weg von der Zahnreihe bis zur Cardia ist ca. 40 cm lang, was im Hinblick auf die Magensondierung von Interesse ist. Die Länge der Speiseröhre ist aktiv und passiv um einige Zentimeter dehnbar.

Man unterscheidet einen Hals-, Brust- und Bauchteil, *Pars cervicalis, thoracica, abdominalis* (Abb. **2**–30).

Die hinter dem Ringknorpel des Kehlkopfs beginnende, etwa 8 cm lange **Pars cervicalis** liegt hinter der Trachea – meist etwas nach links verschoben (vgl. auch Abb. **8**–37) – der Wirbelsäule in Höhe von C_6–Th_1 an und ist von rundem Querschnitt. Am benachbarten Kehlkopfskelet ist die Speiseröhre durch Muskelzüge fixiert, die in die Längsmuskulatur einstrahlen. Der Oesophagus wird vom hinteren Pol des rechten und linken Schilddrüsenlappens (↗Bd. 3) erreicht.

[1] auch *Esophagus*.

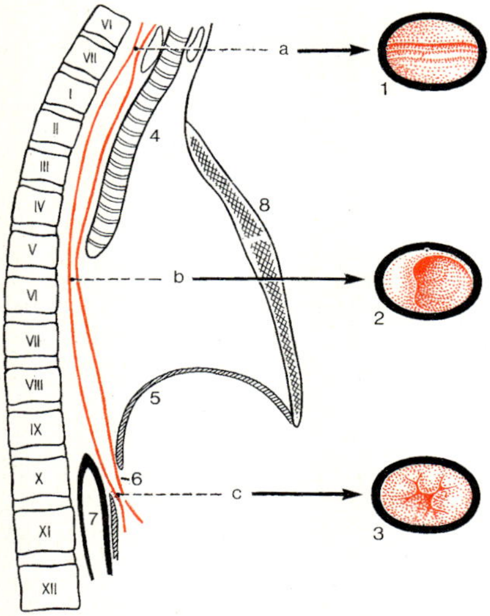

Abb. **2**–30: **Lagebeziehungen des Oesophagus.**

a: Pars cervicalis
b: Pars thoracica
c: Pars abdominalis

1–3 Endoskopische Bilder der Engstellen
1 Obere Oesophagusenge (Oesophagusmund)
2 Mittlere Oesophagusenge (Aortenenge)
3 Untere Oesophagusenge (angiomuskuläres Verschlußsegment)
4 Trachea
5 Diaphragma
6 Hiatus oesophageus
7 Pars descendens aortae (dicht oberhalb des Hiatus aorticus)
8 Sternum

Die **Pars thoracica** (im Hinteren Metastinum↗ gelegen) entfernt sich zunehmend von der Wirbelsäule (im Niveau Th_1–Th_{11}) und wendet sich im unteren Teil, zunächst hinter der Bifurcatio tracheae↗ verlaufend, nach links. Sie überkreuzt dann allmählich die Pars descendens aortae, die unten rechts-hinter, weiter oben links-neben der Speiseröhre liegt (Abb. **8**–37). Die Länge des Abschnitts beträgt etwa 16 cm. Seine Lichtung ist spaltförmig.

Die nach links gerichtete **Pars abdominalis** (Abb. **9**–19) ist nur 2–3 cm lang und wird vom Durchtritt durch das Zwerchfell in Höhe von Th_{10}–Th_{11} (Hiatus oesophageus; ↗Bd. 1) bis zum Erreichen des

Magens gerechnet. Im Hiatus ist die Oesophaguswand durch eine *„Membrana phrenico-oesophagealis“* (Fortsetzung der abdominalen und thoracalen Zwerchfellfascien) elastisch fixiert. Diese Art des Einbaus der Speiseröhre beim Zwerchfelldurchtritt hat Bedeutung für die mögliche Entstehung von *Zwerchfellhernien* (Hiatushernien). Der abdominale Abschnitt der Speiseröhre ist auf seiner Vorderseite von Bauchfell bedeckt.

Wenn man während einer Operation die Pars abdominalis durchtrennen würde, ohne sie vorher anzuhaken, würde sie infolge der *muskulären Längsspannung* nach oben durch den Hiatus oesophageus verschwinden. Die Längsspannung ist Voraussetzung für das Funktionieren des nach Art eines „Wringverschlusses“ gebauten sog. unteren (angiomuskulären) Verschlußsegments (s. u.) vor der Cardia.

Der Oesophagus ist kein gerade verlaufendes Organ, sondern weist in der *Frontalebene* charakteristische **Krümmungen** auf (Abb. **2**–31): im *Halsteil* verläuft die Speiseröhre gringfügig nach links gerichtet; im *Brustteil* wird sie durch den Aortenbogen nach rechts gelenkt; im unteren Brustabschnitt und im *Bauchteil* hat der Oesophagus einen nach links gerichteten Verlauf. In der *Sagittalebene* beschreibt die Speiseröhre einen nach ventral konkaven flachen Bogen (Abb. **2**–30), der im wesentlichen der Brustkyphose der Wirbelsäule (↗Bd. 1) entspricht.

Die Speiseröhre weist in ihrem Verlauf drei **Engstellen** auf, die klinische Bedeutung haben (Endoskopie, Prädilektionsort für Verätzungen).

Die **obere Oesophagusenge** entspricht dem *Oesophagusmund* hinter dem Ringknorpel. Das Lumen ist hier in Ruhestellung zu einem quergestellten Spalt geschlossen (Abb. **2**–30). Der Tonus der Ringmuskulatur wirkt hier (zusammen mit dem M. constrictor pharyngis inferior↗ und unterstützt durch die Füllung des submucösen Venenplexus) als Sphincter. Die obere Enge ist maximal bis etwa 14 mm aufzuweiten.

Die **mittlere Oesophagusenge** ist durch die Nachbarschaft bedingt und wird deshalb auch als *Aortenenge* bezeichnet. Diese befindet sich in Höhe des 3./4. Brustwirbelkörpers, hinter der Bifurcatio tracheae. Das Lumen wird hier von links her durch den Arcus aortae auf eine Weite von etwa 14 mm eingeengt (*Impressio aortica*; Abb. **2**–30).

Die **untere Oesophagusenge** befindet sich am Anfang der Pars abdominalis im *Hiatus oesophageus* des Diaphragma (↗Bd. 1) und wird deshalb als *Zwerchfellenge* bezeichnet. Diese Engstelle (Abb.

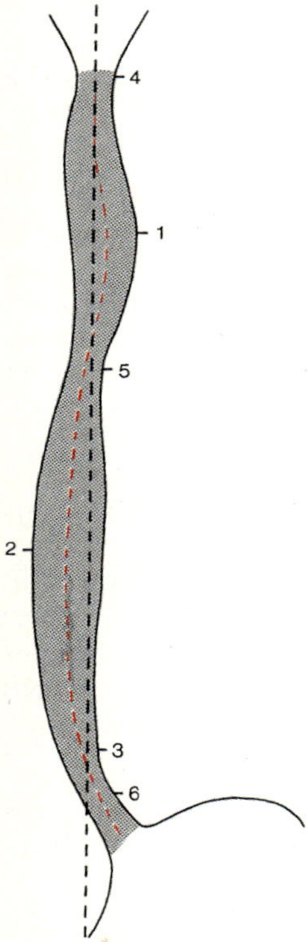

Abb. **2**–31: **Krümmungen und Engen des Oesophagus** (von ventral).
Schwarz gestrichelt: Medianlinie
Rot gestrichelt: Achse des Oesophagus
1 Krümmung nach links
2 Krümmung nach rechts
3 Krümmung nach links
4 Obere Oesophagusenge (Oesophagusmund)
5 Mittlere Oesophagusenge (Aortenenge)
6 Untere Oesophagusenge (Zwerchfellenge)

2–30) ist – ebenso wie die gesamte Pars abdominalis – außerhalb der Schluckphase geschlossen. Am Verschluß wirkt sowohl die Muskulatur als ein submucöser Venenplexus mit: *Angiomuskuläres Verschlußsegment.*

Die zwischen den Engstellen gelegenen Oesophagusabschnitte sind mit etwa 20 mm Durchmesser relativ weit. Hierauf hat die respiratorische Zugwirkung einen nicht unbeträchtlichen Einfluß; insbesondere der Abschnitt zwischen Aorten- und Zwerchfellenge kann bei maximaler Inspiration im Röntgenbild ampullenartig erweitert sein.

MIKROSKOPISCHE ANATOMIE

Als Anfangsabschnitt des *Canalis alimentarius* zeigt der Oesophagus das mikroskopisch-anatomische Grundmuster, wie es für den gesam-

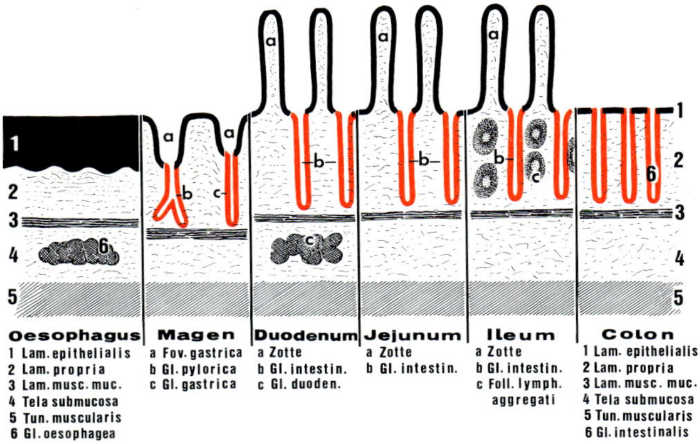

Abb. 2–32: **Differentialdiagnostische Merkmale der Abschnitte des Magendarmkanals.**

ten Magendarmkanal kennzeichnend ist (Abb. **2**–32). Als *Transportorgan* für die noch nicht verdaute Nahrung weist die Speiseröhre eine entsprechende funktionelle Struktur auf.

Die **Schleimhaut** *(Tunica mucosa)* der Speiseröhre (Abb. **2**–32, 33) wird durch Schluckgut unterschiedlicher Größe und Konsistenz unter Umständen mechanisch erheblich beansprucht. Während der gesamte übrige Magendarmkanal von einem einschichtigen prismatischen Epithel ausgekleidet wird, weist die Schleimhaut der Speiseröhre in Anpassung an ihre spezielle funktionelle Situation ein *mehrschichtiges (unverhorntes) Plattenepithel* auf. Dieses ist mit der Lamina propria durch die Ausbildung von *Epithelpapillen* verzapft. Der Überzug der inneren Oesophagusoberfläche mit Gleitschleim wird von den in der Tela submucosa gelegenen rein mucösen *Gll. oesophageae* erzeugt. In der Nähe des Mageneingangs können in der Schleimhaut der Speiseröhre inselförmige Einsprengungen von *Magenschleimhaut* physiologischerweise vorkommen.

Die Schleimhaut weist die für den Magendarmkanal charakteristische Dreischichtung in *Lamina epithelialis, Lamina propria* und *Lamina muscularis mucosae* auf (↗S. 6). Die Lam. muscularis mucosae ist in der Speiseröhre sehr kräftig und hat Einfluß auf die Anpassung der Schleimhaut an das Schluckgut. In Ruhe ist die Schleimhaut in *Längsfalten* (Abb. **2**–33) gelegt, die während der Schluckphase verstreichen.

In der **Tela submucosa** befindet sich ein ausgedehnter *Venenplexus*, der Bedeutung im Rahmen der *Porto-cavalen Anastomosen* ↗ hat. Dieser submucöse Plexus anastomosiert mit einem Venennetz der Propria.

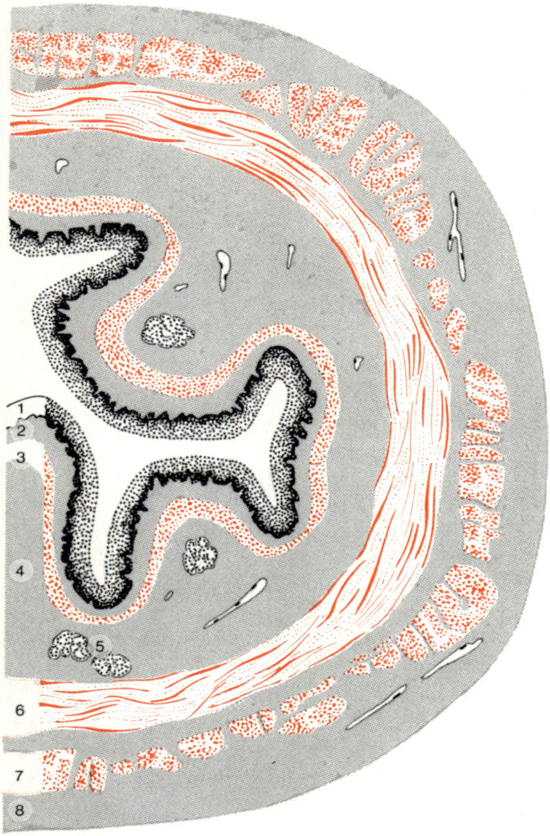

Abb. **2**–33: **Mikroskopische Anatomie des Oesophagus** (Querschnitt im mittleren Drittel).

1–3 Mucosa
1 Epithel
2 Lamina propria mucosae
3 Lamina muscularis mucosae
4 Tela submucosa
5 Gll. oesophageae
6–7 Tunica muscularis
6 Stratum circulare
7 Stratum longitudinale
8 Tunica adventitia

Die *Transportleistung* des Oesophagus ist an die **Tunica muscularis** gebunden. Diese weist in scheinbar strenger Zweischichtung ein inneres *Stratum circulare* (Ringmuskulatur) und ein äußeres *Stratum longitudinale* (Längsmuskulatur) auf (Abb. **1**–4). Diese so gegliederte Muscularis mit innerer Ring- und äußerer Längsmuskulatur findet sich als charakteristisches Merkmal im gesamten Magendarmkanal. Lediglich im Bereich des Magens erfolgt eine gewisse Modifikation dieses Bauprinzips.

Die Muscularis der Oesophagus besteht im cranialen Drittel – in Fortsetzung der Pharynxmuskulatur – aus *Skeletmuskelgewebe*, in den unteren Zweidritteln, wie im übrigen Magendarmkanal, aus *Glattem Muskelgewebe*. Sie hat die Aufgabe, die geschluckte Nahrungsportion zu umfassen und in einer schnell (s. u.) ablaufenden *peristaltischen*[1] *Kontraktionswelle* in den Magen zu führen. Dieser Bewegungsvorgang beginnt nach Auslösung des Schluckreflexes ↗ mit einer kurzzeitigen (0,5–1,0 sec) Öffnung des Oesophagusmundes. Die Kontraktionswelle verläuft im oberen Drittel der Speiseröhre (Quergestreifte Muskulatur) schnell, in den unteren Zweidritteln (Glatte Muskulatur) wesentlich langsamer ab; insgesamt dauert der Oesophagustransport etwa 5–6 sec. Die Speiseröhre ist somit keinesfalls als ein offenes Rohr mit sich passiv verhaltender Wand aufzufassen, durch das Speiseportionen ungeführt in den Magen hinabgleiten. Eine Ausnahme bildet der sog. „Spritzschluck" von Flüssigkeit.

Im Bereich der *Pars abdominalis* ist die Speiseröhre durch den Tonus der Tunica muscularis in Ruhe verschlossen. Die spezielle Anordnung der Muskelzüge in diesem Bereich kann durch den Begriff „Wringverschluß" gekennzeichnet werden. Der Verschluß funktioniert nur, wenn die Speiseröhre *längsgespannt* ist (Anheftung des Pharynx an der Schädelbasis und Verbindung mit dem Kehlkopfskelet). Wesentlich für die Wirkung der muskulären Verschlußstruktur ist der charakteristische *Druckgradient* zwischen dem abdominalen und dem thoracalen Abschnitt der Speiseröhre („Funktioneller Cardiasphincter"). An der Wirkung des **Unteren Oesophagussphincters** ist auch ein *submucöser Venenplexus* (↗V. gastrica sin.) beteiligt („Angio-muskulärer Verschluß"). Im Rahmen des Schluckreflexes (↗Bd. 3) wird der Sphincter kurzzeitig zur Erschlaffung gebracht.

Die Tunica muscularis ist durch das lockere Bindegewebe der **Adventitia** (↗S. 8) verschieblich in das Bindegewebe des Halses bzw.

---

[1] *peristellein* (gr.) = umhüllen, rund herumziehen.

des Mediastinum eingebaut. Dieser bindegewebige Einbau wird an wenigen Stellen durch glattmuskelige Anheftungen an Nachbarstrukturen ergänzt (*M. broncho-oesophageus, M. pleuro-oesophageus*). Am Oesophagusmund besteht eine bindegewebige Anheftung der Längsmuskelschicht an den Ringknorpel (*Tendo crico-oesophageus*). Im Bereich der kurzen Pars abdominalis findet sich (wie in allen intra- und retroperitonealen Abschnitten des Magendarmkanals) an Stelle der Adventitia eine *Tela subserosa*, welche die Tunica muscularis mit der **Tunica serosa** (mit Lamina epithelialis und Lamina propria serosae, S. 11) verbindet.

Leitungsbahnen der Speiseröhre

Arterien
- Pars cervicalis: Rr. oesophageales ← *A. thyroidea inferior*;
- Pars thoracica: R. oesophageales ← *Aorta thoracica* (Abb. **8**–37);
- Pars abdominalis: Rr. oesophageales ← *A. gastrica sinistra* (Abb. **8**–56).

Venen
- Pars cervicalis: aus dem submucösen Venennetz → Vv. oesophageales → *V. brachiocephalica dextra* (auch Verbindungen zu tiefen Halsvenen);
- Pars thoracica: aus dem submucösen Venennetz → Vv. oesophageales → *V. azygos* und *V. hemiazygos*;
- Pars abdominalis: aus dem submucösen Venennetz → *V. gastrica sinistra* (Abb. **8**–78). Durch das submucöse Venennetz steht das Stromgebiet der *Pfortader* (V. gastrica sin.) mit dem der *Oberen Hohlvene* (V. azygos) in Verbindung (Abb. **8**–80): *Portocavale Anastomose* ↗, die bei portalem Hochdruck erweitert wird (Ösophagusvarizen).

Regionäre Lymphknoten
- Pars cervicalis: *Nll. paratracheales* (Abb. **9**–17; am N. recurrens);
- Pars thoracica: *Nll. mediastinales posteriores*;
- Pars abdominalis: *Anulus lymphaticus cardiae* → *Nll. gastrici sinistri* (an der Kleinen *Curvatur*, Abb. **9**–19).

Nerven

para.: *N. vagus*;
- Pars cervicalis: Rr. oesophagei ← *N. laryngeus recurrens*;
- Pars thoracica: *Plex. oesophageus*;
- *Pars abdominalis: Trunci vagales anterior et posterior.*

symp.: *Truncus sympathicus;*
- cranialer Abschnitt: *Ggl. cervicothoracicum*;
- caudaler Abschnitt: *Ggll. thoracica* → *Plex. aorticus thoracicus.*

2.4 Bauchhöhle

Der Bauchraum (*Cavitas abdominalis*) ist gegliedert in die von Serosa ausgekleidete Bauchhöhle (*Cavitas peritonealis*) und den Retroperitonealraum (*Spatium retroperitoneale*).

Die Serosa der Bauchhöhle (↗S. 10) wird als **Bauchfell** (*Peritoneum*[1]) bezeichnet. Das Bauchfell liegt zunächst der Rumpfwand im abdominalen Bereich an (innerste Schicht der Rumpfwand selbst: *Fascia transversalis*, ↗Bd. 1) und wird insoweit als wandständiges (parietales) Blatt des Bauchfells (*Peritoneum parietale*) bezeichnet.

Die **Beziehung der Baucheingeweide zum Bauchfell** kann von unterschiedlichem Ausmaß sein (Abb. **2**–34). Diese Lagebeziehungen sind von operationstechnischem Interesse.

Bauchorgane, die in der Nähe der Bauchhöhle liegen, jedoch ohne direkten Kontakt mit dem Peritoneum sind (z. B. Niere), werden als *extraperitoneal* bezeichnet (Abb. **2**–34 d).

Liegt ein Bauchorgan so nahe unter dem parietalen Peritoneum, daß dieses mit einem Teil der Organoberfläche fest verwachsen ist (Abb. **2**–34 c), handelt es sich um die sog. *retroperitoneale* Lage (z. B. Duodenum).

Wird ein Bauchorgan im Rahmen fetaler Wachstumsvorgänge weiter gegen die Bauchhöhle vorgedrängt, dann wird das ursprünglich parietale Peritoneum schließlich das betreffende Organ oder den betreffenden Organabschnitt als viscerales Blatt (*Peritoneum viscerale*) nahezu vollständig umfassen und lediglich durch eine sog. *Bauchfellduplikatur* (*Meso* ↗) mit der Bauchwand in Verbindung bleiben (z. B. Colon transversum). Diese Situation wird als *intraperitoneale* Lage gekennzeichnet (Abb. **2**–34 a). Für die intraperitoneale Lage eines Organs ist somit charakteristisch, daß es mindestens *ein* Meso besitzt und bis auf die Ansatzlinie dieses Meso vollständig von Bauchfell umkleidet wird.

Ein ursprünglich intraperitoneal gelegenes Organ kann durch weitere Entwicklungsbewegungen wieder mit der Bauchwand verwachsen und somit *sekundär retroperitoneal* werden (Abb. **2**–34 b).

Trotz der unterschiedlichen Lagebeziehungen der einzelnen Bauchorgane zum Peritoneum darf nicht übersehen werden, daß nir-

[1] *periteinein* (gr.) = (den Darm) umspannen.

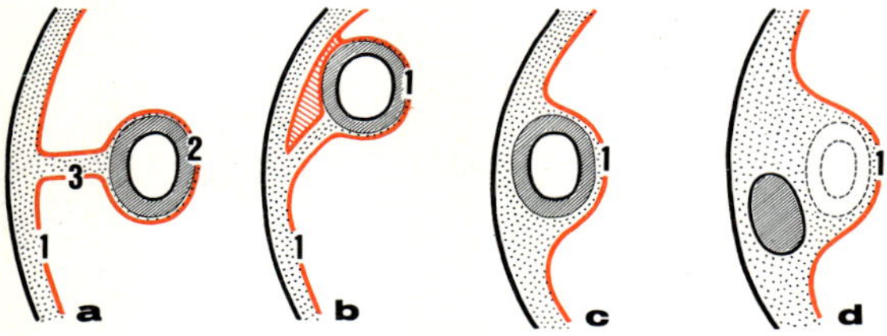

Abb. 2–34: **Serosabeziehungen der Bauchorgane** (schräg schraffiert).

a: intraperitoneale Lage
b: sekundär retroperitoneale Lage
c: retroperitoneale Lage
d: extraperitoneale Lage

1 parietales Blatt
2 viscerales Blatt des Bauchfells
3 Meso (Bauchfellduplikatur)

gendwo im Bereich der Bauchhöhle freie Räume vorhanden sind: Es liegen stets nur von einem *Flüssigkeitsfilm* erfüllte *capilläre Spaltensysteme* vor, so daß die betreffenden Organe sich berühren und gegeneinander *verschieblich* sind, soweit es die Aufhängung durch ihr Meso erlaubt, sich jedoch nicht voneinander abheben können.

Leitungsbahnen des Bauchfells

Die Versorgung des *Peritoneum viscerale* entspricht der der betreffenden Organe, so daß nachstehend lediglich das *Peritoneum parietale* zu behandeln ist.

Arterien
Äste der *Arterien der Bauch- und Beckenwand* (u. a. A. epigastrica inf., A. epigastrica sup., A. subcostalis, Aa. lumbales, A. phrenica inf., A. iliolumbalis, A. circumflexa ilium prof., A. obturatoria).

Venen
entsprechend den Arterien.

Regionäre Lymphknoten
Lymphknoten der *Bauch- und Beckenwand* (u. a. Nll. phrenici inf., Nll. epigastrici inf., Nll. lumbales, Nll. iliaci comm., ext., int.).

Nerven
Spinalnerven der *Bauch- und Beckenwand* (u. a. Nn. intercostales 6–12, N. subcostalis, N. phrenicus, Äste des Plex. lumbosacralis).

2.5 Magen, *Gaster* [*Ventriculus*][1]

Der **Magen** stellt eine sackartige Erweiterung des Verdauungsrohres dar und ist dem Darm als Aufnahmeraum, als Speisereservoir, vorgeschaltet. Er nimmt die Menge einer Mahlzeit unter Umständen in wenigen Minuten auf, um sie nach Stunden, und für die weitere Verdauung vorbereitet, an den Dünndarm abzugeben.

Die **Form des Magens** ist variabel und abhängig vom *Füllungszustand,* von der *Körperlage* und außerdem *individuell* verschieden (Alter, Geschlecht, Konstitution). Die folgende *Grundform* ist jedoch stets, wenn auch in wechselndem Ausmaß, wiederzufinden (Abb. **2**–35).

Der Magen ist im oberen Teil weit und verjüngt sich gegen den Pylorus (s. u.) zu konisch. Dadurch, daß der Ösophagus in den Magen nicht an dessen höchster Stelle einmündet, sondern rechts daneben, *Ostium cardiacum* („Cardia"), entstehen eine links liegende Kuppel, *Fundus gastricus,* und im Längsschnitt (bzw. Röntgenbild, Abb. **2**–36) zwei ungleich lange und ungleich stark gekrümmte Begrenzungen: die *Curvatura gastrica major,* der linke Magenrand, der den Fundus mit einschließt, und die *Curvatura gastrica minor,* die in Fortsetzung der Speiseröhre einen kürzeren Bogen darstellt. Die Kleine Curvatur zeigt nicht selten einen scharfen Knick, *Incisura angularis* (Abb. **2**–36a), so daß ein mehr senkrecht stehender Teil des Magens, das *Corpus gastricum,* von einer mehr horizontal liegenden *Pars pylorica* abtrennbar bleibt. In der Pars pylorica wird ein *Antrum pyloricum* vom *Canalis pyloricus* unterschieden, der im *Ostium pyloricum* („Pylorus" = Magenpförtner) in den Zwölffingerdarm mündet. Verschlußelement des Magenausgangs ist der ringförmige *M. sphincter pylori.*

Diese Grundform des Magens ist veränderlich (Abb. **2**–36). Der *leere Magen* ist im kontrahierten Zustand darmähnlich dünn und kann in situ deshalb mit dem Darm verwechselt werden. Als Unterscheidungsmerkmal dient die Tatsache, daß der Magen an zwei Seiten mit gefäßführenden Bauchfellduplikaturen versehen ist, der Darm nur an einer.

Bei **senkrechter Körperstellung**, d. h. im Stehen, verläuft die Längsachse des Corpus ventriculi, besonders wenn es gefüllt ist, fast

[1] *gastér* (gr.) = Magen, Bauch, synonym gebraucht mit *ventriculus* (lat.) = bauchiger Raum (z. B. auch Herzventrikel, Hirnventrikel).

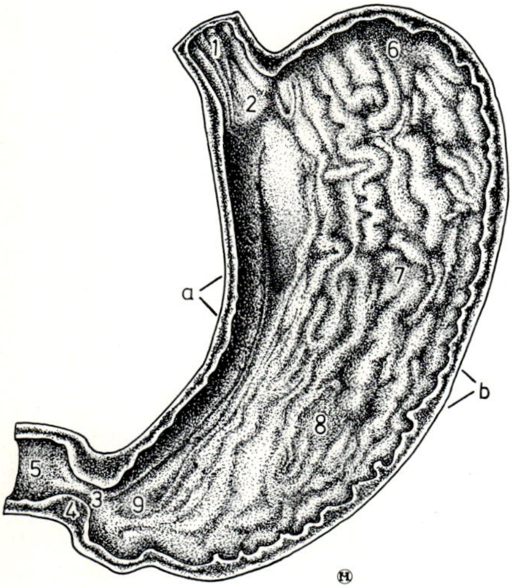

Abb. **2**–35: **Magen** (Frontalschnitt zur Demonstration des Schleimhautreliefs).

1 Oesophagus
2 Ostium cardiacum („Cardia")
3 Ostium pyloricum („Pylorus")
4 M. sphincter pylori
5 Duodenum
6 Fundus gastricus
7 Corpus gastricum
8 + 9 Pars pylorica
9 Antrum pyloricum
a Curvatura gastrica minor (neben dieser die „Magenstraße")
b Curvatura gastrica major

senkrecht. Dabei reicht der untere Pol bis unter die Höhe des Pylorus; man spricht von einem *Magenknie* („Sinus ventriculi", Abb. **2**–36). Im Fundus sammelt sich die Luft, die beim Essen mit verschluckt wird, und bildet die *Magenblase*. Diese Form ist dem Arzt vom Röntgenbild her am geläufigsten und deshalb von besonderer Wichtigkeit. Sie wird als *Hakenmagen* (Abb. **2**–36a, 38), bei noch tiefer stehendem Magenknie als *Langmagen* („Angelhakenmagen") bezeichnet.

Ganz anders lernt der Student die Form des Magens im Präpariersaal kennen. Sie entspricht hier meist der Form bei **horizontaler Körperlage**, die wir auch bei Röntgendurchleuchtung in Rückenlage finden. Der Magen hängt nicht so tief herab, die Magenachse verläuft mehr schräg von links oben nach rechts unten; der untere Rand steht ein bis mehrere Querfinger über dem Nabel. Diese Form wird als „Stierhornmagen" bezeichnet (Abb. **2**–36b).

In jedem Falle liegt der größte Teil des Magens links von der Mittellinie des Körpers. Im Alter und beim Leptosomen hängt der Magen tiefer herunter als in der Jugend und beim Pykniker.

Die besonders bei der Hakenform des Magens deutliche Unterteilung in einen *Corpusteil* und eine *Pars pylorica* entspricht auch einer *funktionellen Zweiteilung* („Pars digestoria" und „Pars egestoria" der Röntgenologen) und folglich einem verschiedenen Aufbau der Wand. Das Corpus ist der eigentliche Speisebehälter. Die Pars pylorica mit dem *Antrum pyloricum* und dem *Canalis pyloricus* (Abb. **2**–36a, 38) dagegen befördert den Speisebrei aus dem Magen hinaus und verfügt über eine lebhafte Peristaltik.

Die **Tunica muscularis** des Magens ist im Fundus und Corpus verhältnismäßig dünn und nimmt gegen den Pförtner an Dicke zu. *Drei Schichten* lassen sich von außen nach innen unterscheiden (Abb. **2**–37).

1. **Längsmuskelfasern** (*Stratum longitudinale*) als Fortsetzung der Längsmuskelschicht der Speiseröhre. Sie sind an den Curvaturen verdichtet, wäh-

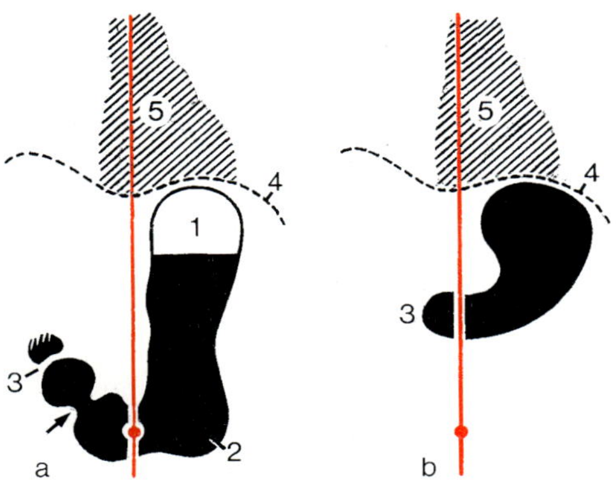

Abb. **2**–36: **Formvariabilität des Magens** (nach Röntgenaufnahmen).

a: im Stehen (sog. Angelhakenform)
b: im Liegen (sog. Stierhornform)

1 Magenblase
2 „Sinus ventriculi" (Magenknie)
3 Pylorus
4 Zwerchfell
5 Herzschatten

Rote Linie: Mittellinie (in a die Kleine Curvatur im Bereich der Incisura angularis schneidend).
Roter Punkt: Lage des Nabels.
Pfeil: Kontraktionsfurche zur Abgrenzung des Antrum pyloricum.

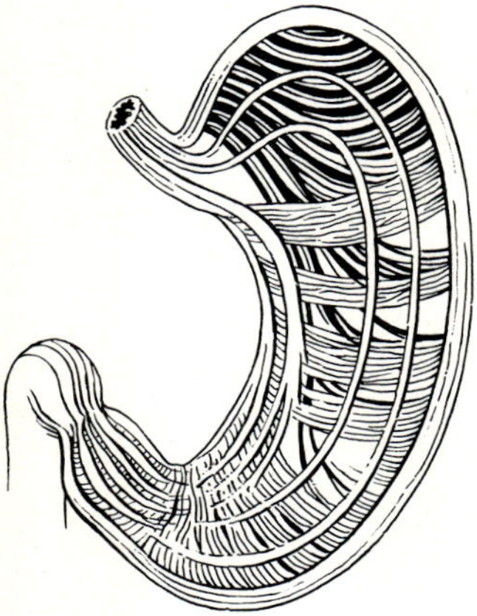

Abb. **2**–37: **Muskulatur des Magens.** (Schema nach Benninghoff-Goerttler, Anatomie des Menschen, Bd. 2, 1967). Fasern des Stratum longitudinale und des Stratum circulare *hell,* Fibrae obliquae *schwarz.*

rend sie über der Vorder- und Hinterwand nur in zarten Faserzügen vorhanden sind. In der Pars pylorica besteht eine geschlossene Längsschicht.

2. **Ringmuskelfasern** (*Stratum cirulare*), die den ganzen Magen umgeben und pyloruswärts an Dicke zunehmen. Der *M. sphincter pylori* ist eine kräftige Verdickung dieser Ringmuskulatur.

3. **Schräge Muskelfasern** (*Fibrae obliquae*) lösen sich aus dem Wirbel der Ringmuskulatur am Fundus und steigen innen schräg am Corpus herab. Sie lassen dabei die Innenseite der Kleinen Curvatur, die *Magenstraße* (vgl. S. 101) frei.

Die Magenmuskulatur hält den Inhalt des Corpus unter mäßigem Druck umspannt (= *Peristole*). Außerdem laufen von Zeit zu Zeit langsame Kontraktionswellen über den ganzen Magen, am Fundus kaum merkbar beginnend und in der Pars pylorica tief einschneidend (= *Peristaltik*). Dabei wird kurz vor dem Pylorus mit jeder Welle das Lumen fast vollständig verschlossen (Abb. **2**–36a).

Außen ist die Magenwand fast vollständig von *Bauchfell* überzogen. Durch die embryonale Drehung des Darmrohrs sind komplizierte Verbindungen der **Bauchfellduplikaturen** des intraperitoneal gelegenen Magens mit Nachbarorganen zustande gekommen (Abb. **2**–71, 72):

Die Kleine Curvatur ist durch das **Kleine Netz** (*Omentum minus* mit *Lig. hepatogastricum* und *Lig. hepatoduodenale*) mit der Leber verbunden. Die Große Curvatur steht durch das *Lig. gastrolienale* [*-splenicum*] mit der Milz und durch das *Lig. gastrocolicum* mit dem Quercolon in Verbindung. Diese sind Teile der Platte des **Großen Netzes**↗.

Die Hinterwand des Magens grenzt an den Bauchfellspalt der **Bursa omentalis**↗ (Abb. **2**–72).

Das Mageninnere weist ein ausgeprägtes **Relief von Schleimhautfalten** auf, das auch röntgenologisch (Abb. **2**–38) darstellbar und von großer diagnostischer Bedeutung ist.

In der **makroskopischen Größenordnung** (Abb. **2**–35) finden sich grobe Schleimhautfalten, die mehr oder minder geschlängelt in der Längsrichtung des Organs angeordnet sind. Am Fundus sind sie weniger ausgeprägt. Je leerer der Magen, um so stärker treten sie hervor, beim gefüllten Magen verschwinden sie. An der Kleinen Curvatur liegen mehrere gerade verlaufende Falten parallel nebeneinander und verbinden Cardia und Pylorus auf dem kürzesten Wege, der sogenannten *Magenstraße* (Canalis ventriculi, Abb. **2**–35). Die Falten sind keine fixen Gebilde. Ihr Verhalten gibt bei der Röntgendurchleuchtung Aufschluß über eine eventuelle Erkrankung der Schleimhaut.

In der **Größenordnung der Lupenvergrößerung** (Abb. **2**–39) besteht die Schleimhautoberfläche aus pflasterartigen Feldern, den *Areae gastricae*, die einige Millimeter Durchmesser haben. In jeder Area gastrica sind mit der Lupe zahlreiche Magengrübchen, *Foveolae gastricae* (Abb. **2**–32, 39), zu erkennen.

MIKROSKOPISCHE ANATOMIE

An die etwa 1 mm dicke **Schleimhaut** (*Tunica mucosa*) des Magens sind verschiedene *funktionelle Leistungen* gebunden:

(1) Bildung des dem Eiweißabbau dienenden (inaktiven) Enzyms *Pepsinogen* und anderer Enzymproteine;
(2) Aktivierung des Pepsinogen zu Pepsin durch *Salzsäurebildung*;
(3) Schutz der Magenwand vor Selbstverdauung (*Schleimbarriere*);
(4) Bildung der Schleimkomponente des Magensafts (neutrale und saure *Schleimstoffe*);
(5) hormonale Beeinflussung der Salzsäuresekretion (Gastrin).

Die freie Oberfläche der Magenschleimhaut und die Foveolae gastricae (Abb. **2**–32, 40) sind vom einschichtigen prismatischen sog. **Oberflächenepithel** (Abb. **2**–40) bedeckt. Die Zellen des Oberflächenepithels haben morphologisch den Charakter von mucösen Drüsenzellen (nicht von Becherzellen↗). Sie enthalten *neutrale*

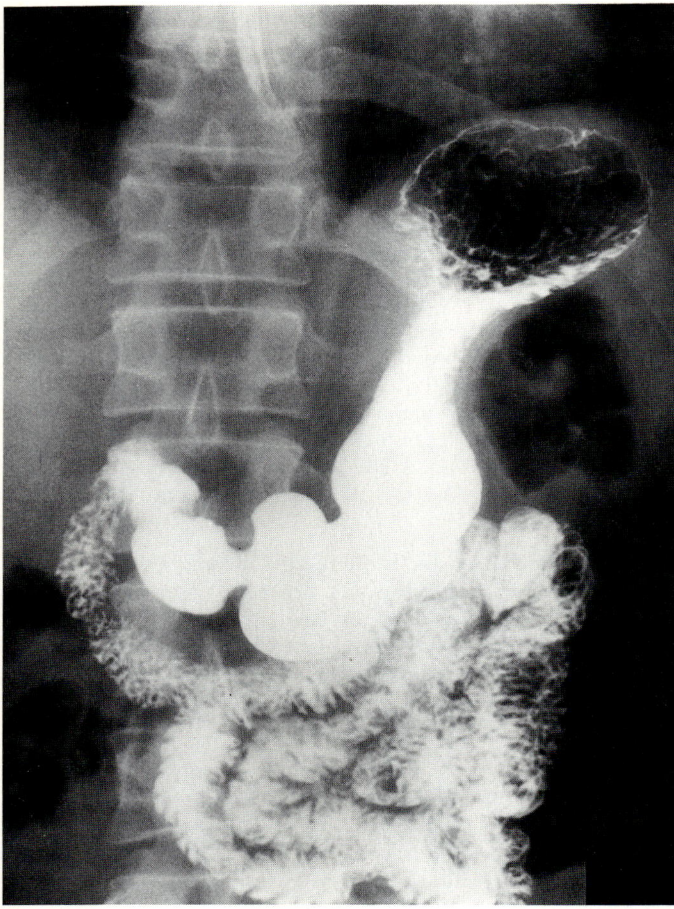

Abb. **2–38**: **Kontrastdarstellung des oberen Gastrointestinaltrakts** (Konventionelle Technik mit $BaSO_4$-Suspension).

1a Oesophagus (Pars thoracica)
1b Oesophagus (Pars abdominalis)
2 Cardia
3 Fundus ventriculi
4 Corpus ventriculi
5 Antrum pyloricum
6 Pylorus
7 Bulbus duodeni
8 C-Schlinge des Duodenum
9 Flexura duodenojejunalis
10 Jejunumschlingen

Schleimstoffe, die in Form von Sekretgranula im apicalen Zellabschnitt konzentriert sind, jedoch nur in verhältnismäßig geringem Umfang nach außen sezerniert werden. Die verschleimten Zellen des Oberflä-

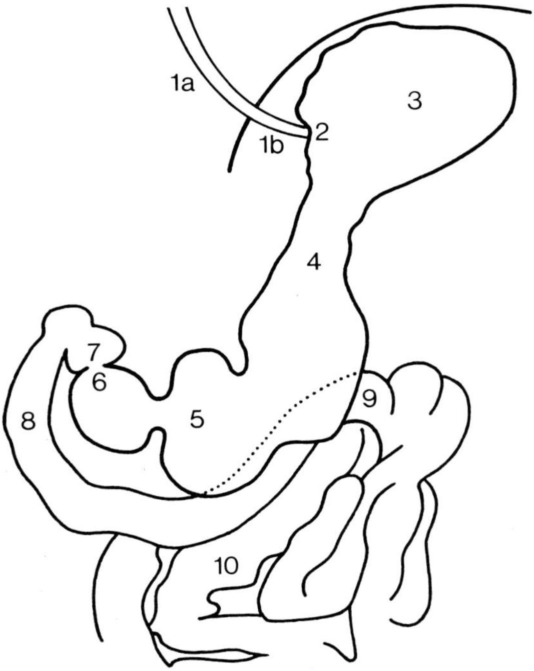

chenepithels bilden gemeinsam mit dem auf ihrer Oberfläche befindlichen viscösen Schleimfilm (Mucin) die protektive *Schleimbarriere* gegen Selbstverdauung durch Pepsin↗.

Die verhältnismäßig hohe *Lamina propria* zwischen dem Oberflächenepithel (bzw. dem Grund der Foveolae) und der Lamina muscularis mucosae wird fast ganz von **tubulösen Drüsen** (Abb. **2**–32, 40) eingenommen. In den Grund jeder Foveola münden jeweils 3–7 Drüsen (insgesamt etwa 1 Million).

Die Drüsen des Corpus- und Fundusbereichs (sog. „Fundusdrüsen") werden als *Gll. gastricae*, die in der unmittelbaren Umgebung der Cardia und in der gesamten Pars pylorica als *Gll. cardiacae* bzw.

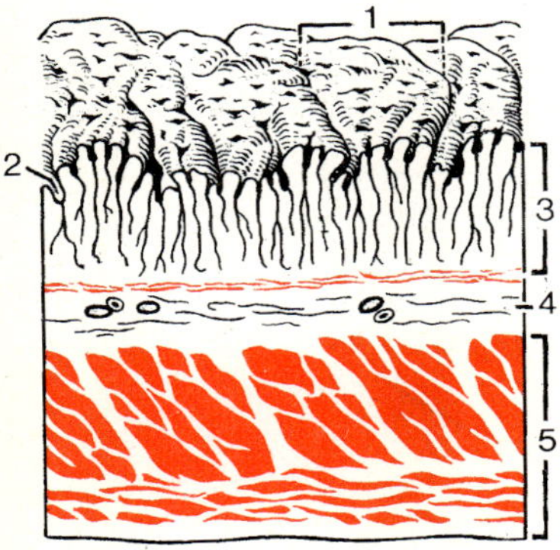

Abb. **2**–39: **Schleimhautoberfläche und Schnittbild der Magenwand** (mod. nach Benninghoff-Goerttler, Lehrb. d. Anatomie, Bd. II, 7. A. 1964).
1 Area gastrica
2 Foveolae gastricae
3 Tunica mucosa (Schleimhaut mit Epithel, Propria mit Gll. gastricae, Muscularis mucosae)
4 Tela submucosa
5 Tunica muscularis und Tunica serosa

Gll. pyloricae bezeichnet. Die Pylorusdrüsen befinden sich somit nicht nur im Bereich des Pylorus selbst, sondern in einem viel weiter reichenden Gebiet der Magenschleimhaut. In der Lamina propria um die Pylorusdrüsen kommen regelmäßig Lymphfollikel vor.

Die **Gll. pyloricae et cardiacae** sind verzweigte tubulöse Drüsen, von denen je 2–3 in besonders tief reichende Foveolae münden (Abb. **2**–32). Pylorus- und Cardiadrüsen sind morphologisch praktisch identisch, die Cardiadrüsen treten jedoch wegen des kleinen Ausbreitungsgebietes gegenüber den Pylorusdrüsen in ihrer Bedeutung ganz zurück. Es handelt sich um Drüsen, die morphologisch dem Oberflächenepithel sehr ähnlich sind. Sie liefern *neutrale Schleimstoffe*, die dem Magensaft beigemischt werden. Dieser exokrine Teil der Pylorusdrüsen wird durch *disseminierte endokrine Zellen* ergänzt. Diese gehören dem *endokrinen gastro-entero-pankreatischen System*. (↗Bd. 3) an. Im Antrum↗ kommen insbesondere G- und D-Zellen vor.

Die **G-Zellen** bilden das Hormon *Gastrin*, welches auf dem Blutweg die Belegzellen (s. u.) zur Salzsäurebildung anregt. Das immuncytochemisch nachweisbare Hormon wird in basal gelegenen Granula gespeichert; es wird von dort in Capillaren der Propria abgegeben.

Die das Drüsenlumen erreichenden Mikrovilli der apicalen Zelloberfläche sind mit Rezeptoren ausgestattet, die in Reaktion auf den Mageninhalt die Gastrinabgabe regulieren. Die den G-Zellen benachbarten **D-Zellen** bilden das Hormon *Somatostatin*, welches die Freisetzung von Gastrin hemmt.

Die **Fundusdrüsen** (*Gll. gastricae*, Abb. **2**–40) sind überwiegend unverzweigte tubulöse Drüsen, die jeweils zu mehreren in die hier wesentlich flacheren Foveolae münden. Es handelt sich um heterokrine Drüsen.

Die Fundusdrüsen weisen vor der Einmündung in die Foveolae eine als *Drüsenhals* (Cervix) bezeichnete Einengung des Lumens auf. Dort sind die **Nebenzellen** (Halszellen, Abb. **2**–40) konzentriert. Deren Produkt ist ein *saurer Schleim*, der dem Magensaft beigemischt wird. Die Nebenzellen unterscheiden sich morphologisch dadurch vom Oberflächenepithel, daß die Sekretgranula nicht apical konzentriert, sondern diffus im Cytoplasma verteilt sind (Abb. **2**–40). Die Gruppe der Nebenzellen bildet darüber hinaus das *regeneratorische Zentrum* für die Ergänzung der Oberflächen- und Drüsenzellen. Die Zellen des Oberflächenepithels werden innerhalb weniger Tage ersetzt; die Haupt- und Belegzellen haben dagegen eine Lebensdauer von etwa 30 Tagen.

Im Mittelteil der Drüsentubuli sind *Hauptzellen* und *Belegzellen* etwa gleichmäßig verteilt, während im Drüsengrund die Hauptzellen überwiegen. Die **Hauptzellen** (Abb. **2**–40) synthetisieren *Pepsinogen* (die inaktive Vorstufe des eiweißspaltenden Enzyms *Pepsin*) und scheiden es in den Magensaft aus. Das Enzym liegt in Form sog. *Zymogengranula*[1] im apicalen Zellteil vor. Als Zellen mit hoher Proteinsynthese-Rate enthalten die Hauptzellen basal ein gut entwickeltes *Ergastoplasma* (mit Ribosomen besetztes endoplasmatisches Reticulum; ↗Bd. 1). Dieses verleiht dem basalen Cytoplasma der Hauptzellen die färberische Eigenschaft der *Basophilie*.[2]

---

1 *zýmē* (gr.) = Sauerteig, *genuáein* (gr.) = hervorbringen. *zymogenum* = Proenzym.

2 *Definition des Begriffs basischer Farbstoff:* Farbstoffsalz, dessen farbige Komponente als Kation auftritt.
Definition des Begriffs Basophilie: Färbbarkeit eines Gewebeeiweißes mit basischen Farbstoffen im sauren Milieu (d. h. unterhalb des isoelektrischen Bereichs des betreffenden Proteins). Die Materialeigenschaft der Basophilie beruht überwiegend auf dem Gehalt an RNA oder sauren Glykokonjugaten.

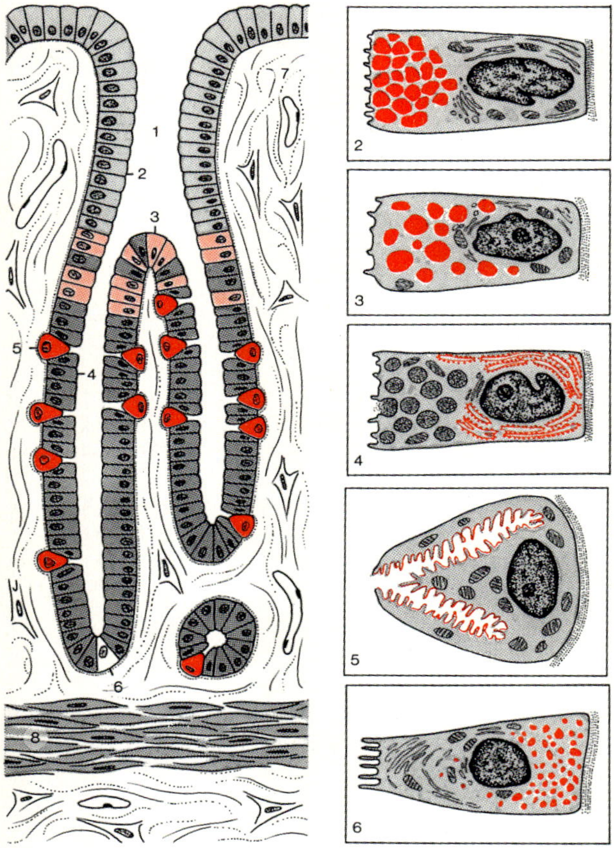

Abb. **2**–40: **Schleimhaut des Corpus ventriculi.**
Links: *rot* dargestellt Nebenzellen und Belegzellen
Rechts: *rot* jeweils die funktionell wesentlichen cytologischen Details

1 Foveola gastrica
2 Oberflächenepithel
3 Nebenzelle
4 Hauptzelle
5 Belegzelle
6 Endokrine Zelle
7 Lamina propria mucosae
8 Lamina muscularis mucosae

Die großen, oft konisch gestalteten **Belegzellen** (Parietalzellen) liegen nach basal verschoben zwischen benachbarten Hauptzellen, oder liegen diesen außen auf (Abb. **2**–40); sie stehen lediglich durch eine zwischen benachbarten Hauptzellen gelegene *interzelluläre Sekretcapillare* mit dem Drüsenlumen in Verbindung. Wegen des nur spärlich vorhandenen Ergastoplasma bei reichlicher Ausstattung mit Mitochondrien verhalten sich die Belegzellen (im Verhältnis zu den basophilen Hauptzellen) *relativ acidophil.* Ihre funktionelle Bedeutung liegt in der Ausscheidung von *Wasserstoffionen* (Protonen) zur Bildung der *Magen-Salzsäure*, welche für die Aktivierung des Pepsinogen zu Pepsin und zur Erzeugung des für die Aktivität des Pepsins erforderlichen *ph-Optimums von pH 1,0–3,0* unerläßlich ist. Hierfür kommt den sog. *intrazellulären Sekretcapillaren* (Abb. **2**–40) entscheidende Bedeutung zu. Bei diesen handelt es sich um von der apicalen Zelloberfläche ausgehende (durch Fusion von Vesikeln entstandene) tiefe Einstülpungen, deren Wand zahlreiche Mikrovilli ausbildet. Die große Oberfläche dieser intrazellulären Sekretcapillaren ist der Träger der *Moleküle der Protonenpumpe* (ATPase). Die Säureproduktion durch die Belegzellen wird durch das im Antrum (s. o.) gebildete Hormon *Gastrin* ↗ und den *N. vagus* (↗ Bd. 3) ausgelöst. Die Belegzellen scheiden außerdem ein als *Intrinsic factor* bezeichnetes Glykoprotein aus. Dieser Faktor wird an das für die Erythropoese ↗ erforderliche Vitamin B 12 (Cyano-Cobalamin) gebunden, wodurch dessen Resorption im Dünndarm ermöglicht wird.

Auch in den Fundusdrüsen kommen verstreut **endokrine Zellen** (Abb. **2**–40) des gastro-entero-pankreatischen Systems vor, jedoch in weit geringerer Zahl als in den Pylorusdrüsen (s. o.).

Leitungsbahnen des Magens

Arterien

sämtlich aus dem *Tr. coeliacus* (Abb. **8**–56);

- Kleine Curvatur: *A. gastrica dextra* (← A. hepatica propria ← A. hepatica communis) → ← *A. gastrica sinistra* (← Tr. coeliacus);
- Große Curvatur: *A. gastro-epiploica dextra* (← A. gastroduodenalis ← A. hepatica communis) → ← *A. gastro-epiploica sinistra* (← A. lienalis).

Venen

sämtlich zur *V. portae* (Abb. **8**–78);

- Kleine Curvatur (Venenbogen entsprechend den Arterien): V. portae (im Lig. hepatoduodenale) ← *V. gastrica dext.* ←|→ *V. gastrica sin.* → V. lienalis (hinter dem Pancreas) → V. portae. In die V. gastrica dext. mündet die

V. praepylorica, die, im Sulcus pyloricus verlaufend, die Grenze zwischen Magen und Duodenum markiert.
Die V. gastrica sin. steht an der Cardia in Verbindung mit dem submucösen Venengeflecht des Oesophagus (*Porto-cavale Anastomose* ↗);
- Große Curvatur (Venenbogen entsprechend den Arterien): V. portae ← V. mesenterica sup. ← *V. gastro-epiploica dext.* ←|→ *V. gastro-epiploica sin.* → V. lienalis → V. portae.

Regionäre Lymphknoten (Abb. **9**–19)
- Kleine Curvatur: *Nll. gastrici (dext./sin.)*, nach links → Nll. coeliaci; nach rechts → Nll. pylorici (s. u.);
- Große Curvatur: *Nll. gastro-omentales (dext./sin.)*, nach links → Nll. lienales → Nll. pancreatici sup. (entlang der V. lienalis) → Nll. coeliaci;
  nach rechts → *Nll. pylorici*,
  (a) → Nll. mesenterici sup. (unterhalb des Magens);
  (b) → Nll. hepatici (im Lig. hepatoduodenale) → Nll. mediastinales ant.;
  (c) → Nll. coeliaci;
- Cardia: *Anulus lymphaticus cardiae* → Nll. coeliaci.

Die *wichtigste Sammel-Lymphknotenstation* für den Lymphabfluß aus dem Magen bilden die *Nll. coeliaci.*

Nicht selten erfolgt bei Magenkrebs eine Metastasierung in einen linksseitigen supraclaviculären Lymphknoten (sog. Virchowsche Drüse[1]).

Nerven
para.: *N. vagus*
- Vorderwand: *Rr. gastrici ant.* ← Tr. vagalis ant.;
- Hinterwand: *Rr. gastrici post.* ← Tr. vagalis post.;

symp.: N. splanchnicus maj. → *Ggll. coeliaca* → adventitielle Plexus der Magenarterien.

Sympathicus und Parasympathicus bilden nahe der Kleinen Curvatur auf der Vorder- bzw. Rückwand des Magens den *Plex. gastricus ant.* bzw. *posterior.*

[1] Rudolf Virchow (1821–1902), Prof. der Pathologie in Würzburg und Berlin, Begründer der Zellularpathologie.

2.6 Dünndarm, *Intestinum tenue*

Am Pylorus geht der Verdauungskanal in den etwa 6 Meter langen Dünndarm über (Abb. **2**–1). Die außerordentliche *Länge* dieses Abschnittes ist Ausdruck der speziellen **funktionellen Stellung**: während der Dünndarmpassage vollzieht sich im Verdauungsbrei (*Chymus*[1]) der *Endabbau der Nahrungsbestandteile* zu kleinen Molekülen, und gleichzeitig erfolgt deren *Resorption* durch das Schleimhautepithel.

Der chemische Endabbau der Nahrung ist an **Drüsensekrete** gebunden, die teils in der Darmwand selbst *(Gll. intestinales)* teils in den sog. *Großen Darmdrüsen* (Leber und Bauchspeicheldrüse) gebildet werden.

Die resorptive Leistung ist oberflächenabhängig. Das **Prinzip der Oberflächenvergrößerung**, welches bereits in der Länge des Dünndarms zum Ausdruck kommt, wird in anderen Dimensionen noch weitergeführt (Abb. **2**–41): insgesamt etwa 500–600 *Plicae circulares* (KERCKRING*sche Falten*[2]), Dünndarm*zotten*, *Mikrovilli* des Dünndarmepithels, so daß eine innere Gesamtoberfläche in der Größenordnung von *100 m²* resultiert.

Der Dünndarm ist anatomisch in die Abschnitte *Duodenum* (Zwölffingerdarm), *Jejunum* und *Ileum* gegliedert.

Der **Zwölffingerdarm** (*Duodenum*), schließt an den Magen an und beginnt am Pylorus mit scharfer Grenze. Seine *Länge* beträgt 25–30 cm.

Die **Form** des Duodenum (Abb. **2**–42) entspricht der eines lateinischen C, in dessen Konkavität der Kopf der Bauchspeicheldrüse eingebettet liegt (Abb. **2**–55; **8**–57). Der obere horizontale Schenkel, *Pars superior*, hat eine fast glatte innere Oberfläche. Die Röntgenologen bezeichnen ihn als *Bulbus duodeni* (Abb. **2**–37). Die Pars superior geht in der *Flexura duodeni superior* in den absteigenden Schenkel, *Pars descendens*, über, der besonders reich an KERCKRINGschen Falten ist; letztere sind Auffaltungen der Mucosa und Submucosa (Abb. **2**–41) von bis zu 1 cm Höhe. Da die Plicae circulares die Tunica muscularis nicht einbeziehen, sind sie auf der äußeren Darmoberfläche nicht zu

---

[1] *chymus* (gr.) = Erguß. Vgl. auch Mesenchym, Parenchym.

[2] THEODOR KERCKRING (1640–1693), Arzt in Amsterdam und Hamburg.

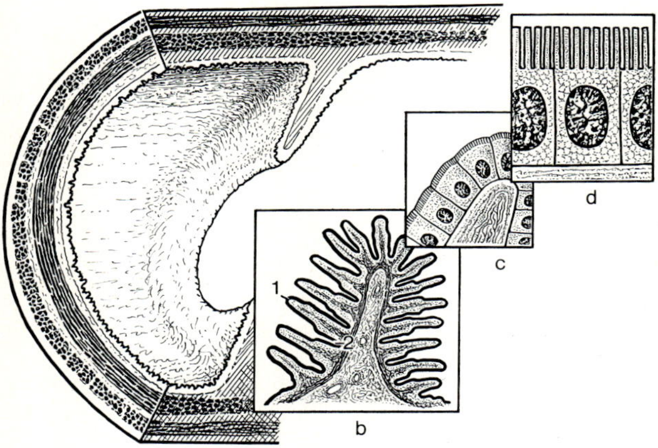

Abb. **2**–41: **Bau der Dünndarmwand.**
a: Wand aufgeschnitten (Quer- und Längsschnitt), mit Stratum circulare und Strat. longitudinale der Tunica muscularis. Eine KERCKRINGsche Falte ist angedeutet. b: Plica circularis mit Zotten (1), Krypten (2) und Lamina muscularis mucosae als Abgrenzung zur Tela submucosa. c: Spitze einer Zotte bei stärkerer Vergrößerung, mit Saumepithel (Enterocyten) und Zottenstroma. d: Enterocyten mit Stäbchensaum bei sehr starker Vergrößerung.

erkennen. In die Rückwand der Pars descendens mündet auf einer kurzen Längsfalte der Schleimhaut (*Plica longitudinalis duodeni)*, der einzigen im Dünndarm, der Ausführungsgang des Pancreas, *Ductus pancreaticus*, zusammen mit dem Gallengang, *Ductus choledochus*, in der *Papilla duodeni major* (Abb. **2**–55). Wenig cranialwärts davon findet sich häufig eine zweite, kleinere Papille, *Papilla duodeni minor*, als Einmündungsstelle eines zusätzlichen *Ductus pancreaticus accessorius* (Abb. **2**–55). Die Pars descendens geht in der *Flex. duodeni inferior* in die *Pars horizontalis* über. Das Duodenum überquert dann als *Pars ascendens* die Wirbelsäule und tritt an der *Flexura duodenojejunalis* aus dem Retroperitonealraum↗ in die freie Bauchhöhle. Von hier ab führt der Dünndarm den Namen Jejunum. An der Flexura duodenojejunalis kann ein besonderer glatter Muskel, *M. suspensorius duodeni*, vorhanden sein.

Das Duodenum liegt teils oberhalb, teils unterhalb der *Radix* des *Mesocolon transversum* und somit topographisch teils im Oberbauch-, teils im Unterbauchbereich↗ (Abb. **2**–77). Seine **Lage** ist größtenteils

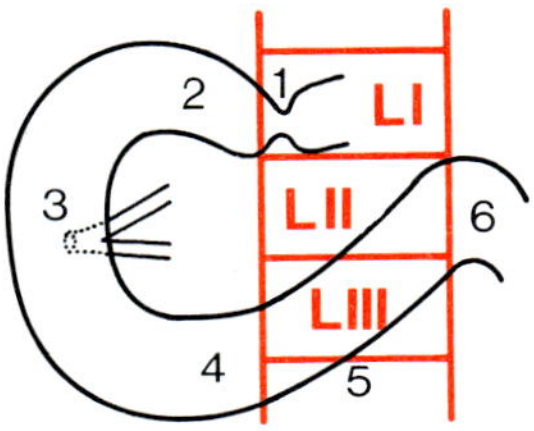

Abb. **2**–42: **Form und Lage des Duodenum.**
Rot: Projektion der oberen Lendenwirbelsäule

1 Pylorus
2 Pars superior
3 Pars descendens (mit Mündungen von Duct. choledochus und Duct. pancreaticus)
4 Pars horizontalis
5 Pars ascendens
6 Flexura duodenojejunalis

retroperitoneal. Lediglich der Anfangsteil liegt intraperitoneal: dessen Meso (*Lig. hepatoduodenale*) ist der distalste Abschnitt des Kleinen Netzes (Abb. **2**–71).

Am Übergang des retroperitoneal gelegenen Duodenum in das intraperitoneale Jejunum im Bereich der **Flexura duodenojejunalis** liegen spezielle Bauchfellverhältnisse vor (Abb. **2**–75): links von der Flexur verlaufen zwei konvergierende Bauchfellfalten (*Plica duodenalis superior* bzw. *Plica duodenalis inferior*), wodurch sehr variable Nischenbildungen zustande kommen, die als *Recessus duodenalis superior, Recessus duodenalis inferior* und *Recessus retroduodenalis* bezeichnet werden. Bei größerer Ausdehnung des Nischenbereichs kann eine Art Bruchsack zustande kommen, durch dessen Umrandung eine Dünndarmschlinge unter Umständen eingeklemmt werden kann (Treitz-*sche Hernie*[1]).

Das **Jejunum** (= Leerdarm) geht ohne scharfe morphologische Grenze in das **Ileum** (= Krummdarm) über (Abb. **2**–74). Beide unterscheiden sich vom Duodenum durch ihre *Beziehung zum Bauchfell*: sie sind am *Mesenterium* (Gekröse, Abb. **2**–76) befestigt und liegen als sogenanntes „Dünndarmkonvolut" frei beweglich (intraperitoneal) in der Bauchhöhle, an drei Seiten umgeben vom Rahmen des Dickdarms (vgl. Abb. **2**–74, 75, 76).

Die Gekrösewurzel, *Radix mesenterii* (Abb. **2**–77), zieht schräg über die Rückwand der Bauchhöhle, von links oben nach rechts unten, in

[1] Wenzel Treitz (1819–1872), Prof. der Pathologie in Krakau und Prag.

einer Länge von ungefähr 15 cm. Sie beginnt an der *Flexura duodenojejunalis* (links am 2. Lendenwirbel, vgl. Abb. **2**–42), überkreuzt dabei die Aorta descendens, die Pars horizontalis duodeni, den rechten Harnleiter, den rechten Psoas und endet in der *Fossa iliaca dextra*. Das **Mesenterium** selbst stellt eine Membran dar, bestehend aus zwei Blättern des Bauchfells (Bauchfellduplikatur↗) die – wenn der daranhängende Darm abgeschnitten ist – die Form einer Krause[1] hat (Abb. **2**–75, 76).

Herkömmlicherweise rechnet man die ersten zwei Fünftel dieses „Intestinum mesenteriale" zum Jejunum (links oben), die restlichen drei Fünftel zum Ileum (rechts unten, Abb. **2**–76). Äußerlich sind sie einander praktisch gleich.

Das *Jejunum* hat noch KERCKRINGsche Falten, die sich distalwärts allmählich verlieren. Das *Ileum* hat höchstens am Anfang noch einige Falten, dafür zunehmend 1–4 cm lange, beetartige Anhäufungen von lymphatischem Gewebe: *Folliculi lymphatici aggregati* oder PEYER*sche Platten*[2] (Plaques)↗. Sie liegen an der dem Mesenterialansatz entgegengesetzten Seite und sind oft durch die Darmwand von außen wahrzunehmen.

Das **Ileum** endet am *Ostium ileocaecale* mit der *Valva ileocaecalis* (BAUHIN*sche Klappe*↗), wo der Dünndarm in den Dickdarm einmündet (Abb. **2**–48, 49). Diese markante Stelle des Darmrohres befindet sich im rechten Unterbauch, in der *Fossa iliaca dextra*, am rechten Rande des M. psoas major (Abb. **2**–76, 77).

Als Varietät haben etwa 2% aller Menschen am Ileum in einem Abstand von 60 cm proximal der Valva ileocaecalis eine mehr oder minder lange fingerförmige Ausstülpung, ein MECKEL*sches*[3] *Divertikel*. Es stellt den verbliebenen Anfang des embryonalen Dotterganges *(Ductus omphaloentericus)* dar, der vom Darm zum Nabel führte.

MIKROSKOPISCHE ANATOMIE

Für den Dünndarm mit seiner großen Länge stellt sich ein besonderes **Transportproblem**: Der Darminhalt (*Chymus*) muß ständig so durchmischt werden, daß er gleichmäßig mit den von der Schleimhaut gelieferten Verdauungssäften in Kontakt kommt; weiterhin muß der Chymus gleichmäßig von proximal nach distal an der Dünndarmschleimhaut vorbeigeführt werden, um eine maximale

[1] hiervon abgeleitet: *Gekröse*.
[2] JOHANN KONRAD PEYER (1653–1712), Arzt in Schaffhausen.
[3] JOHANN FRIEDRICH MECKEL d. Jüngere (1781–1833), Prof. der Anatomie und Chirurgie in Halle.

Tab. **2**-2: Flüssigkeitsbilanz im Lumen des Intestinaltrakts.

	Zufuhr ml/d	Abgabe ml/d	
Nahrung	2000		
Speichel	1000		
Magensekret	2000		
Pancreassekret	1000		
Galle	400		
Jejunalsekret	2000	5000	Resorption Jejunum
Ileumsekret	600	2900	Resorption Ileum
		1100	Weitergabe an das Colon
	9000	9000	

Resorptionsleistung zu gewährleisten. Die dem Dünndarmlumen zugeführte und aus ihm wieder abgegebene Flüssigkeitsmenge beträgt etwa 9 Liter pro Tag (Tab. **2**–2).

Die Transportleistung wird von der **Tunica muscularis** (Abb. **2**–41, 43) erbracht, welche den gleichen streng zweischichtigen Aufbau (Abb. **2**–3) aufweist wie in Ösophagus und Colon. Die Feinanpassung der Schleimhaut an den Chymus wird durch die im gesamten Magendarmkanal vorhandene schleimhauteigene *Lamina muscularis mucosae* (Abb. **1**–1; **2**–32, 43) bewirkt.

Die geordnete Muskelarbeit wird durch zwei ausgedehnte autonom-nervöse Plexus gesteuert: *Plexus submucosus* (MEISSNER[1]) in der Tela submucosa und *Plexus myentericus* (AUERBACH[2]) in der dünnen Bindegewebsschicht zwischen Ring- und Längsmuskulatur (Abb. **2**–43).

Folgende Partialbewegungen sind aus dem komplexen dynamischen Geschehen zu isolieren:

1. *Segmentationsbewegung* (Unterteilung der Chymussäule durch Schnürkontraktionen),
2. *Pendelbewegung* (Hin- und Herbewegung eines Chymussegments),
3. *Peristaltik* (gerichtete proximo-distale Fortbewegung).

An die **Schleimhaut** (*Tunica mucosa*, Abb. **2**–32, 43, 44) des Dünndarms sind zwei wesentliche und gewissermaßen gegensätzliche Lei-

[1] GEORG MEISSNER (1829–1905), Prof. der Physiologie in Basel, Freiburg und Göttingen.

[2] LEOPOLD AUERBACH (1828–1897), Anatom in Breslau.

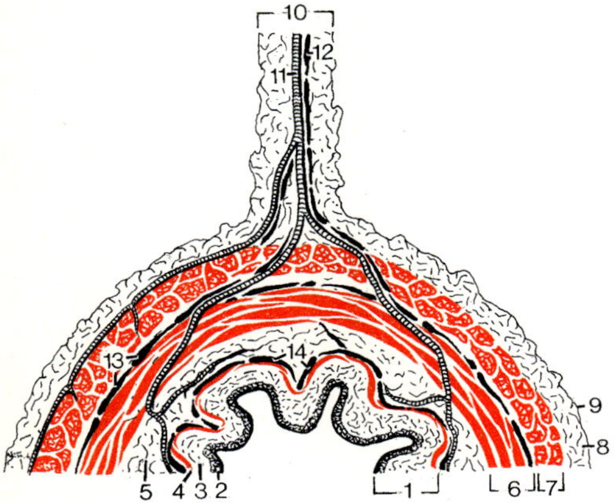

Abb. **2**–43: **Schichtenbau der Dünndarmwand** (schematisierter Querschnitt).
Rot: Muskelgewebe

1 Tunica mucosa
– 2 Lam. epithelialis mucosae
– 3 Lam. propria mucosae
– 4 Lam. muscularis mucosae
5 Tela submucosa
6–7 Tunica muscularis
– 6 Stratum circulare
– 7 Stratum longitudinale
8–9 Tunica serosa
– 8 Lam. propria serosae
– 9 Lam. mesothelialis serosae
10 Mesenterium
11 mesenteriales Blutgefäß
12 mesenterialer Nerv
13 Plexus myentericus
14 Plexus submucosus

stungen geknüpft: *Drüsenfunktion* und *Resorptionsfunktion*. Beide sind an das einschichtige prismatische Schleimhautepithel gebunden. Außerdem enthält die Schleimhaut *Einrichtungen der immunologischen Abwehr*: Darm-assoziiertes Lymphatisches System (↗S. 121).

Drüsenfunktion. Die Schleimhautoberfläche bedarf zunächst einmal des Schutzes gegenüber dem mit Verdauungssäften durchmischten Chymus (Schutz vor Selbstverdauung). Diese *protektive Leistung* wird in erster Linie von **Becherzellen** (Abb. **2**–44) vollbracht, die in alle Bereiche des Dünndarmepithels (Zotten und Krypten) eingestreut sind. Der Becherzellschleim überzieht die gesamte Epitheloberfläche mit einem Schleimfilm.

Im Hinblick auf den stark sauren Mageninhalt werden besondere Anforderungen an die *protektive Schleimhautfunktion* im Anfang des Duodenum gestellt, nämlich der Aufbau einer wirkungsvollen Diffusionsbarriere, die zu neutralen pH-Werten auf der Epitheloberfläche führt. Hierfür reicht die Leistung der Becherzellen als Einzeldrüsen nicht aus: beschränkt auf das Duodenum finden sich in der Tela submucosa in Gestalt der **Gll. duodenales** (BRUNNERsche Drüsen[1]) umfangreiche Pakete tubulo-alveolärer mucöser Drüsen (Abb. **2**–32). Im Hinblick auf das Erfordernis der Neutralisierung des sauren Mageninhalts nach dessen Eintritt in den Darm handelt es sich bei dem Produkt der Gll. duodenales um einen *schwach alkalisch reagierenden Schleim* (pH 8,1–9,3). Die Sekretion wird durch endokrine Zellen der Darmschleimhaut gesteuert. *Die* BRUNNER*schen Drüsen sind das wichtigste histologische Merkmal des Duodenum.* Außer Schleimstoffen sezernieren die Gll. duodenales *Enterokinase*, die zur Aktivierung des Trypsinogen↗ erforderlich ist. Wie im Kryptenepithel kommen auch in den BRUNNERschen Drüsen *basalgekörnte endokrin aktive Zellen* vor. Unter anderem (Somatostatin, Secretin, Cholecytokinin) wird in diesen das die Salzsäuresekretion des Magens hemmende (und mit dem Harn ausgeschiedene) Hormon *Urogastron* gebildet.

Der Darmsaft als Träger der *Verdauungsfunktion* wird quantitativ in erster Linie von Bauchspeicheldrüse↗ und Leber↗ gebildet; er wird ergänzt durch die Produkte der **Gll. intestinales (LIEBERKÜHNSCHE[2] Krypten),** die sich als tubulöse Drüsen in die Propria einsenken (Abb. **2**–44). Diese Tubuli (nur ausnahmsweise verzweigt) reichen bis an die Muscularis mucosae und münden zwischen den Zotten. Gll. intestinales kommen im gesamten Dünndarm und auch im Dickdarm vor (Abb. **2**–32).

Im Epithelverband der Krypten sind (außer den Becherzellen) *exokrin* sekretorisch aktiv lediglich die in kleinen Grüppchen im Kryptengrund gelegenen **PANETHSCHEN[3] Körnerzellen**. Diese durch ihre stark acidophilen supranucleären Granula (Vacuolen mit granulärem Inhalt) auffallenden Zellen geben das bakteriolytische Enzym **Lysozym** (Muramidase) in den Chymus ab. Da die Körnerzellen auch zur Phagocytose befähigt sind, sind sie somit am *lokalen intestinalen Abwehrsystem* beteiligt. Die PANETH-Zellen enthalten Phospholipase, die der Verdauung von Phospholipiden dient.

Im Epithel der Dünndarmkrypten kommen auch *endokrin aktive Zellen* vor. Lange bekannt sind die sog. **Basalgekörnten Zellen** (Abb. **2**–44), die vereinzelt zwischen den Enterocyten gelegen sind. Da die

---

[1] JOHANN KONRAD BRUNNER (1653–1727), Prof. der Anatomie in Heidelberg und Straßburg.

[2] JOHANN NATHANAEL LIEBERKÜHN (1711–1756), Arzt in Berlin.

[3] JOSEPH PANETH (1857–1890), Dozent für Physiologie in Wien.

im basalen Cytoplasma befindlichen Granula zum Teil Chromsalze reduzieren, werden hierdurch färberisch markierbare Zellen auch als *Entero-Chromaffine Zellen* bezeichnet. Sie enthalten das Gewebshormon *Serotonin* (5-Hydroxytryptamin), ein biogenes Amin, das Bedeutung für die Kontraktion der Glatten Muskulatur im Rahmen der Darmmotorik, aber auch für die Stabilisierung des Blutdrucks hat.

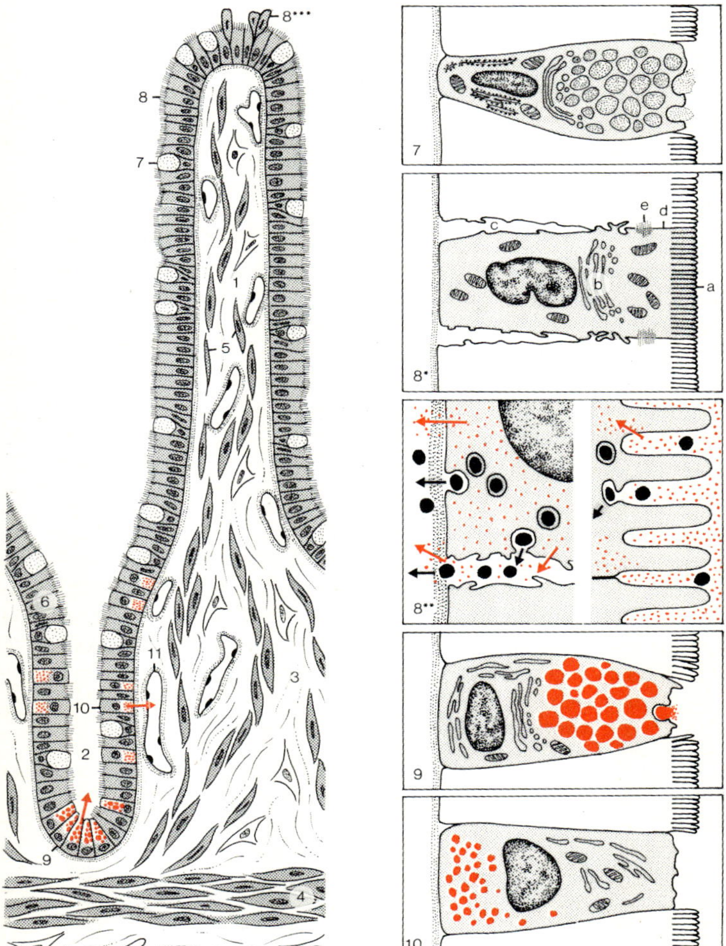

Durch immuncytochemische Analyse hat sich neuerdings ergeben, daß neben den Basalgekörnten Zellen im Epithel des Magen-Darmkanals zahlreiche weitere hormonproduzierende Zellen vorkommen, ja, daß diese Schleimhäute mit endokrin aktiven Zellen geradezu austapeziert sind: *der Verdauungstrakt ist somit das größte endokrine Organ* (↗Bd. 3).

Zu den gastrointestinalen Hormonen, die sämtlich Polypeptide sind, gehören neben Serotonin (s. o.) u. a.: Gastrin (Magen, Duodenum), Sekretin (Dünndarm), Cholecystokinin (Dünndarm), Glukagon (Magen, Dünndarm, Inselorgan), Motilin (Dünndarm), GIP = Gastric Inhibitory Polypeptide (Dünndarm, Inselorgan).

Neben der endokrinen Wirkung der polypeptidbildenden Zellen des Magendarmtrakts ist auch eine parakrine Wirkung anzunehmen (Abb. **2**–45), und selbst eine exokrine (z. B. beim Gastrin) nicht auszuschließen.

Lediglich ein Teil des Kryptenepithels hat *Drüsenfunktion*. Die Enterocyten im oberflächlichen Kryptenbereich sind an der *resorptiven Leistung* beteiligt; andere Kryptenepithelien sind als *Regenerationszentrum* des gesamten Schleimhautepithels anzusehen. Die Lebensdauer der Enterocyten und Becherzellen beträgt nur etwa 36 Stunden. In den Krypten vollzieht sich daher zum Ausgleich eine lebhafte Proliferation von undifferenzierten Zellen. Die Tochterzellen werden im Epithelverband innerhalb von etwa 36 Stunden gegen die Zottenspitzen verschoben, wo sie in das Darmlumen abgestoßen werden (täglich über 200 g; Abb. **2**–44). Während der Zellverschiebung erfolgt die Differenzierung zu Enterocyten und Becherzellen.

Resorptive Funktion. Die Resorption kleinmolekularer Stoffe aus dem Darminhalt ist an die **Darmzotten** (*Villi intestinales*) als „Resorptionsorgane" gebunden. Die Dünndarmschleimhaut (im Gegensatz

◁ Abb. **2**–44: **Mikroskopische Anatomie der Dünndarmschleimhaut.**

1 Villus intestiniles (Darmzotte)
2 Glandula intestinalis (Krypte)
3 Lamina propria mucosae
4 Lamina muscularis mucosae
5 Myocyten im Zottenstroma
6 Epithelium
7 Becherzelle
8 Enterocyt
8* Enterocyt (Cytologie)
 a Stäbchensaum
 b Golgiapparat
 c Interzellularspalt
 d Zonula occludens
 e Zonula adhaerens
8** Enterocyt (Ausschnitte: Transportwege)
8*** Enterocyt (in Abstoßung)
9 PANETHsche Körnerzelle
10 Basalgekörnte Zelle
11 Blutcapillare

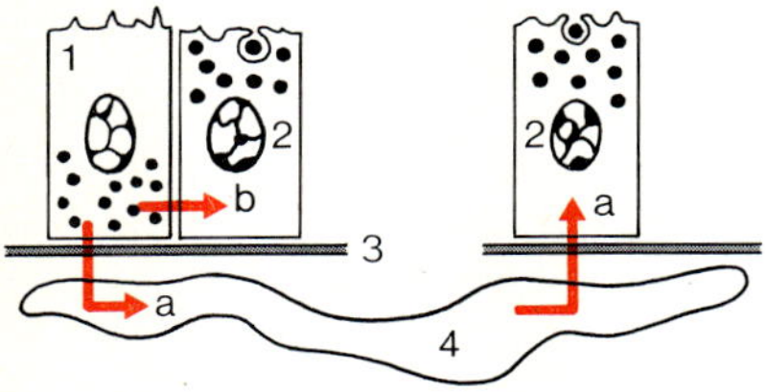

Abb. **2**–45: **Endokrine und parakrine Sekretion** (Schema in Anlehnung an Domschke, Dtsch. Ärzteblatt 1977).

1 Endokrin aktive Drüsenzelle
2 Exokrin aktive Drüsenzelle
3 Basalmembran
4 Blutweg
a–a endokrine Fernwirkung
b parakrine Nahwirkung

zu Magen und Colon, vgl. Abb. **2**–32) ist mit insgesamt etwa 10 Millionen Darmzotten besetzt (etwa 50/mm^2). Die Zotten sind etwa 0,5–1,6 mm lange und 0,1 mm dicke fingerartige bis blattförmige Gebilde, die sehr formveränderlich sind, da sie im Zottenstroma (z. T. verzweigte) glatte Muskelzellen enthalten (Abb. **2**–44). Die Zotten sind vom Schleimhautepithel umschlossene Ausstülpungen der Lamina propria; die Lamina muscularis mucosae ist nicht beteiligt. Mit bloßem Auge sind sie eben noch zu sehen. Da sie überaus dicht stehen, verleihen sie der inneren Dünndarmoberfläche ein samtartiges Aussehen.

In das aus Reticulärem Bindegewebe (↗Bd. 1) bestehende Zottenstroma sind ein Blutcapillar- sowie ein Lymphcapillarnetz eingebaut, welche an größere, in der Zottenachse gelegene Gefäßstämme (durch die Muscularis mucosae tretende Arteriolen↗ bzw. Venulen↗) angeschlossen sind. Insbesondere der Lymphtransport im *zentralen Chylusgefäß* der Zotte, aber auch der venöse Abfluß wird durch die Kontraktion des glatten Muskelapparats wesentlich gefördert: **Zottenpumpe** (Abb. **2**–46). Die Verkürzung der Zotte wird durch den Myocytenverband im Zottenstroma (unter Einwirkung des gastro-intestinalen Hormons *Villikinin*) bewirkt. Die z. T. verzweigten Myocyten bilden ein kontraktiles Reticulum. Die Streckung (Erektion) der Zotten erfolgt dagegen durch den arteriellen Einstrom in den Arteriolen („Gartenschlauch"-Effekt) bei gleichzeitiger Erschlaffung der Muskulatur. Die Zotten verkürzen und strecken sich unabhängig voneinander mit einer Frequenz von etwa 4–6/min.

Die Resorption erfolgt überwiegend im proximalen Dünndarm (Duodenum und Jejunum): Monosaccharide, Aminosäuren, Peptide, Monoglyceride, Fettsäuren, Vitamine, Calcium, Eisen. Im distalen Dünndarm (Ileum) erfolgt lediglich noch die Resorption von Vitamin B 12 und die Rückresorption von konjugierten Gallensäuren. Zur resorptiven Leistung des Dickdarms s. S. 136.

Das die Zotten überziehende einschichtige prismatische Epithel hat (von den eingestreuten Becherzellen abgesehen) den Charakter eines *Saumepithels*: Epithelzellen **(Enterocyten)**, deren apicale Oberflächendifferenzierung in Gestalt eines *Stäbchensaums* (Abb. **2**–44) an hohe resorptive Leistung angepaßt ist. Die Enterocyten sind apical miteinander und mit benachbarten Becherzellen durch *Zonulae occludentes* und *Zonulae adhaerentes* (Abb. **2**–44) verbunden, so daß der Stoffaustausch mit dem Dünndarmlumen quantitativ durch den Stäbchensaum hindurch erfolgen muß. Die Mikrovilli des Stäbchensaums sind etwa 1,5 µm lange und 0,1 µm dicke stäbchenartige Ausfaltungen des apicalen Plasmalemm der Enterocyten. Auf der luminalen Oberfläche eines Enterocyten befinden sich etwa 3000 Mikrovilli (das sind etwa $200 \times 10^6/mm^2$). Der Mikrovillibesatz der inneren Dünndarmoberfläche erscheint lichtmikroskopisch lediglich als schmaler „Saum“ (Abb. **2**–44), der erst elektronenmikroskopisch in die ihn aufbauenden Mikrovilli aufzulösen ist.

Die Oberfläche der Mikrovilli ist von einer *Glykokalyx* überzogen, die für die Resorption von Bedeutung ist. Die Glykokalyx enthält die Oligosaccharidketten von Glykoproteinen, deren Proteinkomponenten im Plasmalemm der

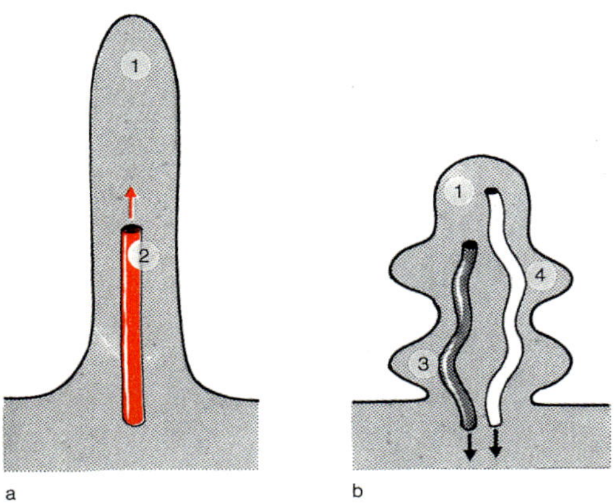

Abb. **2**–46: **Zottenpumpe.**
a: Erektionsphase
b: Kontraktionsphase
1 Zottenstroma
2 Arteriole
3 Venule
4 Zentrales Chylusgefäß

Mikrovilli verankert sind. Diese Glykoproteinmoleküle sind diejenigen Enzyme, welchen auf dem Plasmalemm der Endabbau u. a. von Polysaccharid- und Proteinbruchstücken zu resorbierbaren Monosacchariden und Aminosäuren obliegt. Von Bedeutung für die Resorption sind auch das auf der Epitheloberfläche befindliche Mucin: dessen Wasserbindungsvermögen sorgt für den Erhalt einer wäßrigen Phase.

Die zu resorbierenden Moleküle werden von den Enterocyten auf zweierlei Weise internalisiert (Abb. **2**–44):

- *Kleine Moleküle* werden aktiv mittels Membrankanälchen (u. a. Glucosetransporter) durch das Plasmalemm der Mikroville in das Zellinnere transportiert. Hierzu verfügen die Mikrovilli über ein kontraktiles System.
- *Makromoleküle* können an der Basis der Mikrovilli durch Endocytose (Pinocytose) aufgenommen werden. Der Weitertransport innerhalb der Enterocyten erfolgt dann in vom Plasmalemm abgeschnürten Transportvesikeln.

Die Ausschleusung durch das basolaterale Plasmalemm in den Interzellularspalt und in die subzelluläre Matrix erfolgt in analoger Weise. Die Enterocyten weisen somit zwei funktionell unterschiedene *Plasmalemm-Domänen* auf: eine *apicale* und eine *basolaterale*.

Die Resorption von Wasser und Elektrolyten erfolgt überwiegend interzellulär. Die Zonulae occludentes bilden hierfür kein Hindernis.

Die resorbierten Stoffe gelangen nach ihrem trans- bzw. interzellulären Transport in die Matrix↗ der Lamina propria und werden von dort durch

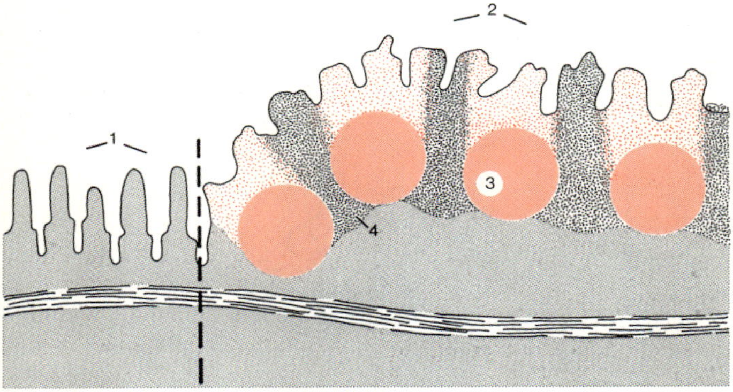

Abb. **2**–47: **Mikroskopische Anatomie der PEYERschen Platten** (nach einer Abb. in Gray's Anatomy, 37. Aufl. 1989).

1 Normale Dünndarmoberfläche mit Zotten und Krypten
2 PEYERsche Platte
3 Lymphfollikel
4 Parafollikulärer Bereich
rot: B-Zone
schwarz: T-Zone

Blutcapillaren (die zum Pfortadersystem↗ gehören) abgeführt. Eine Ausnahme bilden die Spaltprodukte der Fette (Triglyceride); diese werden in den Enterocyten wieder zu Triglyceriden resynthetisiert. Diese gelangen nach Bindung an Eiweiß als *Chylomikronen* über die Interzellularspalten in die Matrix und werden dort von Lymphcapillaren aufgenommen (vgl. Erläuterung des Begriffs „Milchbrustgang"↗).

Abwehrfunktion. In der gesamten Lamina propria der Darmschleimhaut kommen bis zu 150 000 *Lymphfollikel* vor. Diese bilden in ihrer Gesamtheit das **Darm-assoziierte Lymphatische System** (Darmkomponente des *Mucosa-assoziierten Lymphatischen Systems*↗):

Im *Ileum* finden sich etwa 100 längsovale, mehrere cm lange und etwa 1 cm breite Anhäufungen des Lymphoepithelialen Gewebes↗ als **PEYERsche**[1] **Platten** (Abb. **2**–47). In diesen enthalten die Follikel (nach Antigenkontakt Sekundärfollikel↗ mit Keimzentren) B-Lymphocyten↗, die interfollikulären Bereiche T-Lymphocyten↗. Im Bereich der PEYERschen Platten ist die Mucosa kuppelartig aufgeworfen. Das Darmepithel enthält hier neben zahlenmäßig zurückgedrängten *Enterocyten* (s. o.) vor allem phagocytierende sog. *M-Zellen* (M von microfold); in deren Plasmalemmeinbuchtungen können sich Lymphocyten einlagern. Die M-Zellen dienen der Antigenübertragung auf die Zellen des Immunsystems. Die Basalmembran ist in ihrem Bereich lückenhaft. Zur Funktion des Mucosa-assoziierten Lymphatischen Systems s. S. 623.

Für die **Differentialdiagnose** der drei Dünndarmabschnitte sind folgende Gesichtspunkte wesentlich (Abb. **2**–32):

Der gesamte *Dünndarm* weist im Gegensatz zum Magen und Colon Darmzotten auf. Die Muskelanordnung (Lamina muscularis mucosae, zweischichtige Tunica muscularis) ist die für den gesamten Magendarmkanal kennzeichnende.

Das *Duodenum* enthält als einziger Dünndarmabschnitt in der Submucosa gelegene Drüsen (BRUNNERsche Drüsen; Abb. **2**–32).

Das *Ileum* enthält als einziger Dünndarmabschnitt *Folliculi lymphatici aggregati* (PEYERsche Platten; Abb. **2**–32). Die großflächigen und zu Follikeln organisierten Lymphocytenansammlungen dürfen nicht mit den in allen Schleimhäuten gelegentlich vorkommenden Lymphocytenhäufchen (*Folliculi lymphatici solitarii*) verwechselt werden.

Für das *Jejunum* ist charakteristisch, daß es weder submucös gelegene Drüsen noch in der Propria gelegene PEYERsche Platten enthält.

---

[1] JOHANN KONRAD PEYER (1653–1712), Arzt in Schaffhausen.

Leitungsbahnen des Dünndarms

Arterien

Hauptarterie ist die *A. mesenterica superior*, lediglich für den Anfangsteil ergänzt durch Äste des Stromgebiets der *A. coeliaca*. Die Grenze zwischen den beiden Stromgebieten liegt in der Pars descendens duodeni.

- Duodenum (Abb. **8**–57):
  (a) Rr. duodenales ← *A. pancreaticoduodenalis sup. ant.* (← A. gastroduodenalis ← A. hepatica comm. ← Tr. coeliacus) →← R. anterior ← *A. pancreaticoduodenalis inf.* (← A. mesenterica sup.);
  (b) *Aa. retroduodenales* und Rr. duodenales ← *A. pancreaticoduodenalis sup. post.* (← A. gastroduodenalis ← A. hepatica comm. ← Tr. coeliacus) →← R. posterior ← *A. pancreaticoduodenalis inf.* (← A. mesenterica sup.).
- Jejunum and Ileum (Abb. **8**–58):
  Aa. jejunales und *Aa ileales* (← A. mesenterica sup.), ⇒ R. ilealis ← *A. ileocolica* (← A. mesenterica sup.).

Es bestehen ausgiebige Anastomosen (Arkadenbildung, Abb. **8**–58) im Mesenterium, aus denen Endarterien zur Darmwand hervorgehen.

Venen

entsprechen zunächst den Arterien. Der Abfluß erfolgt über die *V. mesenterica superior* → *V. portae* (Abb. **8**–78).

Regionäre Lymphknoten (Abb. **9**–19)

- Orale Hälfte des Duodenum: *Nll. pancreaticoduodenales sup.* → Nll. hepatici → *Nll. coeliaci*;
- Aborale Hälfte des Duodenum: *Nll. pancreaticoduodenales inf.* → Nll. mesenterici (Nll. superiores) → *Nll. coeliaci*;
- Jejunum und Ileum: *Nll. mesenterici* (Nll. juxta-intestinales) → *Nll. coeliaci.*

Nerven

para: *N. vagus* → *Ggll. coeliaca* und *Ggl. mesentericum sup.* → Plex. coeliacus und Plex. mesentericus sup. (Umschaltung überwiegend intramural);

symp.: *Nn. splanchnici* → *Ggll. coeliaca* und *Ggl. mesentericum sup.* → Plex. coeliacus und Plex. mesentericus sup.

2.7 Dickdarm, *Intestinum crassum*

Am **Dickdarm** (Abb. **2**–1), der eine Gesamtlänge von 1,20–1,40 Meter hat, sind anatomisch die Abschnitte *Caecum* (Blinddarm), *Colon* (Grimmdarm) und *Rectum* (Mastdarm) zu unterscheiden.

Funktionell steht im Bereich des Dickdarms die Resorption von *Wasser* und *Elektrolyten* aus dem Chymus im Dienst des Wasserhaushalts im Vordergrund. Die durch den fortschreitenden Wasserentzug im Dickdarm erfolgende Eindickung des Darminhalts stellt besondere *mechanische* Ansprüche an die Schleimhaut. Hieraus wird die außerordentlich starke *Schleimproduktion* (Gleitmittel) verständlich. Der Dickdarm ist von einer *physiologischen Darmflora* (insbesondere *Bacterium coli*) besiedelt.

2.7.1 Blinddarm, *Caecum*

Der Dünndarm mündet in den Dickdarm mit dem *Ostium ileocaecale*. Dieses befindet sich nicht am Ende, sondern an der medialen Zirkumferenz des Dickdarms, so daß unter dieser Einmündungsstelle ein blindes Ende entsteht: der **Blinddarm** (*Caecum*, Abb. **2**–48).

Das Caecum ist der weiteste Dickdarmabschnitt. Es liegt in der *Fossa iliaca dextra* und ist meistens allseitig von Serosa (Peritoneum) umgeben, also frei beweglich (*Caecum mobile*). Seine Länge ist individuell stark wechselnd, im Mittel 7 cm.

Die im Ostium ileocaecale befindliche **Valva ileocaecalis** (BAUHINsche Klappe)[1] ist so gebaut, daß sie normalerweise nur in der Richtung vom Ileum zum Caecum durchgängig ist. Sie besteht aus zwei Lippen (aus Mucosa, Submucosa und Ringmuskulatur aufgebaut), die einen horizontalen Schlitz begrenzen (Abb. **2**–48).

Oberhalb und unterhalb der Einmündung des Ileum ins Caecum findet sich je eine Bauchfelltasche, *Recessus ileocaecalis superior* (unter der *Plica caecalis vascularis*) und *Recessus ileocaecalis inferior* (unter der *Plica ileocaecalis*), sowie zwischen Caecum und Peritoneum parietale der Fossa iliaca der *Recessus retrocaecalis* (Abb. **2**–49).

Distal von der Valva ileocaecalis mündet der **Wurmfortsatz**, *Appendix vermiformis*, von den Klinikern einfach als (die) „Appendix" bezeichnet, in den Blinddarm (Abb. **2**–48).

Der Wurmfortsatz ist ein *rudimentäres Stück Caecum*, von engem Durchmesser und von sehr wechselnder Länge (Durchschnitt ca. 9 cm, in Extremfällen bis 30 cm). Er hängt an einem eigenen kleinen Gekröse, (*Mesoappendix*, sog. „Mesenteriolum"), das unter dem Ileumende zum Vorschein kommt und zum Teil noch an der media-

---

[1] CASPAR BAUHIN (1560–1624), Prof. der Anatomie in Basel.

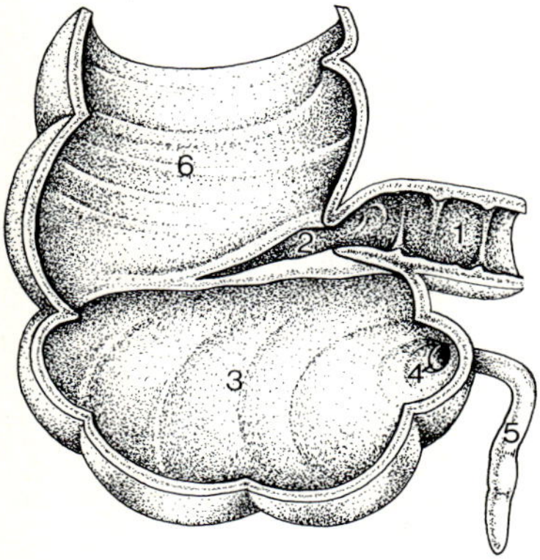

Abb. **2**–48: **Caecum** (aufgeschnitten).
1 Terminales Ileum
2 Valva ileocaecalis
3 Caecum
4 Ostium appendicis vermiformis
5 Appendix vermiformis
6 Colon ascendens

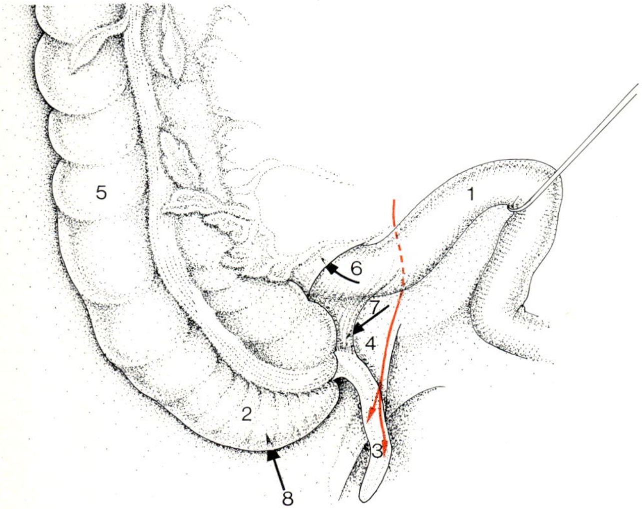

Abb. **2**–49: **Ileocaecalregion**.
1 Terminales Ileum (durch Haken angehoben)
2 Caecum (mit Taenia libera)
3 Appendix vermiformis
4 Mesoappendix mit A. appendicularis
5 Colon ascendens
6 Pfeil im Rec. ileocaecalis sup.
7 Pfeil im Rec. ileocaecalis inf.
8 Pfeil im Rec. retrocaecalis

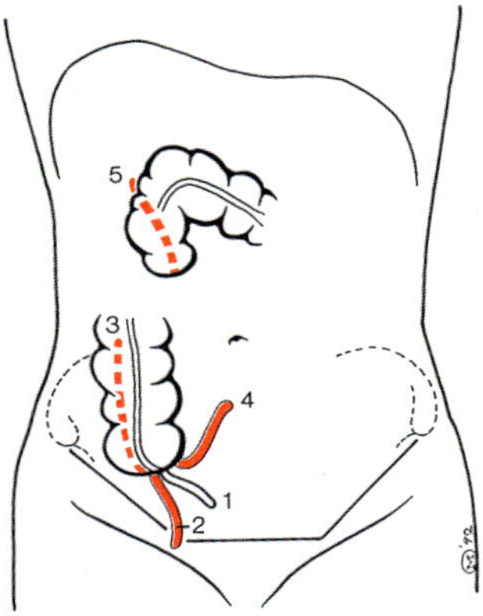

Abb. **2**–50: **Lage des Wurmfortsatzes.**

1 und 2 descendierende pelvine Position

3 ascendierende retrocaecale Position

4 ascendierende abdominale Position

5 mögliche Situation bei Caecumhochstand.

In der Abbildung sind die Spinae iliacae und der Nabel gekennzeichnet, um die Lage des McBurneyschen und des Lanzschen Punktes bestimmen zu können (vgl. Abb. **2**–69).

len Wand des Caecum zwischen Ileum und Appendix ansetzt. Die Mesoappendix ist eine kleine dreieckige Platte, die bis zum Ende des Wurms, ja darüber hinaus reichen kann und die *Arteria appendicularis* führt (Abb. **2**–49; **8**–58).

Die Abgangs- bzw. *Einmündungsstelle* des Wurmfortsatzes (Ostium appendicis vermiformis) befindet sich nur beim Embryo am äußersten Ende des Blinddarms. Beim Erwachsenen liegt sie in der Regel an der medialen Seite, also unterhalb der Valva ileocaecalis.

Die **Lage des Wurmfortsatzes** ist in beträchtlichem Umfang variabel. Daraus ergibt sich, daß bei operativen Eingriffen mit allen möglichen Lagevarianten zu rechnen ist und der Verlauf einer solchen Operation nie vorauszusagen ist. Die Kenntnis der häufigsten Positionen ist deshalb wichtig (Abb. **2**–50):

Der Wurmfortsatz reicht vielfach (30%) vom Caecum aus über die Linea terminalis (↗Bd. 1) in das Kleine Becken hinein (*descendierende pelvine* Position, Abb. **2**–49/50). Bei dieser Position kommt er im Fall des weiblichen

Beckens in enge Nachbarschaft zum Ovarium, eine Lagebeziehung, die von großer differentialdiagnostischer Bedeutung sein kann.

Relativ selten (1,5%) ist die *ascendierende abdominale* Position (Abb. **2**–50), wobei der Wurm medial neben dem Caecum vor oder hinter dem terminalen Ileum liegt. Am häufigsten (65%) wird der Wurm in ascendierend retrocaecaler Position (Abb. **2**–50) angetroffen: bei dieser liegt der Wurm im Falle eines Caecum mobile frei beweglich im Recessus retrocaecalis oder aber im Falle eines retroperitoneal gelegenen Caecum (Caecum fixum) unbeweglich im retroperitonealen Bindegewebe. Die so häufige retrocaecale Lage des Wurmfortsatzes ist von großer diagnostischer und auch operationstechnischer Bedeutung.

Je nach seiner Lage und Länge kann der entzündete Wurmfortsatz zu den verschiedensten Bauchorganen in Beziehung treten. Besondere topographische Beziehungen ergeben sich bei entwicklungsgeschichtlich bedingten *Lageabweichungen des Caecum* (Abb. **2**–50).

Immer ist die Appendix zu finden, wenn man sich daran erinnert, daß die drei *Dickdarmtaenien* (vgl. S. 127) sich auf der Oberfläche des Wurmfortsatzes zu einer *geschlossenen Längsmuskelschicht* vereinigen. Man verfolgt also die Taenia libera des Colon ascendens bzw. des Caecum und wird immer auf die Appendix vermiformis treffen.

Für die Palpation der Ileocaecalgegend bei Verdacht auf Vorliegen einer Appendicitis (sog. „Blinddarmentzündung") sind folgende Tastpunkte von Bedeutung:

a) Der Mündung des Ileum entspricht der McBURNEY*sche Punkt*[1]: Halbierungspunkt der rechten Spinoumbilicallinie (Verbindungslinie zwischen Spina iliaca anterior superior und Nabel, vgl. Abb. **2**–69).
b) Der Mündung des Wurmfortsatzes entspricht der LANZ*sche Punkt*[2]: rechter Drittelpunkt der Interspinallinie (Verbindung der Spinae iliacae ant. sup., vgl. Abb. **2**–69).

Leitungsbahnen des Caecum und der Appendix vermiformis

Arterien

- Caecum: A. caecalis ant. und A. caecalis post. ← *A. ileocolica* (Abb. **8**–58) ← A. mesenterica sup.;
- Appendix vermiformis: *A. appendicularis* (Abb. **2**–49; **8**–58) ← A. ileocolica ← A. mesenterica sup.

Es bestehen ausgiebige Verbindungen zu den Arterien des distalen Ileum und des Colon ascendens.

---

[1] CHARLES MCBURNEY (1845–1914), Chirurg in New York.
[2] OTTO LANZ (1865–1935), Arzt in Bern, Prof. der Chirurgie in Amsterdam.

Venen
den Arterien entsprechend, → *V. mesenterica superior* → *V. portae* (Abb. **8**–78).

Regionäre Lymphknoten
Nll. ileocolici → Nll. coeliaci (Abb. **9**–19).

Nerven
para: *N. vagus* → *Ggll. coeliaca* und *Ggl. mesentericum sup.* → Plex. mesentericus sup. (Umschaltung überwiegend intramural);
symp.: *Nn. splanchnici* → *Ggll. coelica* und *Ggl. mesentericum sup.* → Plex. mesentericus sup.

2.7.2 Colon

Das **Colon** *(Grimmdarm)* wird von der Valva ileocaecalis an gerechnet und geht an seinem Ende in den Mastdarm über. Es ist der *Dickdarm im engeren Sinn*.

Der *Dickdarm* unterscheidet sich vom Dünndarm äußerlich durch drei auffallende Merkmale:

(1) Die drei **Taeniae coli**[1] (Abb. **2**–51, 76) sind durchlaufende Längsstreifen, bestehend aus den hier zusammengebündelten Fasern der *Längsmuskelschicht* der Darmwand.

Die Benennung der Taenien als *Taenia libera, Taenia mesocolica* und *Taenia omentalis* ist verständlich aus den besonders übersichtlichen Verhältnissen im Bereich des intraperitoneal gelegenen Colon transversum (Abb. **2**–51 a). Im Bereich der retroperitoneal gelegenen Dickdarmabschnitte (Abb. **2**–51 b) ist natürlich nur die Taenia libera durch das Peritoneum hindurch sichtbar, während die beiden anderen Taenien im retroperitonealen Bindegewebe verborgen sind.

(2) Die **Haustra coli**[2] (Abb. **2**–52, 76) sind Vorbuchtungen der zwischen den Tänien verbleibenden dünnen Wand. Die einzelnen Haustren sind durch tiefe Einschnürungen der Ringmuskulatur voneinander getrennt, die ins Lumen des Dickdarms als *Plicae semilunares*, sichelförmige Falten, vorspringen. Die Falten am Dickdarm der Leiche sind erstarrte Kontraktionszustände der Ringmuskulatur; im Leben *wandern sie mit der Peristaltik* über die Darmoberfläche (= soge-

---

[1] *taenia* (lat.) = Band, schmaler Streifen.

[2] *haustrum* (lat.) = Schöpfeimer. Die Haustren des halbierten Darmes lassen sich mit den Eimern eines Schöpfrades vergleichen.

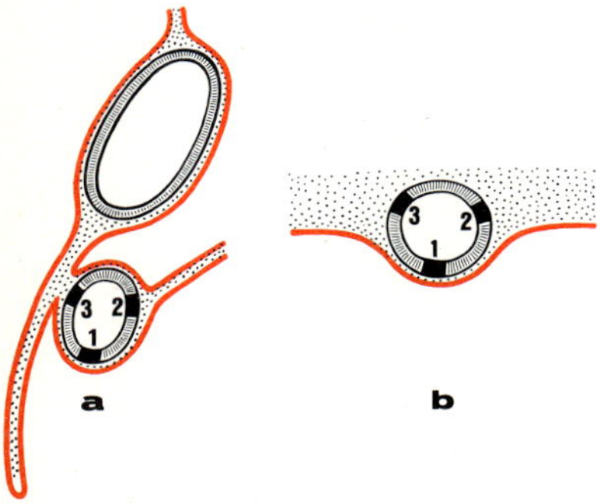

Abb. **2**–51: **Taeniae coli.**
a: Sagittalschnitt (entspr. Abb. **2**–72) mit Colon transversum
b: Transversalschnitt mit Colon ascendens
1 Taenia libera
2 Taenia mesocolica
3 Taenia omentalis

nanntes *Fließen der Haustren*). Die *Plicae circulares* des *Dünndarms* sind dagegen ortsfeste Schleimhautfalten ohne Beteiligung der Tunica muscularis.

(3) Die **Appendices epiploicae**[2] (Abb. **2**–76) sind kleine von Serosa überzogene *Fettläppchen*, die längs der Taenia libera und Taenia omentalis angeheftet sind. Ihre Größe wechselt mit dem Ernährungszustand. Sie haben mechanische Bedeutung für die Wahrung der Capillarität des Bauchhöhlenspalts bei der Haustrenbewegung.

Das **Colon** umgibt, vom Caecum ausgehend, das *Dünndarmpaket* wie ein **Rahmen** (Abb. **2**–1, 52, 76). Dabei ist das intraperitoneal gelegene *Quercolon besonders lagevariabel* und kann unter Umständen girlandenartig (Abb. **2**–52) bis unter das Nabelniveau hinabreichen. Insbesondere das Colon descendens ist häufig so stark *kontrahiert*, daß es einen geringeren Durchmesser als benachbarte Dünndarmschlingen aufweist. Die Bezeichnung Dickdarm bezieht sich somit nicht auf den tatsächlichen Durchmesser, sondern mehr auf die *Erweiterungsfähigkeit* dieses Darmbereichs. Der Name kann allerdings auch auf die „Eindickung" des Chymus bezogen werden.

Das **Colon ascendens** wird von der *Valva ileocaecalis* an gerechnet. Es ist an der hinteren Bauchwand breitflächig angewachsen (Abb. **2**–77) und vom Bauchfell so überzogen, daß nur die Vorderwand und die Seitenwände eine Serosa haben (*retroperitoneale* Lage). In der *Flexura coli dextra*, wo das Colon der Leber so eng anliegt, daß es eine Eindellung, *Impressio colica*, hervorruft, biegt es nahezu rechtwinklig um in das Quercolon (Abb. **2**–1).

---

1 *epiploon* (gr.) = das auf dem Darm schwimmende Netz.

Das **Colon transversum** (Abb. **2**–1, 52) ist allseitig von Bauchfell überzogen und am *Mesocolon transversum* frei beweglich (*intraperitoneale* Lage). Es biegt links von der Körpermitte nach hinten oben um zur *Flexura coli sinistra*, die höher liegt als die Flexura dextra (Abb. **2**–1, 52). Dadurch ist der Knick, den der Dickdarm hier erfährt, ein mehr haarnadelförmiger (Abb. **2**–52) und kann zu einem teilweise funktionellen Verschluß des Lumens führen, der z. B. bei Darmeinläufen erst mit größerem Druck überwunden wird.

Die Radix des *Mesocolon transversum* an der hinteren Wand der Bauchhöhle verläuft ungefähr horizontal; sie überkreuzt die *Pars descendens duodeni* und verläuft am unteren Rand des *Pancreas* entlang (Abb. **2**–77). Durch das Mesocolon transversum wird der Bauchsitus[1] ↗ wie durch eine Scheidewand in einen *Oberbauchbereich* (Drüsenbauch) und einen *Unterbauchbereich* (Darmbauch) getrennt.

Als **Colon descendens** (Abb. **2**–1, 52, 76) steigt der Dickdarm linksseitig wieder abwärts. Es ist wie das Colon ascendens retroperitoneal gelegen, in situ meist in der linken Lendennische versteckt und häufig stark kontrahiert (vgl. S. 170).

Im Bereich des linken M. iliacus wird das Colon erneut *intraperitoneal*. Es wird von hier an **Colon sigmoideum**[2] (Abb. **2**–75, 76) genannt. Das *Mesocolon sigmoideum* (Abb. **2**–77; **8**–58) ist sehr unterschiedlich lang und daher die Beweglichkeit und Individualform des Sigmoid *variabel* (Abb. **2**–53). Die Radix des Mesocolon sigmoideum (Abb. **2**–77) überquert den Psoaswulst und steigt in leicht s-förmigem Verlauf gegen die Mittellinie hin in das kleine Becken hinab. Dort geht das Sigmoid in den *Mastdarm* über.

Leitungsbahnen des Colon

Arterien

bis zur Flex. coli sin. (Abb. **8**–58) gehört das Colon zum Stromgebiet der *A. mesenterica superior*, danach zu dem der *A. mesenterica inferior*.

- Colon ascendens: *A. colica dextra* ← A. mesenterica sup., im Anfangsteil ergänzt durch R. colicus ← *A. ileocolica* ← A. mesenterica sup.;
- Colon transversum: *A. colica media* ← A. mesenterica sup.;
- Colon descendens: *A. colica sinistra* ← A. mesenterica inf.;
- Colon sigmoideum: *Aa. sigmoideae* ← A. mesenterica inf., im terminalen Abschnitt ergänzt durch *A. rectalis superior* ← A. mesenterica inf.

---

[1] *situs* (lat.) = Lage, Stellung (der Baucheingeweide).

[2] *sigmoeidḗs* (gr.) = sigmaförmig (s-förmig).

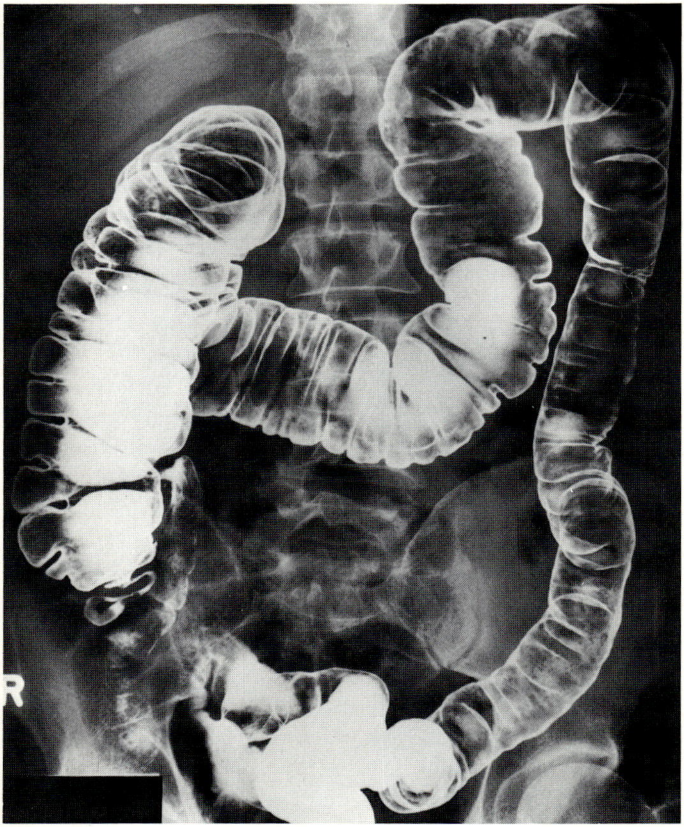

Abb. **2**–52: **Röntgendarstellung des Dickdarms** (Doppelkontrast: nach „Instillation“ von $BaSO_4$-Suspension für den Kontrastmittelbeschlag der Darmwand wird Luft „insuffliert“, um das Organ aufzudehnen).

1 Terminales Ileum
2 Valva ileocaecalis
3 Caecum
4 Appendix vermiformis
5 Colon ascendens mit Haustren
6 Flex. coli dextra
7 Colon transversum
8 Flex. coli sinistra
9 Colon descendens
10 „Rectosigmoid“

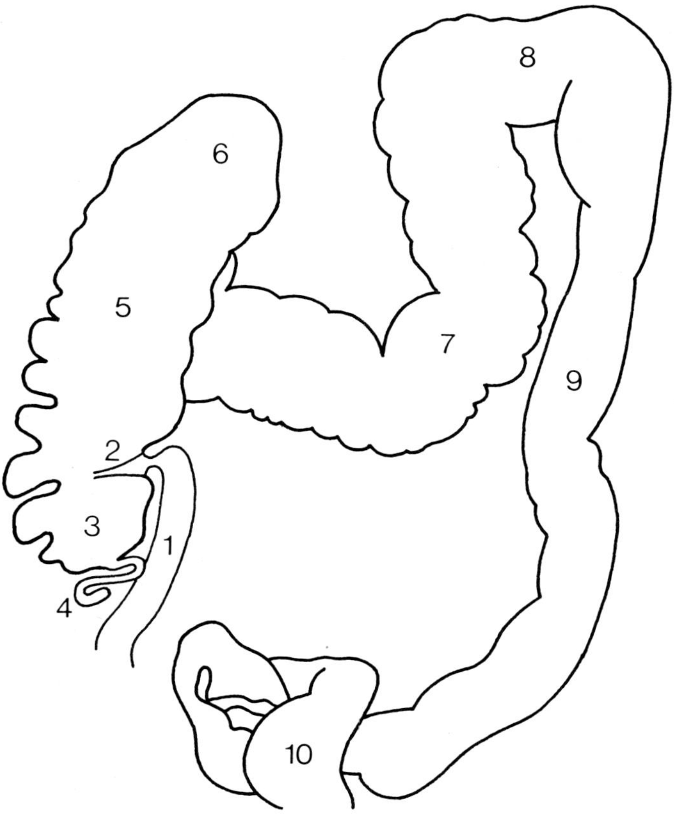

Die einzelnen Versorgungsgebiete sind untereinander und mit den angrenzenden Gebieten durch Gefäßarkaden verbunden.

Venen
entsprechen zunächst den Arterien. Sie führen ihr Blut über die Vv. mesenterica sup. und mesenterica inf. der *V. portae* zu (Abb. **8**–78).

Regionäre Lymphknoten
Nll. paracolici → Nll. ileocolici, colici dextri, colici medii, colici sinistri, sigmoidei → Nll. mesenterici sup. und mesenterici inf. → *Nll. lumbales sin.* (→ aortici lat., prae- u. postaortici; Abb. **9**–18).

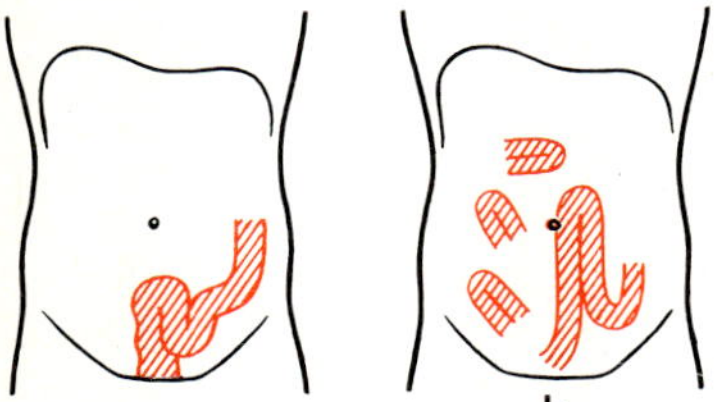

Abb. **2**–53: **Variabilität der Lage des Colon sigmoideum.**
a: normale Lage
b: verschiedene „lange Formen" (z. T. ist nur die Lage des Scheitels der Sigmoidschlinge angegeben)

Nerven
para.:
- bis zur Flex. coli sin.: *N. vagus* → Ggll. coeliaca und Ggl. mesentericum sup. → *Plex. mesentericus sup.* (Umschaltung überwiegend intramural);
- nach der Flex. coli sin.: *Sacraler Parasympathicus* → Nn. splanchnici pelvici → *Plex. mesentericus inf.* (Umschaltung überwiegend intramural);

symp.:
- bis zur Flex. coli sin.: *Nn. splanchnici* → Ggll. coeliaca, Ggl. mesentericum sup. → *Plex. mesentericus sup.*;
- nach der Flex. coli sin.: *lumbale* Grenzstrangganglien → Plex. aorticus abdominalis → *Plex. mesentericus inf.*

2.7.3 Mastdarm, *Rectum*

Das **Rectum** (Abb. **2**–1; **7**–1, 2) beginnt dort, wo das Darmrohr sein Meso (Mesocolon sigmoideum) verliert und sich mit seiner Rückwand an das Kreuzbein anlegt. Von hier ab bis zum After führt der Dickdarm den Namen *Mastdarm*. Seine Länge beträgt 15–20 cm.

Der lateinische Name *Rectum*[1] entspricht nicht der anatomischen Form. Vielmehr zeigt der Mastdarm in der Sagittalebene ausgeprägte *Krümmungen* (Abb. **7**–1):

(1) *Flexura sacralis*, nach hinten konvex, durch die Kreuzbeinkrümmung bedingt;

[1] *rectus* (lat.) = gerade. Diese Bezeichnung rührt vermutlich von den alten Anatomen her, die nur Tiere mit gestreckter verlaufendem Mastdarm sezierten.

(2) *Flexura perinealis*, konvex nach vorn, zur Umgehung des Steißbeins.

Der Bereich der Flexura sacralis wird unter *funktionellem* Gesichtspunkt als **Ampulla recti** bezeichnet: Es handelt sich um einen besonders erweiterungsfähigen Darmabschnitt, in dem sich Darminhalt vor der *Defäkation* ansammeln kann. Im funktionellen Gegensatz hierzu bildet die Flexura perinealis den Austreibungskanal: **Canalis analis** (zwischen Linea anorectalis und Linea anocutanea – Abb. **2**–54).

Die **Bauchfellbeziehung** des Rectum ist so gestaltet, daß nur der obere Teil bis in ein Niveau etwa 6–7 cm oberhalb des Anus (entsprechend der KOHLRAUSCHschen[1] Falte, vgl. unten) an der *Vorder-* und *Seitenfläche* einen Bauchfellüberzug besitzt. Bis hierhin liegt das Rectum somit *retroperitoneal* ↗. Unterhalb dieser Linie (*Excavatio rectovesicalis* bzw. *rectouterina* ↗), in der sich das Bauchfell auf die Harnblase bzw. den Uterus umschlägt, hat das Rectum eine *extraperitoneale* Lage.

Während das Colon im Zusammenhang mit der Haustrierung (vgl. S. 127) ortsveränderliche Einschnürungen aufweist, welche die Schleimhaut als Plicae semilunares auffalten, finden sich im Bereich des Rectum mehrere stationäre *Plicae transversales recti* als Schleimhautfalten. Von diesen ist die oberste als **Kohlrauschsche Falte** stets vorhanden (Abb. **2**–54). Sie befindet sich auf der rechten Seite, 5–8 cm oberhalb der Afteröffnung, *im Niveau des Bauchfellumschlags*.

Von großer funktioneller Bedeutung ist der **Verschlußmechanismus** (Abb. **2**–54) im Bereich des Darmendes (anorectaler Sphincterkomplex). Verschlußstörungen (*Inkontinenz*[2]) an dieser Stelle sind für die soziale Einordnung des betreffenden Patienten von schwerwiegender Bedeutung und bedürfen komplizierter operativer Maßnahmen.

Das *Stratum longitudinale* der Tunica muscularis ist (im Gegensatz zum Verhalten in Caecum und Colon) im gesamten Rectum nicht mehr zu Taenien gebündelt, sondern bildet (wie im Dünndarm) wieder einen gleichmäßigen Längsmuskelmantel. Seine funktionelle Bedeutung liegt darin, daß bei der Defäkation die Darmwand über die Kotsäule gehoben wird.

[1] OTTO L. B. KOHLRAUSCH (1811–1854), Arzt in Hannover.

[2] *Kontinenz* = Fähigkeit, etwas zurückzuhalten (von lat. continentia – Selbstbeherrschung).

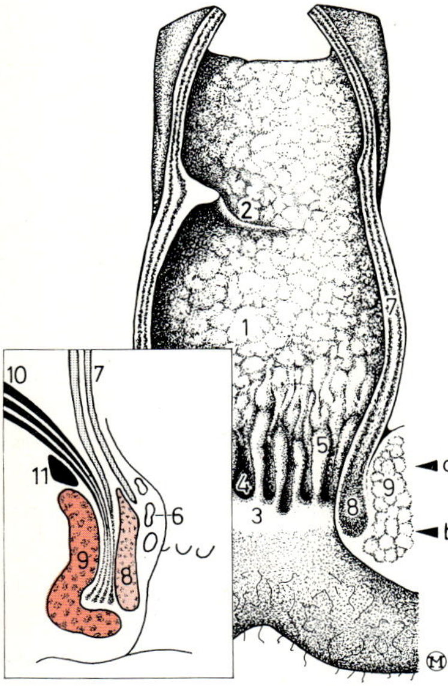

Abb. **2**–54: **Rectum** (von vorn aufgeschnitten).
Teilbild: Verschlußapparat

1 Ampulla recti
2 KOHLRAUSCHsche Falte
3 „Zona intermedia" (a proximale Begrenzung in der Linea anorectalis, b distale Begrenzung in der Linea anocutanea)
4 Sinus analis (mit Valvula analis)
5 Columna analis
6 Gefäßschlingen des Plex. venosus rectalis
7 Tunica muscularis (mit Strat. circulare und Strat. longitudinale)
8 M. sphincter ani int.
9 M. sphincter ani ext.
10 M. levator ani
11 M. puborectalis

Das *Stratum circulare* ist im Bereich des Anus zu einem konstriktorisch wirkenden Schließmuskel, **M. sphincter ani internus**, verstärkt. Diese aus glatter Muskulatur bestehende Komponente des muskulären Verschlußapparats am Darmende wird durch den aus Skeletmuskulatur bestehenden klemmenartig angeordneten **M. sphincter ani externus** und den **M. puborectalis** (als Teil des Levator ani) funktionell ergänzt (Abb. **2**–54). Zwischen den beiden Sphincteren befindet sich eine bindegewebige Schicht, in der sich Fasern des Strat. longitudinale und Fasern des M. levator ani durchflechten (Abb. **2**–54).

Der *Tonus* dieses Muskelapparats ist im Interesse eines dichten Verschlusses so stark, daß er unter Umständen bereits der Einführung eines Fieberthermometers und erst recht des tastenden Fingers bei einer rectalen Untersuchung Widerstand entgegensetzt. Dieser wird reflektorisch durch Betätigung der Bauchpresse (wie bei der Defäkation) überwunden.

Der muskuläre Verschlußapparat wird im Niveau seines Oberrandes auf der Schleimhautseite durch den *Plexus venosus rectalis* zum „anorectalen Kontinenzorgan" ergänzt. Erst durch dessen Auffüllung durch arteriovenöse Anastomosen („Corpus cavernosum recti") wird ein wirklich dichter Verschluß erreicht. Der Plexus venosus rectalis wölbt die 8–10 longitudinal orientierten Schleimhautfalten der *Columnae anales* (Abb. **2**–54) auf. Die Columnae anales wurzeln distalwärts in der **„Zona haemorrhoidalis"** (Zona intermedia) und sind hier durch kleine scharfkantige Querfalten (*Valvulae anales*) verbunden. Letztere begrenzen die zwischen den Columnae anales gelegenen *Sinus anales* (die gelegentlich den Sphincter ani internus durchdringen können). Der etwa 12 mm breite ringförmige Bereich der *Zona intermedia* stellt eine Übergangszone zwischen Schleimhaut und Haut dar: unverhorntes Plattenepithel, fehlende Pigmentierung, keine Anhangsgebilde. Sie geht einerseits in der auf den Columnae anales verlaufenden *Linea anorectalis* in die **„Zona mucosa"**, andererseits in der sehr deutlich erkennbaren *Linea anocutanea* (HILTON*sche*[1] *Linie*) in die **„Zona cutanea"** über. In deren Bereich finden sich Haare, Talgdrüsen und Schweißdrüsen als cutane Anhangsgebilde sowie die apokrinen *Gll. circumanales*.

Bei der *rectalen Untersuchung* wird mit dem tastenden Finger die KOHLRAUSCHsche Falte und damit der Bereich des Bauchfellumschlags vom Rectum auf Harnblase bzw. Uterus erreicht. Es handelt sich hier um den tiefsten Bereich der Bauchhöhle (Abb. **7**–1, 2): beim Mann *Excavatio rectovesicalis* ↗, bei der Frau *Excavatio rectouterina* (DOUGLAS*scher Raum* ↗). Unterhalb des Bauchfellumschlags steht das Rectum mit den Nachbarorganen (Harnblase bzw. Vagina) durch die Bindegewebslamelle des *Septum rectovesicale* bzw. *Septum rectovaginale* in Verbindung (Abb. **7**–1, 2). Diese Bindegewebslamellen behindern die Palpation der Nachbarorgane auf rectalem Weg nicht. Wichtig ist insbesondere die Erreichbarkeit der Prostata und die Möglichkeit, unter der Geburt den Stand des kindlichen Kopfes im Bereich des äußeren Muttermundes kontrollieren zu können.

---

[1] JOHN HILTON (1805–1878), Chirurg in London.

Leitungsbahnen des Rectum

Arterien (Abb. **8**–63)
- peritonealer Weg (Hauptversorgung): *A. rectalis sup.* (unpaar) ← A. mesenterica inf.;
- supradiaphragmaler Weg: *A. rectalis media* (paarig) ← A. iliaca int.;
- infradiaphragmaler Weg: *A. rectalis inf.* (paarig) ← A. pudenda int.

Die Arterien anastomosieren ausgiebig miteinander.

Venen (Abb. **8**–80)
Es bestehen zwei ganz verschiedene Abflußwege, einmal über die *Pfortader zur Leber*, zum anderen zur *V. cava inferior* (wichtig wegen der *Porto-cavalen Anastomose* (s. S. 566) im Bereich des *Plex. venosus rectalis*.
- portaler Abflußweg: *V. rectalis sup.* → V. mesenterica inf. → *V. lienalis* → *V. portae*;
- *cavale Abflußwege:*
  (a) *Vv. rectales mediae* (paarig) → V. iliaca int. → V. iliaca comm. → *V. cava inf.*;
  (b) *Vv. rectales inf.* (paarig) → V. pudenda int. → V. iliaca int. → V. iliaca comm. → V. cava inf.

Regionäre Lymphknoten
- oberer Abflußweg: *Nll. rectales sup.* → Nll. mesenterici inf. → Nll. lumbales;
- mittlerer Abflußweg:
  (a) *Nll. pararectales* → Nll. iliaci int. → Nll. iliaci comm. → Nll. lumbales;
  (b) *Nll. sacrales* → Nll. iliaci int. → Nll. iliaci comm. → *Nll. lumbales*.
- unterer Abflußweg: *Nll. inguinales superficiales* → Nll. iliaci ext. → Nll. iliaci comm. → Nll. lumbales.

Nerven
para.: *Sacraler Parasympathicus* → Nn. splanchnici pelvici → *Plex. hypogastricus inf.* → *Plex. rectales*;
symp.: *Lumbale und sacrale Grenzstrangganglien* → Plex. mesentericus inf. → *Plex. rectales*;
mot. (M. sphincter ani ext.): *Nn. rectales inf.* ← *N. pudendus* ← Plex. sacralis;
sens. (Analhaut): *Nn. rectales inf.* → *N. pudendus* → Plex. sacralis.

MIKROSKOPISCHE ANATOMIE DES DICKDARMS

Auch im Bereich des gesamten *Dickdarms* bleibt die charakteristische Muskelschichtung des Magendarmkanals (S. 7/8) bestehen: *Lamina muscularis mucosae*, zweischichtige *Tunica muscularis*.

Die *resorptive Leistung* beschränkt sich auf Wasser (Eindickung des Darminhalts) und Elektrolyte. Der eingeschränkten resorptiven Leistung entspricht das Fehlen von Darmzotten (Abb. **2**–32). In Anpassung an die verbleibende resorptive Aufgabe ist auch das Oberflächenepithel des Dickdarms mit einem Stäbchensaum ausgestattet

(Saumepithel). Dieser reicht bis in das obere Drittel der Krypten hinein.

Die dichtstehenden *Krypten* enthalten sehr zahlreiche *Becherzellen*, die in geringerer Zahl auch im Oberflächenepithel vorkommen. Die Dickdarmkrypten (*Gll. intestinales*) liefern große Mengen eines verhältnismäßig sauren Schleimes, der die Dickdarmschleimhaut gegenüber dem sich verfestigenden Darminhalt gleitfähig macht. Im Kryptengrund kommen neben den *Becherzellen* indifferente prismatische Zellen vor, denen die *Regeneration* des Dickdarmepithels obliegt, sowie zahlreiche *Basalgekörnte endokrine Zellen* (vgl. S. 115) vor.

Lymphocytenansammlungen sind in der gesamten Dickdarmschleimhaut nicht selten. Regelmäßig und zu Sekundärfollikeln organisiert kommt jedoch ein geschlossener Mantel lymphatischen Gewebes (Mucosa-assoziiertes lymphatisches System↗) in Submucosa und Propria des *Wurmfortsatzes* vor. Die von Lymphocyten durchsetzte Schleimhaut der Appendix ist verhältnismäßig dünn, entsprechend sind die Krypten kurz und auch zahlenmäßig spärlicher. Wenn auch eine epitheliale Reticulierungszone↗ im einschichtigen prismatischen Epithel des Wurmfortsatzes fehlt, wird die Bezeichnung „*Darmtonsille*" der funktionellen Bedeutung des Wurmfortsatzes im Hinblick auf das Immunisierungsgeschehen doch gerecht. Das lokale intestinale Abwehrsystem wird im Wurmfortsatz durch PANETHsche Körnerzellen↗ ergänzt.

2.8 Bauchspeicheldrüse, *Pancreas*

Bauchspeicheldrüse und *Leber* sind die beiden **Großen Darmdrüsen**. Im Gegensatz zu den kleinen Darmdrüsen (*Gll. duodenales, Gll. intestinales*) sind sie aber nicht in die Darmwand selbst eingebaut sondern wegen ihrer großen Drüsenmasse ausgelagert; sie stehen jedoch mit ihrem *Entstehungsort im Duodenum* jeweils durch einen Ausführungsgang in Verbindung (Abb. **2**–42, 55). Die Produkte von Bauchspeicheldrüse und Leber, nämlich *Pancreassaft* und *Galle*, sind für die Verdauung notwendig; sie werden daher funktionell sinnvoll dem Chymus↗ bereits im Anfangsteil des Dünndarms zugegeben.

Der weit überwiegende Teil des Pancreas steht im Dienst der Bildung von Bauchspeichel **(Exokrines Pancreas)**. Kleine Inseln spezieller Parenchymzellen sind nicht an das Ausführungsgangsystem angeschlossen, sondern sie bilden zusammen eine Hormondrüse (**Endokrines Pancreas** = Inselorgan, ↗Bd. 3).

Das Pancreas (Abb. **2**–55; **8**–57) ist ein langgestrecktes Organ, 60 bis 100 g schwer, das quer im Oberbauch (retroperitoneal) gelegen ist. Es sind an ihm drei Abschnitte zu unterscheiden: (1) *Caput pancreatis* (Pancreaskopf), das sich in die C-Form des Duodenum einschmiegt, mit einem nach unten umgebogenen hakenförmigen Fortsatz, dem *Processus uncinatus*. Somit entsteht ein nach caudal offener Winkel, die *Incisura pancreatis*, durch den die A. und V. mesenterica superior verlaufen. Diese versorgen den Dünndarm und die proximale Dickdarmhälfte (Abb. **8**–57). Der Pancreaskopf geht nach links in (2) das *Corpus pancreatis* (Pancreaskörper) über, das quer über die Wirbelsäule (in Höhe von L1 und L2) mit den vor dieser gelegenen großen Bauchgefäßen, Aorta und Vena cava inferior, gelagert ist. Der durch den Wulst der Wirbelsäule in die Bauchhöhle vorspringende Teil des Pancreas heißt *Tuber omentale*, weil er sich in die *Bursa omentalis*↗ vorwölbt. Bis zum Milzhilus↗ erstreckt sich schließlich (3) die *Cauda pancreatis* (Pancreasschwanz).

Das Pancreas wird in seiner ganzen Länge von seinem Ausführungsgang, dem **Ductus pancreaticus** (Abb. **2**–55) durchzogen. Dieser ist 1–2 cm dick und stark verzweigt. Unmittelbar vor seiner Mündung vereinigt er sich in der Regel mit dem **Ductus choledochus** (Abb. **2**–42, 55, 68), wodurch dieser Gangabschnitt zur *Ampulla hepatopancreatica* erweitert sein kann. Vor der eigentlichen Mündungsstelle auf der *Papilla duodeni major* in der *Pars descendens duodeni*↗ wird der letzte Gangabschnitt von dem ringförmigen *M. sphincter ampullae* (Sphincter Oddii[1]) umschlossen. Durch diesen Verschlußmechanismus wird nicht nur der Abfluß von Galle und Pancreassaft reguliert, sondern auch der Reflux von Galle in das Gangsystem des Pancreas verhindert.

Häufig findet sich im Pancreaskopf weiter cranialwärts ein kleiner *zweiter Ausführungsgang*, **Ductus pancreaticus accessorius**, der entweder rudimentär ist oder das Duodenum erreicht und dann auf einer eigenen *Papilla duodeni minor* mündet (Abb. **2**–55). Er ist entwicklungsgeschichtlich zunächst als der Hauptgang angelegt: mit dem Verschmelzen der ursprünglich getrennten ventralen und dorsalen Pancreasanlagen übernimmt dann in der Regel der Gang der ventralen Anlage diese Aufgabe.

Das Pancreas ist nur an seiner Vorderseite von *Bauchfell* überzogen (Abb. **2**–77); es liegt also *retroperitoneal*↗ und zwar an der Rückseite

---

[1] Ruggero Oddi (1864–1913), Physiologe in Perugia.

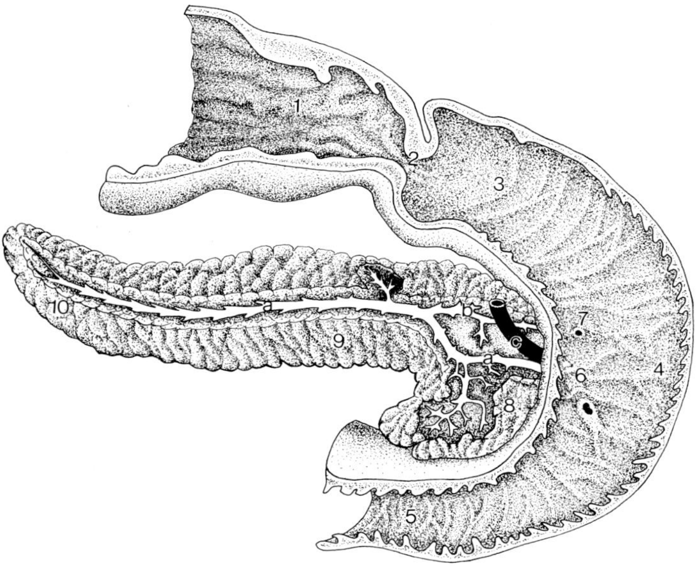

Abb. **2**–55: **Pancreas und Duodenum** (von dorsal, im Pancreas Gangsystem freigelegt, Duodenum aufgeschnitten).

1 Magen
2 Ostium pyloricum
3 Pars superior duodeni
4 Pars descendens duodeni
5 Pars horizontalis duodeni
6 Plica longitudinalis duodeni mit Papilla duodeni major
7 Papilla duodeni minor
8 Caput pancreatis
9 Corpus pancreatis
10 Cauda pancreatis
a Duct. pancreaticus
b Duct. pancreaticus accessorius
c Duct. choledochus

der *Bursa omentalis* ↗, größtenteils oberhalb der *Radix des Mesocolon transversum* ↗ (Abb. **2**–77) und somit im *Oberbauchbereich* ↗. Die Bauchspeicheldrüse ist im Situs nicht direkt sichtbar und auch operativ verhältnismäßig schwer zugänglich:

(1) durch das *Omentum minus* (Abb. **2**–71): begrenzter Zugang zum Tuber omentale;
(2) längs der Großen Curvatur des Magens unter Durchtrennung des *Lig. gastrocolicum*: supracolischer Weg (Abb. **2**–72);
(3) nach Hochschlagen des Colon transversum durch das *Mesocolon transversum*: infracolischer Weg (Abb. **2**–72).

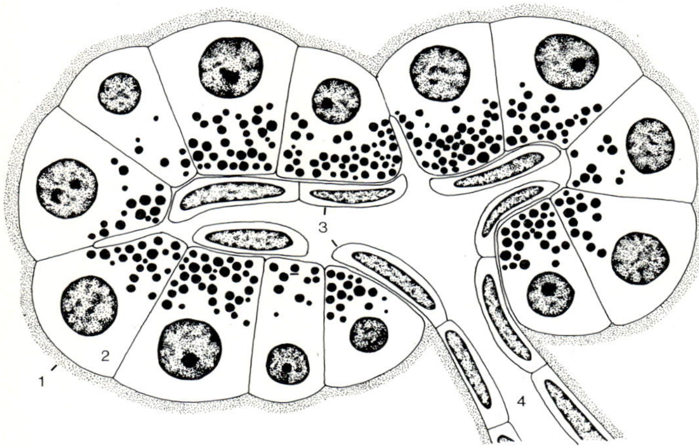

Abb. **2**–56: **Pancreas, acinöses Endstück**

1 Basalmembran
2 Seröse Drüsenzelle mit apicalen Prosekretgranula
3 Centroacinäre Zellen
4 Schaltstück

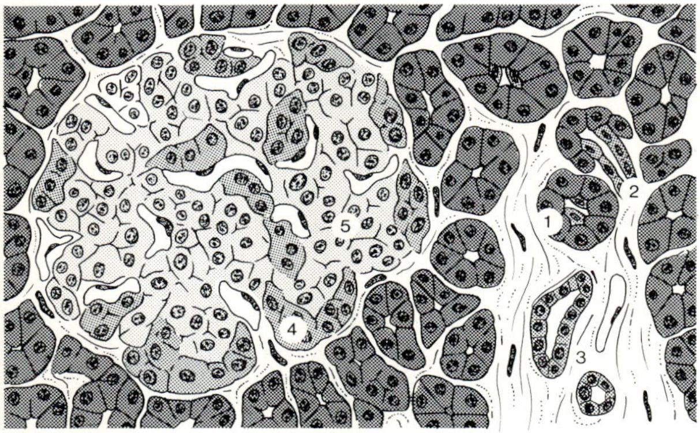

Abb. **2**–56A: **Pancreas, mikroskopische Anatomie** (Übersicht).

Exokriner Anteil

1 seröses Endstück mit Centroacinären Zellen
2 Schaltstück
3 Ausführungsgang

Endokriner Anteil (LANGERHANSsche Insel)

4 A-Zellen
5 B-Zellen

MIKROSKOPISCHE ANATOMIE

Das Parenchym des **Exokrinen Pancreas** (Abb. **2**–56A) ist in Läppchen (*Lobuli*) gegliedert, die durch schmale Bindegewebssepten voneinander getrennt sind. Die intralobulären Anteile zeigen den Aufbau einer rein *serösen Drüse* mit acinösen Endstücken (Abb. **2**–14, 56, 56A). Die Drüsenzellen sind deutlich *polarisiert*: in ihren basalen Anteilen sind sie reich an *Ergastoplasma* (↗Bd. 1), daher ist dieser Zellteil basophil. In den apicalen Zellanteilen finden sich zahlreiche, unterschiedlich große *Prosekretgranula* (Abb. **2**–56). Ein Charakteristikum des exokrinen Pancreas sind die *Centroacinären Zellen*; dabei handelt es sich um Zellen der Anfangsteile der *Schaltstücke* (Abb. **2**–14, 15), die in das Innere der Acini einbezogen sind (Abb. **2**–56, 56A). Die Schaltstücke selbst besitzen ein flaches Epithel und gehen direkt in die Ausführungsgänge über (Abb. 2–14, 56A). Diese münden schließlich in den *Ductus pancreaticus*.

Das seröse Sekret des Pancreas enthält jeweils ca. 75 mM Natriumbicarbonat und Kochsalz. Somit wird ein *pH-Wert von 8,5* erreicht, wodurch im Duodenum der aus dem Magen kommende saure *Verdauungsbrei abgepuffert* wird. Darüber hinaus ist der Bauchspeichel proteinreich, da er zahlreiche **Verdauungsenzyme** enthält. Kohlenhydrate werden durch die *α-Amylase* abgebaut; gegen Proteine sind die Enzyme *Trypsin, Chymotrypsin* und die *Carboxypeptidasen* gerichtet; für die Fettspaltung werden *Lipasen* gebildet, und Nucleinsäuren werden von *Nucleasen, Nucleosidasen* und *Phosphatasen* abgebaut.

Bildung und Abgabe des Bauchspeichels (1,2 l täglich) stehen unter dem Einfluß des *N. vagus* (↗Bd. 3) sowie von *Hormonen*: *Gastrin* und *Sekretin* befördern die Bildung der alkalischen wäßrigen Komponente durch die Epithelien der Ausführungsgänge; das *Pankreozymin* (= *Cholecystokinin*, CCK) stimuliert die Enzymsynthese in den Acini.

Das **Endokrine Parenchym** (Abb. **2**–56A) der Bauchspeicheldrüse besteht aus etwa 1–2 Millionen kleinen Gewebeinseln (LANGERHANSsche Inseln[1], *Insulae pancreaticae;* Abb. **2**–56A) von etwa 0,1 mm Durchmesser, die vor allem im Corpus und in der Cauda pancreatis auftreten. Die Gesamtmasse der Inseln beträgt etwa 2,5 g und wird zusammenfassend als *Inselorgan* bezeichnet. Die Inseln sind von zahlreichen sinusoidalen Capillaren durchzogen (Abb. **2**–56A), in welche die Hormone abgegeben werden.

Aufgrund spezieller, vor allem hochspezifischer immuncytochemischer Markierungen (↗Bd. 1) können unterschiedliche Zellarten in

[1] PAUL LANGERHANS (1849–1888), Pathologe in Freiburg i. Br.

den Inseln unterschieden werden. Im Vordergrund stehen die **A-Zellen** und die **B-Zellen** (Abb. **2**–56A), die bei Kindern noch zu etwa gleichen Anteilen vorhanden sind. Beim Erwachsenen sind die A-Zellen mit 20% vertreten, sie bilden das den Blutzuckerspiegel erhöhende Hormon *Glukagon*. Die B-Zellen machen ca. 80% des Inselzellparenchyms aus. Sie bilden das Hormon *Insulin*, das den Blutzuckerspiegel senkt. Eine Unterfunktion dieser B-Zellen führt zur Zuckerkrankheit *(Diabetes mellitus)*. Sehr vereinzelt treten **C-Zellen** auf, die als erschöpfte B-Zellen aufgefaßt werden. In den **D-Zellen** schließlich wurde das Hormon *Somatostatin* nachgewiesen, das eine inhibitorische Wirkung auf die A- und B-Zellen ausübt. Näheres s. Bd. 3.

Leitungsbahnen der Bauchspeicheldrüse

Arterien (Abb. **8**–57)
- Pancreaskopf: aus *A. hepatica comm.* und *A. mesenterica sup.*
  (a) Rr. pancreatici ← *A. pancreaticoduodenalis sup. ant.* (← A. gastroduodenalis ← A. hepatica comm. ← Tr. coeliacus) → ← R. anterior ← *A. pancreaticoduodenalis inf.* (← A. mesenterica sup.);
  (b) Rr. pancreatici ← *A. pancreaticoduodenalis sup. post.* (← A. gastroduodenalis ← A. hepatica comm. ← Tr. coeliacus) → ← R. posterior ← *A. pancreaticoduodenalis inf.* (← A. mesenterica sup.).
- Pancreaskörper und -schwanz: Aus *A. lienalis*
  (a) *A. pancreatica dorsalis* zur Incisura pancreatica;
  (b) *A. pancreatica magna* zur Hinterfläche des Drüsenkörpers;
  (c) *A. caudae pancreatis* zum Schwanzteil;
  (d) *A. pancreatica inferior* verläuft an der unteren Hinterfläche der Drüse.

Venen (Abb. **8**–57, 78)
→ Vv. mesenterica sup. und lienalis → *V. portae*.

Regionäre Lymphknoten (Abb. **9**–19)
- Pancreaskopf: *Nll. pancreaticoduodenales sup. et inf.* → *Nll. hepatici* → Nll. coeliaci, sowie → *Nll. mesenterici* → Nll. coeliaci;
- Pancreaskörper und -schwanz: *Nll. pancreatici sup. et inf.* → Nll. coeliaci sowie → Nll. mesenterici → Nll. coeliaci.

Nerven
- para. und symp.: *N. vagus* und *Nn. splanchnici* → Ggll. coeliaca → *Plex. coeliacus* und *Plex. mesentericus sup.*

2.9 Leber, *Hepar*

Die **Leber** wiegt ca. 1,5 kg und ist damit die größte Drüse des Körpers. Dieses Organ hat eine typische *Doppelfunktion*: sie ist

- eine *exokrine Drüse*, die über intrahepatische und extrahepatische Gallenwege ihr Produkt, die Galle, dem Duodenum zuleitet;
- ein *Ingestivorgan*, d. h. ein Organ des Stoffwechsels, das seine Funktionen (z. B. Gluconeogenese, Glykolyse, Glykogenspeicherung, Proteinsynthese, Lipogenese, Entgiftung) in Wechselwirkung mit dem Blut ausübt.

Die *Sonderstellung der Leber* als ein Organ, das die Homöostase↗ der Blutzusammensetzung regelt („Metabolitostat"), wird durch die **spezifische Kreislaufsituation** deutlich (Abb. **2**–57). So wird die Leber einmal – wie jedes andere Organ auch – durch eine Arterie (A. *hepatica propria*) versorgt (Vas privatum↗). Andererseits erhält sie zusätzlich das Blut aus den unpaaren Bauchorganen über die *V. portae* (Vas publicum↗). Das mit Nährstoffen angereicherte portale Blut hat bereits ein erstes Capillargebiet (z. B. in der Darmwand) passiert und dabei einen Teil des Sauerstoffs abgegeben. Nach Einmündung der *V. portae* in der Leberpforte (*Porta hepatis*) versorgt sie dann ein zweites capilläres Stromgebiet im Inneren des Organs. Aus diesem sammeln die Lebervenen (*Vv. hepaticae*) das Blut, um es der *V. cava inferior* zuzuführen. Diese Hintereinanderschaltung zweier capillärer Strombahnen wird als **Portaler Kreislauf** (Pfortader-Kreislauf↗) bezeichnet.

Die Leber liegt größtenteils im *rechten Oberbauch*↗, eingeschmiegt in die rechte Zwerchfellkuppel (Abb. **2**–64, 71); sie ist deshalb bei Eröffnung der Bauchhöhle nur zu einem kleinen Teil sichtbar (Abb. **2**–70). Die *Konsistenz* der Leber ist weich; ihre charakteristische Form wird daher am fixierten Organ beschrieben.

Die Leber ist in zwei ungleich große Hauptlappen, einen größeren Rechten Leberlappen, *Lobus hepatis dexter* und einen kleineren Linken Leberlappen, *Lobus hepatis sinister*, unterteilt (Abb. **2**–58). Am Lobus dexter lassen sich noch zwei kleinere Lappen unterscheiden, *Lobus quadratus* und *Lobus caudatus* (Abb. **2**–59). Die Trennungslinie zwischen rechtem und linkem Leberlappen entspricht auf der konvexen Vorderfläche dem Ansatz des *Lig. falciforme hepatis* (Abb. **2**–58), auf der konkaven Unterfläche der Linie *Fissura lig. teretis – Fissura lig. venosi* (Abb. **2**–59).

Der nach vorne, oben und hinten gerichtete Teil der Leberoberfläche wird als **Facies diaphragmatica** (Zwerchfellfläche; Abb. **2**–58) bezeichnet. Er ist konvex, da er sich in die Wölbung des Zwerchfells einpaßt. In einem breiten, etwa dreieckigen Bereich ist hier die Leber direkt mit dem *Diaphragma* verwachsen, so daß eine *Area nuda* (Abb. **2**–60) entsteht, wo der peritoneale Überzug fehlt.

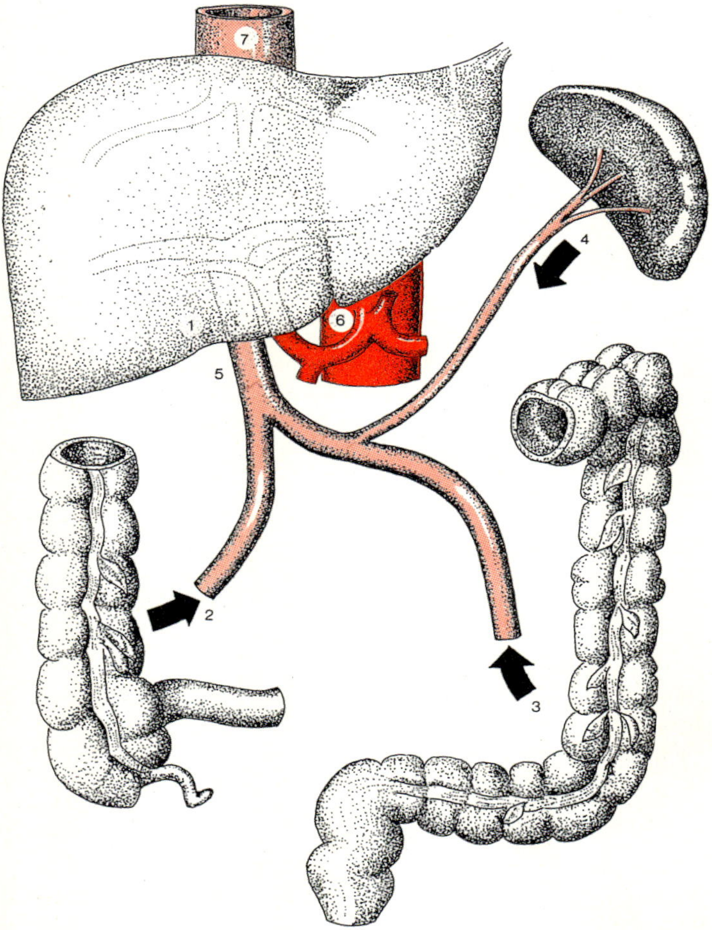

An der Circumferenz der *Area nuda* geht das Peritoneum viscerale↗ als *Lig. coronarium hepatis* in das Peritoneum parietale über (Abb. **2**–60). Auf der linken Seite laufen die Übergangslinien spitzwinklig zusammen und bilden hierdurch das *Lig. triangulare sinistrum*, das sich in den bindegewebigen Strang der *Appendix fibrosa hepatis* am äußersten Ende des linken Leberlappens fortsetzt. Auf dem rechten Leberlappen bilden die peritonealen Umschlagfalten das *Lig. triangulare dextrum*. Der dorsal gelegene Übergang des parietalen Peritoneums von der Leber auf die rechte Niere wird als *Lig. hepatorenale* bezeichnet.

Die **Facies visceralis** (Eingeweidefläche; Abb. **2**–59) der Leber ist konkav und nach unten gerichtet; sie ruht auf den benachbarten Eingeweiden. Beim in situ gehärteten Organ sind daher entsprechende Vertiefungen erkennbar, die *Impressiones: renalis, colica, duodenalis, gastrica, oesophagea, suprarenalis*.

Der untere Leberrand, *Margo inferior*, ist im Gegensatz zu allen anderen scharf. Ein tiefer Einschnitt trennt den rechten vom linken Lappen, *Incisura lig. teretis* (*Abb.* **2**–58). Von hier aus zieht beim Erwachsenen ein bindegewebiger Strang, das *Lig. teres hepatis* (strangförmiges Leberband) im freien Rand des *Lig. falciforme hepatis* (sichelförmiges Leberband; Abb. **2**–63, 64) zum Nabel. Es handelt sich um die verödete Nabelvene, die im fetalen Kreislauf das Blut von der Placenta durch den Nabelstrang zur Leber und zum Herzen geführt hat (Abb. **2**–58, nicht bezeichnet).

An der *Incisura lig. teretis* legt sich das *Lig. teres* in die gleichnamige Fissur (Abb. **2**–59) und erreicht den Rand der **Leberpforte** (*Porta hepatis*). Diese bildet eine querliegende Nische in der Mitte der *Facies visceralis* (Abb. **2**–59), die in situ erst durch Hochheben des unteren Leberrandes sichtbar wird. Das bereits erwähnte, in der *Fissura*

◁ Abb. **2**–57: **Kreislaufsituation der Leber.**
Das von den unpaaren Bauchorganen stammende Blut wird durch die V. portae der Leber zugeleitet.

1 Leber mit Leberpforte (Porta hepatis)
2 Dünndarm, Caecum, Colon ascendens, erste Zweidrittel des Colon transversum mit V. mesenterica superior
3 Distales Drittel des Colon transversum, Colon descendens, Colon sigmoideum, proximales Rectum mit V. mesenterica inferior.
4 Milz mit V. lienalis
5 V. portae
6 Aorta mit Truncus coeliacus und A. hepatica propria
7 V. cava inferior mit einmündenden Vv. hepaticae

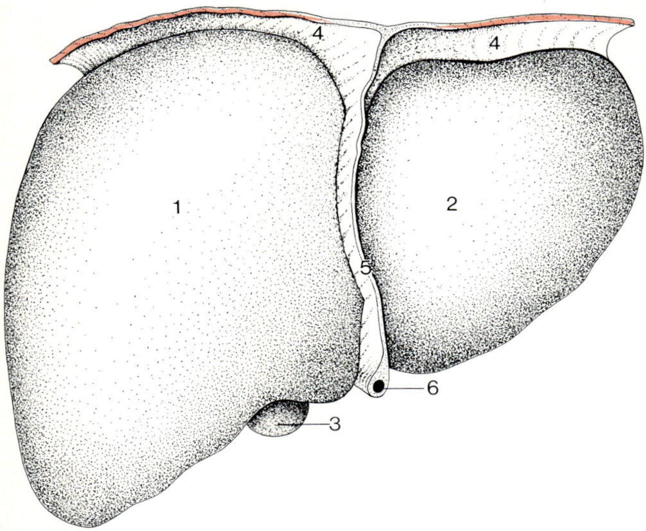

Abb. **2**–58: **Leber, Facies diaphragmatica** (von ventral).
Rot: Muskulatur der beiden Zwerchfellkuppeln, dazwischen das Centrum tendineum

1 Lobus hepatis dexter
2 Lobus hepatis sinister
3 Fundus vesciae felleae
4 Lig. coronarium
5 Lig. falciforme
6 Lig. teres hepatis mit obliterierter Nabelvene

ligamenti teretis verlaufende *Lig. teres hepatis* setzt sich in der *Fissura ligamenti venosi* nach oben als *Lig. venosum* (Venenband) fort (Abb. **2**–59). Dieser bindegewebige Strang stellt den obliterierten *Ductus venosus* (ARANTII[1]) dar, durch den im fetalen Kreislauf ein Teil des in der Placenta arterialisierten Blutes der Nabelvene (s. o.) an der Leber vorbei direkt in die Untere Hohlvene geleitet wurde.

Während so die *Porta hepatis* links durch eine aus *Fissura lig. teretis* und *Fissura lig. venosi* bestehende „Fissura sagittalis sinistra" begrenzt ist, wird der rechte Rand der Leberpforte ebenfalls durch eine sagittale Furche abgegrenzt: „Fissura sagittalis dextra". Sie besteht aus der *Fossa vesicae felleae* mit der darin gelegenen Gallenblase und

[1] Giulio Cesare Arantius (1530–1589), Prof. der Anatomie in Bologna.

dem *Sulcus venae cavae* mit der Unteren Hohlvene. Somit entsteht auf der *Facies visceralis hepatis* die charakteristische Figur eines H (Abb. **2**–59, 61). Durch den Querbalken dieser H-Figur treten die beiden zuführenden Gefäße, die *A. hepatica propria* und die *V. portae* in das Innere des Organs ein. Von beiden Seiten kommend vereinigen sich ebenfalls hier der *Ductus hepaticus dexter* und der *Ductus hepaticus sinister* zum gemeinsamen abführenden Gallengang, dem *Ductus hepaticus communis* (Abb. **2**–59). Durch das H wird ein hinten liegender

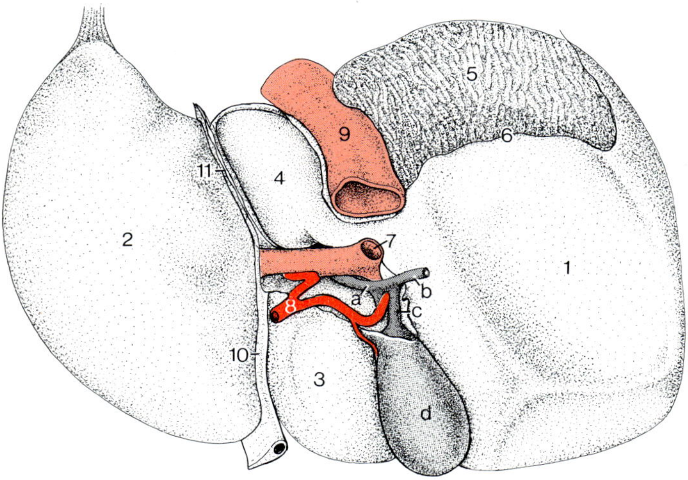

Abb. **2**–59: **Leber, Facies visceralis** (von dorsal).

1 Lobus hepatis dexter
2 Lobus hepatis sinister mit Appendix fibrosa hepatis
3 Lobus quadratus
4 Lobus caudatus (steht durch den Proc. caudatus mit dem Lobus hepatis dexter in Verbindung)
5 Area nuda
6 Befestigung des Lig. coronarium
7 V. portae
8 A. hepatica propria (nach links verlagert; in situ mit V. portae und Duct. choledochus verlaufend)
9 V. cava inf. im Sulcus venae cavae
10 Lig. teres hepatis in der Fissura ligamenti teretis (vgl. Abb. **2**–58)
11 Ligamentum venosum in der Fissura ligamenti venosi (Doppelkontur entspricht dem Ansatz des Omentum minus; die Doppelkontur ist um die Leberpforte – vgl. Abb. **2**–61 – zu verfolgen)
a Ductus hepaticus sinister (kurz vor der Vereinigung mit dem Ductus hepaticus dexter zum Ductus hepaticus comm.)
b Ductus choledochus
c Ductus cysticus
d Vesica fellea in der Fossa vesicae felleae

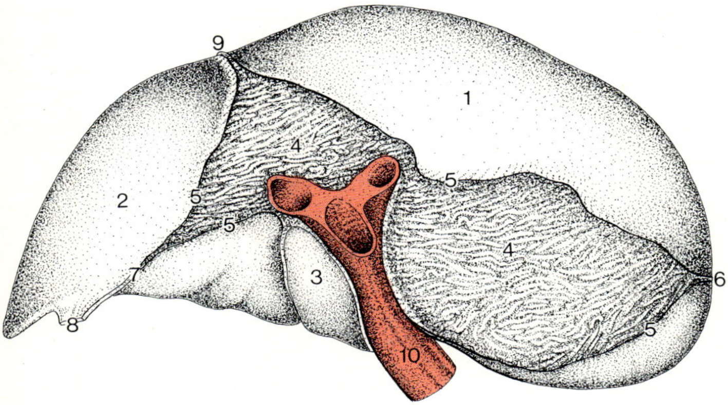

Abb. **2**–60: **Leber, Area nuda** (von cranial).

1 Lobus hepatis dexter
2 Lobus hepatis sinister
3 Lobus caudatus
4 Area nuda
5 Ansatzlinie des Lig. coronarium
6 Lig. triangulare dextrum
7 Lig. triangulare sinistrum
8 Appendix fibrosa hepatis
9 Lig. falciforme (Schnittlinie)
10 V. cava inf. (mit Vv. hepaticae, kurz vor deren Mündung)

Lobus caudatus und ein vorne gelegener *Lobus quadratus* aus dem großen *Lobus dexter hepatis* abgetrennt.

Nicht an der Leberpforte, sondern an der Dorsalseite des Organs (neben dem *Lobus caudatus*) verlassen die *Vv. hepaticae* mit drei dicken Ästen die Leber und münden auf dem kürzesten Wege in die vorbeiziehende *V. cava inferior* ein (Abb. **2**–60).

Die Leber ist unter der Serosa von einer derben bindegewebigen *Capsula fibrosa* (Glissonsche Kapsel)[1] umschlossen. Dieses Bindegewebe setzt sich an der Leberpforte als gemeinsame Ummantelung der Äste der Pfortader und der Leberarterie sowie der intrahepatischen Gallenwege fort (Glissonsche Trias).

Die weitere Aufzweigung der Glissonschen Triaden folgt nicht der „anatomischen" Lappeneinteilung der Leber (vgl. S. 151), sondern ist Anlaß zu einer an die Gefäßarchitektonik angelehnten „chirurgischen" **Segmentierung** (ähnlich der Segmentierung der Lunge,

[1] Francis Glisson (1597–1677), Prof. der Anatomie in Cambridge.

vgl. S. 218). Diese folgt der Verzweigung der V. portae, die sich unweit der Leberpforte in 2 Äste teilt, die je ein annähernd gleich großes Stromgebiet versorgen. Die beiden Stromgebiete scheiden sich in der sogenannten *Cava-Gallenblasen-Linie* (Abb. **2**–62), die an der visceralen Seite der Linie Sulcus venae cavae-Fossa vesicae felleae entspricht. So ergeben sich eine rechte und eine linke Leberhälfte (mit je 2 Segmenten). Die Abb. **2**–62 und **2**–63 zeigen diese von der modernen Leberchirurgie geschaffene Gliederung und ihre anatomischen Voraussetzungen.

Das **Bauchfell** überzieht die Leber mit Ausnahme des schon erwähnten dorsocranialen Verwachsungsfeldes (*Area nuda*, Abb. **2**–60); sie ist damit intraperitoneal↗ gelegen. Nach vorn bildet das Bauchfell eine Duplikatur, *Lig. falciforme hepatis*, welche die Leber mit der vorderen Bauchwand verbindet. Das *Lig. teres hepatis* ist der verstärkte freie Unterrand des Lig. falciforme. Das eigentliche „Meso"↗ der Leber ist aber das **Lig. hepatoduodenale** (Abb. **2**–71); in dieser Bauchfellduplikatur verlaufen die afferenten Blutgefäße und der Gallengang (in der Reihenfolge vom freien Rand des Ligamentum her gesehen: *Ductus choledochus*, *V. portae* und *A. hepatica propria*). Das

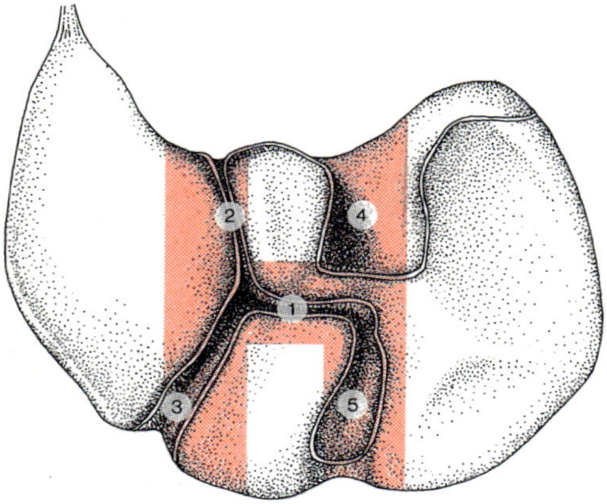

Abb. **2**–61: **H-Figur der Facies visceralis hepatis** (Orientierung s. Abb. **2**–59).

1 Porta hepatis
2 Fissura ligamenti venosi (mit Lig. venosum)
3 Fissura ligamenti teretis (mit Lig. teres hepatis)
4 Sulcus venae cavae (mit V. cava inferior)
5 Fossa vesicae felleae (mit Vesica fellea)

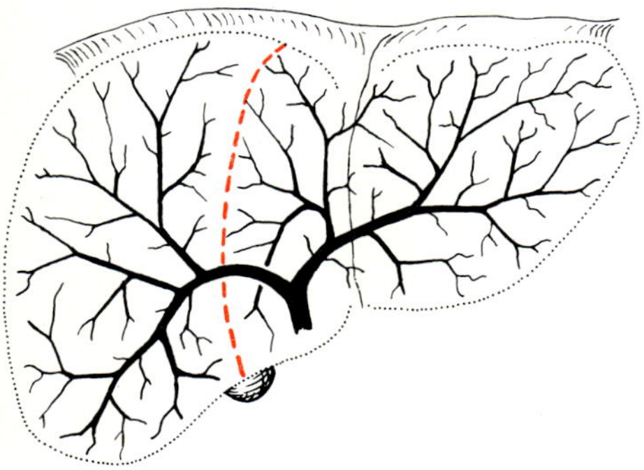

Abb. **2**–62: **Gefäßbaum der V. portae** als Grundlage der Segmentgliederung (vgl. Abb. **2**–63). *Rot:* Cava-Gallenblasen-Linie.

Lig. hepatoduodenale setzt sich als *Lig. hepatogastricum* fort, das an die Kleine Curvatur des Magens zieht; zusammen bilden sie das *Kleine Netz* (*Omentum minus*) (Abb. **2**–71).

Über *Größe* und *Konsistenz* der Leber gibt bei der ärztlichen Untersuchung derjenige Teil des Organs Auskunft, der an der vorderen Bauchwand den rechten Rippenbogen überragt (Abb. **2**–64). Der untere Leberrand (*Margo inferior*) fällt normalerweise bis zur rechten Medioclavicularlinie (↗Bd. 1) mit dem Rippenbogen zusammen. Von hier ab zieht er schräg durch das Epigastrium (vgl. Abb. **2**–64); nur in diesem Bereich liegt die Leber direkt der Bauchwand an. Bei Gesunden ist die Leber und besonders ihr Rand wegen der weichen Konsistenz des Organs nicht oder nur sehr undeutlich zu fühlen. Dagegen ist der untere Leberrand immer durch Perkussion zu bestimmen. Wichtig für die Erklärung von Schallbefunden ist, daß die Leber die kleine Curvatur des Magens, den Pylorus und die Cardia überlagert (Abb. **2**–64).

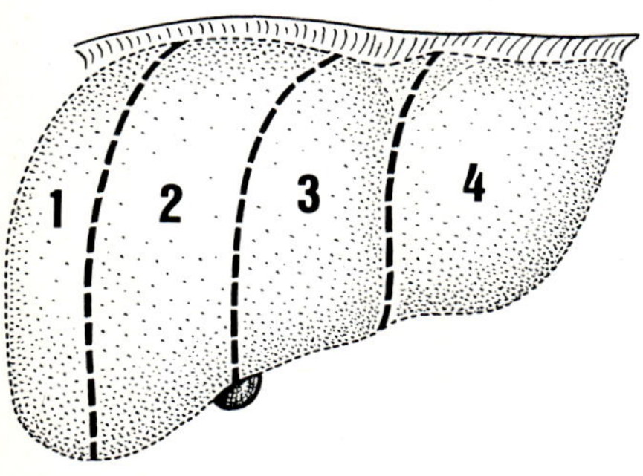

Abb. **2**–63: **Segmente der Leber.**

1 Segmentum posterius
2 Segmentum anterius
3 Segmentum mediale
4 Segmentum laterale

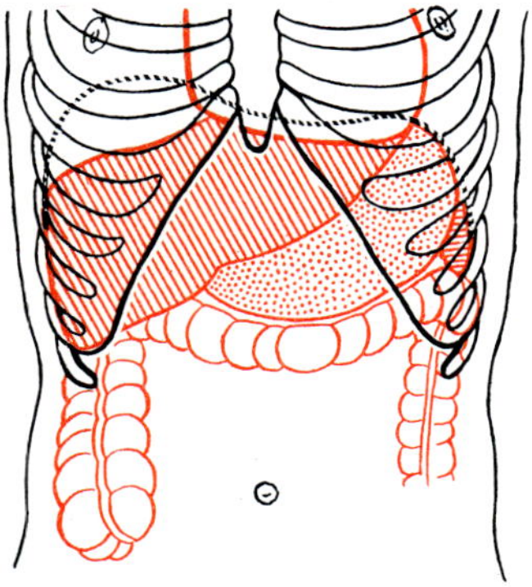

Abb. **2**–64: **Topographische Beziehung der Oberbauchorgane zur vorderen Bauchwand.**
Schwarz punktiert: Zwerchfell, *rot schraffiert:* Leber und Milz, *rot punktiert:* Magen
Das Colon ist dargestellt mit den Beziehungen der Flexura coli dextra zur Leber und der Flexura coli sinistra zur Milz. – Die Leber steht in der Regio epigastrica (vgl. Abb. 160) mit der vorderen Bauchwand in direktem Kontakt; sie überlagert dabei die Kleine Curvatur des Magens mit Cardia und Pylorus. Der Magen tritt in der Regio epigastrica in einem dreieckigen Feld mit der vorderen Bauchwand in direkten Kontakt; der übrige Teil mit dem Fundus liegt im linken Hypochondrium (vgl. Abb. **2**–69). Der untere Herzrand *(rote Konturlinie)* projiziert sich auf die Leber (und ist daher nicht perkutierbar). Der rechte Leberlappen wird teilweise von Pleura bzw. Lunge *(weiß)* überlagert.

MIKROSKOPISCHE ANATOMIE

Im histologischen Schnittpräparat der menschlichen Leber kann eine Struktur oft nur schwer erkannt werden. Es wird daher häufig zunächst der Sonderfall der bindegewebsreichen Schweineleber betrachtet, bei der das Stroma↗ polygonale Parenchymeinheiten umschließt: **Leberläppchen**, *Lobuli hepatis* (Abb. **2**–65). In diesen Läppchen erscheinen die Leberepithelzellen (*Hepatocyten*) zu einzellig breiten Balken angeordnet, die – mehr oder weniger exakt – strahlenförmig auf eine mittelständige Venule (Zentralvene, *Vena centralis*) zulaufen. In Wirklichkeit bilden die Leberzellen untereinander verbundene Wände (*Muralia hepatis*), zwischen denen sinusoidale Capillaren verlaufen, die in die Zentralvene einmünden (Abb. **2**–66). Die *Sinusoide* werden von den afferenten terminalen Ästen der interlobulären Verzweigungen der A. hepatica propria und der V. portae gespeist (Abb. **2**–66). In den von Bindegewebe ausgefüllten Zwickeln zwi-

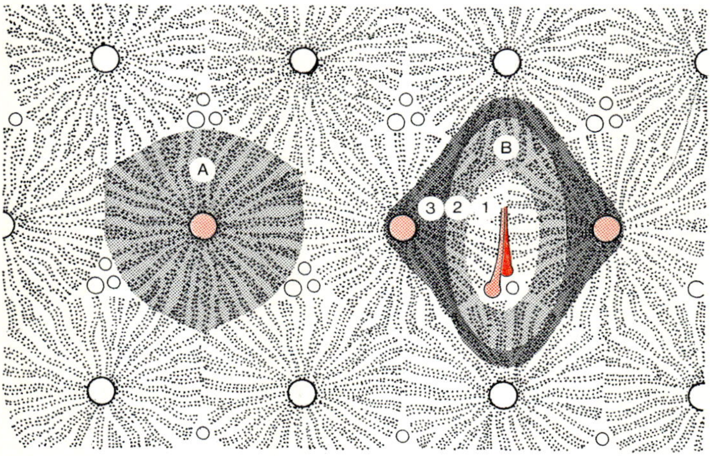

Abb. **2–65: Organisation des Leberparenchyms** (modifiziert nach Rappaport).

A Leberläppchen (Struktureinheit): im Mittelpunkt die Zentralvene, in der Peripherie die Glissonschen Triaden.

B Leberacinus (Funktionseinheit): dessen Achse bilden die von der Glissonschen Trias ausgehenden terminalen portalen Gefäße; darum liegen die vaskulatorischen Versorgungszonen 1, 2 und 3. Die efferente Vene ist jetzt nicht mehr „zentral", sie wird in diesem Konzept als terminale efferente Venule bezeichnet.

schen den Lobuli liegen diese Blutgefäße zusammen mit dem efferenten Gallengang (*Ductus interlobularis biliferus*[1]) und bilden somit die sog. Glisson*sche Trias* (Abb. **2**–65).

Auf der Grundlage dieser beim Schwein erkennbaren Gliederung der Leber können auch beim Menschen analoge Parenchymbereiche beschrieben werden, die allerdings – wegen des fast fehlenden Bindegewebes – nur durch die Lage der Zentralvene und der Glissonschen Triaden definiert sind. Die Parenchymzellen bilden an der äußeren Läppchengrenze eine *äußere Grenzlamelle*; ebenso kann im Inneren des Läppchens ein geschlossener Kranz von Parenchymzellen erkannt werden, welcher als *innere Grenzlamelle* die Zentralvene umschließt.

[1] *bilis* (lat.) = Galle, im Gegensatz zu *fel* (lat.) = Blasengalle (z. B. Vesica fellea).

Es ist einsehbar, daß die Leberzellen innerhalb eines Läppchens, je nach ihrer Nähe oder Ferne von den afferenten Blutgefäßen, unterschiedliche Konzentrationen von Sauerstoff und anderen Substraten erhalten. Daher kann das Läppchen nur als *Struktureinheit*, nicht aber als eine *Funktionseinheit* angesehen werden. Da die Mikrovascularisation ein bestimmender Faktor für die Leistungen der Zellen im Parenchym ist, gilt als funktionelle Einheit der **Leberacinus** (Abb. **2**–65). Dieser wird von einem Parenchymbereich gebildet, der um die *Achse der terminalen afferenten Gefäße* gelagert ist, in der auch der abführende Gallengang verläuft. Die in der Nähe dieser zuführenden Blutgefäße gelegenen Parenchymanteile werden als Zone 1, ein intermediärer Bereich als Zone 2 und der in der vaskulatorischen Peripherie gelegene Anteil als Zone 3 bezeichnet. In dieser perivenösen Zone liegt auch die abführende Vene, die nach dem Acinuskonzept jetzt nicht mehr „zentral" gelegen ist und daher als *terminale efferente Venule* angesprochen wird.

Ein Vorteil des Acinuskonzeptes ist es, daß nun auch die **sekretorische Funktion der Leber**, nämlich die *Gallebildung* – vergleichbar wie bei anderen Drüsen – in den Mittelpunkt der Einheit gerückt wird. Die Galle kann von allen Leberzellen gebildet werden. An den Kontaktstellen der Leberzellen („*Gallepol*") untereinander werden kleine (im Querschnitt halbkreisförmige) Rinnen ausgespart, die jeweils durch zwei benachbarte Leberzellen zur zylindrischen, geschlossenen *Gallencapillare* (*Canaliculus biliferus*) ergänzt werden (Abb. **2**–67). Die Wände des Gangsystems der Gallencapillaren werden im intra-acinären Bereich nur durch die Plasmamembranen der Leberparenchymzellen gebildet; erst nach Durchtritt durch die äußere Grenzlamelle (s. o.) wird dann die Gallenflüssigkeit durch *Ductuli interlobulares biliferi* (interlobuläre Gallengänge) weitergeleitet, die von einem einschichtigen kubischen bis prismatischen Epithel umgeben sind. Diese Epithelzellen können die Zusammensetzung der Galle durch aktive Leistungen wie Resorption und Sekretion modifizieren.

Die sinusoidalen Seiten („*sinusoidaler Pol*") der Leberzellen (Abb. **2**–67) sind zwar zur Blutseite hin orientiert, haben aber keinen unmittelbaren Kontakt zur Blutbahn; die mit Mikrovilli besetzten Leberzelloberflächen grenzen vielmehr an einen perisinusoidalen Spaltraum (*Spatium perisinusoideum*, **Dissescher Raum**[1]), der außer-

[1] Joseph Disse (1852–1912), Prof. der Anatomie in Tokyo, Göttingen, Marburg.

halb der Basalmembran-freien Endothelzellen liegt. In diesem Disse-schen Raum verlaufen auch Reticulinfasern und Nerven.

Die Wand der **Lebersinusoide** wird von verschiedenen Zellen gebildet (Abb. **2**–67):
- Uferzellen (Endothelzellen)
- Kupfferzellen
- Perisinusoidalzellen
- Pit-Zellen

Die **Endothelzellen** bilden das eigentliche capillare Rohr, das wegen seiner Weite (5–15 µm), seiner fehlenden Basalmembran und

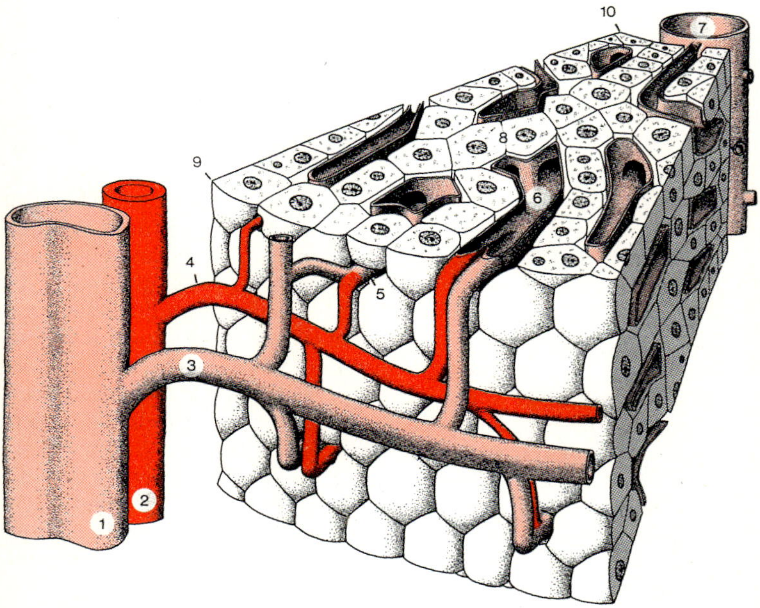

Abb. **2**–66: **Gefäßversorgung des Leberparenchyms.**
In der Glissonschen Trias verlaufen zusammen mit einem Gallengang (hier nicht dargestellt) die präterminalen Äste der (1) V. portae und (2) der A. hepatica propria. Von diesen gehen die terminalen (3) portalen und (4) arteriellen Verzweigungen ab, die entweder gemeinsam (5) oder einzeln in die intra-acinären Sinusoide (6) einmünden, so daß hier portal-arterielles Mischblut vorhanden ist. Alle Sinusoide münden schließlich in die terminal efferente Venule (7) (= „Zentralvene"). – Das Leberparenchym ist in einzellig breiten Platten (8) angeordnet; man kann eine periportale (9) und eine perivenöse (10) Grenzlamelle erkennen.

der durch zahlreiche Poren bedingten Durchlässigkeit als *Sinusoid* bezeichnet wird. Die Endothelzellen sind im Kernbereich nur geringfügig in das Lumen der Sinusoide vorgewölbt; sie besitzen flache Fortsätze, die von einzelnen Fenestrationen oder von ganzen Siebplatten durchsetzt sind. Im Cytoplasma finden sich die ultrastrukturellen Voraussetzungen für eine lebhafte endocytotische Aktivität. Ihre Hauptaufgabe besteht in der *Filterung des Blutes*.

Die **Kupfferzellen**[1] sind *Makrophagen*, die im Verband der Endothelzellen sitzen, aber zumeist deutlich weit in das sinusoidale Lumen hineinragen. Dank ihrer spezialisierten Oberfläche können sie Viren, Bakterien, Pilzzellen, aber auch Tumorzellen und körperfremde Substanzen binden, internalisieren und mit Hilfe ihrer Abbausysteme (Peroxisomen, Lysosomen) eliminieren. Obwohl immer wieder Mitosen in diesen Zellen aufgefunden wurden, zählt man die Kupfferzellen zum Monocytären Phagocytierenden System (MPS)↗.

Die **Perisinusoidalzellen** (auch *Fettspeicherzellen*, Ito-Zellen) wurden vor allem durch ihre charakteristischen Fetttropfen im Cytoplasma als eine eigene Zellsorte erkannt. Typisch ist ihre Lage im Disseschen Raum. Sie umgreifen mit langen Fortsätzen das sinusoidale Rohr. Ihr ausgeprägtes ER und andere ultrastrukturelle Kennzeichen lassen vermuten, daß sie *Fibroblasten* sind, denen auch die Bildung der Reticulinfasern zuzuschreiben ist.

Die **Pit-Zellen** schließlich wurden als zwar zahlenmäßig seltene aber doch regelmäßig vorkommende Sinusoidalzellen beschrieben. Allerdings treten sie auch in anderen Organen auf (Milz, Lunge, Dünndarm). Es handelt sich vermutlich um große granuläre *Lymphocyten*.

Leitungsbahnen der Leber

Arterien (Abb. **2**–59, **8**–56)
A. hepatica propria (mit R. dext. und R. sin.) ← A. hepatica comm. ← Tr. coeliacus.

---

[1] Karl Wilhelm Kupffer (1829–1902), Prof. der Anatomie in Dorpat, Kiel, Königsberg, München. Die früher übliche Bezeichnung: *„von Kupffersche Sternzellen"* sollte entfallen, da C. Kupffer die Entdeckung (1876) vor seiner Nobilitierung publizierte; außerdem wurde die sternförmige neue Zellart zunächst als perivasculär gelegen beschrieben, was eher auf Perisinusoidalzellen zutrifft.

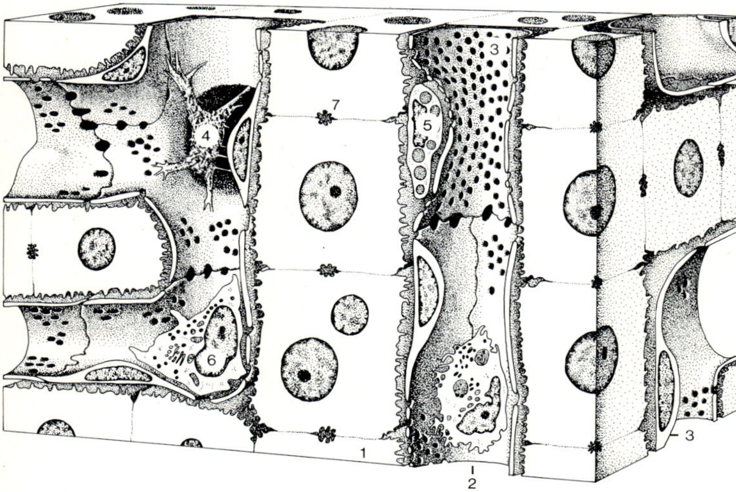

Abb. **2**–67: **Sinusoide der Leber.**
Zwischen den Leberzellplatten (1) mit interzellulären Gallencapillaren (7) verlaufen die Sinusoide (2). Die sinusoidale Oberfläche der Hepatocyten hat aber keinen direkten Kontakt mit der Blutbahn, sondern sie ist durch den DISSEschen Spaltraum vom Endothel getrennt. Die Sinusoide sind von Endothelzellen (3) ausgekleidet, die zahlreiche Fenestrationen, Lücken und ganze Siebplatten aufweisen. Zwischen den Endothelzellen ragen Kupfferzellen (Makrophagen) (4) mit Ausläufern in das Lumen hinein. Außerhalb des Endothels liegen die Perisinusoidalzellen (5), die durch eingelagerte Fetttropfen ausgezeichnet sind. Vereinzelt treten Pit-Zellen (6) auf.

Venen
- Zufluß (nutritives Blut): *V. portae* (mit R. dext. und R. sin.; Abb. **2**–59, 62; **8**–78);
- Abfluß: *Vv. hepaticae* → V. cava inf. (Abb. **2**–60; **8**–77).

Regionäre Lymphknoten (Abb. **9**–19)
- caudaler Abflußweg: *Nll. hepatici* → Nll. coeliaci;
- cranialer (transdiaphragmaler) Abflußweg: *Nll. phrenici sup.* → Nll. parasternales.

Nerven
para. und symp.: *N. vagus* (Tr. vagalis post.) und *Nn. splanchnici* → Ggll. coeliaca → Plex. hepaticus.

2.9.1 Extrahepatische Gallenwege

Die dünnflüssige *Lebergalle* (ca. 600 ml/Tag) des rechten und linken Leberlappens gelangt im *Ductus hepaticus dexter* und *Ductus hepaticus sinister* zur Leberpforte. Dort vereinigen sich die beiden Lebergänge zum **Ductus hepaticus communis** (Gemeinsamer Lebergang; Abb. **2**–59, 68). Dessen direkte Fortsetzung ist der im *Lig. hepatoduodenale* ↗ (gemeinsam mit A. hepatica propria und V. portae) verlaufende **Ductus choledochus** (Gallengang), der auf der *Papilla duodeni major* gemeinsam mit dem **Ductus pancreaticus** mündet (Abb. **2**–55, 68). Der Übergang vom Ductus heapticus communis zum Ductus choledochus ist definiert durch den seitlichen Abgang des zur Gallenblase führenden **Ductus cysticus** (Blasengang; Abb. **2**–59, 68).

Ductus choledochus und Ductus pancreaticus vereinigen sich zumeist vor der Papilla duodeni major zur *Ampulla hepatopancreatica* (Abb. **2**–68). Die glatte Wandmuskulatur des Ductus choledochus ist unmittelbar proximal von der Ampulle zum **M. sphincter ductus choledochi** verstärkt. Im Bereich der Ampulle selbst bildet die Muskulatur den **M. sphincter ampullae hepatopancreaticae** (Sphincter Oddii). Das Sphinctersystem an der Mündung des Ductus choledochus reguliert den Abfluß der Galle. Bei geschlossenem Sphincter wird die *Lebergalle* aufgestaut und über den Ductus cysticus der Gallenblase zugeleitet, um dort durch Wasserentzug (vgl. S. 158) konzentriert zu werden.

Die **Gallenblase** (*Vesica fellea*[1] [*biliaris*]) ist ein etwa birnenförmiger Sack von ca. 10 cm Länge (Abb. **2**–59, 68). Sie ist in der *Fossa vesicae felleae* ↗ bindegewebig mit der Leber verwachsen, an ihrer freien Fläche jedoch von Bauchfell überzogen. An der Gallenblase werden *Fundus*, *Corpus* und *Collum* unterschieden. Im Gallenblasenhals und im Ductus cysticus befindet sich eine spiralig angeordnete Schleimhautfalte (*Plica spiralis*, Abb. **2**–68), welche verhindert, daß bei Erhöhung des intraabdominalen Druckes im Oberbauchbereich (Bauchpresse ↗) eine spontane Entleerung von *Blasengalle* erfolgt. Hierzu ist die durch das Darmschleimhauthormon *Cholecystokinin* ausgelöste aktive Kontraktion der *Gallenblasenmuskulatur* selbst und die damit verbundene Öffnung des Plica spiralis-Verschlusses erforderlich. Die Gallenflüssigkeit verläßt somit die Gallenblase (als Blasengalle) auf

[1] *fel* (lat.) = Blasengalle im Gegensatz zu *bilis* (lat.) = Galle i. Sinne von Lebergalle (z. B. Canaliculus biliferus).

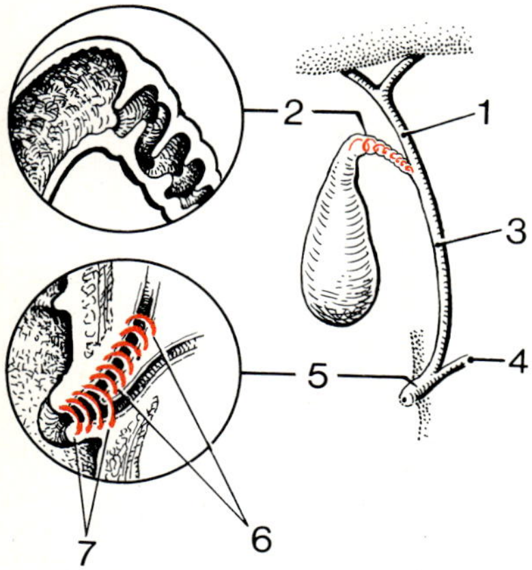

Abb. **2**–68: **System der extrahepatischen Gallenwege.**

1 Ductus hepaticus communis (Vereinigung von Ductus hepaticus dexter und Ductus hepaticus sinister)
2 Ductus cysticus mit Plica spiralis
3 Ductus choledochus
4 Ductus pancreaticus
5 Papilla duodeni major mit Ampulla hepato-pancreatica
6 M. sphincter ductus choledochi
7 M. sphincter ampullae (Sphincter ODDII)

demselben Weg des Ductus cysticus, auf dem sie ihr (als Lebergalle) zugeführt wurde.

Die Gallenblase überragt mit ihrem Fundus (*Fundus vesicae felleae*) den *unteren Leberrand* (Abb. **2**–58) etwa in der rechten Medioclavicularlinie und somit an der Stelle, an der die Projektion des unteren Leberrandes nach links hin den rechten *Rippenbogen* verläßt (Abb. **2**–64). An dieser Stelle projiziert sich der Gallenblasenfundus unmittelbar auf die vordere Bauchwand und ist dort unter pathologischen Umständen palpierbar.

MIKROSKOPISCHE ANATOMIE DER GALLENBLASE

In der **Gallenblase** wird die Lebergalle (deren wichtigster Bestandteil die für die Fettverdauung wesentlichen *Gallensäuren* sind) auf ein Zehntel ihres ursprünglichen Volumens eingedickt. Diese *Konzentrationsarbeit* erfolgt durch Wasserresorption. Das einschichtige hochprismatische Epithel der Gallenblasenschleimhaut weist daher in Anpassung an die hohe *resorptive* Leistung einen *Stäbchensaum* auf.

Die Epithelien der Gallenblasenschleimhaut sind jedoch auch *sekretorisch* tätig: sie mischen der Galle *Schleimstoffe* bei (ergänzt durch subepitheliale Drüsen im Bereich des Blasenhalses). Die resorbierende Oberfläche der Gallenblasenschleimhaut wird durch ein ausgeprägtes *Faltensystem* erheblich vergrößert. Die *Lamina epithelialis mucosae* sitzt auf einer bindegewebigen *Lamina propria mucosae*. Nach außen folgt dann direkt die dünne *Tunica muscularis*, in der die spiralig verlaufenden glatten Muskelzellen im histologischen Schnitt keine deutliche Schichtung aufweisen. Je nach dem (vgl. Tab. **1**–1) folgt dann entweder eine *Tunica serosa* oder eine *Tunica adventitia*.

Leitungsbahnen der Extrahepatischen Gallenwege

Arterien

- Gallenblase, Duct. cysticus, Ductt. hepatici, Duct. choledochus (oberer Teil): *A. cystica* ← R. dext. a. hepaticae propriae (Abb. **8**–56);
- Duct. choledochus (unterer Teil): *A. pancreaticoduodenalis sup. post.* (Abb. **8**–57).

Venen

- Gallenblase:
  (a) dringen in der Fossa vesicae felleae in das Leberparenchym ein und münden (wie die Pfortaderäste in *Lebersinusoide* (wichtig wegen der Überleitung von Entzündungen);
  (b) *V. cystica* (Abb. **8**–78) → R. dext. v. portae.
- Duct. cysticus, Ductt. hepatici, Duct. choledochus (oberer Abschnitt): → direkt in das *Leberparenchym*;
- Duct. choledochus (unterer Abschnitt): → *V. portae.*

Regionäre Lymphknoten (Abb. **9**–19)

- Gallenblase, Duct. cysticus, Ductt. hepatici, Duct. choledochus (oberer Abschnitt): *Nll. hepatici* (insbesondere Nl. cysticus und Nll. foraminalis; Abb. **9**–19) → Nll. coeliaci;
- Duct. choledochus (unterer Abschnitt):
  (a) *Nll. hepatici* → Nll. coeliaci;
  (b) *Nll. pancreatici sup.* → Nll. coeliaci.

Nerven

- Gallenblase:
  para. und symp.: *N. vagus* (Tr. vagalis post.) und *Nn. splanchnici* → Ggll. coelica → Plex. hepaticus.
- Die Gallengänge einschließlich des M. sphincter ampullae hepatopancreaticae werden über ein adventitielles Geflecht versorgt.

2.10 Bauchsitus[1]

Bei der ärztlichen Untersuchung werden die Bauchorgane durch die *vordere Bauchwand* hindurch palpiert. Um die dabei erhobenen Befunde unmißverständlich lokalisieren zu können, wird die vordere Bauchwand in *9 Regionen* eingeteilt (Abb. **2**–69). Dabei ist zu beachten, daß diese „Bauchregionen" sich teilweise auf den Thorax erstrecken (Regiones hypochondriacae). Dies findet seine Erklärung darin, daß sich bestimmte Bauchorgane (Leber, Magen, Milz) wegen der Zwerchfellwölbung↗ innerhalb der Cavitas thoracis befinden und sich somit auf den Brustkorb projizieren.

Die so nach oben durch die Projektion des Zwerchfellgewölbes und nach unten durch die beiden Leistenbänder begrenzte vordere Bauchwand wird durch zwei horizontale Linien *in drei Etagen gegliedert*: „Regio abdominis superior", „Regio abdominis media", „Regio abdominis inferior". Die trennenden Horizontalen sind zum einen die Verbindungslinie zwischen den tiefsten Punkten der beiden Rippenbögen und zum anderen die Verbindungslinie zwischen den beiden Darmbeinstacheln. Die „Regio abdominis superior" wird durch die beiden Rippenbögen in drei Subregionen unterteilt: rechte und linke *Regio hypochondriaca* („Hypochondrium"[2]) und *Regio epigastrica* („Epigastrium"[3]). Die lateralen Ränder der Mm. recti abdominis (↗Bd. 1) teilen die mittlere Etage in die rechte und linke *Regio lateralis* sowie die *Regio umbilicalis*, die untere Etage in die rechte und linke *Regio inguinalis*[4] sowie die *Regio pubica*.

Der **Nabel** (*Umbilicus*) befindet sich, straffe „Bauchdecken" vorausgesetzt, etwas unterhalb der Mitte zwischen Schwertfortsatz und Symphyse; dies entspricht etwa dem Niveau des 4. Lendenwirbels.

Zur *Eröffnung der Bauchhöhle* (Cavitas peritonealis) sind folgende **Schichten** zu durchtrennen: 1. *Cutis* (Haut) und *Subcutis* (Unterhaut), 2. *Bauchwand* (von der Rectusscheide bzw. der Fascie oder Aponeurose des M. obliquus externus abdominis außen bis zur Fascia transversalis innen), 3. *Präperitoneales Bindegewebe* und *Peritoneum parietale*.

---

[1] *situs* (lat.) = Lage. *Situs viscerum* = Eingeweidetopographie.

[2] *chondros* (gr.) = Knorpel. Hypochondriacum = die teilweise von knorpeligen Rippenbogen überlagerte seitliche Oberbauchregion.

[3] *gastēr* (gr.) = Magen. Epigastrium = die den Magen überlagernde mittlere Oberbauchregion.

[4] *inguen* (lat.) = Leistengegend.

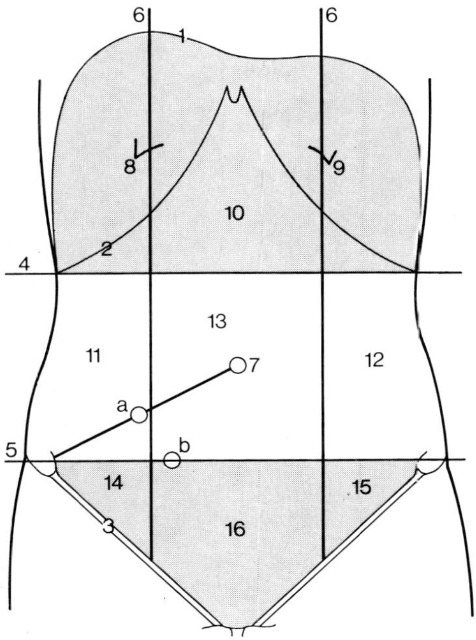

Abb. **2**–69: **Regionen der vorderen Bauchwand** (mod. nach FALLER, Anatomie in Stichworten, 1980).

1 Zwerchfell
2 Rippenbogen
3 Leistenband
4 Tangente an den Rippenbögen
5 Interspinallinie
6 lateraler Rand des M. rectus abdominis
7 Nabel (Umbilicus)
8–10 Regio abdominalis superior
– 8 Regio hypochondriaca dextra (rechtes Hypochondrium)
– 9 Regio hypochondriaca sinistra (linkes Hypochondrium)
– 10 Regio epigastrica (Epigastrium)
11–13 Regio abdominalis media
– 11 Regio lateralis dextra
– 12 Regio lateralis sinistra
– 13 Regio umbilicalis
14–16 Regio abdominalis inferior
– 14 Regio inguinalis dextra
– 15 Regio inguinalis sinistra
– 16 Regio pubica
a MCBURNEYscher Punkt (Halbierungspunkt der rechten Spino-Umbilicallinie)
b LANZscher Punkt (rechter Drittelpunkt der Interspinallinie)

Nach Eröffnung der Bauchhöhle sind im Bereich des **Peritoneum parietale**↗ folgende Besonderheiten festzustellen:

1. Oberhalb des Nabels
 - **Lig. falciforme hepatis**↗ und in dessen freiem Rand, zum Nabel verlaufend, das *Lig. teres hepatis* (obliterierte V. umbilicalis↗).
2. Unterhalb des Nabels die **Nabelfalten** (Abb. **2**–70)

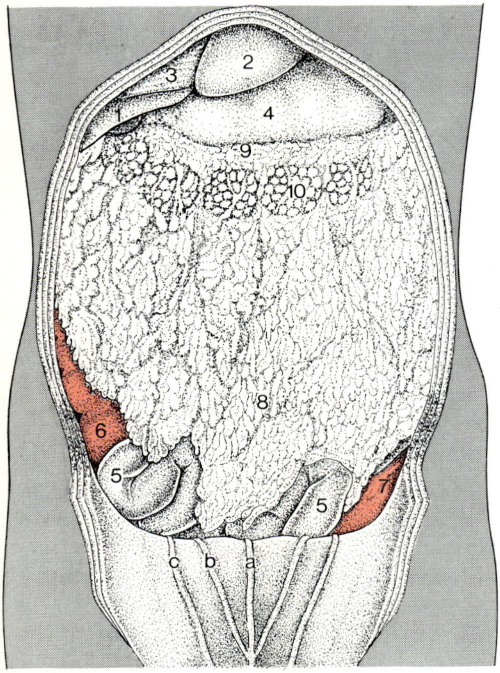

Abb. **2**–70: **Bauchsitus** (Bauchwand teilweise heruntergeklappt, größtenteils entfernt).
Rot: Dickdarm

1 Lobus hepatis dexter
2 Lobus hepatis sinister
3 Lig. falciforme
4 Magen
5 Dünndarmschlingen
6 Caecum
7 Colon sigmoideum
8 Omentum majus
9 Lig. gastrocolicum
10 Colon transversum (durchscheinend)
a Plica umbilicalis mediana
b Plica umbilicalis medialis
c Plica umbilicalis lateralis

- *Plica umbilicalis mediana* mit dem Lig. umbilicale medianum (obliterierter Urachus↗).
- Rechte und linke *Plica umbilicalis medialis* mit dem Lig. umbilicale mediale (obliterierte A. umbilicalis↗).
- Rechte und linke *Plica umbilicalis lateralis* mit der A. epigastrica inf.↗, die die Bruchpforten der Fossa inguinalis medialis und Fossa inguinalis lateralis (↗Bd. 1) trennt.

Für den **Bauchsitus** ist kennzeichnend, daß der Darm mehr oder weniger vom **Großen Netz** (*Omentum majus*) verdeckt wird (Abb. **2**–70). Dieses geht von der *Großen Curvatur* des Magens aus, verbindet diese als *Lig. gastrocolicum* mit dem *Colon transversum*, um dann als schürzenartige Platte vor dem Dünndarmpaket herabzuhängen. Diese Netzplatte ist frei beweglich; wird sie hochgeschlagen, wird das am *Mesocolon transversum* ebenfalls bewegliche Quercolon mit angehoben. Die damit sichtbare Platte des Mesocolon transversum bildet die *Grenze zwischen Oberbauch und Unterbauch.*

Das Große Netz entsteht im Zusammenhang mit der Bildung der Bursa omentalis↗. Dieser Zusammenhang manifestiert sich darin, daß der Recessus inferior des Netzbeutels gelegentlich mehr oder weniger weit in das Große Netz hineinreichen kann. In der Regel ist diese untere Aussackung des Netzbeutels jedoch verödet, so daß das Omentum majus eine vom Bauchfell überzogene Bindegewebsplatte darstellt (Abb. **2**–70, 72).

Das Omentum hat nur bei fettarmen Personen Netzcharakter (d. h. ist in diesem Fall durchlöchert). Bei stärkerer Einlagerung von Fettgewebe in die Bauchfellduplikatur des Großen Netzes erscheint dieses eher als ein Speicherorgan. Das Große Netz ist stark vascularisiert und besonders reich an lokalen Anhäufungen von Makrophagen↗ und Lymphocyten↗ (sog. Milchflecken↗). Wegen dieser freien Bindegewebszellen in Zusammenhang mit der starken Vascularisation kommt dem Großen Netz Bedeutung als Abwehrorgan zu. Tatsächlich verschiebt sich das Netz innerhalb der Bauchhöhle jeweils an den Ort entzündlicher Vorgänge, wo es dann sekundär vielfach zu Verklebungen und Verwachsungen mit dem vom Netz abgedeckten entzündeten Peritoneum kommt. Diese auffallende Ortsverlagerung wird durch die gesteigerte Motilität des Dünndarms im Bereich von Entzündungsvorgängen bewirkt: das Große Netz wird somit gewissermaßen an den Entzündungsort hinmassiert.

Außer dem *Lig. gastrocolicum* (dessen Fortsetzung die freie Netzplatte ist), werden am Omentum majus folgende Abschnitte unter-

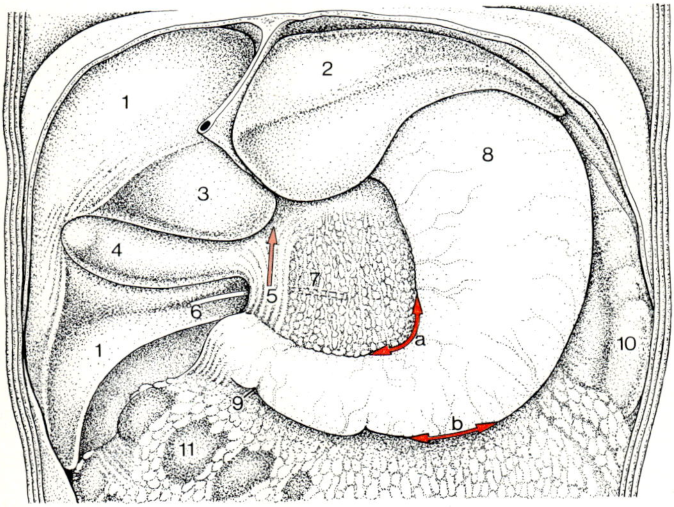

Abb. **2**–71: **Oberbauchsitus** (Leber angehoben).

1 Lobus hepatis dexter
2 Lobus hepatis sinister
3 Lobus quadratus
4 Vesica fellea
5 Lig. hepatoduodenale (*Pfeil:* V. portae)
6 Sonde im For. epiploicum
7 Lig. hepatogastricum (Sonde in der Bursa omentalis durchscheinend)
8 Magen
9 Pylorus
10 Milz
11 Colon transversum (durchscheinend; vgl. Abb. **2**–70)
a Kleine Curvatur (*Doppelpfeil:* Anastomose der Aa. gastricae)
b Große Curvatur (*Doppelpfeil:* Anastomose der Aa. gastroepiploicae)

schieden: *Lig. gastrolienale* [*-splenicum*], *Lig. gastrophrenicum, Lig. lienorenale* [*splenorenale*].

Im **Oberbauchsitus** („Drüsenbauch") befinden sich die *Oberbauchorgane*: Leber, Magen, Milz, supracolischer Teil des Zwölffingerdarms, größter Teil der Bauchspeicheldrüse (s. auch „Retrositus" ↗). Der Oberbauch ist somit durch eine weit größere anatomische und topographische Mannigfaltigkeit gekennzeichnet als der Unterbauch, der lediglich den Darm enthält.

Von der **Leber** ↗ ist in situ nur ein kleiner Teil der Facies diaphragmatica mit Teilen des rechten und linken Leberlappens zu überblikken, mit dem *Lig. falciforme* und dem *Lig. teres hepatis* (Abb. **2**–71).

Zwischen der Facies diaphragmatica der Leber und dem Zwerchfell erstrecken sich rechts und links vom Lig. falciforme die Spalträume der *Rec. subphrenici* (subphrenische Abszesse!), deren Tiefe durch das *Lig. coronarium hepatis* ↗ begrenzt wird.

Der zugeschärfte *untere Leberrand* überlagert die *Kleine Curvatur* des Magens mit *Cardia* und *Pylorus*. Dieser klinisch wichtigste Abschnitt

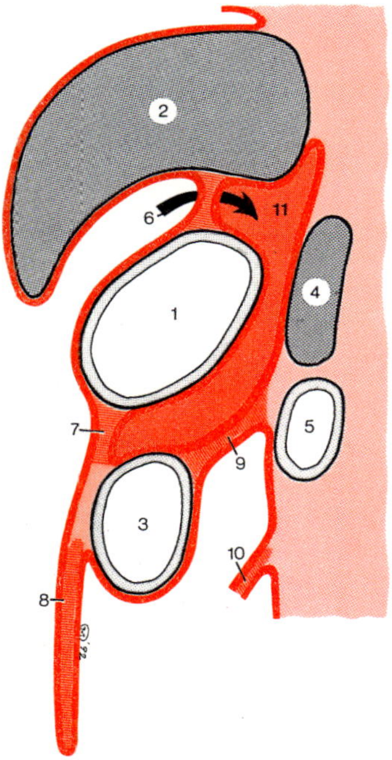

Abb. **2**–72: **Sagittalschnitt durch den Oberbauchbereich mit Bursa omentalis** (Bauchfell *rot,* Bursa omentalis *rot punktiert.* Vorder- und Hinterwand der Bursa omentalis sind zu weit voneinander entfernt gezeichnet; in situ berühren sie sich).

1 Magen
2 Leber
3 Colon transversum
4 Pancreas
5 Duodenum
6 Pfeil im For. epiploicum (unter dem durchschnittenen Kleinen Netz)
7 Lig. gastrocolicum
8 Omentum majus
9 Mesocolon transversum
10 Mesenterium
11 Bursa omentalis mit Recessus superior und Recessus inferior

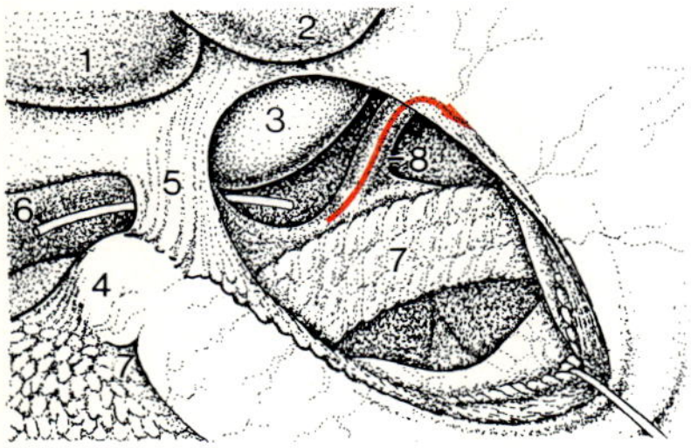

Abb. **2**–73: **Bursa omentalis** (eröffnet durch Entfernung des Lig. hepatogastricum; vgl. Abb. **2**–71).

1 Lobus hepatis dexter
2 Lobus hepatis sinister
3 Lobus caudatus
4 Pars superior duodeni
5 Lig. hepatoduodenale
6 Sonde im For. epiploicum, Sondenspitze im Vestibulum bursae omentalis
7 Corpus pancreatis (in der Hinterwand der Bursa omentalis)
8 Plica gastropancreatica mit A. gastrica sinistra

des **Magens** steht somit nicht in direktem Kontakt mit der vorderen Bauchwand (Abb. **2**–64, 72). Da der *Fundus ventriculi* im linken Hypochondrium verborgen ist (TRAUBE*scher Raum*[1]), steht in der Regio epigastrica lediglich das „Magendreieck" (Magenfeld) mit der Bauchwand in Kontakt. Der Magen ruht im Bereich seiner Großen Curvatur auf dem *Quercolon* mit dem *Mesocolon transversum*, von diesen allerdings durch die Bursa omentalis getrennt (Abb. **2**–72).

Beim Umgreifen des Fundus ventriculi wird im linken Hypochondrium die **Milz**↗ mit ihrem *Margo superior* erreicht (Abb. **2**–71). Diese ist als intraperitoneales Organ ebenfalls umgreifbar, bis auf die am *Hilum lienis* konvergierenden „Milzbändchen" (*Lig. gastrolienale, Lig. lienorenale*; Abb. **9**–9). Die *Extremitas anterior* der Milz ruht in der „Milznische" auf dem *Lig. phrenicocolicum.*

Beim Anheben des unteren Leberrandes und damit Öffnen der *Recessus subhepatici* wird die *Facies visceralis* der Leber (Abb. **2**–59) sichtbar mit der intestinalen Fläche des rechten und linken Leberlappens sowie dem zwischen der *Fossa vesicae felleae* (mit der Gallenblase↗) und der *Fissura ligamenti teretis* befindlichen *Lobus quadratus* (Abb. **2**–71). Dabei wird auch das **Omentum minus**↗ sichtbar, das sich von der Kleinen Curvatur (Lig. hepatogastricum) und von der

[1] LUDWIG TRAUBE (1818–1876), Prof. der Pathologie in Berlin.

Pars superior duodeni (*Lig. hepatoduodenale)* zur Leberpforte (Porta *hepatis*) erstreckt (Abb. **2**–71). Das *Kleine Netz* bildet einen Teil der *Vorderwand der Bursa omentalis* (Abb. **2**–72). Im rechten freien Rand des Omentum minus (Lig. hepatoduodenale, Abb. **2**–73) verlaufen, als Strang fühlbar, die Leitungsbahnen zur bzw. von der Leber (A. hepatica propria, V. portae, Duct. choledochus, Abb. **8**–56). Hinter dem Lig. hepatoduodenale, zwischen diesem und der V. cava inf., befindet sich das *For. epiploicum*[1] (Abb. **2**–71, 72, 73) als Zugang zur *Bursa omentalis.*

Die **Bursa omentalis**[2] (Netzbeutel) ist eine für den Oberbauchsitus kennzeichnende Besonderheit der Bauchhöhle. Es handelt sich um einen frontal gestellten, dorsal von Magen und Kleinem Netz gelegenen, versteckten Teil der Bauchhöhle (Abb. **2**–72), der mit deren Hauptraum lediglich durch das *For. epiploicum* (s. o.) in Verbindung steht. Praktische Bedeutung hat die Bursa omentalis als operativer Zugang zur Bauchspeicheldrüse.

Bei der Austastung der Bursa omentalis durch das *For. epiploicum* (vor dem Finger der Leitungsbahnstrang im Lig. hepatoduodenale, hinter ihm die V. cava inf., Abb. **2**–77) ist lediglich das *Vestibulum bursae omentalis* (Abb. **2**–73) erreichbar. Dieses ist gegen den Hauptraum des Netzbeutels durch die *Plicae gastropancreatica et hepatopancreatica* (mit A. gastrica sin. und A. hepatica communis) abgegrenzt und durch den tastbaren scharfen Wulst des *Lobus candatus* ↗ gekennzeichnet.

Durch Entfernung des *Lig. hepatogastricum* des Omentum minus ist ebenfalls nur ein begrenzter Teil der Bursa omentalis zugänglich zu machen (Abb. **2**–73). Um ungehinderten Zugang zur Bauchspeicheldrüse zu gewinnen, muß die gesamte *Vorderwand des Netzbeutels* (Omentum minus, Magen, Lig. gastrocolicum) nach Durchtrennung des Lig. gastrocolicum (Abb. **2**–72) hochgeschlagen werden: „supracolischer Zugang". Eine weitere Möglichkeit besteht darin, nach Durchtrennung des Mesocolon transversum Magen und Quercolon gemeinsam hochzuschlagen: „infracolischer Zugang" zur Bauchspeicheldrüse (Abb. **2**–72).

Nach dem Hochschlagen des Magens beim „supracolischen Zugang" ist die gesamte *Hinterwand der Bursa omentalis* (Abb. **2**–73, 77) zu

---

[1] *epi-ploon* (gr.) = das obenauf (d. h. auf den Eingeweiden) schwimmende (= Netz).

[2] *bursa* (lat.) = Beutel; *omentum* (lat.) = Netz.

überblicken. Dabei wird deutlich, daß auch das Mesocolon transversum als frontal stehende Platte Teil der Hinterwand ist (Abb. **2**–72). Die Hinterwand wird durch das im Retrositus↗ gelegene *Pancreas*, insbesondere dessen Tuber omentale vor der Wirbelsäule, vorgewölbt. Von praktischer Wichtigkeit ist die in der Hinterwand der Bursa omentalis am Oberrand des Pancreaskörpers verlaufende *A. lienalis* (s. unten).

Erst nach Eröffnung der Bursa omentalis läßt sich deren ganze Ausdehnung ermessen. Aus dem Vestibulum erstreckt sich der *Recessus superior omentalis* (Abb. **2**–77) links von der Vena cava inf. nach

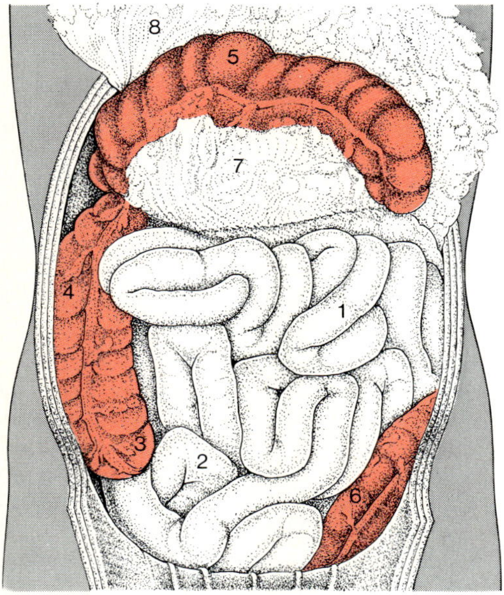

Abb. **2**–74: **Unterbauchsitus I** (Quercolon mit Netz hochgeschlagen, Dünndarmkonvolut in situ).
Rot: Dickdarm
1 Jejunumschlingen
2 Ileumschlingen
3 Caecum
4 Colon ascendens
5 Colon transversum
6 Colon sigmoideum (Colon descendens von Dünndarmschlingen überlagert)
7 Mesocolon transversum
8 Omentum majus

oben bis an das Lig. coronarium hepatis. Nach unten dehnt sich der Spalt der Bursa omentalis als *Recessus inferior omentalis* (Abb. **2**–72, 77) bis zum Ansatz des Lig. gastrocolicum am Quercolon aus. Nach links erstreckt sich der *Recessus lienalis* (Abb. **2**–77; **9**–9) bis zum Milzhilus, bleibt jedoch durch die den Recessus begrenzenden Ligg. gastrolineale und lienorenale (und als Fortsetzung des letzteren das Lig. gastrophrenicum) von der Milz selbst getrennt.

Wesentlich ist die Tatsache, daß die Bursa omentalis ein frontal gestellter *capillärer Spalt* ist, dessen Vorderwand (Magen) und Hinterwand (Pancreas, A. lienalis) einander, nur durch einen *Flüssigkeitsfilm*

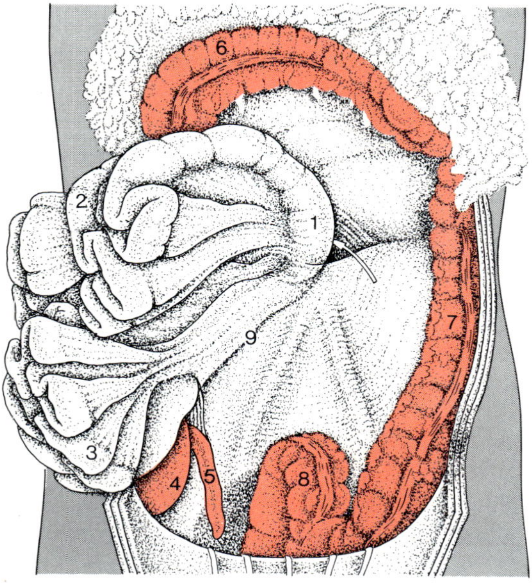

Abb. **2**–75: **Unterbauchsitus II** (Quercolon mit Netz hochgeschlagen, Dünndarmkonvolut nach rechts verlagert).
Pfeil: im Rec. retroduodenalis, *rot:* Dickdarm

1 Flexura duodenojejunalis
2 Jejunumschlingen
3 Ileumschlingen
4 Caecum
5 Appendix vermiformis
6 Colon transversum (Colon ascendens vom Dünndarmkonvolut verdeckt)
7 Colon descendens
8 Colon sigmoideum
9 Radix mesenterii

getrennt, berühren. Dies erklärt beispielsweise, daß bei penetrierenden Magengeschwüren tödliche Blutungen aus der A. lienalis↗ in den Magen erfolgen können. Bei entzündlichen Prozessen kann der Spaltraum der Bursa omentalis leicht verkleben oder verwachsen.

Der **Unterbauchsitus** („Darmbauch") wird zugänglich, wenn das ihn bedeckende Omentum majus mit den Colon transversum hochgeschlagen wird (Abb. **2**–74). In dieser Situation wird die Rückseite des in situ frontal stehenden *Mesocolon transversum* sichtbar. Dieses bildet die definitorische Grenze zwischen Ober- und Unterbauch. Das an den Taenien↗ und Haustren↗ leicht erkennbare *Colon* bildet den randständigen Rahmen um das *Dünndarmkonvolut* (Abb. **2**–76). *Caecum, Colon ascendens, Colon transversum* sowie *Colon sigmoideum* sind ohne weiteres auffindbar, während das *Colon descendens* oft stark kontrahiert und daher unauffällig ist. Colon transversum und Colon sigmoideum sind als intraperitoneale Darmabschnitte mit ihrem Meso *(Mesocolon transversum, Mesocolon sigmoideum)* mehr oder weniger frei beweglich; insbesondere das Quercolon kann girlandenartig durchhängen (Abb. **2**–52).

Die *Radix mesocoli transversi* (Abb. **2**–76, 77) beginnt vor dem rechten Nierenhilus und endet vor dem linken Nierenhilus. Da die linke Niere höher steht als die rechte, steigt die Radix des Mesocolon transversum von rechts nach links an. Dies hat zur Folge, daß die Flexura coli sinistra höher steht als die Flexura coli dextra. Die rechtwinklige *Flex. coli dextra* („Flexura hepatica") erreicht die Facies visceralis der Leber und erzeugt auf dieser rechts neben dem Fundus der ebenfalls berührten Gallenblase die *Impressio colica*. Die höher hinaufreichende und daher spitzwinklige *Flex. coli sinistra* erreicht die Milz („Flexura lienalis"). Das von ihr ausgehende Lig. phrenicocolicum begrenzt die „Milznische"↗.

Der distale Schenkel des *Colon sigmoideum* überschreitet die Linea terminalis (↗Bd. 1) des Beckeneingangs, um im Kleinen Becken vor dem zweiten Sacralwirbel in das Rectum überzugehen. Die *Radix mesocoli sigmoidei* verläuft von der linken Fossa iliaca (↗Bd. 1) unter Bildung eines nach cranial gerichteten spitzen Winkels links vom Promontorium in das Kleine Becken (Abb. **2**–77).

Charakteristisch für das *Dünndarmkonvolut* ist die starke Verschieblichkeit der Darmschlingen. Im Situs läßt sich auch das Konvolut insgesamt („Dünndarmpaket") unschwierig nach links oder rechts verlagern (Abb. **2**–75). Diese Verlagerung erfolgt um die Befestigungslinie des Mesenterium, die „Gekrösewurzel". Diese etwa 15 cm

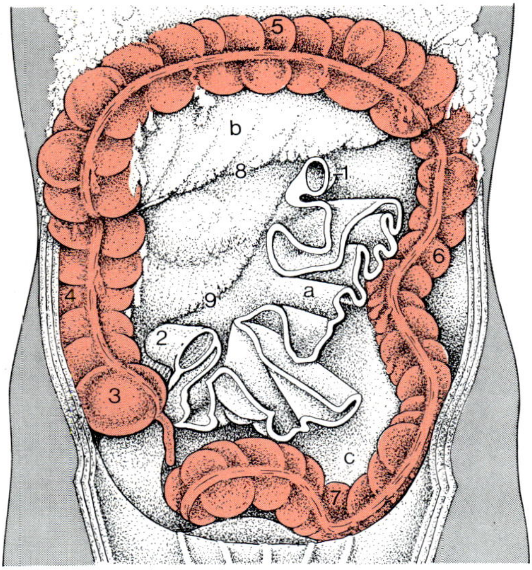

Abb. **2**–76: **Unterbauchsitus III** (Quercolon mit Netz hochgeschlagen, Dünndarm am Mesenterium abgetrennt).
Rot: Dickdarm mit Taenia libera, Haustra coli, Appendices epiploicae

1 Flex. duodenojejunalis
2 Terminales Ileum
3 Caecum mit Appendix vermiformis
4 Colon ascendens
5 Colon transversum
6 Colon descendens
7 Colon sigmoideum
8 Radix mesocoli transversi
9 Radix mesenterii
a Mesenterium (Faltung des „Gekröses" erkennbar)
b Mesocolon transversum
c Mesocolon sigmoideum

lange *Radix mesenterii* (Abb. **2**–75, 76, 77) verläuft von der linken Seite des 1. bis 2. Lendenwirbels schräg absteigend vor das rechte Sacroiliacalgelenk und kreuzt dabei die Wirbelsäule im Niveau des 4. Lendenwirbels, dicht oberhalb der Aortenteilung.

Innerhalb des Dünndarmkonvoluts liegen die *Jejunumschlingen* links oben, die *Ileumschlingen* rechts unten (Abb. **2**–74).

Der Dünndarm wird in der *Flexura duodenojejunalis* ↗ (Abb. **2**–75, 76), aus retroperitonealer Lage kommend, intraperitoneal. Die Flexur befindet sich dicht unter der Radix mesocoli transversi links neben dem 1. bis 2. Lendenwirbel; sie stellt einen Fixpunkt dar, der noch durch den vom Crus sinistrum des Zwerchfells (↗Bd. 1) in die Längsmuskulatur der ersten Jejunumschlinge einstrahlenden *M. suspensorius duodeni* verstärkt wird. Am linken Umfang der Flexura duodenojejunalis ist eine variable *Peritonealnische* (Abb. **2**–75) ausgebildet (S. 111).

Die *Ileumschlingen* hängen zum Teil in das Kleine Becken hinein, natürlich in Abhängigkeit vom Füllungszustand von Harnblase, Mastdarm und gegebenenfalls gravider Gebärmutter. Dies hat zur Folge, daß das *terminale Ileum* schräg nach rechts aufsteigen muß (Abb. **2**–76), um das *Caecum* in der rechten Fossa iliaca zu erreichen. Die Lage des Caecum und dessen Beziehung zum Bauchfell sind variabel; es projiziert sich in der Regel auf die rechte Regio lateralis (Abb. **2**–69) und ragt mit dem Fundus etwas in die Regio inguinalis (Abb. **2**–69) hinein. Nur ein stark gefülltes bzw. geblähtes Caecum berührt die vordere Bauchwand; somit schieben sich häufig Dünndarmschlingen zwischen Bauchwand und Caecum.

Die *Ileummündung* (Ostium ileocaecale↗ projiziert sich etwa auf die „Muskelecke" des M. obliquus ext. abdominis (↗Bd. 1), was dem McBurneyschen Punkt↗ entspricht. In ihrem Bereich kommt es fast stets zur Ausbildung von *Peritonealbuchten* (S. 123, Abb. **2**–49).

Das *Ostium appendicis vermiformis*↗ befindet sich an der dorsomedialen Fläche des Caecum am Vereinigungspunkt der drei *Taenien*. Der Wurmfortsatz liegt meistens intraperitoneal und verfügt dann über ein eigenes Meso, die vom Mesenterium ausgehende dreieckige *Mesoappendix* (Abb. **2**–49). Bei deszendierender Position reicht der Wurm etwa in der Mitte der Linea terminalis über den Psoas hinweg in das Kleine Becken hinein (Abb. **2**–76). Diese Position ist jedoch keineswegs regelmäßig anzutreffen (S. 125).

2.11 Retrositus

Hinter der *Cavitas peritonealis* befindet sich ein ausgedehnter Bindegewebsraum, das **Spatium retroperitoneale** (vgl. Abb. **8**–36b). Die Lagebeziehungen der in diesem Raum gelegenen Organe und Leitungsbahnen werden herkömmlich als „Retrositus" bezeichnet. Das Spatium retroperitoneale ist zwar im *abdominalen* Bereich besonders entfaltet, erstreckt sich jedoch auch in den *pelvinen* Bereich (vgl.

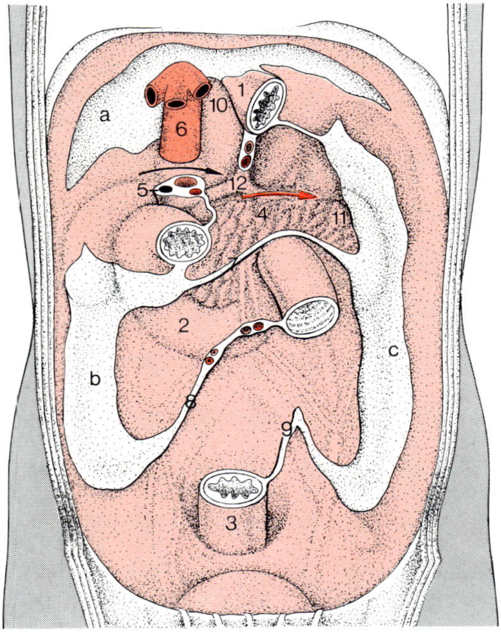

Abb. **2**–77: **Hinterwand der Bauchhöhle** (Leber, Magen und Milz sowie der Darm, mit Ausnahme von Duodenum und Rectum, sind entfernt).

Rot: Peritoneum parietale

1 Oesophagus (Pars abdominalis)
2 Duodenum
3 Rectum
4 Pancreas (in der Hinterwand der Bursa omentalis)
5 Lig. hepatoduodenale (durchtrennt) mit A. hepatica propria, V. portae, Duct. choledochus
6 V. cava inf. (mit einmündenden Vv. hepaticae)
7 Radix mesocoli transversi
8 Radix mesenterii (mit Aa. und Vv. mesentericae sup.)
9 Radix mesocoli sigmoidei
10 Rec. superior bursae omentalis
11 Rec. lienalis bursae omentalis
12 Plica hepatopancreatica (nach rechts) und Plica gastropancreatica (durchtrennt, mit A. und V. gastrica sin.)
a Verwachsungsfeld der Leber
b Verwachsungsfeld des Colon ascendens
c Verwachsungsfeld des Colon descendens

roter Pfeil: Lage der A. lienalis
schwarzer Pfeil: Hinterwand des For. epiploicum

S. 357); es ist dort allerdings weniger retro- als peri- und subperitoneal gelegen und reicht bis zum *Beckenboden*. Nach cranial wird das Spatium retroperitoneale vom Zwerchfell begrenzt, kommuniziert jedoch durch dessen Öffnungen (↗Bd. 1) hindurch bindegewebig mit dem *Hinteren Mediastinum*↗. Das Spat. retroperitoneale ist median flach (Abb. **8**–36b), weil sich hier die *Wirbelsäule*, jederseits vom Psoas flankiert, nach ventral vorwölbt. Seitlich dagegen ist der Retroperitonealraum so tief, daß er im *Nierenlager* (s. unten) die Niere mit ihrer Fettkapsel aufnehmen kann.

Das die Cavitas peritonealis dorsal begrenzende **Peritoneum parietale** *(Tunica serosa↗)* bildet zusammen mit einer *Tela subserosa*↗ die *ventrale Begrenzung* des Spatium retroperitoneale. Diese Grenzfläche wird vom Bauchsitus her sichtbar nach Entfernung der intraperitoneal gelegenen Organe (Magen, Jejunum und Ileum, Colon transversum, Colon sigmoideum, Milz). In dieser Situssituation (Abb. **2**–77) wird deutlich, daß die **Mesenterialwurzeln** (*Radix mesenterii, Radix mesocoli transversi, Radix mesocoli sigmoidei*) das Gewebe der Mesoplatten mit dem Gewebe des Spatium retroperitoneale verbinden und so die Versorgung über Leitungsbahnen aus dem retroperitonealen Raum ermöglichen.

Die *retroperitoneal* gelegenen (vgl. S. 95) **Organe** (Duodenum, Pancreas, Caecum, Colon ascendens, Colon descendens) wölben sich mit ihrer von Bauchfell überzogenen Ventralfläche mehr oder weniger in die Bauchhöhle vor und sind insoweit dem Bauchsitus↗ zuzurechnen. Mit ihrer Rückseite sind sie jedoch breitflächig in das Bindegewebe des Spat. retroperitoneale eingebettet (Abb. **2**–77) und werden auch von dorther direkt mit Leitungsbahnen versorgt. Diese retroperitonealen Organe können deshalb in gewisser Hinsicht dem Retrositus zugerechnet werden. Da die retroperitoneal gelegenen Organe bezüglich ihrer Zuordnung zum Bauch- oder Retrositus eine Zwitterstellung einnehmen, kommen als **Organe des Retrositus im engeren Sinn** lediglich die *extraperitoneal* (vgl. S. 95) gelegenen *Nieren* und *Nebennieren* in Betracht. Gebilde des Retrositus sind weiterhin die großen **axialen Leitungsbahnen** (Aorta, V. cava inf., Truncus sympathicus u. a.). Im Bereich der extraperitoneal gelegenen Organe und Leitungsbahnen ist in der Schicht der Tela subserosa ein lokal unterschiedlich deutliches verdichtetes Bindegewebsblatt als *Fascia subperitonealis* ausgebildet.

Die *Niere* liegt extraperitoneal im Retrositus. Für ihre Lagekonstanz ist die Art des Einbaus in das sog. **Nierenlager** (Abb. **2**–78) von

Bedeutung. Die Niere mit ihrer oberflächlichen **Faserkapsel** *(Capsula fibrosa)* ist, gemeinsam mit der Nebenniere (↗Bd. 3), in eine verhältnismäßig dicke Schicht von Fettgewebe (Baufett) eingebettet, welches die sog. **Fettkapsel** (*Capsula adiposa*) bildet. Die Capsula adiposa wird ventral und dorsal durch eine morphologisch wenig ausgeprägte, jedoch funktionell wirksame Bindegewebstextur sackartig umfaßt und begrenzt, die als **Fascia renalis** (mit vorderem und hinterem Blatt) bezeichnet wird. Dieser Fasciensack ist nach oben, ventral und dorsal geschlossen, nach unten und medial jedoch spaltförmig offen (Abb. **2**–78). Er ist als eine *Duplikatur der Fascia subperitonealis* (s. o.) aufzufassen. Im Sack der Fascia renalis wird die Niere von der Fettkapsel getragen, solange diese gut ausgebildet ist. Bei einer Einschmelzung des Fettgewebes in größerem Umfang (chronischer Hunger) wird es zum Absinken der Niere innerhalb der unten offenen Fascia renalis kommen. Bereits physiologischerweise verschiebt sich die Niere zwischen Stehen und Liegen um 1–2 cm innerhalb des Nierenlagers. Das Fettgewebe zwischen dem hinteren Blatt der Fascia renalis und der inneren Fascie der Bauchwand (Fascia transversalis, ↗Bd. 1) wird als **Corpus adiposum pararenale** bezeichnet.

Vom Rücken her gesehen werden die oberen Nierenpole von der 12. bzw. 11. *Rippe*, von der *Pleura* und vom *Zwerchfell* überlagert. Die *linke Niere* steht in der Regel etwas höher und erreicht mit ihrem oberen Pol die 11. Rippe, so daß sie in verhältnismäßig großem Umfang von der 12. Rippe und ebenso weit von der Pleura überlagert wird. Die *rechte Niere* steht regelmäßig tiefer, so daß sie lediglich von der 12. Rippe und somit auch nur in geringem Umfang von der Pleura überlagert wird.

Das Nierenlager steht in einer charakteristischen topographischen *Beziehung zur Pleura*. Wenn eine Entzündung des Nierenlagers (z. B. perinephritischer Abszeß innerhalb der Fascia renalis) auf die weitere Umgebung übergreift (paranephritischer Abszeß im Corpus adiposum pararenale, s. o.) kommt es in der Folge nicht selten zu einer Miterkrankung der Pleura. Dies beruht darauf, daß die bindegewebige Umgebung des Nierenlagers mittelbar mit der Pleura in Kontakt steht, weil in diesem lumbalen Bereich die muskuläre Zwerchfellplatte den charakteristischen Defekt des „BOCHDALEK*schen*[1] *Dreiecks*" („Trigonum lumbocostale", ↗Bd. 1) aufweist, der nur bindegewebig verschlossen und daher von geringerer biologischer Widerstands-

[1] VICTOR BOCHDALEK (1835–1868), Prosektor der Anatomie in Prag.

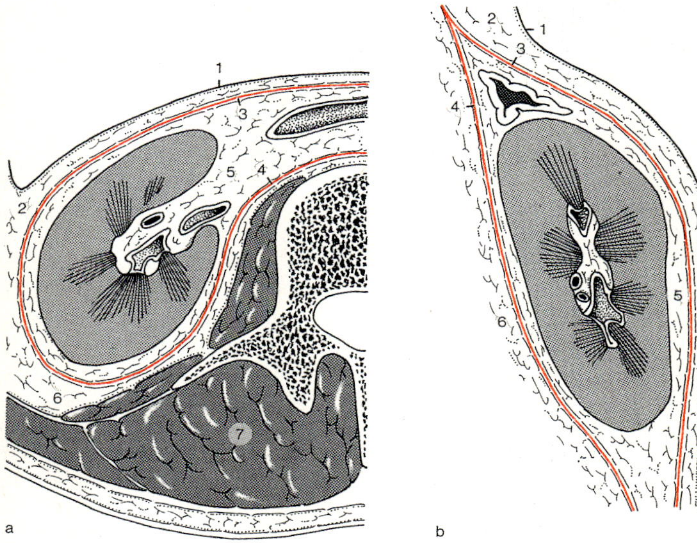

Abb. **2**–78: **Nierenlager.**
a: Transversalschnitt im Niveau des Sinus renalis
b: Sagittalschnitt durch Niere und Nebenniere

1 Peritoneum parietale
2 Spatium retroperitoneale
3 Fascia renalis (vorderes Blatt)
4 Fascia renalis (hinteres Blatt)
5 Capsula adiposa
6 Corpus adiposum pararenale
7 Muskulatur der dorsalen Rumpfwand

kraft gegenüber dem Fortschreiten einer bakteriellen Infektion ist.

Da das Nierenlager dem *M. quadratus lumborum* (↗Bd. 1) aufliegt, werden bei Entzündungsprozessen in diesem Gebiet auch die schräg vor dem Muskel verlaufenden Nerven gereizt: *N. subcostalis, N. iliohypogastricus* (↗Bd. 3).

Die Pars abdominalis des **Ureter** verläuft extraperitoneal, jedoch dicht hinter dem Peritoneum parietale (Abb. **7**–1, 2). Der Harnleiter überkreuzt den *Psoas* schräg von cranial-lateral nach caudal-medial; er unterkreuzt dabei die *Vasa testicularia* (bzw. *ovarica*) – Abb. **8**–55. Kurz vor dem Übergang in das Kleine Becken (vgl. Beckensitus↗) überkreuzt er die *Vasa iliaca communia* (Abb. **8**–55).

Die **Bauchaorta** (*Pars abdominalis aortae*↗) gelangt vor dem 1. Lendenwirbel durch den *Hiatus aorticus* in den Retrositus. Sie verläuft fast median vor der Wirbelsäule (Abb. **8**–36b) bis zum 4. Lendenwirbel, wo in der *Bifurcatio aortae* die Aufteilung in die beiden *Aa. iliacae communes* erfolgt (Abb. **8**–36, 55). Bezüglich der Astfolge s. S. 488; Abb. **8**–55.

Unter dem Hiatus aorticus befindet sich zwischen Aorta und Wirbelsäule die *Cisterna chyli* und der Anfangsteil des **Ductus thoracicus**↗ (Abb. **8**–36b, 84), der mit der Aorta durch den Hiatus tritt.

Die **V. cava inferior**↗ liegt der Aorta rechtsseitig unmittelbar an (Abb. **8**–36b, 55, 77) und verläuft somit an der rechten Seite der Wirbelkörper. Sie entsteht durch Vereinigung der beiden *Vv. iliacae communes* rechts und etwas unterhalb der Bifurcatio aortica. Die Vereinigungsstelle der beiden Vv. iliacae communes wird von der A. iliaca comm. dextra überkreuzt (Abb. **8**–55). Die Untere Hohlvene verläßt den Retrositus durch das *For. venae cavae*, das weiter cranial und ventral vom Hiatus aorticus liegt. Die linke *V. renalis* ist wesentlich länger als die rechte; sie überkreuzt die Aorta und nimmt die V. testicularis (ovarica) sin. auf. Bezüglich der Astfolge s. S. 588f.

Der **Grenzstrang** (Truncus sympathicus, ↗Bd. 3) verläuft *rechtsseitig* meistens hinter der V. cava inf., *linksseitig* in der Regel links neben der Aorta (Abb. **8**–36b). Die Grenzstränge gelangen aus dem Hinteren Mediastinum zwischen der Pars lumbalis und der Pars costalis des Zwerchfells in den Retrositus. Die *Nn. splanchnici major et minor* treten mit der *V. azygos* bzw. *hemiazygos*↗ durch das Zwerchfell, um auf der Bauchaorta den mächtigen *Plex. aorticus abdominalis* zu bilden; dieser ist unter Bildung der *Ganglia coeliaca* als „Plexus solaris" im cranialsten Abschnitt (um den Abgang des Truncus coeliacus) am stärksten entfaltet.

3 Atmungssystem

Durch die **Äußere Atmung** (*Respiration*) vollzieht sich der Austausch zwischen dem Sauerstoff der Luft und der Kohlensäure des Blutes, die ausgeschieden werden muß. Dieser Austausch erfolgt in den Alveolen der Lungen (*Pulmones*) auf einer beim Menschen etwa 100 qm großen Oberfläche. Bevor die Luft in die Lungen gelangt, wird sie gereinigt, erwärmt und befeuchtet. Dies geschieht in den *zuführenden Luftwegen* (Abb. **3**–1), Nasenhöhle *(Cavitas nasi)*, Rachen (*Pharynx*), Kehlkopf (*Larynx*), Luftröhre (*Trachea*), Bronchien (*Bronchi*). Die Atemluft wird außerdem für eine zweite Tätigkeit in Anspruch genommen, zur *Stimmbildung*. Hierzu ist der Kehlkopf (*Larynx*) mit seinen besonderen Einrichtungen in die zuführenden Luftwege eingeschaltet. Nebenräume dienen hierbei als Resonanzboden. Endlich ist noch das *Geruchsorgan* in der Nase in die zuführenden Luftwege eingebaut.

3.1 Nasenhöhlen

Der Nasenraum wird durch die **Nasenscheidewand** (*Septum nasi*) in die rechte und linke **Nasenhöhle** (*Cavitas nasi*) geteilt (Abb. **3**–2). Die Nasenhöhlen setzen sich einerseits in die Nasennebenhöhlen↗, andererseits in den Nasenrachen↗ fort. Beide Nasenhöhlen zusammen verfügen über eine Oberfläche von etwa 150 cm^2. Die Nasenhöhle ist (von vorn nach hinten) gegliedert in:

- *Vestibulum nasi* (s. u.),
- *Regio praeturbinalis* (als Übergangszone zwischen der Haut des Vestibulum und dem Respiratorischen Epithel der Regio turbinalis),
- *Regio turbinalis*[1] (Bereich der Nasenmuscheln mit *Regio respiratoria* und *Regio olfactoria*).

Den Eingang zu den Nasenhöhlen bilden die beiden *Nasenlöcher* (*Nares*; Abb. **2**–2). Der Ausgang in den Rachenraum wird von den

[1] *turbo* (lat.) = Kreisel (z. B. als Turbine); *turbinatus* bzw. *turbinalis* = gewunden. *Turbinalia* = andere Bezeichnung für Conchae nasales.

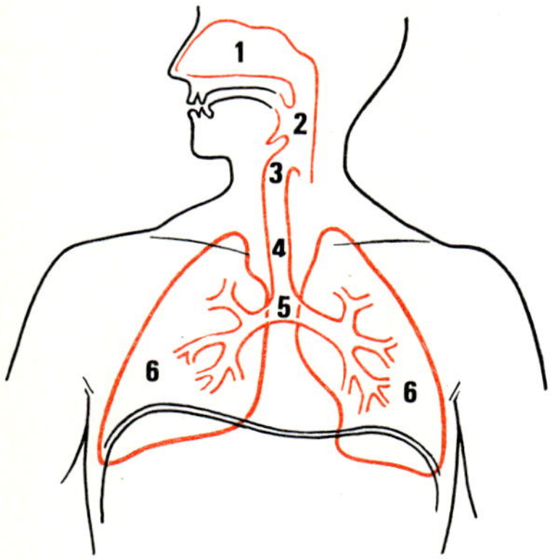

Abb. **3**–1: **Übersicht über die Atemwege.**
1 Cavitas nasi
2 Pharynx
3 Larynx
4 Trachea
5 Bifurcatio tracheae
6 Pulmones

Choanen (Abb. **2**–28) gebildet. Die Öffnung der Nasenlöcher liegt beim Menschen in einer annähernd horizontalen, die Öffnung der Choanen in einer fast frontalen Ebene.

Die Eingänge zu den beiden Nasenhöhlen befinden sich im Bereich der **Äußeren Nase** (Abb. **3**–3). Als Vorsprung im Gesicht muß diese elastisch verformbar sein, um nicht zu leicht verletzt zu werden. Ihr Skelet besteht aus Knorpel und Knochen.

Die *knöcherne* Grundlage der äußeren Nase bilden die beiden Nasenbeine, *Ossa nasalia*, und die beiden *Processus frontales* der rechten und linken Maxilla. Sie umrahmen die *Apertura piriformis* (Abb. **3**–9), die „knöcherne Nasenöffnung" des Schädels (↗Bd. 1).

Der größte Teil der äußeren Nase ist von *Knorpeln* unterbaut: *Cartilagines nasi*. Im Bereich der Nasenscheidewand befindet sich als unpaare sagittale Platte die *Cartilago septi nasi* (Abb. **3**–4), die sich auf dem Nasenrücken, entsprechend der Form desselben, nach beiden Seiten umbiegt, *Cartilago nasi lateralis* (Abb. **3**–3). Daran schließt sich zur Bildung der Nasenspitze beiderseits die *Cartilago alaris major* an. Diese umrahmt das Nasenloch lateral, vorn und medial. Außerdem sind noch kleinere Knorpelchen zwischen diese größeren eingelagert, so daß das knöchern-knorpelige Gerüst der äußeren Nase mosaikartig zusammengesetzt ist (Abb. **3**–3).

Die *äußere Haut* der Nase geht auf den *Vorhof der Nase*, das **Vestibulum nasi** (Abb. **2**–22) über. Dieser von *Haut* ausgekleidete Raum ist mehr oder minder stark mit kurzen borstenartigen Haaren (*Vibrissae*)

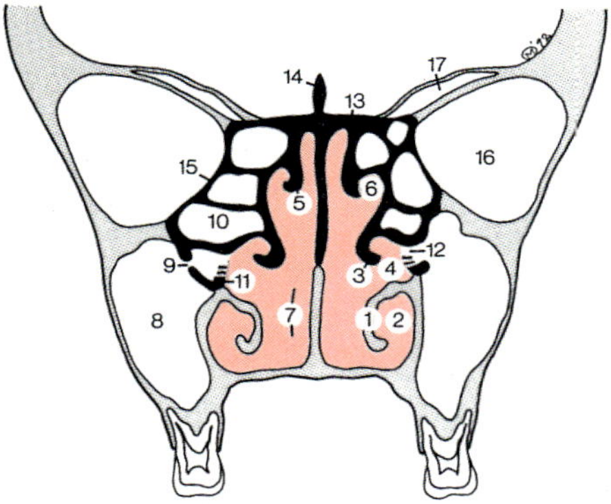

Abb. **3**–2: **Frontalschnitt durch die innere Nase.**
Rot: Nasenhöhlen, *schwarz:* Os ethmoidale mit Siebbeinzellen

1 Concha nasalis inferior
2 Meatus nasi inferior
3 Concha nasalis media
4 Meatus nasi medius
5 Concha nasalis superior
6 Meatus nasi superior
7 Meatus nasi communis
8 Sinus maxillaris
9 Ostium sinus maxillaris (medial davon Infundibulum ethmoidale)
10 Bulla ethmoidalis
11 Proc. uncinatus ossis ethmoidalis (soweit nicht in der Schnittebene: schraffiert)
12 Hiatus semilunaris (zwischen Bulla ethmoidalis und Proc. uncinatus)
13 Lamina cribrosa
14 Crista galli
15 Lamina orbitalis ossis ethmoidalis
16 Orbita

besetzt, die als Schutz gegen das Eindringen gröberer Schwebteilchen der Atemluft aufzufassen sind.

Die **Nasenscheidewand** (*Septum nasi*) ist ebenfalls ein Mosaik aus Knochen und Knorpeln (Abb. **3**–4). Vom Boden des Nasenraums steigt das *Pflugscharbein* (*Vomer*) hoch, von oben die *Lamina perpendicularis* des *Siebbeins* (*Os ethmoidale*) herab: vor beiden, und zum Teil dazwischen eingekeilt, liegt die knorpelige Nasenscheidewand (*Cartilago septi nasi*). Der vorderste Teil des Nasenseptum ist nur bindegewebig, *Pars membranacea*.

Die Nasenscheidewand ist zumeist etwas aus der Sagittalebene verbogen (*Septumdeviation*[1], Abb. **3**–2). Dies ist kein anomaler Zustand, sondern Teil der

[1] Deviation = Abweichung.

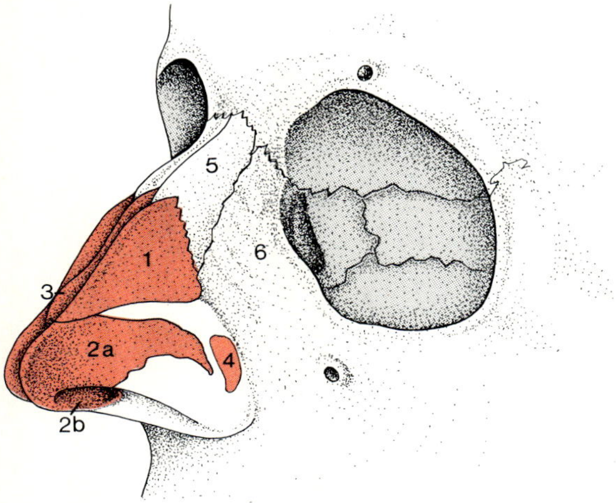

Abb. **3**–3: **Äußere Nase.**
Rot: Knorpel
1 Cartilago nasi lateralis
2a Cartilago alaris major (Crus laterale)
2b Cartilago alaris major (Crus mediale)
3 Cartilago septi nasi
4 Cartilago alaris minor
5 Os nasale
6 Proc. frontalis maxillae

allgemeinen Asymmetrie des Kopfes, die auch die Nasenhöhle mit ihren Nebenhöhlen betrifft.

Die eigentliche **Nasenhöhle** ist gegen das Vestibulum nasi durch eine bogenförmige Leiste, das *Limen*[1] *nasi*, abgegrenzt (Abb. **3**–5). Diese Leiste wird durch den Rand der Cartilago alaris major (Crus laterale, Abb. **3**–3) hervorgerufen. Die *Cavitas nasi* ist ein nach unten breiterer (10–15 mm), nach oben schmaler und schließlich rinnenförmiger werdender paariger Raum (Abb. **3**–2). Der *Boden*, der harte Gaumen, liegt tiefer als der untere Rand der Nasenlöcher (Abb. **2**–22). Die **mediale Wand** wird vom Nasenseptum (Abb. **3**–2) gebildet und ist annähernd glatt, die **laterale Wand** dagegen zum größten Teil mit den drei Nasenmuscheln (*Conchae nasales*) besetzt (Abb. **3**–5). Diese ragen in das Lumen der Nasenhöhle hinein und verengen es bis auf einen schmalen Spalt („*Meatus nasi communis*", Abb. **3**–2). Das

[1] *limen* (lat.) = Schwelle.

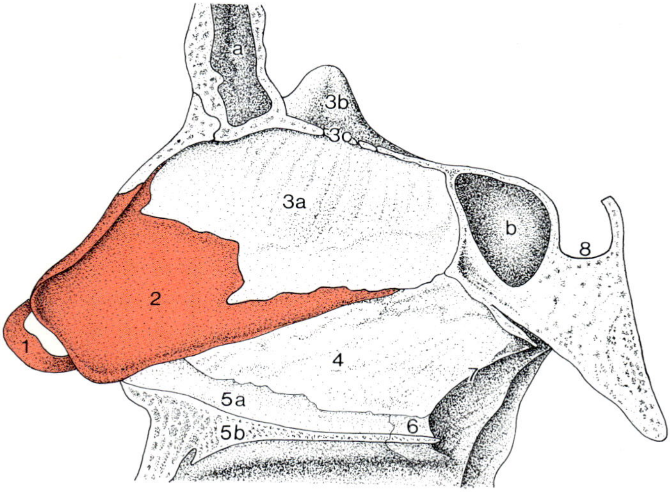

Abb. **3**–4: **Nasenscheidewand.**
Rot: Knorpel

1 Cartilago alaris major
2 Cartilago septi nasi
3a Lam. perpendicularis (ossis ethmoidalis)
3b Crista galli (ossis ethmoidalis)
3c Lam. cribrosa (ossis ethmoidalis)
4 Vomer
5a Crista nasalis (processus palatini maxillae)
5b Proc. palatinus (maxillae)
6 Crista nasalis (laminae horizontalis ossis palatini)
7 Hinterrand des Vomer (mediale Begrenzung der Choane)
8 Sella turcica (corporis ossis sphenoidalis)
a Sinus frontalis
b Sinus sphenoidalis

Dach der Nasenhöhle wird von der *Lamina cribrosa* des Siebbeins gebildet, welche gleichzeitig ein Teil der vorderen Schädelgrube(↗Bd. 1) ist (Abb. **3**–2, 5). Von hinten her ist der Keilbeinkörper(↗Bd. 1) in den oberen Teil der Nase eingeschoben, so daß die Choanen nur halb so hoch sind wie die größte Höhe des Nasenraumes (Abb. **3**–4).

Die laterale Wand der Nasenhöhle (Abb. **3**–2, 5) trägt die drei **Nasenmuscheln**: *Concha*[1] *nasalis inferior* (selbständiger Knochen, ↗Bd. 1), *Conchae nasales media* und *superior* (Teile des Siebbeins, ↗Bd. 1). Der Bereich der Nasenmuscheln und der diesen

[1] *concha* (lat.) = Muschel.

gegenüber befindliche Teil der Nasenscheidewand werden auch als *Regio turbinalis*↗ der Nasenhöhle bezeichnet. Zwischen der vorderen Begrenzung der Muscheln und dem Limen nasi↗ erstreckt sich die *Regio praeturbinalis* als Übergangszone. Die Muscheln liegen horizontal parallel übereinander, wobei ihre vorderen Ränder entsprechend dem Verlauf des Nasenrückens hintereinander gestaffelt sind (Abb. **3**–5). Infolgedessen ist die Obere Muschel die kleinste. Unter jeder Muschel wird ein überdachter kanalartiger Raum **(Nasengänge)** gebildet: *Meatus nasi inferior, medius* und *superior* (Abb. **3**–2, 5). Zwischen

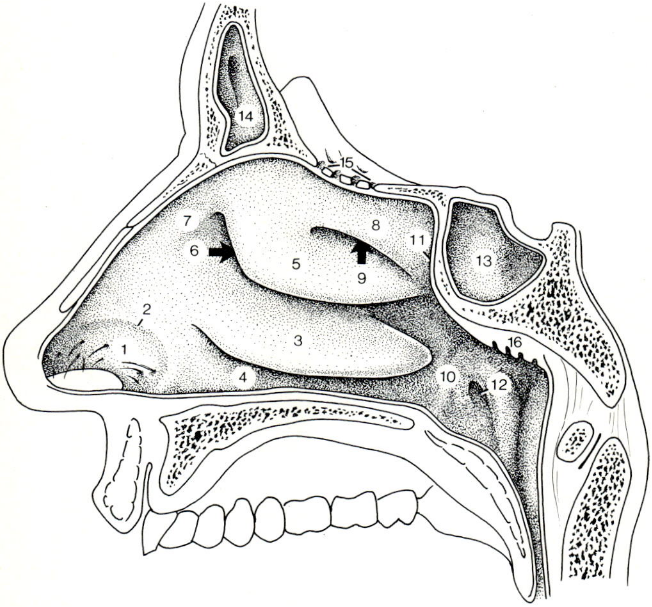

Abb. **3**–5: **Rechte Nasenhöhle, laterale Wand.**

1 Vestibulum nasi
2 Limen nasi
3 Concha nasalis inferior
4 Meatus nasi inferior
5 Concha nasalis media
6 Meatus nasi medius
7 Agger nasi
8 Concha nasalis superior
9 Meatus nasi superior
10 Meatus nasopharyngeus
11 Recessus sphenoethmoidalis
12 Ostium pharyngeum tubae auditivae
13 Sinus sphenoidalis
14 Sinus frontalis
15 Lamina cribrosa
16 Tonsilla pharyngea

dem hinteren Ende der Muscheln einerseits und der Choane↗ erstreckt sich vertikal der *Meatus nasopharyngeus*.

In den **Unteren Nasengang** mündet der Tränennasengang (Ductus nasolacrimalis) (Abb. **3**–8), der Abflußkanal der Tränenflüssigkeit aus dem Conjunctivalsack (↗Bd. 3). Schwellung der Nasenschleimhaut (z. B. beim Schnupfen) führt zum Tränen der Augen

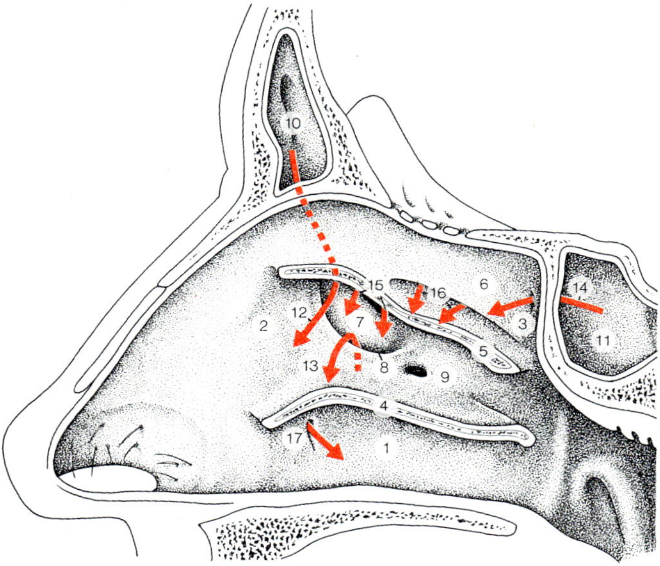

Abb. **3**–6: **Laterale Wand der Rechten Nasenhöhle** (nach Abtragung der Unteren und Mittleren Nasenmuschel).

1 Unterer Nasengang
2 Mittlerer Nasengang
3 Recessus sphenoethmoidalis
4 Basis der Unteren Muschel
5 Basis der Mittleren Muschel
6 Obere Muschel
7 Bulla ethmoidalis
8 Hiatus semilunaris
9 Hiatus maxillaris accessorius
10 Sinus frontalis
11 Sinus sphenoidalis
12 Sonde: Sinus frontalis – Mittlerer Nasengang
13 Sonde: Mittlerer Nasengang – Sinus maxillaris
14 Sonde: Sinus sphenoidalis – Recessus sphenoethmoidalis
15 Mündungen von Vorderen Siebbeinzellen
16 Mündungen von Hinteren Siebbeinzellen
17 Sonde: Ductus nasolacrimalis – Unterer Nasengang

durch Verschluß der 3–3,5 cm hinter der äußeren Nasenöffnung befindlichen Mündung des Tränennasenganges mit der *Plica lacrimalis* (HASNERsche Falte[1]).

Der klinisch wichtigste ist der **Mittlere Nasengang**, weil in ihn die Nebenhöhlen, mit Ausnahme der hinteren Siebbeinzellen und der Keilbeinhöhle, einmünden, also Kieferhöhle, Stirnhöhle und Vordere Siebbeinzellen (Abb. **3**–10). Wenn die Mittlere Muschel hochgeklappt oder an ihrem Ansatz abgeschnitten wird und damit die laterale Wand des Mittleren Nasengangs freiliegt, dann findet sich hier ein nach vorn leicht konvexer, von vorn-oben nach hinten-unten verlaufender Spalt, der **Hiatus semilunaris** (Abb. **3**–6). Er ist nach vorn-unten vom *Processus uncinatus* des Siebbeins (↗Bd. 1), nach hinten-oben von der *Bulla ethmoidalis* (↗Bd. 1) begrenzt und führt nach lateral in einen Vorhof des mittleren Nasengangs, das **Infundibulum ethmoidale** (Abb. **3**–2).

Unter der kleinen Oberen Muschel, die weit hinten liegt, befindet sich der entsprechend kurze **Obere Nasengang**, in den die Hinteren Siebbeinzellen ↗einmünden.

Über der Oberen Muschel ist beim Neugeborenen oft eine vierte, rudimentäre Muschel vorhanden, die sich beim Erwachsenen zurückbildet. Hier mündet die Keilbeinhöhle in den **Recessus sphenoethmoidalis** zwischen dem hinteren Rand der Concha superior und der Vorderwand des Keilbeins (Abb. **3**–5).

Der größte Teil der Nase dient der *Atemfunktion* (**Regio respiratoria** der Tunica mucosa nasi). Die *Riechfunktion* ist lediglich an einen sehr kleinen Bereich gebunden **(Regio olfactoria)**. Diese *Riechschleimhaut* (↗Bd. 3) befindet sich in der obersten Nasenetage unterhalb der Lamina cribrosa (↗Bd. 1), jeweils als etwa pfenniggroßes Feld auf der Lateralseite und auf dem Septum (Abb. **3**–2, nicht bezeichnet).

MIKROSKOPISCHE ANATOMIE DER NASENSCHLEIMHAUT

Mit Ausnahme des *Vestibulum nasi*, das von Haut (↗Bd. 3) ausgekleidet und mit Anhangsgebilden der Haut ausgestattet ist, ist die **Regio respiratoria** der Nasenhöhle, sowohl auf der lateralen wie auf der medialen Seite, mit einer Schleimhaut (Abb. **3**–7) versehen, die ein mehrreihiges Flimmerepithel mit eingestreuten Becherzellen trägt. Dieses ist für die gesamten äußeren Atemwege charakteristisch und

[1] JOSEPH HASNER RITTER VON ARTHA (1819–1892), Prof. der Augenheilkunde in Prag.

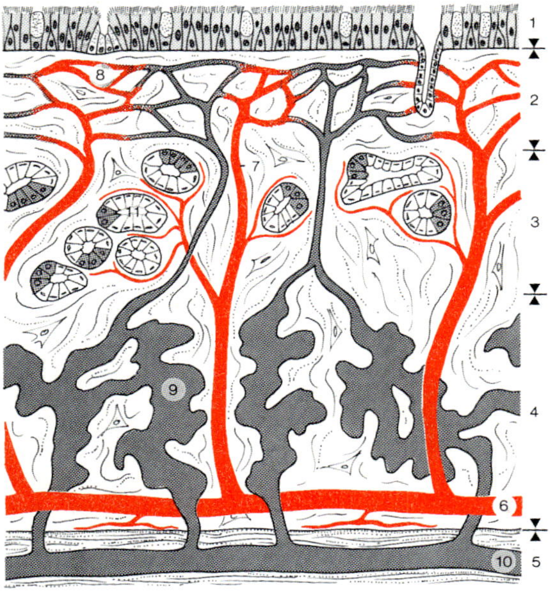

Abb. **3**–7: **Nasenschleimhaut im Gebiet der Unteren Muschel** (Schema).
1 Respiratorisches Epithel
2–4 Lamina propria mucosae
– 2 Subepitheliale Schicht
– 3 Glanduläre Schicht
– 4 Vascularisierte Schicht
5 Periost
6 Arterie
7 Arteriole
8 Subepitheliales Capillarnetz
9 Venöser Schwellkörper
10 Periostale Vene
11 Seromucöse Drüse

wird daher als **Respiratorisches Epithel** bezeichnet (Abb. **3**–8). In diesem kommen auf eine schleimbildende *Becherzelle* jeweils 4–5 *Flimmerepithelzellen*. Jede Flimmerepithelzelle trägt etwa 200 Cilien (6–7 μm lang, 0,2 μm dick), die mit einer Frequenz von 8–12 /sec. schlagen. An die Cilien ist die *Drainagefunktion* (Reinigungsfunktion, s. u.) der Nasenschleimhaut gebunden.

An der bemerkenswert dicken **Lamina propria** lassen sich drei funktionell unterschiedlich zu bewertende Schichten unterscheiden (Abb. **3**–7):

– *subepitheliale Schicht* (wegen der in ihr enthaltenen zahlreichen Lymphocyten auch als „lymphoide Schicht" [Abwehrschicht] bezeichnet) mit einem dichten Capillarnetz;

– mittlere *glanduläre Schicht* mit gemischten (sero-mucösen) Drüsen;
– tiefe *vascularisierte Schicht* mit Ausbildung schwellkörperartiger Bluträume.

Die Lamina propria enthält in ihrer mittleren Schicht zahlreiche gemischte (sero-mucöse) **Gll. nasales**. Sie ist stark vascularisiert: die versorgenden Arterien (vgl. S. 191) bilden ein dichtes Netz auf dem Periost bzw. auf dem Perichondrium. Aus diesem gehen Arteriolen hervor, die korbartige Capillarnetze um die Drüsen, sowie ein dichtes subepitheliales Capillarnetz speisen. Die Venen bilden (insbesondere auf den Muscheln) in der tiefen Schicht der Propria **venöse Schwellkörper** (*Plexus cavernosi*[1] *concharum*). Diese Venenplexus ähneln dem Corpus spongiosum penis↗. Füllung (auch durch a.-v. Anastomosen↗) und Entleerung der Plexus werden durch glattmuskuläre Sphincter reguliert. Durch Schwellung und Abschwellen wird die Luftströmung beeinflußt.

Die Schleimhaut des Nasenseptum weist (gegenüber der Mittleren Muschel) eine durch zahlreiche Schleimdrüsen und dichte oberflächliche Capillarknäuel hervorgerufene beetartige Erhebung, den **Locus Kiesselbachi**[2], auf. Dieser ist besonders häufige *Quelle des Nasenblutens* und entspricht dem Anastomosengebiet zwischen den Versorgungsgebieten der Aa. carotis externa und interna (vgl. S. 191).

Neben der Riechfunktion (↗Bd. 3) hat die Nase die *Aufgabe, die Atemluft für den Eintritt in die Trachea und den Bronchialbaum vorzubereiten*. Die Nase ist die *primäre Abwehreinrichtung* des Organismus gegen schädliche Stoffe aus der Atmosphäre.

Die einzelnen **Partialfunktionen** der Nasenschleimhaut sind leicht auf die morphologischen Baumerkmale zu beziehen:

– **Regulation des Atemvolumens**

Die Nase ist nicht einfach eine Doppelröhre, die passiv den Durchtritt der eingeatmeten Luft in die tieferen Luftwege ermöglicht. Die Nasenatmung kann vielmehr an die variablen Bedürfnisse angepaßt werden durch neuro-hormonale Regulation der Vasomotorik, aber auch durch lokale Gefäßmechanismen. Hierdurch wird die Füllung der *venösen Schwellkörper* (s. o.) beeinflußt. Ein Aufschwellen der letzteren erhöht den Strömungswiderstand im nasalen Atemweg.

---

[1] *cavernosus* (lat.) = höhlenreich.

[2] Wilhelm Kiesselbach (1839–1902), Prof. der HNO-Heilkunde in Erlangen.

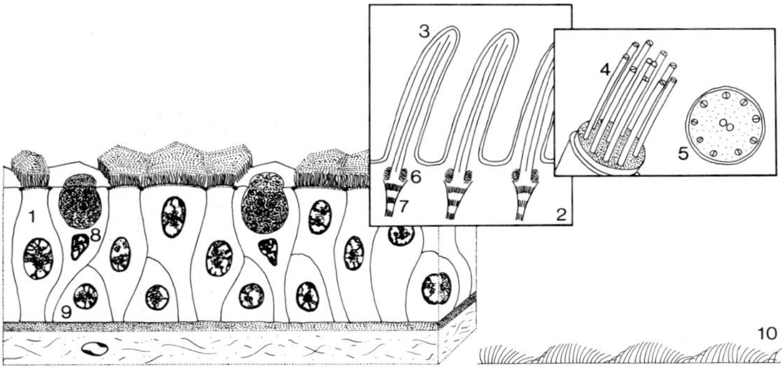

Abb. **3–8**: **Respiratorisches Epithel.**
1 Kinocilien tragende Epithelzelle (Flimmerepithelzelle), im Längsschnitt und in der Aufsicht; apical ist die Reihe der Kinetosomen zu erkennen, 2 *Ausschnittsvergrößerung:* Kinocilium (3) mit 2 Zentraltubuli und 9 peripheren Doppeltubuli, der sog. 9+2-Struktur im Tubulizylinder (4), bei (5) im Querschnitt, 6 Kinetosom, 7 Wurzel des Kinetosoms, 8 Becherzelle mit Schleimpfropf (im Längsschnitt und in der Aufsicht), 9 Basalzelle, 10 metachroner Cilienschlag eines Cilienfeldes.

Physiologischerweise schwellen die beiden Nasenhälften auf diese Weise alternierend mit einer Periodendauer von 2–6 Stunden. Dieser nasale Zyklus mit wechselndem Strömungswiderstand bedeutet zugleich auch einen Wechsel in der Wahrnehmung der Erwärmungs- und Befeuchtungsfunktion zwischen rechter und linker Nasenhälfte. Hinzu kommt, daß die Einatmungsluft nicht laminär von vorn nach hinten die Nase durchströmt; die Luft steigt vielmehr im Vestibulum nasi senkrecht nach oben, um dann auf einem parabelförmigen Weg in den Mittleren Nasengang zu strömen, von wo sie in den Pharynx gelangt. Es handelt sich hierbei jedoch um eine auf die hauptsächlichen Luftströme gerichtete Darstellung; tatsächlich ist jederzeit die gesamte Nase an der Atmung beteiligt.

Von entscheidender physiologischer Bedeutung ist die **Klimatisierung** (Konditionierung) der Einatmungsluft durch die Nase (*Filtration, Anfeuchtung, Anwärmung*). Anwärmung und Anfeuchtung erfolgt vor allem im Bereich der Muscheln, die ⅔ der Gesamtoberfläche ausmachen. Die Turbulenz des Luftstroms während der Inspirationsphase führt zum Kontakt fast der gesamten Einatmungsluft mit der wirksamen Oberfläche.

– Reinigungsfunktion

Die Nase besitzt für bestimmte Partikel und Aerosole ein sehr großes *Filtrationsvermögen*. Makroskopische Partikel werden von den Vibrissae des Vestibulum nasi zurückgehalten. Staubteilchen und Kondensationskerne (unter Umständen Keime enthaltend) von 2–3 μm Größe werden durch das Respiratorische Epithel (Abb. 3–8) im Zusammenwirken von Schleimüberzug und Cilienschlag aus der Inspirationsluft entfernt. Schwebstoffe der Atemluft bleiben auf dem von Becherzellen und den mucösen Drüsenanteilen gelieferten Schleimfilm (*Transportbelag*) haften. Der so beladene Schleim wird durch den Schlag der Kinocilien in Richtung auf die Choanen zum Rachen befördert. Im Nasenrachen↗ wird der durch Cilien bewirkte Transportvorgang zunächst oberhalb und unterhalb um das Tubenostium↗ herum weitergeführt, ehe der Schleim schließlich verschluckt wird. Während in der *Regio turbinalis*↗ der Cilienschlag rachenwärts gerichtet ist, ist er in der *Regio praeturbinalis* nach vorn gerichtet. Der Schleimtransport erfolgt mit einer Geschwindigkeit von etwa 1 cm/h. Die Transportbewegung ist allerdings vom Feuchtigkeitsgehalt der Atemluft abhängig und wird durch Austrocknung der Schleimhaut behindert. Der Schleimfilm wird etwa alle 1–2 h erneuert. Die Becherzellen werden nach einigen Sekretionszyklen abgestoßen und ersetzt.

– **Befeuchtungsfunktion**

Zu trockene Atemluft ist für die Lungen schädlich. Die Schleimhautoberfläche wirkt wie ein Verdampfer, der in der Lage ist, die relative Luftfeuchtigkeit der Einatmungsluft zu erhöhen. Das erforderliche Wasser stammt teils aus dem Schleimfilm (95–97% Wassergehalt), teils aus dem Sekret seröser Drüsenanteile und schließlich aus epithelialer Transsudation↗. Die Nase vermag pro 24 h bis über 500 ml Wasser abzugeben. Allerdings wird ein Drittel des der Einatmungsluft zugefügten Wassers während der Ausatmung wieder zurückgewonnen.

– **Erwärmungsfunktion**

Unterkühlte Luft ist für die Lungen schädlich. Durch variable Durchblutung des wie ein Heizschlangensystem wirkenden *subepithelialen Capillarnetzes* (einschließlich oberflächlicher Arteriolen) kann die Temperatur der vorbeistreichenden Einatmungsluft beeinflußt werden.

– **Schutzreflexe**

Über Rezeptoren der Nasenschleimhaut können bei Einatmung mit Reizstoffen beladener Luft Schutzreflexe ausgelöst werden: Reflektorischer *Verschluß der Stimmritze*, *Niesreflex* (↗S. 192, 198).

Die *Nebenhöhlen* (s. u.) der Nase sind ebenfalls von Respiratorischem Epithel ausgekleidet. Die Schleimhaut enthält jedoch nur wenige Drüsen und keine venösen Schwellkörper.

Die **Regio olfactoria** ist von einer spezifischen *Riechschleimhaut* bedeckt. Diese enthält bipolare Nervenzellen (*Riechzellen*), die als *Chemorezeptoren* aufzufassen sind (↗Bd. 3). In der Lamina propria der Riechschleimhaut sind die serösen *Gll. olfactoriae* (BOWMAN*sche Drüsen*[1]) gelegen, die funktionell mit den Spüldrüsen der Zunge↗ vergleichbar sind.

Da der Nasenraum, bedingt durch Anordnung und Form der Muscheln, von der Atemluft in spezifischer Weise (↗S. 189) durchflossen wird, ist der Kontakt mit dem *Riechfeld* begrenzt. Die olfactorische Kontrolle kann jedoch durch „Schnüffeln", wodurch im Luftstrom *Turbulenzen* hervorgerufen werden, verbessert werden.

Leitungsbahnen der Nase

Arterien
- Äußere Nase: *A. dorsalis nasi* (Abb. **8**–42; ← A. ophthalmica ← A. carotis int.) →← *A. angularis* (Abb. **8**–42; ← A. facialis ← A. carotis ext.).
  Aus der Anastomose: *R. lateralis nasi*;
  aus der A. labialis sup.: *R. septi nasi* (für das Vestibulum nasi, Quelle des Nasenblutens).
- Innere Nase (Nasenhöhle):
  (a) *A. sphenopalatina* (← A. maxillaris ← A. carotis ext.; Abb. **8**–42) → *A. nasalis post. lat.* und *Rr. septales post.*;
  (b) *A. ethmoidalis ant.* (Abb. **8**–41; ← A. ophthalmica ← A. carotis int.) → *Rr. nasales ant. lat.* und *Rr. septales ant.*;
  (c) *A. ethmoidalis post.* (Abb. **8**–41; ← A. ophthalmica ← A. carotis int.).

Venen (Abb. **8**–75)
- Äußere Nase: Vv. nasales ext. → *V. facialis*.
  Zur Bedeutung der Verbindung über die *V. angularis* zum Schädelinneren s. S. 549.
- Innere Nase (Nasenhöhle):
  Plex. cavernosi concharum (und andere Venennetze) →
  (a) *V. ethmoidales* → V. ophthalmica (Verbindung zum Schädelinneren!);
  (b) Vv. sphenopalatinae → *Plex. pterygoideus*;
  (c) *V. facialis*.

Regionäre Lymphknoten (Abb. **9**–15)
- Äußere Nase: „Nll. buccales" (an der V. facialis) → *Nll. submandibulares* → Nll. cervicales superf. → Nll. cervicales prof.
- Innere Nase (Nasenhöhle):
  (a) wie Äußere Nase → *Nll. submandibulares*;
  (b) → *Nll. retropharyngeales* → Nll. cervicales prof.

[1] Sir WILLIAM BOWMAN (1816–1892), Prof. der Anatomie und Physiologie in London. Auch Bowmansche Kapsel des Nierenkörperchens.

Nerven

- Äußere Nase:
  sens. (Nasenwurzel): *N. infratrochlearis* → N. nasociliaris → *N. ophthalmicus*;
  sens. (Nasenrücken): *R. nasalis ext.* → N. ethmoidalis ant. → N. nasociliaris → *N. ophthalmicus*;
  sens. (Nasenspitze und -flügel): *Rr. nasales ext.* → N. infraorbitalis → *N. maxillaris*.
  sens. (Haut des Vestibulum nasi): *Rr. nasales int.* → N. infraorbitalis → *N. maxillaris*.
- Innere Nase:
  sens. (Schleimhaut):
  (a) Rr. nasales → *N. ethmoidalis ant.* → N. nasociliaris → *N. ophthalmicus*;
  (b) Rr. nasales → *N. maxillaris*;
  (c) *N. nasopalatinus* → N. maxillaris.
  Im N. maxillaris (V/2; ↗Bd. 3) verläuft der afferente Schenkel der in der Nasenschleimhaut auslösbaren *Schutzreflexe*: reflektorischer *Verschluß der Stimmritze* und *Niesreflex*. Der Reflexscheitel befindet sich in der Medulla oblongata.
- sensor. (Riechleitung): *Nn. olfactorii* → Bulbus olfactorius.
- para. (Drüsen der Nasenschleimhaut): *N. facialis* → N. petrosus maj. → *Ggl. pterygopalatinum* → sensible Maxillarisäste;
- symp.: *Halssympathicus* → Plex. caroticus ext. → Plex. maxillaris → sensible Maxillarisäste.

3.1.1 Nasennebenhöhlen

Die Nasenhöhle steht mit ihren Nebenhöhlen (*Sinus paranasales*; Abb. **3**–2, 9) nicht nur durch deren Öffnungen in unmittelbarer Verbindung, sondern bildet mit ihnen insofern eine Einheit, als sich die *Nasenschleimhaut* (S. 186) auf die Nebenhöhlen fortsetzt und diese ebenso auskleidet. Die Nebenhöhlen liegen in statisch unbeanspruchten Räumen, die der Organismus nach dem Prinzip der äußersten Sparsamkeit an Baumaterial leer läßt. Wegen der Häufigkeit ihrer Erkrankung sind sie jedoch für den Arzt von großer Bedeutung. Dabei ist zu beachten, daß sie je nach dem *Pneumatisationsgrad* individuell verschieden groß und von sehr unterschiedlicher Form sind. Alle Nebenhöhlen sind paarig.

1. **Kieferhöhle** (*Sinus maxillaris*). Sie ist die größte der Nebenhöhlen (Höhe 3,5 cm, Breite 2,5 cm, Tiefe 3,2 cm). Ihre *vordere = faciale Wand* ist von außen eingedellt, besonders entsprechend der *Fossa canina* (Abb. **2**–12, rechts oberhalb von 16) an der Außenfläche des Oberkiefers. An dieser Stelle ist die Kieferhöhle vom Vestibulum oris aus operativ zugänglich. Die *obere = orbitale Wand* ist oft sehr dünn, was bei operativen Eingriffen nicht außer acht gelassen werden darf. Die *hintere Wand* grenzt an die *Fossa pterygopalatina*. Der *Boden* der

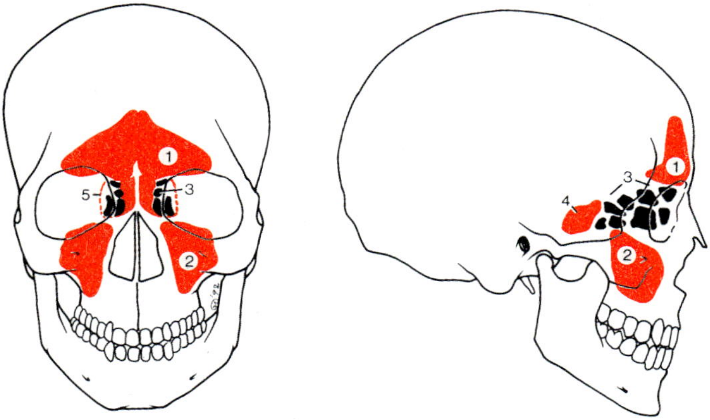

Abb. **3**–9: **Projektion der Nebenhöhlen.**
Die *Frontalansicht* zeigt die Lagebeziehung der Nebenhöhlen zur Orbita, die *Seitenansicht* die Lagebeziehung zum Schädelinneren.

1 Stirnhöhle
2 Kieferhöhle
3 Siebbeinlabyrinth (schwarz)
4 Keilbeinhöhle
5 Laterale Begrenzung der Keilbeinhöhle (medialer Abschnitt zwischen den Siebbeinlabyrinthen)

Kieferhöhle wird vom Alveolarfortsatz des Oberkiefers gebildet. Hier wird die „Alveolarbucht" der Kieferhöhle durch die vier hintersten Zähne höckerartig modelliert. Erkrankungen der Zahnwurzeln brechen leicht in die Kieferhöhle durch, während andererseits die Kieferhöhle durch eine Zahnalveole hindurch eröffnet werden kann. Die *mediale = nasale Wand* entspricht dem mittleren und unteren Nasengang (Abb. **3**–2, 10).

Das *Ostium der Kieferhöhle* (*Ostium sinus maxillaris*) befindet sich an deren nasaler Wand, dicht unter dem Dach der Höhle (Abb. **3**–2). Wegen der Lage des Ostium sind die Bedingungen für einen spontanen Abfluß von Sekret äußerst ungünstig; sie werden jedoch weiter dadurch verschlechtert, daß das Ostium in das *Infundibulum ethmoidale* mündet, das nur durch den schmalen Spalt des *Hiatus semilunaris* mit dem freien Raum des mittleren Nasengangs in Verbindung steht (Abb. **3**–2, 6). Um künstlich günstige Abflußbedingungen bei stagnierendem Sekret zu schaffen, wird die laterale Wand des *unteren* Nasengangs durchstoßen, der im Niveau des Bodens der Kieferhöhle liegt (Abb. **3**–2).

2. **Stirnhöhle** (*Sinus frontalis*). Die Stirnhöhle ist durchschnittlich 3,2 cm hoch, 2,6 cm breit und 1,8 cm tief. Sie zeichnet sich durch besonders große *Variabilität* aus; insbesondere steht die Scheidewand zwischen rechter und linker Stirnhöhle häufig nicht median. Die Stirnhöhle grenzt einerseits an das Dach der Orbita, andererseits an die vordere Schädelgrube (Abb. **3**–6). Die kanalartige Öffnung (*Apertura sinus frontalis*) liegt im Bereich des Bodens dieser Nebenhöhle. Daß der Sekretabfluß trotz dieser günstigen Situation häufig behindert ist, beruht darauf, daß die Apertura sinus frontalis sekundär durch Siebbeinzellen (s. u.) eingeengt wird und daß sie – ebenso wie das Ostium der Kieferhöhle – in das *Infundibulum ethmoidale* mündet, dem noch der Engpaß des *Hiatus semilunaris* vorgeschaltet ist.

3. **Siebbeinlabyrinth** (*Sinus ethmoidales*). Als Sinus ethmoidales wird ein System von etwa zehn kleinen Hohlräumen (Variationsbreite: 3 große bis 18 kleine Höhlen) bezeichnet, bei denen *Vordere Siebbeinzellen (Cellulae anteriores)* und *Hintere Siebbeinzellen (Cellulae posteriores)* zu unterscheiden sind. Das Siebbeinlabyrinth ist zwischen Nase und Orbita eingeschaltet (Abb. **3**–2) und von dieser nur durch die papierdünne *Lamina orbitalis* (ossis ethmoidalis, ↗Bd. 1) getrennt. Die Vorderen Siebbeinzellen münden im Bereich des *Mittleren Nasengangs*. Die größte Siebbeinzelle ist die *Bulla ethmoidalis*, welche die hintere Wand des Hiatus semilunaris bildet (Abb. **3**–5). Die Hinteren Siebbeinzellen münden dagegen im Bereich des *Oberen Nasengangs* und bilden klinisch mit der Keilbeinhöhle eine Einheit. In etwa 12% der Fälle dehnen sich Hintere Siebbeinzellen (ONODI-Zellen) bis zur Sella turcica (↗Bd. 1) aus und trennen diese von der Keilbeinhöhle.

4. **Keilbeinhöhle** (*Sinus sphenoidalis*). Jede der beiden durch ein dünnes Septum getrennten Höhlen ist durchschnittlich 2,0 cm hoch, 1,8 cm breit und 2,1 cm tief. Das Volumen beider Höhlen zusammen umfaßt 2,0–12,0 ml (durchschnittlich 5,8 ml). Das Ostium jeder Keilbeinhöhle (*Apertura sinus sphenoidalis*) mündet im Bereich des *Recessus spheno-ethmoidalis*↗ und somit in der Nachbarschaft des oberen Nasengangs (Abb. **3**–5). Die Keilbeinhöhle hat eine klinisch wichtige, allerdings – je nach Größe des Sinus – variable Nachbarschaftsbeziehung zum Türkensattel mit der Hypophyse (Abb. **2**–22) und vermittelt (transnasal) einen operativen Zugang zu dieser. Der operationstechnisch wichtige Abstand zwischen dem Ostium und der Vorderwand der Sella turcica beträgt 14,6 (8,9–23,1) mm, der Abstand des Ostium vom Unterrand der Apertura piriformis↗ etwa 60 mm.

Tab. **3**-1: Beziehungen des Abflusses aus den Nasennebenhöhlen und den Tränenwegen zu den Nasengängen (Ng).

	Unterer Ng.	Mittlerer Ng.	Oberer Ng.
Stirnhöhle		+	
Kieferhöhle		+	
Vordere Siebbeinzellen		+	
Hintere Siebbeinzellen			+
Keilbeinhöhle			+
Tränennasengang	+		

Die **topographischen Beziehungen** der einzelnen Nebenhöhlen hängen vom Grad der individuellen *Pneumatisation*[1] ab. Die Ausbildung der Nebenhöhlen im Sinne des Vordringens von Schleimhaut in benachbarte Knochen vollzieht sich erst im nachgeburtlichen Leben und ist in ihrem Ausmaß von erbbedingten *Schleimhautqualitäten* abhängig.

Je weiter der Pneumatisationsprozeß im individuellen Fall fortschreitet, desto dünner werden die Knochenlamellen, welche die Schleimhaut der betreffenden Nebenhöhlen von Nachbarräumen trennen. Dies kann so weit gehen, daß physiologischerweise Knochenlücken (sog. *Dehiszenzen*) entstehen. Neben den physiologischen Knochendehiszenzen spielen für das Übergreifen von Entzündungsprozessen von der Nebenhöhlenschleimhaut auf Nachbarräume insbesondere auch *Venen-* und *Lymphbahnverbindungen* eine Rolle. Die wichtigsten Nachbarschaftsbeziehungen sind:

– Beziehung der *Zahnwurzeln* des zweiten oberen Prämolaren und der oberen Molaren zur Kieferhöhle: Gefahr einer *dentogenen Kieferhöhlenerkrankung*.

– Zweidrittel des Umfangs der *Orbita* (Abb. **3**–7) grenzen an Nebenhöhlen (Kieferhöhle, Siebbeinlabyrinth, Stirnhöhle): Gefahr einer *orbitalen Komplikation*.

– Stirnhöhle, Siebbeinlabyrinth und Keilbeinhöhle stehen in Kontakt mit der *Schädelbasis* und sind damit Nachbarn der *Hirnhäute*: Gefahr einer *endocraniellen Komplikation* mit Hirnhautentzündung und Hirnabszeß.

– Von besonderer ärztlicher Bedeutung sind die *Beziehungen zum Mittleren Nasengang*. In dessen Bereich befinden sich die Ostien der Kieferhöhle, der Stirnhöhle und der Vorderen Siebbeinzellen. Der Mittlere Nasengang ist somit nicht nur für die Ventilation sondern auch für die Drainage der Nebenhöhlen von besonderer Wichtigkeit. Eine Blockierung dieser „Ostio-

[1] *Pneumatisation* = Ausbildung eines schleimhautausgekleideten Luftraumes

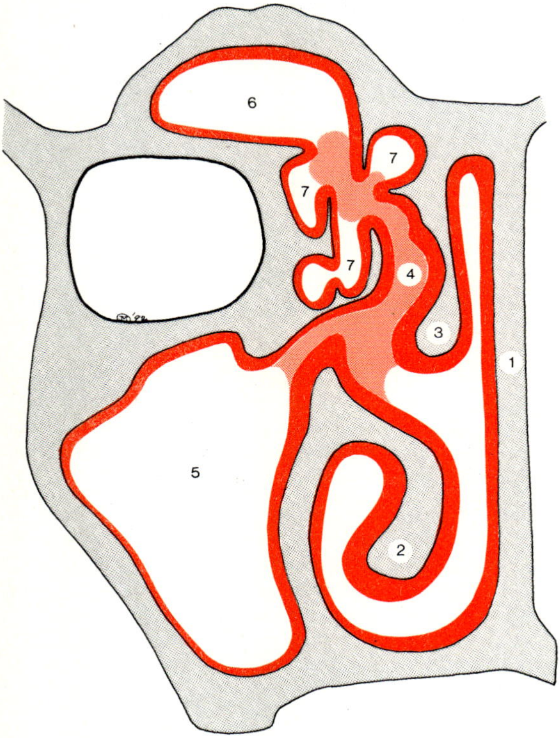

Abb. **3**–10: **„Ostio-meatale" Einheit der rechten Nasenhöhle** (nach NAUMANN, Proc. 8. Int. Congr. ORL, Tokyo 1965).
Rot: Schleimhaut, *rot punktiert:* Ostio-meatale Einheit (blockierbar, u. a. durch Schleimhautschwellung oder zähen Schleim)

1 Nasenseptum
2 Untere Muschel
3 Mittlere Muschel
4 Mittlerer Nasengang mit den Ostien der Nebenhöhlen (außer Hinteren Siebbeinzellen und Keilbeinhöhle)
5 Kieferhöhle
6 Stirnhöhle
7 Vordere Siebbeinzellen

meatalen Einheit“ (Abb. **3**–10) ist deshalb für die Biologie der Nase und der Nasennebenhöhlen äußerst nachteilig.

Leitungsbahnen der Nasennebenhöhlen

Arterien

- Kieferhöhle:
  (a) Hauptversorgung vom Mittleren Nasengang durch Ast der *A. sphenopalatina* (← A. maxillaris, Abb. **8**–44);
  (b) *A. infraorbitalis* (← A. maxillaris);
  (c) *A. alveolaris sup. post.* (← A. maxillaris).
- Siebbeinlabyrinth: *Aa. ethmoidales* (Abb. **8**–41);
- Stirnhöhle: *A. ethmoidalis ant.*;
- Keilbeinhöhle: von der Oberseite durch Ästchen der *Duraarterien* (↗ Bd. 3).

Venen

Hauptabfluß → Venen der Nasenschleimhaut (s. S. 191); aber zusätzlich Verbindungen von klinischer Bedeutung:

- Kieferhöhle: → Gefäßnetze der *Zahnwurzeln* sowie → *Plex. venosus pterygoideus*;
- Siebbeinlabyrinth: → *Vv. ethmoidales* → *Orbitavenen* → Sin. cavernosus (↗ Bd. 3), sowie → Venengeflecht des *Canalis nasolacrimalis*, sowie → *Plex. venosus pterygoideus*;
- Stirnhöhle: → Venen der *Dura* (Sinus sagittalis sup.), sowie → *Plex. venosus pterygoideus*;
- Keilbeinhöhle: → Venen der *Dura* (Sin. cavernosus, ↗ Bd. 3), sowie *Plex. venosus pterygoideus*.

Der *Plex. venosus pterygoideus* (Abb. **8**–75) bildet für den Abfluß des venösen Blutes aus allen Nebenhöhlen eine zentrale Station von klinischer Bedeutung (Verbindungen zur *Mittleren Schädelgrube* und zum *Sin. cavernosus*).

Regionäre Lymphknoten

Nll. retropharyngeales → Nll. cervicales prof. (Abb. **9**–15).

Nerven

sens. (Schleimhaut): aus dem *1. und 2. Trigeminusast*;

- Stirnhöhle: *N. ethmoidalis ant.* → N. nasociliaris → *N. ophthalmicus*;
- Siebbeinlabyrinth: *Nn. ethmoidales* → N. nasociliaris → *N. ophthalmicus*, ⇒ *Rr. nasales post. lat.* und *Rr. orbitales* → *N. maxillaris*;
- Keilbeinhöhle: *N. ethmoidalis post.* → N. nasociliaris → *N. ophthalmicus*, ⇒ *Rr. orbitales* → *N. maxillaris*;
- Kieferhöhle: *Nn. alveolares sup.* → N. infraorbitalis → *N. maxillaris*.

3.2 Kehlkopf, *Larynx*

Die biologische Hauptfunktion des Kehlkopfs ist seine Fähigkeit zum *reflektorischen Verschluß der Atemwege*. Die Bedeutung dieser lebenswichtigen Sicherung gegen das Eindringen von Fremdkörpern kommt darin zum Ausdruck, daß dieser Reflex bei der Narkose besonders spät erlischt. Der Verschlußapparat des Kehlkopfs wird – und darin liegt eine zweite wichtige Aufgabe – zur regulierbaren *Stimmbildung* (durch Anblasen schwingungsfähiger Lippen durch die Exspirationsluft) verwendet. Er hat auch Bedeutung für die Bauchpresse (↗Bd. 1).

An der Oberfläche des Halses ist der Kehlkopf, besonders bei Männern, ein auffallendes gestaltendes Merkmal: *Prominentia laryngea* (sog. Adamsapfel[1]).

Das sog. **Kehlkopfskelet** besteht aus drei unpaaren und einem paarigen Knorpel: *Ringknorpel, Schildknorpel, Kehldeckelknorpel* und den beiden *Stellknorpeln.*

Der **Ringknorpel** (*Cartilago cricoidea*[2], Abb. **2**–22; **3**–11) ist die Basis, auf der die anderen Knorpel ruhen. Er hat die Form eines Siegelrings, dessen Platte nach hinten gerichtet ist. Der Bogen heißt *Arcus*, die Platte *Lamina cartilaginis cricoideae*.

Mit dem „Cricoid" an zwei kleinen lateralen Gelenkflächen verbunden ist der **Schildknorpel** (*Cartilago thyroidea*[3], Abb. **3**–12). Er liegt cranial vom Ringknorpel und bildet mit seinen vorne in einer Kante zusammenstoßenden beiden *Schildknorpelplatten* einen schützenden Schild vor dem eigentlichen stimmbildenden Teil des Larynx. Sein oberer Rand, der den „Adamsapfel" (s. o.) bildet, ist in der Mittellinie eingekerbt, *Incisura thyroidea superior*. Hinten ragen aus den Schildknorpelplatten nach oben die *Cornua superiora*, nach abwärts die *Cornua inferiora* hervor.

---

[1] Der Name *Adamsapfel* ist nach Hyrtl das Ergebnis eines Übersetzungsfehlers aus dem Arabischen. Ursprünglich nannten die Araber den beim Manne sichtbaren Vorsprung am Halse „Apfel des Mannes", und da *Mann* im Arabischen *adam* heißt, machten die übersetzenden Mönche aus dem Pomum viri ein Pomum adami. Die Schöpfungsgeschichte, nach welcher Adam auf den Ruf Gottes: Wo bist du? ein Teil der verbotenen Frucht im Halse stecken blieb – eben der Adamsapfel –, war die Ursache für den Irrtum der mittelalterlichen Übersetzer.

[2] *cricoeidés* (gr.) = ringförmig.

[3] *thyroeidés* (gr.) = türflügelartig.

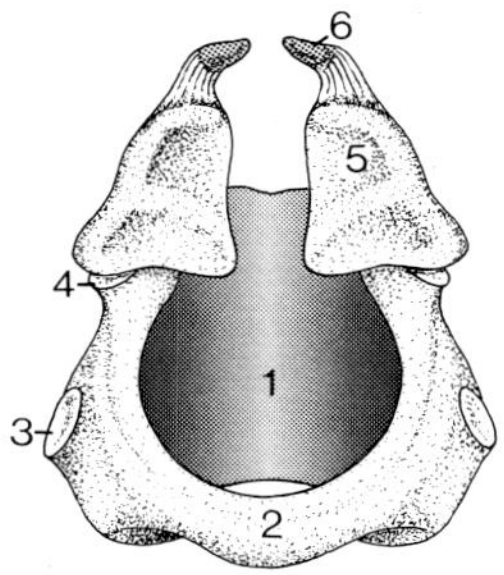

Abb. **3**–11: **Ringknorpel und Stellknorpel** (von ventro-cranial).
1 Lamina cartilaginis cricoideae
2 Arcus cartilaginis cricoideae
3 Facies articularis thyroidea
4 Facies articularis arytenoidea
5 Cartilago arytenoidea
6 Cartilago corniculata („Spitzenknorpel")

Auf der Ringplatte des Cricoids sitzen (mit diesem gelenkig verbunden) zwei kleine Knorpel: die **Stellknorpel** (*Cartilagines arytenoideae*[1], Abb. **3**–11), kurz „*Aryknorpel*" genannt. Dem Apex des Stellknorpels sitzt ein kleines Knorpelchen auf, die *Cartilago corniculata*[2] (Spitzenknorpel Santorini[3]). Die Basis des Aryknorpels läuft in zwei Fortsätze aus, einen nach vorn zeigenden *Processus vocalis*, an dem das Stimmband befestigt ist, und einen seitwärts gerichteten *Processus muscularis*.

Der **Kehldeckelknorpel** (*Cartilago epiglottica*[4], Abb. **2**–22; **3**–13, 15), hat die Form eines Fahrradsattels, die Sitzfläche nach hinten-oben gerichtet. Letztere ragt frei in den Rachen vor und bildet die Grundlage der vorderen Umrandung des Kehlkopfeingangs. Die nach unten gerichtete Spitze (*Petiolus*) ist mittels eines Bandes (*Lig. thyroepiglotticum*, Abb. **2**–22) an der Innenseite des Schildknorpels befestigt.

Dieses knorpelige Kehlkopfskelet (das von der Pubertät an regelmäßig partiell verknöchert) ist durch **Bänder** (Abb. **3**–15, 16) so miteinander verbunden, daß der Kehlkopf im ganzen der Röhrenform der Trachea nahekommt, deren oberes Ende er darstellt:

---

[1] *arytainoeidés* (gr.) = gießbeckenähnlich.
[2] *corniculatus* (lat.) = mit einem Hörnchen versehen.
[3] Giovanni D. Santorini (1681–1737), Prof. der Anatomie und Medizin in Venedig.
[4] *epiglottis* (gr.) = Kehldeckel (s. auch Fußnote S. 200).

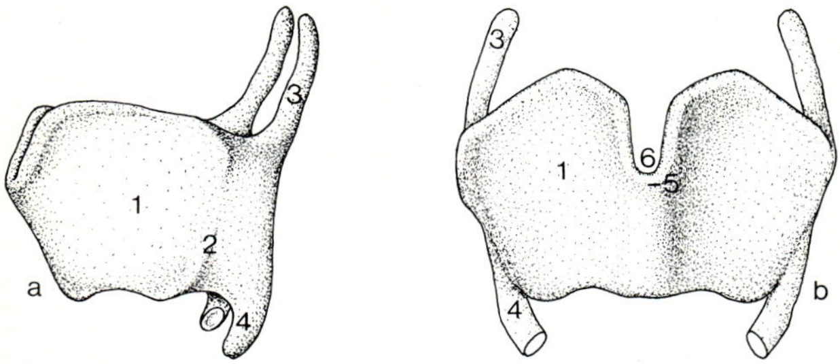

Abb. **3**–12: **Schildknorpel** (*a* Ansicht von links, *b* Ansicht von ventral).
1 Lamina dextra cartilaginis thyroideae
2 Linea obliqua mit Tuberculum thyroideum superius et inferius
3 Cornu superius
4 Cornu inferius
5 Prominentia laryngea
6 Incisura thyroidea superior

Der Ringknorpel ist mit der obersten Trachealspange durch das *Lig. cricotracheale* verbunden (Abb. **3**–16, nicht bezeichnet). Zwischen Ringknorpel und Schildknorpel spannt sich das (den *Conus elasticus* bildende) *Lig. cricothyroideum* (Abb. **3**–16) aus, das sich an der Innenseite des Schildknorpels befestigt und dessen oberer freier Rand das *Lig. vocale* (Stimmband) bildet. Dieses ist hinten am Proc. vocalis des Aryknorpels befestigt (Abb. **3**–18). Vorne, zwischen Ringknorpel und Schildknorpel, liegen verstärkte Faserzüge des Lig. cricothyroideum, die als *Lig. conicum* bezeichnet werden, unmittelbar unter der Haut (Abb. **3**–16).

Hier wird der einfachste Eingriff zur Eröffnung der Luftwege bei plötzlicher Erstickungsgefahr vorgenommen, indem man das Lig. conicum quer durchtrennt *(*Coniotomie).

Zwischen Schildknorpel und Zungenbein spannt sich die *Membrana thyrohyoidea* (Abb. **3**–15, 16) aus. In der Mitte und an den freien seitlichen Rändern ist diese Membran verstärkt (*Lig. thyrohyoideum medianum* bzw. *laterale*, Abb. **3**–16).

Innenrelief. Auf einem Frontalschnitt gleicht das Kehlkopfinnere *(*Cavitas laryngis) einer Sanduhr (Abb. **3**–13). Man unterscheidet eine *obere, mittlere und untere Etage*:

1. *Vestibulum laryngis:* vom freien Rand der Epiglottis bis zu den Taschenfalten (s. u.);
2. *Glottis*[1]: von den Taschen- bis zu den Stimmfalten, den Ventriculus laryngis (s. u.) einschließend;

[1] *glottis* (gr.) = zungenförmiges Mundstück einer Pfeife = Stimmapparat.

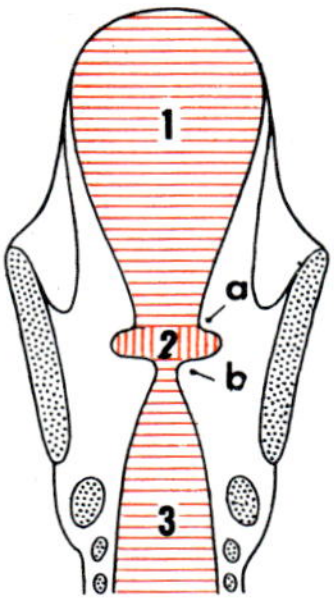

Abb. **3**–13: **Etagengliederung der Cavitas laryngis.**
1 Vestibulum laryngis
2 Glottis
3 Cavitas infraglottica
a Plica ventricularis (Taschenband)
b Plica vocalis (Stimmband)

3. *Cavitas infraglottica:* von den Stimmfalten bis zum unteren Rand des Ringknorpels.

Der **Kehlkopfeingang** (*Aditus laryngis)* wird vorn durch den Kehldeckel, die *Epiglottis,* hinten durch Schleimhautfalten, die *Plicae ary-epiglotticae*, begrenzt, die von den Seitenrändern der Epiglottis zu den Spitzen der Aryknorpel ziehen (Abb. **2**–22; **3**–14, 15). In die Plica ary-epiglottica ist häufig ein kleiner Knorpel eingelagert, die *Cartilago cuneiformis* (WRISBERG*scher Knorpel*[1]). Er ist als *Tuberculum cuneiforme*[2] im Spiegelbild des Kehlkopfes vor dem *Tuberculum corniculatum* (hervorgerufen durch die *Cartilago corniculata*, vgl. S. 203) zu sehen (Abb. **3**–14).

Nach vorne ist die Epiglottis mit dem Zungengrund durch die *Plica glosso-epiglottica mediana* (mit dem *Lig. hyo-epiglotticum* ↗) und die seitlich davon gelegenen *Plicae glosso-epiglotticae laterales* verbunden (Abb. **3**–11). Diese begrenzen eine paarige Schleimhautnische, *Vallecula epiglottica,* die ebenfalls mit dem Kehlkopfspiegel gesehen wird und in der Fremdkörper hängenbleiben können. Seitlich von der Plica ary-epiglottica befindet sich die (paarige) Schleimhautbucht des *Recessus piriformis* der unteren Pharynxetage (Abb. **2**–28).

Die Schleimhaut im Bereich des Vestibulum laryngis ist sehr locker und kann durch Flüssigkeitsaufnahme sehr schnell so stark anschwellen, daß Erstickung droht. Man spricht von *Glottisödem*, obwohl das Ödem oberhalb der eigentlichen Glottis (S. 200) liegt.

Der **Ventriculus laryngis** (Abb. **3**–13) liegt beidseitig zwischen den Taschen- und den Stimmfalten und stellt eine zwischen diesen gele-

[1] HEINRICH AUGUST WRISBERG (1739–1808), Prof. der Anatomie in Göttingen.
[2] *cuneus* (lat.) = Keil.

gene seitliche Schleimhautrinne dar, von der häufig der sich nach oben erstreckende *Sacculus laryngis* seinen Ausgang nimmt. Die Taschenfalten, *Plicae ventriculares*, ragen nicht so weit vor wie die Stimmfalten (Abb. **3**–14). Sie werden auch als „falsche Stimmbänder" bezeichnet, da sie an der Stimmbildung nicht beteiligt sind. Die Plica ventricularis enthält den unteren freien Rand der *Membrana quadrangularis*. Ihre Schleimhaut, ebenso wie die des Ventriculus laryngis, hat die Aufgabe, die Stimmfalte durch Drüsensekret zu benetzen.

Die **Stimmfalten** (*Plicae vocales*) begrenzen den vorderen Teil der Stimmritze (*Rima glottidis*, Abb. **3**–13, 14, 17). Diese wird ihrer verschiedenen Begrenzung wegen in eine zwischen den Stimmfalten gelegene *Pars intermembranacea* und eine dahinter, zwischen den Stellknorpeln gelegene *Pars intercartilaginea* unterteilt (vgl. Abb. **3**–17). Die Stimmfalten (sog. Stimmbänder) sind die durch das bereits erwähnte *Lig. vocale* und den *M. vocalis* (s. unten) aufgeworfenen Schleimhautfalten. Sie sind mit geschichtetem Plattenepithel überzogen, dessen weiße Farbe sich im Spiegelbild von der übrigen roten Schleimhaut auffallend abhebt (Abb. **3**–14).

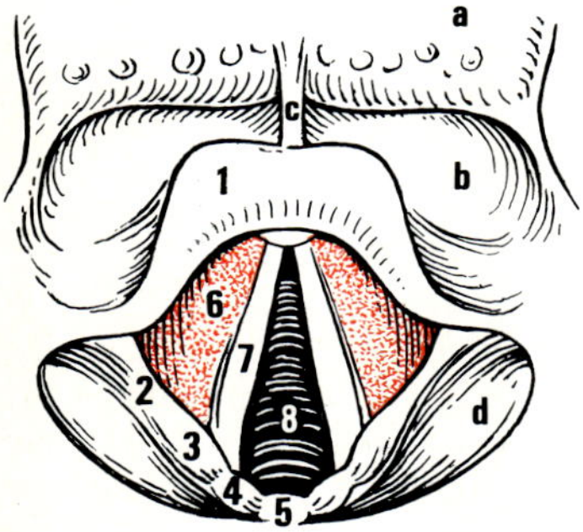

Abb. **3**–14: **Laryngoskopisches Bild des Kehlkopfes** (nach FALK, HNO-Heilkde., 1971).

1 Epiglottis
2 Plica aryepiglottica
3 Tuberculum cuneiforme (WRISBERG)
4 Tuberculum corniculatum (SANTORINI)
5 Incisura interarytenoidea
6 Plica ventricularis (Taschenband, *rot*)
7 Plica vocalis (Stimmband),
8 Einblick in die Trachea durch die weit gestellte Rima glottidis
a Radix linguae
b Vallecula epiglottica
c Plica glossoepiglottica mediana
d Recessus piriformis

Die unterste Etage des Kehlkopfes, die **Cavitas infraglottica**, entspricht dem *Conus elasticus* (Abb. **3**–16) und erweitert sich caudalwärts zur Luftröhre.

Das Kehlkopfinnere kann durch den **Kehlkopfspiegel** von oben besichtigt werden (Laryngoskopie). Im laryngoskopischen Bild (Abb. **3**–14) sieht man den Aditus laryngis: Epiglottis + Plicae aryepiglotticae (mit *Tubercula cuneiforme et corniculatum*, hervorgerufen durch die *Cartilago cuneiformis* WRISBERG und die *Cartilago corniculata* SANTORINI – Abb. **3**–14, 16) + Incisura interarytenoidea, darinnen die Stimmfalten (*weiß*) und lateral davon (höher gelegen) die Taschenfalten (*rot*). Bei geöffneter Stimmritze erscheinen in der Tiefe die Knorpelspangen der Luftröhre.

Bei den **Kehlkopfmuskeln** ist im Hinblick auf die Stimmbildung der *Spannapparat* vom *Stellapparat* (s. u.) zu unterscheiden. Folgende Muskeln sind beteiligt.

1. **M. cricothyroideus**
   U: äußere Fläche des Ringknorpelbogens;
   A: unterer Rand und Unterhorn des Schildknorpels.
2. **M. cricoarytenoideus posterior** (sog. *Posticus*)
   U: Hinterfläche der Ringknorpelplatte;
   A: Proc. muscularis des gleichseitigen Aryknorpels.
3. **M. cricoarytenoideus lateralis** (sog. *Lateralis*)
   U: oberer Rand des seitlichen Teils des Ringknorpelbogens;
   A: Proc. muscularis des gleichseitigen Aryknorpels.
4. **M. arytenoideus transversus** (unpaar)
   U: laterale Kante und hintere Fläche des Aryknorpels;
   A: an den gleichen Teilen der anderen Seite.
5. **M. arytenoideus obliquus**
   U: Proc. muscularis des einen Aryknorpels;
   A: Spitze des anderen Aryknorpels und darüber hinaus in der Plica aryepiglottica.
6. **M. thyroarytenoideus**
   U: Innenfläche der Schildknorpelplatte;
   A: Proc. muscularis und laterale Fläche des Aryknorpels.
7. **M. thyroepiglotticus**
   = Abspaltung von (6) zur Epiglottis.
8. **M. aryepiglotticus**
   = Abspaltung von (5) in die aryepiglottischen Falten.
9. **M. vocalis**
   U: Innenfläche des Schildknorpels nahe der Mittellinie;
   A: Proc. vocalis des Stellknorpels.

Innervation s. S. 210.

Die **Innenmuskeln des Kehlkopfes** werden nach ihrer Funktion in *Erweiterer* (Abductoren) und *Verengerer* (Adductoren) der Stimmritze

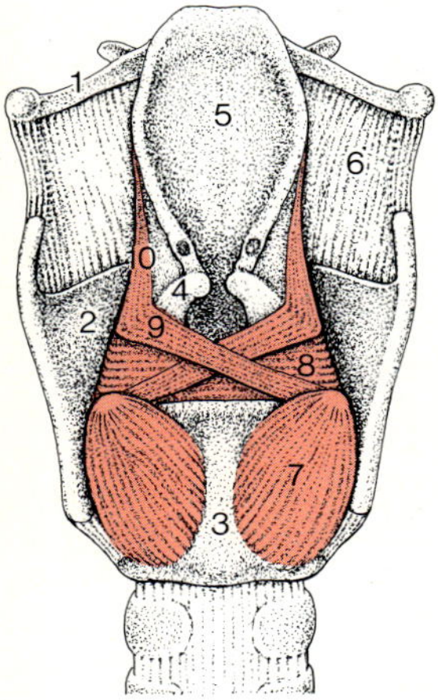

Abb. **3**–15: **Kehlkopfmuskeln** (von dorsal).
1 Cornu majus ossis hyoidei
2 Lamina sinistra cartilaginis thyroideae (Schildknorpelplatte)
3 Lamina cartilaginis cricoideae (Ringknorpelplatte)
4 Cartilago arytenoidea (Stellknorpel)
5 Epiglottis (Kehldeckel)
6 Membrana thyrohyoidea
7 M. cricoarytenoideus post. („Posticus")
8 M. arytenoideus transversus
9 M. arytenoideus obliquus
10 M. aryepiglotticus

unterteilt. *Erweiterung* und *Verengung* der *Stimmritze* durch den **Stellapparat** sind wohl zu unterscheiden von der *Spannung* und Entspannung der *Stimmlippen* (durch den „Spannapparat"). Die Anspannung (s. unten) folgt der Einstellung zeitlich nach.

Die Stimmritze wird aus der **Ruhestellung** (Abb. **3**–17a) heraus *erweitert* durch den

M. cricoarytenoideus posterior (Abb. **3**–15), von den Klinikern kurz **„Posticus"** genannt. Wenn er sich kontrahiert, zieht er die *Processus musculares* der Aryknorpel, die außen liegen, nach hinten und nähert sie einander. Dabei weichen die *Processus vocales* mit den Ansätzen der Stimmbänder auseinander: die Stimmritze wird erweitert zur **Respirationsstellung** (Abb. **3**–17a–b).

Der Posticus ist der *einzige Abductor* der Aryknorpel; ist er gelähmt, so bleibt das Stimmband in der Mitte stehen, d.h. die Respirationsstellung wird nicht erreicht. Bei doppelseitiger Lähmung entsteht Atemnot, die zur Erstickung führen kann.

Die Stimmritze wird aus der *Respirationsstellung* heraus (Abb. **3**–17c) in drei Phasen *verengt* durch drei Muskelpaare:

1. **M. cricoarytenoideus lateralis** (Abb. **3**–16), von den Klinikern kurz **„Lateralis"** genannt. Er ist der eigentliche Antagonist des Posticus, indem er den *Proc. muscularis* des Aryknorpels nach vorn zieht, zugleich also den *Proc. vocalis* zur Mitte dreht (Abb. **3**–17c–d).

Der Muskel bringt die Stimmbänder, d. h. die vorderen zwei Drittel der Glottis (*Pars intermembranacea*) aneinander. Der hintere dreiekkige Spalt zwischen den Aryknorpeln (*Pars intercartilaginea*), der noch offen bleibt und „Flüstersprache“ ermöglicht, wird durch den

2. **M. arytenoideus transversus** (Abb. **3**–15) verschlossen, der die Stellknorpel einander nähert (Abb. **3**–17e–f). Schließlich verengert auch der

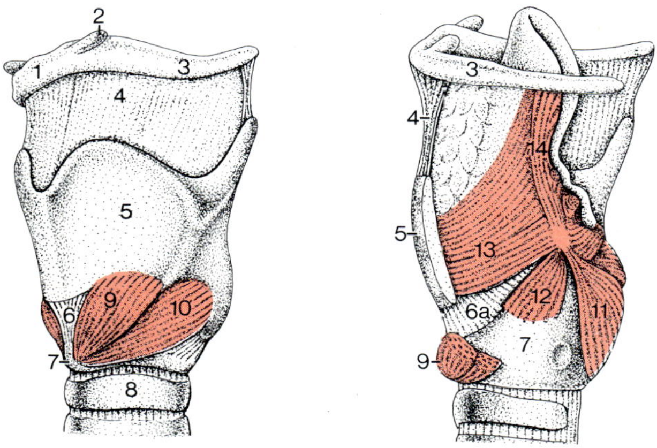

Abb. **3**–16: **Äußere und innere Kehlkopfmuskeln** (*links* von ventro-lateral, *rechts* von lateral; linke Hälfte des Schildknorpels und der Membrana thyrohyoidea entfernt, um die innere Muskulatur sichtbar zu machen).

1 Corpus ossis hyoidei
2 Cornu minus ossis hyoidei
3 Cornu majus ossis hyoidei
4 Membrana thyrohyoidea (*links:* Lig. thyrohyoideum laterale, *rechts:* Lig. thyrohyoideum medianum)
5 Schildknorpel
6 Lig. cricothyroideum
6a Conus elasticus
7 Ringknorpel (*rechts:* mit Facies articularis thyroidea, *links:* mit Capsula articularis cricothyroidea)
8 erste Trachealspange (*cranial:* Lig. cricotracheale)
9 M. cricothyroideus (Pars recta, rechts abgeschnitten)
10 M. cricothyroideus (Pars obliqua)
11 M. cricoarytenoideus posterior („Posticus“)
12 M. cricoarytenoideus lateralis („Lateralis“)
13 M. thyroarytenoideus und M. thyroepiglotticus (auf der Membrana quadrangularis)
14 M. aryepiglotticus

Am Vereinigungspunkt von 11, 12 und 14: Proc. muscularis des Aryknorpels; in der Plica aryepiglottica: Tuberculum corniculatum mit Cartilago corniculata Santorini *(punktiert)* und Tuberculum cuneiforme mit Cartilago cuneiformis Wrisberg *(punktiert)*.

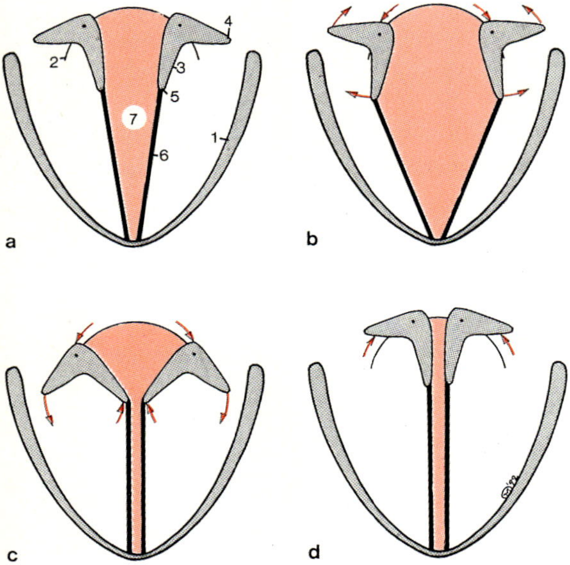

Abb. **3**–17: **Stellapparat der Glottis** (von oben).
Rot: Glottis, *rote Pfeile:* Bewegungsrichtungen, die zu der dargestellten Position führen

1 Schildknorpel
2 Gelenkbahn des Ringknorpels
3 Stellknorpel
4 Proc. muscularis
5 Proc. vocalis
6 Stimmband
7 Stimmritze

a: Ruhestellung (sog. „Kadaverstellung"): Glottis dreiseitig.

a→b: Übergang zur Respirationsstellung: Maximale Öffnung der Glottis durch Vorgleiten der Stellknorpel (Lateraliswirkung) und Abduction der Processus vocales (Posticuswirkung). Glottis fünfseitig.

b→c: Erste Phase des Übergangs zur Phonationsstellung: alleiniger Schluß der Pars intermembranacea der Stimmritze durch Adduction der Processus vocales (Lateraliswirkung). Glottis bei Flüsterstimme im Bereich der Pars intercartilaginea dreieckig offen (Transversusdreieck).

c→d: Zweite Phase des Übergangs zur Phonationsstellung: zusätzlich Schluß der Pars intercartilaginea der Stimmritze durch Verschiebung der Stellknorpel nach hinten (Arytenoideuswirkung). Glottis insgesamt spaltförmig.

3. **M. vocalis** die Stimmritze. Zum völligen luftdichten Stimmritzenverschluß ist der M. vocalis unerläßlich.

Der Vocalis ist aber vor allem verantwortlich für die feinere *Spannung der Stimmlippen* und damit für den durch ihre Schwingung erzeugten Ton. Er ist aus vielen feinen Muskelfaserbündeln zusammengesetzt, die so angeordnet sind, daß bei der Zusammenziehung des Muskels dessen äußerer Rand gerade bleibt und nicht zu einem Muskelbauch verformt wird.

Die *Spannung der Stimmlippen* durch den M. vocalis ist eine *isometrische* Kontraktion[1]), wobei sich je nach Bedarf mehr oder weniger Muskelbündelchen beteiligen. So wechselt die Dicke der schwingenden Masse, die funktionell der Dicke der schwingenden „Saite" entspricht. Die gewöhnliche Stimmlage, die Bruststimme, wird mit „dicker Saite", die Kopfstimme (Falsett) mit „dünner Saite" intoniert.

Die Stimmlippen können jedoch durch den M.vocalis nur dann maximal angespannt werden, wenn eine *Vorspannung des Lig. vocale* dadurch erfolgt, daß der Schildknorpel gegenüber dem Ringknorpel in den beiden *Articulationes cricothyroideae* um eine transversale Achse nach vorn gekippt wird. Hierdurch entfernt sich der Ansatz des Lig. vocale am Thyroid vom Ansatz am Proc. vocalis des Stellknorpels (Abb. **3**–18). Diese Bewegung wird durch die **Mm. cricothyroidei** (Abb. **3**–16) bewirkt. Dieser Muskel ist der einzige *Äußere Kehlkopfmuskel*. Er hat als solcher eine Sonderstellung bezüglich des Spannapparats, was auch in den Innervationsverhältnissen zum Ausdruck kommt: er wird als einziger vom *N.laryngeus sup.* des N.vagus innerviert, während sämtliche übrigen Kehlkopfmuskeln vom *N. laryngeus recurrens* des N. vagus (↗Bd. 3) versorgt werden. Bei einem Funktionsausfall des M. cricothyroideus ist die vollständige Anspannung der Stimmlippen unmöglich, so daß hohe Töne nicht hervorgebracht werden können.

Als *Antagonist* des Cricothyroideus zieht der *Thyroarytenoideus* die Aryknorpel nach vorn und dreht sie so, daß die Stimmbänder erschlaffen.

Im Rahmen des **Spannapparats** werden durch die Kippung des Schildknorpels auf dem Ringknorpel die Stimmbänder im Groben gespannt und entspannt, während auf der Grundlage dieser *Vorspannung* der *M. vocalis* die feinere Einstellung der Stimmlippen vor-

[1] *isometrisch* = Erhöhung der Spannung bei gleichbleibender Länge.

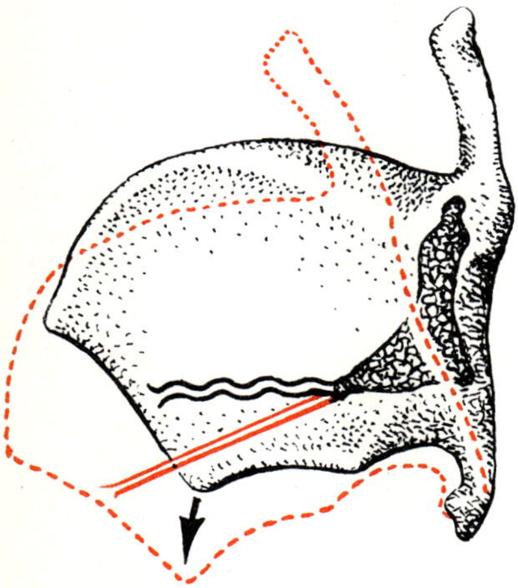

Abb. 3–18: **Wirkungsmechanismus des M. cricothyroideus.**
Bei feststehendem Aryknorpel *(dunkelgrau)* wird der Schildknorpel um die transversale Achse der Cricothyroidgelenke (nicht dargestellt) gekippt *(Pfeil)*; hierdurch werden die Ligg. vocalia *(schwarz gewellt)* gespannt *(rot).*

nimmt, indem er die schwingenden Saiten dünn oder dick macht. Er ist der eigentlich stimmgebende Muskel.

Zur Erreichung der **Phonationsstellung** aus der Respirationsstellung heraus sind folgende Bewegungskomponenten maßgeblich:

1. *Inspiration* als Voraussetzung;
2. Verschluß der *Pars intermembranacea* der Stimmritze durch Kontraktion der *Mm. cricoarytenoidei laterales*;
3. Verschluß der *Pars intercartilaginea* der Stimmritze durch Kontraktion des *M. arytenoideus tranversus* und *M. arytenoideus obliquus*;
4. *Vorspannung* der Stimmbänder durch Kontraktion der *Mm. cricothyroidei*;
5. Völliger Verschluß der Stimmritze durch Kontraktion des *M. vocalis*;
6. Sprengung des Stimmritzenverschlusses durch „Anblasen“ und damit Beginn der Phonation;
7. Einstellung der Schwingungszahl durch Veränderung von *Dicke* und *Spannung* des *M. vocalis*.

Die Tätigkeit des eigentlichen *Stimmapparats* wird ergänzt durch den **Sprechapparat** (Gaumen, Lippen, Zunge) zur Ausformung der

Tab. **3**-2: Funktionsschema der Kehlkopfmuskeln.

Stimmritze	*Erweiterung*	*Verengerung*
	Posticus	Lateralis Transversus Vocalis
Stimmlippen	*Spannung*	*Erschlaffung*
	Cricothyroideus Vocalis (bei fixierten Ansätzen)	Thyroarytneoideus Vocalis

Vokale und Konsonanten. Die individuelle *Klangfarbe* wird durch den Resonanzraum (Pharynx, Nase, Nebenhöhlen) bedingt.

Im Bereich des *Kehlkopfeingangs* (*Aditus laryngis*) bilden Abspaltungen der Muskeln des Stellapparats *(M. thyroepiglotticus, M. aryepiglotticus)* eine Art Sphincter, der jedoch nur unvollkommen geeignet ist, durch Senkung des Kehldeckels einen mechanischen **Schutz der Stimmritze** zu bewirken. Weit wichtiger sind in diesem Zusammenhang die Muskeln, welche in der Lage sind, durch *Heraufziehen von Zungenbein und Kehlkopf* unter den Zungengrund den Kehldeckel passiv zu senken (obere Zungenbeinmuskulatur, M. thyrohyoideus, vgl. S. 84). Im Hinblick auf den Schutz der Atemwege muß auch der *Hustenreflex* erwähnt werden: bei diesem kommt es (ähnlich wie bei der Einleitung der Phonation) nach Inspiration zu einem krampfartigen Verschluß der Stimmritze und zu deren exspiratorischer Sprengung, wobei der entstehende Luftstoß Schleim und Fremdkörper mit nach oben führen kann.

MIKROSKOPISCHE ANATOMIE

Das knorpelige *Kehlkopfskelet* besteht überwiegend aus *hyalinem Knorpel* (↗Bd. 1). Außer den kleinen Knorpelchen in der Plica aryepiglottica bestehen lediglich der Kehldeckel und der Processus vocalis des Stellknorpels aus *elastischem Knorpelgewebe* (↗Bd. 1). Insbesondere beim Processus vocalis ist dieses Baumaterial von funktioneller Bedeutung, da dieser Fortsatz des Stellknorpels das elastische Lig. vocale direkt fortsetzt und mit diesem eine schwingungsfähige Einheit bildet. Die elastischen Knorpelbereiche werden von den nach dem zwanzigsten Lebensjahr im Kehlkopfskelet platzgreifenden *Ossifikationsvorgängen* nicht betroffen.

Während die gesamte **Schleimhautauskleidung** der *Pars laryngea pharyngis* ein mehrschichtiges unverhorntes Plattenepithel trägt (u.a. linguale Seite der Epiglottis, Rec. piriformis) ist das *Cavum laryngis* von der Plica aryepiglottica an von „Respiratorischem Epithel" (mehrreihiges Flimmerepithel mit eingestreuten Becherzellen, Abb. **3**–8) ausgekleidet. Eine Ausnahme machen lediglich die *Plicae vocales*: diese sind von einem mehrschichtigen unverhornten Plattenepithel (mit stellenweisen Ansätzen zur Verhornung) bedeckt, das unverschieblich der straffen bindegewebigen Unterlage aufliegt. Die übrige Schleimhaut ist dagegen durch eine lokkere Propria in besonderem Maß verschieblich und daher schwellungsbereit: das sog. Glottisödem↗ bedeutet Erstickungsgefahr! Die Lamina propria enthält gemischte *Gll. laryngeae*, besonders reichlich im Bereich der Plica ventricularis und des Ventriculus laryngis. Aus diesem Bereich werden die drüsenfreien, mechanisch stark beanspruchten Stimmfalten mit Sekret benetzt, um deren Austrocknung zu vermeiden.

Leitungsbahnen des Kehlkopfs

Arterien (Abb. **8**–42, 46)
- oberer Zufluß: *A. laryngea sup.* ← A. thyroidea sup. ← *A. carotis ext.*;
- mittlerer Zufluß (unbedeutend): *R. cricothyroideus* ← A. thyroidea sup. ← A. carotis ext.;
- unterer Zufluß: *A. laryngea inf.* ← A. thyroidea inf. ← *Tr. thyrocervicalis*.

Venen (Abb. **8**–73, 75)
- oberer Abfluß: *V. laryngea sup.* → V. thyroidea sup. → *V. jugularis int.*;
- unterer Abfluß: *V. laryngea inf.* → Plex. thyroideus impar → V. thyroidea inf. → *V. brachiocephalica sin.*

Regionäre Lymphknoten (Abb. **9**–15, 17)
- obere Kehlkopfetage: obere *Nll. cervicales prof.*;
- untere Kehlkopfetage: *Nll. praelaryngeales* → *Nll. praetracheales* → untere *Nll. cervicales prof.*

Nerven

Die Versorgung erfolgt insgesamt aus dem *N. vagus*.
- mot. (M. cricothyroideus): *R. ext. n. laryngei sup.* ← N. vagus;
- mot. (alle inneren Kehlkopfmuskeln): N. laryngeus inf. ← *N. laryngeus recurrens* ← N. vagus.
- sens. (obere Kehlkopfetage mit Ausdehnung auf die untere): *R. int. n. laryngei sup.* → N. vagus;
- sens. (untere Kehlkopfetage): N. laryngeus inf. → *N. laryngeus recurrens* → N. vagus.

Im N. vagus verläuft der afferente Schenkel des in der Schleimhaut des Kehlkopfs (auch der Trachea und der Bronchien) auslösbaren *Hustenreflexes* (↗S. 209). Der Reflexscheitel befindet sich im Hustenzentrum der Medulla oblongata (↗Bd. 3).

3.3 Luftröhre, *Trachea*[1]

Die etwa 10–12 cm lange **Luftröhre** beginnt unterhalb des Ringknorpels des Kehlkopfs (Abb. **3**–16, 19) und endet mit ihrer Aufzweigung in die beiden Stammbronchien an der *Bifurcatio tracheae* (Abb. **3**–19). Die *Bronchien* sind die Verzweigungen der Trachea und ihre Hauptstämme ein verkleinertes Abbild der Luftröhre.

Das Gerüst der Trachea sind 15–20 hufeisenförmige Knorpelspangen (*Cartilagines tracheales*, Abb. **3**–19), deren Bogen nach vorn gerichtet ist, während die offene Seite von der bindegewebig-muskulösen Hinterwand, *Paries membranaceus*, zum etwa 12 mm weiten Rohr geschlossen wird. Die Verbindungsstücke zwischen den einzelnen Knorpelspangen bestehen aus einem an elastischen Fasern reichen Bindegewebe (*Ligg. anularia*), das auch die Knorpelspangen als Perichondrium überzieht. Die entsprechende Verbindung zur Cartilago cricoidea wird als *Lig. cricotracheale* bezeichnet. Die Trachea in situ steht unter *Längs*- und *Querspannung*, wodurch ihre Offenhaltung für die ungehinderte Luftpassage gewährleistet wird.

Beim Schlucken (vgl. S. 82) wird der Kehlkopf bekanntlich nach oben gezogen und mit ihm die Luftröhre; bei tiefer Inspiration steigt das Zwerchfell hinab, während die Lungen gedehnt werden – in beiden Fällen wird die Luftröhre in ihrer Längselastizität beansprucht.

Die Weite der Trachea kann durch die Muskulatur des Paries membranaceus *aktiv* um etwa ¼ verkleinert werden, *passiv* durch Eindellung der Hinterwand vom Oesophagus her sehr viel stärker (bei Kindern bis auf 1/10 des Querschnitts).

Beim Hustenstoß (vgl. S. 209) erfolgt eine so starke Längs- und Querverschiebung der Wand, daß der Schleim, getrieben von dem durch plötzliche Druckänderungen in der Trachea entstehenden Luftstrom, expektoriert wird.

In der **Bifurcatio tracheae** (Abb. **3**–19) teilt sich die Luftröhre in den rechten und linken *Stammbronchus* (*Bronchus principalis*), die noch

[1] *arteria tracheia* (gr.) = rauhe „Arterie". Aus der Antike stammende Vorstellung und Benennung.

einen der Trachea völlig analogen Wandbau aufweisen. Diese Aufzweigung ist *asymmetrisch*: der Teilungssporn (*Carina tracheae*) steht nach links verschoben (Abb. **3**–19). Der *weitere rechte Stammbronchus* (zur Versorgung der größeren rechten Lunge) setzt die Richtung der Trachea nur leicht abgewinkelt fort, während der *engere linke Stammbronchus* deutlich abgewinkelt ist. Diese Asymmetrie der Bifurcation

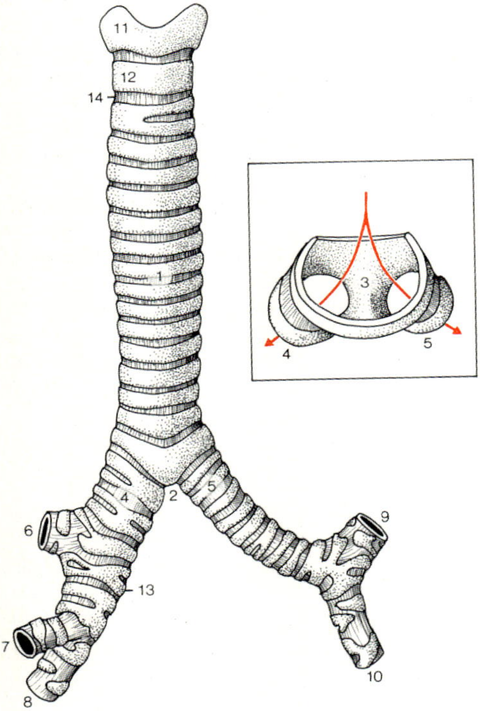

Abb. **3**–19: **Trachea** (von ventral).
Teilbild: Bifurcatio tracheae mit Carina tracheae.

1 Trachea
2 Bifurcatio tracheae
3 Carina tracheae
4 Bronchus principalis dexter
5 Bronchus principalis sinister
6 Bronchus lobaris superior dexter
7 Bronchus lobaris medius
8 Bronchus lobaris inferior dexter
9 Bronchus lobaris superior sinister
10 Bronchus lobaris inferior sinister
11 Cartilago cricoidea
12 Cartilago trachealis
13 Cartilago bronchialis
14 Ligamentum anulare

erklärt das häufigere Zustandekommen von Aspirationspneumonien in der rechten Lunge.

Topographisches. Der *Anfang der Trachea* liegt im Niveau des siebten Halswirbels, die *Bifurcation* im Niveau des vierten Brustwirbels, was etwa der Lage des Angulus sterni entspricht.

Bei der Luftröhre ist topographisch ein cervicaler (*Pars cervicalis*) und ein mediastinaler Abschnitt (*Pars thoracica*) zu unterscheiden, die im Bereich der oberen Thoraxapertur ineinander übergehen. Die Luftröhre liegt im Hals unmittelbar *vor dem Oesophagus* (Abb. **2**–22, 30; **8**–37) und steht mit diesem im Bereich des Paries membranaceus beim Schluckvorgang auch in mechanischer Wechselwirkung. Auf der linken Halsseite verläuft in der Rinne zwischen Trachea und Oesophagus der *N. laryngeus recurrens* (wichtigster Kehlkopfnerv, s. S. 207, Abb. **8**–37).

Der *Halsabschnitt* der Luftröhre ist für den lebensrettenden Eingriff der *Tracheotomie* bei Atemhindernissen im Kehlkopfbereich von großer Bedeutung. Hierbei ist zweierlei zu beachten:
1. Die Trachea wird von der *Schilddrüse* (↗Bd. 3) überlagert und zu ⅔ umfaßt (Säbelscheidentrachea durch Kompression beim Kropf);
2. die Trachea entfernt sich gegen die obere Thoraxapertur hin immer weiter von der *Halsoberfläche* (Abb. **2**–30): oberhalb des Sternum 6 cm.

Mit bezug auf den Isthmus der Schilddrüse ist eine *Tracheotomia inferior* und eine *Tracheotomia superior* möglich (vgl. auch die *Coniotomie*, S. 200). Bei der unteren Tracheotomie müssen (außer der Haut) die Lamina superficialis der Halsfascie (↗Bd. 1), das Spatium suprasternale mit einem Venenbogen, die Lamina praetrachealis und das praetracheale Bindegewebe mit den oft großkalibrigen Schilddrüsenvenen (Abb. **8**–73) und gelegentlich einer A. thyroidea ima↗ durchtrennt werden.

Für die Trachea im *mediastinalen Abschnitt* ist charakteristisch, daß sie gegenüber dem Oesophagus etwas nach rechts verlagert ist. Das hier auslösende mechanische Moment ist die enge *Beziehung zum Aortenbogen*, der „auf dem linken Stammbronchus reitet“ (Abb. **8**–37) und an der linksseitigen Trachealwand die *„Impressio aortica“* hervorruft, deren Pulsation bei der Bronchoskopie sichtbar ist. An der Kontaktstelle zwischen Aortenbogen und linkem Stammbronchus schlingt sich der linke *N. laryngeus recurrens* um den Aortenbogen und ist an dieser Stelle beim Vorliegen eines Aortenaneurysma besonders gefährdet, da er wegen des *Lig. arteriosum* (BOTALLI)↗ nicht ausweichen kann (Abb. **8**–37; Recurrenslähmung!). Auf dem rechten Stammbronchus „reitet“ die *V. azygos* (Abb. **8**–73, 76). Im Bereich der Bifurcatio tracheae findet sich eine für den Lymphabfluß aus der Lunge (vgl. S. 227) wichtige regionäre Lymphknotenstation: *Nll. tracheobronchiales*↗ („Bifurkationslymphknoten“, s. u.). Die Kenntnis dieser topographischen Gegebenheiten ist bedeutsam für die Mediastinoskopie[1].

[1] Mit einem Mediastinoskop ausgeführte Betrachtung des paratrachealen Bereichs des Mediastinum.

MIKROSKOPISCHE ANATOMIE (Abb. **3**–20)

Die Luftröhre ist von *Respiratorischem Epithel* (mehrreihiges Flimmerepithel mit eingestreuten Becherzellen, Abb. **3**–8) ausgekleidet. Die Lamina propria, insbesondere zwischen den Knorpelspangen und im *Paries membranaceus*, enthält gemischte *Gll. tracheales*, deren Sekret gemeinsam mit dem der Becherzellen auf der Oberfläche einen Schleimfilm erzeugt, der durch seine Klebrigkeit Schwebstoffe der Einatmungsluft festhält. Diese werden mit dem Schleim durch den Schlag der *Kinocilien* rachenwärts befördert. An die *Tunica mucosa* (mit Epithel und Propria) schließt sich eine *Tunica fibromusculocartilaginea* an, ein an elastischen Fasern reiches Gewebe, in das einerseits die hyalinen Knorpelspangen, andererseits die glatte Muskulatur des Paries membranaceus eingelagert sind. Die verschiebliche Verbindung zur Umgebung (z. B. Oesophagus) wird durch eine locker gewebte *Tunica adventitia* hergestellt.

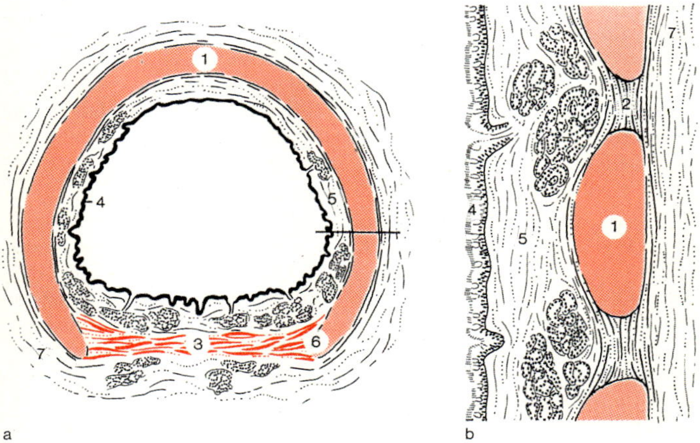

Abb. **3**–20: **Mikroskopische Anatomie der Trachea.**
Links: Querschnitt im Niveau einer Knorpelspange (Übersicht), *rechts:* Längsschnitt (mittlere Vergrößerung)

1 Cartilago trachealis
2 Lig. anulare
3 Paries membranaceus mit M. trachealis
4–5 Tunica mucosa
– 4 Respiratorisches Epithel
– 5 Lamina propria mit Gl. tracheales
6 Tunica fibromusculocartilaginea
7 Tunica adventitia

Leitungsbahnen der Luftröhre

Arterien
Rr. tracheales (← *A. thyroidea inf.* ← Tr. thyrocervicalis) anastomosieren nahe der Bifurcatio tracheae mit Rr. bronchiales (vgl. S. 488).

Venen (Abb. **8**–73)
(a) Vv. tracheales → *Plex. thyroideus impar* → V. thyroidea inf. → *V. brachiocephalica sin.*
(b) Vv. tracheales → *V. brachiocephalica dext.*

Regionäre Lymphknoten (Abb. **9**–15, 17)
(a) untere *Nll. cervicales prof.* (am Venenwinkel);
(b) *Nll. paratracheales* („Recurrenskette");
(c) *Nll. tracheobronchiales sup. et inf.* („Bifurkationslymphknoten").

Nerven
para: Rr. tracheales ← *N. laryngeus recurrens*;
symp.: Tr. sympathicus → adventitielle Plexus der versorgenden Arterien.

3.4 Lungen, *Pulmones*[1]

In den *Lungen* findet die sog. **äußere Atmung** statt, d. h. die Aufnahme von Sauerstoff aus der Luft ins Blut und die Abgabe der Kohlensäure aus dem Blut an die Luft. Die *funktionelle Oberfläche*, an der dieser Gasaustausch stattfindet, ist die *Gesamtheit der Alveolenwände*, die (bei vollständiger Belüftung) beim Erwachsenen mit 80–100 m^2 berechnet wurde. Es ist zwischen dem *luftleitenden Bronchialbaum* (sog. „Totraum" der Physiologen) und dem *gaswechselnden Alveolarsystem* zu unterscheiden.

Die **Lungen** (Abb. **3**–21) sind paarig: *Rechte* und *Linke Lunge* (*Pulmo dexter et sinister*).

Die **Form** der Lunge stellt gewissermaßen einen Ausguß des ihr durch Thoraxwand, Zwerchfell und Mediastinum (vgl. S. 235) zur Verfügung stehenden Raumes dar. Die obere, kuppelförmige *Lungenspitze (Apex pulmonis)* überragt die 1. Rippe um mehrere Zentimeter (Abb. **3**–28). Hier können die Lungenspitzen im Bereich des lateralen Halsdreiecks (↗Bd. 1) durch Beklopfen (Perkussion) und Abhorchen (Auskultation) untersucht werden. Über die Lungen-

[1] *pulmo* (lat.) = Lunge; auch *pneúmon* (gr.), z. B. Pneumocyten.

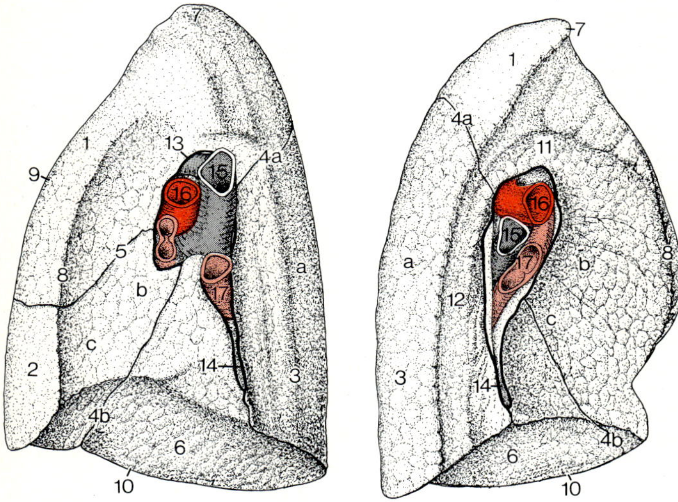

Abb. **3**–21: **Rechte und linke Lunge** (Facies medialis mit Hilum pulmonis).

1 Lobus superior
2 Lobus medius
3 Lobus inferior
4a/b Fissura obliqua
5 Fissura horizontalis
6 Basis pulmonis
7 Apex pulmonis
8 Margo anterior
9 Facies costalis
10 Margo inferior
11 durch den Arcus aortae hervorgerufene Rinne
12 durch die Pars thoracica aortae hervorgerufene Rinne
13 Schnittlinie der Pleura am Übergang der Pleura pulmonalis in den Pleuraüberzug der Radix pulmonis
14 Lig. pulmonale
15 Bronchus principalis
16 A. pulmonalis
17 Vv. pulmonales (hellrot)
a Pars vertebralis der Facies medialis
b Pars mediastinalis der Facies medialis
c Impressio cardiaca der Facies medialis

spitze verläuft der Stamm der *A. subclavia* hinweg (vgl. Abb. **8**–45) und bedingt einen flachen Eindruck an der Lungenoberfläche (Abb. **3**–21).

Die *Basis der Lungen* (*Basis pulmonis*) ist konkav, entsprechend der Form des Zwerchfells, dem sie aufliegt. Sie wird als *Facies diaphragmatica* bezeichnet. Die äußere, konvexe Lungenoberfläche, die den Rippen anliegt, heißt *Facies costalis*, die mediale Fläche *Facies medialis*; der vor dem Hilum (s. u.) gelegene Teil der Facies medialis wird *Pars mediastinalis* (Mediastinum, ↗S. 235), der hinter dem Hilus gelegene *Pars vertebralis* genannt. An der Facies medialis prägt sich die Oberfläche des Herzens ein, *Impressio cardiaca*, außerdem an der linken Lunge die Aorta und an der rechten Lunge die Vena cava superior, die Vena azygos und die Speiseröhre.

Im Zentrum der Facies medialis befindet sich der **Lungenhilus** (*Hilum pulmonis*, Abb. **3**–21). Die hier ein- und austretenden Gebilde werden in ihrer Gesamtheit als *Lungenwurzel* (*Radix pulmonis*) bezeichnet. Im einzelnen handelt es sich um (1) Bronchus principalis, (2) Arteria pulmonalis, (3) Venae pulmonales, (4) Rr. bronchiales, (5) Lymphgefäße, (6) Nerven.

Die Vv. pulmonales liegen am weitesten vorn, die Arterien in der Mitte, die Bronchien dorsal.

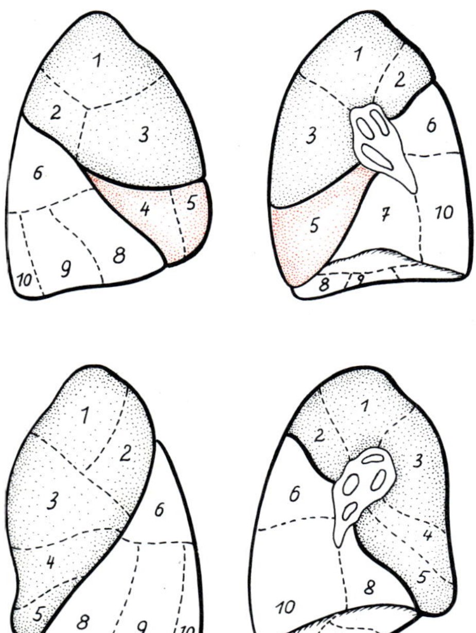

Abb. **3**–22: **Lappen- und Segmentgliederung der Lungen.**
Oben: Rechte Lunge, *unten:* Linke Lunge
Grau: Oberlappen, *rot:* Mittellappen, *weiß:* Unterlappen
Segmentgrenzen gestrichelt

Jede Lunge besteht aus mehreren **Lungenlappen** (*Lobi pulmonis*), die voneinander durch tiefe, bis fast zum Hilus reichende Spalten *(Fissurae)* getrennt werden.

Die **Linke Lunge**, die in ihrem Gesamtvolumen etwas kleiner ist als die rechte, hat zwei Lappen: *Lobus superior* (Oberlappen) und *Lobus inferior* (Unterlappen; Abb. **3**–21, 22. Wegen der Neigung der die Lappen trennenden Spalte (*Fissura obliqua*; Abb. **3**–21, 22, 28) liegt der linke Oberlappen mehr vorn, der Unterlappen mehr hinten, so daß man am Rücken den größten Teil des Unterlappens und nur einen kleinen Teil des Oberlappens antrifft, während andererseits vorn (Medioclavicularlinie, ↗Bd. 1) der untere Lungenrand vom Oberlappen gebildet wird (Abb. **3**–21). Der *linke Oberlappen* weist in seiner Vorderansicht eine Einkerbung, *Incisura cardiaca* (Abb. **3**–28), auf, die durch die Impressio cardiaca der Facies mediastinalis bedingt ist. Sein unterster Randbereich bildet einen zungenförmigen Fortsatz, die *Lingula pulmonis sinistri*, die das Zwerchfell erreicht. Man sagt: „die Lingula leckt am Zwerchfell".

Die **Rechte Lunge** hat drei Lappen (Abb. **3**–21, 22, 28). Der *Unterlappen* entspricht demjenigen der linken Lunge und wird ebenfalls durch eine *Fissura obliqua* begrenzt. Der *Oberlappen* erscheint seinerseits unterteilt. Durch die *Fissura horizontalis* wird aus ihm der keilförmige *Mittellappen* (*Lobus medius*) herausgeschnitten. Die *Fissura horizontalis* verläuft etwa in Höhe der 4. Rippe.

Den klinischen Bedürfnissen entsprechend, werden die Lungen in je 10 Segmente (*Segmenta bronchopulmonalia*) eingeteilt (Abb. **3**–22). Bei den **Lungensegmenten** handelt es sich um im wesentlichen pyramiden- bis keilförmige Unterabschnitte der Lungenlappen. Sie sind *bronchoarterielle Einheiten* in dem Sinn, daß in der *Segmentachse* jeweils ein *Segmentbronchus,* dessen Verzweigung auf das Segment begrenzt bleibt, sowie ein *Segmentast der Lungenarterie* verlaufen. Während Bronchus und Arterie somit intrasegmental und axial gelegen sind, liegen die betreffenden Äste der *Lungenvenen intersegmental*: die Segmentgrenzen werden daher durch Lungenvenenäste markiert.

Die Lungensegmente sind in **Lobuli** (Läppchen) gegliedert, die eine Kantenlänge von 5–30 mm aufweisen und als zierliches Mosaik an der Lungenoberfläche erkennbar sind (Abb. **3**–21). Die Grenzen der Lobuli erscheinen oft bläulich bis schwarz, da im Bereich des subpleuralen Bindegewebes eingeatmete Schwebstoffe durch Lungenmakrophagen (vgl. S. 225) abgelagert werden. Diese Dunkelfärbung (ebenso wie die der Lymphknoten im Lymphabflußweg aus der

Lunge) sind abhängig von der Schwebstoffbeladung der Atmungsluft. Die Lungen von Kleinkindern sind blaßrosa und zeigen die erwähnte Pigmentierung noch nicht.

Infolge ihrer erheblichen Verformbarkeit und Verschieblichkeit innerhalb des Brustraumes sind bei verschiedenen Körperlagen beachtliche **Lageveränderungen** der Lungen festzustellen. Damit hängt es auch zusammen, daß das Herz bei Rückenlage von der vorderen Rumpfwand zurückweicht, während sich das hinter dem Herzen gelegene Hintere Mediastinum bei Bauchlage entfaltet. Das Ausmaß dieser Verschiebungen ist wesentlich größer als der Leichenbefund vermuten läßt und wurde erst vor dem Röntgenschirm erkannt (Abb. **3**–23).

Auf dem geringen spezifischen Gewicht der lufthaltigen Lunge beruht der gerichtsmedizinisch wichtige Nachweis der *Schwimmprobe* bei Verdacht eines Kindesmordes: ist das Kind tot geboren, so sinkt ein herausgeschnittenes Stück Lunge in Wasser unter; hat das Kind jedoch nach der Geburt geatmet, so schwimmt das Stück Lunge, wenn es in Wasser getaucht wird.

Die Aufzweigung der Trachea in den **Bronchialbaum** (Abb. **3**–19) erfolgt in folgender Weise: Die Luftröhre teilt sich an der *Bifurcatio tracheae* in den rechten und den linken **Stammbronchus** (*Bronchus principalis dexter* bzw. *sinister*). Der rechte gibt drei **Lappenbronchien** (*Bronchi lobares*) ab, der linke zwei, entsprechend der Zahl der Lungenlappen.

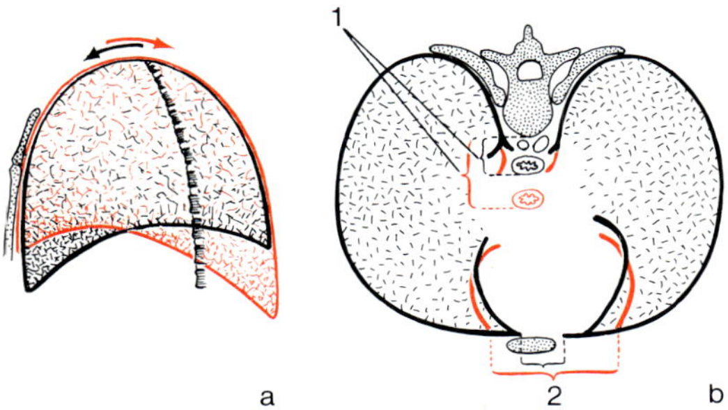

Abb. **3**–23: **Physiologische Verschieblichkeit der Lunge bei Änderung der Körperlage** (nach v. Hayek, Die menschl. Lunge, 1953).

a: Seitenansicht (Sternum links, Wirbelsäule rechts) im Stehen *(rot)* und Liegen *(schwarz)*

b: Querschnitt bei Rückenlage *(schwarz)* und Bauchlage *(rot)*

1 Entfaltung des Hinteren Mediastinum bei Bauchlage

2 Verbreiterung des Herzkontakts mit der vorderen Brustwand bei Bauchlage

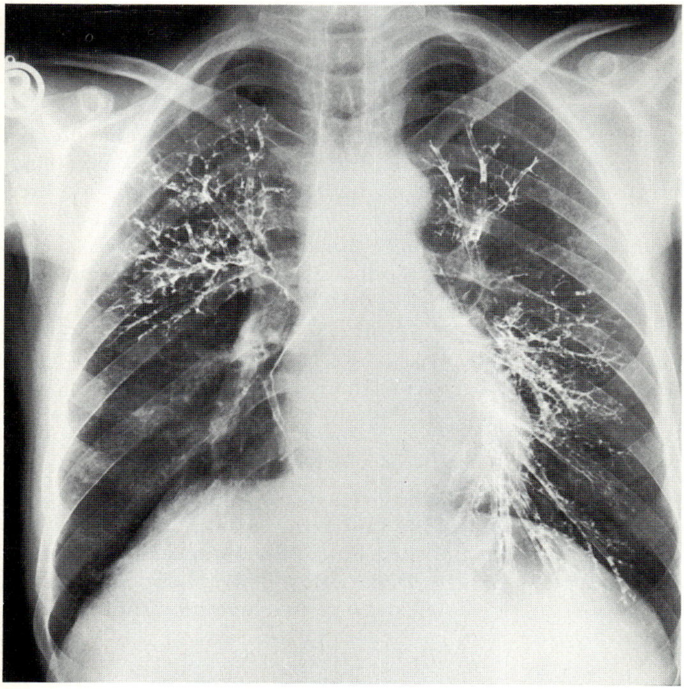

Abb. **3**–24: **Bronchialbaum** (Thoraxaufnahme im postero-anterioren Strahlengang nach Bronchographie).

1 Herzschatten
2 Arcus aortae („Aortenknopf")
3 A. pulmonalis dextra
4 Trachea
5 Bifurcatio tracheae
6 Äste des Bronchus lobaris sup.
7 Bronchi lingulares
8 Äste des Bronchus lobaris inf.
9 rechte Zwerchfellkuppel
10 linke Zwerchfellkuppel
11 Leberschatten

Jeder *Lappenbronchus* verästelt sich in seinem Lappen weiter (Abb. **3**–24), zunächst als **Segmentbronchien** (*Bronchi segmentales*). Deren Zahl und ihre Benennung entspricht den in Abb. **3**–22 schematisch dargestellten 10 Segmenten in jeder Lunge. Jedes Lungenläppchen (s. o.) wird von einem **Bronchiolus** versorgt (Abb. **3**–25, 26). Dieser verzweigt sich in mehrere **Bronchioli respiratorii**, die in ihrer Wand bereits vereinzelt Alveolen besitzen. Jeder Bronchiolus respiratorius verzweigt sich in mehrere **Ductuli alveolares** (Wand nur noch aus

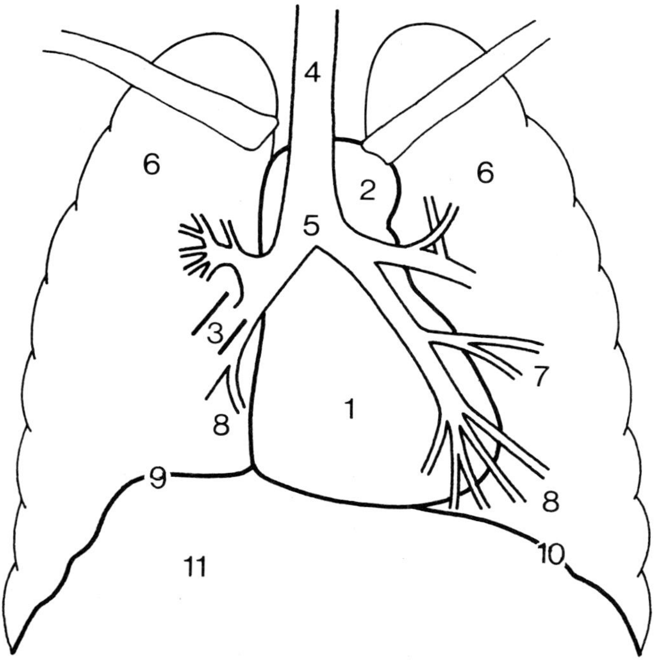

Alveolen bestehend), die in den blindsackartigen Auftreibungen der **Sacculi alveolares** enden. Die funktionell entscheidende Endstrecke des Bronchialbaums sind die **Lungenbläschen** (*Alveoli pulmonis*), die einen Durchmesser von etwa 0,1 mm aufweisen.

MIKROSKOPISCHE ANATOMIE

Das mikroskopisch-anatomische Bild eines histologischen Schnittpräparats der Lunge (Abb. **3**–25) ist gekennzeichnet durch das Vorherrschen der lufthaltigen *Lungenalveolen*[1]. Deren Trennwände erscheinen als zartes Gitter. Das *interstitielle Bindegewebe* ist lediglich um die größeren Leitungsbahnen (Bronchi, Bronchioli, Blutgefäße) stärker entfaltet.

Für die Offenhaltung des Luftweges im Bronchialbaum kommt der **Tunica fibromusculocartilaginea** (Abb. **3**–20) die wesentliche Bedeutung zu. In den *Bronchi principales* ist die Bauweise gegenüber

[1] *alvĕolus* (lat.) = kleine Aushöhlung (auch als Zahnalveole).

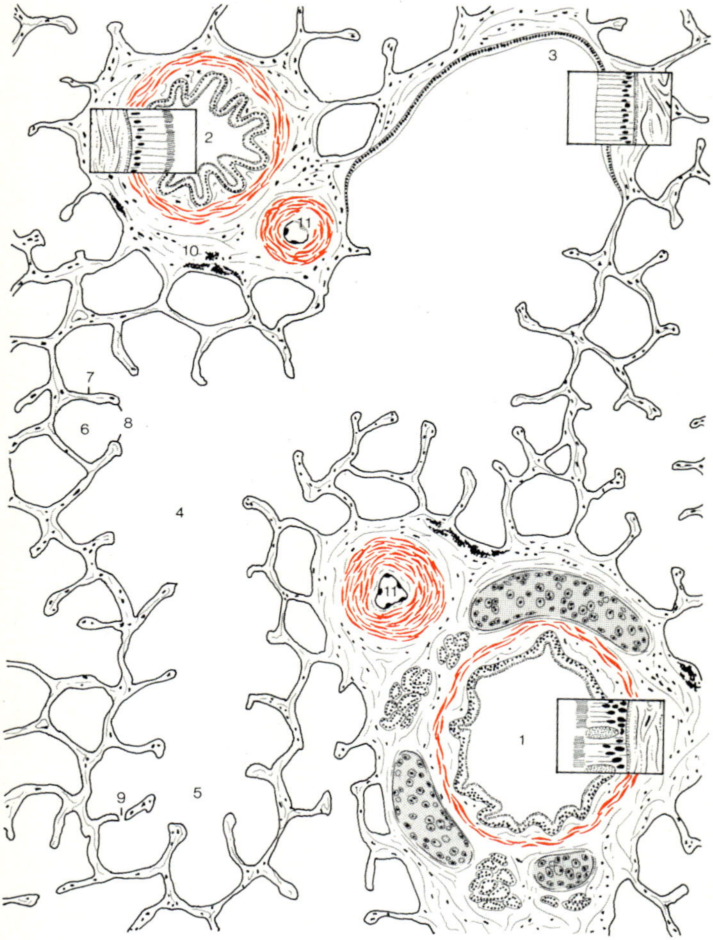

Abb. **3**–25: **Mikroskopische Anatomie der Lunge.**

1 Bronchus (quer)
2 Bronchiolus (quer)
3 Bronchiolus respiratorius (Ausschnitt)
4 Ductus alveolaris
5 Sacculus alveolaris
6 Alveolus pulmonis
7 Septum interalveolare
8 Alveolarostium
9 Porus septi
10 Anthracotisches Pigment

der Trachea (S. 214) noch unverändert, d. h. in die Tunica fibromusculocartilaginea sind hufeisenförmige Knorpelspangen eingelagert, deren freie Enden durch glatte Muskulatur (*Paries membranaceus*) verspannt werden. In den *Bronchi lobares* und *Bronchi segmentales* tritt insofern eine konstruktive Änderung ein, als der Knorpel nicht mehr in Hufeisenform vorliegt, sondern in Gestalt unregelmäßiger Knorpelplättchen. Dementsprechend verliert auch die verspannende Muskulatur ihren Sinn: stattdessen tritt in der Tunica fibromusculocartilaginea eine geschlossene *Muskelschicht* (Abb. **3**–25) auf, der als im Kaliber unter Nerveneinfluß veränderbarem Muskelschlauch beträchtliche funktionelle Bedeutung zukommt (Asthma bronchiale!). In den kleinsten Bronchialästen gehen die bis dahin aus hyalinem Knorpel aufgebauten Spangen und Platten in elastischen Knorpel über. Die *Bronchiolen* (etwa von 1 mm Durchmesser abwärts) sind knorpelfrei und verfügen daher auch nicht mehr über eine Tunica fibromusculocartilaginea: sie enthalten jedoch einen geschlossenen Mantel des *M. trachealis et bronchialis*, der im Bereich der *Bronchioli respiratorii* (Abb. **3**–25) endet.

Das **Respiratorische Epithel** (mehrreihiges Flimmerepithel mit eingeschalteten Becherzellen, Abb. **3**–8) reicht von der Nase über Kehlkopf und Trachea bis in die Bronchiolen, um in deren Verlauf zunächst in ein *einschichtiges Flimmerepithel* ohne Becherzellen und im Bereich der Bronchioli respiratorii schließlich in ein *einschichtiges kubisches Epithel* ohne Flimmerbesatz überzugehen (Abb. **3**–25). Der durch den Cilienschlag bewirkte Sekretstrom (*Reinigungsfunktion*) ist gegen die Trachea gerichtet: „Muco-ciliarer Elevator". Der *Schleimfilm* stammt aus den *Becherzellen* der Bronchien und aus gemischten *Gll. bronchiales*, die in den Knorpellücken der Tunica fibromusculocartilaginea gelegen sind. Die seröse Sekretkomponente dieser Drüsen bewirkt die Wasserdampfsättigung der Atemluft.

Im Respiratorischen Epithel kommen neben *Cilienzellen* und *Becherzellen* vereinzelt auch *„Bürstenzellen"* (bei denen es sich möglicherweise um Mechano- oder Chemorezeptoren handelt) sowie *Chromaffine Zellen* (die wahrscheinlich Serotonin bilden und Bedeutung für die „bronchialen Carcinoide" haben; vgl. Enterochromaffine Zellen↗) vor. In den terminalen Bronchiolen treten vereinzelt keulenförmig gegen das Lumen vorspringende CLARA[1]-*Zellen* auf, die sich an der Bildung des Surfactant (↗S. 225) beteiligen.

---

[1] MAX CLARA (1899–1966), Prof. der Anatomie in Leipzig, München und Istanbul.

Innerhalb der Tunica fibromusculocartilaginea der Bronchialwand findet sich ein *Venenplexus*, der, ähnlich wie im Bereich der Nasenschleimhaut (S. 188), Bedeutung für die *Temperierung der Atemluft* hat.

Die Lamina propria der Schleimhaut der Bronchien und Bronchiolen ist reich an **elastischen Fasern**, die mit dem elastisch gespannten System des gesamten Lungenbindegewebes zusammenhängen. Diesem elastischen System obliegt die Offenhaltung der nicht mehr durch Knorpelstückchen versteiften Bronchiolen. Bei Störung dieses elastischen *Verspannungssystems* (etwa beim Herausschneiden eines Lungenstückchens zur Herstellung von histologischen Präparaten) führt die Entspannung der elastischen Fasern zur Ausbildung von Längsfalten der Bronchiolenschleimhaut und somit zu der im Querschnittsbild so charakteristischen *sternförmigen Lumenbegrenzung* (Abb. 3–25).

Der gesamte Bronchialbaum bis in die feinsten Bronchiolenverzweigungen hat lediglich Bedeutung als *Lufttransportweg*. Die funktionelle Bedeutung dieses bronchialen **„Totraums"** der Lunge liegt in (1) Reinigung, (2) Wasserdampfsättigung und (3) Aufheizung der Atemluft auf Körpertemperatur.

Der **Gasaustausch** und damit die **Atemfunktion** ist ausschließlich an die Wand der **Lungenalveolen** (*Alveoli pulmonis*, Lungenbläschen; Abb. **3**–25) gebunden. Deren Gesamtoberfläche beträgt bei 300 Millionen Alveolen etwa 140 m^2. Der Durchmesser der einzelnen Alveole beträgt 0,2–0,3 mm. Vielfach sind diese Alveolarräume lediglich durch ein dünnes *Septum interalveolare* voneinander getrennt. Gelegentlich kommunizieren benachbarte Lungenbläschen durch einen *Porus septi*.

Das **interstitielle Bindegewebe der Alveolarwände** (Abb. **3**–26) enthält, außer dem dichten *Capillarnetz*, *Fibroblasten* und *Makrophagen*, vor allem auch ein *elastisches Fasernetz* und kontraktile *Myofibroblasten*. Elastische Fasern und Myofibroblasten sind insbesondere in dem ringförmigen verdickten *Alveolarostium* (Abb. **3**–25) konzentriert.

Der Gasaustausch zwischen der Alveolarluft einerseits und dem Capillarblut andererseits erfolgt durch die sog. **Alveolarschranke** (Abb. **3**–26). Diese besteht (1) aus den Alveolarraum auskleidenden Alveolarepithelzellen (*Pneumocyten*), (2) einem *Basalmembransystem*, (3) dem *Capillarendothel*, hat aber insgesamt nur eine Dicke von durchschnittlich 2,2 μm.

Die *Capillarwand* (Capillarendothel und Basalmembran; vgl. S. 382) wird überall und lückenlos von der *Pneumocytenschicht* mit deren Basalmembran bedeckt (Abb. **3**–26); allerdings handelt es sich hierbei streckenweise um maximal verdünnte lamellenartige Zellausläufer der **Typ I-Pneumocyten** (Deckzellen), so daß in diesen Bereichen die Diffusionsstrecke für den Gasaustausch tatsächlich auf ein Minimum reduziert ist. Dort, wo die Capillarwand der Alveolarepithelschicht besonders nahe kommt, vereinigen sich die beiden Basalmembranen zu einer einzigen. Die lumenseitige Oberfläche der Alveolarwand ist von einer extrem dünnen als **Surfactant** (Surface active substance, s. u.) bezeichneten Schicht bedeckt. Diese wird von **Typ II-Pneumocyten** (Nischenzellen, Abb. **3**–26) und wahrscheinlich auch von CLARA-*Zellen* (↗S. 223) der terminalen Bronchiolen sezerniert. Die sekretorische Granula enthaltenden Typ II-Pneumocyten sind kubisch und bilden keine seitlichen Fortsätze aus. Ihre meist deutlich in das Alveolarlumen vorspringenden Oberflächen besitzen zahlreiche kurze Mikrovilli.

Das Surfactant besteht aus einem komplexen Gemisch von Glyko-Lipo-Proteinen. Es bildet einen monomolekularen Film auf der luminalen Alveolaroberfläche und hat die Aufgabe, die *Oberflächenspannung* an der Luft-Wassergrenze der Alveolaroberfläche herabzusetzen, um so den Alveolardurchmesser während der Atmung konstant zu halten (Anti-Atelectase[1]-Faktor), wodurch die Atmung insgesamt erleichtert wird und insbesondere die Alveolen bei der End-Exspiration vor dem Kollabieren bewahrt bleiben.

In den Verband des Alveolarepithels können sich vorübergehend (aus den Capillaren stammende) *Monocyten* einschalten und damit zu **Alveolarphagocyten** (Lungenmakrophagen) werden (Abb. **3**–26). Bei dem *phagocytierten Material* kann es sich einerseits um Schwebstoffe aus der Alveolarluft handeln, andererseits um Blutbestandteile, die beispielsweise bei einer Stauung im Kleinen Kreislauf aus den Capillaren der Alveolarwand in das Interstitium austreten. Die Alveolarphagocyten lösen sich aus dem Verband des Alveolarepithels entweder dadurch, daß sie in das *Alveolarlumen* gelangen und von dort aus abgehustet werden oder durch Einwanderung in das *interstitielle Gewebe* der Alveolarwand (Abb. **3**–26). Im letzteren Fall wird das phagocytierte Material (z. B. Staubpartikel) entweder in das interstitielle Gewebe ausgeschieden und erscheint dort als sog. **Anthracotisches Pigment,** oder es gelangt in die Lymphbahnen und wird in diesem Fall erst in den *regionären Lymphknoten* (z. B. Hiluslymphknoten) abgelagert.

---

[1] Atelectase = verringerter oder fehlender Luftgehalt der Lungenalveolen.

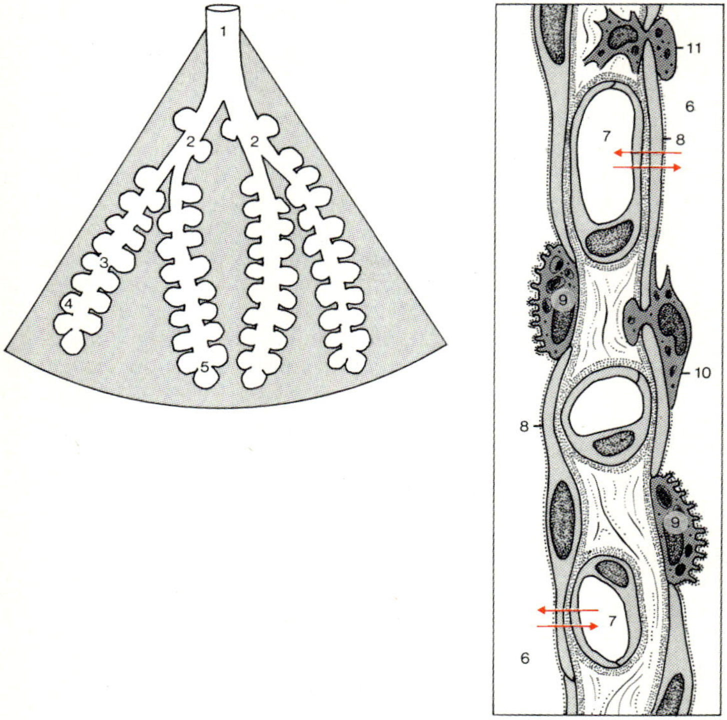

Abb. **3**–26: **Respiratorisches Parenchym.**
Innerhalb eines Lobulus pulmonis verzweigt sich der versorgende *Bronchiolus* (1) zunächst in *Bronchioli respiratorii* (2) und dann in *Ductuli alveolares* (3), deren Wand nahezu vollständig in *Alveoli pulmonis* (4) aufgelöst ist. Die Ductuli alveolares enden blind als *Sacculi alveolares* (5).
Ausschnittvergrößerung: interalveolares Septum.
Pfeilpaare: Gasaustauschweg durch die Alveolarschranke.

6 Alveolarraum
7 Blutcapillare mit Endotheliocyten und Basalmembran
8 Typ I-Pneumocyt mit Surfactant und Basalmembran
9 Typ II-Pneumocyt
10 in das Alveolarlumen austretender Alveolarphagocyt
11 in das interstitielle Bindegewebe einwandernder Alveolarphagocyt

Die Lungenalveolen sind im Hinblick auf die für den *Gasaustausch* durch Diffusion erforderliche große *Austauschfläche* von einem außerordentlich dichten **Capillarnetz** umsponnen. An sehr vielen Stellen (Alveolarsepten) steht dieses Capillarnetz jeweils in Kontakt mit *zwei* benachbarten Alveolen (Abb. **3**–26). Das Capillarnetz wird aus der *A. pulmonalis* gespeist, deren Äste mit den Segmentbronchien in der Achse der Lungensegmente und dann mit den Bronchiolen in der Achse der Lungenläppchen verlaufen. Der venöse Abfluß erfolgt über interlobulär und intersegmental verlaufende Venen, die sich erst den größeren Arterien- und Bronchusästen hiluswärts anschließen. Während die Äste der *Aa. pulmonales* in ihren alveolären Capillarnetzen den Sauerstoff für die Versorgung des Gesamtorganismus aufnehmen und somit **Vasa publica**↗ sind, versorgen die unmittelbar aus der Pars thoracica aortae entspringenden *Rr. bronchiales* als **Vasa privata**↗ das interstitielle Bindegewebe und die Wandung der Bronchien. Dieses der Eigenversorgung der Lunge dienende Capillarnetz ist jedoch nicht völlig von dem der Alveolarwandungen getrennt (vgl. S. 432).

Leitungsbahnen der Lunge

Arterien

- nutritive Versorgung: *Rr. bronchiales* (Abb. **8**–37) ← Aorta thoracica (bzw. für die rechte Lunge zusätzlich ← 3. oder 4. A. intercostalis post.);
- respiratorische Versorgung: *A. pulmonalis dext.* bzw. *sin.* (Abb. **8**–10, 16) ← Tr. pulmonalis (intrapulmonale Verzweigung s. S. 431).

Venen

- nutritive Versorgung: *Vv. bronchiales* → *Vv. pulmonales* (hilusnahe Vv. bronchiales auch → V. azygos bzw. V. hemiazygos);
- respiratorische Versorgung: *Vv. pulmonales* (Abb. **8**–10, 13) → *Linker Vorhof.*

Regionäre Lymphknoten (Abb. **9**–17)

Nll. bronchopulmonales („Hilusknoten") → *Nll. tracheobronchiales* („Bifurkationsknoten") → Nll. paratracheales.

Nerven

para. und symp.: *Plex. pulmonalis* (mit Vagus- und Grenzstrangfasern).

3.5 Pleurahöhle, *Cavitas pleuralis*

Jede der beiden Lungen ist in eine eigene **Seröse Höhle** (↗S. 10) eingebaut. Die Beziehung der Lunge zur Pleurahöhle ist analog der eines intraperitoneal gelegenen Organs im Bereich der Bauchhöhle. Die topographischen Verhältnisse sind im Bereich der Pleurahöhle jedoch sehr viel übersichtlicher, da diese ja nur ein einziges Organ, eben die Lunge, enthält.

Die Begrenzung der spaltförmigen *Cavitas pleuralis* wird von der **Pleura**[1] (vgl. auch S. 231) gebildet. Die Lunge ist vom *visceralen Blatt* der Pleura, **Pleura visceralis = Pleura pulmonalis** (Lungenfell), eingehüllt. Die Pleura pulmonalis geht im Bereich des Lungenhilus in die Pleuraduplikatur des „Mesopulmonium" (*Lig. pulmonale*) über (Abb. **3**–21). An der mediastinalen Wand der Pleurahöhle geht die Serosaduplikatur des Lig. pulmonale in das *parietale Blatt* der Pleura über.

Die **Pleura parietalis** bildet die periphere Wand der Pleurahöhle: sie wird im Bereich der Thoraxwand *Pleura costalis* (Rippenfell), im Bereich der mediastinalen Wand *Pleura mediastinalis*, im Bereich des die untere Begrenzung der Pleurahöhle bildenden Zwerchfells *Pleura diaphragmatica* und gegen den Hals hin *Cupula pleurae* genannt.

Pleura visceralis und *Pleura parietalis* begrenzen – genau wie in den anderen serösen Höhlen – einen *capillären Spalt*, der mit einem *Film* seröser Flüssigkeit benetzt ist. Funktionell ist dieser **Pleuraspalt** (Abb. **3**–27) zunächst als *Gleitspalt* zu bewerten, der die bei der Atmung erfolgende Bewegung der Lunge in der Brusthöhle ermöglicht.

Darüber hinaus kommt dem *Pleuraspalt* jedoch eine weitere höchst wichtige Bedeutung für die **Atemmechanik** zu. Die *Inspiration* (Einatmung) der Luft erfolgt dann, wenn sich das Volumen der Lunge vergrößert: die Luft wird also nicht in die Lunge *gepumpt*, sondern von der Lunge *angesaugt*. Die Erweiterung des Lungenvolumens ist die unmittelbare mechanische Konsequenz der **Erweiterung des Thoraxraums** (*Cavitas thoracis*). Die Erweiterung des Thoraxraums wird durch die *Atemmuskeln* (Intercostalmuskeln, Zwerchfell↗, Bd. 1) bewirkt. Die Erweiterung des Thoraxraumes wird in eine **Erweiterung der Lunge** nicht etwa dadurch übertragen, daß die Lungenoberfläche mit der Thoraxwand verwachsen ist, sondern ausschließ-

[1] *pleurá* (gr.) = Brustfell (ursprünglich Flanke, Seitenwand des Leibes).

lich durch die Existenz des *Pleuraspalts*. Die von dem Flüssigkeitsfilm des Pleuraspalts entwickelten Capillarkräfte *Capillaradhäsion*) zwingen die Lunge, allen Bewegungen der Wandung des Thoraxraumes zu *folgen* und hindern sie daran, sich von der Thoraxwand *abzulösen*.

Dieser Mechanismus (und damit die Atemfähigkeit) wird sofort gestört, wenn die Capillarität des Pleuraspalts aufgehoben wird. Dies geschieht etwa durch Einleitung von Luft in den Pleuraspalt, d.h. durch Anlegung eines **Pneumothorax** bzw. durch Verletzung der Thoraxwand. Hierdurch werden parietales und viscerales Blatt der Pleurahöhle voneinander getrennt: die Lunge haftet nicht mehr durch Capillaradhäsion am parietalen Blatt der Pleura, so daß die vorher gespannten *elastischen* Texturen der Lunge diese nunmehr zum Kollabieren bringen. Dieser Vorgang ist *reversibel*, da das Serosaepithel die eingebrachte Luft allmählich resorbiert und so der Pleuraspalt wieder hergestellt wird, wodurch auch die mechanische *Zwangsankopplung* der Lunge an die Thoraxwand wieder erfolgt.

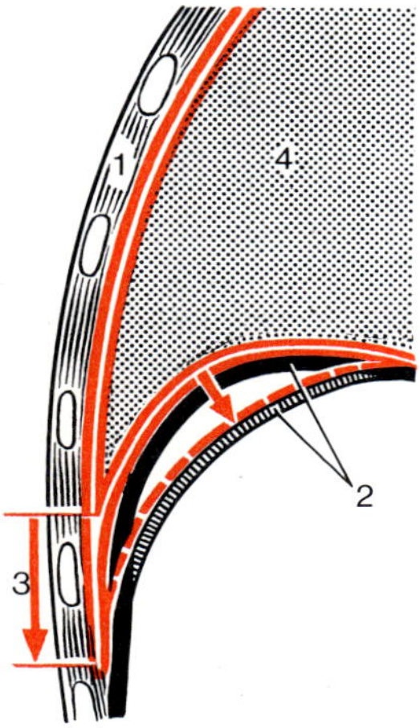

Abb. **3–27**: **Atemmechanik im Bereich des Komplementärraums** (Frontalschnitt).
1 Thoraxwand, 2 Zwerchfell in Exspirations- *(schwarz)* und Inspirationsstellung *(schraffiert)*, 3 Recessus costodiaphragmaticus zwischen Pleura costalis und Pleura diaphragmatica; der *Pfeil* gibt die Tiefe des Recussus an, in den (als Komplementärraum) der untere Lungenrand bei Inspiration partiell hinabsteigt. Der *kleine Pfeil* zeigt die Inspirationsbewegung der Pleura diaphragmatica mit Abwicklung von der Thoraxwand. Die die Lunge (4) bedeckende Pleura pulmonalis muß dieser Bewegung zwangsläufig folgen: sie steigt (mit der Lunge) in den sich öffnenden Winkel des Komplementärraums hinab.

Das *Zwerchfellgewölbe* (Abb. **3**–27; ↗Bd. 1) ist dadurch gekennzeichnet, daß die Zwerchfellplatte von ihrem Ursprung am Rippenbogen zunächst der Thoraxwand parallel folgt, um erst gut handbreit oberhalb des Rippenbogens sich zur Bildung der Zwerchfellkuppel von der Thoraxwand abzuheben. Dieses Verhalten hat zur Folge, daß oberhalb des Rippenbogens *zwei Abschnitte der Pleura parietalis* (nämlich *Pleura costalis* und *Pleura diaphragmatica*) miteinander einen capillären Spalt begrenzen (Abb. **3**–27). Der *untere Lungenrand* wird durch Capillaradhäsion in dem Niveau festgehalten, in dem sich die Zwerchfellplatte von der Thoraxwand ablöst. Im Bereich der Pleurahöhle (ebenso im Bereich des Herzbeutels) wird eine anatomische Situation der geschilderten Art (für die also charakteristisch ist, daß zwei verschiedene Abschnitte der *parietalen* Pleura einen capillären Spalt begrenzen) als **Recessus** (*Recessus pleurales*) bezeichnet. Buchtenbildungen, bei denen diese Bedingung nicht gegeben ist, sind dagegen als **Sinus** zu bezeichnen, beispielsweise *Sinus transversus pericardii* (vgl. S. 429).

Der hier beschriebene Recessus zwischen *Pleura costalis* und *Pleura diaphragmatica* wird **Recessus costodiaphragmaticus** (Abb. **3**–27, 28) genannt. Er hat die Bedeutung eines **Komplementärraumes** und ist daher von großer funktioneller Bedeutung im Zusammenhang mit den Atembewegungen der Lunge. Bei der *Inspiration* kommt es nicht nur zu einer Erweiterung des Thorax durch die Betätigung der *Intercostalmuskeln*, sondern auch zu einer *Senkung des Zwerchfells* durch dessen Kontraktion. Dabei kommt es zur *Abwicklung des Zwerchfellgewölbes* von der Thoraxwand und damit zum Tiefertreten des von Pleura costalis und Pleura diaphragmatica gebildeten Winkels (Abb. **3**–27). Der Recessus costodiaphragmaticus wird dabei niedriger, wodurch der Lunge ein zusätzlicher (*komplementärer*) Raum zu ihrer Ausdehnung nach unten eröffnet wird. Der *untere Lungenrand* steigt somit bei der *Inspiration* in den Komplementärraum hinab und zieht sich bei der *Exspiration* synchron mit dem Höhersteigen des Zwerchfells aus diesem wieder zurück. Der Recessus costodiaphragmaticus hat seine größte Tiefe im Bereich der Axillarlinie (6–8 cm) und flacht sich gegen die Wirbelsäule und gegen das Sternum hin auf 2–4 cm ab. Dementsprechend sind die *Atemexkursionen* des unteren Lungenrandes lateral am ausgiebigsten (3–6 cm).

Die *Zwerchfellwölbung* ist in die rechte und linke *Zwerchfellkuppel* und den zwischen diesen befindlichen *Zwerchfellsattel* (= Herzsattel) gegliedert. Die *Atemexkursion* der *rechten* Zwerchfellkuppel erfolgt zwischen Th 8 (= 4. ICR) und Th 11 (= 6. Rippe). Die *linke* Kuppel steht

½ Wirbelhöhe tiefer. Im weiblichen Geschlecht steht das Zwerchfell etwas tiefer, ebenso im höheren Lebensalter.

Im Bereich der *vorderen Brustwand* bildet die *Pleura costalis* mit der *Pleura mediastinalis* den **Recessus costomediastinalis**. Dieser hat nennenswerte Ausdehnung lediglich im Bereich der *Incisura cardiaca* der linken Lunge (Abb. **3**–28). Manchmal ist ein **Recessus phrenicomediastinalis** (zwischen Zwerchfell und Mediastinum) ausgebildet. In diesem Bereich finden sich häufig von Pleura überzogene Fettgewebsläppchen.

Der Rec. costomediastinalis hat praktische Bedeutung für die Begrenzung der **Absoluten Herzdämpfung**↗. Diese entspricht dem nicht von den medialen Lungenrändern bedeckten Teil der vorderen Herzfläche. Durch Ausfüllung des Komplementärraums, insbesondere von links her, wird das Feld der absoluten Herzdämpfung bei maximaler Inspiration kleiner, bei Exspiration größer.

Die *Pleura parietalis* bildet cranial die **Pleurakuppel** (*Cupula pleurae*), welche von der *Lungenspitze* vollständig ausgefüllt wird (Abb. **3**–28). Die Pleurakuppel ragt mehrere Zentimeter über das Niveau der Clavicula bis in den Bereich des *Lateralen Halsdreiecks* (↗Bd. 1) hinauf. In diesem Weichteilbereich wird die Form der Pleurakuppel durch Anheftung an die zur *Membrana suprapleuralis* (GIBSON*sche Fascie*[1]) verstärkte *Fascia endothoracica*↗ gewährleistet.

MIKROSKOPISCHE ANATOMIE

Die **Pleura** (*Tunica serosa*↗ der Cavitas pleuralis) besteht aus einer bindegewebigen *Lamina propria* (submesotheliales Bindegewebe) und einer *Lamina epithelialis*. Das Epithel ist einschichtig und überwiegend stark abgeflacht. Als Auskleidung einer Serösen Höhle (vgl. S. 11 und Abb. **1**–6) ist es als *Mesothel* zu bezeichnen. Das Mesothel ist stark formveränderlich und kann etwa über der kollabierten Lunge prismatische Gestalt annehmen. Die apicale Zelloberfläche ist mit *Microvilli* ausgestattet, und dementsprechend verfügt die Pleura über eine ausgeprägte *resorptive Leistung*: Luft (Pneumothorax) und Flüssigkeiten (Blut, entzündliches Exsudat) können rasch aufgesaugt werden. Ebenso wie in der Bauchhöhle können durch das resorbierende Epithel im Fall einer Infektion rasch große Toxinmengen in den Kreislauf gebracht werden.

---

[1] GEORGE A. GIBSON (1854–1913), Arzt in Edinburgh.

Leitungsbahnen der Pleura

Die Versorgung der *Pleura pulmonalis* entspricht der der Lunge (s. S. 227), so daß nachstehend lediglich die *Pleura parietalis* zu behandeln ist.

Arterien
Äste der *Aa. intercostales post.*, *A. thoracica int.*, *A. musculophrenica.*

Venen
entsprechend den Arterien.

Regionäre Lymphknoten
Nll. intercostales, Nll. parasternales, Nll. mediastinales post., Nll. phrenici sup.

Nerven
sens.:
- Pleura costalis und Pleura diaphragmatica (peripher): *Nn. intercostales*;
- Pleura mediastinalis und Pleura diaphragmatica (zentral): *Nn. phrenici.*

3.6 Brustsitus

Für die ärztliche Untersuchung der Brustorgane ist deren Projektion auf die Brustwand von Bedeutung. Neben der Möglichkeit, die Rippen bzw. Intercostalräume als Bezugssystem zu benutzen, werden folgende **Regionen** (Regiones pectorales, ↗Bd. 1) unterschieden: *Regio praesternalis, Fossa infraclavicularis, Regio pectoralis, Regio mammaria, Regio inframammaria, Regio axillaris* (mit der *Fossa axillaris*).

Als weiteres Hilfsmittel der Orientierung dienen folgende vertikale **Linien**: *Linea mediana anterior, Linea sternalis* (am lateralen Rand des Sternum), *Linea parasternalis* (Mitte zwischen Linea sternalis und Linea medioclavicularis), *Linea medioclavicularis* (Vertikale von der Mitte der Clavicula aus), *Linea mamillaris* (durch die Mamille und deshalb erheblich variabel), *Linea axillaris anterior* (entsprechend der vorderen Achselfalte), *Linea axillaris posterior* (entsprechend der hinteren Achselfalte), *Linea axillaris media* (Mitte zwischen den Lineae axillaris ant. et post.).

Bei der Eröffnung des Brustraumes (*Cavitas thoracis*) läßt sich die Brustwand von der Pleura parietalis und dem Paricardium dadurch trennen, daß das verbindende lockere Gewebe der **Fascia endothoracica** gelöst wird. Die *Fascia endothoracica* ist an zwei Stellen verdichtet:

Tab. **3**-3: Projektion der Lungen- und Pleuragrenzen.

	Sternal-Linie	Medio-clavicular-Linie	Axillar-Linie	Scapular-Linie	Para-vertebral-Linie
Lungengrenze	6. Rippe	6.	8.	10.	Dornfortsatz Th 10
Pleuragrenze	6.	7.	9.	11.	Dornfortsatz Th 11

im Bereich der Pleurakuppel zur *Membrana suprapleuralis* (GIBSONsche Fascie↗) und im Bereich der Pleura diaphragmatica zur *Fascia phrenicopleuralis*.

Von großer praktischer Bedeutung für die klinische Untersuchung ist die Kenntnis der sog. **Lungengrenzen** bzw. **Pleuragrenzen** (Abb. **3**–28). Hierunter sind die Begrenzungslinien der *Projektionsfläche* der Lunge bzw. der Pleurahöhle auf der Brustwand zu verstehen. Praktisch wichtig ist in erster Linie die *untere* Lungen- bzw. Pleuragrenze. Ihr Verlauf ist Tabelle **3**–3 zu entnehmen. Hierbei ist jedoch zu beachten, daß die Pleuragrenze *feststehend*, die Lungengrenze dagegen mit der Atmung *verschieblich* ist; der Abstand zwischen beiden entspricht dem Rec. costodiaphragmaticus↗. In Tabelle **3**–3 ist bezüglich der Lungengrenze eine mittlere Atemstellung zugrunde gelegt.

Für die *linke* Lunge bzw. Pleura bedürfen die Angaben in der Sternallinie einer Korrektur. Im Zusammenhang mit dem *Trigonum pericardiacum* (s. u.) bzw. der *Incisura cardiaca* liegt der untere Lungenrand parasternal im Niveau der 4. Rippe, der Pleurarand im Niveau der 5. Rippe. Die *Pleurakuppeln* (und die Lungenspitzen) überragen beiderseits die erste Rippe (Obere Thoraxapertur, ↗Bd. 1) um etwa 3 cm und liegen damit im Bereich des Lateralen Halsdreiecks (↗ Bd. 1).

Im Hinblick auf die **Zugänglichkeit des Mediastinum** (s. u.) von ventral (z. B. Punktion des Herzbeutels) ist auch der Verlauf der *medialen Pleura- bzw. Lungengrenze* hinter dem Sternum von Interesse (Abb. **3**–28). Über der oberen Hälfte des Corpus sterni verlaufen die beiden Pleuragrenzen parallel und sehr dicht nebeneinander: das Mediastinum steht in diesem Bereich nur linienförmig mit der vorderen Brustwand in Kontakt. Dieses interpleurale Kontaktfeld wird als „*Septum mediastinale*“ bezeichnet. Hinter dem Manubrium

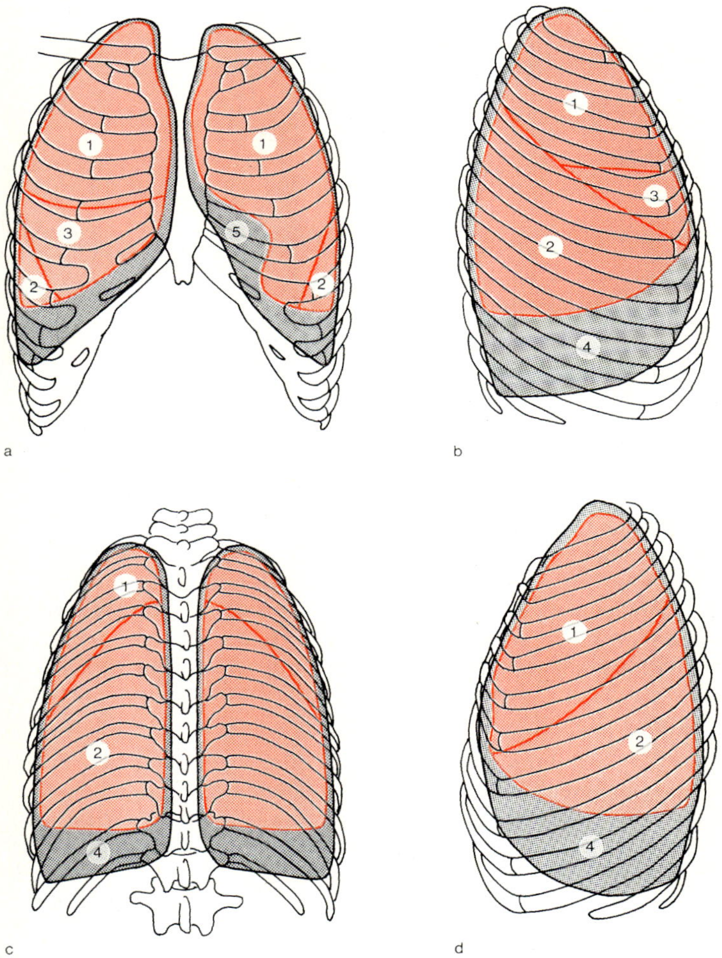

Abb. **3**–28: **Projektion der Lungen und der Pleurahöhlen auf den Thorax.**

a: ventral
b: rechts
c: dorsal
d: links

1 Oberlappen
2 Unterlappen
3 Mittellappen
4 Recessus costodiaphragmaticus
5 Recessus costomediastinalis

sterni weichen die Pleuragrenzen gegen die Sternoclaviculargelenke auseinander. Dieses Verhalten steht im Zusammenhang mit dem relativ großen fetalen bzw. frühkindlichen Thymus und rechtfertigt die Bezeichnung als „*Trigonum thymicum*". Hinter der caudalen Hälfte des Corpus sterni weicht die linke Pleura- und Lungengrenze bereits vom Niveau des Ansatzes der vierten Rippe stark nach links aus. Dies wird durch die asymmetrische Lage des Herzens bzw. des Herzbeutels bewirkt: „*Trigonum pericardiacum*".

Rechte und linke Pleurahöhle werden durch den Bindegewebsblock des **Mediastinum** (sog. *Mittelfell*) getrennt. Dieses wird lateral von der *Pleura mediastinalis* bedeckt. Das Mediastinum ist nicht etwa ein Hohlraum sondern eine sagittal gestellte Bindegewebsplatte, die sich von der *Wirbelsäule* bis zum *Sternum* erstreckt. Das Mediastinum wird nach caudal dadurch begrenzt, daß es auf dem Zwerchfell im Bereich des *Zwerchfellsattels* steht. Nach cranial dagegen ist das Mediastinum nicht abgegrenzt, sondern es geht kontinuierlich in das *Halsbindegewebe* über (Gefahr des descendierenden Fortschreitens von Eiterungen im Halsbereich auf das Mediastinum!). Nomenklatorisch endet das Mediastinum cranial im Bereich der Oberen Thoraxapertur.

Bei *Druckdifferenz* zwischen der rechten und linken Pleurahöhle kann es zu für den Kreislauf gefährlichen Verlagerungen des Mediastinum kommen (u. U. atmungssynchron: Mediastinalflattern).

Der Bindegewebsblock des **Mediastinum** enthält wichtige **Inhaltsgebilde**: Herz und Herzbeutel, große Gefäße (vor allem Aorta, Truncus pulmonalis, V. cava superior, V. azygos), Trachea mit Bifurcatio tracheae, Oesophagus, Ductus thoracicus, Thymus. Der insgesamt recht ausgedehnte Bereich des Mediastinum kann durch die Unterscheidung eines *Oberen* und *Unteren Mediastinum* (Mediastinum superius bzw. inferius) übersichtlicher gemacht werden.

Das **Obere Mediastinum** umfaßt den Bereich oberhalb des Herzens und enthält den Thymus sowie zahlreiche durchlaufende Gebilde: Trachea, Oesophagus, Aorta ascendens und Aortenbogen, Truncus pulmonalis, V. cava sup., Ductus thoracicus, um das Wichtigste zu nennen. Der *Bindegewebsraum* des Oberen Mediastinum setzt sich in den Bindegewebsraum des Hinteren Mediastinum (s. u.) fort.

Der *Thymus* ↗ liegt oberflächlich im Bereich des „Trig. thymicum" (s. o.). Er bedeckt die linke V. brachiocephalica ↗, die V. cava superior sowie den oberen Teil des Herzbeutels und projiziert sich auf das Manubrium sterni (↗ Bd. 1).

Die *V. cava sup.* ↗ entsteht durch Vereinigung der beiden *Vv. brachiocephalicae* ↗ rechts hinter dem Knorpel der 1. Rippe, also etwa im Niveau der Oberen Thoraxapertur. Wegen der *asymmetrischen Lage* der Oberen Hohlvene ist die V. brachiocephalica sinistra etwa dreimal länger als die rechte. Sie überkreuzt die Äste des Aortenbogens und liegt im Bereich der Fossa jugularis (↗Bd. 1) und somit im Operationsfeld der Tracheotomia inferior↗ unmittelbar hinter der Lam. praetrachealis (↗Bd. 1) der Halsfascie. Der Verlauf der V. cava sup. entspricht der rechten Sternallinie (Linea sternalis↗); sie liegt dabei unmittelbar rechts neben der Aorta ascendens (Abb. **8**–27, 73). Ehe die Obere Hohlvene in den *Herzbeutel* eintritt (sie hat eine kurze intrapericardiale Verlaufsstrecke), nimmt sie die im Bogen aus dem Hinteren Mediastinum kommende *V. azygos*↗, die „auf dem rechten Stammbronchus reitet", auf.

Die *Aorta*↗ verläßt den Herzbeutel am Übergang zwischen *Pars ascendens* und *Arcus aortae* (Abb. **8**–11) und liegt hier unmittelbar links neben der V. cava sup. Der Aortenbogen verläuft steil nach *links-hinten* (also nicht frontal – Abb. **8**–27) und „reitet dabei auf dem linken Hauptbronchus". Aus der Konvexität des Aortenbogens gehen asymmetrisch die großen Äste hervor (Abb. **8**–27): nach rechts der *Tr. brachiocephalicus*, nach links die *A. carotis comm. sin.* und die *A. subclavia sin.* Unter der Konkavität des Aortenbogens befindet sich die Aufteilung des *Truncus pulmonalis* in die *Aa. pulmonales dextra et sinistra*. Zwischen der Teilungsstelle des Tr. pulmonalis und der Konkavität des Aortenbogens verläuft der kurze Strang des *Lig. arteriosum* (Rest des Ductus arteriosus Botalli↗; Abb. **8**–29). Vor dem Aortenbogen verläuft die *V. brachiocephalica sin.*, hinter ihm (und dem Tr. brachiocephalicus sowie der A. carotis comm. sin.) die *Trachea* (Abb. **8**–37). Der Aortenbogen erreicht mit seinem Scheitel die Ebene der *Oberen Thoraxapertur* (↗Bd. 1) und überschreitet diese im höheren Lebensalter nicht selten (sichtbares Pulsieren!).

Der linke *N. vagus* liegt dem Aortenbogen links an. Einer seiner wichtigsten Äste, der *„Recurrens"* (N. laryngeus recurrens, ↗Bd. 3) schlingt sich um den Aortenbogen, um in der Rinne zwischen Trachea und Oesophagus cranialwärts zu verlaufen (Abb. **8**–37). Der Recurrens wird unter der Konkavität des Aortenbogens durch das *Ligamentum arteriosum*↗ fixiert (wichtig für die Entstehung von Recurrenslähmungen↗ bei Aortenaneurysma). Der rechte Recurrens schlingt sich um die A. subclavia dextra. Beide Nn. vagi treten zwischen der betr. V. brachiocephalica und dem Tr. brachiocephalicus (rechts) bzw. der A. subclavia (links), aus dem Gefäßnervenbündel des Halses kommend, durch die Obere Thoraxapertur in das Obere Mediastinum ein; sie verlaufen dann (links mit der oben geschilderten Beziehung zum Aortenbogen) hinter der *Radix pulmonis*↗ zum Oesophagus, um dort den *Plexus oesophageus* zu bilden.

Die *Trachea* (Abb. **8**–37) verläuft im Oberen Mediastinum zwischen Oesophagus und Arcus aortae, etwas rechts von der Medianen. Unmittelbar unter dem Aortenbogen erfolgt in Höhe des 5. Brustwirbels die Teilung der Luftröhre: *Bifurcatio tracheae*↗ mit den Nll. tracheobronchiales↗ (Abb. **9**–17). Die Bifurcation liegt hinter dem Linken Vorhof des Herzens.

Der *Oesophagus*↗ verläuft im Oberen Mediastinum zwischen Wirbelsäule und Trachea, gegen letztere etwas nach links verschoben. Der *Duct. thoracicus*↗ verläßt im Oberen Mediastinum seine Position hinter dem Oesophagus, um vor der Wirbelsäule nach links oben und dann über die linke Pleurakuppel zum Venenwinkel↗ zu verlaufen (Abb. **8**–84).

Das **Untere Mediastinum** umfaßt drei hintereinander gelegene Bereiche: *Mediastinum anterius, Mediastinum medium* und *Mediastinum posterius*.

Das **Vordere Mediastinum** (Mediastinum anterius) liegt vor dem Herzbeutel und besteht aus einem flachen Bindegewebsblatt (Teil der Fascia endothoracica), das den Herzbeutel mit der Rückseite des Brustbeins und den sternalen Enden der Rippen verbindet. Es geht cranial in das Bindegewebe des Oberen Mediastinum über. Wesentliche Inhaltsgebilde sind lediglich die parasternal verlaufenden *Vasa thoracica interna*↗.

Während das Vordere Mediastinum lediglich so breit ist wie der Abstand zwischen den beiden medialen Pleuragrenzen (Abb. **3**–28a), entspricht das **Mittlere Mediastinum** (Mediastinum medium) der Breite des Herzens, denn *Herz* und *Herzbeutel* bilden den Inhalt des Mittleren Mediastinum. Dieses ist bei eröffnetem Brustraum erst überblickbar, wenn die sich vor den Herzbeutel erstreckenden *Recessus costomediastinales*↗ nach lateral zurückgeschoben werden. In dem den Herzbeutel beiderseits mit der Pleurahöhle verbindenden dünnen Bindegewebsblatt („Septum pleuropericardiale“, zwischen Pleura mediastinalis und Pericardium) verläuft beiderseits der *N. phrenicus* (↗Bd. 3), begleitet von den *Vasa pericardiacophrenica*↗ zum Zwerchfell. Der motorische Zwerchfellnerv ist auf dieser Verlaufsstrecke zwischen Cavitas pericardialis und Cavitas pleuralis sehr gefährdet (Pericarditis! Pleuritis!).

Nach Entfernung des Herzens und der hinteren Herzbeutelwand ist das **Hintere Mediastinum** (Mediastinum posterius), welches sich zwischen Herzbeutel und Wirbelsäule erstreckt, zu überblicken.

Der retropericardiale Abschnitt der Pars thoracica des *Oesophagus* ↗ verläuft zwischen der Bifurcatio tracheae ↗ und dem Hiatus oesophageus des Zwerchfells im wesentlichen hinter dem linken Vorhof des Herzens. Auf der Speiseröhre befindet sich hier der aus den beiden Nn. vagi (↗Bd. 3) gespeiste *Plexus oesophageus*, aus dem oberhalb des Zwerchfells der *Tr. vagalis anterior* und der *Tr. vagalis posterior* hervorgehen, um den Oesophagus durch den Hiatus zu begleiten.

Die *Aorta* (Pars thoracica aortae ↗) liegt vom vierten Brustwirbel an zunächst an der linken Seite der Wirbelsäule (und links neben dem Oesophagus), um allmählich vor diese (und gleichzeitig hinter den Oesophagus) zu gelangen (Abb. **8**–36a, 37). In Höhe des 11.–12. Brustwirbelkörpers tritt sie durch den *Hiatus aorticus* des Zwerchfells.

Außer der Aorta liegen der Wirbelsäule noch die Vv. azygos et hemiazygos sowie der Duct. thoracicus auf. Der *Ductus thoracicus* ↗ verläuft, mit der Aorta aus dem Hiatus aorticus tretend, an der rechten Seite der Brustaorta cranialwärts und liegt somit hinter dem Oesophagus (Abb. **8**–36a). Ebenfalls hinter oder rechts neben dem Oesophagus verläuft die *V. azygos* ↗ cranialwärts. Die *V. hemiazygos* ↗ verläuft hinter der Brustaorta; etwa in Höhe des 8. Brustwirbels kreuzt sie zwischen Oesophagus und Duct. thoracicus nach rechts, um in die V. azygos einzumünden (Abb. **8**–76).

Lateral der V. azygos bzw. hemiazygos verläuft beiderseits der *Grenzstrang* (Truncus sympathicus, Abb. **8**–36a; ↗Bd. 3) mit seinen segmentalen *Ganglia thoracica* auf den Rippenköpfchen (von der Pleura parietalis bedeckt). Die sich aus den 5.–11. Brustganglien entwickelnden *Nn. splanchnici major et minor* (↗Bd. 3) schließen sich der V. azygos bzw. hemiazygos an, um mit diesen durch das Crus dextrum bzw. Crus sinistrum der Pars lumbalis des Zwerchfells (↗Bd. 1) zu treten.

4 Harnsystem

Harnorgane und *Geschlechtsorgane* weisen eine Reihe von entwicklungsgeschichtlichen Verknüpfungen auf. Gewisse Bereiche der Harnwege und der Geschlechtswege werden beiden Funktionen nutzbar gemacht (*Harn-Samenröhre* im männlichen Geschlecht, *Vestibulum vaginae* im weiblichen Geschlecht). Darüber hinaus existieren zwischen beiden Organsystemen praktisch äußerst wichtige enge *topographische Beziehungen*. Aus allen diesen Gründen können die Harn- und Geschlechtsorgane unter dem Begriff **Urogenitalsystem** zusammengefaßt werden (Abb. **4**–1).

Im Harnsystem steht die Niere als *Organ der Harnbereitung* den *Organen der Harnableitung* (Nierenbecken, Harnleiter, Harnblase, Harnröhre) funktionell gegenüber.

4.1 Niere, *Ren*[1]

Die **Niere** ist das Organ der *Harnbereitung* (*Uropoese*). Abgesehen von der Ausscheidung sog. *harnpflichtiger Stoffe* hat die Niere jedoch vor allem Bedeutung für die **Osmoregulation**: über die Beeinflussung des Wasser- und Mineralhaushalts wird mit Hilfe der Niere die *Homöostase* (Konstanterhaltung des inneren Stoffwechselmilieus in physikalisch-chemischer Hinsicht) aufrechterhalten.

Die Niere ist *paarig* angelegt; die linke Niere ist um ein geringes größer als die rechte. Ihre *Form* ist einer Bohne ähnlich (Abb. **4**–2), der konvexe Rand zeigt nach hinten außen. Die Längsachsen beider Nieren sind nicht parallel, sondern divergieren nach unten (Abb. **4**–11; vgl. auch S. 175). Das *Gewicht* einer Niere beträgt 130–150 g; sie ist etwa 11–12 cm lang, 5–6 cm breit und 3–4 cm dick.

An jeder Niere wird eine Vorderfläche (*Facies anterior*), die stärker gewölbt ist, und eine plattere Hinterfläche (Facies posterior), ein *Margo lateralis* und *medialis* und ein oberer (*Extremitas superior*) und ein unterer (*Extremitas inferior*) Nierenpol unterschieden. Den oberen Polen sitzen die Nebennieren (↗Bd. 3) auf (Abb. **8**–77).

---

[1] für *ren* (lat.) = Niere auch *nephrós* (gr.), z. B. in Nephron, Nephritis.

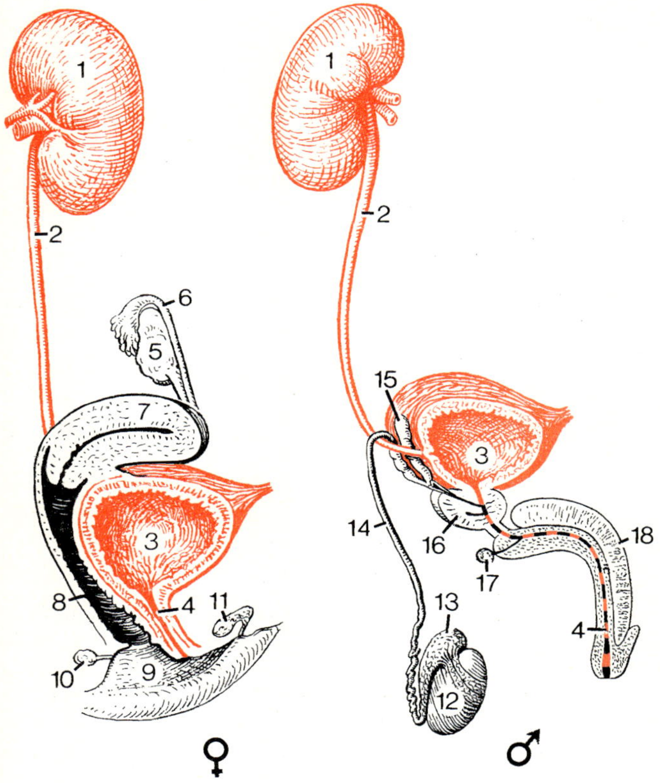

Abb. **4–1**: **Urogenitalsystem.**
Rot: Harnorgane (li. bzw. re. Niere gedreht)

1 Ren
2 Ureter
3 Vesica urinaria
4 Urethra feminina bzw. masculina
5 Ovarium
6 Tuba uterina
7 Uterus
8 Vagina
9 Vestibulum vaginae
10 Gl. vestibularis major
11 Clitoris
12 Testis
13 Epididymis
14 Ductus deferens
15 Vesicula seminalis
16 Prostata
17 Gl. bulbourethralis
18 Penis

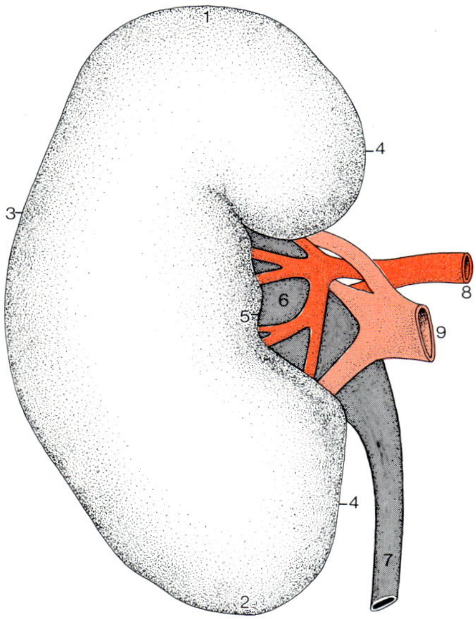

Abb. **4–2**: **Rechte Niere** (von ventral).

1 Extremitas superior (oberer Nierenpol)
2 Extremitas inferior (unterer Nierenpol)
3 Margo lateralis
4 Margo medialis
5 Hilum renalis (Nierenhilus)
6 Pelvis renalis
7 Ureter
8 A. renalis mit Teilung in R. ant. und R. post.
9 V. renalis

Die *Oberfläche* der Niere ist glatt und nur wenig gebuckelt. Die Niere des Neugeborenen dagegen und viele Säugetiernieren (z. B. vom Rind) haben eine gelappte Oberfläche (Begriff: „Fetale Lappung" als Varietät auch beim Erwachsenen).

Am medialen Rand befindet sich der **Nierenhilus** *(Hilum renalis)*. Hier ist die Nierenoberfläche unter Bildung des *Sinus renalis* tief eingebuchtet, um das Nierenbecken aufzunehmen (Abb. **4**–2, 3). Am Hilus tritt die Nierenarterie (*A. renalis*) ein, die *V. renalis* und der Harnleiter (*Ureter*) treten aus. Von diesen drei Gebilden liegt der Ureter am weitesten dorsal (Abb. **4**–2). Vom Hauptstamm aberrierende Arterienäste, die in der Nähe eines Nierenpols in die Niere eintreten, sind nicht selten (Abb. **8**–59).

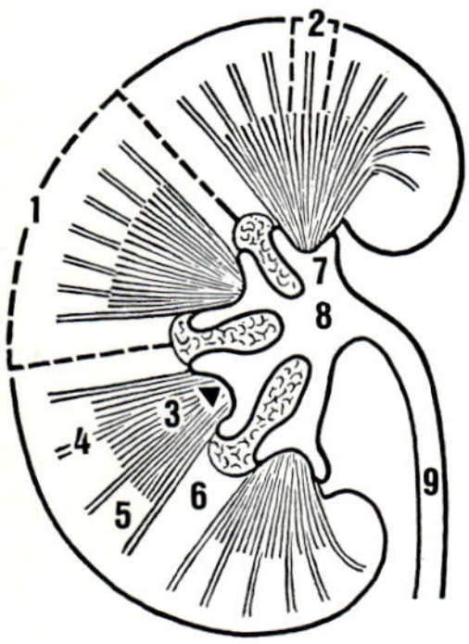

Abb. **4**–3: **Architektonische Gliederung des Nierenparenchyms** (Schema). Der vom Nierenbecken und seinen Verzweigungen nicht ausgefüllte Teil des Sinus renalis ist mit wabiger Struktur (Fettgewebe) dargestellt.

1 Lobus renalis (Grenzen gestrichelt)
2 Lobulus corticalis
3 Pyramis renalis mit Papilla renalis (▲)
4 Pars radiata der Rinde (sog. Markstrahl)
5 Pars convoluta der Rinde
6 Columna renalis
7 Calix renalis
8 Pelvis renalis
9 Ureter

Die Niere verfügt über eine derbe **Organkapsel** (*Capsula fibrosa*, Abb. **2**–78). Diese läßt sich leicht von der Parenchymoberfläche abziehen, wenn keine Narben als Folge einer Nierenentzündung vorliegen. Von der „Dekapsulation" wird auch therapeutisch Gebrauch gemacht.

Das **Nierenparenchym**, wie es sich am Frontalschnitt durch die Niere zeigt (Abb. **4**–3), läßt zwei Schichten makroskopisch voneinander unterscheiden: das Mark (*Medulla renalis*), und die Rinde (*Cortex renalis*). Zwar umgibt die Rinde konzentrisch das Mark, aber sie erreicht in Form der *Columnae renales* auch den Sinus. Das Mark, das die Form von Pyramiden (*Pyramides renales*) hat, ist also allseitig von Rinde umgeben, mit Ausnahme der Spitze der Pyramide, die in den Sinus renalis hineinragt und hier als *Papilla renalis* erscheint. Jede Markpyramide mit dem sie umgebenden Rindenmantel bildet einen Lappen, *Lobus renalis* (insgesamt in jeder Niere 10–20). Zu jeder Papille gehört ein Kelch (*Calix*[1]) des Nierenbeckens (Abb. **4**–3).

[1] latinisierte Form von *kalyx* (gr.) = Kelch, Kapsel.

Die **Nierenrinde** *(Cortex renalis)* ist im Schnitt feingekörnt und von eben sichtbaren radiären Streifen, den *Markstrahlen* (Abb. **4**–3), durchzogen. Die Markstrahlen bilden eine Fortsetzung der deutlichen parallelfaserigen Struktur der Pyramiden. Zwischen den Markstrahlen erkennt man am frischen Präparat feine Blutpünktchen, die Nierenkörperchen (*Corpuscula renales* oder MALPIGHIsche[1] Körperchen).

Die Markstrahlen (*Pars radiata* der Rinde) werden jeweils von einem – Nierenkörperchen enthaltenden – Parenchymmantel (*Pars convoluta*) umgeben. Jedem Markstrahl ist ein bestimmter Bereich der Pars convoluta funktionell zugeordnet. Deren Nierenkörperchen leiten den in ihnen gebildeten Primärharn ↗ axial über den zugehörigen Markstrahl ab. Es ist daher funktionell gut begründet, die Einheit aus Markstrahl mit zugehöriger Pars convoluta als **Rindenläppchen** (*Lobulus corticalis*) zu bezeichnen (Abb. **4**–3, 4). Jeweils an der Grenze zwischen benachbarten Lobuli verläuft eine radiär zur Nierenoberfläche aufsteigende *A. interlobularis*, welche die angrenzenden Bereiche zweier Läppchen versorgt (Abb. **4**–4).

Die **A. renalis** ↗ (Abb. **8**–55) teilt sich im Sinus renalis in einen *R. anterior* und einen *R. posterior*, die insgesamt fünf Nierensegmente versorgen. Aus dem R. anterior stammt je eine *A. segmenti* für das Obere, Obere vordere, Untere vordere und Untere Nierensegment. Der R. posterior versorgt lediglich das Hintere Nierensegment. Aus den Segmentarterien gehen die *Aa. interlobares* (Abb. **4**–4) hervor, die zwischen den Lobi renales (vgl. Abb. **4**–3) aufsteigen. An der Grenze zwischen Mark und Rinde gehen diese in die in der Basis der Markpyramiden (*Basis pyramidis*) verlaufenden *Aa. arcuatae* (Abb. **4**–4) über. Aus diesen gehen, radiär verlaufend, die *Aa. interlobulares* hervor, um als *Rr. capsulares* (Abb. **4**–4) zu enden. Die Aa. interlobulares verlaufen, wie der Name besagt, in der Grenzfläche zwischen benachbarten Lobuli corticales.

Die Glomeruli ↗ hängen wie Trauben an der A. interlobularis und sind mit dieser durch *Arteriolae glomerulares afferentes* (Vasa afferentia) verbunden (Abb. **4**–4). Am Gefäßpol geht aus den Capillarschlingen des Glomerulus erneut eine Arteriole, die *Arteriola glomerularis efferens* (Vas efferens) hervor. Die Vasa efferentia speisen das *intertubuläre Capillarnetz* der Nierenrinde (Abb. **4**–4). Hier liegt somit die Besonderheit vor, daß in den arteriellen Schenkel des Kreislaufs zwei Capillargebiete hintereinander geschaltet sind: *Arterielles Wundernetz* ↗.

Aus den Aa. arcutae gehen, den Aa. interlobulares entgegengesetzt, *Arteriolae rectae* (Abb. **4**–4) hervor, die das Capillarnetz des Markes speisen. Sie werden dabei durch *Vasa efferentia* juxtamedullärer Glomeruli ergänzt.

---

[1] MARCELLO MALPIGHI (1628–1694), Professor der Medizin in Bologna, Päpstlicher Leibarzt, Schöpfer der Mikroskopischen Anatomie.

Der **venöse Abfluß** (Abb. **4**–4) aus den intertubulären Capillarbereichen erfolgt über Venen, die den Arterien entsprechend benannt sind. Lediglich die Kapselvenen werden wegen ihres sternförmigen Zusammenlaufens als *Venulae stellatae* bezeichnet.

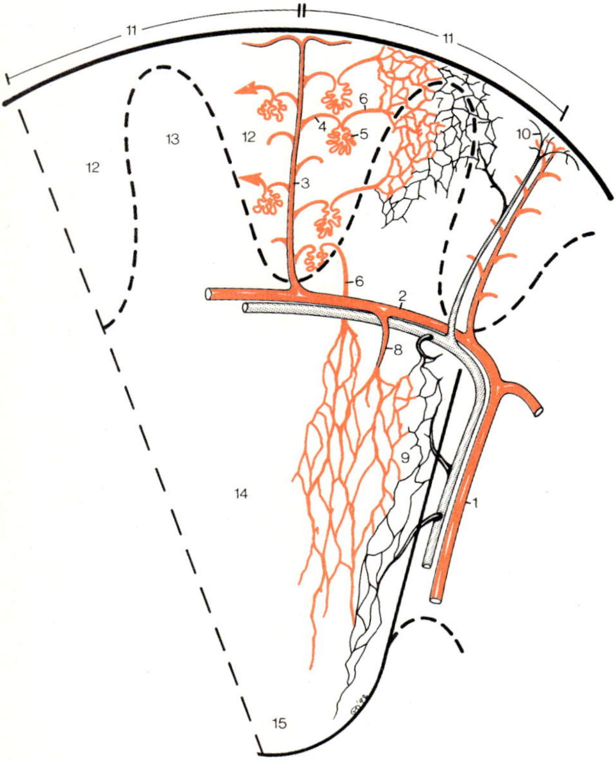

Abb. **4**–4: **Gefäßversorgung der Niere.**

1 A. interlobaris
2 A. arcuata
3 A. interlobularis
4 Arteriola glomerularis afferens
5 Glomeruluscapillaren
6 Arteriola glomerularis efferens
7 Capillarnetz der Rinde
8 Arteriola recta
9 Capillarnetz des Markes
10 Venulae stellatae
11 Begrenzung eines Lobulus corticalis
12–13 Nierenrinde
– 12 Pars convoluta
– 13 Pars radiata
14 Nierenmark
15 Papilla renalis

Das **Nierenmark** (*Medulla renalis*) besteht nicht aus einer zusammenhängenden Schicht, sondern wird von den durch Columnae renales (Abb. 4–3) getrennten **Markpyramiden** (*Pyramides renales*) gebildet. Die Zahl der Pyramiden beträgt in der Regel 10–15. Die Pyramidenspitze ragt als **Papilla renalis** in einen Kelch des Nierenbeckens↗ hinein. Zuweilen vereinigen sich zwei Pyramiden zu einer Papille. Am Mark sind eine helle **Innen-** und eine dunklere **Außenzone** zu unterscheiden (Abb. 4–5). Die *Streifung des Nierenmarkes* und seiner Fortsetzung in die Rinde in Form der Markstrahlen beruht auf seiner histologischen Struktur: es besteht aus den radiär verlaufenden Harnkanälchen (Henlesche Schleifen) und Sammelrohren (vgl. Mikroskopische Anatomie).

MIKROSKOPISCHE ANATOMIE

Das morphologische Substrat der Harnbereitung (*Uropoese*) ist das **Nephron** (Abb. 4–5). Jede Niere enthält über 1 Million Nephrone. Das Nephron ist die funktionelle Einheit des Nierenparenchyms. An ihm sind zwei Abschnitte mit unterschiedlicher Bedeutung zu unterscheiden:

- *Nierenkörperchen* (Corpusculum renale) mit einem Durchmesser von etwa 200 µm,
- *Harnkanälchen* (Tubulus renalis) mit einer Länge von 3–4 cm.

Mehrere Nephrone sind jeweils an ein gemeinsames *Sammelrohr* angeschlossen, das im Bereich der zugehörigen Nierenpapille in das Nierenbecken mündet.

Die Nephrone einerseits und das Sammelrohrsystem andererseits entstammen entwicklungsgeschichtlich verschiedenen Baumaterialien. In der Ontogenese muß durch koordinierte Wachstumsvorgänge der Kontakt der Nephrone mit den Sammelrohren hergestellt werden, um eine funktionstüchtige Niere aufzubauen. Beim Ausbleiben dieses Kontaktes kommt es zur Entstehung einer Cystenniere.

Im Rahmen der Organisationseinheit Nephron kommt dem **Nierenkörperchen** (Malpighisches Körperchen, *Corpusculum renale*) die Bedeutung eines *Filtrationsapparats* zu. Das Nierenkörperchen hat einen Durchmesser von etwa 0,25 mm und ist damit noch mit unbewaffnetem Auge zu erkennen (vgl. S. 243). Am Nierenkörperchen (Abb. 4–6) sind zwei bauliche Komponenten zu unterscheiden:

- **Glomerulus:** ein vom *Gefäßpol* des Nierenkörperchens ausgehendes Konvolut von etwa *30 Capillarschlingen*. Je etwa fünf Schlingen bilden ein gemeinsames *Läppchen* z. T. anastomosierender Capillaren; diese gehen aus vier bis sechs Ästen der *Arteriola glomerularis*

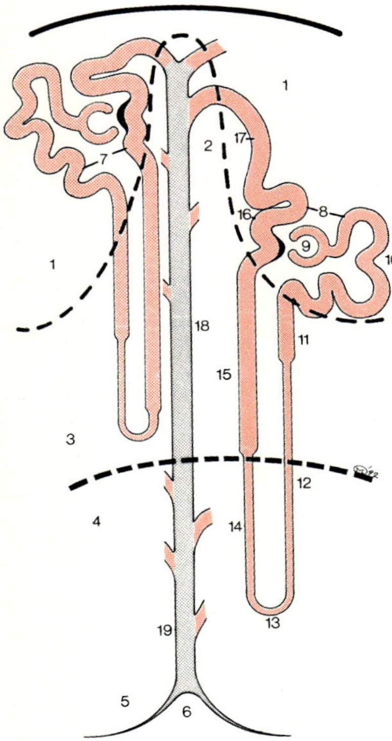

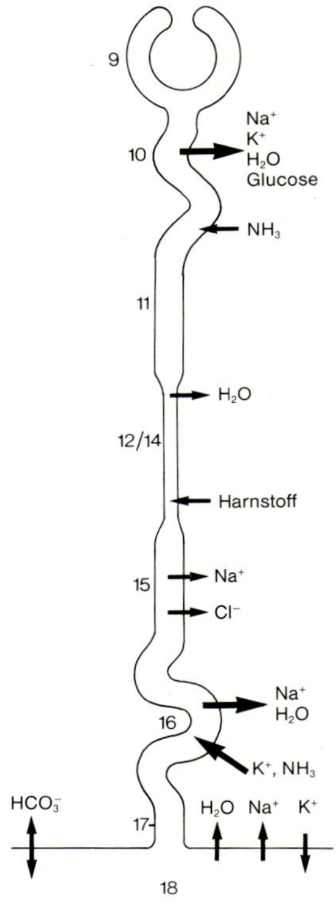

afferens hervor und münden in entsprechende Sammelwurzeln der *Arteriola glomerularis efferens* (Abb. 4–6). Das Capillarkonvolut ist der Ort der *Filtration des Blutes*. Insgesamt steht in beiden Nieren eine Filtrationsfläche von etwa 1,5 m² zur Verfügung, durch die 130 ml/min filtriert werden können.

– **Bowmansche[1] Kapsel** (*Capsula glomeruli*): Auffangschale für das im Gefäßknäuel gebildete „Ultrafiltrat“, mit dem *Harnpol* als Beginn des Nierenkanälchens.

Zwischen dem Glomerulus und der Capsula glomeruli befindet sich der enge Kapselspalt (*Lumen capsulae*). Dieser wird vom Epithel

[1] Sir William Bowman (1816–1892), Anatom und Physiologe in London.

◁ Abb. **4–5**: **Lage und Gliederung der Nephrone** (nach Kriz, Anat. Embryol. 178, 1988).
Rechts: Funktionsschema mit den wichtigsten Partialfunktionen des Aus- und Einstroms

1 Cortex (Pars convoluta)
2 Cortex (Pars radiata, Markstrahl)
3 Medulla (Zona externa)
4 Medulla (Zona interna)
5 Papilla renalis
6 Foramen papillare
7 Corticales Nephron (Nephronum breve)
8 Juxtamedulläres Nephron (Nephronum longum)
9 Corpusculum renale
10–11 Proximaler Tubulus (Hauptstück)
– 10 Tubulus contortus proximalis
– 11 Tubulus rectus proximalis
12–14 Tubulus attenuatus (Überleitungsstück)
– 12 Pars descendens
– 13 Schleifenscheitel
– 14 Pars ascendens
15–16 Distaler Tubulus (Mittelstück)
– 15 Tubulus rectus distalis
– 16 Tubulus contortus distalis (mit Macula densa)
17 Tubulus renalis arcuatus (Verbindungsstück)
18 Tubulus colligens (Sammelrohr)
19 Ductus papillaris

der Bowmanschen Kapsel (parietales Blatt, *Paries*[1] *externus*) und den Deckzellen des Glomerulus (viscerales Blatt, *Paries internus*) begrenzt.

In etwas ungenauer Ausdrucksweise wird vielfach auch das ganze Nierenkörperchen (mit Glomerulus und Bowmanscher Kapsel) als „Glomerulus" bezeichnet.

Im Nierenkörperchen erfolgt die Bereitung des *Primärharns* (der im Harnkanälchen weiter verändert wird) durch **Ultrafiltration**. Die biologische Membran (Filtrationsschranke, s. u.) hält (außer den Blutkörperchen) lediglich die Eiweißkörper des Blutes zurück; das Filtrat enthält somit die kleinmolekularen Bestandteile des Blutserums in mit diesem gleichen Gesamt- und Partialkonzentrationen und ist somit *blutisoton*.

Filtration ist *druckabhängig*. Deshalb kann in den glomerulären Capillarschlingen der Druck nicht auf so niedrige Werte absinken wie in den anderen Capillargebieten; es herrscht in dem den Glomerulus verlassenden Gefäß noch Hochdruck, und dementsprechend handelt es sich nicht nur beim *Vas afferens* um eine Arteriole, sondern auch beim *Vas efferens*. Diese Verhältnisse ermöglichen es, daß die Vasa efferentia ein zweites Capillarnetz (Abb. **4**–4) zur Versorgung des übrigen Nierenparenchyms, insbesondere der Harnkanälchen, speisen (vgl. Arterielles Wundernetz ↗).

[1] *paries* (lat.) = Wand (nicht zu verwechseln mit *pars* = Teil).

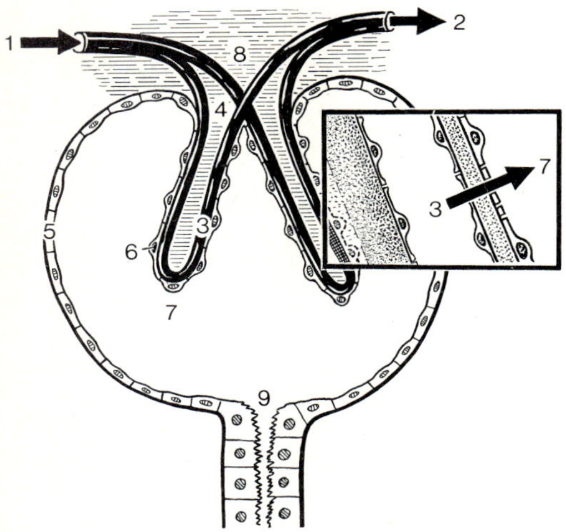

Abb. 4–6: **Morphologie des Glomerulus.**
Ausschnittsvergrößerung: Glomerulusschranke zwischen Capillarlumen (3) und Kapselraum (7), bestehend aus Capillarendothel, Basalmembransystem und Deckepithel.

1 Arteriola afferens
2 Arteriola efferens
3 Capillarschlinge (aus Gründen der Übersichtlichkeit sind lediglich zwei Schlingen dargestellt)
4 Mesangium
5 BOWMANsche Kapsel
6 Deckepithel (Podocyten)
7 Kapselraum
8 Gefäßpol
9 Harnpol mit Beginn des Proximalen Tubulus

Die glomerulären Capillarschlingen gehen aus einem bindegewebigen Stiel hervor, der als **Mesangium**[1] (Abb. **4**–6) bezeichnet wird und am Gefäßpol mit dem extraglomerulären Bindegewebe zusammenhängt. Das Mesangium hat eine extrazelluläre Matrix zur Grundlage. In diese sind die verzweigten *Mesangiumzellen* eingebettet, deren oft lange Fortsätze sich zwischen die Capillarschlingen erstrecken. Die Mesangiumzellen können phagocytieren; zum Teil weisen sie kontraktile Filamente auf. Diesen *kontraktilen Mesangiumzellen* wird die Möglichkeit zur Einschnürung von Basen der Capillarläppchen (s. o.) und damit der Regulation der Filtrationsfläche zugesprochen. Zur Bedeutung extraglomerulärer Mesangiumzellen s. S. 255.

---

[1] *meso-* (gr.) = zwischen; *angeion* (gr.) = Gefäß; *Angiologie* = Gefäßlehre.

Die **Glomerulusschranke** (Filtrationsschranke), durch die hindurch die Ultrafiltration erfolgt, besteht aus folgenden Komponenten (Abb. **4**–6):
- *Endothel* der Glomeruluscapillaren,
- *Basalmembransystem*,
- *Podocytenschicht*[1] (Deckzellhülle der Glomeruluscapillaren).

Die **Glomeruluscapillaren** sind fenestrierte Capillaren mit einem Porendurchmesser von etwa 70 mm, jedoch vielfach ohne Diaphragma (vgl. S. 385). Die Größe der Poren verhindert den Durchtritt von Blutzellen.

Die für die Ultrafiltration entscheidende Schicht ist die mit über 300 µm bemerkenswert dicke **Basalmembran**. Hierbei handelt es sich um einen Basalmembran*komplex*, der zwar aus den üblichen drei Laminae besteht (Abb. **1**–8), jedoch aus der Vereinigung von Basalmembranmaterial sowohl der Endotheliocyten als auch des Deckepithels aufgebaut ist. Unter gewissen pathologischen Umständen (z. B. Amyloideinlagerung) kann dieser Basalmembrankomplex wieder in seine beiden herkunftsmäßigen Komplexe aufgespalten werden.

Die glomeruläre Basalmembran bildet dank des ihr eigenen *negativen (anionischen) Ladungsmusters* das Hindernis für den Durchtritt von Plasmaproteinen durch die Filtrationsschranke. Eine besondere Rolle spielt hierbei die *Lamina lucida* ↗, bei der es sich um die stark anionische Glykokalyx der Endotheliocyten handelt.

Im Hinblick auf die häufig diaphragmalose Fenestration der Endotheliocyten (s. o.) und die Schlitzporen der Deckzellschicht (s. u.) ist die *Basalmembran die einzige geschlossene Membran des dreischichtigen Harnfilters*. Die glomeruläre Basalmembran funktioniert als *größenselektives Filter*, welches lediglich Wasser, andere kleine Moleküle sowie Ionen passieren läßt.

Die **Podocyten** (Deckzellen) bilden mit ihren langen Fortsätzen (*Cytotrabecula*) und von diesen ausgehenden füßchenartigen Sekundärfortsätzen (*Cytopodia*) einen gitterartigen Zellverband (Abb. **4**–6, Teilbild). Zwischen den miteinander verschränkten Deckzellfortsätzen befinden sich etwa 25 nm weite schlitzförmige Poren (*Schlitzporen*). In den Schlitzporen ist jeweils ein extrazelluläres Diaphragma (*Schlitzdiaphragma*) ausgespannt, welches jedoch seinerseits Poren aufweist, durch die Moleküle von mehr als 70 kD nicht passieren können. Bei diesen sog. Diaphragmen handelt es sich offenbar um die *Glykokalyx*, die auch die Oberfläche der Podocyten bedeckt. Der

[1] *podos* (gr.) = Fuß; *podocytus* = Fußzelle.

Deckzellverband geht am Gefäßpol in das geschlossene einschichtige Epithel der BOWMANschen Kapsel über.

Am *Harnpol* des Nierenkörperchens beginnt der **Nierentubulus** (*Tubulus renalis*; Abb. **4**–5). Bei diesem handelt es sich keineswegs um einen Ausführungsgang, vielmehr um einen komplizierten Apparat zur *quantitativen und qualitativen Veränderung des im Glomerulus gebildeten Primärharns*. Die quantitative Rolle der Nierentubuli wird aus der Tatsache deutlich, daß durch die glomeruläre Filtration täglich etwa *180 Liter Primärharn* produziert werden. Aus diesem wird im Tubulusapparat der Nieren durch quantitative und qualitative Veränderung der *definitive Harn* bereitet (etwa 1,5 Liter). Aus der Menge des Primärharns ergibt sich, daß die *Gesamtblutmenge des Organismus täglich 30–40mal der Ultrafiltration in den Nieren unterworfen* wird. Dies ist natürlich nur dadurch möglich, daß im Tubulusapparat der größte Teil dieser Flüssigkeitsmenge (mit vielen darin gelösten Stoffen) wieder *rückresorbiert* wird.

Der einzelne *Tubulus* (Abb. **4**–5) hat eine Länge von 3–5 cm. Sein Verlauf ist dadurch gekennzeichnet, daß er zunächst in der Nähe des zugehörigen Nierenkörperchens (also in der *Pars convoluta* der Rinde) eine *Schlinge* bildet, um dann in dem zugehörigen Markstrahl der Rinde eine mehr oder weniger weit papillenwärts reichende enge, haarnadelförmige *Schleife* (**HENLEsche Schleife**[1]) zu bilden. Das Kanälchen kehrt dann zum zugehörigen Nierenkörperchen zurück, in dessen Bereich erneut eine *Schlingenbildung* erfolgt (mit einem besonderen Kontaktpunkt, der **Macula densa**↗) ehe es durch ein kurzes Verbindungsstück Anschluß an ein im Markstrahl verlaufendes *Sammelrohr* findet. Je nach Lage des Nierenkörperchens, nahe der Rindenoberfläche oder nahe der Markgrenze, werden *Corticale Nephrone* und *Juxtamedulläre*[2] *Nephrone* (Abb. 4–5) unterschieden (als Extremfälle, mit allen Übergängen). Diese besitzen unterschiedlich lange Überleitungsstücke und weisen eine unterschiedliche Position des Schleifenscheitels innerhalb des Nierenmarks auf.

Auf Grund morphologischer und funktioneller Unterschiede werden am einzelnen Tubulus folgende Abschnitte unterschieden (Abb. **4**–5):

---

[1] FRIEDRICH G. HENLE (1809–1885), Anatom in Zürich, Heidelberg und Göttingen.

[2] *juxta* (lat.) = neben; *medulla* (lat.) = Mark.

- **Proximaler Tubulus** (Hauptstück)
  mit *Tubulus contortus*[1] *proximalis* und *Tubulus rectus proximalis*;
- **Überleitungsstück** (*Tubulus attenuatus*)[2]
  mit *Pars descendens* und *Pars ascendens*;
- **Distaler Tubulus** (Mittelstück)
  mit *Tubulus rectus distalis* und *Tubulus contortus distalis*.

Der oft arkadenförmige Anschlußabschnitt (*Tubulus renalis arcatus*) an das nicht mehr zum Nephron gehörende Sammelrohr (s. u.) kann als **Verbindungsstück** gesondert benannt werden.

Das **Hauptstück** (*Proximaler Tubulus*) weist einen ∅ von etwa 60 µm auf und ist etwa 15 mm lang. Es liegt mit seinem gewundenen Abschnitt (*Tubulus contortus proximalis*) seinem Nierenkörperchen an. Sein in einen Markstrahl eintretender sich papillenwärts wendender gerader Abschnitt (*Tubulus rectus proximalis*) bildet den dicken Anfangsteil der HENLEschen Schleife (s. u.).

Morphologisches Charakteristikum des Hauptstücks (Abb. **4**–7, 8) ist ein einschichtiges kubisches Epithel mit mittelständigen kugeligen Zellkernen und lichtmikroskopisch kaum erkennbaren Zellgrenzen. Auf der apicalen Oberfläche befindet sich ein unregelmäßig hoher *Bürstensaum*. Dieser ist das morphologische Substrat der *resorptiven Leistung*: im proximalen Tubulus erfolgt der überwiegende Teil der Wasserrückresorption (80%; der Primärharn wird im Hauptstück auf 25% seines Volumens reduziert); wichtig ist weiterhin die Rückresorption von Natrium und Glucose (der ausgeschiedene Harn ist normalerweise zuckerfrei!). Eine oft erkennbare *basale Streifung* wird durch tiefe Einfaltungen der basalen Zellmembran und eine entsprechende Anordnung der Mitochondrien hervorgerufen.

Das **Überleitungsstück** bildet zusammen mit dem *Tubulus rectus proximalis* und dem *Tubulus rectus distalis* die **HENLEsche Schleife** (Ansa[3] nephroni). An dieser können ein absteigender und ein aufsteigender Schenkel unterschieden werden. Der *Schleifenscheitel* (Abb. **4**–5) kann, je nachdem ob es sich um ein corticales oder juxtamedulläres Nephron (s. S. 250) handelt, in der Außen- oder der Innenzone des Nierenmarks liegen. Die Überleitungsstücke sind unterschiedlich (bis 10 mm) lang. Die Länge der Schleifen steht in einem Zusammenhang mit der Fähigkeit zur Bildung von hypertonem Harn (s. Haar-

---

[1] *contortus* (lat.) = gewunden.
[2] *attenuatus* (lat.) = verengt.
[3] *ansa* (lat.) = Schleife, Schlinge, Öse.

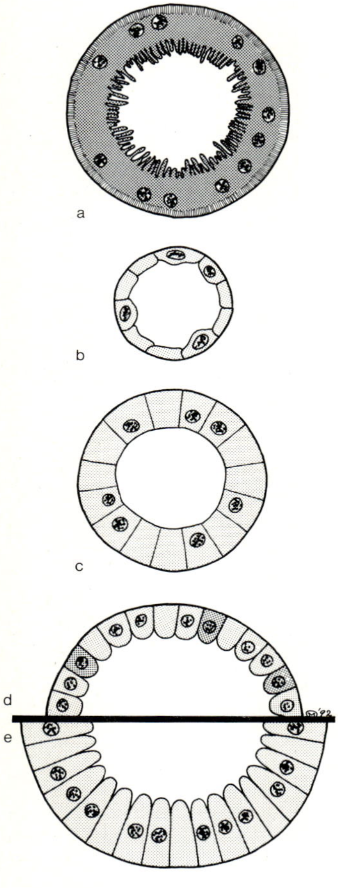

Abb. 4–7: **Histologische Charakteristika des Kanälchensystems der Niere** (Querschnitte).
a: Hauptstück
b: Überleitungsstück
c: Mittelstück
d: Sammelrohr (Schaltzellen dunkel)
e: Papillengang

nadelgegenstromsystem↗). Weil das Überleitungsstück (im Gegensatz zu den Anteilen des Haupt- und Mittelstückes an der Schleife) nur einen Durchmesser von etwa 30 µm aufweist, können an der Schleife auch dünne (*Tubulus attenuatus*) und dicke Abschnitte unterschieden werden.

Das einschichtige Epithel des Überleitungsstückes (Abb. 4–7, 8) ist flach. Die kernhaltigen Abschnitte wölben sich in das Lumen vor. Dieser Tubulusabschnitt erlangt damit für den Unerfahrenen eine gewisse Ähnlichkeit mit Blutcapillaren.

Das **Mittelstück** (*Distaler Tubulus*) ist etwa 23 mm lang und nur wenig dünner als das Hauptstück. Es beteiligt sich mit dem *Tubulus rectus distalis* am aufsteigenden Schenkel der HENLEschen Schleife. Der *Tubulus contortus distalis* bildet im Kontakt mit dem Gefäßpol des zugehörigen Nierenkörperchens die *Macula densa* (s. u.).

Das kubische Epithel (*Abb.* **4**–7, 8) weist nur spärliche Mikrovilli auf. Eine basale Streifung ist weniger deutlich als im Hauptstück. Die *Zellkerne liegen häufig apical*. Die Zellgrenzen sind meistens (allerdings abhängig von der Art der Fixation) klarer zu sehen als im Hauptstück.

Der Distale Tubulus ist (neben dem Sammelrohr) Zielort des die Wasserrückresorption beeinflussenden Hypophysenhinterlappenhormons *Adiuretin* (↗Bd. 3). Insofern kommt dem Mittelstück eine entscheidende Bedeutung für die Menge des mit dem Harn ausgeschiedenen Wassers zu.

Die **Sammelrohre** (*Tubulus renalis colligens*[1]) sind etwa 20 mm lang. Ihr Durchmesser steigt von etwa 40 µm (im Bereich der Markstrahlen) bis auf etwa 200 µm (in den Papillen). Die Sammelrohre gehören aus entwicklungsgeschichtlichen Gründen nicht mehr den Nephronen an und sind somit *nicht Abschnitte des Nierentubulus*.

Das einschichtige Epithel der Sammelrohre (Abb. **4**–7, 8) ist (proximal) kubisch bis (distal) prismatisch, mit *in das Lumen vorspringenden apicalen Zellkuppen*. Die kugeligen Zellkerne liegen zentral. Das Cytoplasma der Mehrzahl der Zellen erscheint im gefärbten Übersichtspräparat auffallend hell (*Hauptzellen*); etwas dunklere Zellen werden als *Schaltzellen* (Typ A und B) bezeichnet. Die funktionelle Bedeutung der Schaltzellen ist ungewiß; diskutiert wird eine Rolle für den H^+/HCO_3^--Transport. Den Sammelrohren kommt Bedeutung im Rahmen des *Haarnadel-Gegenstromsystems*↗ zu.

Jedes Sammelrohr nimmt 8–10 Nephrone auf, die im Bereich eines Markstrahls mit ihren Verbindungsstücken (s. S. 251) einmünden. Im Bereich jeder Papillenspitze vereinigen sich je etwa 5 Sammelrohre zu einem *Ductus papillaris*. Auf der Papillenspitze münden in der *Area cribrosa*[2] 20–80 Ductus papillares mit je einem *Foramen papillare*. Die Ductus papillares (∅ 200 µm) sind von einem einschichtigen hochprismatischen Epithel ausgekleidet.

[1] *colligere* (lat.) = sammeln.
[2] *cribrosus* (lat.) = siebartig.

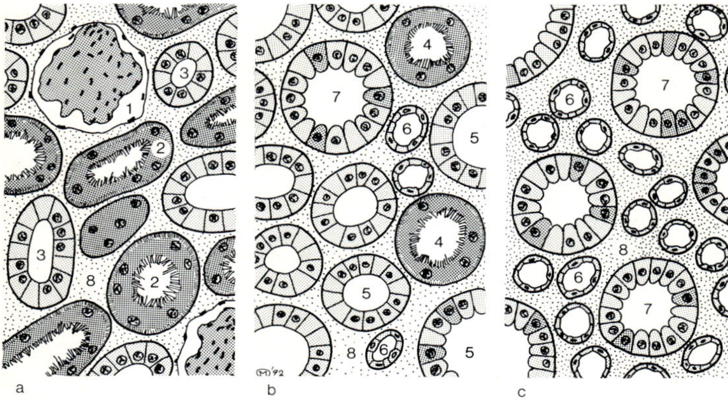

Abb. **4**–8: **Mikroskopische Anatomie der Niere** (quer zur Pyramidenachse).
a: Rinde (Pars convoluta)
b: Mark (Zona externa)
c: Mark (Zona interna)

1 Nierenkörperchen
2 Proximaler Tubulus (gewundener Teil)
3 Distaler Tubulus (gewundener Teil)
4 Proximaler Tubulus (gestreckter Teil)
5 Distaler Tubulus (gestreckter Teil)
6 Überleitungsstück
7 Sammelrohr
8 Interstitium (Capillaren nicht dargestellt)

Das **Stroma des Markes** nimmt papillenwärts relativ zu. Die Matrix enthält eine besonders hohe Konzentration von Proteoglykanen. Besonders bemerkenswert sind *Interstitielle Zellen*↗ (Renomedulläre Zellen). Diese gehören zwar zur Fibroblastenfamilie, weisen jedoch Besonderheiten auf (vgl. S. 18):
– *Actinfilamente* dicht unter der Plasmamembran;
– Lipidtröpfchen im Zusammenhang mit einer *endokrinen Funktion*: antihypertensives Prohormon, möglicherweise Prostaglandine;
– *Mechanische Bedeutung*, weil die verzweigt spindeligen Interstitiellen Zellen bevorzugt senkrecht zur Achse der Sammelrohre und Blutgefäße orientiert sind.

Bezüglich der topographischen Zuordnung im histologischen Präparat gilt folgendes **Verteilungsmuster der einzelnen Nephronabschnitte** (Abb. **4**–8):
– *Pars convoluta der Rinde:* Nierenkörperchen, Abschnitte von Hauptstücken und Mittelstücken;

– *Pars radiata der Rinde* (Markstrahl): Sammelrohre sowie Abschnitte der Tubuli recti der Haupt- und Mittelstücke;
– *Mark* (*Außenzone*): Tubuli recti der Haupt- und Mittelstücke, Überleitungsstücke, Sammelrohre;
– *Mark* (*Innenzone*): Überleitungsstücke, Sammelrohre.

Juxtaglomerulärer Apparat (*Complexus juxtaglomerularis*). Im Bereich des Gefäßpols jedes einzelnen Nierenkörperchens befindet sich ein für die Nierenfunktion und den Gesamtblutdruck bedeutsamer *Regulationsapparat.* An diesem sind folgende *Komponenten* beteiligt (Abb. **4**–9):

– **Polkissen** in der Wand des glomerulusnahen Abschnitts des Vas afferens. Beim Polkissen handelt es sich um eine Ansammlung zu *Epitheloidzellen*[1] umgewandelter Myocyten der Tunica media. Die Epitheloidzellen sind gekennzeichnet durch Granula, welche das proteolytische Enzym **Renin** enthalten. Vereinzelt kommen Epitheloidzellen auch am Vas efferens vor.

– **Extraglomeruläre Mesangiumzellen** (GOORMAGHTIGH[2]-Zellen) zwischen der Macula densa und dem Winkel zwischen zu- und abführender Arteriole. Die etwa 30 *verzweigten Zellen* mit vereinzelten sekretorischen Granula hängen mit dem glomerulären Mesangium zusammen.

– **Macula densa**[3] des Distalen Tubulus (zwischen Pars recta und Pars contorta). Die Macula ist ein Feld von etwa 50 µm Durchmesser (aus bis zu 40 Zellen bestehend), in dessen Bereich die sonst kubischen Epithelien des Distalen Tubulus *hochprismatisch* sind und *palisadenartig* dicht nebeneinander stehen. Dieses Feld ist stets dem Winkel zwischen zu- und abführender Arteriole am Gefäßpol des Nierenkörperchens zugewandt.

Diese unter dem Begriff *Juxtaglomerulärer Apparat* zusammengefaßten Strukturen stehen in folgender funktioneller Beziehung zueinander: Im Mittelpunkt steht die *Reninausschüttung* durch die Epitheloidzellen der Arteriola afferens und Extraglomeruläre Mesangiumzellen. Das proteolytische Nierenenzym Renin spaltet im Blut aus dem hepatogenen Plasmaglobulin *Angiotensinogen* das erst schwach hypertensive[4] Decapeptid *Angiotensin I* ab. Durch das weit verbreitete „*Angiotensin converting enzyme*“ (ACE) der Endothe-

---

[1] *epitheloid* = epithelähnlich.

[2] N. G. GOORMAGHTIGH (1890–1960), Pathologe in Gent.

[3] *macula* (lat.) = Fleck; *densus, a* (lat.) = dicht (hier bezogen auf die dicht gelagerten Zellkerne in den palisadenartig angeordneten Zellen).

[4] Hypertension = Hochdruck

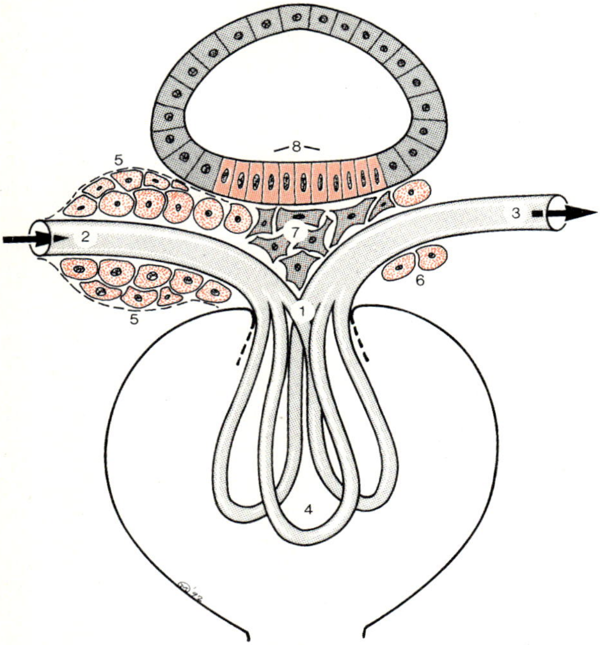

Abb. 4–9: **Juxtaglomerulärer Apparat** (Schema).

1 Gefäßpol des Glomerulus (stark vereinfacht)
2 Arteriola afferens
3 Arteriola efferens
4 Capillarschlingen
5 Polkissen mit Epitheloidzellen an der Arteriola afferens
6 Epitheloidzellen an der Arteriola efferens
7 Extraglomeruläre Mesangiumzellen
8 Macula densa

liocyten entsteht aus Angiotensin I das stark vasokonstriktive *Angiotensin II*. ACE ist im Rahmen der Behandlung des krankhaften Hochdrucks spezifisch zu hemmen (ACE-Hemmer).

Angiotensin II hat außerdem funktionell wichtige Wirkungen auf die Niere:
– Durch lokale Vasokonstriktion kommt es zur *Reduzierung der Nierendurchblutung* und damit der glomerulären Filtration. Als Folge resultiert eine *Abnahme der Wasser- und Natriumausscheidung* in den Primärharn.
– In der *Nebennierenrinde* (Zona glomerulosa, ↗Bd. 3) bewirkt Angiotensin II die Ausschüttung des Steroidhormons *Aldosteron*. Dieses fördert die *Natrium-Rückresorption* im Nephron (Distaler Tubulus).

Das Renin-Angiotensin-Aldosteron-System als eines der wichtigsten Kontrollsysteme der renalen Hämodynamik ist somit an der Regulation des Blutdrucks, der glomerulären Filtration und des Elektrolythaushalts (Homöostase) beteiligt.

Die Renin-Ausschüttung wird durch drei Faktoren kontrolliert:
- *Barorezeptoren*[1] ↗ in der Wand der Arteriola afferens bewirken eine Senkung der Renin-Ausschüttung bei Blutdruckanstieg und umgekehrt;
- *Chemorezeptoren* ↗ der Macula densa bewirken Steigerung der Renin-Ausschüttung bei verringerter Na^+-Konzentration im Distalen Tubulus und umgekehrt.
- *Sympathicus-Erregung* (↗Bd. 3) bewirkt Steigerung der Renin-Ausschüttung.

Haarnadelgegenstromsystem (Abb. 4–10).
Durch die glomeruläre Ultrafiltration ↗ wird ein mit dem Blut *isotoner Primärharn* gebildet. Die Niere ist jedoch befähigt, sowohl einen *hypo-* wie einen *hypertonen Harn* auszuscheiden. Diese Fähigkeit ist morphologisch an die HENLEschen Schleifen und deren Lagebeziehung zu den Sammelrohren geknüpft. Das hierdurch realisierte physikalische Prinzip ist das *Haarnadelgegenstromprinzip* (oder Gegenstrommultiplikationssystem).

Zahlreiche HENLEsche Schleifen bilden mit benachbarten peripher angeordneten Sammelrohren und zugeordneten Gefäßen eine funktionelle Einheit, das *Leitungsbündel*.

Die entscheidende *funktionelle Leistung* besteht darin, das die Epithelien der aufsteigenden Schenkel der Schleifen Na^+ (und Cl^-) in das umgebende Interstitium pumpen können, gleichzeitig aber „wasserdicht" sind, weswegen H_2O dem NaCl nicht folgen kann. Hierdurch entsteht *im Interstitium eine gesteigerte Osmolarität.* Diese bewirkt im absteigenden Schenkel der Schleifen sowohl Abgabe von Wasser (mit Abtransport durch die Gefäße) als auch Na^+-Aufnahme. Infolgedessen kommt es zur *Konzentrationserhöhung am Schleifenscheitel.* Aus dem aufsteigenden Schleifenschenkel wird Na^+ wieder abgepumpt, so daß im Interstitium zwischen aufsteigenden Schenkeln und Sammelrohren eine weitere Erhöhung der Osmolarität zustande kommt. Die letztliche Konsequenz dieser Situation ist, daß entlang dem Sammelrohr diesem (unter der Voraussetzung der Wirkung des *Antidiuretischen Hormons* [↗Bd. 3]) kontinuierlich H_2O entzogen wird mit der Folge *fortschreitender Konzentrationserhöhung im Sammelrohr.*

Die *Konzentrationsarbeit ist abhängig von der Länge der Schleifen.* Charakteristischerweise werden besonders lange HENLEsche Schleifen beispielsweise bei Wüstentieren gefunden, die wegen ihres gefährdeten Wasserhaushalts einen stark hypertonen Harn ausscheiden.

[1] *barys* (gr.) = schwer, im Sinne von Druck.

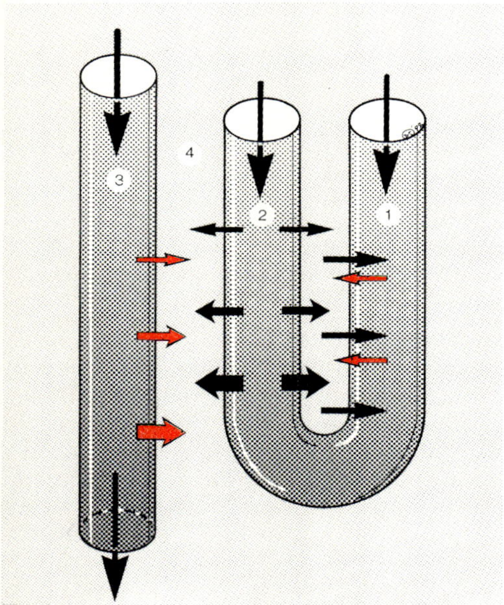

Abb. **4**–10: **Funktionelle Beziehung Henlesche Schleife–Sammelrohr: Haarnadel-Gegenstromsystem.**
Vertikale Pfeile: tubuläre Strömungsrichtung
Horizontale Pfeile (schwarz): Na^+-Transport
Horizontale Pfeile (rot): H_2O-Transport
1 Absteigender Schleifenschenkel
2 Aufsteigender Schleifenschenkel
3 Sammelrohr
4 Interstitium

Leitungsbahnen der Niere

Arterien

R. anterior und R. posterior ← *A. renalis* (Abb. **8**–55) ← Aorta abdominalis.
Intrarenale Verzweigungen s. S. 243.

Venen

V. renalis (Abb. **8**–77) → V. cava inf.
Intrarenale Wurzeln s. S. 244.

Regionäre Lymphknoten (Abb. **9**–18)
Nll. lumbales (aortici bzw. cavales).

Nerven

para. und symp.: *Plex. renalis* (aus Ggll. coeliaca bzw. N. splanchnicus minor) in der Adventitia der A. renalis.

4.2 Ableitende Harnwege

Die Ableitenden Harnwege (Abb. **4**–1, 11) bestehen aus *Nierenbecken* mit *Nierenkelchen, Harnleiter, Harnblase* und *Harnröhre*. In ihnen wird die Zusammensetzung des Harns nicht mehr nennenswert verändert; sie dienen der Weiterleitung und der Ausscheidung nach außen. Es ist ein *Oberer Harntrakt* (mit Nierenkelchen, Nierenbecken und Harnleiter) von einem *Unteren Harntrakt* (mit Harnblase und Harnröhre) zu unterscheiden.

4.2.1 Nierenbecken, *Pelvis renalis*[1]

Jede Nierenpapille↗ (mit den in der Area cribrosa mündenden Ductus papillares) wird von je einer Verzweigung des Nierenbeckens, einem **Kleinen Nierenkelch** (*Calix renalis minor*, Abb. **4**–3), umfaßt, so daß der Harn darin wie in einem kleinen Trichter aufgefangen wird. Die insgesamt 7–12 Calices minores vereinigen sich zu meist 2 (3) **Großen Nierenkelchen** (*Calices majores*) und diese schließlich zum **Nierenbecken** (*Pelvis renalis*, Abb. **4**–12). Diese Gebilde sind im *Sinus renalis*↗ gelegen.

Das Nierenbecken faßt etwa 3–8 ml Harn und kann von recht unterschiedlicher Form sein. Als Extreme werden ein *dentritischer Typ* einem *ampullären Typ* gegenübergestellt (Abb. **4**–12), wobei der verzweigte (dentritische) Typ der häufigere ist.

Das *Nierenbecken* liegt von den Gebilden des Sinus renalis (vgl. S. 241) *am weitesten dorsal* (Abb. **4**–2). Der Chirurg kann deshalb das Nierenbecken (zur operativen Entfernung von Nierensteinen) vom Rücken her relativ leicht erreichen.

---

[1] für *pelvis* (lat.) = Eimer, Becken auch *pyelos* (gr.) = Trog, Wanne, z. B. in Pyelographie = Röntgendarstellung des Nierenbeckens.

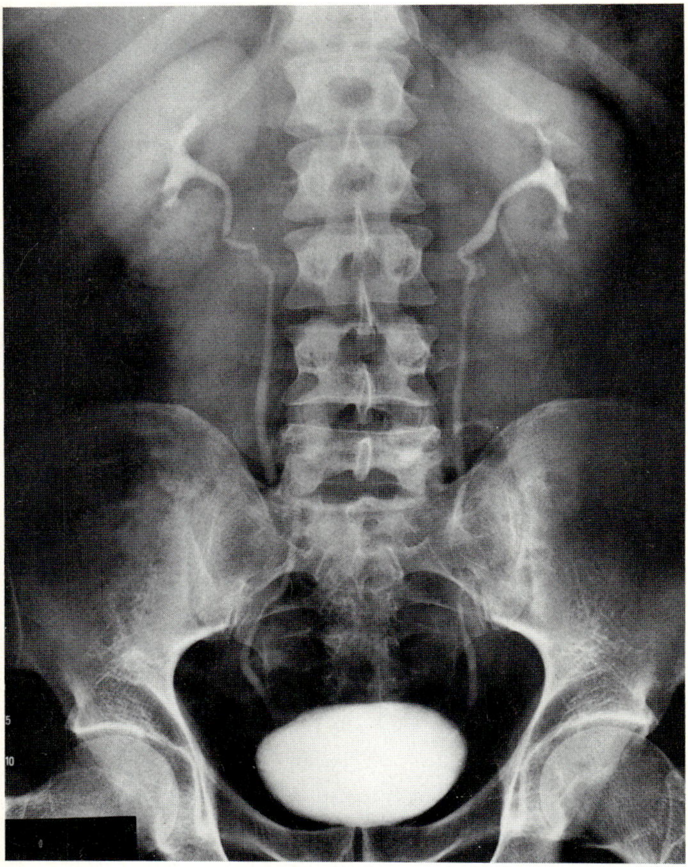

Abb. **4–11**: **Ableitende Harnwege** (röntgenologische Darstellung im Ausscheidungs-Urogramm, Urethra nicht dargestellt).
1 Niere mit Nierenbecken
2 Ureter
3 Harnblase

MIKROSKOPISCHE ANATOMIE

Die Papillen sind von einschichtig-kubischem Epithel überzogen, das an der Umschlagstelle zum Kelch mehrschichtig wird. Die Kelche selbst und das Nierenbecken sind vom **Urothel** (*Übergangsepithel*) der ableitenden Harnwege (↗Bd. 1) ausgekleidet.

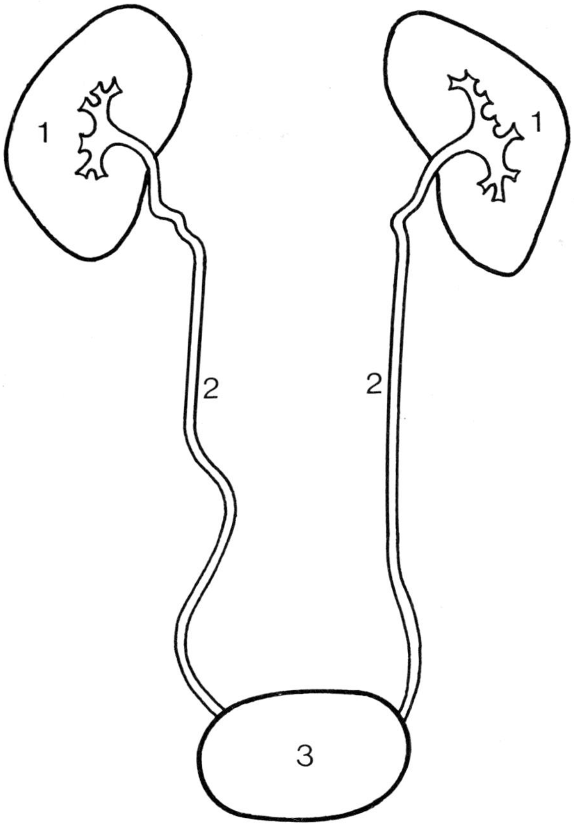

Die Anordnung der **Glatten Muskulatur** ist für das Verständnis der normalen Urinausscheidung, die im *Pyelogramm* beobachtet und beurteilt werden kann, von Bedeutung. Sie bewirkt in alternierendem Wechselspiel, das schon im Nierenkelch beginnt und in ähnlicher Weise im Harnleiter seine Fortsetzung findet, eine *peristaltische Welle* und somit einen *Transport* des Urins. Abb. **4**–13 zeigt die spincterartige Anordnung der Verstärkungszüge der Tunica muscularis im Bereich eines Nierenkelchs.

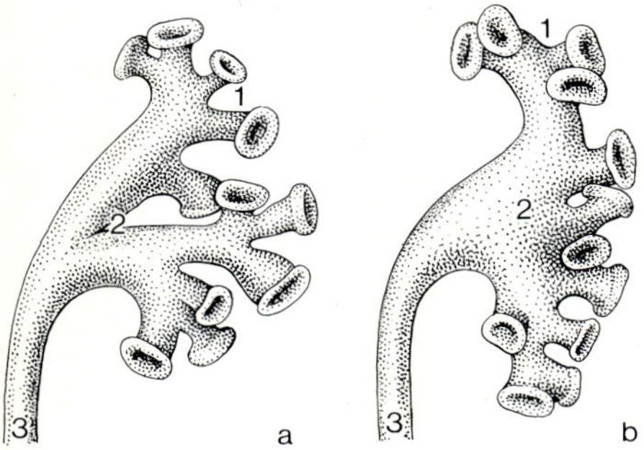

Abb. **4**–12: **Form des Nierenbeckens** (*a:* dendritischer Typ, *b:* ampullärer Typ).
1 Calices minores
2 Pelvis renalis
3 Ureter

Leitungsbahnen des Nierenbeckens

Arterien
Ästchen der *A. renalis* ← Aorta abdominalis.

Venen
Ästchen der *V. renalis* → V. cava inf.

Regionäre Lymphknoten
Nll. lumbales (aortici bzw. cavales).

Nerven
sens.: *Nn. splanchnici*;
para. und symp.: *Plex. renalis*.

4.2.2 Harnleiter, *Ureter*

Das Nierenbecken geht durch konische Verjüngung in den **Harnleiter** über (Abb. **4**–3, 11, 12). Dieser hat eine Länge von etwa 25–30 cm und einen Durchmesser von etwa 3 mm. Er leitet den Harn vom Nierenbecken in die Harnblase (Abb. **4**–14). Zunächst liegt er dicht unter dem Bauchfell und ist im Relief der hinteren Bauchwand, auf dem M. psoas liegend, sichtbar: *Pars abdominalis*.

An der Linea terminalis (↗Bd. 1) knickt der Ureter etwas um (hier Kompression in der Gravidität) und folgt nun der Wand des Kleinen Beckens (*Pars pelvica*), indem er dabei die A. iliaca communis knapp neben ihrer Teilung überkreuzt (Abb. **8**–55, 77). Schließlich wendet er sich in leichtem Bogen medianwärts, unterkreuzt beim Manne den Ductus deferens, bei der Frau im Beckenbindegewebe die A. uterina

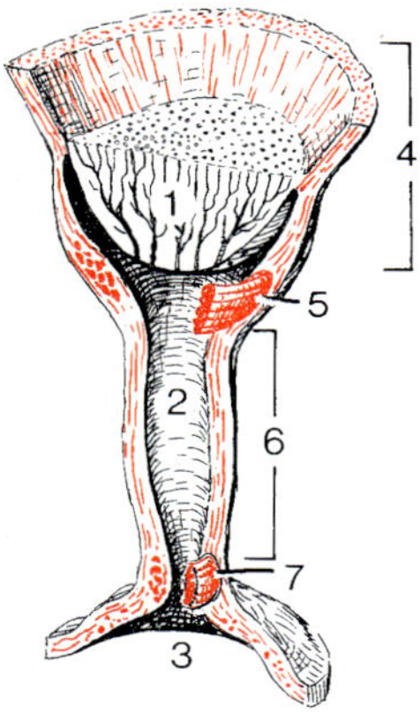

Abb. **4–13**: **Muskelsystem im Bereich eines Nierenkelches.**
1 Papilla renalis (längs und quer) mit Duct. papillares
2 Calix renalis
3 Pelvis renalis
4 „M. levator fornicis“
5 „M. sphincter fornicis“
6 „M. longitudinalis calicis“
7 „M. sphincter calicis“

(operationstechnisch wichtige Beziehung, Abb. **6**–1) und durchbohrt schräg die Wand der Harnblase (vgl. S. 268).

Im Verlauf des Harnleiters existieren drei relative *Engstrecken*; diese sind bevorzugte Stellen für die Einklemmung von sog. Nierensteinen. Engstrecken sind (1) der Ursprung des Ureter aus dem Nierenbecken, (2) die Kante zwischen Großem und Kleinem Becken (Linea terminalis) und (3) der Durchtritt durch die Harnblasenwand.

MIKROSKOPISCHE ANATOMIE

Die **Schleimhaut** (*Tunica mucosa*) des Ureters zeigt charakteristische *Längsfalten*, so daß das *Lumen im Querschnitt sternförmig* erscheint (Abb. **4**–15). Diese Falten sind Reservefalten, die bei Dehnung der Wand mehr oder weniger verstreichen. Die Propria wird von dem für die ableitenden Harnwege charakteristischen und ausschließlich dort vorkommenden *Urothel* (Übergangsepithel, ↗Bd. 1) bedeckt.

Für den *Schutz der ableitenden Harnwege* vor der Einwirkung des hypertonen Harns sind zwei cytologische Gegebenheiten von Bedeutung:

– Die Deckzellen des Urothels sind apical durch *Zonulae occuludentes* „wasserdicht“ miteinander verbunden.
– Das apicale Cytoplasma der Deckzellen ist unmittelbar unter der Plasmamembran durch den Einbau eines Filzes von Mikrofibrillen zu einer *Crusta*, die sonst im menschlichen Körper nicht vorkommt, verdichtet.

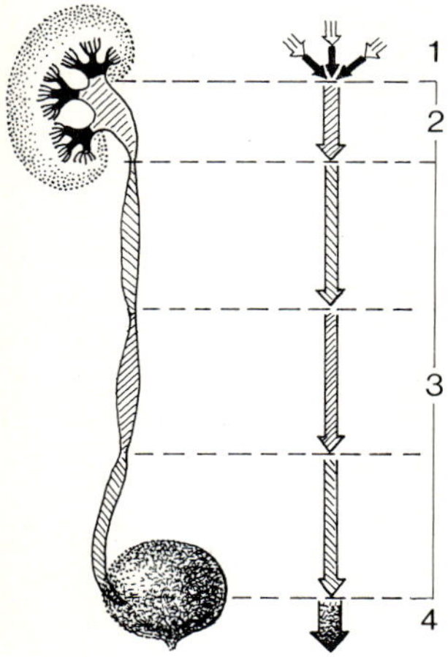

Abb. **4**–14: **Ableitende Harnwege.**
1 Calices renales mit auf den Papillen mündenden Ductus papillares
2 Pelvis renalis
3 Ureter mit Kontraktionswellen
4 Vesica urinaria mit Beginn der Urethra

Die **Tunica muscularis** ist im abdominalen Teil des Ureters zweischichtig: im Gegensatz zu den Verhältnissen im Magendarmkanal befindet sich jedoch das *Stratum longitudinale* innen und das *Stratum circulare* außen (Abb. **4**–15). Im pelvinen Teil tritt außen von der Ringmuskelschicht noch eine weitere Longitudinalschicht auf, so daß die Tunica muscularis hier dreischichtig erscheint (*Stratum longitudinale internum, Stratum circulare, Stratum longitudinale externum*). Tatsächlich liegen in der Tunica muscularis jedoch keine selbständigen Muskelschichten vor; es handelt sich vielmehr um ein kompliziertes Spiralsystem mit wechselndem Steigungswinkel (Abb. **4**–16). Die

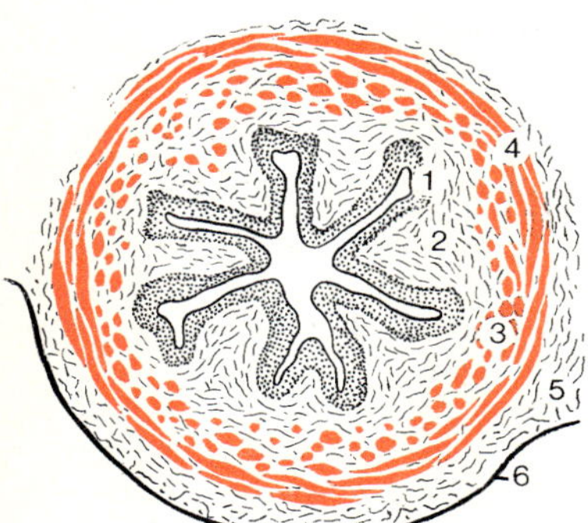

Abb. **4**–15: **Mikroskopische Anatomie des Ureters** (Querschnitt im Bereich der Pars abdominalis).
1 Urothel
2 Lamina propria mucosae
3–4 Tunica muscularis
– 3 Stratum longitudinale
– 4 Stratum circulare
5 Adventitia
6 Peritoneum

Muskulatur der beiden Harnleiter geht in die des Trigonum vesicae (S. 269) über.

Der Harn wird in kleinen Portionen (*Harnbolus*), rechts und links alternierend, mittels einer *peristaltischen Welle der Tunica muscularis* durch den Ureter zur Harnblase geführt. Die Frequenz dieser Kontraktionswelle (Abb. 4–14) beträgt 3–4 pro Minute. Die Welle entsteht im proximalen Abschnitt des Oberen Harntrakts (Calices minores) durch ein *Schrittmachersystem myogener Natur*. Für die Entstehung und Weiterleitung der Kontraktionswelle kommen *spezielle Myocyten* in Betracht, die wie Stift und Buchse miteinander in Verbindung stehen. Die Zahl der Schrittmacherregionen entspricht der Zahl der Calices minores. Bei der *Steuerung des Harntransports* spielt somit offenbar *myogene Erregungsfortleitung* die entscheidende Rolle. Dem *autonomen Nervensystem* kommt lediglich ein modulierender Einfluß zu.

Abb. 4–16: **Spiraliger Verlauf der Uretermuskulatur.** An einem *roten* und einem *schwarzen* Muskelzug wird gezeigt, daß dieser je nach Querschnittsniveau dem Strat. circulare bzw. dem Strat. longitudinale angehört.

Leitungsbahnen des Harnleiters

Arterien (Abb. 8–55)

- oberes Drittel: Rr. ureterici ← *A. renalis*;
- mittleres Drittel: Rr. ureterici ← *A. testicularis/ovarica*;
- unteres Drittel: R. ureterici ← *A. ductus deferentis/uterina*.

Die Ureteräste bilden ein für die Blutversorgung unentbehrliches Gefäßnetz in der Ureterscheide.

Venen
entsprechend den Arterien.

Regionäre Lymphknoten
Nll. lumbales (Abb. **9**–18) und *Nll. iliaci int.*

Nerven
sens.: *Nn. splanchnici*;
para. und symp.: *Plex. renalis, Plex. aorticus abdominalis.*

4.2.3 Harnblase, *Vesica urinaria*[1]

Die **Harnblase** (Abb. **4**–17; **7**–1, 2) ist ein muskulöses Hohlorgan, das die Aufgabe hat, den fortlaufend rhythmisch aus den Harnleitern abtropfenden Harn zu sammeln, bis er in jeweils einer willkürlichen Entleerung **(Miction)** durch die Harnröhre abgelassen wird.

Die Harnblase liegt im Kleinen Becken, hinter der Symphyse. Soweit sie nicht von Bauchfell überzogen wird (s. u.), ist die Blase mit ihrer Tunica adventitia in das lockere Beckenbindegewebe eingefügt, das hier *Paracystium* genannt wird. In leerem Zustand überschreitet die Harnblase den Rand der Symphyse nicht (Abb. **7**–2).

Das *Fassungsvermögen* der Blase beträgt durchschnittlich 350 ml, ist bei Mann und Frau jedoch individuell verschieden. Eine gesunde Harnblase erreicht mit dem Blasenscheitel auch bei maximaler Füllung das Nabelniveau nicht.

Man unterscheidet an der Harnblase einen **Blasenscheitel** (*Apex vesicae*), einen **Blasenkörper** (*Corpus vesicae*), einen **Blasengrund** (*Fundus vesicae*) sowie einen **Blasenhals** (*Cervix vesicae*). Letzterer geht in die Harnröhre über. Der Apex weist nach vorn oben, der Fundus nach hinten unten, so daß die Achse des Organs in der Medianen von vorn oben nach hinten unten verläuft.

Vom Apex vesicae führt eine mediane Bauchfellfalte (*Plica umbilicalis mediana*) zum Nabel (Abb. **2**–70). Diese der sich füllenden Blase als Leitstruktur dienende Falte enthält das *Lig. umbilicale medianum* (Abb. **4**–17) als Rest des obliterierten Allantoisganges *(Urachus)*. Die Harnblase wird von zwei weiteren zum Nabel konvergierenden Bauchfellfalten flankiert: die beiden *Plicae umbilicales mediales* enthalten die obliterierten Nabelarterien (vgl. Abb. **8**–60).

Die *leere* Harnblase ist schüsselförmig (Abb. **7**–2), und der Unerfahrene sucht sie vergebens im Beckensitus. Nur bei der Miction

[1] für *vesica* (lat.) = Blase, auch *kystis* (gr.), z. B. in Cystoskopie.

nimmt auch die nur mäßig gefüllte Blase *Kugelform* an (Abb. **7**–1), sie „stellt sich", um der Bauchpresse eine bestmögliche Wirkung zu geben. Bei der Entleerung der Harnblase spielt die Bauchpresse neben der eigenen Wandmuskulatur eine wichtige Rolle, ähnlich dem Vorgang der Stuhlentleerung.

Bei eröffneter Harnblase (ebenso bei der *Cystoskopie*) zeigt sich im Bereich des *Fundus vesicae* ein sehr charakteristisches Bild. Während die übrige Schleimhaut ein deutliches Faltenrelief aufweist, bietet der Blasengrund ein dreieckiges glattes Feld. Dieses **Trigonum vesicae** (Abb. **4**–17) wird in seinen Eckpunkten durch die beiden *Ostia*

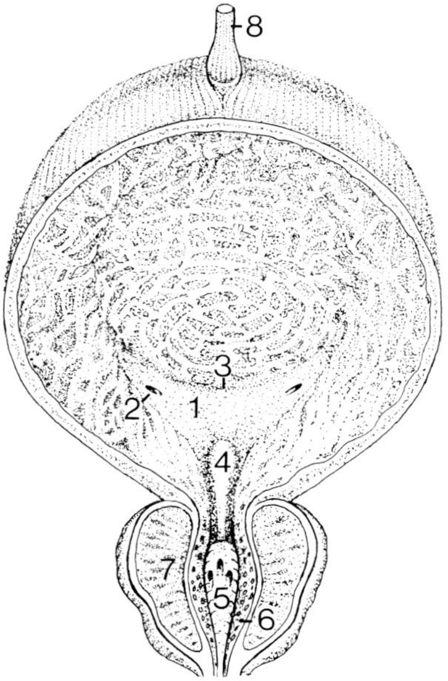

Abb. **4**–17: **Harnblase und Pars prostatica urethrae** (aufgeschnitten).

1 Trigonum vesicae
2 Ostium ureteris
3 Plica interureterica
4 Ostium urethrae internum mit Uvula vesicae
5 Colliculus seminalis mit Utriculus prostaticus (median) und Mündungen der Ductus ejaculatorii
6 Sinus prostaticus mit Mündungen der Ductuli prostatici
7 Prostata
8 Lig. umbilicale medianum

ureterum (sing. Ostium ureteris) und das *Ostium urethrae internum* bestimmt.

Die *Ureteren* durchbohren die Harnblasenwand in schrägem Verlauf (ventilartiger Verschluß gegen Rückstau des Harns) und münden schlitzförmig (*Ostium ureteris*) auf einer Schleimhautfalte, welche mit der der anderen Körperseite durch eine *Plica interureterica* verbunden ist (Abb. **4**–17). Diese Verbindungsfalte bildet die hintere Begrenzung des Trigonum vesicae. Hinter ihr befindet sich beim liegenden Menschen der tiefste Punkt des Harnblasenfundus.

Das **Ostium urethrae internum** ist die Ausflußöffnung und der Beginn der Harnröhre (*Urethra*). Das Ostium ist sichelförmig, mit der Konkavität nach hinten. Die Vorwölbung der Hinterwand des Ostium urethrae internum wird durch einen *Venenplexus* (Abb. **4**–18) hervorgerufen, der auch die Schleimhaut lumenwärts zur *Uvula vesicae* (Abb. **4**–17; **7**–1) aufwölbt. Der Venenplexus ist ein Teil der Verschlußeinrichtung des Blasenostium: er wird durch die an dieser Stelle klemmenartig angeordnete Muskulatur (sog. Lissosphincter, vgl. S. 271) umfaßt und sichert den dichten Verschluß.

Die *Uvula vesicae* spielt bei der Behinderung der Harnentleerung im Rahmen einer *Prostatahypertrophie* eine Rolle. Durch die besonders häufige Vergrößerung des unter ihr gelegenen Teils der *Periurethralen Mantelzone* ↗ wird die Uvula zapfenartig gegen das Blasenlumen emporgehoben und kann sich ventilartig auf die Abflußöffnung legen.

Die Harnblase ist nur in ihrem oberen und hinteren Bereich von **Bauchfell** überzogen, liegt also retroperitoneal (Abb. **5**–9; **7**–1). Füllt sie sich und steigt dabei über den oberen Symphysenrand empor, so nimmt sie das Peritoneum mit, und die *vordere, bauchfellfreie Wand* wird einem operativen Eingriff von vorne, durch die Bauchdecken hindurch, unmittelbar über der Symphyse, zugänglich.

Hier wird die volle, abflußbehinderte Blase *punktiert*, und hier haben schon die „Steinschneider" des Mittelalters durch die sogenannte *Sectio alta* Blasensteine entfernt.

Bei der Füllung der Harnblase schiebt sich diese unter Abdrängung des *Bauchfells* und durch die *Plica umbilicalis mediana* ↗ geführt, an der vorderen Bauchwand empor. Diese Bewegung wird durch ein besonders lockeres Bindegewebslager ermöglicht, das als **Spatium retropubicum** (sog. Cavum Retzii[1], Abb. **7**–2) zwischen der Sym-

---

[1] Anders A. Retzius (1796–1860), Anatom in Lund.

physe und der vorderen Blasenwand gelegen ist und sich nabelwärts zwischen Bauchwand und Bauchfell erstreckt.

An der Hinterwand der Blase reicht das Peritoneum beim *Mann* bis zu den Kuppen der Samenblasen (Abb. **5**–9; **7**–1). Hier schlägt es sich um auf die Vorderwand des Rectum und bildet die **Excavatio rectovesicalis** (Abb. **7**–1). Bei der *Frau* liegt zwischen Rectum und Harnblase die Gebärmutter, so daß das Bauchfell sich von der Blase auf den Körper der Gebärmutter umschlägt und eine **Excavatio vesicouterina** entsteht (Abb. **7**–2).

Beim Mann ist die *Excavatio rectovesicalis* der *tiefste Punkt der Peritonealhöhle*. Bei der Frau dagegen ist die hinter der Gebärmutter liegende *Excavatio rectouterina* (DOUGLAS*scher Raum*) der tiefste Punkt mit der diesem zukommenden praktischen Bedeutung (vgl. S. 315).

MIKROSKOPISCHE ANATOMIE

Das Epithel der **Tunica mucosa** ist wie in den übrigen ableitenden Harnwegen ein sog. **Übergangsepithel** (*Urothel*, ↗Bd. 1). Wegen der außerordentlichen Dehnungsfähigkeit der Harnblasenwand ist das Übergangsepithel in dieser Lokalisation besonders funktionsgerecht. Im Harn finden sich bereits normalerweise desquamierte Epithelzellen, die sich im *Harnsediment* mikroskopisch nachweisen lassen. Meistens handelt es sich um *Deckzellen*, bei entzündlich gesteigerter Epithelabstoßung kommen jedoch auch Zellen aus tieferen Schichten des Übergangsepithels (sog. *geschwänzte Epithelien*) zur Beobachtung.

Die **Lamina propria mucosae** ist sehr locker und verschieblich: bei stärker kontrahierter Harnblase wird sie mit dem bedeckenden Epithel in Falten gelegt. Von dieser Verschiebeschicht ist eine tiefe Schicht mit dichterer Fasertextur als *Tela submucosa* zu unterscheiden. Diese stellt die Verbindung zur Harnblasenmuskulatur her.

In der **Tunica muscularis** kann nur etwas gezwungen die Dreischichtigkeit der Uretermuskulatur (S. 264) wiedergefunden werden; tatsächlich handelt es sich um eine stark durchflochtene Muskeltextur. Der Tonus dieses Muskelmantels paßt die Blasenwand stets der vorliegenden Füllung an, so daß niemals ein Hohlraum vorliegt.

Im Bereich der Ostien bildet die Tunica muscularis Spezialformationen, die die abweichende *Muskelarchitektur des Trigonum vesciae* bedingen.

Die **Harnleitermündung** wird einerseits von einer *Öffnungsschlinge* umfaßt, die eine Fortsetzung des Stratum longitudinale externum

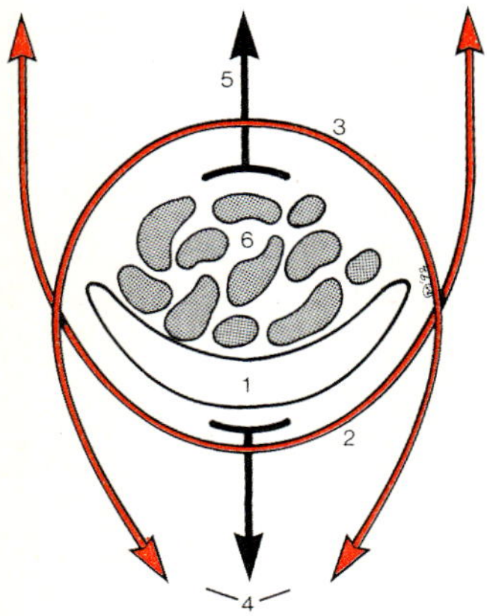

Abb. **4**–18: **Orificium urethrae internum und Muskelsystem des Blasenhalses** (Schema).
1 Ostium urethrae internum
2 Vorderer Semisphincter
3 Hinterer Semisphincter
4 M. pubovesicalis
5 M. rectovesicalis
6 Venenplexus der Uvula vesicae

des Ureters ist. Bei Kontraktion dieser Schlinge wird das Ureterostium angehoben und geöffnet. Andererseits bildet ein Muskelzug, der die beiden Ureterostien in der Plica interureterica verbindet und gleichzeitig umschließt, eine *Verschlußschlinge*. Da einige Muskelzüge auch von der Uvula vesciae herkommen, zieht die Verschlußschlinge die Harnleiteröffnung nach medial und gleichzeitig unten, wodurch das Ostium eingeengt wird. Dieser Mechanismus verhindert den *Harnreflux* in die Harnleiter bei der mit der Blasenentleerung einhergehenden Druckerhöhung.

Die *Harnkontinenz*[1] ist von großer physiologischer Bedeutung. Pathologische Störungen (Harninkontinenz) sind daher besonders schwerwiegend. Das anatomische Substrat der Harnkontinenz ist ein spezieller im Blasenhals gelegener Muskelapparat zum Verschluß des Ostium urethrae internum (Abb. **4**–18).

Beim **Verschluß des Blasenausgangs** handelt es sich um einen unwillkürlichen Verschluß durch Glatte Muskulatur. Dieser Verschlußapparat wird als „*Lissosphincter*“[2] zusammengefaßt und dem aus Skeletmuskulatur bestehenden „*Rhabdosphincter*“[3] (s. u.) gegenübergestellt.

---

[1] *Kontinenz* = Fähigkeit, etwas zurückzuhalten (speziell Harn- und Stuhlkontinenz).
[2] *lissós* (gr.) = glatt.
[3] *rhábdos* (gr.) = Stab (im Sinne von Querstreifen).

Der **„Lissosphincter"** besteht aus drei Komponenten (Abb. 4–18):

- *Vorderer Muskelzügel* (Semisphincter). Dieser stammt aus der Längsmuskulatur der Harnblase und umfaßt die Vorderseite des Blasenhalses, um diese bei Kontraktion nach hinten-oben zu ziehen.
- *Hinterer Muskelzügel* (Semisphincter). Dieser wird von denjenigen Muskelbündeln des *M. pubovescialis* (s. u.) gebildet, welche die Hinterwand des Ostium urethrae mit dem dort gelegenen *Venenplexus der Uvula vesicae* umlaufen. Er drückt die Hinterwand des Ostium gegen dessen Vorderwand. Hierbei wirkt der submucöse Venenplexus kissenartig bei der Abdichtung mit.
- *Ringmuskelzüge* ergänzen die beiden Semisphincter distalwärts. Sie sind allerdings nur beim Mann als präprostatischer Spincter deutlich ausgebildet.

Der *Lissosphincter* erstreckt sich von dem noch in der Harnblasenwand (Cervix vesicae) gelegenen Ostium urethrae auf den Anfangsteil der Urethra. Der **Rhabdosphincter** (*M. sphincter urethrae*) dagegen ist eine Abspaltung des Diaphragma urogenitale↗.

Der entscheidende Faktor bei der **Blasenentleerung** (*Miction*[1]) ist die Bauchpresse↗. Diese wird unterstützt durch die als **M. detrusor**[2] **vesicae** bezeichnete eigentliche dreischichtige Blasenmuskulatur. Dehnung des Detrusor ist der auslösende Reiz zur Harnentleerung.

Voraussetzung für das Wirksamwerden von Bauchpresse und Detrusorkontraktion ist die gleichzeitige **Lösung des Harnblasenverschlusses** und die **aktive Öffnung des Ostium urethrae internum**. Die Öffnung des Ostium wird durch Glatte Muskelzüge bewirkt, die an der Vorderwand (*M. pubovesicalis*) und an der Hinterwand (*M. rectovesicalis*) do. des Blasenhalses angreifen (Abb. 4–18). Gleichzeitig müssen sich die Verschlußmuskeln (s. o.) entspannen. Andererseits muß die Verschlußschlinge der Ureteren aktiviert werden, um einen Harnreflex in Richtung auf das Nierenbecken zu verhindern.

Das komplizierte reflektorische Geschehen wird durch das **Autonome Nervensystem** (↗Bd. 3) gesteuert: die Miction über den *Parasympathicus* aus den Segmenten S_2–S_4, der Blasenverschluß über den *Sympathicus* aus den Segmenten L_1–L_3 (vgl. S. 272).

---

[1] *mictio* (lat.) = Wasserlassen.
[2] *detrusor* (lat.) = Austreiber.

Leitungsbahnen der Harnblase

Arterien (Abb. **8**–60)
– Zufluß zu Corpus und Apex vesicae: *Aa. vesicales sup.* ← A. umbilicalis (Pars patens) ← A. iliaca int.;
– Zufluß zum Fundus vesicae: *A. vesicalis inf.* ← A. iliaca int.

Venen
Plex. venosus vesicalis → Vv. vesicales → V. iliaca int.

Regionäre Lymphknoten
Nll. iliaci ext. (et int.).

Nerven
Plexx. vesicales ← *Plex. hypogastricus inf.* [Plex. pelvinus];
para.: *Sacraler Parasympathicus* (S_2–S_4) → *Nn. splanchnici pelvini* → Plex. hypogastricus inf.;
symp.: *Lumbaler Grenzstrang* (L_1–L_3) → *Nn. splanchnici lumbales* → Plex. hypogastricus inf.

4.2.4 Harnröhre, *Urethra*

Die **Urethra** ist der bei der Miction↗ benutzte Ausscheidungsweg. Die Harnröhre beginnt im *Ostium urethrae internum* der Blasenwand und endet mit dem *Ostium urethrae externum*. Die topographischen Beziehungen der Urethra sind in beiden Geschlechtern außerordentlich unterschiedlich.

Die **Weibliche Harnröhre** (*Urethra feminina*) verläuft median unmittelbar vor der Vagina (Abb. **7**–2) und mündet vor dem Ostium vaginae in das *Vestibulum vaginae* (Abb. **6**–15; **7**–2).

Neben dem Harnröhrenostium münden die 1–2 cm langen Drüsenschläuche der *Ductus paraurethrales* (SKENE*sche Gänge*[1]). Diese der Prostata homologen, mit Epithel ausgekleideten rudimentären Gänge können für Infektionen im Harnröhrenbereich Bedeutung erlangen.

Die Weibliche Harnröhre ist nur 3–5 cm lang und ermöglicht somit das technisch sehr einfache *Katheterisieren* der Harnblase; auf der anderen Seite ist wegen der Kürze der weiblichen Harnröhre die Harnblase bei der Frau stärker infektionsgefährdet. Beim Durchtritt durch das *Diaphragma urogenitale*↗, das auch für die Lagefixierung der Urethra Bedeutung hat, wird diese von einer zirkulären Abspal-

[1] A. J. C. SKENE (1838–1900), Prof. der Gynäkologie in Brooklyn.

tung des *M. transversus perinei profundus* umschlossen. Dieser *M. sphincter urethrae* ↗ besteht aus Skeletmuskulatur und bildet als *„Rhabdosphincter"* der Kliniker neben dem aus glatter Muskulatur bestehenden *„Lissosphincter"* (um das Ostium urethrae int., vgl. S. 270) eine zusätzliche Sicherung des Blasenverschlusses. Der Rhabdosphincter ist wegen des nach Geburten häufig destruierten Diaphragma urogenitale von weit geringerer Leistungsfähigkeit als im männlichen Geschlecht. Dafür befinden sich unter der Schleimhaut der Weiblichen Urethra mächtige schwellkörperartige *Venengeflechte (Tunica spongiosa)*, welche die Längsfalten der Harnröhrenschleimhaut gegeneinander pressen und somit zum Verschluß beitragen können.

Die **Männliche Harnröhre** (*Urethra masculina*, Abb. **5**–20; **7**–1) ist vom *Ostium urethrae internum* der Blasenwand bis zu dem an der Spitze des Penis gelegenen *Ostium urethrae externum* etwa 20 cm lang, gekrümmt und bietet daher beim *Katheterisieren* der Harnblase erhebliche technische Schwierigkeiten und Gefahren. Die Männliche Harnröhre ist weitgehend in den *Genitaltrakt* eingebaut (*Pars prostatica, Pars spongiosa*). Sie dient, da die samenableitenden Wege in der Pars prostatica in sie einmünden, gleichzeitig als Samenweg; sie ist daher besser als *Harnsamenröhre* zu bezeichnen.

An der *Urethra masculina* werden folgende **Abschnitte** unterschieden (Abb. **5**–20):

(1) **Ostium urethrae internum:** Teil der Blasenwand (vgl. S. 268);

(2) **Pars prostatica:** 4 cm lang, fest in die Prostata eingebaut (vgl. S. 298);

(3) **Pars membranacea:** 1 cm lang, hier durchbohrt die Urethra das Diaphragma urogenitale (vgl. S. 364);

Der aus Skeletmuskulatur bestehende *M. transversus perinei profundus* bildet auf dieser Strecke um die Harnröhre den *M. sphincter urethrae*, den sog. *Rhabdosphincter* (vgl. S. 271);

(4) **Pars spongiosa:** etwa 16 cm lang, im *Corpus spongiosum penis* verlaufend. Kurz vor der Mündung erweitert sich diese Harnröhrenstrecke zur *Fossa navicularis*;

(5) **Ostium urethrae externum.**

Im Hinblick auf die klinisch wichtige Maßnahme der künstlichen Entleerung der Harnblase durch Einführen eines Katheters (**Katheterismus**) sind die *Krümmungen* und die *engen Stellen* der Harnröhre zu beachten. Fehler beim Katheterisieren können zu schweren Komplikationen führen.

Bei den **Krümmungen der Harnröhre** (Abb. **5**–20;**7**–1) ist charakteristisch, daß die „Curvatura infrapubica" unveränderlich ist, während die „Curvatura praepubica" durch Anheben des Penis ausgeglichen werden kann, wodurch (ebenso wie bei der Erektion) eine einheitliche Krümmung der Harnröhre zustandekommt, welche die Einführung eines Katheters möglich macht. Dabei stellt die Curvatura infrapubica auch bezüglich der **Engen der Urethra** den *kritischen Bereich* dar. Die Gefährlichkeit dieser Stelle wird noch dadurch wesentlich gesteigert, daß die *Pars membranacea besonders eng* ist. Unter dem Reiz der andrängenden Katheterspitze kommt es hier regelmäßig zur *Kontraktion des M. sphincter urethrae* (*konstriktorische Enge*), wodurch dem Weiterschieben des Katheters ein erheblicher Widerstand entgegengesetzt wird. Die absolut engste Stelle der Urethra ist das *Ostium urethrae externum*; sie bietet jedoch wegen der Möglichkeit der Sichtkontrolle kein Hindernis beim Katheterisieren. Dies gilt auch für die dritte verengte Stelle, das *Ostium urethrae internum.*

Von einigem Interesse sind auch die **Erweiterungen der Urethra** (Abb. **5**–20). In der *Fossa navicularis,* unmittelbar hinter dem Ostium externum, sammelt sich bei Entzündung der Urethra das Sekret, welches an dieser Stelle besonders leicht zur mikroskopischen Untersuchung gewonnen werden kann. Am *hinteren Ende der Pars spongiosa* ist die Hinterwand der Urethra vielfach etwas gegen den Bulbus penis hin ausgesackt: an dieser unmittelbar vor dem kritischen Bereich gelegten Stelle kann ein Katheter leicht in eine falsche Richtung geraten. Auch in der *Pars prostatica* ist die Urethra spindelartig erweitert (Abb. **4**–17): beim Vorschieben eines dünnen Katheters ist hier zu beachten, daß sich im Bereich der Hinterwand, auf dem Colliculus seminalis, der Utriculus prostaticus befindet; in diesem kann sich unter Umständen das Instrument verfangen.

MIKROSKOPISCHE ANATOMIE

Das im Querschnitt sternförmige Lumen der **Urethra feminina** wird von einer Schleimhaut ausgekleidet, deren *Epithel* zunächst von der Harnblase her ein Übergangsepithel ist, dann jedoch in ein mehrreihiges prismatisches Epithel und schließlich in unverhorntes mehrschichtiges Plattenepithel übergeht. Die sehr dicke *Lamina propria mucosae* enthält ein dichtes Venengeflecht, welches dem Corpus spongiosum um die männliche Harnröhre ähnelt. In der Lamina propria finden sich die schleimbildenden *Gll. urethrales* (LITTRÉsche Drüsen[1]). Die Urethraldrüsen münden vielfach nicht auf die freie Epitheloberfläche, sondern in Schleimhautbuchten (*Lacunae urethrales*). Die dünne *Tunica muscularis* ist eine Fortsetzung der äußeren Längsmus-

[1] ALEXIS LITTRÉ (1658–1726), Anatom und Chirurg in Paris.

kelschicht der Harnblase. Bezüglich des *M. sphincter urethrae* vgl. S. 364.

In der **Urethra masculina** wird das Übergangsepithel bereits in der Pars prostatica durch ein mehrreihiges prismatisches Epithel abgelöst, das in der Fossa navicularis↗ in unverhorntes mehrschichtiges Plattenepithel übergeht. Auch in der Männlichen Harnröhre kommen *Lacunae urethrales* mit in diese mündenden *Gll. urethrales* (LITTRÉsche Drüsen) vor. In die Propria ist ein *Venenplexus* eingebaut. Dieser trägt in Funktionsruhe zum Verschluß bei, wird jedoch bei der Harn- und Spermapassage entleert, so daß sich in diesen Funktionsphasen das Lumen erweitert. Die verhältnismäßig dünne *Tunica muscularis* besteht im wesentlichen aus longitudinal orientierten Zügen. In der Pars spongiosa fehlt eine Tunica muscularis; an ihre Stelle tritt funktionell der *M. bulbospongiosus*↗.

Leitungsbahnen der Harnröhre

Arterien

- Urethra masculina:
  (a) *A. vesicalis inf.* (Abb. **8**–60) ← A. iliaca int.;
  (b) *A. rectalis media* (Abb. **8**–63) ← A. iliaca int.;
  (c) *A. urethralis* (Abb. **8**–62) ← A. pudenda int. ← A. iliaca int..
- Urethra feminina: *A. vesicalis inf.* und *A. rectalis media.*

Venen

- Urethra masculina: *Plex. venosus vesicalis* und *Plex. venosus prostaticus*, sowie Bluträume des *Bulbus penis*.
- Urethra feminina: *Plex. venosus vesicalis* und *Plex. venosus vaginalis.*

Regionäre Lymphknoten

- Urethra masculina:
  (a) Pars prostatica und Pars membranacea: *Nll. iliaci int.*;
  (b) Pars spongiosa: *Nll. inguinales prof. et superf.* (Abb. **9**–20).
- Urethra feminina: *Nll. iliaci int.*

Nerven

mot. (M. sphincter urethrae): *N. pudendus*;
mot. (M. sphincter vesicae): *Plex. vesicalis* (vgl. S. 272);
sens.: N. pudendus;
para. und symp.: *Plex. vesicalis* (vgl. S. 272).

5 Männliche Geschlechtsorgane

Zu den männlichen Geschlechtsorganen (Abb. **5**–1) gehören die paarigen **Hoden** (*Testes*), **Nebenhoden** (*Epididymides*), **Samenleiter** (*Ductus deferentes*), **Samenblasen** (*Vesiculae seminales*) und **Cowperschen Drüsen** (*Gll. bulbo-urethrales*), weiterhin die **Vorsteherdrüse** (*Prostata*), der **Hodensack** (*Scrotum*) und das **Männliche Glied** *(Penis)*.

5.1 Hodenhüllen

Jeder Hoden und Nebenhoden ist von Hüllen (Abb. **5**–2) umgeben, die sich beim fetalen Abstieg des Hodens aus der Bauchhöhle (*Descensus testis*) durch die vordere Rumpfwand in den Hodensack ausgestülpt haben und daher auch die *Hüllen des Samenstrangs (Funiculus spermaticus;* s. u. und Bd. 1) bilden. Zu den Hodenhüllen gehören die von der Fascia abdominalis superficialis stammende **Fascia spermatica externa**, der vom Musculus obliquus internus abdominis und Musculus transversus abdominis stammende **Musculus cremaster**, die mit der Fascia transversalis zusammenhängende **Fascia spermatica interna** und die ursprünglich vom Peritoneum ausgestülpte Seröse Höhle↗ der **Tunica vaginalis testis**, die aus der *Lamina parietalis* („Periorchium") und der der Hodenkapsel (*Tunica albuginea*) aufsitzenden *Lamina visceralis* („Epiorchium") besteht. Zu den Hüllen des Hodens wird auch noch die **Tunica dartos** gezählt, eine Schicht gering differenzierter glatter Muskelzellen im subcutanen Bindegewebe des Scrotum, die zur Raffung der Haut des Hodensacks befähigt ist.

Der **M. cremaster** kann die Hoden heben und damit in eine körpernahe Position bringen, die sowohl der *Wärmeregulation* als auch dem *Schutz* gegenüber mechanischen Einflüssen dient. Durch Bestreichen der Haut auf der Innenseite des Oberschenkels kann der M. cremaster reflektorisch zur Kontraktion gebracht werden: *Cremaster-Reflex* (↗Bd. 3).

Im Hodensack hat der Hoden eine um 0,5 °C niedrigere Organtemperatur als in der Bauchhöhle. Diese *abgesenkte Temperatur* ist aus

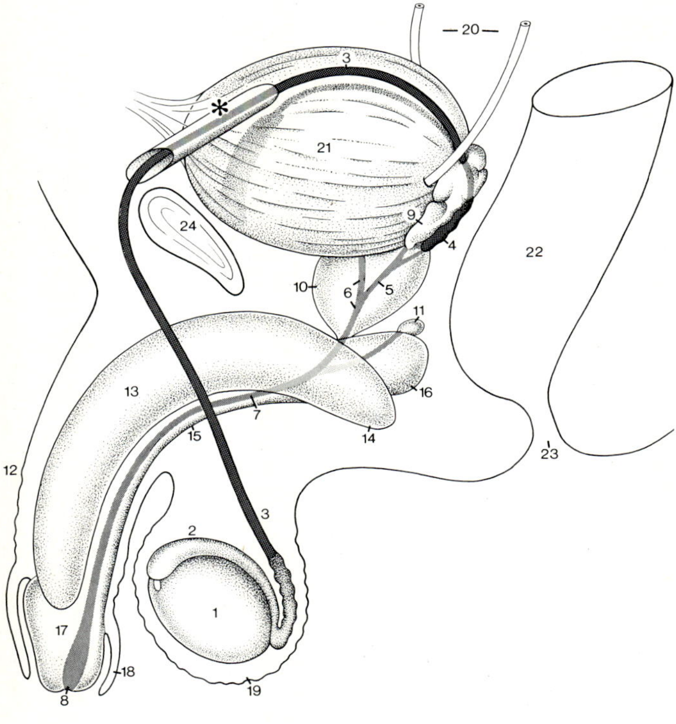

Abb. **5**–1: **Übersicht über die Männlichen Geschlechtsorgane.**

1 Testis
2 Epididymis (mit Caput, Corpus, Cauda)
3 Ductus deferens
* Ductus deferens im Leistenkanal
4 Ampulla ductus deferentis
5 Ductus ejaculatorius
6 Urethra masculina (Pars prostatica)
7 Urethra masculina (Pars spongiosa)
8 Ostium urethrae externum
9 Vesicula seminalis
10 Prostata
11 Glandula bulbourethralis
12 Penis
13 Corpus cavernosum penis
14 Crus penis
15 Corpus spongiosum penis
16 Bulbus penis
17 Glans penis
18 Praeputium
19 Scrotum
20 Ureter
21 Vesica urinaria
22 Rectum
23 Anus
24 Symphysis pubica

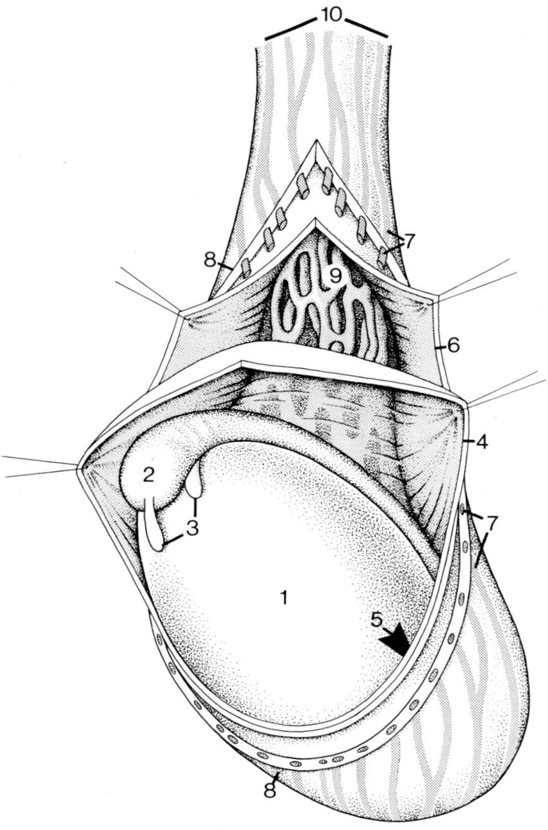

Abb. **5–2**: **Hüllen des Hodens, Nebenhodens und Samenstrangs** (linker Hoden von lateral, Hüllen gespalten).

1 Lamina visceralis (Epiorchium) tunicae vaginalis auf dem Hoden
2 Lamina visceralis tunicae vaginalis auf dem Nebenhoden
3 Appendix testis (rechts) und Appendix epididymidis (links)
4 Lamina parietalis (Periorchium) tunicae vaginalis testis
5 Cavitas peritonealis der Tunica vaginalis testis
6 Fascia spermatica interna
7 M. cremaster
8 Fascia spermatica externa
9 Plexus pampiniformis
10 Funiculus spermaticus

bisher nicht bekannten Gründen notwendig für die Samenbildung. Patienten mit nicht normal abgestiegenen Hoden (Hodenhochstand = *Kryptorchismus*) haben eine gestörte oder keine Samenbildung.

Leitungsbahnen der Hodenhüllen

Arterien
A. cremasterica ← A. epigastrica inf. (Abb. **8**–60) ← A. iliaca int.
⇒ *Rr. scrotales post.* (Abb. **8**–62) ← A. perinealis ← A. pudenda int.
⇒ *Aa. pudendae ext.* (Abb. **8**–65) ← A. femoralis.

Venen
(a) *V. epigastrica inf.* (Abb. **8**–81) → V. iliaca ext.;
(b) *Vv. scrotales post.* → V. perinealis → V. pudenda int.;
(c) *Vv. pudendae ext.* (Abb. **8**–83) → V. femoralis.

Regionäre Lymphknoten
Nll. inguinales superf. (Abb. **9**–20).

Nerven
mot. (M. cremaster, Tunica dartos): *R. genitalis n. genitofemoralis* ← Plex. lumbalis.
sens. (Scrotalhaut):
(a) *R. genitalis n. genitofemoralis* → Plex. lumbalis;
(b) *Nn. scrotales ant.* → N. ilioinguinalis → Plex. lumbalis;
(c) *Nn. sorotales post.* → Nn. perineales → N. pudendus.

5.2 Hoden, *Testis*[1]

Der Hoden hat die Form eines Rotationsellipsoids mit einer Längsachse von 40–45 mm und einem Durchmesser von 30 mm. Sein Volumen beträgt 20–25 ml. Beide Hoden liegen im Hodensack (*Scrotum*↗) und sind durch eine bindegewebige Scheidewand (*Septum scroti*) voneinander getrennt. Beim aufrecht stehenden Mann ist die Längsachse des Hodens nach ventral geneigt. *Der linke Hoden steht im Scrotum regelmäßig etwas tiefer als der rechte.*

---

[1] *testis* (lat.) = der Zeugende, Hoden; auch *orchis* (gr.), z. B. in Epiorchium, Periorchium, Kryptorchismus.

Jeder Hoden ist von einer derben bindegewebigen Hülle *(Tunica albuginea)* umgeben, der das einschichtige Mesothel↗ des *Epiorchium*↗ aufsitzt. Am **Hilus** des Hodens treten die Leitungsbahnen heran, die zum Samenstrang (*Funiculus spermaticus*) gehören. Der Hilus des Hodens wird von der Tunica vaginalis testis ausgespart.

Der **Samenstrang** (↗Bd. 1) zieht vom Hilus des Hodens aufwärts in den Leistenkanal (↗Bd. 1) und enthält die Hodenarterie (*A. testicularis*↗), die Hodenvenen *(Plexus pampiniformis↗)*, den Samenleiter *(Ductus deferens)*, die ihn begleitende *A. ductus deferentis*, vegetative Nervenfasern und Lymphgefäße.

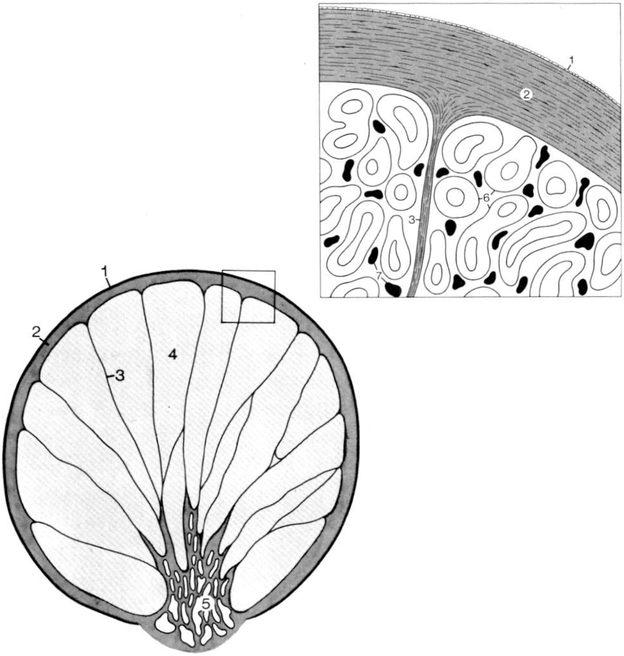

Abb. **5**–3: **Struktur des Hodens** (Übersicht, Querschnitt).
Teilbild: vergrößerter Ausschnitt

1 Epiorchium
2 Tunica albuginea
3 Septulum testis
4 Lobulus testis
5 Rete testis
6 Tubuli seminiferi
7 Gruppen von LEYDIGzellen im Interstitium testis

5.2.1 Hodenparenchym

Das von der Hodenkapsel (*Tunica albuginea*) umschlossene Hodengewebe ist durch Bindegewebssepten (*Septula testis*) in Läppchen (*Lobuli testis*) gegliedert (Abb. **5**–3 a). Jeder Hoden hat etwa 280 Lobuli testis. Die Septula testis ziehen von der Tunica albuginea radiär zum Hodennetz (*Rete testis*). Das Rete testis (Abb. **5**–10) ist ein Bindegewebskörper mit bizarren, von einem einschichtigen isoprismatischen bis prismatischen Epithel ausgekleideten Spalträumen, in denen sich die Samenflüssigkeit sammelt, bevor sie den Hoden über die ableitenden Samenwege↗ verläßt.

5.2.1.1 Hodenkanälchen (*Tubuli seminiferi*)

Die Samenflüssigkeit wird in den Hodenkanälchen (*Tubuli seminiferi*) gebildet. Jeder Lobulus testis besteht aus einer oder mehreren Schlaufen von Hodenkanälchen. Alle Kanälchen eines Lobulus testis sind zusammen mindestens 20 cm lang. Durch eine starke Aufknäuelung sind sie raumsparend im Lobulus testis verpackt (Abb. **5**–3 b).

Ein Hodenkanälchen ist ca. 180 µm dick und besteht aus einer Hülle (*Lamina propria* [limitans]) von Myofibroblasten, Fibroblasten und Bindegewebsfasern sowie dem **Keimepithel** (Abb. **5**–4). Das Keimepithel wird von *Keimzellen* und *Stützzellen* aufgebaut (Abb. **5**–5). In der Mitte gibt es ein Lumen, durch das die im Keimepithel gebildeten Samenzellen abfließen. Die Keimzellen machen verschiedene *Entwicklungsphasen* durch: Vermehrung, Reifung, Differenzierung. Sie haben dementsprechend sehr unterschiedliche morphologische Erscheinungsformen. Die Stützzellen, die nach ihrem Erstbeschreiber SERTOLI[1]-Zellen genannt werden, sorgen lebenslang für die Konstanz eines idealen Milieus für die Samenbildung. Die Keimzellen machen dynamische Entwicklungsabläufe durch, die Sertolizellen sind postmitotische Zellen.

5.2.1.2 Keimzellen (Abb. **5**–4, 5)

Die Spermatogonien im basalen Kompartiment des Keimepithels zeigen mehrere unterschiedliche Zellformen:

Spermatogonien des Typs „A pale“: Es handelt sich um Zellen mit einem blassen Kern, die von ihrem Erstbeschreiber, dem kanadi-

---

[1] ENRICO SERTOLI (1842–1910), Prof. der Physiologie in Mailand.

schen Anatomen Clermont, mit einem englischen Terminus belegt wurden.

Spermatogonien des Typs „A dark": Der Kern dieser Zellen zeigt im Lichtmikroskop ein relativ dichtes Karyoplasma mit einer zentralen Aufhellung.

Spermatogonien des Typs B: Diese Zellen gehen nach Teilung aus den A-Spermatogonien hervor. Sie haben einen Kern mit etwas stärker anfärbbarem Nucleolus.

Spermatocyten I: Mit diesen aus der Teilung von B-Spermatogonien hervorgegangenen Zellen beginnt die Reifeteilung. Es sind die Zellen im Keimepithel mit den größten Kernen. Sie haben wie die

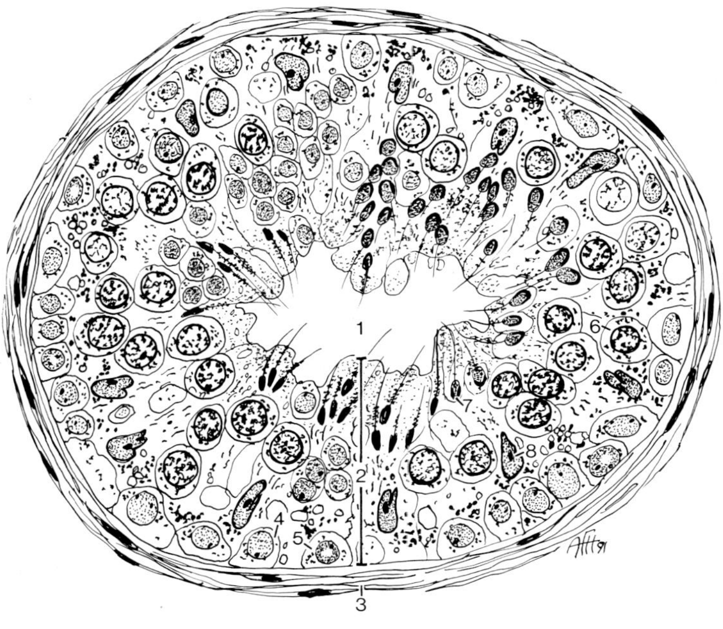

Abb. **5**–4: **Hodenkanälchen** (Querschnitt).

1 Lumen
2 Keimepithel
3 Lamina propria
4 Spermatogonie (A pale)
5 Spermatogonie (A dark)
6 Spermatocyt I
7 Spermatide
8 Kern einer Sertolizelle

Spermatogonien einen *diploiden* Chromosomensatz, d. h. 44 Chromosomen (Autosomen) und zwei Geschlechtschromosomen (Heterosomen), also zusammen 46 Chromosomen.

Der Spermatocyt I zeigt verschiedene Entwicklungsstadien, die Ausdruck bzw. Vorbereitung der sogenannten *Reifeteilung* sind: Leptotän, Zygotän,

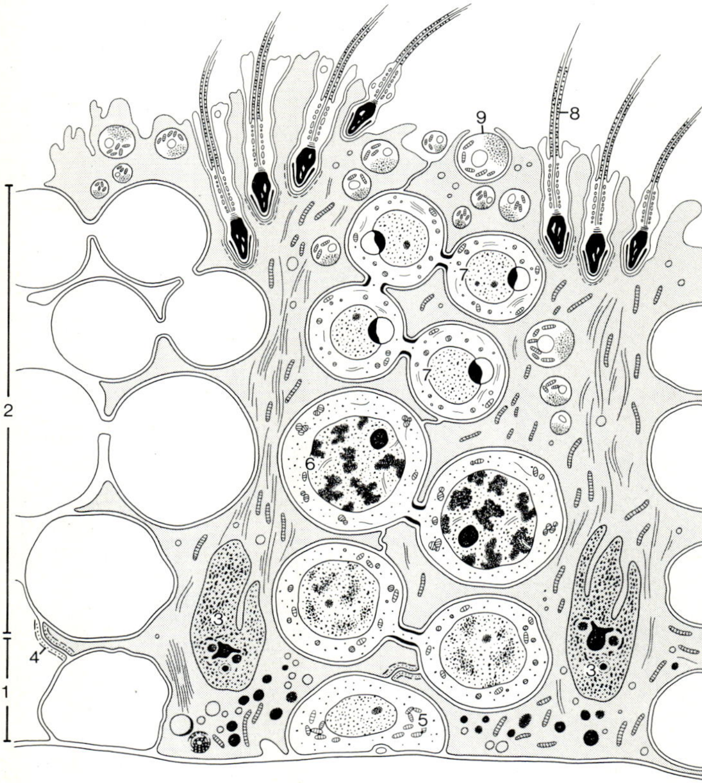

Abb. **5–5**: **Keimepithel** (gezeichnet nach elektronenmikroskopischen Aufnahmen).
Zellverband zweier SERTOLIzellen grau gerastert

1 Basales Kompartiment
2 Adluminales Kompartiment
3 Zellkern einer SERTOLIzelle
4 SERTOLIzell-Barriere
5 Spermatogonie (A pale)
6 Spermatocyt I
7 unreife Spermatide
8 reife Spermatide
9 Residualkörper

Pachytän, Diplotän. Während dieser Entwicklungsphasen der Prophase der Meiose wird die DNA der Chromosomen verdoppelt (*Reduplikation*), die Paarung der homologen Chromosomen *(Synapsis)*, der Austausch von Chromosomenabschnitten (*Crossing over*) und die Teilung der Chromosomen vorgenommen. Nur die heterologen Geschlechtschromosomen paaren sich nicht. Das Ergebnis der Prophase und Teilung des Spermatozyt I sind 2 *Spermatocyten II*, die kleiner sind und nur 22 Autosomen und 1 Geschlechtschromosom enthalten. Die Chromosomen bestehen aber noch aus zwei Chromatiden.

Die **Spermatocyten II** machen keine DNA-Reduplikation durch, sondern teilen sich zu Spermatiden, wobei die Chromatiden eines Chromosoms auf zwei Spermatiden verteilt werden. Die Spermatiden besitzen einen *haploiden* Chromosomensatz.

Die **Spermatiden** teilen sich nicht weiter, sondern differenzieren sich zu Spermatozoen. Dabei erreichen die Keimzellen des Keimepithels ihre Transportform, in der sie den Hoden verlassen. Die *Differenzierung der Spermatiden* kann sehr gut mit Hilfe der Elektronenmikroskopie analysiert werden. Man sieht:
- eine *Kondensation* des Kerns auf etwa 1/10 seines Ausgangsvolumens,
- eine Transformation des Golgiapparates zum *Acrosom*, einer Kappe, die den Kern bedeckt,
- die Entwicklung einer *Geißel* aus den Zentriolen.

Die reifen Spermatiden werden aus dem Keimepithel in das Lumen der Hodenkanälchen abgegeben (*Spermiatio*) und heißen dann **Spermatozoen**. Restliche Mitochondrien und andere Zellbestandteile bleiben als „Residualkörper“ (Abb. **5**–5) im Keimepithel zurück und werden von den SERTOLIzellen phagozytiert. Die noch unbeweglichen Spermatozoen werden durch *peristaltische Kontraktionen der Tubuli seminiferi* in das Rete testis und dann in die ableitenden Samenwege transportiert. Sie reifen während der Passage durch den Nebenhoden und sind erst in den unteren Abschnitten des Nebenhodenganges zu eigener Bewegung befähigt. Ihre volle Motilität erlangen sie im Ejakulat↗.

Sertolizellen (Abb. **5**–5): Die Zellen des Keimepithels werden von SERTOLIzellen zu einem Zellverband zusammengefaßt. Die SERTOLIzellen bilden einen fast prismatischen *Zellverband*, der durch Membranspezialisierungen zusammengehalten wird und zwischen sich die Entwicklungsstadien der Keimzellen beherbergt. Die SERTOLIzellen gliedern das Keimepithel in ein *basales* und ein *adluminales Kompartiment* (Abb. **5**–5). Dichte Zellkontakte (tight junctions) bilden eine Barriere, die *Blut-Hoden-Schranke*. Im *basalen Kompartiment* liegen

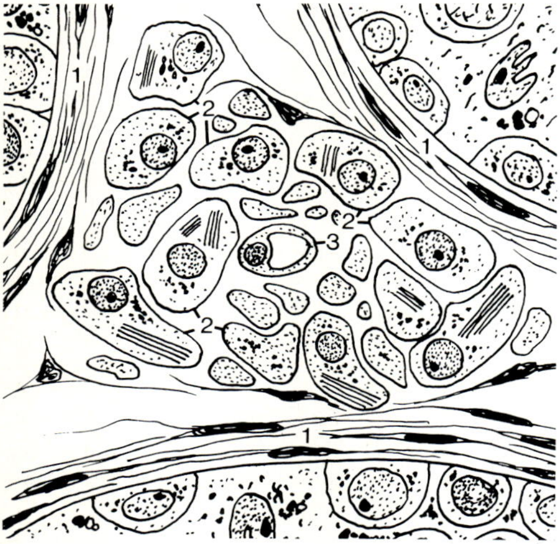

Abb. **5–6**: **Interstitium des Hodens mit Leydigzellen.**
1 Lamina propria angrenzender Hodenkanälchen
2 Leydigzellen
3 Blutcapillare

die frühen Keimzellen, Spermatogonien und Spermatocyten I im Leptotän der Prophase der Meiose. Im *adluminalen Kompartiment* findet die weitere Reifung und Differenzierung der Keimzellen statt. Die Sertoli*zell-Barriere* funktioniert wie eine Schleuse und erlaubt den Keimzellen die Passage aus dem basalen in das adluminale Kompartiment des Keimepithels.

Sertolizellen sorgen für ein Milieu, in dem sich Keimzellen entwickeln können. Sie ernähren die Keimzellen, kontrollieren den Stofftransport zu den Keimzellen, steuern die Reifung der Keimzellen, regeln die Abgabe der reifen Spermatiden aus dem Keimepithel, nehmen die Reste von Keimzellen auf und verdauen sie. Die **Sertolizellen haben eine zentrale Stellung im Keimepithel**, ohne sie können Keimzellen nicht heranreifen. Durch die Sekretion von Hormonen (*Inhibin*) nehmen sie **Einfluß auf die Steuerung der Samenbildung** durch die Hypophyse, und durch die Produktion eines Proteins, das Testosteron binden kann (*Androgen-bindendes Protein* = ABP), **beeinflussen sie die Funktion des samenableitenden Gangsystems**.

Kinetik des Keimepithels

Im Keimepithel der Hodenkanälchen werden laufend Samenzellen hergestellt. Zellen gleichen Entwicklungsstandes sind durch dünne Zytoplasmabrücken (Interzellularbrücken) miteinander zu *Klonen* verbunden. Die große

Zahl der entstehenden Spermatozoen erfordert eine spezielle Logistik für ihre Vermehrung, Reifung und Abgabe. Die Beschreibung der Entwicklung von Keimzellen in Raum und Zeit wird als *Kinetik der Spermatogenese* bezeichnet. Man findet Gruppierungen von Keimzelltypen, die als „Stadien" eines fortlaufenden Umbauvorganges im Keimepithel beschrieben werden.

An einem gegebenen Ort im Keimepithel wird in einer zyklischen Wiederkehr alle 16 Tage nach Durchlaufen von sechs Stadien die gleiche Gruppierung von Keimzellen aufgebaut. Dieser Zeitraum ist ein *„Zyklus der Spermatogenese"*. Die Entwicklung einer Spermatogonie zum Spermatozoon benötigt 4,6 Zyklen, also 74 Tage. Berechnet man die Passage-Zeit durch den ca. 6 m langen Nebenhodengang mit ca. 12 Tagen, dann dauert es also zusammen ca. **86 Tage, bis eine Keimzelle von der Spermatogonie bis ins Ejakulat gelangt**. Diese lange Entwicklungs- und Reifungszeit für männliche Keimzellen muß ein Arzt kennen, der die Samenbildung therapeutisch beeinflussen will.

Leydigzellen[1] (Abb. **5**–3b, 6): Zwischen den Hodenkanälchen befindet sich ein sehr lockeres Bindegewebe, in dem sich Blutgefäße ausbreiten und *Hormon-bildende Zellen* liegen (Abb. **5**–3b). Diese Leydigzellen bilden Scheiden um Capillaren (Abb. **5**–6). Es sind relativ große Zellen mit runden Zellkernen und einem Cytoplasma, das viel glattes Endoplasmatisches Reticulum in Form von Bläschen und Röhrchen enthält, weiterhin Mitochondrien, Lysosomen und Lipofuscingranula. Im Cytoplasma findet man auch sog. Reinke-Kristalle, die Proteinablagerungen sind. **Leydigzellen produzieren das männliche Sexualhormon Testosteron.** Dieses wird in das Gewebe zwischen den Hodenkanälchen abgegeben, dort an ein *Trägerprotein* gebunden, von Blut- und Lymphgefäßen aufgenommen und im Körper verteilt.

Testosteron stimuliert im Hoden die Samenbildung, erhält die Funktion der ableitenden Samenwege und akzessorischen Geschlechtsdrüsen, fördert die Entwicklung der sekundären männlichen Geschlechtsmerkmale (Penis, Scrotum, Schambehaarung), fördert Libido und Potenz, beeinflußt geschlechtsspezifische Verhaltensweisen, stimuliert die Talgdrüsensekretion und hat eine anabole Wirkung auf den Körperstoffwechsel.

Steuerung der Samenzellbildung (Abb. **5**–7)

Testosteron ist nur ein Glied in der Kette eines Regelkreises, der die Samenzellbildung steuert. Vom *Hypothalamus* (↗Bd. 3) geht über Gonadotropin-Releasing-Hormone (Gn-RH), die pulsatil von Nervenzellen sezerniert werden, ein Stimulus auf die *Hypophyse* (↗Bd. 3) aus, die Luteinisierendes Hormon (LH) und Follikelstimulierendes Hormon (FSH) in das Blut absondert.

---

[1] Franz von Leydig (1821–1908), Prof. der Physiologie in Würzburg, der Zoologie in Tübingen, der Vergleichenden Anatomie in Bonn.

Diese Hormone erreichen durch den *Blutkreislauf* den Hoden. LH regt in *Leydigzellen* die Bildung von Testosteron (T) an, FSH stimuliert die Funktion der *Sertolizellen*. Ein erhöhter Testosteronspiegel bremst eine weitere LH-Ausschüttung aus der Hypophyse. Stimulierte Sertolizellen schütten vermehrt Inhibin (I) aus, das die FSH-Sekretion hemmt. Durch diese hormonellen Regelmechanismen ist die Steuerung der Samenzellbildung balanciert. Sertolizellen sorgen unter diesem hormonellen Stimulus für ein Milieu, das den Keimzellen eine optimale Vermehrung und Reifung erlaubt. Sertolizellen bilden außerdem Androgen-bindendes Protein (ABP), das Androgene in

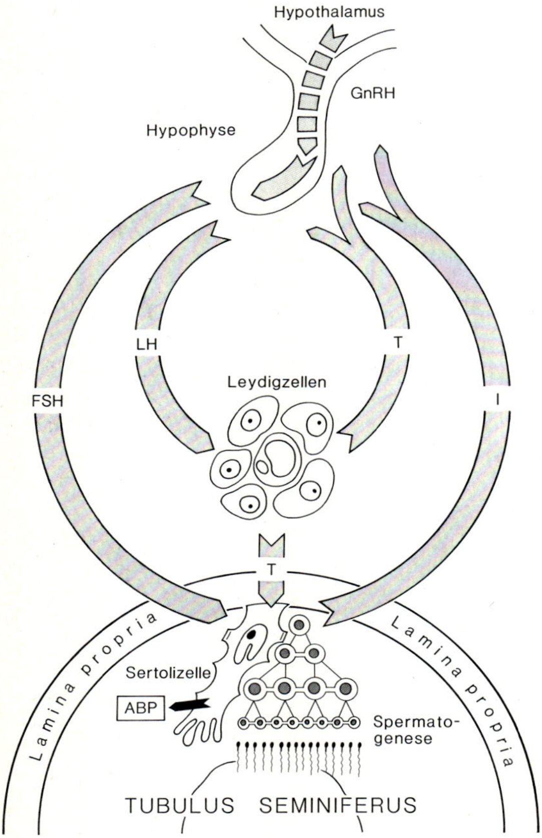

Abb. **5–7**: **Hormonelle Regulation der Spermatogenese** (Erläuterung im Text).

die ableitenden Samenwege transportiert und dadurch funktionserhaltende Stimuli für die Epithelien z. B. der Ductuli efferentes und des Ductus epididymidis setzt.

5.2.2 Spermatozoen (Abb. 5–8)

Das Produkt der Spermatogenese sind die reifen männlichen **Samenzellen** (*Spermatozoen*). Spermatozoen haben eine Länge von etwa 60 µm und bestehen aus *Kopf* und *Schwanz* (Abb. **5**–8a). Der **Kopf** enthält den Zellkern, dem das *Acrosom* kappenförmig aufsitzt. Der **Spermatozoenschwanz** (Abb. **5**–8a, b, c) besteht aus einem *Halsstück, Mittelstück, Hauptstück* und *Endstück*. Mit dem Halsstück ist der Schwanz am Kern implantiert (*Basalplatte*, Abb. **5**–8b). Im Halsstück liegen die beiden *Centriolen* (Abb. **5**–8b). Sie werden von einem *Streifenkörper* umschlossen. Von dem einen Centriol geht das *Axonema* aus. Es besteht aus zwei zentralen Tubuli und neun peripheren Doppeltubuli (Abb. **5**–8c) und erstreckt sich über die ganze Länge des Schwanzes bis zum Endstück. Im Bereich des Mittelstücks sind den neun peripheren Doppeltubuli noch Längsfasern angelagert. Das Mittelstück wird durch eine Scheide von ca. 10 spiralig um das Axonema angeordneten *Mitochondrienringen* (Abb. **5**–8b, c) charakterisiert. Es wird durch einen Ring (*Annulus*) nach caudal begrenzt. Das Hauptstück zeigt irreguläre zirkuläre Ringfasern um das Axonema. Im Bereich des Endstücks löst sich die Ordnung des Axonema auf.

Die Substrukturen eines Spermatozoon haben folgende **funktionelle Bedeutung**:

Der **Kern** enthält die *Chromosomen* (haploider Chromosomensatz: 22 Autosomen + 1 Geschlechtschromosom, d. h. x oder y). Die Chromosomen sind stark kondensiert.

Das **Acrosom** ist eine flache, kappenförmige Blase mit dem Enzym *Acrosin*, das für die Kontaktaufnahme eines Spermatozoon zur Eizelle vor der Befruchtung benötigt wird.

Der **Spermatozoenschwanz** stellt den Antriebsapparat für die Vorwärtsbewegung. Das *Axonema* sorgt mit *Dynein-Armen* zwischen den 9 peripheren Doppeltubuli, deren Kontakte unter Anwesenheit von ATP schnell auf- und abgebaut werden können, für eine Gleitbewegung der Doppeltubuli gegeneinander, die zu einer schlagenden, spiraligen Bewegung des ganzen Spermatozoenschwanzes führt. Der Impuls für die Bewegung des Schwanzes geht offensichtlich von den

Centriolen des Halsstücks aus. Die *Mitochondrien* des Mittelstücks steuern den Energiestoffwechsel der Schwanzbewegung. Die *Längsfasern* des Axonema und die *Ringfasern* des Hauptstücks haben vermutlich aussteifende Skeletfunktionen für den Schwanz.

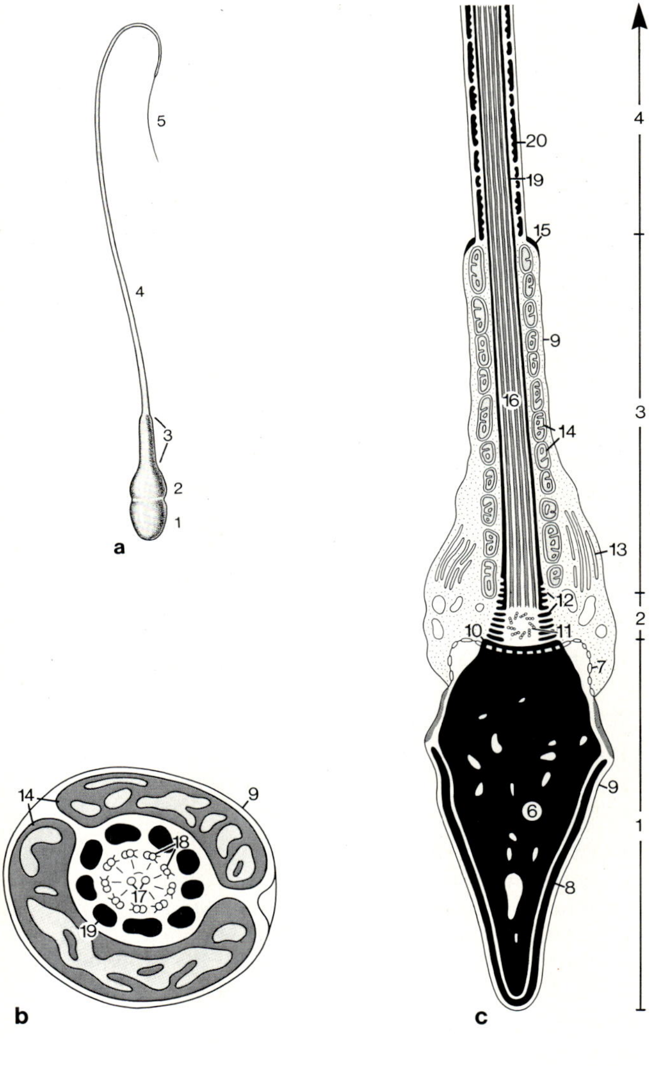

Leitungsbahnen des Hodens

Arterien
A. testicularis (Abb. **8**–55, 77) ← Aorta abdominalis.

Venen
→ *Plex. pampiniformis* (Abb. **5**–2; **8**–77) → V. testicularis: re → V. cava inf., li → V. renalis sin. → V. cava inf.

Regionäre Lymphknoten
Nll. lumbales (Abb. **9**–18).

Nerven
para. und symp.: *Plex. testicularis* ← Plex. renalis und Plex. aorticus abdominalis.

5.3 Ableitende Samenwege

Die in den Hodenkanälchen gebildeten Spermatozoen sammeln sich im *Rete testis* ↗ (Abb. **5**–10). Von dort gelangen sie in die **Ableitenden Samenwege** (Abb. **5**–9). Diese beginnen mit 6–8 aufgeknäuelten kurzen **Ductuli efferentes**, die in den stark gewundenen (etwa 6 m langen) *Ductus epididymidis* münden. Der Nebenhodengang setzt sich in den (35–40 cm langen) **Ductus deferens** fort, der über die **Ductus ejaculatorii** an die *Urethra masculina* angeschlossen ist (Abb. **5**–1).

◁ Abb. **5**–8: **Cytologie des menschlichen Spermatozoon.**
a: Spermatozoon im Ausstrichpräparat
b: Querschnitt durch das Mittelstück
c: Längsschnitt (nach elektronenmikroskopischen Aufnahmen)

1 Spermatozoenkopf
2–5 Spermatozoenschwanz
– 2 Halsstück („Cytoplasmatropfen")
– 3 Mittelstück
– 4 Hauptstück
– 5 Endstück
6 Zellkern
7 Kernmembran
8 Acrosom
9 Plasmalemm
10 Basalplatte
11 Centriol
12 Streifenkörper
13 Endoplasmatisches Reticulum
14 Mitochondrien
15 Annulus
16 Axonema
17 Zentrale Tubuli
18 Doppeltubuli mit Dynein-Ärmchen
19 Längsfasern
20 Ringfasern

5.3.1 Nebenhoden, *Epididymis*[1]

Die Gangkonvolute der *Ductuli efferentes* und des Ductus epididymidis bilden, von einer derben bindegewebigen Hülle gemeinsam umschlossen, den **Nebenhoden**.

Der Nebenhoden sitzt dem Hoden einseitig auf (Abb. **5**–1, 2) und erstreckt sich von dessen cranialem bis zum caudalen Pol. Er wird eingeteilt in die Abschnitte **Nebenhodenkopf** (*Caput epididymidis*), **Nebenhodenkörper** (*Corpus epididymidis*), **Nebenhodenschweif** (*Cauda epididymidis*) und beginnenden Ductus deferens (*Pars epididymica ductus deferentis*). Der Nebenhodenkopf enthält die Ductuli efferentes und den Beginn des Ductus epididymidis (Abb. **5**–9).

MIKROSKOPISCHE ANATOMIE

Die **Ductuli efferentes** (Abb. **5**–11) sind von einem zweireihigen – unregelmäßig hohen – Epithel ausgekleidet, das aus *prismatischen Zellen* und *Flimmerzellen* besteht. Die prismatischen Zellen sezernieren Substanzen für die Reifung der Spermatozoen und nehmen Wasser aus der aus dem Hoden kommenden Flüssigkeit auf. Eine Hülle aus Myofibroblasten umgibt die Kanälchen und sorgt durch Spontankontraktilität für den Transport der Spermatozoen.

Der **Ductus epididymidis** (Abb. **5**–12) besteht aus einem zweireihigen – gleichmäßig hohen – hochprismatischen Epithel. Basal liegen abgerundete Zellen, hochprismatische Zellen bilden die Epitheloberfläche und strecken von ihren Zellkuppen lange *Stereocilien* in das Lumen. Die Stereocilien zeigen einen ähnlichen Aufbau wie Mikrovilli, bilden jedoch stellenweise untereinander Brücken. Stereocilien sind dünne Zytoplasmafortsätze ohne eigene Beweglichkeit. Sie vergrößern einerseits die Zelloberfläche für Sekretions- und Resorptionsvorgänge und sorgen andererseits bei der peristaltischen Kontraktion der Wand des Ductus epididymidis für eine schonende Berührung der Spermatozoen. Auch die Sekretionsprodukte der hochprismatischen Zellen des Ductus epididymidis tragen zur Reifung der Spermatozoen bei.

Die äußere Hülle des Ductus epididymidis *(Lamina propria)* besteht aus spontan kontraktilen *Myofibroblasten* ↗, die für eine Peristaltik des Gangs sorgen. Die Dicke der Lamina propria des Ductus epididymi-

[1] *didymoi* (gr.) = Zwillinge (bezieht sich auf das Hodenpaar im Hodensack). *Epididymis* ist somit das über bzw. neben dem Hoden gelegene Gebilde.

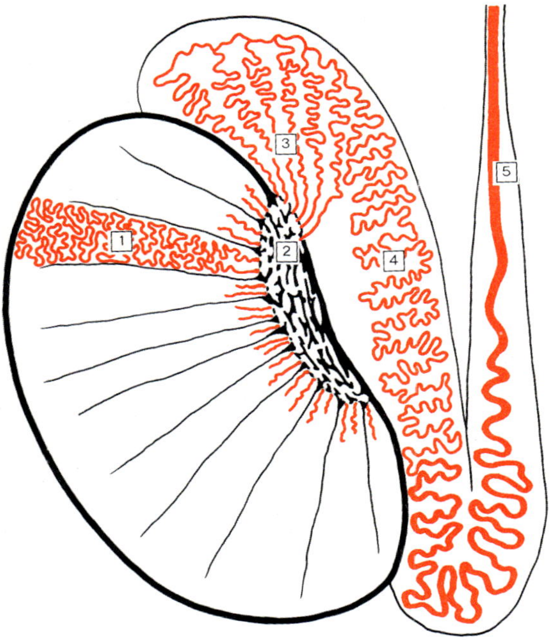

Abb. **5–9**: **Hoden und Ableitende Samenwege** (Schematische Darstellung des Gangsystems).

1 Tubuli seminiferi (in einem von Septula testis begrenzten Lobulus testis)
2 Rete testis

3–5 Ableitende Samenwege
– 3 Ductuli efferentes
– 4 Ductus epididymidis
– 5 Ductus deferens

dis nimmt von cranial nach caudal erheblich zu. Im Nebenhodenschweif (Cauda epididymidis) ist der Ductus epididymidis von einer dicken Myofibroblasten-Hülle umgeben. Das Lumen des Ganges ist weit, das Epithel an Höhe reduziert. In der Cauda epididymidis sammeln sich die Spermatozoen und stehen für die Abgabe durch die Ejaculation bereit.

Leitungsbahnen des Nebenhodens

Arterien

A. testicularis (Abb. **8**–55, 77) ← Aorta abdominalis (für das Caput) ⇒ *A. ductus deferentis* (Abb. **8**–60) ← A. umbilicalis ← A. iliaca int. (für die Cauda).

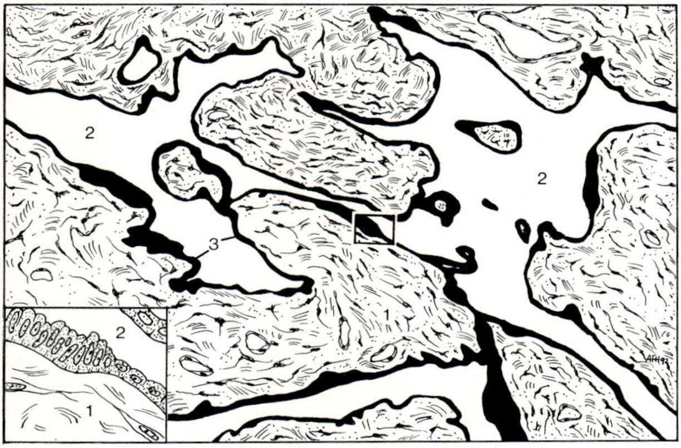

Abb. **5–10**: **Mikroskopische Anatomie des Rete testis.**
Teilbild: Begrenzung der Spalträume durch ein kubisches bis prismatisches Epithel

1 Bindegewebskörper
2 Spaltraum
3 Epitheliale Begrenzung des Spaltraums

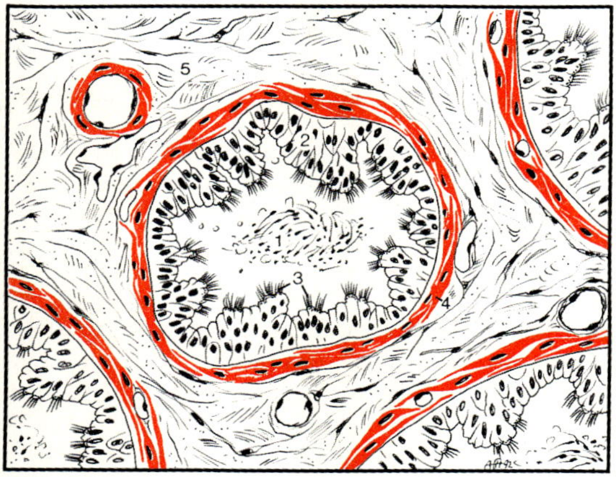

Abb. **5–11**: **Mikroskopische Anatomie des Nebenhodenkopfes: Ductuli efferentes.**

1 Lumen mit Spermatozoen
2 Mehrreihiges prismatisches Epithel
3 Flimmerzellen mit Kinocilien
4 Kontraktile Hülle aus Myofibroblasten
5 Stroma (Lamina propria)

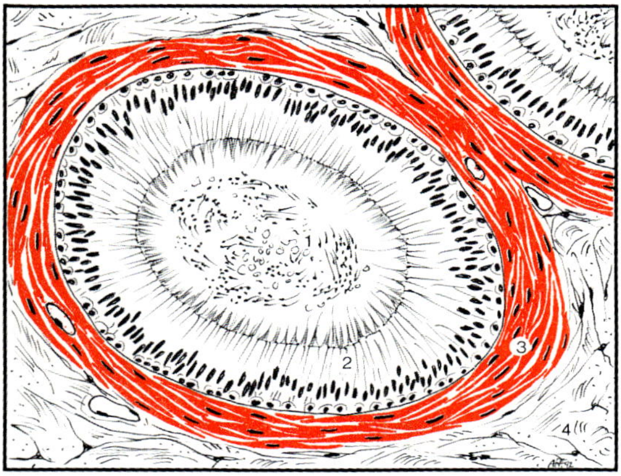

Abb. **5**–12: **Mikroskopische Anatomie des Nebenhodenkörpers: Ductus epididymidis.**

1 Lumen mit Spermatozoen
2 Zweireihiges Epithel mit Stereocilien
3 Kontraktile Hülle aus Myofibroblasten
4 Stroma (Lamina propria)

Venen
→ *Plex. pampiniformis* (Abb. **5**–2; **8**–77) → V. testicularis: re → V. cava inf., li → renalis sin. → V. cava inf.

Regionäre Lymphknoten
Nll. lumbales (Abb. **9**–18).

Nerven
para. und symp.: *Plex testicularis* ← Plex. renalis und Plex. aorticus abdominalis.

5.3.2 Anhänge des Nebenhodens und Hodens

Am Hoden und Nebenhoden sitzen kleine kolbenförmige Anhänge, die Relikte aus der *Embryonalzeit* sind:

Appendix epididymidis (Abb. **5**–2): Dieser kolbige Fortsatz befindet sich am cranialen Pol des Nebenhodens. Er enthält ein mit zweireihigem Flimmerepithel ausgekleidetes Bläschen und stellt das blinde Ende des WOLFF*schen Ganges* dar.

Appendix testis (Abb. **5**–2): Dieser Anhang findet sich am oberen Hodenpol neben dem Nebenhodenkopf. Er ist von Flimmerepithel überzogen und stammt vom cranialen Ende des MÜLLER*schen Ganges* ab.

5.3.3 Samenleiter, *Ductus deferens*

Aus dem Ductus epididymidis geht der 35–40 cm lange **Samenleiter** (*Ductus deferens*) hervor. Er ist ein etwa 3 mm dickes *Rohr aus glatter Muskulatur* mit einem sternförmigen Lumen, das von einem zweireihigen Epithel mit *Stereocilien* – vergleichbar dem Ductus epididymidis – ausgekleidet wird (Abb. **5**–13).

Der Ductus deferens (Abb. **5**–1) beginnt, ausgehend vom Nebenhoden, im Scrotum. Er liegt im *Samenstrang* (↗Bd. 1), zieht durch den *Leistenkanal* (↗Bd. 1) in das kleine Becken und erreicht von dorsal die *Prostata*. Kurz vor der Prostata erweitert er sich zu der *Ampulla ductus deferentis (*Abb. **5**–9), wobei das Epithel in Form rundlicher Kammern, bzw. Alveolen, in die Muskelwand eingelassen ist.

Nach Eintritt in die Prostata ist der Ductus deferens wieder englumig und wird jetzt als **Ductus ejaculatorius** bezeichnet. Die Ductus

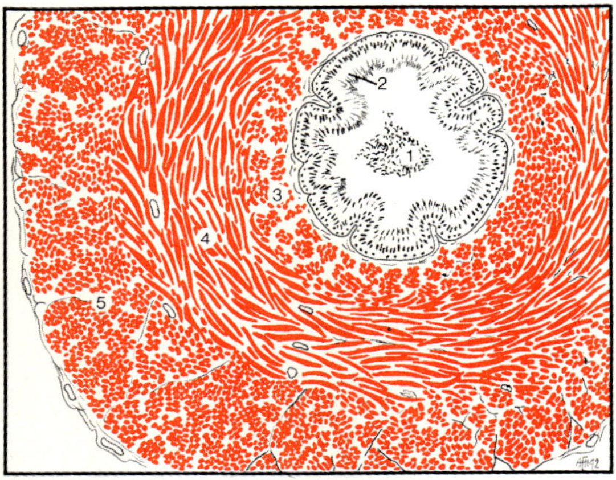

Abb. **5**–13: **Mikroskopische Anatomie des Ductus deferens** (nur etwa halbe Vergrößerung wie in Abb. **5**–11 und **5**–12).

1 Lumen mit Spermatozoen
2 Zweireihiges Epithel mit Stereocilien
3–5 Tunica muscularis
– 3 Stratum longitudinale internum
– 4 Stratum circulare
– 5 Stratum longitudinale externum

ejaculatorii beider Seiten münden auf dem *Colliculus seminalis* in die Pars prostatica der Harnröhre (Abb. **4**–17).

Leitungsbahnen des Samenleiters

Arterien
A. ductus deferentis (Abb. **8**–60) ← A. umbilicalis ← A. iliaca int.

Venen
→ *Plex. pampiniformis* (Abb. **5**–2; **8**–77) → V. testicularis: re → V. cava inf., li → V. renalis → V. cava inf.

Regionäre Lymphknoten
Nll. iliaci
Nll. lumbales (Abb. **9**–15).

Nerven
para.: *Nn. splanchnici pelvini*
symp.: (Ejaculation): Nn. splanchnici lumbales.

5.4 Akzessorische Geschlechtsdrüsen (Abb. 5–14)

Zu diesen Drüsen, die mit ihren Sekreten die Samenflüssigkeit bilden, gehören die paarigen **Bläschendrüsen,** die unpaare **Vorsteherdrüse** und die paarigen **Cowperschen Drüsen.**

5.4.1 Bläschendrüse, Samenblase *Glandula vesiculosa, Vesicula* [*Glandula*] *seminalis*

Die **Bläschendrüse** (oder auch **Samenblase**) liegt jederseits hinter der Harnblase (Abb. **5**–1, 15) und besteht aus einem ca. 15 cm langen, weitlumigen Drüsengang, der durch Knäuelung auf ca. 5 cm verkürzt ist. Der Gang hat eine glattmuskuläre Wand, in die Alveolen (Abb. **5**–15) eingelagert sind, die von einem ein- bis zweireihigen prismatischen Drüsenepithel ausgekleidet sind.

Das Sekret der Bläschendrüsen ist gelatinös und enthält neben Proteinen reichlich Fructose, die von den Spermatozoen für ihren Bewegungsstoffwechsel benötigt wird.

5.4.2 Vorsteherdrüse, *Prostata*

Die Vorsteherdrüse liegt unterhalb der Harnblase (Abb. **4**–17; **5**–1, 14; **7**–1) und wird als kastaniengroßes Organ beschrieben. Sie besteht aus Bindegewebe und glatter Muskulatur, d. h. einem fibromuskulären Stroma (*Stroma fibromusculare* [*myoelasticum*]), in das 30–40 tubuloalveoläre Drüseneinheiten eingelagert sind (Abb. **5**–17), die in die Harnröhre münden (Abb. **4**–17; **5**–16).

Die Harnröhre zieht etwa durch das Zentrum der Prostata. Um sie herum gruppieren sich die Drüseneinheiten in folgender Anord-

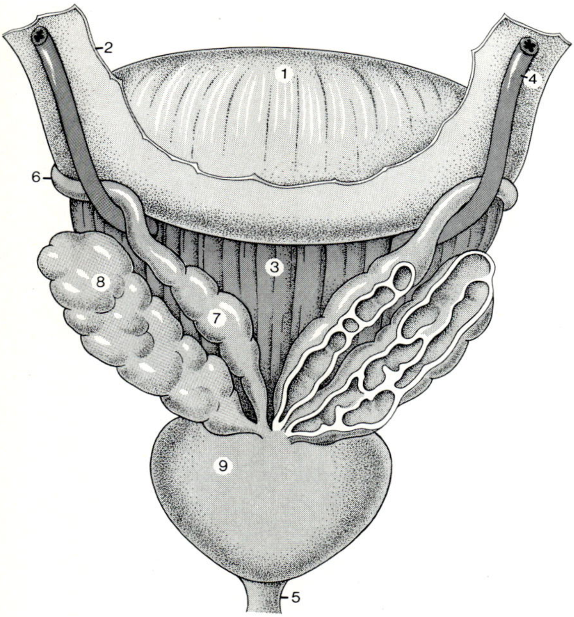

Abb. **5**–14: **Akzessorische Geschlechtsdrüsen** (von dorsal, rechts teilweise aufgeschnitten).

1 Harnblase mit Bauchfellüberzug
2 Bauchfellumschlag im Bereich der Excavatio rectovesicalis ↗
3 Fundus der Harnblase (subperitoneal)
4 Ureter
5 Urethra masculina
6 Ductus deferens
7 Ampulla seminalis
8 Vesicula seminalis
9 Prostata

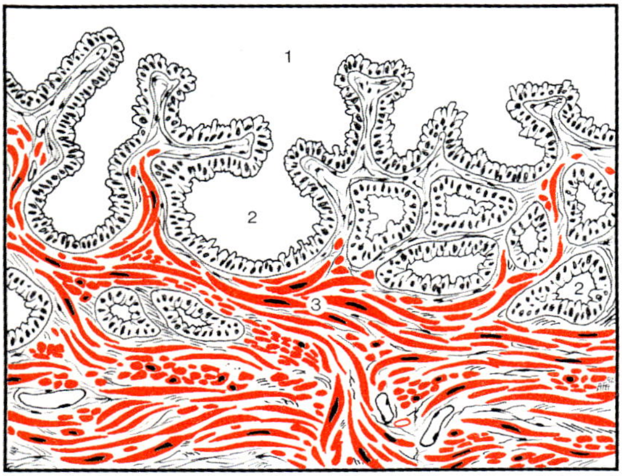

Abb. **5–15**: **Mikroskopische Anatomie der Samenblase.**
1 Lumen
2 Drüsenalveole
3 Tunica muscularis

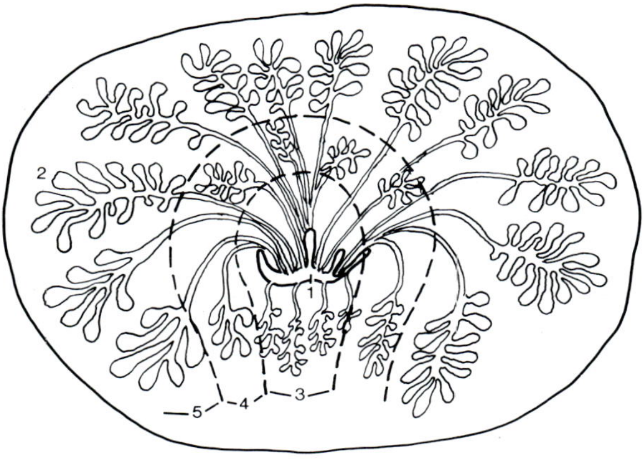

Abb. **5–16**: **Schichtenbau der Prostata.**
1 Urethra masculina (Pars prostatica)
2 Tubulo-alveoläre Drüse
3 Periurethrale Mantelzone
4 Innenzone
5 Außenzone

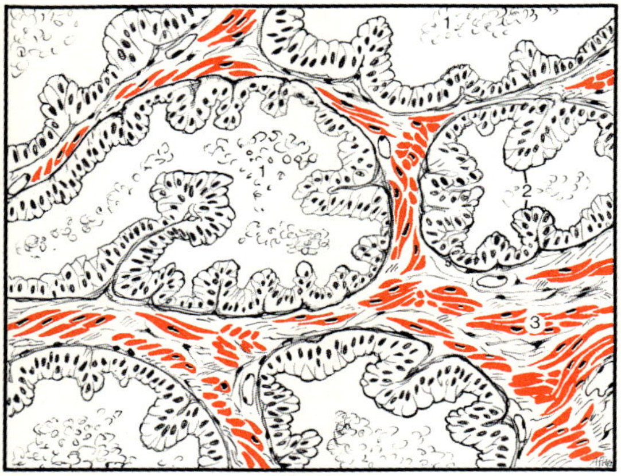

Abb. **5**–17: **Mikroskopische Anatomie der Prostata.**
1 Lumen tubulo-alveolärer Drüsen
2 Einschichtiges bis zweireihiges hochprismatisches Epithel
3 Stroma fibromusculare [myoelasticum] (rot: glatte Muskelzellen)

nung (Abb. **5**–16): periurethrale Mantelzone, Innenzone, Außenzone.

Die Prostata stellt ein kompliziert zusammengesetztes Sekret her, das bei der Ejaculation der Samenflüssigkeit beigegeben wird. Das Sekret hat u. a. eine Schutzfunktion für die Spermatozoen, wirkt bakteriostatisch und stimuliert beim Geschlechtsverkehr den Uterus für die Aufnahme der Spermatozoen. Die Prostata ist, wie auch die anderen akzessorischen Geschlechtsdrüsen des Mannes, abhängig von Androgenen, z. B. Testosteron. Androgene erhalten die sekretorische Aktivität der Prostata und werden nach Entfaltung ihrer Wirksamkeit im Stroma abgebaut. Im Alter nimmt jedoch die Fähigkeit der Prostata, Androgene zu metabolisieren, ab. Es kommt zu einer vermehrten Stimulation der Drüsenepithelien und zu einer Zunahme des Gewebes vor allem in der Innenzone (Prostatahyperplasie oder Prostata-Adenom). Die Gewebsvermehrung der Innenzone kann die Pars prostatica urethrae einengen und zu einer Abflußbehinderung des Urins führen.

5.4.3 Cowpersche Drüse, *Glandula bulbo-urethralis*

Die linsengroßen Drüsen liegen neben dem *Bulbus penis* ↗ (Abb. **5**–1), eingebettet in den *M. transversus perinei profundus* ↗ (bzw. *M. sphincter urethrae* ↗) und senden ihre Ausführungsgänge in die „Ampulla urethrae". Das vor der Ejaculation ausgestoßene Drüsensekret ist schleimhaltig und dient der Immissio penis beim Coitus.

Leitungsbahnen der Vorsteherdrüse und der Samenblasen

Arterien
A. vesicalis inf. (Abb. **8**–60) ← A. iliaca int. ⇒ *A. rectalis media* (Abb. **8**–60, 63) ← A. iliaca int..

Venen
Plex. venosus prostaticus → *Plex. venosus vesicalis* → V. iliaca int.

Regionäre Lymphknoten
Nll. iliaci int. → Nll. lumbales.

Nerven
para: *Plex. prostaticus* ← Nn. splanchnici pelvini ← S3–4.
symp.: *Plex. prostaticus* ← Nn. splanchnici lumbales.

5.5 Männliches Glied, *Penis*

Das Männliche Glied (Abb. **5**–1) besteht aus den Schwellkörpern und der *Harnröhre*. Schwellkörper sind die beiden *Corpora cavernosa penis* und das *Corpus spongiosum penis*. An der vorderen Spitze des Penis bildet das Corpus spongiosum die Eichel, *Glans penis*.

Die **Corpora cavernosa penis** sind mit den *Crura penis* an den unteren Schambeinästen des Beckens angewachsen (Abb. **5**–18; **7**–7). Hier werden sie von dem aus Skeletmuskulatur bestehenden *M. ischiocavernosus* ↗ bedeckt. Die beiden Corpora cavernosa bilden den Penisschaft (Corpus penis). Sie werden gemeinsam von einer derben bindegewebigen Hülle (*Tunica albuginea*) umschlossen und in der Mediansagittalebene durch ein unvollständiges *Septum penis* getrennt (Abb. **5**–19).

Mit der konkaven Unterseite der Corpora cavernosa penis ist das **Corpus spongiosum penis** verwachsen (Abb. **5**–19). Dieser Schwell-

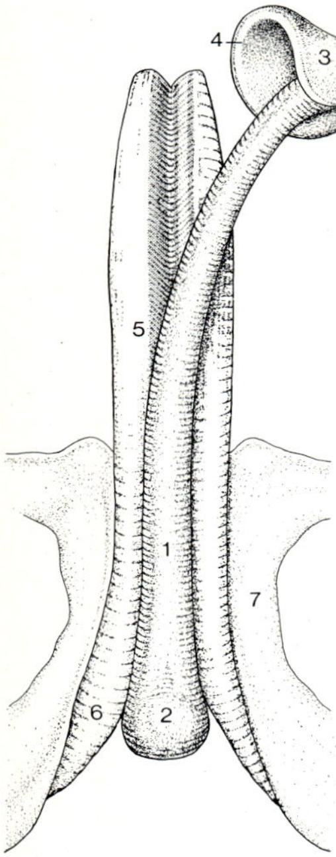

Abb. **5**–18: **Schwellkörper des Penis** (von unten, vorderer Abschnitt des Corpus spongiosum penis mit der Glans penis von den Corpora cavernosa penis abgelöst).
1 Corpus spongiosum penis
2 Bulbus penis
3 Glans penis
4 Corona glandis
5 Rechtes Corpus cavernosum penis
6 Rechtes Crus penis
7 Unterer Schambeinast

körper bildet zwischen den Crura penis den *Bulbus penis* (Abb. **5**–19). Er enthält die *Harnröhre* und reicht bis zur *Glans penis*. Alle Schwellkörper sind von Blättern der *Fascia penis* umschlossen.

Die **Glans penis** (Abb. **5**–1, 19) enthält auch noch Schwellkörpergewebe des Corpus spongiosum. Sie ist mit einem Wulst (*Corona glandis*) und einer dahinter gelegenen Rinne *(Collum glandis)* gegen die Corpora cavernosa abgesetzt.

Die Haut des Penis ist fettfrei und auf dem Penisschaft leicht verschieblich. Sie bedeckt die Glans penis mit einer zirkulären Falte, der **Vorhaut**, *Praeputium* (Abb. **5**–15). Die Vorhaut läßt sich von der Glans penis zum Corpus penis zurückziehen. Unter der Vorhaut bildet sich leicht eine weiß-gelbliche Masse aus abgeschilferten Epithelien und Bakterien, *Smegma*. Eine zu enge Vorhaut (*Phimose*) verhindert eine Entfernung des Smegma und kann Ursache für eine Entzündung der Vorhauttasche (*Balanitis*) sein.

5.5.1 Männliche Harnröhre, *Urethra masculina*

Die Harnröhre (Abb. **5**–20) ist beim Mann ca. 25 cm lang. Sie beginnt am **Ostium urethrae internum**↗ am Boden der Harnblase („*Pars intramuralis*"), durchsetzt die Prostata **(Pars prostatica)**, durchbohrt das Diaphragma urogenitale **(Pars membranacea)**, zieht durch den

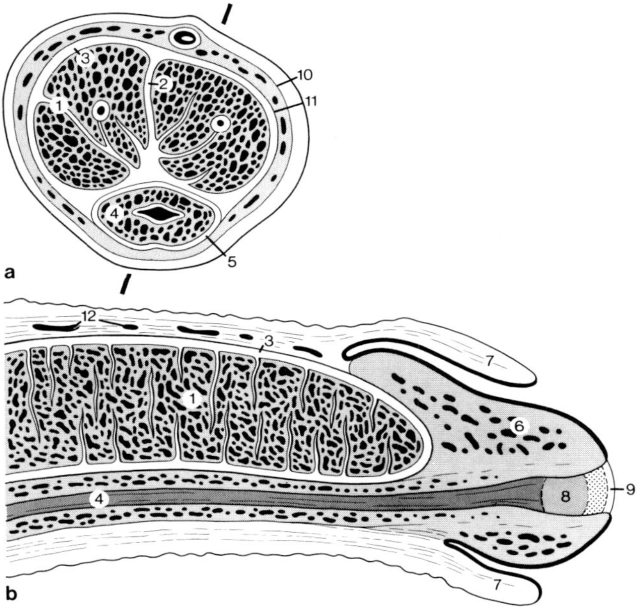

Abb. **5**–19: **Männliches Glied.**
a: Querschnitt durch den Penisschaft
b: Längsschnitt durch den Penis (Schnittrichtung im Teilbild *a* angegeben)

1 Corpus cavernosum penis (im Teilbild *a* mit A. prof. penis; im Teilbild *b* mit Trabeculae corporum cavernosorum)
2 Septum penis
3 Tunica albuginea corporum cavernosorum
4 Corpus spongiosum penis (mit Urethra masculina)
5 Tunica albuginea corporis spongiosi
6 Glans penis
7 Praeputium
8 Fossa navicularis urethrae
9 Ostium urethrae externum
10 Fascia penis superficialis
11 Fascia penis profunda

Penis **(Pars spongiosa)** und erreicht an der Spitze der Glans penis ihre äußere Öffnung **(Ostium urethrae externum)**.

In der Pars prostatica urethrae münden die *Ductus ejaculatorii* auf einer kleinen Erhebung der Schleimhaut, *Colliculus seminalis* (Abb. **4**–17). Hier wird bei der Ejaculation Samenflüssigkeit in die Harnröhre abgegeben. Wegen ihrer Doppelfunktion wird die männliche Urethra auch als *„Harnsamenröhre"* bezeichnet (s. auch S. 273).

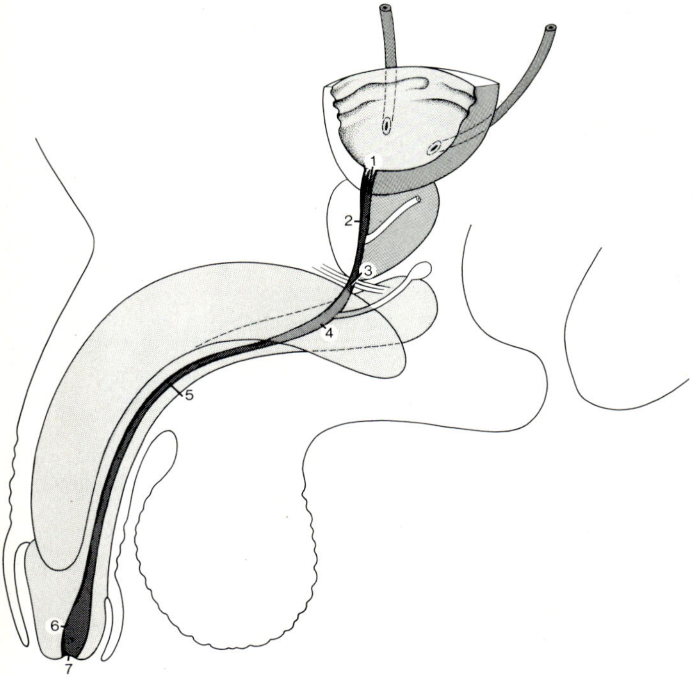

Abb. **5**–20: **Männliche Harnröhre.**

1 Ostium urethrae internum
2 Pars prostatica (mit einmündendem Ductus ejaculatorius)
3 Pars membranacea (Engstelle im Diaphragma urogenitale)
4 Ampullenartig erweiterter hinterer Abschnitt der Pars spongiosa (mit einmündendem Ductus glandulae bulbo-urethralis)
5 Pars spongiosa (im Corpus spongiosum penis)
6 Fossa navicularis (im vordersten Abschnitt der Pars spongiosa)
7 Ostium urethrae externum

Die *Pars spongiosa urethrae* erweitert sich kurz vor dem **Ostium urethrae externum** zur **Fossa navicularis** (Abb. **5**–20). Hier gibt es eine glykogenreiche Zone in einem mehrschichtigen unverhornten Plattenepithel, die wegen ihrer Besiedlung mit Milchsäure-bildenden Bakterien (*Lactobacillus acidophilus*) als physiologische Schutzzone gegen von außen eindringende Entzündungserreger anzusehen ist. Der größte Teil der Harnröhre wird von einem mehrreihigen hochprismatischen Epithel ausgekleidet, das Substanzen mit bakteriziden Eigenschaften absondert (z. B. *Lysozym*↗).

5.5.2 Erection

Das Männliche Glied (*Penis*) wird bei sexueller Erregung *erigiert*. Der im erschlafften Zustand herabhängende Penis wird dabei groß und hart und richtet sich auf. Die Erection wird durch eine vermehrte *Blutfüllung der Corpora cavernosa* (Abb. **5**–21) hervorgerufen. Aus den spiralartigen Arterien (*Aa. helicinae*, Äste der *A. profunda penis*↗) strömt das Blut in die Kammern der Corpora cavernosa. Hier entsteht ein hoher Druck, dem die nicht dehnbare *Tunica albuginea* standhält. Die Corpora cavernosa besitzen Sperrmechanismen für den Blutabfluß während der Erection, das Corpus spongiosum mit

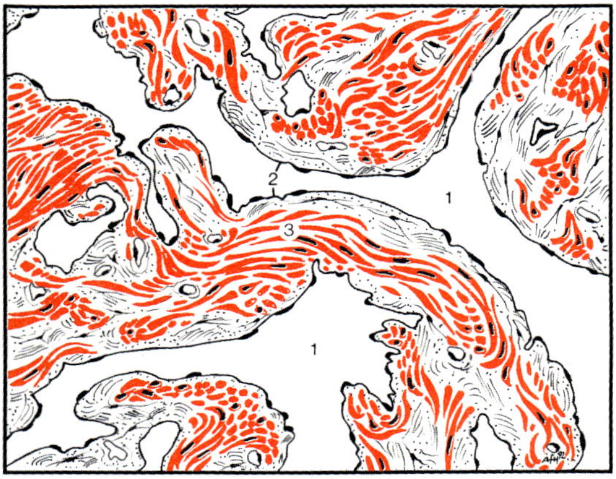

Abb. **5**–21: **Mikroskopische Anatomie des Corpus cavernosum penis.**
1 Cavernen
2 Endothelauskleidung der Cavernen
3 Trabeculum mit glatter Muskulatur

der Glans penis jedoch nicht. Im *Corpus spongiosum* wird daher kein hoher Binnendruck aufgebaut, so daß die Harnröhre für das bei der Ejaculation durchtretende Sperma offen bleibt.

Leitungsbahnen des Penis'

Arterien
sämtlich aus *A. pudenda int.* (Abb. **8**–62)
- Corpus cavernosum: *A. profunda penis* (Abb. **5**–12; **8**–62) ⇒ *A. dorsalis penis* (Abb. **8**–62).
- Corpus spongiosum: *A. bulbi penis* ⇒ *A. urethralis* (Abb. **8**–62) (im Bereich der Glans penis ⇒ *A. dorsalis penis*).

Venen
Tiefer Abfluß (aus den Schwellkörpern):
Vv. profundae penis → *V. dorsalis penis prof.* (Abb. **5**–12; **8**–62) → Plex. venosus prostaticus → Plex. venosus vesicalis → V. iliaca int.
Oberflächlicher Abfluß:
Vv. dorsales penis superficiales → Vv. pudendae ext. (Abb. **8**–83) → V. saphena magna.

Regionäre Lymphknoten
Nll. inguinales superf. (Abb. **9**–20) → Nll. inguinales prof. → Nll. iliaci.

Nerven
mot. (Mm. ischiocavernosi, M. bulbospongiosus): Nn. perineales ← *N. pudendus* ← Plex. sacralis;
sens.: N. dorsalis penis → *N. pudendus* → Plex. sacralis.
para. und symp.:
- *Erektion* (parasympathisch dominiert): Reflexbogen (verstärkt durch zentralnervöse Impulse aus der Großhirnrinde, dem Limbischen System und aus dem Hypothalamus) Genitalnervenkörperchen → N. pudendus → *Nucl. intermediomedialis* (S3) → Nn. splanchnici pelvini → Plex. prostaticus → Nn. cavernosi penis;
- *Ejakulation* (sympathisch dominiert): Reflexbogen Genitalnervenkörperchen → N. pudendus → *Nucl. intermediolateralis* (L1–L3) → Plex. hypogastricus sup. et inf. → glatte und quergestreifte Muskulatur der ableitenden Samenwege und des Penis, sowie der akzessorischen Geschlechtsdrüsen.

5.6 Sexuelle Reaktion des Mannes (vgl. auch S. 353)

Die sexuelle Reaktion des Mannes läuft in folgenden **Phasen** ab: *Erregungsphase, Plateauphase, Orgasmusphase, Rückbildungsphase*. Bei anhaltender sexueller Erregung mit **Erection** wird eine vermehrte

Sekretion der akzessorischen Geschlechtsdrüsen angeregt. Der Höhepunkt der sexuellen Erregung kann eine Zeitlang erhalten bleiben (Plateauphase). Die Emission von Sekreten der Prostata und Bläschendrüsen löst die Orgasmusphase aus. Es kommt zur **Ejaculation** von Samenflüssigkeit. Dabei kontrahieren sich der *Ductus deferens*, die *Samenblasen* und Teile der *Prostata*. Durch zusätzliche Kontraktionen der den Penis-Ursprung umschließenden *Muskeln* (M. bulbocavernosus und M. ischiocavernosus) wird die Samenflüssigkeit (Sperma) durch die Harnsamenröhre gepreßt und aus dem Penis herausgespritzt. Nach Abklingen der sexuellen Erregung erlischt die starke Sekretion der akzessorischen Geschlechtsdrüsen, und der Penis schlafft ab.

Das **Ejaculat** (*Sperma*) besteht aus den Samenzellen und Sekreten der akzessorischen Geschlechtsdrüsen. Unmittelbar nach der Ejaculation macht es einen gallertigen Eindruck. Die Verflüssigung erfolgt nach ca. 20 Minuten durch die Wirkung von Enzymen. Als *Normozoospermie* wird ein Ejaculatbefund bezeichnet, der ca. 4 ml Volumen, ca. 40 Mill. Spermatozoen und ca. 50% Spermatozoen mit lebhafter Vorwärtsbewegung (progressive Motilität) aufweist. Die Bestimmung der *Acrosinaktivität* gibt Auskunft über Vorhandensein und Reifung des Acrosoms. Feststellungen der Menge von *Fructose, Carnitin* und *Phosphatase* erlauben eine Beurteilung der Funktion der akzessorischen Geschlechtsdrüsen.

Eine herabgesetzte Zahl der Spermatozoen im Ejaculat (*Oligozoospermie*), eine verminderte progressive Beweglichkeit (*Asthenozoospermie*), eine vermehrte Zahl fehlgebildeter Spermatozoen (*Teratozoospermie*) oder das Fehlen von Spermatozoen (*Azoospermie*) beeinträchtigen oder verhindern die Zeugungsfähigkeit eines Mannes.

6 Weibliche Geschlechtsorgane

Die **Weiblichen Geschlechtsorgane** bestehen einerseits aus im Kleinen Becken gelegenen **Inneren Organen**: *Ovarien* (Eierstöcke), *Tubae uterinae* (Eileiter), *Uterus* (Gebärmutter), *Vagina* (Scheide), andererseits aus den am Beckenboden befindlichen **Äußeren Geschlechtsorganen**: *Vulva* (Scheidenvorhof), *Clitoris* (Kitzler), *Labia pudendi* (Schamlippen), *Gll. vestibulares* (Vorhofdrüsen).

Die Komponenten der **weiblichen Geschlechtsfunktion** sind den Geschlechtsorganen (Abb. **4**–1) in folgender Weise zugeordnet:

(1) **Oogenese** (Bildung der Gameten): *Eierstock*;

(2) **Befruchtung** und **Transport** der Zygote und ihrer ersten Entwicklungsstufen: *Eileiter*;

(3) **Brutkammer** für den heranwachsenden neuen Organismus und **Austreibungsmotor** während der Geburt: *Gebärmutter*;

(4) **Begattungsorgan** und gleichzeitig **Geburtsweg**: *Scheide*;

(5) **Endokrine Beeinflussung** des Gesamtorganismus durch die weiblichen Geschlechtshormone: *Eierstock*, (temporär *Placenta*).

6.1 Gebärmutter, *Uterus*[1]

Der **Uterus** steht anatomisch und funktionell im Zentrum des weiblichen Genitaltrakts. Es handelt sich um ein Organ, das sich während des größten Teils des Lebens in relativer *Funktionsruhe* befindet und nur während der Schwangerschaftsphase zur vollen *funktionellen Entfaltung* gelangt. Dabei ist die Entfaltung des etwa nur 8 cm langen Ruheorgans zum *Brutraum* und *Geburtsmotor* für die bis zu 50 cm große Frucht und ebenso die rasche *Rückbildung* zur Ruheform eine höchst bemerkenswerte biologische Leistung. Während der Funktionsruhe der nicht graviden Gebärmutter spielen sich jedoch in deren Schleimhaut zyklische Veränderungen von größter ärztlicher Bedeutung ab (vgl. S. 320).

[1] In zusammengesetzten Begriffen auch: *metra* (gr.) und *hystera* (gr.). Beispiele: *Endometrium, Hysterektomie.*

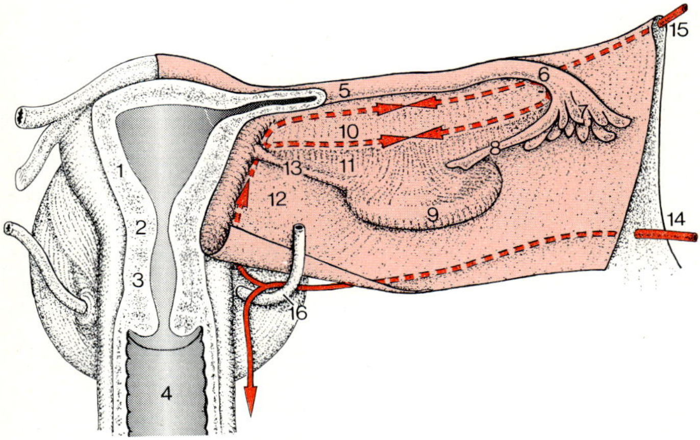

Abb. **6**–1: **Uterus und Adnexe** (von dorsal, Uterus und Vagina eröffnet).
Hellrot: Bauchfell

1 Corpus uteri
2 Isthmus uteri
3 Cervix uteri
4 Vagina
5 Tuba uterina
6 Ampulla tubae uterinae
7 Infundibulum tubae uterinae
8 Fimbria ovarica
9 Ovarium
10 Mesosalpinx (am Tubenansatz Anastomose, sog. „Eierstockarkade", zwischen dem Tubenast der A. ovarica und dem Tubenast der A. uterina)
11 Mesovarium (in dessen Wurzel Anastomose zwischen dem Eierstockast der A. ovarica und dem Eierstockast der A. uterina)
12 Mesometrium (an der Uteruskante aufsteigend: A. uterina)
13 Lig. ovarii proprium
14 A. uterina (in der Basis des Lig. latum); *abwärts gerichteter Pfeil:* Rr. vaginales
15 A. ovarica (im Lig. suspensorium ovarii)
16 Ureter (unterkreuzt die A. uterina)

Die nicht gravide Gebärmutter, von der in der Folge allein die Rede sein wird, ist ein massives, fast nur aus Muskulatur bestehendes und daher sehr derbes Organ von etwa 7–9 cm *Länge*. In der *Ansicht von ventral* hat dieses die *Form* einer Birne. Der Birnenform entsprechend sind der *Gebärmutterkörper,* **Corpus uteri**, und der *Gebärmutterhals,* **Cervix uteri**, zu unterscheiden (Abb. **6**–1).

In der *Seitenansicht* (Abb. **6**–2) zeigt sich, daß die Corpusachse gegen die Cervixachse physiologischerweise nach ventral geknickt ist: sog. **Anteflexio uteri**. Generell wird die Abknickung zwischen Cor-

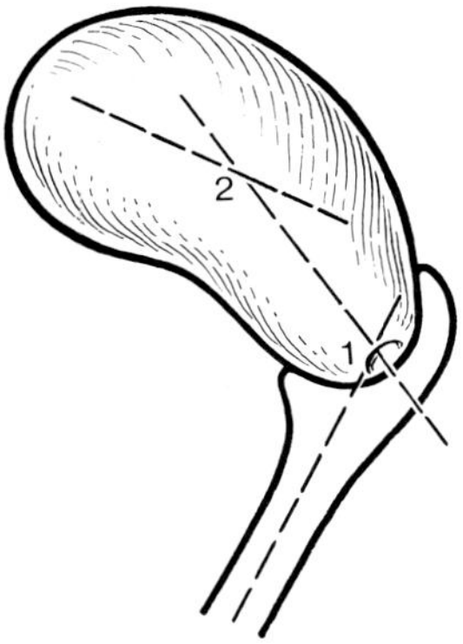

Abb. **6–2**: **Stellung und Haltung der Gebärmutter** (von lateral).
1 Anteversio uteri: Winkel zwischen den Achsen von Vagina und Cervix uteri
2 Anteflexio uteri: Winkel zwischen den Achsen von Corpus und Cervix uteri

pus und Cervix als **Flexio** bezeichnet; jedoch nur die *Anteflexio* ist physiologisch. Klinisch ebenso wichtig wie diese Knickung im Uterus selbst ist die Tatsache, daß auch die Cervixachse noch einmal nach ventral gegen die Achse der Vagina geneigt ist: sog. **Anteversio uteri**. Generell wird die Neigung der Cervixachse als **Versio** bezeichnet; jedoch nur die *Anteversio* ist physiologisch.

Anteversio und Anteflexio sind für die individuelle Haltung und Stellung des Uterus unter physiologischen und pathologischen Bedingungen kennzeichnende Merkmale. Durch die antevertierte und anteflektierte Lage des Uterus kommt dessen nach unten weisende Vorderfläche (*Facies vesicalis*) auf die entleerte Harnblase zu liegen, während die nach oben weisende Hinterfläche (*Facies intestinalis*) in Kontakt mit Dünndarmschlingen kommt (Abb. **7**–2). Die Lage des Uterus ist in gewissem Umfang von Lage und Füllungszustand der Nachbarorgane beeinflußbar: so bewirkt die sich füllende Harnblase reversibel eine Aufrichtung des Uterus. Mit dem Begriff **Positio** wird die Stellung des Gesamtuterus im Kleinen Becken bezeichnet. Bei *normaler Position* liegt die Uterusachse in der Medianen, der geburtshilflichen „Führungslinie" folgend. Immerhin bei 10% der Frauen hiervon abweichende Positionen werden als *Dextro-* oder als *Sinistropositio*, bzw. als *Ante-* oder *Retropositio* bezeichnet.

Vom **Corpus uteri** gehen nach beiden Seiten die Eileiter ab (Abb. **6**–1). Der den Tubenabgang überhöhende Bereich des Corpus wird als *Fundus uteri* benannt. Im Übergangsgebiet zwischen Corpus und Cervix uteri nimmt ein etwa 1 cm hoher Bereich funktionell eine Sonderstellung ein. Dieser *Isthmus uteri* (sog. *unteres Uterinsegment*, auch **Innerer Muttermund** im gynäkologischen Sprachgebrauch; Abb. **6**–3) scheint zunächst anatomisch dem Cervixbereich zuzugehören; er wird jedoch im Gegensatz zu diesem – wenn auch erst nach dem dritten Schwangerschaftsmonat – in den *Brutraum* einbezogen und beteiligt sich auch an den Schleimhautveränderungen des Corpusteils.

Die **Cervix uteri** ragt mit ihrem caudalen Ende zapfenartig in die Vagina hinein (Abb. **6**–1, 3): *Portio vaginalis* (kurz **„Portio"**). Der

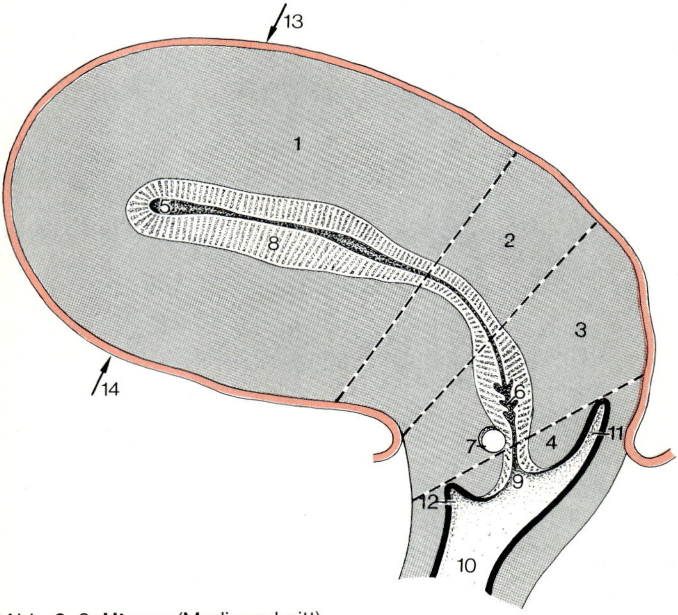

Abb. **6**–3: **Uterus** (Medianschnitt).
Rot: Perimetrium, *grau:* Myometrium

1 Corpus uteri
2 Isthmus uteri
3–4 Cervix uteri
– 3 Portio supravaginalis cervicis
– 4 Portio vaginalis cervicis
5 Cavitas uteri
6 Canalis cervicis uteri
7 Ovulum NABOTHI
8 Endometrium
9 Ostium uteri
10 Vagina
11 Hinteres Scheidengewölbe (Pars posterior fornicis vaginae)
12 Vorderes Scheidengewölbe (Pars anterior fornicis vaginae)
13 Facies intestinalis uteri
14 Facies vesicalis uteri

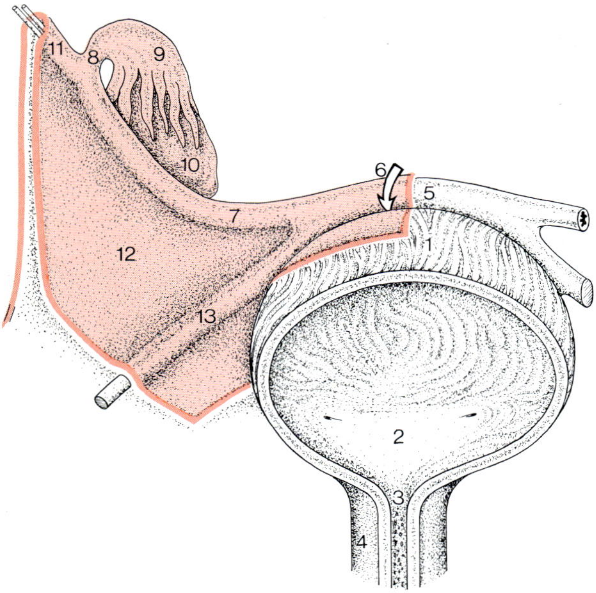

Abb. **6**–4: **Harnblase und weibliche Beckenorgane** (von ventral, Harnblase und Urethra eröffnet).
Hellrot: Bauchfell, *dunkelrot:* Schnittkanten

1 Apex vesicae urinariae
2 Trigonum vesicae
3 Ostium urethrae int.
4 Urethra
5 Fundus uteri (teilweise vom Blasenscheitel verdeckt)
6 Pfeil in der Excavatio vesicouterina
7 Tuba uterina
8 Ampulla tubae uterinae
9 Infundibulum tubae uterinae
10 Ovarium
11 Lig. suspensorium ovarii (mit Vasa ovarica)
12 Lig. latum
13 Lig. teres uteri

nicht vom Scheidengewölbe umfaßte Teil der Portio wird dementsprechend als *Portio supravaginalis* (Abb. **6**–3) bezeichnet. Die Portio ist ein von außen (durch *Kolposkopie*) optisch und instrumentell leicht zu untersuchender Teil der Gebärmutter. Im Bereich der Portio öffnet sich der *Cervicalkanal* (*Canalis cervicis uteri*) im **Äußeren Muttermund** (*Ostium uteri*). Der Äußere Muttermund (Abb. **6**–3) wird von einer vorderen (*Labium anterius*) und hinteren **Muttermundslippe**

(*Labium posterius*) begrenzt; er ist bei der Nullipara[1] grübchenförmig, nach Geburten eingekerbt.

Der *Portio vaginalis* kommt wegen ihrer leichten Zugänglichkeit außerordentliche praktische Bedeutung im Rahmen der Früherkennung gewisser Formen des *Gebärmutterkrebses* zu.

Der Uterus enthält ein enges Lumen, **Cavitas uteri** (Abb. **6**–1, 3), das einerseits über den Cervicalkanal und das *Ostium uteri* mit dem *Vaginallumen* und andererseits über die *Eileiter* mit der *Bauchhöhle* in Verbindung steht. Diese anatomisch offene Verbindung zwischen der Außenwelt (Vaginallumen) und der Bauchhöhle ist jedoch biologisch abgeschrankt durch den *Schleimpfropf* des Cervicalkanals (vgl. S. 319). Der Hohlraum des Uterus wird von der *Tunica mucosa*, **Endometrium** (Abb. **6**–3), ausgekleidet. Anschließend an das Endometrium besteht die Hauptmasse des Uterus aus der etwas über 1 cm dicken *Tunica muscularis*, **Myometrium**. Die Oberfläche der Gebärmutter wird von einer von Bauchfell bedeckten *Tunica serosa*, **Perimetrium** (Abb. **6**–3), gebildet.

Die **Bauchfellverhältnisse** des Uterus (Abb. **6**–3; **7**–2) sind so gestaltet, daß der *Corpusteil als intraperitoneal* und der *Cervixteil* als teils *retro-*, teils *extraperitoneal* gelegen aufzufassen sind. Der intraperitoneale Corpusteil, der vom visceralen Bauchfellblatt des Perimetrium überzogen ist, steht nach lateral hin auf jeder Seite durch die *Bauchfellduplikatur* des **Ligamentum latum** (Abb. **6**–1, 4, 5) mit der seitlichen Beckenwand in Verbindung (s. u.). Besonders beachtenswert ist das Verhalten des Bauchfells auf der Vorder- und Hinterfläche des Uterus. Die Vorderfläche (*Facies vesicalis*) ist *bis zum Isthmus einschließlich* von Bauchfell bekleidet. An der Grenze zur Cervix schlägt sich das Peritoneum unter Bildung der **Excavatio vesico-uterina** (Abb. **6**–4; **7**–2) auf die Harnblase über. Während das Bauchfell sonst überall fest auf der Uterusoberfläche haftet, ist es im Bereich des Isthmus (s. o.) in einer lockeren Bindegewebsschicht leicht *abschiebbar*, was operationstechnisch von Interesse ist. Auf der Rückseite (*Facies intestinalis*) sind die Bauchfellverhältnisse insofern ganz andere, als das weiter hinaufreichende *hintere Scheidengewölbe* das Peritoneum von der Cervix uteri abdrängt (Abb. **6**–3; **7**–2). Das Bauchfell überzieht ein gutes Stück weit die Hinterwand des hinteren Scheidengewölbes, ehe es sich unter Bildung der **Excavatio recto-uterina** (**Douglasscher Raum**[2]) auf das Rectum umschlägt (Abb. **7**–2).

---

[1] *Nullipara* = Frau, die noch kein Kind geboren hat.

[2] James Douglas (1675–1735), Anatom und Gynäkologe in London.

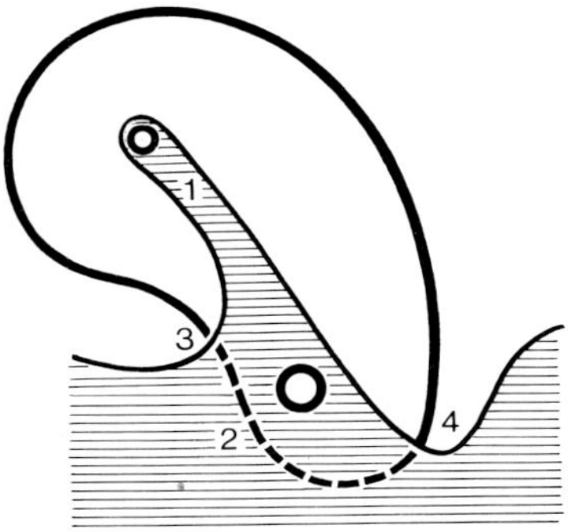

Abb. **6**–5: **Beziehung des Uterus zum parametranen Beckenbindegewebe** (Sagittalschnitt durch das Lig. latum, dicht neben dem Uterus; vgl. Abb. **6**–6).

1 Lig. latum (im freien Rand der Querschnitt der Tube)
2 subperitoneales Bindegewebe im Niveau der Cervix uteri (mit Querschnitt der A. uterina), funktionell als „Lig. cardinale" zu bewerten
3 Excavatio vesico-uterina
4 Excavatio recto-uterina

Die Beziehung des *Bauchfells* zum *hinteren Scheidengewölbe* ist von großer praktischer Bedeutung, da sich hier die Möglichkeit bietet, die tiefste Bucht der Bauchhöhle von der Vagina her palpatorisch und auch mit der Punktionskanüle zu untersuchen.

Die Bauchfellduplikatur des **Ligamentum latum** (Abb. **6**–1, 4, 5, 10) ist bei etwas schematisierender Betrachtung eine *frontal* eingestellte Platte. Tatsächlich ist diese jedoch wegen der anteflektierten Stellung des Uterus entsprechend nach ventral geneigt (Abb. **6**–5). Das Lig. latum ist einerseits vom Tubenansatz aus caudalwärts an der *Uteruskante* befestigt: seine Bauchfellblätter gehen dort in das Perimetrium über. Andererseits hat das Lig. latum seine *Radix* an der *seitlichen Beckenwand.*

Das *Lig. latum* besitzt cranial einen freien gerundeten Rand, in dem der *Eileiter* verläuft (Abb. **6**–1, 4, 5). Andererseits weichen die Bauchfellblätter des Lig. latum caudal immer weiter auseinander, um schließlich im Niveau der *Excavatio rectouternia* bzw. der *Excavatio vesicouterina* in den Boden des Beckenraumes überzugehen (Abb. **6**–5). Das Lig. latum ist daher nur in seinem cranialen Teil eine *Bauchfellduplikatur*↗ im unmittelbaren Sinn („Mesometrium"). Caudal verbreitert sich sein bindegewebiger Inhalt, um in das *subperitoneale Beckenbindegewebe* überzugehen (Abb. **6**–5). In dieser Basis des

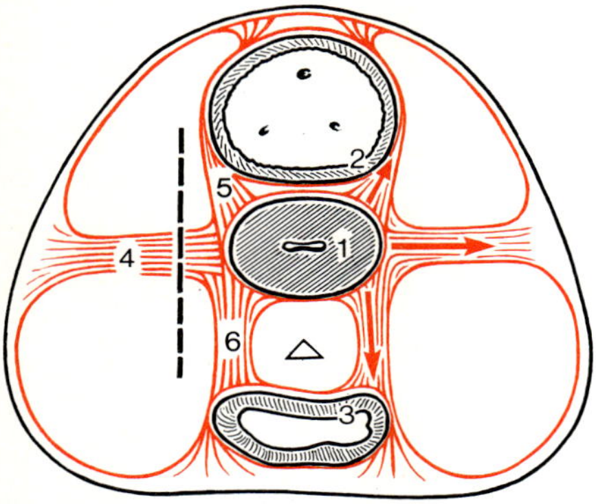

Abb. **6**–6: **Parametraner Halteapparat des Uterus** (schematischer Querschnitt durch das Kleine Becken im Niveau der Cervix uteri. Die 3 *roten Pfeile* kennzeichnen die Verspannung der Cervix durch das „Retinaculum uteri"; *Strichlinie:* Schnittebene der Abb. **6**–5).

1 Cervix uteri
2 Harnblase
3 Rectum
4 „Lig. cardinale" (Basis des Lig. latum)
5 Lig. vesico-uterinum in der Plica vesico-uterina (mit Lig. teres uteri, die Excavatio vesico-uterina flankierend)
6 Lig. recto-uterinum in der Plica recto-uterina (den DOUGLAS-△-flankierend)

Lig. latum verlaufen von der lateralen Beckenwand her die Versorgungsbahnen (*A. uterina*) zur Cervix uteri, um von dort kantenständig nach cranial und caudal zu verlaufen (Abb. **6**–1).

Aus der *Vorderfläche des Lig. latum* erhebt sich eine *Sekundärfalte* (Abb. **6**–4; **7**–2), welche die Excavatio vesicouterina flankiert und in Richtung auf den *Leistenkanal* verläuft. Diese Falte enthält das vom *Uterustubenwinkel* herkommende und durch den weiblichen Leistenkanal in die großen Labien ziehende **Lig. teres uteri**; diesem entwicklungsgeschichtlichen Relikt (vgl. S. 326) kommt eine gewisse mechanische Bedeutung für die *Stellung* des Uterus zu. Durch diese anatomische Verbindung zwischen dem *Uterustubenwinkel* und der *Leistenregion* wird es verständlich, daß aus einem bestimmten Bereich des Uterus der *Lymphabfluß* in die *Nll. inguinales superficiales* ↗ erfolgt.

Aus der *Dorsalseite des Lig. latum* entwickelt sich die den DOUGLASschen Raum flankierende **Plica recto-uterina** (Abb. **6**–6). Diese ist je nach dem Füllungszustand der *Ampulla recti* mehr oder weniger ausgeprägt; ihr kommt wegen der in ihr enthaltenen glatten Muskulatur *(M. recto-uterinus)* auch *mechanische* Bedeutung für die *Fixierung* des Uterus zu.

Die *Cervix uteri* ist überwiegend *extraperitoneal* gelegen (Abb. **6**–3). Sie ist in das *subperitoneale Bindegewebe* eingebaut (Abb. **6**–5). Dieser Bereich des *Beckenbindegewebes* einschließlich des bindegewebigen Inhalts des Lig. latum wird als **Parametrium** bezeichnet. Dieses enthält in bevorzugten Richtungen verlaufende straffere *Bindegewebszüge* sowie verhältnismäßig viel *glatte Muskulatur* und in ihrem Füllungszustand wechselnde *Venenplexus*. Diesem Bindegewebsbereich kommt funktionelle Bedeutung im Sinne eines *Halteapparats* für den Uterus zu: „Retinaculum uteri" bzw. sog. **„Parametraner Halteapparat".** In diesem Halteapparat (Abb. **6**–6) sind die wesentlichen Zügel: die *Basis des Lig. latum* (auch „Lig. cardinale" oder „MACKENRODTsches Band[1] genannt), das *„Lig. recto-uterinum"* (M. recto-uterinus in der Plica recto-uterina) sowie das *„Lig. vesico-uterinum"* mit dem Lig. teres.

MIKROSKOPISCHE ANATOMIE

Die *Gebärmutter* ist (neben der Mamma) das Organ, das im Zusammenhang mit der *Schwangerschaft* bzw. der Vorbereitung auf eine Schwangerschaft außerordentliche *gewebliche Veränderungen* durchmacht.

Dies gilt zunächst für das **Myometrium** (Abb. **6**–3). Dieses bildet im Corpus und Fundus des nicht graviden Uterus eine etwa 1 cm dicke Schicht. Das Gesamtgewicht des Myometrium nimmt im Laufe einer Schwangerschaft von etwa 50 g auf 1000 g zu. Das Myometrium besteht nur zu etwa einem Drittel aus *Myocyten*, zu zwei Dritteln aus Gefäßen und Bindegewebe. Allerdings sind die Bindegewebszellen zu einem großen Teil *Myofibroblasten*, die – in Abhängigkeit von hormonaler Einwirkung – in der Sekretionsphase (s. u.) und in der Schwangerschaft kontraktile Potenz haben.

Am **Myometrium von Corpus und Fundus** können drei schwer abgrenzbare Schichten unterschieden werden. Am dicksten ist ein mittleres *Stratum vasculare*, das – dem Namen entsprechend – reich an Blutgefäßen ist. Die Muskelzüge bilden ein dreidimensionales Netzwerk, welches hauptsächlich parallel zur Oberfläche des Uterus ausgerichtet ist. Das dünnere *Stratum submucosum* liegt unter der Schleimhaut und besteht überwiegend aus longitudinal ausgerichteten Mus-

[1] ALWIN K. MACKENRODT (1859–1925), Gynäkologe in Berlin.

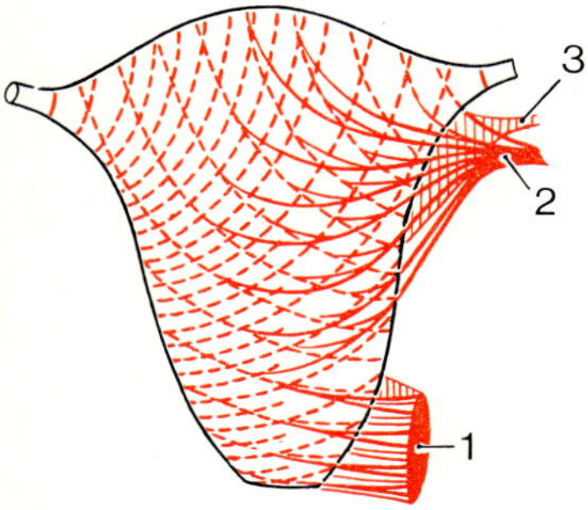

Abb. **6**–7: **Funktionelle Struktur des Myometrium** (nach Benninghoff-Goerttler, Lehrbuch, Bd. II, 1964).
Das Myometrium steht in funktionellem Zusammenhang mit der Glatten Muskulatur des Parametrium. – 1 Muskelzüge im Lig. cardinale und im Lig. rectouterinum (schraffiert), 2 Muskelzüge im Lig. teres uteri, 3 Muskelzüge im Lig. ovarii proprium (schraffiert).

kelzügen. Diese bilden um die Tubenostien zirkuläre Züge, den sog. Tubensphincter. Das unter dem Perimetrium↗ gelegene *Stratum supravasculare* besteht aus sich überkreuzenden longitudinalen und zirkulären Muskelzügen; in diese strahlen auch Muskelzüge aus dem *Parametrium* ein (vgl. S. 317).

Das **Myometrium der Cervix uteri** ist muskelärmer und dementsprechend bindegewebsreicher; es bildet einen mit elastischen Fasern durchsetzten Trichter, der in das *Untere Uterinsegment*↗ einstrahlt und Bedeutung für die Retraktion des Cervix nach der Geburt hat.

Das Muskelfasersystem der Uteruswand hängt mit der glatten Muskulatur des Retinaculum uteri ↗(Abb. **6**–6, 7) zusammen.

Die Schleimhautauskleidung (Tunica mucosa) der Gebärmutter wird als **Endometrium** (Abb. **6**–8, 9) bezeichnet. Die Lamina epithelialis ist einschichtig prismatisch. Von der Oberfläche erstrecken sich gewundene tubulöse Drüsen (*Gll. uterinae*) durch die ganze Dicke der Lamina propria bis an die Grenze zum Myometrium und oft – manchmal gegabelt – ein Stück weit in dieses hinein (Abb. **6**–8). Die Uterindrüsen sezernieren *Schleim* und *Glykogen* (s. unten: Zyklusveränderungen). Die Lamina propria besteht aus Reticulärem Bindegewebe (↗Bd. 1). Im Corpusteil des Endometrium wird derjenige Teil der Propria welcher an den Zyklusveränderungen nicht teilnimmt (und als Regenerationsbasis dient), als *Stratum basale* (**„Basalis“**)

bezeichnet (Abb. **6**–8). Diese an das Myometrium angrenzende Schicht ist etwa 1 mm dick. Hiervon ist das morphologisch und funktionell außerordentlich wandlungsfähige *Stratum functionale* („**Functionalis**") zu unterscheiden. Diese je nach Zyklusphase 0–7 mm dicke Schicht schließt das Oberflächenepithel mit ein.

Endometriumproben werden häufig zu diagnostischen Zwecken entnommen (*Abrasio, Curettage*).

Das Endometrium im Bereich der *Cervix uteri* („**Endocervix**") unterscheidet sich morphologisch und funktionell wesentlich vom Endometrium des Corpus uteri. Die Schleimhautoberfläche zeigt im Cervicalkanal ein charakteristisches Faltenrelief: *Plicae palmatae* (Abb. **6**–1). Das hochprismatische *Oberflächenepithel* und die von ihm ausgehenden stark *verzweigten Drüsen* bilden kein Glykogen, wohl aber große Mengen von Schleimstoffen, die als **Schleimpfropf** den Cervicalkanal ausfüllen.

Der *Schleimpfropf* hat *protektive* Bedeutung als Schutz vor Bakterieninvasion des inneren weiblichen Genitaltrakts aus der Vagina und andererseits Bedeutung für das *Aszendieren* der Spermien. Aus diesem Zusammenhang wird verständlich, daß die physikalisch-chemische Beschaffenheit des Cervicalschleims *zyklusabhängig* ist: zur Zeit des Vorhandenseins eines befruchtungsfähigen Eies ist der Schleim durch Depolymerisationsvorgänge unter hormonaler Einwirkung (*Östrogenphase*) für Spermien besonders permeabel und weist eine für die Motilität der Spermien günstige schwach alkalische Reaktion auf. Der Schleimpfropf kann in diesem Zustand durch Kontraktion der Cervixmuskulatur im Orgasmus ganz ausgestoßen werden. In der *Gestagenphase* wird der Schleimpfropf verdichtet; hierauf beruht die Wirkung der lediglich Gestagene enthaltenden „Minipille".

Durch Stauung des viscösen Sekrets in den stark verzweigten Drüsengängen der Cervix kommt es physiologischerweise fast regelmäßig zum Auftreten vereinzelter *cystischer Erweiterungen* von Cervixdrüsen, die in Erinnerung an einen alten medizingeschichtlichen Irrtum *Ovula* NABOTHI[1] genannt werden. Im Bereich des *Äußeren Muttermundes* ↗ geht das einschichtig prismatische Epithel des Cervicalkanals in das mehrschichtige unverhornte Plattenepithel der *Portio vaginalis cervicis* über.

Während sich die *zyklischen Veränderungen der Cervixschleimhaut* lediglich im physikalisch-chemischen Verhalten der Schleimstoffe äußern, spielen sich im *Endometrium des Corpus uteri* tiefgreifende

---

[1] MARTIN NABOTH (1675–1721), praktischer Arzt in Leipzig, hielt sie fälschlich für Eier.

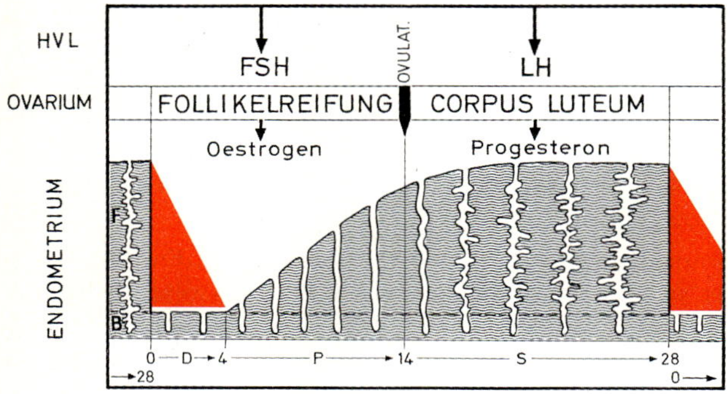

Abb. **6**–8: **Zyklus des Endometrium.**
F Strat. functionale, B Strat. basale des Endometrium; D Desquamationsphase (durchschnittlich 4 Tage); P Proliferationsphase (durchschnittlich 10 Tage), unter dem Einfluß des im Ovarium gebildeten Östrogen. Die Follikelreifung ihrerseits erfolgt unter der Wirkung des follikelstimulierenden Hormons (FSH) des Hypophysenvorderlappens (HVL); S Sekretionsphase (durchschnittlich 14 Tage), unter dem Einfluß des im Ovarium gebildeten Progesteron. Der Aufbau des Corpus luteum und die Absonderung des Progesteron sind abhängig vom Luteinisierungshormon (LH) des Hypophysenvorderlappens; *rot:* Menstruationsblutung.

periodische Umbauvorgänge ab: **Menstruationszyklus**. Diese zyklischen Veränderungen erfolgen in Abhängigkeit von den vom *Ovarium* ausgehenden *endokrinen Signalen* und damit synchron mit den Vorgängen der *Follikelreifung* bzw. *Corpus luteum-Bildung*; sie werden deshalb auch als *Ovarialzyklus* bezeichnet (vgl. S. 332). Im Fall der Insuffizienz oder des Fehlens der Ovarien kann der Menstruationszyklus der Uterusschleimhaut durch therapeutische Hormongaben ausgelöst werden.

Zu beachten ist, daß die morphologischen und funktionellen Vorgänge im Ovarium von *hormonellen Signalen des Hypophysenvorderlappens*, den *Gonadotropinen* (↗Bd. 3) abhängig sind. Bildung und Ausschüttung dieser Gonadotropine werden ihrerseits von *Gonadotropin-Releasing-Hormonen* (↗Bd. 3) gesteuert. Diese Dekapeptide werden in den Perikaryen neurosekretorischer Neurone des *Nucleus arcuatus* im Hypothalamus (↗Bd. 3) gebildet; von dort gelangen sie auf axonalem Weg in die *Eminentia mediana* (↗Bd. 3) und dann auf dem Blutweg (hypothalamisch-hypophysäres Pfortadersystem) in den Hypophysenvorderlappen und damit an die Gonadotropinbildungsorte.

Der Menstruationszyklus dient der Bereitstellung eines *Implantationsbettes* jeweils zu dem Zeitpunkt, an dem eine *Blastocyste* (etwa eine Woche alter menschlicher Keim) im Fall einer Befruchtung das Cavum uteri erreichen kann. Die hierzu erforderlichen *Auf-* und *Umbauvorgänge* im Endometrium sind so weitgehend und *irreversibel*, daß das veränderte Gewebe bei Nichteintritt einer Schwangerschaft jeweils abgestoßen (desquamiert) und neu aufgebaut werden muß.

Während der Heranreifung eines GRAAFschen Follikels (↗S. 327) und damit unter der Einwirkung steigender Östrogenkonzentration kommt es in der Uterusschleimhaut nach vollzogener Desquamation (Abb. **6**–8, 9) zum Neuaufbau einer „Functionalis" aus dem verbliebenen Stratum basale, das auch Drüsenepithel enthält. Diese **Proliferationsphase** (Abb. **6**–8, 9), bei der sowohl das Drüsen- und Oberflächenepithel als auch das Propriabindegewebe mit seiner Gefäßversorgung regeneriert werden, erstreckt sich etwa vom *5.–14. Tag* des durchschnittlich insgesamt *28tägigen Zyklus*.

Nach eingetretenem *Follikelsprung (Ovulation)* und damit unter der ansteigenden *Progesteron*wirkung des entstehenden *Corpus luteum* (vgl. S. 330) wächst die Functionalis weiter bis zu einer Dicke von etwa 7 mm. Gleichzeitig kommt es jedoch neben einer Auflockerung des Stroma durch Vermehrung des Drüsenepithels zu starker *Schlängelung* der tubulösen Uterindrüsen (sog. „Sägeblattkontur" des histologischen Schnittbildes) bei rasch steigender sekretorischer Aktivität. Während dieser Phase kann das Oberflächenepithel stellenweise vaginawärts schlagende Kinocilien↗ aufweisen. Das Sekret stammt teils aus den Drüsen, teils als Transsudat↗ aus dem Serum. Während dieser vom *15. bis zum 28. Tag* dauernden **Sekretionsphase** (Abb. **6**–8, 9) kommt es neben der Schleimproduktion zu einer charakteristischen *Glykogenakkumulation*. Dieses Polysaccharid wird schließlich in das Lumen ausgestoßen, wo ihm trophische Bedeutung für die noch nicht implantierte Blastocyste zukommt. Für die Bereitstellung eines für Anheftung und Implantation des Keimes adäquaten Milieus ist eine charakteristische Zusammensetzung des Uterinsekrets in der Präimplantationsphase erforderlich (Elektrolyte, Glykoproteine, Glykogen, Peptide, Proteine). Die Sekretion wird von den Ovarialhormonen kontrolliert.

Gegen Ende der Sekretionsphase kommt es auch in den *Reticulumzellen* der oberflächlichen Functionalisschicht zur Glykogeneinlagerung. Hierdurch erlangen diese Bindegewebszellen („*Menstruationsdeciduazellen*") bereits eine gewisse Ähnlichkeit mit den *Deciduazellen*[1] des graviden Uterus. Es kommt also am Ende der Sekretionsphase zu

[1] *deciduus* (lat.) = abfallend, hinfällig.

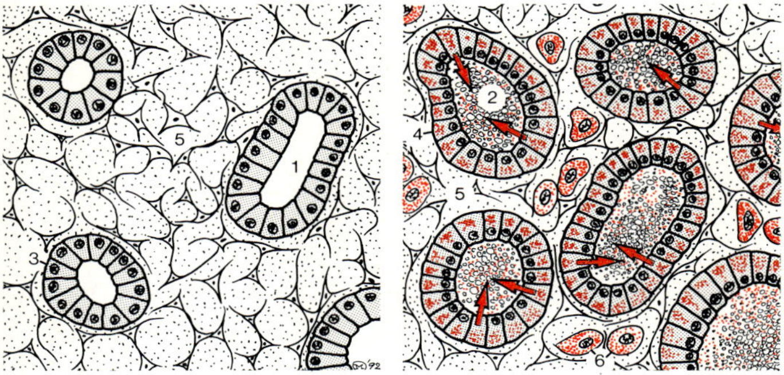

Abb. **6**–9: **Endometrium** (Flachschnitt).
Rot: Glykogen; *Pfeile:* Sekretion von Schleim und Glykogen

a: Proliferationsphase
b: Ende der Sekretionsphase

1 Tubulöse Drüse
2 Tubulöse Drüse mit Schleim und Glykogen im Lumen
3 Drüsenzelle mit basalem Zellkern
4 Drüsenzelle mit basaler Glykogenakkumulation und nach apical verlagertem Zellkern
5 Reticuläres Bindegewebe
6 Menstruations-Deciduazellen

einer sog. *Praedecidualen Umwandlung* des Endometrium (Abb. **6**–9). Durch die sich dabei vergrößernden Bindegewebszellen wird die Oberflächenschicht der Functionalis relativ fest: sie kann als *Stratum compactum* vom *Stratum spongiosum* der übrigen Functionalis unterschieden werden.

Ist eine Schwangerschaft *nicht* eingetreten, stellt das *Corpus luteum* etwa vierzehn Tage nach dem Follikelsprung seine Funktion ein. Der steile *Abfall des Progesteronspiegels* bewirkt die **Menstruationsblutung**.

Auslösendes Moment ist eine krampfartige Kontraktion der Mediamuskulatur (↗S. 389) der sog. *Spiralarterien (Rr. helicini)* der Functionalis. Hierdurch kommt es zur Blutleere (*Ischämie*) mit Gewebsschädigung im Bereich der Functionalis. Durch plötzliche Entspannung der Spiralarterien dringt das Blut schlagartig in die geschädigten Capillargebiete und in das Stroma. Durch diesen hämodynamischen Effekt wird die geschädigte Schleimhaut in Fetzen abgestoßen (*Desquamation*), so daß eine Wundfläche entsteht. Weiße Blutkörperchen beteiligen sich an der Auflösung des Endometrium.

Die **Desquamationsphase** (Abb. **6**–8) umfaßt den *1.–4. Tag* des Zyklus. Die Beendigung der Blutung erfolgt durch Abdrosselung der Gefäße infolge Kontraktion des Myometrium. Der *Blutverlust* im

Rahmen einer Menstruationsblutung beträgt etwa 50 ml. Das Menstruationsblut ist durch *fehlende Gerinnungsfähigkeit* ausgezeichnet. Die entstandene Wundfläche wird von den in der Basalis erhalten gebliebenen Drüsenresten epithelialisiert.

Der Zeitpunkt des ersten Menstruationszyklus wird als **Menarche**[1] (zwischen dem 10. und 15. Lebensjahr), der des letzten als **Menopause**[2] (zwischen dem 47. und 52. Lebensjahr) bezeichnet. Die sich meist über viele Jahre erstreckende Übergangsphase von der Geschlechtsreife zum Alter (zwischen 40. und 50. Lebensjahr) mit den Phasen *Prämenopause, Menopause* und *Postmenopause* wird als **Klimakterium**[3] (Wechseljahre) bezeichnet.

Leitungsbahnen der Gebärmutter

Arterien
A. uterina (Abb. **6**–1; **8**–60) ← A. iliaca int.

Venen
Plex. venosus uterinus → Vv. uterinae → V. iliaca int.

Regionäre Lymphknoten
- Fundus und Corpus uteri (entlang den Vasa ovarica): *Nll. lumbales* (Abb. **9**–18);
- Tubenwinkel (entlang dem Lig. teres uteri): *Nll. inguinales superf.* (Abb. **9**–20);
- Corpus und Cervix uteri (entlang dem „Lig. cardinale" ↗): *Nll. iliaci int., ext. et comm., Nll. sacrales.*

Nerven
sens.: Plex. uterovaginalis (Frankenhäuserscher Plexus) → lumbale und sacrale Spinalnerven;
para.: *sacraler Parasympathicus* → Nn. splanchnici pelvini → Plex. hypogastricus inf. → *Plex. uterovaginalis* (Frankenhäuser[4]);
symp. (auch Schmerzleitung!): *lumbaler Grenzstrang* → Plex. hypogastricus sup. → Plex. hypogastricus inf. → *Plex. uterovaginalis* (Frankenhäuserscher Plexus).

---

[1] *menos* (gr.) = Monat; *arche* (gr.) = Anfang.
[2] *pauein* (gr.) = aufhören.
[3] *climacter* (gr.) = kritische Zeit.
[4] Ferdinand Frankenhäuser (1832–1894), Prof. der Gynäkologie in Jena und Zürich.

6.2 Eierstock, *Ovarium* und Eileiter, *Tuba uterina*[1]

Eierstock und *Tube* sind intraperitoneal↗ gelegene Organe, die in enger Beziehung zum *Lig. latum* stehen. Dieser ganze Komplex der seitlichen „Anhänge" des Uterus wird im klinischen Sprachgebrauch als **Adnexe**[2] (plur.) zusammengefaßt.

Die *Tuba uterina* liegt im freien oberen Rand des *Lig. latum* (Abb. **6**–1, 4, 10). Allerdings wird dieser freie Rand nicht in seiner ganzen Länge von der Tube besetzt: der tubenfreie laterale Abschnitt verläuft ansteigend zur seitlichen Beckenwand: *Lig. suspensorium ovarii* (mit A. und V. ovarica, Abb. **6**–1, 4; **7**–2). Das *Ovarium* besitzt ein eigenes Meso, das als Sekundärduplikatur aus der Dorsalseite des Lig. latum hervorgeht: *Mesovarium* (Abb. **6**–1, 10). Der oberhalb der Radix mesovarii gelegene, sich bis zur Tube erstreckende Abschnitt des Lig. latum kann als Meso der Tube aufgefaßt werden: *Mesosalpinx* (Abb. **6**–1, 10). Der unterhalb der Radix des Mesovarium gelegene größere Teil des Lig. latum ist ausschließlich Meso des Uterus selbst und wird dementsprechend als *Mesometrium* bezeichnet. Mesometrium, Mesosalpinx und Mesovarium sind somit Teile des Lig. latum; sein unterer Abschnitt (Mesometrium) gabelt sich gewissermaßen in Mesosalpinx und Mesovarium.

Der etwa 12 cm lange **Eileiter** (Abb. **6**–1, 4) beginnt lateral mit dem *Ostium abdominale*, an dem der weibliche Genitaltrakt mit der freien Bauchhöhle kommuniziert (vgl. S. 314). Das Ostium abdominale ist trichterförmig gestaltet: *Infundibulum tubae uterinae*. Der Rand des Infundibulum ist in zahlreiche Zipfel (*Fimbriae tubae*) gegliedert; eine besonders lang ausgezogene Fimbrie (*Fimbria ovarica*) liegt im lateralen Rand des Mesovarium und erreicht auf diesem Weg den Eierstock (Abb. **6**–1). In situ ist das abdominale Tubenende stets auf die *Dorsalwand des Lig. latum* herabgesunken und kommt somit in unmittelbarer Nähe des Ovarium zu liegen (Abb. **6**–4; **7**–2). Zwischen der *Facies medialis ovarii* und der *Mesosalpinx* entsteht dabei die Bauchfellbucht der „Bursa ovarica". Die lateralen ⅔ der Tube sind verhältnismäßig weit (4–8 mm Durchmesser) und bilden die *Ampulla tubae uterinae*. Das wesentlich engere mediale Drittel (*Isthmus tubae uterinae*) leitet in die kurze, in der Uteruswand selbst gelegene Verlaufsstrecke

---

[1] In zusammengesetzten Ausdrücken auch *sálpinx* (gr.) = Trompete. Beispiele: Mesosalpinx, Salpingitis.

[2] *nexus* (lat.) = Verbindung.

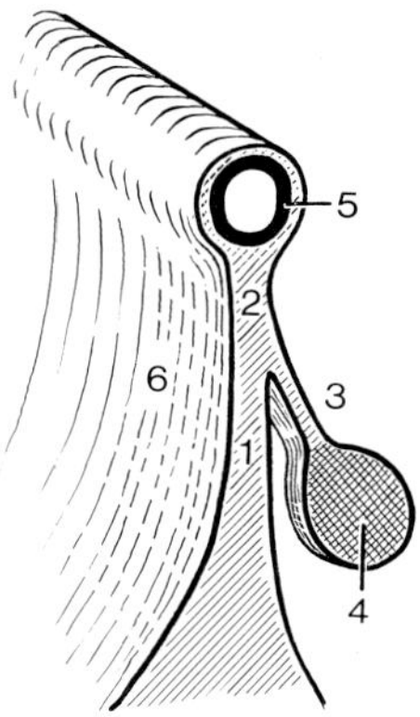

Abb. **6**–10: **Bauchfellbeziehungen von Tube und Eierstock** (Orientierung s. Abb. **6**–5, Lig. latum jedoch weiter lateral durchschnitten).
1 Mesometrium
2 Mesosalpinx
3 Mesovarium
4 Ovarium
5 Tuba uterina
6 Ventralfläche des Lig. latum

(Pars uterina) über, die im *Ostium uterinum tubae* in das Uteruscavum mündet.

Funktionelle Bedeutung der Tube: Aufnahme des Eies beim Follikelsprung↗, Erzeugung eines zum Uterus gerichteten Schleimstroms, Weg der sich rheotaktisch orientierenden Spermien, Kapazitation (= Herstellung der Befruchtungsfähigkeit) der Spermien durch Tubenfaktoren, Ort der Imprägnation und Befruchtung, etwa 5 Tage dauernde Tubenpassage des befruchteten Eies.

Der etwa 3 cm lange, 1,5 cm breite und 1,0 cm dicke mandelförmige **Eierstock** liegt an der Wand des Kleinen Beckens (in der *Fossa ovarica*↗) auf der *Dorsalseite* des Lig. latum und somit in der *hinteren* Hälfte des Beckenraumes (Abb. **6**–1, 10). Die Oberfläche des Ovarium (kurz auch „Ovar") ist zunächst glatt, weist jedoch mit zunehmender Zahl stattgefundener Ovulationen immer mehr narbige Einziehungen auf. Es werden unterschieden: *Facies medialis* und *Facies lateralis, Margo mesovaricus* (mit *Hilum ovarii*) und *Margo liber, Extremitas tubaria* und *Extremitas uterina*. Die Längsachse ist im Stehen nahezu vertikal orientiert (Abb. **7**–2).

Das Ovar ist mittels des *Mesovarium* gegenüber dem Lig. latum beweglich (Abb. **6**–10). Das Mesovarium setzt am Margo mesovaricus an und umfaßt dort das *Hilum ovarii* mit den ein- und austretenden Leitungsbahnen. Die *freien Ränder des Mesovarium* sind in besonderer Weise gestaltet: der von der Extremitas uterina ovarii zum Uterus-Tubenwinkel ziehende Rand ist zum *Lig. ovarii proprium* (Abb. **6**–1) mit Zügen von Myocyten verdichtet. Dieses findet vom Uterus-

Tubenwinkel an nach *ventral* seine Fortsetzung als *Lig. teres uteri* (Abb. **6**–4): beide Ligamente sind Teilabschnitte der embryonalen *caudalen Gonadenfalte*. Der von der *Extremitas tubaria ovarii* ausgehende und zum abdominalen Tubenende verlaufende *laterale* Rand des Mesovarium enthält die *Fimbria ovarica* (Abb. **6**–1), durch die das für die Eiaufnahme wichtige Infundibulum stets in Kontakt mit dem Ovarium gehalten wird.

Funktionelle Bedeutung des Eierstocks: Bildung befruchtungsfähiger Gameten, die in rhythmischer Folge durch den Prozeß der Follikelreifung entstehen, Bildung der weiblichen Sexualhormone.

Für operative Maßnahmen, jedoch auch für die Tumorausbreitung sind die **Gefäßverhältnisse der Adnexe** (Abb. **6**–1) von großer praktischer Bedeutung. Die eine Gefäßstraße (*A. uterina*) stammt von der Beckenwand und verläuft in der *Basis des Lig. latum* zur Cervix uteri (Abb. **6**–1), um sich dort in auf- und absteigende Äste aufzuzweigen. Die andere Gefäßstraße (*A. ovarica*) stammt aus der Bauchaorta und verläuft durch das *Lig. suspensorium ovarii* (Abb. **6**–1), um sich im Bereich des Mesovarium und der Mesosalpinx in je einen Ovarial- und Tubenast aufzuzweigen. Diese anastomosieren hier mit entsprechenden Ästen der A. uterina. Die Adnexgefäße werden somit aus *zwei Quellen* gespeist: bei operativen Maßnahmen in ihrem Bereich sind stets beide Zuflußwege zu unterbinden.

MIKROSKOPISCHE ANATOMIE

Die Oberfläche des **Ovarium** wird vom sog. *Keimepithel* gebildet. Bei diesem handelt es sich um ein modifiziertes, etwas höheres *Peritonealepithel* (S. 11), das mit der Bildung der Keimzellen nichts zu tun hat. Unter dem Keimepithel folgt die faserreiche Bindegewebsschicht der *Tunica albuginea*. Das eigentliche *Stroma ovarii* ist dadurch gekennzeichnet, daß in der massenmäßig überwiegenden sog. *Rindenzone* ein auffallend zellreiches Bindegewebe vorliegt, dessen spindelige Zellen zu Strängen und Wirbeln angeordnet sind, während die sog. *Markzone* durch zahlreiche Blut- und Lymphgefäße gekennzeichnet ist.

In der Rindenzone erfolgt die **Follikelreifung**[1], d. h. die Differenzierung der Oocyten und ihrer Trabantenzellen bis zum GRAAFschen Follikel[2] (s. u.). Dementsprechend finden sich in der Rindenzone des Stroma ovarii stets verschiedene *Stufen der Follikelreifung* (Abb. **6**–11) und die *Restzustände* nach bereits abgelaufenen Ovulationen.

---

[1] *folliculus* (lat.) = Bläschen.

[2] REGNIER DE GRAAF (1641–1673), Arzt in Delft und Paris.

Während des Fetallebens vermehren sich die *Oogonien* (Stammzellen) außerordentlich stark. Durch Eintritt in die Prophase der 1. Reifeteilung mit anschließendem Diktyotänstadium (Ruhephase) differenzieren sie sich dann zu *Primären Oocyten*. Die bei der Geburt insgesamt vorhandenen etwa 2 Millionen Primären Oocyten werden durch Follikelatresie (↗S. 329) bis zur Pubertät auf etwa 40 000 vermindert. Jede Primäre Oocyte wird von einer einschichtigen Lage (aus dem Keimepithel stammender) abgeplatteter sog. *Follikelepithelzellen* umgeben. Das System Primäre Oocyte + Follikelepithel wird als *Primordialfollikel* bezeichnet.

Der Ausgangspunkt der Follikelreifung sind somit in beiden Ovarien zusammen etwa 40 000 **Primordialfollikel** (Kennzeichen: Follikelepithel einschichtig abgeplattet, Abb. **6**–11 a). Zum *Eintritt in die Follikelreifung* bedarf es *hormonaler Anstöße*: der Beginn der Follikelreifung in der Pubertät wird durch das *Follikelstimulierende Hormon* (FSH) des Hypophysenvorderlappens ausgelöst. Zum Abschluß der Follikelreifung ist jedoch zusätzlich das *Luteinisierende Hormon* (LH) des Hypophysenvorderlappens erforderlich. Die Bildung dieser beiden gonadotropen Hormone ist abhängig von spezifischen Releasingfaktoren des Hypothalamus (↗Bd. 3).

Für den Eintritt eines Follikels in die Follikelreifung ist charakteristisch, daß das Follikelepithel zunächst kubisch wird: **Primärfollikel** (Abb. **6**–11 b). Durch Proliferation des Follikelepithels wird dieses mehr- und schließlich vielschichtig: **Sekundärfollikel** (Abb. **6**–11 c); dabei vergrößert sich auch die primäre Oocyte. Im vielschichtigen Follikelepithel tritt eine Flüssigkeit (*Liquor follicularis*) in einem allmählich größer werdenden Hohlraum (*Antrum*[1] *folliculare*, „Antrum") auf: **Tertiärfollikel** (Abb. **6**–11 d). Durch gesteigerte Liquorbildung wird der Liquorraum fortschreitend vergrößert, wobei das Follikelepithel (in diesem Stadium jetzt vielfach auch als *Granulosaepithel* bezeichnet) verdrängt wird und schließlich nur noch um die Oocyte selbst einen umfangreicheren Zellverband bildet. Diese Endstufe des Tertiärfollikels wird als Bläschenfollikel oder meist als **Graafscher Follikel** (Abb. **6**–11 e) bezeichnet. Dieser hat einen Durchmesser von 5–10 mm. Charakteristisches Merkmal des Graafschen Follikels ist der in den Liquorraum vorragende Eihügel (*Cumulus oophorus*[2]), eine Follikelepithelmasse, in deren Zentrum die sekundäre Oocyte (↗S. 330) gelegen ist.

---

[1] *antrum* (lat.) = Höhle.
[2] *oophoros* (gr.) = eitragend.

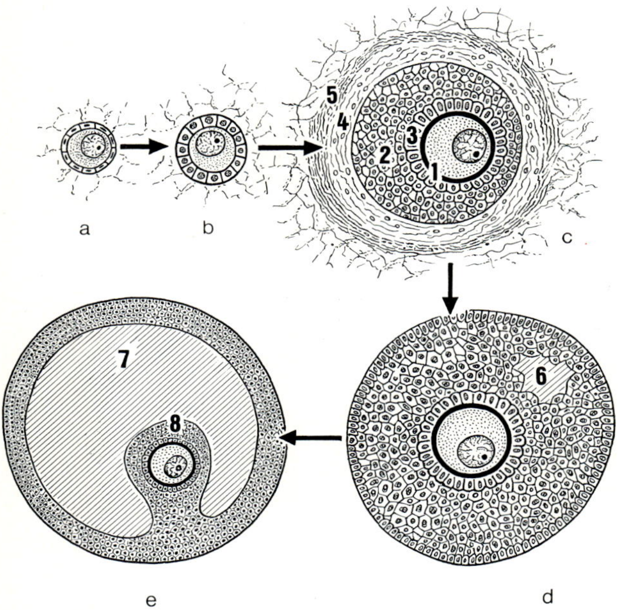

Abb. 6–11: **Follikelreifung im Ovarium.**
a: Primordialfollikel (∅ 25 µm) mit primärer Oocyte und abgeplattetem einschichtigem Follikelepithel; b: Primärfollikel mit einschichtig kubischem bis prismatischem Follikelepithel; c: Sekundärfollikel (∅ bis 0,2 mm) mit primärer Oocyte und vielschichtigem Follikelepithel (2); d: Tertiärfollikel mit primärer Oocyte, vielschichtigem Follikelepithel und Antrumbildung (6), Theca nicht dargestellt; e: GRAAFscher Follikel (sprungbereiter Tertiärfollikel, ∅ bis 20 mm) mit sekundärer Oocyte im Cumulus oophorus (8) und maximal ausgeweitetem, mit Liquor follicularis gefülltem Antrum (7); 1 Zona pellucida, 3 Corona radiata, 4 Theca interna, 5 Theca externa.

Während der Follikelreifung vom Primordialfollikel zum GRAAFschen Follikels erfolgen *weitere gewebliche Differenzierungen*: auf der Stufe des Sekundärfollikels entsteht zwischen der Oberfläche der Oocyte und dem Follikelepithel die **Zona pellucida** (Abb. **6**–11 d). Bei dieser handelt es sich um eine von der Oocyte gebildete basalmembranartige Schicht, welche den *Stoffaustausch* zwischen Eizelle und Follikelepithel (an dessen äußerer Oberfläche sich die ernährenden Blutgefäße befinden) vermittelt. In Kontakt mit der Zona pellucida formiert sich die innerste Schicht des Follikelepithels zur **Corona radiata** (Abb. **6**–11 c–e), einer palisadenartig angeordneten Schicht prismatischer

Granulosazellen. Diese ragen mit Cytoplasmafortsätzen in die Zona pellucida hinein, um dort mit Mikrovilli der Oocyte in Kontakt zu treten.

Wichtige Differenzierungsvorgänge erfolgen während der Follikelreifung im unmittelbar umgebenden *Bindegewebe*. Diese bindegewebige **Theca**[1] **folliculi** (Abb. **6**–11 c) differenziert sich in der Phase des Sekundär- und Tertiärfollikels in eine zell- und gefäßreiche *Theca interna* und eine faserreiche *Theca externa*.

Die *Bindegewebszellen der Theca interna* sind *funktionell* vergleichbar mit den LEYDIGschen Zwischenzellen ↗ des Hodens: unter dem Einfluß des Luteinisierungshormons des Hypophysenvorderlappens (LH) bilden diese Zellen einen *epithelartigen Zellverband*, der als *Produktionsstätte des Östrogen* anzusehen ist. Es ist nicht ausgeschlossen, daß daneben auch das Follikelepithel Östrogen bildet.

Der Zeitpunkt des erstmaligen Eintritts von Primordialfollikeln in den Prozeß der Follikelreifung entspricht der *Menarche*, der Zeitpunkt der letztmaligen Follikelreifung der *Menopause*, die das Klimakterium einleitet (vgl. S. 323). Diese Zeitpunkte bzw. Lebensphasen werden vom *Zwischenhirn* (Releasingfaktoren) und der *Hypophyse* (Gonadotrope Hormone) determiniert.

Während der *aktiven Phase des Ovarium* (zwischen Menarche und Menopause) befinden sich stets *mehrere* Follikel im Zustand der Follikelreifung. Bei den meisten von ihnen wird dieser Prozeß jedoch auf der Stufe des Primär-, Sekundär- oder erst des Tertiärfollikels *abgebrochen*. Der biologische Sinn dieser **Follikelatresie**[2] ist die Ermöglichung einer kontinuierlichen *Östrogenproduktion*, unabhängig von der Periodik der Ovulation. Im atretischen Follikel (*Corpus atreticum*) kommt es nach dem Untergang der Oocyte und der Auflösung des Follikelepithels zur *Wucherung der Theca interna*, deren epitheloide Zellverbände (bei gewissen Tierarten bis zur Ausbildung des sog. „Thecaorgans" gesteigert) als *endokrine Drüse* fungieren. Nach deren Rückbildung bleibt eine bindegewebige Narbe (*Corpus albicans*) zurück.

Durchschnittlich alle 28 Tage gelangt jeweils nur *ein Tertiärfollikel* (dominanter Follikel) *zur definitiven Ausreifung*. Dieser Follikel erreicht einen Durchmesser von 2 cm, wölbt die Oberfläche des Ovarium vor, wobei es zur *geweblichen Auflockerung* dieses Teils der Follikelwand und gleichzeitig auch des Follikelepithels im Bereich des

---

[1] *thékē* (gr.) = Behälter, Hülle.

[2] *a* = alpha privativum im Sinne einer Negation
tresis (gr.) = Durchlöcherung
Atresie somit Ausbleiben der Hohlraum-(Antrum-)bildung.

Cumulus oophorus[1] kommt. Bei dem durch Vermehrung des Liquor follicularis und durch Kontraktion von Myofibroblasten der Theca externa *gesteigerten Innendruck* kommt es schließlich zum *Aufbrechen* der immer mehr verdünnten Wand des Ovarium. Die plötzliche Druckverminderung durch Abfluß des Liquor follicularis führt dazu, daß die Oocyte (im Spindelstadium der 2. Reifeteilung) mit anhängendem Follikelepithel aus dem Follikel ausgeschwemmt wird: **Follikelsprung, Ovulation** (Abb. **6**–12). Für die *Auslösung der Ovulation*, die 3–5 min in Anspruch nimmt, ist der steile Anstieg des LH-Spiegels (LH-Peak, ausgelöst durch vorausgehende Verstärkung des Östrogensignals) in der Mitte des Zyklus verantwortlich. Die so freigesetzte Oocyte (Abb. **6**–12) ist von der Zona pellucida, der Corona radiata und anhängenden unregelmäßigen Follikelepithelresten umhüllt. In dieser Form gelangt die Eizelle durch das Infundibulum in die Tube.

Kurz vor der Ovulation wird die **erste Reifeteilung** (Reduktionsteilung) unter Bildung der haploiden *Sekundären Oocyte* und der ebenfalls haploiden *1. Polocyte* abgeschlossen. Die Polocyte (Polkörperchen) ist eine sehr kleine, innerhalb der Zona pellucida gelegene rudimentäre Zelle. Die **zweite Reifeteilung** (*Äquationsteilung*) beginnt noch vor der Ovulation, wird aber nur im Fall der Imprägnation (Eindringen eines Spermium [Spermatozoon]) vollendet. Dabei entsteht das *Ovum* (reife Eizelle, deren Kern mit dem eines Spermium die diploide *Zygote* bilden kann) und eine *2. Polocyte*. Das 1. Polkörperchen teilt sich ebenfalls noch einmal, so daß durch die beiden Reifeteilungen aus einer primären Oocyte *ein befruchtungsfähiges Ovum* und *drei Polkörperchen* gebildet werden.

Nach der *Ovulation* verbleibt im Ovarium der *Rest des geplatzten Follikels* mit Follikelepithel und Theca folliculi. Dieser Follikelrest ist die Quelle des **Gelbkörpers (Corpus luteum)**.

In den Hohlraum des Follikelrests hinein kommt es zunächst im Zusammenhang mit der plötzlichen Druckentlastung zu einer *Diapedese↗ – Blutung*. Das entstehende Blutgerinnsel wird durch *proliferierende Follikelepithelzellen* und durch von der Theca her *einwanderndes Gefäßbindegewebe* besiedelt (Abb. **6**–12). Das Luteinisierungshormon des Hypophysenvorderlappens (LH), das unter der Einwirkung des hypothalamischen *LH-Releasinghormons* (LHRH, auch Luliberin) ausgeschüttet wird, bewirkt die Umwandlung der proliferierenden Follikelepithelzellen in eine *endokrine Drüse*: die Zellen vergrößern sich, werden *polyedrisch* (Abb. **6**–12) und haben schließlich große Ähnlichkeit mit den Epithelzellen der Nebennierenrinde. Durch Auftreten gelbgefärbter *Lipidtröpfchen* wird dieser Zellverband zum *Gelbkörper*

[1] *oon* (gr.) = Ei; *pherein* (gr.) = tragen.

(Corpus luteum). Dieser ist die Quelle des *zweiten Eierstockhormons*, des **Progesteron (Gestagen)**.

Der *Aufbau* des Gelbkörpers erfolgt innerhalb von drei Tagen. Etwa zehn Tage nach der Ovulation beginnt die *Rückbildung* des Corpus luteum, das am vierzehnten Tag die Hormonabgabe schlagartig einstellt. Die weitere morphologische Rückbildung erfolgt dann allmählich; am Ende dieses Rückbildungsvorganges steht eine bindegewebige Narbe: **Corpus albicans**.

Im Gegensatz zu dieser kurzen Lebensdauer eines **Corpus luteum menstruationis** bleibt der Gelbkörper im Fall des Eintritts einer Schwangerschaft etwa vier Monate als **Corpus luteum graviditatis** funktionstüchtig, ehe es durch die Placenta als Produktionsstätte des Progesteron ersetzt wird.

Während der Ausbildung des Corpus luteum durch Proliferation der Follikelepithelzellen und deren Differenzierung zu Progesteron-

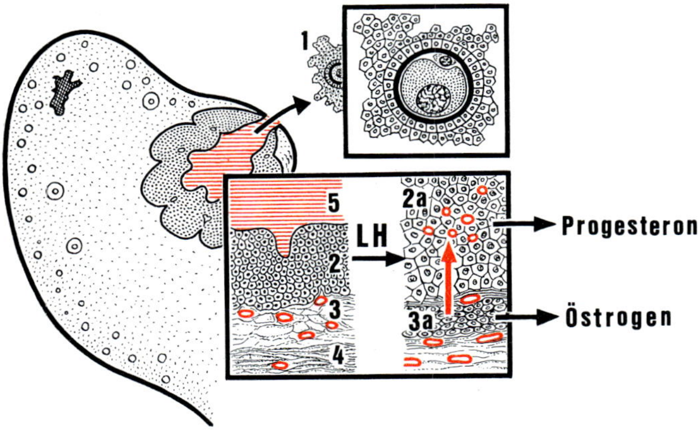

Abb. **6–12**: **Ovulation und Entstehung des Gelbkörpers.**
Durch den Follikelsprung wird ein befruchtungsfähiges Ei (1) freigegeben. Dieses enthält *(oberes Teilbild)*, von Zona pellucida, Corona radiata und Granulosateilen umgeben, die haploide sekundäre Oocyte und die erste Polocyte. *Unteres Teilbild:* die im geplatzten Follikel verbliebene Granulosa (2) proliferiert und differenziert sich unter LH-Einfluß zum Zellverband der Granulosa-Luteinzellen (2a). Diese das Progesteron bildende endokrine Drüse wird von der Theca her vaskularisiert *(roter Pfeil)*. Die Theca interna (3) differenziert sich zum Östrogen bildenden Zellverband der Theca-Luteinzellen (3a); 4 Theca externa, 5 Blut im Follikellumen.

bildenden **Granulosaluteinzellen** (Abb. **6**–12) kommt es – ebenfalls unter LH-Wirkung – zur weiteren Entfaltung des epitheloiden Zellverbands der *Theca interna*. Diese Zellen beladen sich ebenfalls mit gelbgefärbten Lipiden und bilden die Formation der **Thecaluteinzellen** (Abb. **6**–12): diese bleiben jedoch Bildungsstätte von Östrogen. Das Corpus luteum ist somit mit seinem *Granulosaluteinzellenanteil* Bildungsstätte des **Progesteron** (und wenig Östrogen), mit seinem *Thecaluteinzellenanteil* Bildungsstätte von **Östrogen** (und wenig Progesteron).

Östrogen wird somit im Ovarium *kontinuierlich* gebildet (wenn auch in unterschiedlicher Menge: Minimum zur Zeit der Menstruation), während das *Progesteron diskontinuierlich* nur während der Blütezeit eines Corpus luteum gebildet wird.
Östrogen hat nicht nur Bedeutung für die *zyklischen Veränderungen* im Endometrium (vgl. S. 320) und in der Vagina (vgl. S. 336), sondern auch für die Ausbildung der *sekundären Geschlechtsmerkmale* sowie das psychische Verhalten der Frau.
Dem **Progesteron (Gestagen)** kommt ebenfalls Bedeutung für das *Endometrium* und für die *Vaginalschleimhaut* zu; darüber hinaus ist es ein *Schutzhormon für die Schwangerschaft*, da es eine Ruhigstellung der Uterusmuskulatur bewirkt. Ein hoher Progesteronspiegel *hemmt die Follikelreifung*; dieses Prinzip wird zur hormonellen Kontrazeption mittels der sog. Pille ausgenutzt.
Im Ovarium wird auch **Androgen** gebildet und zwar durch im Hilum ovarii und im angrenzenden Mosovarium↗ gelegene Häufchen epitheloider Zellen. Androgen wird bei der Frau außer im Ovar auch in der Nebennierenrinde gebildet.

Für das histologische Bild des Querschnitts durch den **Eileiter** (Abb. **6**–13) ist besonders charakteristisch, daß das *Lumen* durch ein kompliziertes System vielfach verzweigter, *überwiegend längs ausgerichteter Schleimhautfalten (Plicae tubariae)* auf ein *Spaltenlabyrinth* reduziert ist. In diesem Spaltensystem kann es infolge entzündlicher Vorgänge durch Verklebung bzw. Verwachsung verhältnismäßig leicht zur Passagebehinderung für den jungen Keim kommen. Die Zahl und die Höhe der Falten nehmen vom Isthmus gegen die Pars uterina kontinuierlich ab.

Das **Schleimhautepithel** der Tube (Abb. **6**–13) ist einschichtig prismatisch. Es sind zwei Zelltypen zu unterscheiden: mit Kinocilien↗ besetzte *Flimmerzellen* sowie *Drüsenzellen*, die ein schleimiges Sekret ausscheiden (jedoch nicht die morphologischen Merkmale von Becherzellen haben). Die Zahl der Flimmerzellen ist in der abdominalen Hälfte der Tube größer als gegen den Uterus hin; andererseits steigt sie kurz vor der Ovulation (Maximum der *Oestro-*

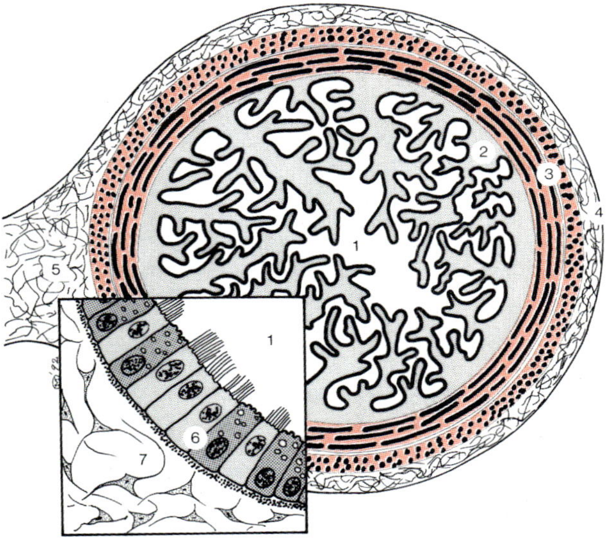

Abb. 6–13: **Mikroskopische Anatomie der Pars ampullaris des Eileiters** (Querschnitt).
Ausschnittsvergrößerung: Schleimhaut

1 Lumen
2 Tunica mucosa (im Bereich einer Schleimhautfalte) mit Epithelium mucosae (schwarz) und Lamina propria mucosae
3 Tunica muscularis (rot) mit innerer circulärer und äußerer longitudinaler Schicht
4 Tunica serosa mit Mesothelium (schwarz) und Lamina propria serosae (durch eine Tela subserosa mit der Tunica muscularis verbunden)
5 Mesosalpinx
6 Epithelium mucosae mit Flimmerzellen und Drüsenzellen
7 Lamina propria mucosae

genproduktion) an. Das von den schleimbildenden Zellen besonders nach der Ovulation sezernierte **Tubensekret** hat Bedeutung für die *Ernährung* des jungen Eies während der Tubenpassage und enthält außerdem „Tubenfaktoren", die für die *Denudation* des Ovum (Ablösung der Granulosareste) und die *Kapazitation*↗ der Spermien von Bedeutung ist. Das Tubensekret wird durch den **Kinocilienschlag** auf den Uterus zu bewegt: dieser *gerichtete Flüssigkeitsstrom* dient der Orientierung der *positiv rheotaktisch* reagierenden Spermien. Weiterhin spielt der Cilienschlag eine Rolle bei der *Einstrudelung* des ovulierten Eies in das Infundibulum, in dessen Bereich der Cilienbesatz besonders dicht ist.

Die **Tunica muscularis** (Abb. **6**–13) besteht aus einer inneren circulären und einer meist etwas dünneren äußeren longitudinalen Schicht. Eine genaue Analyse erweist jedoch, daß es sich bei den scheinbar selbständigen Schichten tatsächlich um ein zusammenhängendes *Spiralsystem mit unterschiedlichen Steigungswinkeln* handelt (vergleichbar mit der Muscularis des Ductus deferens). Für den *Eitransport* in der Tube (etwa fünf Tage) stellt die *Peristaltik der Tubenmuskulatur* (Frequenz etwa 5/min) den wichtigsten Faktor dar; der *Cilienschlag* dient dem Sekrettransport und hat für den Eitransport nur akzessorische Bedeutung.

Die Tunica muscularis ist durch eine *Tela subserosa* (als Träger der größeren Leitungsbahnen) mit der an die Bauchhöhle grenzenden **Tunica serosa** (Abb. **1**–6; **6**–13) verbunden.

Leitungsbahnen der Adnexe des Uterus

Arterien (Abb. **6**–1)

- Ovarium: R. ovaricus (← *A. ovarica*) →← R. ovaricus (← *A. uterina*), sog. „*Eierstockarkade*";
- Tuba uterina: R. tubarius (← *A. ovarica*) →← R. tubarius (← *A. uterina*).

Venen

- Ovarium: aus einem venösen Plexus am Hilum
  (a) → *Plex. pampiniformis* (um die A. ovarica; Abb. **8**–77) → *V. ovarica* → rechts *V. cava inf.*, links *V. renalis sin.*;
  (b) → *Plex. venosus uterinus* → *V. uterina* → *V. iliaca int.*
- Tuba uterina: wie Ovarium (s. o.).

Regionäre Lymphknoten

Nll. lumbales (auf dem Weg der Vasa ovarica) (Abb. **9**–18).

Nerven

para.: *Plex. uterovaginalis* (s. Leitungsbahnen der Gebärmutter, S. 323);
symp.: *Plex. ovaricus* (in der Adventitia der A. ovarica) ← Plex. aorticus abdominalis.

6.3 Scheide, *Vagina*

Die **Vagina**[1] ist (im Anschluß an Tube und Uterus) der distale Abschnitt des weiblichen Genitaltrakts und als solcher Begattungsorgan und Geburtskanal.

Die Vagina beginnt mit dem nach außen in das *Vestibulum vaginae* (vgl. S. 338) mündenden *Ostium vaginae* (Abb. **6**–15) und erstreckt sich bis zur Cervix uteri, um deren Portio vaginalis (vgl. S. 312) als *Fornix vaginae* asymmetrisch zu umfassen (Abb. **6**–1, 2, 3; **7**–2). Da die Cervix uteri wegen der typischen Anteversionsstellung (vgl. S. 311) nicht axial in den Fornix vaginae, sondern mehr in dessen Vorderwand eingestülpt ist, ist der Fornix im Bereich der Vorderwand verhältnismäßig flach und reicht andererseits an der Hinterwand der Portio als *Hinteres Scheidengewölbe* (Abb. **6**–2, 3; **7**–2) wesentlich weiter nach oben. Das hintere Scheidengewölbe kommt hier mit dem Bauchfell des DOUGLAS*schen Raums* (vgl. S. 314) in unmittelbaren Kontakt. Von hier aus kann die Bauchhöhle *palpiert* und *punktiert* werden.

Die Scheide ist ein etwa 10 cm langer bindegewebig-muskulöser Schlauch, der jedoch in Funktionsruhe kein freies Lumen aufweist, da sich Vorder- und Hinterwand berühren (Abb. **7**–2). Diese beiden Wandteile sind je mit einem Feld quergestellter Schleimhautfalten (*Columnae rugarum*) ausgestattet, die der Friktion bei der Kohabitation dienen und als Reservefalten für die Beanspruchung während der Geburt Bedeutung haben.

Die Vagina ist in das, einen Venenplexus (Plex. venosus vaginalis↗) enthaltende, *subperitoneale Bindegewebe* („Paracolpium“) eingebaut. Sie grenzt nach vorn unmittelbar an die Wand von *Harnblase* und *Urethra* (Abb. **7**–2). Die Hinterwand der Vagina ist durch das bindegewebige *Septum rectovaginale* (Abb. **7**–2) mit dem *Rectum* verbunden (rectale Kontrolle des Geburtsvorgangs). Das *Ostium vaginae* liegt unmittelbar unter dem *Diaphragma urogenitale* (vgl. S. 364). Beim Durchtritt durch das Diaphragma urogenitale (Abb. **7**–5) wird die Vagina gemeinsam mit der Urethra von Skeletmuskelfaserzügen aus dem *M. transversus perinei profundus* (vgl. S. 364) umfaßt; sie ist somit konstruktiv fest in das Diaphragma urogenitale eingebaut. Supradiaphragmal tritt die Vagina dann durch den *Levatorschlitz* (Abb. **7**–4). Die Levatorschenkel↗ können bei Kontraktion wie ein Scheiden-Verschlußmuskel wirken. Aus den Levatorschenkeln treten Muskelzüge als *M. pubovaginalis* an die hintere Scheidenwand und können diese der Vorderwand annähern.

---

[1] auch *colpos* (gr.) = Scheide, z. B. Kolposkopie.

MIKROSKOPISCHE ANATOMIE

Die Wand der Vagina ist nur einige Millimeter dick. Sie besteht aus *Tunica mucosa, Tunica muscularis* und *Tunica adventitia*. Mit letzterer ist die Vagina an das Beckenbindegewebe angeschlossen.

Die **Schleimhaut** (Mucosa) besitzt, ebenso wie die Portio vaginalis, ein mehrschichtiges unverhorntes Plattenepithel und enthält keinerlei Drüsen. Dieses negative Kennzeichen ist ebenso charakteristisch wie das Fehlen einer Schichtung in der dünnen *Tunica muscularis*. Trotz des Fehlens von Drüsen ist die Schleimhaut befähigt, ihre Oberfläche durch *Transsudation* („Ausschwitzung") zu befeuchten (sog. *Lubrikation* bei sexueller Stimulation).

Das Schleimhaut*epithel* beteiligt sich in auffallender Weise am **Zyklusgeschehen** (Abb. **6**–14). Während der Proliferationsphase des Endometrium (und somit unter vorherrschendem Östrogeneinfluß) *proliferiert* auch das mehrschichtige Plattenepithel der Vagina. Das auf diese Weise wesentlich höher werdende Epithel lagert in zunehmendem Maße *Glykogen* ein (Abb. **6**–14). Dabei ist das Auftreten dieses Reserve-Polysaccharids nicht eine direkte Folge der Östrogenwirkung, sondern eine *Funktion der Epithelhöhe*. Nach der Ovulation (und damit unter der vorherrschenden Wirkung von Progesteron) werden die oberflächlichen Schichten des maximal mit Glykogen

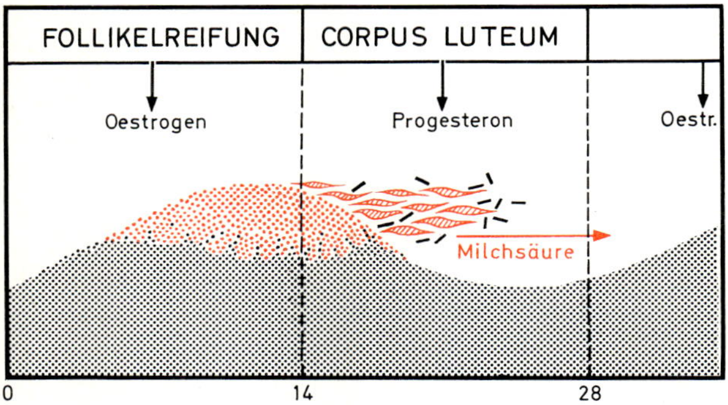

Abb. **6**–14: **Zyklische Veränderungen der Vaginalschleimhaut.**
Unter der Östrogenwirkung der ovariellen Follikelphase proliferiert das Vaginalepithel. Als Folge des Höherwerdens des vielschichtigen unverhornten Plattenepithels kommt es in diesem zur Glykogenakkumulation *(rot)*. Unter der Progesteronwirkung der Corpus luteum-Phase wird das Epithel teilweise desquamiert und aufgelöst; das dabei freiwerdende Glykogen wird von Lactobazillus vaginalis zu Milchsäure metabolisiert.

beladenen mehrschichtigen Plattenepithels abgestoßen, wodurch die Epithelhöhe insgesamt bis zum Beginn eines neuen Zyklus wieder wesentlich niedriger wird. Die in das Lumen hinein *desquamierten Epithelzellen* (Abb. **6**–14) werden aufgelöst; damit wird das in ihnen enthaltene Glykogen für die physiologischerweise auf der Vaginalschleimhaut lebenden DÖDERLEIN*schen Stäbchen*[1] (Lactobacillus vaginalis) zugänglich, die das Glykogen zu *Milchsäure* abbauen.

Die Milchsäurebildung ist für die Aufrechterhaltung der an ein pH von etwa 4,0 gebundenen **Physiologischen Vaginalflora** und damit für das Fernhalten pathogener Keime von großer Wichtigkeit. Im *Vaginalsekret* sind außer desquamierten Epithelzellen der Vagina selbst (mit Basalzellen, Parabasalzellen, Intermediärzellen, Superficialzellen) stets auch Epithelien aus dem Cavum uteri und insbesondere aus dem Cervicalkanal enthalten. Die cytologische Beurteilung der im Vaginalabstrich enthaltenen Zellen hat große praktische Bedeutung für die *Früherkennung* gewisser Formen des weiblichen Genitalkrebses *(gynäkologische Cytologie)*. Aus dem cytologischen Bild läßt sich auch die Zyklusphase und die hormonelle Situation ablesen.

Die **Lamina propria mucosae** enthält im Zusammenhang mit der scherengitterartig angeordneten Kollagenfasertextur ein gut ausgebildetes *elastisches Fasernetz*.

Die schwach entwickelte **Tunica muscularis** besteht aus sich überkreuzenden Zügen von Myocyten, z. T. in Zusammenhang mit dem elastischen Netz der Mucosa. Dieses *myoelastische System* erlaubt eine erhebliche Dehnbarkeit der Scheidenwand und bewirkt gleichzeitig die elastische Zurückführung der Wand.

Der im Bereich der Hinterwand der Vagina im adventitiellen Bindegewebe gelegene Teil des **Plexus venosus vaginalis**↗ bildet eine Art *Schwellkörper*, der bei der Kohabitation reflektorisch gefüllt wird und die Hinterwand polsterartig vorwölbt.

Leitungsbahnen der Scheide

Arterien

Rr. vaginales (Abb. **6**–1) (← *A. uterina* ← A. iliaca int.) ⇒ *A. vaginalis* (← A. iliaca int.), *A. vesicalis inf.* (← A. iliaca int.) und *A. rectalis media* (← A. iliaca int.).

Venen

Plex. venosus vaginalis → *Vv. uterinae* → V. iliaca int.

---

[1] ALBERT DÖDERLEIN (1860–1941), Frauenarzt in München.

Regionäre Lymphknoten
auf dem Wege des „Lig. cardinale“ – *Nll. iliaci int., ext. et comm.* sowie *Nll. sacrales.*

Nerven
wie Gebärmutter (s. S. 323).

6.4 Äußeres Weibliches Genitale

Das äußere weibliche Genitale, *Pudendum femininum* (Abb. **6**–15), wird zunächst durch die **Großen Labien** (*Labia majora pudendi*) bestimmt. Es sind dies zwei fettgewebsreiche Hautwülste, die sich in der Mittellinie berühren und so die in der Regel geschlossene **Schamspalte** (*Rima pudendi*) begrenzen. Die Großen Labien sind an ihrer Außenseite behaart. Sie bilden unter dem *Mons pubis* die *Commissura labiorum anterior*, in der **Dammregion** (*Perineum*) die *Commissura labiorum posterior*. Letztere bildet die Grenze zu dem bei der Frau kurzen **Damm** (*Perineum*) mit der medianen *Raphe perinei*.

Die **Kleinen Labien** (*Labia minora pudendi*, sog. Nymphen) werden erst sichtbar bei Entfaltung der Rima pudendi durch Auseinanderdrängen der Großen Labien (Abb. **6**–15). Die schmalen Falten sind an ihrer Außenseite von unbehaarter Haut bedeckt: ihre inneren Schleimhautflächen (mehrschichtiges unverhorntes Plattenepithel) berühren sich in der Regel, so daß der *Scheidenvorhof* (s. u.) zunächst noch nicht sichtbar ist. Die Kleinen Schamlippen sind hinten (dammwärts) durch die scharfkantige Hautfalte des *Frenulum labiorum pudendi* miteinander verbunden. Vorn (unter der Commissura labiorum anterior der Großen Labien) bilden die Kleinen Schamlippen das rinnenförmige *Praeputium clitoridis* (vgl. unten).

Durch Auseinanderdrängen der Kleinen Labien wird das **Vestibulum vaginae** (**Vulva,** Scheidenvorhof) entfaltet (Abb. **6**–15). Bei diesem handelt es sich um einen *gemeinsamen Vorraum*, in den die *Vagina* mit dem *Ostium vaginae* und die *Urethra* mit dem *Ostium urethrae externum* münden. Das in der Ebene des Diaphragma urogenitale (Grenze zwischen Äußerem und Innerem Genitale) gelegene Ostium vaginae (sog. „Introitus“) ist primär durch die Schleimhautfalte des **Hymen** (sog. „Jungfernhäutchen“) eingeengt. Der Hymen wird durch Kohabitationen in der Regel *lädiert* (sog. „Defloration“)

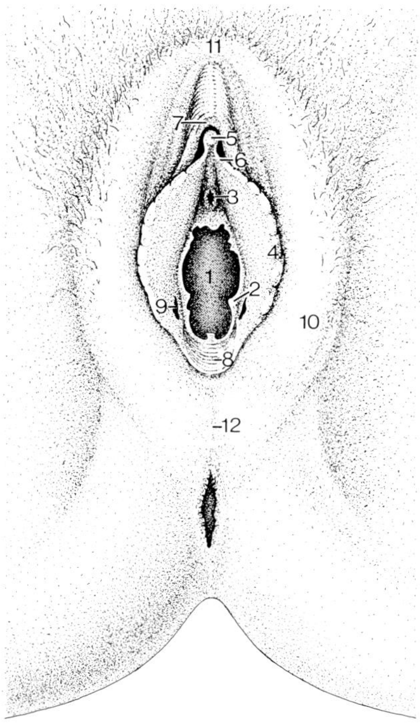

Abb. **6**–15: **Äußeres Weibliches Genitale** (Rima pudendi gespreizt).

1 Ostium vaginae (mit Aufblick auf den Paries posterior vaginae)
2 Caruncula hymenalis
3 Ostium urethrae ext.
4 Labium minus pudendi
5 Glans clitoridis
6 Frenulum clitoridis
7 Praeputium clitoridis
8 Fossa vestibuli vaginae (hinten abgegrenzt durch das Frenulum labiorum pudendi)
9 Mündung des Ausführungsgangs der Gl. vestibularis major
10 Labium majus pudendi
11 Commissura labiorum ant.
12 Raphe perinei (davor Commissura labiorum post.)

und durch Geburten soweit *destruiert*, daß bei der erwachsenen Frau an seiner Stelle meistens lediglich ein schmaler, unregelmäßig gestalteter Randsaum mit vereinzelten *Carunculae hymenales* (Abb. **6**–15) verbleibt. Zwischen dem Hymen bzw. seinen Resten und dem Frenulum labiorum pudendi ist das Vestibulum vaginae zur rinnenförmigen *Fossa vestibuli vaginae* (sog. „Fossa navicularis") ausgebildet.

Diese Stelle dient zur Entnahme von Sekret, das aus den BARTHOLINschen Drüsen (s. u.) stammt. Die Weibliche Harnröhre mündet oberhalb des Ostium vaginae mit dem rundlichen *Ostium urethrae externum* auf einer papillenartigen Schleimhautvorwölbung, in der die in der Vorderwand der Vagina gelegene *Carina urethralis vaginae* endet.

Etwa zwei Zentimeter über der Urethralöffnung befindet sich die **Clitoris** (Kitzler). Die Clitoris ist das *weibliche Geschlechtsglied* und entspricht daher bis zu einem gewissen Grade dem Penis. Wie dieser ist sie durch Blutfüllung schwell- und verlängerungsfähig. Durch die von den Kleinen Labien ausgehenden und an der Unterseite der Clitoris befestigten paarigen Falten der *Frenula clitoridis* (Abb. **6**–15) wird die Clitoris jedoch an einer Erection gehindert. Diese Art der Befestigung bewirkt vielmehr, daß sich die beim Geschlechtsverkehr erregte Clitoris in Richtung auf das Ostium vaginae verlängert und dadurch in Kontakt mit dem Penis kommt. Im Ruhezustand überragt die Clitoris die Falte des Praeputium clitoridis nur geringfügig. Dieser Teil wird in Analogie zu den Verhältnissen beim Penis als *Glans clitoridis* (Abb. **6**–15) bezeichnet. Hierbei ist jedoch zu beachten, daß die Glans clitoridis das vordere Ende des (den Corpora cavernosa penis entsprechenden) Corpus clitoridis ist und nicht (wie im Fall des Penis) das Ende des Corpus spongiosum.

Das **Corpus clitoridis** (mit den beiden *Corpora cavernosa clitoridis*) wird unter der Symphyse gebildet durch die Vereinigung der beiden, jederseits an den unteren Schambeinast bzw. den Sitzbeinast angehefteten, **Crura clitoridis** (Abb. **7**–8). Diese werden von den aus Skeletmuskulatur bestehenden *Mm. ischiocavernosi* (vgl. S. 366) eingehüllt, deren Kontraktion mit dazu beiträgt, die Blutfüllung der Corpora cavernosa im Corpus clitoridis zu steigern.

Anstelle des unpaaren Corpus spongiosum penis treten bei der Frau die die Vulva umfassenden paarigen (vor der Urethra kommunizierenden) **Bulbi vestibuli** (Abb. **7**–8). Diese in der Basis der Kleinen Labien gelegenen Schwellkörper haben (in Abweichung von den Verhältnissen beim Mann: Corpus spongiosum als Teil des Penis) keine Beziehung zum weiblichen Geschlechtsglied; ihre Schwellung dient dem *mechanischen Kontakt* der Vulvawand mit dem Penis. Diese Wirkung wird verstärkt durch den die Bulbi vestibuli umhüllenden *M. bulbospongiosus* (vgl. Abb. **7**–8).

Im Zusammenhang mit diesen mechanischen Bedingungen der Sexualfunktion ergießen zahlreiche *schleimbildende Drüsen* unter der Kompression durch den M. bulbospongiosus ihr Sekret während der geschlechtlichen Erregung in die Vulva. Hierbei handelt es sich einerseits um die *Gll. vestibulares minores*, die vorzugsweise im vorderen Bereich des Vestibulum vaginae auf der Innenfläche der kleinen Labien münden, andererseits um die beiden etwa erbsgroßen **Bartholinschen Drüsen**[1] (*Gll. vestibulares majores*). Diese Schleimdrüsen sind in die Muskulatur des Diaphragma urogenitale eingebettet und münden jederseits mit einem kurzen Ausführungsgang in der Rinne zwischen Labium minus und Hymen (bzw. Carunculae hymenales) im hinteren Drittel der Vulva (Abb. **6**–15). Die Bartholinschen Drüsen entsprechen nach Lage, Bau und Funktion den Cowperschen Drüsen (Gll. bulbo-urethrales↗) des männlichen Geschlechts.

Leitungsbahnen der Äußeren Weiblichen Genitale

Arterien

- Schamlippen: *Rr. labiales post.* (← A. perinealis ← *A. pudenda int.*) ⇒ *Rr. labiales ant.* (← Aa. pudendae ext. ← *A. femoralis*);
- Bulbus vestibuli und Gl. vestibularis maj.: *A. bulbi vestibuli* ← A. pudenda int.;
- Clitoris: *A. prof. clitoridis* ⇒ *A. dorsalis clitoridis* (← A. pudenda int.).

Venen

(a) → *V. pudenda int.* → V. iliaca int.;
(b) → *V. dorsalis clitoridis prof.* → *Plex. venosus vesicalis* → Vv. vesicales → V. iliaca int.;
(c) → *Vv. labiales ant.* → Vv. pudenda ext. → *V. femoralis*.

Regionäre Lymphknoten

- Clitoris: wie Penis (s. S. 306);
- übriges Pudendum feniminum: *Nll. inguinales superf.* (Abb. **9**–20).

Nerven

mot. (Muskeln der Schwellkörper): Nn.perineales ← *N.pudendus* ← Plex. sacralis.

sens:

- Schamlippen:
  (a) Nn.labiales ant. → *N.ilioinguinalis* → Plex. lumbalis;
  (b) Nn.labiales post. → Nn.perineales → *N.pudendus* → Plex. sacralis;
  (c) Rr.genitales → *N.genitofemoralis* → Plex.lumbalis;
- Clitoris: N.dorsalis clitoridis → Nn.perineales → *N.pudendus* → Plex.sacralis.

---

[1] Caspar Bartholin (1655–1738), Prof. der Philosophie, Physik und Medizin in Kopenhagen.

para. (Blutgefäße der Schwellkörper): Nn.cavernosi clitoridis ← *Plex.hypogastricus inf.* ← Nn.splanchnici pelvini ← *Sacralmark* (S2–S4).
symp. (Blutgefäße der Schwellkörper): Nn.cavernosi clitoridis ← Plex. hypogastricus inf. ← *Plex.hypogastricus sup.* ← Nn.splanchnici lumbales ← *Lumbale Grenzstranganglien* (L1–L3).

6.5 Weibliche Brust und Milchdrüse

Brust *(Mamma)* und **Milchdrüse** (*Glandula mammaria*), auch „Brustdrüse", sind Hautstrukturen (↗Bd. 3), die bei beiden Geschlechtern gleichartig angelegt werden, aber nach der Pubertät nur bei der Frau volle Entwicklung erfahren. Beim Mann bleiben Brust und Brustdrüse auf kindlicher Entwicklungsstufe; der Drüsenkörper ist aber stets vorhanden und kann auch maligne entarten.

Wachstum und Entwicklung der Brust werden *Mammogenese* genannt. Der Begriff *Lactogenese* bezeichnet das recht rasche Einsetzen der Milchsekretion in der Drüse der Frau nach Geburt eines Kindes. Die anhaltende Sekretion nach der Geburt, die vom Säugen oder artifiziellen Abpumpen (oder beim Rind vom Melken) abhängig ist, wird *Galactopoese* genannt.

Die weibliche Brustdrüse ist die *größte Hautdrüse* (↗Bd. 3), deren nähr- und mineralstoffreiches Sekret die natürliche *Nahrung von Neugeborenem und Säugling* ist. Die Bedeutung der Drüse für die Medizin liegt in häufigen gut- oder auch bösartigen *Tumorbildungen* (häufigste Krebsform der Frau in Deutschland und England). Brustkrebs ist die häufigste Todesursache der Frau im Alter von 35–40 Jahren (USA, Großbritannien). Die Brust hat schließlich eine *Signal- und Auslöserfunktion im zwischengeschlechtlichen Verhalten*.

Bei der geschlechtsreifen Frau bilden die **Brüste** zwei sehr *variabel gestaltete halbkugelige oder kegelförmige Vorwölbungen* (Abb. **6**–16), die im Bereich der 3.–6. (7.) Rippe liegen und deren Achsen etwas nach außen divergieren. Zwischen den beiden Brüsten liegt eine individuell verschieden weite, längliche Rinne, der **Busen** (*Sinus mammarum*; Abb. **6**–16). Ungefähr in der Mitte der Brust springt ein kleiner kegelförmiger Fortsatz über die Oberfläche vor, die **Brustwarze** (*Papilla mammaria*, **Mamille**; Abb. **6**–16), deren Haut runzlig und dunkel pigmentiert ist. Auch der die Brustwarze umgebende **War-**

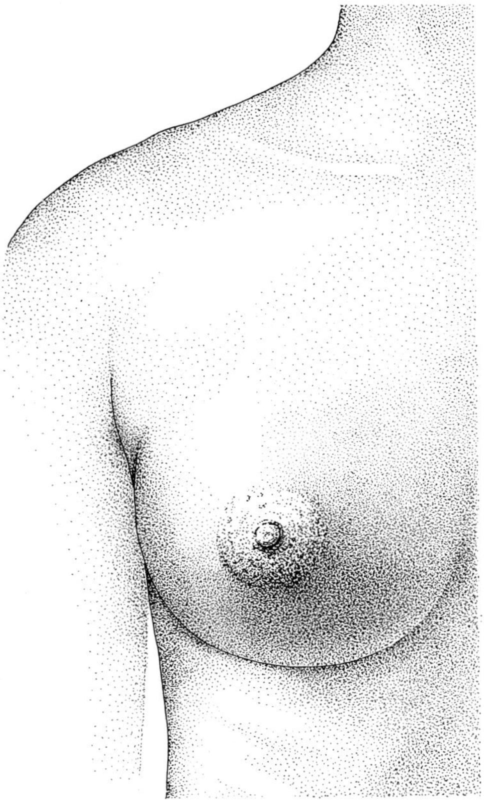

Abb. **6–16**: **Rechte Mamma mit Papilla mammaria und Areola mammae sowie Sinus mammarum.**

zenhof (*Areola mammae*; Abb. **6**–16) ist mehr oder weniger stark pigmentiert und weist leichte Erhebungen auf, die durch die Warzenhofdrüsen (*Glandulae areolares mammae,* **Montgomerysche Drüsen**[1] ↗) bedingt sind.

Wenn der Säugling mit den Lippen die Mamille berührt, um Milch zu trinken, dann verfestigt sie sich reflektorisch und nimmt einen

[1] William F. Montgomery (1797–1859), Prof. der Frauenheilkunde in Dublin.

erigierten Zustand an, was die Nahrungsaufnahme erheblich erleichtert. Grundlage für diese Kontraktion ist ein hochdifferenzierter *Apparat aus glatter Muskulatur und elastischen sowie Kollagenfasern* (Abb. **6**–20). Die Funktion der apokrinen MONTGOMERYschen Drüsen ist nicht sicher bekannt. Ihr Sekret stimuliert möglicherweise das olfactorische System des Säuglings und erleichtert so das Auffinden der Brustwarze. Möglicherweise wird das Geruchssystem des Säuglings auch durch die Milch selber und das Sekret der Talgdrüsen des Warzenvorhofs stimuliert. Sicherlich fördert das Sekret der MONTGOMERYschen Drüsen auch den für effektives Saugen erforderlichen luftdichten Abschluß zwischen Mamille und Lippen. Die *Pigmentierung* der Mamille und der Areola dient wohl der optischen Orientierung.

Die Mamma besteht aus dem eigentlichen **Drüsenkörper** (*Corpus mammae*; Abb. **6**–17) und einem diesen umhüllenden **Fettgewebspolster**, dessen sehr unterschiedliche Mächtigkeit in erster Linie die individuellen Größenunterschiede der Mammae bedingt. Während der *Schwangerschaft* beginnt die Neubildung von Drüsenläppchen in der Peripherie der Drüse, wobei es im allgemeinen zu einer gewissen Rückbildung des Fettgewebes kommt. Bei manchen Frauen ist die Brust aber auch während der *Stillzeit* reich an Fettgewebe. Nach der *Menopause* ↗ kommt es bei vielen Frauen zu einer auffallenden Vermehrung des Fettgewebes und damit zu Vergrößerung der Brüste.

Das eigentliche **Drüsenparenchym** der Glandula mammaria ist in den festen, fast kreisrunden abgeplatteten *Drüsenkörper* eingebettet. Drüsengewebe des äußeren oberen Viertels kann sich bis in den Bereich der Axilla erstrecken. Die Basis des Drüsenkörpers liegt der Fascie des Brustmuskels auf und ist durch Bindegewebszüge (*Ligg. suspensoria mammae*; Abb. **6**–17) mit der Brustfascie (*Fascia pectoralis*) so verbunden, daß er normalerweise auf seiner Unterlage verschieblich ist. Diese *Verschieblichkeit* ist ein wichtiges diagnostisches Merkmal zum Ausschluß pathologischer Veränderungen, denn bei diesen kommt es oft zu ausgedehnten Verwachsungen des entarteten Drüsengewebes mit der Fascie. Das straffe Bindegewebe des Drüsenkörpers, in das die 12 bis 20 ursprünglich angelegten Drüsenlappen mit den zahlreichen Drüsenläppchen eingebettet sind, enthält neben Kollagenfasern auch elastische Fasern; es ist auch *mit dem Corium verbunden* (COOPERsche Ligamente[1]; Abb. **6**–17).

---

[1] A. P. COOPER (1768–1841), Prof. der Anatomie und Chirurgie in London.

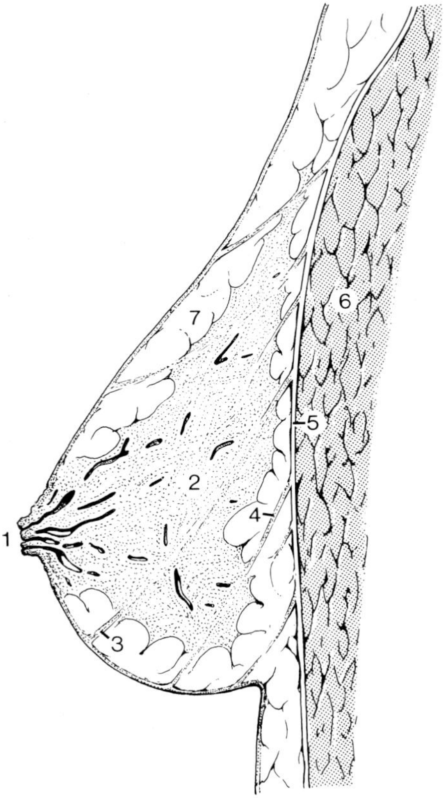

Abb. **6**–17: **Mamma** (Sagittalschnitt).
1 Papilla mammaria mit Milchporen und Sinus lactiferi
2 Drüsenkörper mit Anschnitten von Ductus lactiferi
3 COOPERsches Ligament
4 Lig. suspensorium mammae
5 Fascia pectoralis
6 Brustmuskulatur
7 Fettgewebe

Innerhalb des Drüsenkörpers ist das Drüsenparenchym in ein Bindegewebe besonderer Art eingelagert (Abb. **6**–18). Dieses **Mantelgewebe** ist viel zellreicher und damit lockerer und weicher als das straffe **Stützgewebe** des Drüsenkörpers. Die Zellen des Mantelgewebes sind besondere Fibrocyten, die eine umfangreiche Grundsubstanz, Reticulinfasern, Oxytalanfasern und Elauninfasern hervorbringen. Dem Mantelgewebe kommt bei Wachstums- und Rückbildungsprozessen der epithelialen Drüsenstruktur besondere Bedeutung zu. Das Mantelgewebe ist weiterhin stark vascularisiert und reagiert auf die natürlichen Schwankungen der Hormonkonzentrationen im Blut. Dies läßt sich mit den *„Brustspannungen"* in Beziehung bringen, die Frauen in der Progesteronphase↗ des weiblichen Monatszyklus an sich verspüren. Mit zunehmendem Alter und nach Schwangerschaften verändern sich die Eigenschaften des Bindegewebes, was zu einem Absinken der Brust führt (Hängebrust).

MIKROSKOPISCHE ANATOMIE

Die Brustdrüse ist aus 12–20 kegelförmigen **Lappen** (*Lobi glandulae mammariae*) zusammengesetzt, die radiär zur Brustwarze angeordnet sind und durch Bindegewebe verbunden werden. Die Drüsenlappen sind in größere und kleinere **Läppchen** (*Lobuli glandulae mammariae*) gegliedert. Die Lappengliederung ist schon beim Jugendlichen infolge des recht einheitlichen Drüsenkörpers und der ineinander verflochtenen Drüsengänge und ihrer Verzweigungen nur schwer erkennbar.

Jeder Drüsenlappen ist eine zusammengesetzte **Tubulo-alveoläre Drüse** (↗Bd. 1) mit einem Ausführungsgang, dem **Milchgang** (*Ductus lactiferus colligens*; Abb. **6**–18). Der Lappenzahl entsprechend gibt es 12–20 Ductus lactiferi, die zur Brustwarze hin ziehen und sich, bevor sie diese erreichen, zu kleinen Aussackungen, den **Milchsäckchen** (*Sinus lactiferi*; Abb. **6**–18) erweitern. Die Ausführungsgänge münden mit je einer eigenen feinen Öffnung (**Milchporus**; Abb. **6**–20) auf der Brustwarze.

Proximal der Sinus lactiferi (einschichtiges Epithel) verzweigen sich die Milchgänge und ziehen zu den einzelnen Drüsenläppchen. Die Milchgänge sind von elastischen Fasern umsponnen und weisen ein *zweischichtiges kubisches Epithel* auf, dessen basale Zellschicht aus **Myoepithelzellen** (s. u.) besteht.

In der **nichtlactierenden („ruhenden") Drüse** (Abb. **6**–18) sind im allgemeinen nur Milchgänge – oft mit verschlossenem Lumen – und daran sitzenden soliden Epithelknospen ausgebildet. In geringem Umfang zeigen diese Gangepithelien monatszyklische sekretorische Prozesse. Die **Männliche Brustdrüse** weist lediglich enge Milchgänge auf, Endknospen oder Alveolen fehlen im allgemeinen; ab der Pubertät zeigt das Epithel bis ins hohe Alter Zeichen sekretorischer Aktivität. Mit der Pubertät beginnt beim weiblichen Geschlecht eine stärkere

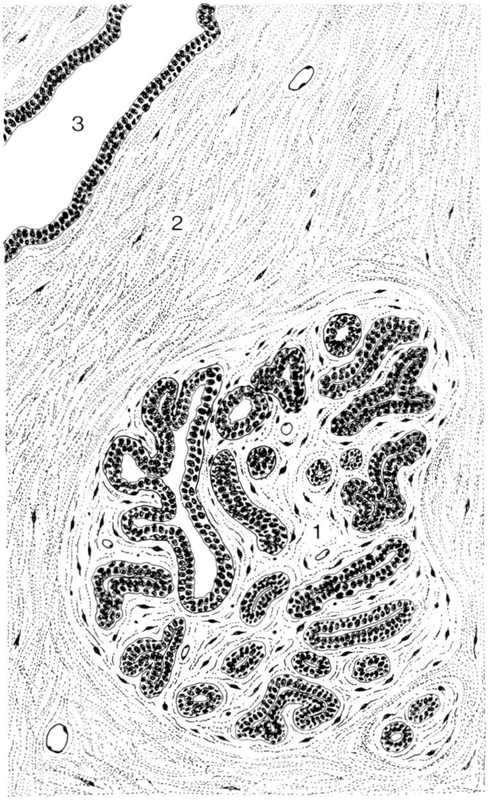

Abb. **6**–18: **Mikroskopische Anatomie der ruhenden Milchdrüse.**
1 Mantelgewebe mit den peripheren Milchgangverzweigungen eines Drüsenläppchens
2 Drüsenkörper (Stützgewebe)
3 Milchgang

Entwicklung der Gänge, die sich unregelmäßig dichotom verzweigen und vertikal und horizontal wachsen und Endkammern ausbilden, die sich im Laufe einer Schwangerschaft zu bläschen- oder schlauchartigen *Alveolen* erweitern, deren Ausformung jedoch erst während der Lactation ihren Höhepunkt erreicht.

In der **lactierenden Drüse** (Abb. **6**–19) gehen die Endverzweigungen der Milchgänge kontinuierlich in die *tubulo-alveolären* oder *alveo-*

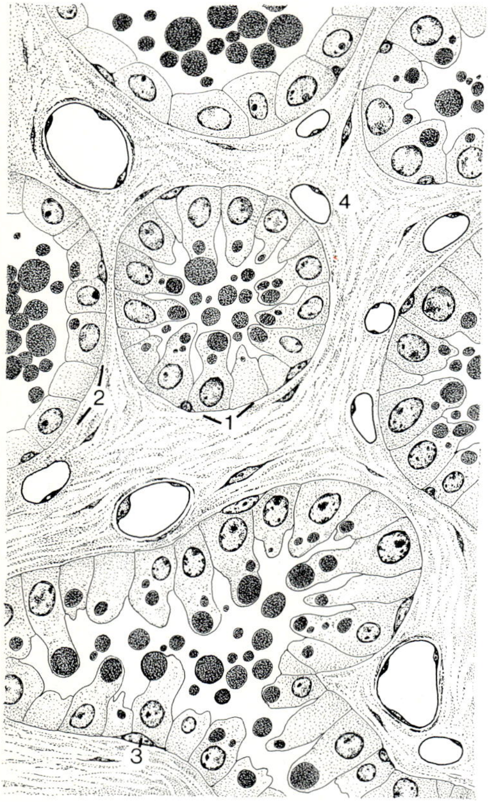

Abb. 6–19: **Mikroskopische Anatomie der lactierenden Milchdrüse.**

1 Drüsenalveole mit apocrin sezernierendem Epithel
2 Drüsenalveole nach vollendeter Sekretion, mit Milchfettkugeln im Lumen
3 Myoepithelzelle
4 Drüsenstroma mit Blutcapillaren

lären Endstücke über. Die *Myoepithelzellen* (Abb. **1**–5) sind peripher zunehmend lockerer angeordnet und bilden im Epithel der Alveolen verzweigte Zellen, die ein korbähnliches Geflecht aufbauen und über Desmosomen und gap junctions (↗Bd. 1) verknüpft sind. Sie spielen hier wie in den Drüsengängen eine wesentliche Rolle für den *Milchtransport* aus der Drüse.

In der lactierenden Drüse bieten die *Alveolen* der einzelnen Läppchen ein variables Bild; die Endkammern sind in unterschiedlichem Ausmaß gefüllt, und die Höhe des lactierenden Epithels variiert erheblich.

Die **Wand der Alveolen** besteht aus einer einschichtigen Lage von kubischen und prismatischen *Epithelzellen* (Milchepithelzellen, Mammaepithelzellen), den erwähnten *Myoepithelzellen* und einer *Basalmembran*. Die Drüsenepithelzellen sind über Maculae adhaerentes und Zonulae adhaerentes, Nexus (gap junctions) sowie Zonulae occludentes (tight junctions) verbunden. Ausdehnung und Konfiguration der letztgenannten *Zellkontakte* (↗Bd. 1) verändern sich vor und während der Lactation erheblich. Das *Cytoskelet* (Actin- und Keratinfilamente, Microtubuli) der Zellen ist stark entfaltet. Die Epithelzellen besitzen in der Lactationsphase ein reich entwickeltes *Rauhes endoplasmatisches Reticulum*, in dem die sekretorischen Eiweiße und das Milchfett synthetisiert werden. Der *Golgiapparat* ist sehr umfangreich; aus ihm gehen große Vesicel hervor, die u. a. Milcheiweiße (Kasein, Lactoglobulin, Lactalbumin u. a.), Lactose und Calcium enthalten. Diese Vesicel werden *exocytotisch* ausgeschleust. Das Milchfett (Triglyceride) sammelt sich in der Zelle in Form von bis zu 4–5 µm großen Tropfen, die *apocrin* (↗Bd. 1) ausgeschleust werden. Dies bedeutet, daß die **Milchfettkugeln** von einer *Plasmamembran* umhüllt werden (Abb. **6**–19). Die Membran der Milchfettkugeln hat beim Menschen einen komplexen Mantel aus hochmolekularen Glykoproteinen mit negativen Ladungen. Die Milchfettkugelmembran enthält weiterhin u. a. das Enzym Xanthin-Oxidase.
Milch – auch die des Menschen – enthält auch Immunglobuline (vor allem IgA), wobei die Milch der allerersten Tage, das *Kolostrum* (Vormilch, s. u.), sehr viel mehr dieser Globuline enthält als die reife Milch. Die Produktion des Milch-IgA erfolgt vermutlich in einer eigenen Population von Plasmazellen↗ der Mamma.

Ein weiteres Merkmal des recht dickflüssigen gelblichen **Kolostrums** sind in variabler Menge auftretende *Leukocyten* (darunter Neutrophile, Eosinophile und Lymphocyten), unter denen die sogenannten **Kolostrumkörperchen** besonders auffallen. Es handelt sich hierbei um fettbeladene phagocytierende Zellen monocytären↗ Ursprungs, die aus dem Bindegewebe in das Drüsenlumen einwandern und hier größtenteils zerfallen. Kolostrumkörperchen sind während der gesamten Lactationsphase zu beobachten. Sie wandern nach jeder Milchmahlzeit in die Lumina der Alveolen und Gänge und räumen liegengebliebenes Milchfett ab. Die beladenen Zellen können in das Bindegewebe zurückwandern und sind auch in Venen der Mamma und in regionalen Lymphknoten nachweisbar.

Für die Aufrechterhaltung der **Milchsekretion** (Galactopoese↗) ist regelmäßiges Absaugen erforderlich, unterbleibt dies, kommt es zum Versiegen der Milchbildung. Gesteigertes regelmäßiges Absaugen dagegen fördert die Milchbildung. Auch beim Menschen kann eine Mutter (oder Amme) über einige Jahre hin ein Kind stillen.

Nach Abschluß einer Lactationsphase kommt es zur **Rückbildung** der Drüsenepithelien. Die Milchsekretion versiegt, vor allem weil nicht mehr gesäugt wird (s. o.). Gestautes Sekret wird von Kolostrumzellen phagocytiert, die Alveolen zerfallen, und es bleiben nur die Gänge erhalten. Während des Abbaus der Drüsenzellen treten in ihnen größere Mengen von Lysosomen auf, die Zellbestandteile verdauen. Den endgültigen Abbau der zugrunde gehenden Alveolen übernehmen Makrophagen↗. Nach Beendigung des Rückbildungsprozesses kommt es wieder zu Vermehrung des derben kollagenfaserreichen Bindegewebes.

Im Laufe des Klimakteriums erfolgt unter Erlöschen der Ovarialfunktion die **Senile Involution** der Milchdrüse: die Drüsenläppchen verschwinden, es bleibt nur ein Rest des Gangsystems erhalten. Im Epithel des Gangsystems können Unregelmäßigkeiten mit Zellvermehrung auftreten, die an pathologische Veränderungen erinnern. Im Bindegewebe kommt es zu Vermehrung der Fettzellen, viele Blutgefäße zeigen degenerative Veränderungen in der Wand.

Die geknäuelt tubulären 20–30 **Montgomeryschen Drüsen** der Areola entsprechen in ihrem mikroskopischen Bau apokrinen Duftdrüsen (↗Bd. 3). Der sekretorische Anteil besteht aus basalen Myoepithelzellen sowie den sezernierenden Epithelzellen, deren Höhe je nach Funktionszustand variiert. Apical können die sezernierenden Zellen kuppenförmige Vorwölbungen ausbilden. Der Ganganteil ist zweischichtig kubisch. Das Sekret ist gelblich-orange gefärbt. Weiterhin kommen im Warzenhof kleine *Talgdrüsen* (ohne Beziehung zu Haaren) und einzelne *Schweißdrüsen* vor. Zahlreich sind in der Epidermis des Warzenhofs und der Mamille *Melanocyten* und Pigmentkörnchen in den Keratinocyten (↗Bd. 3).

Im *Warzenhof* und in der *Brustwarze* kommt reichlich *Glatte Muskulatur* vor (Abb. **6**–20), die durch mechanische Reizung, z. B. durch den Mund des Säuglings, zur Kontraktion gebracht wird und eine **Erec-**

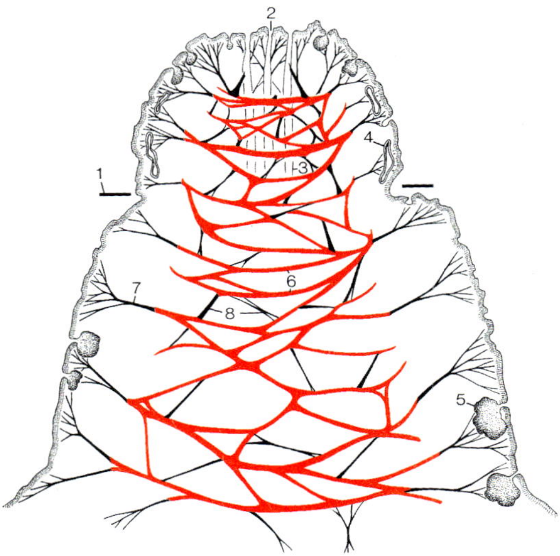

Abb. 6–20: **Papilla mammae (erigiert) und angrenzender Teil der Areola mammae mit Darstellung des elastisch-muskulösen Systems** (Nach NAGEL, Morph. Jb. 87, 1942).

1 Papillenbasis
2 Porus lactiferus
3 Ductus lactiferus
4 Subcutane Vene
5 Talgdrüse
6 Muskelbündel
7 Elastische Sehne
8 Elastische Zwischensehnen

tion der Brustwarze (↗S. 354) hervorruft, die sie leichter faßbar macht.

Das Vorkommen überzähliger Brustwarzen (*Hyperthelie*) und Mammae (*Hypermastie*), die nicht nur an der Brust, sondern u. a. auch im Achselbereich, am Bauch und in der Leistengegend auftreten können, ist aus der Entwicklungsgeschichte des Organs (*Milchleiste*) zu erklären.

Hormonale Steuerung der Brustdrüse

Die Funktion der Brustdrüse wird durch eine Vielzahl von Hormonen gesteuert. Genannt seien nur *Östrogen* und *Progesteron* aus Ovar und Placenta (Wachstum und Differenzierung der Drüse, Hemmung der Milchsekretion) sowie *Prolactin* (Synthese der Milch, Milchsekretion) und *Oxytocin* (Kontraktion der Myoepithelzellen, Auspressen der Milch).

Das Zusammenspiel der ovariellen, adenohypophysären und neurohypophysären Hormone (↗Bd. 3) ist komplex. Besonders dramatische Veränderungen finden um den Zeitpunkt der Geburt herum statt. Der Wegfall der die Milchbildung hemmenden Placentahormone (v. a. des Progesterons) und der Anstieg der Hypophysenhormone Prolactin und Wachstumshormon führt in kurzer Zeit zum **„Einschießen" der Milch** mit auffälliger Erweiterung der Lumina von Alveolen und Gängen. Neuerdings werden auch *Prostaglandinen* und lokalen *Wachstumsregulatoren* (sowohl fördernden als auch hemmenden [„Chalonen"]) Funktionen bei der Milchsekretion zugeschrieben.

Klinisch wichtig ist der Nachweis von Progesteron- und Oestrogen-**Rezeptoren** in Mammacarcinomzellen. Patientinnen mit positivem Nachweis von Oestrogen- und Progesteronrezeptoren (ER+, PR+) zeigen häufig recht gutes Ansprechen auf eine endokrine Therapie.

Leitungsbahnen der Mamma

Arterien

Rr. mammarii mediales (Abb. **8**–54) ← Rr. perforantes ← *Rr. intercostales ant.* ← A. thoracia int. ← A. subclavia ⇒

Rr. mammarii laterales (Abb. **8**–54) ← Rr. cutanei lat. ← *A. intercostalis post.* ← Aorta thoracica ⇒

Rr. mammarii laterales ← *A. thoracia lat.* ← A. axillaris.

Zwischen den verschiedenen Zuflüssen bestehen ausgiebige Anastomosen. Unter dem Warzenhof kommt hierdurch ein Arterienring zustande.

Venen

Oberflächliches Venennetz mit Plex. venosus areolaris → *V. thoracica lat.* → V. axillaris ⇒

Tiefes Venennetz → Vv. intercostales ant. → *Vv. thoracica int.* → V. brachiocephalica.

Regionäre Lymphknoten (Abb. **9**–16)

Der Lymphfluß aus der Mamma ist von besonders großer praktischer Bedeutung als Metastasierungsweg bei bösartigen Mammatumoren. In miteinander verbundenen Lymphgefäßsystemen wird die Lymphe aus den tiefen und oberflächlichen Schichten der verschiedenen Quadranten der Brustdrüse über folgende klinisch bedeutungsvolle Hauptbahnen zu den Regionären Lymphknoten↗ weitergeleitet:

- *Axilläre Abflußbahn:* Aus dem oberen und lateralen Quadranten gelangt die Lymphe am lateralen Rand des M. pectoralis major über die *Nodi lymphatici axillares pectorales* (Sorgiussche Lymphknoten) zu den *Nodi lymphatici axillares centrales* und den *Nodi lymphatici axillares apicales* der Achselhöhle.
- *Intercostale Abflußbahn:* Aus dem medialen Teil der Brustdrüse gelangt die

Lymphe zu den *Nodi lymphatici parasternales*, die entlang der A. und V. thoracica int. angeordnet sind und deren Abflußbahnen die *Nodi lymphatici cervicales profundi* bzw. direkt den *Truncus subclavius* ↗ erreichen.
- *Intermuskuläre Abflußbahn:* Aus den zentralen Drüsenbereichen ziehen die Lymphbahnen durch den M. pectoralis major und finden Anschluß an die *Nodi lymphatici interpectorales* zwischen beiden Brustmuskeln und ziehen direkt zu den *Nodi lymphatici der Achselhöhle*.

Kontralaterale Abflußwege bestehen über cutane Lymphgefäßnetze, einzelne Hautsammelgefäße können sogar mit kontralateralen axillären Lymphknoten verbunden sein. Diese Wege werden im allgemeinen nur genutzt, wenn die ipsilateralen durch Metastasen, Operation oder Bestrahlung behindert sind.

Nerven

sens.: *Rr. mammarii med.* → Nn. intercostales II–IV ⇒ Rr. mammarii lat. → Nn. intercostales IV–VI → Thoracalmark.
Über diesen zentripetalen Weg verläuft aus den zahlreichen Tastrezeptoren der Papilla mammaria auch der afferente Schenkel des *Erektionsreflexes* (Oxytocinreflex) der Brustwarze zum ZNS. Dieser Reflex wird durch Berührungsreize (aber auch psychisch) ausgelöst. Der efferente Schenkel des Reflexes ist jedoch nicht nervaler, sondern hormonaler Natur (neuroendokriner Reflex). Das im Hypothalamus (↗Bd. 3) gebildete und im Hypophysenhinterlappen freigesetzte Peptidhormon *Oxytocin* bewirkt Kontraktion der Myocyten in Mamille und Warzenhof (Abb. 350) und damit Erection der Brustwarze, sowie der Myoepitheliocyten um die Drüsenalveolen und damit Beförderung der Milch.
para. (Gll. areolares): ← perivasculäre Geflechte.
symp.: via oben genannte sensible Nerven.

6.6 Sexuelle Reaktion der Frau (vgl. auch S. 306)

Die *sexuelle Vereinigung* (Kohabitation, Coitus) geht mit umfassenden *morphologischen und funktionellen Alterationen im genitalen und extragenitalen Bereich* einher. Die zugehörigen zentralnervösen vegetativen *Reflexzentren* befinden sich im Lumbal- und Sacralmark. Für einen störungsfreien Ablauf der Sexualfunktion ist eine kontinuierliche corticale *Erregungsverstärkung* durch das Limbische System (↗Bd. 3) erforderlich. Dies erklärt die ausgeprägte *psychische Beeinflußbarkeit* der somatischen Vorgänge. Durch die Verflechtung somatischer und psychischer Komponenten ist die Geschlechtsfunktion besonders störanfällig und häufig Gegenstand ärztlicher Beratung. Die Fähigkeit zur Ausübung des Geschlechtsverkehrs wird als *Potentia coeundi* von der Fähigkeit zur Bildung befruchtungsfähiger Gameten, der *Potentia generandi*, unterschieden.

Die Geschlechtsfunktion kann in *Phasen* eingeteilt werden:

- **Erregungsphase.** Ausgelöst durch psychische, taktile und optische (weniger ausgeprägt auch olfactorische und akustische) Reize kommt es zur *Vasokongestion* (Blutfülle) im genitalen Bereich unter reflektorischer Beteiligung des parasympathisch dominierten *Erectionszentrums* (↗Bd. 3) im Sacralmark. Bei der Frau kommt es zur *Anschwellung der Clitoris* und der *Bulbi vestibuli*, zur *Lubrikation*↗ der Vaginalwand durch Transsudation↗ aus den erweiterten und maximal gefüllten Blutgefäßen sowie zur Drüsensekretion in die Vulva↗. Vasokongestion führt auch zur Vergrößerung von Uterus und Mamma, sowie zur Rötung gewisser Oberflächenbereiche: Kleine Labien („Sex skin"-Phänomen), Epigastrium – Mamma – Hals („Sex-flush"-Phänomen). Während der Erregungsphase kommt es auch zu gewissen *muskulären Reaktionen:* Erection der Papilla mammae. Erection der Brustwarze kann auch durch direkte Stimulation bewirkt werden. Dabei kommt es zu einem *neuroendokrinen Reflex*: das hypothalamische Hormon *Oxytocin* bewirkt die Kontraktion der Muskulatur der Areola mammae↗ und damit Aufrichtung der Mamille. Das ausgeschüttete Hormon wirkt gleichzeitig auf die glatte Muskulatur des Uterus. Bei manchen Frauen kann es auf diese Weise zum Orgasmus kommen.
- **Plateauphase.** In der Erregungsphase kommt es in unter Umständen steilem Verlauf zur Erreichung desjenigen Erregungsniveaus (maximale Schwellung der Clitoris, vollständige Lubrikation, Befeuchtung der Vulva), auf dem die *Immissio penis* möglich wird. Der Erregungszustand wird durch intravaginale Friction nur langsam weiter gesteigert, die Erregungskurve bildet ein „Plateau". Bei der Frau kommt es dabei zur Verlängerung des Fornix vaginae, zur Vergrößerung der Kleinen Labien und zur gesteigerten Sekretabgabe aus den BARTHOLIN*schen Drüsen*↗.
- **Orgastische Phase.** Während der Plateauphase kommt es zur „Aufladung" des sympathisch dominierten (bei beiden Geschlechten vorhandenen) *Ejaculationszentrums* im Lumbalmark. Nervaler Erregungsausgangspunkt ist bei der Frau die Clitoris (nicht die Vagina!). Die „Entladung" des Ejaculationszentrums äußert sich als *Orgasmus*. Dieser ist gekennzeichnet durch, den Empfindungshöhepunkt begleitende, *rhythmische Kontraktionen glatter Muskulatur*: bei der Frau der *Muskelwand der Vagina* im distalen Drittel

(Ausbildung der sog. „orgastischen Manschette“) und des Uterus. Die Muskelreaktionen können auch Teile der *Skeletmuskulatur* mit erfassen: sehr häufig die Beckenbodenmuskulatur, selten Extremitätenmuskulatur (sog. „Carpopedalspasmus“).
Für den Arzt bedeutsam ist, daß der Orgasmus eine beträchtliche *cardiale und pulmonale Belastung* darstellt: Steigerung der Herz- (bis 200/min) und Atemfrequenz (40/min) sowie des Blutdrucks. Im Orgasmus kommt es zu vegetativen Begleiterscheinungen (Schweißsekretion, Pupillenerweiterung) sowie zu einer Einschränkung der sensorischen Kapazität (bis hin zur Bewußtseinstrübung).

– **Rückbildungsphase.** Die morphologische und funktionelle Zurückführung aus dem Zustand sexueller Erregung erfolgt in der Regel rasch und beruht primär auf der nerval bedingten Drosselung des arteriellen Zuflusses zum Genitalbereich bei gleichzeitiger Lösung der venösen Abflußsperren.
Bei der Frau kann noch während der Rückbildungsphase jederzeit ein neuer Orgasmus ausgelöst werden, während beim Mann eine längere Refraktärzeit eintritt.

7 Beckensitus, Beckenboden

7.1 Beckensitus

Die *Cavitas abdominalis* ↗ umfaßt einen *abdominalen* (im engeren Sinn) und einen *pelvinen Abschnitt*. Dasselbe gilt für die *Cavitas peritonealis* ↗. Die Grenze zwischen abdominalem und pelvinem Abschnitt ist jeweils die *Beckeneingangsebene* (↗ Bd. 1).

Während sich im abdominalen Abschnitt der Cavitas abdominalis hinter der Cavitas peritonealis ein tiefer Bindegewebsraum befindet und deshalb ein *Retrositus* (S. 172) vom eigentlichen *Bauchsitus* (S. 160) unterschieden wird, sind die Verhältnisse im Kleinen Becken anders. Seitlich des pelvinen Abschnitts der Cavitas peritonealis finden sich lediglich dünne *Leitungsbahn-Leitplatten*, die – ebenso wie das subperitoneale Bindegewebe – hier dem Begriff *„Beckensitus"* zugerechnet werden sollen, obwohl sie strenggenommen Teile des Spatium retroperitoneale (im weiteren Sinn) sind.

Durch den Beckenboden und das Bauchfell wird der Beckenraum in drei *Etagen* gegliedert (S. 363). Der Begriff „Beckensitus" bezieht sich lediglich auf die *beiden supradiaphragmalen Etagen* des Beckenraumes.

Beim Einblick von oben in den Beckensitus liegen hintereinander im *männlichen* Becken: *Harnblase* und *Mastdarm* (Abb. **7**–1), im *weiblichen* Becken: *Harnblase, Gebärmutter* und *Mastdarm* (Abb. **7**–2). Eine entleerte Harnblase ist dabei nur schwer auszumachen. Bezüglich der von der Harnblase ausgehenden *Nabelfalten* vgl. S. 162.

Die im Beckensitus primär sichtbaren Teile der Beckenorgane (Apex vesicae urinaria, Fundus uteri, Ampulla recti) sind von Bauchfell überzogen (*Peritoneum viscerale*). Zwischen den betreffenden Organen bildet die Bauchhöhle im männlichen Becken die **Excavatio rectovesicalis** ↗, im weiblichen Becken die **Excavatio vesico-uterina** ↗ und die **Excavatio recto-uterina** (DOUGLAS ↗). Diese Excavationen (Abb. **7**–1, 2) sind in situ *capilläre Spalten*, keine „freien Räume". Wenn sich die Wände der Nachbarorgane bei deren Entleerung voneinander entfernen, werden *Dünndarmschlingen* in den sich

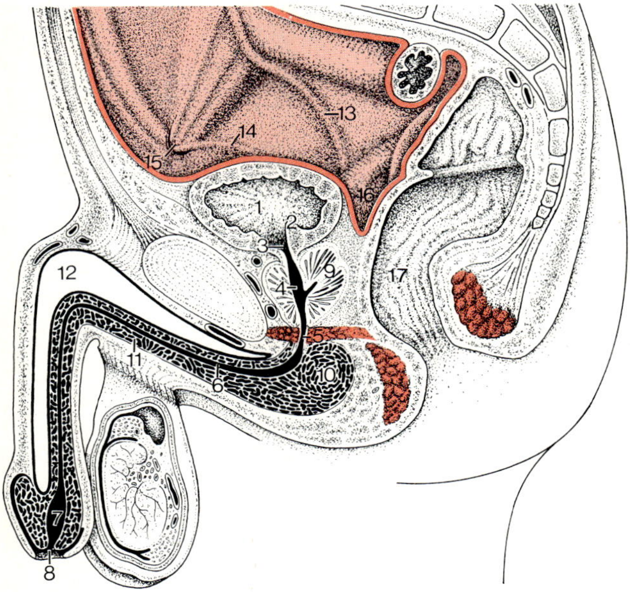

Abb. **7**–1: **Männliches Becken** (Medianschnitt).
Hellrot: Bauchfell, *dunkelrot:* Skeletmuskulatur des Beckenbodens und des Analverschlusses

1 Vesica urinaria
2 Uvula vesicae
3 Ostium urethrae int.
4 Pars prostatica urethrae
5 Pars membranacea urethrae (im Diaphragma urogenitale mit M. sphincter urethrae)
6 Pars spongiosa urethrae
7 Fossa navicularis urethrae
8 Ostium urethrae ext.
9 Prostata
10 Bulbus penis
11 Corpus spongiosum penis
12 Corpus cavernosum penis
13 Ureter
14 Duct. deferens
15 Fossa inguinalis lat.
16 Excavatio rectovesicalis (darunter Septum rectovesicale, nicht bezeichnet)
17 Ampulla recti

entfaltenden Raum „gesaugt", so daß stets *Capillarität* gewahrt bleibt (vgl. S. 12).

In der *Excavatio rectovesicalis* (Abb. **7**–1) bedeckt das Peritoneum die Vorderfläche der Ampulla recti bis in das Niveau der rectal palpablen KOHLRAUSCH*schen Falte* ↗ und die Rückfläche der Harnblase bis zu den *Kuppen der Samenblasen* (Abb. **5**–14).

In der *Excavatio recto-uterina* erreicht das Peritoneum das *Hintere Scheidengewölbe* (Abb. **6**–3; **7**–2), in der *Excavatio vesico-uterina* die *Corpus-Cervixgrenze*, bedeckt also noch das Untere Uterinsegment↗.

Bei nicht gefüllter Harnblase bildet das Bauchfell in der Vorderwand der Excavatio vesico-uterina bzw. rectovesicalis die *Plica vesicalis transversa* als Reservefalte, die bei maximaler Füllung verstreicht. Oberhalb der Plica vesicalis transversa findet sich jederseits die flache *Fossa paravesicalis*. Dieses schmiegt sich in die *Fossa ovarica* der seitlichen Beckenwand (zwischen A. iliaca und A. iliaca externa) und berührt dort das Peritoneum parietale.

Im männlichen Becken wird bei nicht gefüllter Harnblase und nicht gefüllter Ampulla recti die Excavatio rectovesicalis jederseits von der mehr oder weniger sagittal verlaufenden *„Plica rectovesicalis"* (mit dem M. rectovesicalis↗) begrenzt. Im weiblichen Becken wird bei nicht gefüllter Ampulle der Douglas jederseits von der *Plica recto-uterina* flankiert (Abb. **6**–6). Lateral der Excavatio vesico-uterina verläuft das *Lig. teres uteri* (in der „Plica vesico-uterina", Abb. **6**–6) zur Fossa inguinalis lateralis (Abb. **7**–2). Alle diese Bauchfellfalten sind als Reservefalten aufzufassen.

Von der Seitenkante des Uterus verläuft jederseits das **Lig. latum**↗ zur seitlichen Beckenwand (Abb. **6**–1). Im freien Rand des Lig. latum verläuft vom Uterustubenwinkel aus die **Tuba uterina**↗. Diese erreicht jedoch nicht die Beckenwand, sondern legt sich mit ihrem abdominalen Ende (*Infundibulum tubae uterinae*) auf das auf der Dorsalseite des Lig. latum befindliche Ovarium (Abb. **7**–2). Der lateralste – somit tubenfreie – Abschnitt des freien Randes des Lig. latum ist das **Lig. suspensorium ovarii** und enthält die Vasa ovarica. Vom Uterustubenwinkel ausgehend verläuft das **Lig. ovarii proprium** im freien Rand des *Mesovarium*; in dessen lateralem Rand liegt die Fimbria *ovarica*↗. Durch das Mesovarium wird das Lig. latum in das *Mesometrium*↗ und die *Mesosalpinx*↗ gegliedert (Abb. **6**–10). Auf der Vorderfläche des Lig. latum verläuft, vom Uterustubenwinkel ausgehend, der Anfangsteil des **Lig. teres uteri** (vgl. oben).

Die Peritoneallamellen des Lig. latum weichen nach basal auseinander (Abb. **6**–1, 10), um dort zwischen sich das *„Lig. cardinale"* (Abb. **6**–6) aufzunehmen. Dieses ist ein Teil des subperitonealen **Parametranen Halteapparats**↗. Das Parametrium hängt dorsal mit dem **Paraproctium** (um das distale Rectum), ventral mit dem **Paracystium** (um den Blasengrund) zusammen (Abb. **6**–6).

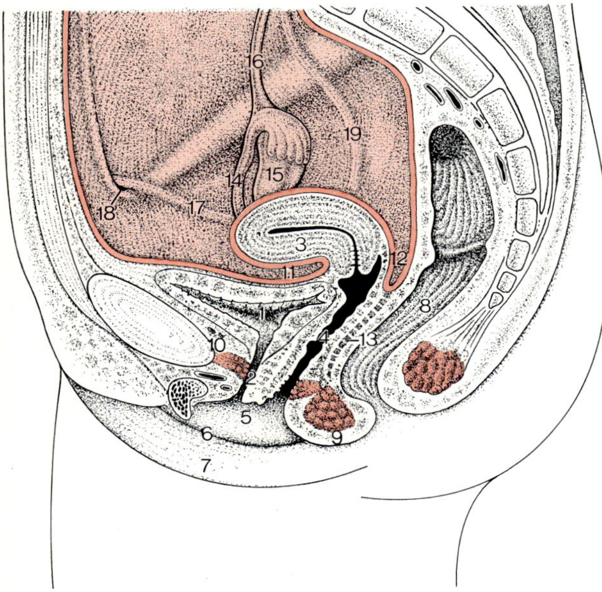

Abb. **7**–2: **Weibliches Becken** (Medianschnitt).
Hellrot: Bauchfell, *dunkelrot:* Skeletmuskulatur des Beckenbodens und des Analverschlusses

1 Vesica urinaria
2 Urethra feminina
3 Uterus
4 Vagina
5 Vestibulum vaginae
6 Labium minus pudendi
7 Labium majus pudendi
8 Ampulla recti
9 Perineum
10 Spatium retropubicum
11 Excavatio vesico-uterina
12 Excavatio recto-uterina (Douglas)
13 Septum rectovaginale
14 Tuba uterina
15 Ovarium
16 Lig. suspensorium ovarii
17 „Plica vesico-uterina" mit Lig. teres uteri
18 Fossa inguinalis lat.
19 Ureter

Von der Fossa inguinalis lateralis (↗Bd. 1) ausgehend läßt sich der vom Peritoneum bedeckte **Ductus deferens** als derber Strang in Richtung auf den Blasengrund verfolgen (Abb. **7**–1). Der **Ureter** betritt das Kleine Becken dorso-lateral und ist auf der Linea terminalis durch das Bauchfell hindurch zu sehen und als derber Strang zu tasten (Abb. **7**–1). Im männlichen Becken unterkreuzt der Ureter am

Blasengrund den Duct. deferens (Abb. **5**–14). Im weiblichen Becken unterkreuzt der Ureter neben der Cervix uteri die A. uterina (vgl. Abb. **6**–1).

Unterhalb der Excavatio rectovesicalis erstreckt sich zwischen Harnblase und Rectum das **Septum rectovesicale** (Abb. **7**–1) bis zum Beckenboden. Dieses bedeckt die dem Blasengrund auf- und anliegenden akzessorischen Geschlechtsdrüsen (Ampullen, Samenblasen, Prostata; Abb. **5**–14). Die Prostata liegt dabei zwischen Harnblase und Beckenboden. Unterhalb der Excavatio recto-uterina erstreckt sich zwischen Rectum und Vagina das **Septum rectovaginale** (Abb. **7**–2) bis zum Beckenboden.

Seitlich vom Rectum betritt die **A. iliaca int.** (mit der V. iliaca int.) das Kleine Becken (Abb. **8**–60). Ihre Aufzweigung erfolgt wandständig und extraperitoneal im pelvinen Abschnitt des Spatium retroperitoneale. Charakteristisch sind die ausgedehnten **Venenplexus,** welche die Beckenorgane in ihrem subperitonealen Bereich umspinnen.

Auf dem M. piriformis liegt die mächtige Platte des **Plexus sacralis** (↗Bd. 3), der neben dem Truncus lumbosacralis seine Wurzeln aus den Forr. pelvina des Kreuzbeins bezieht. Diese *Wurzeln des Plexus sacralis* haben eine wichtige Lagebeziehung zur Flex. sacralis recti. Medial von den Forr. pelvina und somit unmittelbar hinter dem Rectum verläuft jederseits der **Sacrale Grenzstrang**. Gefäße und Nerven entsenden *viscerale Äste* zu den Beckenorganen. *Parietale* Äste verlassen den Beckenraum durch das „For. suprapiriforme“, das „For. infrapiriforme“ sowie den Canalis obturatorius (Abb. **8**–60).

7.2 Beckenboden

Der **Bauch/Becken-Eingeweideraum** (*Cavitas abdominalis*) wird cranialwärts durch die Muskelplatte des *Zwerchfells* (Diaphragma) begrenzt. In analoger Weise erfolgt der Abschluß dieses Raumes im Bereich des Kleinen Beckens auch caudalwärts durch eine Muskelkonstruktion, den sog. **Beckenboden**.

Während das Zwerchfell *kuppelartig nach cranial* gewölbt ist, ist der Beckenboden *trichterförmig nach caudal* ausgewölbt (Abb. **7**–3). Eine Kontraktion des Zwerchfellmuskels führt somit zu dessen *Senkung*,

Kontraktion des Beckenbodens zu dessen *Hebung*. Beide Muskelbewegungen führen zu einer Verkleinerung des Bauch-Beckenraumes und nehmen daher mit der Bauchwandmuskulatur an der Erzeugung der *Bauchpresse*↗ (↗Bd. 1) teil.

Während das Zwerchfell nur von *einem* Muskel gebildet wird, ist der Beckenboden eine Muskelkonstruktion, an der *verschiedene Bauelemente* beteiligt sind (Abb. **7**–4, 5, 6):
- *Diaphragma pelvis,*
- *Diaphragma urogenitale,*
- *Sphincterenschicht.*

Es ist zu beachten, daß das *Diaphragma pelvis* nicht identisch mit dem deutschen Begriff „Beckenboden" ist, sondern nur ein – allerdings das stärkste – Bauelement desselben.

Der Beckenboden ist funktionell nicht nur ein beweglicher und daher anpassungsfähiger caudaler *Abschluß* des Bauch-Beckenraumes, sondern zugleich *Durchlaß für den Enddarm* sowie den *Harn-* und *Geschlechtstrakt*. Wenn man bedenkt, daß der Beckenboden auch den *Durchtritt des kindlichen Kopfes* bei der Geburt ermöglichen muß, wird verständlich, daß die sich *widersprechenden biologischen Aufgaben* (1) eines die Beckenorgane tragenden *widerstandsfähigen Abschlusses* einerseits und (2) einer (zumindest im weiblichen Geschlecht) im Höchstmaß *erweiterungsfähigen Pforte* andererseits zu einer **strukturellen und funktionellen Kompromißlösung** führen mußten. Hierbei spielt natürlich auch die Tatsache eine Rolle, daß der Beckenboden gerade beim *aufrechtgehenden* Menschen besonderen *statischen Beanspruchungen* ausgesetzt ist. Tatsächlich kommt es inbesondere bei Frauen, die geboren haben, häufig zu *Insuffizienzerscheinungen* am Beckenboden, die zum Vorfall (*Prolaps*) von Beckenorganen Anlaß geben. Sowohl für das Verständnis des Zustandekommens derartiger Zustände als auch der operativen Abhilfen (*Beckenbodenplastik*) ist eine genaue Kenntnis der **Konstruktion des Beckenbodens** unerläßlich.

Die flächenmäßig bedeutendste Komponente des Beckenbodens ist das **Diaphragma pelvis** (Abb. **7**–4). Dieses wird im wesentlichen von dem paarigen *M. levator ani* gebildet, der dorsalwärts durch den ebenfalls paarigen *M. coccygeus* ergänzt wird.

M. levator ani

Ursprung: Von einer bogenförmig verlaufenden Linie, die sich von der Innenseite des *Schambeinkörpers* über den *Arcus tendineus* der Fascia obturatoria bis zur *Spina ischiadica* erstreckt (Abb. **8**–60); die vordere Komponente wird als *M. pubococcygeus* von dem lateral entspringenden *M. iliococcygeus* unterschieden.

Ansatz: *Lig. anococcygeum* (Abb. **7**–4) als mediane Raphe sowie benachbarte Teile des Steißbeins.

M. coccygeus
Ursprung: Spina ischiadica;
Ansatz: Seitenfläche von Steißbein und Kreuzbein.

Ein wesentliches Kennzeichen des *Diaphragma pelvis* ist dessen **Trichterform**, die am besten auf einem Frontalschnitt zum Ausdruck kommt (Abb. **7**–3). Durch das Diaphragma pelvis mit seiner inneren und äußeren Fascienbedeckung (*Fascia diaphragmatis pelvis superior* bzw. *inferior*) wird der Beckenraum in eine *supradiaphragmale* und eine *infradiaphragmale Etage* gegliedert. Für den Einbau der Beckenorgane in den Beckenboden ist charakteristisch, daß sich die *Fascia diaphragmatis pelvis superior* als *Fascia pelvis visceralis* („Fascia endopelvina") auf diese Hohlorgane fortsetzt (Abb. **7**–3).

In der **supradiaphragmalen Etage** sind die *Cavitas peritonealis* und das *„Spatium pelvis subperitoneale"* zu unterscheiden (Abb. **7**–3). Erstere ist der Boden der Bauchhöhle, letzteres enthält das Beckenbindegewebe, welches vor allem in der Umgebung der Cervix uteri zum Parametranen Halteapparat (vgl. S. 317) differenziert ist.

Die **subdiaphragmale Etage** des Beckenraumes ist identisch mit dem Begriff der **Fossa ischio-analis** (↗S. 367). Bei dieser handelt es sich um einen keilförmig in die Tiefe versenkten Bereich des subcutanen Bindegewebes in der Umgebung des Anus. Die Fossa ischioanalis (Abb. **7**–3, 4) wird *medial* vom

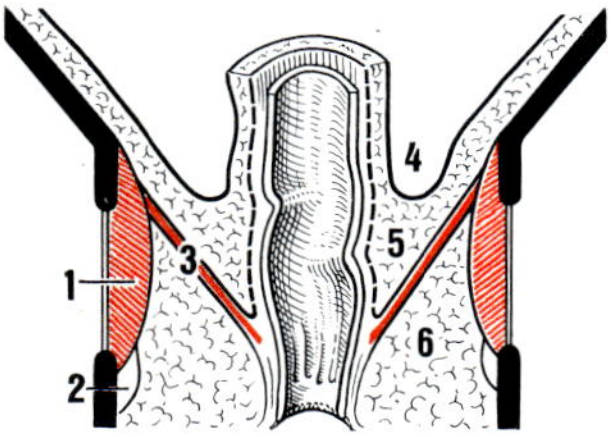

Abb. **7**–3: **Etagengliederung des Bekkenraumes** (Frontalschnitt in der Ebene des Rectum, entsprechend der gestrichelten Linie in Abb. **7**–4).
Schwarz: Beckenknochen, *rot:* Muskulatur. 1 M. obturatorius int. mit Membrana obturatoria (Doppelkontur) und Fascia obturatoria, 2 Alcockscher Kanal, 3 der das Diaphragma pelvis bildende M. levator ani (an dieser Stelle vom Arcus tendineus der Fascia obturatoria entspringend) mit Fascia diaphragmatis pelvis inf. und sup., letztere als Fascia endopelvina (gestrichelt) auf das Rectum fortgesetzt, 4/5 supradiaphragmale Etage mit Cavum pelvis peritoneale (4) und Spatium pelvis subperitoneale (5), 6 subdiaphragmale Etage = Fossa ischio-analis.

M. levator ani (und der Fascia diaphragmatis pelvis inferior), *lateral* vom *M. obturatorius internus* (mit der Fascia obturatoria, die an ihrem caudalen Rand den *Canalis pudendalis* [ALCOCKscher Kanal], vgl. S. 367; Abb. **7**–3; **8**–62) bildet, begrenzt.

Neben der Bedeutung des *Diaphragma pelvis* für die Etagengliederung des Beckenraumes ist eine weitere Tatsache von großer praktischer Wichtigkeit: Das Diaphragma pelvis weist vorn eine *charakteristische spaltförmige Lücke*, den **Levatorschlitz** (auch *Levatortor*), auf, der von den beiden **Levatorschenkeln** (mediale Faserzüge der Mm. pubococcygei) begrenzt wird (Abb. **7**–4). Die Existenz des Levatorschlitzes ist letztlich der Grund für die charakteristische *konstruktive Schwäche* des Beckenbodens. Im Bereich des Levatorschlitzes treten der *Darm* und der *Urogenitaltrakt* durch die Ebene des Beckenbodens. Die Muskelzüge der Levatorschenkel vereinigen sich erst *dorsal vom Rectum* im *Lig. anococcygeum* (Abb. **7**–4). Es kommt dagegen *nicht* zu einer Vereinigung von Muskelfasern *vor dem Rectum*, d. h. im Bereich des *Dammes*. Lediglich einige Fasern strahlen seitlich vom Rectum zwischen M. sphincter ani internus und M. sphincter ani externus ein (Abb. **2**–54). Diejenigen Fasern der *Mm. pubococcygei*, die sich *hinter dem Rectum* zu einer kräftigen Schlinge vereinigen, werden als *M. puborectalis* besonders benannt; sie wirken als Schließmuskel des Enddarms, indem sie die dessen Hinterwand nach vorne-oben an die Vorderwand pressen. Bei der Darmentleerung erschlafft der M. puborectalis reflektorisch.

Der *Defekt im Diaphragma pelvis* in Gestalt des Levatorschlitzes wird auf dessen Unterseite durch die etwa dreieckige Platte des **Diaphragma urogenitale** abgedeckt (Abb. **7**–5). Dieses wird im wesentlichen durch die sich zwischen den beiden Scham- und Sitzbeinästen ausspannende Muskelplatte des **M. transversus perinei profundus** gebildet, die vorn unter dem Arcus pubis durch das *Lig. transversum perinei* (in Abb. **7**–5 nicht berücksichtigt) ergänzt wird. Die Muskelplatte des Diaphragma urogenitale wird beidseitig von verhältnismäßig kräftigen Fascien bedeckt, die auch als Muskelursprungsfläche dienen: *Fascia diaphragmatis urogenitalis superior* bzw. *inferior* (Abb. **7**–6, 7, 8).

Die querverlaufenden Muskelfasern des Diaphragma urogenitale bilden um die männliche Urethra den **M. sphincter urethrae** (sog. Rhabdosphincter des Harnblasenverschlusses, vgl. S. 271; Abb. **7**–1). Im weiblichen Fall ist ein Sphincter um Urethra und Vagina in dieser Ebene oft nicht deutlich ausgebildet.

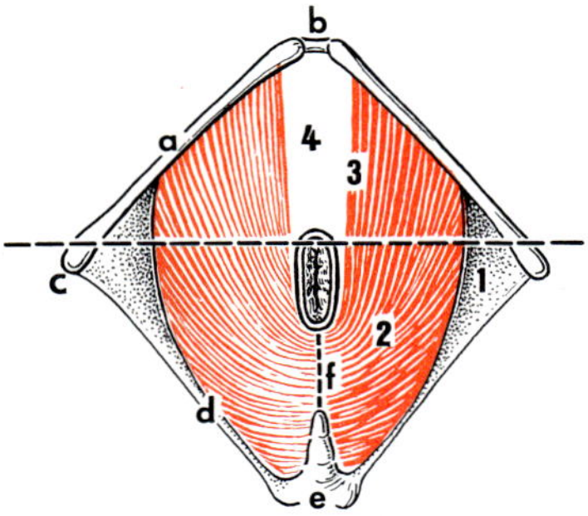

Abb. **7**–4: **Beckenboden I** (von caudal, Schicht des Diaphragma pelvis; *gestrichelte Linie:* Schnittebene der Abb. **7**–3, gleichzeitig Trennlinie zwischen der *Regio analis* und der *Regio urogenitalis*).
Raute des Beckenausgangs: a Ramus ossis ischii und Ramus inf. ossis pubis, b Symphyse, c Tuber ischiadicum, d Lig. sacrotuberale, e Steißbein, f Lig. anococcygeum. – 1 Fascia obturatoria mit Ursprungslinie des M. levator ani (2) am Arcus tendineus; zwischen (1) und (2) die Fossa ischioanalis; 3 Levatorschenkel, 4 Levatorschlitz.

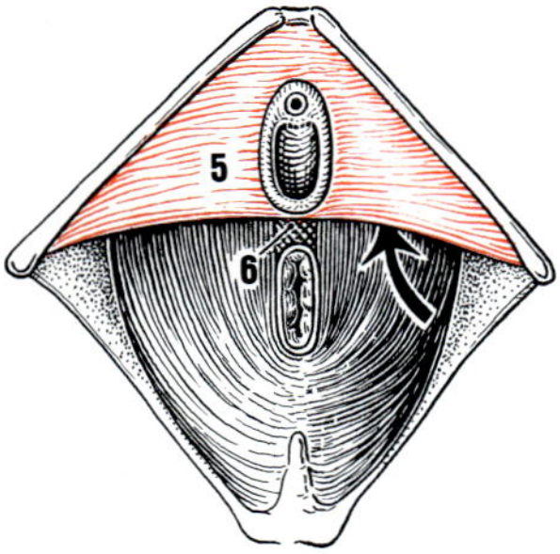

Abb. **7**–5: **Beckenboden II** (von caudal, Schicht des Diaphragma urogenitale).
5 M. transversus perinei prof. mit Durchtritt von Vagina und Urethra, 6 Centrum tendineum im nicht durch das Diaphragma urogenitale gedeckten hinteren Teil des Levatorschlitzes; *Pfeil:* im Recessus pubicus der Fossa ischioanalis.

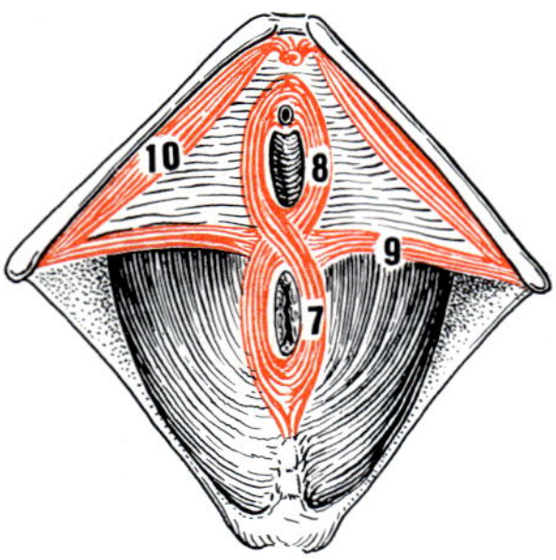

Abb. **7**–6: **Beckenboden III** (von caudal, Sphincterenschicht).
7 M. sphincter ani ext., 8 M. bulbospongiosus (auf der Fascia diaphragmatis urogenitalis inf.), 9 M. transversus perinei superf. (7, 8 und 9 auf dem Centrum tendineum „verknotet“), 10 M. ischiocavernosus.

Wichtig ist die Tatsache, daß die Muskelplatte des Diaphragma urogenitale den Levatorschlitz *nicht vollständig* deckt. Zwischen dem Hinterrand des M. transversus perinei profundus und dem vorderen Umfang des Rectum bleibt eine nicht von Muskulatur gedeckte *Lücke* frei. Diese wird lediglich von Bindegewebe ausgefüllt, dem sog. **Centrum tendineum perinei**. Dieses ist die im System von Diaphragma pelvis und Diaphragma urogenitale *verbleibende schwache Stelle* (Abb. **7**–5).

Die schwache Stelle des *Centrum tendineum perinei* wird durch die *oberflächlichste Schicht* des Beckenbodensystems, die **„Sphincterenschicht“** gesichert. Der Ausdruck Sphincterenschicht ist im strengen Sinn nur auf den weiblichen Beckenboden anzuwenden. Bei diesem (Abb. **7**–6) bilden **M. sphincter ani externus** ↗ und **M. bulbospongiosus** Achtertouren, deren *Kreuzungspunkt auf dem Centrum tendineum* liegt. Diese Sicherung des Centrum tendineum wird wesentlich durch die *Querverspannung* durch den paarigen **M. transversus perinei superficialis** verbessert. Dieses schlanke Muskelpaar liegt dem freien Rand des Diaphragma urogenitale auf und verbindet das Centrum tendineum beiderseits mit dem Tuber ischiadicum (Abb. **7**–6).

Im *männlichen* Beckenboden (Abb. **7**–7) hat der *M. bulbospongiosus* natürlich nicht die Form eines Sphincters; ihm kommt jedoch in analoger Weise eine stabilisierende Wirkung für den Dammbereich zu. Der dem Diaphragma urogenitale unterflächig aufliegenden Sphincterenschicht können die seitlich dem Sitz- und Schambeinast angehefteten **Mm. ischiocavernosi** zugerechnet werden.

M. bulbospongiosus ♀ (Abb. **7**–6, 8)
umgibt, vom Centrum tendineum ausgehend, als Sphincter das Vestibulum vaginae.
Funktion: Kompression des von ihm umhüllten Bulbus vestibuli, Verengung der Vulva.

M. bulbospongiosus ♂ (Abb. **7**–7)
Ursprung: Centrum tendineum und mediane Raphe;
Ansatz: Fascia diaphragmatis urogenitalis inferior, Fascia penis profunda im Bereich des Penisrückens.
Funktion: Kompression des Corpus spongiosum penis und damit der Harnröhre (Mitwirkung bei Harnentleerung und Ejaculation).

M. ischiocavernosus (Abb. **7**–7, 8)
Ursprung: Ramus ossis ischii;
Ansatz: Tunica albuginea des Corpus cavernosum penis bzw. des Crus clitoridis.

Funktion: Die paarigen Muskeln umhüllen die Crura penis bzw. Crura clitoridis und tragen durch deren Kompression zur stärkeren Blutfüllung des Corpus cavernosum penis (bzw. des Corpus clitoridis) bei der Erection (bzw. Anschwellung) bei.

Die gesamte Beckenbodenmuskulatur besteht aus *Skeletmuskelgewebe* und ist willkürlich innervierbar. Sie wird durch Äste des im Alcockschen Kanal (s. u.) verlaufenden *N. pudendus* (↗Bd. 3; vgl. Abb. **8**–62) versorgt.

Der **Damm** *(Perineum)* ist der Bereich zwischen Anus und äußerem Genitale (Abb. **7**–2). Äußerlich fällt hier die entwicklungsgeschichtlich bedingte mediane Hautnaht (*Raphe perinei*) auf, welche beim Mann die *Raphe scroti* ↗ fortsetzt. Die **Regio perinealis** umfaßt dagegen den gesamten Bereich zwischen Symphyse und Steißbein einerseits sowie den Sitzbeinhöckern andererseits (Abb. **7**–7, 8). Diese ungefähr *rautenförmige* Dammregion wird durch die Verbindungslinie zwischen den beiden Sitzbeinhöckern in die hinten gelegene dreieckige *Regio analis* („Trigonum anale") und die vorn gelegene ebenfalls dreieckige *Regio urogenitalis* („Trigonum urogenitale") gegliedert.

Im Bereich des **Trigonum anale** befindet sich beidseitig vom Anus die **Fossa ischio-analis** (früher: Fossa ischiorectalis). Das in dieser befindliche Baufett (*Corpus adiposum fossae ischio-analis*) ist gegenüber der Subcutis nicht durch eine Fascie abgetrennt (Abb. **7**–7, 8). Dies erklärt die leichte Ausbreitung der von Hautdrüsen der Analgegend ausgehenden Entzündungen in die Tiefe der Fossa ischioanalis. Diese erstreckt sich einerseits unter allmählicher *keilartiger* Verschmälerung beckenwärts bis zur Ursprungslinie des M. levator ani am Arcus tendineus (vgl. S. 362, Abb. **7**–3). Die Fossa ischioanalis erstreckt sich jedoch auch *oberhalb* (beckenwärts) des Diaphragma urogenitale nach vorn gegen die Symphyse hin (Abb. **7**–5); ihr Bindegewebe kommuniziert dort durch den Levatorschlitz hindurch mit dem supradiaphragmalen Bindegewebsraum des Kleinen Beckens (vgl. S. 364). Im Bereich dieses „Recessus pubicus" (Abb. **7**–5) der Fossa ischio-analis verlaufen wandständig die Leitungsbahnen des **Alcockschen**[1] **Kanals** (*Canalis pudendalis*), einer Duplikatur der Fascia obturatoria (Abb. **7**–3, **8**–60): *Vasa pudenda int.* ↗, *N. pudendus* (↗Bd. 3) für die sensible und vasomotorische Versorgung des Äußeren Genitale.

---

[1] Benjamin Alcock (geb. 1801), Prof. der Anatomie, Physiologie und Pathologie in Dublin und Cork.

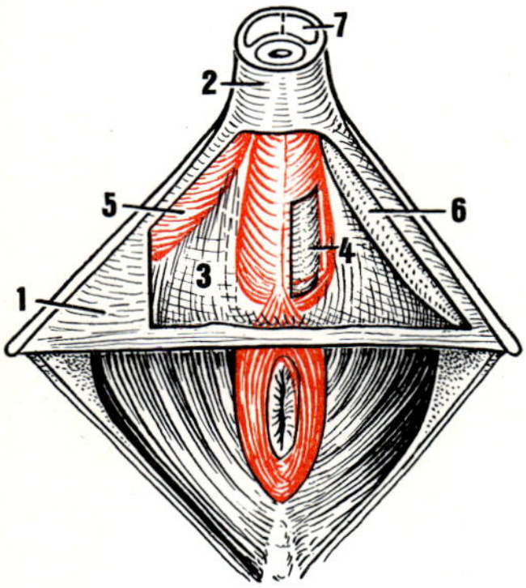

Abb. **7**–7: **Regio perinealis beim Mann.**
Die im Bereich des Trigonum urogenitale gelegene Fascia perinei superf. (1) setzt sich in die Fascia penis prof. (2) fort. Durch Fensterung der Dammfascie ist der Bindegewebsraum des Spatium perinei superf. zugänglich gemacht. Dessen Boden wird von der Fascia diaphragmatis urogenitalis inf. (3) gebildet. Als Inhaltsgebilde des Spatium perinei superf. liegt median das vom M. bulbospongiosus bedeckte Corpus spongiosum penis (4), seitlich das vom M. ischiocavernosus (5) bedeckte Crus penis (6); 7 Querschnitt des Penis mit Corpus cavernosum und Corpus spongiosum innerhalb der Fascia penis prof.

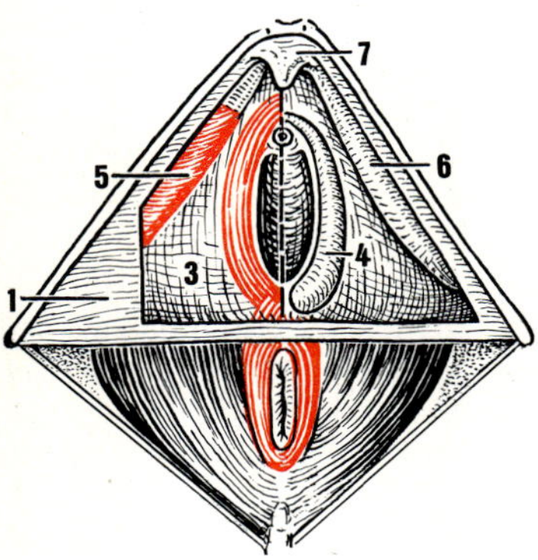

Abb. **7**–8: **Regio perinealis bei der Frau.**
Durch Fensterung der Dammfascie (1 Fascia perinei superf.) ist der Bindegewebsraum des Spatium perinei superf. zugänglich gemacht. Dessen Boden wird von der Fascia diaphragmatis urogenitalis inf. (3) gebildet. Als Inhaltsgebilde des Spatium perinei superf. befinden sich zentral (um die Öffnungen von Vagina und Urethra) die vom M. bulbospongiosus bedeckten Bulbi vestibuli (4), seitlich die vom M. ischiocavernosus (5) bedeckten Crura clitoridis (6); 7 Clitoris.

Im Gegensatz zu den Verhältnissen im Trigonum anale sind die in der Tiefe des **Trigonum urogenitale** gelegenen Gebilde (vgl. Abb. **8**–60) gegenüber der Subcutis durch die *Fascia perinei superficialis* vollständig abgetrennt (Abb. **7**–7, 8; **8**–60). Die *Fascia perinei superficialis* begrenzt gemeinsam mit der *Fascia diaphragmatis urogenitalis inf.* eine *Bindegewebsloge,* die als **Spatium perinei superficiale** (Abb. **7**–7, 8) bezeichnet wird. Diese Bindegewebsloge enthält die

Schwellkörper und die *Schwellkörpermuskeln* sowie die Zwischenräume ausfüllendes Bindegewebe. Das Spatium perinei superficiale ist bei der Frau unter der Symphyse geschlossen, setzt sich dagegen beim Mann in den Penis fort (Abb. **7**–7; **8**–60).

8 Kreislaufsystem

8.1 Allgemeine Anatomie des Kreislaufs

Der **Stoffwechsel** der Zellen und Gewebe setzt die Möglichkeit des **Stofftransports** in einem Verteilersystem mit An- und Abtransportwegen (*Strombahn*) voraus. Das **Transportgut** besteht aus: Atemgasen, Nährstoffen, Zwischenstufen und Abfallprodukten des Stoffwechsels, Enzymen, Elektrolyten, Vitaminen, Hormonen, Blutzellen, Wärme (gegebenenfalls Arzneimitteln). Das Kreislaufsystem hat somit **funktionelle Bedeutung** für Atmung, Ernährung, Stoffwechsel, Ausscheidung, Regulation, Abwehr (zusätzlich für gewisse mechanische Leistungen: Verschluß von Hohlorganen). **Transportmittel** ist das *Blut* (und die Lymphe), **Transportweg** das System der *Blutgefäße* (und Lymphgefäße).

8.1.1 Organisation der Strombahn

Der Ausdruck **Kreislauf** weist bereits darauf hin, daß die Blut-Strombahn ein *geschlossenes Röhrensystem* (Abb. **8**–1) ist, in welchem das Blut „zirkuliert"[1]. An das *Blutgefäßsystem* ist das *Lymphgefäßsystem* ↗ angeschlossen. In die Strombahn sind auch die *Organe der Blutzellbildung* (Knochenmark, Lymphatische Organe) und der *Blutkontrolle* (Milz) eingefügt.

8.1.1.1 Funktionelle Gliederung

Das geschlossene Blutgefäßsystem muß von der Aufgabenstellung her so beschaffen sein, daß Transportgut an allen Stellen des Bedarfs „ausgeladen" und dafür „Abfall" aufgenommen werden kann. Hierzu wird das ein Organ versorgende Anschlußrohr in außerordentlich zahlreiche kleinkalibrige und gleichzeitig extrem dünnwandige **Capillaren**[2] ↗ („Haargefäße") aufgelöst. Um alle Gewebe des

---

[1] Die Lehre von einem geschlossenen Blutkreislauf wurde von William Harvey (1578–1657), Arzt in London, begründet.

[2] capillaris (lat.) = haarartig.

Körpers möglichst eng an die Strombahn anzuschließen, steht ein **Gefäßnetz** von insgesamt etwa 10×10^3 km *Länge* und einem *Gesamtquerschnitt* von bis zu 10×10^3 m^2 (grobe Schätzung) zur Verfügung.

Die Capillargebiete bieten einen hohen *Strömungswiderstand*. Um diesen zu überwinden, muß im zuführenden Anschlußrohr ein entsprechend *hoher Blutdruck* (über 85 mm Hg = 11,3 kPa) herrschen. Derartige Hochdruckgefäße sind die **Arterien**↗ (bzw. Arteriolen↗). Da der Strömungswiderstand der Capillargebiete zum Absinken des Blutdrucks in diesen Gebieten (bis auf etwa 15 mm Hg = 2 kPa) führt, herrscht in den aus den Capillargebieten abführenden Rücklaufgefäßen *niedriger Blutdruck*. Derartige Niederdruckgefäße sind die **Venen**↗ (bzw. Venulen↗). Teile der venösen Strombahnperipherie bilden ein *„Kapazitives System"*, d. h. einen **Blutspeicher**, aus dem Blut schnell (z. B. Lunge) oder allmählich (z. B. Haut, Unterhaut) für den Kreislauf zusätzlich verfügbar gemacht werden kann.

8.1.1.2 Kreislaufpumpe

Um den zur *Durchströmung der Capillargebiete* erforderlichen hohen Druck zu erzeugen und kontinuierlich aufrechtzuerhalten, bedarf es einer *Kreislaufpumpe* (Abb. **8**–1); als solche fungiert das **Herz** (genauer das *„Linke Herz"*). Die Herzpumpe durchströmt die Capillargebiete der einzelnen Organe (z. B. Gehirn, Darm, Nieren, Muskeln) in *Parallelschaltung*.

Eine Sonderstellung nehmen jedoch die **Lungen** ein, in denen der Gasaustausch zwischen Blut und Atemluft erfolgt (s. S. 215, 224). Würden die Lungen ebenso wie die übrigen Organe im Rahmen des Parallelschaltungssystems durchströmt, dann würde sich das aus ihnen abfließende *oxygenierte* (mit Sauerstoff angereicherte) Blut mit dem aus den übrigen Organen kommenden *desoxygenierten* (an Sauerstoff verarmten) Blut mischen; d. h. aber, daß den Organen durch das Herz kein Blut mit maximaler Sauerstoffbeladung zugeführt werden würde. Deshalb werden die Lungen nicht nach dem Prinzip der Parallelschaltung, sondern der *Hintereinanderschaltung* durchströmt. Das aus den Capillargebieten der Organe über Venen abfließende und sich schließlich in den Vv. cavae↗ sammelnde Blut steht unter niedrigem Druck (s. oben). Dieser würde nicht ausreichen, um den hohen Strömungswiderstand im *Capillargebiet der Lunge* zu überwinden. Den Lungen muß deshalb eine **zweite Kreislaufpumpe** vorgeschaltet sein: das „Rechte Herz" (Abb. **8**–1).

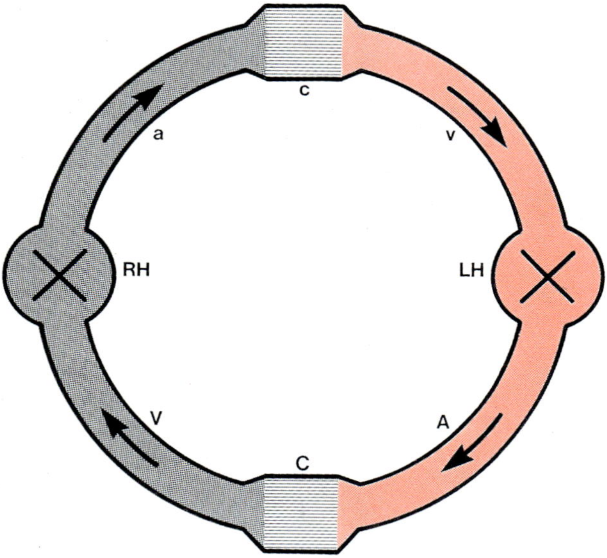

Abb. **8**–1: **Modell des Blutkreislaufs.**
Rot: oxygeniertes Blut, *grau:* desoxygeniertes Blut
Pfeile: Strömungsrichtung
LH Pumpe des Großen Kreislaufs (= Linkes Herz)
RH Pumpe des Kleinen Kreislaufs (= Rechtes Herz)
LH → RH Großer Kreislauf
RH → LH Kleiner Kreislauf
A Arterien des Großen Kreislaufs
V Venen des Großen Kreislaufs
a Arterien des Kleinen Kreislaufs
v Venen des Kleinen Kreislaufs
C Capillargebiete des Großen Kreislaufs
c Capillargebiete des Kleinen Kreislaufs

Da das Blut in der Kreislaufperipherie aus hämodynamischen Gründen möglichst gleichmäßig fließen muß, jedenfalls nicht zum Stillstand kommen darf, das Herz jedoch *diskontinuierlich pumpt,* bedarf es einer *„Komplementärpumpe"*, die während der „Herzpause" das Blut weiterbefördert. Diese Aufgabe erfüllt der sog. **Windkessel**↗ der herznahen Arterien (Abb. **8**–23).

8.1.1.3 Großer und Kleiner Kreislauf

Die *beiden Kreislaufpumpen* (Linkes Herz und Rechtes Herz) haben *unterschiedliche Aufgaben*:

- Das **Linke Herz** pumpt das Blut durch die Capillargebiete aller Organe (außer Lungen!) in das Rechte Herz. Dieser Kreislaufbogen wird als **Großer Kreislauf** oder *Körperkreislauf* bezeichnet (Abb. **8**–1, 2).
- Das **Rechte Herz** pumpt durch das Capillargebiet der Lungen in das Linke Herz. Dieser Kreislaufbogen wird als **Kleiner Kreislauf** oder *Lungenkreislauf* bezeichnet (Abb. **8**–1, 2).

Linkes und *Rechtes Herz* sind durch eine *Scheidewand* völlig voneinander getrennt. Grundsätzlich könnten daher die beiden Kreislaufpumpen auch örtlich voneinander entfernt in die betreffenden Kreislaufbögen eingebaut sein (Abb. **8**–1). Tatsächlich sind sie jedoch zu der **anatomischen Einheit Herz** kombiniert (Abb. **8**–2). Dies hat entwicklungsgeschichtliche Gründe, bietet jedoch auch den konstruktiven Vorteil, daß die *Synchronisation der Pumparbeit* der beiden Herzhälften durch ein einheitliches Kabelsystem (Erregungsleitungssystem↗) leichter möglich ist.

Aus beiden Herzhälften strömt das Blut in **Arterien** und schließlich **Arteriolen**↗ (Hochdruckgefäße): aus dem Linken Herz in die *Aorta*↗, aus dem Rechten Herzen in den *Truncus pulmonalis*↗. In beide Herzhälften fließt das Blut über **Venulen** in **Venen** (Niederdruckgefäße) zurück, in das Rechte Herz durch die *Vv. cavae*↗, in das Linke Herz durch die *Vv. pulmonales*↗.

Die Charakterisierung eines Blutgefäßes als Arterie bzw. Vene wird ausschließlich durch die *Druckverhältnisse* (Hoch- bzw. Niederdruck) und den hiermit in Zusammenhang stehenden histologischen *Wandbau* bestimmt (vgl. S. 385).

Hiervon zu unterscheiden sind gelegentlich verwendete Ausdrucksweisen, die auf die *Qualität des Blutes* in Bezug auf den Sauerstoffgehalt abheben, nämlich **„arterielles“** für oxygeniertes und **„venöses“** für desoxygeniertes Blut. Bei dieser Handhabung gilt folgendes:

- im *Großen Kreislauf* fließt in den Arterien „arterielles“ und in den Venen „venöses“ Blut;
- im *Kleinen Kreislauf* jedoch fließt in den Arterien „venöses“ und in den Venen „arterielles“ Blut.

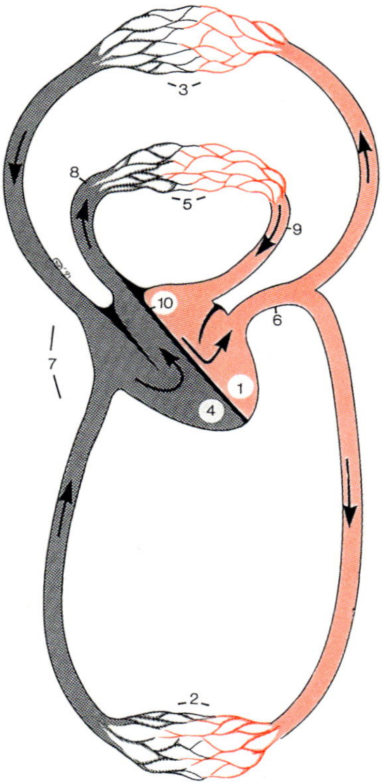

Abb. **8**–2: **Kreislaufschema.**
Die anatomischen und topographischen Gegebenheiten sind stark vereinfacht und auf das Prinzipielle reduziert. Die Gliederung der beiden Herzhälften in Vorhof und Kammer ist nur angedeutet. Die Capillargebiete der beiden Lungen sind zusammengefaßt.
Rot: oxygeniertes Blut, *grau:* desoxygeniertes Blut
Pfeile: Strömungsrichtung

1 Linkes Herz
2 Großer Kreislauf mit den Capillargebieten der unteren Körperhälfte
3 Großer Kreislauf mit den Capillargebieten der oberen Körperhälfte
4 Rechtes Herz
5 Kleiner Kreislauf mit den Capillargebieten der Lungen
6 Hauptkörperschlagader (Aorta)
7 Untere und Obere Hohlvene (Vv. cavae)
8 Lungenschlagader (Truncus pulmonalis)
9 Lungenvenen (Vv. pulmonales)
10 Scheidewand zwischen Rechtem und Linkem Herzen

8.1.1.4 Pfortaderkreislauf

Eine besondere Stellung nimmt der sog. **Pfortaderkreislauf** (Abb. **2**–57; s. auch 8.5.2.3) ein, welcher ein *Nebenschluß des Großen Kreislaufs* ist. Das Venenblut des Magen-Darm-Kanals, der Milz und der Bauchspeicheldrüse wird dabei nicht unmittelbar der Unteren Hohlvene zugeleitet, sondern dieses mit Nährstoffen aus der Verdauung beladene „venöse" Blut wird in der **Pfortader** (*Vena portae*↗) zunächst der Leber als metabolischem Zentralorgan zugeführt, um dort erneut ein Capillarnetz zu durchströmen; dies wird dadurch erleichtert, daß die relativ muskelstarke Wand der Pfortader durch rhythmische Wandkontraktionen einen „portalen Druck" aufrecht erhält, der deutlich über dem anderer Venen liegt. Erst die aus der Leber austretenden Venen (*Vv. hepaticae*) sind den übrigen Körpervenen gleichzusetzen.

8.1.1.5 Periphere Strombahn

Verlauf der Gefäße

Als Regel gilt, daß die *Arterien* ihr Versorgungsorgan auf dem *kürzesten Weg* erreichen und die *Venen* den kürzesten Weg zurück zum größeren Venenstamm nehmen. Ausnahmen hiervon können dadurch hervorgerufen sein, daß beim Wachstum des Körpers manche Organe ihre Lage verhältnismäßig spät verändern (z. B. Descensus der Keimdrüsen) und dabei ihre Gefäße mitnehmen.

Meist verlaufen die zusammengehörigen Arterien, Venen (diese oft als „Begleitvenen" verdoppelt), Lymphgefäße und Nerven gemeinsam in einem sog. **Gefäßnervenbündel**, (z. B. Abb. **8**–42), welches von einer Bindegewebsscheide umgeben ist. Dies gilt jedoch nur für „tiefe Leitungsbahnen". Extrafasciale sog. „Hautvenen" (z. B. Abb. **8**–72) verlaufen unabhängig von Arterien, da letztere stets tief (subfascial) liegen.

Die großen Gefäßstämme der Gliedmaßen halten sich an die *Beugeseite* der Gelenke. Die Lage an der Beugeseite schützt vor Überdehnung und Verletzung.

Verzweigung, Kollateralen und Wundernetze

Durch die fortschreitende **Verzweigung** der Arterien nimmt die *Strömungsgeschwindigkeit* des Blutes und der *Druck* desselben immer mehr ab. Die Summe der Querschnitte aller Teilungsäste ist größer als diejenige des Stammes. Deshalb wird die Schnelligkeit des Blutstromes stetig vermindert, etwa so, wie wenn ein Fluß in einen See mündet. Das Entsprechende gilt im umgekehrten Sinn für den venösen Schenkel des Kreislaufs.

Arterien, welche neben der Hauptarterie dasselbe Versorgungsgebiet erreichen, werden als **Kollateralen** bezeichnet. Sie *anastomosieren*[1] häufig mit ihresgleichen und bilden dabei umfangreiche Netze (*Retia*, Sing. *rete*), insbesondere in der Nähe großer Gelenke. Die Kollateralen stellen einen Teil des im Organismus mannigfaltig verwirklichten *Gesetzes der doppelten Sicherung* dar, indem bei Blockierung *eines* Blutgefäßes durch Umgehung (**Kollateralkreislauf**) dennoch das Erfolgsorgan genügend durchblutet bleibt. Ohne Kollateralen könnte der Chirurg keine Arterien unterbinden. Wird ein Kollateralkreislauf dauernd beansprucht, so passen sich die Wände seiner Gefäße durch allmählichen Umbau der erhöhten Transportaufgabe an.

Als **Endarterien** werden solche Arterien bezeichnet, deren Versorgungsgebiet nicht auch durch Kollateralen oder periphere Anastomosen versorgt werden kann. Beim Verschluß einer Endarterie kommt es deshalb regelmäßig zum Gewebsuntergang (*Necrose*) des versorgten Gebietes. Der Begriff **funktionelle Endarterie** wird dann angewendet, wenn das versorgte Gebiet anatomisch zwar durch Kollateralen erreicht wird, diese jedoch nicht genügend erweiterungsfähig sind, um die erforderliche Blutmenge zuzuführen.

Es gibt funktionell bedingte Fälle, in denen ausnahmsweise die aus einer *Arteriole*↗ hervorgegangenen Capillaren sich nicht zu einer *Venule*↗ sondern *abermals zu einer Arteriole* vereinigen, die sich dann erst in das *definitive Capillarnetz* auflöst: Beispiel Niere (vgl. S. 243). Andererseits liegt im Bereich des Pfortaderkreislaufs (s. o.) die Situation vor, daß aus den Capillaren (z. B. des Darmes) Venen hervorgehen die sich nochmals im Bereich der Leber in ein Capillargebiet aufspalten. Ähnlich verhält es sich mit dem „Portalen Kreislauf" des Hypothalamus-Hypophysensystems (↗Bd. 3).

Ein derartiges Capillargebiet wird als **Wundernetz** (*Rete mirabile*) bezeichnet und zwar:
- ein dem definitiven Capillargebiet *vorgeschaltetes* Capillarsystem als **Arterielles Wundernetz**;
- ein dem eigentlichen Capillargebiet *nachgeschaltetes* Capillarsystem als **Venöses Wundernetz**.

---

[1] stoma (gr.) = Mündung.
anastomóein (gr.) = eine Mündung herstellen.

Arterio-venöse Anastomosen

Der Weg durch die Capillaren ist nicht der einzige von den Arteriolen zu den Venulen. In vielen Organen (z. B. Haut, Nasenschleimhaut, Lungen, Darmzotten, Penis, Uterus) gibt es für das Blut *Kurzschlüsse*, die sog. **Arterio-venösen Anastomosen** (a.-v. Anastomosen, Abb. **8**–3). Diese ermöglichen es, bestimmte Capillargebiete vorübergehend weitgehend von der Blutversorgung auszuschalten. Die Anastomosen haben somit Bedeutung für die Regulation der peripheren Zirkulation. Die a.-v. Anastomosen wirken dabei mit dem System der *Präcapillären Sphincter* ↗ zusammen: bei Öffnung der Anastomosen Verschluß der Sphincter; bei Öffnung der Sphincter Verschluß der Anastomosen.

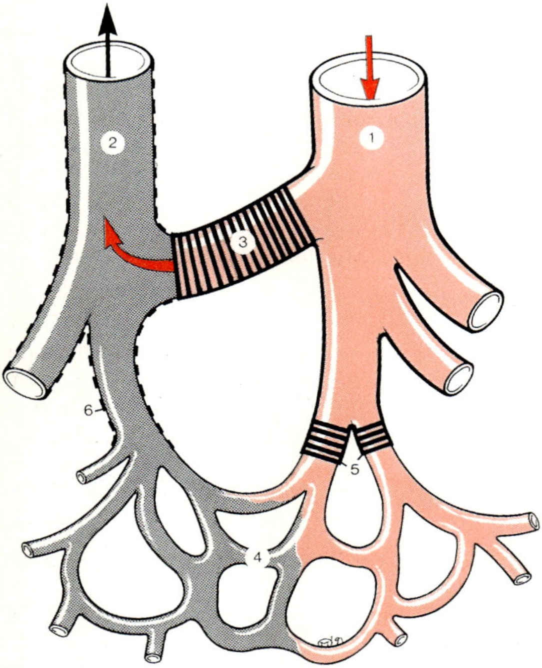

Abb. **8**–3: **Arterio-venöse Anastomose.**
Schraffiert: Sphincterstrecken

1 Arteriole
2 Venule
3 a.-v. Anastomose
4 Capillarbett
5 Präcapilläre Sphincter
6 Postcapilläre Venule

Die sympathisch innervierten a.-v. Anastomosen sind keineswegs einheitlich gebaut: in den meisten Fällen zeigt die Anastomose einen gestreckten Verlauf; in anderen Fällen, insbesondere in der Haut, sind sie zu sog. *Glomusorganen* mit einer gewundenen Anastomosenstrecke ausgeformt (↗Bd. 3).

Als *morphologisches Substrat* für den Verschluß der a.-v. Anastomosen gelten:
- relativ zum Kaliber des Gefäßes dicke *Tunica media*↗ mit überwiegend zirkulär angeordneten Glatten Muskelzellen;
- modifizierte verzweigte Glatte Muskelzellen in longitudinalen Falten (sog. *Epitheloide Zellen*) innerhalb der zirkulären Tunica media;
- Schwellfähigkeit der *Endotheliocyten*↗.

Beim *Verschluß* wirkt insbesondere eine Verkürzung und Schwellung der longitudinalen Falten mit der Kontraktion der zirkulären Media zusammen. Die Öffnung erfolgt durch elastische Rückstellung der in der bindegewebigen Umgebung verankerten Wandtextur.

Funktionell stehen die a.-v. Anastomosen primär im Dienst der *lokalen Durchströmungsregulation*. Daneben haben sie jedoch auch Bedeutung für die *Wärmeregulation*. Möglicherweise haben sie zum Teil auch *Rezeptorfunktion*. Die epitheloiden Muskelzellen sollen Acetylcholin in das Blut absondern.

8.1.1.6 Lymphsystem

Neben dem Großen Kreislauf (und an diesen angeschlossen) existiert ein *zweites System* von Röhren, welches den ganzen Körper durchzieht: das System der **Lymphgefäße** (*Vasa lymphatica*). Ihr Inhalt wird **Lymphe**[1] genannt. Diese ist eine wasserhelle Flüssigkeit, die in ihrer Zusammensetzung etwa verdünntem Blutplasma entspricht. Der Inhalt der Lymphgefäße des Darmes, die das bei der Verdauung resorbierte Fett transportieren, ist jedoch eine milchig trübe Emulsion, die als **Chylus**[2] (Darmlymphe) bezeichnet wird. Die zelligen Bestandteile der Lymphe sind ausschließlich Lymphocyten↗, die in den Lymphatischen Organen↗ in die Lymphe gelangen.

Das System der Lymphgefäße beginnt in der „Peripherie" als blind endende untereinander anastomosierende **Lymphcapillaren**, dort

---

[1] lympha (lat.) = Quellwasser.
[2] chylos (gr.) = Saft.

wo sich auch die Capillaren des Blutgefäßsystems im *Extrazellularraum* befinden (Abb. **8**–5). Aus Gründen des Stoffwechsels erfolgt durch die Wand der Blutcapillaren ein ständiger Stoffstrom aus dem Blut in den Extrazellularraum und umgekehrt. Jene Komponenten der Gewebeflüssigkeit, die aus physiko-chemischen Gründen nicht durch die Capillarwand hindurch in das Capillarblut aufgenommen werden können, werden durch das Drainagesystem der Lymphcapillaren abtransportiert (vgl. S. 384). Täglich werden etwa 2,5 Liter Lymphe gebildet.

Als **Lymphgefäße** werden nur solche Bahnen bezeichnet, die eine eigene Wand aufweisen. Es werden unterschieden: *Lymphcapillaren – Leitgefäße – Transportgefäße – Zentrale Lymphstämme* (s. S. 575). Diese führen die Lymphe in einer den Venen parallelen Richtung. Die Lymphstämme, der *Ductus thoracicus*↗ und der *Ductus lymphaticus dexter*↗, münden schließlich in das Venensystem ein. Sie führen diesem pro Tag etwa 2,5 l Lymphe (mit etwa 10^{10} Lymphocyten) zu; diese Menge kann unter krankhaften Umständen auf mehr als das 10fache gesteigert sein. Man kann das Lymphgefäßsystem als *Nebenschluß des Blutgefäßsystems* betrachten (Abb. **8**–82), es bildet jedoch keinen eigenen Kreislauf. *Keine Lymphgefäße* kommen vor in Epithel, Knorpel, Knochen, Knochenmark, Thymus, Zentralnervensystem, Innenohr.

Die als fingerförmige Blindsäcke beginnenden **Lymphcapillaren** (Abb. **8**–5) sind bis zu 100 µm weit. Ihre Wand besteht lediglich aus einem Schlauch von abgeplatteten Endotheliocyten. Diese überlappen sich teilweise und können für den Einstrom von Flüssigkeit und Partikeln temporär auseinanderweichen. Im Gegensatz zu den Blutcapillaren besitzen die Lymphcapillaren weder eine Basalmembran noch Pericyten↗. Um den Abtransport der Lymphe zu gewährleisten, wird das Lumen der Lymphcapillaren durch Ankerfilamente offengehalten, welche die äußere Zellmembran der Endotheliocyten mit der umgebenden Bindegewebsstruktur verbinden.

Die Lymphcapillarnetze münden in **Leitgefäße** (*Lymphcollectoren*, Sammelgefäße). Diese sind bereits mit Klappen (*Valvulae lymphaticae*) ausgestattet, die der Bauweise der Venenklappen↗ entsprechen. Mit dem Hinzutreten der *Tunica media* und damit einer kontraktionsfähigen Wand, entstehen die größeren **Transportgefäße**, die den Wandaufbau von Venen aufweisen. Durch die Kontraktion der Mediamuskulatur (6–12/min) wird der Druck in den Transportgefäßen erhöht. Dies führt dazu, daß die Lymphe – durch die Klappen bestimmt – in proximaler Richtung transportiert wird. Das Segment zwischen zwei Klappen (*Lymphangion*) ist innervationsmäßig eine funktionelle Einheit.

Die Lymphgefäße der Peripherie führen die Lymphe den zugeordneten **Regionären Lymphknoten**↗ zu (Abb. **9**–12). Es gilt die Regel, daß alle Lymphe wenigstens *einen* Regionären Lymphknoten, häufig jedoch anschließend noch **Sammellymphknoten**↗ durchfließen muß, ehe sie sich in das Blut ergießt. Größere Lymphstämme entstehen nicht durch Zusammenfluß mehrerer Lymphgefäße wie beim Venensystem, sondern dadurch, daß ein Lymphknoten zahlreiche *Vasa afferentia* aufnimmt, aber nur wenige, dafür größere *Vasa efferentia* abgibt.

Ähnlich wie beim Venensystem können *subcutane Lymphgefäße*, die bei Entzündung als rote Streifen sichtbar sind (Lymphbahnentzündung, sog. „Blutvergiftung"), und *tiefe Lymphgefäße*, welche sich in der Regel an die Bahn der Blutgefäße anlehnen und in deren Gefäßbündel verlaufen, unterschieden werden.

8.1.2 Bau der Blutgefäße

Die *funktionelle Bedeutung* des einzelnen Strombahnabschnitts äußert sich im *histologischen Bau*:
- **Capillaren** sind *Austauschstrecken* mit extrem verdünnter Wand;
- **Arterien** sind *„Druckschläuche"* ohne Austauschfunktion: um die Capillarwand, die die Intima (s. u.) bildet, ist ein anpassungsfähiger muskulär-elastischer Gewebemantel gelegt;
- **Venen** sind *Transportgefäße*, ebenfalls ohne Austauschfunktion: um die Capillarwand (Intima) ist ein muskulär-elastischer Gewebemantel geringerer Stärke gelegt.

8.1.2.1 Capillaren

Den Übergang zwischen Arterien (einschließlich Arteriolon↗) und Venen (einschließlich Venulen↗) bilden in allen Organen die **Blutcapillaren** (*Vasa capillaria, Haargefäße*; Abb. **8**–1, 2). In den *netzförmigen Capillargebieten* (Maschenlänge etwa 0,5–1,0 mm) erreicht der Gesamtquerschnitt des Kreislaufsystems sein Maximum: $5–10 \times 10^3\ m^2$; dementsprechend ist die Strömungsgeschwindigkeit im Interesse der Austauschvorgänge verlangsamt: 0,5 mm/sec gegenüber 320 mm/sec in der Aorta. Es ist jedoch zu beachten, daß bei Funktionsruhe ein mehr oder weniger großer Anteil des Capillarsystems verschlossen ist und nicht durchströmt wird. Durchschnittlich sind in den Capillargebieten nur etwa 10% des Gesamtblutes enthalten. Wären alle Capillaren gleichzeitig geöffnet, würden sie die gesamte Blutmenge des Körpers aufnehmen.

Die *Capillarisierung* („Vascularisation") der einzelnen Gewebe ist sehr unterschiedlich dicht: im besonders gut durchbluteten Skeletmuskelgewebe beispielsweise finden sich im mikroskopischen Querschnitt auf einer Fläche von 1 mm^2 etwa 2000 Anschnitte von Capillaren; es gibt aber auch gefäßfreie, sog. **Bradytrophe**[1] **Gewebe** (z. B. Knorpelgewebe, Hornhaut des Auges). Die Capillarwand (und die Wand der Postcapillaren Venulen↗) ist für Leukocyten passierbar: *Leukodiapedese*[2].

Der *Durchmesser der Capillaren* beträgt 4–10 µm. Besonders weite Capillaren (z. B. der Leber) werden als **Sinusoide** bezeichnet. Die Capillaren besitzen die Fähigkeit, ihren Durchmesser zu verändern. Sie passen sich dank ihrer *Wandelastizität* der durch die *vorgeschalteten Arteriolen* regulierten Stromstärke an; bei der Rückstellung bei Minderdurchblutung wirkt auch *Endothelquellung* mit. Zeitlebens können Capillaren durch *Sprossung* neu gebildet werden.

Bei funktioneller Betrachtungsweise wird das Capillargebiet eines Organs zusammen mit den vorgeschalteten *Arteriolen*↗ und den nachgeschalteten *Venulen*↗ auch als **Terminale Strombahn** (*Endstrombahn*) zusammengefaßt. Die *Mikrozirkulation* in dieser ist organspezifisch.

MIKROSKOPISCHE ANATOMIE

Die Wand der Blutcapillare (Abb. **8**–4) besteht zunächst aus einem Schlauch von **Endotheliocyten** (Endothelzellen). Das Endothel bildet nicht nur die Wand der Capillaren, sondern die strukturell und funktionell heterogene Innenauskleidung aller Blut- und Lymphgefäße sowie des Herzens. Es handelt sich um einen über den ganzen Körper ausgebreiteten Gewebeverband von beträchtlichem biologischen Potential. Das Endothel

– stellt eine protektive antithrombogene[3] Oberfläche bereit;

---

[1] *bradys* (gr.) = langsam; *trophein* (gr.) = ernähren.
[2] *diapedesis* (gr.) = Durchtritt durch die unverletzte Wand.
[3] *Thrombogenese* = Bildung eines Blutgerinnsels (Thrombus).

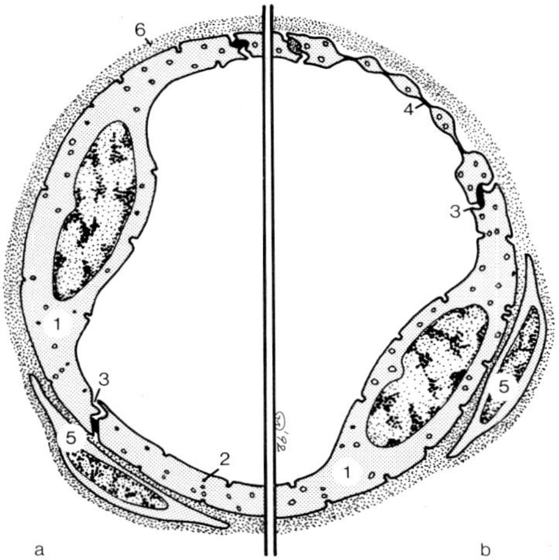

Abb. 8–4: **Bau der Capillarwand.**
a: Geschlossene Capillare
b: Fenestrierte Capillare

1 Endotheliocyt
2 Plasmalemmvesikel
3 Interzellularspalt mit Zonula occludens
4 Diaphragma einer Endothelpore
5 Pericyt
6 Basalmembran

– ist Transportvehikel für vielfältige Stoffe aus dem und in den Blutstrom;
– erfüllt spezifische biologische Funktionen durch Ausbildung von chemisch distinkten Mikrodomänen in der Oberfläche von Endotheliocyten (z. B. in Postcapillären Venulen↗).

Die Endothelverbände bilden insgesamt eine Masse von etwa 1,5 kg; dies wird verständlich, wenn man den enormen Gesamtquerschnitt der Capillargebiete (s. S. 372) in Betracht zieht.

Der Kontakt zwischen den Endotheliocyten wird in den Interzellularspalten durch *Zonulae occludentes* (↗Bd. 1) hergestellt. Die Zellkontakte sind jedoch lösbar, um *Leukodiapedese*↗ zu ermöglichen. Die bei Entzündung gesteigerte Leukodiapedese wird dadurch ermöglicht, daß die Endotheliocyten sich mittels *Actomyosin-Filamenten* kontrahieren, wodurch sich interzelluläre Spalten öffnen.

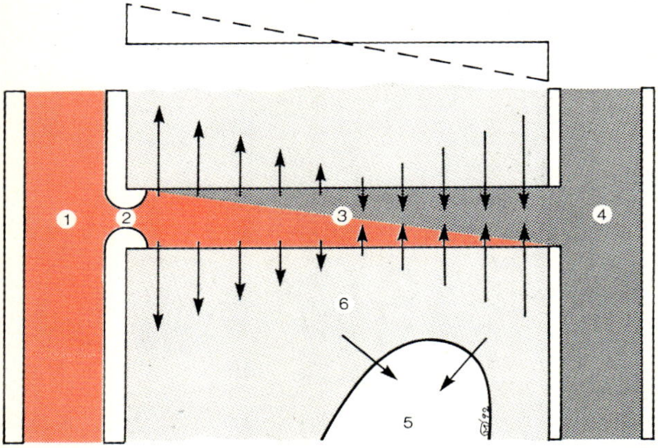

Abb. 8–5: **Capillare als Austauschstrecke für kleinmolekulare Stoffe** (unter Benutzung einer Abbildung in Mörike-Betz-Mergenthaler, Biologie des Menschen, 13. Aufl. 1991).

1 Arteriole
2 Präcapillärer Sphincter
3 Capillare
4 Venule
5 Lymphcapillare
6 Extrazellularraum

Der obere Teil der Abbildung zeigt schematisch das Verhältnis des Blutdrucks (– – –) zum osmotischen Druck (——).
Nähere Erläuterung im Text (s. u.).

Der **Transport** gelöster kleinmolekularer Stoffe erfolgt durch *transendotheliale Diffusion*. Makromoleküle werden durch *Cytopempsis*[1] (*vesiculärer Transport*) durch die Endotheliocyten hindurch transportiert. Morphologischer Ausdruck hierfür sind die zahlreichen Plasmalemmvesikel, die auch zu transzellulären Kanälchen verschmelzen können.

Für die Diffusion kleinmolekularer Stoffe (insbesondere Wasser und Elektrolyte) durch die Capillarwand sind die *Druckverhältnisse* maßgebend (Abb. 8–5): der *Blutdruck* (hydrostatischer Druck) bewirkt Transport aus dem Blut in den Extrazellularraum; der *osmotische Druck* des Blutes bewirkt Transport aus dem Extrazellularraum in das Blut. Da in der ersten Hälfte der jeweiligen Capillarstrecke der Blutdruck den osmotischen Druck überwiegt, erfolgt dort Ausstrom. Infolge der Abnahme des capillären Blutdrucks überwiegt in der zweiten Hälfte jedoch der osmotische Druck, was zum Rückstrom in die Capillare führt. Da dieser Rücktransport stets geringer ist, ist ein zusätzlicher Abtransportweg erforderlich, der Lymphweg (s. S. 379).

[1] *pempein* (gr.) = senden, schicken.

Schädigung der Capillarwände führt zu einer gesteigerten Durchlässigkeit mit der Folge einer als *Ödem* bezeichneten Flüssigkeitsanreicherung im Extrazellularraum.

Neben den überwiegend anzutreffenden **Geschlossenen Capillaren** (u. a. in Skeletmuskulatur, Lunge, Gehirn; Abb. **8**–4a), sind für gewisse Bereiche (u. a. Gastrointestinaltrakt, Endocrine Organe) **Fenestrierte Capillaren** (Abb. **8**–4b) kennzeichnend. Bei diesen sind die Endotheliocyten in kreisförmigen Arealen („Poren") maximal bis auf ein *Diaphragma* verdünnt. In bestimmten Vorkommen (Nierenglomerulus, Lebersinusoide) sind die Poren der Endotheliocyten offen (d. h. ohne Diaphragma).

Der Endothelschlauch wird von einer von den Endotheliocyten gebildeten **Basalmembran**↗ umhüllt. Diese ist in ihrem physikochemischen Zustand veränderlich und hat große Bedeutung für die Permeabilität der Capillarwand. Die für den Stoffwechsel der Basalmembran wesentlichen Fibroblasten werden wegen ihrer Nachbarschaft zur Capillarwand als **Pericyten** (Abb. **8**–4) bezeichnet. Diese enthalten myofibrillenähnliche Systeme von Actin- und Myosinfilamenten und sind deshalb als *Myofibroblasten* aufzufassen. Wegen ihrer Kontraktionsfähigkeit kommt ihnen Bedeutung für die Veränderlichkeit des Durchmessers von Capillaren und damit der Regulation der Mikrozirkulation zu. An letzterer sind auch die perivasculär gelegenen **Mastzellen** (↗Bd. 1) beteiligt: diese bewirken durch die Abgabe von *Histamin* Gefäßerweiterung und Steigerung der Permeabilität. Besonders wirksam ist dies im Rahmen des *Entzündungsgeschehens*.

8.1.2.2 Arterien

Alle **Arterien**[1] (*Arteriae, Schlagadern*[2]) haben einen charakteristischen *dreischichtigen Wandaufbau* (s. u.). Es sind jedoch zwei funktionell bedingte Ausprägungsformen zu unterscheiden: *Arterien vom muskulären Typ* und *Arterien vom elastischen Typ*.

---

[1] *aeros* (gr.) = Luft, *tereein* (gr.) = enthalten; *scheinbar lufthaltige Gefäße*, weil die Arterien in der Leiche im Gegensatz zu den Venen („Blutadern") *kein Blut* enthalten.

[2] *Schlagadern*, weil der rhythmische Ausstoß des Blutes aus dem Herzen in den großen Arterien eine Druckwelle erzeugt, welche deren Lichtung erweitert; diese Erweiterung ist dem tastenden Finger als Erhebung, *Pulsschlag*, fühlbar.

Die kleinen peripheren **Arterien des muskulären Typs** (Abb. **8**–6, 7 b) bilden die große Mehrheit aller Arterien. Ihr Kaliber reicht von 0,1 mm bis etwa 10 mm. Kennzeichnend ist das *Vorherrschen glatter Muskelzellen* als Bauelemente der Gefäßwand. Diese kann sich somit reversibel kontrahieren, wodurch der Durchfluß reduziert und wieder verstärkt werden kann, je nach den funktionellen Erfordernissen. Die Arterien vom muskulären Typ sind daher *Verteilerarterien*. Durch ihre Eng- bzw. Weitstellung (insbesondere im Gebiet der *Arteriolen*, s. u.) wird die Verteilung des Blutes auf die einzelnen Körperprovinzen reguliert. Gleichzeitig bedeutet die Fähigkeit der peripheren Arterien, insbesondere der sehr zahlreichen kleinsten Verästelungen (*Arteriolen*), durch ihre Mediamuskulatur den Strömungswiderstand zu verändern, eine Möglichkeit der *Blutdruckbeeinflussung*.

Die großen herznahen **Arterien des elastischen Typs** (Abb. **8**–7 a) sind die Träger der *Windkesselfunktion* ↗. Der **Windkessel** wird in der *Systole* ↗ durch die Herzkraft elastisch gedehnt. Während der *Diastole* ↗ wirkt der gedehnte Windkessel durch seine *elastische Rückstellkraft* wie ein „*Komplementärherz*“ und hält die Strömung des Blutes in den Gefäßen aufrecht (vgl. Abb. **8**–23).

Die *Fließgeschwindigkeit* des Blutes ist in den peripheren Arterien abhängig vom Blutdruck und kann bis zu 1 m/sec betragen.

Die Blutdruckkurve zeigt zwischen zwei Herzaktionen eine charakteristische Schwankung. Hierdurch wird verständlich, daß das Blut aus einer verletzten Arterie *stoßweise* herausspritzt.

Das Blut fließt in den Gefäßen in Form einer *laminären Strömung*, d. h. in der Gefäßachse schneller als in Wandnähe (vgl. S. 578). Lediglich in den herznahen Teilen der Aorta und des Truncus pulmonalis herrscht *turbulente Strömung*.

MIKROSKOPISCHE ANATOMIE

Die Wand der Arterien (Abb. **8**–6, 7) besteht aus **drei Schichten**: (1) *Tunica intima* (oder *interna*), (2) *Tunica media*, (3) *Tunica adventitia* (oder *externa*).

Die **Intima** (*Tunica intima*) bildet die Innenauskleidung sowohl der muskulären als auch der elastischen Arterien. Sie besteht ihrerseits aus drei Schichten:

1. *Endothelschlauch* aus längs orientierten *Endotheliocyten*,
2. *Stratum subendotheliale* (subendotheliales Bindegewebe mit einer

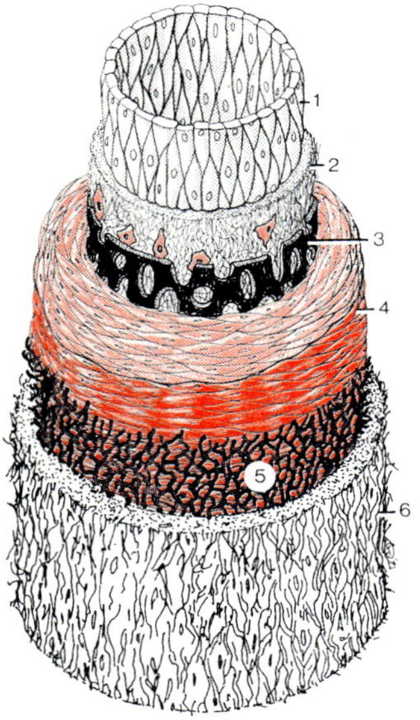

Abb. 8–6: **Wandbau einer Arterie vom muskulären Typ** (modif. nach einer Abb. in Rauber-Kopsch, Anatomie d. Menschen, Bd. II, 1987).
1–3 Tunica intima
– 1 Endothel
– 2 Stratum subendotheliale
– 3 Membrana elastica interna
4–5 Tunica media
– 4 Mediamuskulatur
– 5 Membrana elastica externa
6 Tunica adventitia

aus kollagenen und elastischen Fasern bestehenden Textur, in der Fibrocysten, Makrophagen und Myocyten vorkommen),
3. *Membrana elastica interna*.

Klar ausgeprägt ist diese Dreischichtung vor allem in den Arterien vom muskulären Typ (Abb. **8**–6, 7 b). Es existieren allerdings erhebliche lokale Unterschiede.

Die **Elastica interna** (*Membrana elastica int.*) ist eine Membran, die aus einem etwa 3 μm dicken Flechtwerk elastischer Fasern besteht, das zahlreiche kleinere und größere Maschenlücken aufweist. Durch diese hindurch können Zellausläufer von Myocyten der Media das subendotheliale Bindegewebe erreichen, in dem es zur Myocytenproliferation kommen kann. Die Elastica interna erscheint im histologischen Querschnitt durch die muskuläre Arterie regelmäßig als *gewelltes Band* (Abb. **8**–8). Dies ist ein wichtiges diagnostisches Merkmal, das dadurch zustande kommt, daß sich die nicht mehr durch den Blutdruck gespannte Membran unter dem Einfluß der *agonalen*[1] *Kontrak-*

[1] agonía (gr.) = Todeskampf.

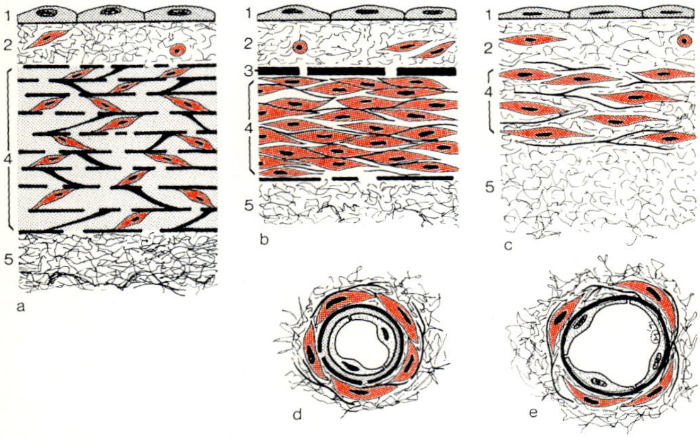

Abb. **8–7**: **Wandbau der Arterien und Venen** (Schema).
Rot: Myocyten, *schwarz:* elastische Membranen

a: Arterie vom elastischen Typ
b: Arterie vom muskulären Typ
c: Vene
d: Arteriole
e: Venule

1–3 Tunica intima
– 1 Endothel mit Basalmembran
– 2 Stratum subendotheliale
– 3 Membrana elastica interna
4 Tunica media
5 Tunica adventitia

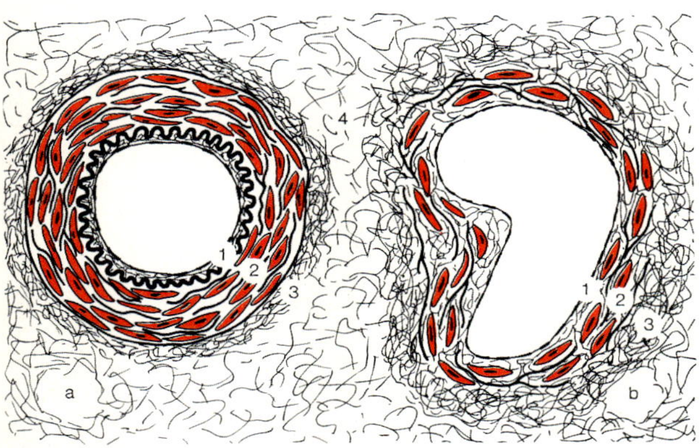

Abb. **8–8**: **Mikroskopische Anatomie von Arterie und Vene in situ** (quer).

a: Arterie
b: Vene
1 Tunica intima
2 Tunica media
3 Tunica adventitia
4 Interstitielles Bindegewebe

tion der Media sowie durch *fixationsbedingte Schrumpfung* in Längsfalten legt.

In der *Intima* sind Stofftransportprozesse in beiden Richtungen zu beobachten. Sie erlangt große pathologische Bedeutung im Rahmen der *Arteriosklerose*.

Die **Media** (*Tunica media*) ist bei den Arterien die stärkste der drei Wandschichten. Sie ist im wesentlichen aus *Glattem Muskelgewebe* (Abb. **1**–3; ↗Bd. 1) sowie aus *elastischen Membranen* aufgebaut: in den Arterien vom muskulären Typ überwiegen die Myocyten, in den Arterien vom elastischen Typ die elastischen Membranen.

In den *Arterien vom muskulären Typ* bildet die *Mediamuskulatur eine geschlossene Schicht* von 4–40 Lagen (je nach Kaliber der Arterie). In diesen sind die Myocyten überwiegend spiralig angeordnet; an wenigen Stellen (z. B. Gefäßverästelungen) kommen auch Längszüge vor. Der Myoctenverband ist in eine sehr geringe Matrixmenge eingebettet, die ein feines *elastisches Fasernetz* enthält. Lediglich an der Grenze zur Adventitia bildet dieses Fasernetz eine schwach ausgebildete *Membrana elastica externa*. Wegen dieses starken Zurücktretens elastischen Materials in der Media ist in den muskulären Arterien die *Elastica interna* (der Intima) so besonders auffällig und kennzeichnend.

Die **Myocyten** der Media der Arterien vom muskulären Typ sind überwiegend *k-Myocyten* (kontraktile Muskelzellen), die dank ihrer Actomyosinfilamente die funktionelle Leistung der Blutverteilung und der Widerstandsregulation erbringen. Daneben können unter gewissen (insbesondere auch pathologischen) Umständen *m-Myocyten* (metabolische Muskelzellen) ausdifferenziert werden. Diese sind durch die Organellen (u. a. Rauhes Endoplasmatisches Reticulum, Lysosomen) zu besonderen Stoffwechselleistungen (u. a. Synthesen, Phagocytose) befähigt.

Bei den herznahen großen *Arterien des elastischen Typs* (Abb. **8**–7 a) tritt die *elastische Fasertextur* in der Media gegenüber den Myocyten auffallend hervor. Die elastischen Fasern bilden mit 40–60 **konzentrisch angeordneten Membranen** eine etwa 0,5 mm dicke Media. Die elastischen Membranen werden durch elastische und kollagene Fasern miteinander verbunden. Besonders wichtig ist, daß die quantitativ zurücktretenden Myocyten an den benachbarten elastischen Membranen inserieren. Funktionell ist die Muskelkomponente als **Spannmuskulatur** zu bewerten, die der Wand der herznahen Arterien im Rahmen des *Windkesselmechanismus*↗ eine variable Vorspannung verleiht.

Wegen des Vorherrschens der elastischen Membranen in der Media der Arterien vom elastischen Typ fällt weder die Elastica interna (der Intima) noch die Elastica externa auf.

Die **Adventitia** (*Tunica externa*) besteht aus kollagenen und elastischen Fasernetzen. Sie baut das Blutgefäß in seine Umgebung ein. Wo die Arterien stärkeren Dehnungen ausgesetzt sind, wie bei den Gliedmaßenarterien, ist auch die Adventitia kräftig, im Gegensatz hierzu beispielsweise bei den Gehirnarterien sehr dünn. In der Adventitia verlaufen die *die Gefäßwand versorgenden Leitungsbahnen.*

Als **Arteriolen** (*Arteriolae*) werden die kleinsten Arterien (∅ unter 100 µm) bezeichnet (Abb. **8**–7 d). In diesen ist das subendotheliale Bindegewebe auf die Basalmembran und die Elastica interna reduziert. Die Media besteht lediglich noch aus 1–2 Lagen zirkulär angeordneter Myocyten. Bezogen auf den geringen Durchmesser der kleineren Arteriolen (etwa 30 µm) handelt es sich jedoch um eine durchaus starke Muskulatur.

Die Arteriolen bilden den entscheidenden peripheren Strömungswiderstand: der mittlere arterielle *Blutdruck* sinkt hier von 80 mm Hg (10,7 kPa) auf etwa 30 mm Hg (4 kPa) bei gleichzeitiger Erniedrigung der *Strömungsgeschwindigkeit* von 10 cm/sec auf 0,2 cm/sec. Mittels der Mediamuskulatur ist die Gefäßstrecke der Arteriolen als *Widerstandsregler* (und damit auch Druckregler) aufzufassen.

Eine besondere Rolle spielen in diesem Zusammenhang die *Endstrecken der Arteriolen* vor ihrem Übergang in das Capillarnetz (Abb. **8**–3, 5). Diese 50–100 µm langen Gefäßabschnitte bilden funktionell *Präcapilläre Sphincter* (Metarteriolen), die sich von 30 µm auf etwa 8 µm verengen und somit die Durchströmung des jeweils zugeordneten Capillarbetts regulieren können.

8.1.2.3 Venen

Das Blut aus den Capillargebieten sammelt sich über *Postcapilläre Venulen* (s. u.) in kleinen Venen, die sich zu größeren und schließlich großen **Venen** (*Venae*, Blutadern[1]) vereinigen.

---

[1] so genannt, weil die Venen (im Gegensatz zu den Arterien [vgl. Fußnote S. 385]) in der Leiche in der Regel Blut enthalten.

Der *Durchmesser* der Venen ist meistens etwas größer als der der entsprechenden Arterien. Dagegen ist die *Wandstärke* deutlich geringer, als Ausdruck des *niedrigen venösen Blutdrucks* (15 mm Hg = 2 kPa).

Der letztlich im Herzen erzeugte Druck wird in den Widerstandsgebieten der Arteriolen und Capillaren auf so niedrige Werte (s. o.) in den Venen reduziert, daß er nur *im Liegen* ausreicht, das Blut zum Herzen zurückzutransportieren. *Im Stehen* kann deshalb in der unteren Körperhälfte, insbesondere in den Beinen, der hydrostatische Druck der Blutsäule durch den venösen Blutdruck nicht überwunden werden. Für den Rückstrom des Blutes zum Herzen sind daher zusätzliche Kräfte erforderlich. In diesem Sinn wirksam ist in erster Linie die **Muskelpumpe** (Abb. **8**–9). Hierunter werden die Druck- und Saugmechanismen verstanden, die durch die Tätigkeit der Muskeln des Bewegungsapparats bewirkt werden, zwischen denen die tiefen Venen eingebaut sind.

Durch Verdickung der Muskelbäuche bei der Kontraktion der Skeletmuskeln wird die dünne Venenwand komprimiert (Abb. **8**–9).

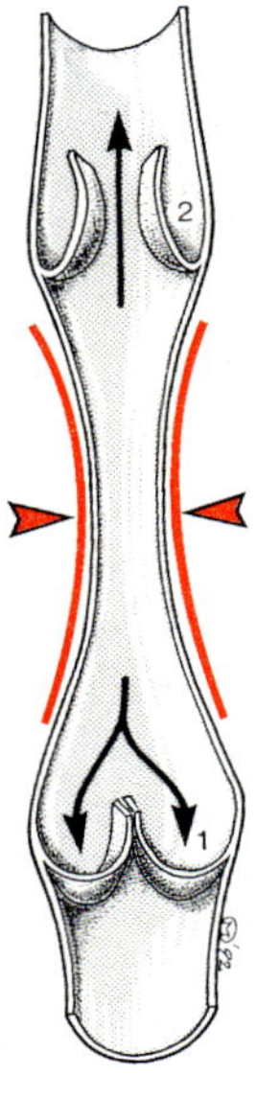

Abb. **8**–9: **Muskelpumpe und Wirkungsweise der Venenklappen.**
Rot: Kompression der Venenwand durch die benachbarten Skeletmuskeln
Pfeile: Strömungsrichtung
1 geschlossene Venenklappe
2 geöffnete Venenklappe

Dies führt zur Verlagerung eines entsprechenden Blutvolumens. Die einzig sinnvolle Richtung der Blutverlagerung nach proximal wird durch den *Ventilmechanismus der Venenklappen* (s. u.) erzwungen: Rückstrom in die Peripherie führt zum Schluß der Klappen, Abfluß in proximaler Richtung zu deren Öffnung. Auf diese Weise bewirkt Muskelkontraktion einen zum Herzen gerichteten Transport des Venenblutes.

Beispiel: Zur *Venenpunktion* in der Ellenbeuge läßt man die Hand „Pumpbewegungen" ausführen. Hierdurch wird Blut proximalwärts transportiert mit der Folge einer verstärkten Füllung der für die Punktion benutzten Venen.

Die **Venenklappen** (*Valvulae*, Abb. **8**–9) ähneln morphologisch den Taschenklappen↗ des Herzens. Sie bestehen meistens aus zwei (selten einer oder drei) Taschen. Die Venenklappen sind in unregelmäßigen Abständen (wenige bis 20 cm) in die venöse Strombahn eingebaut. Häufig finden sich Klappen als *Astklappen* unmittelbar distal der Einmündung von Seitenästen. Die großen herznahen Venen sowie die Venen des Kopfes, der Eingeweide und des Wirbelkanals sind klappenfrei.

Neben der Muskelpumpe wird der Rückstrom des Venenblutes durch die *Atmung* und die *Herzaktion* unterstützt:
- Durch den bei Inspiration entstehenden *Unterdruck im Pleuraraum* wird eine *Sogwirkung* ausgeübt.
- Durch das systolische *Tiefertreten der Ventilebene*↗ des Herzens wird ebenfalls eine *Sogwirkung* ausgeübt.

Daß es bei diesen Sogmechanismen nicht zum *Kollabieren* der herznahen Venen kommt, ist eine Folge des Einbaues der Venenwände in das umgebende Bindegewebe, wodurch die Venen mechanisch offengehalten werden (vgl. S. 548).

MIKROSKOPISCHE ANATOMIE

Die Struktur der Venenwand (Abb. **8**–7) entspricht der der Arterien (vgl. S. 386) und besteht daher aus den drei Schichten: *Tunica intima (interna), Tunica media, Tunica adventitia (externa)*. Allerdings sind diese Schichten im histologischen Querschnittspräparat (Abb. **8**–8) viel weniger klar gegeneinander abgegrenzt, weil sowohl die *Elastica interna* als auch die *Elastica externa nicht ausgebildet* sind. Es bestehen erhebliche regionale Unterschiede im Wandbau der Venen.

Die **Intima** enthält im *Stratum subendotheliale* häufig longitudinal angeordnete Bündel von *Myocyten*. Die Taschen der *Venenklappen* sind Falten der Intima. Sie enthalten ein *Stützskelet* in Form eines Gitters aus Kollagenfasern.

Die **Media** ist regelmäßig wesentlich dünner als in den entsprechenden Arterien. Sie enthält, in Bindegewebe mit Kollagenfasern und elastischen Netzen eingebettet, Bündel von *Myocyten*, die sowohl zirkulär, als auch spiralig angeordnet sein können. Regelmäßig besitzen die *infracardialen Venen* eine stärker entwickelte Muskulatur als die *supracardialen*. Die Mediamuskulatur verleiht der Venenwand einen *variablen Tonus*. Dieser ist Voraussetzung für die *Schließfähigkeit der Venenklappen* und damit für den Rückstrom des Blutes aus der unteren Körperhälfte. Einen hämodynamischen Sonderfall bildet die *V. portae* (↗S. 376) mit ihren Ästen: hier erzeugt die Mediamuskulatur regelmäßige leberwärts gerichtete *Kontraktionswellen*.

Die **Adventitia** ist oft viel dicker als die Media. Sie enthält longitudinal orientierte elastische Gitter und Längsbündel von Myocyten. In der Adventitia der großen Bauchvenen, insbesondere in der V. cava inferior, ist die Längsmuskulatur sehr stark entfaltet (*muskuläre Adventitia*).

Die dem Capillarbett nachgeschalteten **Postcapillären Venulen** (*Venulae postcapillares*) besitzen noch keine Media, unterscheiden sich aber von den Capillaren durch ihren relativ großen Durchmesser (30 μm). Eine besondere morphologische und funktionelle Ausprägung erfahren die Venulen in den sekundären Lymphatischen Organen (s. S. 614). Durch das Auftreten einzelner Myocyten in der sich bildenden Media sind die **Sammelvenulen** (*Venulae colligentes*) gekennzeichnet (∅ 30–50 μm). Venulen mit einer deutlichen Myocytenschicht in der Media werden als **Muskuläre Venulen** (*Venulae musculares*; Abb. **8**–3, 7e) bezeichnet (∅ 50–100 μm). Gefäße mit einem Durchmesser über 100 μm werden **Venen** (*Venae*) genannt.

8.1.2.4 Vasa vasorum und Gefäßnerven

Die *Intima* und etwa die *innere Hälfte der Media* der größeren Blutgefäße enthalten keine Capillaren und werden aus dem im Lumen vorbeiströmenden Blut (*transendothelial*) versorgt. Die *äußeren Mediaschichten* (insbesondere der Arterien) werden durch **gefäßeigene Blutgefäße** (*Vasa vasorum*) ernährt. Diese bilden in der Adventitia und den angrenzenden Mediaschichten *Capillarnetze*.

Die Wand der Arterien und Venen wird durch das **Autonome Nervensystem** (↗Bd. 3) motorisch und sensibel versorgt. Die **motori-**

schen Nerven (*N. sympathicus*) bilden Endapparate an der Oberfläche der *Myocyten*: sie beeinflussen die Wandspannung und damit den peripheren Widerstand. **Sensible Nerven** (die auch der *Schmerzleitung* dienen) bilden Endapparate in der *Adventitia*.

Ein besonders ausgedehntes Feld von **Druckrezeptoren** (*Presso-* oder *Barorezeptoren*) liegt in der Adventitia des *Sinus caroticus* ↗: Dieses vom (parasympathischen) *N. glossopharyngeus* versorgte Areal vermittelt den *Carotissinus-Reflex* über den *„Sinusnerven"* der Physiologen. Ein weiteres derartiges Rezeptorenfeld befindet sich im *Arcus aortae*: Von hier geht der (parasympathische) *„N. depressor vagi"* aus. Diese sensiblen Rezeptorenfelder sind in der Lage, eine druckabhängige Erhöhung der Wandspannung (Dehnung) zu registrieren und zu reflektorischer Gefäßerweiterung und zur Verlangsamung der Herzfrequenz zu führen *(Blutdruckregulation)*.

Durch die erwähnten *Gefäßnerven* (↗ Bd. 3), ergänzt durch die Fähigkeit zur *Autoregulation* (s. Lehrb. d. Physiologie) und durch *hormonale Einwirkungen* kann der Kreislauf an generelle und lokale Erfordernisse angepaßt werden. Störungen dieses Regulationssystems sind häufig und haben schwerwiegende Folgen. *Kreislauferkrankungen* bilden die häufigste Todesursache.

8.2 Herz

Das **Herz** *(Cor*[1]*)*, ein Hohlmuskel, ist der Motor des Blutkreislaufs. Es besteht beim Erwachsenen aus zwei völlig voneinander getrennten Abteilungen, dem *Rechten* und dem *Linken Herz*, von denen jenes das Blut in den *Kleinen (Lungen-) Kreislauf*, dieses in den *Großen (Körper-) Kreislauf* pumpt (Abb. **8**–10). Dabei kontrahieren sich beide Herzhälften gleichzeitig und treiben jeweils die gleiche Menge Blut aus.

Physikalisch betrachtet arbeitet das Herz ähnlich einer Saug- und Druckpumpe, innerhalb welcher Ventile (sog. *Herzklappen*) die Stromrichtung regeln (s. Abb. **8**–10). Die Kontraktionsphase des Herzens wird als *Systole* ↗, die Erschlaffungsphase als *Diastole* ↗, bezeichnet.

---

[1] auch *kardía* (gr.), z. B. Pericardium, Elektrocardiogramm (EKG). *Kardía* hat auch die Bedeutung Magenmund.

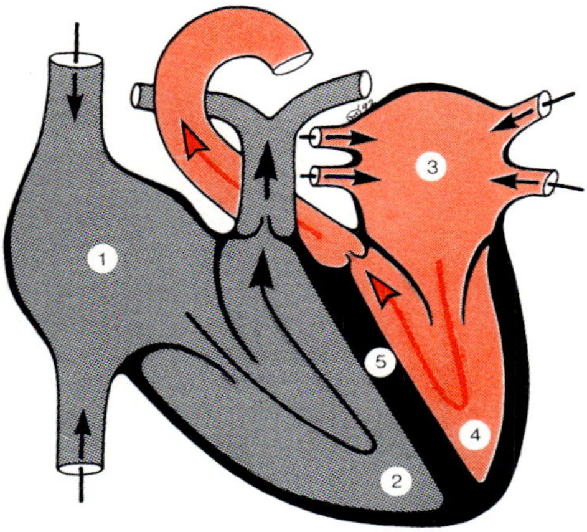

Abb. 8–10: **Gliederung des Herzens** (Schema).
Schwarz: Rechtes Herz, *rot:* Linkes Herz

1 Rechter Vorhof mit Einmündung der Oberen und Unteren Hohlvene
2 Rechte Kammer mit Zustrom durch die rechte Atrioventricularklappe und Ausstrom durch die Pulmonalklappe in den Truncus pulmonalis
3 Linker Vorhof mit Einmündung der rechten und linken Lungenvenen
4 Linke Kammer mit Zustrom durch die linke Atrioventricularklappe und Ausstrom durch die Aortenklappe in die Aorta
5 Kammerscheidewand

8.2.1 Morphologische Übersicht

Trotz seiner Zusammensetzung aus *zwei funktionell verschiedenen Abteilungen* hat das Herz eine äußerlich einheitliche **Form** (Abb. **8**–11). Es stellt einen *Kegel* mit (nach vorn-unten weisender) abgerundeter Spitze *(Apex)* dar, dessen (nach hinten-oben weisender) Grundfläche *(Basis)* die Ein- und Ausmündungen der 8 großen Blutgefäßstämme als sog. „*Herzkrone*" (Abb. **8**–11) trägt. Die Achse dieses Kegels, d. i. die *Längsachse* des Herzens, liegt *schräg* im Brustkorb: von rechts hinten oben nach links vorn unten; die *Herzspitze* zeigt nach links unten (Abb. **8**–12).

Das Herz hat ungefähr die **Größe** der geballten Faust der Arbeitshand des betreffenden Menschen. Die Herzgröße ist abhängig von Alter, Geschlecht, Konstitution und von der Arbeitsleistung (Sportler!), an welche es sich bis zu einem gewissen Grade anpaßt.

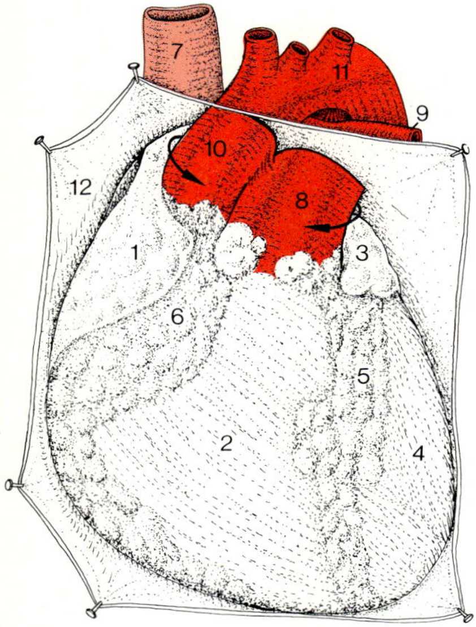

Abb. **8**–11: **Herz von ventral** (Facies sternocostalis im eröffneten Herzbeutel).
Dunkelrot: Arterien der Herzkrone (teils intra-, teils extrapericardial),
hellrot: V. cava sup. (extrapericardialer Abschnitt)
Pfeil: im Sinus transversus pericardii

1 Rechter Vorhof (Herzohr)
2 Rechte Kammer (unten durch den Margo dexter begrenzt)
3 Linker Vorhof (Herzohr)
4 Linke Kammer
5 subepicardiales Fettgewebe im Sulcus interventricularis ant.
6 subepicardiales Fettgewebe im Sulcus coronarius
7 V. cava sup.
8 Truncus pulmonalis
9 A. pulmonalis sin.
10 Pars ascendens aortae
11 Arcus aortae (mit Truncus brachiocephalicus, A. carotis comm. sin., A. subclavia sin.)
12 Herzbeutel (Lamina parietalis)

An der **Oberfläche** des Herzens sind zu unterscheiden: die zur vorderen Brustwand weisende konvexe *Facies sternocostalis* (Abb. **8**–11), die dem Zwerchfell aufliegende plane *Facies diaphragmatica* (Abb. **8**–18, 29), und die den Lungen zugewandten *Facies pulmonales*. Die Facies sternocostalis geht im Bereich der linken Herzkammer allmählich und ohne ausgeprägte Kantenbildung in die Facies pulmonalis über. Der Übergang der Facies sternocostalis in die Facies diaphragmatica erfolgt dagegen in dem im wesentlichen *unten* gele-

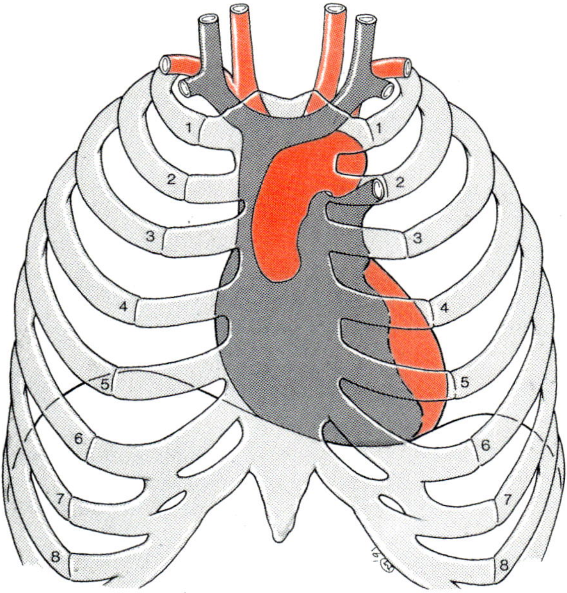

Abb. **8**–12: **Projektion des Herzens auf die vordere Brustwand.**
Dunkelgrau: Rechtes Herz mit zugehörigen Gefäßen,
rot: Linkes Herz mit zugehörigen Gefäßen

Zu beachten: Lage auf dem Zwerchfellsattel; asymmetrische Lage (bezogen auf das Sternum); Schräglage der Herzachse (vgl. Abb. **8**–30); die Projektionsfläche des Herzens entspricht – auch links vom Sternum – überwiegend dem Rechten Herzen; da das Linke Herz überwiegend *hinter* dem Rechten Herzen liegt, wird es in der Projektionsfläche lediglich mit einem schmalen Randstreifen wirksam; die Herzspitze projiziert sich auf den 5. ICR.

genen *Margo dexter* (Abb. **8**–11, 12). Diese Lagebeziehungen sind die Konsequenz der schräg liegenden Herzachse (vgl. Abb. **8**–30).

Im **Inneren** besteht das Herz aus den beiden **Herzkammern** (*Ventriculus dexter* und *sinister*), welchen jeweils die beiden **Vorhöfe** (*Atrium dextrum* und *sinistrum*) an der Kammerbasis aufsitzen (Abb. **8**–10). Es muß jedoch beachtet werden, daß die *Kammerbasis* (sog. Ventilebene, vgl. S. 412) nicht horizontal eingestellt ist und daß daher die Vorhöfe nicht *über*, sondern mehr *hinter* den Ventrikeln angeordnet sind (Abb. **8**–30) und auf diese Weise sogar dem Zwerchfell aufliegen.

Beide *Herzhälften* werden durch die dicke **Kammerscheidewand** (*Septum interventriculare,* Abb. **8**–10) und die dünne **Vorhofscheidewand** (*Septum interatriale,* **8**–2) voneinander getrennt. Die beiden Kammern sind äußerlich von den beiden Vorhöfen durch die **Herzkranzfurche** (*Sulcus coronarius,* Abb. **8**–27, 29) deutlich abgesetzt. In ihr verlaufen die Stämme der Herzkranzgefäße (vgl. S. 418).

Die *Vorhöfe* nehmen die zum Herzen strebenden großen Venen auf, sammeln deren Blut und leiten es den Kammern zu, die es ansaugen. In den *Rechten Vorhof* münden von oben und unten die beiden Hohlvenen (*Vena cava superior, V. cava inferior*). In den *Linken Vorhof* münden von rechts und links je zwei *Venae pulmonales*. Diese 6 großen Gefäße bilden zusammen das sogenannte *Venenkreuz des Herzens* (Abb. **8**–13).

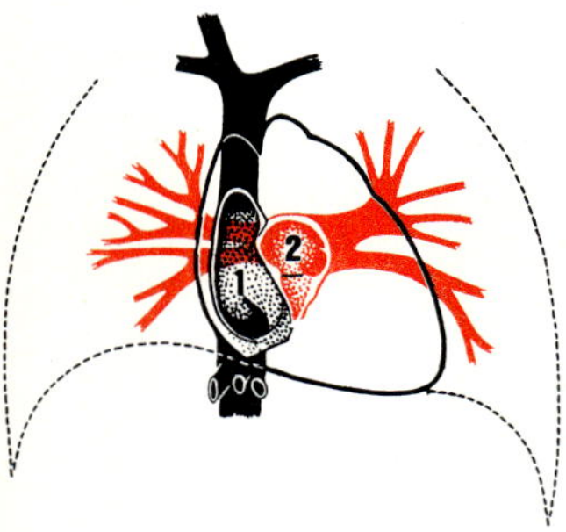

Abb. **8**–13: **Venenkreuz des Herzens** (mit Herzbeutelkontur; nach Benninghoff, Lehrb. d. Anatomie, Bd. 2, 1964).

1 Rechter Vorhof mit den cranial und caudal einmündenden Hohlvenen

2 Linker Vorhof mit den von rechts und links einmündenden Lungenvenen

Man kann diese *charakteristische Lagebeziehung* dazu benutzen, um ein isoliertes Herz (Präparierkurs!) in die der natürlichen *Lage im Situs* entsprechende Position zu bringen: Die Verbindung der Venen des rechten Vorhofs (sog. *Cavaachse*) muß *senkrecht*, die Verbindung der Venen des linken Vorhofs *waagrecht* verlaufen.

Die *Kammern,* welche eine unterschiedlich dicke Muskelwand haben (Abb. **8**–14), sind die Motoren des Kreislaufs. Sie pumpen das während der Diastole aus den Vorhöfen eingeströmte Blut in den Körper- bzw. Lungenkreislauf. Der Rückfluß des Blutes in die Vorhöfe während der Systole wird durch die *Atrioventricularklappen* (vgl. S. 401, 404) verhindert.

Die beiden Herzkammern liegen, von vorne gesehen, nicht nebeneinander, sondern die weiter vorne liegende *Rechte Kammer* bedeckt größtenteils die hinten gelegene *Linke Kammer*. Die Vorderansicht des Herzens wird also zum überwiegenden Teil vom Rechten Ventrikel

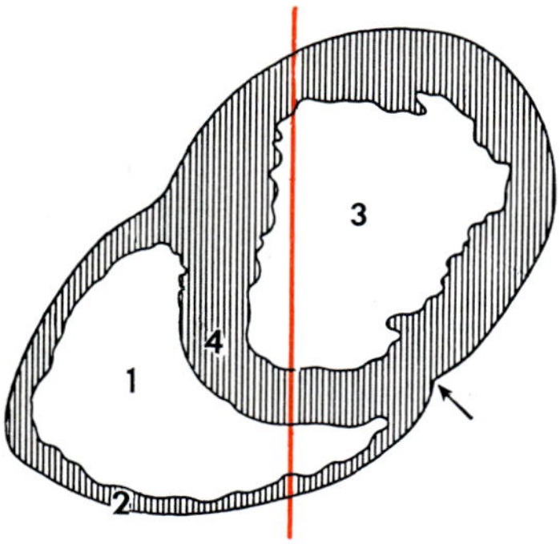

Abb. **8**–14: **Horizontalschnitt durch die beiden Herzventrikel in situ.**
Rot: Sagittalebene
1 Rechter Ventrikel, 2 Vorderwand des Rechten Ventrikels, 3 Linker Ventrikel, 4 Kammerscheidewand (Septum interventriculare); *Pfeil:* Sulcus interventricularis anterior (vgl. Abb. **8**–11). *Zu beachten:* Unterschied der Wandstärke von Rechtem (Kleiner Kreislauf) und Linkem Ventrikel (Großer Kreislauf); Linker Ventrikel überwiegend hinter dem Rechten Ventrikel gelegen.

eingenommen; der Linke Ventrikel bildet lediglich den linken Rand (Abb. **8**–12, 14).

An der Facies sternocostalis ist die Grenze zwischen rechter und linker Kammer durch den *Sulcus interventricularis anterior,* an der Facies diaphragmatica durch den *Sulcus interventricularis posterior* gekennzeichnet (Abb. **8**–11, 27, 29). Wo beide an der Unterseite ineinander übergehen, entsteht eine kleine Einkerbung des Herzumrisses, die *Incisura apicis cordis,* welche *nicht* mit der Herzspitze zusammenfällt, sondern rechts von ihr liegt (Abb. **8**–27/11).

8.2.2 Innenräume des Rechten Herzens

Der **Rechte Vorhof** (*Atrium dextrum*) sammelt das aus dem *Großen Kreislauf* (Abb. **8**–10) zurückströmende kohlensäurebeladene „venöse" Blut. Er entsteht aus der Verschmelzung des fetalen *Sinus venarum cavarum,* dessen Wandbau dem der Venen entspricht, und dem *eigentlichen muskulösen Vorhof,* dem ein Blindsack, das *Rechte Herzohr* (*Auricula dextra*), angefügt ist. Das rechte Herzohr ist dreieckig und legt sich mit seiner Spitze um die aufsteigende *Aorta* herum (Abb. **8**–11). In das Sinusgebiet (s. o.) mündet von oben die *Vena cava superior,* von unten mündet die *Vena cava inferior* (Abb. **8**–13, 15). An deren Einmündungsstelle springt eine sichelförmige, zuweilen durchlöcherte Leiste vor, die *Valvula venae cavae inferioris* (Abb. **8**–15); sie entspricht der embryonalen Sinus-Vorhof-Klappe. Als drittes Gefäß mündet in das Sinusgebiet der *Sinus coronarius* ↗, welcher das venöse Blut aus der Herzwand selbst (s. S. 421) aufnimmt und dem

Rechten Vorhof zuführt. Auch an seiner Einmündung springt eine Falte, *Valvula sinus coronarii* ins Innere vor (Abb. **8**–15). Zahlreiche kleine Venen, *V. cordis parva* und *Vv. cordis minimae,* durchbohren die Vorhofinnenwand und bringen (den Sinus coronarius ergänzend) venöses Blut aus der Herzwand auf dem kürzesten Weg in den Rechten Vorhof.

Das Sinusgebiet wird vom eigentlichen Vorhof außen durch den *Sulcus terminalis,* innen durch die *Crista terminalis* (Abb. **8**–15) abgegrenzt. Der muskelwandige eigentliche Vorhof sowohl wie das Herzohr sind innen von vorspringenden Muskelleisten, *Mm. pectinati,* ausgekleidet. Die Crista terminalis stellt ebenfalls eine Verdichtung von Muskelbündeln dar.

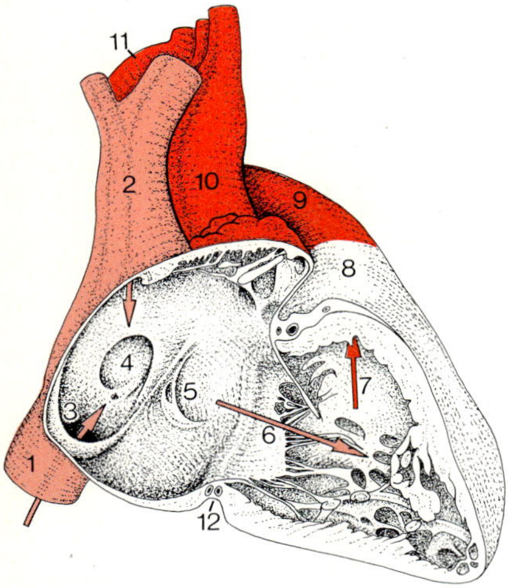

Abb. **8**–15: **Rechtes Herz** (entsprechend der Herzachse, Abb. **8**–30, aufgeschnitten).

1 V. cava inf.
2 V. cava sup. (Pfeil im Ostium v. cavae sup.; daneben Anschnitt der Crista terminalis)
3 Pfeil im Ostium v. cavae inf. (mit Valvula venae cavae inf.)
4 Fossa ovalis
5 Valvula sinus coronarii
6 Cuspis septalis der Valva tricuspidalis (Pfeil in der Einströmungsbahn zum Rechten Ventricel)
7 Ausflußbahn des Rechten Ventrikels
8 Conus arteriosus
9 Truncus pulmonalis
10 Pars ascendens aortae (darunter Schnittfläche der Mm. pectinati des Rechten Vorhofs)
11 Arcus aortae
12 Sulcus coronarius

An der **Vorhofscheidewand** (*Septum interatriale*) findet sich eine wohlabgegrenzte Stelle, an der die Scheidewand nur dünn oder gar durchlöchert ist, die *Fossa ovalis* (Abb. **8**–15); ihr vorspringender Rand heißt *Limbus fossae ovalis*.

Die dünne Membran der Fossa ovalis schließt erst nach der Geburt das bis dahin offene *Foramen ovale*, durch welches im fetalen Kreislauf das (zum Teil arterielle) Blut aus der Unteren Hohlvene zur Umgehung des noch nicht arbeitenden Lungenkreislaufes unmittelbar in den Linken Vorhof hinüberfließt. Die *Valvula venae cavae inferioris* gibt wie eine Dachrinne dem Blut die Richtung auf das Foramen ovale. Wenn sich nach der Geburt durch die erste Inspiration des Kindes die Lungen mit Luft und Blut füllen, steigt der Druck im Linken Vorhof durch das aus den Lungen zurückkehrende Blut, und das schon vorgebildete *Septum foraminis ovalis* wird gegen den *Limbus* gedrückt, um das Foramen ovale funktionell zu schließen.

Vom *Rechten Vorhof* strömt das Blut durch das im *Ostium atrioventriculare dextrum* eingebaute Ventil der **Rechten Atrioventricularklappe** (*Valva atrioventricularis dextra, „Tricuspidalis“*) in die *Rechte Kammer* (Abb. **8**–15). Dieses Ventil ist von der Bauweise her eine **Segelklappe** (*Valva cuspidalis*). Da die rechte Atrioventricularklappe *drei* Segel besitzt, wird sie als *Valva tricuspidalis* bezeichnet.

Die **Segelklappen** des Herzens (außer der *Tricuspidalis*[1] die *Mitralis* des Linken Herzens, s. S. 404) sind die Verschlußeinrichtungen (Ventile) zwischen den Vorhöfen und den Kammern. Bei diesen handelt es sich um – vom Endocard umkleidete – zarte Faserplatten, die in drei (bzw. zwei) Zipfeln (*Cuspides*) von einer annähernd kreisrunden Befestigungslinie am *Anulus fibrosus* (vgl. S. 408) der Vorhof-Kammer-Grenze wie *Segel* in die Kammer hineinhängen (Abb. **8**–15). An den Segeln, besonders deren freien Rändern, setzen sehnige Stränge, *Chordae tendineae*, an, welche als Fortsetzungen der Papillarmuskeln aufzufassen sind. Die **Papillarmuskeln** (*Mm. papillares*, Abb. **8**–16) sind besonders ausgeprägte *Trabekel* der Kammerinnenwand. Durch ihre Zusammenziehung wird mittels der Chordae tendineae verhindert, daß die freien Zipfelränder der Klappensegel bei der Systole der Kammer durch den hierbei entstehenden Druck in die Vorhöfe durchschlagen. Im Augenblick des Beginns der Systole werden die vorher im Blutsstrom flottierenden feinen Klappensegelränder fest aneinandergelegt. Die Klappen schließen vollkommen dicht.

[1] *cuspis, -idis* (lat.) = Spitze, Zipfel.

Herzklappenfehler (sog. Herzfehler) sind zumeist die Folge abgelaufener Entzündungen der Klappen, wobei durch Narben der Verschluß undicht (Insuffizienz) oder verengt (Stenose) wird.

An der **Tricuspidalis** findet sich regelmäßig ein vorderer Papillarmuskel, *M. papillaris anterior* (Abb. **8**–16), der von einem besonders ausgeprägten Muskelbalken, welcher seiner Lage wegen *Trabecula*

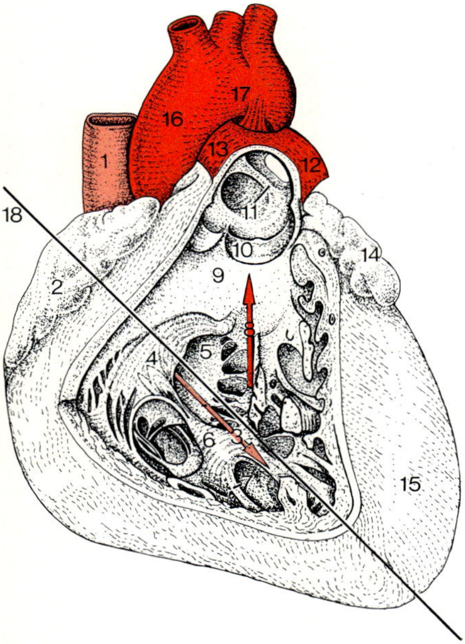

Abb. **8**–16: **Rechter Ventrikel** (durch Entfernung der Vorderwand eröffnet).

1 V. cava sup.
2 Rechtes Herzohr
3 Pfeil in der Einströmungsbahn durch das Ostium atrioventriculare dextrum
4 Cuspis anterior
5 Cuspis septalis (valvae tricuspidalis)
6 M. papillaris ant.
7 Trabecula septomarginalis
8 Pfeil in der Ausflußbahn
9 dorsale Wand des Conus arteriosus
10 Valva trunci pulmonalis
11 Bifurcatio trunci pulmonalis
12 A. pulmonalis sin.
13 A. pulmonalis dext.
14 Linkes Herzohr
15 Wand des Linken Ventrikels
16 Pars ascendens aortae
17 Arcus aortae (mit Lig. arteriosum und den Abgängen des Tr. brachiocephalicus sowie der Aa. carotis comm. sin. und subclavia sin.)
18 Herzachse

septomarginalis (vgl. S. 417) genannt wird, entspringt. Einige kleinere und wechselnd ausgebildete Papillarmuskeln erheben sich von der Hinterwand der Kammer. Manche Chordae tendineae entspringen auch ohne Bildung von Papillarmuskeln. Die Klappensegel der Tricuspidalis werden ihrer Lage nach als *Cuspis anterior, posterior* und *septalis* benannt (Abb. **8**–24).

Die **Rechte Kammer** (Rechter Ventrikel, *Ventriculus dexter,* Abb. **8**–16) hat ungefähr die Form einer dreiseitigen Pyramide. Deren größte Fläche ist die vordere; sie hat an der Ansicht des Herzens von ventral den größten Anteil (Abb. **8**–12). Die hintere Fläche liegt dem Zwerchfell auf (Abb. **8**–18). Die Scheidewandfläche des Rechten Ventrikels ist konkav eingedrückt, da die rechte Kammer die konisch geformte linke Kammer halbmondförmig umgreift (Abb. **8**–14).

Die *Basis* der Pyramide enthält die beiden Öffnungen, das schon beschriebene *Ostium atrioventriculare dextrum* (mit der Tricuspidalis), welches mehr dorsal liegt, und das mehr vorne gelegene *Ostium trunci pulmonalis* (s. unten). Beide Öffnungen werden durch eine Leiste, die *Crista supraventricularis,* voneinander getrennt, so daß das Blut auf seinem Weg durch die Rechte Kammer eine **V-förmige Schleife** durchfließt (Abb. **8**–10, schwarz) und ein *Einströmungsteil* von einem *Ausströmungsteil* unterschieden werden kann. Der Einströmungsteil hat an seiner Innenwand hohe Trabekel, die zum Teil zu den oben erwähnten Papillarmuskeln umgebaut sind. Der Ausströmungsteil, auch *Conus arteriosus* (Abb. **8**–15, 16) genannt, hat hingegen eine fast glatte Innenwand. Er führt das Blut zum *Truncus pulmonalis*↗, aus dem die beiden *Aa. pulmonales* hervorgehen.

An der Grenze zwischen Conus arteriosus und Truncus pulmonalis ist im *Ostium trunci pulmonalis* die **Valva**[1] **trunci pulmonalis** (*Pulmonalklappe,* „Pulmonalis") eingebaut. Sie ist ihrer Form nach (ebenso wie die entsprechende arterielle Kammeröffnung des Linken Herzens, die *Valva aortae*) eine *Taschenklappe* mit einer *Valvula semilunaris anterior, dextra* und *sinistra* (Abb. **8**–19).

Die **Taschenklappen** (Abb. **8**–19) sind jeweils aus drei halbmondförmigen Taschen zusammengesetzt: *Valvulae semilunares.* Diese bestehen jeweils aus einer vom Endocard umkleideten zarten Faserplatte. Die Taschen hängen wie Schwalbennester an der Innenwand der Arterie (Truncus pulmonalis bzw. Aorta). Ihr freier Rand ist in

[1] *valva* (lat.) = Klappe; *valvula* (Diminutiv) = Kläppchen, Klapptenteil.

der Mitte verdickt, *Nodulus valvulae semilunaris*. Die Knötchen der drei Valvulae treffen sich beim Klappenschluß und dichten ab. Als *Lunulae*, Halbmöndchen, werden die verdünnten Säume beiderseits der Knötchen bezeichnet. Der Raum, welcher den „Inhalt" der Taschen ausmacht, heißt *Sinus trunci pulmonalis* bzw. *Sinus aortae* (VALSALVAE[1]). Die Wand der Arterie ist dabei nach außen vorgebuchtet (Abb. **8**–18).

Die Taschenklappen haben die Aufgabe, während der *Kammer-Diastole* den Rückstrom des Blutes in die Kammern zu verhindern, welcher seine Ursache in der Elastizität der Arterienwand (*Windkesselfunktion*, vgl. S. 386) hat. Die durch das rückströmende Blut gefüllten Taschen werden mit ihren freien Rändern – genauer genommen mit den Flächen ihrer Lunulae – aneinandergedrängt, so daß eine *dreistrahlige Schlußlinie* entsteht (Abb. **8**–21).

8.2.3 Innenräume des Linken Herzens

Der **Linke Vorhof** (*Atrium sinistrum*) ist wegen der Einmündung der beiden Paare von Lungenvenen mehr horizontal ausgerichtet (horizontaler Balken des „Venenkreuzes", Abb. **8**–13). Ein besonders abzugrenzender Sinus fehlt. Dagegen ist, wie am rechten Vorhof, ebenfalls ein *Herzohr* (*Auricula sinistra*) vorhanden, welches den Truncus pulmonalis nach vorne zu umgreift und in der Vorderansicht des Herzens eben noch sichtbar ist (Abb. **8**–11).

Das *Ostium atrioventriculare sinistrum* wird durch eine zweizipfelige Segelklappe (s. o.), die **Linke Atrioventricularklappe** (*Valva atrioventricularis sinistra* = Valva bicuspidalis = Valva mitralis[2] = **„Mitralis"**) verschlossen (Abb. **8**–18). Ein vorderes Segel, *Cuspis anterior*, hängt zwischen der Aorta (daher auch *Aortensegel* genannt) und dem atrioventriculären Ostium herab wie ein Zelttuch, das einen Raum in zwei Abschnitte unterteilt: in die Einströmungsbahn und die Ausflußbahn. Das hintere Segel, *Cuspis posterior*, ist etwas kleiner.

Die **Linke Kammer** (Linker Ventrikel, *Ventriculus sinister*) hat eine stärkere Wand als die rechte (Abb. **8**–14), denn sie muß das Blut durch den höheren Widerstand des Großen Kreislaufs pumpen. Die Strömungsbahn beschreibt ebenfalls ein V (Abb. **8**–10). Im Einströ-

---

[1] ANTONIO MARIA VALSALVA (1666–1723), Prof. der Anatomie in Bologna.

[2] *Mitra* = Kopfbedeckung eines Bischofs; *mitralis* = einer Bischofsmitra ähnlich.

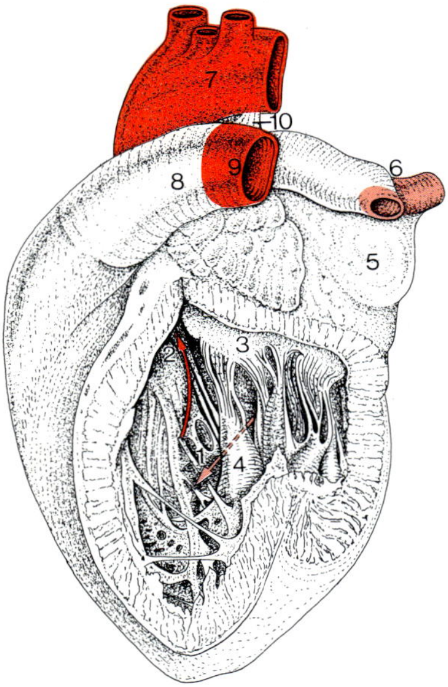

Abb. **8**–17: **Linker Ventrikel** (durch Entfernung der linken Wand eröffnet).

1 Pfeil in der Einströmungsbahn (aus dem Ostium atrioventriculare sin.)
2 Pfeil in der Ausflußbahn (Richtung auf das Ostium aorticum)
3 Cuspis anterior (valvae mitralis)
4 M. papillaris ant.
5 Linker Vorhof
6 Vv. pulmonales
7 Arcus aortae
8 Truncus pulmonalis
9 A. pulmonalis sin.
10 Lig. arteriosum

mungsteil sind kräftige Muskelbalken, *Trabeculae carneae ventriculi*, welche sich in zwei Papillarmuskelgruppen ordnen, einen *M. papillaris anterior* und *posterior*. Von jeder Gruppe aus ziehen *Chordae tendineae* zu beiden Segeln der Mitralis (Abb. **8**–17, 18, 19).

Die Ausflußbahn des Linken Ventrikels setzt sich in die *Aorta* fort. Diese ist gegenüber der Kammer durch die in das *Ostium aortae* eingebaute *Aortenklappe*, **Valva aortae**, verschließbar. Diese ist eine *Taschenklappe* (Semilunarklappe, s. o.) und gleicht in ihrem Bau vollständig der Pulmonalklappe des Rechten Herzens.

Ihrer Lage nach sind die drei Valvulae der Aortenklappe zu unterscheiden als *rechte, linke* und *hintere* (Abb. **8**–24). Der rechte und der linke Sinus aortae

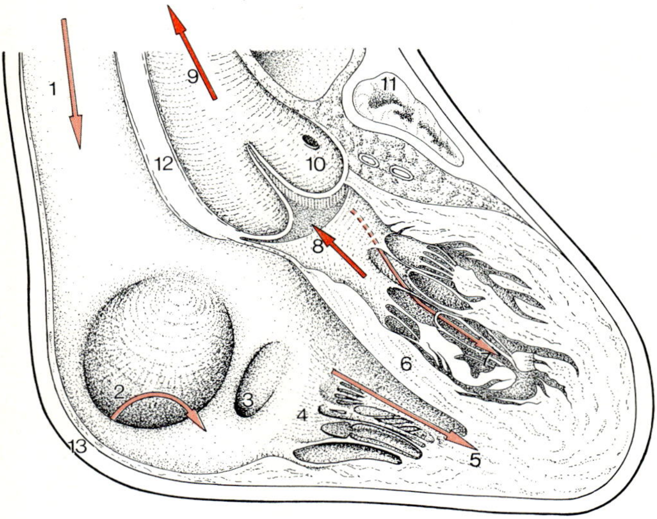

Abb. **8**–18: **Schrägschnitt durch das Herz** (Richtung: Herzspitze–Aortenklappe–V. cava sup.).
Zu beachten: der Rechte Vorhof liegt hinter der Kammer und somit dem Zwerchfell auf.

1 V. cava sup.
2 Ostium v. cavae inf.
3 Mündung des Sinus coronarius in den Rechten Vorhof
4 Valva atrioventricularis dext.
5 Pfeil in der Einströmungsbahn des Rechten Ventrikels (aus dem Ostium atrioventriculare dext.)
6 Septum interventriculare (Pars muscularis; nach oben fortgesetzt in die Pars membranacea)
7 Pfeil in der Einströmungsbahn des Linken Ventrikels (aus dem Ostium atrioventriculare sin.)
8 „Aortensegel" der Mitralis (Cuspis ant.) mit Pfeil in der Ausflußbahn (in Richtung auf die Aortenklappe)
9 Pars ascendens aortae
10 Sinus aortae (Valsalvae) mit Abgang der A. coronaria sin.
11 Linkes Herzohr
12 Sinus transversus pericardii
13 Cavitas pericardialis

(Valsalvae) enthalten die Abgangsstellen der beiden *Kranzarterien* des Herzens (Abb. **8**–18, 24; vgl. S. 418).

In der *Ventilebene* (vgl. S. 412) liegt die *Valva aortae* mehr rechts, obwohl sie dem Linken Herzen angehört, und die *Valva trunci pulmonalis* mehr links, obwohl sie zum Rechten Herzen gehört (Abb. **8**–24). Diese „Verschraubung"

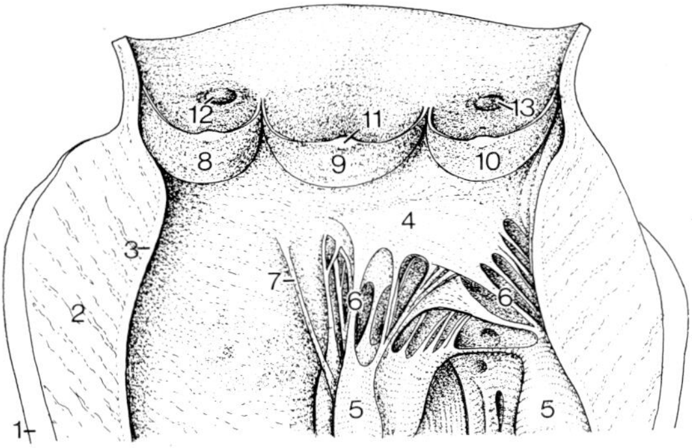

Abb. **8**–19: **Valva aortae** (Linker Ventrikel und Ostium aorticum gespalten und aufgeklappt).

1 Epicard
2 Myocard
3 Endocard
4 „Aortensegel" der Mitralis (Cuspis ant.)
5 Mm. papillares
6 Chordae tendineae
7 „falscher Sehnenfaden"
8 Valvula semilunaris dext.
9 Valvula semilunaris post.
10 Valvula semilunaris sin.
11 Nodulus valvulae semilunaris
12 Ursprung der A. coronaria dext. im Sinus aortae der Valvula semilunaris dext.
13 Ursprung der A. coronaria sin. im Sinus aortae der Valvula semilunaris sin.

der beiden Herzhälften findet ihren Ausdruck auch bei frontaler Betrachtung der beiden Strombahnen, welche sich *überkreuzen*. Wer diesen Innenbau des Herzens verstanden hat, wird ihn auch an der äußeren Form des Herzens wiedererkennen.

8.2.4 Endocard, Myocard, Herzskelet

Die Wand des Herzens besteht überwiegend aus Muskelgewebe von besonderem, nur dem Herzen eigenem Aufbau (*Herzmuskulatur*; Abb. **1**–3, vgl. auch Bd. 1). Diese Muskelwand (*Myocard*) ist innen und außen von einer relativ dünnen epithelbedeckten Bindegewebsschicht, dem *Endocard* (s. u. und S. 409) bzw. *Epicard* ↗ überzogen (Abb. **8**–22).

Die *Herzinnenhaut*, **Endocardium**, überzieht als dünne, glatte Tapete die ganze innere Oberfläche des Herzens. Die *Herzklappen* können als (gefäßlose) membranartige Duplikaturen des Endocard aufgefaßt werden.

Das **Myocardium** ↗ ist um die linke Kammer am stärksten (vgl. Abb. **8**–14); um die Vorhöfe ist es am schwächsten. In der Ventrikelwand läßt sich eine parallelfaserige *äußere Schrägschicht*, eine *mittlere Ringschicht* und eine *innere Längsschicht* unterscheiden. An der Herzspitze biegen die äußeren Schräg- in die inneren Längsfasern in Form eines Wirbels (*Vortex cordis*) unmittelbar um. Die Muskelbalken, *Trabeculae carneae*, und die *Papillarmuskeln* sind der inneren Längsschicht zuzurechnen und bilden eine funktionelle Einheit.

Die Muskulatur der Vorhöfe ist von jener der Kammern vollständig (Ausnahme: Erregungsleitungssystem, vgl. S. 417) getrennt durch in der *Ventilebene* ↗ gelegene bindegewebige Reifen, die *Anuli fibrosi*. Sie dienen den Membranen der Segelklappen zum Ursprung. Auch die Aorta und der Truncus pulmonalis sind an ihren Klappen von der Herzmuskulatur durch sehnige Streifen getrennt. Dieses Bindegewebsgerüst an der Kammerbasis wird als **Herzskelet** (Abb. **8**–20) zusammengefaßt. Von diesem entspringt die Vorhof- und die Kammermuskulatur. Wo die Faserringe die Segelklappen mit denjenigen

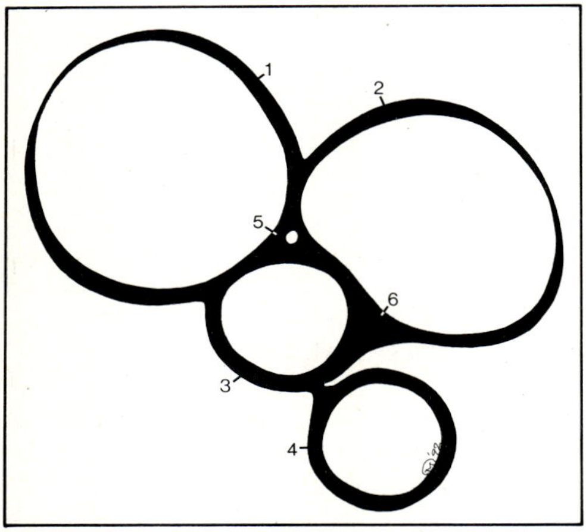

Abb. **8**–20: **Herzskelet** (isoliert, von oben; vgl. Abb. **8**–24).

1 Anulus fibrosus des Ostium atrioventriculare dextrum
2 Anulus fibrosus des Ostium atrioventriculare sinistrum
3 Faserring des Ostium aortae
4 Faserring des Ostium trunci pulmonalis
5 Trigonum fibrosum dextrum mit Durchtrittsöffnung für das His-sche Bündel
6 Trigonum fibrosum sinistrum

der Aortenklappe zusammentreffen, entstehen zwei bindegewebige Zwickel, die *Trigona fibrosa* (*dextrum* bzw. *sinistrum*). Zum Herzskelet wird auch der mit dem Faserring der Aorta zusammenhängende oberste membranöse Teil der Kammerscheidewand gerechnet, die *Pars membranacea septi interventricularis* (Abb. **8**–18). Diese entspricht der Lage des embryonalen Foramen interventriculare.

MIKROSKOPISCHE ANATOMIE

Das **Endocard** (Abb. **8**–21) besteht aus drei Schichten:
- *Endothelium* (einschichtiges Plattenepithel, wie in der Auskleidung der Blutgefäße),
- *Stratum subendotheliale* (subendotheliales Bindegewebe),
- *Stratum myoelasticum* (eine den Formveränderungen der Herzräume gut anpaßbare Textur aus elastischen Fasern und glatter Muskulatur).

Das Endocard wird durch die bindegewebige *Tela subendocardialis* mit dem Myocard verbunden.

Das Endocard (einschließlich der Herzklappen) ist *gefäßfrei* und wird daher vom Capillarnetz des subendocardialen Bindegewebes (mit Verzweigungen der Kranzgefäße) sowie vom Lumen her per diffusionem versorgt (Bradytrophes Gewebe ↗).

Das **Myocard** besteht aus Herzmuskelgewebe (Abb. **1**–3 und Bd. 1). Dieses gehört (wie das Skeletmuskelgewebe) dem Bautypus der quergestreiften Muskulatur an. Das architektonische *Bauelement* der Herzmuskulatur („Arbeitsmuskulatur", vgl. S. 418) ist die *Herzmuskelfaser* (Abb. **8**–22). Bei dieser handelt es sich jedoch nicht, wie bei der Skeletmuskulatur, um Plasmodien, sondern um *zellig gegliederte Balken*, die durch Verzweigung auch miteinander anastomosieren und somit ein zusammenhängendes Netz bilden. Die Herzmuskelfaser wird dadurch gebildet, daß die *Cardiocyten* (Myocyten des Herzmuskelgewebes) an ihren Enden durch *Haftkomplexe* im Bereich der lichtmikroskopisch sichtbaren und für die Herzmuskulatur kennzeichnenden sog. *Glanzstreifen (Disci intercalati)* elektrisch verknüpft sind. Bei dieser interzellulären elektrischen Kopplung spielen spezifische Kopplungsproteine (am wichtigsten Connexin 43) die entscheidende Rolle.

Von den sozusagen regulären Herzmuskelzellen unterscheiden sich gewisse Myocyten der Vorhöfe durch den Besitz von Sekretgranula. Diese *myoendokrinen Zellen* enthalten das immuncytochemisch (↗Bd. 1) lokalisierbare *Atriale natriuretische Hormon* („Cardiodilatin"),

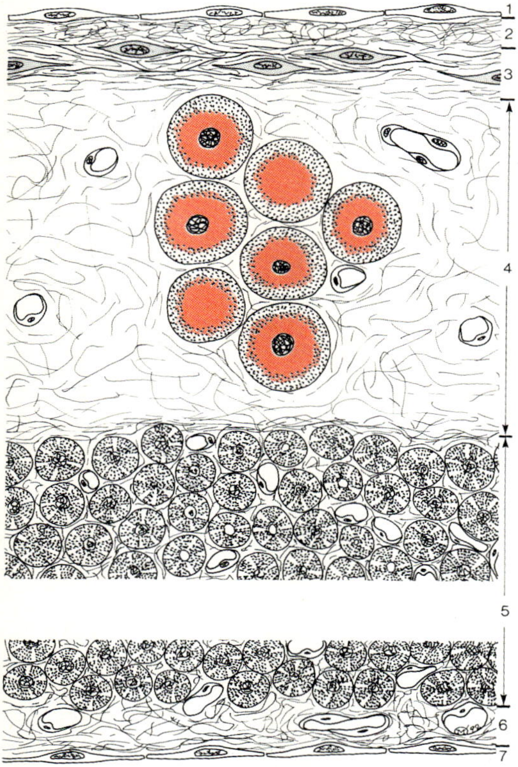

Abb. 8–21: **Schichtenbau der Herzwand.**

1–3 Endocardium
– 1 Endothelium
– 2 Stratum subendotheliale
– 3 Stratum myoelasticum
4 Tela subendocardiale mit PURKINJEfasern (quer getroffen)
5 Myocardium mit Fasern der Arbeitsmuskulatur (quer)
6–7 Epicardium
– 6 Tela subepicardiaca
– 7 Mesothelium

ein Peptidhormon, das bei starker Dehnung der Vorhöfe gebildet und in den Kreislauf abgegeben wird. Dieses Hormon bewirkt vermehrte Natrium- und damit Wasserausscheidung durch die Nieren, sowie Blutdrucksenkung.

Zu den Besonderheiten der *Myocyten des Erregungsleitungssystems* (Spezifische Muskulatur) s. S. 418.

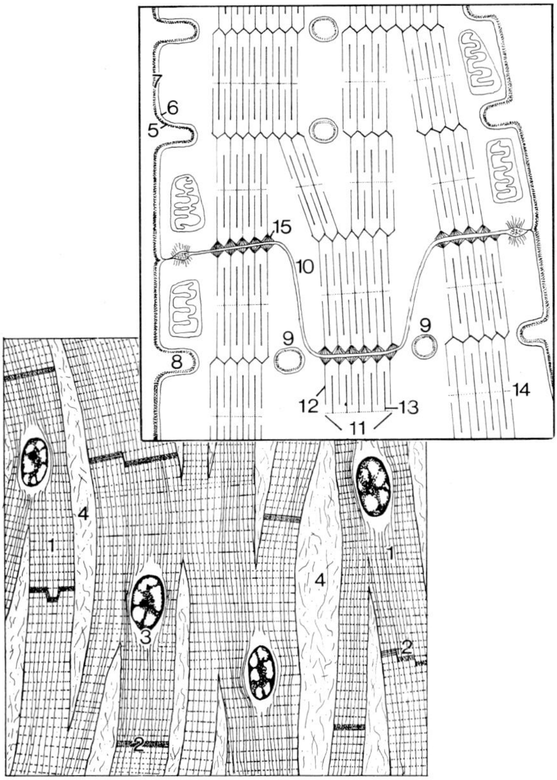

Abb. **8–22**: **Herzmuskelgewebe** (in Anlehnung an eine Abb. in LEONHARDT, Histologie usw..., 1981).
Ausschnittsvergrößerung: Feinbau der Herzmuskelfaser (Zellorganellen nicht dargestellt).

1 Herzmuskelzelle im Verband einer Herzmuskelfaser
2 Glanzstreifen
3 Zellkern mit myofibrillenfreiem Sarcoplasmafeld
4 Interstitium (Capillaren nicht eingezeichnet)
5 Basalmembran
6 Cytomembran der Herzmuskelzelle
7 Sarcolemm (= 5 + 6)
8 Invagination eines Tubulus (9) des T-Systems im Niveau des Z-Streifens
9 Tubulus des T-Systems
10 Discus intercalaris
11 Myofibrille
12 Aktinfilament
13 Myosinfilament
14 M-Streifen
15 Insertion der Actinfilamente am Discus intercalaris

8.2.5 Herzdynamik

Während sich bei der Pumparbeit der Herzmuskulatur die äußere Form des Herzens nur wenig verändert, verformt sich das Innere stark. Die Abb. **8**–23 erläutert schematisch diesen *rhythmischen Formwandel*, der sich in beiden Herzhälften synchron vollzieht. Während der *Kontraktionsphase der Ventrikelmuskulatur*, der **Systole**, schieben sich das Trabekelwerk und die Papillarmuskeln zu einer fast glatten inneren Oberfläche zusammen. Dabei verschiebt sich die *Kammerbasis*, welche die Herzventile trägt und daher auch **Ventilebene** genannt wird (Abb. **8**–24), zur Herzspitze hin, so daß die Kammern auch in der Längsachse verkürzt werden. Es ist jedoch zu beachten, daß die Ventilebene (= Kammerbasis) nicht horizontal steht, sondern *geneigt* ist (Abb. **8**–25).

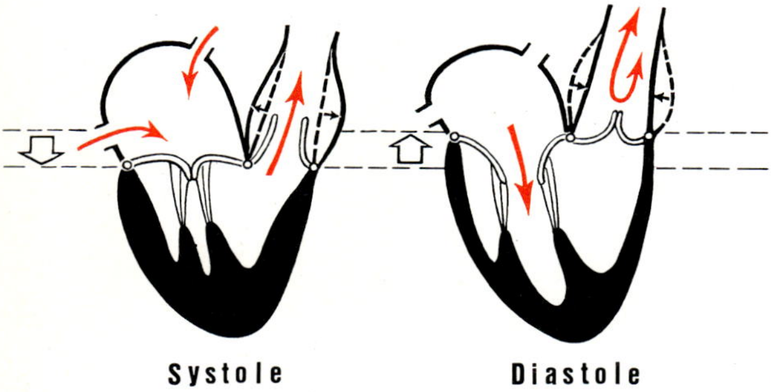

Abb. **8**–23: **Herzdynamik** (Schema).
Die Darstellung beschränkt sich auf eine Herzhälfte (Rechtes oder Linkes Herz). Die dicken *nicht ausgefüllten Pfeile* kennzeichnen die Verschiebung der Ventilebene.
Kleine schwarze Pfeile: Bewegung der Windkesselwand, *rote Pfeile:* Strömungsrichtung des Blutes.

Systole: Kontraktion der Kammermuskulatur führt zum Anstieg des Ventrikeldrucks. Als Folge wird die Atrioventrikularklappe geschlossen, die Aorten- bzw. Pulmonalklappe geöffnet und die Windkesselwand gedehnt. Die Senkung der Ventilebene führt zur Füllung des Vorhofs.

Diastole: Erschlaffung der Ventrikelwand ermöglicht das Hochziehen der Ventilebene durch den gedehnten Vorhof; hierdurch erfolgt die Verlagerung des Blutes vom Vorhof in den Ventrikel, unter Öffnung der Atrioventricularklappe. Die gedehnte Windkesselwand entspannt sich und hält so den Druck im Gefäß höher als im Ventrikel; hierdurch wird die Aorten- bzw. Pulmonalklappe geschlossen und das Blut in peripherer Richtung weiterbefördert.

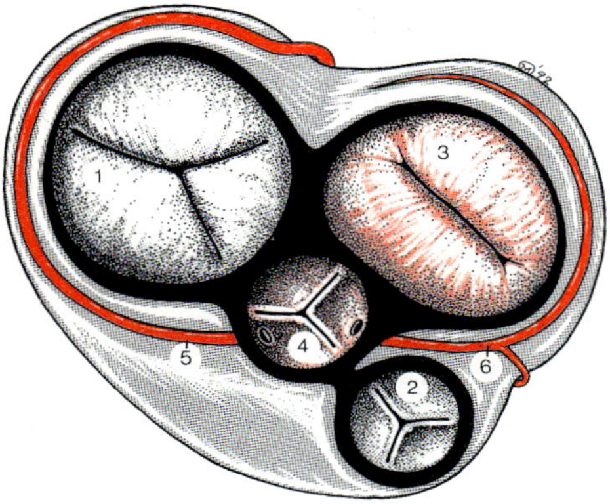

Abb. **8**–24 (oberes Bild): **Ventilebene des Herzens** (von dorso-cranial, Vorhöfe abgetragen).

1 Valva atrioventricularis dextra (Tricuspidalis) mit Cuspis anterior, posterior und septalis
2 Valva trunci pulmonalis mit Valvulae semilunares dextra, sinistra und anterior
3 Valva atrioventricularis sinistra (Mitralis) mit Cuspis anterior und posterior
4 Valva aortae mit Valvulae semilunares dextra, sinistra und posterior
5 A. coronaria sinistra (aus dem linken Sinus aortae) mit Aufzweigung in R. interventricularis anterior und R. circumflexus

Durch die *Senkung der Ventilebene* während der Kammersystole werden die *Vorhöfe erweitert*, weil deren Wand durch die einmündenden Venen fixiert ist; hierdurch wird *Blut aus dem Venensystem angesaugt*. Der während der Kammersystole ansteigende Ventrikeldruck führt zum *Verschluß der Atrioventricularklappen* und dann – nach Überschreiten des Aorten- bzw. Pulmonalisdruckes – zur *Öffnung der Aorten und Pulmonalklappen*.

Während der **Diastole** (Erschlaffung der Ventrikelmuskulatur) zieht die vorher elastisch gedehnte Vorhofswand durch elastische Rückstellkraft und Muskelarbeit (Vorhofsystole) die *Ventilebene* wieder *nach oben*: hierdurch kommt es zur Erweiterung des Ventrikelraumes und zu dessen Füllung. Hierbei handelt es sich weder um eine Saugleistung der Kammern noch um eine Pumpleistung der Vorhöfe, sondern durch das Höhertreten der Ventilebene gelangt das im wesentlichen ruhende Vorhofsblut in den Ventrikel, wird gewisser-

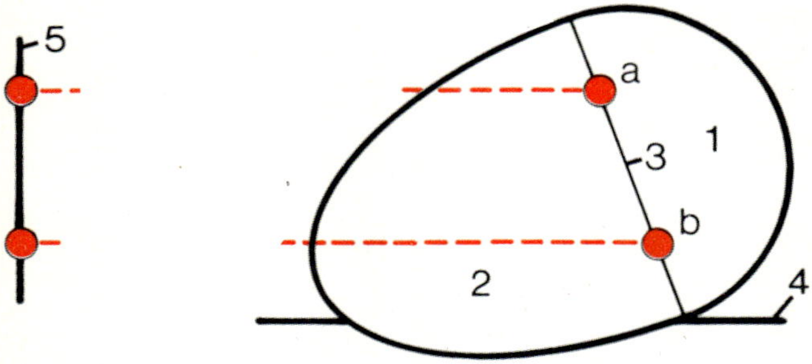

Abb. **8**–25 (unteres Bild): **Neigung der Ventilebene des Herzens** (Schema, Ansicht von links).

1 Vorhofteil des Herzens
2 Kammerteil des Herzens
3 Ventilebene
4 Niveau des Zwerchfellsattels
5 Projektionsfläche vordere Brustwand

Die Ventilebene ist gegen die Horizontale um 70% geneigt. Dadurch liegen die Vorhöfe nicht nur *über,* sondern vor allem *hinter* den Kammern und erreichen das Zwerchfell.
Die Neigung der Ventilebene bewirkt, daß sich der in der Ventilebene *vor* dem Punkt (b) gelegene Punkt (a) *über* den Projektionsort von (b) abbildet. Vgl. Abb. **8**–24 und **8**–32.

maßen „vereinnahmt". Während der Diastole überwiegt wegen der *Windkesselwirkung* der systolisch gedehnten Aorten- bzw. Pulmonaliswand der arterielle Druck gegenüber dem Ventrikeldruck. Dies führt zum *Schluß der beiden Semilunarklappen* (s. S. 403, 405).

8.2.6 Erregungsleitungssystem (Abb. 8–26)

Die rhythmischen Bewegungen des Herzmuskels werden nicht etwa von Nerven, sondern von einem *System spezifisch umgewandelter Herzmuskelfasern,* dem **Erregungsleitungssystem** (*Systema conducens cardiacum,* wenig zutreffend auch „Reizleitungssystem") gesteuert. Dieses System steht normalerweise seinerseits unter dem *Einfluß des Autonomen Nervensystems* (Plexus cardiacus, ↗Bd. 3). Es ist jedoch auch zur *spontanen Erregungsbildung* befähigt. Das aus *Spezifischer Herzmuskulatur* (s. u.) bestehende Erregungsleitungssystem überträgt die in ihm generierten und weitergeleiteten Erregungen auf die Arbeitsmuskulatur (= Herzmuskulatur↗) der Vorhöfe und der Kammern des Herzens. Von besonderer Bedeutung sind die Erregungszentren dieses Systems, die als *Knoten* bezeichnet werden.

Der **Sinusknoten** (*Nodus sinuatrialis*[1], KEITH-FLACKscher Knoten[2]) ist ein hufeisenförmiges, etwa 10–20 mm langes, 2 mm breites und 1 mm dickes Geflecht von spezifischen Myocyten. Er liegt *im Dach des Rechten Vorhofs* und zwar im Bereich der Rinne zwischen der Mündung der V. cava superior und dem Herzohr. Diese Lage entspricht der Grenze des embryonalen *Sinus venosus* (vgl. S. 399).

Der Sinusknoten wird von einem meistens aus der rechten Kranzarterie stammenden relativ starken Arterienast (*R. nodi sinuatrialis*) durchzogen. Die verhältnismäßig dicke Adventitia dieses Gefäßes soll über *Rezeptoren* verfügen, die über die Registrierung des Aortendruckes und der Pulsation der Aortenwand die *Erregungsbildung im Sinusknoten* zu beeinflussen vermögen.

Die rhythmische Kontraktion der Herzwand erfolgt *autonom – myogen*. Die sog. *Herznerven* (↗Bd. 3) modifizieren lediglich den myogenen Eigenrhythmus zwecks Anpassung an die aktuellen funktionellen Erfordernisse. Im Prinzip sind *alle Cardiomyocyten zur autonomen rhythmischen Depolarisation/Repolarisation (Potentialbildung) befähigt*, allerdings in unterschiedlichem Ausmaß. Die Frequenz der Erregungsbildung ist am niedrigsten im Ventrikelmyocard, mittelhoch im Vorhofmyocard und am höchsten in den spezifischen Myocyten des Nodus sinuatrialis. Solange letzterer aktiv ist, wird die Fähigkeit zur spontanen Potentialbildung in den übrigen Bereichen des Myocards nicht manifest (vgl. hierzu S. 418). Der Sinusknoten ist daher funktionell als **Schrittmacher des Herzrhythmus** mit einer Ruhefrequenz von 70–80/min anzusehen.

Der zweite Knoten des Erregungsleitungssystems ist der **Atrioventricularknoten** (*Nodus atrioventricularis,* AV-Knoten, ASCHOFF-TAWARAscher Knoten[3]). Dieser ist ein ovales, etwa 7–8 mm langes, 3 mm breites und 1 mm dickes Geflecht von spezifischen Myocyten. Der AV-Knoten befindet sich *ebenfalls im Bereich des Rechten Vorhofs,* allerdings nahe an dessen Boden und zwar unter dem Endocard der Vorhofscheidewand (*Septum interatriale*↗). Diese Stelle befindet sich knapp 1 cm oberhalb des septalen Umfangs der *Mündung des Sinus coronarius*↗, dorsal der *Basis der Cuspis septalis der Tricuspidalklappe* ↗. Der AV-Knoten liegt damit unmittelbar dem *Trigonum fibrosum dextrum*↗ des Herzskelets auf, also an der Vorhof-Kammergrenze (deshalb Nodus atrioventricularis).

---

1 Der Name *sinu-atrialis* bezieht sich auf die Lage zwischen Sinus und Atrium.

2 Benannt nach Sir ARTHUR KEITH und MARTIN F. FLACK, zwei englischen Physiologen, die den Sinusknoten im Jahre 1907 entdeckten.

3 Entdeckt von dem deutschen Pathologen L. ASCHOFF und seinem japanischen Schüler S. TAWARA im Jahre 1906.

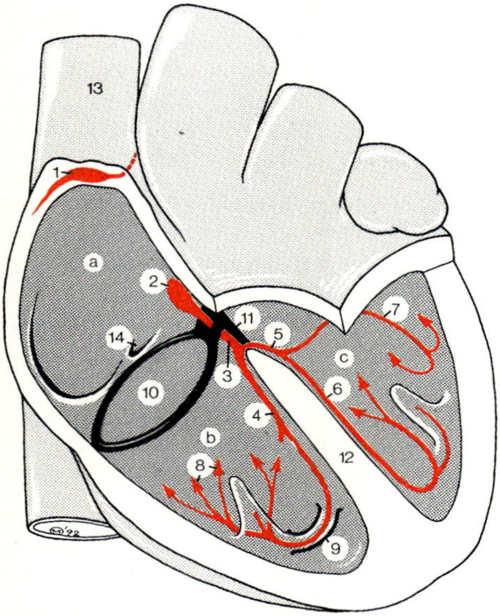

Abb. **8**–26: **Erregungsleitungssystem des Herzens** (Rechter Vorhof und beide Kammern eröffnet).

a Rechter Vorhof
b Rechter Ventrikel
c Linker Ventrikel

1 Nodus sinuatrialis
2 Nodus atrioventricularis
3 Hissches Bündel
4 Rechter Kammerschenkel
5 Linker Kammerschenkel
6 R. cruris sinistri anterior
7 R. cruris sinistri posterior
8 Purkinje-Fasern
9 Moderatorband
10 Ostium atrioventriculare dextrum mit Anulus fibrosus und Trig. fibrosum dextrum (mit Durchtritt des Hisschen Bündels)
11 Pars membranacea septi interventricularis
12 Pars muscularis septi interventricularis
13 V. cava superior
14 Ostium sinus coronarii

Die *Erregungsübertragung* vom Sinusknoten auf den AV-Knoten und auf die Muskulatur beider Vorhöfe erfolgt nach vorherrschender Auffassung durch *Fasern der Arbeitsmuskulatur*. Es sind jedoch auch Befunde erhoben worden, die die Existenz von die beiden Knoten verbindenden *Internodalen Fasern des Erregungsleitungssystems* als möglich erscheinen lassen.

Da die spezifischen Myocyten des AV-Knotens beträchtlich langsamer leiten als die übrige Herzmuskulatur, kommt dem AV-Knoten die funktionelle Bedeutung einer *Verzögerung der Erregungsleitung* zu.

Die Muskulatur der Vorhöfe ist von der Kammermuskulatur vollständig durch das Herzskelet (Abb. **8**–20) getrennt. Es stellt sich somit die Frage, wie die Erregung von dem im Vorhofbereich gelegenen AV-Knoten auf das Ventrikelmyocard übertragen wird. Das morphologische Substrat hierfür ist der **Fasciculus atrioventricularis**. Dieser aus spezifischer Muskulatur des Erregungsleitungssystems bestehende Strang gelangt durch eine kanalartige Öffnung im *Trigonum fibrosum dextrum* des Herzskelets (Abb. **8**–20, 26) vom Vorhofs- in den Kammerbereich.

Der zunächst noch einheitliche Anfangsabschnitt des *Fasciulus atrioventricularis* wird als **Hissches Bündel**[1] (*Truncus fasciculi atrioventricularis*) bezeichnet. Dieses setzt sich aus dem unteren Pol des AV-Knotens fort und verläuft nach Passage des Herzskelets subendocardial auf der rechten Seite der *Pars membranacea des Septum interventriculare* ↗ (vgl. Abb. **8**–18). An der Oberkante der *Pars muscularis des Septum interventriculare* teilt sich das His-Bündel in den Rechten und Linken Kammerschenkel (*Crus dextrum, Crus sinistrum*).

Der **Rechte Kammerschenkel** folgt – teils intramyocardial, teils subendocardial – der Kammerscheidewand zur Spitze des Rechten Ventricels, um dann mit 3 Ästen *(Rr. cruris dextri)* die Basen der Papillarmuskeln zu erreichen. Der Ast zum M. papillaris anterior verläuft im *Moderatorband* (*Trabecula septomarginalis* ↗).

Der **Linke Kammerschenkel** gelangt, bereits aufgefächert, über die obere Kante der *Pars muscularis* der Kammerscheidewand auf die linke Seite. Dort teilt sich das Bündel in einen vorderen und hinteren Ast (*Ramus cruris sinistri anterior* bzw. *posterior*) zu den betreffenden Papillarmuskeln des Linken Ventrikels.

Die Kammerschenkel verzweigen sich in der Peripherie – von der Ventrikelspitze wieder zur Basis aufsteigend – in ein subendocardiales Netz feiner Fasern des Erregungsleitungssystems (*Myofibra conducens cardiaca*), die sog. **Purkinje-Fasern**[2] (Abb. **8**–26). Diese aus Pur-

[1] Nach dem Internisten Wilhelm His (d. Jüng.), dessen Vater Wilhelm His (d. Ält.) ein bedeutender Anatom war. Der jüngere His entdeckte das nach ihm benannte Bündel 1893.

[2] J. E. Purkyně (1787–1869), Prof. d. Physiologie in Breslau und Prag. Die Purkinjeschen Fasern sind die am längsten bekannten Anteile des Erregungsleistungssystems.

KINJE-*Myocyten* (Abb. **8**–21) bestehenden Fasern treten in das Myocard ein, um mit Fasern der Arbeitsmuskulatur Kontakt aufzunehmen.

Bei *Ausfall der Schrittmacherfunktion* des Sinusknotens erfolgt die *Erregungsbildung im AV-Knoten und in der Ventrikelwand selbst*, allerdings mit der erniedrigten Frequenz von etwa 35 pro Minute. Auch eine *Unterbrechung des* HIS*schen Bündels* (durch einen Herzinfarkt) manifestiert sich im Auftreten der auffallend erniedrigten Pulsfrequenz des *Kammerrhythmus*.

MIKROSKOPISCHE ANATOMIE

Die *Fasern des Erregungsleitungssystems* (Kammerschenkel und PURKINJE-Fasern) verlaufen im *subendocardialen Bindegewebe* (Abb. **8**–21). Sie bestehen aus in Reihen angeordneten PURKINJE-*Myocyten*, die durch *Desmosomen* und *Nexus* (↗Bd. 1) miteinander in leitendem Kontakt stehen. Glanzstreifen↗ sind nicht ausgebildet. Die Fasern des Erregungsleitungssystems leiten die Erregung wesentlich schneller (2–3 m/sec) als die Fasern der Arbeitsmuskulatur (0,6 m/sec). Ihr *Durchmesser* ist mit bis zu 50 μm mehr als doppelt so groß wie der der Fasern der Arbeitsmuskulatur (10–20 μm).

Die Myocyten des Erregungsleitungssystems (Abb. **8**–21) unterscheiden sich von denen der Arbeitsmuskulatur des Herzens dadurch, daß sie weit *weniger Myofibrillen* enthalten, die zudem *in der Peripherie der Zellen konzentriert* sind. Zentral findet sich ein hoher *Glykogengehalt*, der die geringe Anfärbung der Fasern des Erregungsleitungssystems im üblich gefärbten histologischen Präparat bedingt.

8.2.7 Herzkranzgefäße

Wegen des hohen Sauerstoffbedarfs der *Herzmuskulatur* ist das Myocard besonders *stark capillarisiert* (vgl. S. 382). Die Versorgung wird von zwei vergleichsweise großkalibrigen Arterien übernommen, die bis zu *10% des Schlagvolumens* des Herzens aufnehmen.

Die Herzgefäße heißen **Kranzgefäße** („Coronarien"), weil sie in der Herzkranzfurche (*Sulcus coronarius*, dem Umfang der Ventilebene entsprechend; Abb. **8**–24) verlaufen, ehe sie sich aufzweigen. Die beiden Coronararterien *(Aa. coronariae)* entspringen aus der *Aorta ascendens* als deren erste Äste, noch im Bereich der Sinus VALSALVAE (*Sinus aortae*) der Aortenklappe (vgl. S. 406; Abb. **8**–19, 24).

Die **A. coronaria dextra** (Abb. **8**–27, 29) wendet sich nach ihrem Abgang aus dem rechten Sinus VALSALVAE zunächst horizontal im

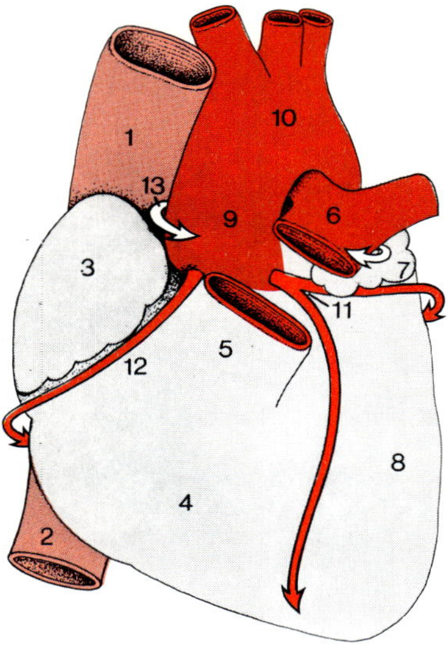

Abb. 8–27: **Herz von ventral** (Epicard abpräpariert; Truncus pulmonalis reseziert, um den Abgang der Kranzarterien sichtbar zu machen).

1 V. cava sup.
2 V. cava inf.
3 Rechtes Herzohr
4 Rechter Ventrikel
5 Conus arteriosus
6 Bifurcatio trunci pulmonalis
7 Linkes Herzohr
8 Linker Ventrikel
9 Pars ascendens aortae
10 Arcus aortae
11 A. coronaria sin. mit Aufteilung in R. interventricularis ant. im Sulcus interventricularis ant. (Pfeilspitze weist auf die Stelle der Incisura apicis cordis, nicht dargestellt) und R. circumflexus im Sulcus coronarius
12 A. coronaria dext. im Sulcus coronarius
13 Doppelpfeil im Sinus transversus pericardii

Sulcus coronarius um die rechte Herzhälfte herum und gibt in den *Sulcus interventricularis posterior* ihren Hauptast ab, den *Ramus interventricularis posterior*.

Die *A. coronaria dextra* versorgt den größten Teil des *Rechten Vorhofs* und der *Rechten Kammer* (einschließlich des Conus arteriosus), den *hinteren Teil der Kammerscheidewand* sowie einen variablen *Teil der Hinterwand des Linken Ventrikels* (Abb. **8**–28). Von praktischer Bedeutung ist, daß in der Regel die A. coronaria dextra auch das *Erregungs-*

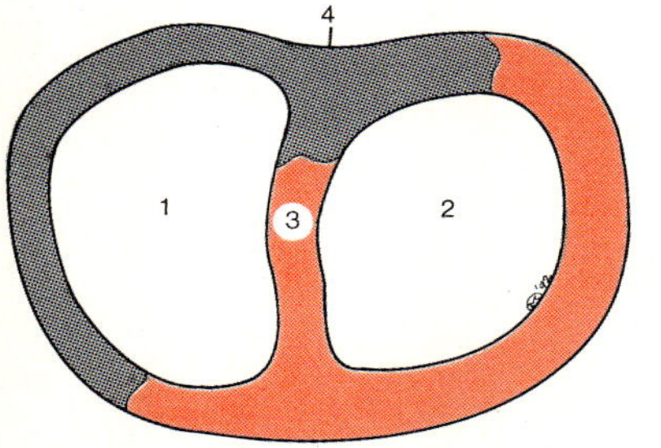

Abb. 8–28: **Arterielle Versorgung der Herzwand** (häufigste Variante). Querschnitt (parallel zur Ventilebene) durch die beiden Ventrikel. *Rot:* Versorgungsgebiet der A. coronaria dextra, *grau:* Versorgungsgebiet der A. coronaria sinistra

1 Rechter Ventrikel
2 Linker Ventrikel
3 Kammerscheidewand
4 Hinterwand des Herzens

leitungssystem versorgt, den Nodus sinuatrialis (*R. nodi sinuatrialis*), den Nodus atrioventricularis (*R. nodi atrioventricularis*) sowie das Hısssche Bündel. In einer Minderheit der Fälle kann das Erregungsleitungssystem auch durch Äste der A. coronaria sinistra versorgt oder mitversorgt werden.

Von der geschilderten etwa hälftigen Versorgung des Herzens durch die beiden Coronarien (*Normaltyp*) gibt es wichtige Abweichungen: *Rechtstyp* bei Überwiegen der Versorgung durch die Rechte Kranzarterie, *Linkstyp* bei Überwiegen der Versorgung durch die Linke Kranzarterie.

Die **A. coronaria sinistra** (Abb. 8–27, 29) teilt sich sogleich nach dem Abgang aus dem linken Sinus aortae in den an der vorderen Herzwand in der Grenzfurche zwischen den beiden Kammern absteigenden *R. interventricularis anterior* und den kleineren *R. circumflexus*, der im Sulcus coronaris an die Hinterwand des Herzens zieht.

Die A. coronaria sinistra versorgt den *größten Teil des Linken Herzens*, den *vorderen Teil der Kammerscheidewand* sowie einen kleinen Teil der *Vorderwand des rechten Ventrikels* (Abb. **8**–28).

Die beiden Kranzarterien bilden zwar morphologisch zahlreiche Anastomosen; funktionell dagegen sind ihre Äste als *Endarterien* ↗ anzusprechen; denn wenn ein Blutpfropf einen Arterienast verstopft *(Coronarthrombose)*, so kommt in der Regel kein ausreichender Kollateralkreislauf zustande, und das betreffende Versorgungsgebiet fällt der Gewebsnekrose anheim – es entsteht ein *Herzinfarkt.* Bei Verstopfung eines Hauptastes tritt sofort der Tod ein *(Herzschlag).*

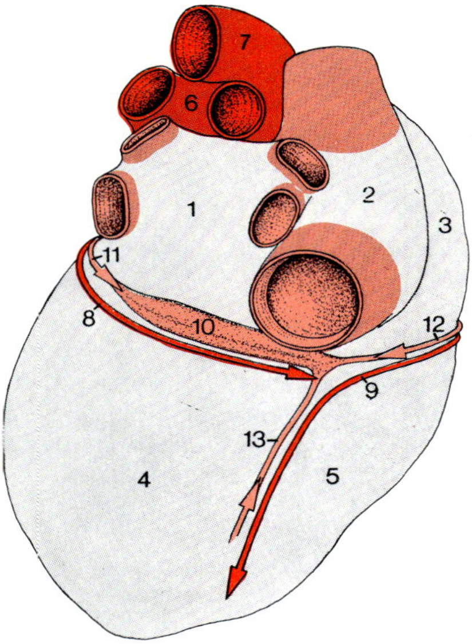

Abb. **8**–29: **Herz von hinten-unten** (Facies diaphragmatica mit Herzkrone, Epicard abpräpariert).

1 Linker Vorhof mit vier Vv. pulmonales
2+3 Rechter Vorhof mit Sinus venarum cavarum (2); zwischen 2 und 3 Sulcus terminalis
4 Linke Kammer
5 Rechte Kammer
6 Bifurcatio trunci pulmonalis
7 Arcus aortae
8 R. circumflexus a. coronariae sin. (im Sulcus coronarius)
9 R. interventricularis post. a. coronariae dext. im Sulcus interventricularis post. (Pfeilspitze weist auf die Incisura apicis cordis)
10 Sinus coronarius (im Sulcus coronarius)
11 V. cordis magna (im Sulcus coronarius)
12 V. cordis parva (im Sulcus coronarius)
13 V. cordis media (im Sulcus interventricularis post.)

Die **Venen des Herzens** verlaufen mit ihren kleineren Ästen gemeinsam mit den Arterien. Sie sammeln sich im **Sinus coronarius** (Abb. **8**–29), welcher an der Rückwand des Herzens gelegen ist und in den *Rechten Vorhof* mündet (Abb. **8**–15). Er ist die Fortsetzung der linken Kranzvene, *Vena cordis magna,* während die kleinere rechte Kranzvene, *Vena cordis parva,* im rechten Winkel von unten und die *Vena cordis media* von rechts her einmündet.

Nicht alles venöse Blut des Herzens fließt durch den Sinus coronarius zurück. Kleine und kleinste Venen münden unmittelbar in den Rechten Vorhof: *Vv. cordis minimae* (vgl. S. 400).

8.2.8 Projektion des Herzens auf die Vordere Brustwand (*Röntgenbild, Perkussion, Auskultation*)

Im **Röntgenbild** ist das Herz ein Teil des sogenannten *Mittelschattens*, welcher von den beiden hellen Lungenfeldern flankiert wird (Abb. **3**–21, 30). Dieser Mittelschatten schließt in sich ein die *Wirbelsäule*, das *Brustbein*, das *Herz* und die Stämme der *großen Gefäße der Herzkrone*. Den *Umriß* des Herz- und Gefäßband-Schattens bilden *rechts zwei, links vier charakteristische Bögen*, deren Veränderung im Röntgenbild bestimmte Formveränderungen des Herzens anzeigt.

Der *rechte* Herzschattenrand wird in der Regel von der *Vena cava superior* („Cavabogen") und dem *Rechten Vorhof* („rechter Vorhofsbo-

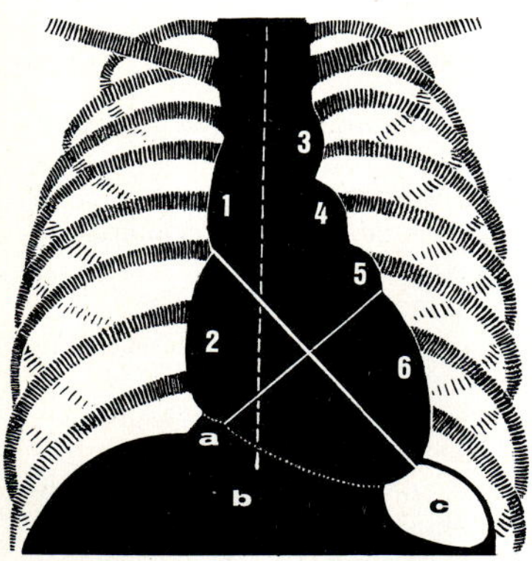

Abb. **8**–30: **Röntgenbild des Herzens** (schematisiert).
Herz und große Gefäße bilden gegenüber den hellen Lungenfeldern den *Mittelschatten,* der caudal in den Leberschatten (b) übergeht.
a V. cava inf., c Luftblase des Magens unter der linken Zwerchfellkuppel; 1 Cavabogen, 2 rechter Vorhofbogen, 3 Aortenbogen, 4 Pulmonalisbogen, 5 linker Vorhofbogen, 6 Ventrikelbogen; die untere Herzkontur (punktiert) ist nicht abgrenzbar, da sie sich auf den Leberschatten projiziert. *Ausgezogene Linien:* Herzlänge (Herzspitze – oberer Endpunkt des rechten Vorhofbogens = Projektion der Herzachse) und Herzbreite (der Lage des Sulcus coronarius entsprechend = Projektion der Kammerbasis). *Gestrichelte Linie:* Medianlinie. – *Besonders zu beachten:* Vorhofsbereich erreicht das Zwerchfell.

gen") gebildet. Der *linke Herzrand* gehört der *Linken Kammer* an („Ventrikelbogen"), darüber erscheint, oft kaum unterscheidbar, der *Linke Vorhof* mit dem Herzohr („linker Vorhofsbogen"), dann der Bogen des *Tr. pulmonalis* („Pulmonalisbogen") und zu oberst der Bogen der *Aorta* („Aortenbogen"), welcher bei großer Deutlichkeit als *Aortenknopf* bezeichnet wird.

Da bei der Thoraxdurchleuchtung der untersuchende Arzt den Patienten hinter dem Röntgenschirm drehen wird, wenn er sich über die Form des Herzens ein Bild machen will, ist die Kenntnis der Form des Herzschattens nicht nur von vorne (d. h. bei dorso-ventralem Strahlengang, wie Abb. **8**–30), sondern auch von der Seite und bei schrägem Strahlengang von Bedeutung.

Abb. **8**–31 zeigt innerhalb der Form des Herzschattens bei den vier typischen Durchleuchtungsstellungen die einzelnen Herzabschnitte gegeneinander abgegrenzt. Bei *seitlicher Durchleuchtung* tritt hinter dem Herzen (zwischen diesem bzw. dem Herzbeutel einerseits und der Aorta bzw. dem Ösophagus andererseits) das *retrocardiale Aufhellungsfeld* (der sog. HOLZKNECHT*sche Raum*[1]) in Erscheinung (Abb. **8**–31 c).

Auch ohne Röntgenbild läßt sich durch **Perkussion** (Beklopfung) ein ungefähres Bild von der *Größe* und *Form* des Herzens gewinnen. Hierbei wird das den Schall dämpfende Herz gegenüber den lufthaltigen Lungen abgegrenzt.

Dabei ist jedoch zu beachten, daß das *Perkussionsfeld des Herzens* nur in einem etwa rechteckigen zentralen Teil eine völlig gedämpfte Schallqualität aufweist (sog. *Absolute Herzdämpfung*, vgl. Abb. **3**–25), während die seitlichen Teile des Herzens, die von einer mehr oder weniger dicken Schicht von Lungengewebe überlagert sind, lediglich eine *Relative Dämpfung* ergeben. Zur Ermittlung der tatsächlichen Herzform und -größe ist die Grenze zwischen Relativer Herzdämpfung und reinem Lungenschall zu ermitteln. Diese Grenze liegt rechts etwa fingerbreit neben dem Sternum, links 8 bis maximal 10 cm von der Medianen entfernt.

Die **Auskultation** (Abhorchen) des Herzens vermag Aufschluß über die Beschaffenheit der *Herzklappen* zu geben, deren Geräusche (sog. *Herztöne*) an bestimmten Stellen des Brustkorbes besonders deutlich zu hören sind. Diese **Auskultationsorte** sind nicht identisch mit den **Projektionsorten**. Wegen der Schrägstellung der Ventilebene (Abb. **8**–25) projizieren sich die *vor* den venösen Ostien gelegenen arteriellen Osten (Aorta und Pulmonalis; Abb. **8**–24) *weiter oben* auf die Brustwand (Abb. **8**–32).

---

[1] GUIDO HOLZKNECHT (1872–1931), Röntgenologe in Wien.

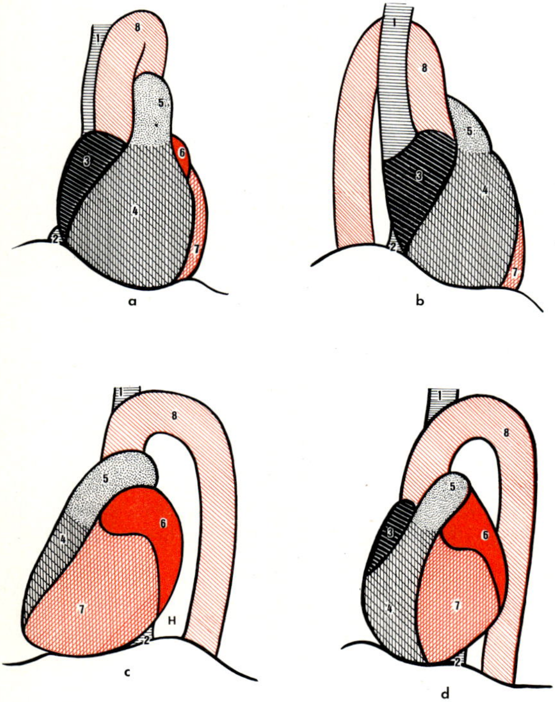

Abb. **8**–31: **Röntgenschatten des Herzens in den Hauptdurchleuchtungsrichtungen.**
Schwarz: Rechtes Herz, *rot:* Linkes Herz.

a: sagittal (postero-anterior)
b: I. schräger Durchmesser (Thorax um 45° gedreht – re Schulter nach vorn)
c: frontal (latero-lateral)
d: II. schräger Durchmesser (Thorax um 45° gedreht – li Schulter nach vorn)

1 Vena cava sup.
2 Vena cava inf.
3 Rechter Vorhof
4 Rechte Kammer
5 Truncus pulmonalis
6 Linker Vorhof
7 Linke Kammer
8 Aorta
H: HOLZKNECHTscher Raum

Die *Tricuspidalis* projiziert sich in Höhe des Ansatzes der 5. Rippe auf die Mitte des Brustbeins. Die *Mitralis* projiziert sich auf den linken Brustbeinrand in Höhe der 4. Rippe, die *Aortenklappe* (ein wenig links von der Medianlinie) in Höhe des 3. Intercostalraums, auf das

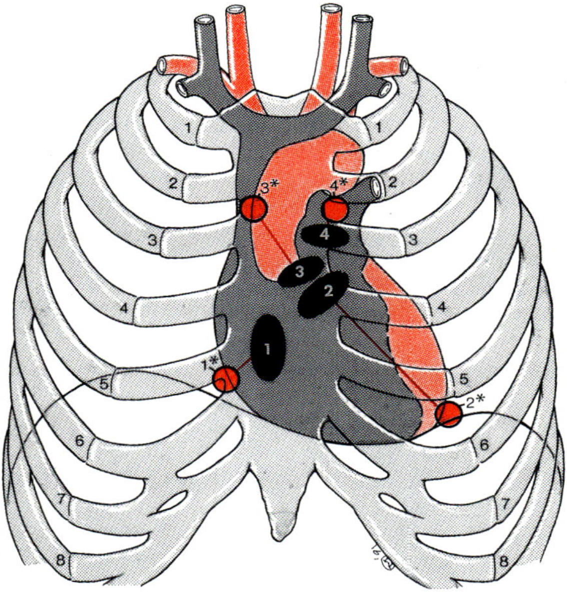

Abb. **8–32**: **Projektions- und Auskultationsorte der Herzklappen.**

Projektionsorte (schwarz)

1 Tricuspidalis: Mitte des Sternum in Höhe des Ansatzes der 5. Rippe
2 Mitralis: linker Sternalrand in Höhe des Ansatzes der 4. Rippe
3 Aorta: linke Sternalhälfte in Höhe des 3. ICR
4 Pulmonalis: linker Sternalrand in Höhe der 3. Rippe

Auskultationsorte (rot)

1* Tricuspidalis: rechter Sternalrand in Höhe des 5. ICR
2* Mitralis: 5. ICR links, zwei Querfinger medial von der Medioclavicularlinie
3* Aorta: 2. ICR rechts, am Sternalrand
4* Pulmonalis: 2. ICR links, am Sternalrand

Brustbein, die *Pulmonalklappe* links oberhalb davon, in Höhe der 3. Rippe, auf den Brustbeinrand.

Die *Projektionsorte* (Abb. **8**–32) liegen somit verhältnismäßig nahe beieinander. Für die *Auskultation* macht man sich die Tatsache zunutze, daß die im Bereich der Herzventile entstehenden *Schallphäno-*

mene mit dem Blutstrom fortgetragen werden. Die praktisch benutzten **Auskultationsorte** (Abb. **8**–32) stehen in folgender Lagebeziehung zu den Projektionsorten: Von der *Aortenklappe* schräg nach rechts oben in den zweiten Intercostalraum rechts vom Sternum, von der *Pulmonalklappe* schräg nach links oben in den zweiten Intercostalraum links vom Sternum, und von der *Mitralis* in Richtung auf die Herzspitze im fünften Intercostalraum; dies ist gleichzeitig die Gegend des sog. *Herzspitzenstoßes*: hier berührt die Herzspitze bei der systolischen Kontraktion die vordere Brustwand und erschüttert diese. Die *Tricuspidalis* wird in der Regel am Projektionsort oder rechts neben diesem am Sternalrand auskultiert.

8.2.9 Herzbeutel, *Pericardium*

Das Herz bewegt sich (ähnlich wie die Lunge in der Pleurahöhle) in der *Serösen Höhle*↗ des Herzbeutels (*Cavitas pericardialis*, Abb. **8**–33). Das viscerale Blatt des Herzbeutels (*Lamina visceralis*, vgl. S. 13) liegt als **Epicardium** dem Herzen unmittelbar auf und ist mit dessen Myocard durch das subepicardiale Binde- und Fettgewebe (*Tela subepicardialis*), in dem die größeren Äste der Kranzgefäße verlaufen, verbunden (Abb. **8**–21, 33). Das parietale Blatt (*Lamina parietalis*) des Herzbeutels bildet die seröse Innenschicht des eigentlichen Herzbeutels. Das viscerale und parietale Blatt werden als *Pericardium serosum* zusammengefaßt. Dieses begrenzt einen *capillären Serosaspalt* (Abb. **8**–33), in welchem sich ein Film seröser Flüssigkeit (etwa 20 ml; bei einem pathologischen Erguß kann der Herzbeutel bis zu etwa 1 Liter Flüssigkeit aufnehmen) befindet, so daß sich die Serosablätter berühren und gegeneinander gleiten können. Die subseröse Schicht (*Tela subepicardialis* und *Tela subpericardialis*) ist stark capillarisiert. Von hier aus wird durch das *Mesothel*↗ hindurch die seröse Flüssigkeit abgesondert.

Dem perietalen Blatt des *Pericardium serosum* liegt außen, verbunden durch eine zarte *Tela subpericardialis*, eine kräftige bindegewebige Schicht (*Pericardium fibrosum*) auf (Abb. **8**–33). Das Pericardium fibrosum und die *Lamina parietalis der Pericardium serosum* bilden gemeinsam den **Herzbeutel** („*Pericard*") im engeren Sinn.

Der Herzbeutel ist mit dem *Zwerchfell* (im Bereich des Centrum tendineum, ↗Bd. 1) fest verwachsen. Die Vorderfläche des Herzbeutels steht durch das Bindegewebe des Vorderen Mediastinum↗ mit der *Thoraxwand* in Verbindung. Seitlich bildet der Herzbeutel ge-

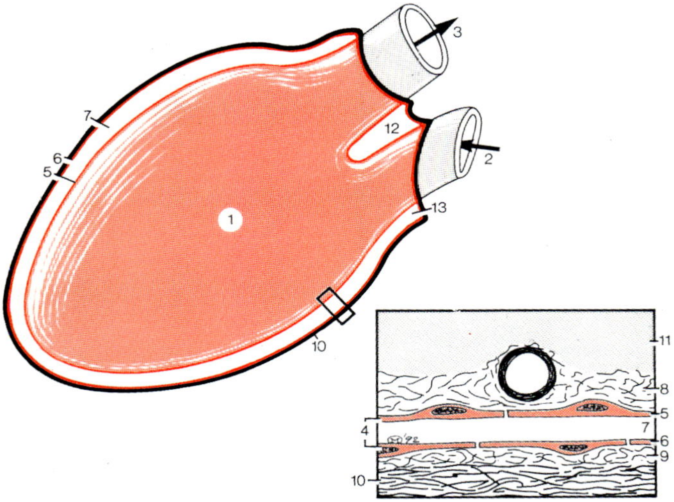

Abb. **8**–33: **Herzbeutel** (Schema).
Teilbild: Mikroskopische Anatomie
Rot: Pericardium serosum

1 Herz
2 Venöse Einstrombahn (Vv. cavae und Vv. pulmonales zusammengefaßt)
3 Arterielle Ausstrombahn (Aorta und Truncus pulmonalis zusammengefaßt)
4 Pericardium serosum
5 -Lamina visceralis (Epicardium)
6 -Lamina parietalis
7 Cavitas pericardialis
8 Tela subepicardialis mit einem Kranzarterienast
9 Tela subpericardialis
10 Pericardium fibrosum
11 Myocardium
12 Sinus transversus pericardii
13 Sinus obliquus pericardii

meinsam mit der Pleura mediastinalis↗ das *Septum pleurapericardiale*. Nach dorsal grenzt der Herzbeutel an das Bindegewebe des *Hinteren Mediastinum*↗ mit seinen Inhaltgebilden (z. B. Oesophagus).

Der Herzbeutel umschließt nicht nur das *Herz*, sondern auch die *herznahen Abschnitte der großen Gefäße* (Aorta, Truncus pulmonalis, V. cava superior); diese haben daher eine kurze *intrapericardiale Verlaufsstrecke* (Abb. **8**–11, 35).

Der Übergang des parietalen in das viscerale Blatt des Herzbeutels erfolgt in *zwei getrennten Umschlagslinien* (Abb. **8**–34, 35), deren eine die beiden Arterien (Aorta und Truncus pulmonalis), und deren

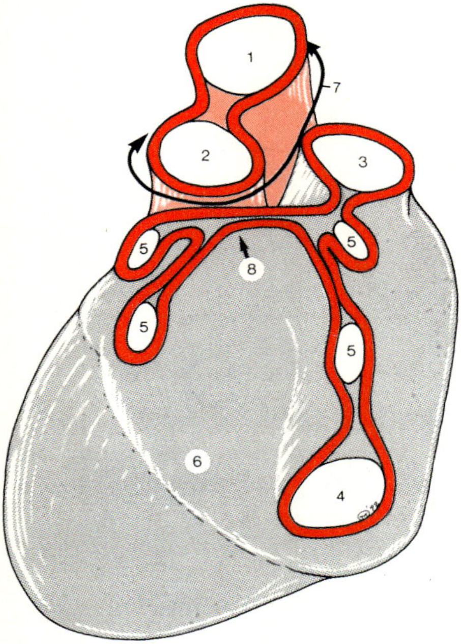

Abb. 8–34: **Umschlaglinien des Herzbeutels auf der Herzoberfläche** (d. h. des Epicard auf das Pericard). Herzkrone von dorsal.

Umschlaglinie um die arterielle Ausstrombahn (vgl. Abb. **8**–33)
1 Aorta
2 Truncus pulmonalis

Umschlaglinie um die venöse Einflußbahn (vgl. Abb. **8**–33)
3 V. cava superior
4 V. cava inferior
5 Vv. pulmonales

6 Epicard (zu beachten: Epicard auf den herznahen Abschnitten der großen Gefäße)
7 Pfeil im Sinus transversus pericardii (zwischen Arterien und Venen)
8 Pfeil im Sinus obliquus pericardii (unter dem „queren Herzgekröse")

andere sämtliche Venen (rechte und linke Lungenvenen, V. cava superior, V. cava inferior) umläuft. Bei eröffnetem Herzbeutel (entspr. Abb. **8**–11, 35) lassen sich die intrapericardialen Abschnitte von Aorta und Truncus pulmonalis entsprechend dem Doppelpfeil in Abb. **8**–34 umfassen. Hierbei wird der im Bereich der Herzohren

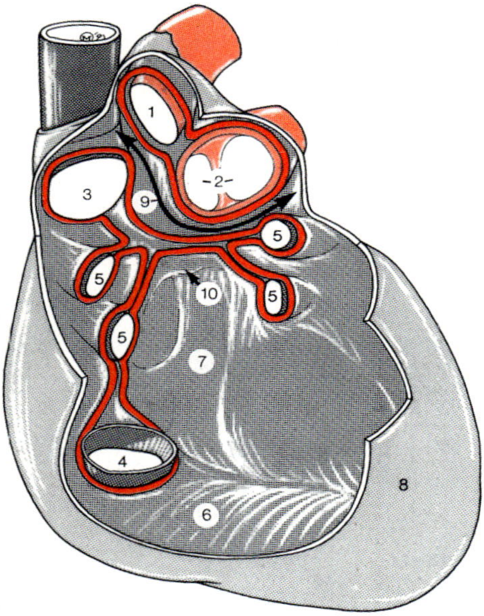

Abb. 8–35: **Umschlaglinien des Herzbeutels auf dessen Rückwand** (d. h. des Pericard auf das Epicard). Herzbeutel von ventral eröffnet und teilweise reseziert, Herz an den großen Gefäßen abgetrennt.

1 Aorta ascendens
2 Truncus pulmonalis mit Teilung in die Aa. pulmonales
3 V. cava superior
4 V. cava inferior
5 Vv. pulmonales
6 Pericardium serosum auf dem Zwerchfell
7 Pericardium serosum der Rückwand des Herzbeutels (im Projektionsfeld des Oesophagus)
8 Pericardium fibrosum
9 Sinus transversus pericardii
10 Sinus obliquus pericardii

zugängliche, als **Sinus transversus pericardii** bezeichnete Spaltraum des Herzbeutels benutzt (s. auch Abb. 8–11, 27). Diese Möglichkeit ist auch operationstechnisch (z. B. Entfernung eines auf dem Teilungssporn des Truncus pulmonalis (Abb. 8–16) reitenden Embolus bei der Lungenembolie) von Interesse. Als **Sinus obliquus pericardii** (Abb. 8–34, 35) wird die bei eröffnetem Herzbeutel – nach Anheben der Herzspitze – in Richtung nach rechts oben erreichbare Bucht unter dem sog. *Queren Herzgekröse* bezeichnet. Dieser Bereich des Herzbeutels ist von Bedeutung, da er beim liegenden Patienten der tiefsten Stelle des Herzbeutels entspricht und bei Herzbeutelergüssen hier eine wichtige Lagebeziehung zum HOLZKNECHTschen Raum ↗ und zum Oesophagus zustande kommt.

Leitungsbahnen des Herzens

Arterien
Aa. coronariae ↗ (← Aorta ascendens)

Venen
Vv. coronariae ↗ (→ *Sinus coronarius* → Atrium dextrum)

Regionäre Lymphknoten
Aus subendocardialen, myocardialen und subepicardialen Lymphgefäßnetzen → *Nll. tracheobronchiales* (Abb. **9**–17) und *Nll. mediastinales anteriores*.

Nerven
para.: *Rr. cardiaci* (← N. vagus) wirken hemmend auf die Herztätigkeit.
symp.: *Nn. cardiaci* (← Truncus sympathicus) wirken fördernd auf die Herztätigkeit.

Leitungsbahnen des Herzbeutels

Arterien
Rr. pericardiaci (← Aorta thoracica) ⇒ Ästen der *A. pericardiacophrenica* (← A. thoracica int. ← A. subclavia).

Venen
→ *Vv. brachiocephalicae* und → *V. azygos* (Abb. **8**–76).

Regionäre Lymphknoten
Nll. mediastinales post., Nll. mediastinales ant., Nll. parasternales.

Nerven
sens.: *N. phrenicus.*

8.3 Arterien und Venen des Kleinen Kreislaufs

Das *desoxygenierte Blut* des Rechten Ventrikels wird in der Systole durch dessen *Conus arteriosus* und das *Ostium trunci pulmonalis* ↗ in den **Truncus pulmonalis** gepumpt (Abb. **8**–10,16). Dieser ist die „Stammarterie" des Kleinen Kreislaufs (Abb. **8**–2); so wie die Aorta für den

Großen Kreislauf. Während der Diastole↗ ist der Truncus pulmonalis gegen den Rechten Ventrikel durch die *Pulmonalklappe*↗ abgeschlossen.

Der *Truncus pulmonalis* ist nur etwa *5 cm lang*, ehe er sich in die *A. pulmonalis dextra* und die *A. pulmonalis sinistra* aufteilt (Abb. **8**–16). Der Truncus liegt größtenteils *intrapericardial* (Abb. **8**–11) und ist dementsprechend vom Epicard↗ bedeckt. Die intrapericardiale Verlaufsstrecke grenzt (gemeinsam mit der Aorta ascendens) hinten an den *Sinus transversus pericardii* (Abb. **8**–11, 34). Bei eröffnetem Herzbeutel liegt das etwa 25 mm starke Gefäß unmittelbar *links neben der Aorta ascendens*, mit dorso-cranialem und leicht nach links gerichtetem Verlauf. Letzteres ist wichtig für die Ableitung des Auskultationsortes für die Pulmonalklappe (S. 426).

Kurz nach dem Durchtritt des Truncus pulmonalis durch das Pericard erfolgt im Oberen Mediastinum↗ die *T-förmige Teilung* in die längere **A. pulmonalis dextra** und die kürzere und etwas schwächere (links nur 2 Lungenlappen!) **A. pulmonalis sinistra** (Abb. **8**–10, 16, 29). Die Teilungsstelle, **Bifurcatio trunci pulmonalis**, liegt dicht unter dem Aortenbogen und der Bifurcatio tracheae, im Niveau des 4. Brustwirbelkörpers.

Die beiden Lungenschlagadern verlaufen in der jeweiligen Lungenwurzel↗ zu den Lungenhili. Dabei verläuft die *Rechte Lungenarterie* hinter der Aorta ascendens und der V. cava sup., die *Linke Lungenarterie* vor der Aorta descendens, beide jeweils vor dem betreffenden Hauptbronchus.

Die **Aa. pulmonales** teilen sich in dem betreffenden Lungenhilus in (den Lungenlappen zugeordnete) **Segmentäste**: *Rr. lobi superioris*, *Rr. lobi inferioris* und rechts zusätzlich in *Rr. lobi medii*. Diese Segmentäste werden nach den betreffenden Lungensegmenten↗ benannt (z. B. im rechten Oberlappen *R. apicalis* für das Segmentum apicale, *R. anterior ascendens* und *R. anterior descendens* für das Segmentum anterius, *R. posterior ascendens* und *R. posterior descendens* für das Segmentum *posterius*). Jede *Segmentarterie* verläuft mit dem entsprechenden *Segmentbronchus* in der *Segmentachse* (intrasegmental, vgl. S. 218).

Von der Teilungsstelle des Truncus pulmonalis (oder von der linken Lungenarterie) spannt sich das **Lig. arteriosum** (Botalli[1]) zur Konkavität des Aortenbogens (Abb. **8**–16). Das Ligament ist der Rest des *Ductus arteriosus*

[1] Leonardo Botallo (16. Jh.), französischer Militärchirurg, Leibarzt der Könige Charles IX. und Henri III.

(BOTALLI), welcher im fetalen Kreislauf die Pulmonalis mit der Aorta zur Ausschaltung des noch nicht arbeitenden Lungenkreislaufs verband.

Das *oxygenierte Blut* fließt aus den Capillarnetzen der Alveolarwände über *intersegmental* (in den Bindegewebssepten zwischen benachbarten Lungensegmenten) verlaufende *Venenäste* in Richtung auf den jeweiligen Lungenhilus, um dort beiderseits eine **V. pulmonalis superior** und eine **V. pulmonalis inferior** zu bilden, die relativ zu den übrigen Hilusgebilden *vorn und unten* liegen.

Die insgesamt **vier Lungenvenen** verlaufen paarweise als Komponenten der Lungenwurzeln im Hinteren Mediastinum an die Rückwand des Herzbeutels und münden dann getrennt in den **Linken Vorhof** des Herzens (Abb. **8**–29, 34). Sie haben rechts nur eine minimale, links eine 1–2 cm lange *intrapericardiale Verlaufsstrecke*. Die Mündungsgebiete der beiden Lungenvenenpaare begrenzen gemeinsam mit dem Queren Herzgekröse↗ den *Sinus obliquus pericardii*↗. Die Lungenvenen sind *klappenlos*.

Die Blutgefäße des Kleinen Kreislaufs sind **Vasa publica**↗, d. h. sie dienen nicht der Versorgung des Lungengewebes selbst, sondern dem **Gasaustausch** in den Capillarnetzen der Alveolarwände (Abb. **3**–23) im Interesse des Gesamtorganismus. Die Eigenversorgung des Lungengewebes erfolgt durch den Großen Kreislauf: *Rr. bronchiales*↗ als **Vasa privata**↗.

MIKROSKOPISCHE ANATOMIE
Der *Truncus pulmonalis* und die *Aa. pulmonales* weisen den Wandbau von *Arterien des elastischen Typs*↗ auf und sind somit die Träger der *Windkesselfunktion*↗ im Kleinen Kreislauf.

Die *Vv. pulmonales* weisen in ihrer intrapericardialen Verlaufsstrecke einen Mantel von *Herzmuskelgewebe* auf.

8.4 Arterien des Großen Kreislaufs

8.4.1 Aorta

Die gesamte arterielle Versorgung des Großen Kreislaufs↗ mit oxygeniertem Blut entstammt der aus dem Linken Ventrikel entspringenden **Hauptkörperschlagader** (*Aorta*[1]). Dieses zentrale Versor-

---

[1] abgeleitet von *aeírein* (gr.) = emporheben; also die das Herz „emporhebende" Arterie.

gungsgefäß erstreckt sich vom Oberen Mediastinum bis zur unteren Lendenwirbelsäule (Abb. **8**–36). Die Aorta hat eine Länge von etwa 40 cm und einen Durchmesser von (altersabhängig) etwa 25–35 mm. Wegen ihres elastischen Wandbaues ist sie der wesentliche Träger der *Windkesselfunktion*↗ (Abb. **8**–23) im Bereich des Großen Kreislaufs: ihre Wand wird während der Ventrikelsystole gedehnt, da das „Abflußvolumen" kleiner als das „Schlagvolumen" des Linken Ventrikels ist. Während der Kammerdiastole drückt der Windkessel (bei geschlossener Aortenklappe) sein „Speichervolumen" (= Schlagvolumen minus Abflußvolumen) in die Abflußbahn und erhält so die peripherwärts gerichtete Blutbewegung aufrecht. Ein Stehenbleiben der Blutsäule während der Diastole wäre hämodynamisch außerordentlich ungünstig.

Die Aorta verläßt das Herz in cranialer Richtung (*Pars ascendens aortae*), beschreibt dann einen nach links-dorsal gerichteten Bogen *(Arcus aortae)*, um schließlich vor der Brust- und Lendenwirbelsäule caudalwärts zu verlaufen (*Pars descendens aortae*).

Die *Pars ascendens aortae* (**Aorta ascendens**, Aufsteigende Aorta) entspringt aus dem Linken Ventrikel (in Höhe des 3. ICR), diastolisch gegen diesen durch die *Aortenklappe* abgetrennt (Abb. **8**–18). Sie verläuft cranialwärts und leicht nach rechts (gegen den Sternalansatz der 2. rechten Rippe; wichtig im Hinblick auf den Auskultationsort↗ der Aortenklappe). Dabei liegt sie dorsal und etwas nach rechts vom *Truncus pulmonalis*, zwischen diesem einerseits und der *V. cava superior* sowie dem rechten Herzrohr andererseits (Abb. **8**–27).

Die 5–6 cm lange *Aorta ascendens* verläuft zur Gänze *intrapericardial* (Abb. **8**–11), wird deshalb, gemeinsam mit dem mit ihr verwachsenen Truncus pulmonalis, *vom Epicard bedeckt* und grenzt dorsal (ebenfalls wie der Truncus pulmonalis) an den *Sinus transversus pericardii*↗ (Abb. **8**–11, 34). Sie projiziert sich auf die craniale Hälfte des *Corpus sterni*, von diesem durch Pericard, Thymus und Pleura getrennt.

Die Aorta ascendens hat nur zwei Äste: die beiden *Aa. coronariae* (Kranzarterien) für die arterielle Versorgung des Herzens selbst (s. S. 418). Die Kranzarterien entspringen unmittelbar hinter der Valva aortae↗ im Bereich des *Bulbus aortae* (etwas erweiterter Anfangsteil der Aorta ascendens) und zwar die *A. coronaria sinistra* im *Sinus aortae* (VALSALVAE) der Valvula semilunaris sinistra, die *A. coronaria dextra* im *Sinus aortae* (VALSALVAE) der Valvula semilunaris dextra (Abb. **8**–19, 24).

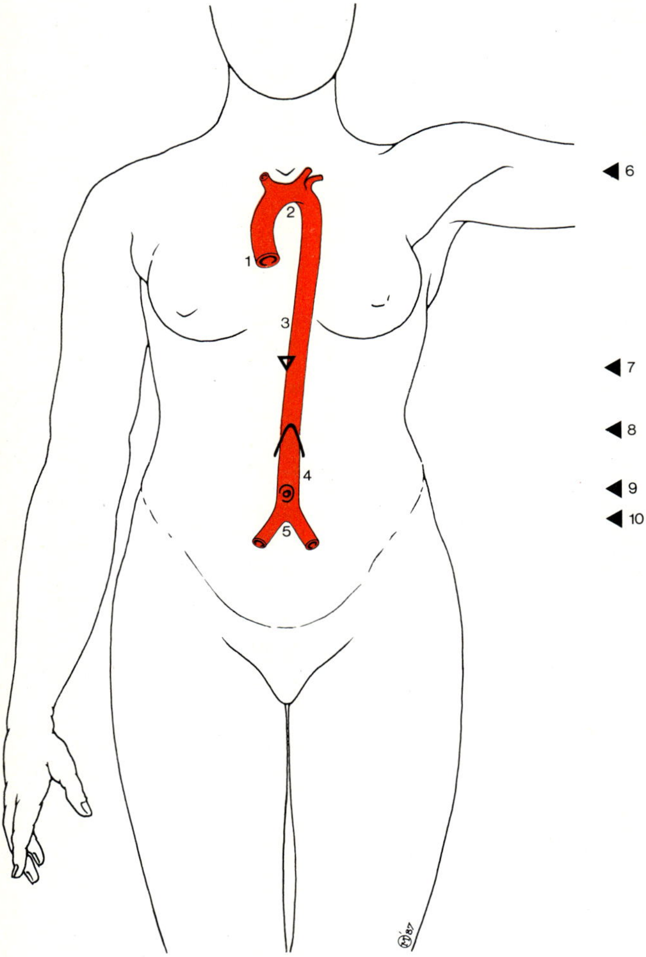

Abb. **8**–36: **Aorta.**
Teilbild a: Thoracaler Transversalschnitt in Höhe des 9. Brustwirbels (v. cranial)
Teilbild b: Abdominaler Transversalschnitt in Höhe des 3. Lendenwirbels (v. cranial)

1 Aorta ascendens
2 Arcus aortae
3+4 Aorta descendens
3 Aorta thoracica

Der nur ganz leicht gekrümmt, fast gerade verlaufenden *Pars ascendens aortae* folgt ein stark gekrümmter Gefäßabschnitt, der **Arcus aortae** (*Aortenbogen*; Abb. **8**–11, 16, 27, 36, 37). Der etwa 6 cm lange Aortenbogen beginnt am Durchtritt der Aorta durch den *Herzbeutel* (hinter dem Sternalansatz der 2. rechten Rippe) und endet an der linken Seite des *4. Brustwirbels* (hier Übergang in die Pars descendens aortae).

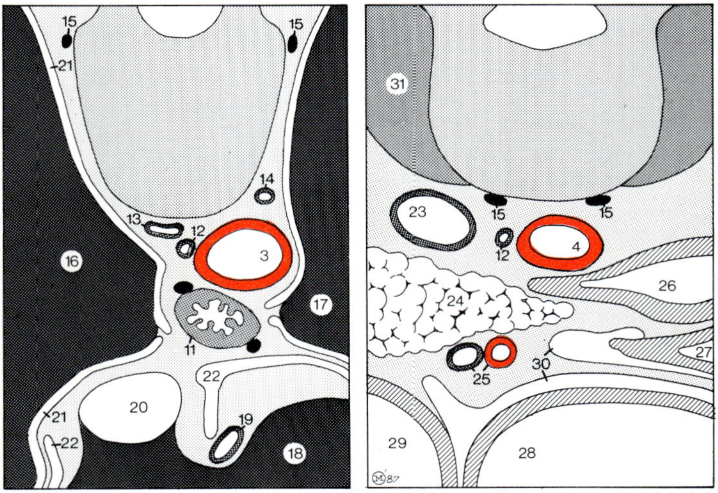

◁ 4 Aorta abdominalis
5 Bifurcatio aortae
6 Oberrand des Brustbeins: Th2
7 Spitze des Schwerfortsatzes: Th10
8 Hiatus aorticus: L1
9 Nabel: L3/L4
10 Aortengabel: Unterrand L4
11 Oesophagus (m. Trunci vagales)
12 Duct. thoracicus
13 V. azygos
14 V. hemiazygos
15 Grenzstrang
16 Rechte Lunge
17 Linke Lunge
18 Herz
19 Sinus coronarius
20 Ostium v. cavae inf.
21 Cavitas pleuralis
22 Cavitas pericardialis
23 V. cava inf.
24 Pancreas
25 A. u. V. mesenterica sup.
26 Duodenum
27 Jejunum
28 Magen
29 Colon transversum
30 Cavitas peritonealis
31 M. psoas major

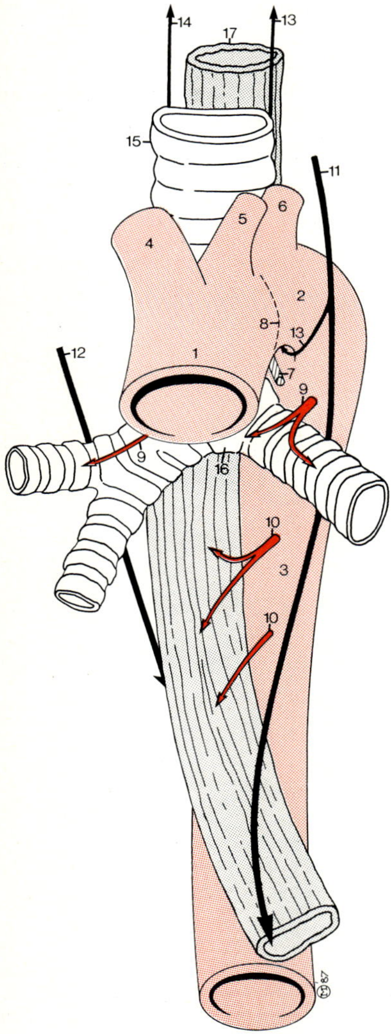

Abb. 8–37: **Topographische Beziehungen des Aortenbogens** (Truncus pulmonalis entfernt).

1 Aorta ascendens
2 Arcus aortae
3 Aorta descendens
4 Truncus brachiocephalicus

Der Aortenbogen verläuft weder frontal noch sagittal, sondern *schräg nach links-hinten*. Er projiziert sich auf das *Manubrium sterni* (↗Bd. 1) und erreicht mit seinem Scheitel im Kindesalter und bei arteriosklerotischen Gefäßveränderungen sogar die Ebene der Oberen Thoraxapertur (↗Bd. 1).

Durch seinen Verlauf im *Oberen Mediastinum*↗ geht der Aortenbogen wichtige **topographische Beziehungen** ein; er
- kreuzt den linken Umfang der unteren *Trachea* (Abb. **8**–37);
- „reitet" auf dem *linken Hauptbronchus* (Abb. **8**–37);
- berührt in Höhe des 3. Brustwirbels den linken Umfang des *Ösophagus* und erzeugt an diesem die *Aortenenge*↗;
- wird vom *linken N. vagus* (↗Bd. 3) überkreuzt (Abb. **8**–37);
- wird am *Lig. arteriosum*↗ vom *linken N. laryngeus recurrens* (↗Bd. 3) umlaufen (Abb. **8**–37; wichtig wegen „Recurrenslähmung" bei Aortenaneurysma).
- Unter dem Aortenbogen, nahe dem Lig. arteriosum, befindet sich das *Glomus aorticum*, ein *Chemorezeptorenfeld*, das – ähnlich wie das *Glomus caroticum*↗ – der Atemregulation dient.

Aus der Konvexität des Arcus aortae entspringen, zur Versorgung von Kopf, Hals und Oberer Extremität, asymmetrisch hintereinander gestaffelt **3 große Arterienstämme** (Abb. **8**–27), um nach cranial zu verlaufen:
- für den *rechten oberen Körperquadranten* (1) der *Truncus brachiocephalicus*,
- für den *linken oberen Körperquadranten* (2) die *A. carotis communis sinistra* und (3) die *A. subclavcia sinistra*.

Diese im Oberen Mediastinum verlaufenden Arterien werden von links-oben nach rechts-unten *von der V. brachiocephalica sinistra überkreuzt* (Abb. **8**–73).

Der Abschnitt des Aortenbogens zwischen dem Abgang der A. subclavia sinistra und dem Ansatz des Lig. arteriosum↗ wird als **Isthmus**

◁ 5 A. carotis communis sinistra
6 A. subclavia sinistra
7 Lig. arteriosum
8 Isthmus aortae
9 Rr. bronchiales
10 Rr. oesophageales
11 N. vagus sinister
12 N. vagus dexter
13 N. laryngeus recurrens sinister
14 N. laryngeus recurrens dexter
15 Trachea
16 Bifurcatio tracheae
17 Oesophagus

aortae (Abb. **8**–37) bezeichnet; es handelt sich um eine Stelle, an der im fetalen Kreislauf der Blutstrom verlangsamt ist und an der sich die Fehlbildung einer *Aortenisthmus-Stenose* ausbilden kann.

In der Wand (Adventitia) des Aortenbogens befindet sich ein *Pressorezeptorenfeld*↗, das der Blutdruckregulation dient.

Varietäten des Arcus aortae und seiner Äste sind aus der Entwicklungsgeschichte abzuleiten. In 10% entspringt zwischen A. carotis communis sinistra und Truncus brachiocephalicus (oder aus letzterem) eine starke *A. thyroidea ima* (Unterste Schilddrüsenarterie), mit welcher man beim Luftröhrenschnitt rechnen muß, da sie vor der Trachea cranialwärts verläuft.

An den Aortenbogen schließt sich die *Pars descendens aortae* (**Aorta descendens**, Absteigende Aorta; Abb. **8**–36, 37) an. Diese etwa 30 cm lange, dicht an der Wirbelsäule verlaufende Aortenstrecke reicht vom *4. Brustwirbel* bis zum *4. Lendenwirbel* (dicht unter dem Nabelniveau). Dort teilt sie sich in der *Bifurcatio aortae* **(Aortengabel)** in die beiden *Aa. iliacae communes*↗.

Die *Aorta descendens* verläuft im Brust-, dann im Bauchbereich. Es wird daher die *Pars thoracica aortae* (*Aorta thoracica*, Brustaorta) von der *Pars abdominalis aortae* (*Aorta abdominalis*, Bauchaorta) unterschieden. Der Übergang zwischen diesen beiden Abschnitten erfolgt beim Durchtritt durch das Zwerchfell (↗Bd. 1) im *Hiatus aorticus* (Höhe des 12. Brustwirbelkörpers).

Die **Aorta thoracica** verläuft im *Hinteren Mediastinum*↗ und geht dort wichtige *topographische Beziehungen* ein (Abb. **8**–36, 37); sie

- folgt der *Wirbelsäule*, liegt dieser zunächst auf der linken Seite an, um allmählich auf die Vorderfläche zu gelangen;
- liegt zunächst links neben dem *Oesophagus*, um dann caudalwärts zwischen diesen und die Brustwirbelsäule zu gelangen (Abb. **8**–37);
- wird rechts vom *Ductus thoracicus* begleitet, durch diesen von der *V. azygos* getrennt (Abb. **8**–76);
- wird links von der *V. hemiazygos* bzw. der *V. hemiazygos accessoria* begleitet (Abb. **8**–76);
- tritt median vor dem 12. Brustwirbelkörper durch den *Hiatus aorticus* (Abb. **8**–77).

Die relativ kleinkalibrigen *Äste* der Brustaorta (s. S. 485) dienen der Versorgung des *Bronchialbaums* (Vasa privata↗ der Lungen), der *Brustwand* und der benachbarten *Brusteingeweide*.

Die **Aorta abdominalis** verläuft im *Retrositus*↗ und geht dort folgende wichtige *topographische Beziehungen* ein (Abb. **8**–36b); sie

- erreicht das Spatium retroperitoneale durch den *Hiatus aorticus* (vor dem 12. Brustwirbelkörper; Abb. **8**–77);
- verläuft median unmittelbar vor der *Lendenwirbelsäule* (Abb. **8**–36);
- teilt sich in der *Bifurcatio aortae* vor dem 4. Lendenwirbel (etwas unterhalb des Nabels) meistens etwas asymmetrisch in die beiden, einen Winkel von etwa 70° umschließenden *Aa. iliacae communes* (Abb. **8**–36);
- wird an ihrer rechten Seite von der *V. cava inferior* begleitet (Abb. **8**–36b, 77);
- wird in Höhe von L2 ventral von der *V. renalis sinistra* überkreuzt (Abb. **8**–77),
- liegt in Höhe von L1 auf der *Cisterna chyli*, von der aus der *Ductus thoracicus* zwischen Aorta und Wirbelsäule cranialwärts verläuft (Abb. **8**–84);
- wird in ihrem cranialsten Abschnitt von dem vegetativen *Plexus coeliacus* (mit den Ganglia coeliaca, ↗Bd. 3) umsponnen, der sich in den *Plexus aorticus abdominalis* und den *Plexus aorticus thoracicus* fortsetzt.

Die Bauchaorta hat zahlreiche z. T. großkalibrige *Äste* (s. S. 488). Über unpaare und paarige *Eingeweideäste* (viscerale Äste) versorgt sie sämtliche Baucheingeweide, über paarige Rumpfwandäste (parietale Äste) Teile der Bauchwand.

Die durch Teilung der Bauchaorta (*Bifurcatio aortae*, Abb. **8**–36, 55, 59) entstehenden beiden *Aa. iliacae communes*↗ versorgen einerseits (über die *Aa. iliacae externae*) Teile der Bauch- und Beckenwand sowie vor allem die Unteren Extremitäten (Abkömmlinge der Rumpfwand!), andererseits (über die *Aa. iliacae internae*) die Beckeneingeweide und den Damm.

8.4.2 Stromgebiet des Arcus aortae

8.4.2.1 Truncus brachiocephalicus (früher: *A. anonyma*[1])

Einen gemeinsamen *Arm-Kopfstamm* (Abb. **8**–37, 73) gibt es nur auf der rechten Körperseite. Dort bildet die nur 4 cm lange *astlose* Arterie eine gemeinsame Wurzel für die *A. carotis communis dextra* und die

[1] *anōnymos* (gr.) = unbenannt.

A. subclavia dextra, während diese letzteren Gefäße linksseitig unmittelbar aus dem Aortenbogen entspringen.

Der Truncus brachiocephalicus ist der *1. große Ast* des Aortenbogens und verläuft (im Bereich der Drosselgrube, ↗Bd. 1) *vor der Trachea schräg nach rechts aufwärts*. Die *Aufteilung* in die Fortsetzungsgefäße (s. u.) erfolgt *hinter dem rechten Sternoclaviculargelenk* (↗Bd. 1).

8.4.2.2 A. carotis communis

Die *Gemeinsame Kopfarterie* (Abb. 8–40) entspringt *rechtsseitig* aus dem Truncus brachiocephalicus (s. o.), *linksseitig* unmittelbar aus dem Arcus aortae (als dessen 2. Ast). Sie teilt sich nach *astlosem Verlauf* in die *A. carotis interna* und die *A. carotis externa* (s. u.).

Die *A. carotis communis* bildet beiderseits mit der *V. jugularis interna*↗ und dem *N. vagus* (↗Bd. 3) das **Gefäß-Nervenbündel des Halses** (Abb. 8–40): Arterie medial, Vene lateral und etwas oberflächlicher, Nerv dorsal zwischen den Gefäßen; *Nll. cervicales profundi*↗ liegen der Vene an. Das Gefäß-Nervenbündel wird von der bindegewebigen *Vagina carotica* (Abb. 8–40) umscheidet; bei dieser handelt es sich um eine verdichtete Schicht des sonst lockeren Halsbindegewebes.

Der Verlauf der A. carotis communis entspricht zunächst der **Regio sternocleidomastoidea** (↗Bd. 1). Die Arterie liegt jedoch, gemeinsam mit dem ganzen Gefäß-Nervenbündel, vom Sternocleidocleidomastoideus geschützt, in der Tiefe des Halsbindegewebsraumes, seitlich von Luft- und Speiseröhre.

Die Arterie kann in dieser Verlaufsstrecke bei Verblutungsgefahr gegen den weit vorspringenden Processus transversus des 6. Halswirbels (dessen Tuberculum anterius deshalb *Tuberculum caroticum* genannt wird), gepreßt werden. Allerdings ist dies eine unter Umständen für die Versorgung des Gehirns folgenreiche und deshalb problematische Maßnahme. In seltenen Fällen (1%) liegt die Carotidenteilung im Niveau des 6. Halswirbels. In einem solchen Fall würde ein Kompressionsversuch die Pressorezeptoren des Sinus caroticus (s. u.) erregen – mit unter Umständen tödlicher Folge.

Da die A. carotis communis senkrecht aufsteigt, erscheint sie schließlich in der Mitte des schräg nach hinten verlaufenden Sternocleido (↗Bd. 1), um dort in den unteren Winkel des **Trigonum caroticum** (Abb. 8–40, 41; ↗Bd. 1) einzutreten. Dort ist die Arterie (ebenso wie die übrigen Gebilde des Gefäß-Nervenbündels) nur noch von der *Lamina superficalis fasciae cervicalis* (↗Bd. 1) bedeckt.

Im unteren Drittel des Bindegewebsraumes des Trig. caroticum befindet sich (etwa auf Höhe des oberen Schildknorpelrandes) die Stelle der *Teilung der A. carotis communis* (**Bifurcatio carotidis**; Abb. **8**–40, 41) in die annähernd parallel cranialwärts aufsteigenden *A carotis externa* und *A. carotis interna*. Die etwas weitere Carotis interna liegt zunächst mehr lateral, schiebt sich aber dann in der Regel medialwärts hinter die Carotis externa. Wichtigstes sicheres *Unterscheidungsmerkmal* ist, daß die *Carotis interna astlos* ist, die *Carotis externa* dagegen ihre *typische Astfolge* im Trigonum caroticum aufweist (↗S. 448).

Die Teilungsstelle der A. carotis communis (ausnahmsweise der Anfang der Carotis int.) ist etwas erweitert zum **Sinus caroticus**, in dessen Wand sich ein *Pressorezeptorenfeld* für die sog. *Blutdruckzügler* (vgl. S. 394) befindet.

Im Bindegewebe des Teilungswinkels liegt ein linsenförmiges, einige Millimeter großes, als **Glomus caroticum** bezeichnetes *Paraganglion* (↗Bd. 3): ein *Chemorezeptorenfeld*, dessen adäquate Reize sinkender pO_2, steigender pCO_2 und abnehmender pH des arteriellen Blutes sind. Die catecholaminhaltigen („chromaffinen“) Rezeptorzellen sind synaptisch über den *N. glossopharyngeus* mit dem Kreislauf- und Atemzentrum verbunden (vgl. Glomus aorticum↗).

8.4.2.3 A. carotis interna

Die *Innere Kopfarterie* (Abb. **8**–38, 40) ist das *hintere Gefäß* der Carotidengabel und an der *Astlosigkeit* der Verlaufsstrecke am Hals leicht zu identifizieren (s. o.).

Ihr **Versorgungsgebiet** ist in erster Linie das *Gehirn* (⇒ A. vertebralis↗) und das *Auge*, daneben die Hypophyse, Teile der Nebenhöhlen und der größte Teil der Stirnhaut (vgl. S. 444). Wegen ihrer unersetzbaren Rolle bei der *Sauerstoffversorgung des Gehirns* bleibt die Unterbrechung *einer* A. carotis interna (oder A. carotis communis) nur ausnahmsweise ohne schwerwiegende Folgen.

Im nasalen Bereich des Orbitarandes steht das Stromgebiet der Carotis interna mit dem der Carotis externa in Verbindung (vgl. S. 451).

Im Verlauf der *A. carotis interna* werden, entsprechend den verschiedenen **topographischen Gegebenheiten**, folgende *vier Abschnitte* unterschieden (Abb. **8**–38):

Die astlose **Pars cervicalis** (Halsteil) ist der längste Abschnitt und reicht von der Carotidenteilung (s. o.) bis zum Eintritt in die Schädel-

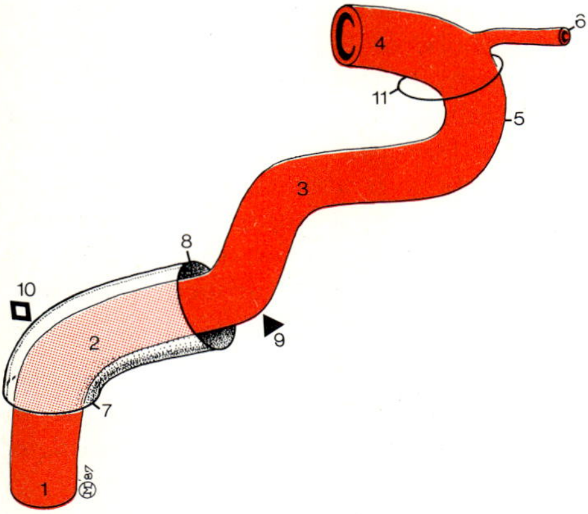

Abb. **8**–38: **Rechte A. carotis interna** (v. lateral, Schema).
1 Pars cervicalis
2 Pars petrosa
3 Pars cavernosa
4 Pars cerebralis
5 Carotissiphon
6 A. ophthalmica
7 Eingang des Canalis caroticus
8 Ausgang des Canalis caroticus
9 Lage des For. lacerum
10 Lagebeziehung zur Cavitas tympanica (↗ Bd. 3)
11 Durchtrittsöffnung der Dura

basis. Die Arterie verläuft im *Spatium lateropharyngeum* ↗ (Abb. **2**–29) und kommt dabei in relativ große Nähe zur *Tonsilla palatina* (vgl. S. 86). Im oberen Abschnitt der Pars cervicalis wird die Carotis interna durch die *Mm. styloglossus* und *stylopharyngeus* (vgl. „Stylomuskeln" ↗) von der weiter lateral verlaufenden A. carotis externa getrennt.

Die A. carotis interna wird von der *V. jugularis interna* und dem *N. vagus* begleitet (Abb. **8**–38); das ursprünglich mit der Carotis communis gebildete *Gefäßnervenbündel des Halses* (vgl. S. 440) setzt sich somit cranialwärts unter Beteiligung nunmehr der Carotis interna im Spatium lateropharyngeum fort.

Als **Pars petrosa** (Felsenbeinteil) wird die sich an den Halsteil anschließende, etwa 3 cm lange, Verlaufsstrecke im *Canalis caroticus* (Abb. **8**–38) bezeichnet. Dieser Kanal verläuft innerhalb der *Pars petrosa* des Schläfenbeins (↗ Bd. 1); daher rührt die Bezeichnung des Gefäßabschnitts.

Entsprechend dem Kanalverlauf steigt die Arterie zunächst senkrecht auf, bildet dann in der Vorderwand der Paukenhöhle (*Paries caroticus*, ↗Bd. 3) ein nahezu rechtwinkliges Knie, um schließlich nach vorn-medial gegen den Keilbeinkörper zu ziehen. Im Bereich der inneren Öffnung des Carotiskanals ist die Arterie hirnwärts meistens nur von *Dura* (↗Bd. 3) bedeckt, während sie basal dem Faserknorpel des *Foramen lacerum* (↗Bd. 1) aufliegt (Abb. **8**–38).

Die Arterie hat ein wesentlich kleineres Kaliber als der 5 mm weite Carotiskanal. Der verbleibende periarterielle Raum wird von dem *Plexus venosus caroticus internus* eingenommen, der den in der Mittleren Schädelgrube gelegenen *Sinus cavernosus* (s. u.) mit dem in der *Fossa infratemporalis* (↗Bd. 1) befindlichen venösen *Plexus pterygoideus* ↗ verbindet (wichtige Verbindung wegen der Möglichkeit retrograder Infektionsausbreitung in den Hirnhautbereich).

In der *Pars petrosa* gehen aus der A. carotis interna lediglich relativ unbedeutende Ästchen hervor:

- *Aa. caroticotympanicae* erreichen durch den Paries caroticus der *Cavitas tympanica* (↗Bd. 3) deren Schleimhaut, die überwiegend allerdings durch die *Aa. tympanicae* ↗ aus dem Stromgebiet der A. carotis externa versorgt wird.
- Die *A. canalis pterygoidei* begleitet den *N. canalis pterygoidei* (↗Bd. 3) in den *Canalis pterygoideus* (↗Bd. 1). Die Arterie nimmt den gleichen Verlauf wie die aus dem sympathischen *Plexus caroticus internus* stammenden sympathischen Anteile des *N. canalis pterygoidei.*

An die Pars petrosa schließt sich die **Pars cavernosa** (Schwammwerkteil; Abb. **8**–38) als erster intracranieller Abschnitt der A. carotis interna an. Die Bezeichnung orientiert sich am *Sinus cavernosus* (↗Bd. 3), durch den hindurch sie von hinten nach vorn, lateral vom *N. abducens* (↗Bd. 3) begleitet, verläuft. Da der Inhalt des Sinus cavernosus (im Gegensatz zu den übrigen Durasinus, ↗Bd. 3) ein Venengeflecht ist, ist hier die Lagebeziehung der Arterie ganz ähnlich wie bereits im Carotiskanal (s. o.).

Die *Pars cavernosa* der Carotis interna ist *S-förmig* gekrümmt: die Arterie tritt von hinten-unten in den Sinus ein, um ihn vorn-oben (unmittelbar hinter dem *Canalis opticus*, ↗Bd. 1) zu verlassen. Dabei wendet sie sich in einer Haarnadelkurve wieder nach hinten, so den röntgenologisch wichtigen „*Carotissiphon*" (mit nach rostral konvexem Siphonknie) bildend (Abb. **8**–38).

Neben kleinen Ästchen an die benachbarte Dura mater und an das Ganglion trigeminale (↗Bd. 3) entspringt aus der Pars cavernosa die *A. hypophysialis inferior* zur Versorgung des Hypophysenhinterlappens (↗Bd. 3).

Pars cerebralis (Gehirnteil; Abb. **8**–38). Die Carotis interna tritt als oberer und rückläufiger Schenkel des Carotissiphon (s. o.) neben dem *Processus clinoideus anterior* (↗Bd. 1) durch die *Dura mater* und gelangt damit in den *Subarachnoidealraum* (↗Bd. 3) an der Basis des Gehirns. Dieser Gefäßabschnitt wird deshalb als *Pars cerebralis* (Cerebrum = Großhirn) bezeichnet.

Unmittelbar nach dem Duradurchtritt entspringt aus der A. carotis interna die **A. ophthalmica** (Abb. **8**–38, 39). Die *Augenarterie* verläuft gemeinsam mit dem *N. opticus* (und unter diesem) nach vorn durch den *Canalis opticus* (↗Bd. 1) in die *Orbita*. Dort wendet sie sich von temporal über den N. opticus hinweg nach nasal-vorn. Neben den das *Sehorgan und seine Hilfseinrichtungen* versorgenden Ästen (*A. centralis retinae, A. lacrimalis, Aa. ciliares, Aa. musculares, Aa. conjunctivales, Aa. episclerales, Aa. palpebrales,* ↗Bd. 3) hat die A. ophthalmica folgende **extraorbitale Äste** (Abb. **8**–39):

- **A. supraorbitalis.** Die *Obere Augenhöhlenarterie* verläuft oberhalb des Orbitainhalts, also unter dem Orbitaldach, und gelangt durch die *Incisura supraorbitalis* bzw. ein *Foramen supraorbitale* (⇒ R. lateralis n. supraorbitalis; wichtiger Druckpunkt für den 1. Trigeminusast, ↗Bd. 3) zur benachbarten *Stirnhaut* und zum frontalen Bereich der *Kopfschwarte*.
- **A. supratrochlearis** (*Überrollenarterie*). Sie verläuft als der *eine Endast* der Ophthalmica nahe dem Paries medialis der Orbita über die *Trochlea* (↗Bd. 3) und gelangt durch die *Incisura frontalis* bzw. ein *Foramen frontale* (⇒ *R. medialis n. supraorbitalis,* ↗Bd. 3) zur benachbarten *Stirnhaut* und zum frontalen Bereich der *Kopfschwarte*.
  Die *arterielle Versorgung der Stirn* durch die *Aa. supratrochlearis* und *supraorbitalis* wird nach temporal durch den *R. frontalis a. temporalis superficialis* ↗ (← A. carotis externa) ergänzt.
- **A. dorsalis nasi** (*Nasenrückenarterie*). Die Ophthalmica selbst teilt sich unweit der Trochlea in die *A. supratrochlearis* (s. o.) und die *A. dorsalis nasi* (als den *anderen Endast*). Letztere durchbohrt das *Septum orbitale* (↗Bd. 3) sowie den *M. orbicularis oculi* (↗Bd. 1) und anastomosiert am nasalen Augenwinkel mit der *A. angularis* ↗ (← *A. facialis*). Versorgungsgebiet: *Nasenrücken*.
- **A. ethmoidalis posterior.** Die *Hintere Siebbeinarterie* verläuft nach nasal, durchbohrt (⇒ *N. ethmoidalis posterior*) den *Paries medialis* der Orbita (↗Bd. 1) im *Foramen ethmoidale posterius* und versorgt die Schleimhaut der *Hinteren Siebbeinzellen* ↗ und des hinteren Abschnitts der *Nasenhöhle*.
- **A. ethmoidalis anterior.** Die *Vordere Siebbeinarterie* gelangt (⇒ *N. ethmoidalis anterior*) durch das *Foramen ethmoidale anterius* zunächst in die *Vordere Schädelgrube* (↗Bd. 1; hier Abgabe des **R. meningeus anterior**) und dann erst durch die *Lamina cribrosa* (↗Bd. 1) zur *Nasenhöhle* **(Rr. septales. ant., Rr. nasales ant. lat.)**, *Stirnhöhle* und zu den *Vorderen Siebbeinzellen* ↗.

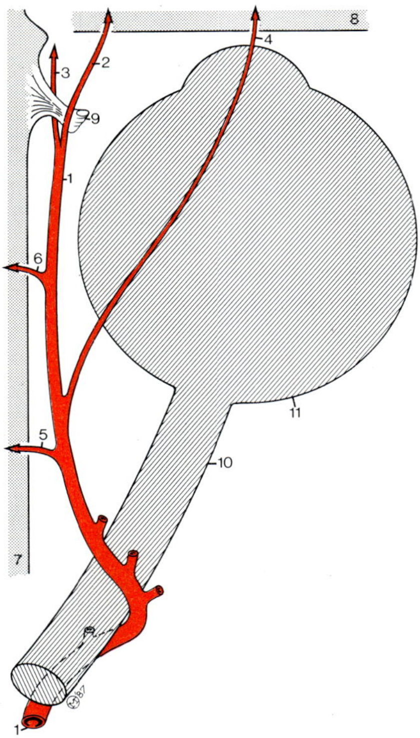

Abb. **8–39: A. ophthalmica – extraorbitale Versorgungsgebiete** (rechte Orbita, v. oben).

1 A. ophthalmica
2 A. supratrochlearis (durch Incisura frontalis)
3 A. dorsalis nasi
4 A. supraorbitalis (durch Incisura supraorbitalis)
5 A. ethmoidalis post. (durch For. ethmoidale post.)
6 A. ethmoidalis ant. (durch For. ethmoidale ant.)
7 Paries medialis orbitae
8 Margo supra-orbitalis
9 Trochlea
10 N. opticus
11 Bulbus oculi

Die rechte und die linke *A. carotis interna* bilden mit der *A. basilaris* ↗ im Subarachnoidealraum der Gehirnbasis den Arterienring des **Circulus arteriosus cerebri** zur Versorgung des Gehirns (Einzelheiten ↗Bd. 3).

8.4.2.4 A. carotis externa

Die *Äußere Kopfarterie* (Abb. **8**–40) ist der *vordere und oberflächlichere Ast* an der Teilungsstelle der Carotis communis (vgl. S. 441). Sie endet durch Aufteilung in ihre beiden **Endäste:** *A. temporalis superficialis* und *A. maxillaris*.

Die **Versorgungsgebiete** der Carotis externa sind der *Hals* (ergänzt durch Äste der A. subclavia↗) und der *Kopf* (ergänzt durch die

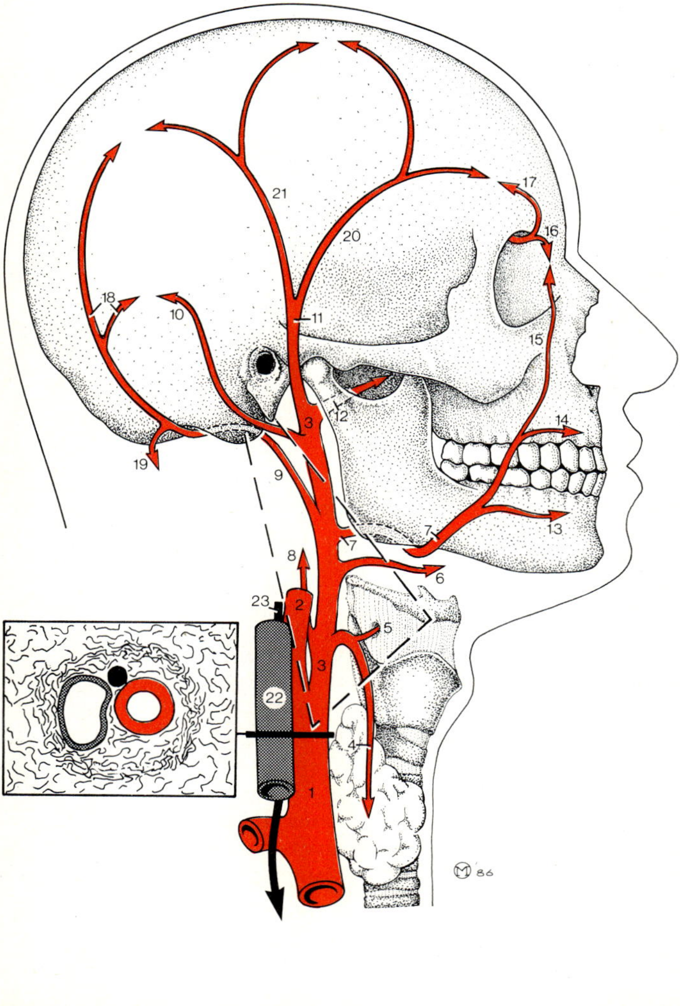

A. carotis interna, insbesondere ohne Gehirn und Auge). Ein ärztlich besonders wichtiges Gefäß ist die aus der A. maxillaris entspringende *A. meningea media* ↗ mit ihrem intracraniellen Versorgungsgebiet.

Der **Verlauf der Carotis externa** erfolgt im Bereich zweier Regionen: im *Trigonum caroticum* und in der *„Fossa retromandibularis"*.

Von der Carotidenteilung (vgl. S. 441) aus steigt die Carotis externa im Bindegewebsraum des **Trigonum caroticum** (Grenzen: Sternocleidomastoideus, Omohyoideus, Digastricus bzw. Stylohyoideus; ↗Bd. 1) bis zu dessen oberem Grenzmuskel (Hinterer Digastricusbauch) auf. Unter diesem tritt sie dann in die **„Fossa retromandibularis"** ↗ ein, in welcher auch die Aufteilung in die beiden Endäste (s. o.) erfolgt.

Für die Topographie der Verlaufsstrecke in der „Fossa retromandibularis" ist charakteristisch, daß die Carotis externa in einer mehr oder weniger tiefen Rinne der medialen Oberfläche der *Gl. parotidea* verläuft, ja gelegentlich fast ganz von Drüsengewebe umschlossen ist (vgl. S. 54). Die Carotis externa wird in dieser Verlaufsstrecke von der *V. retromandibularis* ↗ begleitet. Chirurgisch wichtig ist, daß quer zum Verlauf der Gefäße und oberflächlich zu diesen der *N. facialis* (↗Bd. 3) von hinten nach vorn in das Drüsenparenchym eintritt (vgl. S. 54).

◁ Abb. 8–40: **Stromgebiet der rechten A. carotis externa** (Lage des Trigonum caroticum gestrichelt markiert).
Teilbild: Querschnitt des Gefäßnervenbündels des Halses, umhüllt von der Vagina carotica

1 A. carotis communis
2 A. carotis interna
3 A. carotis externa
4 A. thyroidea superior
5 A. laryngea superior (Durchtritt durch die Membrana thyrohyoidea)
6 A. lingualis
7 A. facialis
8 A. pharyngea ascendens
9 A. occipitalis
10 A. auricularis posterior
11 A. temporalis superficialis
12 A. maxillaris
13 A. labialis inferior
14 A. labialis superior
15 A. angularis
16 A. dorsalis nasi
17 A. supratrochlearis
18 Rami occipitales (a. occipitalis)
19 Ramus descendens (a. occipitalis)
20 Ramus frontalis (a. temporalis superf.)
21 Ramus parietalis (a. temporalis superf.)
22 V. jugularis interna
23 N. vagus

Im **Trig. caroticum** weist die *A. carotis externa* eine **charakteristische Astfolge** (Abb. 8–40) auf, mit

- *3 vorderen Ästen* (von unten nach oben: *A. thyroidea superior, A. lingualis, A. facialis*) und
- *3 hinteren Ästen* (von unten nach oben: *A. pharyngea ascendens, A. occipitalis, A. auricularis posterior*).

Die Astfolge der Carotis externa hat eine bemerkenswerte *Lagebeziehung* zu zwei von hinten-oben nach vorn-unten verlaufenden *Nervenbögen*:

- der motorische *N. hypoglossus* („Arcus n. hypoglossi"; Abb. 8–41) *überquert* die Gefäße, um zur Zunge zu gelangen;
- der sensible *N. laryngeus superior* (↗Bd. 3) *unterquert* die Gefäße, um zur Durchtrittsstelle in der Membrana thyrohyoidea↗ zu gelangen.

(1) A. thyroidea superior (Abb. 8–41)
Die *Obere Schilddrüsenarterie* entspringt als *1. vorderer Ast* unmittelbar nach der Carotidenteilung. Sie wendet sich sofort nach medial-abwärts, um entlang der Seitenwand des Kehlkopfs den oberen Pol des betreffenden Schilddrüsenlappens (↗Bd. 3) zu erreichen.

Äste der A. thyroidea superior

- **A. laryngea superior** (*Obere Kehlkopfarterie*; Abb. 8–41), durchbohrt (⇒ *N. laryngeus superior*, s. o.) die *Membrana thyrohyoidea*↗ und verläuft dann abwärts unter der Schleimhaut des *Recessus piriformis*↗. Sie ist die *Hauptarterie des Kehlkopfs*, nur geringfügig ergänzt durch R. cricothyroideus (s. u.) und A. laryngea inferior↗.
- **R. cricothyroideus** (*Ring-Schildknorpelast*) anastomosiert mit dem Gefäß der Gegenseite zu einem kleinkalibrigen Arterienbogen vor dem *Lig. cricothyroideum*↗. Dieser Arterienbogen muß bei der *Coniotomie*↗ beachtet werden.
- **Rr. glandulares** (anteriore, posteriore, laterale *Drüsenäste*) für die *Schilddrüse* (↗Bd. 3).

Versorgungsgebiete der A. thyroidea superior

- *Schilddrüse* (durch Rr. glandulares, ⇒ A. thyroidea inferior↗);
- *Kehlkopf* (durch A. laryngea superior, ⇒ A. laryngea inferior ← A. thyroidea inferior↗);
- *M. sternocleidomastoideus* (mit R. sternocleidomastoideus, ⇒ Rr. sternocleidomastoidei ← A. occipitalis↗).

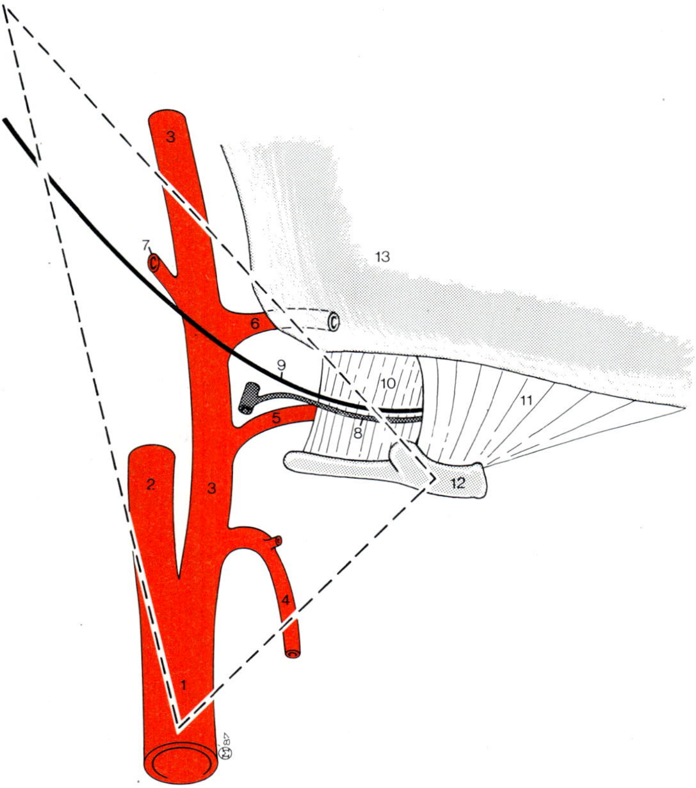

Abb. 8–41: **Rechtes Trigonum caroticum – Beziehung des N. hypoglossus zur Astfolge der A. carotis externa.**

1 A. carotis communis
2 A. carotis interna
3 A. carotis externa
4 A. thyroidea superior
5 A. lingualis
6 A. facialis
7 A. occipitalis
8 V. comitans n. hypoglossi
9 N. hypoglossus
10 M. hyoglossus
11 M. mylohyoideus
12 Zungenbein
13 Mandibula

(2) A. lingualis (Abb. 8–40, 41)

Die *Zungenarterie* entspringt als *2. vorderer Ast* in Höhe des Großen Zungenbeinhorns (gelegentlich als *Truncus linguofacialis* gemeinsam mit der A. facialis). Sie verläuft nach vorn und tritt unter den Mm.

stylohyoideus et digastricus in den Bereich des *Trig. submandibulare* ↗ ein. Noch im Trig. caroticum verschwindet sie jedoch am Hinterrand des *M. hyoglossus* ↗, um medial von diesem aufsteigend in die *Zunge* zu gelangen.

Im Bereich des M. hyoglossus entspricht dem tiefen Verlauf der *A. lingualis* (mit der V. lingualis medial vom Muskel) der oberflächliche Verlauf des *N. hypoglossus* (↗Bd. 3), der (mit der *V. comitans n. hypoglossi*) lateral vom Muskel bleibt (Abb. **8**–41). Diese Lagebeziehung kann zum sicheren Auffinden der A. lingualis zwecks *Unterbindung* im Trig. submandibulare ausgenutzt werden.

Äste der A. lingualis

- **Rr. dorsales linguae** (*Hintere Zungenäste*) vertikal aufsteigend zur Schleimhaut von *Zungengrund* und *Kehldeckel* sowie zur *Gaumenmandel.*
- **A. sublingualis** (*Unterzungenarterie*), verläuft in der *Regio sublingualis* ↗, oberhalb des Mundbodens ↗, nach vorn. Ihre Aufzweigungen erreichen die angrenzende Zungenmuskulatur, die Gl. sublingualis, die Schleimhaut der Regio sublingualis einschließlich der lingualen Gingiva ↗ sowie den Mundboden. Anastomose durch den M. mylohyoideus hindurch mit der A. submentalis ↗.
- **A. profunda linguae** (*Tiefe Zungenarterie*), verläuft (wegen der Zungenbewegungen) stark geschlängelt als *Hauptast* der A. lingualis, lateral vom M. genioglossus, zum Zungenrücken und zur Zungenspitze. Es gibt nur sehr *wenige Anastomosen* mit der Arterie der Gegenseite, was wichtig für das Ergebnis einseitiger Unterbindung der A. lingualis ist.

Versorgungsgebiete der A. lingualis

- *Zunge* (exklusive Versorgung von Muskulatur und Schleimhaut durch Rr. dorsales linguae, A. sublingualis, A. profunda linguae);
- *Schleimhaut der Mundhöhle* (Regio sublingualis: durch A. sublingualis);
- *Gingiva* (linguale des Unterkiefers: durch A. sublingualis ⇒ A. alveolaris inferior);
- *Tonsilla palatina* (durch Rr. dorsales linguae, jedoch nur untergeordneter Anteil gegenüber Hauptversorgung durch Äste der A. facialis);
- *Glandula sublingualis* (exklusive Versorgung durch A. sublingualis);
- *Mundboden* (durch A. sublingualis ⇒ A. submentalis ← A. facialis).

(3) A. facialis (Abb. 8–40)
Die *Gesichtsarterie* entspringt als *3. vorderer Ast* dicht oberhalb der A. lingualis (gelegentlich mittels eines mit dieser gemeinsamen *Truncus linguofacialis*) aus der Carotis externa.

In ihrem *Halsteil* verläuft die A. facialis nach vorn-aufwärts und tritt unter dem Mm. stylohyoideus und digastricus hindurch in den Bindegewebsraum des *Trig. submandibulare* ↗. Dort gelangt sie in medialwärts konvexem Bogen, von der Gl. submandibularis überlagert, bis in die *Nähe der Rachenwand* und dann, sich wieder lateralwärts wendend, an den *Unterkieferrand*, unmittelbar vor dem Ansatz des M. masseter (↗ Bd. 1).

Am *vorderen Masseterrand* liegt die A. facialis (vor der *V. facialis*) unmittelbar *auf dem Corpus mandibulae*. Dort ist der *Facialispuls* zu tasten; bei schweren Blutungen im Gesicht kann die Arterie an dieser Stelle *komprimiert* werden. Andererseits ist die Arterie in dieser exponierten Lage auch *gefährdet*.

In ihrem *Gesichtsteil* verläuft die A. facialis (vor der *V. facialis*) vom Unterkieferrand aus, unter der *Mimischen Muskulatur* (↗ Bd. 1) hinweg, schräg zur Seite der Nase und dann zum *nasalen Augenwinkel*. Dort anastomosiert sie als **A. angularis** mit einem Endast der *A. ophthalmica* ← A. carotis interna (vgl. S. 444). Im Gesicht bestehen weiter *ausgiebige Anastomosen* mit A. infraorbitalis (← A. maxillaris), A. transversa facialis (← A. temporalis superficialis) und R. mentalis (← A. alveolaris inferior ← A. maxillaris).

Äste der A. facialis

- **A. palatina ascendens** (*Aufsteigende Gaumenarterie*), entspringt im Trig. submandibulare aus der A. facialis, ehe diese die Gl. submandibularis erreicht und steigt dann an der *Seitenwand des Pharynx* (zwischen Mm. stylopharyngeus und styloglossus) aufwärts bis zur *Tuba auditiva*. Sie versorgt mit einem *R. tonsillaris* (der auch ein selbständiger Ast der A. facialis sein kann, s. u.) die *Tonsilla palatina* ↗.
- **R. tonsillaris** (*Mandelast*), der auch ein Ast der A. palatina ascendens sein kann (s. o.), ist das *wichtigste Gefäß der Tonsilla palatina* (nur unbedeutend ergänzt durch Rr. dorsales linguae ← A. lingualis und Rr. pharyngeales ← A. pharyngea ascendens).

Bei der häufig erforderlichen operativen Ausschälung der Gaumenmandel kann es zu bedrohlichen *Blutungen* kommen. In Notfällen ist eine *Unterbindung der A. carotis externa* (vor Abgang der A. facialis!) im Trig.

caroticum erforderlich, *nicht der A. facialis am Unterkiefer*, weil das blutende Gefäß bereits vorher entspringt.

- **A. submentalis** *(Unterkinnarterie)*, entspringt unmittelbar vor dem Abbiegen der A. facialis zum Gesicht. Sie verläuft, mit dem R. mylohyoideus (← A. alveolaris inferior) anastomosierend, innerhalb der *Bindegewebsloge des Trig. submandibulare* ↗, dem Mundboden ↗ an dessen Unterfläche aufliegend und teilweise von der Gl. submandibularis und Nll. submandibulares bedeckt, nach vorn zur Kinngegend; sie wird vom motorischen *N. mylohyoideus* (aus V/3, ↗ Bd. 3) begleitet. Am Kinn bestehen Anastomosen zur Gegenseite und mit dem R. mentalis (← A. alveolaris inferior).
- **Aa. labiales** (*Lippenarterien*, Abb. **8**–40), bilden in der Unterlippe *(A. labialis inferior)* und der Oberlippe *(A. labialis superior)* mit der Gegenseite je einen *Arterienbogen*, so daß insgesamt ein „Circulus arteriosus oris" um die Mundspalte existiert. Die Gefäße liegen tief, zwischen Mimischer Muskulatur (↗ Bd. 1) und Lippenschleimhaut.
- **A. angularis** (*Augenwinkelarterie*, Abb. **8**–40), Endast der A. facialis nach Abgang der A. labialis superior. Das Gefäß verläuft, teilweise von der Mimischen Muskulatur bedeckt, unmittelbar neben der Nase aufwärts zur *Nasenwurzel*; dort *anastomosiert* die A. angularis mit der A. dorsalis nasi (← A. ophthalmica ← *A. carotis interna*).

Versorgungsgebiete der A. facialis

- *Rachenwand* mit Gaumensegel und Tuba auditiva (durch A. palatina ascendens, ⇒ A. pharyngea ascendens und Aa. palatinae minores ← A. palatina descendens ← A. maxillaris;
- *Gaumenmandel* durch R. tonsillaris ← A. palatina ascendens ← A. facialis (oder direkt ← A. facialis), ⇒ Ästchen der Aa. palatinae minores, der Rr. dorsales linguae und der A. pharyngea ascendens;
- *Mundboden* (durch A. submentalis, ⇒ A. sublingualis ← A. lingualis);
- *Gl. submandibularis* und *Nll. submandibulares* (durch Rr. glandulares);
- *Gesichtsweichteile* (durch unbenannte Ästchen der A. facialis, A. angularis, Aa. labiales ⇒ A. mentalis (← A. alveolaris inferior), A. transversa facialis (← A. temporalis superficialis), A. infraorbitalis (← A. maxillaris).

(4) A. pharyngea ascendens (Abb. 8–40)

Die *Aufsteigende Rachenarterie* entspringt als *1. hinterer Ast* (vgl. S. 448) der Carotis 4 externa aus deren Anfangsteil. Sie steigt als langes dünnes Gefäß medial von der Carotis interna bzw. dem Gefäßnervenstrang (vgl. S. 442) an der *Seitenwand des Pharynx* aufwärts bis zur *Schädelbasis* zwischen Fossa jugularis und Canalis caroticus (↗Bd. 1).

Äste der A. pharyngea ascendens

- **Rr. pharyngeales** (*Rachenäste*), Hauptarterien der *Rachenwand.*
- **A. tympanica inferior** (*Untere Paukenhöhlenarterie*), durch den Canaliculus tympanicus zur Mittelohrschleimhaut.
- **A. meningea posterior** (*Hintere Hirnhautarterie*), durch das Foramen jugulare zur Dura der Hinteren Schädelgrube (↗Bd. 1).

Versorgungsgebiete der A. pharyngea ascendens

- *Rachenwand* (durch Rr. pharyngeales, ⇒ A. palatina ascendens ← A. facialis und Rr. pharyngeales ← A. thyroidea inferior;
- *Paukenhöhlenschleimhaut* (durch A. tympanica inferior, ⇒ den übrigen Aa. tympanicae↗);
- *Dura mater* (durch A. meningea posterior, ⇒ A. meningea media (← A. maxillaris) und R. meningeus anterior (← A. ethmoidalis anterior ← A. ophthalmica).

(5) A. occipitalis (Abb. 8–40)

Die *Hinterhauptsarterie* ist der *2. hintere Ast* der Carotis externa und entspringt etwa in Höhe des Abgangs der A. facialis. Sie verläuft medial vom hinteren Digastricusbauch, dann *medial vom Warzenfortsatz* und unter der Nackenmuskulatur zur Hinterhauptsregion (hier Anastomose mit einem Ast der A. auricularis posterior). Neben der *Ursprungssehne des M. trapezius* (↗Bd. 1) am Os occipitale wird die Arterie (gemeinsam mit dem sensiblen *N. occipitalis major*) oberflächlich und tritt in die *Kopfschwarte* (↗Bd. 1) ein.

Äste der A. occipitalis

- **Rr. occipitales** (*Hinterhauptsäste*). Nach dem Durchtritt des Arterienstammes durch das Ursprungsgebiet des Trapezius verzweigen sich die stark geschlängelten Äste in der *Kopfschwarte*, um von dort aus die *Haut der Regio occipitalis* zu versorgen. Wegen der arteriellen *Anastomosen* in der Kopfschwarte ↗A. temporalis superficialis.
- **R. descendens** (*Absteigender Ast*), versorgt, vom M. splenius (↗Bd. 1) bedeckt, die *Nackenmuskulatur*.

Versorgungsgebiete der A. occipitalis

- *Kopfschwarte* (durch Rr. occipitales; bezüglich der Anastomosen s. A. temporalis superficialis);

- *Cellulae mastoideae* (↗Bd. 1, 3) (durch R. mastoideus via Canalis mastoideus);
- *Ohrmuschel* (Hinterfläche: durch R. auricularis, ⇒ A. auricularis posterior, s. u.);
- *M. sternocleidomastoideus* (durch Rr. sternocleidomastodei, ⇒ R. sternocleidomastoideus ← A. thyroidea superior);
- *Nackenmuskulatur* (durch R. descendens, ⇒ Rr. musculares ← A. vertebralis und A. cervicalis profunda ← Truncus costocervicalis).

(6) A. auricularis posterior (Abb. 8–40)
Die *Hintere Ohrarterie* ist der *3. hintere Ast* der Carotis externa. Sie entspringt nicht mehr im Trig. caroticum, sondern bereits im Bereich der „Fossa retromandibularis“↗. Die kleine Arterie verläuft über den Digastricus und den Warzenfortsatz hinweg hinter die Ohrmuschel.

Äste der A. auricularis posterior
- **A. stylomastoidea** (*Griffel-Warzenfortsatzarterie*), tritt neben dem Nerven im *For. stylomastoideum* in den Canalis facialis (↗Bd. 1) ein, um den *N. facialis* zu versorgen.
- **A. tympanica posterior** (*Hintere Paukenhöhlenarterie*), ein Ast der A. stylomastoidea, gelangt mit der Chorda tympani (↗Bd. 3) durch den *Canaliculus chordae tympani* an die Schleimhautseite des Trommelfells, mit einem *R. mastoideus* an die Warzenfortsatzzellen und mit dem *R. stapedialis* an den *M. stapedius* (↗Bd. 3).
- **R. auricularis** (*Ohrmuschelast*), verzweigt sich an der Rückseite der Ohrmuschel, erreicht aber mit perforierenden Ästen auch deren Vorderfläche.
- **R. occipitalis** (*Hinterhauptsast*), verläuft über den Warzenfortsatz und anastomosiert hinter diesem mit der A. occipitalis.
- **R. parotideus** (*Ohrspeicheldrüsenast*), verzweigt sich in der Gl. parotidea.

Versorgungsgebiete der A. auricularis posterior
- *N. facialis* im Canalis facialis (durch A. stylomastoidea);
- *Paukenhöhlenschleimhaut* und *M. stapedius* (durch A. tympanica posterior, ⇒ den übrigen Aa. tympanicae↗);
- *Ohrmuschel* (Hinter- und Vorderfläche durch R. auricularis, ⇒ R. auricularis ← A. occipitalis);
- *Kopfhaut* über dem Warzenfortsatz und seiner Umgebung (durch R. occipitalis, ⇒ A. occipitalis);
- *Gl. parotidea* (durch R. parotideus, ⇒ R. parotideus ← A. temporalis superficialis).

Nach Abgabe der A. auricularis posterior teilt sich die Carotis externa in ihre beiden **Endäste** (Abb. 8–40): *A. temporalis superficialis* und *A. maxillaris*. Diese Verzweigung liegt oft noch im Bereich der Parotis.

(7) A. temporalis superficialis (Abb. 8–40)
Die *Oberflächliche Schläfenarterie* setzt (im Gegensatz zu der fast rechtwinklig abzweigenden A. maxillaris) die *Richtung der A. carotis externa* fort, ist jedoch, auch bezüglich des Kalibers, deren unbedeutenderer Endast.

In der *„Fossa retromandibularis"* ↗ ist die A. temporalis superficialis noch in gleicher Weise wie die Carotis externa (vgl. S. 447) *vom Drüsengewebe der Parotis umschlossen*; sie wird erst am Oberrand der Drüse oberflächlich. Unmittelbar vor dem Ohr (zwischen Unterkieferkopf und Äußerem Gehörgang) gelangt die Arterie über die Basis des *Jochbogens* hinweg (hier Pulsstelle!) in die *Regio temporalis* (↗Bd. 1).

In der *Regio temporalis* verläuft die Arterie (von der *V. temporalis superficialis* und dem *N. auriculotemporalis* – ↗Bd. 3 – begleitet) auf der *Fascia temporalis* und damit *in sehr oberflächlicher und exponierter Position*, um sich in der *Kopfschwarte* (↗Bd. 1) weiter aufzuzweigen.

Äste der A. temporalis superficialis

- **A. transversa facialis** (*Quere Gesichtsarterie*), entspringt innerhalb des Parotisgewebes, um *unterhalb des Jochbogens*, aber *oberhalb des Ductus parotideus* ↗, über den Ursprung des *M. masseter* hinweg nach vorn in das Gesicht zu ziehen. Dort anastomosiert sie mit Ästen der A. facialis. Von der **A. zytomatico-orbitalis** (*Joch-Augenhöhlenarterie*) bist sie leicht zu unterscheiden, weil diese *oberhalb des Jochbogens* nach vorn zum seitlichen Orbitalrand verläuft.
- **Rr. frontalis et parietalis** (*Stirn- und Scheiteläste*), verzweigen sich im Maschenwerk der *Kopfschwarte* zwischen Corium und Galea aponeurotica (↗Bd. 1) und bilden in dieser ein dichtes Arteriennetz mit vielfachen Anastomosen zu anderen Kopfschwartenarterien (s. u.).

Versorgungsgebiete der A. temporalis superficialis

- *Kopfschwarte* und *Kopfhaut* (durch Rr. frontalis et parietalis, ⇒ A. occipitalis, A. auricularis posterior, Aa. supraorbitalis et supratrochlearis ← A. ophthalmica, sowie den Arterien der Gegenseite).
- *Ohrspeicheldrüse* (durch R. parotideus);
- *Gesichtsweichteile* (durch A. transversa facialis und A. zygomatico-orbitalis, ⇒ A. facialis und A. infraorbitalis);
- *Ohrmuschel* und *Äußerer Gehörgang* (durch Rr. auriculares anteriores, ⇒ A. auricularis posterior);
- *M. temporalis* (durch A. temporalis media, ⇒ Aa. temporales profundae ← A. maxillaris).

(8) A. maxillaris (Abb. 8–40, 42)
Die *Kieferarterie* ist der größte und wichtigste der beiden Endäste der Carotis externa. Sie geht aus letzterer in der „Fossa retromandibularis“ ↗, anfangs noch *von Parotisgewebe umschlossen* (vgl. S. 447), hervor und wendet sich, fast *im rechten Winkel* zur Linie Carotis externa – Temporalis superficialis, nach vorn. Die Ursprungsstelle ist sehr *tief gelegen und schwer erreichbar*. Für Unterbindungen kommt die Arterie selbst deshalb kaum in Betracht; in Notfällen ist die Carotis externa in der „Fossa retromandibularis“ zu bevorzugen.

Die Maxillaris weist in ihrem Verlauf drei **topographisch** ganz unterschiedliche Gefäßstrecken auf:

In ihrem ersten Abschnitt, **„Pars mandibularis“**, ist die Arterie vom *Processus condylaris* der Mandibula bedeckt. Sie verläuft in dieser

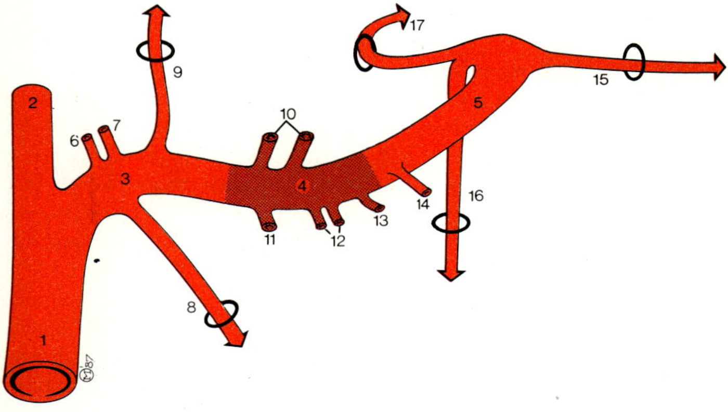

Abb. 8–42: **Astfolge der rechten A. maxillaris** (v. lateral, Schema).

1 A. carotis externa
2 A. temporalis superf.
3–5 A. maxillaris
– 3 „Pars mandibularis“
– 4 „Pars pterygoidea“
– 5 „Pars pterygopalatina“
6 A. auricularis prof.
7 A. tympanica ant.
8 A. alveolaris inf. (m. Eingang in den Canalis mandibulae)
9 A. meningea media (mit For. spinosum)
10 Aa. temporales prof.
11 A. masseterica
12 Rr. pterygoidei
13 A. buccalis
14 A. alveolaris sup. post.
15 A. infra-orbitalis (m. Fissura orbitalis inf.)
16 A. palatina descendens (m. Eingang in den Canalis palat. maj.)
17 A. sphenopalatina (m. For. sphenopalatinum)

Strecke *zwischen Collum mandibulae und Lig. sphenomandibulare* (↗Bd. 1).

Im anschließenden zweiten Abschnitt, **„Pars pterygoidea"**, verläuft die Maxillaris etwas geschlängelt (zum Ausgleich bei Kieferbewegungen) schräg aufwärts durch die *Fossa infratemporalis* (↗Bd. 1); sie liegt dabei im Bindegewebe lateral oder medial vom *M. pterygoideus lateralis* (↗Bd. 1).

In der Fossa infratemporalis ist die A. maxillaris von dem mächtigen Geflecht des venösen *Plexus pterygoideus*↗ umschlossen. Die Arterie kreuzt dort den Verlauf mehrerer größerer Nerven: *N. alveolaris inferior, N. lingualis, N. buccalis*

In ihrem dritten Abschnitt, **„Pars pterygopalatina"**, verzweigt sich die Maxillaris innerhalb der Flügelgaumengrube (*Fossa pterygopalatina*↗ Bd. 1), in der sich auch das parasympathische Ggl. pterygopalatinum befindet, der Aufzweigung des N. maxillaris (↗Bd. 3) entsprechend, in ihre *4 Endäste* (s. S. 458).

Äste der A. maxillaris

Während die Äste des zweiten Gefäßabschnitts unmittelbar an die benachbarten Muskeln gelangen, erreichen die Äste des ersten und des dritten Abschnitts ihre Versorgungsgebiete auf dem Weg durch *Knochenkanäle*.

„Pars mandibularis"

- **A. alveolaris inferior** (*Untere Zahnfacharterie*, Abb. **8**–42), tritt nach Abgabe eines *R. mylohyoideus* (für den gleichnamigen Muskel; Verlauf mit dem N. mylohyoideus unterhalb des Mundbodens, Anastomose mit A. submentalis↗) durch das *Foramen mandibulae* in den *Canalis mandibulae* (↗Bd. 1). Ihr Endast verläßt den Kanal als **R. mentalis** durch das *Foramen mentale* (gemeinsam mit dem N. mentalis, wichtiger Druckpunkt für die neurologische Untersuchung des 3. Trigeminusastes), um die Kinngegend zu versorgen (dort Anastomosen mit Ästen der A. facialis).
  Im Mandibularkanal gibt die Arterie Äste für die Zähne *(Rr. dentales)* sowie für Periodontium und Gingiva (*Rr. peridentales*) ab.
- **A. meningea media** (*Mittlere Hirnhautarterie*, Abb. **8**–42), Hauptarterie der Dura mater (↗Bd. 3) und der Calvaria (↗Bd. 1). Sie verläuft zunächst *durch die Ursprungsschlinge des N. auriculotemporalis*, um dann (mit dem R. meningeus n. mandibularis) durch das *Foramen spinosum* in die *Mittlere Schädelgrube* (↗Bd. 1) zu gelangen. Ihre Hauptverzweigungen (↗Bd. 3) verlaufen in Knochenrinnen

zwischen Dura und Calvaria (bei Schädelfrakturen Quelle lebensbedrohender *epiduraler Blutungen* mit Hirndruck und Druckpuls). Als kleiner Ast der Meningea media gelangt die **A. tympanica superior** (begleitet vom N. petrosus minor, ↗Bd. 3) durch die Vorderwand der Felsenbeinpyramide in die Paukenhöhle.

- **A. auricularis profunda** (*Tiefe Ohrmuschelarterie*), zieht innerhalb des Parotisgewebes als dünnes Ästchen hinter dem Kiefergelenk aufwärts, gibt einen Zweig an das *Kiefergelenk* ab und gelangt dann durch den Knochen des Meatus acusticus externus (↗Bd. 3) zur Haut des *Gehörgangs* und zur Außenseite des *Trommelfells*.
- **A. tympanica anterior** (*Vordere Paukenhöhlenarterie*), gelangt mit der Chorda tympani (↗Bd. 3) durch die *Fissura petrotympanica* zur *Paukenhöhlenschleimhaut*.

„Pars pterygoidea"

Die aus diesem Abschnitt hervorgehenden *Kaumuskeläste* sind entsprechend der zu versorgenden großen Muskelmasse verhältnismäßig großkalibrige Gefäße.

- **A. masseterica** (*Masseterarterie*), verläuft mit dem N. massetericus durch die *Incisura mandibulae*, um sich unterflächig an den *M. masseter* zu verästeln.
- **Aa. temporales profundae posterior et anterior** (*Tiefe Schläfenarterien*), steigen mit den Nn. temporales profundi auf dem *„Planum temporale"* (Schädelseitenwand) aufwärts, um unterflächig in den *M. temporalis* einzudringen.
- **Rr. pterygoidei** (*Flügelmuskeläste*), an die unmittelbar benachbarten *Mm. pterygoidei lateralis et medialis* (gemeinsam mit den gleichnamigen Nerven).
- **A. buccalis** (*Wangenarterie*), gelangt mit dem N. buccalis auf die Außenfläche des *M. buccinator*. Mit *perforierenden Zweigen* wird die *Wangenschleimhaut* und die *vestibulare Gingiva* erreicht (s. S. 46).

„Pars pterygopalatina"

In der *Fossa pterygopalatina* (↗Bd. 1) teilt sich die A. maxillaris (ebenso wie der N. maxillaris – Bd. 3) nach Abgabe der kleinen *A. canalis pterygoidei* in ihre *4 Endäste*:

- **A. alveolaris superior posterior** (*Hintere Obere Zahnfacharterie*), dringt als hintere der Oberkieferarterien (mit den entsprechenden Ästen der Nn. alveolares superiores) durch die Wand des *Tuber maxillae* (↗Bd. 1), um die *Molaren des Oberkiefers*, die *vestibulare Gingiva* und die *Schleimhaut der Kieferhöhle* zu erreichen.
  Sie bildet mit den Aa. alveolares superiores anteriores (← A. infraorbitalis) eine *Arterienarkade*, aus der *Rr. dentales* und *Rr. peridentales* hervorgehen.
- **A. infraorbitalis** (*Unteraugenhöhlenarterie*), gelangt als *nach vorne*

gerichteter Endast im unteren Umfang der *Fissura orbitalis inferior* (↗Bd. 1) mit dem N. infraorbitalis in den *Canalis infraorbitalis*. Durch dessen äußere Öffnung, *Foramen infraorbitale*, gelangt die A. infraorbitalis (mit dem gleichnamigen Nerven; wichtiger Druckpunkt für die neurologische Prüfung des 2. Trigeminusastes) in das Gesicht, um dort mit der A. angularis und der A. transversa facialis zu anastomosieren.
Im Canalis infraorbitalis werden mehrere *Aa. alveolares superiores anteriores* abgegeben, die das Versorgungsgebiet der A. alveolaris superior posterior (s. o.) ergänzen.

- **A. palatina descendens** (*Absteigende Gaumenarterie*), gelangt als *nach unten gerichteter Endast* (mit dem N. palatinus major) in den *Canalis palatinus major*. In diesem teilt sich die A. palatina descendens in die **A. palatina major**, die (mit dem N. palatinus major) im *Foramen palatinum majus* (↗Bd. 1) an den *Harten Gaumen* gelangt, und die **Aa. palatinae minores**, die (mit Nn. palatini minores) durch *Canales palatini minores* und im Processus pyramidalis ossis palatini (↗Bd. 1) gelegene *Foramina palatini minores* an den *Weichen Gaumen*↗ und die *Tonsilla palatina* (Anastomosen mit A. palatina ascendens und R. tonsillaris↗) gelangen, sowie mit einem **R. pharyngeus** an die benachbarte Rachenwand.
- **A. sphenopalatina** (*Keilbeingaumenarterie*), gelangt als *nach medial gerichteter Endast* der Maxillaris (mit Rr. nasales des N. maxillaris) durch das *Foramen sphenopalatinum* in die *Nasenhöhle*.
  Durch **Aa. nasales posteriores laterales** wird die laterale Wand der Nasenhöhle mit den Muscheln und durch **Rr. septales posteriores** das Nasenseptum erreicht.

Versorgungsgebiete der A. maxillaris

„Pars mandibularis"

- *Äußerer Gehörgang* (knöcherner Teil mit Trommelfell) und *Kiefergelenk* (durch A. auricularis profunda);
- *Paukenhöhle* (durch A. tympanica anterior ⇒ den weiteren Aa. tympanicae↗);
- *Unterkiefer mit Zähnen* und *Zahnfleisch* (durch A. alveolaris inferior);
- *Dura mater* und *Calvaria* (durch A. meningea media als Hauptarterie, ⇒ R. meningeus anterior ← A. ethmoidalis anterior und A. meningea posterior ← A. pharyngea ascendens).

„Pars pterygoidea"

- *Kaumuskulatur*, *Wangenmuskel* und *Wangenschleimhaut* (durch

A. masseterica, Aa. temporales profundae, Rr. pterygoidei, A. buccalis, ⇒ A. temporalis media ← A. temporalis superficialis).

„Pars pterygopalatina"
- *Oberkiefer* mit *Zähnen* und *Zahnfleisch, Kieferhöhle* (durch A. alveolaris superior posterior und Aa. alveolares superiores anteriores);
- *Gaumenschleimhaut* und *palatinale Gingiva* (durch A. palatina major ← A. palatina descendens ← A. maxillaris, ⇒ einem durch den Canalis incisivus↗ verlaufenden Ast der Rr. septales posteriores ← A. sphenopalatina);
- *Gesichtsweichteile*, obere Hälfte (durch A. infraorbitalis, ⇒ A. angularis ← A. facialis und A. transversa facialis ← A. temporalis superficialis);
- *Nasenhöhle* (durch A. sphenopalatina, ⇒ A. ethmoidalis anterior);
- *Tuba auditiva* und *Epipharynx* (durch A. canalis pterygoidei und deren R. pharyngeus, letzterer ⇒ A. pharyngea ascendens).

Zusammenfassung der wesentlichen Versorgungsgebiete der A. maxillaris:
- Ober- und Unterkiefer (mit Zähnen),
- Kaumuskulatur,
- Gaumen,
- Harte Hirnhaut,
- Gehörorgan,
- Nasenhöhle.

8.4.2.5 A. subclavia

Die nur knapp 5 cm lange *Unterschlüsselbeinarterie* (Abb. **8**–43, 44) entspringt *rechtsseitig* aus dem Truncus brachiocephalicus↗, *linksseitig* unmittelbar aus dem Arcus aortae↗ als dessen 3. Ast. Sie bildet den Anfangsabschnitt der *Arterienachse der Oberen Extremität* (Abb. **8**–47) und setzt sich als A. axillaris (und diese wieder als A. brachialis) fort.

Die A. subclavia reicht bis zum *lateralen Rand der 1. Rippe*, wo sie in die A. axillaris übergeht (Abb. **8**–43). Auf die Oberfläche des Halses bezogen entspricht die Lage der Subclavia in etwa dem *Trigonum omoclaviculare* (*Fossa supraclavicularis major*) mit der Begrenzung M. omohyoideus – Clavicula – M. sternocleidomastoideus. Das Gefäß liegt dort sehr tief, auf dem Boden des Bindegewebsraumes des *Lateralen Halsdreiecks* (↗Bd. 1).

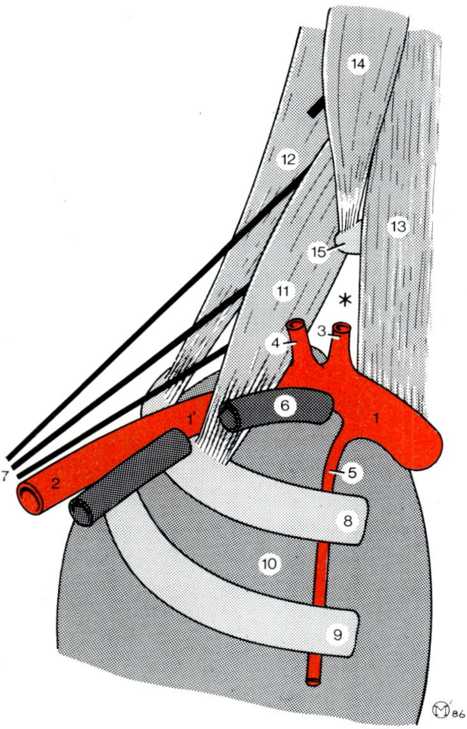

Abb. 8–43: **Durchtritt der rechten A. subclavia durch die Scalenuslücke.**

1 A. subclavia
1′ A. subclavia in der Scalenuslücke
2 A. axillaris
3 A. vertebralis
4 Truncus thyrocervicalis (vor der Pleurakuppel)
5 A. thoracica interna
6 V. subclavia (vor dem Ansatz des M. scalenus anterior reseziert)
7 Plexus brachialis
8 1. Rippe (hinter dem Ansatz des M. scalenus medius reseziert)
9 2. Rippe
10 Pleura costalis
11 M. scalenus anterior
12 M. scalenus medius
13 M. longus colli (Ursprung der A. carotis communis unberücksichtigt)
14 M. longus capitis
15 Tuberculum caroticum (Vertebrae cervicalis VI)
* Trigonum scalenovertebrale

Die **Versorgungsgebiete** der Subclavia sind zunächst einmal (unter Einbeziehung ihrer Fortsetzung A. axillaris – A. brachialis) die verschiedenen Abschnitte der *Oberen Extremität*, einschließlich des Schultergürtels. Mit eigenen Ästen beteiligt sich die Subclavia an der Versorgung des *Schultergürtels*, der *Brustwand*, des *Halses* sowie des *Gehirns*. An Hals und Kopf ergänzt sie die Versorgungsgebiete der Carotis externa (vgl. S. 446).

Am **Verlauf der A. subclavia** können *drei Abschnitte* unterschieden werden (Abb. **8**–43): Der *1. Abschnitt* beschreibt einen nach cranial konvexen Bogen und reicht, im *Halsbindegewebe* verlaufend, vom rechts und links unterschiedlichen Ursprung bis zum Eintritt in die Scalenuslücke (↗Bd. 1).

Der *2. Abschnitt* entspricht dem Durchtritt durch die **Scalenuslücke** (M. scalenus anterior – M. scalenus medius – 1. Rippe).

Der *3. Abschnitt* reicht vom Austritt aus der Scalenuslücke bis zum lateralen Rand der 1. Rippe. *Auf der 1. Rippe* liegt die Arterie im *Sulcus arteriae subclaviae*.

An dieser Stelle ist (supraclaviculär!) der *Subclaviapuls* zu tasten, und hier kann die Arterie (Armversorgung!) notfalls komprimiert werden. Sie verläuft hier zwischen Rippe und Clavicula (mit M. subclavius), weswegen eine Kompression zur Blutstillung auch erreicht wird, wenn man den Arm (mit der Clavicula) energisch nach hinten-abwärts zieht.

Die **topographischen Beziehungen** der A. subclavia sind vielfältig. Die im *Bindegewebsraum des Oberen Mediastinum* nahe der *Oberen Thoraxapertur* (↗Bd. 1) entspringende A. subclavia verläuft rechts wie links über die *Pleurakuppel* hinweg (Abb. **8**–43) und erzeugt auf der Lungenspitze eine inkonstante Impression („Sulcus subclavius").

Die Subclavia wird im Brustabschnitt ventral vom *N. vagus* (rechts umschlingt der *N. laryngeus recurrens* die Arterie, ↗Bd. 3) gekreuzt. Die linke Subclavia wird vom *Ductus thoracicus*↗ kurz vor dessen Einmündung in den Venenwinkel↗ berührt.

In der schmalen *dreieckigen Lücke* zwischen der Wirbelsäule bzw. dem M. longus colli und dem M. scalenus anterior („Trigonum scalenovertebrale", Abb. **8**–43) entspringt die Mehrzahl der *Äste der Subclavia* (s. u.), die dabei von der *Lamina praevertebralis fasciae cervicalis* (Tiefe Halsfascie, ↗Bd. 1) bedeckt werden.

Durch die *Scalenuslücke* (auch als „Hintere Scalenuslücke" bezeichnet) gelangt die Subclavia in den *Bindegewebsraum des Lateralen Hals-*

dreiecks, der seinerseits kontinuierlich mit dem axillären Bindegewebsraum (s. A. axillaris) zusammenhängt.

In der Scalenuslücke schließt sich der Subclavia lateral, konvergierend von oben aus der Scalenusrinne kommend, der *Plexus brachialis* (↗Bd. 3) an. Der Plexus liegt somit *unmittelbar lateral der Pulsstelle* der Subclavia (s. o.; Abb. **8**–43) auf der 1. Rippe (wichtig für Leitungsanästhesie!).

Die die A. subclavia und den Plexus brachialis zum *Gefäßnervenstrang des Halses zur Oberen Extremität* ergänzende *V. subclavia*↗ verläuft nicht mit der Arterie durch die (hintere) Scalenuslücke, sondern vor dem Ansatz des M. scalenus anterior (zwischen diesem und der Clavicula) durch die sog. „Vordere Scalenuslücke" über die erste Rippe hinweg (Abb. **8**–43).

Für die **Astfolge der A. subclavia** ist charakteristisch, daß sämtliche Äste im 1. Abschnitt der Arterie entspringen. Die Variabilität ist dabei sehr ausgeprägt. Peripher vom Abgang ihrer Äste darf die Subclavia gefahrlos unterbunden werden, da regelmäßig ein Kollateralkreislauf mit Ästen der A. axillaris (vgl. S. 471) zustandekommt.

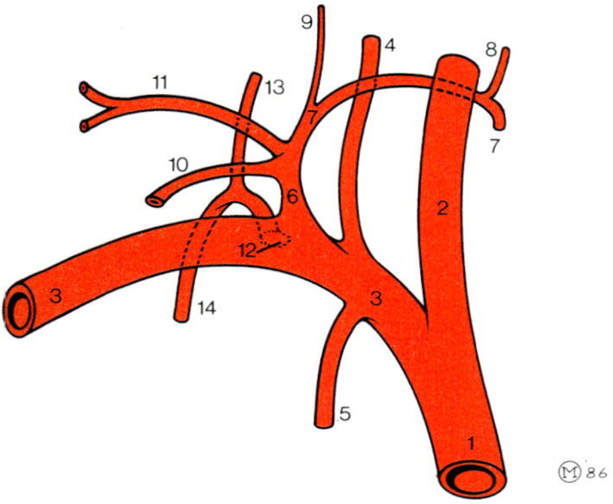

Abb. **8**–44: **Astfolge der rechten A. subclavia** (v. ventral, Schema).

1 Truncus brachiocephalicus
2 A. carotis communis
3 A. subclavia
4 A. vertebralis
5 A. thoracica interna
6 Truncus thyrocervicalis
7 A. thyroidea inferior
8 A. laryngea inferior
9 A. cervicalis ascendens
10 A. suprascapularis
11 A. transversa cervicis
12 Truncus costocervicalis
13 A. cervicalis profunda
14 A. intercostalis suprema

(1) A. vertebralis (Abb. 8–43, 44, 45)
Die *Wirbelarterie* entspringt als 1. Ast der Subclavia, um mit ihrer **Pars praevertebralis** nach hinten-oben durch die Furche des „*Trigonum scalenovertebrale*" (zwischen M. scalenus anterior und M. longus colli) zu verlaufen.

Die Arterie tritt dann in das *Foramen processus transversi des 6. Halswirbels* ein, um als **Pars transversaria** (mit der V. vertebralis) durch die Reihe der Querfortsatzlöcher bis zum 2. Halswirbel aufzusteigen. Unmittelbar hinter der Arterie liegen die aus den Zwischenwirbellöchern austretenden *Cervicalnerven* (Abb. 8–45) mit den zugehörigen *Spinalganglien*.

Als **Pars atlantica** verläuft die Vertebralis nach dem Austritt aus dem Querfortsatzloch des 2. Halswirbels *rechtwinklig abgeknickt* nach lateral, dann senkrecht aufsteigend durch das Querfortsatzloch des Atlas und schließlich im *Sulcus arteriae vertebralis* des Arcus posterior atlantis (↗Bd. 1) wieder nach medial.

Nach Durchdringung der *Membrana atlanto-occipitalis* (↗Bd. 1) gelangt die A. vertebralis hinter dem Atlantooccipitalgelenk als **Pars intracranialis** durch das *Foramen magnum* (↗Bd. 1) in das Schädelinnere und nach Durchsetzung der Dura in den *Subarachnoidealraum* (↗Bd. 3).

Auf dem *Clivus* (↗Bd. 1) und dicht hinter der Brücke (↗Bd. 3) vereinigen sich die beiden Aa. vertebrales zur **A. basilaris** (Abb. 8–45). Diese beteiligt sich, gemeinsam mit der rechten und linken A. carotis interna an der Bildung des **Circulus arteriosus cerebri** (↗Bd. 3). Die Aa. vertebrales haben damit große Bedeutung für die *Versorgung des Gehirns*.

Äste der A. vertebralis

- **Rr. spinales** (*Wirbelsäulenäste*, Abb. 8–45), treten mit den betreffenden Spinalnerven durch das jeweilige Foramen intervertebrale in den *Wirbelkanal* und an das *Rückenmark*.
- **Rr. musculares** (*Muskeläste*), treten an die benachbarte tiefe *Halsmuskulatur*.
- **Gehirnäste** und **A. labyrinthi** (↗Bd. 3).

Versorgungsgebiete der A. vertebralis

- *Prävertebrale Muskulatur* (durch Rr. musculares der Pars transversaria, ⇒ A. cervicalis ascendens ← A. thyroidea inferior);
- *Halsmark* (durch Rr. spinales der Pars transversaria, ⇒ Rr. spinales ← A. cervicalis ascendens ← A. thyroidea inferior);

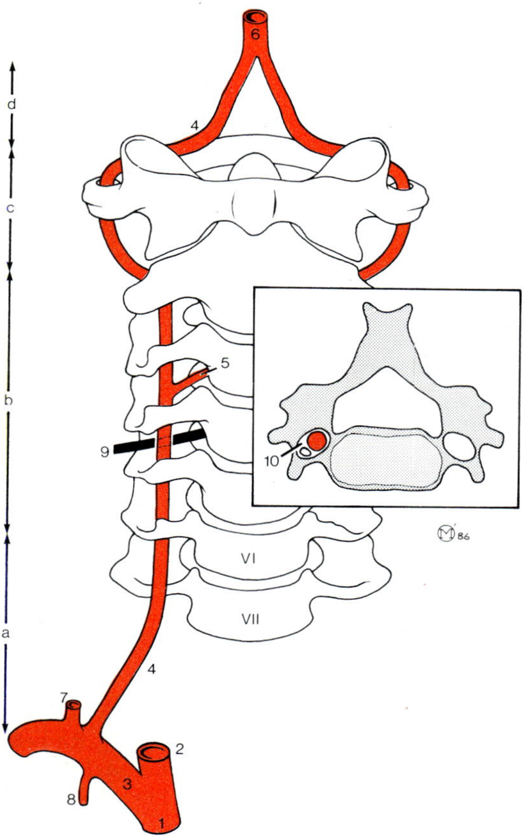

Abb. **8–45**: **Verlauf der A. vertebralis** (v. ventral).
Teilbild: IV. Halswirbel (v. cranial)

1 Truncus brachiocephalicus
2 A. carotis communis
3 A. subclavia
4 A. vertebralis
   a Pars praevertebralis
   b Pars transversaria
   c Pars atlantica
   d Pars intracranialis
5 R. spinalis im Foramen intervertebrale zwischen C4 und C3
6 A. basilaris
7 Truncus thyrocervicalis
8 A. thoracica interna
9 N. cervicalis (C5)
10 Foramen processus transversi mit A. u. V. vertebralis

– *Gehirn* (↗Bd. 3);
– *Labyrinth* (durch A. labyrinthi, ↗Bd. 3).

(2) A. thoracica interna (Abb. **8**–43, 44, 52)
Die *Innere Brustkorbarterie* (früher „A. mammaria interna" genannt) entspringt gegenüber der Vertebralis von der konkaven Seite des Subclaviabogens. Sie zieht auf der Vorderseite der *Pleurakuppel* (Abb. **8**–43) caudalwärts hinter das *Sternoclaviculargelenk* und wird dabei ventral vom *N. phrenicus* überkreuzt (↗Bd. 3). Anschließend verläuft sie *zwischen der Pleura costalis und den Rippenknorpeln* (Abb. **8**–43), fingerbreit neben dem Brustbein, weiter abwärts, von den meist paarigen *Vv. thoracicae internae* begleitet. Hinter dem *Rippenbogen* (7. Rippe) teilt sich die Thoracica interna dann in ihre beiden **Endäste**: *A. musculophrenica* und *A. epigastrica superior*.

Äste der A. thoracica interna

– **A. pericardiacophrenica** (*Herzbeutel-Zwerchfellarterie*), entspringt aus dem Anfangsteil der Thoracica interna und verläuft mit dem *N. phrenicus* im *„Septum pleuropericardiale"*↗ zur thoracalen Fläche des Zwerchfells, um *Herzbeutel* und *Zwerchfell* zu versorgen.
– **Rr. perforantes** (*Durchbohrende Äste*, Abb. **8**–52), gelangen parasternal durch den 1.–6. ICR zur *Haut* der vorderen Brustwand und mit *Rr. mammarii mediales* zur *Mamma*.
– **Rr. intercostales anteriores** (*Vordere Zwischenrippenäste*, Abb. **8**–52) anastomosieren im *Muskeltunnel* der Intercostalräume mit den stärkeren Aa. intercostales posteriores (vgl. S. 486).
– **A. musculophrenica** (*Zwerchfellmuskelarterie*), entsteht als der eine *Endast* der Thoracica interna hinter dem Rippenbogen (7. Rippenknorpel) und verläuft in der *Rinne zwischen der Brustwand und den costalen Zwerchfellursprüngen* nach lateral, um die *Zwerchfellmuskulatur* zu versorgen.
– **A. epigastrica superior** (*Obere Bauchwandarterie*), bildet als zweiter *Endast* der Thoracica interna deren direkte Fortsetzung. Sie gelangt durch die LARREY*sche Spalte* (zwischen sternalen und costalen Zwerchfellursprüngen, ↗Bd. 1) in den abdominalen Bereich, um innerhalb der *Rectusscheide* (↗Bd. 1) in Nabelhöhe mit der A. epigastrica inferior↗ zu *anastomosieren*.

Versorgungsgebiete der A. thoracica interna

– *Oberes Mediastinum* (durch Rr. mediastinales und Rr. thymici);
– *Intercostalräume* (durch Rr. intercostales anteriores ⇒ Rr. intercostales anteriores ← A. musculophrenica und Aa. intercostales posteriores ← Aorta thoracica);

- *Mamma* (durch Rr. mammarii mediales ← Rr. perforantes, ⇒ Rr. mammarii laterales ← A. thoracica lateralis und Rr. mammarii laterales ← Aa. intercostales posteriores);
- *Vordere Bauchmuskeln* (durch A. epigastrica superior, ⇒ A. epigastrica inferior ← A. iliaca externa);
- *Herzbeutel* (durch A. pericardiacophrenica ⇒ Rr. pericardiaci ← Aorta thoracica);
- *Zwerchfell* (durch A. pericardiacophrenica und A. musculophrenica, ⇒ Aa. phrenicae superiores ← Aorta thoracica und Aa. phrenicae inferiores ← Aorta abdominalis).

(3) Truncus thyrocervicalis (Abb. **8**–43, 44)
Der *Schilddrüsen-Halsstamm* entspringt, kurz vor dem Eintritt der Subclavia in die Scalenuslücke, neben der A. vertebralis. Sie teilt sich nach kurzem Verlauf in *3 Äste* (jedoch große Variabilität!): *A. thyroidea inferior, A. suprascapularis, A. transversa cervicis.*

Äste des Truncus thyrocervicalis (Abb. **8**–44)
- **A. thyroidea inferior** (*Untere Schilddrüsenarterie*), steigt zunächst am Vorderrand des M. scalenus anterior aufwärts. Sie bildet dann in *Höhe des 6. Halswirbels* (hinter der Carotis communis) einen nach *cranial konvexen Bogen* (aus dem die Aa. laryngea inferior und cervicalis ascendens entspringen), um – wieder absteigend – an die *Rückfläche der Schilddrüse* zu gelangen. Dort entsendet sie mehrere *Rr. glandulares* für das Schilddrüsenparenchym und die Epithelkörperchen.
  Mit *Rr. pharyngeales, Rr. oesophageales* und *Rr. tracheales* werden die betreffenden Organe versorgt.
  Die **A. laryngea inferior** (*Untere Kehlkopfarterie*) verläuft aufwärts und durchbohrt den M. constrictor pharyngis inferior↗, um mit der A. laryngea superior (← A. thyroidea superior) zur gemeinsamen Versorgung des Kehlkopfes zu anastomosieren.
  Die **A. cervicalis ascendens** (*Aufsteigende Halsarterie*) verläuft, bedeckt vom tiefen Blatt der Halsfascie, zunächst auf dem M. scalenus anterior (hier mit dem *N. phrenicus,* ↗Bd. 3), dann neben den vorderen Höckern der Halswirbelquerfortsätze aufwärts bis zur Schädelbasis und versorgt die benachbarte Muskulatur; sie gibt durch die Foramina intervertebralia *Rr. spinales* zum Halsmark ab.
- **A. suprascapularis** (*Überschulterblattarterie*; Abb. **8**–44, 48), verläuft zunächst absteigend quer über den Scalenus anterior, dann hinter dem Schlüsselbein zur *Incisura scapulae* (↗Bd. 1) und dort *über dem Lig. transversum scapulae superius* (N. suprascapularis *unter* dem

Band!) in die Muskelloge der *Fossa supraspinata* (↗Bd. 1), um mit der A. circumflexa scapulae (← A. subscapularis ← A. axillaris) zu anastomosieren. Mit einem *R. acromialis* speist sie das *Rete acromiale*↗ auf dem Acromion (↗Bd. 1).

– **A. transversa cervicis** (auch „Transversa colli"; *Quere Halsarterie*, Abb. **8**–44), nicht selten auch direkt aus der Subclavia, verläuft nach lateral, kreuzt dabei den M. scalenus anterior und tritt zwischen den Faszikeln des *Plexus brachialis* (↗Bd. 3) hindurch. Sie gelangt mit einem **R. superficialis** (neben dem N. accessorius) an die Unterfläche des M. trapezius und mit einem **R. profundus** (= **A. dorsalis scapulae**, neben dem N. dorsalis scapulae) an die Mm. rhomboidei und an den M. latissimus dorsi (↗Bd. 1). An Stelle des R. profundus kann eine selbständige *A. dorsalis scapulae* direkt aus der A. subclavia entspringen.

Versorgungsgebiete des Truncus thyrocervicalis

– *Schilddrüse und Epithelkörperchen* (durch A. thyroidea inferior, ⇒ A. thyroidea superior ← A. carotis externa);
– *Kehlkopf* (durch A. laryngea inferior ← A. thyroidea inferior ⇒ A. laryngea superior ← A. thyroidea superior);
– *Pharynxwand, Oesophagus, Trachea* (durch entsprechend benannte Äste der A. thyroidea inferior);
– *Tiefe Halsmuskulatur* (durch A. cervicalis ascendens ← A. thyroidea inferior);
– *Halsmark* (durch Rr. spinales ← A. cervicalis ascendens, ⇒ Rr. spinales ← A. vertebralis);
– *Dorsale Schulterblattmuskulatur* (durch A. suprascapularis, ⇒ A. circumflexa scapulae ← A. subscapularis ← A. axillaris);
– *Schultergürtelmuskulatur:* Mm. trapezius, rhomboidei, latissimus dorsi (durch A. transversa cervicis).

(4) Truncus costocervicalis (Abb. 8–44)

Der *Rippen-Halsstamm* entspringt aus der Rückwand der Subclavia, meistens hinter dem M. scalenus anterior. Der kurze Stamm teilt sich alsbald in: *A. cervicalis profunda* und *A. intercostalis suprema*.

Äste des Truncus costocervicalis

– **A. cervicalis profunda** (*Tiefe Halsarterie*), verläuft zwischen den Querfortsätzen von C7 und Th1 nach hinten zur tiefen *Nackenmuskulatur* und dann auf dem M. semispinalis (↗Bd. 1) cranialwärts.
– **A. intercostalis suprema** (*Oberste Zwischenrippenarterie*), steigt hinter der Pleurakuppel↗ zum Hals der 1. Rippe ab. Dort erfolgt die Teilung in *A. intercostalis posterior prima* und *A. intercostalis posterior*

secunda für die entsprechenden *Zwischenrippenräume*. In diesen erfolgt die *Anastomose* mit den korrespondierenden Rr. intercostales anteriores ← A. thoracica interna.

Versorgungsgebiete des Truncus costocervicalis
- *Tiefe Nackenmuskulatur* (durch A. cervicalis profunda);
- *Intercostalräume I und II* (durch A. intercostalis posterior prima und A. intercostalis posterior secunda ← A. intercostalis suprema, ⇒ Rr. intercostales anteriores ← A. thoracica interna).

8.4.2.6 A. axillaris

Die *Achselhöhlenarterie* (Abb. **8**–43, 46, 47) ist die Fortsetzung der A. subclavia vom *lateralen Rand der 1. Rippe* an; sie geht am *Unterrand des M. pectoralis major* (entsprechend der Vorderen Achselfalte (↗Bd. 1) in die A. brachialis über.

Die **Versorgungsgebiete** der Axillaris sind zunächst einmal (unter Einbeziehung ihrer Fortsetzung als A. brachialis) die verschiedenen Abschnitte der *Oberen Extremität* (ausschließlich der von Ästen der Subclavia versorgten Bereiche). Mit eigenen Ästen versorgt die Axillaris die *Wände der Achselhöhle* (↗Bd. 1) und die *Schultergegend* (letztere gemeinsam mit Ästen der Subclavia, ↗S. 463 f.).

Der **Verlauf der A. axillaris** ist dadurch gekennzeichnet, daß diese die *Achselhöhle* („Axilla", ↗Bd. 1) an der *Spitze* der Achselhöhlenpyramide (subclaviculär) betritt, um sie an der *Basis* (in Richtung auf den Sulcus bicipitalis medialis) als A. brachialis zu verlassen. Innerhalb des Bindegewebsraumes der Achselhöhle verläuft die Arterie *nicht zentral*, sondern *nahe der lateralen Wand* (Humerus mit Schultergelenk) der Achselpyramide.

Der Verlauf der A. axillaris (bzw. des Gefäßnervenstrangs, s. u.) durch die Achselhöhle läßt sich in *drei Abschnitte* unterteilen:
- *Proximale Achselstrecke*, vom lateralen Rand der 1. Rippe (bzw. von der Clavicula) bis zum oberen Rand des M. pectoralis minor;
- *Mittlere Achselstrecke*, hinter dem M. pectoralis minor;
- *Distale Achselstrecke*, zwischen dem lateralen (unteren) Rand des M. pectoralis minor und dem Unterrand des M. pectoralis major.

Die drei Abschnitte der A. axillaris weisen sehr unterschiedliche und jeweils charakteristische **topographische Beziehungen** auf.

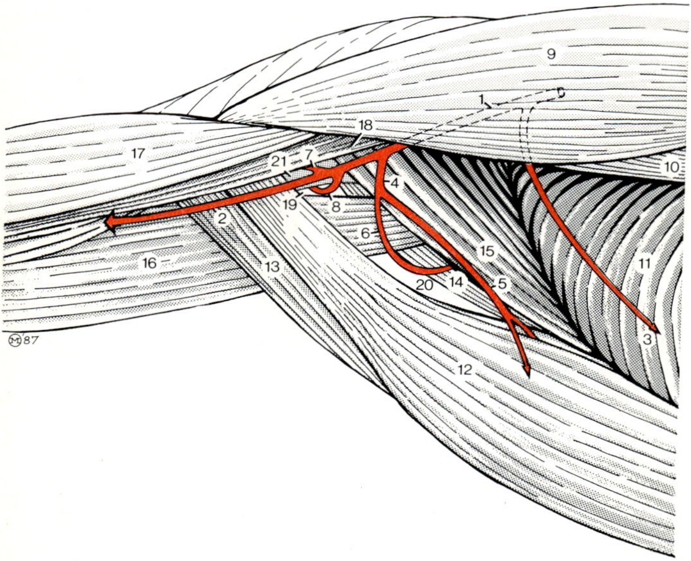

Abb. **8**–46: **Arterien der rechten Achselhöhlenpyramide** (Ansicht von der Pyramidenbasis).

1 A. axillaris
2 A. brachialis
3 A. thoracica lateralis
4 A. subscapularis
5 A. thoracodorsalis
6 A. circumflexa scapulae
7 A. circumflexa humeri ant.
8 A. circumflexa humeri post.
9 M. pectoralis major
10 M. pectoralis minor
11 M. serratus anterior
12 M. latissimus dorsi
13 M. teres major
14 M. teres minor
15 M. subscapularis
16 M. triceps brachii (Caput longum)
17 M. biceps brachii
18 M. coracobrachialis
19 Laterale Achsellücke
20 Mediale Achsellücke
21 Collum chirurgicum

Die **Proximale Achselstrecke** projiziert sich auf die **MOHRENHEIMsche Grube**[1] (*Fossa infraclavicularis*, ↗Bd. 1), liegt jedoch sehr tief, etwa 5 cm unter der Körperoberfläche, von dieser durch die *Fascia clavipectoralis* (↗Bd. 1) und die sich zwischen M. pectoralis major und M. deltoideus ausspannende *Fascia pectoralis* getrennt.

---

[1] J. J. Frh. v. MOHRENHEIM (1759–1799), Chirurg in Wien, Prof. der Medizin in St. Petersburg.

In dieser Strecke existiert jetzt in voller Ausbildung ein *Gefäßnervenbündel* (nachdem die A. subclavia ja von der Vene noch durch den M. scalenus anterior getrennt war, vgl. S. 463): medial von der *A. axillaris* die *V. axillaris* ↗, lateral der *Plexus brachialis*, dessen Wurzeln bzw. Trunci (↗Bd. 3) hier maximal konvergieren (Abb. **8**–43). Der Gefäß-Nervenstrang der Achselhöhle wird an seiner medialen Seite von *Nll. axillares profundi* ↗ begleitet.

In der **Mittleren Achselstrecke** wird die A. axillaris von den *3 Fasciculi des Plexus brachialis* (↗Bd. 3) umhüllt.

Für die **Distale Achselstrecke** ist charakteristisch, daß die A. axillaris in die *Medianusgabel* (↗Bd. 3) des Plexus brachialis zu liegen kommt (Abb. **8**–49).

Äste der A. axillaris (Abb. **8**–47)
Die Astfolge der A. axillaris läßt sich entsprechend den *vier Wandungen der Achselhöhlenpyramide* (↗Bd. 1) in *vier Gruppen* gliedern.

Zur Vorderen Achselhöhlenwand (Fascia clavipectoralis, Mm. pectorales):

– **A. thoracoacromialis** (Abb. **8**–47)
  Die *Brustwand-Schulterhöhenarterie* entspringt am Oberrand des M. pectoralis minor aus der proximalen Achselstrecke. Sie durchbohrt (gemeinsam mit der V. cephalica ↗ und Nn. pectorales) die *Fascia clavipectoralis* (↗Bd. 1) und gelangt damit in den der Moh-

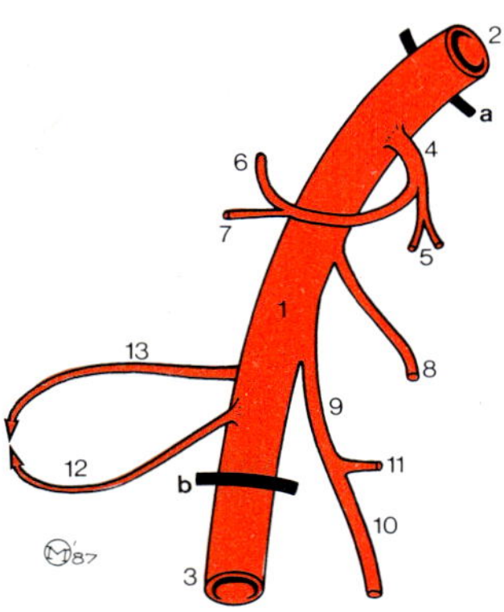

Abb. **8**–47: **Astfolge der rechten A. axillaris** (v. ventral, Schema).
a Lateraler Rand der 1. Rippe
b Unterrand des M. pectoralis major
1 A. axillaris
2 A. subclavia
3 A. brachialis
4 A. thoracoacromialis
5 Rr. pectorales
6 R. acromialis
7 R. deltoideus
8 A. thoracica lateralis
9 A. subscapularis
10 A. thoracodorsalis
11 A. circumflexa scapulae
12 A. circumflexa humeri ant.
13 A. circumflexa humeri post.

RENHEIMschen Grube (s. S. 470) zu Grunde liegenden flachen Bindegewebsraum des *Trigonum clavipectorale* (zwischen Clavicula, M. pectoralis major und M. deltoideus). Hier erfolgt die Aufspaltung in die divergent verlaufenden Äste:

Rr. pectorales, verzweigen sich im interpectoralen Verschiebebindegewebe und versorgen die Mm. pectorales;
R. deltoideus, verläuft im „Sulcus deltoideopectoralis" neben der V. cephalica ↗ distalwärts und versorgt die Pars clavicularis des M. deltoideus;
R. clavicularis, zieht aufwärts zum M. subclavicus und zur Clavicula;
R. acromialis, verläuft unter dem claviculären Ursprung des M. deltoideus zum Acromion (↗ Bd. 1), um auf diesem im Periost das arterielle **Rete acromiale** zu bilden. Dieses erhält weitere Zuflüsse einerseits aus distalen Ästen der Axillaris, andererseits aus dem Stromgebiet der Subclavia (vgl. S. 474).

Zur medialen Achselhöhlenwand (laterale Thoraxwand):

– **A. thoracica lateralis** (Abb. **8**–46, 47)
Die *Seitliche Brustwandarterie* entspringt aus der mittleren Achselstrecke (s. o.) und verläuft (mit der V. thoracica lateralis) entlang dem lateralen Rand des M. pactoralis minor, dann auf den Ursprungszacken des *M. serratus anterior* (↗ Bd. 1). Durch *Rr. mammarii laterales* trägt sie zur Versorgung der Mamma (↗ S. 352) bei.

Zur hinteren Achselhöhlenwand (Schulterblatt):

– **A. subscapularis** (Abb. **8**–46, 47)
Die *Unterschulterblattarterie* entspringt aus der distalen Achselstrecke und bildet einen kurzen Stamm, der sich vor der *Medialen Achsellücke* (↗ Bd. 1) in ihre *zwei Endäste* teilt:
Die **A. thoracodorsalis** (*Hintere Brustwandarterie*) verläuft (mit der V. thoracodorsalis und dem N. thoracodorsalis) in der Rinne zwischen seitlicher Brustwand und M. latissimus dorsi abwärts, um die benachbarte Muskulatur zu versorgen.
Die **A. circumflexa scapulae** (*Schulterblatt-Ringarterie*) verläuft durch die *Mediale Achsellücke* in die *Fossa infraspinata* (↗ Bd. 1), um mit der A. suprascapularis (← Truncus thyrocervicalis) zu anastomosieren (Abb. **8**–48). Das so gebildete arterielle **Rete scapulare** ermöglicht (neben dem Rete acromiale ↗) die Bildung eines Kollateralkreislaufs bei Unterbrechung der A. axillaris (vgl. S. 474).

Zur lateralen Achselhöhlenwand (Humerus):

– **A. circumflexa humeri posterior** und **A. circumflexa humeri anterior** (Abb. **8**–46, 47, 49)
Die *Hintere* und die *Vordere Oberarmringarterie* sind die distalsten Äste der Axillaris; nach ihrem Abgang wird die Gefäßachse als

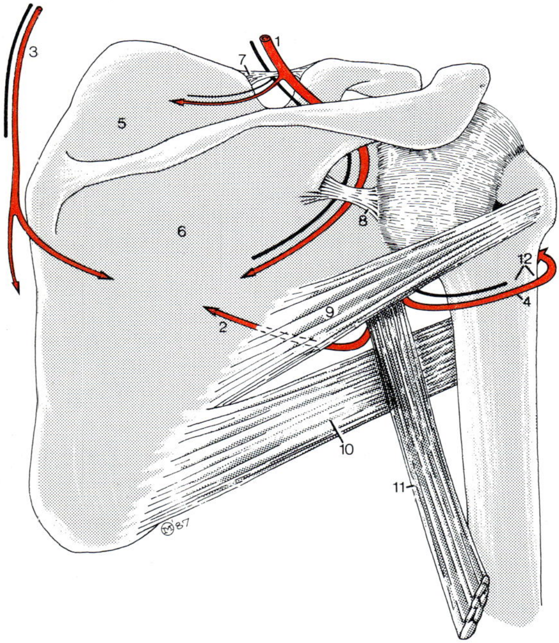

Abb. **8**–48: **Arterien des rechten Schulterblattes** (v. dorsal).

1 A. und N. suprascapularis
2 A. circumflexa scapulae
3 A. und N. dorsalis scapulae
4 A. circumflexa humeri post. (mit N. axillaris)
5 Fossa supraspinata
6 Fossa infraspinata
7 Lig. transversum scapulae sup.
8 Lig. transversum scapulae inf.
9 M. teres minor
10 M. teres major
11 M. triceps brachii (Caput longum)
12 Collum chirurgicum

A. brachialis bezeichnet. Die beiden Aa. circumflexae bilden einen *Arterienring* auf dem *Collum chirurgicum* (↗Bd. 1) des Humerus; dabei liegen sie dem Knochen unmittelbar auf (Abb. **8**–49).

Die **A. circumflexa humeri anterior** (als der weit schwächere Ast) gelangt hinter der gemeinsamen Ursprungssehne des M. coracobrachialis und des kurzen Bicepskopfes auf dem *Collum chirurgicum* zur Sehne des langen Bicepskopfes im *Sulcus intertubercularis*, zur Kapsel des Schultergelenks und zum M. deltoideus.

Die **A. circumflexa humeri posterior** (als der wesentlich stärkere Ast) verläuft (gemeinsam mit dem *N. axillaris*, ↗Bd. 3) durch die *Laterale Achsellücke* (Abb. **8**–48) und auf der Hinterseite des *Collum chirurgicum* zum M. deltoideus. Arterie und Nerv sind wegen ihrer Knochennähe bei Frakturen des Collum chirurgicum extrem gefährdet.

Versorgungsgebiete der A. axillaris

- *Mm. pectorales, M. deltoideus, M. subclavius* (durch Äste der A. thoracoacromialis);
- *M. serratus anterior, M. latissimus dorsi, M. teres major, M. subscapularis* (durch A. thoracica lateralis und A. thoracodorsalis ← A. subscapularis);
- *Mm. supra-* und *infraspinatus* (durch A. circumflexa scapulae ← A. subscapularis, ⇒ A. suprascapularis ← Truncus thyrocervicalis, Abb. **8**–48);
- *Rete acromiale* (durch R. acromialis ← A. thoracoacromialis und Aa. circumflexae humeri, ⇒ Ästen der Subclavia).
  Durch Vermittlung des *Rete acromiale* kann sich bei Verschluß der A. axillaris ein *Kollateralkreislauf* ausbilden (z. B. A. subclavia → Truncus thyrocervicalis → A. suprascapularis → R. acromialis → *Rete acromiale* ← A. thoracoacromialis ← A. axillaris);
- *Mamma* (durch Rr. mammarii laterales ← A. thoracica lateralis, ⇒ Rr. mammarii laterales ← Aa. intercostales posteriores, sowie Rr. mammarii mediales ← Rr. perforantes ← A. thoracica interna);
- *Rete scapulare* (durch A. circumflexa scapulae ← A. subscapularis, ⇒ Ästen der Subclavia).
  Durch Vermittlung der Rete scapulare kann sich bei Verschluß der A. axillaris ein *Kollateralkreislauf* ausbilden (z. B. A. subclavia → Truncus thyrocervicalis → A. suprascapularis → *Rete scapulare* ← A. circumflexa scapulae ← A. subscapularis ← A. axillaris).

8.4.2.7 A. brachialis (Abb. 8–46, 49, 50)

Die arterielle Gefäßachse der oberen Extremität tritt am *Unterrand des M. pectoralis major* in die *Freie Extremität* über und wird von hier an als *A. brachialis (Oberarmarterie)* bezeichnet. Die A. brachialis reicht distal bis in die *Fossa cubitalis* (↗Bd. 1), in der sie sich in die *A. radialis* und *A. ulnaris* teilt.

Die *Versorgungsgebiete* der Brachialis sind zunächst einmal (unter Einbeziehung ihrer Fortsetzung als A. radialis und A. ulnaris) *Unterarm und Hand*. Mit eigenen Ästen versorgt die A. brachialis den *Oberarm* und den *Ellenbogenbereich*.

Der **Verlauf der A. brachialis** ist dadurch charakterisiert, daß er zwischen der Achselhöhle und der Fossa cubitalis in der Bindegewebsstraße des *Sulcus bicipitalis medialis* (↗Bd. 1) erfolgt.

Topographische Beziehungen
Die *A. brachialis* bildet mit zwei Begleitvenen *(Vv. brachiales)*, tiefen Lymphgefäßen und dem *N. medianus* das **Gefäß-Nervenbündel der „Brachialisstraße" des Oberarmes** (Abb. **8**–49). Dieses verläuft innerhalb der *Flexorenloge* (↗Bd. 1) im Bindegewebsraum des *Sulcus bicipitalis medialis* (mediale Bicepsfurche, ↗Bd. 1). Dort ist die Arterie zu palpieren und kann bei peripheren Blutungen *gegen den Humerus komprimiert* werden; vom Knochen ist sie jedoch überall anfangs durch den M. coracobrachialis, dann durch den M. brachialis getrennt, so daß sie bei Frakturen kaum gefährdet ist.

Die **Lagebeziehung zum N. medianus** (Abb. **8**–50) ändert sich von proximal nach distal: die dem medialen Rand des M. biceps brachii folgende Arterie verläuft zunächst an der medialen Seite des Nerven. In der Mitte des Oberarms unterkreuzt die Arterie den Medianus, um diesen dann an seiner lateralen Seite bis in die Fossa cubitalis zu begleiten.

Beim Eintritt in die **Fossa cubitalis** (Bindegewebsraum der Ellenbeuge) behält der N. medianus seine Richtung bei, um zwischen den beiden Köpfen des *M. pronator teres* hindurchzutreten (Abb. **8**–50). Die A. brachialis dagegen wendet sich, dem M. brachialis aufliegend, zur Mitte der Fossa cubitalis und teilt sich dort, knapp distal der *Aponeurosis musculi bicipitis* (und ulnar neben der Bicepssehne), in die *A. radialis* und die *A. ulnaris* (Abb. **8**–50). Die *Aponeurosis musculi bicipitis* („Lacertus fibrosus") trennt die *unter ihr* verlaufende Arterie von der zur intravenösen Injektion benutzten *über ihr* extrafascial liegenden V. intermedia cubiti↗.

In der Fossa cubitalis ist die A. brachialis bindegewebig an die Fascie des M. brachialis geheftet, so daß sie sich bei Beugung im Ellenbogengelenk nicht von der Unterlage abheben kann. Dadurch kommt es bei *maximaler Beugung* zur Abknickung und Kompression der Arterie, was zur *Blutstillung* ausgenutzt werden kann.

Als wichtige Varietät kommt in etwa 10% eine entwicklungsgeschichtlich begründete *„Hohe Teilung" der A. brachialis* an deren Beginn vor. In diesen Fällen hat man mit einer oberflächlich zum N. medianus und zur Aponeurosis musculi bicipitis gelegenen *A. brachialis superficialis* zu rechnen (Gefahr bei intravenösen Injektionen!).

Äste der A. brachialis

– **A. profunda brachii** (Abb. **8**–49)
  Die *Tiefe Oberarmarterie* ist der stärkste Ast. Sie entspringt am Unterrand des M. teres major und tritt (gemeinsam mit dem *N. radialis*) in die *Extensorenloge* ein. Dort verläuft sie mit dem Nerven, dem Knochen unmittelbar aufliegend (Abb. **8**–49), im „*Tricepskanal*" (zwischen dem *Sulcus nervi radialis*, ↗Bd. 1, und dem

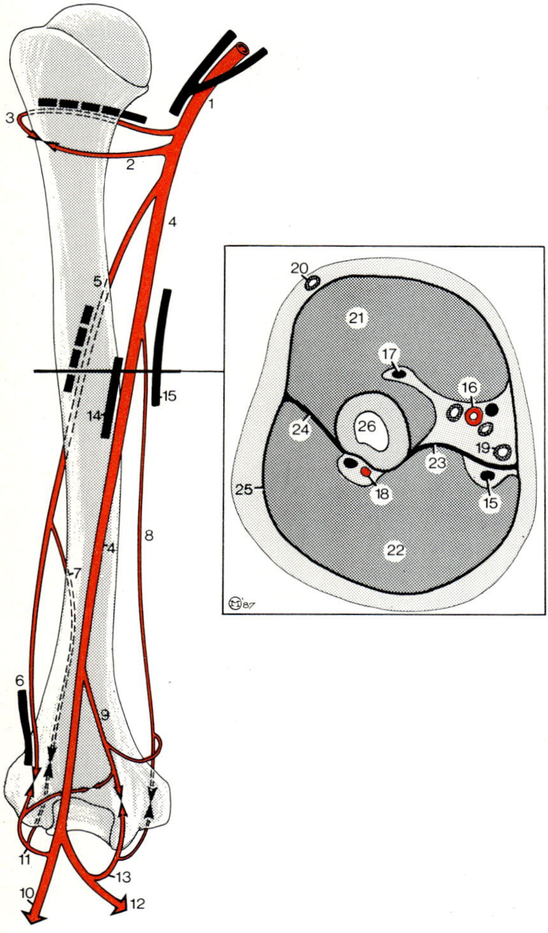

lateralen Tricepskopf) spiralig um den Humerus (hier Gefährdung bei Frakturen!).
Proximal gibt die A. profunda brachii den *R. deltoideus* und *Aa. nutriciae* zum Humerus ab. Distal teilt sie sich in die zum **Rete articulare cubiti** ziehenden **A. collateralis media** (Mittlere Nebenarterie) und **A. collateralis radialis** (Speichenseitige Nebenarterie). Letztere gelangt mit dem N. radialis in die Fossa cubitalis (Abb. 8–49).

Zwischen dem Stromgebiet der *A. profunda brachii* und dem der *Aa. circumflexae humeri* (← A. axillaris) existieren *keine Anastomosen*; zwischen den Abgängen dieser Arterien darf die A. brachialis deshalb nicht unterbrochen werden.

– **A. collateralis ulnaris superior** (Abb. 8–49)
Die *Obere ellenseitige Nebenarterie* entspringt aus dem proximalen Abschnitt der A. brachialis und tritt *hinter das Septum intermusculare brachii mediale* (↗Bd. 1) und damit in die *Extensorenloge*, um mit dem *N. ulnaris* zur *Regio cubitalis posterior* zu verlaufen; dort beteiligt sie sich an der Bildung des *Rete articulare cubiti*.

– **A. collateralis ulnaris inferior** (Abb. 8–49, 50)
Die *Untere ellenseitige Nebenarterie* entspringt erst proximal des *Epicondylus medialis humeri*. Sie verläuft zunächst auf dem *M. brachialis*; ihr stärkerer Endast gelangt durch das *Septum intermusculare brachii mediale* (↗Bd. 1) hindurch zum *Rete articulare cubiti*.

◁ Abb. 8–49: **Arterien des rechten Oberarms** (v. vorn).
Teilbild: Querschnitt durch die Mitte des Oberarms (v. distal)

1 A. axillaris (mit Medianusgabel)
2 A. circumflexa humeri ant.
3 A. circumflexa humeri post. (mit N. axillaris)
4 A. brachialis
5 A. profunda brachii (mit N. radialis)
6 A. collateralis radialis (mit R. superf. n. radialis)
7 A. collateralis media
8 A. collateralis ulnaris sup.
9 A. collateralis ulnaris inf.
10 A. radialis
11 A. recurrens radialis
12 A. ulnaris
13 A. recurrens ulnaris
14 N. medianus
15 N. ulnaris
16 A. brachialis (mit Begleitvenen und N. medianus)
17 N. musculocutaneus
18 A. profunda brachii (mit N. radialis)
19 V. basilica
20 V. caphalica
21 Flexoren
22 Extensoren
23 Septum intermusculare brachii mediale
24 Septum intermusculare brachii laterale
25 Fascia brachii
26 Humerus

Versorgungsgebiete der A. brachialis

- *Muskeln der Flexorenloge* am Oberarm (durch Muskeläste der A. brachialis und der A. collateralis ulnaris inferior);
- *Muskeln der Extensorenloge* am Oberarm und *M. deltoideus* (durch Muskeläste der A. profunda brachii und der A. collateralis ulnaris superior);
- *Rete articulare cubiti* und *Ellenbogengelenk* (durch Aa. collaterales radialis, media, ulnaris, Aa. recurrentes radialis et ulnaris).

8.4.2.8 A. radialis (Abb. 8–49, 50, 51)

Die *Speichenarterie* entsteht in der *Fossa cubitalis* durch *Teilung der A. brachialis* (vgl. S. 474); sie setzt die Richtung der A. brachialis fort, während sich die *A. ulnaris* nach ulnar wendet.

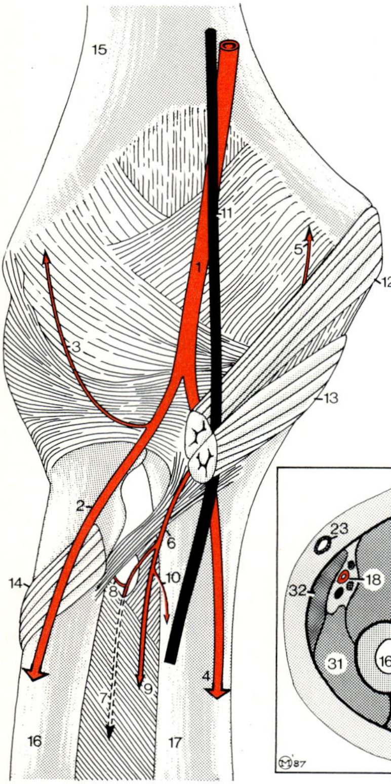

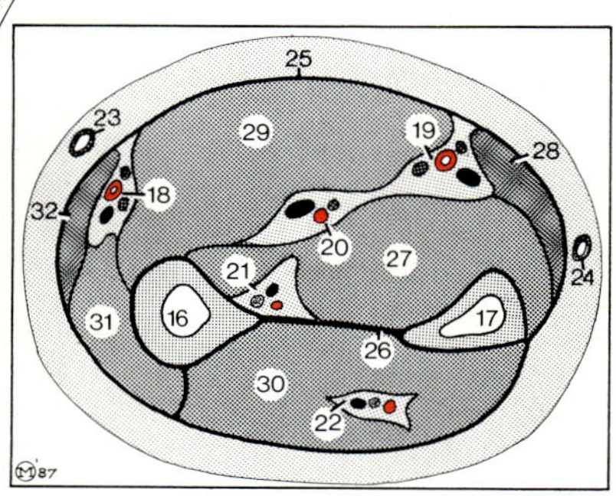

Für den **Verlauf der A. radialis** ist kennzeichnend, daß diese zunächst über die Bicepssehne hinweg verläuft und dann bis zur Handwurzel dem ulnaren Rand des *M. brachioradialis als Leitmuskel* folgt.

Unter den Sehnen der Mm. abductor pollicis longus und extensor pollicis brevis gelangt die A. radialis an der radialen Kante der Handwurzel in die *Tabatière* (↗Bd. 1), dann unter der Sehne des M. extensor pollicis longus zum *Handrücken* und von dort durch das *Spatium interosseum metacarpi I* (↗Bd. 1) zwischen den beiden Köpfen des M. interosseus dorsalis in die *Hohlhand*, wo sie den *Arcus palmaris profundus* (Abb. **8**–51; s. u.) bildet.

Die *A. radialis* weist in den verschiedenen Regionen ihres Verlaufs ganz unterschiedliche **topographische Beziehungen** auf.

In der **Fossa cubitalis** erfolgt eine **Umordnung der Leitungsbahnen** des Oberarms, die sich im Bereich des Unterarms zu *neuen Leitungsbahnstraßen* formieren.

◁ Abb. **8**–50: **Arterien der rechten Fossa cubitalis.**
Teilbild: Querschnitt durch die Mitte des Unterarms (v. distal)

1 A. brachialis
2 A. radialis
3 A. recurrens radialis
4 A. ulnaris
5 A. recurrens ulnaris
6 A. interossea comm.
7 A. interossea post.
8 A. interossea recurrens
9 A. interossea ant.
10 A. comitans n. mediani
11 N. medianus
12 M. pronator teres (Caput humerale)
13 M. pronator teres (Caput ulnare)
14 M. pronator teres (Ansatz)
15 Humerus
16 Radius
17 Ulna
18 A. radialis (mit Begleitvenen und R. superfic. n. radialis)
19 A. ulnaris (mit Begleitvenen und N. ulnaris)
20 A. comitans n. mediani (mit Begleitvene und N. medianus)
21 A. interossea ant. (mit Begleitvene und N. inteross. ant.)
22 A. interossea post. (mit Begleitvene und R. prof. n. radialis)
23 V. cephalica
24 V. basilica
25 Fascia antebrachii
26 Membrana interossea antebrachii
27 Tiefe Flexoren
28 M. flexor carpi ulnaris („Leitmuskel“ der A. ulnaris)
29 Oberflächliche Flexoren
30 Dorsale Extensoren
31 Radiale Extensoren
32 M. brachioradialis („Leitmuskel“ der A. radialis)

Eine wichtige Rolle als *Leitstruktur* spielt dabei der *M. pronator teres* (Abb. **8**–50):

- die *A. radialis* verläuft *über* dem Muskelansatz am Radius zur radialen Unterarmstraße;
- die *A. ulnaris* verläuft *unter* dem Muskel zur ulnaren Unterarmstraße;
- der *N. medianus* gelangt *zwischen* den beiden Köpfen des Muskels zur Unterarmmittelstraße (zwischen oberflächlichen und tiefen Flexoren).

Am **Unterarm** (Abb. **8**–50) bildet die *A. radialis* mit zwei *Vv. radiales* und dem sensiblen *R. superficialis n. radialis* (↗Bd. 3) innerhalb der Flexorenloge (im Bindegewebe zwischen den Flexoren einerseits und den Radialen Extensoren andererseits) die *Speichenstraße* (radiale Unterarmstraße). Die Arterie ist zunächst vom ulnaren Rand des *M. brachioradialis als Leitmuskel* bedeckt, wird jedoch im distalen Drittel des Unterarms unmittelbar *subfascial*.

Auf der Volarseite der **Handwurzel** liegt die A. radialis somit *sehr oberflächlich* (unter der Fascia antebrachii), zwischen den Sehnen des *M. brachioradialis* und des *M. flexor carpi radialis*. Es handelt sich hier um die **klassische Pulsstelle**, weil die Arterie hier gegen das *distale Ende des Radius* gedrückt werden kann, von dem sie nur durch den dünnen *M. pronator quadratus* getrennt ist.

Äste der A. radialis

- **A. recurrens radialis** (Abb. **8**–49,50)
  Die *Speichenseitige Rücklaufarterie* entspringt in der *Fossa cubitalis* und verläuft neben dem *N. radialis* proximalwärts. Sie anastomosiert mit der A. collateralis radialis (← A. brachialis) und speist mit dieser das *Rete articulare cubiti*.
- **R. palmaris superficialis** (Abb. **8**–51)
  Der *Oberflächliche Handtellerast* entspringt an der Handwurzel, durchbohrt die Daumenballenmuskulatur und schließt mit der A. ulnaris den *Arcus palmaris superficialis* ↗.
- **R. carpalis dorsalis**
  Die A. radialis entsendet aus ihrer in der Tabatière (vgl. S. 479) gelegenen Verlaufsstrecke den *Dorsalen Handwurzelast* ulnarwärts zu dem auf der dorsalen Bandmanschette der Handwurzel gelegenen *Rete carpale dorsale* ↗. Aus dem R. carpalis dorsalis entspringen distalwärts die dünnen *Aa. metacarpales dorsales*, die sich in Höhe der Grundgelenke in die nur bis zum Endgelenk reichenden *Aa. digitales dorsales* teilen.
- **A. princeps pollicis** (Abb. **8**–51)
  Die *Hauptarterie des Daumens* ist neben dem Arcus palmaris profundus der

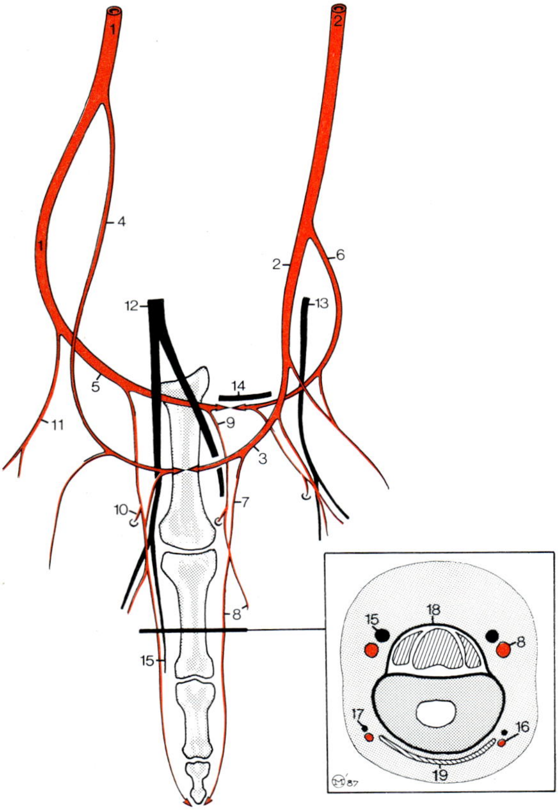

Abb. **8–51**: **System der Hohlhandbögen** (rechte Hand).
Teilbild: Querschnitt durch den Mittelfinger (v. distal)

1 A. radialis
2 A. ulnaris
3 Arcus palmaris superficialis
4 R. palmaris superficialis
5 Arcus palmaris profundus
6 R. palmaris profundus
7 A. digitalis palmaris communis
8 Aa. digitales palmares propriae
9 A. metacarpalis palmaris
10 R. perforans
11 A. princeps pollicis
12 N. medianus
13 N. ulnaris
14 R. profundus (n. ulnaris)
15 N. digitalis palmaris proprius
16 A. digitalis dorsalis
17 N. digitalis dorsalis
18 Vagina fibrosa mit Sehnen der Fingerbeuger
19 Dorsalaponeurose

2. *Endast* der A. radialis. Sie entspringt beim Eintritt der A. radialis in den M. interosseus dorsalis I und teilt sich in zwei am radialen und ulnaren Rand des Daumens verlaufende *Fingeräste.*

- **Arcus palmaris profundus** (Abb. 8–51)
  Der überwiegend aus der Radialis gespeiste *Tiefe Hohlhandbogen* verbindet die A. radialis über den R. palmaris profundus (← A. ulnaris) mit der A. ulnaris. Er ist breiter und flacher als der Oberflächliche Hohlhandbogen (s. S. 484) und verläuft weiter proximal als dieser *auf den Basen der Metacarpalknochen,* unmittelbar auf der Skeletschicht und damit unter den Sehnen der langen Flexoren. Proximal wird er vom *R. profundus n. ulnaris* begleitet. Aus der Konvexität des tiefen Hohlhandbogens entspringen vier *Aa. metacarpales palmares,* die
  - einerseits im Niveau der Grundgelenke der Finger in die viel stärkeren *Aa. digitales palmares communes* (aus dem Oberflächlichen Hohlhandbogen) einmünden,
  - andererseits durch *Rr. perforantes* (durch die Mm. interossei hindurch) an die *Aa. metacarpales dorsales* ↗ angeschlossen sind.

Versorgungsgebiete der A. radialis

- *Rete articulare cubiti* (durch A. recurrens radialis, ⇒ A. recurrens ulnaris, A. interossea recurrens und Aa. collaterales);
- *Rete carpale dorsale* (durch R. carpalis dorsalis, ⇒ R. carpalis dorsalis a. ulnaris sowie Ästen der Aa. interosseae);
- *Unterarm und Hand* (⇒ A. ulnaris).

8.4.2.9 A. ulnaris (Abb. 8–49, 50, 51)

Die *Ellenarterie,* die in der *Fossa cubitalis* aus der *Teilung der A. brachialis* (neben der A. radialis, s. o.) als meist etwas stärkerer Ast entsteht, zieht distalwärts zur Ulnarseite des Unterarms.

Für den **Verlauf der A. ulnaris** ist charakteristisch, daß sie den *M. pronator teres unterkreuzt* (A. radialis *über* dem Muskel, N. medianus *zwischen* den beiden Muskelköpfen), dann den Muskelbauch des *M. flexor digitorum superficialis* ebenfalls unterkreuzt, um schließlich dem radialen Rand des *M. flexor carpi ulnaris als Leitmuskel* distalwärts zu folgen. An der *Handwurzel* verläuft die Arterie *oberflächlich zum Retinaculum flexorum,* um in der *Hohlhand* den *Arcus palmaris superficialis* (s. u.) zu bilden.

Für die **topographischen Beziehungen** ist (außer der oben bereits erwähnten Lagebeziehung zum M. pronator teres) wesentlich, daß die *A. ulnaris* mit meistens zwei *Vv. ulnares* und dem *N. ulnaris* die **Ellenstraße des Unterarms** innerhalb der Flexorenloge bildet; die Vereinigung mit dem *N. ulnaris* (der aus dem dorsal gelegenen Sulcus n. ulnaris kommt) erfolgt erst in der Mitte des Unterarms. Während die Arterie (mit den begleitenden Leitungsbahnen) vom Rand des Leitmuskels (M. flexor carpi ulnaris) bedeckt ist, tritt sie *proximal der Handwurzel* radial neben der Leitmuskelsehne unter die *Fascia antebrachii* und kommt somit in eine *oberflächliche Position*.

An der **Handwurzel** selbst bleibt die A. ulnaris *oberflächlich*: radial vom leicht tastbaren Os pisiforme (↗Bd. 1) verläuft sie mit dem N. ulnaris *auf dem Retinaculum flexorum* (durch den Ulnartunnel, die GUYONsche Loge[1] der Handchirurgen), lediglich von dem sehr dünnen *M. palmaris brevis* bedeckt, so daß hier der *Puls* getastet werden kann (wenn auch weniger deutlich als der Puls der A. radialis, s. o.).

Äste der A. ulnaris

- **A. recurrens ulnaris** (Abb. **8**–49, 50)
  Die *Ellenseitige Rücklaufarterie* entspringt in der *Fossa cubitalis*. Sie anastomosiert durch einen **R. anterior** mit der A. collateralis ulnaris inferior und durch einen **R. posterior** (mit dem N. ulnaris hinter dem Epicondylus medialis im Sulcus n. ulnaris) mit der A. collateralis ulnaris superior, mit Beteiligung an der Bildung des *Rete articulare cubiti*.
- **A. interossea communis** (Abb. **8**–50)
  Unter dem M. pronator teres entspringt die *Gemeinsame Zwischenknochenarterie*, um sich nach kurzem Verlauf in die *A. interossea anterior* und die *A. interossea posterior* zu teilen.
  Die **A. interossea anterior** bildet, auf der Palmarseite der Membrana interossea und damit innerhalb der Flexorenloge verlaufend, mit dem *N. interosseus anterior* (↗Bd. 3) die *Palmare Zwischenknochenstraße*. Die Arterie gibt *Rr. musculares* an die Umgebung und die **A. comitans nervi mediani** an den N. medianus ab.
  Die **A. interossea posterior** gelangt zwischen dem Oberrand der Membrana interossea antebrachii und der Chorda obliqua (↗Bd. 1) hindurch in die Extensorenloge. Sie gibt dort eine **A. interossea recurrens** zum Rete articulare cubiti ↗ ab und vereinigt sich dann am Unterrand des M. supinator mit dem aus dem Supinatorkanal austretenden *R. profundus n. radialis* zur *Dorsalen Unterarmstraße* (Extensorenstraße). Diese verläuft nicht auf der Membrana interossea, sondern *zwischen der tiefen und oberflächlichen Schicht* der Dorsalen Extensoren.

---

[1] J. C. FELIX GUYON (1831–1920, französ. Chirurg) hat die Loge bereits 1861 beschrieben.

Die Interossea posterior gibt *Rr. musculares* an die Umgebung ab und tritt distal mit dem *Rete carpale dorsale* ↗ in Verbindung.

– **R. palmaris profundus** (Abb. **8**–53)
  Der *Tiefe Hohlhandast* entspringt an der Handwurzel radial und etwas distal des *Os pisiforme*, dringt mit dem *R. profundus n. ulnaris* zwischen den Hypothenarmuskeln in die Tiefe der Hohlhand, um dort als (schwächerer) ulnarer Schenkel den *Tiefen Hohlhandbogen* (vgl. S. 482) zu bilden.
– **Arcus palmaris superficialis** (Abb. **8**–51)
  Der *Oberflächliche Hohlhandbogen* beginnt als oberflächlich vom Retinaculum flexorum verlaufende direkte Fortsetzung der A. ulnaris nach Abgabe des R. palmaris profundus (s. o.); er wird von der radialen Seite her durch den mit ihm anastomosierenden *R. palmaris superficialis a. radialis* (vgl. S. 480) ergänzt.
  Der Oberflächliche Hohlhandbogen ist enger und mit seinem Scheitel weiter nach distal reichend als der Arcus palmaris profundus (Abb. **8**–51); er liegt *oberflächlich zu den Beugersehnen, unmittelbar unter der Palmaraponeurose* (↗Bd. 1) und entspricht mit seinem Scheitel der *Mitte der Mittelhandknochen.*
  Aus der konvexen Seite des Oberflächlichen Hohlhandbogens gehen **4 Aa. digitales palmares communes** hervor. Diese verlaufen auf den Zwischenknochenräumen der Mittelhand nach distal, empfangen Zustrom aus den schwächeren *Aa. metacarpales palmares* (← Arcus palmaris profundus), um sich dann neben den Basen der Grundglieder in je zwei **Aa. digitales palmares propriae** zu teilen, die jeweils mit einem entsprechenden *N. digitalis palmaris proprius* an den *palmaren Fingerkanten* verlaufen. Im Bereich der *Fingerkuppen* anastomosieren die kantenständigen palmaren Fingerarterien miteinander; die schwächeren, *ebenfalls kantenständigen dorsalen Fingerarterien* (Aa. digitales dorsales ← R. carpalis dorsalis ← A. radialis) erreichen dagegen nur das Niveau der Endgelenke.
  Die ulnare *Palmarkante des Kleinfingers* wird durch eine direkt aus dem Arcus superficialis entspringende *A. digitalis palmaris propria*, die *palmaren Kanten des Daumens* von entsprechenden *Fingerästen der A. princeps pollicis* (← A. radialis) versorgt. Die starke Fingerversorgung steht in erster Linie im Dienst der *Wärmeregulation.*

Versorgungsgebiete der A. ulnaris

– *Rete articulare cubiti* (durch A. recurrens ulnaris und A. interossea recurrens, A. recurrens radialis und Aa. collaterales);
– *Rete carpale dorsale* (durch R. carpalis dorsalis, ⇒ R. carpalis dorsalis ← A. radialis sowie Ästen der A. interossea posterior);
– *Unterarm und Hand* (⇒ A. radialis).

8.4.2.10 Kollateralkreisläufe im Bereich der Oberen Extremität

Die *Blutversorgung der Peripherie*, insbesondere im Hinblick auf das „Werkzeug Hand", ist in bemerkenswerter Weise durch *Kollateralen*↗ und *Anastomosen*↗ gewährleistet:

- im Bereich der **Schulter** durch *Verbindungen zwischen den Stromgebieten der A. subclavia und A. axillaris* über das *Rete scapulare*↗ (Abb. **8**–48) und das *Rete acromiale*↗ (Beispiele s. S. 474);
- im **Ellenbogenbereich** durch *Verbindungen zwischen den Stromgebieten der A. brachialis bzw. A. profunda brachii einerseits und der A. radialis und A. ulnaris bzw. A. interossea posterior andererseits* (Abb. **8**–49). Die Verbindung wird (teils durch *direkte Anastomosen*, teils über das *Rete articulare cubiti*↗) hergestellt durch 4 von proximal kommende *Aa. collaterales* (*A. collateralis media* ← A. profunda brachii; *A. collateralis radialis* ← A. profunda brachii; *Aa. collaterales ulnaris superior* und *ulnaris inferior* ← A. brachialis) und 3 distale *Aa. recurrentes* (*A. recurrens radialis* ← A. radialis; *A. recurrens ulnaris* ← A. ulnaris; *A. interossea recurrens* ← A. interossea posterior ← A. ulnaris);
- in der **Hohlhand** durch die beiden *Hohlhandbögen* (Abb. **8**–51), die in doppelter Weise *A. radialis* und *A. ulnaris* miteinander verknüpfen (A. ulnaris → *Arcus palmaris superficialis* ← R. palmaris superficialis ← A. radialis; A. radialis → *Arcus palmaris profundus* ← R. palmaris profundus ← A. ulnaris);
- im Bereich der **Finger** durch Anastomosen zwischen *je 2 Aa. digitales palmares propriae* (Abb. **8**–51).

Die Möglichkeit des Zustandekommens von *Kollateralkreisläufen* (vgl. S. 377) ist auch entscheidend für die Wahl des Ortes einer *Arterienunterbindung* durch den Arzt.

8.4.3 Stromgebiet der Pars thoracica aortae (*Aorta thoracica*, Brustaorta)

Die **Aorta thoracica** (vgl. S. 438) entsendet *viscerale Äste* (zu den Brusteingeweiden) und *parietale Äste* (zur Brustwand und zum Zwerchfell).

8.4.3.1 Parietale Äste der Aorta thoracica

- **Aa. phrenicae superiores**
  Die *Oberen Zwerchfellarterien* ziehen an die thoracale Fläche der hinteren Zwerchfellabschnitte (⇒ Aa. percardiacophrenica und

musculophrenica ← A. thoracica interna und den von der abdominalen Seite her das Diaphragma erreichenden Aa. phrenicae inferiores (Abb. **8**–53) ← Aorta abdominalis).

– **Aa. intercostales posteriores** (Abb. **8**–52)
Die *Hinteren Zwischenrippenarterien* entspringen segmental und paarig aus der Brustaorta, um in den *3.–11. Intercostalraum* einzutreten (im 1. und 2. ICR ergänzt durch Äste der A. intercostalis suprema ← Truncus costocervicalis ← A. subclavia).
Innerhalb des Intercostalraums verläuft die A. intercostalis posterior (gemeinsam mit der entsprechenden Vene und dem N. intercostalis) in dem tunnelartigen Bindegewebsspalt *zwischen M. intercostalis internus* und *M. intercostalis intimus* (Abb. **8**–52).

Wird eine Intercostalarterie bei einer *Pleurapunktion* verletzt, kann es zu ernsten Blutungen in den Pleuraspalt kommen. Der *Ort der Wahl* für eine Pleurapunktion ist deshalb der Bereich *hinter der Axillarlinie,* weil die Arterie dort geschützt in dem vom Angulus costae bis zur Axillarlinie reichenden *Sulcus costae* der betreffenden nächsthöheren Rippe verläuft (Abb. **8**–52).

Die A. intercostalis posterior *anastomosiert* im Intercostalraum mit dem entsprechenden *R. intercostalis anterior* (← A. thoracica interna). Auf diese Weise bestehen in den 3.–11. Intercostalräumen jeweils *arterielle Anastomosen* zwischen einem dorsalen (Aorta thoracica) und einem ventralen (A. thoracica interna) Längsgefäß (Abb. **8**–52). Aus diesen Arterienbögen wird u. a. die Intercostalmuskulatur (wichtige Atemmuskeln!) versorgt. In den beiden ersten Intercostalräumen stammt, bei sonst analogen Verhältnissen, der dorsale Zufluß nicht aus der Brustaorta, sondern aus dem Stromgebiet der A. subclavia (vgl. S. 468 f.).

Im Bereich des Collum costae und neben dem Foramen intervertebrale entspringt aus der A. intercostalis posterior ein **Ramus dorsalis** zur Versorgung der Rückenmuskulatur, der Rückenhaut und (durch das betr. Foramen intervertebrale) des Wirbelkanals (*R. cutaneus medialis, R. cutaneus lateralis, R. spinalis*). Der R. dorsalis der Arterie wird vom R. dorsalis des betreffenden Spinalnerven begleitet.
Am Angulus costae (↗Bd. 1) entläßt die A. intercostalis posterior einen **Ramus collateralis** zur ergänzenden Versorgung der Intercostalmuskulatur; dieser verläuft parallel zum Hauptstamm, jedoch nahe dem *Oberrand der nächsttieferen Rippe* und anastomosiert ebenfalls mit dem betreffenden R. intercostalis anterior (← A. thoracica interna).
Am seitlichen Umfang des Thorax entspringt aus der Zwischenrippenarterie jeweils ein **Ramus cutaneus lateralis** zur Versorgung extrathoracaler Weichteile und der Haut. Die oberen Rr. cutanei laterales entsenden bei der Frau **Rami mammarii laterales** zur Mamma (⇒ Rr. mammarii laterales

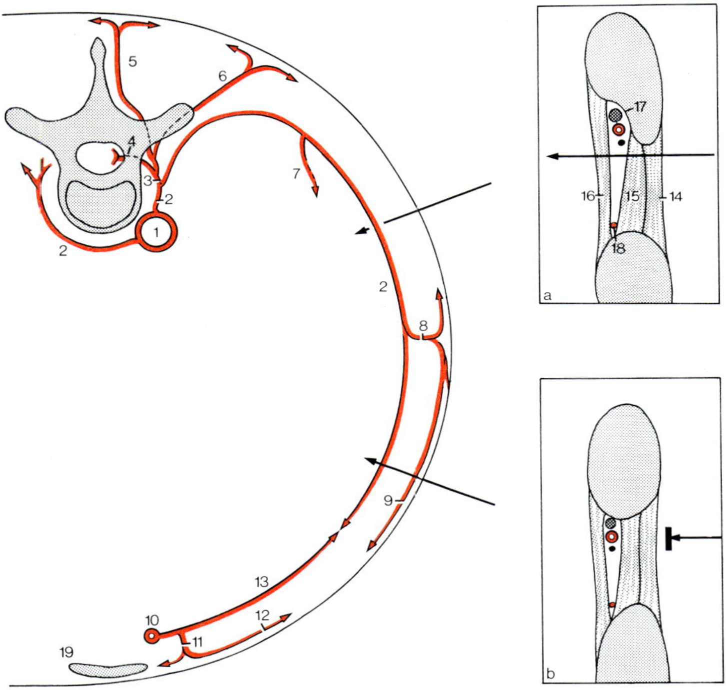

Abb. **8–52**: **Arterien der Thoraxwand** (Querschnitt).
Teilbild a: Intercostalraum hinter der Axillarlinie
Teilbild b: Intercostalraum vor der Axillarlinie

1 Aorta thoracica
2 A. intercostalis posterior
3 R. dorsalis
4 R. spinalis
5 R. cutaneus medialis
6 R. cutaneus lateralis
7 R. collateralis
8 R. cutaneus lateralis
9 R. mammarius lateralis
10 A. thoracica interna
11 R. perforans
12 R. mammarius medialis
13 R. intercostalis anterior
14 M. intercostalis externus
15 M. intercostalis internus
16 M. intercostalis intimus
17 Sulcus costae mit A., V. intercostalis posterior und N. intercostalis
18 R. collateralis
19 Corpus sterni
Pfeile: Lage der Kanüle bei Pleurapunktion am Ort der Wahl (a) bzw. im gefährlichen Bereich (b)

← A. thoracica lateralis ← A. axillaris, sowie Rr. mammarii mediales ← Rr. perforantes ← A. thoracica interna).

- **A. subcostalis**
  Die *Unterrippenarterie* entspricht ganz einer A. intercostalis posterior, verläuft jedoch *unterhalb der 12. Rippe* und somit nicht mehr in einem *Zwischen*rippenraum.

8.4.3.2 Viscerale Äste der Aorta thoracica

- **Rr. bronchiales** (Abb. **8**–37)
  2–3 *Bronchialäste* entspringen in Höhe der *Bifurcatio tracheae* und verzweigen sich mit dem rechten und linken Bronchialbaum bis zu den Bronchioli↗. Sie versorgen die *Luftwege*, das *Lungenbindegewebe* und die *Pleura pulmonalis*↗. Die Rr. bronchiales sind die *Vasa privata* der Lungen (vgl. S. 432).
- **Rr. oesophageales** (*Speiseröhrenäste*, Abb. **8**–37);
- **Rr. pericardiaci** (*Herzbeuteläste*) an die Hinterwand des Pericards (⇒ Ästen der A. pericardiacophrenica ← A. thoracica interna);
- **Rr. mediastinales** (*Mittelfelläste*) an das Hintere Mediastinum↗ (⇒ Ästen der A. thoracica interna ← A. subclavia).

8.4.4 Stromgebiet der Pars abdominalis aortae (*Aorta abdominalis,* Bauchaorta)

Die im Retrositus verlaufende **Aorta abdominalis** (Abb. **8**–36; vgl. S. 439) entsendet (paarige) *parietale Äste* zum Zwerchfell und zur Bauchwand sowie (teils paarige, teils unpaare) *viscerale Äste* zu den Baucheingeweiden.

8.4.4.1 Parietale Äste der Aorta abdominalis

- **A. phrenica inferior** (Abb. **8**–53)
  Die *Untere Zwerchfellarterie* entspringt als paariges Gefäß unmittelbar nach dem Durchtritt der Aorta durch den Hiatus aorticus. Sie verzweigt sich aufsteigend an der *Unterfläche des Zwerchfells* im Bereich der *Pars lumbalis* (↗Bd. 1) und ergänzt somit die Versorgungsgebiete der Aa. phrenicae superiores (← Aorta thoracica), A. pericardiacophrenica und A. musculophrenica (beide ← A. thoracica interna).
  Als absteigende Nebenäste der Phrenica inferior versorgen die **Aa. suprarenales superiores** (*Obere Nebennierenarterien,* Abb. **8**–53) die

Nebenniere (⇒ A. suprarenalis media ← Aorta abdominalis sowie A. suprarenalis inferior ← A. renalis).

– **Aa. lumbales** (Abb. **8**–53)
Bei den 4 segmentalen *Lendenarterien* handelt es sich um Gefäße, die weitgehend den Aa. intercostales posteriores↗ bzw. der A. subcostalis↗ entsprechen. Ihre hinter dem Grenzstrang (↗Bd. 3) und dem M. psoas nach *ventro-lateral verlaufenden Hauptäste* versorgen den M. psoas, den M. quadratus lumborum und die Bauchwandmuskulatur. Analog den Anastomosenverhältnissen in der Brustwand (vgl. S. 486) bestehen Verbindungen zu Ästen der A. epigastrica inferior↗. Ein *Ramus dorsalis* versorgt jeweils ein Segment der Rückenmuskulatur und der Rückenhaut sowie mit einem *R. spinalis* durch das betreffende Foramen intervertebrale hindurch den Inhalt des Wirbelkanals (Rückenmarkshäute, Conus medullaris, Cauda equina).

– **A. sacralis mediana** (Abb. **8**–53)
Die *Mittlere Kreuzbeinarterie* entspringt im Winkel der Aortengabel (vgl. S. 439) vor dem 4. Lendenwirbel. Sie bildet die direkte (pelvine) Fortsetzung der Bauchaorta.
Die dünne Arterie verläuft median vor dem 5. Lendenwirbel, dem Promontorium (↗Bd. 1) und dem Kreuzbein. Sie gibt nach lateral die paarige *A. lumbalis ima* (die einer 5. Lumbalarterie entsprechende *Unterste Lendenarterie*) sowie *Rr. sacrales laterales* ab, die mit Aa. sacrales laterales (← A. iliaca interna, Abb. **8**–58) ein praesacrales Arteriennetz bilden.
Die A. sacralis mediana bildet vor der Steißbeinspitze das *Corpus coccygeum*, ein als arterio-venöse Knäuelanastomose aufzufassendes Glomusorgan (vgl. S. 379).

8.4.4.2 Viscerale Äste der Aorta abdominalis

Es werden nachstehend zunächst die **unpaaren Äste** beschrieben (*paarige Äste* ab S. 500).

– **Truncus coeliacus** (Abb. **8**–53, 54, 55)
Der kurze *Bauchhöhlenstamm* entspringt *vor dem 12. Brustwirbelkörper* und damit noch im Bereich des Hiatus aorticus (zwischen Crus dextrum und Crus sinistrum der Pars lumbalis diaphragmatis (↗Bd. 1), umgeben von den *Ganglia coeliaca* (↗Bd. 3).

Der nur 2 cm lange, nach ventral gerichtete Truncus coeliacus teilt sich in drei divergierende Äste („Tripus HALLERI“[1]): *A. gastrica sini-*

[1] Der „Dreifuß“ ist nach dem Schweizer ALBRECHT VON HALLER (1708–1777), Anatom in Göttingen, benannt.

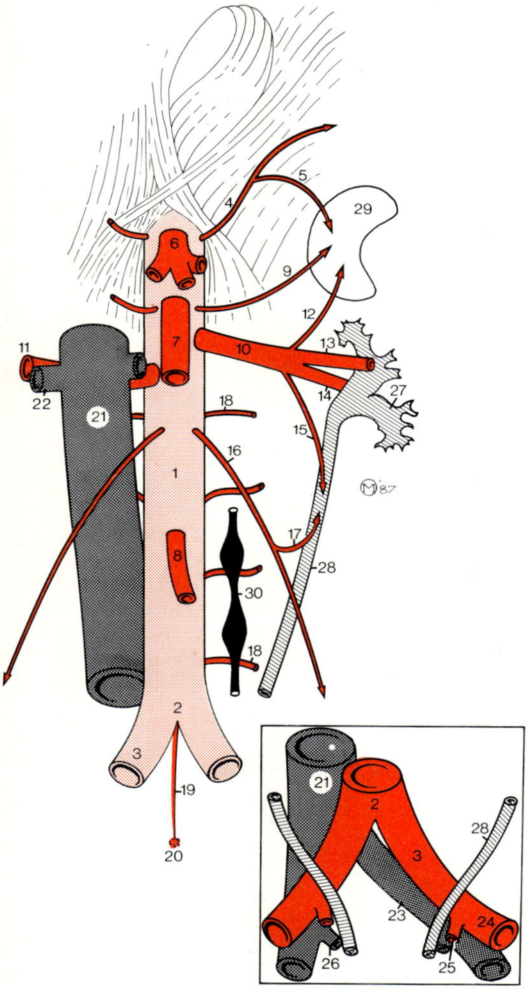

Abb. **8**–53: **Äste der Aorta abdominalis.**
Teilbild: Aa. und Vv. iliacae communes

1 Aorta abdominalis
2 Bifurcatio aortae
3 A. iliaca communis
4 A. phrenica inferior
5 A. suprarenalis superior
6 Truncus coeliacus
7 A. mesenterica superior
8 A. mesenterica inferior

stra, *A. lienalis* und *A. hepatica communis*. Über diese 3 Äste werden die Oberbauchorgane versorgt: Pars abdominalis des Oesophagus, Magen, Duodenum, Pancreas, Milz, Leber mit Gallenblase, Großes Netz.

(1) A. gastrica sinistra (Abb. **8**–54)
Die *Linke Magenarterie* gelangt in der *Plica gastropancreatica* ↗ (Abb. **2**–73) zur *Cardia* ↗. Von dort verläuft sie entlang der Kleinen Curvatur, um mit der *A. gastrica dextra* zu anastomosieren. Diese Arterienanastomose liegt innerhalb der Bauchfellduplikatur ↗ des *Omentum minus* ↗ (Abb. **2**–71) und entsendet zahlreiche Äste an die Magenwand.

Rami oesophageales versorgen den abdominalen Abschnitt der Speiseröhre.

(2) A. lienalis *[A. splenica]* (Abb. **8**–54, 55)
Die *Milzarterie* ist der stärkste Ast des Truncus coeliacus. Sie verläuft retroperitoneal in der *Rückwand der Bursa omentalis* ↗ und folgt dabei dem Oberrand der Bauchspeicheldrüse (Abb. **2**–77). Von der Hinterwand des Magens ist die Lienalis nur durch den capillären Spalt der Bursa omentalis getrennt; dies erklärt lebensbedrohende Blutungen aus der A. lienalis in den Magen bei penetrierenden Magengeschwüren. Durch das *Lig. lienorenale* ↗ gelangt die Arterie zum *Milzhilus*.

Äste der A. lienalis
– **Rami lienales** (*Milzäste*; Abb. **8**–54, 55), 5–6, treten in den Milzhilus (*Hilum splenicum*) ein, um sich von dort aus durch die Milztrabekel in den Segmenten der Milz (vgl. S. 627) weiter zu verästeln (vgl. S. 630 f.). Die Rr. lienales sind *funktionelle Endarterien* ↗. Von chi-

---

◁ 9 A. suprarenalis media
10 A. renalis sinistra
11 A. renalis dextra
12 A. suprarenalis inferior
13 R. anterior (a. renalis)
14 R. posterior (a. renalis)
15 R. uretericus (a. renalis)
16 A. testicularis/ovarica
17 R. uretericus (a. testicularis/ovaricae)
18 A. lumbalis
19 A. sacralis mediana
20 Corpus coccygeum
21 V. cava inferior
22 V. renalis dextra
23 V. iliaca communis
24 A. iliaca externa
25 A. iliaca interna
26 V. iliaca interna
27 Nierenbecken
28 Ureter
29 Nebenniere
30 Grenzstrang

rurgischer Bedeutung ist ein direkter Ast zur Extremitas posterior („oberer Milzpol"), der in etwa 60% der Fälle bereits früh vom Hauptstamm entspringt.

- **Aa. gastricae breves** (*Kurze Magenarterien*; Abb. **8**–54) gelangen aus dem prälienalen Abschnitt der Milzarterie über das *Lig. gastrophrenicum* ↗ zum *Fundusteil* des Magens.
- **A. gastro-epiploica [-omentalis] sinistra** (*Linke Magen-Netzarterie*; Abb. **8**–54), Fortsetzung der A. lienalis nach Abgabe der Rr. liena-

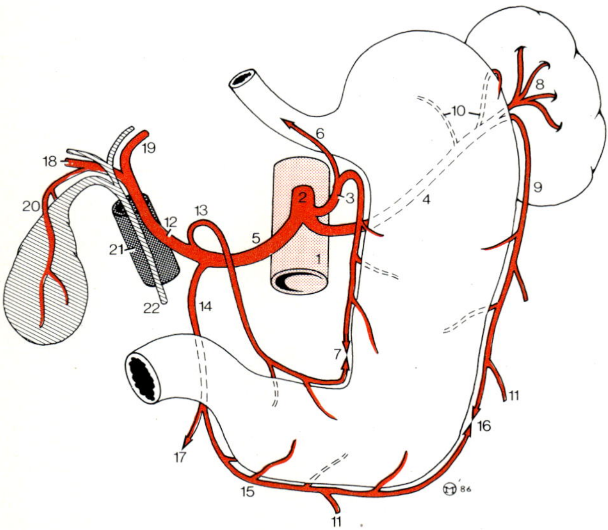

Abb. **8**–54: **Stromgebiet des Truncus coeliacus** (A: Magen, Milz, Leber; Pylorus nach unten verlagert).

1 Aorta abdominalis
2 Truncus coeliacus
3 A. gastrica sinistra
4 A. lienalis
5 A. hepatica communis
6 Rr. oesophageales
7 Anastomose zwischen A. gastrica sin. und A. gastrica dext.
8 Rr. lienales
9 A. gastro-epiploica sinistra
10 Aa. gastricae breves
11 Rr. omentales
12 A. hepatica propria
13 A. gastrica dextra
14 A. gastroduodenalis
15 A. gastro-epiploica dextra
16 Anastomose zwischen A. gastro-omentalis sin. und A. gastro-omentalis dext.
17 A. pancreaticoduodenalis sup. ant.
18 R. dexter (a. hepaticae propriae)
19 R. sinister (a. hepaticae propriae)
20 A. cystica
21 V. portae
22 Ductus choledochus

les. Sie gelangt durch das *Lig. gastrolienale [-splenicum]* zur Großen Curvatur↗ des Magens, um dort mit der *A. gastro-epiploica dextra* (← A. gastroduodenalis ← A. hepatica communis) zu anastomosieren. Aus der so gebildeten Arterienarkade entspringen *Rr. gastrici* zur Magenwand und *Rr. omentales* zum Großen Netz.
- **Rami pancreatici** (*Bauchspeicheldrüsenäste*; Abb. **8**–55) versorgen das Pancreas von der Dorsalseite her: *A. pancreatica dorsalis, A. pancreatica magna, A. caudae pancreatis*, sowie als Längsanastomose am unteren Pancreasrand *A. pancreatica inferior*.

Versorgungsgebiete der A. lienalis
- *Milz* (durch Rr. lienales);
- *Magen* (durch A. gastricae breves und A. gastro-epiploica sinistra ⇒ A. gastro-epiploica dextra ← A. gastroduodenalis, A. gastrica dextra ← A. hepatica propria und A. gastrica sinistra ← Truncus coeliacus);
- *Bauchspeicheldrüse* (durch Rr. pancreatici ⇒ Rr. pancreatici ← Aa. pancreaticoduodenales superior anterior und superior posterior sowie Ästen der A. pancreaticoduodenalis inferior ← A. mesenterica superior);
- *Großes Netz* (durch Rr. omentales ← A. gastro-epiploica sinistra, ⇒ Rr. omentales ← A. gastro-epiploica dextra).

(3) A. hepatica communis (Abb. **8**–54)
Die *Gemeinsame Leberarterie* gelangt durch die *Plica hepatopancreatica*↗ am oberen Pancreasrand nach rechts (hinter dem Pylorus) zum *Ligamentum hepatoduodenale*↗, wo sie sich in die *A. hepatica propria* (aufsteigend) und die *A. gastroduodenalis* (absteigend) teilt (Schema in Tabelle **8**–1).

Äste der A. hepatica communis
- **A. hepatica propria** (*Eigentliche Leberarterie*; Abb. **8**–54), der *aufsteigende Hauptast* der Hepatica communis, entsteht hinter dem Pylorus und setzt die Richtung der Hepatica communis (nach Abgabe der A. gastroduodenalis) fort. Nach dem Abgang der *A. gastrica dextra* (s. u.) verläuft die Hepatica propria *im Lig. hepatoduodenale zur Leberpforte*; dabei ist sie *vor der V. portae* und *links neben dem Ductus choledochus*↗ gelegen.
  In der Porta hepatis teilt sich die Hepatica propria in einen **R. dexter** und einen **R. sinister** (Abb. **2**–59). Aus diesen gehen *Segmentarterien* und je ein Ast für den Lobus caudatus hervor, die

Tab. **8**-1: Verzweigung der A. hepatica communis.

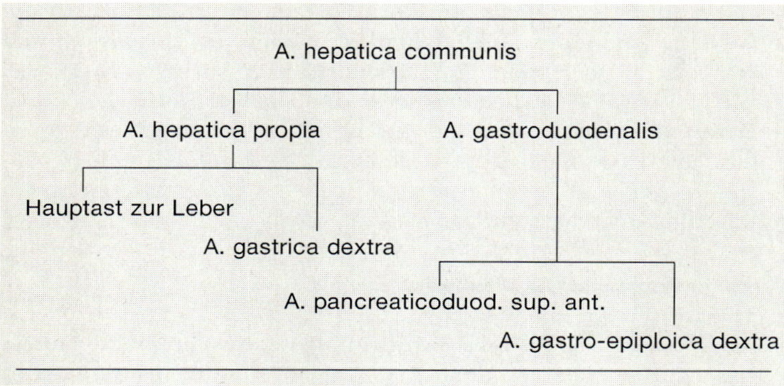

sich dann im interlobulären Bindegewebe weiter verzweigen (vgl. Abb. **2**–65).

Vor dem Eintritt in das Leberparenchym entspringt aus dem Ramus dexter die **A. cystica** (*Gallenblasenarterie*; Abb. **8**–54), die sich mit je einem Zweig an der Vorder- und Hinterwand der Gallenblase ausbreitet, sowie mit Ästen den Duct. cysticus, die Ductt. hepatici und den oberen Teil des Duct. choledochus erreicht.

Die **A. gastrica dextra** (*Rechte Magenarterie*; Abb. **8**–54) entspringt aus der Anfangsstrecke der Hepatica propria und gelangt durch das *Lig. hepatogastricum* ↗ des Kleinen Netzes an den oberen Umfang des *Pylorus*. Von dort aus folgt das Gefäß, im Ansatz des *Omentum minus* verlaufend, der *Kleinen Curvatur* des Magens, um mit der *A. gastrica sinistra* (← Truncus coeliacus) zu anastomosieren. Die aus den Aa. gastricae dextra et sinistra gebildete Arterienarkade wird von der von links nach rechts durchströmten *V. gastrica sinistra* ↗ begleitet, die nach rechts hin unmittelbar in die *Pfortader* ↗ mündet.

– **A. gastroduodenalis** (*Magen-Zwölffingerdarmarterie*; Abb. **8**–54, 55), der *absteigende Hauptast* der Hepatica communis. Die Arterie gelangt im *Lig. hepatoduodenale* hinter die *Pars superior duodeni* (oder im *Lig. hepatogastricum* hinter den Pylorus) und teilt sich etwa am Oberrand des Pancreaskopfes in die beiden Endäste: *A. gastroepiploica dextra* und *A. pancreaticoduodenalis superior anterior* (s. u.). Zuvor hat sie die **A. pancreaticoduodenalis superior posterior** (mit *Rami pancreatici* und *Rami duodenales*) sowie **Aa. retroduodenales** zur Versorgung der Rückseite des Pancreaskopfes, der Pars des-

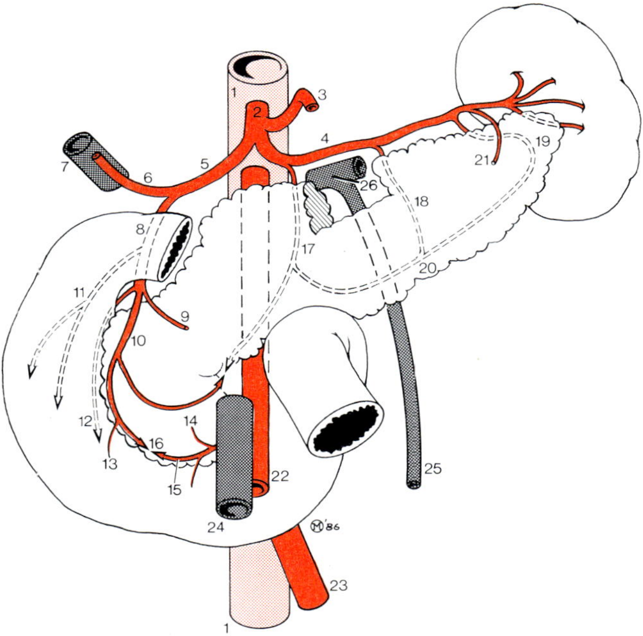

Abb. **8**–55: **Stromgebiet des Truncus coeliacus** (B: Bauchspeicheldrüse, Zwölffingerdarm).

1 Aorta abdominalis
2 Truncus coeliacus
3 A. gastrica sinistra
4 A. lienalis
5 A. hepatica communis
6 A. hepatica propria
7 V. portae
8 A. gastroduodenalis
9 A. gastro-omentalis dextra
10 A. pancreaticoduodenalis sup. ant.
11 Aa. retroduodenales
12 A. pancreaticoduodenales sup. post.
13 Rr. duodenales
14 Rr. pancreatici
15 A. pancreaticoduodenalis inferior
16 Anastomose zwischen A. pancreaticoduodenalis sup. ant. und A. pancreaticoduodenalis inf.
17 A. pancreatica dorsalis
18 A. pancreatica magna
19 A. caudae pancreatis
20 A. pancreatica inferior
21 A. gastro-omentalis sinistra
22 A. mesenterica superior
23 A. mesenterica inferior
24 V. mesenterica superior
25 V. mesenterica inferior
26 Einmündung der V. mesenterica inf. in die V. lienalis

cendens duodeni sowie des unteren Abschnitts des Duct. choledochus abgegeben.

A. gastro-epiploica [-omentalis] dextra (*Rechte Magen-Netzarterie*; Abb. **8**–54), einer der beiden Endäste der A. gastroduodenalis, verläuft im *Ansatz des Omentum majus* entlang der *Großen Curvatur* des Magens und gibt **Rr. gastrici** (Magenäste) sowie **Rr. omentales** *[epiploici]* (Netzäste) ab. Sie *anastomosiert mit der A. gastro-omentalis sinistra* (← A. lienalis). Diese arterielle Arkade wird von den dem Pfortadersystem zugehörigen Venenbogen aus *V. gastro-epiploica dextra* (← V. mesenterica superior) und *V. gastro-epiploica sinistra* (← V. lienalis) begleitet.

A. pancreaticoduodenalis superior anterior (*Obere Vordere Pancreas-Zwölffingerdarmarterie*; Abb. **8**–55), der andere Endast der A. gastroduodenalis. Sie verläuft in der *Rinne zwischen dem Pancreaskopf und dem Duodenum* (oder vor dem Pancreaskopf) und versorgt die benachbarten Organabschnitte mit **Rr. pancreatici** und **Rr. duodenales**. Im Bereich der Pars horizontalis duodeni anastomosiert sie mit der aus der Mesenterica superior↗ stammenden *A. pancreaticoduodenalis inferior*. Regelmäßig bestehen auch Verbindungen mit der *A. pancreatica dorsalis* (← A. lienalis).

Versorgungsgebiete der A. hepatica communis

- *Leber* und *Gallenblase* (durch A. hepatica propria);
- *Magen* und *Großes Netz* (durch A. gastrica dextra ← A. hepatica propria und A. gastro-epiploica dextra ← A. gastroduodenalis, ⇒ A. gastrica sinistra ← Truncus coeliacus, A. gastro-epiploica sinistra ← A. lienalis, sowie Aa. gastricae breves ← A. lienalis);
- *Bauchspeicheldrüse* (durch Rr. pancreatici ← Aa. pancreaticoduodenales superiores anterior et posterior, sowie Äste der Aa. retroduodenales, ⇒ Rr. pancreatici ← A. lienalis und Ästen der A. pancreaticoduodenalis inferior ← A. mesenterica superior);
- *Zwölffingerdarm* (durch Rr. duodenales ← Aa. pancreaticoduodenales superiores anterior et posterior sowie Äste der Aa. retroduodenales ← A. gastroduodenalis, ⇒ Ästen der A. pancreaticoduodenalis inferior ← A. mesenterica superior).

– A. mesenterica superior (Abb. **8**–53, 55)

Die *Obere Gekrösearterie* entspringt knapp unterhalb des Truncus coeliacus, etwa im Niveau des oberen Pancreasrandes aus der Bauchaorta. Sie verläuft *hinter der Bauchspeicheldrüse*, gelangt in der Incisura pancreatis *vor den Processus uncinatus*↗, überquert diesen und (gemeinsam mit der V. mesenterica superior) die *Pars horizontalis duo-*

deni, rechts von der *Flexura duodenojejunalis* (Abb. **8**–55, 56). Dabei unterkreuzt die Arterie die Radix des *Mesocolon transversum* (Abb. **2**–77). Anschließend zerfällt die Mesenterica superior in zahlreiche *Darmäste*.

Äste der A. mesenterica superior

- **A. pancreaticoduodenalis inferior** (*Untere Bauchspeicheldrüsen-Zwölffingerdarmarterie*; Abb. **8**–55), entspringt etwa am Unterrand des Pancreas und verläuft nach rechts zwischen Bauchspeicheldrüse und Zwölffingerdarm. Ihr **R. anterior** anastomosiert mit der *A. pancreaticoduodenalis superior anterior*, der **R. posterior** mit der *A. pancreaticoduodenalis superior posterior* und den *Aa. retroduodenales* (Stromgebiet des Truncus coeliacus, vgl. S. 489).
- **Aa. jejunales** und **Aa. ileales** (Abb. **8**–56), etwa 15 (12–30) *Dünndarmäste*, die *im Mesenterium*↗ zu den einzelnen Darmschlingen verlaufen. Sie bilden, untereinander anastomosierend, charakteristische mehrreihige *Arterienarkaden*, von deren Konvexität kurze Zweige (*funktionelle Endarterien*!) zur Darmwand abgehen. Die Arkadenbildung bewirkt, daß trotz der Darmmotorik die Blutversorgung stets gewährleistet bleibt.
- **A. ileocolica** (*Ileum-Dickdarmarterie*; Abb. **8**–56), nach rechts-unten verlaufende Endstrecke der Mesenterica superior. Sie gelangt als starkes Gefäß retroperitoneal in der *Radix mesenterii* in die *Ileocaecalgegend*. Die Ileocolica beteiligt sich mit einem **R. ilealis** an der Versorgung des terminalen Ileum (Anastomose mit dem Stromgebiet der Aa. ileales) und mit einem **R. colicus** an der Versorgung des Colon ascendens (Stromgebiet der A. colica dextra).
  Mit einer **A. caecalis anterior** (in der Plica caecalis vascularis, Abb. **2**–49) und einer **A. caecalis posterior** (retroperitoneal verlaufend) erreicht die Ileocolica das Caecum.
  Ein praktisch besonders wichtiger Ast der Ileocolica ist die **A. appendicularis** (Abb. **2**–53; **8**–56). Diese entspringt häufig aus dem R. ilealis, verläuft zunächst hinter dem terminalen Ileum und dann nahe dem freien Rand der *Mesoappendix*↗ („Mesenteriolum") zum Wurmfortsatz.
- **A. colica dextra** (*Rechte Dickdarmarterie*; Abb. **8**–56), verläuft retroperitoneal nach rechts zum *Colon ascendens*, an dem sie sich verzweigt. Ihre Äste anastomosieren einerseits mit der A. ileocolica (s. o.), andererseits mit der A. colica media (s. u.).
- **A. colica media** (*Mittlere Dickdarmarterie*; Abb. **8**–56), entspringt an der Radix des *Mesocolon transversum* und gelangt durch dieses hindurch mit mehreren Ästen an das *Colon transversum*. Die Colica media anastomosiert nach rechts mit der A. colica dextra, nach

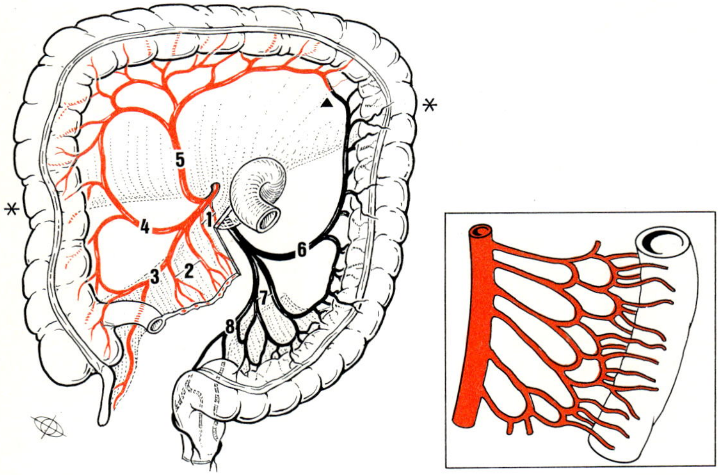

Abb. 8–56: **Stromgebiete der A. mesenterica sup.** *(rot)* **und A. mesensenterica inf.** *(schwarz)*.
Die Dünndarmschlingen und ein Teil des Mesenterium sind entfernt; das Colon transversum ist um die Radix mesocoli transversi hochgeschlagen. ** Lage der Colonflexuren, ▲ CANNON-BÖHMscher Punkt.
Teilbild: Arkadenbildung der Dünndarmarterien
1 Aa. jejunales
2 Aa. ileales (im Mesenterium)
3 A. ileocolica (in der Radix mesenterii) mit A. appendicularis (im Mesenteriolum)
4 A. colica dext.
5 A. colica media (im Mesocolon transversum)
6 A. colica sin.
7 Aa. sigmoideae (im Mesosigmoideum)
8 A. rectalis sup. (Ziffer am SUDECKschen Punkt)

links an der Flexura coli sinistra mit dem Stromgebiet der A. mesenterica inferior (vgl. S. 499).

Versorgungsgebiete der A. mesenterica superior
- *Pancreas* (durch A. pancreaticoduodenalis inferior, ⇒ Aa. pancreaticoduodenales superiores ← A. gastroduodenalis und Rami pancreatici ← A. lienalis);
- *Duodenum* (durch A. pancreaticoduodenalis inferior, ⇒ Aa. pancreaticoduodenales superiores ← gastroduodenalis und Aa. retroduodenales ← A. gastroduodenalis);

- *Jejunum* und *Ileum* (durch Aa. jejunales, Aa. ileales und A. ileocolica);
- *Caecum, Colon ascendens* und *Colon transversum* (durch A. ileocolica, A. colica dextra und A. colica media).

Durch die *A. mesenterica superior* wird somit der *Darm* vom Duodenum (teilweise) über den gesamten Dünndarm bis zur linken Colonflexur des Dickdarms versorgt.

Der Dickdarmrahmen wird im Gegensatz zum Dünndarmkonvolut (vgl. S. 497) lediglich über eine einreihige *arterielle Anastomosenkette* (Abb. **8**–56) versorgt. Diese sichert zwar die Versorgung auch in hämodynamischen Grenzsituationen, die durch die Darmmotorik und durch Bewegungen um die Mesenterien zustandekommen können, reicht jedoch nicht zur Versorgung nach Gefäßverschlüssen aus.

Die **Grenze zwischen den Versorgungsgebieten** der *A. mesenterica superior* (A. colica media) und der *A. mesenterica inferior* (A. colica sinistra) am Dickdarm liegt etwa im Bereich der *Flexura coli sinistra* (**Cannon-Böhmscher Punkt**[1]). Dieser entspricht dem aboralen Fußpunkt der embryonalen *Nabelschleife* des Darmrohrs, deren Achsengefäß die A. mesenterica superior ist.

- **A. mesenterica inferior** (Abb. **8**–55, 56)

Die *Untere Gekrösearterie* entspringt aus der Bauchaorta in großem Abstand von der Mesenterica superior (1. Lendenwirbel), nämlich im Niveau des *3.–4. Lendenwirbels* (etwa Nabelniveau). Sie verläuft retroperitoneal nach links-unten in Richtung auf das Sigmoid und überkreuzt dabei den linken *Ureter* und die *V. mesenterica inferior*. Man bekommt sie im Situs erst zu Gesicht, wenn das Dünndarmkonvolut nach rechts hinübergewälzt wird (Abb. **2**–75).

Die A. mesenterica inferior wird nicht von der *V. mesenterica inferior* begleitet; diese verläuft weiter lateral (Abb. **8**–55), etwa mit dem linken Ureter.

Äste der A. mesenterica inferior

- **A. colica sinistra** (*Linke Dickdarmarterie*; Abb. **8**–56), verläuft retroperitoneal nach links, um sich mit einem ab- und einem aufsteigenden Ast am *Colon descendens* zu verzweigen.
  Das Stromgebiet der Colica sinistra anastomosiert einerseits an der Flexura coli sinistra mit dem der A. mesenterica superior (A. colica

---

[1] Walter B. Cannon (1871–1945), Physiologe in Boston.
Gottfried Böhm (1880–1950), Röntgenologe in München.

media, s. o.), andererseits mit dem Stromgebiet der Aa. sigmoideae (s. u.).

- **Aa. sigmoideae** (*Sigmaarterien*; Abb. **8**–56), 2–3 Gefäße, die zunächst retroperitoneal schräg nach links unten, dann im *Mesocolon sigmoideum* zum *Colon sigmoideum*↗ verlaufen. Ihr Stromgebiet anastomosiert einerseits mit dem der A. colica sinistra (s. o.), andererseits mit dem der A. rectalis superior (s. u.).
- **A. rectalis superior** (früher „A. haemorrhoidalis sup.", *Obere Mastdarmarterie*; Abb. **8**–56). Dieser letzte Ast der Mesenterica inferior gelangt durch den distalsten Teil des Mesocolon sigmoideum in das *Kleine Becken* und *hinter die Flexura sacralis des Rectum* (Abb. **8**–63). Sie teilt sich dort in zwei Äste und versorgt als dessen Hauptarterie die *oberen ⅔ des Mastdarms* (entspr. der Flexura sacralis), erreicht in der Schleimhaut aber sogar die *Columnae anales*↗, um in diesen Arterienschlingen zu bilden (oxigeniertes Blut bei Hämorrhoidalblutungen!). Diese wirken als „Schwellkörper" am Analverschluß↗ mit und stehen durch arterio-venöse Anastomosen mit den Rectalvenen in Verbindung.
  Die A. rectalis superior hat in der Regel zur Mitversorgung des terminalen Sigmoid nur *eine Anastomose* mit der angrenzenden A. sigmoidea („A. sigmoidea ima"; bei Unterbrechung distal von dieser wichtigen Verbindung – SUDECK*scher Punkt*[1], Abb. **8**–56 – besteht die Gefahr einer Nekrose des Rectum!) und steht andererseits mit dem Versorgungsgebiet der Aa. rectales mediae (← Aa. iliacae internae) in Verbindung (Abb. **8**–61).

Versorgungsgebiete der A. mesenterica inferior

- *Colon descendens* (durch A. colica sinistra);
- *Colon sigmoideum* und *Mesosigmoideum* (durch Aa. sigmoideae);
- *Rectum* (durch A. rectalis superior für die oberen ⅔, ⇒ A. rectalis media ← A. iliaca interna und A. rectalis inferior ← A. pudenda interna.

Es folgt jetzt die Beschreibung der **paarigen visceralen Äste** der Bauchaorta (unpaare Äste ab S. 489).

– A. suprarenalis media (Abb. **8**–55)

Die *Mittlere Nebennierenarterie* entspringt als dünnes Gefäß meistens in Höhe der Mesenterica superior und verläuft extraperitoneal im

[1] PAUL H. M. SUDECK (1866–1945), Prof. der Chirurgie in Hamburg.

Spatium retroperitoneale ↗ nach lateral zur *Nebenniere* und versorgt diese gemeinsam mit der A. suprarenalis superior (← A. phrenica inferior) und der A. suprarenalis inferior (← A. renalis).

– A. renalis (Abb. **8**–55, 57)
Die *Nierenarterie* entspringt als großkalibriges Gefäß etwas weiter caudal als die Mesenterica superior, aber wie diese im Niveau des 1. Lendenwirbels. Das 3–5 cm lange Gefäß verläuft, meistens etwas absteigend, extraperitoneal (hinter dem Pancreas) nach lateral zum *Nierenhilus* (Abb. **4**–2). Die *linke Nierenarterie* entspringt, entsprechend der unterschiedlichen Höhenlage der Nieren (vgl. S. 175), häufig etwas höher und ist meistens kürzer als die rechte. Gelegentlich ist die Nierenarterie früh verzweigt oder von vornherein geteilt.

Die *A. renalis dextra* verläuft hinter der V. cava inferior (Abb. **8**–55). Die Vena renalis liegt in der Mehrzahl der Fälle ventro-cranial zur Arterie. Zu den topographischen Verhältnissen im Nierenhilus vgl. S. 241, Abb. **4**–2.

Äste der A. renalis

– **A. suprarenalis inferior** (*Untere Nebennierenarterie*; Abb. **8**–53), dünnes cranialwärts ziehendes Gefäß zum *unteren Pol der Nebenniere*, die es gemeinsam mit den Aa. suprarenales media et superior versorgt.
– **Ramus anterior** und **Ramus posterior** (*Vorderer und Hinterer Nierenarterienast*; Abb. **4**–2; **8**–55), die *vor bzw. hinter dem Nierenbecken* in den Hilus eintretenden Hauptgefäße.
  Der *R. anterior* teilt sich in *4 Segmentarterien* (A. segmenti superioris, A. segmenti anterioris superioris, A. segmenti anterioris inferioris, A. segmenti inferioris) für die entsprechenden Nierensegmente, der *R. posterior* setzt sich in die A. segmenti posterioris für das Hintere Nierensegment fort. Zwischen den Versorgungsgebieten des R. anterior bzw. R. posterior existiert eine operationstechnisch bedeutsame extrem gefäßarme Gewebsschicht. Bezüglich der Strombahnperipherie innerhalb der Niere vgl. S. 243.
– **Rami ureterici** (*Harnleiteräste*; Abb. **8**–55), zum proximalen Abschnitt des Ureter, in Ergänzung von dessen Versorgung durch A. testicularis (bzw. A. ovarica) und A. ductus deferentis.

Varietäten der Nierenarterien sind besonders häufig. Wichtig sind „Polarterien“, insbesondere zum Unteren Nierenpol (dann zur Versorgung des unteren Nierensegments, vgl. S. 243), die auch selbständig aus der Aorta entspringen können (Abb. **8**–57).

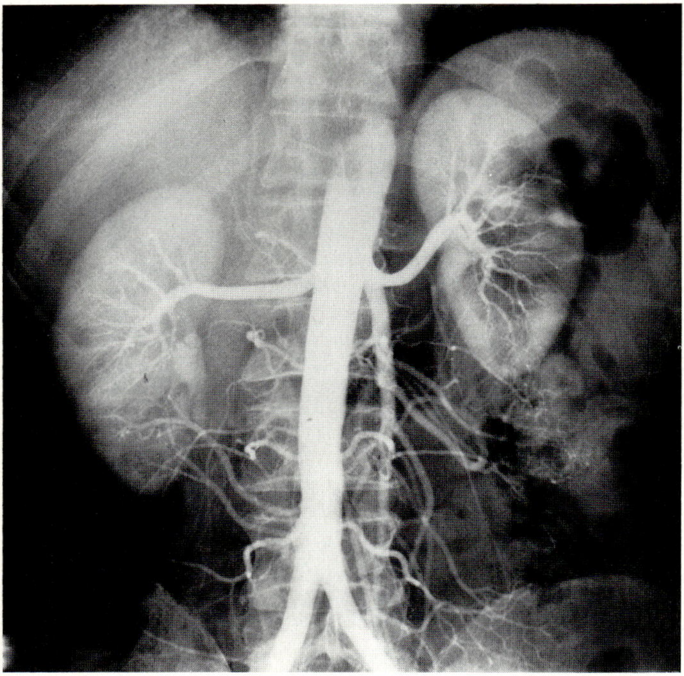

Abb. 8–57: **Übersichtsarteriographie der Pars abdominalis aortae** (Aortographie).

Versorgungsgebiete der A. renalis

- *Niere* (durch Rr. anterior et posterior);
- *Nebenniere* (durch A. suprarenalis inferior, ⇒ A. suprarenalis media ← Aorta abdominalis und A. suprarenalis superior ← A. phrenica inferior ← Aorta abdominalis);
- *Fettkapsel der Niere* (durch unregelmäßig aus den Hauptästen der Nierenarterie entspringende Ästchen, ⇒ Ästchen der A. phrenica inferior und der A. testicularis bzw. ovarica;
- *Ureter* (durch Rr. ureterici, ⇒ Ästen der A. testicularis bzw. ovarica ← Aorta abdominalis und der A. ductus deferentis ← A. umbilicalis ← A. iliaca interna).

– A. testicularis (Abb. 8–55)

Die *Hodenarterie* entspringt (relativ häufig doppelt) als nur etwa 1 mm starkes Gefäß im *Niveau des 2. Lendenwirbelkörpers*, somit caudal vom Abgang der Aa. renales, aus der Ventralseite der Aorta. Die

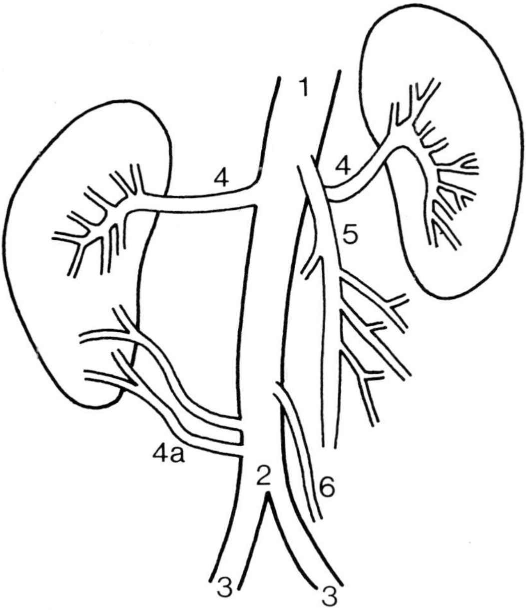

1 Pars abdominalis aortae
2 Bifurcatio aortae
3 Aa. iliacae communes
4 Aa. renales
4a untere Polarterien der rechten Niere (Varietät)
5 A. mesenterica sup.
6 A. mesenterica inf.

20–30 cm lange Arterie zieht im Spatium retroperitoneale schräg nach unten-seitlich zum Eingang des *Leistenkanals* (↗Bd. 1) und durch diesen zum *Hoden*. Das im Vergleich mit der Lage des versorgten Organs bemerkenswert weit cranial gelegene Ursprungsniveau wird durch die *Entwicklungsgeschichte* (vgl. Descensus testis↗) verständlich.

Die **topographischen Beziehungen** sind wegen der langen Verlaufsstrecke vielfältig.

Die A. testicularis verläuft vor dem *M. psoas*, rechtsseitig nach Überquerung der *V. cava inferior*.

Vor dem Psoas überkreuzt die Testicularis den *Ureter* und erzeugt bei diesem eine Engstelle. Etwa von dieser Stelle an wird sie peripherwärts von der *V. testicularis* begleitet, die sich zentralwärts von der Arterie trennt, um links in die V. renalis, rechts in die V. cava inferior zu münden (Abb. **8**–77).

Dem Psoas folgend gelangt die A. testicularis retroperitoneal und vor den Vasa iliaca externa zum Leistenband (↗Bd. 1), um oberhalb von diesem gemeinsam mit dem *Ductus deferens* in den *Anulus inguinalis profundus* (↗Bd. 1) einzutreten. Nach Passage des *Leistenkanals* verläuft die A. testicularis gemeinsam mit dem Ductus deferens (stark geschlängelt und vom *Plexus pampiniformis*↗ umgeben) innerhalb des *Funiculus spermaticus*↗ in das Scrotum und gelangt entlang dem Nebenhoden an die *Extremitas inferior des Hodens*.

Äste der A. testicularis

- **Hodenäste** verlaufen zunächst in der *Tunica albuginea*↗, ehe sie unter weiterer Verzweigung von peripher her in Richtung auf das Mediastinum testis↗ in das Innere des Organs eindringen.
- **Rami epididymales** (*Nebenhodenäste*) ergänzen die Hauptversorgung des Nebenhodens (A. ductus deferentis ← A. umbilicalis). Am Nebenhodenkopf besteht regelmäßig eine *Anastomose* zwischen der A. testicularis und der A. ductus deferentis.
- Rami ureterici (*Harnleiteräste*; Abb. **8**–55) versorgen den *mittleren Abschnitt* des Harnleiters und ergänzen dessen proximale bzw. distale Versorgung durch Äste der A. renalis bzw. der A. ductus deferentis.

Versorgungsgebiete der A. testicularis

- *Hoden* (durch terminale Organäste);
- *Nebenhoden* (durch Rami epididymales, ⇒ Ästen der A. ductus deferentis ← A. umbilicalis ← A. iliaca interna);
- *Ureter* (durch Rami ureterici, ⇒ Ästen der A. renalis und der A. ductus deferentis).

– A. ovarica (Abb. **8**–53)

Die *Eierstockarterie* entspricht bezüglich Ursprung und Anfangsteil des Verlaufs bis zum Rand des Kleinen Beckens vollständig der A. testicularis (vgl. S. 503 f.).

Die Ovarica biegt am Rand des Kleinen Beckens nach medial (unter Überkreuzung der Vasa iliaca externa) in das Kleine Becken hinein, um im *Ligamentum suspensorium ovarii*↗ zu den Adnexen zu gelangen (Abb. **6**–1).

Äste der A. ovarica

- **Rr. ovarici** (*Eierstockäste*) entspringen aus der in der Basis des *Mesovarium* ↗ verlaufenden Anastomose (*„Eierstockarkade"*) mit dem R. ovaricus ← A. uterina (Abb. **6**–1) und dringen vom *Hilum ovarii* ↗ aus in die gefäßreiche *Marksubstanz* vor.
- **Rami tubarii** (*Eileiteräste*) anastomosieren in der *Mesosalpinx* ↗ mit dem R. tubarius ← A. uterina.
- **Rami ureterici** (*Harnleiteräste*) versorgen den *distalen Abschnitt* des Ureter, dort ergänzt durch Äste der Rr. vaginales ← A. uterina.

Versorgungsgebiete der A. ovarica

- *Ovarium* (durch terminale Organäste, ⇒ R. ovaricus ← A. uterina);
- *Tuba uterina* (durch Rr. tubarii, ⇒ R. tubarius ← A. uterina);
- *Ureter* (durch Rr. ureterici, ⇒ Ästen der A. renalis und der A. uterina).

8.4.5 Stromgebiet der A. iliaca communis

Die beiden *Gemeinsamen Darmbeinarterien* (Abb. **8**–53) entstehen durch Teilung der Bauchaorta (*Bifurcatio aortae*) vor dem 4. Lendenwirbel oder der diesem folgenden Bandscheibe. Die 4–6 cm lange A. iliaca communis verläuft *nach latero-caudal* zum *Sacroiliacalgelenk* (Art. sacroiliaca, ↗ Bd. 1), vor welchem sie sich in die *A. iliaca interna* und die *A. iliaca externa* gabelt (Abb. **8**–58). Das Gefäß hat *keine eigenen Äste*.

Die **Versorgungsgebiete** der Iliaca communis (über Aa. iliacae interna und externa) umfassen die gesamte *Untere Extremität* einschließlich des Beckengürtels, die *Beckeneingeweide*, den *Damm* und das *Äußere Genitale*.

Die **topographischen Beziehungen** (Abb. **8**–55) sind zunächst einmal dadurch gekennzeichnet, daß die Iliaca communis, unmittelbar unter dem Peritoneum liegend, dem medialen Rand des *M. psoas* distalwärts folgt. Wichtig ist weiterhin die Lagebeziehung zu den *großen Venen*: Da die Vereinigung der Vv. iliacae communes zur V. cava inferior rechts von der Bifurcatio aortae liegt, muß die rechte A. iliaca communis die linke V. iliaca communis überkreuzen; sie überkreuzt dann auch noch die rechte V. iliaca communis, um an deren laterale Seite zu gelangen. Nahe der Teilungsstelle wird die A. iliaca communis (oder die A. iliaca externa) vom *Ureter* überkreuzt (mit relativer Enge des Ureters).

8.4.5.1 A. iliaca interna

Die *Innere Darmbeinarterie* (Abb. **8**–58) entsteht durch Teilung der Iliaca communis *vor dem Sacroiliacalgelenk.* Sie zweigt meist spitzwinklig von der Achse Iliaca communis – Iliaca externa ab, um über die *Linea terminales* hinweg wandständig in das *Kleine Becken* zu gelangen. Die etwa 4 cm lange Arterie erreicht in leicht nach vorn konvexem

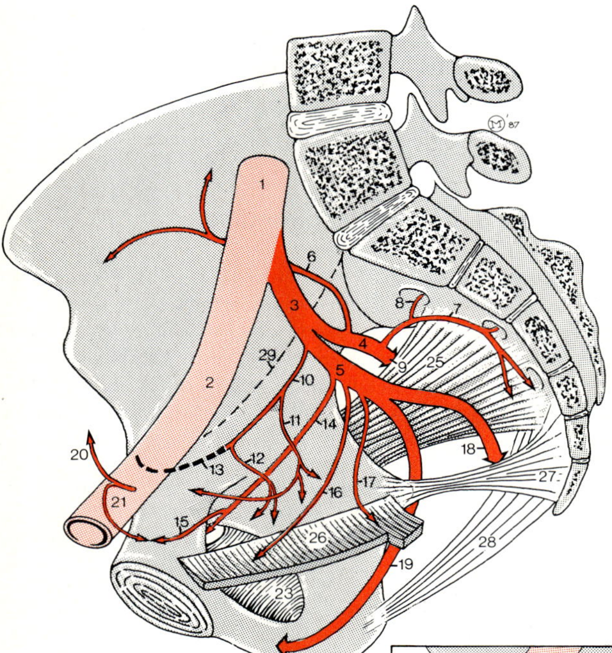

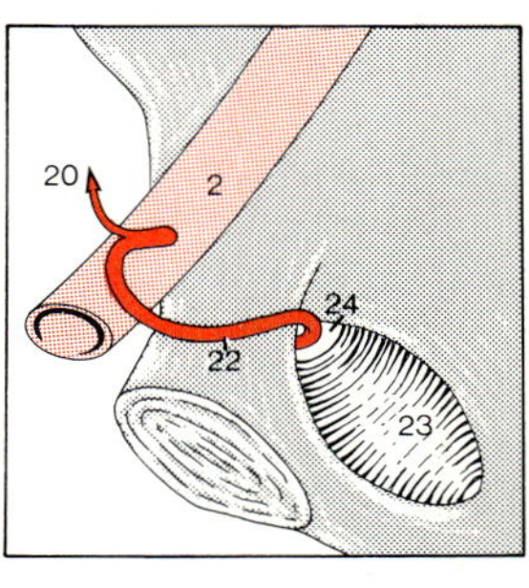

Bogen den Oberrand des *Foramen ischiadicum majus* (↗Bd. 1), wo sie sich in der Regel in einen *hinteren* und einen meist stärkeren *vorderen Hauptast* teilt.

Topographische Beziehungen. Die Iliaca interna verläuft im *subperitonealen* Bindegewebe über den hinteren Umfang des *Beckeneingangs* (Linea terminalis). Sie liegt dabei dicht benachbart zum *Ureter* (Abb. **8**–53) und ventro-lateral zur begleitenden *V. iliaca interna*.

Für die **Astfolge** ist kennzeichnend, daß aus dem schwächeren *hinteren Hauptast* (s. o. und Tabelle **8**–2) ausschließlich parietale Äste

Tab. **8**-2: Verzweigung der A. iliaca interna.

	Hinterer Hauptast	**Vorderer Hauptast**
Parietale Äste	A. iliolumbalis Aa. sacrales laterales A. glutea superior	A. glutea inferior A. obturatoria A. pudenda interna
Viscerale Äste		A. umbilicalis A. vesicalis inferior A. uterina A. rectalis media

◁ Abb. **8**–58: **Astfolge der A. iliaca interna** (rechte Beckenhälfte v. innen).
Teilbild: Corona mortis

1 A. iliaca communis
2 A. iliaca externa
3 A. iliaca interna
4 Hinterer Hauptast
5 Vorderer Hauptast
6 A. iliolumbalis
7 Aa. sacrales laterales
8 R. spinalis
9 A. glutea superior (im For. supra-piriforme)
10 A. umbilicalis (Pars patens)
11 A. ductus deferentis
12 Aa. vesicales superiores
13 Pars occlusa
14 A. obturatoria
15 R. pubicus
16 A. vesicalis inferior
17 A. rectalis media
18 A. glutea inferior (im For. infrapiriforme)
19 A. pudenda interna (im For. ischiadicum minus)
20 A. epigastrica inferior
21 R. pubicus
22 R. obturatorius (A. obturatoria accessoria)
23 Membrana obturatoria
24 Canalis obturatorius
25 M. piriformis
26 Diaphragma pelvis
27 Lig. sacrospinale
28 Lig. sacrotuberale
29 Linea terminalis

(Rumpfwandäste: A. iliolumbalis, Aa. sacrales laterales, A. glutea superior), aus dem stärkeren *vorderen Hauptast* dagegen sowohl parietale Äste (A. glutea inferior, A. obturatoria, A. pudenda interna) als viscerale Äste (Eingeweideäste: A. umbilicalis, A. vesicalis inferior, A. uterina, A. rectalis media) hervorgehen.

Parietale Äste der A. iliaca interna

- **A. iliolumbalis** (Abb. **8**–58)
  Die *Darmbein-Lendenarterie* verläuft hinter den Iliacalgefäßen und hinter dem M. psoas nach lateral in die *Fossa iliaca* (↗Bd. 1). Ein **R. lumbalis** versorgt den M. psoas sowie den M. quadratus lumborum und erreicht mit einem **R. spinalis** den Wirbelkanal (zwischen 5. Lendenwirbel und Kreuzbein).
  Ein **Ramus iliacus** versorgt den M. iliacus sowie das Darmbein und anastomosiert mit der A. circumflexa ilium profunda (← A. iliaca externa).
- **Aa. sacrales laterales** (Abb. **8**–58)
  Die *Seitlichen Kreuzbeinarterien* verlaufen seitlich der Foramina sacralia pelvina (↗Bd. 1) und bilden mit der A. sacralis mediana (← Aorta abdominalis, s. Abb. **8**–53) ein arterielles Geflecht. Außer dem Kreuzbein werden von den Aa. sacrales laterales der *M. piriformis* und Teile des *M. levator ani* versorgt.
  Rami spinales (Abb. **8**–58) gelangen durch die Foramina sacralia pelvina in den Sacralkanal.
- **A. glutea superior** (Abb. **8**–58, 59)
  Die *Obere Gesäßarterie* kreuzt den Truncus lumbosacralis (↗Bd. 3) und verläßt das Kleine Becken durch das *„Foramen suprapiriforme“* (suprapiriforme Abteilung des Foramen ischiadicum majus, ↗Bd. 1). Hierdurch gelangt die Arterie (mit Vv. gluteae superiores und dem N. gluteus superior) in die *Regio glutealis* (Gesäßgegend, Abb. **8**–59). Dort verzweigt sich der **R. superficialis** zwischen den Mm. gluteus medius und gluteus maximus, der **R. profundus** (mit *R. superior* und *R. inferior*) zwischen den Mm. gluteus medius und gluteus minimus, um diese zu versorgen.
- **A. glutea inferior** (Abb. **8**–58, 59)
  Die *Untere Gesäßarterie* durchsetzt als parietaler Endast des vorderen Hauptastes der Iliaca interna den auf dem M. piriformis gelegenen *Plexus sacralis* (↗Bd. 3), um anschließend das Kleine Becken durch das *„Foramen infrapiriforme“* (infrapiriforme Abteilung des Foramen ischiadicum majus, ↗Bd. 1) zu verlassen. Hierdurch gelangt die Arterie (mit Vv. gluteae inferiores, dem N. gluteus inferior, dem N. ischiadicus und den Pudendalleitungsbahnen; s. S. 511) in die *Regio glutealis* (Gesäßgegend). Beim Eintritt in die Glutealregion liegt die A. glutea inferior zwischen dem *N. is-*

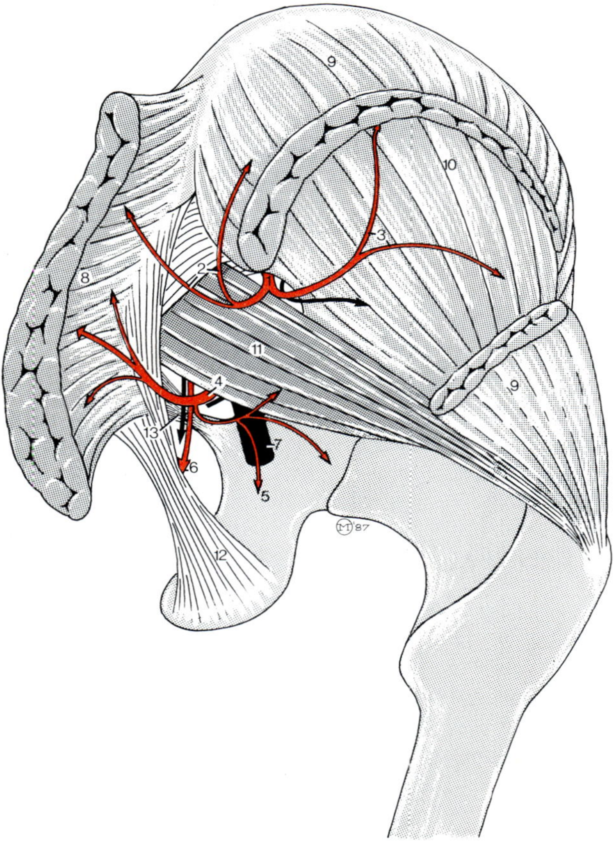

Abb. 8–59: **Äste der A. iliaca interna in der tiefen Gesäßregion** (rechte Seite v. dorsal).

1 A. glutea superior (mit N. gluteus sup.) im „Foramen suprapiriforme“
2 R. superficialis
3 R. profundus
4 A. glutea inferior (mit N. gluteus inf.) im „Foramen infrapiriforme“
5 A. comitans nervi ischiadici
6 A. pudenda interna (mit N. pudendus) im Foramen ischiadicum minus
7 N. ischiadicus
8 M. gluteus maximus (nach medial zurückgeschlagen)
9 M. gluteus medius (reseziert)
10 M. gluteus minimus
11 M. piriformis
12 Lig. sacrotuberale
13 Lig. sacrospinale

chiadicus (lateral) und der *A. pudenda interna* (medial); Abb. **8**–59. Die Glutea inferior versorgt durch ihre Verzweigung im subglutealen Bindegewebe („Stratum subgluteum") zwischen dem *M. gluteus maximus* einerseits und den *Mm. piriformis, obturatorius internus* und *quadratus femoris* andererseits diese benachbarten Muskeln. Die A. glutea inferior bildet ein ausgedehntes *Anastomosengebiet* mit den Aa. glutea superior und obturatoria (← A. iliaca interna) sowie den Aa. circumflexa femoris medialis und perforantes (← A. profunda femoris).

Eine **A. comitans nervi ischiadici** (Abb. **8**–59) schließt sich dem N. ischiadicus an. Phylogenetisch gesehen entspricht dieses kleine Gefäß der Hauptarterie der Unteren Extremität; auch bei Säugern wird sie embryonal als A. ischiadica angelegt, bildet sich jedoch in der Regel weitgehend zurück.

– **A. obturatoria** (Abb. **8**–58, 62)
Die *Arterie des Obturatoriuskanals* (ein weiterer parietaler Ast des vorderen Hauptastes der Iliaca interna) verläuft subperitoneal auf der *seitlichen Wand* des Kleinen Beckens, *unterhalb der Linea terminalis*, nach vorn. Sie verläßt (gemeinsam mit der V. obturatoria und dem N. obturatorius) den Beckenbereich durch den 2–3 cm langen *Canalis obturatorius* (↗Bd. 1, seltene Bruchpforte!), um innerhalb des *Ursprungsrings der Adductoren* (↗Bd. 1) in den proximalsten Bereich des *Oberschenkels* zu gelangen (Abb. **8**–62).
Innerhalb des Beckens dringen Muskeläste der Obturatoria in die *Mm. psoas major* und *obturatorius internus* ein. Ein **R. pubicus** (Abb. **5**–58) anastomosiert auf der Rückseite der Symphyse (Symphysis pubica ↗Bd. 1) mit dem *R. pubicus der A. epigastrica inferior.*

Diese *Anastomose* verläuft um den medialen Rand des *Anulus femoralis* (Schenkelring, Abb. **8**–62; ↗Bd. 1). Wenn sie, was nicht ganz selten ist, dadurch großkalibrig wird, daß die *A. obturatoria aus der A. epigastrica inferior* entspringt (Abb. **8**–58), wird seit altersher von einer **„Corona mortis"** (Todeskranz) gesprochen. Diese wurde in der Chirurgie vergangener Jahrhunderte, als man *Schenkelhernien* in der Tiefe (ohne Beobachtung des Auges) durch Spaltung des medialen Randes des Schenkelringes operierte, zuweilen zur Ursache einer tödlichen Blutung.

Am *Oberschenkel* gelangt die A. obturatoria mit einem **R. anterior** (auf dem M. adductor brevis) und einem **R. posterior** (unter dem M. adductor brevis) in das Ursprungsgebiet der Adductorengruppe, zum M. obturatorius externus und in die tiefe Schicht der äußeren Hüftmuskeln.
Der R. posterior gibt einen **R. acetabularis** ab, der (gemeinsam mit dem gleichnamigen Ast der A. circumflexa femoris medialis ←

A. profunda femoris↗) durch die *Incisura acetabuli* und das *Ligamentum capitis femoris* den Femurkopf erreicht (Abb. **8**–62, 65).

– **A. pudenda interna** (Abb. **8**–58, 59, 60)
Die *Innere Schamarterie*, die wegen ihres Versorgungsgebietes am Beckenboden ebenfalls den parietalen Ästen der Iliaca interna zuzurechnen ist, verläuft nach ihrem Abgang aus dem vorderen Hauptast zunächst *auf dem Plexus sacralis* (A. glutea inferior *zwischen* den Plexuswurzeln, vgl. S. 508). Sie verläßt dann, wie die Glutea inferior, den Beckenraum durch das „*Foramen infrapiriforme*" (Abb. **8**–58, 59).
Im Gegensatz zur Glutea inferior, die sich in der Gesäßgegend verzweigt, tritt die Pudenda (jetzt begleitet vom *N. pudendus*) nach kurzem Verlauf über die Außenfläche der *Spina iliaca* (Abb. **8**–59) alsbald durch das *Foramen ischiadicum minus* (↗Bd. 1) wieder in das Becken zurück. Der Sinn dieses „Umweges" durch die Gesäßregion liegt darin, daß die Pudendalleitungsbahnen auf diese Weise aus der supra- in die subdiaphragmale Etage des Beckens (vgl. S. 363) gelangen und zwar durch *Umlaufen des Beckenbodens* und nicht mittels Durchbohrung desselben.
Die subdiaphragmale Etage des Beckens ist die *Fossa ischio-analis*↗. In dieser verläuft die A. pudenda interna (mit dem N. pudendus) nicht zentral im Corpus adiposum, sondern *wandständig im Canalis pudendalis*↗ (ALCOCKscher Kanal; Abb. **7**–3; **8**–60, 61) entlang dem Sitzbeinast.
Die **Äste der A. pudenda interna** gelangen außer zur *Damm-Muskulatur* an das *terminale Rectum* sowie die *äußeren Geschlechtsorgane*.
  – **A. rectalis inferior** (Abb. **8**–60, 61). Die *Untere Mastdarmarterie* (manchmal mehrfach) durchzieht (mit Nn. rectales inferiores) nach dem Durchtritt durch die Wand des ALCOCKschen Kanals den Fett- und Bindegewebskörper des Fossa ischioanalis in medialer Richtung zum *Anus*. Sie versorgt beide Sphincteren (↗S. 134) und die Haut im Analbereich. Ausgiebige *Anastomosen* (Abb. **8**–61) bestehen mit der Arterie der Gegenseite und mit den Verzweigungen der A. rectalis media.
  – **A. perinealis** (Abb. **8**–60). Die *Dammarterie* entspringt am Hinterrand des Diaphragma urogenitale. Sie entläßt die oberflächlich zur *Fascia perinei superficialis* (mit Nn. scrotales bzw. labiales posteriores) verlaufenden **Rr. scrotales posteriores** (bzw. **labiales posteriores**) zur Versorgung des dorsalen Teils des Hodensackes (bzw. der Großen Schamlippen).
  Der Hauptstamm gelangt (mit Rr. musculares der Nn. perinea-

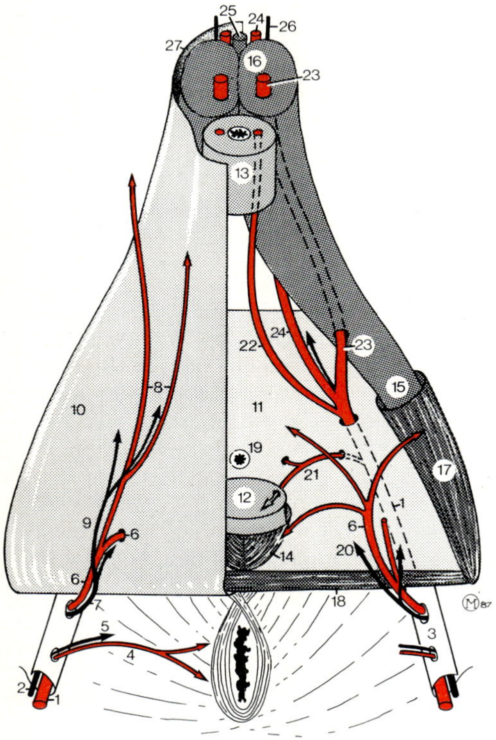

Abb. **8–60**: **A. pudenda interna** (Beckenboden von unten).
Die Fascia perinealis ist über der linken Hälfte des Beckenbodens entfernt, um die Inhaltsgebilde des Spatium perinei superficiale und das Diaphragma urogenitale sichtbar zu machen.

1 A. pudenda interna
2 N. pudendus
3 Canalis pudendalis (Alcock)
4 A. rectalis inferior
5 Nn. rectales inferiores
6 A. perinealis
7 Nn. perineales
8 Rr. scrotales posteriores
9 Nn. scrotales posteriores
10 Fascia perinei superficialis
11 Fascia diaphragmatis urogenitalis inferior
12 Bulbus penis
13 Corpus spongiosum penis
14 M. bulbospongiosus
15 Crus penis
16 Corpus cavernosum penis
17 M. ischiocavernosus
18 M. transversus perinei superficialis
19 Urethra
20 Rr. musculares der Nn. perineales
21 A. bulbi penis

les) in das *Spatium perinei superficiale* ↗ und an die *Mm. ischiocavernosus* und *bulbospongiosus*.

Die *A. pudenda interna* selbst verläuft (nach dem vorderen Ende des ALCOCKschen Kanals) zunächst *oberhalb des Diaphragma urogenitale* (im „Recessus pubicus" der Fossa ischioanalis) nach vorn, durchsetzt dann das Diaphragma, um sich im *Spatium perinei superficiale* ↗ an der *Basis penis* (bzw. *clitoridis*) in die beiden *Endäste, A. profunda penis* (bzw. *clitoridis*) und *A. dorsalis penis* (bzw. *clitoridis*) zu teilen (Abb. **8**–60).

– **A. bulbi penis** (bzw. **A. bulbi vestibuli**; Abb. **8**–60). Die *Arterie der Peniszwiebel* (bzw. Vorhofzwiebel) durchsetzt das Diaphragma urogenitale in dessen hinterem Bereich. Sie tritt im *Spatium perinei superficiale* in den *Bulbus penis* ein, um das *Corpus spongiosum penis* (bzw. den *Bulbus vestibuli*) zu erreichen; beim Mann wird sie bei der Versorgung des Corpus spongiosum penis durch die A. urethralis (s. u.) ergänzt.
  Die A. bulbi penis gibt weiterhin Ästchen an die hinter dem Bulbus gelegene *Glandula bulbo-urethralis* ↗, sowie den Muskel des Diaphragma urogenitale, den *M. transversus perinei profundus* ↗ ab.
  Bei der Frau versorgt die *A. bulbi vestibuli* entsprechend die *Glandula vestibularis major* ↗.
– **A. urethralis** (Abb. **8**–60). Die nur beim Mann vorkommende *Harnröhrenarterie* entspringt aus dem Stamm der Pudenda interna oder aus der A. dorsalis penis. Das dünne Gefäß, das die A. bulbi penis ergänzt, dringt in das *Corpus spongiosum penis* ein und begleitet die Urethra bis in die Glans penis.
– **A. profunda penis** (bzw. **A. profunda clitoridis**; Abb. **5**–19a; **8**–60). Die *Tiefe Penisarterie* (bzw. *Kitzlerarterie*), der eine Endast der Pudenda interna (neben der A. dorsalis penis), tritt im Bereich des Spatium perinei superficiale unter Durchbohrung der *Tunica albuginea* ↗ in das *Crus penis* (bzw. *Crus clitoridis* ↗) ein. Sie verläuft dann geschlängelt in der Achse des betreffenden *Corpus cavernosum penis* (bzw. *Corpus cavernosum clitoridis*) nach vorn bis in die Spitze des Schwellkörpers. Die Profunda penis speist einerseits ein Capillarnetz zur Ernährung des Schwellkörpergewebes; andererseits gibt sie in der proximalen Hälfte des

◁ 22 A. urethralis
23 A. profunda penis
24 A. dorsalis penis
25 V. dorsalis penis profunda
26 N. dorsalis penis
27 Fascia penis profunda

Schwellkörpers zahlreiche stark geschlängelte **Arteriae helicinae** (sog. „Rankenarterien") ab, die im Zusammenhang mit dem Erectionsmechanismus stehen (vgl. S. 305). Die A. profunda penis *anastomosiert* sowohl mit der der anderen Seite als mit der A. dorsalis penis.

- **A. dorsalis penis** (bzw. **A. dorsalis clitoridis**; Abb. **8**–60). Die *Penisrückenarterie* (bzw. *Kitzlerrückenarterie*) verläuft als der andere Endast der Pudenda interna im *Spatium perinei superficiale* weiter nach medial und gelangt auf die *Dorsalseite des Corpus cavernosum penis*. Dort liegt sie innerhalb der *Fascia penis profunda* (Abb. **8**–60). Zwischen den beiden Aa. dorsales penis (von den Nn. dorsales penis begleitet) liegt die unpaare *V. dorsalis penis profunda* ↗.

  Die A. dorsalis penis gibt Äste an den *distalen Teil des Corpus spongiosum* ab und versorgt dann das *Praeputium* und vor allem die *Glans penis* (bzw. *Glans clitoridis*), wobei sie in der Corona glandis eine starke Anastomose mit der Arterie der anderen Seite bildet.

Viscerale Äste der A. iliaca interna

- **A. umbilicalis** (Abb. **8**–58)

  Die *Nabelarterie* (paarig, im Gegensatz zu der unpaaren V. umbilicalis) führt im *fetalen Kreislauf* desoxigeniertes Blut zur Placenta zurück. Postnatal obliteriert der distale Abschnitt der Arterie und bildet das an der vorderen Bauchwand zum Nabel aufsteigende *Lig. umbilicale mediale* in der *Plica umbilicalis medialis* (Abb. **2**–68). Im Gegensatz zu dieser **Pars occlusa** der A. umbilicalis bleibt deren proximaler Abschnitt als **Pars patens** offen; von diesem durchströmten Teil gehen folgende Eingeweideäste ab:

  - **A. ductus deferentis** (Abb. **8**–58)

    Beim Mann verläuft die *Samenleiterarterie* im Bogen an den Blasengrund und folgt von dort an dem *Ductus deferens* zum *Inneren Leistenring* (Abb. **7**–1) und im *Funiculus spermaticus* ↗ zum *Nebenhoden*, wo regelmäßig eine *Anastomose* zur A. testicularis besteht.

    Rami ureterici (*Harnleiteräste*) versorgen die distale Ureterstrecke (vgl. S. 265).

  - **Aa. vesicales superiores** (Abb. **8**–58)

    Meistens mehrere *Obere Harnblasenarterien* zum *Apex* und zum *Corpus vesicae*.

- **A. vesicalis inferior** (Abb. **8**–58)

  Die *Untere Harnblasenarterie* gelangt oberhalb des Beckenbodens zum *Fundus vesicae*, versorgt diesen und beim Mann *Prostata* und *Vesicula seminalis*, bei der Frau die *Vagina*.

- **A. rectalis media** (Abb. 8–58, 61)
  Die *Mittlere Mastdarmarterie* gelangt oberhalb des Beckenbodens (somit im „Spatium pelvis subperitoneale" ↗) an die *Ampulla recti*. Sie *anastomosiert* sowohl oralwärts mit der A. rectalis superior (← A. mesenterica inferior) als analwärts mit der A. rectalis inferior (← A. pudenda interna).
  Die A. rectalis media gibt beim Mann inkonstante Ästchen an Prostata und Samenblase, bei der Frau an die Vagina, bei beiden Geschlechtern an den M. levator ani ab.

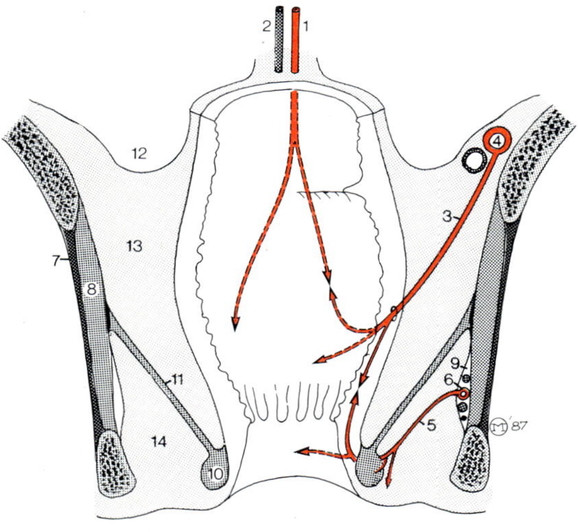

Abb. **8–61**: **Arterielle Versorgung des Rectum** (Frontalschnitt durch das Kleine Becken, Ansicht v. ventral).

1 A. rectalis superior
2 V. rectalis superior
3 A. rectalis media
4 A. iliaca interna
5 A. rectalis inferior
6 A. pudenda interna
7 Membrana obturatoria
8 M. obturatorius internus
9 ALCOCKscher Kanal
10 M. sphincter ani externus
11 M. levator ani
12 Cavum pelvis peritoneale
13 Spatium pelvis subperitoneale
14 Corpus adiposum fossae ischioanalis

Die bisher beschriebenen Hauptäste der Iliaca interna kommen *bei beiden Geschlechtern* vor, die nachstehenden *nur im weiblichen Geschlecht*.

- **A. uterina** (Abb. **6**–1)
  Die *Gebärmutterarterie* ist bei der Frau der stärkste Eingeweideast der Iliaca interna. Das Gefäß entspricht der A. ductus deferentis des Mannes und entspringt wie diese aus dem Anfangsteil der A. umbilicalis (vgl. Abb. **8**–58) oder aus dem Winkel zwischen dieser und dem vorderen Hauptast der Iliaca interna.
  Die A. uterina verläuft von der seitlichen Beckenwand aus quer auf die *Cervix uteri* zu; sie liegt dabei im parametranen Bindegewebe in der *Basis des Lig. latum* (vgl. „Lig. cardinale"↗). Neben der Cervix uteri überkreuzt die A. uterina in charakteristischer (und operationstechnisch wichtiger) Weise den *Ureter* (Abb. **6**–1).
  Am Gebärmutterhals gibt die A. uterina absteigende **Rr. vaginales** zur Scheide ab, ehe sie stark geschlängelt (Reserve für das Wachstum des Uterus in der Schwangerschaft) an der *Seitenkante des Uterus* (im Ansatz des Lig. latum) aufsteigt. Zahlreiche Seitenäste dringen in das Myometrium ein, von wo aus das Endometrium mit radiär verlaufenden **Rr. helicini** (Spiralarterien, vgl. S. 322) versorgt wird.
  Am *Uterustubenwinkel* teilt sich die A. uterina in die nach lateral verlaufenden *R. ovaricus* und *R. tubarius* (Abb. **6**–1).
  Der **R. ovaricus** verläuft in der Wurzel des *Mesovarium* und anastomosiert dort mit einem entsprechenden Ast der *A. ovarica*↗, so die sogenannte **Eierstockarkade** bildend. Von dieser aus gelangen zahlreiche Arterienzweige über das *Mesovarium* zum *Hilum ovarii*, um im Inneren des Organs die Follikel umspinnende Gefäßnetze zu bilden.
  Der **R. tubarius** anastomosiert in der *Mesosalpinx* mit einem entsprechenden Ast der *A. ovarica*. Von dieser Anastomose aus wird der Eileiter mit zahlreichen Ästchen versorgt.
- **A. vaginalis**
  Häufig entspringt eine selbständige *Scheidenarterie* direkt aus dem vorderen Hauptast der Iliaca interna. Sie bildet mit den Scheidenästen der A. uterina (Abb. **6**–1), A. vesicalis inferior und A. rectalis media ein dichtes Gefäßnetz.

Die **Versorgungsgebiete** der A. iliaca interna umfassen einerseits mit dem Beckengürtel und dem Damm *parietale* Bereiche, andererseits mit den Beckeneingeweiden einen *visceralen* Bereich.

Parietale Versorgungsgebiete der A. iliaca interna

- *M. iliopsoas, M. quadratus lumborum* (durch A. iliolumbalis und A. obturatoria, ⇒ Aa. lumbales ← Aorta abdominalis);

- *Wirbel- bzw. Sacralkanal* (durch Rr. spinales ← Aa. iliolumbalis ← Aa. sacrales laterales);
- *N. ischiadicus* (durch A. comitans n. ischiadici ← A. glutea inferior);
- *Mm. adductorii* (durch A. obturatoria, ⇒ R. ascendens ← A. circumflexa femoris medialis);
- *Beckenbodenmuskulatur* (durch Aa. sacrales laterales, A. pudenda interna, A. rectalis media);
- *Gesäßmuskulatur* (durch Aa. glutea superior und inferior, Aa. sacrales laterales, sowie A. obturatoria);
- *Äußere Geschlechtsorgane* mit den *Schwellkörpern* (durch A. pudenda interna);
- *Gl. bulbourethralis* bzw. Gl. vestibularis major (durch A. bulbi penis bzw. A. bulbi vestibuli);
- *Haut* der Anal-, Damm- und Genitalregion (durch A. pudenda interna).

Viscerale Versorgungsgebiete der A. iliaca interna

- *Rectum* (durch A. rectalis inferior ← A. pudenda interna und A. rectalis media, ⇒ A. rectalis superior ← A. mesenterica inferior);
- *Ureter* (durch A. umbilicalis, ⇒ A. testicularis (ovarica) und A. renalis);
- *Harnblase* (durch Aa. vesicales superiores und A. vesicalis inferior);
- *Ductus deferens* und *Nebenhoden* (durch A. umbilicalis; Nebenhoden ⇒ A. testicularis media);
- *Prostata, Vesicula seminalis* (durch A. vesicalis inferior);
- *Eierstock* und *Eileiter* (durch A. uterina, ⇒ A. ovarica);
- *Uterus* (durch A. uterina);
- *Vagina* (durch A. uterina, A. vesicalis inferior, A. vaginalis und A. rectalis media).

8.4.5.2 A. iliaca externa

Die *Äußere Darmbeinarterie* (Abb. **8**–58) entsteht durch *Teilung der Iliaca communis vor dem Sacroiliacalgelenk.* Während die Iliaca interna spitzwinklig von der Gefäßachse abzweigt, setzt die Iliaca externa die Richtung der Iliaca communis fort. Sie reicht bis zum *Leistenband* unter dem sie sich als *A. femoralis* fortsetzt (Abb. **8**–62, 63).

Topographische Beziehungen. Die Arterie verläuft im retroperitonealen Bindegewebe, parallel zur *Linea terminalis* und medial vom *M. psoas major* bzw. dessen Fasciensack („Psoasfascie“, *Fascia iliaca*); sie

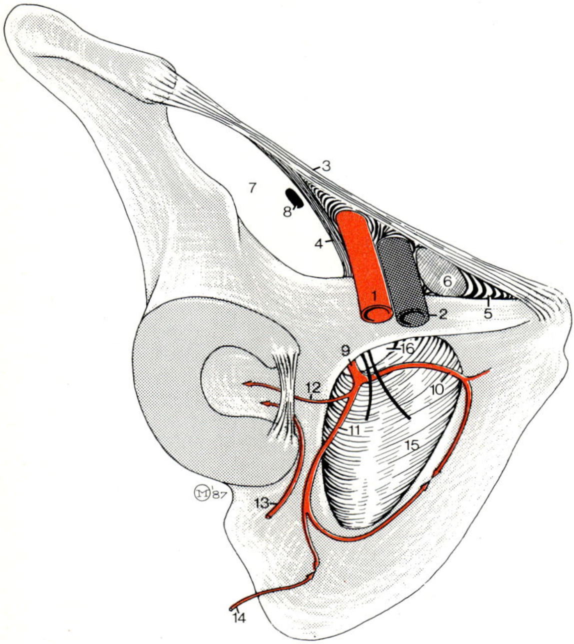

Abb. **8**–62: **A. femoralis in der Lacuna vasorum und A. obturatoria** (rechte Seite, v. ventral).

1 A. femoralis
2 V. femoralis
3 Lig. inguinale
4 Arcus iliopectineus
5 Lig. lacunare
6 Septum femorale
7 Lacuna musculorum
8 N. femoralis
9 A. obturatoria m. N. obturatorius
10 R. anterior (a. obturatoriae)
11 R. posterior
12 R. acetabularis
13 R. acetabularis (a. circumfl. femoris medialis)
14 R. ascendens (a. circumfl. femoris medialis)
15 Membrana obturatoria
16 Canalis obturatorius

wird dabei zunächst dorsal, dann medial von der *V. iliaca externa* begleitet (Abb. **8**–53).

Unter dem *Leistenband* liegt die Iliaca externa (am Übergang in die A. femoralis) in der *Lacuna vasorum* (Abb. **8**–62; ↗Bd. 1). In dieser grenzt die Arterie nach lateral an den *Arcus iliopectineus*, nach medial an die *V. iliaca externa* (bzw. V. femoralis). A. und V. iliaca externa (bzw. femoralis) bilden mit dem *N. femoralis* kein gemeinsames Gefäß-Nervenbündel, weil der Nerv innerhalb der Psoasfascie verläuft und durch diese von der Arterie getrennt ist (Abb. **8**–62).

Äste der A. iliaca externa

– **A. epigastrica inferior** (Abb. **8**–58)
  Die *Untere Bauchwandarterie* entspringt am Leistenband, um auf der Innenseite der *vorderen Bauchwand* mediocranialwärts zu verlaufen. Die Arterie liegt zunächst (mit der V. epigastrica inferior↗) subperitoneal in der *Plica umbilicalis lateralis* (Abb. **2**–68) und damit zwischen den *Fossae inguinales medialis* bzw. *lateralis* auf dem *Lig. interfoveolare* (↗Bd. 1). Hier kreuzt die Arterie die *Hinterwand des Leistenkanals*. Für die Unterscheidung der verschiedenen Formen von *Leistenbrüchen* ist die Lagebeziehung zum durch die Bruchpforten tastbaren Puls der A. epigastrica inferior wichtig. Nach Durchbohrung der *Fascia transversalis* (↗Bd. 1) gelangt die Epigastrica inferior auf die Rückfläche des *M. rectus abdominis* und auf diesem zu der *Linea arcuata* und in die *Rectusscheide* (↗Bd. 1). Im Nabelniveau *anastomosiert* die Epigastrica inferior mit der Epigastrica superior (← A. thoracica interna), so eine wichtige (tiefe) Längsanastomose der vorderen Bauchwand bildend. Unmittelbar nach dem Ursprung der Epigastrica inferior entsendet diese einen **R. pubicus** an die Rückseite der Symphyse (Abb. **8**–58). Dieser anastomosiert regelmäßig über einen **R. obturatorius** mit dem Ramus pubicus der A. obturatoria (vgl. „Corona mortis", S. 510).

  An der Stelle, an der der *Ductus deferens* (bzw. bei der Frau das *Lig. teres uteri*↗) auf der A. epigastrica inferior „reitet" (Abb. **7**–1, 2), gibt diese die **A. cremasterica** (*Aufhängerarterie*) ab, die den Ductus deferens durch den Leistenkanal zum M. cremaster begleitet. Bei der Frau entspricht der A. cremasterica die **A. ligamenti teretis uteri** (*Arterie des Runden Mutterbandes*), die dem Lig. teres bis in die Großen Schamlippen folgt.

– **A. circumflexa iliaca profunda**
  Die *Tiefe Darmbein-Ringarterie* zweigt neben der Epigastrica inferior nach lateral ab. Sie folgt zunächst dem *Leistenband* zur Spina iliaca anterior superior (↗Bd. 1) und dann zwischen Bauchfell und Fascia transversalis (↗Bd. 1) der *Crista iliaca*.
  Der **R. ascendens** (*Aufsteigender Ast*) zieht zwischen den Mm. transversus abdominis und obliquus abdominis (↗Bd. 1) aufsteigend in Richtung auf den McBurneyschen Punkt↗; er versorgt die benachbarten Muskeln und anastomosiert mit der A. iliolumbalis (← A. pudenda interna). Die Arterie ist recht lagekonstant und bei Operationen in der Iliocaecalregion zu beachten.

Versorgungsgebiete der A. iliaca externa

- *Untere Extremität* (durch ihre Fortsetzung als A. femoralis);
- *Vordere Bauchwand* einschließlich *M. cremaster* (durch A. epigastrica inferior, deren seitliche Äste Verbindung mit den Aa. lumbales ← Aorta abdominalis eingehen – vgl. S. 489);
- *Seitliche Bauchwand* (durch A. circumflexa iliaca profunda).

8.4.5.3 A. femoralis

Die *Oberschenkelarterie* (Abb. **8**– 62, 63, 64) bildet die Fortsetzung der Iliaca externa und reicht vom *Leistenband* bis zum *Hiatus adductorius* (↗Bd. 1), wo sie als *A. poplitea* fortgesetzt wird (Abb. **8**–66).

Die *Versorgungsgebiete* der A. femoralis sind die gesamte Untere Extremität, Teile der Bauchwand und des Äußeren Genitale.

Verlauf der A. femoralis

Die Arterie verläuft *vertikal* und nähert sich dadurch dem *schräg stehenden Femur* immer mehr (Abb. **8**–63).

Von der *Lacuna vasorum* (↗Bd. 1) aus zieht die Femoralis durch den Bindegewebsraum des *Trigonum femorale* („Fossa iliopectinea"). Durch den Adductorenkanal (*Canalis adductorius*, ↗Bd. 1) gelangt die A. femoralis dann auf die *Rückseite des Oberschenkels* und zum Eingang in die *Fossa poplitea*, wo sie in die A. poplitea übergeht (Abb. **8**–63, 66).

Topographische Beziehungen

Die *A. femoralis* tritt *unter dem Leistenband* als Fortsetzung der A. iliaca externa durch die *Lacuna vasorum* (Abb. **8**–62); in dieser liegt die Arterie auf dem *Pecten ossis pubis* (↗Bd. 1), gegen den sie *komprimiert* werden kann und wo ihr Puls tastbar ist. Die *Pulsstelle* der Femoralis entspricht der Mitte der Verbindungslinie Spina iliaca anterior superior – Tuberculum pubicum (Abb. **8**–63).

In der Lacuna vasorum grenzt die Arterie nach lateral an den *Arcus iliopectineus* (der sie vom *N. femoralis* trennt), nach medial an die *V. femoralis* ↗.

Die A. femoralis gelangt dann distalwärts (mit der V. femoralis) in der Rinne zwischen M. iliopsoas und M. pectineus in den Bindegewebsraum der „Fossa iliopectinea", der dem *Trigonum femorale* entspricht und gegen die Oberfläche durch die *Fascia lata* (↗Bd. 1) abgeschlossen wird. Obgleich der N. femoralis hier die Psoasfascie durchbricht und damit ebenfalls in die „Fossa iliopectinea" gelangt, wird kein Gefäßnervenbündel im eigentlichen Sinn gebildet: die Vasa femoralia werden lediglich von einem Ast des N. femoralis, dem *N. saphenus*, begleitet (Abb. **8**–63).

Distalwärts verläuft die Femoralis in der *Rinne zwischen den Adductoren und dem M. vastus medialis* zum distalen Winkel des Trigonum femorale weiter und schiebt sich dabei vor die Vene, die in der Lacuna vasorum medial von der Arterie lag. Etwa an der Grenze zum distalen Drittel des Oberschenkels tritt die Arterie in den *Canalis adductorius* ein. In dieser etwa 8 cm langen Kanalstrecke (Abb. **8**–63) werden A. und V. femoralis nicht nur von der „Membrana vastoadductoria" (Aponeurosenplatte zwischen M. adductor longus und M. vastus medialis), sondern auch vom *M. sartorius* bedeckt. Der M. sartorius ist der *Leitmuskel* für die Aufsuchung der A. femoralis. Der Canalis adductorius führt die Vasa femoralia auf die Rückseite des Oberschenkels. Am distalsten Ende des Adductorenkanals, dem *Hiatus adductorius*, erfolgt der Übergang in die *A. poplitea* (Abb. **8**–66).

Äste der A. femoralis (ohne A. profunda femoris, ↗S. 523)

- **A. epigastrica superficialis** (Abb. **8**–63)
  Die kleinkalibrige *Oberflächliche Baucharterie* entspringt dicht unter dem Leistenband, tritt im Bereich des *Hiatus saphenus* durch die *Fascia cribrosa* (↗Bd. 1). In der *Subcutis* steigt sie dann gegen den Nabel aufwärts.
- **A. circumflexa iliaca superficialis** (Abb. **8**–63)
  Die *Oberflächliche Darmbein-Ringarterie* verhält sich zunächst wie die Epigastrica superficialis, verläuft jedoch dann *nach lateral entlang dem Leistenband* zur Spina iliaca anterior superior. Sie versorgt die Haut der Leistenbeuge und die dort gelegenen inguinalen Lymphknoten ↗.
- **Aa. pudendae externae** (Abb. **8**–63)
  Die meist zwei *Oberflächlichen Schamarterien* treten ebenfalls durch die *Fascia cribrosa* in die subcutane Schicht. Sie verzweigen sich aber dann – unter Überkreuzung der Einmündung der V. saphena magna in die V. femoralis (Abb. **8**–81) – *nach medial* und versorgen mit **Rr. scrotales anteriores** (*Vordere Hodensackäste*) bzw. **Rr. labiales anteriores** (*Vordere Schamlippenäste*) die Haut des Hodensackes (bzw. der Großen Labien), sowie mit **Rr. inguinales** (*Leistenäste*) die benachbarten inguinalen Lymphknoten und die Haut der Leistenbeuge.
- **A. descendens genicularis** (Abb. **8**–63)
  Die *Absteigende Kniearterie* entspringt (als einziger Ast zwischen dem Abgang der Profunda femoris und dem Hiatus adductorius) im *Adductorenkanal* und durchbricht die „Membrana vastoadductoria" gemeinsam mit dem N. saphenus.

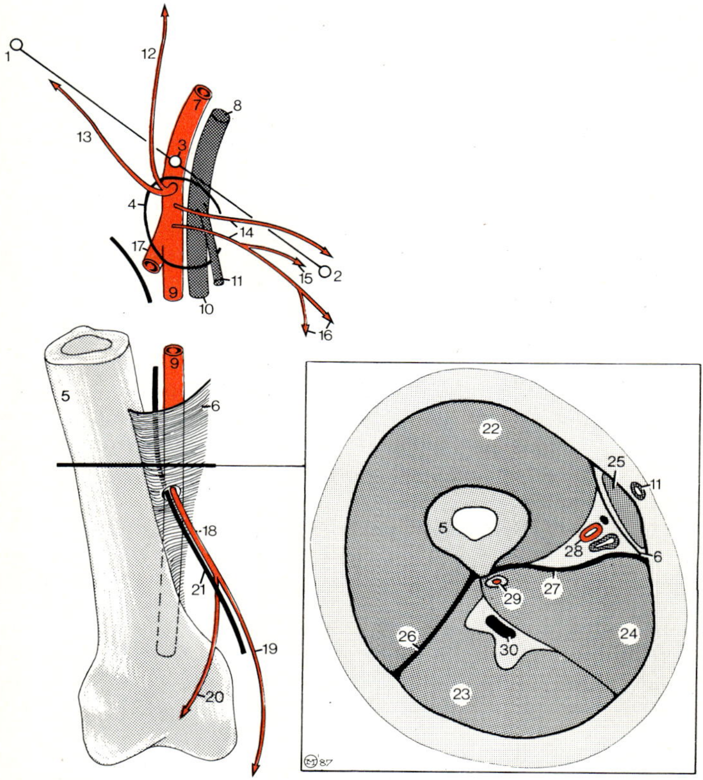

Abb. **8–63**: **Rechte A. femoralis im subinguinalen Bereich des Trigonum femorale und im Bereich des Adductorenkanals** (Ansicht von vorn).
Teilbild: Querschnitt durch das mittlere Drittel des Oberschenkels (v. distal)

1–2 Ligamentum inguinale
1 Spina iliaca anterior superior
2 Tuberculum pubicum
3 Pulsstelle der A. femoralis am Halbierungspunkt des Leistenbandes
4 Hiatus saphenus mit Margo falciformis
5 Femur
6 „Membrana vastoadductoria“
7 A. iliaca externa
8 V. iliaca externa
9 A. femoralis
10 V. femoralis
11 V. saphena magna
12 A. epigastrica superficialis
13 A. circumflexa iliaca superficialis
14 Aa. pudendae externae
15 R. inguinalis
16 Rr. scrotales (labiales) anteriores
17 A. profunda femoris
18 A. descendens genicularis
19 R. saphenus
20 Rr. articulares

Rr. articulares (*Gelenkäste*; Abb. **8**–63, 66) beteiligen sich an der Bildung des *Rete articulare genus* vor der Kniescheibe und auf der Gelenkkapsel.
Der **R. saphenus** (Abb. **8**–63) begleitet den N. saphenus unter dem M. sartorius hindurch an die *Innenseite des Unterschenkels*.

Versorgungsgebiete der A. femoralis (ohne A. profunda femoris, s. u.)
Die Femoralis selbst ist in erster Linie Versorgungsgefäß für Unterschenkel und Fuß (Oberschenkel: A. profunda femoris).
- *Unterschenkel und Fuß* (durch die Fortsetzung der A. femoralis: A. poplitea – Aa. tibiales);
- Hautbereich des *Äußeren Genitale* (durch Aa. pudendae externae, ⇒ Rr. scrotales (labiales) posteriores ← A. perinealis ← A. pudenda interna);
- *Haut der vorderen Bauchwand* und der *Leistenbeuge*, oberflächliche *Leistenlymphknoten* (durch A. epigastrica superficialis, A. circumflexa iliaca superficialis und Aa. pudendae externae);
- Hautbereich an der *Innenseite des Unterschenkels* (durch A. descendens genicularis);
- *Rete articulare genus* (durch A. descendens genicularis, ⇒ R. descendens ← A. circumflexa femoris lateralis, Aa. genus ← A. poplitea, R. circumflexus fibularis ← A. tibialis posterior, sowie A. recurrens tibialis anterior ← A. tibialis anterior).

Die *A. femoralis* kann an der *Pulsstelle* (s. o.) im Rahmen der Ersten Hilfe *komprimiert* werden. Zwischen dem Leistenband und dem Abgang der Profunda femoris kann sie auch ohne Gefahr *unterbunden* werden, weil zwischen rückläufigen Ästen der Profunda und parietalen Ästen der Iliaca interna ausreichende Anastomosen existieren.

8.4.5.4 A. profunda femoris

Die *Tiefe Oberschenkelarterie* (Abb. **8**–64) entspringt etwa *5 cm unterhalb des Leistenbandes* aus dem *lateralen Umfang der A. femoralis*. Das starke

◁ 21 N. saphenus
22 Extensorenloge
23 Flexorenloge
24 Adductorenloge
25 M. sartorius
26 Septum intermusculare femoris laterale
27 Septum intermusculare femoris mediale
28 A., V. femoralis und N. saphenus im Adductorenkanal
29 A. perforans
30 N. ischiadicus

Gefäß gelangt dann hinter die Femoralis, um sich – umgeben von relativ großkalibrigen Venen – im Bindegewebsraum des Trigonum femorale in seine Äste aufzuteilen.

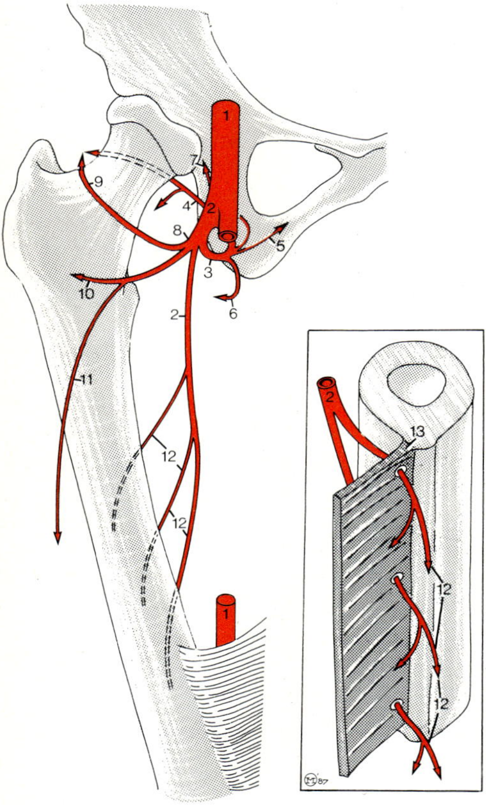

Abb. **8**–64: **Rechte A. profunda femoris** (Ansicht von vorn).
Teilbild: Aa. perforantes (v. hinten)

1 A. femoralis
2 A. profunda femoris
3 A. circumflexa femoris medialis
4 R. profundus
5 R. ascendens
6 R. transversus
7 R. acetabularis
8 A. circumflexa femoris lateralis
9 R. ascendens
10 R. transversus
11 R. descendens
12 Aa. perforantes
13 Ansatz der Adductoren an der Linea aspera

Äste der A. profunda femoris

- **A. circumflexa femoris medialis** (Abb. **8**–64)
  Die *Mediale Oberschenkel-Ringarterie* zieht nach medial und dann *zwischen den Mm. iliopsoas und pectineus* nach hinten, um mit dem Ramus profundus den *Schenkelhals* an dessen Dorsalseite zu umlaufen (in der Fossa trochanterica Anastomose mit der A. circumflexa femoris lateralis, s. u.).
  Die Arterie versorgt mit dem **R. profundus** und dem **R. transversus** weiterhin die proximalen Abschnitte der ischiocruralen Muskulatur (Anastomosen mit der A. glutea inferior; vgl. Abb. **8**–59) sowie den Schenkelhals, mit dem **R. ascendens** die Adductoren (Anastomose mit der A. obturatoria).
  Der **R. acetabularis** (*Pfannenast*, Abb. **8**–62, 64) gelangt durch die Incisura acetabuli (unter dem Lig. transversum acetabuli) in das *Lig. capitis femoris* und anastomosiert dort mit dem gleichnamigen Ast der A. obturatoria (vgl. aber S. 526: „Blutversorgung des Oberschenkelkopfes").
- **A. circumflexa femoris lateralis** (Abb. **8**–64)
  Die *Laterale Oberschenkel-Ringarterie* ist meistens die stärkere der beiden Ringarterien und verläuft hinter den Mm. rectus femoris und sartorius nach seitlich. Ihr **R. ascendens** umläuft den *Schenkelhals* an dessen Vorderseite (in der Fossa trochanterica Anastomose mit dem R. profundus der Circumflexa femoris medialis) und endet im M. tensor fasciae latae.
  Der **R. descendens** und der **R. transversus** versorgen die *Extensorengruppe*, wobei ersterer unter dem M. rectus femoris bis zum Kniegelenk mit dem *Rete articulare genus* reicht (Abb. **8**–66).
- **Aa. perforantes** (Abb. **8**–64)
  Die meist 3 *Durchbohrenden Arterien* gehen aus der Fortsetzung der Profunda femoris (nach dem Abgang der beiden Circumflexae femoris) hervor. Die Gefäße treten dicht neben der Linea aspera (↗Bd. 1) durch die flächenhafte Ansatzsehne der Adductoren, versorgen diese und die Flexoren sowie die Haut auf der Rückseite des Oberschenkels, die selbst nicht über eine eigene Längsarterie verfügt. Die distalste A. perforans entsendet regelmäßig eine starke **A. nutricia** (*Ernährungsarterie*) in das Femur.

Versorgungsgebiete der A. profunda femoris

Die Profunda femoris ist das *Hauptgefäß des Oberschenkels*. Sie versorgt:

- *Muskeln der Extensorengruppe* (durch A. circumflexa femoris lateralis);

- *Muskeln der Flexorengruppe* (durch A. circumflexa femoris medialis und Aa. perforantes);
- *Muskeln der Adductorengruppe* (durch A. circumflexa femoris medialis, ⇒ A. obturatoria, sowie durch Äste der Aa. perforantes);
- *Femurhals* (durch Äste der Aa. circumflexae femoris medialis und lateralis);
- *Femurkopf* (durch R. profundus und R. acetabularis ← A. circumflexa femoris medialis, ⇒ R. acetabularis ← A. obturatoria).

  Die **Blutversorgung des Oberschenkelkopfes** (Abb. 8–65) ist im Hinblick auf die Heilungsaussichten von Frakturen des Schenkelhalses von großer praktischer Bedeutung. Der größte Teil von Kopf und Hals wird durch den *R. profundus* der *A. circumflexa femoris medialis* versorgt, dessen Endverzweigungen den Kapselansatz am Schenkelhals begleiten. Der *R. acetabularis* (ebenso wie der gleichnamige Ast der A. obturatoria) ist beim Erwachsenen von untergeordneter Bedeutung, da er oft obliteriert ist.
- *Rete articulare genus*, Abb. 8–66 (durch R. descendens a. circumflexae femoris lateralis ⇒ A. descendens genicularis, Aa. genus ← A. poplitea, R. circumflexus fibularis ← A. tibialis posterior, sowie A. recurrens tibialis anterior ← A. tibialis anterior.

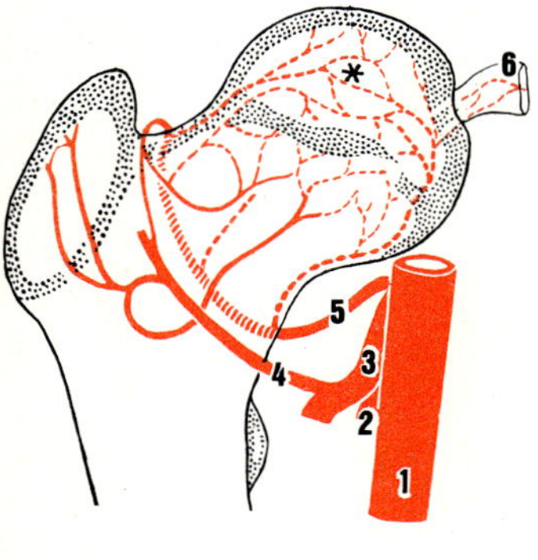

Abb. 8–65: **Blutversorgung des proximalen Femurendes** (nach Lanz-Wachsmuth, Praktische Anatomie, Bd. I, 1935/38).

1 A. femoralis
2 A. profunda femoris (distal vom Abgang der Aa. circumflexae)
3 A. circumflexa femoris lat.
4 R. ascendens der A. circumflexa femoris lat. (umläuft den Schenkelhals an dessen Vorderseite)
5 R. profundus der A. circumflexa femoris medialis (Stamm der A. circumflexa femoris medialis hinter der A. femoralis verborgen), umläuft den Schenkelhals an dessen Rückseite
6 Lig. capitis femoris mit dem beim Erwachsenen in der Regel obliterierten R. acetabularis (aus A. obturatoria)
* proximale Femurepiphyse

8.4.5.5 A. poplitea

Die *Kniekehlenarterie* (Abb. **8**–66) ist ein Abschnitt der Haupt-Arterienachse der Unteren Extremität; er reicht vom *Hiatus adductorius* bis zu ihrer *Teilung in die Aa. tibialis posterior und anterior* am Unterrand des *M. popliteus*.

Topographische Beziehungen
Die *A. poplitea* tritt im *Hiatus adductorius* (= Hiatus tendineus), dem Ausgang des Adductorenkanals, in den Bindegewebsraum der *Fossa poplitea* ein. Sie liegt anschließend, in der *proximalen Etage* der Kniekehle, auf der *Facies poplitea* des Femur und damit sehr tief, vom Knochen nur durch eine dünne Fettgewebsschicht getrennt. Die Arterie wird an ihrer lateralen Seite von der etwas oberflächlicheren *V. poplitea* (mit der Einmündung der *V. saphena parva*) begleitet.

In der *proximalen Etage* der Kniekehlenraute wird dadurch ein *Gefäß-Nervenbündel* (Abb. **8**–66) gebildet, daß sich den aus dem Hiatus adductorius kommenden Vasa poplitea lateral der aus der Flexorenloge des Oberschenkels kommende *N. tibialis* anschließt; dieser liegt im Gefäß-Nervenbündel am oberflächlichsten. Der andere Hauptast des N. ischiadicus, der *N. peroneus communis*, hat keine Beziehung zu den Gefäßen, sondern verläuft nach lateral in Richtung auf den Fibulakopf (Abb. **8**–66).

In der *mittleren Etage* der Kniekehle liegt die A. poplitea dann unmittelbar auf der *Kapsel des Kniegelenks*. Die Anordnung der großen Leitungsbahnen ist hier noch unverändert: von medial nach lateral Arterie–Vene–Nerv, mit Staffelung nach der Tiefe – Nerv am oberflächlichsten, Vene in mittlerer Position, Arterie am tiefsten (Abb. **8**–66). Der Fettgewebskörper der Fossa poplitea mit den Leitungsbahnen wird gegen die Oberfläche durch die *Fascia lata* (hier auch als „Fascia poplitea" bezeichnet) abgedeckt. Diese Fascie wird bei Streckung des Knies angespannt, wodurch das Tasten in die Tiefe unmöglich wird. Bei Beugung des Knies wird die Fascie entspannt, so daß dann in der Tiefe sogar der Puls der A. poplitea tastbar ist.

In der *distalen Etage* der Kniekehle verläuft die A. poplitea über den *M. popliteus* hinweg, um sich an dessen unterem Rand in die *A. tibialis posterior* (als direkte Fortsetzung) und die *A. tibialis anterior* zu teilen (Abb. **8**–66). Kurz zuvor tritt das Gefäß-Nervenbündel unter dem *Arcus tendineus musculi solei* (sog. Soleusarkade) hindurch.

In dieser Etage erfolgt eine Umordnung des Gefäß-Nervenbündels: die *V. poplitea* ist meistens verdoppelt, die A. poplitea flankie-

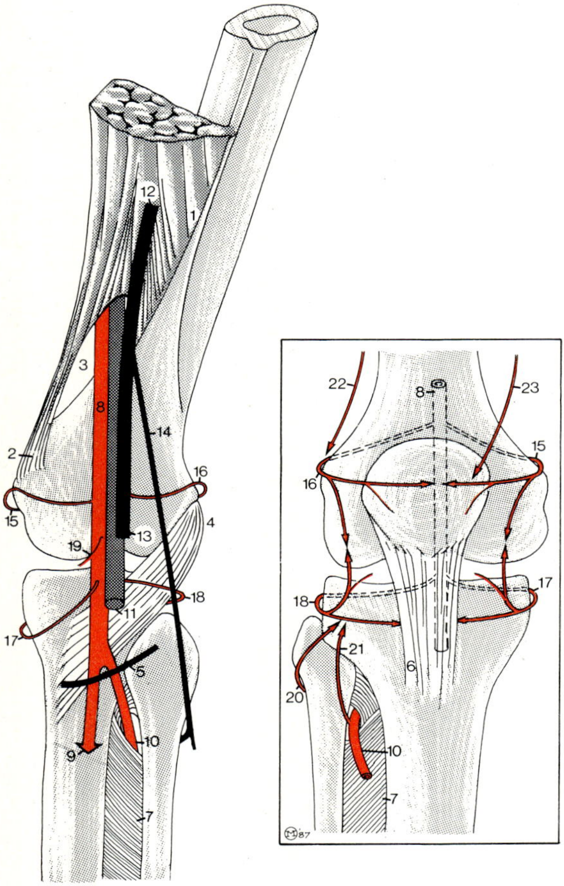

Abb. **8**–66: **Leitungsbahnen der rechten Kniekehle.**
Teilbild: Rete articulare genus (v. vorn)

1 M. adductor magnus, Ansatz an der Linea aspera
2 M. adductor magnus, Ansatz am Epicondylus medialis
3 Hiatus tendineus
4 M. popliteus
5 Arcus tendineus m. solei
6 Lig. patellae
7 Membrana interossea cruris
8 A. poplitea
9 A. tibialis posterior
10 A. tibialis anterior
11 V. poplitea
12 N. ischiadicus
13 N. tibialis
14 N. peroneus communis

rend; der *N. tibialis* überkreuzt die Vasa poplitea schräg nach medial und gelangt somit an deren dorso-mediale Seite.

Äste der A. poplitea

- **„Rr. musculares"**
  Diese supraarticulären Ästchen verzweigen sich an den distalen Abschnitten der *Flexoren am Oberschenkel* und können Verbindungen mit dem R. descendens (← A. circumflexa femoris lateralis ← A. profunda femoris) haben.
- **Aa. superior medialis genus** und **superior lateralis genus, Aa. inferior medialis genus** und **inferior lateralis genus**
  Diese 4 *Oberen* bzw. *Unteren Kniegelenksarterien* (Abb. **8**–66) entspringen in der oberen bzw. unteren Kniekehlenetage, verlaufen um das Femur bzw. die Tibia und bilden auf dem Periost bzw. auf der Gelenkkapsel – überwiegend auf der Vorderseite – das *Rete articulare genus* sowie das *Rete patellae* (Abb. **8**–66).
- **A. media genus**
  Die *Mittlere Kniegelenksarterie* (Abb. **8**–66) entspringt in der mittleren Etage der Kniekehle, durchdringt die Hinterwand der Gelenkkapsel, um sich an den *Kreuzbändern* zu verzweigen.
- **Aa. surales**
  Die meistens 2 *Wadenarterien* entspringen in der mittleren Etage der Kniekehle und versorgen die beiden Ursprungsköpfe des *M. gastrocnemius*, die Bicepssehne und den proximalen Bereich der Haut an der Hinterfläche des Unterschenkels.

Versorgungsgebiete der A. poplitea

- *Unterschenkel und Fuß* (durch A. tibialis posterior und A. tibialis anterior, sowie Aa. surales);
- *Distale Oberschenkelmuskulatur* (durch „Rami musculares");
- *Rete articulare genus* mit *Rete patellae* (durch Aa. genus, ⇒ A. recurrens tibialis anterior, R. circumflexus fibularis, R. descendens a. circumflexae femoris lateralis und Rr. articulares (← A. descendens genicularis), Abb. **8**–66.
  Trotz der im Rete articulare genus anastomosierenden 4 Aa. genus superiores und inferiores ist dieses *Kollateralensystem* (es handelt sich um Periost- und Kapselgefäße!) *nicht genügend erweiterungsfähig*, um bei Unterbrechung der A. poplitea einen suffizien-

---

◁ 15 A. superior medialis genus
16 A. superior lateralis genus
17 A. inferior medialis genus
18 A. inferior lateralis genus
19 A. media genus
20 R. circumflexus fibularis
21 A. recurrens tibialis anterior
22 R. descendens (A. circumfl. fem. lat.)
23 Rr. articulares (A. genus desc.)

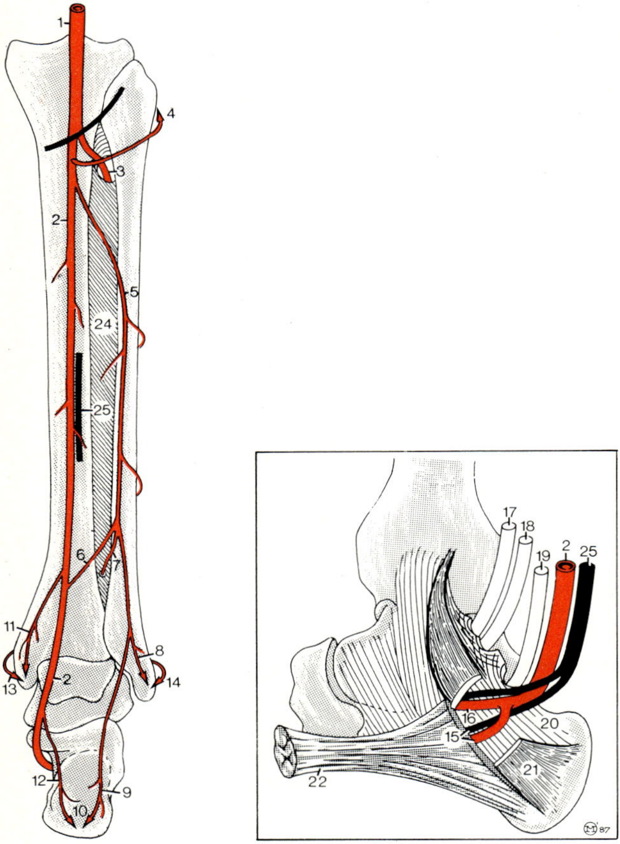

Abb. **8**–67: **Rechte A. tibialis posterior.**
Teilbild: Leitungsbahnen im Tibialen Malleolarkanal (Arterie und Nerv nach hinten verlagert)

1 A. poplitea
2 A. tibialis posterior
3 A. tibialis anterior
4 R. circumflexus fibularis
5 A. fibularis
6 R. communicans
7 R. perforans
8 Rr. malleolares laterales
9 Rr. calcanei
10 Rete calcaneum
11 Rr. malleolares mediales
12 Rr. calcanei
13 A. malleolaris anterior medialis (a. tibialis ant.)
14 A. malleolaris anterior lateralis (a. tibialis ant.)
15 A. und N. plantaris medialis
16 A. und N. plantaris lateralis

ten Kollateralkreislauf↗ zu ermöglichen und die Ernährung von Unterschenkel und Fuß zu gewährleisten. Eine *Unterbindung der A. poplitea wäre daher ein Kunstfehler.*

8.4.5.6 A. tibialis posterior (Abb. **8**–67)

Die *Hintere Schienbeinarterie* entsteht am Unterrand des *M. popliteus* durch *Teilung der A. poplitea* als deren direkte Fortsetzung und stärkerer der beiden Aa. tibiales.

Das *Versorgungsgebiet* der A. tibialis posterior umfaßt die Flexoren- und die Peroneusloge des Unterschenkels sowie die Fußsohle.

Verlauf der A. tibialis posterior

Die Arterie verläuft *in der Flexorenloge* des Unterschenkels distalwärts und dann *hinter dem Malleolus medialis*; dort teilt sie sich in die *Aa. plantares medialis* und *lateralis*.

Topographische Beziehungen

Die Teilungsstelle der Poplitea und damit der Ursprung der A. tibialis posterior befindet sich in dem kanalartigen Durchlaß unter dem *Arcus tendineus musculi solei* (Abb. **8**–67).

In der *Regio cruralis posterior* verläuft die A. tibialis posterior (begleitet von 2 Vv. tibiales posteriores und dem N. tibialis, der wieder auf die fibulare Seite der Gefäße gelangt) unmittelbar unter dem *tiefen Blatt der Fascia cruris* („Fascia cruris profunda") und damit oberflächlich *innerhalb der Loge der tiefen Flexoren* (Abb. **8**–67). Während das Gefäßnervenbündel der Regio cruralis posterior in den beiden proximalen Dritteln des Unterschenkels *vom M. triceps surae überlagert* ist, wird es *im distalen Drittel zunehmend oberflächlich* (nur von der Fascia cruris bedeckt), weil hier der M. triceps surae in die vergleichsweise schmale Achillessehne übergeht.

Schräg hinter und unter dem *Malleolus medialis* tritt das Gefäßnervenbündel (A. tibialis posterior mit 2 Begleitvenen, N. tibialis am

---

◁ 17 Sehne des M. tibialis post.
18 Sehne des M. flexor digitorum longus
19 Sehne des M. flexor hallucis longus
20 Retinaculum mm. flexorum (tiefes Blatt)
21 Retinaculum mm. flexorum (oberflächliches Blatt, teilweise reseziert)
22 M. abductor hallucis
23 Arcus tendineus m. solei
24 Membrana interossea cruris
25 N. tibialis

weitesten hinten) in den zur Fußsohle führenden *„Tibialen Malleolarkanal"* ein (Abb. **8**–67), d. h. in den Spalt zwischen dem die Flexorensehnen am Knochen fixierenden *tiefen Blatt* und dem die Leitungsbahnen überbrückenden *oberflächlichen Blatt des Retinaculum musculorum flexorum* (letzteres verstärkt durch den *M. abductor hallucis*; ↗Bd. 1). Im bzw. kurz vor dem Malleolarkanal teilt sich die A. tibialis posterior (ebenso wie der N. tibialis) in die beiden Fußsohlen-Endäste, die *Aa. plantaris medialis* und *plantaris lateralis* (Abb. **8**–67).

Äste der A. tibialis posterior

- **Ramus circumflexus fibularis** (Abb. **8**–67)
  Der dünne *Wadenbeinseitige Ringast* wendet sich von hinten um den *Fibulakopf* herum und trägt zur Bildung des Rete articulare genus bei.
- „Rr. musculares" (nicht benannt) für die benachbarte Muskulatur.
- **Arteria fibularis [peronea]** (Abb. **8**–67)
  Die starke *Wadenbeinarterie* entspringt als Hauptast bereits hoch oben am Unterschenkel und verläuft parallel zum Stamm der Tibialis posterior. Sie folgt der Fibula *innerhalb der Loge der Tiefen Flexoren* (Abb. **8**–69), großenteils vom M. flexor hallucis longus bedeckt. Erst an der lateralen Seite der Achillessehne gelangt die A. fibularis unter die Unterschenkelfascie. Mit (nicht benannten) *Muskelästen* versorgt die A. fibularis die *Tiefen Flexoren* und den *M. soleus* (gemeinsam mit Muskelästen der Tibialis posterior) sowie durch das Septum intermusculare posterius hindurch die *Mm. peronei.*
  Ein **R. communicans** (Abb. **8**–67) verbindet die A. fibularis mit der A. tibialis posterior dicht über der Knöchelregion. Der **R. perforans** (Abb. **8**–67, 69) tritt durch den untersten Abschnitt der Membrana interossea cruris, um von vorn zum Rete malleolare laterale zu gelangen, bzw. mit der A. malleolaris anterior lateralis (← A. tibialis anterior) zu anastomosieren.
  Rr. malleolares laterales (*laterale Knöcheläste*, Abb. **8**–67) ziehen von hinten zum **Rete malleolare laterale** (*laterales Knöchelnetz*) und geben **Rr. calcanei** (*Fersenbeinäste*) zum **Rete calcaneum** (*Fersenbeinnetz*, Abb. **8**–67) auf der Hinterfläche des Calcaneus ab.
- **Rami malleolares mediales** (Abb. **8**–67)
  Mediale Knöcheläste gelangen von hinten zum Rete malleolare mediale.
- **Rami calcanei** (*Fersenbeinäste*, Abb. **8**–67)
  ergänzen die Rr. calcanei der A. fibularis.
- **A. plantaris lateralis** (Abb. **8**–67, 68)
  Die *Laterale Fußsohlenarterie* ist die stärkere der beiden vor dem Eingang in den Malleolarkanal entstehenden *Endäste der A. tibialis*

posterior. Die Plantaris lateralis verläuft (mit zwei Begleitvenen und dem N. plantaris lateralis) im *lateralen Gefäß-Nervenstrang* der Fußsohle (zwischen dem tief gelegenen M. quadratus plantae und dem oberflächlicheren M. flexor digitorum brevis) schräg auf das bindegewebige Septum zwischen der mittleren und lateralen Muskelloge der Planta pedis und dann distalwärts auf die Basis des 5. Metatarsalknochens zu (Abb. **8**–68). Dabei gibt sie (unbenannte) Ästchen an die Umgebung ab.

Von der Basis ossis metatarsi quinti an setzt sich die Plantaris lateralis, das Fußgewölbe querend, als **Arcus plantaris** (Fußgewölbebogen, Abb. **8**–68) fort. Dieser verläuft (vom R. profundus n. plantaris lateralis begleitet) *zwischen den Mm. interossei und dem Caput obliquum des M. adductor hallucis* zum Spatium interosseum metatarsi I, um dort mit der A. plantaris profunda (← A. dorsalis pedis) zu anastomosieren (Abb. **8**–68). *Der Fußgewölbebogen ist funktionell somit eine distale Anastomose zwischen den Stromgebieten der A. tibialis anterior und der A. tibialis posterior.*

Aus dem Arcus plantaris gehen 4 in den Zwischenräumen zwischen den Mittelfußknochen verlaufende **Aa. metatarsales plantares** (Plantare Mittelfußarterien; Abb. **8**–68) für die Spatia interossea IV–I, sowie eine direkte **A. digitalis plantaris propria** für den fibularen Rand der Kleinzehe hervor.

Die Aa. metatarsales plantares anastomosieren durch **Rr. perforantes** (meist 2 in jedem Spatium interosseum) mit den Aa. metatarsales dorsales. Nach Abgabe des distalen R. perforans setzt sich jede Mittelfußarterie als **A. digitalis plantaris communis** (*Gemeinsame Zehenarterie*, Abb. **8**–68) fort. Aus dieser gehen, etwa im Niveau des Zehengrundgelenks, je zwei **Aa. digitales plantares propriae** (*Eigentliche Zehenarterien*) hervor, die an den plantaren Innen- bzw. Außenkanten der Zehen verlaufen (vgl. die entsprechenden Verhältnisse an den Fingern, Abb. **8**–51).

– **A. plantaris medialis** (Abb. **8**–67, 68)

Die *Mediale Fußsohlenarterie* verläuft im *medialen Gefäß-Nervenstrang der Fußsohle* (gemeinsam mit zwei Begleitvenen und dem N. plantaris medialis) vom Malleolarkanal aus unmittelbar distalwärts; sie benutzt dabei (unter Abgabe unbenannter Muskelästchen) zunächst das *Bindegewebsseptum* zwischen der medialen und mittleren Muskelloge der Planta pedis, um dann in die mediale Muskelloge (Großzehenfach) zu gelangen.

Etwa in Höhe des Os naviculare teilt sich die Plantaris medialis in den *R. superficialis* und den *R. profundus* (Abb. **8**–68).

Der **R. superficialis** nimmt einen kantenständigen Verlauf und

erreicht als medialste **A. digitalis plantaris propria** den Endgliedbereich der Großzehe; sie versorgt meistens die mediale Seite des Großzehenrückens mit (Abb. **8**–68, 69).
Der **R. profundus** gelangt, schräg nach distal-medial ziehend, in die Tiefe des Fußgewölbes, um dort in der Regel mit dem *Arcus plantaris* zu anastomosieren (Abb. **8**–68).

Versorgungsgebiete der A. tibialis posterior

– Tiefe und oberflächliche *Muskeln der Flexorenloge* (durch eigene Muskeläste und solche der A. fibularis);
– *Muskeln der Peroneusloge* (durch A. fibularis);

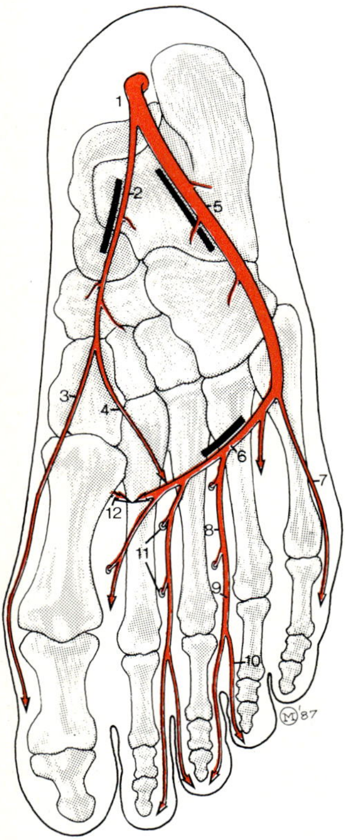

Abb. **8**–68: **Arterien der Fußsohle** (rechter Fuß).
1 A. tibialis posterior
2 A. plantaris medialis mit N. plantaris med.
3 R. superficialis
4 R. profundus
5 A. plantaris lateralis mit N. plantaris lateralis
6 Arcus plantaris mit R. prof. n. plantaris lat.
7 A. digitalis plantaris propria
8 A. metatarsalis plantaris
9 A. digitalis plantaris communis
10 A. digitalis plantaris propria
11 Rr. perforantes
12 A. plantaris profunda

- *Fußsohlenmuskulatur* (durch Aa. plantaris medialis und plantaris lateralis);
- *Rete articulare genus* (durch R. circumflexus fibularis);
- *Rete malleolare mediale* (durch Rr. malleolares mediales, ⇒ A. malleolaris anterior medialis ← A. tibialis anterior);
- *Rete malleolare laterale* (durch Rr. malleolares laterales ← A. fibularis, ⇒ A. malleolaris anterior lateralis ← A. tibialis anterior);
- *Rete calcaneum* (durch Rr. calcanei ← A. tibialis posterior und Rr. calcanei ← A. fibularis).

8.4.5.7 A. tibialis anterior (Abb. 8–69)

Die *Vordere Schienbeinarterie* entsteht im distalen Winkel der Fossa poplitea durch *Teilung der A. poplitea* (s. S. 527) als deren schwächerer Ast. Das *Versorgungsgebiet* umfaßt die Loge der (Vorderen) Extensoren am Unterschenkel und den Fußrücken.

Verlauf der A. tibialis anterior

Die Arterie gelangt aus dem Bereich der *Kniekehle* durch die proximale Lücke der *Membrana interossea cruris* auf die *Streckseite des Unterschenkels* (Abb. 8–66, 69). In der Extensorenloge verläuft sie distalwärts bis zum Unterrand des *Retinaculum mm. extensorum inferius* (↗Bd. 1); dort setzt sich die Tibialis anterior als *A. dorsalis pedis* auf den *Fußrücken* fort (Abb. 8–69).

Topographische Beziehungen

Die A. tibialis anterior tritt mit meist zwei *Vv. tibiales anteriores* über dem Oberrand der Membrana interossea in die *Extensorenloge* ein. Sie liegt in ihrem weiteren Verlauf der Vorderseite der *Membrana interossea cruris* (↗Bd. 1) unmittelbar auf (Abb. 8–69).

In der Extensorenloge besteht proximal zunächst kein Gefäß-Nervenbündel. Dieses kommt erst durch Hinzutreten des *N. peroneus profundus* zustande (aus der Peroneusloge unter Durchbohrung des *Septum intermusculare cruris anterius*; Abb. 8–69).

Die A. tibialis anterior folgt dem fibularen Rand des *M. tibialis anterior als Leitmuskel*, in einer Linie, die den Halbierungspunkt der Verbindungslinie Caput fibulae – Tuberositas tibiae mit dem Halbierungspunkt der Verbindungslinie zwischen beiden Knöcheln verbindet. Die Arterie ist dort trotz ihrer tiefen Lage, nach Spaltung der Fascia cruris, durch Auseinanderdrängen des M. tibialis anterior einerseits und der Mm. extensor digitorum longus und extensor hallucis longus andererseits zu erreichen.

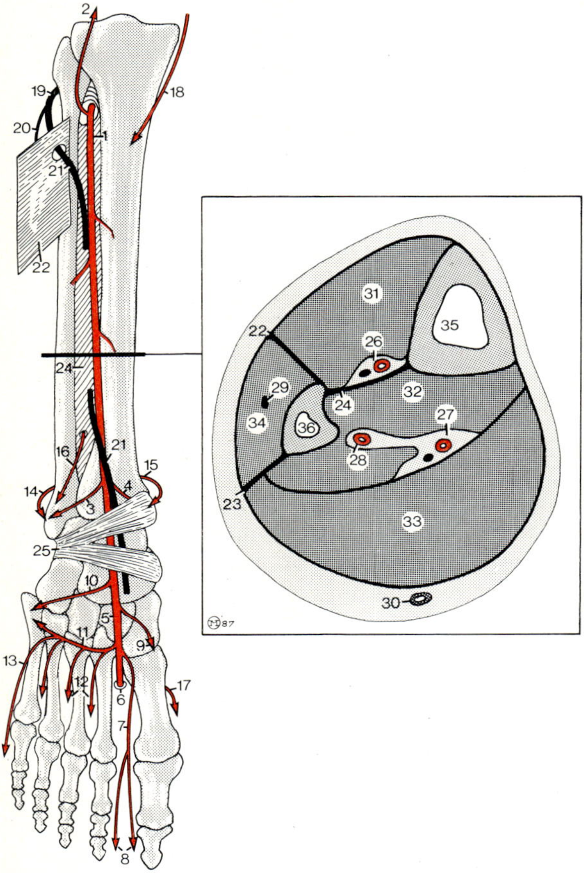

Abb. **8**–69: **Rechte A. tibialis anterior** (Ansicht v. vorn).
Teilbild: Querschnitt durch die Mitte des Unterschenkels (v. distal)

1 A. tibialis anterior
2 A. recurrens tibialis anterior
3 A. malleolaris anterior lateralis
4 A. malleolaris anterior medialis
5 A. dorsalis pedis
6 A. plantaris profunda
7 A. metatarsalis dorsalis I
8 Aa. digitales dorsales
9 Aa. tarsales mediales
10 A. tarsalis lateralis
11 A. arcuata
12 Aa. metatarsales dorsales
13 A. digitalis dorsalis
14 Rr. malleolares laterales (a. fibularis)
15 Rr. malleolares mediales (a. tib. post.)
16 R. perforans (a. fibularis)

Dicht proximal des *Retinaculum mm. extensorum inferius* wird die A. tibialis anterior vom *M. extensor hallucis longus* und vom *N. peroneus profundus* überkreuzt. Die Arterie tritt dann mit zwei Begleitvenen und dem N. peroneus profundus an der fibularen Seite des M. extensor hallucis longus unter dem *Retinaculum mm. extensorum inferius* hindurch (Abb. **8**–69).

In dieser Lagebeziehung gelangt das Gefäß-Nervenbündel am distalen Rand des Retinaculum auf den *Fußrücken*. Dort befindet sich eine wichtige *Pulsstelle* (Seitendifferenzen bei gestörter Fortpflanzung der Pulswelle können an dieser vom Herzen besonders weit entfernten Arterie am besten erkannt werden), weil die jetzt *A. dorsalis pedis* (Abb. **8**–69) genannte Arterie hier einerseits oberflächlich unter der Fascia dorsalis pedis, andererseits unmittelbar dem Skelet aufliegt und *neben der stets deutlichen Sehne des M. extensor hallucis longus* leicht zu lokalisieren ist.

Äste der A. tibialis anterior

- **A. recurrens tibialis anterior** (Abb. **8**–66, 69)
  Die unmittelbar nach dem Durchtritt durch die Zwischenknochenmembran entspringende *Rückläufige Vordere Schienbeinarterie* gelangt proximalwärts durch den Ursprung des M. tibialis anterior zum *Rete articulare genus*.
- **„Rami musculares"**
  Zahlreiche *Muskeläste* (Abb. **8**–69) gelangen an die Muskeln der *Vorderen Extensorengruppe* (Mm. tibialis anterior, extensor digitorum longus, extensor hallucis longus).
- **A. malleolaris anterior lateralis** (Abb. **8**–69)
  Die *Vordere Laterale Knöchelarterie* entspringt im Knöchelniveau und zieht

◁ 17 A. digitalis plantaris propria (a. plantaris med.)
18 R. saphenus (a. descendens genicularis)
19 N. peroneus communis
20 N. peroneus superficialis
21 N. peroneus profundus
22 Septum intermusculare cruris anterius
23 Septum intermusculare cruris posterius
24 Membrana interossea cruris
25 Retinaculum mm. extensorum inferius
26 A. tibialis anterior und N. peroneus profundus
27 A. tibialis posterior und N. tibialis
28 A. fibularis
29 N. peroneus superficialis
30 V. saphena parva
31 Vordere Extensoren
32 Tiefe Flexoren
33 Oberflächliche Flexoren
34 Fibulare Extensoren (Peroneusgruppe)
35 Tibia
36 Fibula

seitlich zum *Malleolus lateralis*, um auf diesem zur Bildung des **Rete malleolare laterale** (*Laterales Knöchelnetz*) beizutragen.

- **A. malleolaris anterior medialis** (Abb. 8–69)
  Die *Vordere Mediale Knöchelarterie* zieht nach innen zum *Malleolus medialis*, um auf diesem zur Bildung des **Rete malleolare mediale** (*Mediales Knöchelnetz*) beizutragen.
- **A. dorsalis pedis** (Abb. 8–69)
  Die *Fußrückenarterie* ist die Fortsetzung der A. tibialis anterior vom distalen Rand des Retinaculum mm. extensorum an.
  Über dem proximalen Ende des *Spatium interosseum I* teilt sich die Dorsalis pedis in die **A. metatarsalis dorsalis I** (*Dorsale Mittelfußarterie I*) und die **A. plantaris profunda** (*Tiefe Fußsohlenarterie*). Letztere gelangt zwischen den beiden Köpfen des M. interosseus dorsalis I auf die Plantarseite des Fußes, um dort mit dem *Arcus plantaris* zu anastomosieren (Abb. 8–68).
- **Aa. tarsales mediales** (*Mediale Fußwurzelarterien*) gelangen an den inneren Fußrand. Eine stärkere **A. tarsalis lateralis** (*Laterale Fußwurzelarterie*, Abb. 8–69) bildet mit der weiter distal entspringenden und auf den Köpfchen der Mittelfußknochen nach lateral (unter dem kurzen Zehenstrecker) verlaufenden **A. arcuata** (*Bogenarterie*, Abb. 8–69) eine *Fußrückenanastomose*.

  Aus der A. arcuata gehen **3 Aa. metatarsales dorsales** (*Dorsale Mittelfußarterien*) für die Spatia interossea II, III und IV, sowie die **A. digitalis dorsalis** (*Zehenrückenarterie*) für die laterale Seite der Kleinzehe hervor.
  Die Aa. metatarsales dorsales teilen sich im Niveau der Basen der Zehengrundglieder in je **2 Aa. digitales dorsales** (*Zehenrückenarterien*) auf, die den einander zugewandten Zehenrückenkanten folgen.
  Die an sich schwachen Dorsalen Mittelfußarterien werden durch meistens je *2 Rami perforantes* der viel stärkeren Plantaren Mittelfußarterien (Abb. 8–68) verstärkt.

Versorgungsgebiete der A. tibialis anterior

- *Muskeln der Extensorenloge* (durch „Rr. musculares“);
- *Fußrücken* (durch A. dorsalis pedis);
- *Rete articulare genus* (durch A. recurrens tibialis anterior, ⇒ Ästen der A. poplitea, A. circumflexa femoris lateralis, A. descendens genicularis und A. tibialis posterior);
- *Rete malleolare laterale* (durch A. malleolaris anterior lateralis, ⇒ Rr. malleolares laterales ← A. fibularis);
- *Rete malleolare mediale* (durch A. malleolaris medialis, ⇒ Rr. malleolares mediales ← A. tibialis posterior).

8.4.5.8 Kollateralkreisläufe im Bereich der Unteren Extremität

Die *Blutversorgung der Peripherie*, insbesondere im Hinblick auf die *Bedeutung von Stand und Gang* für den Menschen, ist in bemerkenswerter Weise durch *Kollateralen*↗ und *Anastomosen*↗ gewährleistet:

- im *Bereich der Hüfte* durch Verbindungen zwischen den Stromgebieten der *A. profunda femoris* (→ A. circumflexa femoris lateralis → R. ascendens; → A. circumflexa femoris medialis → R. ascendens) und *A. iliaca interna* (→ A. glutea inferior; → A. obturatoria);
- im *distalen Oberschenkelbereich* durch Verbindungen zwischen den Stromgebieten der *A. profunda femoris* (→ A. circumflexa femoris lateralis → R. descendens) und *A. poplitea* (→ supraarticuläre Rr. musculares);
- im *Bereich des Rete articulare genus* (Abb. **8**–66) kommt ein ausreichender Kollateralkreislauf *nicht* zustande (s. S. 529). Eine Unterbindung der A. poplitea wäre deshalb ein *Kunstfehler*!;
- im *supramalleolaren Bereich* durch Anastomose zwischen *A. fibularis* (→ R. communicans) und *A. tibialis posterior* (Abb. **8**–67);
- im *Bereich des Malleolus lateralis* durch das *Rete malleolare laterale* (Abb. **8**–67, 69) mit Zuflüssen aus *A. tibialis anterior* (→ A. malleolaris anterior lateralis) und *A. fibularis* (→ Rr. malleolares laterales; → R. perforans);
- im *Bereich des Malleolus medialis* durch das *Rete malleolare mediale* (Abb. **8**–67, 69) mit Zuflüssen aus *A. tibialis anterior* (→ A. malleolaris anterior medialis) und *A. tibialis posterior* (→ Rr. malleolares mediales);
- im *Knöchelbereich* durch vordere und hintere Querverbindungen zwischen dem *Rete malleolare laterale* und dem *Rete malleolare mediale*; es besteht hier ein vollständiger *Arterienkranz*;
- im *Bereich der Fußsohle* (Abb. **8**–69) durch Anastomose zwischen dem *Arcus plantaris* (← A. plantaris lateralis ← A. tibialis posterior) und der *A. plantaris profunda* (← A. dorsalis pedis ← A. tibialis anterior);
- im *Bereich des Mittelfußes* (Abb. **8**–68, 69) durch Verbindungen zwischen den Stromgebieten der *A. tibialis anterior* (→ A. dorsalis pedis → A. arcuata → Aa. metatarsales dorsales) und der *A. tibialis posterior* (→ A. plantaris lateralis → Arcus plantaris → Aa. metatarsales plantares → Rr. perforantes).

Die Möglichkeit des Zustandekommens von *Kollateralkreisläufen* (vgl. S. 377) ist entscheidend für die Wahl des Ortes einer *Arterienunterbindung* durch den Arzt.

8.5 Venen des Großen Kreislaufs

Allgemeines

In der *Körperperipherie* werden die meisten Arterien von den entsprechenden Venen in enger Nachbarschaft begleitet: *Begleitvenen*. Häufig kommen auch zwei Begleitvenen vor, die durch unregelmäßige Anastomosen miteinander in Verbindung stehen können. Die *Benennung der peripheren Venen* entspricht meistens der der zugehörigen Arterien (z. B. Vv. brachiales, entsprechend der A. brachialis).

Es gibt jedoch auch *periphere Venen, die nicht den Arterien folgen*, u. a.:
- Venen des Schädelinneren (Durasinus, ↗Bd. 3);
- dorsale longitudinale Rumpfvenen (S. 551);
- Pfortader (S. 559);
- venöse Plexus (z. B. des Beckens, S. 574);
- Hautvenen (S. 546, 569).

Allgemein zeigen die peripheren Venenverläufe eine geringere Konstanz als die der Arterien. Abweichungen vom Regelverhalten (sog. *Varietäten*) sind daher häufig.

Das venöse Blut aus der oberen bzw. unteren Körperhälfte wird durch je ein zentrales Gefäß dem Herzen (Rechter Vorhof) zugeführt: Obere Hohlvene (*V. cava superior*[1]) und Untere Hohlvene (*V. cava inferior*). Im Gegensatz zu der *einen cardiofugalen Arterie* des Großen Kreislaufs (*Aorta*, Abb. **8**–36), führt dieser somit das Blut durch *zwei cardiopetale Venen* zum Herzen zurück (Abb. **8**–70; vgl. auch Abb. **8**–10).

8.5.1 V. cava superior und ihr Einzugsgebiet

Die Obere Hohlvene (Abb. **8**–70) sammelt das venöse Blut aus der gesamten *oberen Körperhälfte* (Kopf, Hals, Obere Extremitäten, Brustbereich) und führt es dem Rechten Vorhof des Herzens zu (Abb. **8**–10, 15).

---

[1] Die Benennung als Hohlvenen (*Vv. cavae*) bezieht sich darauf, daß diese zentralen Gefäße an der Leiche in der Regel kein Blut enthalten (also „hohl" sind) – im Gegensatz zu den peripheren Venen, die meistens mit Blut (bzw. geronnenem Blut) gefüllt sind.

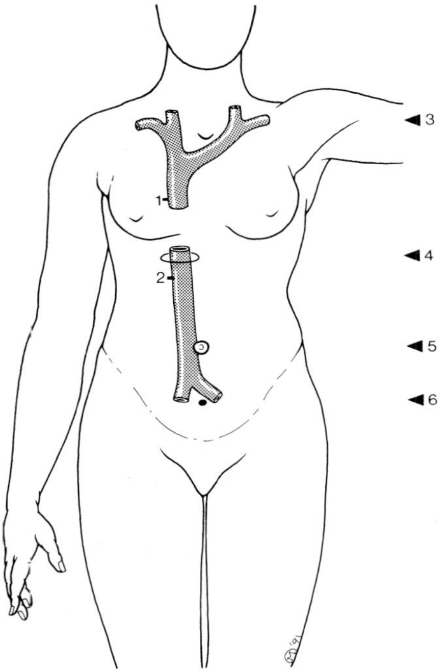

Abb. **8**–70: **System der Hohlvenen.**

1 V. cava superior
2 V. cava inferior
3 Incisura jugularis: Th2
4 Foramen v. cavae
5 Nabel: L3/L4
6 Promontorium

Die *Venen des Herzens* – im Gegensatz zu den Arterien, welche die ersten Äste der Aorta bilden (Aa. coronariae) – münden jedoch nicht in die Obere Hohlvene; sie sammeln sich in einem gemeinsamen Stamm, dem *Sinus coronarius cordis* ↗, welcher unmittelbar in den Rechten Vorhof mündet.

8.5.1.1 V. cava superior (Abb. 8–71)

Die **Obere Hohlvene** entsteht durch *Vereinigung der beiden Vv. brachiocephalicae* (s. u.). Die im Oberen Mediastinum ↗ gelegene Vereinigungsstelle projiziert sich auf das rechte 1. Sternocostalgelenk. Von dort verläuft die nur etwa 6 cm lange, 2 cm weite Cava superior in *nach rechts leicht konvexem Bogen* hinter dem 1. und 2. rechten Intercostalraum und dem Sternalansatz der 2. und 3. Rippe sowie hinter dem

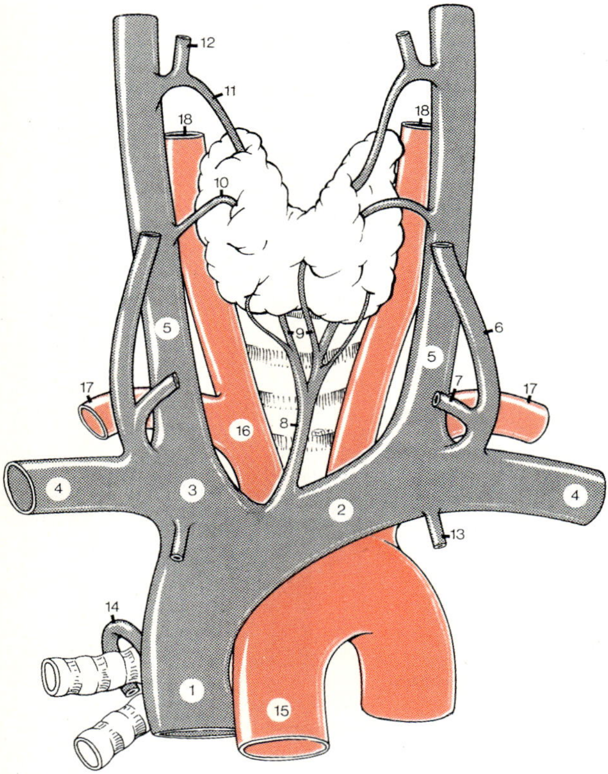

Abb. **8**–71: **V. cava superior und ihre Zuflüsse.**

1 V. cava superior
2 V. brachiocephalica sinistra
3 V. brachiocephalica dextra
4 V. subclavia
5 V. jugularis interna
6 V. jugularis superficialis
7 V. jugularis anterior
8 V. thyroidea inferior
9 Plexus thyroideus impar
10 V. thyroidea media
11 V. thyroidea superior
12 V. retromandibularis
13 V. thoracica interna
14 V. azygos (Stamm nach rechts verlagert, vgl. Abb. **8**–76)
15 Aorta ascendens
16 A. brachiocephalica
17 A. subclavia
18 A. carotis communis

rechten Sternalrand vertikal nach unten (Abb. **8**–12); sie mündet in Höhe des 3. rechten Rippenknorpels im Dach des Rechten Vorhofs (Abb. **8**–15). Die Cava superior erzeugt im antero-posterioren Röntgenbild des Herzens den *Cavabogen* (Abb. **8**–30).

Die obere Hälfte der V. cava superior liegt außerhalb des Herzbeutels, die untere Hälfte *intrapericardial* (Abb. **8**–11). Die Vene grenzt links an die Aorta ascendens und rechts an die rechte Lunge. Vom Brustkorb wird sie durch den medialen Rand der rechten Lunge (mit Pleura costalis), teilweise zusätzlich durch den Herzbeutel getrennt. Dorsal grenzt die Cava superior an die rechte Lungenwurzel↗.

Wurzeln der V. cava superior
Außer den beiden Wurzelvenen, den *Vv. brachiocephalicae* (s. u.), hat die Obere Hohlvene nur noch einen wichtigen Zufluß, die *V. azygos*↗ (Abb. **8**–71).

8.5.1.2 Vv. brachiocephalicae (Abb. 8–71)

Die *V. cava superior* entsteht durch den Zusammenfluß der rechten und linken **V. brachiocephalica** (*Arm-Kopfvene*, früher „*V. anonyma*“[1]). Diese geht jeweils aus der Vereinigung der *V. subclavia* und der *V. jugularis interna* (s. u.) hervor. Der Zusammenfluß von *V. subclavia* und *V. jugularis interna* wird als **Venenwinkel** (*Angulus venosus*) bezeichnet. Dieser projiziert sich beiderseits auf das Sternoclaviculargelenk. In den linken Venenwinkel mündet der *Ductus thoracicus*, in den rechten der *Ductus lymphaticus dexter* (vgl. S. 577; Abb. **8**–82).

Der *Verlauf der Vv. brachiocephalicae* ist *asymmetrisch*, weil die Vereinigung zur V. cava superior rechts von der Medianen parasternal erfolgt; die linke V. brachiocephalica ist daher wesentlich länger als die rechte. Die nur etwa 2,5 cm lange **V. brachiocephalica dextra** hat – etwa im Niveau der Oberen Thoraxapertur (↗Bd. 1) gelegen – eine *verticale Verlaufsrichtung*. Sie grenzt lateral an die rechte Pleurakuppel und dorso-medial an die A. brachiocephalica (Abb. **8**–71). Die etwa 6 cm lange **V. brachiocephalica sinistra** verläuft *schräg nach rechts absteigend*, wobei sie hinter dem Manubrium sterni die Medianebene kreuzt. Sie ist vom Thymus bedeckt, grenzt lateral an die linke Pleurakuppel und überkreuzt die drei großen Äste des Aortenbogens (von links nach rechts: A. subclavia sinistra, A. carotis communis sinistra, A. brachiocephalica) und zwischen diesen die Trachea (Abb. **8**–71).

---

[1] *anṓnymus* (gr.) = unbenannt.

Gelegentlich, insbesondere im Kindesalter, kann die V. brachiocephalica sinistra den oberen Rand des Manubrium sterni überschreiten und sich damit auf die Fossa jugularis (↗Bd. 1) projizieren.

Aus notärztlicher Indikation können die Vv. brachiocephalicae zur *Punktion* oder *Katheterisierung* (vom Lateralen Halsdreieck aus) herangezogen werden.

Zuflüsse der Vv. brachiocephalicae

Wurzelvenen:
- *V. subclavia* (s. u.),
- *V. jugularis interna* (s. u.).

Weitere Zuflüsse[1]:
- **V. thyroidea inferior** (Abb. 8–71)
  Die *Untere Schilddrüsenvene* entsteht aus dem am unteren Umfang der Schilddrüse (↗Bd. 3) gelegenen *Plexus thyroideus impar*. Das median vor der Luftröhre verlaufende Gefäß mündet in der Regel in die *linke V. brachiocephalica*. Die Vene kann von der als Varietät vorkommenden *A. thyroidea ima*↗ begleitet sein. Beide Gefäße sind bei einem Unteren Luftröhrenschnitt (*Tracheotomia inferior*) und der Mediastinoskopie) zu beachten.
- **Vv. thoracicae internae** (Abb. 8–71, 74)
  Die *Inneren Brustkorbvenen* sind im Rahmen der longitudinalen Rumpfwandvenen (S. 551) von Bedeutung.
- **V. vertebralis**
  Die Wirbelvene erhält Zuflüsse aus den Nackenmuskeln und aus den *Plexus venosi vertebrales interni*↗ im Wirbelkanal. Sie bildet einen *venösen Plexus* um die A. vertebralis↗.

8.5.1.3 V. subclavia (Abb. 8–43, 71)

Die *Unterschlüsselbeinvene* ist auf jeder Körperseite eine der Wurzelvenen der V. brachiocephalica (↗S. 543). Ihr Einzugsgebiet ist in erster Linie die gesamte Obere Extremität (Arm und Schulter), sie hat jedoch auch Zuflüsse aus dem oberflächlichen Halsbereich und der Brustwand.

Die *V. subclavia* ist die direkte Fortsetzung der *V. axillaris*↗, vom lateralen Rand der 1. Rippe an. Die nur wenige Zentimeter lange Vene verläuft nicht (wie die A. subclavia) *durch* die Scalenuslücke,

[1] Hier und in der Folge werden jeweils nur die wichtigeren, insbesondere praktisch relevanten Venen aufgeführt.

sondern *vor dem Ansatz des M. scalenus anterior* (Abb. 8–71), dann auf der Pleurakuppel. Auf ihrem Weg über die 1. Rippe liegt die Vene zwischen dieser und der Clavicula.

In diesem Abschnitt ist die *V. subclavia* mittels ihrer Adventitia↗ einerseits an das Periost der 1. Rippe, andererseits an den Fascienköcher des *M. subclavius* (↗Bd. 1) und die *Fascia clavipectoralis* (↗Bd. 1) angeheftet. Diese Fixierung der Gefäßwand verhindert das Kollabieren der dünnwandigen Vene und fördert das Ansaugen des Blutes aus der Peripherie bei Atem- und Schulterbewegungen. Auf der anderen Seite bedingt dieser Mechanismus die *Gefahr einer Luftembolie* bei Verletzungen.

Im Rahmen notärztlicher Erfordernisse kann die V. subclavia infraclavicular (MOHRENHEIMsche Grube↗) punktiert werden.

Zuflüsse der V. subclavia

- Fortsetzung der **V. axillaris** (s. u.)
- **V. jugularis externa** (Abb. 8–71, 73)
  Die *Äußere Halsvene* verläuft, hinter dem Ohr durch Vereinigung der *V. occipitalis* mit der *V. auricularis posterior* beginnend und dann zwischen Platysma und Lamina superficialis fasciae cervicalis (↗Bd. 1) gelegen, abwärts zum Bereich des Trigonum omoclaviculare (↗Bd. 1), wobei der M. sternocleidomastoideus schräg überkreuzt wird. Sie nimmt oft die aus dem Bereich der Regio colli anterior (↗Bd. 1) kommende **V. jugularis anterior** (sowie meistens eine *V. suprascapularis* und *Vv. transversae colli*) auf. Im Spatium suprasternale (↗Bd. 1) besteht zwischen der rechten und der linken V. jugularis anterior häufig ein **Arcus venosus juguli**, der beim Luftröhrenschnitt beachtet werden muß.
- **Begleitvenen** der Äste der A. subclavia.

8.5.1.4 V. axillaris (Abb. 8–43)

Die *Achselhöhlenvene* entsteht durch Vereinigung der beiden *Vv. brachiales* (s. u.). Sie reicht vom Unterrand des M. pectoralis major bis zum lateralen Rand der 1. Rippe, wo sie sich unmittelbar in die *V. subclavia* (s. o.) fortsetzt.

Die *V. axillaris* ist im Bindegewebsraum der *Axilla* Komponente des dortigen *Gefäßnervenbündels*: A. und V. axillaris, Plex. brachialis (↗S. 471). Sie ist eng benachbart den *Nll. axillares laterales et apicales*↗.

Zuflüsse der V. axillaris

- Fortsetzung der die A. brachialis begleitenden beiden **Vv. brachiales** (*Oberarmvenen*, mit Zuflüssen, die den Arterienästen entsprechen);
- **Begleitvenen** der Äste der A. axillaris ↗;
- **Oberflächliche Venen** der Oberen Extremität (s. u.);
- **Vv. thoracoepigastricae** (*Brustoberbauchvenen*, Abb. 8–78). Bei diesen handelt es sich um subcutane Venen der seitlichen Rumpfwand (Brust- und Bauchbereich), wichtig als Kollateralen zwischen den Stromgebieten der V. cava superior und der V. cava inferior (*Cavo-cavale Anastomose* ↗).

Oberflächliche Venen der Oberen Extremität (Abb. 8–72)
Es handelt sich um bereits bei der äußerlichen Inspektion wegen ihres relativ großen Kalibers und ihrer (bei entsprechender Füllung) bläulichen Farbe auffallende **Hautvenen**, die extrafascial in der Subcutis (↗ Bd. 3) verlaufen.

Bereits an den Fingern verlaufen die Venen größtenteils dorsal (am Fingerrücken). Am Handrücken bilden sie ein subcutanes Venennetz, das *Rete venosum dorsale manus*, das gut sichtbar ist. Aus diesem Netz gehen in der Regel zwei größere Venenstämme hervor, die *V. cephalica* und die *V. basilica*, welche sich proximal der Handwurzel auf die Beugeseite des Unterarms begeben und in ihrem weitern Verlauf zur Ellenbeuge zahlreiche, untereinander netzförmig verbundene Seitenäste aufnehmen.

Die **V. cephalica**[1] läuft an der Radialseite der Beugefläche des Unterarms proximalwärts und durch die Ellenbeuge weiter zur Beugeseite des Oberarms. An diesem zieht sie im *Sulcus bicipitalis lateralis* aufwärts und gelangt dann in den *Sulcus deltoideopectoralis* (↗ Bd. 1). Im Bereich der MOHRENHEIMschen Grube ↗ tritt die Vene durch die *Fascia clavipectoralis* (↗ Bd. 1), um in die *V. axillaris* zu münden.

Die **V. basilica**[2] läuft an der Ulnarseite der Beugefläche des Unterarms proximalwärts und durch die Ellenbeuge weiter zur Beugeseite des Oberarms. Hier verläuft sie noch ein kurzes Stück im *Sulcus bicipitalis medialis* (↗ Bd. 1), um alsbald die *Fascia brachii* zu durchbrechen. Schließlich mündet sie mehr oder weniger weit proximal in eine der *Vv. brachiales* (s. o.) ein.

---

[1] *kephalicos* (gr.) = zum Kopf gehörend.
[2] *basilikos* (gr.) = königlich.

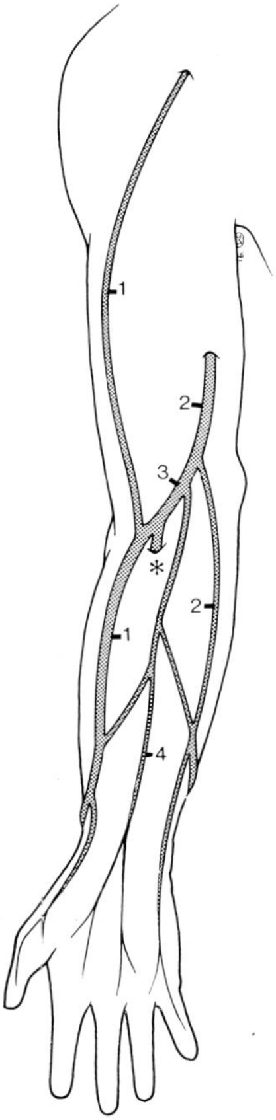

Abb. **8**–72: **Hautvenen des Armes.**
1 V. cephalica
2 V. basilica
3 V. intermedia cubiti
4 V. intermedia antebrachii
* Verbindung zu tiefen Armvenen

Dieser als Norm beschriebene Verlauf der beiden oberflächlichen Hautvenen ist nicht immer verwirklicht. Oft findet sich am Unterarm ein drittes Gefäß, eine **V. intermedia antebrachii**[1] (Abb. **8**–72), welche in der Mitte der Beugeseite des Unterarms zur Ellenbeuge zieht.

In der Ellenbeuge gehen die drei Venen untereinander Verbindungen ein, indem die *Cephalica* meist eine große, schräg verlaufende Anastomose zur *Basilica* gibt, die **V. intermedia cubiti**[2] (Abb. **8**–72).

[1] *antebrachium* (lat.) = Unterarm.
[2] *cubitus* (lat.) = Ellenbogen.

In diese mündet dann, je nach Stärke ihrer Ausbildung, die *V. intermedia antebrachii* (s. o.) ein. Trotz der Mannigfaltigkeit der vorkommenden Variationen gilt die Regel, daß *am Unterarm die V. cephalica, am Oberarm die V. basilica die stärkere* ist.

Die Venen der Ellenbeuge sind für den Arzt von besonderer Bedeutung, weil sie mit Vorliebe zu **Blutentnahmen** und **intravenösen Einspritzungen** gewählt werden. Durch mäßige Stauung am Oberarm treten die Hautvenen deutlicher hervor. Sie werden durch die *Anastomosen zwischen tiefen und oberflächlichen Venen* (Abb. 8–72) stärker gefüllt, wenn durch die Muskeltätigkeit (Öffnen und Schließen der Hand) das venöse Blut aus der Tiefe in die Hautvenen „gepumpt" wird.

8.5.1.5 V. jugularis interna (Abb. 8–71, 73)

Die *Innere Halsvene* ist neben der V. subclavia die andere Wurzelvene der Brachiocephalica. Sie ist besonders wichtig für den Blutabfluß aus dem Gehirn; sie wird klinisch auch für Infusionen und dergleichen benutzt.

Die *Jugularis interna* (Abb. 8–73) beginnt im hinteren Teil des *Foramen jugulare* (↗Bd. 1), in Fortsetzung des *Sinus sigmoideus* (↗Bd. 3) als **Bulbus venae jugularis superior**. Letzterer grenzt an den Boden der Paukenhöhle (↗Bd. 3), eine wichtige Beziehung im Fall einer Mittelohrentzündung. Die Vene folgt der A. carotis interna durch das *Spatium lateropharyngeum*↗, dann der A. carotis communis im *Trigonum caroticum*↗ und in der *Regio sternocleidomastoidea*. Sie bildet mit der *A. carotis interna* bzw. *communis* und dem *N. vagus* das **Gefäßnervenbündel des Halses**, umhüllt von der Carotisscheide (Abb. 8–40). Die Vene wird an ihrer Vorderseite von der Kette der *Tiefen Halslymphknoten*↗ begleitet. Kurz vor dem Venenwinkel erweitert sich die Jugularis interna zum **Bulbus v. jugularis inferior**. Dieser projiziert sich auf die *Fossa supraclavicularis minor* (↗Bd. 1). Der Verlauf der Vene entspricht einer Linie vom Ohrläppchen zum Sternoclaviculargelenk.

Wegen der lebenswichtigen Bedeutung des ungehinderten Blutabflusses aus dem Gehirn, auch bei Bewegungen des Halses, wird die **V. jugularis interna mechanisch offen gehalten**. Der *M. omohyoideus* (↗Bd. 1) wirkt wie ein „Fascienspanner" auf die *Lamina praetrachealis* der Fascia cervicalis. Die Straffung der Fascie beeinflußt über die *Vagina carotica* (Abb. 8–40) die Venenwand mechanisch im Sinne von deren Offenhaltung (allerdings mit der Gefahr einer *Luftembolie* bei Verletzungen).

Zuflüsse der V. jugularis interna

Die Jugularis interna sammelt Blut außer aus dem intracraniellen Bereich (mit dem Gehirn) auch aus den Halsweichteilen und dem Gesicht.

- Fortsetzung des **Sinus sigmoideus** (*S-förmiger Sinus*, ↗Bd. 3), der im For. jugulare in die V. jugularis interna übergeht.
- **Sinus petrosus inferior** (↗Bd. 3).
  Der *Untere Felsenbeinsinus* mündet in den Bulbus v. jugularis sup.

  Die *Sinus durae matris* (venöse Blutleiter der Harten Hirnhaut), welche die Gehirnvenen und die Augenvenen aufnehmen, werden in Bd. 3 behandelt.

- **Vv. pharyngeales**
  Die *Rachenvenen* stammen aus dem **Plexus pharyngeus** am dorsalen und lateralen Umfang der Pharynxwand.
- **V. lingualis, V. thyroidea sup., V. sternocleidomastoidea** (Abb. 8–71, 73), alle den gleichnamigen Arterien und deren Ästen entsprechend.
- **Vv. thyroideae mediae** (Abb. 8–71, 73)
  ohne entsprechende Arterien.
- **V. facialis** (Abb. 8–73)
  Die *Gesichtsvene* entspricht in ihrem Verlauf ungefähr der gleichnamigen Arterie. Ihr Beginn als **V. angularis** am medialen Augenwinkel steht in Anastomose mit der *V. ophthalmicia superior* (↗Bd. 3), welche ihrerseits wieder in den **Sinus cavernosus** (↗Bd. 3) im Innern der Schädelhöhle einmündet. Dieser Zusammenhang bildet die anatomische Ursache für die **Gefährlichkeit von Infektionen im Gesicht** (z. B. Oberlippenfurunkel), welche sich auf dem Venenweg ins Innere des Schädels ausbreiten können.
  Die *V. angularis* erhält ihren Zufluß aus den *Vv. supratrochlearis et supraorbitalis*; diese stehen mit dem *Venennetz der Kopfschwarte* in Verbindung (s. u.).
- **V. retromandibularis** (Abb. 8–73)
  Die *Hintere Unterkiefervene* zieht vor der Ohrmuschel und hinter dem Unterkieferast (in der *Fossa retromandibularis*↗) abwärts und nimmt die *Vv. temporales superficiales* (aus der Kopfschwarte, Abb. 8–73), die *V. temporalis media* (aus dem M. temporalis) und die *Vv. maxillares* (aus dem *Plexus pterygoideus*) auf.
  Die *Vv. temporales superficiales* sind oft, besonders im Alter, deutlich unter der Schädelhaut sichtbar und können zur Physiognomie des Gesichts beitragen. Die Äste der *Vv. temporales superficiales* bilden mit den Ästen der *Vv. occipitales*↗, *auricularis posterior*↗ und *supratrochleares* ein Venennetz im bindegewebigen Maschenwerk der **Kopfschwarte** (↗Bd. 1).

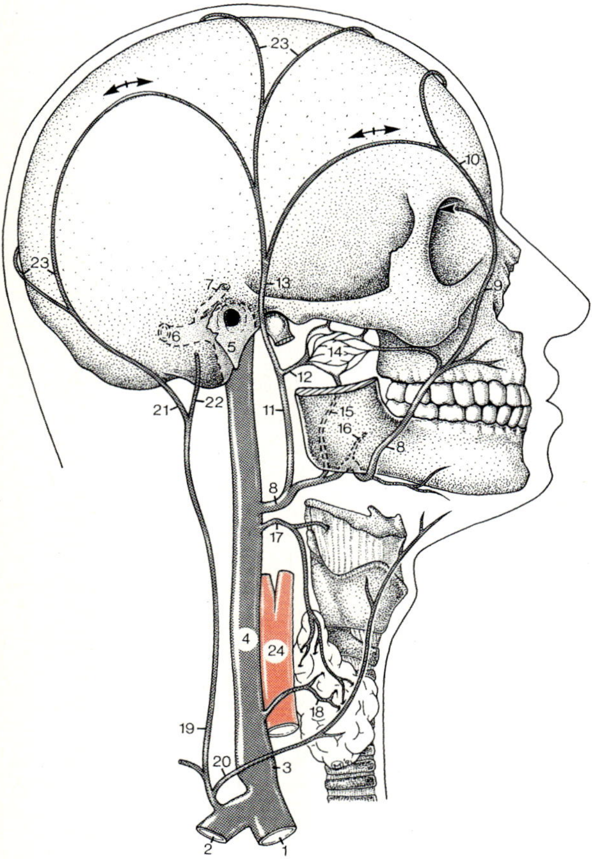

Abb. 8–73: **Venen des Halses und Kopfes** (von rechts; Ramus mandibulae reseziert).

1 V. brachiocephalica dextra
2 V. subclavia
3 Bulbus v. jugularis inferior
4 V. jugularis interna
5 Bulbus v. jugularis superior
6 Sinus sigmoideus
7 Sinus petrosus inferior
8 V. facialis
9 V. angularis
10 V. supratrochlearis
11 V. retromandibularis
12 V. maxillaris
13 Vv. temporales superficiales
14 Plexus pterygoideus
15 V. palatina
16 V. lingualis
17 V. thyroidea superior
18 Vv. thyroideae mediae

Der **Plexus pterygoideus** liegt in der *Fossa infratemporalis* (↗Bd. 1) und sammelt das Venenblut aus dem *Versorgungsgebiet der A. maxillaris*↗.

Die *venösen Blutleiter der Dura* (*Durasinus*, ↗Bd. 3) stehen in Verbindung mit den in der Diploë[1] des Schädeldachs (↗Bd. 1) gelegenen **Diploëvenen** *(Vv. diploicae)*. Letztere haben andererseits Verbindungen mit den *Venen der Kopfschwarte* (↗S. 549). Auf diese Weise ist zur Vermeidung einer Blutstauung im Schädelinneren ein *zusätzlicher Abflußweg* (zusätzlich zum Hauptabflußweg über die *V. jugularis interna*) nach außen gegeben. Dieser ermöglicht jedoch umgekehrt auch den *Einbruch einer Infektion von der Kopfhaut bzw. Kopfschwarte über die Diploevenen in das Hirnhautsystem.*

Durasinus und *Kopfschwartenvenen* sind (außer über die *Vv. diploicae*, s. o.) auch durch verhältnismäßig *großkalibrige Direktverbindungen*, die sog. **Emissarien**[2] (*Vv. emissariae*) verbunden, denen erhebliche Bedeutung für den Druckausgleich im Schädelinneren zukommt:

- **V. emissaria mastoidea**
  Verbindung des *Sinus sigmoideus* mit der *V. occipitalis* (→ V. jugularis ext./int.).
- **V. emissaria parietalis**
  Verbindung des *Sinus sagittalis superior* mit der *V. temporalis superficialis* (→ V. jugularis int.).
- **V. emissaria occipitalis**
  Verbindung des *Confluens sinuum* (↗Bd. 3) mit der *V. occipitalis.*
- **V. emissaria condyloidea**
  Verbindung des *Sinus sigmoideus* mit dem venösen Plexus im Ursprungsgebiet der (mit der Pars transversaria der A. vertebralis [Abb. 8–45] verlaufenden) *V. vertebralis*↗ (→ V. brachiocephalica).

8.5.1.6 System der Rumpfwandvenen (Abb. 8–74)

In der Rumpfwand verlaufen *dorsale* und *ventrale Längsvenen*, welche die Stromgebiete der *V. cava superior* und der *V. cava inferior* miteinander verbinden: **Cavo-cavale Anastomosen**. Die im Hinteren Media-

[1] *diploë* (gr.) = zwischen der Doppelschicht.
[2] *emissarium* (lat.) = Abzugskanal.

◁ 19 V. jugularis externa
20 V. jugularis anterior
21 V. occipitalis
22 V. auricularis posterior
23 Venen der Kopfschwarte
24 A. carotis communis

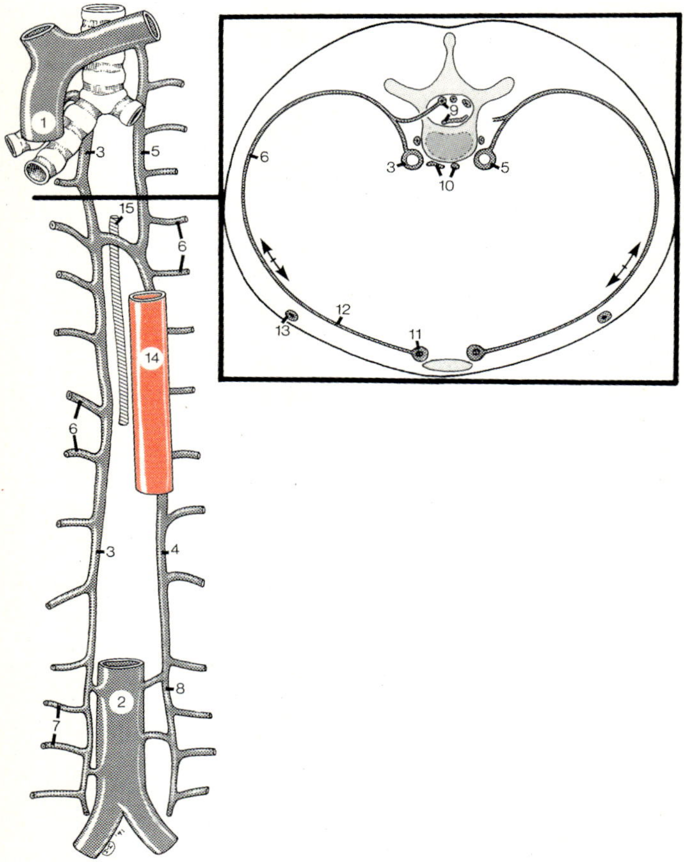

Abb. **8**–74: **Dorsale Längsvenen der Rumpfwand.**
Teilbild: Verbindung zwischen dorsalen und ventralen Längsvenen im thoracalen Bereich

1 V. cava superior
2 V. cava inferior
3 V. azygos
4 V. hemiazygos
5 V. hemiazygos accessoria
6 V. intercostalis posterior
7 V. lumbalis
8 V. lumbalis ascendens
9 Plexus vertebralis internus
10 Plexus vertebralis externus
11 V. thoracica interna
12 V. intercostalis anterior
13 Vv. thoracoepigastricae
14 Aorta descendens
15 Ductus thoracicus

stinum paravertebral verlaufenden dorsalen Längsvenen (*V. azygos* und *V. hemiazygos*) sind wegen ihres bleistiftdicken Kalibers besonders wichtig; sie haben keine Arterienbegleitung.

– **V. azygos**[1] (Abb. **8**–74)
  Diese große unpaare Vene liegt der rechten Vorderseite der Brustwirbelsäule an. Sie ist die Fortsetzung der rechten *V. lumbalis ascendens* (s. u.), vom Durchtritt durch den lumbalen Zwerchfellursprung (↗Bd. 1) an. Die Azygos mündet in den extrapericardialen Abschnitt der *V. cava superior*↗, indem sie sich im Niveau des vierten Brustwirbels von dorsal nach ventral über den *rechten Lungenstiel* windet, auf diesem gewissermaßen „reitet". In ihrem Verlauf liegt die Azygos teilweise hinter dem *Oesophagus*↗ sowie rechts von *Ductus thoracicus*↗ und *Aorta descendens*↗; im cranialsten Abschnitt kommt sie in Kontakt mit *Oesophagus, Trachea* und *N. vagus*.

Zuflüsse der V. azygos

– **V. lumbalis ascendens** (dextra; Abb. **8**–74)
  Die rechte *Aufsteigende Lendenvene* steigt von der Vorderfläche der *Articulatio sacroiliaca* (↗Bd. 1) an der Vorderseitenfläche der Lendenwirbelsäule (hinter dem *M. psoas major* [↗Bd. 1]) auf. Zuflüsse erfolgen durch die segmentalen *Vv. lumbales,* die den Aa. lumbales folgen. Die *V. lumbalis ascendens* steht über die *V. iliolumbalis*↗ und die *V. iliaca communis*↗ mit der *V. cava inferior*↗ in Verbindung.
– **Vv. intercostales posteriores** (dextrae; Abb. **8**–74)
  Die *Hinteren Zwischenrippenvenen* kommen aus den Intercostalräumen, in Begleitung der Aa. intercostales posteriores.
  Mit den *Vv. intercostales posteriores* stehen auch die Venen der Wirbelsäule in Verbindung: **Plexus venosi vertebrales externi** (anterior et posterior), **Plexus venosi vertebrales interni** (anterior et posterior) im Epiduralraum (↗Bd. 3) des Wirbelkanals.
– **Vv. bronchiales, Vv. oesophageales, Vv. mediastinales, Vv. pericardiacae**.
– **V. hemiazygos** (s. u.).

– **V. hemiazygos** (Abb. **8**–74)
  Die *hinter der Aorta descendens* aufsteigende Vene ist deutlich schwächer als die Azygos, entspricht dieser jedoch in Ursprung und anfänglichem Verlauf. Sie liegt der *linken* Vorderseitenfläche der Wirbelsäule an. Die Hemiazygos endet bereits in der Höhe des

---
[1] *ázygos* (gr.) = ungepaart.

7.–9. Brustwirbels, indem sie die Wirbelsäule (hinter Aorta und Ductus thoracicus) überquert, um in die *V. azygos* einzumünden.

Zuflüsse der V. hemiazygos

– **V. hemiazygos accessoria** (Abb. **8**–74)
Diese setzt die Richtung der Hemiazygos cranialwärts fort, hat jedoch überwiegend eine cranio-caudale Stromrichtung. Die Hemiazygos accessoria mündet entweder im Niveau des 7.–9. Brustwirbels in die Hemiazygos oder im Niveau des 7.–8. Brustwirbels über die Wirbelsäule hinweg selbständig in die Azygos.
Die *V. hemiazygos accessoria* steht häufig an ihrem cranialen Ursprung mit der *V. brachiocephalica sinistra* in Verbindung. Auf diese Weise kann auch die Achse V. hemiazygos – V. hemiazygos accessoria als *Cavo-cavale Anastomose* in Betracht kommen.

– Die weiteren Zuflüsse der Vv. hemiazygos et hemiazygos accessoria entsprechen denen der V. azygos ↗.

– **Vv. thoracicae internae** (Abb. **8**–71, 74)
Während das Azygossystem aus Längsvenen der *dorsalen* Rumpfwand besteht, sind die *Inneren Brustwandvenen* ein Venenpaar der *ventralen* Rumpfwand. Dorsales und ventrales Längsvenensystem werden auf beiden Thoraxseiten durch die *Vv. intercostales posteriores et anteriores* (s. u.) verbunden (entsprechend den Arterien, Abb. **8**–52).
Die *Vv. thoracicae internae* verlaufen an der Innenfläche der vorderen Thoraxwand, nahe dem Sternalrand aufsteigend (mit der A. thoracica int. ← A. subclavia ↗). Es handelt sich jederseits um meist zwei Begleitvenen, die sich erst im Niveau des 3. Rippenknorpels zu einem einheitlichen Stamm vereinigen, der in die *V. brachiocephalica* ↗ einmündet.

Zuflüsse der Vv. thoracicae internae

– **Vv. intercostales anteriores** (Abb. **8**–74)
Die *Vorderen Zwischenrippenvenen* verlaufen mit den arteriellen *Rr. intercostales anteriores* ↗ in den Intercostalräumen (Abb. **8**–52). Sie kommunizieren mit den *Vv. intercostales posteriores* ↗ und verbinden auf diese Weise beiderseits mehrfach die ventralen mit den dorsalen Längsvenen der Rumpfwand.

– **Vv. epigastricae superiores** (Abb. **8**–78)
Die *Oberen Oberbauchvenen* verlaufen, vom Nabelniveau aufsteigend, an der *Innenseite der vorderen Bauchwand.* Neben dem Schwertfortsatz treten sie in der LARREYschen Spalte (↗Bd. 1)

durch das Zwerchfell, um als *Vv. thoracicae internae* fortgesetzt zu werden.

Die *Vv. epigastricae superiores* kommunizieren im Nabelniveau mit der *V. epigastrica inferior* ↗, die ihrerseits in die *V. iliaca externa* mündet. Auf diese Weise besteht durch die Venenachse Vv. thoracicae internae – Vv. epigastricae superiores – V. epigastrica inferior auch in der ventralen Rumpfwand eine *Cavo-cavale Anastomose*.

Neben den Venen der eigentlichen Rumpfwand haben auch subcutane **Hautvenen** Bedeutung für das System der *Cavo-caudalen Anastomosen*:

Vv. thoracoepigastricae ↗ (Stromgebiet der *Cava superior*) anastomosieren mit Ästen der *V. epigastrica superficialis* ↗ (Stromgebiet der *Cava inferior*).

Im Falle von *Abflußbehinderungen im Bereich der V. cava inferior* stehen mehrere *Kollateralwege* zur Verfügung, die einen ersatzweisen *Abfluß über die V. cava superior* ermöglichen:

Cavo-cavale Anastomosen

- *V. cava inf.* – V. iliaca comm. – V. lumbalis ascendens – **V. azygos / V. hemiazygos** – *V. cava superior*;
- *V. cava inf.* – V. iliaca comm. – V. lumbalis ascendens – **V. hemiazygos** – **V. hemiazygos accessoria** – V. brachiocephalica sinistra – *V. cava sup.*;
- *V. cava inf.* – V. iliaca comm. – V. iliaca ext. – **V. epigastrica inf.** – **Vv. epigastricae sup.** – **Vv. thoracicae int.** – V. brachiocephalica – *V. cava sup.*;
- *V. cava inf.* – V. iliaca comm. – V. lumbalis ascendens – Vv. lumbales – **Plex. venosi vertebrales** – Vv. intercostales post. – **V. azygos / V. hemiazygos** – *V. cava sup.*;
- *V. cava inf.* – V. iliaca comm. – V. iliaca ext. – V. femoralis – **V. epigastrica superficialis** – **Vv. thoracoepigastricae** – V. axillaris – V. subclavia – V. brachiocephalica – *V. cava sup.*

8.5.2 V. cava inferior und ihr Einzugsgebiet (Abb. 8–75)

Die *Untere Hohlvene* sammelt das venöse Blut aus der gesamten unteren Körperhälfte, d. h. aus dem Bereich unterhalb des Zwerchfells (Bauch, Becken, Untere Extremitäten) und führt es dem Rechten Vorhof des Herzens zu (Abb. **8**–15, 18, 27). Allerdings entsprechen nur die Zuflüsse aus den Beinen, dem Becken und den *paarigen* Bauchorganen den Arterien; die Zuflüsse aus den *unpaaren* Bauchorganen dagegen bilden gemeinsam die Pfortader, die das Blut zunächst der Leber zuführt: *Pfortaderkreislauf* ↗.

8.5.2.1 V. cava inferior (Abb. 8–75)

Die *Untere Hohlvene* entsteht durch Vereinigung der rechten und linken *V. iliaca communis* (s. u.). Diese Vereinigung erfolgt vor dem 5. Lendenwirbel, etwas rechts der Mittellinie. Die klappenlose Cava inferior ist (im Gegensatz zu der nur 6 cm langen Cava superior) etwa 25 cm lang und mit an der Mündung 30 mm Durchmesser die mächtigste Vene des Körpers.

Die *V. cava inferior* verläuft, im *Spatium retroperitoneale*↗ aufsteigend, an der rechten Vorderseitenfläche der Lendenwirbelsäule zum *Foramen venae cavae* im Centrum tendineum des Zwerchfells (↗Bd. 1). Oberhalb des Zwerchfells verläuft die Vene 1–2 cm *innerhalb des Herzbeutels* (von Epicard↗ umschlossen), um von unten in den *Rechten Vorhof* zu münden. An dieser Stelle findet sich die *Valvula venae cavae inferioris*↗.

Die *V. cava inferior* wird an ihrem Entstehungsort von der *A. iliaca communis dextra* überlagert (Abb. **8**–53). Sie verläuft dann rechts (zunächst auch teilweise hinter) der *Aorta abdominalis*, wobei sie sich cranialwärts immer mehr von dieser entfernt (Abb. **8**–53, 75). Unmittelbar unter dem Zwerchfell werden V. cava inferior und Aorta durch das *Crus dextrum* (↗Bd. 1) des lumbalen Zwerchfellursprungs getrennt. Hier wendet sich die Cava inferior auch etwas nach ventral, um das *Foramen venae cavae* zu erreichen. Die Venenwand ist mit dem Rand des Foramen fest verbunden; hierdurch (wie auch durch den Einbau in den *Sulcus venae cavae*↗) wird verhindert, daß die Vene unter dem Sog des Herzens kollabiert.

Hinter der *V. cava inferior* verläuft der rechte *Grenzstrang* (Bd. 3; Abb. **8**–36, 53). Die rechten *Aa. lumbales*↗ kreuzen hinter der Vene hindurch. Ventral wird die V. cava inferior zunächst (in Höhe des 3. Lendenwirbels) von der *Radix mesenterii*↗ überkreuzt (vgl. Abb. **2**–77). Weiter cranialwärts wird die Vene vom *Duodenum* und vom *Pancreas* überlagert (Abb. **8**–36b; vgl. auch Abb. **2**–77; **8**–55). Nach rechts grenzt die Cava inferior an den *oberen Pol der rechten Niere* und an die *rechte Nebenniere* (Abb. **8**–75).

Ehe die *V. cava inferior* die Leber erreicht, bildet sie (vom Peritoneum parietale bedeckt) die *Hinterwand des Foramen epiploicum*↗ (Abb. **2**–77). Im Bereich der *Facies visceralis* der Leber (unmittelbar unter dem Zwerchfell) ist die V. cava inferior in den tief einschneidenden *Sulcus venae cavae*↗ eingebettet (Abb. **2**–59). Wegen der hämodynamischen Bedeutung dieses Einbaues s. o.

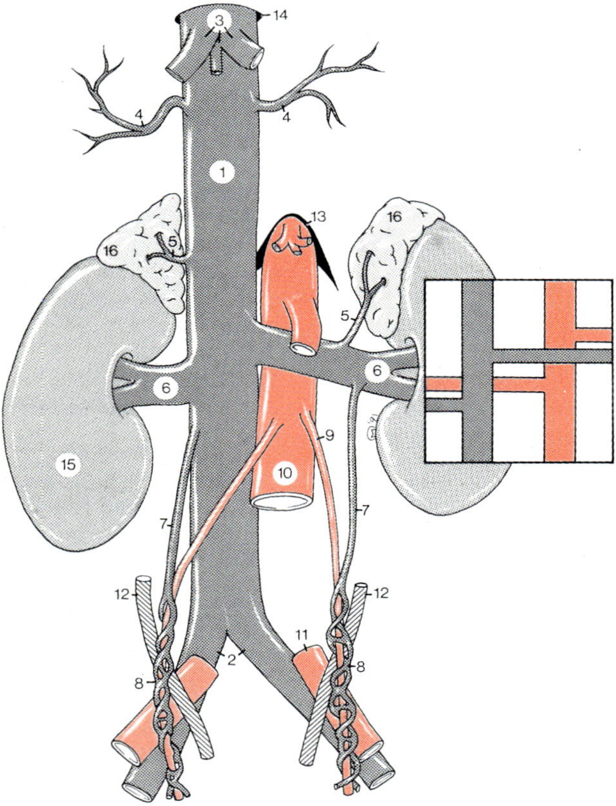

Abb. **8–75**: **V. cava inferior und ihre Zuflüsse** (von ventral)
Teilbild: Lageschema der Nierengefäße in ihrer Beziehung zu Aorta und V. cava inferior

1 V. cava inferior
2 V. iliaca communis
3 Vv. hepaticae
4 V. phrenica inferior
5 V. suprarenalis
6 V. renalis
7 V. testicularis/ovarica
8 Plexus pampiniformis
9 A. testicularis/ovarica
10 Aorta abdominalis (A. renalis nicht dargestellt)
11 A. iliaca communis
12 Ureter
13 Hiatus aorticus
14 Foramen venae cavae
15 Niere
16 Nebenniere

Außer den beiden Wurzelvenen, den *Vv. iliacae communes dextra et sinistra* (aus den unteren Extremitäten und dem Becken), erhält die Untere Hohlvene

- *paarige Zuflüsse* aus den paarigen Bauchorganen und aus der Bauchwand;
- *einen unpaaren* (aber multiplen) *Zufluß (Vv. hepaticae)* aus dem Pfortaderkreislauf.

Da das venöse Blut aus Darm, Bauchspeicheldrüse, Milz und Leber (als dem Pfortadersystem zugehörig) der V. cava inferior erst durch die Vv. hepaticae zugeführt wird, hat die Cava inferior keine den drei Darmarterien (Tr. coeliacus, A. mesenterica sup., A. mesenterica inf. ↗) entsprechende Zuflüsse.

8.5.2.2 Zuflüsse der V. cava inferior aus der Bauchwand und den paarigen Bauchorganen

Diese jeweils rechts und links anzutreffenden Venen begleiten die betreffenden Äste der Bauchaorta. Der Abfluß erfolgt sowohl aus der Bauchwand (*parietale Äste*) als aus den paarigen Bauchorganen (*viscerale Äste*).

- **Vv. phrenicae inferiores** (Abb. **8**–75)
  Die *Unteren Zwerchfellvenen* kommen von der abdominalen (unteren) Fläche des Zwerchfells.
- **Vv. lumbales** (Abb. **8**–74)
  Die *Lendenvenen* (4 auf jeder Seite) sammeln das Blut aus der lumbalen Rumpfwand und aus den *Plexus vertebrales* ↗. Die den Intercostalvenen entsprechenden segmentalen Gefäße werden paravertebral jederseits durch die vertical aufsteigende *V. lumbalis ascendens* ↗ verknüpft, können aber auch direkt oder über die V. lumbalis ascendens in die V. cava inferior münden. Die linksseitigen Venen sind länger als die rechten und verlaufen dorsal der Bauchaorta.
- **V. renalis** (Abb. **8**–75)
  Die *Nierenvenen* sind horizontal verlaufende mächtige Gefäße in Begleitung der Aa. renales ↗. Die Vene liegt in der Regel vor und etwas unterhalb der Arterie, die linke etwas höher als die rechte. Die hinter dem *Pancreas* verlaufende *linke Nierenvene* ist länger als die hinter der *Pars descendens duodeni* verlaufende *rechte* (7,5/2,5 cm); erstere kreuzt die Aorta unmittelbar unterhalb des Abgangs des A. mesenterica superior ↗.
  Die Aorta mit den Nierenarterien und die Cava inferior mit den

Nierenvenen bilden zwei gegeneinander versetzte Kreuze (Abb. **8**–75): *Venenkreuz* rechts und caudal vom *Arterienkreuz*.
Zur Lage der *V. renalis im Nierenhilus*↗ vgl. Abb. **4**–2.

- **V. suprarenalis** (Abb. 8–75)
  Die *Nebennierenvene* mündet auf der rechten Seite oberhalb der Nierenvene direkt in die *Cava inferior*, links dagegen in die *linke Nierenvene*.
- **V. testicularis** (Abb. 8–75), **V. ovarica**
  Im abdominalen Bereich verlaufen *Hodenvene* und *Eierstockvene* in gleicher Weise.
  Die **V. testicularis** hat eine lange Verlaufsstrecke vom Hoden und Nebenhoden durch den *Leistenkanal* und dann auf dem M. psoas major (↗Bd. 1) bis in das Niveau des Nierenhilus. Sie mündet *rechts spitzwinklig in die V. cava inferior*, nahe der Einmündung der Nierenvene. Auf der *linken Seite* dagegen mündet die V. testicularis *rechtwinklig in die V. renalis* (Abb. **8**–75). Hierdurch sind die Abflußbedingungen aus dem linken Hoden etwas ungünstiger; das *Tieferstehen des linken Hodens im Scrotum*↗ ist hierauf zurückzuführen, ebenso wie eine vorzugsweise linksseitig auftretende Venenerweiterung (*Varikozele*) im Bereich des *Plexus pampiniformis* (s. u.).
  Die *V. testicularis* bildet im *Samenstrang*↗ sowie in der caudalen Hälfte der abdominalen Verlaufsstrecke (etwa bis zur Überkreuzung des Ureters) ein voluminöses Venengeflecht um die A. testicularis (Abb. **8**–75), den **Plexus pampiniformis** (*Rankengeflecht*).
  Die *Vv. testiculares* verlaufen *retroperitoneal*↗, die rechte hinter dem terminalen Ileum und der Pars horizontalis duodeni↗, die linke hinter dem Colon descendens↗.
  Die **V. ovarica** bildet nahe dem Ovarium ein *Venengeflecht im Mesovarium*↗. Aus diesem gehen jederseits zwei miteinander kommunizierende Venen hervor, die die A. ovarica begleiten. Der abdominale Verlauf und die seitendifferenten Einmündungsverhältnisse entsprechen denen der V. testicularis.

8.5.2.3 Zuflüsse der V. cava inferior aus den unpaaren Bauchorganen: Pfortadersystem (Abb. 8–76)

Das venöse Blut aus den *unpaaren Bauchorganen* (Magen, Darm, Bauchspeicheldrüse, Milz, Gallenblase), somit aus dem *Versorgungsbereich von Tr. coeliacus, A. mesenterica sup. und A. mesenterica inf.*, wird durch ein gemeinsames Sammelgefäß, **V. portae** (*Pfortader*), zunächst der Leber↗ zugeführt, ehe es – gemischt mit dem Blut aus der A. hepatica propria↗ – durch die **Vv. hepaticae** (*Lebervenen*) in die

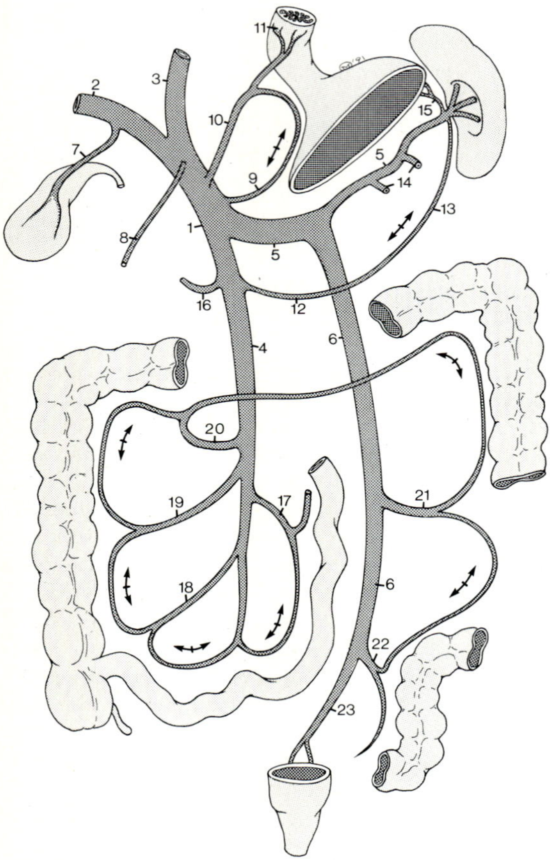

Abb. **8**–76: **Pfortadersystem.**
↔ Anastomosengebiete. Die peripheren Wurzeln aus Magen und Darm nicht dargestellt.

1 V. portae
2 – R. dexter
3 – R. sinister
4 V. mesenterica superior
5 V. lienalis
6 V. mesenterica superior
7 V. cystica
8 Vv. paraumbilicales
9 V. gastrica dextra
10 V. gastrica sinistra
11 Vv. oesophageales
12 V. gastro-epiploica dextra
13 V. gastro-epiploica sinistra
14 Vv. pancreaticae
15 Vv. gastricae breves
16 Vv. pancreaticoduodenales

Untere Hohlvene gelangt. Der biologische Sinn dieser Gegebenheit liegt darin, daß so die im Darm resorbierten Stoffe und das in der Milz durch Blutmauserung freigesetzte Hämoglobin direkt *der Leber als dem zentralen Stoffwechselorgan zugeführt* werden. (Näheres s. im Kapitel 2.9 Leber).

- **Vv. hepaticae** (Abb. **2**–60, 77; **8**–75)
  Die *Lebervenen* bestehen meistens aus drei größeren und mehreren kleinen Gefäßen aus den verschiedenen Leberlappen. Diese münden nach kurzem Verlauf dicht unterhalb des Zwerchfells in die *Untere Hohlvene*, dort wo diese in den *Sulcus venae cavae* der Leber (s. S. 147) eingebettet ist.
- **V. portae** (Abb. **8**–76)
  Die *Pfortader* ist ein mächtiges Gefäß, 2 cm weit und 6–8 cm lang. Sie entsteht durch die *Vereinigung der V. mesenterica superior mit der V. lienalis* (s. u.). Diese Vereinigungsstelle befindet sich im Niveau des 2. Lendenwirbels, vor der V. cava inferior und hinter dem „Hals" (zwischen Caput und Corpus pancreatis↗) der Bauchspeicheldrüse.
  Die Vene verläuft nach rechts aufsteigend, hinter dem Pancreas und der Pars superior duodeni↗, um im *Lig. hepatoduodenale*↗ (Abb. **2**–77) zur *Porta hepatis*↗ (*Leberpforte*) zu gelangen (Abb. **2**–59). Im **Lig. hepatoduodenale** liegt die *V. portae* hinter der *A. hepatica propria* und dem *Duct. choledochus* (Abb. **2**–77; **8**–54). Sie teilt sich in der Porta hepatis in einen **R. dexter** (für den Lobus hepatis dexter) und einen **R. sinister** (für den Lobus hepatis sinister, mit Ästen zu den Lobi caudatus und quadratus).

Zuflüsse der V. portae

Außer den *Wurzelvenen* (V. mesenterica sup., V. lienalis, s. u.) münden in die V. portae bzw. ihre beiden Äste:

- **Vv. gastricae dextra et sinistra** (Abb. 8–76)
  Die *Rechte Magenvene* und die *Linke Magenvene* bilden im Bereich der Kleinen Curvatur↗ eine venöse Anastomose: **„V. coronaria ventriculi"** (Kranzvene des Magens).
  Die **V. gastrica dextra** (*Rechte Magenvene*) erhält Zuflüsse aus der Vorder- und Hinterwand des Magens sowie die **V. praepylorica**

◁ 17 Vv. jejunales et ileales
18 V. ileocolica
19 V. colica dextra
20 V. colica media
21 V. colica sinistra
22 Vv. sigmoidae
23 V. rectalis superior

(vor dem Magenpförtner verlaufende Vene); letztere markiert die *Lage des Pylorus*. Die **V. gastrica sinistra** (*Linke Magenvene*) erhält ebenfalls Zuflüsse aus der Vorder- und Hinterwand des Magens; sie steht im Bereich der *Cardia*↗ mit einem *submucösen Plexus* in Verbindung, der zum Verschluß der Cardia beiträgt („funktioneller Cardiasphincter"↗). Über dieses Geflecht bestehen Verbindungen zu den submucös gelegenen *Vv. oesophageales* (↗Porto-cavale Anastomosen).

– **Vv. para-umbilicales** (Abb. **8**–76, 78)
  Diese „um den Nabel herum" verlaufenden Venen kommen von der vorderen Bauchwand und gelangen mit dem *Lig. teres hepatis*↗ (Abb. **2**–58) zur Leberpforte (↗Porto-cavale Anastomosen).
– **V. cystica** (Abb. **8**–76)
  Die *Gallenblasenvene* mündet in den *R. dexter* der Pfortader oder einen seiner Äste.
– **V. mesenterica superior** (Abb. **8**–76)
  Die *Obere Gekrösevene* ist die stärkere der beiden *Wurzelvenen* der Pfortader. Sie sammelt das Blut aus dem gesamten Dünndarm und dem Dickdarm bis zur linken Colonflexur, aus dem Bereich der Großen Curvatur↗ des Magens sowie aus einem Teil der Bauchspeicheldrüse.
  Die V. mesenterica superior verläuft im *Mesenterium*, rechts von der Arterie (Abb. **8**–55). Sie überquert die *Pars inferior duodeni*↗ und den *Processus uncinatus*↗ der Bauchspeicheldrüse, um in der *Incisura pancreatis*↗ hinter die Drüse zu gelangen. Hinter dem „Hals" (S. 561) der Bauchspeicheldrüse vereinigt sie sich rechtwinklig mit der *V. lienalis* zur Pfortader.

Zuflüsse der V. mesenterica superior

– *Vv. pancreaticae*, aus der Bauchspeicheldrüse;
– *Vv. pancreaticoduodenales*, aus der Bauchspeicheldrüse und dem Duodenum, in der Rinne zwischen Pancreaskopf und Duodenum;
– *V. gastro-epiploica dextra*, von der großen Curvatur des Magens und dem Omentum majus↗;
– **Vv. jejunales et ileales**, aus den Dünndarmschlingen;
– **V. ileocolica**, aus den terminalen Ileum und dem Caecum. Ein erwähnenswerter Zufluß ist die *V. appendicularis* aus dem Wurmfortsatz;
– **V. colica dextra**, aus dem Colon ascendens, vereinigt sich häufig mit der V. ileocolica;
– **V. colica media**, aus dem Colon transversum, durch das Mesocolon transversum.

Die Darmvenen anastomosieren ausgiebig untereinander, unter Bildung von Arkaden (entsprechend den Arterien, Abb. **8**–56).

- **V. lienalis** [*splenica*] (Abb. **8**–76, 77)
  Die *Milzvene* sammelt das Blut außer aus der Milz auch aus der Großen Curvatur des Magens und aus der Bauchspeicheldrüse, insbesondere aber aus dem Colon (distal vom CANNON-BÖHMschen Punkt↗) und dem Rectum (s. u. *A. mesenterica inferior*).
  Der Stamm der Milzvene bildet sich aus den Milzästen im *Hilum lienis* (Milzhilus)↗. Von dort gelangt sie durch das *Lig. lienorenale* in den Retroperitonealraum (Spatium retroperitoneale↗). Dort verläuft die Milzvene in der Hinterwand der *Bursa omentalis* (vgl. Abb. **2**–72), im wesentlichen von links nach rechts, dabei leicht absteigend. Sie folgt dem oberen Pancreasrand (unterhalb der Arterie verlaufend, Abb. **8**–55) und überkreuzt dabei die linke Niere. Die rechtwinklige Vereinigung mit der *V. mesenterica superior* zur V. portae erfolgt hinter dem „Hals" der Bauchspeicheldrüse.

Zuflüsse der V. lienalis

- **V. gastro-epiploica sinistra** (Abb. **8**–76)
  Die *Linke Magen-Netzvene* verläuft im Ansatz des Omentum majus↗ an der Großen Curvatur↗ des Magens, anastomosiert mit der *V. gastroepiploica dextra* (→ V. mesenterica sup.) und erreicht den Stamm der *V. lienalis* im Milzhilus über das *Lig. gastrolienale*↗.
- **Vv. gastricae breves** (Abb. **8**–76)
  Die *Kurzen Magenvenen* aus dem Magenfundus erreichen die Milzvene ebenfalls auf dem Weg des *Lig. gastrolienale*.
- **Vv. pancreaticae** (Abb. **8**–76)
  Die Bauchspeichelvenen münden in die V. lienalis auf deren Weg entlang dem oberen Pancreasrand.
- **V. mesenterica inferior** (Abb. **8**–55, 76)
  Die Benennung als *Untere „Gekrösevene"* dieses retroperitoneal verlaufenden Gefäßes wird dadurch verständlich, daß es sich um eine *Sekundär retroperitoneale Lage*↗ handelt (vgl. Abb. **2**–34).
  Die V. mesenterica inferior sammelt das Blut aus dem *Colon descendens, Colon sigmoideum* und *Rectum*. Sie entsteht (als direkte Fortsetzung der *V. rectalis superior*) etwa an der Stelle, an der der linke Ureter die linke A. iliaca communis kreuzt (vgl. Abb. **8**–53), durch *Zusammenfluß der V. rectalis superior mit den Vv. sigmoideae*.
  Die Vene verläuft retroperitoneal, zunächst medial vom linken Ureter, auf dem M. psoas major; dabei entfernt sie sich immer

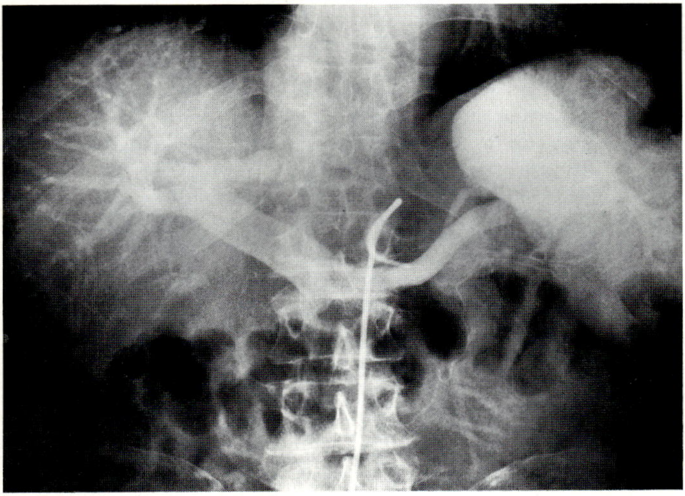

Abb. 8–77: **Indirekte Splenoportographie.**
Sondierung der A. lienalis mit einem speziellen Katheter. Etwa 5–10 sec nach Injektion des Kontrastmittels stellen sich die Milz in der „Parenchymphase", dann („venöse Phase") zunehmend V. lienalis, V. portae und die intrahepatischen Pfortaderäste dar.

weiter von der A. mesenterica inferior. Im Bereich der *Flexura duodenojejunalis*↗ verläuft die V. mesenterica inferior in der *Plica duodenalis superior*↗ (Abb. **2**–75), um dann hinter die Bauchspeicheldrüse zu treten (Abb. **8**–55). Hinter deren oberem Rand mündet sie *rechtwinklig in die V. lienalis* (Abb. **8**–55, 76).

Zuflüsse der V. mesenterica inferior

– **V. rectalis superior** (Abb. **8**–61, 76)
Die *Obere Mastdarmvene* sammelt das Blut aus den oberen ⅔ des Mastdarms (entspr. der *Flexura sacralis*↗). Sie verläuft zunächst auf der Rückseite des Rectum und verläßt dann das Kleine Becken im distalen Abschnitt des *Mesocolon sigmoideum*↗. Im weiteren Verlauf liegt sie medial vom Ureter und überkreuzt die V. iliaca communis, um – nach Vereinigung mit den *Vv. sigmoideae* auf der A. iliaca communis – als V. mesenterica inferior ihre Fortsetzung zu finden.
Die V. rectalis superior hat ihre Wurzeln in dem das Rectum

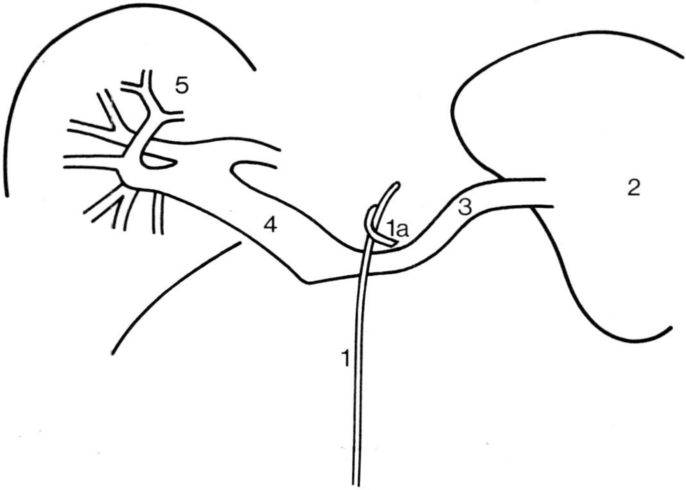

1 Katheter in der Pars abdominalis aortae
1a Katheterspitze in der A. lienalis (in der venösen Phase nicht mehr kontrastiert)
2 Milz
3 V. lienalis
4 V. portae
5 intrahepatische Pfortaderäste

umgebenden *Plexus venosus rectalis*↗ („Plexus haemorrhoidalis"). Dieser wird im mittleren Abschnitt auch durch die *V. rectalis media*↗ (→ V. iliaca interna) und im unteren Abschnitt durch die *V. rectalis inferior*↗ (→ V. pudenda interna) drainiert. Diese Beziehung hat große praktische Bedeutung im Rahmen des Systems der *Porto-cavalen Anastomosen*↗.

– **Vv. sigmoideae** (Abb. 8–76)
  Diese stammen aus dem Colon sigmoideum und verlaufen durch das *Mesocolon sigmoideum*.
– **V. colica sinistra** (Abb. 8–76)
  Die *Linke Dickdarmvene* sammelt das Blut aus dem gesamten *Colon descendens*. Sie verläuft (dem Colon descendens entsprechend) von vornherein *retroperitoneal* und mündet im Niveau des unteren Pancreasrandes in die V. mesenterica inferior. An der Linken Colonflexur (*Flex. colica sin.*↗) anastomosiert ihr Wurzelgebiet mit dem der *V. colica media* (→ V. mesenterica sup.).

Porto-cavale Anastomosen (Abb. 8–78)

Bei einer krankhaften Verengung der Strombahn innerhalb der Leber (Leberzirrhose) oder in der Pfortader selbst (Pfortaderthrombose) mit der Folge *„portalen Hochdrucks"* wird das Pfortaderblut in die Quellgebiete zurückgestaut. Charakteristisches Symptom kann beispielsweise eine tastbare Vergrößerung der Milz (sog. Milztumor) sein. Der Abfluß des Pfortaderblutes kann jedoch bis zu einem gewissen Grade rückläufig über die klinisch außerordentlich bedeutsamen **Porto-cavalen Anastomosen** in die *V. cava inferior* bzw. *V. cava superior* erfolgen:

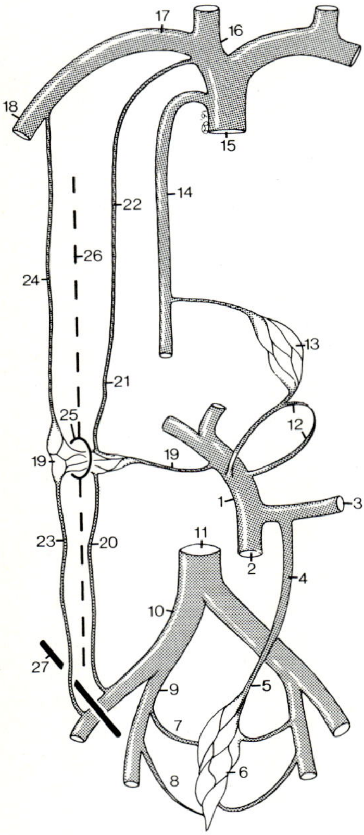

Abb. **8**–78: **Porto-cavale Anastomosen.**

1 V. portae
2 V. mesenterica superior
3 V. lienalis
4 V. mesenterica inferior
5 V. rectalis superior
6 Plexus venosus rectalis **(Hämorrhoiden!)**
7 V. rectalis media
8 V. rectalis inferior
9 V. iliaca interna
10 V. iliaca communis
11 V. cava inferior
12 V. coronaria ventriculi
13 Vv. oesophageales **(Oesophagusvarizen!)**
14 V. azygos
15 V. cava superior
16 V. brachiocephalica dextra
17 V. subclavia
18 V. axillaris
19 Vv. para-umbilicales **(Caput medusae!)**
20 V. epigastrica inferior
21 V. epigastrica superior
22 Vv. thoracicae internae
23 V. epigastrica superficialis
24 V. thoraco-epigastrica
25 Nabel
26 Bauchwand
27 Leistenband

Die **V. rectalis superior** (→ V. mesenterica inferior → V. lienalis → V. portae) anastomosiert in umfangreichen submucösen Venenplexus *(Plex. venosus rectalis)* mit den Wurzeln der *V. rectalis media* und *V. rectalis inferior,* die über die V. iliaca interna an die V. cava inferior angeschlossen sind. Symptom bei Rückstau in dieses Anastomosengebiet ist eine Erweiterung der in den *Columnae anales* ↗ gelegenen Gefäßschlingen des *Plexus venosus rectalis* (Abb. **2**–54; **8**–78): **Hämorrhoiden**.

Das Blut der Hämorrhoiden ist *hellrot* (und somit nicht rein venös), weil dieser Bereich des Plexus im Zusammenhang mit den mechanischen Erfordernissen des Analverschlusses auch mit arteriellem Blut über *arterio-venöse Anastomosen* ↗ aufgefüllt wird (vgl. S. 135).

Das Gebiet der **V. coronaria ventriculi** (vgl. S. 561) anastomosiert im Cardiabereich mit *Vv. oesophageales* (→ V. azygos), die einen ausgedehnten *submucösen Plexus* bilden (Abb. **8**–78). Symptom bei Rückstau in diesem Gebiet ist eine die Schleimhautoberfläche der Speiseröhre vorwölbende Erweiterung der Oesophagusvenen: **Oesophagusvarizen**, die bei Vorliegen eines portalen Hochdruckes (s. o.) eine große Gefahr bei Magensondierungen darstellen.

Durch die im Bereich des Lig. teres hepatis ↗ verlaufenden **Vv. para-umbilicales** (Abb. **8**–80) steht die Pfortader über Venen der vorderen Bauchwand mit der V. cava inferior (über *V. epigastrica inferior* und *V. epigastrica superficialis*) und mit der V. cava superior (über *V. epigastrica superior* → V. thoracica interna sowie V. epigastrica superficialis → V. thoracoepigastrica) in Verbindung. Bei Rückstau in dieses Anastomosengebiet entsteht das charakteristische Symptom einer Erweiterung subcutaner Venen um den Nabel herum: **Caput medusae**.

8.5.2.4 Vv. iliacae communes

Die *Gemeinsamen Darmbeinvenen* entstehen jeweils durch Vereinigung der *V. iliaca externa* mit der *V. iliaca interna* (Abb. **8**–53, 79). Sie sammeln somit das Blut sowohl aus der Unteren Extremität als auch aus dem Beckenbereich (Beckeneingeweide und Beckenwand). Diese Vereinigungsstelle liegt im Spatium retroperitoneale ↗ vor dem Sacroiliacalgelenk (↗ Bd. 1).

Die beiden *Vv. iliacae communes* verlaufen konvergierend cranialwärts, um sich vor dem 5. Lendenwirbel spitzwinklig zur *V. cava inferior* zu vereinigen. Die *rechte Iliaca communis* ist kürzer als die linke, steigt nahezu vertikal auf und unterkreuzt dabei die rechte A. iliaca communis (Abb. **8**–53). Die *linke Iliaca communis* verläuft ausgesprochen schräg, liegt im wesentlichen medial von der Arterie und wird von der *Radix mesocoli sigmodei* ↗ überkreuzt.

Zuflüsse der V. iliaca communis

- **V. iliolumbalis** (Abb. **8**–79)
  Die *Darmbein-Lendenvene* sammelt Blut aus der seitlichen Wand des Großen Beckens (gemeinsam mit der V. circumflexa ilium profunda → V. iliaca ext.). Sie verläuft hinter dem M. psoas major.
- **V. sacralis mediana** (Abb. **8**–79)
  Die unpaare *Mediane Kreuzbeinvene* kommt von der Facies pelvina des Kreuzbeins (↗Bd. 1) und mündet in die linke V. iliaca communis.

8.5.2.5 V. iliaca externa (Abb. 8–79)

Die *Äußere Darmbeinvene* ist neben der V. iliaca interna (s. u.) die andere Wurzelvene der V. iliaca communis. Sie ist die direkte *Fortsetzung der V. femoralis* von der *Lacuna vasorum* (↗Bd. 1) an (Abb. **8**–64, 79) und folgt, wandständig extraperitoneal verlaufend, etwa der *Linea terminalis* (↗Bd. 1) des Beckens.

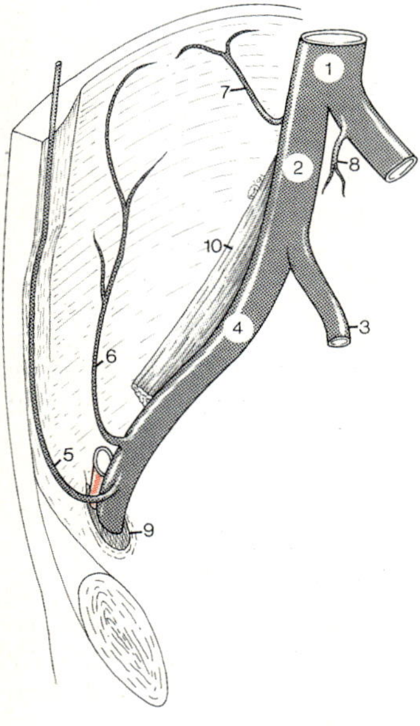

Abb. **8**–79: **V. iliaca communis und ihre Zuflüsse.**
1 V. cava inferior
2 V. iliaca communis dextra
3 V. iliaca interna
4 V. iliaca externa
5 V. epigastrica inferior
6 V. circumflexa ilium profunda
7 V. iliolumbalis
8 V. sacralis mediana
9 Lacuna vasorum
10 M. psoas major

Die V. iliaca externa sammelt in erster Linie Blut aus dem Bein (V. femoralis, s. u.); sie hat außerdem folgende **Zuflüsse** aus der Bauch- und Beckenwand:

- **V. circumflexa ilium profunda** (Abb. **8**–79)
  Die *Tiefe Darmbein-Ringarterie* sammelt Blut aus dem Gebiet der Beckenschaufel, in Ergänzung der V. iliolumbalis↗. Sie mündet etwa 2 cm oberhalb der *Lacuna vasorum*.
- **V. epigastrica inferior** (Abb. **8**–78, 79)
  Die *Untere Bauchwandvene* verläuft auf der Rückseite der vorderen Bauchwand, in Begleitung der gleichnamigen Arterie (vgl. S. 519). Sie mündet knapp oberhalb der *Lacuna vasorum* in die Iliaca externa. Zur Bedeutung im Rahmen der *Porto-cavalen* und *Cavo-cavalen Anastomosen* vgl. S. 566 und 551 sowie Abb. **8**–78.

8.5.2.6 V. femoralis (Abb. 8–62, 63, 81)

Die *Oberschenkelvene* ist die Fortsetzung der **V. poplitea** (*Kniekehlenvene*), beginnend im *Hiatus tendineus* (Abb. **8**–66). Sie reicht bis zum Leistenband (*Lacuna vasorum*, Abb. **8**–62), wo sie in die *V. iliaca externa*↗ übergeht.

Die *V. femoralis* verläuft zunächst im *Canalis adductorius* (↗Bd. 1; Abb. **8**–65), dann durch die *„Fossa iliopectinea"* (Abb. **8**–63, 81). Im weiteren Verlauf verschiebt sich die Vene in Bezug auf die A. femoralis hinter der Arterie hindurch von lateraler zu medialer Position (vgl. Abb. **8**–66 mit Abb. **8**–62). In der *Lacuna vasorum* (↗Bd. 1) liegt die Vena femoralis zwischen der Arterie und dem durch das *Septum femorale* verschlossenen *Anulus femoralis* (↗Bd. 1); Abb. **8**–62). Hier bzw. dicht unter dem Leistenband kann die V. femoralis (unmittelbar medial vom *Puls der A. femoralis*↗) aus notärztlicher Indikation punktiert werden.

Die *V. femoralis* sammelt das Blut aus dem weitaus größten Teil des Beines, lediglich im Gebiet der Adductoren ergänzt durch die *V. obturatoria* (→ V. iliaca interna).

Die tiefen *Zuflüsse der V. femoralis* (am wichtigsten: *V. profunda femoris*) sowie die *Wurzelvenen der V. poplitea* (Abb. **8**–80) entsprechen in Verlauf und Benennung den betreffenden Arterien (s. dort).

Oberflächliche Venen des Beines (Abb. 8–80, 81)

Diese *extrafascial* verlaufenden sog. **Hautvenen** haben eine viel größere praktische Bedeutung als die entsprechenden Gefäße am Arm (vgl. S. 546), weil die hämodynamischen Gegebenheiten am Bein

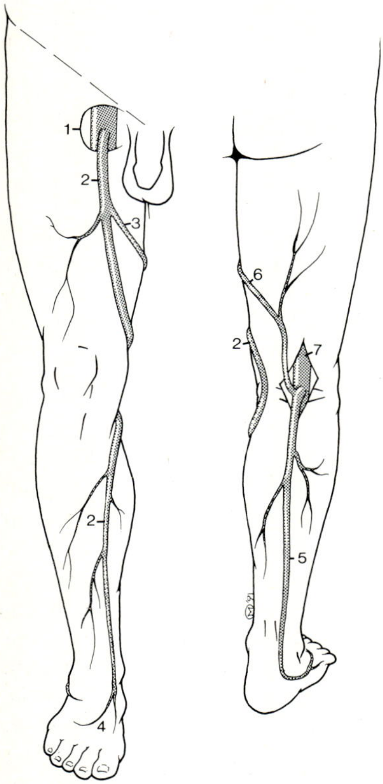

Abb. **8**–80: **Saphenasystem.**
Links: Untere Extremität von vorn, *rechts:* Untere Extremität von hinten
1 Hiatus saphenus mit V. femoralis
2 V. saphena magna
3 V. saphena accessoria
4 Arcus venosus dorsalis pedis
5 V. saphena parva
6 V. femoropoplitea
7 V. poplitea

ungünstiger sind (vgl. S. 391) und zu den sog. *Krampfadern* führen können.

– **V. saphena**[1] **magna** (Abb. **8**–80)

Diese längste Vene des Körpers beginnt am medialen Rand des

[1] hebräisch: verborgen, da diese Hautvene in ihrem gesamten Verlauf nicht von außen sichtbar ist.

Fußrückens und mündet etwas unterhalb des Leistenbandes in die *V. femoralis*. Quellgebiet ist das meist gut durch die Haut sichtbare **Rete venosum dorsale pedis** mit dem **Arcus venosus dorsalis pedis.**
Die Saphena magna verläuft *im wesentlichen an der medialen Seite* des Fußes sowie des Unter- und Oberschenkels; sie gelangt erst zuletzt auf die Vorderseite des letzteren. Vom medialen Fußrand gelangt die Vene vor dem Medialen Knöchel an den Unterschenkel. Sie überkreuzt das distale Ende der Tibia, um dann etwa fingerbreit hinter deren Innenkante (Margo medialis) auf der *Fascia cruris* (↗Bd. 1) aufzusteigen. Besonders bemerkenswert ist, daß sich die V. saphena magna im Kniebereich nach hinten wendet, um *hinter dem Condylus medialis tibiae* und *hinter dem Condylus medialis femoris* (Abb. **8**–80; ↗Bd. 1) an die mediale Seite des Oberschenkels zu gelangen. In der proximalen Hälfte des Oberschenkels zieht die Saphena magna dann, tief in das hier meist mächtige subcutane Fettgewebspolster eingebettet, in schrägem Verlauf auf dessen Vorderfläche, um im *Hiatus saphenus* (s. u.) in die Tiefe zur *Einmündung in die V. femoralis* zu gelangen. Diese Stelle befindet sich etwa 3 cm latero-distal vom tastbaren Tuberculum pubicum (↗Bd. 1).

Die V. saphena magna hat im Bereich des Unter- und Oberschenkels zahlreiche, vielfach nicht benannte extrafasciale Zuflüsse (Gefäße des „Venensterns" s. u.). Eine **V. saphena accessoria** (medialis) kann mit einer **„V. femoropoplitea"** (→ V. saphena parva) kommunizieren.
Bedeutsam für die Diagnostik und Therapie des Krampfaderleidens sind Verbindungen der V. saphena magna mit den subfascialen tiefen Begleitvenen: **Vv. perforantes.**

– **„Venenstern"** (Abb. **8**–81)
Im *Trigonum femorale* (↗Bd. 1) besitzt die Oberschenkelfascie *(Fascia lata)* dicht unterhalb des Leistenbandes eine schwache Stelle von ovaler Form, die nur durch eine lockere durchlöcherte Bindegewebsplatte, *Fascia cribosa*, verschlossen ist. Wird diese entfernt, entsteht eine nach lateral scharfrandig *(Margo falciformis)* begrenzte Öffnung der Fascia lata, **Hiatus saphenus**. Der Hiatus verbindet den subcutanen (extrafascialen) Bereich mit dem subfascialen Bindegewebsraum der *„Fossa iliopectinea"*. In diesem Bindegewebsraum verläuft in vertikaler Richtung die *V. femoralis*, medial von der gleichnamigen Arterie.
Der *Hiatus saphenus* hat seinen Namen daher, daß hier die V. saphena magna in die V. femoralis mündet (Abb. **8**–80, 81). Es münden an dieser Stelle jedoch noch weitere Venen konvergie-

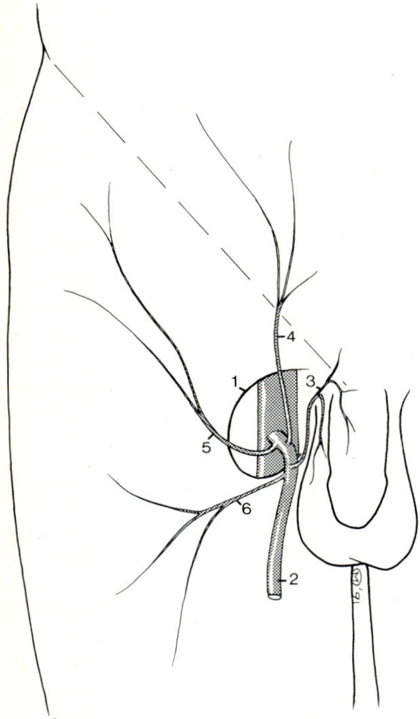

Abb. 8–81: **Venenstern des Trigonum femorale.**
1 Hiatus saphenus mit V. femoralis
2 V. saphena magna
3 Vv. pudendae externa
4 V. epigastrica superficialis
5 V. circumflexa ilium superficialis
6 V. saphena accessoria lateralis

rend in die Saphena magna ein (oder auch in die V. femoralis), wodurch der sog. *Venenstern* zustande kommt. Von medial nach lateral sind dies: **Vv. pudendae externae** (*Äußere Schamvenen*) aus dem Gebiet der Äußeren Genitalien, **V. epigastrica superficialis** (*Oberflächliche Bauchwandvene*) aus der Subcutis der vorderen Bauchwand, **V. circumflexa ilium superficialis** (*Oberflächliche Ringvene der Hüfte*) aus der Subcutis der Leistengegend, **„V. saphena accessoria lateralis"** (*Ergänzende seitliche Saphena*) aus der Subcutis der Vorderseitenfläche des Oberschenkels (mündet noch vor dem Hiatus in die Saphena magna).

– **V. saphena parva** (Abb. 8–80)
Diese Hautvene beginnt am lateralen Rand des Fußrückens und

mündet in der Fossa poplitea in die *V. poplitea*. Ihr Quellgebiet ist (gemeinsam mit der V. saphena magna) das gut durch die Haut sichtbare Venennetz des Fußrückens: *Rete venosum dorsale pedis* mit dem *Arcus venosus dorsalis pedis*.
Die Saphena parva verläuft *hinter dem lateralen Knöchel* (zwischen diesem und der Achillessehne), um dann mittelständig auf der Wade aufzusteigen. Sie verläuft nur anfangs extrafascial und gelangt dann zwischen zwei Lamellen der *Fascia cruris*.
Im distalen Winkel der Kniekehlenraute (zwischen beiden Ursprungsköpfen des M. gastrocnenius) durchbricht die Saphena parva die *Kniekehlenfascie*, um im subfascialen *Bindegewebsraum der Fossa poplitea* in die **V. poplitea** einzumünden (Abb. **8**–80). Diese Stelle liegt mehrere Zentimeter proximal vom Kniegelenksspalt.
Die V. saphena parva erhält unbenannte Zuflüsse aus dem dichten subcutanen Venennetz der Wadenregion. Nicht selten besteht am Unterschenkel eine *Anastomose mit der Saphena magna* (Abb. **8**–80).
Ausnahmsweise kann eine proximale Fortsetzung der Saphena parva ausgebildet sein, die als **„V. femoroplitea"** mit der V. saphena accessoria (→ V. saphena magna) kommuniziert und somit eine Verbindung mit der V. femoralis herstellt. Bedeutsam im Hinblick auf das Krampfaderleiden sind Verbindungen der V. saphena parva mit den subfascialen tiefen Venen: **Vv. perforantes.**

8.5.2.7 V. iliaca interna (Abb. 8–78, 79)

Die kurze *Innere Darmbeinvene* (früher auch „V. hypogastrica") verläuft jederseits etwa vom Oberrand des Foramen ischiadicum majus (vgl. Abb. **8**–60) zur Vereinigungsstelle mit der V. iliaca externa vor dem Sacroiliacalgelenk.

In der Iliaca interna fließen die entsprechend benannten (oft doppelten) *Begleitvenen* der Äste der A. iliaca interna zusammen. Ihre Zuflüsse stammen somit einerseits aus der Beckenwand (vgl. Abb. **8**–55), der Gesäßregion (vgl. Abb. **8**–59) und dem Damm (vgl. Abb. **8**–60), andererseits aus den Beckenorganen.

Im Gegensatz zu den entsprechenden Arterien bilden die Venen der Beckenorgane engmaschige Geflechte: **Plexus venosi**. Diese kommunizieren miteinander, so daß stets mehrere Abflußwege möglich sind. Die Plexus venosi sind schwellfähige Polster, die sich dem wachsenden Füllungszustand der betreffenden Organe (z. B. Rectum, Harnblase, Uterus) anzupassen vermögen.

Die wichtigsten **Venösen Plexus im Kleinen Becken** sind:

- **Plexus venosus rectalis** (Abb. **8**–78)
  Das *Mastdarmgeflecht* umhüllt das Rectum und steht in Verbindung mit dem Plexus venosus vesicalis bzw. uterovaginalis.
  An diesem Geflecht sind ein äußerer und ein innerer (submucöser) Anteil zu unterscheiden, die untereinander kommunizieren. Der innere Teil des Plexus bildet am Mastdarmende die in den *Columnae anales*↗ gelegenen Gefäßschlingen des Plexus venosus rectalis („*Plexus haemorrhoidalis*"; Abb. **2**–54).
  Von erheblicher praktischer Bedeutung ist die Tatsache, daß der Plexus venosus rectalis sowohl Abflüsse zur *V. cava inferior* (V. rectalis media, V. rectalis inferior) als auch zur *Pfortader* (V. rectalis superior) und damit zur Leber hat: *Porto-cavale Anastomose* (vgl. S. 566, Abb. **8**–78).
- **Plexus venosus vesicalis**
  Das *Harnblasengeflecht* befindet sich bevorzugt am Blasengrund. Es kommuniziert beim Mann mit dem Plexus prostaticus und dem Plexus rectalis, bei der Frau mit dem Plexus uterovaginalis.
- **Plexus venosus prostaticus**
  Das mächtige *Vorsteherdrüsengeflecht* ist besonders an der Seitenfläche der Prostata ausgebildet. Es kommuniziert mit dem Plexus vesicalis und dem Plexus rectalis. Ein wichtiger Zufluß ist die *V. dorsalis penis* profunda↗. Praktisch wichtig ist, daß bei längerer Bettlägerigkeit gerade in diesem Geflecht häufig Thrombosierungen erfolgen.
- **Plexus venosus uterinus**
  Das *Gebärmuttergeflecht* ist beiderseits besonders im parametranen Bindegewebe↗, im Ansatz des Lig. latum, ausgebildet. Es steht in Verbindung mit dem Plexus vaginalis und den im Mesovarium gelegenen geflechtartigen Venen des Wurzelgebiets der *V. ovarica*↗; es kommuniziert aber auch mit dem Plexus vesicalis und dem Plexus rectalis.
- **Plexus venosus vaginalis**
  Das *Scheidengeflecht* flankiert die Vagina beidseitig. Es ist von Zügen glatter Muskulatur durchsetzt. Verbindungen bestehen hauptsächlich zum Plexus uterinus, aber auch zum Plexus vesicalis und Plexus rectalis. Das Scheidengeflecht wird mit dem Gebärmuttergeflecht wegen des engen anatomischen Zusammenhangs oft auch als **Plexus venosus uterovaginalis** zusammengefaßt. Dieses hat insgesamt drei Abflußwege: (1) *V. uterina* (→ V. iliaca int.), (2) *Vv. ovaricae* (→ V. cava inf.), (3) *Venen des Lig. teres uteri*↗ (→ Vv. pudendae ext. → V. saphena magna).

8.6 Zentrale Lymphstämme (Abb. 8–82)

Die *Lymphbahnen* (vgl. S. 638) führen die Lymphe aus den einzelnen Regionen über zwischengeschaltete Lymphknotenstationen (*Regionäre Lymphknoten* und *Sammellymphknoten* ↗) den *Zentralen Lymphstämmen* zu. Diese sind im Bereich des rechten und linken Venenwinkels an den Blutkreislauf angeschlossen.

Die Lymphe aus den Unteren Extremitäten, dem Beckengürtel, den Beckeneingeweiden, sowie Teilen der Baucheingeweide und der Bauchwand sammelt sich beiderseits in einem **Truncus lumbalis** (*dexter* bzw. *sinister*). Die Trunci lumbales folgen den Aa. iliacae communes und der Bauchaorta, um in die *Cisterna chyli* (s. u.) zu münden. Die Lymphe aus dem Darm (Versorgungsgebiet des A. mesenterica superior und A. mesenterica inferior) sowie aus Magen, Pancreas, Milz und Teilen der Leber sammelt sich in mehreren **Trunci intestinales**, die entweder getrennt in die *Cisterna chyli* (s. u.) münden oder sich vorher zu einem kurzen gemeinsamen Stamm vereinigen.

Die **Cisterna chyli**[1] (Abb. 8–82) ist ein spindelförmiges Lymphsäckchen von wenigen Millimetern Durchmesser. Die Cisterna chyli entsteht durch *Vereinigung der Trunci lumbales und der Trunci intestinales*. Meistens erfolgt dieser Zusammenfluß jedoch ohne Ausbildung einer Aussackung. Der Vereinigungsbereich (bzw. die Cisterna chyli) befindet sich in Höhe des zweiten Lendenwirbels an der *dorsalen Wand des Hiatus aorticus* des Zwerchfells, der Aorta abdominalis rechts dorsal anliegend.

Von der Cisterna chyli nimmt der **Ductus thoracicus** (*Brustgang*; Abb. 8–36, 74, 82) seinen Anfang. Es handelt sich um ein 2–3 mm weites und beim Erwachsenen etwa 40 (38–45) cm langes Gefäß. An diesem ist eine *Pars abdominalis* (ganz kurzer Abschnitt vor dem ersten Lendenwirbel im *Hiatus aorticus*), eine *Pars thoracica* (im Hinteren Mediastinum ↗, auf der Brustwirbelsäule zwischen Aorta und V. azygos; Abb. 8–74) und eine kurze *Pars cervicalis* (vor dem 7. Halswirbel) zu unterscheiden. Von hier an bildet der Ductus thoracicus den nach links-ventral gerichteten **Arcus ductus thoracici** über die linke Pleurakuppel hinweg (Abb. 8–82).

---

[1] chylos (gr.) = Saft.

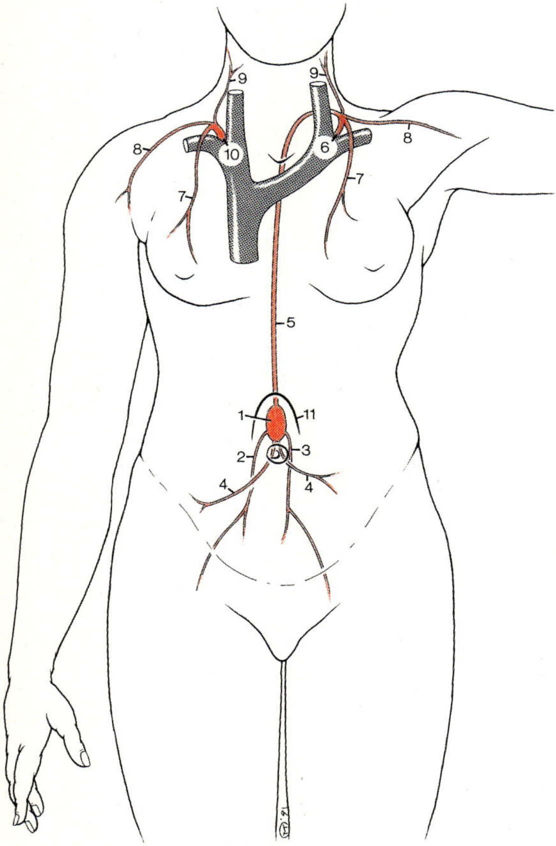

Abb. **8**–82: **Zentrale Lymphstämme.**

1 Cisterna chyli
2 Truncus lumbalis dexter
3 Truncus lumbalis sinister
4 Trunci intestinales
5 Ductus thoracicus
6 Mündung des Duct. thoracicus im linken Venenwinkel
7 Truncus bronchomediastinalis
8 Truncus subclavius
9 Truncus jugularis
10 Mündung des Duct. lymphaticus dexter im rechten Venenwinkel
11 Hiatus aorticus

Kurz vor seiner *Mündung im linken Venenwinkel*↗ (Abb. **8**–82) nimmt der *Ductus thoracicus* den *Truncus bronchomediastinalis sinister*, den *Truncus subclavius* sinister und den *Truncus jugularis sinister* auf (Abb. **8**–82).

Der **Truncus bronchomediastinalis sinister** sammelt die Lymphe aus der linken Lunge, der linken Hälfte des Mediastinum (mit entsprechenden Teilen von Traches und Oesophagus), aus dem größeren Teil des Herzens und der linken Hälfte der Brustwand.

Der **Truncus subclavius sinister** verläuft mit der *V. subclavia* und sammelt die Lymphe aus der gesamten linken Oberen Extremität und Teilen der Brustwand.

Der **Truncus jugularis sinister** verläuft mit der *V. jugularis interna* und sammelt die Lymphe aus der linken Kopf- und Halshälfte.

Die Wand des *Ductus thoracicus* enthält überwiegend circulär angeordnete Glatte Muskulatur, die durch *rhythmische Kontraktionen* den Lymphfluß fördert. Der Gang ist ähnlich wie eine Vene mit Klappen ausgestattet, um bei Druckerhöhung einen Rückstau der Lymphe in die Peripherie zu verhindern. Die alte Bezeichnung als *„Milchbrustgang"* bezieht sich auf die milchig trübe Beschaffenheit des *Chylus*↗, wenn dem Ductus thoracicus nach einer fettreichen Nahrung über die *Trunci intestinales* eine *Fettemulsion* zugeführt wird.

Zusammenfassend ist festzustellen, daß in der *lymphovenösen Pforte des linken Venenwinkels*↗ die **Lymphe aus ¾ des Körpers** (gesamte untere Körperhälfte und linke Hälfte des Oberkörpers) dem Blutkreislauf zugeführt wird.

Der **Ductus lymphaticus dexter** (Abb. **8**–82) sammelt die Lymphe aus dem *rechten oberen Körperquadranten* und somit nur aus **¼ des Körpers**. Der nur knapp 1 cm lange Stamm bildet sich aus der Vereinigung von **Truncus jugularis dexter, Truncus subclavius dexter** und **Truncus bronchomediastinalis dexter**. Diese Wurzelstämme entsprechen in Verlauf und Einzugsgebiet im wesentlichen denen der linken Seite. Bemerkenswert ist, daß einerseits nicht das ganze Rechte Herz, andererseits ein zwerchfellnaher Teil der Leber zum Einzugsgebiet des Ductus lymphaticus dexter gehören. Der *Ductus lymphaticus dexter mündet in den rechten Venenwinkel* (Abb. **8**–82).

8.7 Blut

Das **Blut** (*Sanguis*) ist der transportable Inhalt des Blutgefäßsystems (vgl. S. 371). Sein Volumen beträgt 5–6 Liter (8% des Körpergewichts), von denen allerdings ein variabler Anteil in *Blutspeichern* (u. a. Haut, Lunge) mit sehr verlangsamter Strömungsgeschwindigkeit „aus dem Verkehr gezogen“ sein kann.

Das Blut hat *vielfältige und lebenswichtige Bedeutung*: Atmungsfunktion, Nährfunktion, Exkretorische Funktion, Regelung des inneren Milieus, Temperaturregulation, Hormontransport, Abwehrfunktion.

Das Blut fließt in den Gefäßen (mit Ausnahme der Anfangsabschnitte der Aorta und des Truncus pulmonalis) in Form einer *laminären Strömung*; dies bedeutet, daß von der Achse des Gefäßes zur Gefäßwand hin ein Gefälle der Fließgeschwindigkeit besteht – in Wandnähe ist die Geschwindigkeit sehr gering.

Im Blut ist eine *flüssige Phase* (**Blutplasma**) von einer *corpusculären Phase* (**Blutkörperchen**) zu unterscheiden. Das gewebliche System entspricht somit weitgehend dem Bindegewebe: die Blutkörperchen (= Blutzellen) entsprechen den Bindegewebszellen, das Blutplasma entspricht der Interzellularsubstanz des Bindegewebes. Tatsächlich besteht hinsichtlich der Herkunft der Blutzellen eine *enge Beziehung zum Bindegewebe*.

Vom Blutvolumen entfallen normalerweise etwa 56% auf das Plasma, 44% auf die Blutkörperchen. Der Volumenanteil der Erythrozyten (praktisch gleichzusetzen dem Volumenanteil aller Blutkörperchen) wird als **Hämatokritwert** (vgl. Lehrbücher der Physiologie) bezeichnet; dieser liegt beim gesunden Erwachsenen bei 44% (SI-Einheit: $\% \times 0{,}01 = 0{,}44$) ist jedoch unter krankhaften Bedingungen erheblichen diagnostisch und prognostisch bedeutsamen Schwankungen unterworfen.

Das **Blutplasma** besteht zu 90% aus Wasser und zu 6–8% aus in diesem gelösten hochmolekularen Verbindungen, vorwiegend Proteinen, die in der Leber gebildet werden. Der Rest von 2–4% sind niedermolekulare Stoffe (Kohlenhydrate, Lipide, Aminosäuren, Mineralstoffe u. a.). Insbesondere die niedermolekularen Stoffe stehen in der Capillarstrecke des Gefäßsystems im Austausch mit der Grundsubstanz des Bindegewebes.

Durch die Entfernung des Gerinnungseiweißes (*Fibrinogen*) aus dem Blutplasma wird das **Blutserum** gewonnen. Im Blutserum sind – außer dem

Fibrinogen und den Blutkörperchen – sämtliche Bestandteile des Blutes enthalten. Die Serumproteine bestehen (1) aus *Albumin* (etwa 60%, insbesondere Transporteiweiß) und (2) aus einer großen Zahl verschiedener *Globuline*, die nach ihrem elektrophoretischen Verhalten in α-, β- und γ-Globuline (letztere sind die Immunglobuline, Ig) eingeteilt werden.

8.7.1 Blutkörperchen

Bei den **Blutkörperchen** (*Haemocyti*) handelt es sich teils um *Zellen* (rote und weiße Blutkörperchen), teils um *Zellfragmente* (Blutplättchen). Die zahlenmäßige und morphologische Erfassung der verschiedenen Blutkörperchen im Blutbild (bzw. Blutstatus) – vgl. Tab. **8**–3 – hat große praktische Bedeutung für viele Disziplinen. Die spezielle Beschäftigung mit den krankhaften Veränderungen des Blutes ist Aufgabe der *Hämatologie*.

Die Blutkörperchen sind nicht homogen im Plasma suspendiert; vielmehr sind die Leukocyten innerhalb des Blutstroms vorzugsweise nahe der Blutgefäßwand anzutreffen, wo infolge der laminären Strömung (s. o.) die Fließgeschwindigkeit gering ist.

8.8.1.1 Erythrocyten

Die **Roten Blutkörperchen** („Erys") sind Träger des eisenhaltigen roten Blutfarbstoffs (*Hämoglobin*), welcher den Sauerstoff (und zum Teil auch das Kohlendioxid) transportiert. Die *Farbe des Blutes* hängt davon ab, ob das Hämoglobin in oxygeniertem (hellrot) oder in desoxygeniertem (blaurot) Zustand vorliegt. Die Erythrocyten machen die überwiegende Masse aller Blutkörperchen aus: **3,9 – 6,0 × 10^6/µl** (3,9 – 6,0 T/l)[1] mit dem niedrigeren Normwert im weiblichen, dem höheren im männlichen Geschlecht (s. Tab. **8**–3, S. 582). Die **Gesamtzahl** der Erythrocyten in 5 l Blut beläuft sich auf ca. 25 Billionen. Dies entspricht einer für den Gasaustausch zur Verfügung stehenden **Gesamtoberfläche** von über 3000 m^2 (entsprechend etwa der halben Größe eines Fußballplatzes). Die Erythrocytenzahl erhöht sich bei *erniedrigtem Sauerstoffpartialdruck,* etwa bei längerem Aufenthalt in größeren Höhen (Hochgebirge).

Der einzelne Erythrocyt hat – vorausgesetzt, daß er sich unbeengt in einer blutisotonen Lösung befindet – die **Form einer bikonkaven**

[1] s. Tabelle **8**–3, S. 582.

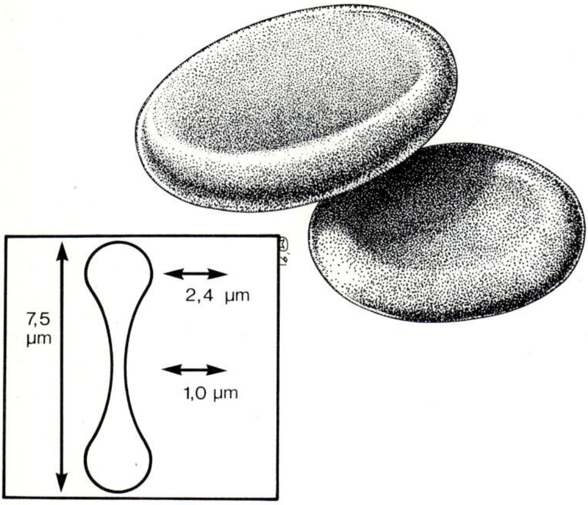

Abb. 8–83: **Erythrocyten in Suspension: Bikonkave Scheiben (Discocyten).** Nach einer REM-Aufnahme in M. Bessis: Corpuscles. Atlas of Red Blood Cell Shapes, 1974.
Teilbild: Durchschnittliche Maße eines Erythrocyten (Profil)

Scheibe (*Discocyt*, Abb. **8**–83). Das Zentrum der Scheibe ist etwa 1 µm, der gewulstete Rand etwa 2,4 µm dick. Der sehr konstante **Durchmesser** beträgt 7,5 µm. Die Erythrocyten sind in hohem Maß elastisch verformbar, so daß sie auch Capillaren passieren können, deren Durchmesser weit kleiner als ihr eigener ist.

Im *gefärbten Blutausstrich* erscheinen Erythrocyten als annähernd kreisrunde rote Scheiben mit **zentraler Aufhellung** (Abb. **8**–84a). Letztere beruht auf der im Zentrum geringeren Schichtdicke (Abb. **8**–83).

Die Roten Blutkörperchen verfügen (im Gegensatz zu den Leukocyten) nicht über die Fähigkeit zur *Lokomotion* (= aktive Fortbewegung); sie werden vielmehr rein passiv im Blutstrom mitgeführt und können die Blutbahn nicht aktiv verlassen. Sie üben daher ihre Funktion (ebenfalls im Gegensatz zu den Leukocyten) ausschließlich innerhalb der Strombahn aus.

Die Erythrocyten des Menschen (ebenso wie die aller Säugetiere[1]) besitzen **weder einen Zellkern noch Zellorganellen**. Die *Plasmamem-*

---

[1] Die Erythrocyten der Fische, Amphibien, Reptilien und Vögel sind dagegen kernhaltig.

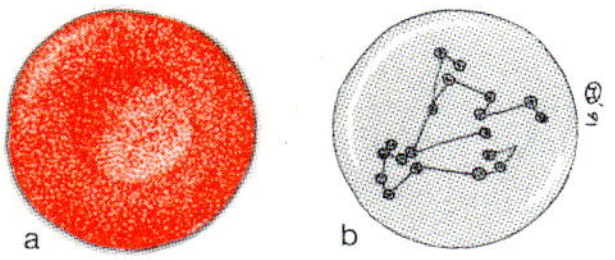

Abb. 8–84: **Erythrocyten der Blutbahn.**
a: Erythrocyt
b: Reticulocyt

bran der Erythrocyten wird durch eingebaute Glykoproteine (*Glykophorine*) gespannt. Deren Oligosaccharidketten ragen aus der Membranoberfläche heraus und verleihen dieser durch terminale Sialinsäuren die physiologisch wichtige **negative Ladung**. Unabhängig von der erwähnten Spannung der Plasmamembran wird die Form der Erythrocyten wesentlich durch das Protein **Spectrin**, das innenseitig durch Vermittlung von Actinfilamenten an Membranproteine angeheftet ist und ein stabilisierendes Netzwerk bildet. Die **Glykocalix** ihres Plasmalemm (↗Bd. 1) ist auch Träger der Blutgruppenantigene (Glykolipide) des AB0-Systems (s. Lehrbücher der Physiologie).

Im Inneren des Erythrocyten ist das 34% der Gesamtmasse ausmachende **Hämoglobin** (vgl. Lehrbücher der Physiologie und Biochemie) in das Maschenwerk des *Erythrocytenstroma* eingelagert. Abweichungen in der Aminosäurensequenz des Hämoglobins bedingen eine veränderte Form der Erythrocyten, wie beispielsweise bei der *Sichelzellanämie*.

Die durchschnittliche **Lebensdauer** der Erythrocyten beträgt 100–120 Tage. Danach werden sie durch einen als *Blutmauserung*↗ bezeichneten Vorgang in der Leber und vor allem in der Milz aus dem Blut ausgesondert und abgebaut; dabei werden überalterte Erythrocyten am veränderten negativen Ladungsmuster der Plasmamembran erkannt. Dies bedeutet, daß jeweils innerhalb etwa 120 Tagen der gesamte *Bestand von 25 Billionen Erythrocyten* durch Nachschub aus dem Roten Knochenmark, wo sie entstehen (Erythropoese↗), ersetzt worden sein muß. Die *Regenerationsquote* beläuft sich somit auf etwa *150 Millionen Erythrocyten pro Minute*.

Bei dem intensiven Einstrom neugebildeter Roter Blutkörperchen gelangt regelmäßig auch ein geringer Prozentsatz an sog. **Jugendformen** in die Strombahn. Etwa 1% der Erythrocyten im strömenden Blut sind solche Jugendformen. Diese sind im Zuge der Erythropoese↗ zwar bereits kernlos geworden, enthalten jedoch noch Reste des für die Hämoglobinsynthese erforderlichen *Ergastoplasma* (↗Bd. 1) in Form von netzförmig angeordneten fädig-granulären Strukturen: **Substantia granulo-filamentosa** (Abb. 8–84b). Letztere ist durch ein spezielles Färbeverfahren (Supravitalfärbung mit Brillantkresylblau) im Blutausstrich darzustellen. Die so markierten jugendlichen Erythrocyten werden als **Reticulocyten** (nicht zu verwechseln mit den Reticulumzellen des Bindegewebes, ↗Bd. 1) bezeichnet. Eine Erhöhung der Reticulocytenzahl im Blutbild *(Reticulose)* ist Symptom einer gesteigerten Ausschleusung Roter Blutkörperchen aus dem Knochenmark und wird z. B. nach größeren Blutverlusten beobachtet.

8.7.1.2 Leukocyten (Abb. 8–85)

Die **Weißen** (oder genauer gesagt farblosen) **Blutkörperchen** sind in Form und Leistung sehr vielgestaltig. Nur die praktisch-klinische Bedeutung des klassischen *Blutbildes* (Tab. 8–3) rechtfertigt heute noch den zusammenfassenden Begriff der Leukocyten. In diesem

Tab. 8-3: Korpuskuläre Elemente des Blutes im Blutausstrich.

	Zahl / µl [l][1] bzw. relativer Anteil	∅ µm
Erythrocyten		7,5 (6,3–7,9)
♂	$4{,}1–6{,}0 \times 10^6$ [= 4,1–6,0 T/l]	
♀	$3{,}9–5{,}5 \times 10^6$ [= 3,9–5,5 T/l]	
Reticulocyten	1 %	
Leukocyten	$4{,}0–9{,}5 \times 10^3$ [= 4,0–9,5 G/l]	
Granulocyten	66 (–70) %	
– Neutrophile	60 %	10–15
– Eosinophile	3 %	12–15
– Basophile	0,5 %	10–15
– Stabkernige	2,5 %	
Monocyten	4 %	15–20
Lymphocyten	30 (20–36) %	6– 8
– große Lymphocyten	selten	10–15
Thrombocyten	$150–380 \times 10^3$ [= 150–380 G/l]	1–4

[1] Neuerdings wird die Zahl der Blutkörperchen international anstatt pro µl meistens angegeben *für Erythrocyten* als T/l (Tera/l = 10^{12}/l), *für Leukocyten und Thrombocyten* als G/l (Giga/l = 10^9/l).

Sammelnamen vereinigen sich **drei Zellfamilien**: *Granulocyten, Monocyten, Lymphocyten.*

Die **Gesamtzahl der Leukocyten im Kubikmillimeter** (µl) Venenblut beträgt physiologischerweise 4000–9500 (im Vergleich: Erythrocyten etwa 5 Millionen). Die genannte zahlenmäßige Spanne ist nicht etwa die Schwankungsbreite bei einem bestimmten Individuum; es gibt vielmehr Individuen, bei denen etwa 4000 Leukocyten/µl und andere, bei denen 9000/µl als physiologischer Normwert anzusetzen ist. Der individuelle Normwert weist allerdings gewisse physiologische Schwankungen auf, wie etwa Vermehrung nach Mahlzeiten; eine Bestimmung der Leukocytenzahl muß daher unter standardisierten Bedingungen (etwa morgens nüchtern) vorgenommen werden. Auf den individuellen Normwert müssen krankheitsbedingte Verschiebungen bezogen werden, die bei den Leukocyten weit größer sein können als bei den Erythrocyten. Eine Vermehrung über die Norm wird als **Leukocytose**, eine Verminderung als **Leukopenie** bezeichnet. Es ist zu beachten, daß die Zahl der Leukocyten bei Kindern bis 12×10^3/µl, beim Säugling sogar bis 15×10^3/µl beträgt.

Im Gegensatz zu den Erythrocyten enthalten alle Leukocyten einen **Zellkern** und **Zellorganellen**. Nach der Form ihrer Zellkerne werden die Leukocyten auch in *Einfachkernige* oder **Mononucleäre** (Monocyten und Lymphocyten) und **Segmentkernige** eingeteilt. Im Hinblick auf den Granulagehalt des Cytoplasma können **Granulocyten** und **Agranulocyten** (Monocyten und Lymphocyten) unterschieden werden.

Die Leukocyten entfalten ihre spezifischen Funktionen im Bindegewebe und müssen daher zur **Lokomotion** (amöboide Beweglichkeit) befähigt sein, um durch die Wand der Capillaren und postcapillären Venulen die Blutbahn verlassen zu können (**Leukodiapedese** ↗).

Die **Morphologie und relative Häufigkeit** der geformten Bestandteile des Blutes wird an einfach herzustellenden *Ausstrichpräparaten* ermittelt. Hierzu wird ein Tropfen Blut auf einem Objektträger in dünner Schicht so verteilt, daß sich die Blutzellen nicht überlagern. Nach Lufttrocknung erfolgt eine spezifische **Differentialfärbung**, in der Regel mit der Farbstoffkombination nach Romanowsky (May-Grünwald – Giemsa).

Die **absoluten Zahlen** von Leukocyten (und Erythrocyten) werden dagegen nach Verdünnung einer ungerinnbar gemachten definierten Blutmenge in speziellen *Zählkammern* ermittelt.

Granulocyten (Abb. 8–85)
Diese Leukocytenfamilie hat ihre zusammenfassende Bezeichnung von der auffallenden **Cytoplasma-Granulierung** (= Körnelung). Je nach der spezifischen Färbbarkeit dieser Granula sind *Neutrophile, Eosinophile* und *Basophile Granulocyten* zu unterscheiden.

Ein weiteres charakteristisches Merkmal der reifen Granulocyten ist die auch als *Polymorphkernigkeit* bezeichnete **Segmentierung des Zellkerns** (Abb. 8–85 a). Die in der Regel 3–5 Segmente des Kerns stehen oft nur durch sehr dünne fadenartige Brücken miteinander in Verbindung. Die Segmentierung ist ein ausgesprochenes *Reifezeichen. Hypersegmentierung* ist ein pathologisches Symptom. Jugendliche Granulocyten (*„Jugendformen“*, **„Stabkernige“**) die zu 2–3% im strömenden Blut vorkommen, verfügen über einen noch nicht segmentierten sog. stabförmigen Zellkern (Abb. 8–85 b).

Eine **Vermehrung der Stabkernigen** ist Zeichen einer gesteigerten Blutneubildung. Dies äußert sich in der Blutzellstatistik als sog. **Linksverschiebung**, weil in den für die Auszählung der verschiedenen Zellen im Rahmen der Erstellung eines *Diffententialblutbildes* verwendeten Strichlisten die Stabkernigen ganz links angeordnet sind.

Der Zellkern der Granulocyten kann zur **Cytologischen Geschlechtsdiagnostik** verwendet werden. Genetisch weibliches Geschlecht liegt dann vor, wenn unter 500 im Ausstrich ausgezählten Granulocyten mindestens 6 am Zellkern ein sog. *Drumstick* (Trommelschlegel, Abb. 8–85 c) aufweisen. Bei diesem als **Sexchromatin** bezeichneten Anhang handelt es sich um das funktionell inaktivierte zweite X-Chromosom. In den Zellen anderer Gewebe tritt das Geschlechtschromatin in Form der der Kernmembran anliegenden **Barrschen Körperchen**[1] in Erscheinung.

Die *Granulocyten* bilden mit *66%* die häufigste Komponente der Leukocyten (Tab. 8–3, S. 582). Sie sind im strömenden Blut unregelmäßig kugelig. Im Ausstrichpräparat haben sie einen *Durchmesser von 8–14 µm* (fast doppelt so groß wie der der Erythrocyten). Sie weisen eine ausgeprägte *amöboide Beweglichkeit* auf und sind in der Lage, aktiv die Blutbahn zu verlassen. Dabei kriechen sie unter starker Gestaltveränderung durch die Capillarwand hindurch (sog. **Leukodiapedese** – vgl. S. 383), um auf diese Weise als *Freie Zellen* (↗Bd. 1) in das Bindegewebe zu gelangen. Dort üben sie die bei den einzelnen Unterformen erörterten Funktionen aus.

Die Granulocyten werden im *Roten Knochenmark*↗ gebildet. Sie haben eine **Lebensdauer von 2–8 Tagen**, davon nur wenige Stunden

[1] Murray L. B. Barr (geb. 1908), kanadischer Anatom.

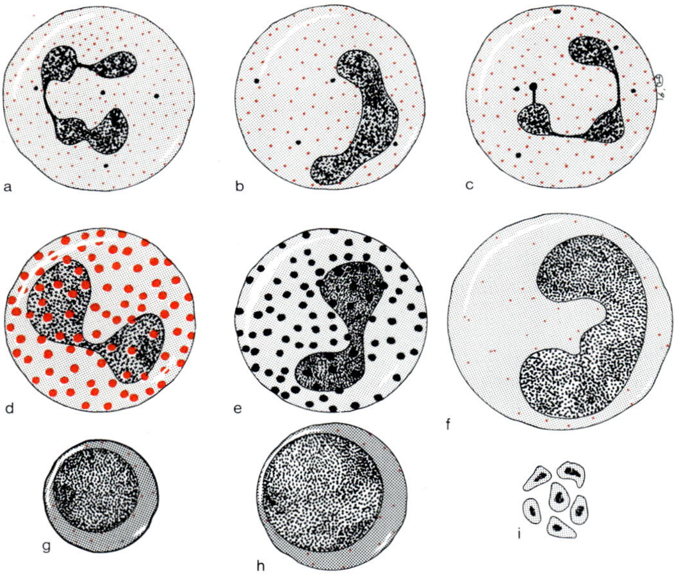

Abb. 8–85: **Leukocyten der Blutbahn.**

a: Neutrophiler Granulocyt (segmentkernig)
b: Neutrophiler Granulocyt (stabkernig)
c: Neutrophiler Granulocyt (segmentierter Kern mit Drumstick)
d: Eosinophiler Granulocyt
e: Basophiler Granulocyt
f: Monocyt
g: Kleiner Lymphocyt
h: Großer Lymphocyt
i: Blutplättchen

im Blut. Dort zirkuliert etwa die Hälfte als *„zirkulierender Pool"* in der Gefäßachse; die andere Hälfte bildet den *„marginalen Pool"* an den Gefäßwänden, in Bereitschaft zur Leukodiapedese. Überalterte Granulocyten werden von Makrophagen (u. a. in Milz, Leber und Knochenmark) abgebaut (**Blutmauserung**↗).

– Die **Neutrophilen** (Abb. 8–85a) sind die häufigste Form der Granulocyten: **60–70%** aller Leukocyten (Tab. 8–3, S. 582). Diese Zahl ist allerdings sehr variabel; sie steigt beispielsweise bei akuten bakteriellen Infektionen signifikant an (Leukocytose). Die sehr kleinen Granula der Neutrophilen färben sich sowohl mit der *sauren* (roten) als auch mit der *basischen* (blauen) Farbstoffkomponente des für die Diffententialfärbung von Blutausstrichen verwendeten Farbstoffgemischs: sie verhalten sich sozusagen *neutral*. In den Neutrophilen kommen *zwei Typen von Granula* vor. Weitaus am zahlreichsten sind die sog. **Spezifischen Granula** (Sekundäre Granula) mit einem Durchmesser von 0,3 µm. Diese enthalten *bakterizide Stoffe*, u.a. alkalische Phosphatase, Aminopeptidase, Lactoferrin, Collagenase, Lysozym. Weit seltener sind die sog. **Azurgranula** (unspezifische primäre Granula) mit einem etwas größeren Durchmesser von 0,4 µm. Die Azurgranula sind als modifizierte *Lysosomen*↗ aufzufassen und enthalten dementsprechend lysosomale Emzyme (vgl. Lehrbücher der Biochemie) und Peroxidase.

Die cytochemisch leicht nachweisbare **Peroxidase** ist ein Merkmal aller Granulocyten und der Monocyten, kommt jedoch in Lymphocyten nicht vor. Dieser Unterschied hat Bedeutung für die Klassifizierung pathologischer Leukocytenformen.

Die *Neutrophilen* haben mit *10–15 µm* einen fast doppelt so großen Durchmesser wie die Erythrocyten (7,5 µm). Die **Lebensdauer** beträgt etwa 8 Tage, davon jedoch nur durchschnittlich 7–9 Stunden im Blut. Die Entfernung von überalterten Neutrophilen (Blutmauserung↗) kann durch Zerstörung im Blut oder im extravaskulären Raum erfolgen, aber auch über Schleimhäute (z.B. der Atemwege).

Die Neutrophilen gelangen durch **Leukodiapedese** in den Interzellularraum des Bindesgewebes, wo sie eine regelmäßige Komponente des Systems der *Freien Zellen* (↗Bd. 1) darstellen. Funktionell bilden die Neutrophilen des Bindegewebes das **Mikrophagensystem**↗ der Unspezifischen Abwehr↗. Als Mikrophagen phagocytieren und verdauen die im Bindegewebe umherkriechenden Zellen kleine Partikel wie Zelltrümmer oder Bakterien. Dabei fusioniert das internalisierte Phagosom↗ zunächst mit spezifischen und anschließend mit unspezifischen Granula (s.o.). *Phagocytotische Aktivität* ist naturgemäß besonders in Entzündungsbereichen zu erwarten. Hierhin werden die Neutrophilen in großer Zahl *chemotaktisch* angelockt. Als *Eiterkörperchen* werden die Neutrophilen im Zentrum eines Entzündungsherdes bezeichnet, wo sie zerfallen, und durch freigesetzte proteolytische Enzyme das Gewebe einschmelzen. *Phagocytose* und *Extrusion von Granula* werden verstärkt durch Bindung von spezifischen Antikörpern an Antigenen der Neutrophilenmembran (s. Abwehrsystem↗).

– Die **Eosinophilen** (Abb. **8**–85d) machen lediglich 3% aller Leukocyten aus (Tab. **8**–3, S. 582). Sie sind mit einem Durchmesser von 11–14 µm etwa gleich groß wie die Neutrophilen. Ihre Lebens-

dauer beträgt nur wenige Tage, davon 30 Stunden im Blut. Die Zellkerne sind weniger stark segmentiert und haben meistens nur zwei Segmente.
Die *Spezifischen Granula* sind viel größer (0,5–1 μm) und binden wegen ihres Gehalts an basischen Proteinen (hoher Anteil an Arginin) bevorzugt die saure Eosinkomponente des üblichen ROMANOWSKY-Gemischs. Die Granula der Eosinophilen sind *Lysosomen* (↗Bd. 1); sie enthalten u.a. saure Phosphatase, Kathepsin, Peroxidase und Ribonuclease, jedoch kein Lysozym.
Auch die Eosinophilen sind zur *Leukodiapedese* befähigt. Sie werden als Freie Zellen (↗Bd. 1) im Bindegewebe insbesondere bei *allergischen Erkrankungen* (u.a. Asthma, Heuschnupfen) und *Parasitenbefall* vermehrt angetroffen. In diesen Fällen ist auch ihr Anteil im Blutbild unter Umständen erheblich gesteigert (sog. *Eosinophilie*).
Die spezielle *funktionelle Bedeutung* der Eosinophilen liegt einmal in ihrer Fähigkeit zur Phagocytose und zum anschließenden *Abbau von Antigen-Antikörperkomplexen*, zum anderen an ihrer Befähigung zur Bindung und Inaktivierung des von den Gewebsmastzellen (↗Bd. 1) abgegebenen *Histamin*. Im Hinblick auf letztere Eigenschaft können sie als *Antagonisten der Mastzellen* und der *Basophilen* aufgefaßt werden.

– Der Anteil der **Basophilen** (Abb. **8**–85e) an den Leukocyten beträgt nur maximal 1%. Sie sind mit einem Durchmesser von 10–15 μm etwa von gleicher Größe wie die übrigen Granulocyten. Der Zellkern ist nur etwas eingeschnürt, jedoch kaum segmentiert. Die Lebensdauer der Basophilen ist mit etwa 10 Monaten besonders lang. Sie sind kaum zur Phagocytose↗ befähigt. Die *Granula* sind mit einem ∅ von 0,5 μm etwas kleiner als die der Eosinophilen (0,5–1,0 μm) und färben sich bevorzugt mit der basischen (blauen) Komponente der üblichen Farbstoffgemische.
Die *Basophilie* der spezifischen Granulation beruht auf deren Gehalt an dem sauren Glykosaminoglykan (Mucopolysaccharid) *Heparin*. Diese Verbindung wirkt gerinnungshemmend (antikoagulierend) und hat deshalb Bedeutung für das Gerinnungssystem des Blutes (vgl. S. 591). Die basophilen Granulocyten sind im Hinblick auf ihren Heparingehalt mit den Bindegewebsmastzellen (↗Bd. 1) verwandt, jedoch mit diesen nicht identisch. Funktionell sind sie insoweit *Antagonisten der Thrombocyten*.
Die Granula der Basophilen sind weiterhin in der Lage, das gefäßerweiternde *Histamin* abzugeben. Die Histaminfreisetzung erfolgt, wenn Immunglobulin Ig E an die Zelloberfläche der Baso-

philen gebunden worden und sekundär das die Bildung von Ig E verursachende Antigen an das Immunglobulin angekoppelt worden ist. Die Granula der Basophilen enthalten weiterhin *Peroxidase* und lysosomale Enzyme.

Monocyten (Abb. **8**–85f)

Diese besonders großen Blutzellen (im Ausstrich 15–20 µm) haben einen charakteristisch *nieren- oder hufeisenförmigen Zellkern*, der als „mononukleär" dem scheinbar „polynukleären" (in Wirklichkeit jedoch segmentierten) Kern der Granulocyten gegenübergestellt werden kann. Das basophile, Lysosomen enthaltende Cytoplasma ist nahezu *ungranuliert*; die Monocyten gehören daher mit den Lymphocyten zu den *Agranulocyten*.

Die Monocyten machen etwa 4% aller Leukocyten aus (Tab. **8**–3, S. 502). Sie entstehen ebenfalls im Roten Knochenmark und werden aus diesem Grund mit den Granulocyten als *myeloische*[1] Leukocyten zusammengefaßt.

Die Monocyten gelangen ebenfalls durch *Leukodiapedese* in das Bindegewebe und spielen dort als Freie Zellen (↗Bd. 1) die Rolle von **Makrophagen**↗. Sie bilden bei Entzündungen die Masse der *Makrophagen*, während die Granulocyten als *Mikrophagen* (↗S. 604) aufzufassen sind. Im Bindegewebe werden die eingewanderten Monocyten zu **ortsspezifischen Makrophagen**: *Histiocyten* (↗Bd. 1) des Bindegewebes, Alveolarphagocyten↗ der Lunge, KUPFFERzellen↗ der Leber, Makrophagen von Milz↗, Lymphknoten↗ und Knochenmark↗, Makrophagen der Serösen Häute ↗, Phagocyten der Darmwand, Osteoklasten (↗Bd. 1) des Knochenmarks, Mikroglia des Zentralnervensystems (↗Bd. 3). Neben der Phagocytose im Rahmen der Unspezifischen Abwehr↗ liegt die Bedeutung der Monocyten (bzw. Makrophagen) in ihrer *Mitwirkung bei der Spezifischen Abwehr*↗.

Die Lebensdauer der Monocyten beträgt mehrere Monate (vielleicht Jahre), die Verweildauer im Blut etwa 1–3 Tage.

Lymphocyten (Abb. **8**–85g, h)

Im Gegensatz zu den bisher besprochenen Leukocyten myeloischer Genese (Entstehung im Knochenmark) wird die Mehrzahl der Lymphocyten (unbeschadet der ebenfalls *myeloischen Genese ihrer Stammzel-*

[1] *myelós* (gr.) = Mark.

len, s. S. 601) beim Erwachsenen in den *Lymphatischen Organen* gebildet.

In der Klinik werden *Myeloische* und *Lymphatische Leukämien* unterschieden.

Die Lymphocyten stellen mit etwa 30% einen bedeutenden Anteil aller Leukocyten im strömenden Blut (Tab. **8**–3; S. 502). Sie kommen darüber hinaus als einzige Blutzellart auch in der Lymphe ↗ vor. Sie werden mit dieser aus den Lymphatischen Organen ↗ zu vorübergehendem Aufenthalt in das Blut eingeschwemmt. Die große Masse der Lymphocyten befindet sich jedoch als Freie Zellen (↗Bd. 1) im Bindegewebe sowie in den Lymphatischen Organen; hieraus wird verständlich, daß 1500 g (!) Lymphocyten im Bindegewebe und in den Lymphatischen Organen nur 3 g im strömenden Blut gegenüberstehen. Im kindlichen Blut ist der Lymphocytenanteil an Leukocyten bis zu 50% erhöht. Auch bei vielen pathologischen Prozessen kommt es zur Lymphocytenvermehrung (Lymphocytose).

Die Mehrzahl der Lymphocyten sind sog. **Kleine Lymphocyten** (Abb. **8**–85 g). Diese haben einen Durchmesser von nur etwa 6–8 μm, was dem der roten Blutkörperchen entspricht. Im Gegensatz zu den Granulocyten (segmentierter Kern) sind die Kerne der Lymphocyten kugelig: sog. „Rundzellen". Der Zellkern ist so groß, daß um ihn herum nur ein schmaler Cytoplasmasaum erkennbar bleibt, der insbesondere im Schnittpräparat bei mittlerer Vergrößerung leicht übersehen wird, so daß ein „Rundzelleninfiltrat" wie eine Anhäufung von Zellkernen erscheint. Das Cytoplasma ist nahezu ungranuliert. Im Gegensatz zu allen anderen Leukocyten ist in Lymphocyten *keine Peroxidaseaktivität* nachzuweisen.

Neben den weit überwiegenden Kleinen Lymphocyten kommen im Blut auch sog. **Große Lymphocyten** (Abb. **8**–85 h) mit einem Durchmesser von 10–15 μm vor, die meistens ebenfalls einen kugeligen Zellkern aufweisen und als Jugendform aufzufassen sind. Häufiger sind diese Großen Lymphocyten in der Lymphe.

Hinter dem morphologisch einheitlichen Bild der Kleinen Lymphocyten verbergen sich sowohl im Blut als auch im Bindegewebe funktionell differenzierte Zelltypen, die insbesondere immunologisch u. a. als **B-** und **T-Zellen** unterscheidbar sind. Näheres hierzu im Kapitel Abwehrsystem ↗.

Wegen der geringen um den Zellkern herum zur Verfügung stehenden Cytoplasmamasse können sich die Lymphocyten nur langsamer als Granulocyten und Monocyten amöboid bewegen. Aus demselben Grund verfügen sie praktisch nicht über die Fähigkeit zur Phagocytose. Neben der Beteiligung an der *Leukodiapedese* ↗ durch die Wand der Capillaren und postcapillären Venulen ↗ ist die Fähigkeit der Lymphocyten zur *Durchsetzung epithelialer Schichten* (vgl. S. 623) bemerkenswert. Als Freie Zellen des Bindegewebes sind die Lymphocyten an der *Spezifischen Abwehr* ↗ beteiligt.

Die *Lebensdauer* der Lymphocyten variiert zwischen wenigen Tagen und mehreren Jahren. Im Blut halten sie sich jeweils (aber unter Umständen wiederholt) nur für wenige Stunden auf.

8.7.1.3 Blutplättchen (*Thrombocyten*[1])

Die **Blutplättchen** („Plättchen", Abb. **8**–85 i) sind linsenförmig gestaltete Plasmascheiben mit den Ausmaßen 3,5 × 2,5 × 0,5 µm, die im Blutausstrich meist in kleinen Häufchen beisammen liegen. Die Plättchen entstehen im *Roten Knochenmark* ↗ durch Abschnürung von Cytoplasmaprotrusionen der *Megakaryocyten* ↗ und haben dementsprechend nicht die Wertigkeit von Zellen, sondern sind *kernlose Zellfragmente*, die allerdings von einer Cytomembran mit Glykocalix umgeben sind. Die *Glykocalix* verursacht die negative Oberflächenladung, von der die ausgesprochene *Haftfähigkeit* der Plättchen abhängt. Die Lebensdauer beträgt etwa 9–12 Tage, wonach die Plättchen in der Milz abgebaut werden.

Die *Zahl der Thrombocyten* beträgt etwa 150 × 10^3 (nachts) bis 380 × 10^3 (nachmittags)/µl des strömenden Blutes; sie wird von der Milz reguliert, in der Plättchen von Milzmakrophagen ↗ aufgenommen und zerstört werden können.

Die Plättchen sind außerordentlich empfindlich und sind daher im Blutausstrich nicht mehr im unzerstörten Zustand vorhanden. Für die Erhaltung der Scheibenform ist ein unter dem Plasmalemm gelegenes System von *Mikrotubuli* und *Aktinfilamenten* von Bedeutung. Bei schonender Untersuchung zeigt sich, daß die Plättchen zentral gelegene Granula (als stärker färbbares *Granulomer* zusammengefaßt) enthalten, die in die als *Hyalomer* bezeichnete hellere cytoplasmatische Grundmasse eingelagert sind.

Das **Granulomer** besteht aus verschiedenen Granulatypen. Am häufigsten sind *α-Granula* (∅ 0,2 µm), die Gerinnungsfaktoren ent-

[1] thrombos (gr.) = Blutklumpen.

halten. Daneben kommen gröbere δ-*Granula* (∅ 1,0 µm) vor, die aus dem Blutplasma aufgenommenes und gespeichertes *Serotonin* (5-Hydroxytryptamin) enthalten, und schließlich Lysosomen (*λ-Granula*).

Das **Hyalomer** enthält Mikrotubuli und kontraktile Mikrofilamente (Actin), die sich auch in pseudopodienartige Vorstülpungen erstrecken.

Die Blutplättchen sind in mehrfacher Weise an der physiologischen **Blutstillung** *(Hämostasis)* beteiligt. Verletzte Gefäße kontrahieren sich unter Mitwirkung von aus dem *Granulomer* freigesetztem *Serotonin* (s. o.). Dank der *Adhäsionsfähigkeit* (Klebrigkeit) der Thrombocyten heften diese sich in großer Zahl an der verletzten Gefäßwand an und führen so durch Bildung eines *Plättchenthrombus* einen bei kleinen Gefäßen zur Blutstillung ausreichenden Verschluß herbei. Bei größeren Schädigungen der Gefäßwand ist die Bildung eines Blutgerinnsels erforderlich. Hierzu geben die aggregierten aufbrechenden Plättchen in den α-Granula enthaltene Faktoren (*Thrombokinase*) frei, die gemeinsam mit Faktoren der verletzten Gefäßwand das Plasmaprotein *Prothrombin* in *Thrombin* umwandeln. Das Enzym Thrombin bewirkt die Aktivierung des Gerinnungsproteins *Fibrinogen* zum unlöslichen *Fibrin*, das als sich verdichtendes Maschenwerk mit den geformten Blutbestandteilen einen die weitere Blutung verhindernden Pfropf (*Thrombus*) bildet.

Von **Thrombose** spricht man, wenn sich an einer nicht verletzten, aber geschädigten Gefäßwand ein Thrombus bildet, der das Gefäß verschließen kann (z. B. Coronarthrombose der Herzkranzgefäße↗).

Die Plättchen enthalten im Granulomer einen Faktor, der mit Plasmafaktoren das für den Gerinnungsvorgang unentbehrliche Enzymsystem *Thrombokinase* bildet. Bei Berührung mit rauhen Oberflächen (wie sie beispielsweise bei der Gefäßverletzung entstehen), an denen sie mittels eines an ihrer Oberfläche befindlichen Faser-Glykoproteins (*Fibronectin*) haften, kommt es bei den Blutplättchen zum Aufbruch ihrer Cytomembran, wobei das Granulomer in das Plasma abgegeben wird. Die Plättchen stehen als *gerinnungsfördernde Elemente* funktionell in einem antagonistischen Verhältnis zu den *gerinnungshemmenden Basophilen Granulocyten* (vgl. S. 587).

Bei starker Reduzierung der Plättchenzahl **(Thrombopenie)** ist die Blutgerinnung gestört; bei Absinken unter 60 000/µl ist mit Spontanblutungen in Haut und Schleimhäuten zu rechnen.

Neben ihrer Rolle im Rahmen des Gerinnungsprozesses haben die Blutplättchen Bedeutung für den **Transport** des von den enterochromaffinen Zellen (vgl. S. 116) gebildeten *Serotonin* und von *Prostaglandinen*, die sie auf Entzündungsreize hin abgeben.

8.8 Blutzellbildung und Blutzelldifferenzierung

Sämtliche *differenzierten Blutzellen* haben die Fähigkeit zur Teilung, d. h. Vermehrung verloren. Sie haben nur eine beschränkte Lebensdauer und müssen deshalb fortlaufend durch Proliferation der Stammzellen ersetzt werden. Die Eliminierung überalterter Blutzellen und ihr Ersatz durch *Zellproliferation* in den blutbildenden Organen wird als **Blutzellmauserung** bezeichnet.

Die *Roten Blutkörperchen* entstehen beim Erwachsenen im **Roten Knochenmark** (s. u.), ebenso die *Granulocyten* und die *Monocyten*; die *Lymphocyten* dagegen außer im Knochenmark in den **Lymphatischen Organen**↗. Die blutzellbildenden Organe werden als **Hämatopoetischer Apparat** zusammengefaßt.

8.9.1 Knochenmark

Das **Knochenmark** (*Medulla ossium*) ist ein weiches schwammiges Organ, das alle Hohlräume innerhalb der Knochen ausfüllt: die zentralen Markhöhlen der Röhrenknochen (↗Bd. 1) ebenso wie die Maschenlücken der Substantia spongiosa (↗Bd. 1). Das Markorgan entspricht insgesamt einer *Masse von etwa 2600 g*.

Während der Fetalzeit und noch beim Kleinkind ist das *gesamte* Knochenmark hämatopoetisch aktiv und wegen der Roten Blutkörperchen und deren Vorstufen rot gefärbt. Etwa vom fünften Lebensjahr an erfolgt eine fortschreitende Umwandlung.

Beim Erwachsenen hat etwa die Hälfte des Knochenmarks seine *hämatopoetische Potenz*[1] *suspendiert*, insbesondere in den Markhöhlen der Diaphysen der Röhrenknochen (↗Bd. 1). Diese Komponente des Knochenmarks hat sich dadurch in Fettgewebe umgewandelt, daß die *Reticulumzellen* (↗Bd. 1) des Knochenmarkstroma↗ durch Fett-

---

[1] Das Knochenmark wurde erstmalig 1868 von Ernst Neumann, Pathologe und Hämatologe in Königsberg, als hämatopoetisches Organ erkannt.

einlagerung zu *Fettzellen* (↗Bd. 1) geworden sind. Äußerlich ist dieser Prozeß an einer auffallenden Farbänderung von rot zu gelb zu erkennen. Dieses nicht hämatopoetisch aktive Knochenmark wird daher als **Gelbes Knochenmark** (Fettmark, *Medulla ossium flava*) bezeichnet. Dieses macht etwa 50% der gesamten Knochenmarkmasse des Erwachsenen aus. Das Fettmark besitzt die Fähigkeit, sich bei Bedarf (große Blutverluste, mit Blutzerfall einhergehende Krankheiten) wieder in Rotes Knochenmark zurückverwandeln zu können, weil zwischen den Zellen des Fettgewebes stets vereinzelte *hämatopoetische Stammzellen* persistieren.

Rotes Knochenmark (*Medulla ossium rubra*) findet sich etwa vom 20.–25. Lebensjahr an nur noch in folgenden spongiösen Bereichen des Skelets (Abb. 8–86): Wirbel, Brustbein, Schlüsselbein, Rippen,

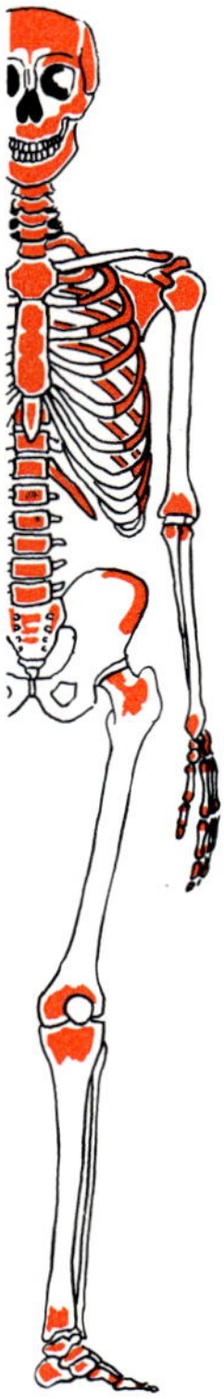

Abb. 8–86: **Verteilung des Roten Knochenmarks im Skelet des erwachsenen Menschen** (nach Rastelli in Rohr, Das menschliche Knochenmark, 1960).

Schulterblatt, Darmbein, Schädelknochen, Epiphysen der Röhrenknochen, Hand- und Fußwurzelknochen. Es entspricht insgesamt einer Masse von etwa 1300 g (50% des gesamten Knochenmarks).

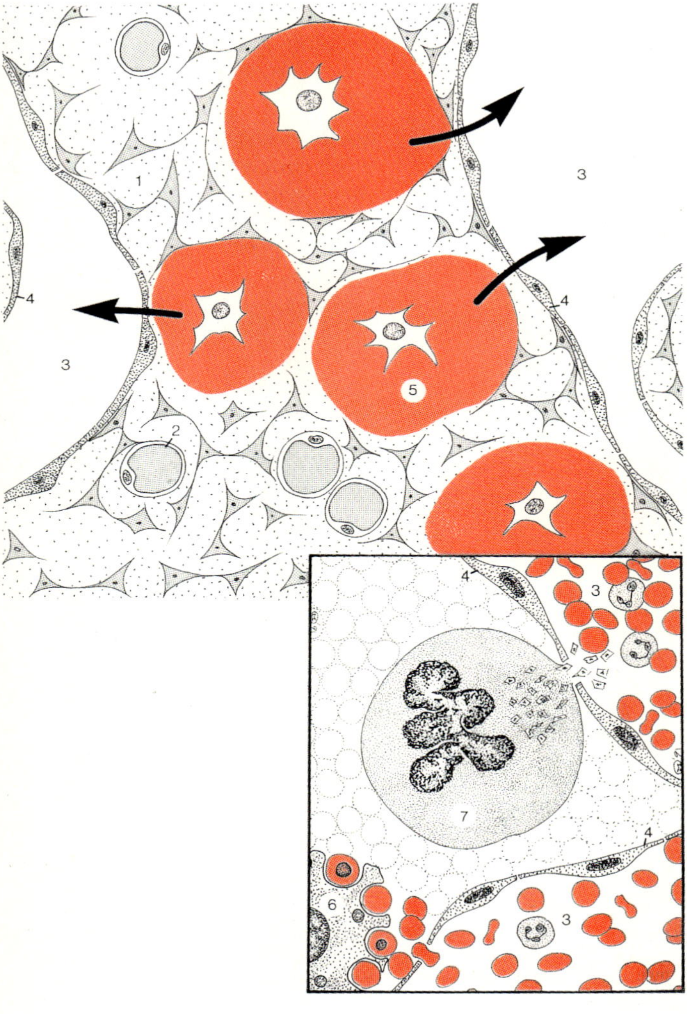

Bemerkenswerterweise existieren weder im Roten noch im Gelben Knochenmark Lymphgefäße.

MIKROSKOPISCHE ANATOMIE (Abb. 8–87)
Im Roten Knochenmark sind zwei strukturelle Komponenten zu unterscheiden: *Markstroma* und *Markparenchym.*

Das **Markstroma** hat Reticuläres Bindegewebe (↗Bd. 1) zur Grundlage. Das **dreidimensionale Maschenwerk von Reticulumzellen**↗ (Abb. 8–89) spannt sich zwischen dem Endost der Knocheninnenfläche und den Wänden weitlumiger Blutgefäße (Sinusoide, s. u.) aus; es wird durch *Reticulinfasern* (↗Bd. 1) verstärkt, die mit der kollagenfaserigen Textur des Endosts in Verbindung stehen. Im Bereich der Inseln hämatopoetischen Gewebes (s. u.) selbst sind Reticulumzellen äußerst spärlich; das Reticuläre Bindegewebe ist hier offenbar verdrängt. Stets werden im Stoma des Roten Knochenmarks auch Reticulumzellen zu *Fettzellen* (Abb. 8–89) umgewandelt: bis zu 50% des Roten Marks kann Fettgewebe sein. Im Interzellularraum des Markstroma kommen stets auch *Makrophagen*↗ vor.

Charakteristisch für das Markstroma sind die 50–70 μm weiten postcapillären (venösen) **Sinusoide** (Abb. 8–87), die zum Stromgebiet der *Aa. nutriciae*↗ gehören. Die Sinusoide sind von großer Bedeutung, weil durch ihre Wand hindurch der Einstrom von Blutzellen aus den Knochenmarksparenchym in das Blut erfolgt. Dies wird dadurch begünstigt, daß sich der Blutstrom in der stark erweiterten sinusoidalen Strombahnstrecke entsprechend verlangsamt. Die Wand der Sinusoide besteht aus einer Endothelschicht. Die *Endotheliocyten* (↗Bd. 1) weisen eine temporäre Fenestration auf, die im Zusammenhang mit der Einwanderung von Blutzellen in die Strombahn steht. Ein Teil der Endothelzellen sind funktionell gesehen *Uferzellen*↗, d. h. sie sind in den Endothelverband inkorporierte Reticulumzellen. Uferzellen können ebenso phagocytieren, wie dem

◁ Abb. 8–87: **Mikroskopische Anatomie des Roten Knochenmarks** (Übersicht).
Teilbild: Detail bei stärkerer Vergrößerung
Pfeile: Einwanderungsrichtung der Blutzellen in die Strombahn
1 Stroma
2 Fettzelle in Stroma
3 Sinusoid
4 Endotheliocyt
5 Hämatopoetische Parenchyminsel mit zentralem Makrophag
6 Dendritischer Makrophag
7 Megakaryocyt mit Ausschleusung von Blutplättchen

Endothel außen aufliegende *Adventitialzellen*, die ebenfalls modifizierte Reticulumzellen sind.

Das hämatopoetisch aktive **Knochenmarksparenchym** liegt in *Gewebeinseln* (Abb. 8–87) unterschiedlicher Größe vor, die immer an die Wand der Sinusoide angrenzen. Die Parenchyminseln bestehen aus Anhäufungen unreifer **Blutzellvorstufen**. Dabei sind in jeder Parenchyminsel Vertreter verschiedener Zell-Linien (Erythrocytopoese, Granulocytopoese, Monocytopoese, Thrombocytopoese, s. u.) enthalten.

Bemerkenswerterweise befindet sich im Innern der blutzellbildenden Parenchyminseln jeweils ein oder mehrere **dendritische Makrophagen**↗ (Abb. 8–87), die sich bereits durch ihre Größe deutlich von der Mehrzahl (Ausnahme: Megakaryocyten↗) der hämatopoetischen Zellen unterscheiden. Diese Makrophagen haben die Aufgabe, im Rahmen der Hämatopoese entstehenden „Abfall" zu *phagocytieren*, z. B. die Zellkerne, die bei der Eythropoese ausgestoßen werden. Über diese phagocytotische Funktion hinaus haben die Makrophagen die Aufgabe, *Eisen* auf die sich entwickelnden Erythroblasten↗ zu übertragen, das für die Hämoglobinsynthese erforderlich ist. Wahrscheinlich üben die Makrophagen jedoch auch eine *Kontrolle über die Proliferation und die Zellreifung* im benachbarten hämatopoetischen Parenchym aus.

8.9.2 Blutzelldifferenzierung im Knochenmark

Die initialen Stufen der *Differenzierung der Blutzellen* sind nicht abschließend geklärt. Die Möglichkeit der Abstammung aller Blutzell-Linien von nur einer gemeinsamen Stammzelle, dem *Hämocytoblasten*, steht als **monophyletische** einer **polyphyletischen Theorie** gegenüber, die für jede Zell-Linie eine selbständige Stammzelle annimmt. Dabei sollten die Lymphocyten ausschließlich extramedullär in den Lymphatischen Organen entstehen. Die moderne Entwicklung favorisiert auf der Grundlage experimenteller Daten für die extramedulläre fetale Blutbildung (außerhalb des Knochenmarks) eine monophyletische Vorstellung, ohne allerdings ganz frei von Widersprüchen zu sein.

Für das **Knochenmark** selbst werden ab dem frühen postnatalen Leben *zwei Arten von Stammzellen* angenommen: aus der einen gehen Lymphocyten hervor, aus der anderen alle übrigen Leukocytenformen. Für jede Zell-Linie sind folgende Entwicklungsschritte anzunehmen: (1) Bestimmung der Entwicklungsrichtung zu einem definierten Blutzelltyp; (2) Proliferation, um einen Zellpool von Blasten bereitzustellen; (3) Synthese spezifischer Proteine; (4) abschließende Reifung mit Abschluß der Proteinsynthese; (5) Ausschwemmung in die Blutzirkulation.

Die Zahl der in der Zirkulation befindlichen Zellen wird durch *Balance zwischen Zellzerstörung und Zellersatz* reguliert. Die regulierenden Mechanismen sind – wenigstens partiell – nur für die Erythropoese bekannt (s. u.). Neben dem hierfür wichtigen Erythropoetin sind für die Hämatopoese u. a. verschiedene Hormone (TSH, STH, Androgene) von Bedeutung.

Erythrocytopoese[1] (Abb. **8**–88)
Für die Differenzierung *uncharakteristischer Stammzellen* in Richtung auf die rote Zell-Linie ist das in der Niere gebildete, im Blut zirkulierende Glykoprotein *Erythropoetin* erforderlich. Dieses wird bei erniedrigtem Sauerstoffdruck im Gewebe vermehrt synthetisiert und stimuliert somit die Erythropoese, wie beispielsweise beim Aufenthalt in großen Höhen.

Die erste eindeutig identifizierbare Differenzierungsstufe der Erythropoese ist der **Proerythroblast**. Dieser ist charakterisiert durch den beträchtlichen Zelldurchmesser (14–20 μm) und einen großen rundlichen Zellkern. Das gering basophile Cytoplasma enthält bereits kleine Mengen von *Ferritin* ↗ (von Makrophagen übertragen, s. S. 596) sowie von mit der Plasmamembran verbundenem *Spectrin* ↗.

Die durch Zellteilung erreichte nächste Stufe des **basophilen Erythroblasten** (12–17 μm) ist reich an Ribosomen als Grundlage der *Hämoglobinsynthese*.

Mit dem Zunehmen des Hämoglobins in den Tochterzellen entstehen die zunächst polychromatischen, dann **orthochromatischen Erythroblasten**. Diese sind dadurch gekennzeichnet, daß sie nach Abschluß der Hämoglobinsynthese und Reduzierung der Ausstattung mit Ribosomen nahezu das färberische Verhalten reifer Erythrocyten erreicht haben (Orthochromasie); sie nähern sich mit einem Durchmesser von etwa 10 μm auch bereits der definitiven Größe, besitzen aber noch einen Zellkern. Sie werden auf dieser Stufe meistens als **Normoblasten** (Abb. **8**–88 c) bezeichnet (= kernhaltige Erythrocyten).

---

[1] *poiēsis* (gr.) = Hervorbringung.

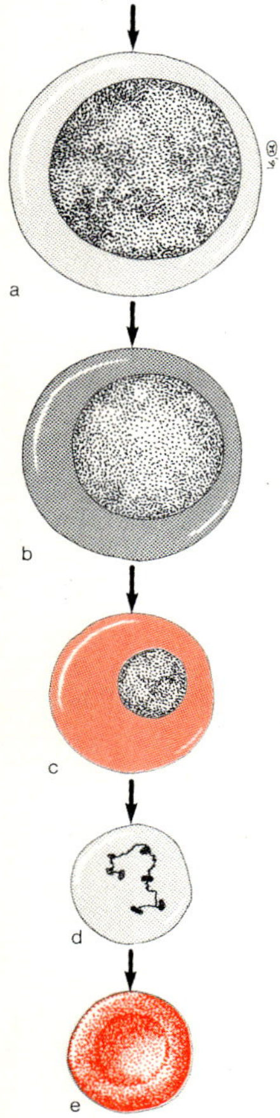

Abb. **8**–88: **Erythrocytopoese.**
a: Proerythroblast
b: Basophiler Erythroblast
c: Normoblast
d: Reticulocyt
e: Erythrocyt

Der pyknotisch werdende Zellkern wird sodann ausgestoßen und von Makrophagen (s. S. 596) phagocytiert. Diese kernlose, aber noch Reste der Ribosomen enthaltende Zelle ist der **Reticulocyt**↗ (Abb. **8**–88 d), der vor oder nach Einschleusung in den Kreislauf zum **reifen Erythrocyten** (Abb. **8**–88 e) wird.

Der gesamte Prozeß der Erythropoese beansprucht 5–9 Tage.

Granulocytopoese (Abb. 8–89)
Aus der *uncharakteristischen Stammzelle* geht als erste identifizierbare Differenzierungsstufe der 10–20 µm große **Myeloblast** hervor.

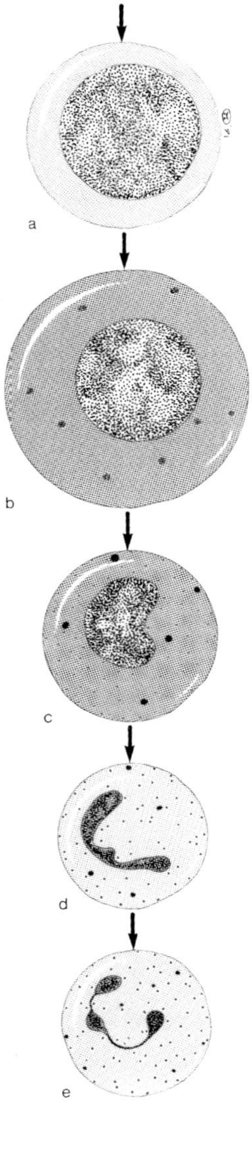

Abb. **8**–89: **Granulocytopoese.**
a: Myeloblast
b: Promyelocyt
c: Myelocyt
d: Stabkerniger Granulocyt
e: Segmentkerniger Granulocyt

Nach Proliferation des Myeloblasten erfolgt die Differenzierung zu den größeren (∅ 20–25 µm) basophilen **Promyelocyten**. In diesen führt die einsetzende Synthese spezifischer Proteine zu deren Speicherung in *primären (unspezifischen) Granula* (Lysosomen, s. S. 586).

Durch weitere Proliferation entstehen die kleineren **Myelocyten** (∅ 15 µm), in denen die *Sekundären (Spezifischen) Granula* gebildet werden (vgl. S. 586). Der sich verkleinernde Zellkern ist in typischer Weise auf einer Seite eingedellt. Auf der Stufe der Myelocyten sind *neutrophile, eosinophile* und *basophile Granula* zu unterscheiden.

Über die Stufe der **Metamyelocyten** mit hufeisenförmigem Zellkern wird schließlich unter weiterer Verkleinerung (∅ 10–15 µm) die Stufe der ausschwemmungsbereiten **stabkernigen Granulocyten** (Abb. **8**–89d; vgl. S. 584) und schließlich die der **segmentkernigen reifen Granulocyten** (Abb. **8**–89e) erreicht.

Der gesamte Prozeß der Granulocytopoese nimmt etwa 7 Tage in Anspruch, davon etwa 3 Tage für Proliferation und 4 Tage für Differenzierung (Reifung). Die ausgereiften Granulocyten können für weitere etwa 4 Tage im Knochenmark gespeichert werden, in Abhängigkeit vom Bedarf in der Peripherie.

Monocytopoese

Aus nicht bekannten *Stammzellen* entsteht der proliferativ aktive **Monoblast**. Durch Differenzierung geht aus diesem der **Promonocyt** hervor, in welchem die Bildung von Lysosomen einsetzt. Durch weitere Zellteilung entstehen die in die Zirkulation gelangenden **reifen Monocyten** ↗.

Thrombocytopoese (Abb. 8–87)

Die Blutplättchen sind Zellfragmente spezieller Riesenzellen, der **Megakaryocyten**[1] (Abb. **8**–87).

Erste nachweisbare Vorstufe des Megakaryocyten ist der **Megakaryoblast**, eine basophile Zelle von etwa 15 bis 50 µm Durchmesser. Im sich hieraus differenzierenden **Promegakaryocyten** (∅ 20–80 µm) beginnt die Bildung von Granula (s. S. 590). Der ausdifferenzierte **Megakaryocyt** ist eine Riesenzelle von 35–160 µm Durchmesser. Kennzeichnend ist der große (polyploide) gelappte Zellkern (daher der Name Megakaryocyt). Durch Fusion von Cytomembranen wer-

[1] Megakaryocyt (gr.) = großkernige Zelle.

den granulahaltige Cytoplasmateile umschlossen; diese werden schließlich als **Blutplättchen**↗ aus den Megakaryocyten in benachbarte Sinusoide ausgeschleust (Abb. **8**–87).

Lymphocytopoese (Abb. **8**–90)
Im nachgeburtlichen Leben ist das Knochenmark der einzige Ort der Proliferation von **Lymphocyten-Stammzellen**. Tochterzellen differenzieren sich zu **Lymphoblasten**: basophile Zellen mit einem Durchmesser von etwa 12 µm. Diese teilen sich erneut mehrfach und bringen dadurch die **Kleinen Lymphocyten** (∅ 7 µm) hervor. Die

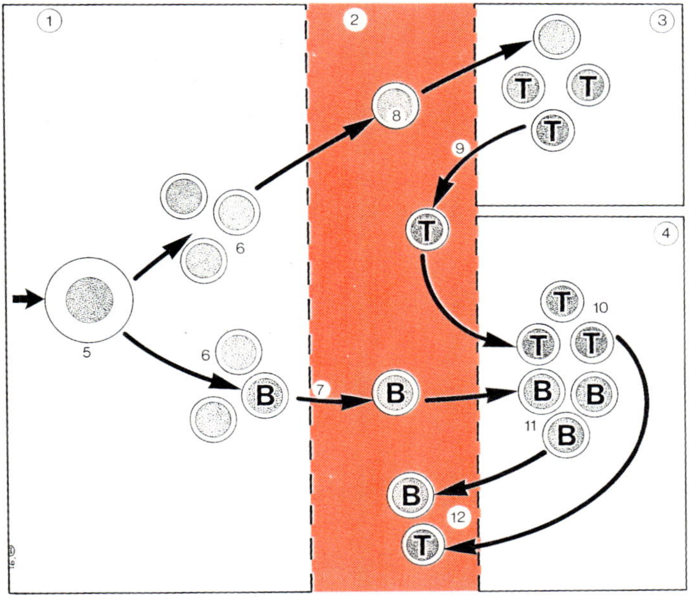

Abb. **8**–90: **Lymphocytopoese.**
1 Knochenmark
2 Zirkulierendes Blut
3 Thymus
4 Sekundäre Lymphatische Organe
5 Lymphoblast
6 Lymphocyten
7 Einstrom von B-Lymphocyten
8 Lymphocyt ohne immunologische Kompetenz
9 Einstrom von T-Lymphocyten
10 T-Region
11 B-Region
12 Rezirkulierende B- und T-Lymphocyten

diffus im Knochenmark verteilten Kleinen Lymphocyten machen etwa 10–15% aller Markzellen aus.

Ein Teil der Lymphocyten des Knochenmarks ist dazu bestimmt, ohne vorherige Erlangung immunologischer Kompetenz auf dem Blutweg dem *Thymus*↗ zugeführt zu werden. Dort proliferieren sie als **Prothymocytische Lymphoblasten**, um immunologisch zu **T-Lymphocyten**↗ (T von Thymus) geprägt zu werden.

Der andere Teil der Lymphocyten des Knochenmarks erfährt dort seine spezifische immunologische Prägung zu **B-Lymphocyten**↗ (B von bone marrow = Knochenmark). Diese differenzieren sich teilweise zu **Plasmazellen**↗, die etwa 3% der Markzellen ausmachen.

Sowohl die T- als auch die B-Lymphocyten besiedeln über den Blutweg (**Thymuszellstrom, Knochenmarkszellstrom**) die T- bzw. B-Zonen der sekundären *Lymphatischen Organe*↗, wo sie nach antigener Stimulation weiter proliferieren können. Lymphocyten werden somit außer im Knochenmark (**primäre Lymphocytopoese**) auch in den Lymphatischen Organen (**sekundäre Lymphocytopoese**) gebildet. Stammzellen kommen jedoch ausschließlich im Knochenmark vor.

9 Abwehrsystem

Der Organismus verfügt über zahlreiche Mechanismen zur Abwehr schädlicher Einwirkungen. *Im weiteren Sinn* gehört hierzu beispielsweise auch der Einsatz von Muskelkraft, etwa zur Verteidigung oder Flucht. Große Bedeutung haben die Schutzreflexe: u. a. Lidschlußreflex (↗Bd. 3), Hustenreflex↗, Niesreflex, reflektorisches Glottisverschluß↗, „Défense musculaire" (↗Bd. 1).

Unter dem Abwehrsystem *im engeren Sinn* sind jedoch nur zelluläre Mechanismen zu verstehen, die vor allem der Unschädlichmachung von Krankheitserregern und der Erkennung nicht individualspezifischer Zellen dienen. Diese Leistungen sind an *Phagozyten* (Mikrophagen↗, Makrophagen↗) und *immunkompetente Zellen* (Lymphozyten) gebunden. Dementsprechend wird eine **Unspezifische Abwehr** (s. u.) von der **Spezifischen Abwehr**↗ unterschieden.

9.1 Unspezifisches Abwehrsystem

Das Unspezifische Abwehrsystem wirkt durch
- *extrazelluläre Lysis* sowie durch
- *Phagocytose.*

An der **extrazellulären Lysis**[1] (Abb. **9**–1) sind hauptsächlich die *Neutrophilen Granulocyten*↗ beteiligt, welche die Blutbahn durch Leukodiapedese↗ verlassen haben und das Bindegewebe – chemotaktisch angelockt – als *Freie Zellen* (↗Bd. 1) in amöboider Bewegung durchwandern, um sich in Entzündungsgebieten als „Eiterkörperchen" in großer Zahl zu versammeln. Die Neutrophilen scheiden *Proteasen* aus, durch die Zelltrümmer und Bakterien aufgelöst werden können.

Bei der **Phagocytose**[2] (Abb. **9**–1) werden Bakterien, Zellen, Zellteile und andere Partikel durch *Pseudopodien* umfaßt und als von der

[1] *lysis* (gr.) = Auflösung.
[2] *phágein* (gr.) = fressen.

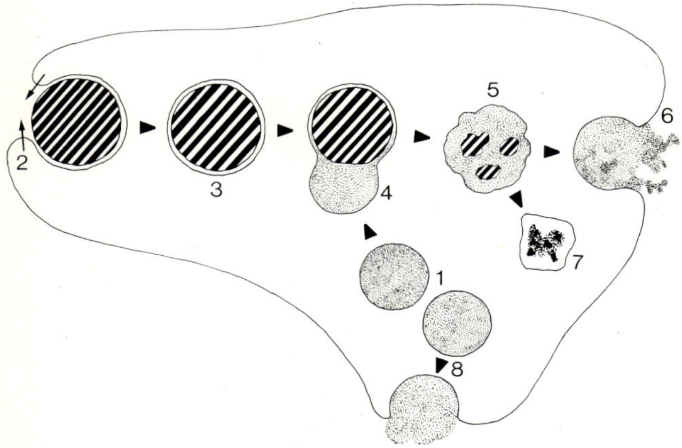

Abb. 9–1: **Phagocytose und extrazelluläre Lysis** (Schema).

1 Lysosomen
2 Pseudopodienbildung um das zu phagocytierende Partikel
3 Phagosom
4 Phagolysosom
5 Abbau des phagocytierten Partikels
6 Exocytose von Restmaterial
7 Restkörper
8 Exocytose von lysosomalen Enzymen für die extrazelluläre Lysis

abgeschnürten Cytomembran umschlossene *Phagosomen* in das Zellinnere aufgenommen. Die weitere „Behandlung" dieses Materials kann unterschiedlich sein:

– „Verdauliches" Material wird „liquidiert" (verflüssigt). Hierzu fusioniert ein *Lysosom* (Lysosomen gehören zur regelmäßigen Zellorganellen-Ausstattung aller Phagocyten; ↗Bd. 1) mit dem inkorporierten *Phagosom* zu einem **Phagolysosom**. In diesem können die lysosomalen *Hydrolasen* das Fremdmaterial auflösen (intrazelluläre Lysis). Ist eine vollständige Lysis nicht möglich, verbleibt ein Restkörper *(Telolysosom)*. Die zu den Lipopigmenten gehörenden *Lipofuscin-Granula* sind mindestens teilweise derartige Restkörper phagocytotischer Prozesse.
– „Unverdauliches" Material wird durch *Abtransport* beseitigt (Bsp. Alveolarphagocyten↗).

Je nach der Größe der phagocytierten Partikel werden *Mikrophagen* und *Makrophagen* unterschieden:

– **Mikrophagen**↗ sind Phagocyten, die nur *kleine Partikel* aufnehmen, von der kolloidalen Größenordnung bis hin zur Größe von

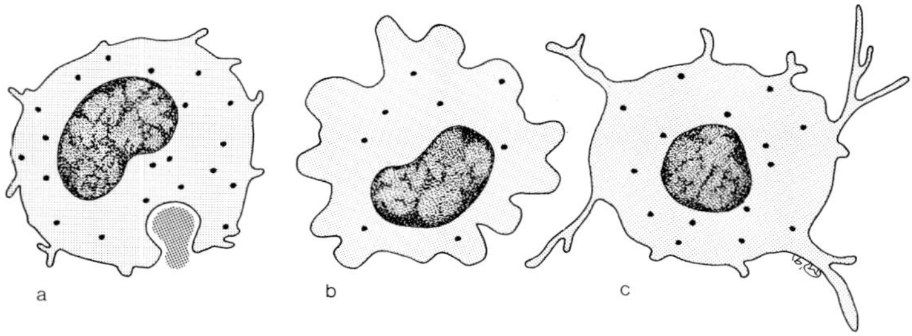

Abb. **9–2**: **Mononucleäre Phagocyten (Makrophagen).**
a: Gewebsmakrophag (Histocyt)
b: Interdigitierender Makrophag
c: Dendritischer Makrophag

Kokken. Die wichtigsten Mikrophagen sind die *Neutrophilen* ↗ und *Eosinophilen* ↗.

– **Makrophagen** ↗ sind Phagocyten mit einem Durchmesser von 15–25 µm (Abb. **9**–2), die auch *große Partikel* aufnehmen bis hin zu Zelltrümmern und ganzen Zellen (z. B. Erythrocyten von Milzmakrophagen ↗); dementsprechend ist ihre Zelloberfläche durch Pseudopodienbildung unregelmäßig gestaltet. Makrophagen sind: *Histiocyten, Monocyten, Reticulumzellen, Uferzellen, Milzphagocyten, Alveolarphagocyten* (jeweils ↗) sowie die Zellen der *Mikroglia* und des *retinalen Pigmentepithels* (↗ Bd. 3).

Phagocytose kann dadurch ausgeübt werden, daß
– sich die Phagocyten – durch Chemotaxis angelockt – auf die zu phagocytierenden Partikel zu bewegen: *Wanderzellen*, oder
– sich die zu phagocytierenden Partikel an *sessilen*[1] *Phagocyten* vorbeibewegen.

Wanderzellen sind diejenigen Freien Zellen (↗ Bd. 1) des Bindegewebes, die sich im Interzellularraum amöboid bewegen. Unter den Wanderzellen des Bindegewebes kommen folgende Phagocyten vor:
– *Neutrophile Granulocyten.*
– *Histocyten (Gewebsmakrophagen).*

Die Histiocyten werden als *Gewebsmakrophagen* den Neutrophilen als *Mikrophagen* gegenübergestellt.

[1] *sessilis* (lat.) = festsitzend

Neutrophile Granulocyten ↗ sammeln sich in Entzündungsherden an. Sie wirken einerseits durch *Mikrophagocytose*, andererseits durch *Ausscheidung proteolytischer Enzyme*.

Histiocyten (↗Bd. 1) kommen überall im Bindegewebe vereinzelt vor; sie sind bezüglich des Abwehrgeschehens mit der „Ortspolizei" zu vergleichen. Sie stammen von den *Monocyten* ↗ des Blutes ab, die als funktionell noch unreife Makrophagen anzusehen sind. Als solche werden sie als „Bereitschaftspolizei" im zirkulierenden Blut bereitgehalten und verlassen die Strombahn erst dann, wenn – und nur dort wo – erhöhte Abwehrleistung erforderlich ist. Histiocyten wandern – zusammen mit Neutrophilen Granulocyten – in *Entzündungsbereiche* ein (dort als *Exsudatmakrophagen* bezeichnet).

Sessile Phagocyten sind ebenfalls von *Monocyten* des Blutes abstammende *Makrophagen*. Als solche haben sie sich bevorzugt in Oberflächen angesiedelt, an denen zu phagocytierendes Material vorüberströmt:
- am Atemluftstrom: *Alveolarphagocyten* ↗;
- am Blutstrom: KUPFFER-*Zellen* ↗ der Lebersinusoide, *Reticulumzellen* der Roten Milzpulpa und des Knochenmarks;
- am Lymphstrom: *Reticulumzellen* der Milzsinus ↗ und der Lymphknoten ↗.

Die an der Blut- und Lymphstrombahn angesiedelten Phagocyten werden auch als *Uferzellen* ↗ bezeichnet. Es handelt sich bei den Uferzellen um in den Endotheliocytenverband integrierte Makrophagen. Die KUPFFER-Zellen bilden das größte Reservoir an Makrophagen im Organismus.

Daneben kommen sessile Makrophagen vor als:
- *Serosamakrophagen* in der Wand der Pleura- und Peritonealhöhle;
- *Synovialzellen* (Typ A);
- *Dendritische Makrophagen* ↗ im Knochenmarksparenchym ↗;
- *Interdigitierende Makrophagen* in den Lymphatischen Organen;
- *Osteoklasten* (↗Bd. 1);
- *Mesogliazellen* (↗Bd. 3).

Sessile Makrophagen können sich zu größeren Aggregaten zusammenschließen: *Milchflecken* ↗ in Serosatexturen, *Ellipsoide* ↗ der Milz. Unter pathologischen Umständen können Makrophagen zu *Syncytien* (z. B. *Fremkörperriesenzellen*) fusionieren.

Wegen der *gemeinsamen Abstammung der mobilen und sessilen Makrophagen von den Monocyten des Blutes* werden alle gemeinsam als **Mono-**

nucleäres Phagocytensystem (MPS) zusammengefaßt. Neben der Fähigkeit zur Phagocytose kommt diesem auch im Rahmen des Spezifischen Abwehrsystems↗ große Bedeutung zu. Dies steht im Zusammenhang damit, daß alle Zellen des MPS auf ihren Zelloberflächen über Moleküle des *Haupt-Histokompatibilitäts-Komplexes*↗ verfügen, die zur Interaktion mit Lymphocyten befähigen.

Als überholt anzusehen ist der Begriff des **Reticuloendothelialen Systems (RES)**. Dieses faßte Makrophagen verschiedener Lokalisation zusammen: Reticulumzellen (histiocytärer Herkunft) und phagocytierende Uferzellen im Endothelverband bestimmter Gefäßstrecken. Der Begriff des **Reticulohistiocytären Systems (RHS)** resultiert, wenn man das RES mit den Histiocyten zusammenfaßt.

Die Makrophagen werden zwar wegen ihrer Befähigung zur Phagocytose zum MPS zusammengefaßt, es darf jedoch nicht übersehen werden, daß sich darüber hinaus die *Makrophagen verschiedener Lokalisation nach Form und Funktion durchaus unterscheiden.* Dabei ist noch nicht geklärt, ob ihnen ihre speziellen Merkmale von der Umgebung aufgeprägt werden oder ob bereits im Knochenmark eine spezielle Prägung erfolgt, aufgrund derer eine Ansiedlung in bestimmten geweblichen Bereichen erfolgt.

Nachstehend werden die **wichtigsten funktionellen Aspekte der Makrophagen** zusammengestellt:

- Im *Bindegewebsorgan*↗ obliegt den Makrophagen die Beseitigung von zellulärem Abfall, wie er nicht nur bei Gewebsschädigungen, sondern auch im Rahmen von Wachstums- oder Umformungsvorgängen anfällt, ebenso wie die Eliminierung von inkorporierten Mikroorganismen.
- In der *Lunge* haben die Makrophagen die spezielle Aufgabe der Beseitigung von inhalierten Partikeln (↗S. 225).
- In *Leber, Milz* und *Lymphknoten* befinden sich Makrophagen am Ufer des Blut- bzw. Lymphstroms, um diesen zu kontrollieren und Partikel auszusondern. In Milz und Leber übernehmen Makrophagen im Rahmen der *Blutmauserung*↗ die Aussonderung von überalterten Erythrocyten, wobei in ihnen auch der Beginn des *Hämoglobinabbaues* erfolgt.
- Makrophagen spielen insbesondere eine wichtige, aber komplexe *Rolle im Rahmen der Immunreaktion.* Sie verfügen in ihrer Zelloberfläche über MHC-Klasse-II-Antigene (Haupt-Histokompatibilitäts-Komplex), welches sie befähigt, verschiedene Klassen von T-Lymphocyten↗ zu stimulieren.

Wenn Makrophagen *Fremdantigen* phagocytieren und in ihren Lysosomen partiell abbauen, können anschließend antigene Bausteine in der Zelloberfläche an das MHC-Molekül gebunden werden. Der so gebildete Komplex kann T-Lymphocyten (unter der Voraussetzung des Vorhandenseins entsprechender Rezeptoren) stimulieren. Umgekehrt können Makrophagen auch durch aktivierte B- und T-Lymphocyten stimuliert werden.

Von Lymphocyten abgesonderte *Lymphokine* (u. a. Makrophagen-aktivierender Faktor, Interleukin II) beeinflussen das Migrations- und Phagocytoseverhalten der Makrophagen. Unter dem Einfluß von Lymphokinen synthetisieren und sezernieren die Makrophagen weitere bioaktive Moleküle, z. B. den Tumor-Nekrose-Faktor, der für die Eliminierung von Tumorzellen Bedeutung hat.

Durch spezifische Rezeptoren können die Makrophagen mit Antikörpern umhüllte Mikroorganismen binden und phagocytieren. Dabei wird auch die Freisetzung lysosomaler Enzyme induziert (Antikörper-abhängige *zellvermittelte Cytotoxizität*).

Makrophagen bilden auch verschiedene *Wachstums- und Differenzierungsfaktoren* (u. a. Erythropoietin, Prostaglandine).

Zusammenfassend läßt sich feststellen, daß die **Zellen des MPS funktionell beteiligt** sind an:
- *Abwehr* (unspezifische und spezifische);
- *Reparation* und *Regeneration* geschädigten Gewebes;
- *Proliferation* und *Differenzierung*.

Bei dieser Vielfalt sehr unterschiedlicher Leistungen ist zu fragen, ob es sich bei den Makrophagen um pluripotente Zellen handelt oder ob verschiedene Klassen zu unterscheiden sind. Nach gegenwärtigem Wissensstand sind zunächst zwei **Klassen von Makrophagen** zu unterscheiden:

(1) Hauptsächlich *makro-phagocytisch tätige Zellen* (Abb. **9**–2 a);
(2) *Dendritische mononucleäre Phagocyten* (Abb. **9**–2 b/c). Bei diesen tritt die phagocytische Fähigkeit zurück; dagegen sind sie spezialisiert auf die Initiierung von Immunreaktionen in Lymphocyten.

Zu den **Dendritischen mononucleären Phygocyten** gehören die *Follikulären dendritischen Zellen* und die *Interdigitierenden Zellen* des Knochenmarks↗ und der Lymphatischen Organe↗ sowie die LANGERHANS-*Zellen* der Epidermis (↗Bd. 3). Wieweit die *Mikrogliazellen* (↗Bd. 3) einzubeziehen sind, wird diskutiert. Die Hauptaufgabe der Dendritischen mononucleären Phagocyten ist die *Phagocytose von Fremd-Antigenen*, um diese als Komplexe mit II MHC-Molekülen (S. 607) ihrer Oberfläche benachbarten Lymphocyten darzubieten.

Die **Langerhans-Zellen** verfügen über spezifische Granula (Birbeck-Granula) als Zellmarker. Hierdurch ließ es sich wahrscheinlich machen, daß Langerhans-Zellen, nachdem sie in der Epidermis Antigenkontakt aufgenommen haben, mit ihrer Antigen-Information in Lymphknoten und in den Thymus migrieren, um dort in T- und B-Lymphocyten die Immunantwort zu induzieren. Die so programmierten Lymphocyten üben dann die spezifische Abwehrfunktion sowohl in den Regionären Lymphknoten als auch im zugehörigen Hautareal aus.

Wegen ihrer vergrößerten Oberfläche treten die *Interdigitierenden Makrophagen* (Abb. **9**–2 b), mehr noch die *Dendritischen Makrophagen* (Abb. **9**–2 c), mit zahlreichen Zellen ihrer Umgebung in funktionellen Kontakt (Beispiel: Abb. **8**–87).

9.2 Spezifisches Abwehrsystem

Der Begriff „Spezifisches Abwehrsystem" ist gleichbedeutend mit **Immunsystem**. Dieses vermittelt die Fähigkeit, körperfremdes Protein von körpereigenem zu unterscheiden. Der Grundmechanismus des Immunsystems ist die *Antigen-Antikörper-Reaktion*. Die Spezifität dieser Immunantwort besteht darin, daß der Organismus als Antwort auf das Eindringen eines *Antigens* (meist ein Protein) mit der Bildung eines spezifisch ausschließlich gegen dieses Antigen gerichteten *Antikörpers* reagiert (ebenfalls ein Protein), mit dessen Hilfe eben jenes Antigen wiedererkannt und durch Antigen-Antikörper-Reaktion unschädlich gemacht werden kann. Der dabei entstehende *Antigen-Antikörper-Komplex* wird unter Mitwirkung von *Eosinophilen*↗ eliminiert (vgl. S. 587). Die *Wiedererkennungsfähigkeit* kann über lange Zeit, unter Umständen Jahrzehnte, als **Immunität** bewahrt werden.

Das Immunsystem hat große **praktische Bedeutung**:
- einmal für die *Infektionsabwehr* durch erworbene Immunität,
- zum anderen wegen seiner nachhaltigen Rolle bei der Auseinandersetzung des Empfängerorganismus mit dem Spendereiweiß bei der *Gewebe-* und *Organtransplantation*.

Am Spezifischen Abwehrsystem sind folgende **Zellarten** beteiligt:
- Makrophagen,
- Lymphocyten (immunologisch kompetente T- und B-Lymphocyten),
- Plasmazellen.

Ziel der Immunabwehr ist die Bildung spezifischer **Antikörper**. Diese treten in zweierlei Form auf:
- *zellständige Antikörper,*
- *humorale Antikörper.*

Zellständige Antikörper sind solche, die an die Cytomembran von Immunocyten gebunden sind.

Humorale[1] **Antikörper** sind solche, die von Plasmazellen↗ in das Blut bzw. in die Gewebsflüssigkeiten abgesondert werden (Immunglobuline, Ig).

Bildung zellständiger Antikörper (Schema in Tab. **9**–1)
Durch Antigenkontakt wird **T-Lymphocyten**↗, direkt oder durch Makrophagen vermittelt (Mediatorzellen), die Antigeninformation aufgeprägt. Hierzu ist erforderlich, daß die Lymphocyten über spezifische Rezeptoren auf ihrer Oberfläche verfügen.

Tab. **9**-1: T-Zell Subpopulationen.

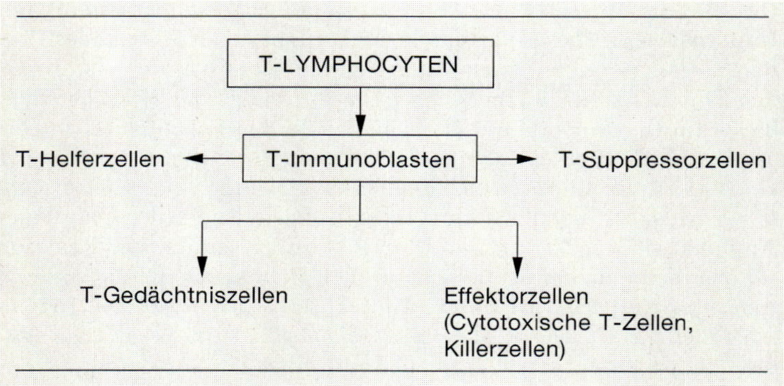

Bei primärem Antigenkontakt werden T-Zellen zu **T-Immunoblasten**, d.h. sie werden durch Ausbildung spezifischer Oberflächenstrukturen immunologisch kompetent. Durch Proliferation entstehen aus den T-Immunoblasten die sog. **Gedächtniszellen**, die die Fähigkeit zur Wiedererkennung und Bindung des auslösenden Antigens über lange Zeit bewahren und diese Fähigkeit durch Rezirkulation↗ im gesamten Körper verbreiten. Diejenigen T-Lymphocyten,

[1] *humor* (lat.) = Feuchtigkeit; *humores* = Körpersäfte.

welche für die eigentliche Immunantwort zuständig sind, werden als **Effektorzellen** oder als **Zytotoxische T-Zellen** bezeichnet. Sie sind in der Lage, die erkannten Antigentragenden Fremdzellen in direktem Zellkontakt zu zerstören (**„Killerzellen“**).

Die Immunantwort der Effektorzellen wird durch die Mitwirkung von T-Zellspezialisten unterstützt bzw. modifiziert:

- **T-Helferzellen**
  Diese stimulieren B-Lymphocyten zur Proliferation und zur Differenzierung zu Plasmazellen (s. u.). Die Einwirkung auf B-Zellen kann einerseits durch direkten Zellkontakt erfolgen, andererseits durch Sekretion von *Lymphokinen*. Die Helferzellen ihrerseits bedürfen der Aktivierung durch Makrophagen↗, die das Antigen „präsentieren“.
- **T-Supressorzellen**
  Diese können – entsprechend aktiviert – die Immunantwort (auch der B-Zellen) unterdrücken.

Das Quotient Helfer/Suppressorzellen beträgt beim Gesunden 1,4–> 2,0, kann jedoch – z. B. bei Virusinfektionen – unter 1,0 absinken.

Bildung humoraler Antikörper (Schema in Tab. **9**–2)
Durch Antigenkontakt wird *B-Lymphocyten*↗, direkt oder durch Ma-

Tab. **9**-2: B-Zell Subpopulationen.

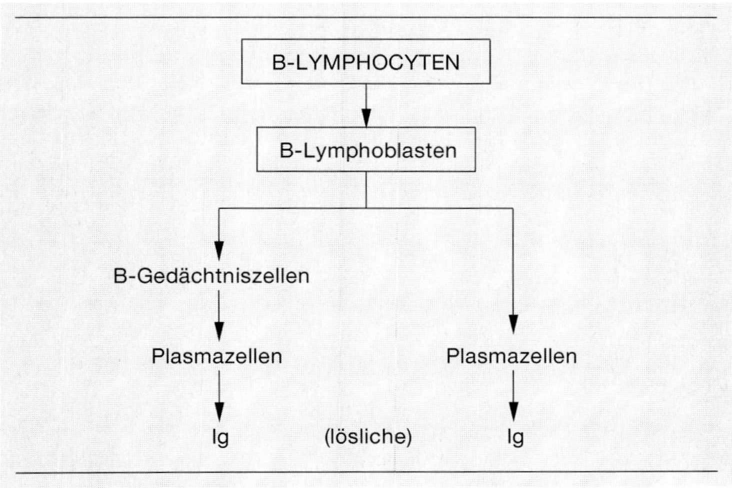

krophagen vermittelt (Mediatorzellen), die Antigeninformation aufgeprägt. Voraussetzung ist, daß die B-Zellen über membranständige Antigenrezeptoren verfügen, und weiterhin, daß sie durch T-Helferzellen aktiviert worden sind.

Nach einem Primärkontakt mit Antigen werden durch Proliferation und Differenzierung zwei Zell-Linien ausgebildet:

- **Gedächtniszellen** (*Memory cells*)
  Diese bilden in den Lymphfollikeln der Lymphatischen Organe↗ einen für viele Jahre (eventuell Jahrzehnte) bestehenden Pool von Zellen, welche Rezeptoren für das primäre Antigen besitzen. Diese Gedächtniszellen werden durch Rezirkulation (↗S. 613) im ganzen Körper verbreitet und laufend ausgetauscht. Bei Sekundärkontakt werden die Gedächtniszellen zu Plasmazellen (s. u.) weiterdifferenziert.
- **Plasmazellen** (*Plasmocyten*) (Abb. **9**–3)
  Diese können sich direkt aus B-Lymphocyten oder über die Stufe der Gedächtniszellen (s. o.) differenzieren. Morphologische Merkmale der 10–20 µm großen Plasmazellen (s. auch Bd. 1) sind der exzentrisch liegende sog. *Radspeichenkern* (radiäre Anordnung des Chromatins) und ein *basophiles Cytoplasma* (Ergastoplasma↗ im Zusammenhang mit der Proteinsynthese) mit *paranucleärer Aufhellung* (Golgizone).
  Physiologischerweise kommen Plasmazellen als Freie Zellen des Bindegewebes (↗Bd. 1) besonders in der Schleimhaut des Magendarmkanals und im Lymphatischen Gewebe vor. Plasmazellen verfügen über nur träge Eigenbeweglichkeit.
  Die *funktionelle Rolle der Plasmazellen* besteht darin, daß diese die **Quelle der humoralen Antikörper** sind. Sie synthetisieren *Immunglobuline* (Ig: IgA, IgD, IgE, IgG, IgM) mit dem Schwergewicht auf IgG und sezernieren diese in die zirkulierenden Körperflüssigkeiten. Diese Antikörper können ihre Wirkung als lösliche Antikör-

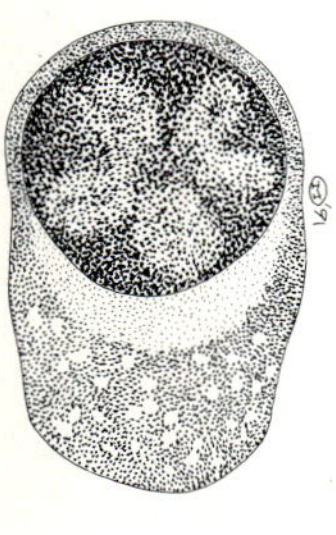

Abb. **9**–3: **Plasmazelle.**
Charakteristische Merkmale: Radspeichenkern, basophiles Cytoplasma, subnucleare Aufhellung.

per entfalten oder sekundär an andere Zellen (z. B. Mastzellen) gebunden werden.

Rezirkulation der Lymphocyten

Sowohl bei der zellständigen als auch bei der humoralen Immunreaktion kommt den Lymphocyten als *Immunocyten* entscheidende Bedeutung zu.

Der erwachsene Mensch verfügt über etwa *10^{12} Lymphocyten* mit einem Gesamtgewicht von mehr als einem Kilogramm. Von der Gesamtzahl an Lymphocyten befindet sich jeweils nur eine sehr kleine Minorität *im strömenden Blut* und zwar überwiegend T-Lymphocyten. 40% der Lymphocyten befinden sich in den Lymphknoten und Tonsillen, je 10–15% in Milz, Thymus und Knochenmark. Insgesamt sind somit etwa *80% aller Lymphocyten in den primären und sekundären Lymphatischen Organen* enthalten.

Die *Altersverteilung* der Lymphocyten im strömenden Blut ist so, daß 2% jünger als ein Tag, aber 50% älter als ein Jahr sind. Dies bedeutet zweierlei:
- Lymphocyten haben eine *lange Lebensdauer*;
- Lymphocyten *verlassen rasch die Blutbahn*; die mittlere *Verweildauer* beträgt nur 30 min.

Tatsächlich sind die *Lymphocyten in ständiger Wanderschaft* begriffen: sie sind nicht seßhaft; sie halten sich an bestimmten Orten (Lymphfollikel) zwar längere Zeit auf, verlassen sie aber in jedem Fall wieder. Die Wanderschaft der Lymphocyten vollzieht sich teils durch aktive Leistung in Form amöboider (wenn auch langsamer) Eigenbewegung, teils „per Anhalter“, indem sie sich vom Lymph- und Blutstrom passiv mitnehmen lassen, um nach kurzer Zeit wieder „auszusteigen“. Auf diese Weise gelangt der einzelne langlebige Lymphocyt im Laufe der Zeit in die unterschiedlichsten Körpergegenden; er *durchwandert den gesamten Organismus* – oder bei immunologischer Betrachtungsweise: die speziellen Inhalte des *immunologischen Gedächtnisses* (Gedächtniszellen s. o.) werden überall für den Bedarfsfall verfügbar gemacht.

Die „Wanderschaft der Lymphocyten“ (Abb. **9**–4) wird als **Rezirkulation** bezeichnet. Die Lymphocyten
- verlassen die *sekundären Lymphatischen Organe* auf dem Lymph- und Venenweg (Introvasation),
- gelangen direkt (Venenweg) oder indirekt (Lymphweg) in den *Blutkreislauf*,

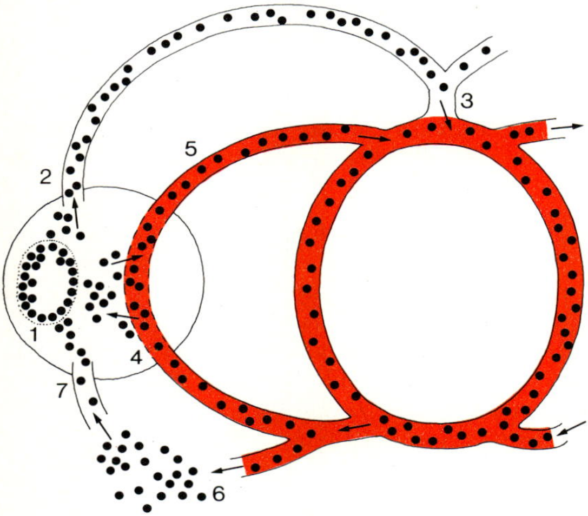

Abb. **9**–4: **Rezirkulation der Lymphocyten** (Schema).
Rot: Blutkreislauf, ● Lymphocyten

1 Lymphatisches Organ mit Lymphfollikel
2 Vas efferens mit abtransportierten Lymphocyten
3 Venenwinkel
4 postcapilläre Venule mit Lymphocytenaustausch
5 abführendes Blutgefäß
6 durch Lymphodiapedese in das Interstitium gelangende Lymphocyten
7 Vas afferens mit aus dem Interstitium stammenden Lymphocyten

– verlassen die Blutbahn wieder (Extravasation) durch die Wand *Postcapillärer Venulen* (Abb. **9**–5),
– entweder bereits in *Lymphatischen Organen* (womit die Rezirkulation beendet ist),
– oder im *interstitiellen Bindegewebe*, um nach mehr oder weniger langer amöboid zu bewältigender Wegstrecke über afferente Lymphgefäße in die *Regionären Lymphknoten* zu gelangen (womit dann ebenfalls die Rezirkulation beendet ist).

Eine besondere Bedeutung für die Rezirkulation kommt den **Postcapillären Venulen** (Abb. **9**–5) in den Lymphatischen Organen zu. Diese Spezialvenulen unterscheiden sich morphologisch von gewöhnlichen Venulen – mit ihren extrem abgeplatteten – durch *kubische bis prismatische Endotheliocyten*. Sie werden deshalb auch als

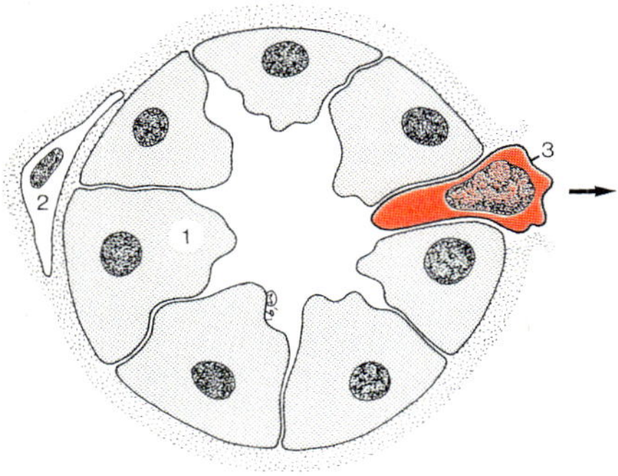

Abb. 9–5: **Postcapilläre Venule eines Lymphatischen Organs.**
1 Endotheliocyt
2 Pericyt
3 Lymphocyt in Diapedese

„High endothelial venules" *(HEV)* bezeichnet. Der Migrationsweg führt durch die die Endotheliocyten verbindenden *Zonulae occludentes* (↗Bd. 1).

Das ortsspezifische Zurückfinden der Lymphocyten wird als *„homing"* bezeichnet. Der zugrunde liegende Mechanismus besteht vereinfacht darin, daß auf der Oberfläche der HEV lokalisierte kohlenhydrathaltige *„Addressine"* als Determinanten fungieren, die Lymphocyten an zuständige Migrationsorte lenken. Der hierbei wirksame Kompaß sind Kohlenhydrat-spezifische *Lectine* (↗Bd. 1), die sich als *„homing-Rezeptoren"* auf der Lymphocytenoberfläche befinden.

9.3 Lymphatische Organe

Als *Lymphatische Organe* werden diejenigen zusammengefaßt, die **Lymphoreticuläres Gewebe** (auch als *Lymphatisches Gewebe* bezeichnet) enthalten. Hierbei handelt es sich um ein von Lymphocyten besiedeltes Reticuläres Bindegewebe (Bd. 1).

Die Lymphatischen Organe sind funktionell als **Abwehrorgane** aufzufassen. Sie sind einerseits zur *Unspezifischen Abwehr*↗ durch Phagocytose↗ befähigt; andererseits stehen sie im Dienst der *Spezifischen Abwehr*↗, weswegen sie auch als **Immunorgane** aufgefaßt werden. Bezüglich der Sonderstellung des *Thymus* s. S. 617.

Zu den **Lymphatischen Organen** gehören:
- *Thymus* als **Primäres Lymphatisches Organ,**
- *Mucosa-assoziiertes Lymphatisches System,*
- *Tonsillen,*
- *Milz,*
- *Lymphknoten*

  als **Sekundäre Lymphatische Organe.**

An dem **Zellreticulum**, welches die gewebliche Grundlage der Lymphatischen Organe bildet, sind (mit Ausnahme des Thymus↗) verschiedene elektronenmikroskopisch, cytochemisch und immunologisch zu unterscheidende *Typen von Reticulumzellen* beteiligt:
- **Fibroblastische Reticulumzellen**

  Diese bilden (mit den Histocytären Reticulumzellen, s. u.) gewissermaßen den Grundbestand der Zellen des *Reticulären Bindegewebes* (↗Bd. 1). Ihre funktionelle Aufgabe ist die *Fibrillogenese* (↗Bd. 1) Sie bilden die *Reticulinfasern*, die den reticulären Zellverband aussteifen.
- **Histocytäre Reticulumzellen**

  Bei diesen handelt es sich um *Monocytenabkömmlinge* und somit um *Makrophagen*↗. Entsprechend enthalten sie viele *Lysosomen*. Ihre funktionelle Aufgabe ist die *Phagocytose*↗.

Die beiden nachstehenden Reticulumzelltypen sind *akzessorische Zellen des Immunsystems* und üben als solche in den Lymphatischen Organen eine Art Wegweiserfunktion aus:
- **Dendritische Reticulumzellen**

  Diese sind kennzeichnend für die von *B-Zellen*↗ besiedelten Regionen der Lymphatischen Organe.
- **Interdigitierende Reticulumzellen**

  Diese sind kennzeichnend für die von *T-Zellen*↗ besiedelten Regionen der Lymphatischen Organe.

Mit Ausnahme des Thymus (↗S. 617) ist es für die Lymphatischen Organe charakteristisch, daß dort die Lymphocyten zu kugeligen Zellhaufen (gelegentlich auch Strängen) zusammengelagert sind, die als **Lymphfollikel** (*Lymphknötchen*) bezeichnet werden (Abb. **9**–10,13). Bei noch fehlendem Antigenkontakt (z. B. beim Neugeborenen) zeigen die Follikel eine gleichmäßige Verteilung Kleiner Lymphocyten und werden dann als **Primärfollikel** bezeichnet. Beim Erwachsenen, und somit nach Antigenkontakt (z. B. durch bakterielle Infektion), sind die Zentren vieler Knötchen zum sog. *Keimzentrum* oder *Reaktionszentrum* (Abb. **9**–10, 13) transformiert. Solche Follikel werden als **Sekundärfollikel** bezeichnet.

Im **Keimzentrum** erfolgt die Vermehrung aktivierter B-Lymphocyten. Dabei kommt es zunächst zum Auftreten großer lymphoblastenartiger Zellen: *Zentroblasten*. Aus diesen gehen durch Zellteilung die kleineren *Zentrocyten* hervor. Die Zentroblasten bilden die dunkle, die Zentrocyten die helle Zone des Keimzentrums. Insgesamt erscheinen im gefärbten histologischen Präparat die *Keimzentren* heller als der aus Kleinen Lymphocyten aufgebaute **Lymphocytenwall**, der das Zentrum umhüllt oder ihm kappenartig aufsitzt (Abb. **2**–24; **9**–10, 13).

Die Bildung der Keimzentren ist reversibel, so daß aus Sekundär- wieder Primärfollikel werden können. Keimzentren können jedoch Wochen, Monate, eventuell Jahre bestehen bleiben. Weiteres zur Funktion des Lymphfollikel wird bei den Sekundären Lymphatischen Organen mitgeteilt.

Das **Lymphatische Gewebe** enthält in Abhängigkeit von differenzierten Reticulumzell-Typen (s. o.) B- und T-Lymphocyten in unterschiedlicher Verteilung: **B- bzw. T-Regionen**. Die Lymphfollikel sind überwiegend von B-Lymphocyten besiedelt. Allerdings ist der Lymphocytenbesatz nicht als stationär anzusehen. Im Rahmen der sog. *Rezirkulation*↗ verlassen die Lymphocyten laufend die Lymphatischen Organe (und das allgemeine Bindegewebe) auf dem Lymphweg, um auf dem Blutweg erneut in die Lymphatischen Gewebe zu gelangen: sie verlassen die Blutbahn in hierfür *spezialisierten Venulen* (Abb. **9**–5).

Wegen der besonderen topographischen und funktionellen Beziehungen zum Epithelgewebe können Thymus, Tonsillen und das Mucosa-assoziierte lymphatische System als **Lymphoepitheliale Organe** der Milz und den Lymphknoten als **Lymphoreticulären Organen** gegenübergestellt werden.

9.3.1 Thymus

Der **Thymus**[1] (bei Tieren *Bries*) nimmt unter den Lymphatischen Organen insofern eine höchst wichtige Sonderstellung ein, als in ihm eine Fraktion der primär im Knochenmark entstandenen Lymphocyten (vgl. S. 601; Abb. **8**–90) *zu immunologisch kompetenten T-Lymphocyten*↗ *geprägt* wird. Deshalb ist der Thymus, von dem als Primärem Lymphatischem Organ aus T-Lymphocyten prä- und postnatal an-

---

[1] *thymos* (gr.) = Thymian, wegen einer unterstellten Ähnlichkeit des Bries geschlachteter Opfertiere mit gleichzeitig verbrannten Büscheln der Thymianpflanze.

dere Lymphatische Organe (Sekundäre Lymphatische Organe) besiedeln (*Thymuszellstrom*↗) für den **Aufbau des Immunsystems** unerläßlich.

Daneben hat der Thymus eine **sekretorische Funktion**. Es wäre jedoch verfehlt, den Thymus deswegen als „Thymusdrüse" zu bezeichnen.

Im Thymus werden Stoffe gebildet, die in die Lymphocytenproliferation, -differenzierung und -aktivität innerhalb des Thymus regulierend eingreifen:

- **Thymulin**, ein zinkabhängiges Nonapeptidhormon, wirkt bei der *Ausdifferenzierung verschiedener T-Zellsubtypen* (insbesondere Suppressorzellen↗) mit.
- **Thymopoetin** ist ein Hormon, das für die *Differenzierung Zytotoxischer T-Zellen* ↗Bedeutung hat.
- **Thymosin** (alpha 1) stimuliert die *Thymocytenproliferation*. Es wird in Epithelioreticulocyten des Marks (↗S. 622) gebildet.
  Thymosion (beta 4) entsteht offenbar in mononucleären Phagocyten (Monocyten) des Thymus und ist daher nicht thymusspezifisch.
- **Humoraler Thymusfaktor** reguliert die Proliferation und Reifung von T-Helferzellen↗ und T-Suppressorzellen↗.

Der Thymus ist in Abhängigkeit vom Lebensalter variabel in **Größe** und **Aktivität**:

Er ist zum *Geburtstermin* mit etwa 15 g ein verhältnismäßig großes Organ von etwa 5 cm Länge. Er erreicht bis zur *Pubertät* mit etwa 40 g den Höhepunkt seiner Entwicklung. Danach erfolgt nahezu regelmäßig, insbesondere unter der Einwirkung gewisser Streßfaktoren (langdauernde Krankheit, Unfall, hormonale Einflüsse, Bestrahlung, Vergiftung) eine partielle bis weitgehende **Involution** (Rückbildung). Durch diese kann der Thymus unter Erhaltung der ursprünglichen Form mehr oder weniger weitgehend in den sog. **Thymusfettkörper** von nur noch 10 g Gewicht transformiert werden. In der Regel ist jedoch beim jüngeren *Erwachsenen* noch reichlich Thymusparenchym vorhanden, und selbst im *Greisenalter* finden sich stets noch Inseln aktiven Parenchyms.

Der Thymus besteht aus zwei meist verschieden großen miteinander zusammenhängenden Lappen, *Lobus dexter* und *Lobus sinister* (Abb. **9**–6). Der von einer zarten Bindegewebskapsel umgebene, eine Läppchengliederung aufweisende Thymus ist von *graurötlicher Farbe* und besonders *weicher Konsistenz*[1]; mit zunehmender Verfettung nimmt er eine mehr gelbliche Farbe an.

[1] Daher die Bezeichnung des Kalbsbries als „Kalbsmilch".

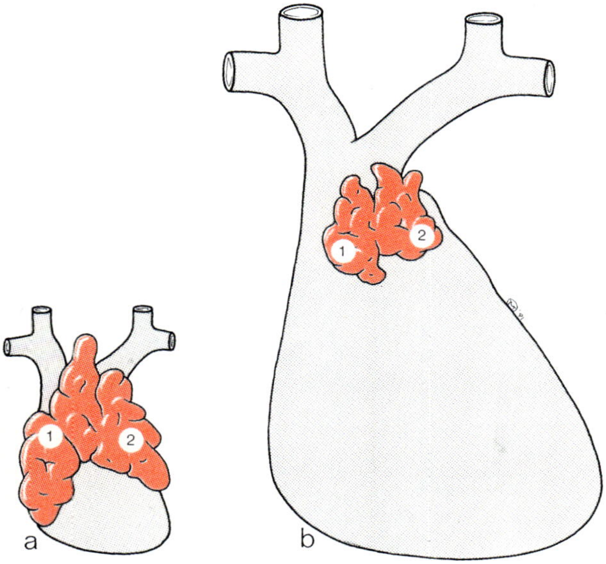

Abb. **9**–6: **Thymus** (unter Benutzung von Abbildungen in H. Leonhardt, Taschenatlas der Anatomie, Band 2, 1973).
a: Neugeborener
b: Erwachsener
1 Lobus dexter
2 Lobus sinister

Der Thymus ist im *Oberen Mediastinum* ↗ (im sog. „Trig. thymicum" ↗) unmittelbar *hinter dem Manubrium sterni* und den obersten vier Rippenknorpelpaaren gelegen, zum großen Teil dem Herzbeutel aufliegend (Abb. **9**–6). Sein cranialer Pol überlagert oft die Vena cava superior und die linke V. brachiocephalica, kann bei starker Entwicklung auch durch die *Obere Thoraxapertur* (↗Bd. 1) hindurch hinter der *Mittleren Halsfascie* (↗Bd. 1) und vor der *Trachea* bis zur Schilddrüse emporragen.

MIKROSKOPISCHE ANATOMIE

Der Thymus weist eine auffallende **Läppchengliederung** (Abb. **9**–7) auf, die an den Bau von Drüsen erinnert. Die Läppchengliederung kommt dadurch zustande, daß von der dünnen *Organkapsel* Bindegewebssepten (*Septa corticales*) bis an die Rinden-Markgrenze vordringen und das Parenchym partiell in 0,5–2,0 mm im Durchmesser

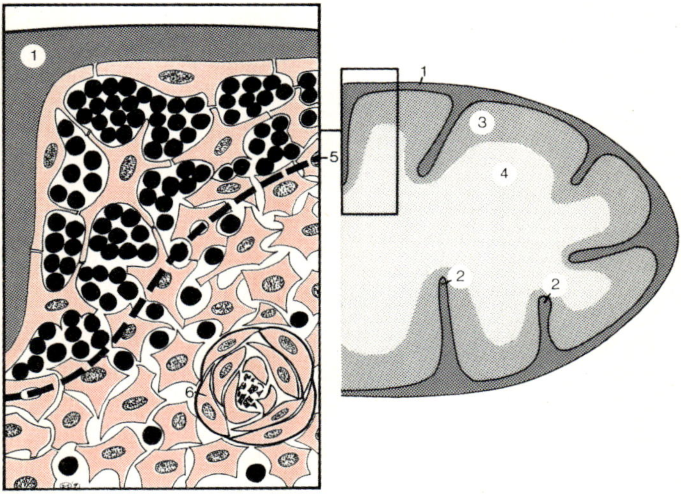

Abb. **9**–7: **Mikroskopische Anatomie des Thymus.**
Rechts: Übersicht, *links:* Detail bei starker Vergrößerung

1 Organkapsel mit Septen
2 Thymusläppchen
3 Rinde
4 Mark
5 Rinden/Mark-Grenze
6 HASSALLsches Körperchen
rot: Epithelioreticulocyten
schwarz: Lymphocyten

große Areale (Läppchen, *Lobuli thymi*) gliedern. Jedes Läppchen weist eine im histologischen Übersichtspräparat dunkel gefärbte (weil kernreiche) **Rinde** (*Cortex*) ein heller gefärbtes **Mark** (*Medulla*) auf. Die Markanteile der Läppchen gehen in den nicht gegliederten *zentralen Markbereich* über.

Grundlage des Thymusparenchyms, sowohl im Bereich der Rinde als auch des Marks, ist ein dreidimensionales **Zellreticulum** (Abb. **9**–7). Bei diesem ist bemerkenswert, daß es nicht wie in anderen Lymphatischen Organen vom Mesenchym (↗Bd. 1), sondern vom entodermalen und ectodermalen Epithel der 3. Schlundtasche und Kiemenfurche abstammt: **epitheliogenes Reticulum**. Dies bedeutet, daß es Epithelzellen (*Thymusepitheliocyten*) sind, die einen reticulären Verband bilden. Diese **Epithelioreticulocyten** unterscheiden sich allerdings nach Form und Zahl in den verschiedenen Territorien des Thymus wesentlich; dies ist Ausdruck differenter funktioneller Bedeutung.

Thymusrinde und Thymusmark sind beide im wesentlichen aus **zwei Komponenten** aufgebaut (Abb. **9**–7): *Thymusepitheliocyten* (Epithelioreticulocyten) und *Lymphocyten. In der Rinde überwiegt der Lymphocytenanteil;* wegen der großen Kerndichte erscheint sie daher im Übersichtspräparat dunkel. *Im Mark überwiegt der Anteil der Epitheliocyten*; wegen der geringen Kerndichte erscheint es daher im Übersichtspräparat hell.

In der **Thymusrinde** (*Cortex thymi*, Abb. **9**–7), bilden die *Epithelioreticulocyten* ein weitmaschiges Reticulum. Daneben überzieht ein geschlossener Epitheliocytenverband die Innenseite der Organkapsel und die die Läppchen begrenzenden Bindegewebssepten, außerdem die aus der Kapsel und den Septen in die Rinde eintretenden Capillaren. Diese subkapsulären und perivasculären Epitheliocyten liegen einer Basalmembran auf.

Die Maschenlücken des epithelialen Reticulum sind von *Kleinen Lymphocyten* (**Thymocyten**) ausgefüllt (bezüglich der Herkunft vgl. S. 620). Dabei ist die subkapsuläre Zone der Rinde als *Proliferationszone von Stammzellen* (Prothymocytische Lymphoblasten) anzusehen, von wo aus die gebildeten Lymphocyten allmählich in die tieferen Schichten der Rinde gelangen. Für die Proliferation und anschließende **Differenzierung der Thymocyten zu T-Zellen** (einschließlich von deren Subklassen; vgl. S. 610) ist offenbar der Kontakt mit Zellen des epithelialen Reticulum von Bedeutung. Es wird angenommen, daß die Epitheliocyten *mitogene Faktoren* und *Differenzierungsfaktoren* bilden. Durch den Proliferationsdruck, insbesondere im subkapsulären Rindenbereich, werden die Thymocyten in Richtung auf die Rinden-Markgrenze bewegt. Dort erfolgt die *Migration* der differenzierten Thymocyten durch die Wand *postcapillärer Venulen*↗, um den Thymus zu verlassen. Diese Zellen sind jedoch *noch nicht immunokompetent.* Sie erlangen ihre definitive *immunologische Kompetenz als T-Zellen* erst nach Verlassen des Thymus, wahrscheinlich erst nach Erreichen peripherer Ansiedlungsorte (T-Zonen der Sekundären Lymphatischen Organe).

Wahrscheinlich verläßt nur eine Minorität (10%) von Thymocyten den Thymus, nämlich solche, die die Fähigkeit erworben haben, das individuelle *Haupt-Histokompatibilitäts-Merkmal*↗ zu erkennen und von Fremd-Antigenen zu unterscheiden. Der Erwerb dieser entscheidenden Fähigkeit wird offenbar von Endotheliocyten überprüft. Thymocyten, die diese Prüfung nicht bestehen, und das ist offenbar die Mehrzahl (90%), können nicht überleben und werden innerhalb weniger Tage durch Phagocyten beseitigt.

Interessanterweise verfügen die Capillaren und postcapillären Venulen der Rinde über eine *funktionelle Blut-Thymus-Schranke.* Diese bewahrt die reifenden Thymocyten vor Antigenkontakten im Prägungsorgan. Die T-Lymphocytenreifung kann somit in einem immunologisch abgesonderten Raum erfolgen.

Das **Thymusmark** (*Medulla thymi,* Abb. **9**–7) ist histologisch dadurch charakterisiert, daß die *Epithelioreticulocyten ein dicht gepacktes Zellnetz bilden,* in dessen Maschenlücken *nur wenige Thymocyten* (Lymphocyten) Platz finden. Bei diesen handelt es sich um reife *T-Lymphocyten,* die langfristig im Thymusmark verweilen. Ihre Aufgabe besteht möglicherweise in der Bildung von *Lymphokinen,* Molekülen, die für die Reifung von Lymphocyten in der Thymusrinde von Bedeutung sind.

Ein auffallendes Merkmal des Thymusmarks sind die **HASSALLschen Körperchen**[1] (*Corpuscula thymica,* Abb. **9**–7). Bei diesen handelt es sich um 30–100 µm im Durchmesser große *Komplexe konzentrisch geschichteter Epithelioreticulocyten,* mit degenerativen Vorgängen (Nekrose, Hyalinisierung) im Zentrum.

Die Bedeutung der HASSALLschen Körperchen ist nicht geklärt. Es handelt sich um regelmäßig anzutreffende dynamische Strukturen, die rasch entstehen und auch wieder verschwinden können. Eine vermehrte Bildung soll im Zusammenhang mit gesteigerten immunologischen Erfordernissen stehen.

Leitungsbahnen des Thymus

Arterien
Rr. thymici (← A. thoracica int. ← A. subclavia ⇒ Zweigen der A. thyroidea inf. (← Tr. thyrocervicalis).

Venen
Vv. thymicae → *V. brachiocephalica sin.,* Vv. thoracicae int., V. thyroidea inf.

Regionäre Lymphknoten
Nll. mediastinales ant.

Nerven
para.: *N. vagus* (über die Herzäste);
symp.: vom *Ggl. cervicothoracicum*;
sens. (Organskapsel): Äste des *N. phrenicus.*

---

[1] A. H. HASSALL (1817–1894), Arzt in London: erstes englischsprachiges Lehrbuch der Mikroskopischen Anatomie.

9.3.2 Lymphoepitheliales Gewebe (Mucosa-assoziiertes lymphatisches System)

Der Begriff **Lymphoepitheliales Gewebe** wird nur auf *Sekundäre Lymphatische Organe* ↗ angewendet, obwohl der Thymus ↗ ebenfalls lymphoepithelial organisiert ist, als Primäres Lymphoepitheliales Organ jedoch eine Sonderstellung einnimmt (vgl. S. 617).
Lymphoepitheliales Gewebe hat die Aufgabe, epitheliale Schleimhautoberflächen immunologisch zu kontrollieren und wird daher als **Mucosa-assoziiertes lymphatisches System** bezeichnet. Dementsprechend befinden sich Ansammlungen immunkompetenter Zellen (z. T. in Lymphfollikeln ↗) in der Mucosa ↗ in Nähe des Schleimhautepithels, teilweise auch in der Submucosa ↗. Da Antigenkontakte in erster Linie im Verdauungs- und Respirationstrakt zu erwarten sind, findet sich Lymphoepitheliales Gewebe vorzugsweise in diesen Organsystemen.

Organartig organisiert ist Lymphoepitheliales Gewebe allerdings ausschließlich im Verdauungstrakt (**Darm-assoziiertes Lymphatisches System**):
- WALDEYERscher Rachenring ↗ (Abb. **2**–24),
- PEYERsche Platten ↗ (Abb. **2**–47),
- „Darmtonsille" ↗.

In *disseminierter Form* kommt epithelnahes lymphatisches Gewebe auch in der Schleimhaut anderer Abschnitte des Verdauungskanals und in der Schleimhaut der Atemwege vor.

Das Lymphoepitheliale Gewebe besteht teils aus *Lymphknötchen* ↗ (Lymphfollikeln), die nach Antigenkontakt Keimzentren entwickeln, teils aus *disseminierten parafollikulären Lymphocyten*. Grundlage ist *Reticuläres Bindegewebe*, das regelmäßig auch zahlreiche **Makrophagen** enthält. Vielfach werden in der Mucosa aus B-Lymphocyten entstandene *Plasmazellen* angetroffen. Die *Migration der Lymphocyten* zwischen der Strombahn und dem Interstitium erfolgt – wie in den anderen Lymphatischen Organen – überwiegend im Bereich der *postcapillären Venulen* ↗.

Die Lymphocyten der Follikel sind *B-Zellen* ↗, die parafollikulären Lymphocyten überwiegend *T-Helferzellen* ↗. Die Lymphocyten können in die Interzellularspalten der benachbarten Epithelverbände eindringen und so bis zur Epitheloberfläche gelangen (Abb. **2**–24). Andererseits wandern Lymphocyten in die bindegewebige Umgebung oder gelangen über die lokale Lymphdrainage zur Rezirkulation ↗ in die Blutbahn.

Zusammenfassend ist die **funktionelle Bedeutung des Lympho-epithelialen Gewebes** wie folgt zu beschreiben: Kontrolle epithelialer Oberflächen durch Übertragung von Antigeninformation mittels Antigen-präsentierender Makrophagen auf immunologisch kompetente Lymphocyten. Deren Proliferation führt zur Bereitstellung eines Pools von Antigen-spezifischen Abwehrzellen in der betroffenen Schleimhautregion.

9.3.3 Milz

Die **Milz** (*Splen, Lien*) ist ein unpaares Organ im linken Oberbauch (Abb. **2**–71). Wie die Lymphknoten in das Lymphgefäßsystem eingeschaltet sind, so ist die Milz als **Organ der Blutkontrolle** in das Blutgefäßsystem eingebaut. Die Besonderheit ihres Aufbaues besteht vor allem in der Zuordnung des Lymphatischen Gewebes zum Blutgefäßsystem. Die Milz ist somit ein Organ der Blutkontrolle und gleichzeitig ein **Immunorgan**.

Die Milz hat die *Form* einer Kaffeebohne (Abb. **9**–8). Sie ist etwa 10 bis 12 cm lang, 6–8 cm breit und 3–4 cm dick. *Größe und Gewicht* (ca. 150–200 g) unterliegen intra vitam beträchtlichen Schwankungen. Die konvexe *Facies diaphragmatica* schmiegt sich – versteckt hinter dem Magen – in die Wölbung des Zwerchfells, in der sogenannten *Milznische*, ein (S. 166, Abb. **2**–71; **9**–9). Die konkave Eingeweidefläche, *Facies visceralis*, ist durch den langgestreckten Milzhilus *(Hilum splenicum)* und die Ansatzlienen zweier *Peritonealduplikaturen* gekennzeichnet (Abb. **9**–8,9). Der nach oben und ventral gerichtete *Margo superior* ist eine scharfe und eingekerbte (früher deshalb „Margo crenatus") Kante. Der nach unten und dorsal gerichtete *Margo inferior* dagegen ist abgerundet. Der nach hinten (und oben) gerichtete Pol heißt *Extremitas posterior* und weist auf die Wirbelsäule hin. Der nach vorn (und unten) gerichtete Pol, *Extremitas anterior*, ruht auf der als *„Lig. phrenicocolicum"* bezeichneten Fortsetzung des Mesocolon transversum.

Die Milz liegt *interperitoneal* (Abb. **9**–9). Sie grenzt, durch den Bauchhöhlenspalt getrennt, an den Magen (*Facies gastrica*), die linke Colonflexur *(Facies colica)* und den oberen Pol der linken Niere (*Facies renalis*). Diese Nachbarorgane erzeugen flache Impressionen auf der Milzoberfläche.

Von der *Facies visceralis* gehen **zwei Bauchfellduplikaturen** (die sog. Milzbändchen) aus (Abb. **9**–8, 9):

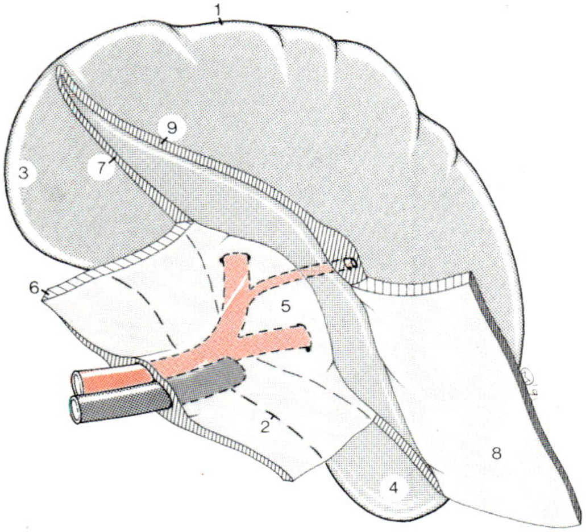

Abb. **9**–8: **Milz** (Facies visceralis).
1 Margo superior
2 Margo inferior
3 Extremitas posterior
4 Extremitas anterior
5 Hilum splenicum
6 Ligamentum splenorenale (teilweise) mit A. und V. splenica
7 Ansatzlinie des Lig. splenorenale
8 Ligamentum gastrosplenicum (teilweise)
9 Ansatzlinie des Lig. gastrosplenicum mit A. gastroepiploica sinistra (vgl. Abb. **8**–56)

– Das **Lig. splenorenale** (auch lienorenale) verbindet den Milzhilus mit der Hinterwand der Bauchhöhle vor dem Zwerchfell, der linken Niere und dem Pancreasschwanz. Im Lig. splenorenale verlaufen die *A.* und *V. lienalis*↗.
– Das **Lig. gastrosplenicum** (auch gastrolienale) ist eine Fortsetzung des *Omentum majus*↗. Es verbindet die Große Curvatur↗ des Magens mit dem Milzhilus. Im Lig. gastrosplenicum verlaufen die *A.* und *V. gastroepiploica sinistra*↗.

Die beiden Bauchfellduplikaturen begrenzen gleichzeitig den *Recessus splenicus* (lienalis) der *Bursa omentalis*↗ (Abb. **9**–9).

Stärkere Erschütterungen des Körpers, etwa beim Laufen, können – insbesondere bei vollem Magen nach Mahlzeiten – durch Zerrung an den Bauchfelldupikaturen der Milz vom Bauchfell und den Gefäßen ausgehende Beschwerden, das sog. *Seitenstechen* auslösen.

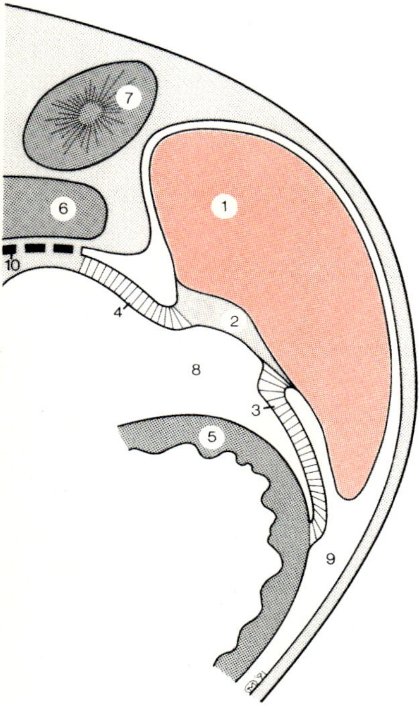

Abb. **9**–9: **Milz in der Milznische** (Transversalschnitt linker Oberbauch).

1 Milz
2 Hilum splenicum
3 Ligamentum gastrosplenicum
4 Ligamentum splenorenale
5 Magen
6 Pancreasschwanz
7 Linke Niere
8 Bursa omentalis, Recessus splenicus
9 Bauchhöhle
10 Sekundär retroperitoneal gewordener Abschnitt des Lig. splenorenale

Da die Milz unter der linken Zwerchfellkuppel in der *Regio hypochondriaca* (Abb. **2**–69) liegt, wird sie vom Brustkorb überlagert; sie folgt mit ihrer Längsachse etwa dem *Verlauf der 10. Rippe*. Die Milz ist daher **normalerweise nicht tastbar**. Auch wenn sich die Milz hintenseitlich auf den Thorax projiziert, darf nicht übersehen werden, daß sich zwischen ihr und der Brustwand das Zwerchfell und die Pleurahöhle (*Rec. costodiaphragmaticus*↗) befindet (Abb. **2**–71). Es ist daher bei gewissen Verletzungen der Milz möglich, daß außer der Bauchhöhle gleichzeitig auch die Pleurahöhle mit betroffen ist (sog. *Zweihöhlenverletzung*).

Bei krankhafter Vergrößerung der Milz (sog. *Milztumor, Splenomegalie*), beispielsweise reaktiv bei Infektionskrankheiten wie Typhus oder Malaria, überschreitet ihr Projektionsfeld den linken Rippenbogen (↗Bd. 1); man kann dann die *Extremitas anterior* und den eingekerbten scharfen *Margo superior* tasten.

Die Milz ist von einer derben bindegewebigen **Milzkapsel** (Abb. **9**–10) umgeben, welche aus *Tunica fibrosa* und *Tunica serosa* (Bauchfellüberzug) besteht. Das Innere des Organs ist, ähnlich wie die Lymphknoten, von einem Balken- oder Schwammwerk makroskopischer Größenordnung, den **Trabekeln** (*Trabeculae splenicae*) als bindegewebigem Gerüst durchzogen (Abb. **9**–10). Die Trabekel stehen in architektonischer Zuordnung zum Blutgefäßsystem, indem die größeren Arterien und Venen in diese Bindegewebsbalken eingelassen sind (Abb. **9**–10) oder sich ihnen anlegen. Deshalb strahlen die Trabekel vom Hilus aus und verzweigen sich baumartig, indem sie dabei auch untereinander anastomosieren (Abb. **9**–10). Mit der Kapsel zusammen bilden sie durch Einlagerung von *elastischen Fasern* die anatomische *Grundlage für Volumenschwankungen* der Milz. Durch die Versorgungsgebiete der Trabekelarterien↗ lassen sich 3–4 *Milzsegmente* definieren.

Die menschliche Milz ist wegen des weitgehenden Fehlens glatter Muskulatur in der Kapsel und in den Trabekeln nicht in der Lage, sich rasch zu kontrahieren und damit eine beträchtliche Blutmenge in den Kreislauf auszupressen. Im Gegensatz zu dem etwa bei Hund und Katze realisierten **Blutspeichertyp** kann die menschliche Milz Blut nur unter der Voraussetzung in den allgemeinen Blutkreislauf abgeben, daß elastische Rückstellkräfte nach vorausgehender Dehnung wirksam werden. Die Milz des Menschen gehört dagegen dem **Immunisierungstyp** an.

MIKROSKOPISCHE ANATOMIE

Das die Maschenlücken zwischen dem Trabelwerk ausfüllende Milzparenchym wird als **Milzpulpa** (*Pulpa*[1] *splenica*) bezeichnet. An dieser wird herkömmlicherweise nach dem makroskopischen Aussehen auf der Schnittfläche eine *Weiße Pulpa* und eine *Rote Pulpa* unterschieden (Abb. **9**–10):

---

[1] *pulpa* (lat.) = weiches Fleisch, Mark.

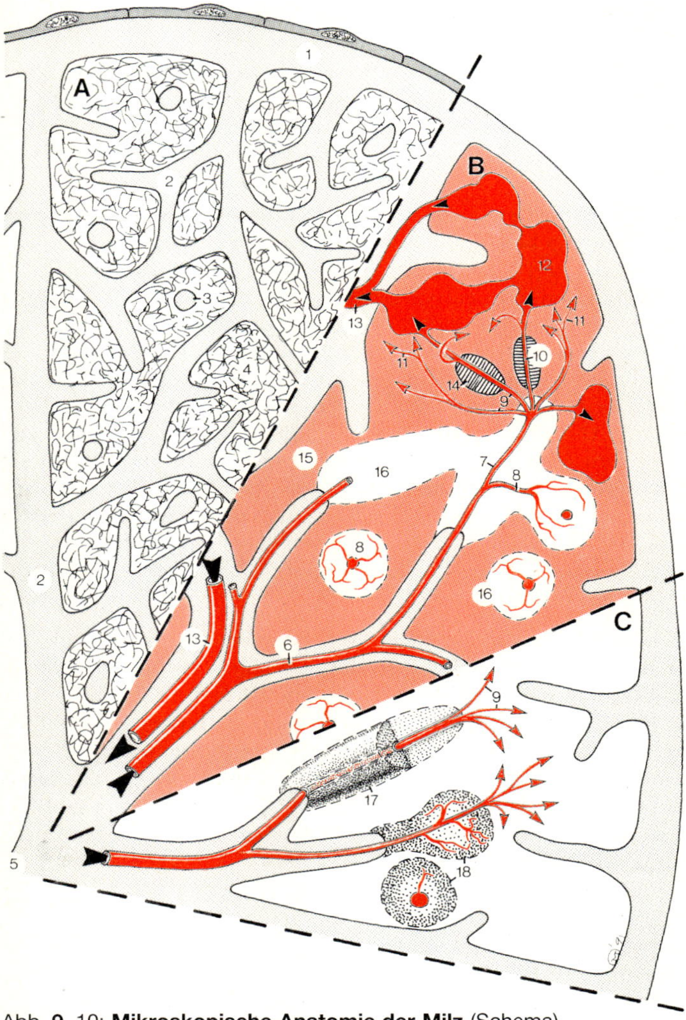

Abb. **9**–10: **Mikroskopische Anatomie der Milz** (Schema).

A: Trabekelwerk
B: Strombahn und Rote Pulpa
C: Weiße Pulpa
1 Organkapsel mit Peritonealmesothel
2 Trabekel (längs)
3 Trabekel (quer)
4 Milzreticulum
5 Hilum
6 Trabekelarterie

- Die **Weiße Pulpa** (*Pulpa alba*) ist die Summe des Lymphatischen Gewebes in der Milz, bestehend aus etwa 10–20 000 stecknadelkopfgroßen **Milzknötchen** (*Lymphonoduli*, MALPIGHIsche Körperchen) und **Lymphatischen Scheiden** (*Vaginae periarteriales lymphaticae*). Bei beiden handelt es sich um lymphatische Gefäßscheiden um gewisse Arterienabschnitte (s. S. 630).
- Die **Rote Pulpa** (*Pulpa rubra*) füllt die Räume zwischen Trabekeln und Weißer Pulpa aus und besteht aus einem *von Blut durchströmten Schwammwerk*. Dieses macht etwa 75% der Gesamtpulpa aus.

Grundlage sowohl der Weißen wie der Roten Pulpa ist *Reticuläres Bindegewebe* (↗Bd. 1): das **Milzreticulum**. In der Weißen Pulpa sind die Maschen dieses Reticulums angefüllt mit Lymphocyten, in der Roten Pulpa mit Blut, also vorwiegend mit roten Blutkörperchen. Das Reticulum formiert sich im Bereich der Roten Pulpa zu den untereinander kommunizierenden röhrenförmigen *Milzsinus*.

Die **Milzsinus** (Abb. **9**–10, 11) stellen ein zwischen Capillaren und Venen (s. u.) eingeschaltetes „intermediäres" System von dünnwandigen wurstförmig erweiterten *Venulen (Sinus venulares)* dar. Sie füllen die Rote Pulpa aus; ihre Wände sind mit dem Reticulum eng verbunden. Die Milzsinus bilden im ganzen einen dreidimensionalen *Plexus mit großem Gesamtquerschnitt*, so daß *das Blut sehr langsam fließt*.

Die Wand der Sinus besteht aus einem Flächennetz von flachen spindelförmigen *Endotheliocyten* (Uferzellen↗, „Netzendothel"), deren kernhaltige Cytoplasmabezirke überwiegend longitudinal angeordnet sind (Abb. **9**–11). Diese Netzendothelschläuche werden von zirkulär angeordneten *Reifenfasern* (Reticulinfasern des Reticulären Bindegewebes) gestützt. Das Lumen der Sinus kommuniziert mit den benachbarten Maschenlücken des Reticulum der Roten Pulpa durch *schlitzförmige Öffnungen der Sinuswand* (Filterfunktion!). Auf diese Weise kommt das Blut außer mit den Uferzellen auch mit zahlreichen benachbarten Reticulumzellen und dort regelmäßig anzutreffenden

◁ 7 Pulpaarterie
8 Knötchenarterie mit Follikelcapillaren
9 Pinselarteriole
10 Hülsenarteriole
11 Capillaren (mit Mündung im Maschenmantel)
12 Milzsinus (mit einmündender Capillare)
13 Trabekelvene
14 Ellipsoid
15 Rote Pulpa
16 Weiße Pulpa
17 Lymphatische Gefäßscheide (T-Region)
18 Milzknötchen (B-Region) mit Knötchenarterie

Milzmakrophagen (s. u.) zur Blutkontrolle in funktionellen Kontakt. In diesem Sinn ist jeder Sinus von einem **„Maschenmantel“** blutdurchströmten Reticulums umgeben. Sinus und zugehöriger Maschenmantel bilden den *Milzstrang als Strömungseinheit der Roten Pulpa* (**„Maschenstrang“**).

Die Maschenstränge, in deren Bereich die *Blutkontrolle* erfolgt, sind auf folgende Weise in das spezielle **Kreislaufsystem der Milz** (Abb. **9**–10, 11) eingeschaltet:

Die Äste der am Milzhilus eintretenden Milzarterie (*Rr. lienales a. lienalis,* Abb. **9**–10) verlaufen zunächst als **Trabekelarterien** (*Aa. trabeculares*) im Milzstroma. Die Arterien gelangen dann als **Pulpaarterien** in die Milzpulpa. Dort verlaufen sie zunächst innerhalb einer periarteriellen Hülle lymphatischen Gewebes (*Vagina periarterialis lymphatica*) und werden auf dieser Verlaufsstrecke deshalb auch als *Aa. pulpae albae* bezeichnet. Stellenweise sind in den Lymphscheiden Sekundärfollikel (*Lymphonoduli splenici,* Milzknötchen) ausdifferenziert. In deren Bereich wird die (meist exzentrisch verlaufende) Arterie als **Knötchenarterie** (*A. lymphonoduli,* früher: „A. centralis“) bezeichnet.

Jede Knötchenarterie spaltet sich in etwa 50 Arteriolen auf, die pinselartig divergierend den betreffenden Lymphfollikel und damit die Weiße Pulpa verlassen: **Pinselarteriolen** (*Arteriolae penicillares*). Nach kurzer Verlaufsstrecke von etwa 0,5 mm werden die Arteriolen in der Marginalzone um die Weiße Pulpa teilweise (bei manchen Säugetieren wie Hund, Katze, Schwein weit häufiger als beim Menschen) – unter Einengung des Lumens – von einer spindelförmigen Bildung umkapselt, die als **Ellipsoid** (Schweigger–Seidelsche Hülse; Abb. **9**–10) bezeichnet wird; die Arteriole heißt auf dieser Gefäßstrecke **Hülsenarteriole** (*Arteriola ellipsoidea* oder vaginata). Die Ellipsoide bestehen aus einer Ansammlung von Fibroblasten (↗Bd. 1) und Makrophagen↗. Aus den Arteriolen gehen in der Roten Pulpa **Capillaren** hervor, die sich teilweise unter starker Erweiterung in die **Milzsinus** fortsetzen, teils in deren Maschenmäntel münden (Abb. **9**–11). Ersteres entspricht der Vorstellung eines „geschlossenen“, letzteres der eines „offenen“ Kreislaufs innerhalb der Milz. Aus den Milzsinus fließt das Blut über **Pulpavenen** und **Trabekelvenen** zum Milzhilus zurück.

Funktionelle Bedeutung der Milz

Das *Kreislaufsystem der Milz* ist dadurch gekennzeichnet, daß es eine zumindest teilweise *offene Blutbahnstrecke* aufweist. Diese ermöglicht

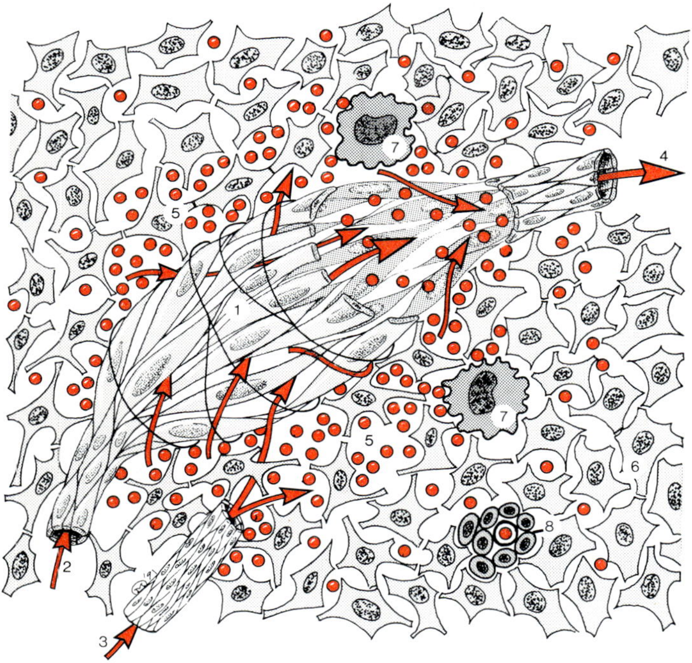

Abb. **9–11**: **Milz: Maschenstrang der Roten Pulpa** (Schema).
Rot: Erythrocyten, *Pfeile:* Blutwege

1 Milzsinus (teilweise geöffnet) mit Endotheliocyten und Reifenfasern (schwarz)
2 Pulpacapillare mit Einmündung in den Sinus
3 Pulpacapillare mit Mündung in den Maschenmantel
4 Abfluß in eine Pulpavene
5 Maschenmantel
6 Freies Reticulum der Roten Pulpa
7 Milzmakrophag
8 Ellipsoid mit Hülsenarteriole (quer)

in den Maschenmänteln um die Milzsinus den ausgiebigen **Kontakt des Milzblutes mit Reticulumzellen und Milzmakrophagen**. Beide Zellarten sind in der Lage, aus dem Blut korpuskuläre Elemente (z. B. Bakterien) durch *Phagocytose* ↗ zu entnehmen.

Die **Milzmakrophagen** bilden eine bedeutende Komponente des *Mononucleären Phagocytensystems* ↗ des Körpers. Sie kommen bevorzugt in den Maschenmänteln um die Sinus, in der Marginalzone um die Weiße Pulpa sowie in den Ellipsoiden vor. Außer der *Phagocytose* von Mikroorganismen, Zelltrümmern und anderen Partikeln haben die Milzmakrophagen besondere Bedeutung für die *Blutmauserung*.

Im Rahmen der **Blutmauserung** phagocytieren die Milzmakrophagen überalterte Leukocyten, Thrombocyten und vor allem Erythrocyten, um diese durch *Lysosomen*↗ abzubauen. Nach der *Erythrophagocytose* kommt es auch zum intrazellulären *Hämoglobinabbau*. Die eisenfreie Komponente wird z. T. als *primäres Bilirubin* über das Pfortaderblut der Leber zugeführt und nach weiterer Veränderung mit der Galle ausgeschieden. Durch *Hydrolyse des Globins* gebildete Aminosäuren werden dem Aminosäurepool des Organismus zugeführt. Die Eisenkomponente wird z. T. als *Hämosiderinpigment* lokal gespeichert, vor allem aber in der Transportform des *Ferritin* für die Erythropoese↗ im Knochenmark wieder nutzbar gemacht.

Die Milzmakrophagen werden zu ihrer phagocytotischen Aktivität und zur Proliferation durch *Lymphokine* angeregt, die im Rahmen von Immunreaktionen von T-Zellen gebildet werden. Wie andere Lymphatische Organe ist die Milz an der Phagocytose zirkulierender Antigene beteiligt, als Voraussetzung der zellulären und humuralen Immunantwort↗. Neben den eigentlichen Milzmakrophagen spielen für die *Antigenpräsentation* insbesondere *Dendritische mononucleäre Makrophagen*↗ der Marginalzone eine Rolle.

Während die Rote Pulpa mit den Milzmakrophagen an der *Blutkontrolle durch Phagocytose* und somit an der *Unspezifischen Abwehr*↗ beteiligt ist, hat die Weiße Pulpa Bedeutung für die **immunologische Kontrolle des Blutes** im Rahmen der *Spezifischen Abwehr*↗, besonders ausgeprägt im Kindesalter. Die *Milzknötchen* sind Sekundärfollikel↗, deren Keimzentren Ausdruck für ihre Beteiligung an der Spezifischen Abwehr sind. *Die Milzknötchen bilden die* **B-Region**, *die periarteriellen Scheiden bilden die* **T-Region** der Milz. Aus diesen Regionen können Lymphocyten auch in die Maschenmäntel und in die Zirkulation gelangen. Im Rahmen der *Rezirkulation*↗ wird der Lymphocytenbesatz der Weißen Pulpa laufend ausgewechselt. Antigenstimulation führt zur B-Lymphocytenproliferation in der Weißen Pulpa und zur vermehrten Differenzierung von *Keimzentren* (ähnlich den Verhältnissen im Lymphknoten↗).

Zusammenfassend können die wesentlichen **Funktionen der Milz** wie folgt zusammengestellt werden:
- Beteiligung an der *Immunantwort auf Antigene*;
- Beteiligung an der *Unspezifischen Abwehr durch Phagocytose*;
- *Blutmauserung*;
- *Lymphopoese*.

Die Milz ist zwar *kein absolut lebenswichtiges Organ*. Ihre Funktionen können bei Verlust großenteils von den übrigen Lymphatischen Organen und der Leber übernommen werden; es muß jedoch mit einer erhöhten Anfälligkeit für Infektionen gerechnet werden. Diese Folge tritt nicht ein, wenn wenigstens Teile der Milz erhalten werden können.

Leitungsbahnen der Milz

Arterien (Abb. **8**–54; 55; **9**–10)
Rr. lienales ← *A. lienalis* ← Tr. coeliacus (s. auch S. 491).

Venen
V. lienalis → *V. portae*.

Regionäre Lymphknoten
Nll. lienalis → Nll. pancreatici sup. → *Nll. coeliaci*.

Nerven
para.: Nn. vagi → *Ggl. coeliaca* → Plex. lienalis;
symp.: *N. splanchnicus major* → Ggll. coeliaca → Plex. lienalis;
sens. (Viscerosensibilität der Organkapsel): *N. vagus*.

9.3.4 Lymphknoten[1], *Nodus lymphaticus*

Es gibt im menschlichen Körper etwa *600–700 Lymphknoten* (davon 100–200 mesenteriale) mit einem *Gesamtgewicht von knapp 100 g*. Der einzelne Lymphknoten ist rundlich, oval oder bohnenförmig (Abb. **9**–12) und hat eine Länge von 2–25 mm sowie ein Volumen von 0,1–2,1 (Mittel 0,2) ml.

An einer Seite weist der Lymphknoten eine leichte Einziehung der Oberfläche auf; in diesem *Hilum* treten Blutgefäße ein und aus, und ein (oder wenige) efferentes Lymphgefäß (*Vas lymphaticum efferens*) verläßt den Knoten. Zahlreiche afferente Lymphgefäße (*Vasa lymphatica afferentia*) treten im Bereich der übrigen Oberfläche durch die Organkapsel in den Lymphknoten ein (Abb. **9**–12, 13).

Lymphknoten sind weich und daher auch in subcutaner Lage (z. B. Leistenlymphknoten) *kaum tastbar*. Dagegen sind auf Entzündungen

[1] Der Lymph*knoten* ist ein Organ. Das Lymph*knötchen* (Nodulus lymphaticus) ist keineswegs ein kleiner Lymphknoten, sondern eine Anhäufung von Lymphocyten.

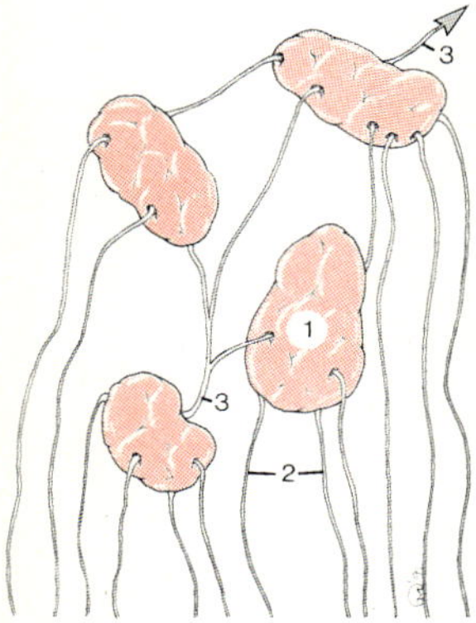

Abb. **9**–12: **Lymphknotengruppe mit zu- und abführenden Lymphgefäßen.**
1 Nodus lymphaticus
2 Vasa lymphatica afferentia
3 Vas lymphaticum efferens

reagierende Lymphknoten schmerzhaft und durch Vergrößerung und Verhärtung tastbar, falls sie oberflächlich liegen.

Die Lymphknoten bilden vielfach *Lymphknotengruppen* (↗Kapitel 9.4). Am häufigsten sind Lymphknoten am Hals, im Mediastinum, in den Mesenterien, im retroperitonealen Bindegewebe und in den proximalen Bereichen der Extremitäten. Vielfach sind Lymphknoten entlang der Gefäße angeordnet, vielfach in Fettgewebe eingebettet.

Lymphknoten sind in Lymphbahnen, oft mehrere hintereinander (Knotenketten) eingeschaltet (Abb. **9**–14). Sie haben die Aufgabe der *Kontrolle der Lymphflüssigkeit* (analog der Kontrolle des Blutes durch die Milz). Die gelegentlich anzutreffende Bezeichnung als „Lymphdrüsen" ist abzulehnen.

MIKROSKOPISCHE ANATOMIE (Abb. **9**–139)
Während das Parenchym der Milz – als Organ der Blutkontrolle – aus Lymphatischem Gewebe und einem spezialisierten Blutgefäßsystem besteht, sind die analogen Parenchymkomponenten des Lymphknotens als *Organ der Lymphkontrolle* ebenfalls einerseits *Lymphatisches Gewebe*, andererseits ein spezialisiertes *System von Lymphräumen*.

Das Parenchym ist eingebaut in ein bindegewebiges Gerüst, das aus der **Organkapsel** und von dieser radial ausgehenden **Trabekeln** besteht. Durch letztere wird der Lymphknoten in kleine kammerar-

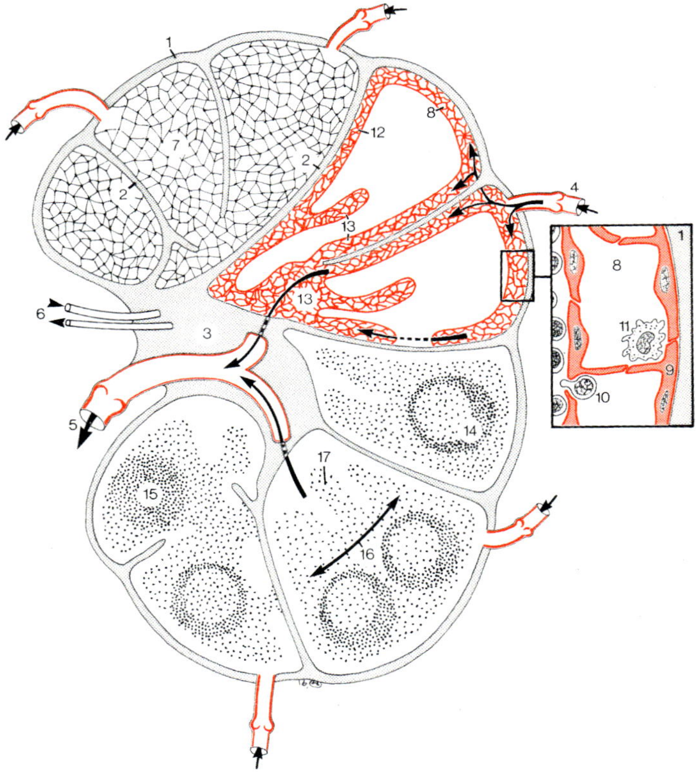

Abb. **9–13**: **Mikroskopische Anatomie des Lymphknotens** (Schema).
Oberes Segment: Zellreticulum als gewebliche Grundlage
Mittleres Segment: Lymphkanäle (rot)
Teilbild: Randsinus
Unteres Segment: Lymphatisches Gewebe

1 Kapsel
2 Trabekel
3 Hilum
4 Afferentes Lymphgefäß
5 Efferentes Lymphgefäß
6 Arterie und Vene des Lymphknotens
7 Reticulum
8 Randsinus
9 Endothelbegrenzung (rot) des Sinus
10 Einwandernder Lymphocyt
11 Makrophag
12 Rindensinus
13 Marksinus
14/15 Rindenknötchen
14 Sekundärknötchen
15 Primärknötchen
16 Paracortex
17 Markstrang

tige Kompartimente gegliedert. Im Bereich des *Hilum* erstreckt sich Kapselbindegewebe eine Strecke weit in das Mark des Lymphknotens, als Träger der *zu- und abführenden Blutgefäße*, insbesondere aber des *Vas lymphaticum efferens*.

Grundlage des Lymphatischen Gewebes ist ein **Zellreticulum** (*Reticuläres Bindegewebe*, ↗Bd. 1), das durch Reticulinfasern versteift ist. An den Grenzen zu den Lymphräumen bilden die Reticulumzellen eine *Endothelschicht*. Die Endothelzellen sind überwiegend keine Phagocyten; ihnen haften jedoch stets Makrophagen↗ an (Abb. **9**–13).

Lymphe wird dem Lymphknoten durch zahlreiche afferente Gefäße (**Vasa lymphatica afferentia**) zugeführt. Sie gelangt zunächst in den subcapsulären **Randsinus** (Marginalsinus, *Sinus subcapsularis*); dieser dient der Verteilung der Lymphe in der Lymphknotenperipherie. Vom Randsinus (Abb. **9**–13) gehen radial in Richtung des Hilum **Rindensinus** (*Sinus corticales perinodulares*) aus, die sich zu weiträumigen **Marksinus** *(Sinus medullares)* vereinigen. Aus diesen geht schließlich das **Vas efferens** (*Vas lymphaticum efferens*) hervor, das im Hilum den Lymphknoten verläßt.

Alle diese Lymphräume (Sinus) werden von einer geschlossenen **Endothelschicht** begrenzt. Diese wird allerdings in großem Ausmaß von Zellen (u. a. Lymphocyten, Makrophagen) durchwandert. Durch zahlreiche Zellen, welche die begrenzenden Endothelschichten pfeilerartig verbinden, werden sie Sinus zu *labyrinthartigen Räumen*. In diesen kommt die langsam fließende Lymphe mit sehr vielen **Makrophagen**, die dem Endothel anhaften, in Kontakt. In den *Maschenlükken* des Zellreticulums befinden sich massenhaft Lymphocyten, daneben auch Makrophagen, letztere insbesondere entlang der Sinuswände und in Keimzentren der Follikel.

Die **Rindenzone** (*Cortex*) ist gekennzeichnet durch dicht gelagerte Lymphocyten mit Ausbildung von *Lymphfollikeln*↗, den sog. **Rindenknötchen** (Abb. **9**–13). Die Häufigkeit des Auftretens von aus lebhaft proliferierenden Lymphoblasten aufgebauten **Keimzentren**↗ ist abhängig von der antigenen Stimulation. Die aus dem Keimzentrum (*Centrum germinale*) hervorgehenden kleinen Lymphocyten bilden den **Lymphocytenwall** (*Corona*) des Follikels. Häufig ist dieser im histologischen Übersichtspräparat dunkel erscheinende zelldichte Wall insbesondere auf der dem Randsinus zugewandten Seite als *Lymphocytenkappe* ausgebildet.

Die Rindenknötchen (mit Centrum germinale und Corona) bestehen überwiegend aus *B-Lymphocyten*. Dagegen sind die weniger dicht gelagerten Lymphocyten im subfollikulären und interfollikulären Bereich überwiegend *T-Lymphocyten*. Diese T-Region (Thymus-abhängige Zone) des Lymphknotens wird unter dem Begriff *Paracorticale Zone* (**Paracortex**; Abb. **9**–13) zusammengefaßt.

Der Übergang von der Rinde zur **Markzone** (**Medulla**) ist unscharf. Das Mark enthält überwiegend kleine *B-Lymphocyten*, die jedoch weniger dicht gelagert sind als in den Lymphocytenwällen der Rindenknötchen. Die Lymphocyten des Marks bilden die zwischen den Marksinus angeordneten **Markstränge** (*Chordae medullares;* Abb. **9**–13).

Die B-Region des Lymphknotens besteht somit aus den Rindenknötchen und den Marksträngen, die T-Region aus dem Paracortex.

Funktion der Lymphknoten

- Lymphknoten verfügen über ein *Labyrinth von Lymphkanälen* (Sinus) mit großem Gesamtquerschnitt und großer Oberfläche, aber langsamer Fließgeschwindigkeit.
- In den Sinus können Partikel (Bakterien, Zelltrümmer) durch *Makrophagen* ↗ aus der Lymphe entfernt werden. Eine besonders bedeutsame Rolle spielt die Adhäsion von Tumorzellen mit der Möglichkeit der Ausbildung einer Tochtergeschwulst (Metastase).
- Antigene können durch mononucläre Phagocyten ↗ (insbesondere des dendritischen Typs) gebunden werden. Im Zusammenwirken zwischen diesen und Lymphocyten können im Rahmen der *Spezifischen Abwehr* ↗ zelluläre und humorale Immunantworten erfolgen. An letzteren sind die im Lymphknotenparenchym regelmäßig vorkommenden Plasmazellen ↗ beteiligt.
- *Produktion von Lymphocyten* und Migration in die Lymph- und Blutzirkulation. Die Lymphe im abführenden Lymphgefäß hat regelmäßig eine höhere Konzentration an Lymphocyten als die Vasa afferentia.
- Durchgangsstation für die *Lymphocyten-Rezirkulation* ↗. Für diese sind einerseits die für Lymphocyten durchgängigen Sinuswände, andererseits spezielle Venulen ↗ von Bedeutung.
- Bei *antigener Stimulation*, etwa im Einzugsgebiet eines infektiösen Prozesses, schwellen die regionären Lymphknoten an. Dabei kommt es zur Vermehrung von Keimzentren, zu gesteigerter Proliferation von Lymphocyten und Makrophagen sowie zur massiven Differenzierung von Plasmazellen.

9.4 Regionäre Lymphknoten und Sammellymphknoten

Den einzelnen Organen und Körperregionen (im weiten Sinn, z.B. Untere Extremität, Bauchwand, Mamma, Magen) sind in gesetzmäßiger Weise Lymphknoten oder meist Lymphknotengruppen zugeordnet: **Regionäre Lympknoten** (Abb. **9**–14). Dies bedeutet, daß bestimmten Regionären Lymphknoten Lymphe *nur aus einem begrenzten Gebiet* zugeleitet wird. Die einzelnen Knoten einer Lymphknotengruppe stehen in der Regel vielfach untereinander in Verbindung.

Aus den Regionären Lymphknoten erreicht die Lymphe – oft über zwischengeschaltete weitere Knoten – *Sammellymphknoten* (Abb. **9**–14). Diese Bezeichnung bedeutet, daß in solchen Lymphknotengruppen die Lymphe *aus mehreren Organen oder Regionen* zusammengeführt wird, bis sie schließlich über die **Zentralen Lymphstämme** ↗ in die Blutzirkulation gelangt. In fast allen Fällen *muß die Lymphe somit nacheinander mehrere, mindestens jedoch einen Lymphknoten passieren.* Hiervon gibt es nur ganz wenige Ausnahmen: die Lymphe aus dem Oesophagus und aus der Schilddrüse gelangt vielfach direkt *(a-nodal)* in den *Ductus thoracicus*.

Die **praktisch-medizinische Bedeutung der Regionären Lymphknoten** liegt in folgendem:

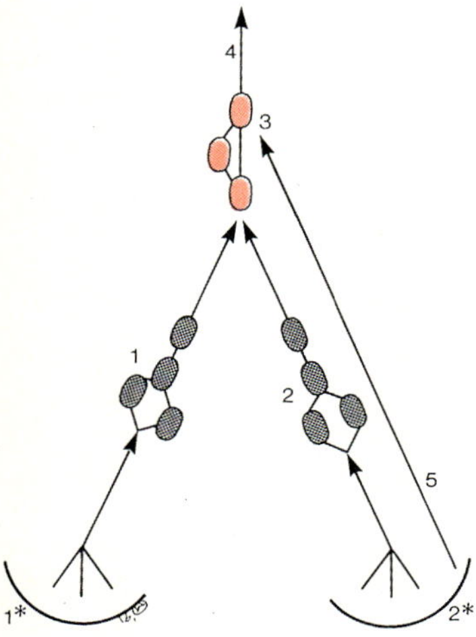

Abb. **9**–14: **Regionäre Lymphknoten und Sammellymphknoten.**
1 Regionäre Lymphknoten für die Region 1*
2 Regionäre Lymphknoten für die Region 2*
3 Sammellymphknoten für (1) und (2)
4 Abfluß zu einem der zentralen Lymphstämme
5 By-pass

- Sie schwellen reaktiv an und werden druckempfindlich, wenn sich in ihrem Einzugsgebiet ein **entzündlicher Vorgang** abspielt. Oberflächlich gelegene Lymphknoten werden hierdurch *tastbar* (z. B. in der Leistenbeuge). Es kann aus diesem Zusammenhang aus dem Befund vergrößerter und druckempfindlicher Lymphknoten *auf den Sitz eines möglichen Entzündungsvorgangs geschlossen* werden (z. B. aus Schwellung der Leistenlymphknoten auf einen entzündlichen Vorgang im Bereich der äußeren Genitalien).
  Falls die den Entzündungsherd mit den zugehörigen Regionären Lymphknoten verbindenden Lymphgefäße oberflächlich *(extrafascial)* verlaufen, können diese als *rote Streifen* durch die Haut sichtbar werden. Dies beruht darauf, daß größere Lymphgefäße von einem *Plexus von Vasa vasorum* begleitet werden. Wenn die Lymphgefäßwand an dem Entzündungsprozeß beteiligt ist, reagiert der Blutgefäßplexus mit Gefäßerweiterung, die als Rötung durch die Haut sichtbar wird (*Lymphangitis,* die sog. „Blutvergiftung“ der Laien).
- In den Regionären Lymphknoten kann es zur Ausbildung von *Tochtergeschwülsten* (**Metastasen**) kommen, wenn ein bösartiger Tumor im Einzugsgebiet vorliegt. Bei dem Befund vergrößerter und verhärteter Lymphknoten, für die es keine entzündliche Erklärung (s. o.) gibt, muß deshalb an einen Tumor im Einzugsgebiet gedacht werden (z. B. Mammatumor bei vergrößerten Achsellymphknoten). Umgekehrt muß bei Verdacht auf einen Tumor stets nach vergrößerten Regionären Lymphknoten gefahndet werden (z. B. vergrößerte und dadurch tastbare Achsellymphknoten als Zeichen einer erfolgten Metastasierung bei Brustkrebs). Es ist in diesem Zusammenhang darauf hinzuweisen, daß Lymphe (und damit auch Krebszellen) unter Umständen durch einen bestehenden *By-pass* (Abb. **9**–14) an Regionären Lymphknoten vorbei unmittelbar in nachgeschaltete Lymphknoten gelangen kann.

9.4.1 Lymphknoten des Kopfes und des Halses (Abb. 9–15)

- **Nodi lymphatici (Nll.) occipitales**: 2–3 Knoten auf dem occipitalen Ursprung des M. trapezius. Einzugsgebiet: Hinterhaupt (Kopfschwarte) und Nacken.
- **Nll. mastoidei**: 1–2 Knoten auf dem Warzenfortsatz. Einzugsgebiet: Ohrmuschel, Kopfschwarte, Mittelohr, Cellulae mastoideae.
- **Nll. parotidei**: auf und in der Parotis gelegen. Einzugsgebiet: Augenlider, Bindehaut, äußerer Gehörgang, äußere Nase, Nasenrachenraum, Paukenhöhle.
- **Nll. faciales**: inkonstante Gesichtslymphknoten an der Nasenwurzel, auf dem M. buccinator und auf dem Corpus mandibulae. Einzugsgebiet: Augenlider, Nase, Gesicht, Wangenschleimhaut.
- **Nll. submentales**: 1–2 Knoten unter dem Kinn, zwischen den vorderen Bäuchen der Mm. digastrici. Einzugsgebiet: Unterlippe, Zungenspitze, untere Frontzähne, Kinn, Mundboden.

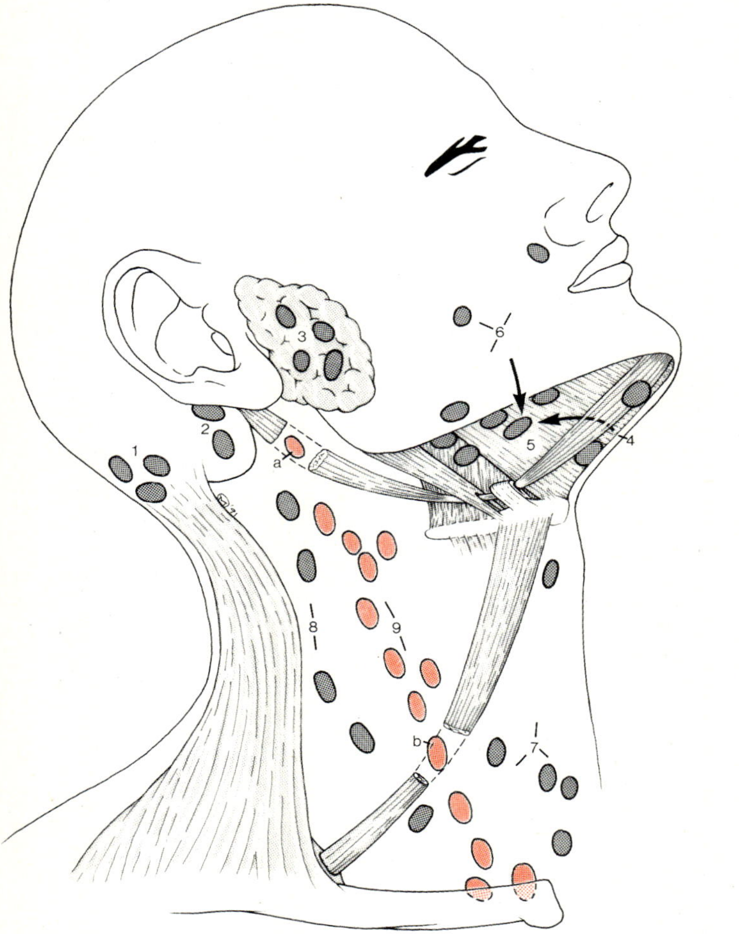

Abb. 9–15: **Regionäre und Sammel-Lymphknoten für Kopf und Hals.**
Rot: Sammellymphknoten

1 Nll. occipitales
2 Nll. mastoidei
3 Nll. parotidei
4 Nll. submentales
5 Nll. submandibulares
6 Nll. faciales
7 Nll. cervicales anteriores
8 Nll. cervicales superficiales
9 Nll. cervicales profundi
  a Nl. jugulodigastricus
  b Nl. jugulo-omohyoideus

- **Nll. submandibulares**: 5–8 Knoten längs des Unterkieferrandes im Trig. submandibulare↗ gelegen. Einzugsgebiet: mittlerer Teil des Gesichts, Zähne (sog. „*Dentale Lymphknoten*"), Zahnfleisch, Zunge, Mundboden mit seinen Drüsen (vgl. S. 58 f.).
- **Nll. cervicales anteriores**: oberflächliche Knoten entlang der V. jugularis anterior; tiefe Knoten auf dem Lig. cricothyroideum (*Nll. praelaryngeales*), an der Schilddrüse *(Nll. thyroidei)*, vor und neben der Trachea (*Nll. praetracheales, Nll. paratracheales*) do. Einzugsgebiet: Haut der Regio colli anterior, untere Kehlkopfhälfte, Trachea.
- **Nll. cervicales superficiales**: entlang der V. jugularis superficialis. Einzugsgebiet: Ohrmuschel, Parotis.
- **Nll. cervicalis profundi**: 20–30 Knoten, im wesentlichen längs der V. jugularis int., **Sammellymphknoten** für die gesamte Lymphe aus den regionären Lymphknoten von Kopf und Hals. Abfluß: *Truncus jugularis* (vgl. S. 577).
  Als **Nll. supraclaviculares** werden die (mit den Achsellymphknoten zusammenhängenden) dicht oberhalb und hinter der Clavicula gelegenen Knoten besonders hervorgehoben. In der Gruppe der tiefen Halslymphknoten gibt es auch wichtige einzelne Knoten, die regionäre Lymphknoten sind:
  - ○ **Nl. jugulodigastricus**: als cranialster der tiefen Halslymphknoten unter dem hinteren Digastricusbauch gelegen. Einzugsgebiet: Tonsilla palatina, Zungengrund, Pharynx.
  - ○ **Nl. jugulo-omohyoideus**: zwischen V. jugularis int. und M. omohyoideus. Einzugsgebiet: Zungengrund.
- **Nll. retropharyngeales**: 1–3 Lymphknoten im Spat. retropharyngeum↗, hinter dem Nasenrachen in Höhe des 2. Halswirbelkörpers gelegen. Einzugsgebiet: hinterer Teil der Nase, Pharynx, Tuba auditiva, Mittelohr.

9.4.2 Lymphknoten der Oberen Extremität (Abb. 9–16)

Zentrale Lymphknotenstation für die gesamte Obere Extremität (einschließlich Schultergürtel) ist die aus etwa 30 Knoten bestehende Gruppe der **Achsellymphknoten** *(*Nll. axillares). Zu diesen werden auch drei Regionäre Knotengruppen gerechnet, die nicht im Bereich der Achselhöhle gelegen sind:

- **Nll. axillares cubitales**: 1–2 Knoten in der Fossa cubitalis↗, entlang der *V. basilica* (vgl. Abb. 8–72) aus der ulnaren Seite der Hand und des Unterarms.
- **Nll. axillares brachiales**: 1–2 Knoten im Trig. clavipectorale↗. Einzugs-

gbiet: entlang der *V. cephalica* (vgl. Abb. **8**–72) aus der radialen Seite der Hand und des Unterarms.

– **Nll. axillares interpectorales**: 1–2 Knoten im Bindegewebslager zwischen M. pectoralis major und M. pectoralis minor. Einzugsgebiet: Mamma.

Die *im Bereich der Achselhöhle* selbst gelegenen **Nll. axillares superficiales** sind ebenfalls Regionäre Lymphknoten:

– **Nll. axillares laterales**: Knoten entlang der distalen Gefäßstrecke der V. axillaris (vgl. Abb. **8**–43). Einzugsgebiet: tiefe und oberflächliche Lymphbahnen des Armes.
– **Nll. axillares subscapulares**: Knoten auf dem die Hinterwand der Achselhöhle bildenden M. subscapularis (vgl. Abb. **8**–46). Einzugsgebiet: hinterer Schulter- und Brustwandbereich, Nacken.
– **Nll. axillares pectorales**: Knoten unter der Vorderen Achselfalte (↗Bd. 1; vgl. Abb. **8**–46). Einzugsgebiet: Mamma (deren Hauptabfluß), Brust- und obere Bauchwand. Einzelne *auf den Serratuszacken* gelegene Knoten dieser Gruppe können bei Verhärtung gut gegen die Thoraxwand palpiert werden. Wegen der Bedeutung für die

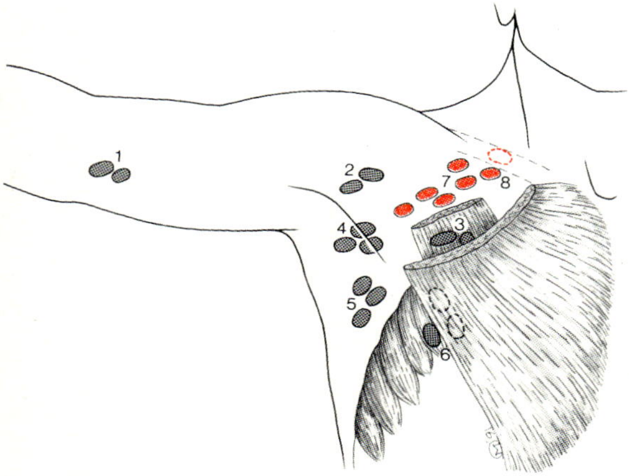

Abb. **9**–16: **Regionäre und Sammellymphknoten der Axilla** (Regionäre Lymphknoten *schwarz,* Sammellymphknoten *rot*).

1 Nll. axillares cubitales
2 Nll. axillares brachiales
3 Nll. axillares interpectorales
4–6 Nll. axillares superficiales
4 Nll. laterales
5 Nll. subscapulares
6 Nll. pectorales
7–8 Nll. axillares profundi
7 Nll. centrales
8 Nll. apicales

Metastasierung des Mammakrebses werden diese Knoten mit dem Eigennamen SORGIUSsche Lymphknoten gekennzeichnet.

Die *Nll. axillares superficiales* stehen durch den *Plexus lymphaticus axillaris* vielfältig untereinander in Verbindung. Dies erklärt unerwartete Metastasierungswege.

Die **Nll. axillares profundi** sind **Sammellymphknoten**. Sie liegen medial entlang dem Gefäßnervenbündel und bilden zwei Gruppen:

- **Nll. centrales**: innerhalb des Fettgewebskörpers der Axilla, hinter dem Ansatz des M. pectoralis minor. Sie liegen meist an den *Nn. intercostobrachiales* (↗Bd. 3) und können deshalb bei Metastasenbefall entsprechende neurologische Symptome verursachen. Einzugsgebiet: übrige Lymphknotengruppen der Achselhöhle.
- **Nll. apicales**: entlang der proximalen Achselstrecke der V. axillaris gelegen; sie reichen bis in die Spitze (*Apex*) der Achselhöhlenpyramide (dem Bereich der MOHRENHEIMschen Grube↗ entsprechend) hinter der Clavicula. Dort bestehen Verbindungen zu den *Nll. supraclaviculares*↗. Einzugsgebiet: übrige Lymphknoten der Achselhöhle (aber gelegentlich auch direkter Zufluß vom Arm und von der Mamma).

Es ist besonders wichtig, daß auf diesem Weg von der Mamma aus eine Metastasierung in die Spitze der Achselhöhlpyramide und von dort in den supraclaviculären Bereich, unter Umständen unter Überspringung der übrigen Lymphknotengruppen der Achselhöhle, erfolgen kann.

Aus den Apicalen Lymphknoten erfolgt der Abfluß in den *Truncus subclavius*↗.

9.4.3 Thoracale Lymphknoten

Es lassen sich Lymphknoten der Leibeswand (*parietale*) von solchen des Eingeweideraumes (*viscerale*) unterscheiden.

Parietale Lymphknotengruppen

- **Nll. parasternales**: entlang den Vasa thoracica interna↗. Einzugsgebiet: vorderer Abschnitt der Zwischenrippenräume, medialer Teil der Brustdrüse, Pericard, Zwerchfell, Leber.
- **Nll. intercostales**: paravertebral gelegen. Einzugsgebiet: hinterer Abschnitt der Zwischenrippenräume, Pleura.
- **Nll. praevertebrales**: zwischen Wirbelsäule und Oesophagus. Einzugsgebiet: Umgebung und Nll. intercostales.
- **Nll. phrenici superiores**: in mehreren Gruppen auf der thoraca-

len Seite des Zwerchfells um die Durchtritte von V. cava inf. und Aorta, sowie hinter der Knorpel-Knochengrenze der 7. Rippe. Einzugsgebiet: Zwerchfell, Leber.
- **Nll. praepericardiales et pericardiales laterales**: einerseits zwischen Pericard und Sternum, andererseits zwischen Pericard und Pleura mediastinalis (am N. phrenicus, vgl. S. 237). Einzugsgebiet: Herzbeutel, Pleura, Zwerchfell, Leber.

Aus diesen parietalen Lymphknoten wird die Lymphe unmittelbar dem *Ductus thoracicus* ↗ zugeleitet.

Viscerale Lymphknotengruppen (Abb. **9**–17)
- **Nll. mediastinales anteriores**: im vorderen Abschnitt des Oberen Mediastinum vor dem Aortenbogen und seinen Ästen. Einzugsgebiet: Thymus, Herz, Herzbeutel.
- **Nll. mediastinalis posteriores**: im hinteren Abschnitt des Oberen Mediastinum. Einzugsgebiet: Lunge, Trachea, Bronchien, Oesophagus, Pericard, Zwerchfell, Leber.

Für ärztliche Belange besonders wichtig ist der **Lymphabfluß aus den Lungen**. Dabei ist bedeutsam, daß es innerhalb der Lungen zwar ein *subpleurales und peribronchiales Lymphgefäßsystem*, sowie um die Verästelung des Bronchialbaumes *lymphatisches Gewebe* in Form von

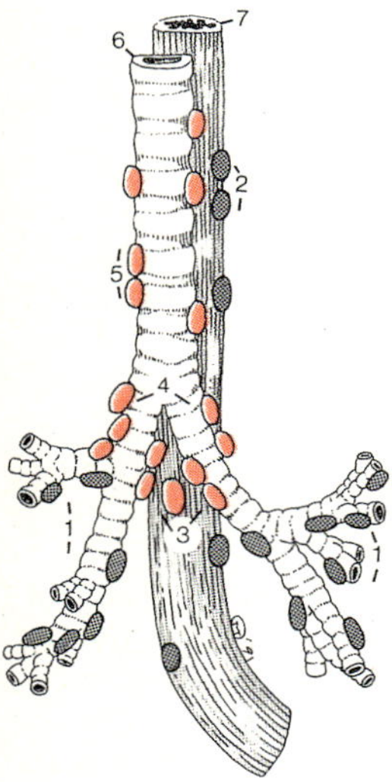

Abb. **9**–17: **Regionäre und Sammel-Lymphknoten des Mediastinum.**
Rot: Sammellymphknoten
1 Nll. bronchopulmonales
2 Nll. juxta-oesophageales pulmonales
3 Nll. tracheobronchiales inferiores
4 Nll. tracheobronchiales superiores
5 Nll. paratracheales
6 Trachea
7 Oesophagus

Lymphfollikeln↗ gibt, jedoch *keine Lymphknoten*. Die regionären und Sammellymphknoten liegen extrapulmonal.

- **Nll. bronchopulmonales**: diese regionären Lymphknoten liegen im Lungenhilus↗ (sog. „*Hilusdrüsen*“ der Röntgenologen) am Eintritt der Bronchien in das Lungengewebe.
- **Nll. juxta-oesophageales**: auch diese neben der Speiseröhre gelegenen Knoten gehören zum Abflußgebiet der Lungen.

Als **Sammellymphknoten** fungieren folgende Gruppen:

- **Nll. tracheobronchiales inferiores**: „*Bifurkationslymphknoten*“ unterhalb der Luftröhrengabelung (*Bifurcatio tracheae*↗), gleichzeitig regionäre Knoten für das Herz.
- **Nll. tracheobronchiales superiores**: „*Bifurkationslymphknoten*“ oberhalb der Luftröhrengabelung, an den Stammbronchien.
- **Nll. paratracheales**: entlang der Luftröhre. Sie sind außerdem regionär für Trachea und Oesophagus.

Es bestehen durch das Zwerchfell hindurch auch *Verbindungen zu den Nll. coeliaci*↗.

Die Lymphknoten, welche die Lymphe aus der Lunge aufnehmen, sind bei Städtern durch das dauernde Einatmen von Staub und Kohleteilchen schwarz verfärbt, „pigmentiert“ (vgl. S. 225); sie sind außerdem häufig verkalkt.

Der größte Teil der aus den visceralen Brustlymphknoten kommenden Lymphe wird jederseits im *Truncus bronchomediastinalis*↗ weitergeleitet, welcher rechts zum *Truncus lymphaticus dexter*↗, links zum *Ductus thoracicus*↗ führt.

9.4.4 Abdominale Lymphknoten

Bei diesen Lymphknoten sind ebenfalls *parietale* und *viscerale* Knotengruppen zu unterscheiden.

Parietale Lymphknotengruppen (Abb. **9**–18)
Diese liegen überwiegend im Spatium retroperitoneale↗, in Anlehnung an die großen Gefäßstämme.

- **Nll. lumbales sinistri**: diese Knotenkette entlang der Bauchaorta bildet *regionäre Stationen* für Nebenniere, Niere, Ureter, Hoden, Ovarium, Eileiter, Fundus uteri, Bauchwand. Sie ist jedoch auch die *Sammel-Lymphknotenstation* für das Becken- und Beingebiet. Es werden folgende Gruppen unterschieden:
  - ○ **Nll. aortici laterales**: an der linken Seite der Aorta.
  - ○ **Nll. prae-aortici**: vor der Bauchaorta.

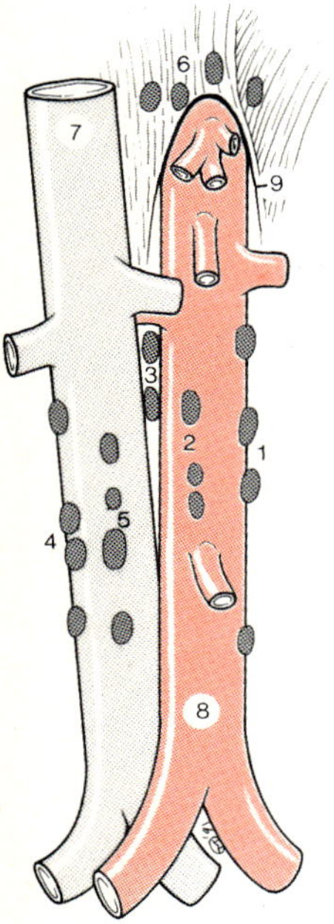

Abb. **9**–18: **Abdominale Lymphknoten (parietaler Bereich).**
1–2 Nll. lumbales sinistri
1 Nll. aortici laterales
2 Nll. prae-aortici
3 Nll. lumbales intermedii
4–5 Nll. lumbales dextri
4 Nll. cavales laterales
5 Nll. praecavales
6 Nll. phrenici inferiores
7 V. cava inferior
8 Aorta abdominalis
9 Hiatus aorticus

  - ○ **Nll. postaortici**: hinter der Bauchaorta (zwischen dieser und der Wirbelsäule, vgl. Abb. **8**–36b).
- **Nll. lumbales intermedii**: zwischen Bauchaorta und V. cava inferior. Einzugsgebiet entsprechend Nll. lumbales sinistri.
- **Nll. lumbales dextri**: Knotenkette entlang der V. cava inferior. Einzugsgebiet entsprechend Nll. lumbales sinistri. Es werden folgende Gruppen unterschieden:
  - ○ **Nll. cavales laterales**: an der rechten Seite der V. cava inferior.
  - ○ **Nll. praecavales**: vor der V. cava inferior.
  - ○ **Nll. postcavales**: hinter der V. cava inferior (zwischen dieser und der Wirbelsäule bzw. dem M. psoas major, vgl. Abb. **8**–36b).
- **Nll. phrenici inferiores**: auf dem lumbalen Zwerchfellursprung (↗Bd. 1), nahe dem Hiatus aorticus. Einzugsgebiet: Zwerchfell.
- **Nll. epigastrici inferiores**: nahe dem Ursprung der A. epigastrica inferior↗. Einzugsgebiet: vordere Bauchwand.

Viscerale Lymphknotengruppen (Abb. **9**–19)

Bei diesen Eingeweidelymphknoten handelt es sich zunächst um die

Filterstationen aus den *Oberbauchorganen* (Magen, Duodenum, Pancreas, Milz, Leber, Gallenblase).

- **Nll. gastrici**: entlang der Kleinen Curvatur↗ des Magens. Einzugsgebiet: Magen.
- **Nll. gastro-omentales**: entlang der Großen Curvatur↗, im Ansatz des Großen Netzes. Einzugsgebiet: Magen, Omentum majus.
- **Nll. pylorici** (supra-, sub-, retropylorici): um den Pyrolus gelegen. Einzugsgebiet: Magen, Duodenum, Pancreas.
- **Anulus lymphaticus cardiae**: inkonstant um die Cardia.
- **Nll. pancreatici** (*superiores* et *inferiores*): am Ober- und Unterrand der Bauchspeicheldrüse. Einzugsgebiet: Pancreas, Duodenum.
- **Nll. pancreaticoduodenales** (*superior* et *inferior*): in der Rinne

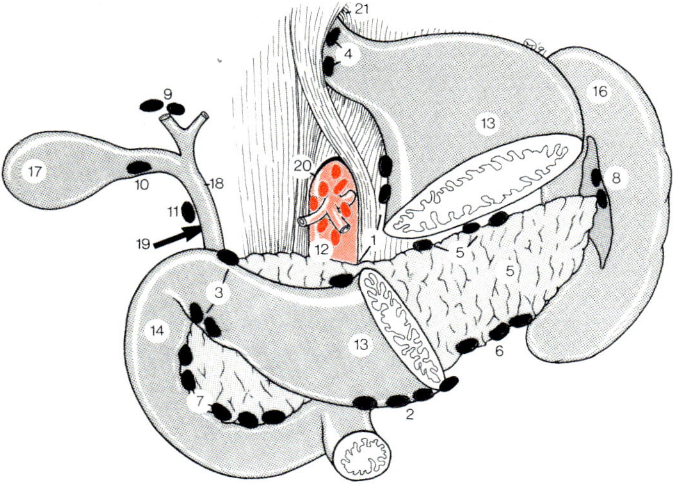

Abb. **9–19**: **Regionäre und Sammellymphknoten im Oberbauchbereich.**

1 Nll. gastrici
2 Nll. gastro-omentales
3 Nll. pylorici
4 Anulus lymphaticus cardiae
5 Nll. pancreatici superiores
6 Nll. pancreatici inferiores
7 Nll. pancreaticoduodenales
8 Nll. splenici
9 Nll. hepatici
10 Nl. cysticus
11 Nl. foraminalis
12 Nll. coeliaci (am Tr. coeliacus)
13 Magen
14 Duodenum
15 Pancreas
16 Milz
17 Gallenblase
18 Ductus choledochus
19 Pfeilspitze im Foramen epiploicum
20 Hiatus aorticus
21 Hiatus oesophageus

zwischen Pancreaskopf und Duodenum. Einzugsgebiet: Pancreas, Duodenum.

- **Nll. splenici** *(lienales)*: am Milzhilus. Einzugsgebiet: Milz, Magen.
- **Nll. hepatici**: im Leberhilus und im Lig. hepatoduodenale↗. Einzugsgebiet: Leber.
  - **Nl. cysticus**: am Gallenblasenhals. Einzugsgebiet: Gallenblase, Leber.
  - **Nl. foraminalis**: am Foramen epiploicum↗. Einzugsgebiet: Leber.

Ein Teil dieser Regionären Lymphknoten erhält auch Zuflüsse aus anderen regionären Knoten der Oberbauchorgane. Alle haben sie jedoch eine **gemeinsame Sammellymphknotenstation**:

- **Nll. coeliaci**: zahlreiche Knoten am Truncus coeliacus↗. Sammellymphknoten für den Abfluß aus den Regionären Lymphknoten von Magen, Duodenum, Pancreas, Milz, Leber, Gallenblase. Der Lymphabfluß erfolgt teils zum *Truncus intestinalis*↗, teils direkt in die *Cisterna chyli*↗.

Die Lymphknoten im *Unterbauchbereich* sind regionär für die verschiedenen Abschnitte des Dünndarms (außer dem Duodenum, s. o.) und des Colon. **Sammellymphknoten sind die Nll. coeliaci**, s. o.

- **Nll. mesenterici**: 100–150 Knoten (zur Lage vgl. Abb. **8**–56).
  - **Nll. juxta-intestinales**: im Mesenterialansatz am Dünndarm. Einzugsgebiet: Jejunum, Ileum.
  - **Nll. superiores**: entlang den *A. mesenterica superior*↗. Einzugsgebiet: Jejunum, Ileum, großenteils unter Zwischenschaltung von *Nll. juxta-intestinales*.
- **Nll. ileocolici**: entlang der *A. ileocolica*↗ und deren Verzweigungen. Einzugsgebiet: terminales Ileum, Caecum, Appendix vermiformis.
  - **Nll. praecaecales**: entlang der *A. caecalis anterior*↗.
  - **Nll. retrocaecales:** entlang der *A. caecalis posterior*↗.
  - **Nll. appendiculares** (gelegentlich fehlend): entlang der *A. appendicularis*↗.
- **Nll. mesocolici**: Knoten für das Colon ascendens, transversum und descendens.
  - **Nll. paracolici**: an der Wand des Colon.
  - **Nll. colici** *(dextri, medii, sinistri)*: entlang der *Aa. colica dextra, A. colica media* und *A. colica sinistra*↗.
- **Nll. mesenterii inferiores**: entlang der *A. mesenterica inferior*↗. Einzugsgebiet: Teil des Colon descendens, Colon sigmoideum, Teil des Rectum.
  - **Nll. sigmoidei**: entlang des *A. sigmoidea*.
  - **Nll. rectales superiores**: entlang der *A. rectalis superior*.

9.4.5 Beckenlymphknoten

Auch bei diesen sind *parietale* und *viscerale* Knotengruppen zu unterscheiden.

Parietale Lymphknotengruppen

Diese Lymphknotenkette folgt im wesentlichen dem Verlauf der *Vasa iliaca* (externa, interna, communes), vgl. Abb. **8**–79.

- **Nll. iliaci externi**: entlang *Vasa iliaca externa*. Einzugsgebiet: Ureter, Harnblase, Urethra, Ductus deferens, Prostata, Samenblasen, Cervix uteri, Vagina, Penis, Clitoris, Bauchwand unterhalb des Nabels.
  Überwiegend handelt es sich um *Sammellymphknoten*, die den *visceralen Beckenlymphknoten* und *Nll. inguinales*↗ nachgeschaltet sind.
- **Nll. iliaci interni**: entlang der *Vasa iliaca interna*. Einzugsgebiet: Beckenwand, Gesäßmuskulatur, Damm; als *Sammellymphknoten* für die Beckenorgane.
  - **Nll. gluteales**: an den *Aa. gluteae superior* et *inferior*.
  - **Nll. sacrales**: vor dem Kreuzbein.

Viscerale Lymphknotengruppen

Diese Knoten liegen neben und zwischen den Beckenorganen.

- **Nll. paravesicales**[1]: vor, hinter und neben der *Harnblase* gelegene Knoten. Einzugsgebiet: Harnblase, Prostata.
- **Nll. para-uterini**: neben dem *Uterus*, im Ansatz des *Lig. latum*↗. Einzugsgebiet: Cervix uteri.
- **Nll. paravaginales**: neben der *Vagina* gelegene Knoten für die Scheide.
- **Nll. pararectales**: seitlich der *Flexura sacralis*↗ anliegende Knoten. Einzugsgebiet: Rectum, Vagina.

9.4.6 Lymphknoten der Unteren Extremität

Am Bein gibt es, ähnlich wie an der Oberen Extremität, oberflächliche und tiefe Lymphgefäße. Sie münden alle schließlich in die *Leistenknoten* (Abb. **9**–20). In der Leistengegend verlaufen die oberflächlichen *Lymphcollectoren*↗ gebündelt (Gefahr bei horizontalen Incisionen!).

---

[1] in der Nomenklatur fehlerhaft „paravesiculares".

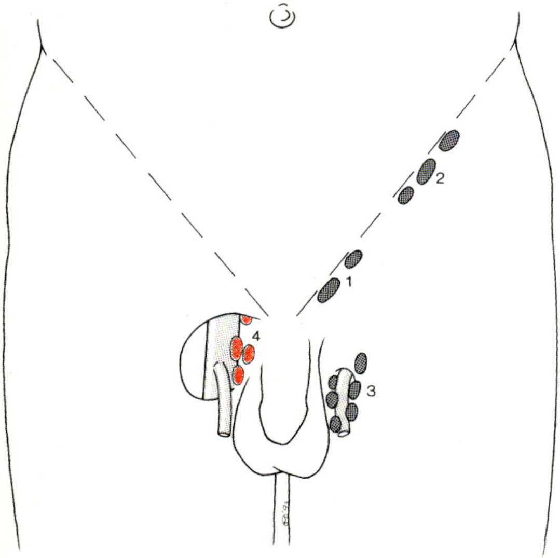

Abb. **9**–20: **Leistenlymphknoten.**
1–3 Nll. inguinales superficiales
1 Nll. superomediales
2 Nll. superolaterales
3 Nll. inferiores
4 Nll. inguinales profundi

In den Weg der **tiefen Lymphbahnen** können (inkonstant) eingeschaltet sein:

- **Nl. tibialis anterior**
- **Nl. tibialis posterior**
- **Nl. fibularis**
  jeweils an den gleichnamigen Arterien.
- **Nll. popliteales profundi**: im Bindegewebsraum der Kniekehle, zwischen Kniekehlenfascie und A. poplitea.

Die **oberflächlichen Lymphbahnen** ziehen entlang der Hautvenen (*Saphena magna* und *parva*). Es existiert in der Regel nur *eine* periphere Lymphknotenstation:

- **Nll. popliteales superficiales**: extrafascial am Durchtritt der *V. saphena parva* durch die Kniekehlenfascie.

Unterhalb des Leistenbandes befinden sich im Bereich des *Trigonum femorale* (↗Bd. 1) die wegen ihres Einzugsgebietes praktisch sehr wichtigen **Leistenlymphknoten** (Abb. **9**–20):

- **Nll. inguinales profundi**: an der proximalen Verlaufsstrecke der *V. femoralis* in der *Fossa iliopectinea* ↗. Ein regelmäßig vorhandener großer Knoten (ROSENMÜLLERscher Lymphknoten[1]) befindet sich im Bereich des *Anulus femoralis* auf dem *Septum femorale* (Abb. **8**–62; ↗Bd. 1). Einzugsgebiet als *regionäre Lympknoten*: tiefe Lymphbahnen der Unteren Extremität; Einzugsgebiet als *Sammellymphknoten*: Nll. inguinales superficiales. Abfluß in die Nll. iliaci externi (s. o.).
- **Nll. inguinales superficiales**: Diese *extrafascial* gelegenen und deshalb im Fall der Vergrößerung *leicht tastbaren Knoten* bilden einen mehr *horizontalen Strang* entlang dem Leistenband (mit *Nll. superomediales* und *Nll. superolaterales*) und einen *verticalen Strang* entlang dem Mündungsgebiet der V. saphena magna (mit *Nll. inferiores*). Einzugsgebiet: oberflächliche Lymphbahnen der Unteren Extremität, **äußeres Genitale, Damm, Analregion**, Bauchhaut unterhalb des Nabels, Haut des Hüft- und Gesäßbereichs, und als besonders bemerkenswerter Zufluß aus dem Beckeninneren: **Fundus uteri** (insbesondere das Gebiet des Tubenwinkels) über das *Lig. teres uteri* ↗ durch den Leistenkanal zu den großen Labien und damit zur Subcutis des subinguinalen Bereichs. Abfluß: *Nll. inguinales profundi.*

[1] JOHANN CHRISTIAN ROSENMÜLLER (1771–1820), Prof. der Anatomie und Chirurgie in Leipzig.

Register

Die aufgeführten Ziffern beziehen sich ausnahmslos auf die betreffenden *Seiten*, wobei die jeweils wichtigste Textstelle durch **Fettdruck** hervorgehoben ist.
Die Seitenangaben zu Abbildungen sind durch (A) gekennzeichnet.

D

F

I

J

K

P

Q

R

T

W

Z

Schlüssel zum Gegenstandskatalog

Den durch Dezimalziffern gekennzeichneten Themen (Gegenstandskatalog I für die Ärztliche Vorprüfung, 3. Aufl. 1986) sind die Dezimalziffern der zugehörigen Kapitel dieses Taschenbuchbandes gegenübergestellt.
↗ bedeutet Verweisung auf andere Bände dieses Taschenbuchs oder Lehrbücher der Biologie bzw. Entwicklungsgeschichte.

8 Histologie

8.1 Gewebe: ↗ Bd. 1
8.1.1: ↗ Bd. 1
1.4 (S. 16)
↗ Lehrb. d. Entwicklungsgeschichte
8.1.2: ↗ Lehrb. d. Biologie
8.1.3: ↗ Bd. 1
1.4 (S. 19)
8.2 Epithelgewebe: ↗ Bd. 1
8.2.1: ↗ Bd. 1
8.2.2: ↗ Bd. 1
1.1 (S. 3)
8.2.3: ↗ Bd. 1
1.4 (S. 20)
8.2.4: ↗ Bd. 1
1.1 (S. 6)
8.3 Bindegewebe: ↗ Bd. 1
8.3.1: ↗ Bd. 1
1.4 (S. 18, 19)
8.3.2: ↗ Bd. 1
1.4 (S. 18)
8.3.3: ↗ Bd. 1
1.3 (S. 11); 1.4 (S. 18)
8.3.4: ↗ Bd. 1
1.4 (S. 19); 8.7.1.2; 9.1 (S. 19); 9.2 (S. 609, 612)
8.3.5: ↗ Bd. 1
8.7.1.2 (S. 583); 9.1 (S. 603); 9.2 (S. 609)
8.3.6: ↗ Bd. 1
1.4 (S. 19)

8.3.7: ↗ Bd. 1
8.3.8: ↗ Bd. 1
8.3.9: 9.1; 9.2
8.4 Knorpelgewebe: ↗ Bd. 1
8.5 Knochengewebe: ↗ Bd. 1
8.6 Muskelgewebe: ↗ Bd. 1
1.2 (S. 7); 8.2.4 (S. 409)
8.7 Nervengewebe: ↗ Bd. 1; ↗ Bd. 3
8.8 Histologische und histochemische Technik: ↗ Bd. 1

9 Allgemeine Entwicklungsgeschichte und Plazentation
↗ Lehrb. der Entwicklungsgeschichte

10 Allgemeine Anatomie

10.1 Gestalt: ↗ Bd. 1
10.2 Allgemeine Anatomie des Bewegungsapparats: ↗ Bd. 1
10.3 Allgemeine Anatomie des Kreislaufsystems
10.3.1: 8.1.1.1; 8.1.1.3; 8.1.1.4; 8.1.1.6
↗ Lehrb. d. Entwicklungsgeschichte
10.3.2: 8.1.1.1; 8.1.1.5; 8.3 (S. 432); 8.5 (S. 540); 8.5.2.7; 2.9 (S. 151, 154); 8.9.1 (S. 595); 9.3.3 (S. 629)
10.3.3: 8.1.2; 8.1.2.1; 8.1.2.2; 8.1.2.3
10.3.4: 8.1.2.3 (S. 391, 392)
10.3.5: 8.1.1.6; 8.6; 9.3.4; 9.4
10.3.6: 9.3.4 (S. 634)
10.4 Blutzellen und Blutzellbildung
10.4.1: 8.7.1; 8.7.1.1–3
10.4.2: 8.9.1; 8.9.2
10.4.3: 9.3
10.5 Allgemeine Anatomie der Drüsen
10.5.1: ↗ Bd. 1
10.5.2: ↗ Bd. 1
1.1 (S. 4)
10.5.3: ↗ Bd. 1
1.1 (S. 4); 2.1.5 (S. 55, 56)
10.6 Allgemeine Anatomie der Schleimhäute und der serösen Höhlen
10.6.1: 1.1
10.6.2: 1.3; 2.4
10.7 Allgemeine Anatomie des Nervensystems: ↗ Bd. 3
10.8 Haut und Hautanhangsgebilde: ↗ Bd. 3

11 Obere Extremität

11.1 Oberflächenanatomie
11.1.1: ↗ Bd. 1
11.1.2: ↗ Bd. 3
11.1.3: 8.5.1.4 (S. 546)
11.1.4: 9.4.2
11.2 Schulter und Achselhöhle
11.2.1–8: ↗ Bd. 1
11.2.9: ↗ Bd. 1; ↗ Bd. 3
8.4.2.6 (S. 469–472); 8.4.2.10; 8.5.1.4; 9.4.2
11.3 Oberarm und Ellenbogenbereich
11.3.1–4: ↗ Bd. 1
11.3.5: ↗ Bd. 1; ↗ Bd. 3
8.4.2.7; 8.4.2.8; 8.4.2.9
11.3.6: ↗ Bd. 1; ↗ Bd. 3
8.4.2.7 (S. 475); 8.4.2.8 (S. 479); 8.5.1.4 (S. 547)
11.4 Unterarm und Hand
11.4.1–5: ↗ Bd. 1
11.4.6: ↗ Bd. 1; ↗ Bd. 3
8.4.2.8 (S. 480); 8.4.2.9
11.4.7: ↗ Bd. 3
8.4.2.8 (S. 480); 8.4.2.9 (S. 483); 8.4.2.10
11.4.8: ↗ Bd. 3
8.4.2.8 (S. 480, 482); 8.4.2.9 (S. 484)
11.4.9: ↗ Bd. 1

12 Untere Extremität

12.1 Oberflächenanatomie
12.1.1: ↗ Bd. 1
12.1.2: ↗ Bd. 3
12.1.3: 8.5.2.6
12.1.4: 9.4.6
12.2 Becken: ↗ Bd. 1
12.3 Hüfte
12.3.1–3: ↗ Bd. 1
12.3.4: ↗ Bd. 1; ↗ Bd. 3
8.4.5.2 (S. 518); 8.4.5.3; 9.4.6 (S. 651); 8.4.5.1 (S. 508, 510, 511)
12.4 Oberschenkel und Kniebereich
12.4.1–4: ↗ Bd. 1

14 Hals

15.4 Bauchwand
15.4.1–2: ↗ Bd. 1
15.4.3: 8.4.5.2 (S. 519); 8.4.5.3 (S. 521); 8.5.2.5 (S. 569); 8.4.3.2 (S. 489)
↗ Bd. 3
15.4.4: ↗ Bd. 1

16 Brusteingeweide

16.1 Mediastinum
16.1.1: 3.6 (S. 233–238)
16.1.2: 3.6 (S. 235); 9.3.1
16.1.3: 3.3
16.1.4: 2.3
16.2 Herz, Perikardhöhle
16.2.1: 8.1.1.2; 8.2.2; 8.2.3
16.2.2: 8.2.1; 8.2.8
16.2.3: 8.2.4
16.2.4: 8.2.2; 8.2.3
16.2.5: 8.2.2 (S. 401, 403); 8.2.3 (S. 404, 405); 8.2.4 (S. 408); 8.2.5; 8.2.8 (S. 423)
16.2.6: 8.2.6
16.2.7: 8.2.7; 8.2.9 (S. 430)
↗ Bd. 3
16.2.8: ↗ Lehrb. d. Entwicklungsgeschichte
16.2.9: 8.2.9
16.3 Leitungsbahnen im Mediastinum
16.3.1: 8.4.1 (S. 433, 435, 438); 8.4.2
16.3.2: 8.3
16.3.3: ↗ Lehrb. d. Entwicklungsgeschichte
16.3.4: 8.5.1; 8.5.2
16.3.5: 8.6
16.3.6: ↗ Bd. 3
16.4 Pleurahöhlen
16.4.1: 3.4 (S. 215–219); 3.6 (S. 233)
16.4.2: 3.4 (S. 219, 221)
↗ Lehrb. d. Entwicklungsgeschichte
16.4.3: 3.4 (S. 227)
↗ Bd. 3
16.4.4: 3.5; 3.6 (S. 233)

17 Bauch- und Beckeneingeweide

17.1 Peritonealhöhle

17.1.1: 2.4; 2.10 (S. 160, 163, 164, 170); 2.11; 7.1
17.1.2: 2.4; 2.10 (S. 165, 167); 2.7.1 (S. 123); 7.1 (S. 357–359);
2.10 (S. 163, 166, 167, 170)
1.3 (S. 13, 15)
17.1.3: ↗ Lehrb. d. Entwicklungsgeschichte

17.2 Oberbauchorgane

17.2.1: 2.5 (S. 97–101); 2.10 (S. 165); 2.5 (S. 107)
↗ Bd. 3
17.2.2: 2.5 (S. 97, 99, 101); 2.3 (S. 93)
17.2.3: 1.1; 1.2; 2.6 (S. 109, 112)
↗ Bd. 3
17.2.4: 2.6
17.2.5: 2.6 (S. 112)
17.2.6: 2.9; 2.10 (S. 164); 8.5.2.3
17.2.7: 2.9 (S. 151)
17.2.8: 2.9.1
17.2.9: 2.8
17.2.10: 2.8 (S. 141)
↗ Bd. 3
17.2.11: 9.3.3
17.2.12: 9.3.3 (S. 627)

17.3 Unterbauchorgane

17.3.1: 2.6 (S. 111); 2.10 (S. 170); 2.7.1 (S. 126); 8.4.4.2 (S. 497)
17.3.2: 2.6 (S. 112, 121)
17.3.3: 2.7; 2.7.2
↗ Bd. 3
17.3.4: 2.7.1
17.3.5: 2.7.1 (S. 137)
17.3.6: 2.7.2
17.3.7: ↗ Lehrb. d. Entwicklungsgeschichte

17.4 Organe im Retroperitonealraum

17.4.1: ↗ Bd. 3
8.4.4.1; 8.4.4.2 (S. 500, 501); 5.5.2.2 (S. 559)
↗ Lehrb. d. Entwicklungsgeschichte
17.4.2: ↗ Bd. 3
17.4.3: 4.1; 2.11 (S. 174); 8.4.4.2 (S. 501); 8.5.5.2 (S. 558)
17.4.4: 4.1 (S. 242, 245)
17.4.5: 4.1 (S. 241); 4.2.1; 4.2.2; 2.11 (S. 176)
17.4.6: 4.2.2 (S. 263)
17.4.7: ↗ Lehrb. d. Entwicklungsgeschichte

18.1.3: 7.2 (S. 362–367); 2.7.3 (S. 134); 4.2.4 (S. 273, 274); 6.3 (S. 335)
18.1.4: 7.2 (S. 367); 8.4.5.1 (S. 511); 8.5.2.7 (S. 573) ↗ Bd. 3

18.2 Äußere Geschlechtsorgane
18.2.1: 6.4; 4.2.4 (S. 272); 7.2 (S. 366)
18.2.2: 5.5; 4.2.4 (S. 273, 274); 5.5.1; 5.5.2; 5.6
18.2.3: 5.5 (S. 306); 6.4 (S. 341)

19 Zentralnervensystem: ↗ Bd. 3

20 Sehorgan: ↗ Bd. 3

21 Hör- und Gleichgewichtsorgan: ↗ Bd. 3

Taschenbuch der Anatomie

In drei Bänden.
Von Prof. Dr. W. Graumann, Tübingen • Prof. Dr. D. Graf von Keyserlingk, Aachen • Prof. Dr. D. Sasse, Basel

Band 1
Histologie • Bewegungsapparat
Bearbeitet von Prof. Dr. H. Hahn von Dorsche, Stralsund, und Prof. Dr. D. Sasse, Basel
1994. Etwa 520 S., 220 z.T. zweifarb. Abb., 9 Tab., kt. DM 34,80

Band 3
Nervensystem • Sinnesorgane • Hormonsystem
Bearbeitet von Prof. Dr. D. Graf von Keyserlingk, Aachen
- erscheint Herbst 1994 -

Dieses neue dreibändige Kompaktlehrbuch der makroskopischen und mikroskopischen Anatomie zeichnet sich durch seine moderne und prägnante Konzeption aus: Es ist ausführlich dort, wo es sinnvoll, und knapp, wo es möglich ist. Bei der Darstellung stehtstets die Funktion im Mittelpunkt, was auch für die zahlreichen, den Text ergänzenden Abbildungen gilt. Wichtige Tatsachen und Details werden durch die typographische Gestaltung besonders hervorgehoben, um das Lernen des Stoffes und das Erfassen von Zusammenhängen zu erleichtern. Ein ausführliches Sachregister und ein Schlüssel zum Gegenstandskatalog runden das Werk ab, so daß es sich sowohl zur Kursbegleitung als auch zur Vorbereitung auf mündliche und schriftliche Prüfungen hervorragend eignet.

Preisänderungen vorbehalten